# 铣削和数控铣削完全自学一本通（图解双色版）

周文军　主编

化学工业出版社

·北京·

## 内容简介

随着科学技术的发展，传统铣工从使用普通铣床已经过渡到普遍使用数控铣床，本书从现代铣工的需求出发，将铣削与数控铣削有机融合，从铣削基础知识，铣床和数控铣床（加工中心），铣削和数控铣削工艺，数控铣削（加工中心）编程，数控铣床（加工中心）的操作，铣削平面与连接面，铣削台阶、直角槽和特形槽，铣削离合器，角度面和刻线加工，铣凸轮，铣齿轮及刀具齿槽，铣削外花键，数控铣削实例等方面对现代铣工技术做了详细介绍，覆盖铣削实际生产中的核心内容，展示铣削生产全过程。

本书以好用、实用为编写原则，内容丰富，图表翔实，取材精练，可作为初、中级铣工培训和自学用书，也可供数控、机械加工等相关专业师生阅读参考。

**图书在版编目（CIP）数据**

铣削和数控铣削完全自学一本通：图解双色版 / 周文军主编. —北京：化学工业出版社，2020.11

ISBN 978-7-122-37704-3

Ⅰ. ①铣… Ⅱ. ①周… Ⅲ. ①铣削②数控机床 - 铣削 Ⅳ. ① TG547

中国版本图书馆 CIP 数据核字（2020）第 170797 号

责任编辑：曾 越 张兴辉　　文字编辑：林 丹 徐 秀
责任校对：边 涛　　装帧设计：王晓宇

出版发行：化学工业出版社（北京市东城区青年湖南街 13 号 邮政编码 100011）
印 装：北京京华铭诚工贸有限公司
装 订：三河市宇新装订厂
787mm×1092mm 1/16 印张 $29^1/_2$ 字数 792 千字 2021 年 3 月北京第 1 版第 1 次印刷

购书咨询：010-64518888 售后服务：010-64518899
网 址：http://www.cip.com.cn
凡购买本书，如有缺损质量问题，本社销售中心负责调换。

定 价：99.00 元

# 前言

随着我国改革开放的不断深入和工业的飞速发展，企业对技术工人的素质要求越来越高。企业有了专业知识扎实、操作技术过硬的高素质人才，才能确保产品加工质量，才能有较高的劳动生产率、较低的物资消耗。掌握铣工基础知识和基本操作技能，是提高金属铣削加工技能的重要途径，也是从事数控铣床加工的入门准备。为了向从事铣削和数控铣削加工的广大朋友系统地介绍铣工的基本知识和操作方法，以便他们能通过学习与实践，更好地解决生产中的问题，我们组织编写了本书。

本书主要内容包括：铣削基础知识，铣床和数控铣床（加工中心），铣削和数控铣削工艺，数控铣削（加工中心）编程，数控铣床（加工中心）的操作，铣削平面与连接面，铣削台阶、直角槽和特形槽，铣削离合器，角度面和刻线加工，铣凸轮，铣齿轮及刀具齿槽，铣削外花键，数控铣削实例。

本书在编写时以好用、实用为原则，指导自学者快速入门、步步提高，以期逐渐成为加工行业的骨干。本书具有以下特点：以图解的形式配以简明的文字，说明具体的操作过程与操作工艺，有很强的针对性和实用性；注重操作技能和生产实例的介绍，生产实例均来自一线，汇集了大量现场生产经验；书中使用名词、术语、标准等均贯彻了最新国家标准。

本书图文并茂，内容丰富，浅显易懂，取材实用而精练，可作为职业院校相关专业培训用教材，也可作为初、中级铣工上岗前培训和自学用书。

本书由周文军主编。参加编写的人员还有：张能武、陶荣伟、王吉华、高佳、钱革兰、魏金营、王荣、邵健萍、邱立功、任志俊、陈薇聪、唐雄辉、刘文花、张茂龙、钱瑜、张道霞、李稳、邓杨、唐艳玲、张业敏、章奇、陈锡春、方光辉、刘瑞、周小渔、胡俊、王春林、周斌兴、许佩霞、过晓明、李德庆、沈飞、刘瑞、庄卫东、张婷婷、赵富惠、袁艳玲、蔡郭生、刘玉妍、王石昊、刘文军、徐嘉翊、孙南羊、吴亮、刘明洋、周韵、刘欢等。本书在编写过程中得到江南大学机械工程学院、江苏机械学会、无锡机械学会等单位的大力支持和帮助，在此一并表示感谢。

由于时间仓促，编者水平有限，书中不妥之处在所难免，敬请广大读者批评指正。

编者

目录

## 第一章 铣削基础知识 /1



## 第二章 铣床和数控铣床（加工中心） /36



## 第三章 铣削和数控铣削工艺 /64

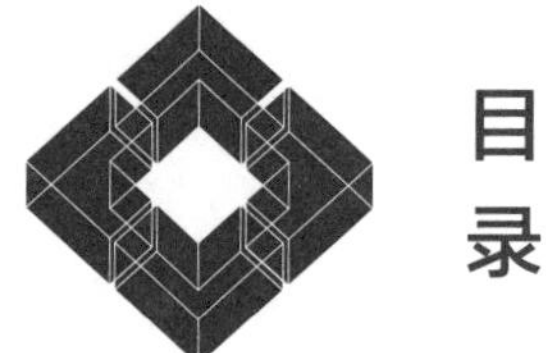

目录

目录

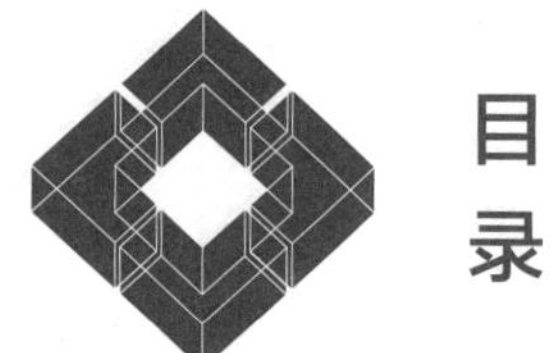

# 目录

目录

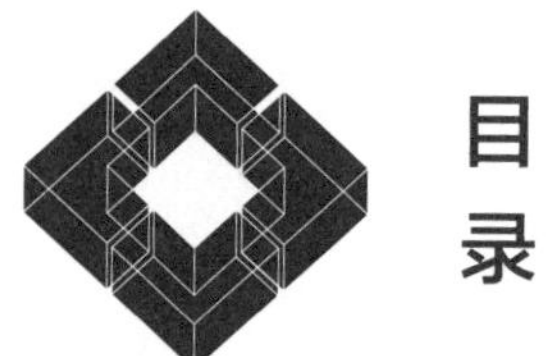

目录

目录

# 第一章 铣削基础知识

## 第一节 金属材料及热处理

### 一、金属材料的分类

金属材料一般分为钢铁材料（黑色金属）和有色金属两大类，具体的分类方法见表 1-1。

表 1-1 金属材料的分类

<table>
<tr><td rowspan="24">金属材料</td><td rowspan="21">钢铁材料</td><td rowspan="17">钢</td><td rowspan="2">铸钢</td><td colspan="2">铸造碳钢</td></tr>
<tr><td colspan="2">铸造合金钢</td></tr>
<tr><td rowspan="2">碳素钢</td><td colspan="2">结构钢</td></tr>
<tr><td colspan="2">工具钢</td></tr>
<tr><td rowspan="13">合金钢</td><td rowspan="4">合金结构钢</td><td>渗碳钢</td></tr>
<tr><td>调质钢</td></tr>
<tr><td>弹簧钢</td></tr>
<tr><td>滚动轴承钢</td></tr>
<tr><td rowspan="2">合金工具钢</td><td>低合金工具钢</td></tr>
<tr><td>高速钢</td></tr>
<tr><td rowspan="2">合金模具钢</td><td>冷作模具钢</td></tr>
<tr><td>热作模具钢</td></tr>
<tr><td rowspan="5">特殊性能钢</td><td>不锈钢</td></tr>
<tr><td>耐热钢</td></tr>
<tr><td>耐磨钢</td></tr>
<tr><td>磁钢</td></tr>
<tr><td>粉末冶金</td></tr>
<tr><td colspan="2" rowspan="4">铸铁</td><td colspan="2">白口铸铁</td></tr>
<tr><td colspan="2">灰口铸铁</td></tr>
<tr><td colspan="2">可锻铸铁</td></tr>
<tr><td colspan="2">球墨铸铁</td></tr>
<tr><td rowspan="3">有色金属</td><td colspan="4">铜及铜合金</td></tr>
<tr><td colspan="4">铝及铝合金</td></tr>
<tr><td colspan="4">其他合金：镁合金、钛合金、镍合金、铅合金、锌合金、锡合金等</td></tr>
</table>

## 二、钢铁材料的热处理

钢铁材料的热处理方法及应用见表1-2。

表1-2 钢铁材料的热处理方法及应用

| 类型 | 处理方法 | 目的 | 应用说明 |
| --- | --- | --- | --- |
| 退火 | 将钢件加热到$A_{c3}$+30～50℃或$A_{c1}$+30～50℃或$A_{c1}$以下的温度，经透烧和保温后，一般随炉缓慢冷却 | ①降低硬度，提高塑性，改善切削加工与压力加工性能<br>②细化晶粒，改善力学性能，为下一步工序作准备<br>③消除热、冷加工所产生的内应力 | ①适用于合金结构钢、碳素工具钢、合金工具钢、高速钢等的锻件、焊接件以及供应状态不合格的原材料<br>②一般在毛坯状态进行退火 |
| 正火 | 将钢件加热到$A_{c3}$或$A_{ccm}$以上30～50℃，保温后以稍大于退火的冷却速度冷却 | 正火的目的与退火相似 | 正火通常作为锻件、焊接件以及渗碳零件的预先热处理工序。对于性能要求不高的低碳和中碳的碳素结构钢及低合金钢件，也可以作为最后的热处理。对于一般中、高合金钢，空冷可导致完全或局部淬火，因此不能作为最后热处理工序 |
| 淬火 | 将钢件加热到相变温度$A_{c3}$或$A_{c1}$以上，保温一定时间，然后在水、硝盐、油或空气中快速冷却 | 淬火一般是为了得到高硬度的马氏体组织，有时对某些高合金钢（如不锈钢、耐磨钢）淬火时，则是为了获得单一均匀的奥氏体组织，以提高其耐蚀性和耐磨性 | ①一般均用于含碳量大于0.30%的碳钢和合金钢<br>②淬火能充分发挥钢的强度和耐蚀性潜力，但同时会造成很大的内应力，降低钢的塑性和冲击韧度，故需进行回火，以得到较好的综合力学性能 |
| 回火 | 将淬火后的钢件重新加热到$A_{c1}$以下某一温度，经保温后，于空气或油、热水、水中冷却 | ①降低或消除淬火后的内应力，减少工件的变形和开裂<br>②调整硬度，提高塑性和韧性，获得工作所要求的力学性能<br>③稳定工件尺寸 | ①保持钢在淬火后的高硬度和耐磨性时用低温回火；在保持一定韧性的条件下，提高弹性和屈服强度时用中温回火；以保持高的冲击韧度和塑性为主，又有足够强度时用高温回火<br>②一般钢尽量避免在230～280℃、不锈钢在400～450℃之间回火，因这时会产生一次回火脆性 |
| 调质 | 淬火后高温回火称为调质，即钢件加热到比淬火时高10～20℃的温度，保温后进行淬火，然后在400～720℃的温度下进行回火 | ①改善切削加工性能，提高加工表面光洁程度<br>②减小淬火时的变形和开裂<br>③获得良好的综合力学性能 | ①适用于淬透性较高的合金结构钢、合金工具钢和高速钢<br>②不仅可以作为各种较为重要的结构件的最后热处理，还可作为某些精密件，如丝杠等的预先热处理，以减小变形 |
| 时效 | 将钢件加热到80～200℃，保温5～20h或更长一些时间，然后取出在空气中冷却 | ①稳定钢件淬火后的组织，减小存放或使用期间的变形<br>②减轻淬火以及磨削加工后的内应力，稳定形状和尺寸 | ①适用于经淬火后的各钢种<br>②常用于要求形状不再发生变形的精密工件，如精密丝杠、测量工具、床身箱体等 |
| 冷处理 | 将淬火后的钢件，在低温介质（如干冰、液氮）中冷却到-60～-80℃或更低，温度均匀一致后取出均温到室温 | ①使淬火钢件内的残余奥氏体全部或大部转变为马氏体，从而提高钢件的硬度、强度、耐磨性和疲劳极限<br>②稳定钢的组织，以稳定钢件的形状和尺寸 | ①钢件淬火后应立即进行冷处理，然后再经低温回火，以消除低温冷却时的内应力<br>②冷处理主要适用于合金钢制作的精密刀具、量具和精密零件 |
| 火焰加热表面淬火 | 用氧、乙炔混合气体燃烧的火焰，喷射到钢件表面上，快速加热，当达到淬火温度后立即喷水冷却 | 提高钢件表面硬度、耐磨性及疲劳强度，心部仍保持韧性状态 | ①多用于中碳钢制作，一般淬透层深为2～6mm<br>②适用于单件或小批生产的大型工件和需要局部淬火的工件 |
| 感应加热表面淬火 | 将钢件放入感应器中，使钢件表层产生感应电流，在极短的时间内加热到淬火温度，然后立即喷水冷却 | 提高钢件表面硬度、耐磨性及疲劳强度，心部仍保持韧性状态 | ①多用于中碳钢和中碳合金结构钢制件<br>②由于集肤效应，高频感应加热淬火淬透层一般为1～2mm，中频感应加热淬火一般为3～5mm，工频感应加热淬火一般大于10mm |

续表

| 类型 | 处理方法 | 目的 | 应用说明 |
|---|---|---|---|
| 渗碳 | 将钢件放入渗碳介质中，加热至900～950℃并保温，使钢件表面获得一定浓度和深度的渗碳层 | 提高钢件表面硬度、耐磨性及疲劳强度，心部仍保持韧性状态 | ①多用于0.15%～0.25%的低碳钢及低合金钢制件。一般渗碳层深0.5～2.5mm<br>②渗碳后必须经过淬火，使表面得到马氏体，才能实现渗碳的目的 |
| 渗氮 | 利用在500～600℃时氨气分解出来的活性氮原子，使钢件表面被氮饱和，形成氮化层 | 提高钢件表面的硬度、耐磨性、疲劳强度以及抗蚀能力 | 多用于含有铝、铬、钼等合金元素的中碳合金结构钢，碳钢和铸铁。一般氮化层深度为0.025～0.8mm |
| 氮碳共渗 | 向钢件表面同时渗碳和渗氮 | 提高钢件表面的硬度、耐磨性、疲劳强度以及抗蚀能力 | ①多用于低碳钢、低合金结构钢以及工具钢制件。一般氮化层深度为0.02～3mm<br>②氮化后还需淬火和低温回火 |

注：表中$A_{c_1}$、$A_{c_3}$、$A_{c_{cm}}$指钢的加热临界点。

## 三、常用元素对钢铁材料性能的影响

### 1. 常用元素对铸铁性能的影响（表1-3）

表1-3　常用元素对铸铁性能的影响

| 元素名称 | 对铸铁性能的影响 |
|---|---|
| 碳（C） | 在铸铁中大多呈自由碳（石墨），对铸铁有良好的减摩性、高的消振性、低的缺口敏感性及优良的切削加工性。铸铁的力学性能除基体组织外，主要取决于石墨的形状、大小、数量和分布等因素，如石墨的形状：灰铸铁呈片状，强度低；可锻铸铁呈团絮状，强度较高；球墨铸铁呈球状，强度高 |
| 硅（Si） | 是强烈促进铸铁石墨化的元素，合适的含硅量是铸铁获得所需组织和性能的重要因素 |
| 锰（Mn） | 是阻碍铸铁石墨化的元素，适量的锰有利于铸铁基体获得珠光体组织和铁素体组织，并能消除硫的有害影响 |
| 硫（S） | 有害元素，它阻碍铸铁石墨化，不仅对铸造性能产生有害影响，并使铸铁件变脆 |
| 磷（P） | 对铸铁石墨化影响不强烈的元素，并使铸铁基体中形成硬而脆的组织，使铸铁件脆性增加 |

### 2. 常用元素对钢性能的影响（表1-4）

表1-4　常用元素对钢性能的影响

| 元素名称 | 对钢性能的影响 |
|---|---|
| 碳（C） | 在钢中随着含碳量增加，可提高钢的强度和硬度，但降低塑性和韧性。碳与钢中某些合金元素化合形成各种碳化物，对钢的性能产生不同的影响 |
| 硅（Si） | 提高钢的强度和耐回火性，特别是经淬火、回火后能提高钢的屈服极限和弹性极限。含硅量高的钢，其磁性和电阻均明显提高，但硅有促进石墨化倾向，当钢中含碳量高的时候，影响更大。此外，对钢还有脱碳和存在第二类回火脆性倾向。硅元素在钢筋钢、弹簧钢和电工钢中应用较多 |
| 锰（Mn） | 提高钢的强度和显著提高钢的淬透性，能消除和减少硫对钢产生的热脆性。含锰量高的钢，经冷加工或冲击后具有高的耐磨性，但有促使钢的晶粒长大和增加第二类回火脆性的倾向。锰元素在结构钢、钢筋钢、弹簧钢中应用较多 |
| 铬（Cr） | 提高钢的强度、淬透性和细化晶粒，提高韧性和耐磨性，但存在第二类回火脆性的倾向。含铬量高的钢，能增大抗腐蚀的能力，与镍元素等配合能提高钢的抗氧化性和热强性，并进一步提高抗腐蚀性。铬是结构钢、工具钢、轴承钢、不锈钢和耐热钢中应用很广的元素 |
| 钼（Mo） | 与钨有相似的作用，还能提高钢的淬透性，在高速工具钢中常以钼代钨，从而减轻含钨高速钢碳化物堆集的程度，提高力学性能 |
| 钒（V） | 能细化晶粒，提高钢的强度和韧性，提高钢的耐磨性和热硬性以及耐回火性。在高速工具钢中经多次回火有二次硬化的作用 |
| 钛（Ti） | 与钒有相似的作用。在以钛为主要合金元素的合金钢有较小的密度、较高的高温强度，在镍铬不锈钢中有减少晶间腐蚀的作用 |

续表

| 元素名称 | 对钢性能的影响 |
| --- | --- |
| 镍（Ni） | 提高钢的强度，而对塑性和韧性影响不大，含量高时与铬配合能显著提高钢的耐腐蚀性和耐热性。它应用广泛，特别是在不锈钢和耐热钢中 |
| 铌（Nb） | 能细化晶粒，沉淀强化效果好，使钢的屈服点提高 |
| 铜（Cu） | 提高钢的耐腐蚀性，同时有固溶强化作用，提高了屈服极限，但钢的塑性、韧性下降。当含铜量超过 0.4% ～ 0.5% 时，使钢件在热加工时表面容易产生裂纹 |
| 铝（Al） | 能细化晶粒，从而提高钢的强度和韧性。用铝脱氧的镇静钢，能降低钢的时效倾向，如冷轧低碳薄钢板，经精轧后可长期存放，不产生应变时效 |
| 硼（B） | 微量的硼能显著提高钢的淬透性，但当含碳量增加时，使淬透性下降。因此，硼加入含碳量 < 0.6% 的低碳或中碳钢中作用明显 |
| 硫（S） | 增加钢中非金属夹杂物，使钢的强度降低，在热加工时，容易产生脆性（热脆性），但稍高的含硫量能改善低碳钢的可加工性 |
| 磷（P） | 增加钢中的非金属夹杂物，使钢的强度和塑性降低，特别是在低温时更严重（冷脆性），但稍高的含磷量能改善低碳钢的可加工性 |

# 第二节　公差配合与表面粗糙度

## 一、极限与配合

### 1. 基本术语和定义（表 1–5）

表 1–5　基本术语和定义

| 基本术语 | | 术语定义 |
| --- | --- | --- |
| 轴 | 轴 | 通常指工件的圆柱形外表面，也包括非圆柱形外表面（由两平行平面或切面形成的被包容面） |
| | 基准轴 | 在基轴制配合中选作基准的轴（GB/T 1800.1—2009），即上偏差为零的轴 |
| 孔 | 孔 | 通常指工件的圆柱形内表面，也包括非圆柱形内表面（由两平行平面或切面形成的包容面） |
| | 基准孔 | 在基孔制配合中选作基准的孔（GB/T 1800.1—2009），即下偏差为零的孔 |
| 尺寸 | 尺寸 | 以特定单位表示线性尺寸值的数值 |
| | 基本尺寸 | 通过它应用上、下偏差可算出极限尺寸的尺寸，如图 1-1 所示（基本尺寸可以是一个整数或一个小数值） |
| | 局部实际尺寸 | 一个孔或轴的任意横截面中的任一距离，即任何两相对点之间测得的尺寸 |
| | 极限尺寸 | 一个孔或轴允许的尺寸的两个极端。实际尺寸应位于其中，也可达到极限尺寸 |
| | 最大极限尺寸 | 孔或轴允许的最大尺寸 |
| | 最小极限尺寸 | 孔或轴允许的最小尺寸 |
| | 实际尺寸 | 通过测量获得的某一孔、轴的尺寸 |
| 极限制 | | 经标准化的公差与偏差制度 |
| 零线 | | 在极限与配合图解中，表示基本尺寸的一条直线，以其为基准确定偏差和公差，如图 1-1 所示。通常零线沿水平方向绘制，正偏差位于其上，负偏差位于其下，如图 1-2 所示 |
| 偏差 | 偏差 | 某一尺寸（实际尺寸、极限尺寸等）减其基本尺寸所得的代数差 |
| | 极限偏差 | 包含上偏差和下偏差。轴的上、下偏差代号用小写字母 es、ei 表示；孔的上、下偏差代号用大写字母 ES、EI 表示 |
| | 上偏差 | 最大极限尺寸减其基本尺寸所得的代数差 |
| | 下偏差 | 最小极限尺寸减其基本尺寸所得的代数差 |
| | 基本偏差 | 在本标准（GB/T 1800.1—2009）极限与配合制中，确定公差带相对零线位置的那个极限偏差（它可以是上偏差或下偏差），一般为靠近零线的那个偏差为基本偏差 |

续表

| 基本术语 | | 术语定义 |
|---|---|---|
| 尺寸公差 | 尺寸公差（简称公差） | 最大极限尺寸减最小极限尺寸之差，或上偏差减下偏差之差。它是允许尺寸的变动量（尺寸公差是一个没有符号的绝对值） |
| | 标准公差（IT） | 本标准（GB/T 1800.1—2009）极限与配合制中，所规定的任一公差 |
| | 标准公差等级 | 本标准（GB/T 1800.1—2009）极限与配合制中，同一公差等级（如 IT7）对所有基本尺寸的一组公差被认为具有同等精确程度 |
| | 公差带 | 在公差带图解中，由代表上偏差和下偏差或最大极限尺寸和最小极限尺寸的两条直线所限定的一个区域。它是由公差大小和其相对零线的位置（如基本偏差）来确定，如图 1-2 所示 |
| | 标准公差因子（$i$，$I$） | 在本标准（GB/T 1800.1—2009）极限与配合制中，用以确定标准公差的基本单位，该因子是基本尺寸的函数（标准公差因子 $i$ 用于基本尺寸至 500mm；标准公差因子，用于基本尺寸大于 500mm） |
| 间隙 | 间隙 | 孔的尺寸减去相配合轴的尺寸之差为正值，如图 1-3 所示 |
| | 最小间隙 | 在间隙配合中，孔的最小极限尺寸减轴的最大极限尺寸之差，如图 1-4 所示 |
| | 最大间隙 | 在间隙配合或过渡配合中，孔的最大极限尺寸减轴的最小极限尺寸之差，如图 1-4 和图 1-5 所示 |
| 过盈 | 过盈 | 孔的尺寸减去相配合的轴的尺寸之差为负值，如图 1-6 所示 |
| | 最小过盈 | 在过盈配合中，孔的最大极限尺寸减轴的最小极限尺寸之差，如图 1-7 所示 |
| | 最大过盈 | 在过盈配合或过渡配合中，孔的最小极限尺寸减轴的最大极限尺寸之差，如图 1-7 和图 1-10 所示 |
| 配合 | 配合 | 基本尺寸相同、相互结合的孔和轴公差带之间的关系 |
| | 间隙配合 | 具有间隙（包括最小间隙等于零）的配合。此时，孔的公差带在轴的公差带之上，如图 1-8 所示 |
| | 过盈配合 | 具有过盈（包括最小过盈等于零）的配合。此时，孔的公差带在轴的公差带之下，如图 1-9 所示 |
| | 过渡配合 | 可能具有间隙或过盈的配合。此时，孔的公差带与轴的公差带相互交叠，如图 1-10 所示 |
| | 配合公差 | 组成配合的孔、轴公差之和。它是允许间隙或过盈的变动量（配合公差是一个没有符号的绝对值） |
| 配合制 | 配合制 | 同一极限制的孔和轴组成配合的一种制度 |
| | 基轴配合制 | 基本偏差一定的轴的公差带，与不同基本偏差的孔的公差带形成各种配合的一种制度。对本标准（GB/T 1800.1—2009）极限与配合制，是轴的最大极限尺寸与基本尺寸相等、轴的上偏差为零的一种配合制，如图 1-11 所示 |
| | 基孔配合制 | 基本偏差一定的孔的公差带，与不同基本偏差的轴的公差带形成各种配合的一种制度。对本标准（GB/T 1800.1—2009）极限与配合制，是孔的最小极限尺寸与基本尺寸相等，孔的下偏差为零的一种配合制，如图 1-12 所示 |
| 最大实体极限（MML） | | 对应于孔或轴的最大实体尺寸的那个极限尺寸，即轴的最大极限尺寸、孔的最小极限尺寸。最大实体尺寸是孔或轴具有允许的材料量为最多时状态下的极限尺寸 |
| 最小实体极限（LML） | | 对应于孔或轴的最小实体尺寸的那个极限尺寸，即轴的最小极限尺寸、孔的最大极限尺寸。最小实体尺寸是孔或轴具有允许材料量为最小的状态下的极限尺寸 |

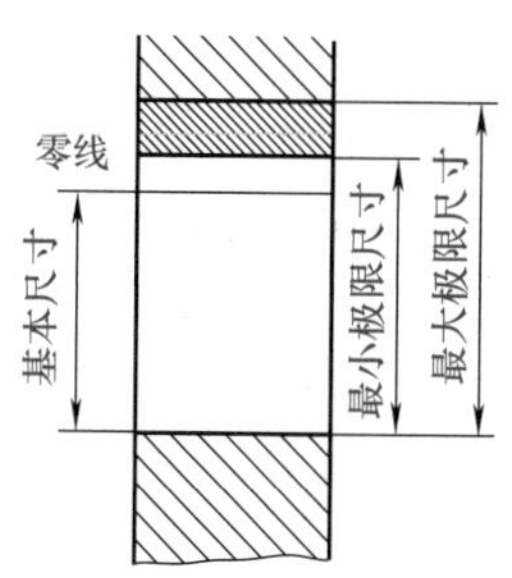

图 1-1　基本尺寸、最大极限尺寸和最小极限尺寸

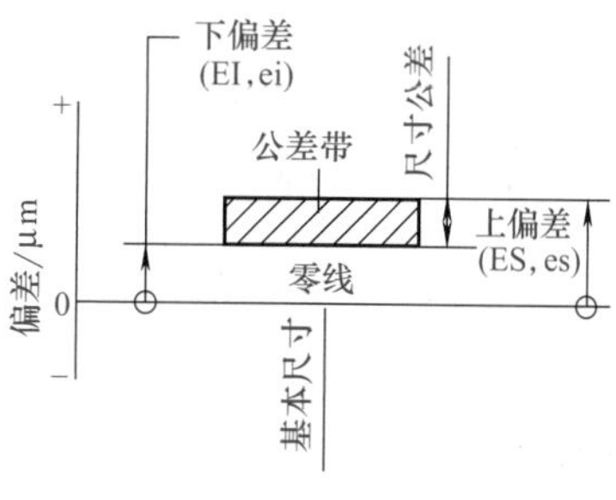


图 1-2　公差带图解

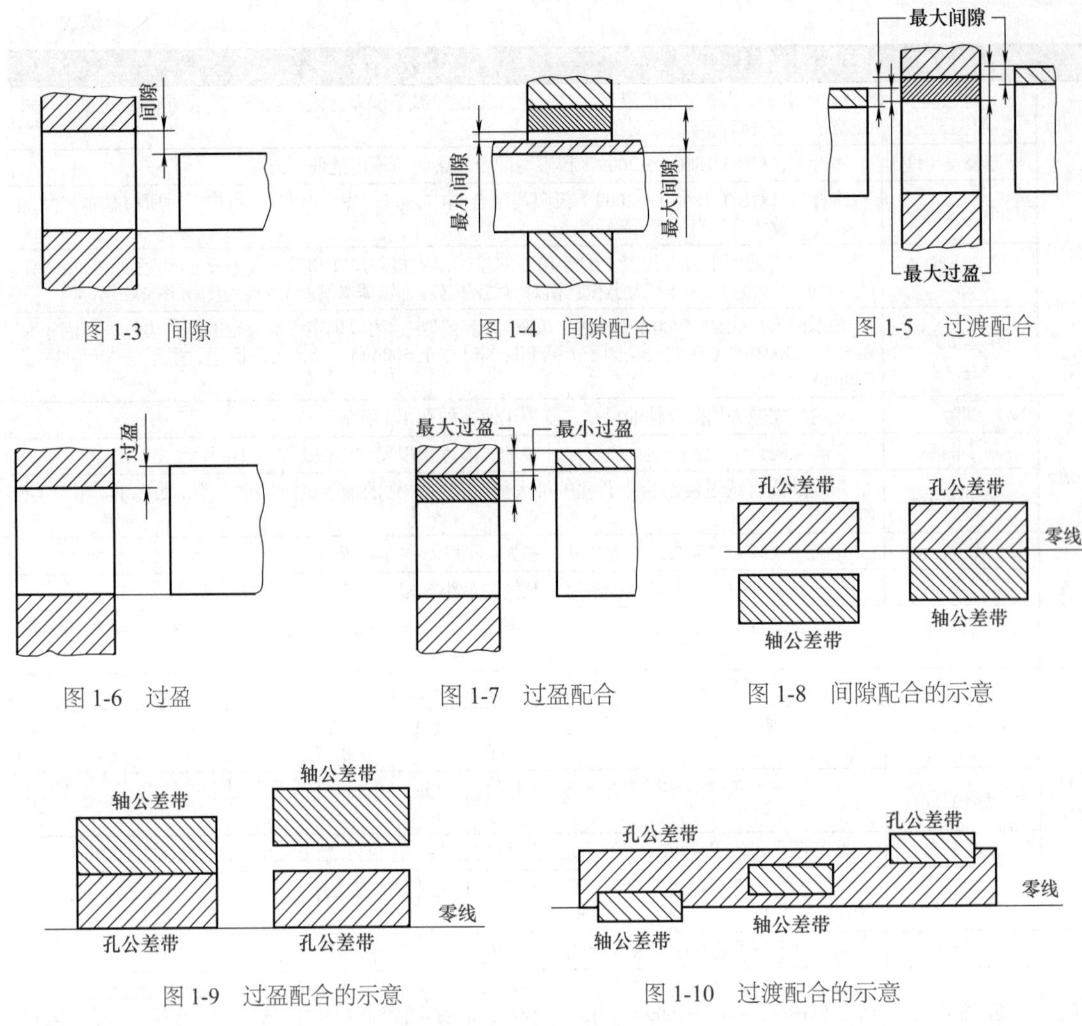


图 1-3　间隙

图 1-4　间隙配合

图 1-5　过渡配合

图 1-6　过盈

图 1-7　过盈配合

图 1-8　间隙配合的示意

图 1-9　过盈配合的示意

图 1-10　过渡配合的示意

轴“h”

基本尺寸

图 1-11　基轴配合制

水平实线代表轴或孔的基本偏差；
虚线代表另一极限，表示轴和孔之间可能的不同组合，与它们的公差等级有关

孔“H”

基本尺寸

图 1-12　基孔配合制

水平实线代表孔或轴的基本偏差；
虚线代表另一极限，表示孔和轴之间可能的不同组合，与它们的公差等级有关

2. 基本规定

（1）基本尺寸分段（表 1-6）

表 1-6　基本尺寸分段　　单位：mm

| 主段落 | | 中间段落 | | 主段落 | | 中间段落 | |
|---|---|---|---|---|---|---|---|
| 大于 | 至 | 大于 | 至 | 大于 | 至 | 大于 | 至 |
| — | 3 | — | — | 315 | 400 | 315 | 355 |
| 3 | 6 | — | — | | | 355 | 400 |
| 6 | 10 | — | — | 400 | 500 | 400 | 450 |
| 10 | 18 | 10 | 14 | | | 450 | 500 |
| | | 14 | 18 | 500 | 630 | 500 | 560 |
| 18 | 30 | 18 | 24 | | | 560 | 630 |
| | | 24 | 30 | 630 | 800 | 630 | 710 |
| 30 | 50 | 30 | 40 | | | 710 | 800 |
| | | 40 | 50 | 800 | 1000 | 800 | 900 |
| 50 | 80 | 50 | 65 | | | 900 | 1000 |
| | | 65 | 80 | 1000 | 1250 | 1000 | 1120 |
| 80 | 120 | 80 | 100 | | | 1120 | 1250 |
| | | 100 | 120 | 1250 | 1600 | 1250 | 1400 |
| 120 | 180 | 120 | 140 | | | 1400 | 1600 |
| | | 140 | 160 | 1600 | 2000 | 1600 | 1800 |
| | | 160 | 180 | | | 1800 | 2000 |
| 180 | 250 | 180 | 200 | 2000 | 2500 | 2000 | 2500 |
| | | 200 | 225 | | | 2240 | 2500 |
| | | 225 | 250 | 2500 | 3150 | 2500 | 2800 |
| 250 | 315 | 250 | 280 | | | | |
| | | 280 | 315 | | | 2800 | 3150 |

（2）标准公差的等级、代号及数值

标准公差分 20 级，即 IT01、IT0、IT1 ～ IT18。IT 表示标准公差，公差的等级代号用阿拉伯数字表示。从 IT01 ～ IT18 等级依次降低，当其与代表基本偏差的字母一起组成公差带时，省略“IT”字母，如 h7，各级标准公差的数值规定见表 1-7。

表 1-7　标准公差数值

| 基本尺寸/mm | | 公差等级 | | | | | | | | | |
|---|---|---|---|---|---|---|---|---|---|---|---|
| | | IT01 | IT0 | IT1 | IT2 | IT3 | IT4 | IT5 | IT6 | IT7 | IT8 |
| 大于 | 至 | μm | | | | | | | | | |
| — | 3 | 0.3 | 0.5 | 0.8 | 1.2 | 2 | 3 | 4 | 6 | 10 | 14 |
| 3 | 6 | 0.4 | 0.6 | 1 | 1.5 | 2.5 | 4 | 5 | 8 | 12 | 18 |
| 6 | 10 | 0.4 | 0.6 | 1 | 1.5 | 2.5 | 4 | 6 | 9 | 15 | 22 |
| 10 | 18 | 0.5 | 0.8 | 1.2 | 2 | 3 | 5 | 8 | 11 | 18 | 27 |
| 18 | 30 | 0.6 | 11 | 1.5 | 2.5 | 4 | 6 | 9 | 13 | 21 | 33 |
| 30 | 50 | 0.6 | 1 | 1.5 | 2.5 | 4 | 7 | 11 | 16 | 25 | 39 |
| 50 | 80 | 0.8 | 1.2 | 2 | 3 | 5 | 8 | 13 | 19 | 30 | 46 |
| 80 | 120 | 1 | 1.5 | 2.5 | 4 | 6 | 10 | 15 | 22 | 35 | 54 |
| 120 | 180 | 1.2 | 2 | 3.5 | 5 | 8 | 12 | 18 | 25 | 40 | 63 |
| 180 | 250 | 2 | 3 | 4.5 | 7 | 10 | 14 | 20 | 29 | 46 | 72 |
| 250 | 315 | 2.5 | 4 | 6 | 8 | 12 | 16 | 23 | 32 | 52 | 81 |
| 315 | 400 | 3 | 5 | 7 | 9 | 13 | 18 | 25 | 36 | 57 | 89 |
| 400 | 500 | 4 | 6 | 8 | 10 | 15 | 20 | 27 | 40 | 63 | 97 |

续表

| 基本尺寸/mm | | 公差等级 | | | | | | | | | |
|---|---|---|---|---|---|---|---|---|---|---|---|
| | | IT9 | IT10 | IT11 | IT12 | IT13 | IT14 | IT15 | IT16 | IT17 | IT18 |
| 大于 | 至 | μm | | | mm | | | | | | |
| — | 3 | 25 | 40 | 60 | 0.10 | 0.14 | 0.25 | 0.40 | 0.60 | 1.0 | 1.4 |
| 3 | 6 | 30 | 48 | 75 | 0.12 | 0.18 | 0.30 | 0.48 | 0.75 | 1.2 | 1.8 |
| 6 | 10 | 36 | 58 | 90 | 0.15 | 0.22 | 0.36 | 0.58 | 0.90 | 1.5 | 2.2 |
| 10 | 18 | 43 | 70 | 110 | 0.18 | 0.27 | 0.43 | 0.70 | 1.10 | 1.8 | 2.7 |
| 18 | 30 | 52 | 84 | 130 | 0.21 | 0.33 | 0.52 | 0.84 | 1.30 | 2.1 | 3.3 |
| 30 | 50 | 62 | 100 | 160 | 0.25 | 0.39 | 0.62 | 1.00 | 1.60 | 2.5 | 3.9 |
| 50 | 80 | 74 | 120 | 190 | 0.30 | 0.46 | 0.74 | 1.20 | 1.90 | 3.0 | 4.6 |
| 80 | 120 | 87 | 140 | 220 | 0.35 | 0.54 | 0.87 | 1.40 | 2.20 | 3.5 | 5.4 |
| 120 | 180 | 100 | 160 | 250 | 0.40 | 0.63 | 1.00 | 1.60 | 2.50 | 4.0 | 6.3 |
| 180 | 250 | 115 | 185 | 290 | 0.46 | 0.72 | 1.15 | 1.85 | 2.90 | 4.6 | 7.2 |
| 250 | 315 | 130 | 210 | 320 | 0.52 | 0.81 | 1.30 | 2.10 | 3.20 | 5.2 | 8.1 |
| 315 | 400 | 140 | 230 | 360 | 0.57 | 0.89 | 1.40 | 2.30 | 3.60 | 5.7 | 8.9 |
| 400 | 500 | 155 | 250 | 400 | 0.63 | 0.97 | 1.55 | 2.50 | 4.00 | 6.3 | 9.7 |

注：基本尺寸小于 1mm 时，无 IT14 ～ IT18。

（3）基本偏差的代号

基本偏差的代号用拉丁字母表示，大写的代号代表孔，小写的代号代表轴，各 28 个。

孔的基准偏差代号有：A、B、C、CD、D、E、EF、F、FG、G、H、J、JS、K、M、N、P、R、S、T、U、V、X、Y、Z、ZA、ZB、ZC。

轴的基准偏差代号有：a、b、c、cd、d、e、ef、f、fg、g、h、j、js、k、m、n、p、r、s、t、u、v、x、y、z、za、zb、zc。其中，H 代表基准孔，h 代表基准轴。

（4）偏差代号

偏差代号规定如下：孔的上偏差 ES，孔的下偏差 EI；轴的上偏差 es，轴的下偏差 ei。

（5）轴的极限偏差

轴的基本偏差从 a ～ h 为上偏差，从 j ～ zc 为下偏差。轴的另一个偏差（下偏差或上偏差），根据轴的基本偏差和标准公差，按以下代数式计算：

$$ei=es-IT \text{ 或 } es=ei+IT$$

（6）孔的极限偏差

孔的基本偏差从 A ～ H 为下偏差，从 J ～ ZC 为上偏差。

孔的另一个偏差（上偏差或下偏差），根据孔的基本偏差和标准公差，按以下代数式计算：

$$ES=EI+IT \text{ 或 } EI=ES-IT$$

（7）公差带代号

孔、轴公差带代号用基本偏差代号与公差等级代号组成。如 H8、F8、K7、P7 等为孔的公差带代号；h7、f7 等为轴的公差带代号。其表示方法可以用下列示例之一：

孔：$\phi$50H8，$\phi 50^{+0.039}_{0}$，$\phi$50H8（$^{+0.039}_{0}$）

轴：$\phi 50f7$，$\phi 50^{-0.025}_{-0.050}$，$\phi 50f7\left(^{-0.025}_{-0.050}\right)$

（8）基准制

标准规定有基孔制和基轴制。在一般情况下，优先采用基孔制。如有特殊需要，允许将任一孔、轴公差带组成配合。

（9）配合代号

用孔、轴公差带的组合表示，写成分数形式，分子为孔的公差带，分母为轴的公差带，例如：H8/f 7 或 $\frac{H8}{f7}$。其表示方法可用以下示例之一：

$$\phi 50H8/f7 \text{ 或 } \phi 50\ \frac{H8}{f7}\text{；}10H7/n6 \text{ 或 } 10\ \frac{H7}{n6}$$

（10）配合分类

标准的配合有三类，即间隙配合、过渡配合和过盈配合。属于哪一类配合取决于孔、轴公差带的相互关系。基孔制（基轴制）中，a ～ h（A ～ H）用于间隙配合；j ～ zc（J ～ ZC）用于过渡配合和过盈配合。

（11）公差带及配合的选用原则

孔、轴公差带及配合，首先采用优先公差带及优先配合，其次采用常用公差带及常用配合，再次采用一般用途公差带。必要时，可按标准所规定的标准公差与基本偏差组成孔、轴公差带及配合。

（12）极限尺寸判断原则

孔或轴的尺寸不允许超过最大实体尺寸。即对于孔，其尺寸应不小于最小极限尺寸；对于轴，则应不大于最大极限尺寸。

在任何位置上的实际尺寸不允许超过最小实体尺寸，即对于孔，其实际尺寸应不大于最大极限尺寸；对于轴，则应不小于最小极限尺寸。

## 二、形状和位置公差

### 1. 形状和位置公差符号

（1）形状公差特征项目的符号（表 1-8）

表 1-8　形状公差特征项目的符号

| 公差 | | 特征项目 | 符号 | 有无基准要求 |
|---|---|---|---|---|
| 形状 | | 直线度 | — | 无 |
| | | 平面度 | ▱ | 无 |
| | | 圆度 | ○ | 无 |
| | | 圆柱度 | ⌭ | 无 |
| 形状或位置 | 轮廓 | 线轮廓度 | ⌒ | 有或无 |
| | | 面轮廓度 | ⌓ | 有或无 |
| 位置 | 定向 | 平行度 | // | 有 |
| | | 垂直度 | ⊥ | 有 |
| | | 倾斜度 | ∠ | 有 |

续表

| 公差 | | 特征项目 | 符号 | 有无基准要求 |
|---|---|---|---|---|
| 位置 | 定位 | 位置度 | ⌖ | 有或无 |
| | | 同轴（同心）度 | ◎ | 有 |
| | | 对称度 | ⌯ | 有 |
| | 跳动 | 圆跳动 | ↗ | 有 |
| | | 全跳动 | ⌰ | 有 |

（2）被测要素、基准要素的标注方法

被测要素、基准要素的标注方法见表 1-9。如要求在公差带内进一步限制被测要素的形状，则应在公差值后面加注符号（表 1-10）。

表 1-9　被测要素、基准要素的标注方法

| 符号 | 说明 | | 符号 | 说明 |
|---|---|---|---|---|
| | 直接 | 被测要素的标注 | Ⓜ | 最大实体要求 |
| A | 用字母 | | Ⓛ | 最小实体要求 |
| [A] | 基准要素的标注 | | Ⓡ | 可逆要求 |
| φ2/A1 | 基准目标的标注 | | Ⓟ | 延伸公差带 |
| [50] | 理论正确尺寸 | | Ⓕ | 自由状态（非刚性零件）零件 |
| Ⓔ | 包容要求 | | | 全周（轮廓） |

表 1-10　被测要素形状的限制符号

| 含　义 | 符号 | 举　例 |
|---|---|---|
| 只许中间向材料内凹下 | （−） | — t (−) |
| 只许中间向材料外凸起 | （+） | ▱ t (+) |
| 只许从左至右减小 | （▷） | ⌭ t (▷) |
| 只许从右至左减小 | （◁） | ⌭ t (◁) |

## 2. 形状和位置公差未注公差值

（1）形状公差的未注公差值

① 直线度和平面度的未注公差值见表 1-11。选择公差值时，对于直线度应按其相应线的长度选择；对于平面应按其表面的较长一侧或圆表面的直径选择。

表 1-11　直线度和平面度的未注公差值

| 公差等级 | 基本长度范围 /mm | | | | | |
|---|---|---|---|---|---|---|
| | ≤ 10 | > 10 ～ 30 | > 30 ～ 100 | > 100 ～ 300 | > 300 ～ 1000 | > 1000 ～ 3000 |
| H | 0.02 | 0.05 | 0.1 | 0.2 | 0.3 | 0.4 |
| K | 0.05 | 0.1 | 0.2 | 0.4 | 0.6 | 0.8 |
| L | 0.1 | 0.2 | 0.4 | 0.8 | 1.2 | 1.6 |

② 圆度的未注公差值等于标准的直径公差值，但不能大于表 1-12 中圆跳动的未注公差值。

表 1-12　圆跳动的未注公差值

| 公差等级 | 圆跳动公差值 /mm |
|---|---|
| H | 0.1 |
| K | 0.2 |
| L | 0.5 |

③ 圆柱度的未注公差值不做规定。圆柱度误差由三个部分组成；圆度、直线度和相对素线的平行度误差，而其中每一项误差均由它们的注出公差或未注公差控制。如因功能要求，圆柱度应小于圆度、直线度和平行度的未注公差的综合结果，应在被测要素上按 GB/T 11802 的规定注出圆柱度公差值，或采用包容要求。

（2）位置公差的未注公差值

① 平行度的未注公差值等于给出的尺寸公差值，或直线度和平面度未注公差值中的相应公差值取较大者。应取两要素中的较长者作为基准；若两要素的长度相等，则可选任一要素为基准。

② 垂直度的未注公差值，见表 1-13。取形成直角的两边中较长的一边作为基准，较短的一边作为被测要素；若边的长度相等，则可取其中的任意一边为基准。

表 1-13　垂直度的未注公差值

| 公差等级 | 基本长度范围 /mm | | | |
|---|---|---|---|---|
| | ≤ 100 | > 100 ～ 300 | > 300 ～ 1000 | > 1000 ～ 3000 |
| H | 0.2 | 0.3 | 0.4 | 0.5 |
| K | 0.4 | 0.6 | 0.8 | 1 |
| L | 0.6 | 1 | 1.5 | 2 |

③ 对称度的未注公差值，见表 1-14。应取两要素中较长者作为基准，较短者作为被测要素；若两要素长度相等则可选任一要素为基准。

表 1-14　对称度的未注公差值

| 公差等级 | 基本长度范围 /mm | | | |
|---|---|---|---|---|
| | ≤ 100 | > 100 ～ 300 | > 300 ～ 1000 | > 1000 ～ 3000 |
| H | 0.5 | | | |
| K | 0.6 | | 0.8 | 1 |
| L | 0.6 | 1 | 1.5 | 2 |

④ 同轴度的未注公差值未作规定。在极限状况下，同轴度的未注公差值与圆跳动的未注公差值相等。

⑤ 圆跳动（径向、端面和斜向）的未注公差值，见表 1-12。对于圆跳动未注公差值，应以设计和工艺给出的支承面作为基准，否则应取两要素中较长的一个作为基准；若两要素的长度相等，则可选任一要素为基准。

### 3. 图样上注出公差值的规定

（1）规定了公差值或数系表的项目

① 直线度、平面度。

② 圆度、圆柱度。

③ 平行度、垂直度、倾斜度。

④ 同轴度、对称度、圆跳动和全跳动。

⑤ 位置度数系。

GB/T 1182—2018 附录提出的公差值，是以零件和量具在标准温度（20℃）下测量为准。

（2）公差值的选用原则

① 根据零件的功能要求，并考虑加工的经济性和零件的结构、刚性等情况，按表中数系确定要素的公差值，并考虑下列情况。

a. 在同一要素上给出的形状公差值应小于位置公差值。如果求平行的两个表面，其平面度公差值应小于平行度公差值。

b. 圆柱形零件的形状公差值（轴线的直线度除外）一般情况下应小于其尺寸公差值。

c. 平行度公差值应小于其相应的距离公差值。

② 对于下列情况，考虑到加工的难易程度和除主参数外其他参数的影响，在满足零件功能的要求下，适当降低 1 ～ 2 级选用。

a. 孔相对于轴。

b. 长径比较大的轴或孔。

c. 距离较大的轴或孔。

d. 宽度较大（一般大于 1/2 长度）的零件表面。

e. 线对线和线对面相对于面对面的平行度。

f. 线对线和线对面相对于面对面的垂直度。

## 三、表面粗糙度

表面粗糙度是指加工表面所具有的较小间距和微小峰谷的微观几何形状的尺寸特征。工件加工表面的这些微观几何形状误差称为表面粗糙度。

### 1. 评定表面粗糙度的参数

表面粗糙度基本术语符号新旧标准的对照见表 1-15。表面粗糙度参数符号新旧标准的对照见表 1-16。

表 1-15　表面粗糙度基本术语符号新旧标准的对照

| GB/T 3505—2009 | GB/T 3505—1983 | 基本术语 |
|---|---|---|
| $lr$ | $l$ | 取样长度 |
| $ln$ | $l_n$ | 评定长度 |
| $Z(x)$ | $y$ | 纵坐标值 |
| $Zp$ | $y_p$ | 轮廓峰高 |
| $Zv$ | $y_v$ | 轮廓谷深 |
| $Zt$ | — | 轮廓单元的高度 |
| $Xs$ | — | 轮廓单元的宽度 |
| $Ml(c)$ | $\eta_p$ | 在水平位置 $c$ 上轮廓的实体材料长度 |

表 1-16　表面粗糙度参数符号新旧标准的对照

| GB/T 3505—2009 | GB/T 3505—1983 | 参　数 |
|---|---|---|
| *Rsm* | $S_m$ | 轮廓单元的平均宽度 |
| *Rmr*(*c*) | — | 轮廓的支承长度率 |
| *Rv* | $R_m$ | 最大轮廓谷深 |
| *Rp* | $R_p$ | 最大轮廓峰高 |
| *Rz* | $R_y$ | 轮廓的最大高度 |
| *Ra* | $R_a$ | 评定轮廓的算术平均偏差 |
| *Rmr* | $t_p$ | 相对支承比率 |
| — | $R_z$ | 微观不平度十点高度 |

规定评定表面粗糙度的参数应从幅度参数、间距参数、混合参数及曲线和相关参数中选取。这里主要介绍幅度参数。

（1）幅度参数

① 轮廓算术平均偏差（*Ra*）　指在取样长度内纵坐标值的算术平均值，代号为 *Ra*，如图 1-13 所示。其表达式近似为：

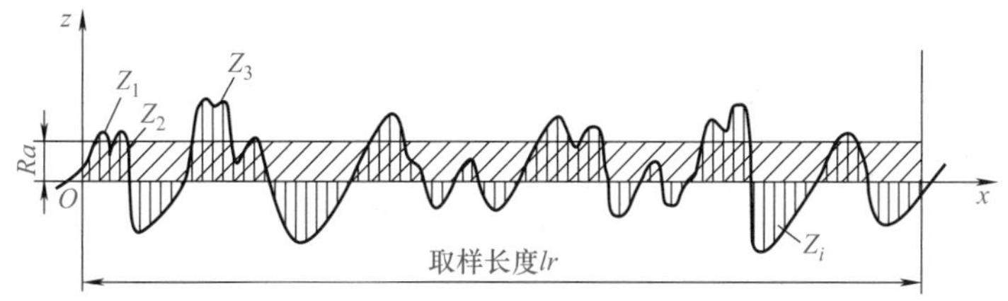


图 1-13　轮廓算术平均偏差 *Ra*

$$Ra \approx \frac{1}{n}(|Z_1|+|Z_2|+\cdots+|Z_n|)=\frac{1}{n}\sum_{i=1}^{n}|Z_i|$$

式中，$|Z_1|$、$|Z_2|$、…、$|Z_n|$ 分别为轮廓线上各点的轮廓偏距，即各点到轮廓中线的距离。*Ra* 参数测量方便，能充分反映表面微观几何形状的特性。*Ra* 的系列值见表 1-17。

表 1-17　轮廓算术平均偏差 *Ra* 的系列值　　单位：μm

| 系列值 | 补充系列值 | 系列值 | 补充系列值 | 系列值 | 补充系列值 |
|---|---|---|---|---|---|
| 0.012 | 0.008，0.010 | 0.40 | 0.25，0.32 | 12.5 | 8.0，10.0 |
| 0.025 | 0.016，0.020 | 0.80 | 0.50，0.63 | 25 | 16.0，20 |
| 0.05 | 0.032，0.040 | 1.60 | 1.00，1.25 | 50 | 32，40 |
| 0.10 | 0.063，0.080 | 3.2 | 2.0，2.5 | 100 | 63，80 |
| 0.20 | 0.125，0.160 | 6.3 | 4.0，5.0 | — | — |

② 轮廓最大高度 *Rz*　指在取样长度内，最大的轮廓峰高 *Rp* 与最大的轮廓谷深 *Rv* 之和的高度，代号为 *Rz*，如图 1-14 所示。*Rz* 的表达式可表示为：

$$Rz=Rp+Rv$$

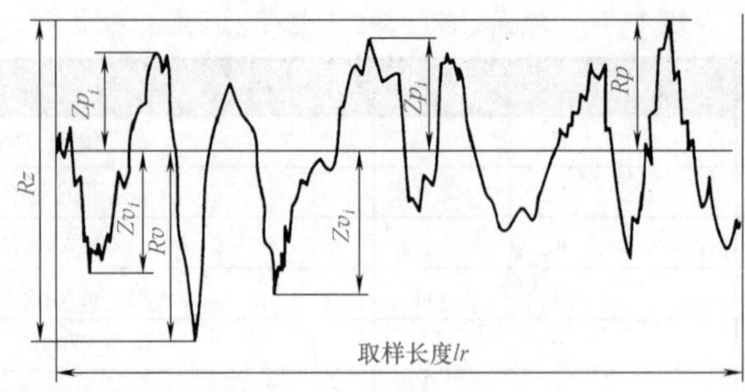


图 1-14　轮廓最大高度 *Rz*

*Rz* 的系列值见表 1-18。

表 1-18　轮廓最大高度 *Rz* 的系列值　　　单位：μm

| 系列值 | 补充系列值 | 系列值 | 补充系列值 | 系列值 | 补充系列值 |
|---|---|---|---|---|---|
| 0.025 | —，— | 1.60 | 1.00，1.25 | 100 | 63，80 |
| 0.05 | 0.032，0.040 | 3.2 | 2.0，2.5 | 200 | 125，160 |
| 0.10 | 0.063，0.080 | 6.3 | 4.0，5.0 | 400 | 250，320 |
| 0.20 | 0.125，0.160 | 12.5 | 8.0，10.0 | 800 | 500，630 |
| 0.40 | 0.25，0.32 | 25 | 16.0，20 | 1600 | 1000，1250 |
| 0.80 | 0.50，0.63 | 50 | 32，40 | — | —，— |

（2）取样长度（*lr*）

取样长度是指用于判别被评定轮廓不规则特征的 *X* 轴上的长度，代号为 *lr*。为了在测量范围内较好反映表面粗糙度的实际情况，标准规定取样长度按表面粗糙程度选取相应的数值，在取样长度范围内，一般至少包含 5 个轮廓峰和轮廓谷。规定和选择取样长度的目的是为限制和削弱其他几何形状误差，尤其是表面波纹度对测量结果的影响。

（3）评定长度（*ln*）

评定长度是指用于判别被评定轮廓的 *X* 轴上方向的长度，代号为 *ln*。它可以包含一个或几个取样长度。为了较充分和客观地反映被测表面的粗糙度，须连续取几个取样长度的平均值作为测量结果。国标规定，*ln*=5*lr* 为默认值。选取评定长度的目的是减小被测表面上表面粗糙度的不均匀性的影响。

取样长度与幅度参数之间有一定的联系，一般情况下，在测量 *Ra*、*Rz* 时推荐按表 1-19 选取对应的取样长度值。

表 1-19　取样长度（*lr*）和评定长度（*ln*）的数值

| *Ra* | *Rz* | *lr* | *ln*（*ln*=5*lr*） |
|---|---|---|---|
| ＞（0.006）～ 0.02 | ＞（0.025）～ 0.1 | 0.08 | 0.4 |
| ＞ 0.02 ～ 0.1 | ＞ 0.1 ～ 0.5 | 0.25 | 1.25 |
| ＞ 0.1 ～ 2 | ＞ 0.5 ～ 10 | 0.8 | 4 |
| ＞ 2 ～ 10 | ＞ 10 ～ 50 | 2.5 | 12.5 |
| ＞ 10 ～ 80 | ＞ 50 ～ 200 | 8 | 40 |

**2. 表面粗糙度符号、代号及标注**

（1）表面粗糙度的图形符号（表 1-20）

表 1-20　表面粗糙度的图形符号

| 符号类型 | | 图形符号 | 意义 |
| --- | --- | --- | --- |
| 基本图形符号 | | | 仅用于简化代号标注，没有补充说明时不能单独使用 |
| 扩展图形符号 | 要求去除材料的图形符号 | | 在基本图形符号上加一短横，表示指定表面是用去除材料的方法获得，如通过机械加工获得的表面 |
| | 不去除材料的图形符号 | | 在基本图形符号上加一个圆圈，表示指定表面是用不去材料方法获得 |
| 完整图形符号 | 允许任何工艺 | | 当要求标注表面粗糙度特征的补充信息时，应在图形的长边上加一横线 |
| | 去除材料 | | |
| | 不去除材料 | | |
| 工件轮廓各表面的图形符号 | | | 当在图样某个视图上构成封闭轮廓的各表面有相同的表面粗糙度要求时，应在完整图形符号上加一圆圈，标注在图样中工件的封闭轮廓线上。如果标注会引起歧义时，各表面应分别标注 |

（2）表面粗糙度代号

在表面粗糙度符号的规定位置上，注出表面粗糙度数值及相关的规定项目后就形成了表面粗糙度代号。表面粗糙度数值及其相关的规定在符号中注写的规定位置如图 1-15 所示。其标注方法说明如下：

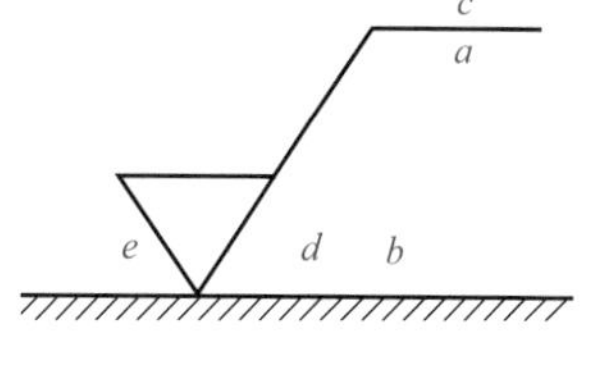

图 1-15　表面粗糙度标注方法

① 位置 *a* 注写表面粗糙度的单一要求　标注表面粗糙度参数代号、极限值和取样长度。为了避免误解，在参数代号和极限值间应插入空格。取样长度后应有一斜线“/”，之后是表面粗糙度参数符号，最后是数值，如：-0.8/*Rz*6.3。

② 位置 *a* 和 *b* 注写两个或多个表面粗糙度要求　在位置 *a* 注写一个表面粗糙度要求，方法同①。在位置 *b* 注写第二个表面粗糙度要求。如果要注写第三个或更多个表面粗糙度要求，图形符号应在垂直方向扩大，以空出足够的空间。扩大图形符号时，*a* 和 *b* 的位置随之上移。

③ 位置 *c* 注写加工方法　注写加工方法、表面处理、涂层或其他加工工艺要求等。如车、磨、镀等加工表面。

④ 位置 *d* 注写表面纹理和方向　注写所要求的表面纹理和纹理的方向，如“=”“×”“M”。

⑤ 位置 *e* 注写加工余量　注写所要求的加工余量，以 mm 为单位给出数值。

（3）表面粗糙度评定参数的标注

表面粗糙度评定参数必须注出参数代号和相应数值，数值的单位均为微米（μm），数值的判断规则有两种：

① 16% 规则，是所有表面粗糙度要求默认规则；

② 最大规则，应用于表面粗糙度要求时，则参数代号中应加上“max”。

当图样上标注参数的最大值（max）或（和）最小值（min）时，表示参数中所有的实测值均不得超过规定值。当图样上采用参数的上限值（用 U 表示）或（和）下限值（用 L 表示）时（表中未标注 max 或 min 的），表示参数的实测值中允许少于总数的 16% 的实测值超过规定值。具体标注示例及意义见表 1-21。

表 1-21　表面粗糙度代号的标注示例及意义

| 符　号 | 含义 / 解释 |
|---|---|
| Rz 0.4 | 表示不允许去除材料，单向上限值，粗糙度的最大高度 0.4μm，评定长度为 5 个取样长度（默认），“16% 规则”（默认） |
| Rz max 0.2 | 表示去除材料，单向上限值，粗糙度最大高度的最大值 0.2μm，评定长度为 5 个取样长度（默认），“最大规则”（默认） |
| − 0.8/Ra3 3.2 | 表示去除材料，单向上限值，取样长度 0.8μm，算术平均偏差 3.2μm，评定长度包含 3 个取样长度，“16% 规则”（默认） |
| U Ra max 3.2<br>L Ra 0.8 | 表示不允许去除材料，双向极限值，上限值：算术平均偏差 3.2μm，评定长度为 5 个取样长度（默认），“最大规则”，下限值：算术平均偏差 0.8μm，评定长度为 5 个取样长度（默认），“16% 规则”（默认） |
| 车<br>Rz 3.2 | 零件的加工表面的粗糙度要求由指定的加工方法获得时，用文字标注在符号上边的横线上 |
| Fe/Ep·Ni15pCr0.3r<br>Rz 0.8 | 在符号的横线上面可注写镀（涂）覆或其他表面处理要求。镀覆后达到的参数值这些要求也可在图样的技术要求中说明 |
| 铣<br>Ra 0.8<br>Rz 13.2<br>⊥ | 需要控制表面加工纹理方向时，可在完整符号的右下角加注加工纹理方向符号 |
| 车<br>Rz 3.2<br>3 | 在同一图样中，有多道加工工序的表面可标注加工余量时。加工余量标注在完整符号的左下方，单位为 mm（左图为 3mm 加工余量） |

注：评定长度（*ln*）的标注。若所标注的参数代号没有“max”，表明采用的有关标准中默认的评定长度；若不存在默认的评定长度时，参数代号中应标注取样长度的个数，如 *Ra*3、*Rz*3、*Rsm*3、…（要求评定长度为 3 个取样长度）。

### 3. 各级表面粗糙度的表面特征、经济加工方法及应用举例（表 1-22）

表 1-22　各级表面粗糙度的表面特征、经济加工方法及应用举例

| 表面粗糙度 | | 表面外观情况 | 获得方法举例 | 应用举例 |
|---|---|---|---|---|
| 级别 | 名称 | | | |
| Ra 1.6 | 光面 | 可辨加工痕迹方向 | 金刚石车刀精车、精铰、拉刀加工、精磨、珩磨、研磨、抛光 | 要求保证定心及配合特性的表面，如轴承配合表面、锥孔等 |
| Ra 0.8 | | 微辨加工痕迹方向 | | 要求能长期保持规定的配合特性，如标准公差为 IT6、IT7 的轴和孔 |
| Ra 0.4 | | 不可辨加工痕迹方向 | | 主轴的定位锥孔，$d < 20$mm 淬火的精确轴的配合表面 |

续表

| 表面粗糙度 | | 表面外观情况 | 获得方法举例 | 应用举例 |
|---|---|---|---|---|
| 级别 | 名称 | | | |
| $Ra$ 12.5 | 半光面 | 可见加工痕迹 | 精车、精刨、精铣、刮研和粗磨 | 支架、箱体和盖等的非配合面，一般螺纹支承面 |
| $Ra$ 6.3 | | 微见加工痕迹 | | 箱、盖、套筒要求紧贴的表面，键和键槽的工作表面 |
| $Ra$ 3.2 | | 看不见加工痕迹 | | 要求有不精确定心及配合特性的表面，如支架孔、衬套、带轮工作表面 |
| $Ra$ 0.2 | 最光面 | 暗光泽面 | 超精磨、研磨抛光、镜面磨 | 保证精确的定位锥面、高精度滑动轴承表面 |
| $Ra$ 0.1 | | 亮光泽面 | | 精密机床主轴颈、工作量规、测量表面、高精度轴承滚道 |
| $Ra$ 0.05 | | 镜状光泽面 | | 精密仪器和附件的摩擦面、用光学观察的精密刻度尺 |
| $Ra$ 0.025 | | 雾状镜面 | | 坐标镗床的主轴颈、仪器的测量表面 |
| $Ra$ 0.012 | | 镜面 | | 量块的测量面、坐标镗床的镜面轴 |
| $Ra$ 100 | 粗面 | 明显可见刀痕 | 毛坯经过粗车、粗刨、粗铣等加工方法所获得的表面 | 一般的钻孔、倒角、没有要求的自由表面 |
| $Ra$ 50 | | 可见刀痕 | | |
| $Ra$ 25 | | 微见刀痕 | | |

## 第三节　铣削基础知识

铣削是广泛使用的切削加工方法之一，它适用于加工平面、台阶面、沟槽、成形表面以及切断等。铣刀的每一个刀齿都相当于一把车刀，其切削基本规律与车削相似，但铣削是断续切削，切削厚度和切削面积随时在变化，所以铣削过程又具有其特殊规律。

### 一、铣削过程的基本规律

在金属切削过程中，会出现一系列物理现象，如切削变形、切削力、切削热、刀具磨损以及加工表面质量等，这些都是以切屑形成过程为基础的，而切削过程中出现的积屑瘤、断屑等问题，又都同切削过程中的变形规律有关。因此，研究这些物理现象和问题的发生与变化规律，对于正确刃磨和合理使用刀具、充分发挥刀具的切削性能、合理选择切削用量、提高生产效率和工件的加工质量，以及降低生产成本等都有重要意义。

### 1. 切屑的种类

由于工件材料性质不同，切削条件不同，切削过程中的滑移变形程度也就不同，因此主要产生三种类型的切屑（表 1-23）。

表 1-23　切屑的种类

| 类别 | 图示 | 说　明 |
|---|---|---|
| 带状切屑 | | 如左图所示。它的内表面光滑，外表面呈毛茸状，如用放大镜观察，在外表面上也可看到剪切面的条纹，但每个单元很薄。一般在加工塑性金属材料时，因切削厚度较小，切削速度较高，刀具前角较大，会形成这类切屑 |
| 挤裂切屑 | | 如左图所示。它的内表面有时有裂纹，外表面呈锯齿形。这类切屑大都是在切削速度较低、切削厚度较大、刀具前角较小时，由于切削剪切滑移量较大，在局部地方破裂而形成的 |
| 崩碎切屑 | | 在切削脆性金属材料时，由于材料的塑性很小，抗拉强度较低，刀具切入后，靠近切削刃和前刀面的局部金属未经塑性变形就被挤裂或脆断，形成不规则的崩碎切屑。工件材料越硬越脆、刀具前角越小、切削厚度越大时，越容易产生这类切屑，如左图所示 |

### 2. 金属切削过程

切削时，在刀具切削刃的切割和前刀面的推挤作用下，使被切削的金属层产生变形、剪切滑移而变成切屑，这个过程称为切削过程，如图 1-16 所示。在图 1-16（a）中，只考虑剪切面的滑移（模拟状态），把金属层的各单元比喻为平行四边形的卡片，实际上由于刀具前刀面的强烈挤压，这些单元的底面被挤压伸长，其形状变成如图 1-16（b）所示的近似梯形 *abcd* 了，将许多梯形叠起来，就形成了卷曲的切屑。

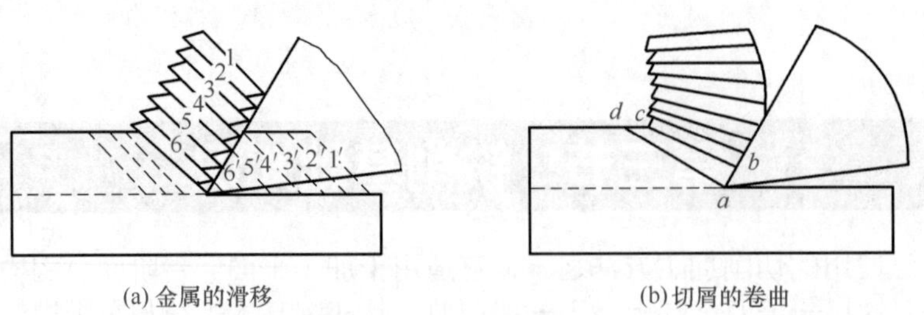


(a) 金属的滑移　　(b) 切屑的卷曲

图 1-16　金属切削过程示意图

在切削过程中，金属材料的变形大致可发生在三个变形区域，如图 1-17 所示。一般将剪切区称为第一变形区，其位置如图 1-17 中Ⅰ所示。靠前刀面与切屑的接触区称为第二变形区，如图 1-17 中Ⅱ所示，积屑瘤、刀具磨损等现象主要取决于第二变形区的变形。在已加工表面处发生的显著变形，主要是已加工表面受到切削刃和后刀面挤压及摩擦造成的，这部分称为第三变形区，如图 1-17 中Ⅲ所示。

大部分塑性变形集中于第一变形区，切削变形的大小主要按第一变形区衡量。

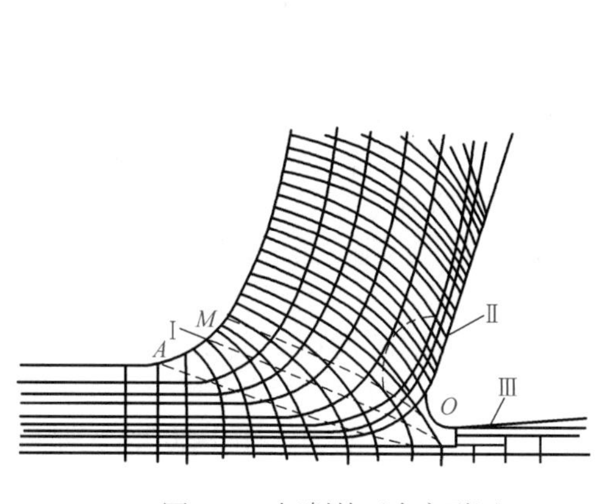


图 1-17　切削的三个变形区

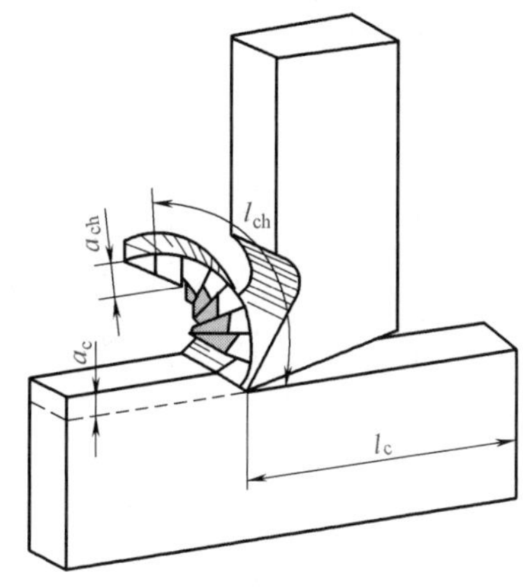


图 1-18　切屑收缩示意图

### 3. 切屑收缩

在切削过程中，被切金属层经过滑移变形而出现的切屑长度缩短、厚度增加的现象，称为切屑收缩，如图 1-18 所示。切屑收缩的程度用收缩系数 $\xi$ 表示：

$$\xi=\frac{l_c}{l_{ch}}=\frac{a_{ch}}{a_c}>1$$

式中　$\xi$——收缩系数；

$l_c$，$a_c$——切削层长度和厚度，mm；

$l_{ch}$，$a_{ch}$——切屑长度和厚度，mm。

收缩系数 $\xi$ 比较容易测量，所以能直观地反映切削变形程度的大小。当材料相同而切削条件不同时，$\xi$ 大说明切削变形大；当切削条件相同而材料不同时，$\xi$ 大说明材料塑性大。一般切削中碳钢时，$\xi$=2 ～ 3。

### 4. 积屑瘤

用中等切削速度切削钢料或其他塑性金属时，有时在刀具前刀面上靠近切削刃处牢固地粘着一小块金属，这就是积屑瘤。

切削过程中，由于金属的变形和摩擦，使切屑和前刀面之间产生很大的压力和很高的温度。当摩擦力大于切屑内部的结合力时，切屑底层的一部分金属就“冷焊”在前刀面上靠近切削刃处（因未达到焊接的熔化温度），形成积屑瘤。积屑瘤对加工的影响如图 1-19 所示。

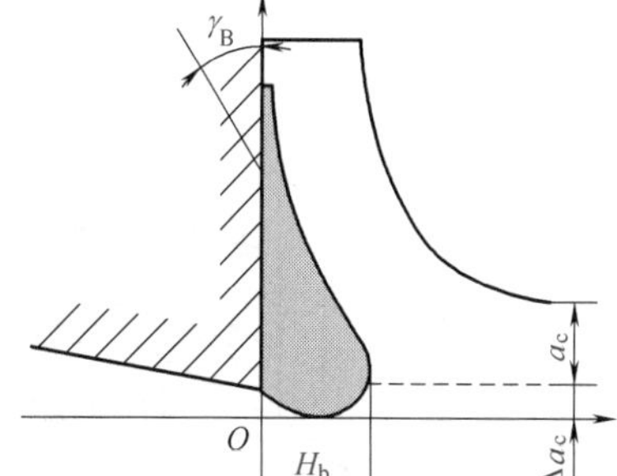


图 1-19　积屑瘤增大实际前角和增加切削厚度示意图

（1）保护刀具

积屑瘤的硬度约为工件材料硬度的 2 ～ 3 倍，就像一个刃口圆弧半径较大的楔块，能代替切削刃进行切削，且保护了切削刃和前刀面，减少了刀具的磨损。

（2）增大实际前角

有积屑瘤的刀具，实际前角增大了，因而减少了切屑的变形，降低了切削力。

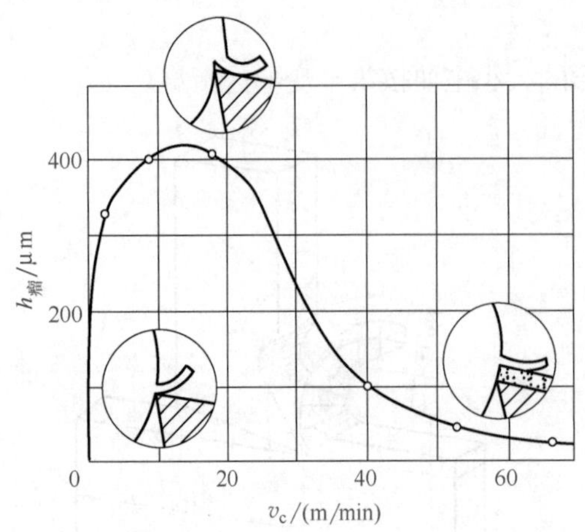


图 1-20　切削速度对积屑瘤的影响

（3）影响工件表面的质量和尺寸精度

积屑瘤的底部较上部稳定（积屑瘤的前端伸出在切削刃之外，使切削厚度增大了 $\Delta a_c$），但是通常条件下，积屑瘤总是不稳定的，它时大时小，时积时失，在切削过程中，一部分积屑瘤被切屑带走，一部分嵌入工件已加工表面，使工件表面形成硬点和毛刺，表面粗糙度值变大，同时也加速了刀具的磨损。

为了抑制或避免积屑瘤的产生，可采取以下措施：

① 控制切削速度，尽量使用很低或很高的切削速度，避开产生积屑瘤的中等切削速度（15～30m/min）范围（图 1-20），这是降低工件表面粗糙度值的好办法。

② 减小切削厚度，采用小的进给量或小的主偏角 $\kappa_r$。

③ 使用高效率的切削液，研磨刀具的前刀面，以减少摩擦。

④ 增大刀具前角，减小切削变形。

⑤ 当工件材料硬度很低、塑性过高时，可进行适当的热处理，以提高材料硬度、降低塑性，也可抑制积屑瘤的产生。

## 二、铣削力与铣削功率

铣削力的来源主要有两个方面：一是切屑形成过程中，弹性变形及塑性变形产生的抗力；二是刀具与切屑及工件表面之间的摩擦阻力。克服这两个方面的力就构成了切削合力，它作用于前刀面和后刀面上。

铣削时，每个切削的刀齿都受到变形抗力和摩擦力的作用。每个刀齿的切削位置和切削面积随时在变化，所以作用在每个刀齿上的铣削力大小和方向也在不断地变化。为方便起见，通常假定各刀齿上作用力的合力作用在刀齿上某点，如图 1-21 所示，它可以分解为切向铣削力 $F_c$、径向铣削力 $F_p$ 和轴向铣削力 $F_f$。切向铣削力 $F_c$ 是沿铣刀主运动方向的分力，

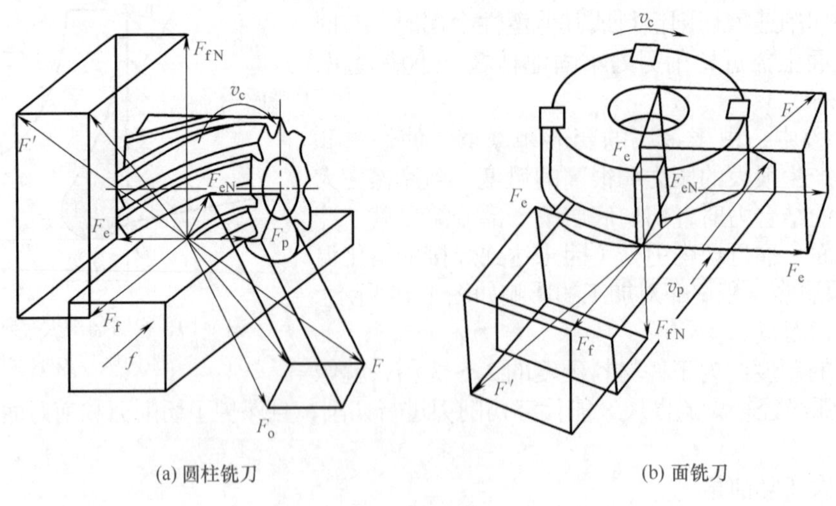


(a) 圆柱铣刀　　(b) 面铣刀

图 1-21　铣削力

它消耗的功率最多，是主要的铣削力；径向铣削力 $F_p$ 和轴向铣削力 $F_f$ 的大小与圆柱铣刀的螺旋角 $\beta$ 有关，与面铣刀的主偏角有关，且计算公式有：

$$F=\sqrt{F_f^2+F_e^2+F_{fN}^2}=\sqrt{F_c^2+F_{cN}^2+F_p^2}$$

作用在工件上的合力 $F'$ 与 $F$ 大小相等，方向相反，如图 1-21 所示。为方便机床、夹具的设计和测量，把它沿着铣床工作台运动的方向分解为三个分力：纵向进给分力 $F_f$、横向进给分力 $F_e$ 和垂直进给分力 $F_{fN}$。

铣削时，各铣削分力与切向铣削力 $F_c$ 有一定的比例，见表 1-24。如果求出 $F_c$，便可计算出 $F_f$、$F_e$ 和 $F_{fN}$，同时也可以求出铣削功率 $P_m$：

$$P_m=\frac{F_c v_c}{60\times10^3}$$

式中 $P_m$——铣削功率，kW；

$v_c$——切削速度，m/min；

$F_c$——切向铣削力，N。

表 1-24 各铣削力之间的比值

| 铣削条件 | 比值 | 对称铣削 | 不对称铣削 | |
|---|---|---|---|---|
| | | | 逆铣 | 顺铣 |
| 端面铣削<br>$a_p$=(0.4～0.8)$d_0$<br>$f_z$=0.1～0.2mm | $F_f/F_c$ | 0.3～0.4 | 0.6～0.9 | 0.15～0.30 |
| | $F_e/F_c$ | 0.85～0.95 | 0.45～0.7 | 0.9～1.00 |
| | $F_{fN}/F_c$ | 0.5～0.55 | 0.5～0.55 | 0.5～0.55 |
| 圆柱铣削<br>$a_p$=0.05$d_0$<br>$f_z$=0.1～0.2mm | $F_f/F_c$ | — | 1.0～1.20 | 0.8～0.90 |
| | $F_{fN}/F_c$ | | 0.2～0.3 | 0.75～0.80 |
| | $F_e/F_c$ | | 0.35～0.40 | 0.35～0.40 |

注：$f_z$ 是每齿进给量。

## 三、切削热和切削温度

### 1. 切削热和切削温度的概念

切削热是切削过程的重要物理现象之一。切削温度能改变前刀面上的摩擦系数、工件材料的性质，影响积屑瘤的大小、已加工表面的质量、刀具的磨损量和使用寿命以及生产率等。切削热来源于切削层金属发生弹性变形和塑性变形产生的热量，以及切屑与前刀面、工件与后刀面摩擦产生的热量。切削过程中，上述变形与摩擦消耗的功绝大部分转化为热能。

切削热通过切屑、工件、刀具和周围介质传散。切削热传至各部分的比例，一般情况是切屑带走的热量最多。如不使用切削液，以中等切削速度切削钢时，切削热的 50%～86% 由切屑带走；10%～40% 传入工件；3%～9% 传入刀具；1% 左右传入周围空气。

切削温度一般是指切削区域的平均温度。它的高低是由产生热和传散热两个方面综合影响的结果。

### 2. 影响切削温度的主要因素（表 1-25）

表 1-25　影响切削温度的主要因素

| 影响因素 | 说　明 |
|---|---|
| 刀具角度 | 前角 $\gamma_0$ 影响切削变形和摩擦，对切削温度的影响较明显。前角增大、变形和摩擦减小，产生的热量减少，切削温度下降。但前角过大，由于楔角 $\beta_0$ 减小，使刀具散热条件变差，切削温度反而略有上升<br>加大主偏角 $\kappa_r$ 后，在相同的背吃刀量下，主切削刃参加切削的长度 $l$ 缩短，使切削热相对集中，并由于刀尖角 $\varepsilon_r$ 减小，使散热条件变差，切削温度将升高 |
| 铣削用量 | 切削用量 $v_c$、$f$、$a_p$ 增大，切削温度升高，其中切削速度 $v_c$ 的影响最大，进给量 $f$ 次之，背吃刀量 $a_p$ 的影响最小 |
| 工件材料 | 工件材料是通过其强度、硬度和热导率等性能不同而影响切削温度的。例如，强度和硬度较高的材料，消耗的功率与生产的热量较多，切削温度较高。当工件材料的硬度和强度相同时，则塑性和韧性越好，切削温度越高 |
| 切削液 | 切削液能起冷却和润滑作用，可减少切削热的产生，并使切削温度显著降低 |

# 第四节　铣削过程及铣削加工的范围

## 一、铣工的工作内容

机械零件一般都是由毛坯通过各种不同的加工方法而达成所需形状和尺寸的。铣削加工是常用的切削加工方法之一。

所谓铣削，就是以铣刀旋转作为主运动，工件或铣刀做进给运动的切削加工方法，铣削过程中的进给运动可以是直线运动，也可以是曲线运动，因此，铣削的加工范围比较广，生产效率和加工精度也较高。铣工的工作内容如图 1-22 所示。

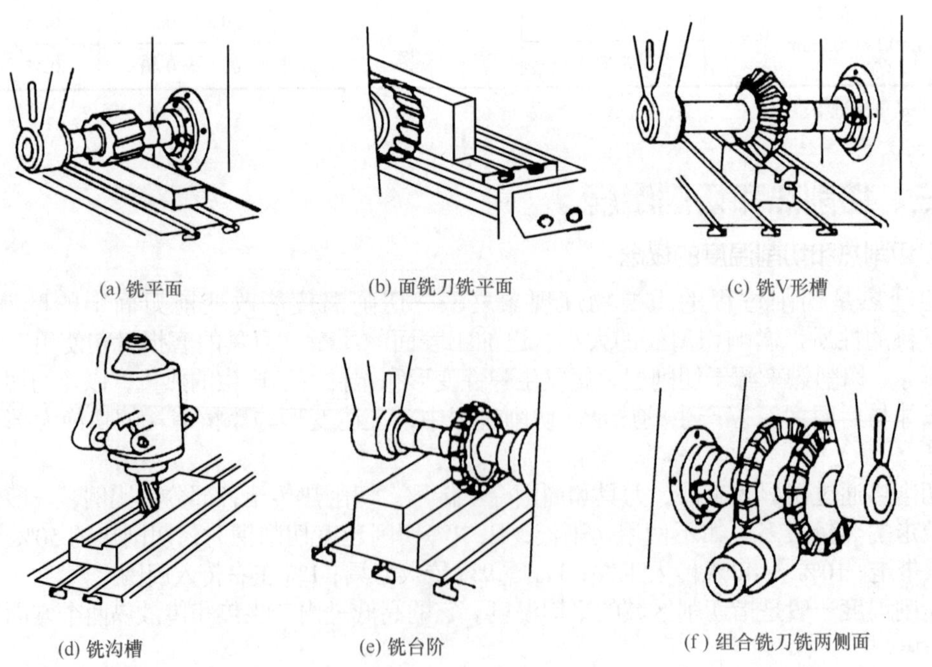

(a) 铣平面　(b) 面铣刀铣平面　(c) 铣V形槽　(d) 铣沟槽　(e) 铣台阶　(f) 组合铣刀铣两侧面

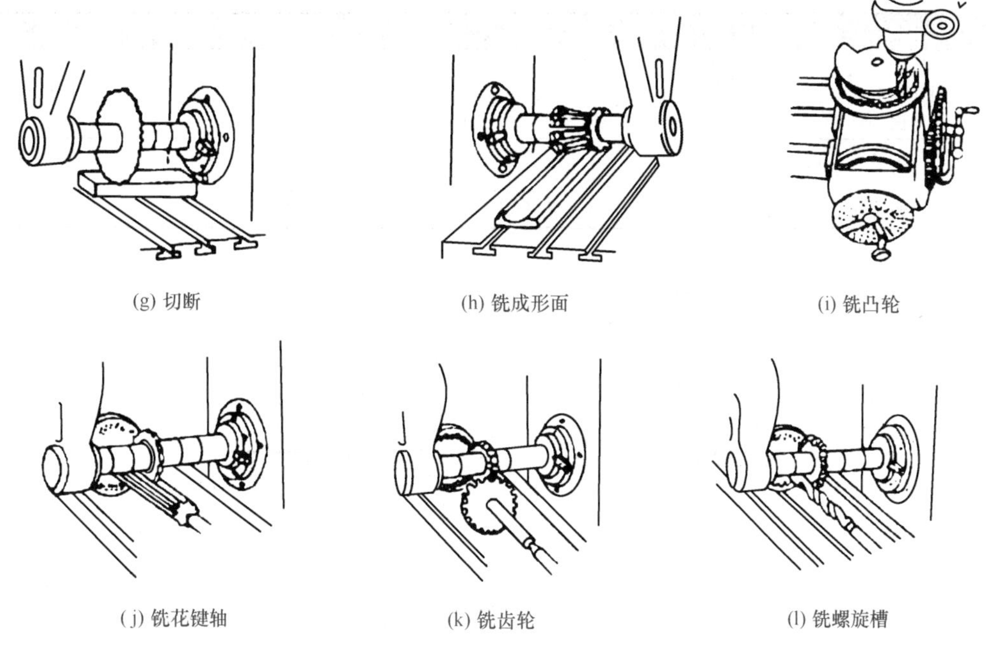

(g) 切断　(h) 铣成形面　(i) 铣凸轮

(j) 铣花键轴　(k) 铣齿轮　(l) 铣螺旋槽

图 1-22　铣工的工作内容

## 二、铣削过程

铣刀是一种多刃刀具，同时工作的齿数较多，可以采用阶梯铣削，也可采用高速铣削，故生产率较高。铣削过程是一个断续切削的过程，刀齿切入、切出工件的瞬时，要产生冲击和振动，当振动频率与机床固有频率一致时，振动会加剧，造成刀齿崩刃，甚至损坏机床零部件。另外，由于铣削厚度周期性的变化而导致铣削力变化，也会引起振动，因此对铣床和刀杆的刚性及刀齿强度的要求都比较高。刀齿参加切削的时间短，虽然有利于刀齿的散热和冷却，但周期性的热变形又会引起切削刃的热疲劳裂纹，甚至造成刀齿剥落或崩刃。铣削过程见表 1-26。

表 1-26　铣削过程

| 类别 | 说　明 |
| --- | --- |
| 逆铣 | ①工件的进给方向与铣刀的旋转方向相反［图 1-23（a）］<br>②铣削力的垂直分力向上，工件需要较大的夹紧力<br>③铣削厚度由零开始逐渐增至最大［图 1-23（b）］，当刀齿刚接触工件时，其铣削厚度为零，然后刀面与工件产生挤压和摩擦，会加速刀齿的磨损，降低铣刀的寿命和工件已加工表面的质量，造成加工硬化层 |
| 顺铣 | ①工件的进给方向与铣刀的旋转方向相同［图 1-24（a）］<br>②铣削力的垂直分力向下，将工件压向工作台，铣削较平稳<br>③刀齿以最大铣削厚度切入工件而逐渐减小至零［图 1-24（b）］，后刀面与工件无挤压、摩擦现象，加工表面精度较高<br>④因刀齿突然切入工件会加速刀齿的磨损，降低铣刀的寿命，故不适用于铣削带硬皮的工件<br>⑤铣削力的水平分力与工件进给方向相同，因此，当机床工作台的进给丝杠与螺母有间隙，而又没有消除间隙的装置时，不宜采用顺铣 |
| 对称铣削 | 对称铣削（图 1-25）<br>铣刀位于工件宽度的对称线上，切入和切出处的铣削厚度最小又不为零，因此，对铣削具有冷硬层的淬硬钢有利。其切入边为逆铣、切出边为顺铣 |

续表

| 类别 | 说　明 |
|---|---|
| 不对称逆铣 | 不对称逆铣（图 1-26）<br>铣刀以最小铣削厚度（不为零）切入工件，以最大厚度切出工件。因切入厚度较小，减小了冲击，对提高铣刀寿命有利，适合于铣削碳素钢和一般合金钢 |
| 不对称顺铣 | 不对称顺铣（图 1-27）<br>铣刀以较大的铣削厚度切入工件，又以较小的厚度切出工件。虽然铣削时具有一定的冲击性，但可以避免切削刃切入冷硬层。适合于铣削冷硬性材料、不锈钢、耐热合金等 |

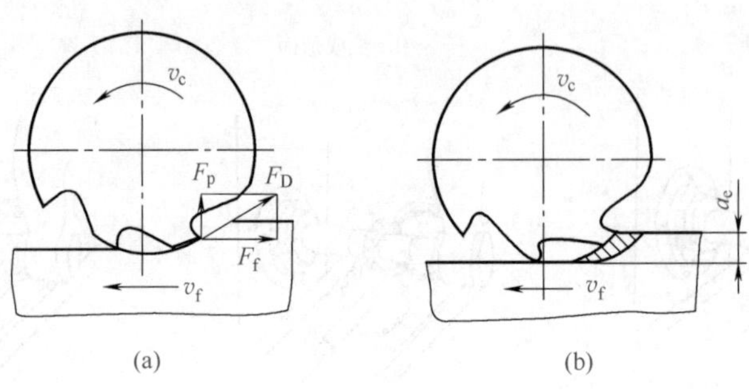


图 1-23　逆铣

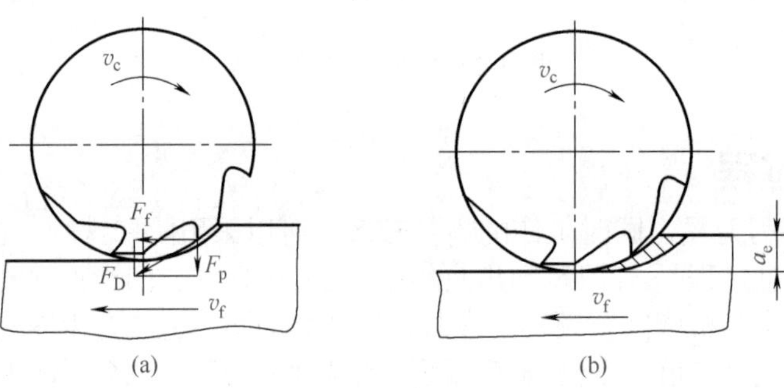


图 1-24　顺铣

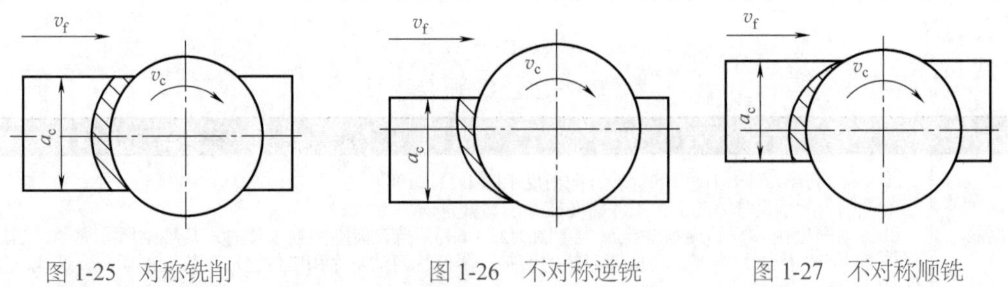


图 1-25　对称铣削　　图 1-26　不对称逆铣　　图 1-27　不对称顺铣

## 三、铣削（数控铣削）方式

铣削是铣刀旋转做主运动，工件或铣刀做进给运动的切削加工方法。数控铣削是一种应用非常广泛的数控切削加工方法，能完成数控铣削加工的设备主要是数控铣床和加工中心。

与数控车削比较，数控铣削有如下特点：

① 多刃切削　铣刀同时有多个刀齿参加切削，生产效率高。

② 断续切削　铣削时刀齿依次切入和切出工件，易引起周期性的冲击振动。

③ 半封闭切削　铣削的刀齿多，每个刀齿的容屑空间小，呈半封闭状态，容屑和排屑

条件差。

另外，铣削加工时，还存在周铣与面铣、顺铣与逆铣等加工方式的选择。

（1）周铣与面铣

铣刀对平面的加工，有周铣与面铣两种方式，如图 1-28 所示。周铣平面时，平面度主要取决于铣刀的圆柱素线的直线度。因此，在精铣平面时，铣刀的圆柱度一定要高。用面铣的方法铣出的平面，其平面度主要取决于铣床主轴轴线与进给方向的垂直度。同样是平面加工，方法不同，影响质量的因素也不同。因此，有必要对周铣与面铣进行比较。

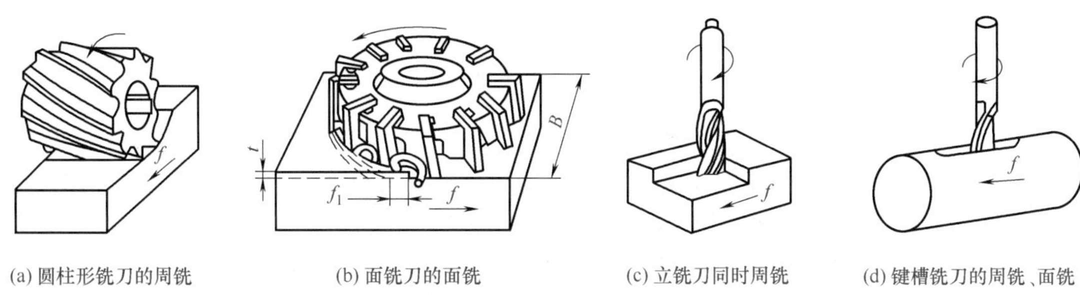


图 1-28　周铣与面铣

① 面铣用的面铣刀装夹刚性较好，铣削时振动较小。而周铣用的圆柱铣刀刀杆较长、直径较小、刚性较差，容易产生弯曲变形和引起振动。

② 面铣时同时工作的刀齿数比周铣时多，工作较平稳。这时因为面铣时刀齿在铣削层宽度的范围内工作。而周铣时刀齿仅在铣削层侧向深度的范围内工作。一般情况下，铣削层宽度比铣削层深度要大得多，所以面铣的面铣刀和工件的接触面较大，同时工作的刀齿数也多，铣削力波动小。而在周铣时，为了减小振动，可选用大螺旋角铣刀来弥补这一缺点。

③ 面铣用面铣刀切削，其刀齿的主、副切削刃同时工作，由主切削刃切去大部分余量，副切削刃则可起到修光作用，铣刀齿刃负荷分配也较合理，铣刀使用寿命较长，且加工表面的表面粗糙度值也比较小。而周铣时，只有圆周上的主切削刃在工作，不但无法消除加工表面的残留面积，而且铣刀装夹后的径向圆跳动也会反映到加工工件的表面上。

④ 面铣时选用的面铣刀便于镶装硬质合金刀片进行高速铣削和阶梯铣削，生产效率高，铣削表面质量也比较好。而周铣用的圆柱铣刀镶装硬质合金刀片则比较困难。

⑤ 精铣削宽度较大的工件时，周铣用的圆柱铣刀一般都要接刀铣削，工件表面会残留有接刀痕迹。而面铣时，则可用较大的盘形铣刀一次铣出工件的全宽度，工件无接刀痕迹。

⑥ 周铣用的圆柱铣刀可采用较大的刃倾角，以充分发挥刃倾角在铣削过程中的作用，对铣削难加工材料（如不锈钢、耐热合金等）有一定的效果。

综上所述，一般情况下，铣平面时，面铣的生产效率和铣削质量都比周铣高，所以，应尽量采用面铣铣平面。而铣削韧性很大的不锈钢等材料时，可以考虑采用大螺旋角铣刀进行周铣。总之，在选择周铣与面铣这两种铣削方式时，一定要根据当时的铣床和铣刀条件、被铣削加工工件结构特征和质量要求等因素进行综合考虑。

（2）顺铣与逆铣

在周铣时，因为工件与铣刀的相对运动不同，就会有顺铣和逆铣。周铣时的顺铣与逆铣如图 1-29 所示，二者之间有所差异。顺铣与逆铣的比较如下。

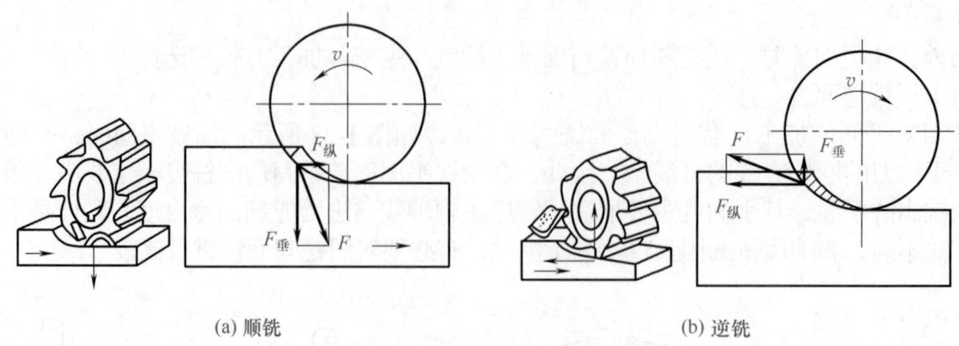


图 1-29　顺铣与逆铣

① 顺铣　顺铣时切削处刀具的旋向与工件的送进方向一致，即刀具上的某点和工件上与之相切的那一点的进给速度方向一致。通俗地说，是刀齿追着工件"咬"，刀齿刚切入材料时切得厚，而脱离工件时则切得薄。顺铣时，作用在工件上的垂直铣削力始终是向下的，能起到压住工件的作用，对铣削加工有利，而且垂直铣削力的变化较小，故产生的振动也小，机床受冲击小，有利于减小工件加工表面的表面粗糙度值，从而得到较好的表面质量。同时顺铣也有利于排屑，数控铣削加工一般尽量用顺铣法加工。

② 逆铣　逆铣时切削处刀具的旋向与工件的送进方向相反，即刀具上的某点和工件上与之相切的那一点在进给速度方向不一致。通俗地说，是刀齿迎着工件"咬"，刀齿刚切入材料时切得薄，而脱离工件时则切得厚。这种方式机床受冲击较大，加工后的表面不如顺铣光洁，消耗在工件进给运动上的动力较大。由于铣刀切削刃在加工表面上要滑动一小段距离，切削刃容易磨损。但对于表面有硬皮的工件毛坯，顺铣时铣刀刀齿一开始就切削到硬皮，切削刃容易损坏，而逆铣时则无此问题。另外，机床进给系统的丝杠与螺母之间的间隙较大时，也推荐采用逆铣。

## 四、铣削（数控铣床）的加工对象

数控铣床是机械加工中最常用和最主要的数控加工机床之一，它除了能铣削普通铣床所能铣削的各种零件表面外，还能铣削需要二～五坐标联动的各种平面轮廓和立体轮廓。根据数控铣床的特点，从铣削加工角度考虑，适合数控铣床加工的主要对象有以下几类（表 1-27）。

表 1-27　数控铣床加工的主要对象

| 类别 | 说　明 |
|---|---|
| 平面类零件 | 加工面平行或垂直于水平面，或加工面与水平面的夹角为定值的零件为平面类零件，如图 1-30 所示。目前，在数控铣床上加工的大多数零件都属于平面类零件，其特点是各个加工面是平面，或可以展开成平面。如图 1-30 中所示曲线轮廓面 $M$ 和正圆台面 $N$，展开后均为平面<br>平面类零件是数控铣削加工中最简单的一类零件，一般只需用三坐标数控铣床的两坐标联动（即两轴半坐标联动）就可以把它们加工出来 |
| 变斜角类零件 | 加工面与水平面的夹角呈连续变化的零件为变斜角类零件，这类零件多为飞机零件。变斜角类零件的变斜角加工面不能展开为平面，但在加工中，加工面与铣刀圆周的瞬时接触为一条线。最好采用四坐标或五坐标数控铣床摆角加工，若没有上述机床，也可采用三坐标数控铣床进行两轴半近似加工 |
| 曲面类零件 | 加工面为空间曲面的零件称为曲面类零件，如模具、叶片、螺旋桨等。曲面类零件不能展开为平面。加工时，铣刀与加工面始终为点接触，一般采用球头刀在三坐标数控铣床上加工。当曲面较复杂、通道较狭窄会伤及相邻表面或者需要刀具摆动时，需采用四坐标或五坐标铣床加工 |

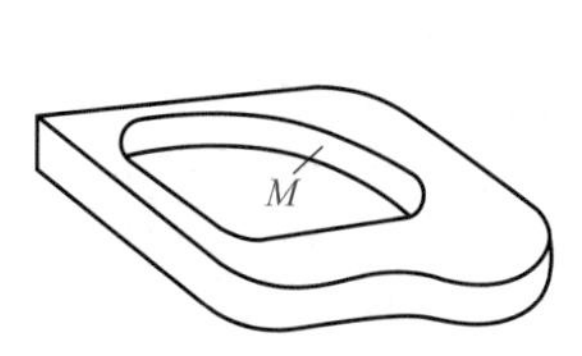

(a) 带平面轮廓的平面零件

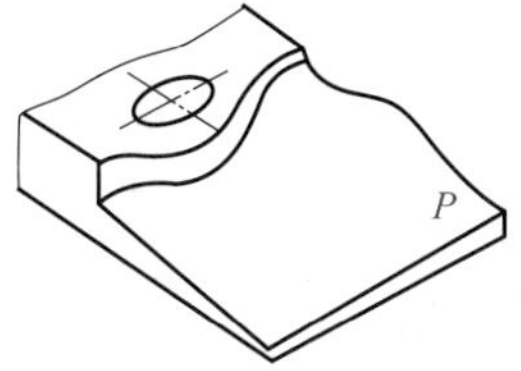

(b) 带斜平面的平面零件

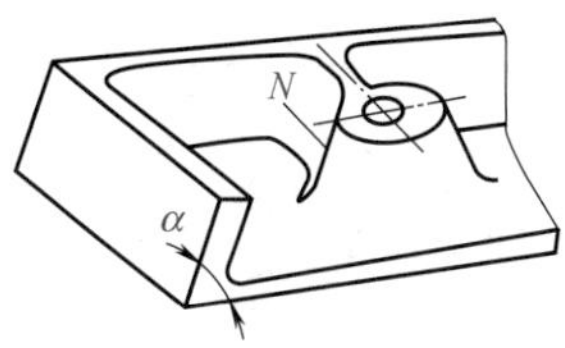

(c) 带正圆台和斜肋的平面零件

图 1-30 平面类零件

## 五、加工中心的加工对象

针对加工中心的工艺特点，加工中心适宜加工形状复杂、加工内容多、精度要求较高、需用多种类型的普通机床和众多工艺装备，且需经多次装夹和调整才能完成加工的零件。加工中心具有自动换刀装置，在一次装夹中，可以连续完成零件上平面的铣削，孔系的钻削、铰削、镗削、铣削及攻螺纹等多工步的加工。加工的部位可以在一个平面上，也可以在不同的平面上。五面体加工中心一次装夹可以完成除安装面外的所有侧面和顶面共计五个面的加工。因此，既有平面又有孔系的零件是加工中心的首选加工对象，这类零件常见的有箱体类零件和盘、套、板类零件。主要的加工对象有下列几种（表 1-28）。

表 1-28 加工中心的加工对象

| 类别 | | 说 明 |
|---|---|---|
| 既有平面又有孔系的零件 | 箱体类零件 | 箱体类零件是指具有一个以上孔系，内部有一定型腔，在长、宽、高方向有一定比例的零件。箱体类零件很多，如图 1-31 所示，一般都需进行孔系、轮廓、平面的多工位加工，精度要求较高，特别是形状精度和位置精度要求较严格，通常要经过铣、钻、扩、铰、镗、锪及攻螺纹等工步，使用的刀具、工装较多，在普通机床上需多次装夹、找正，测量次数多，因此，箱体类零件工艺复杂、加工周期长、成本高、精度不易保证。这类零件在加工中心上加工，一次安装可以完成 60% ～ 95% 的工序内容，零件各项精度一致性好，质量稳定，生产周期短，成本低<br>对于加工工位较多，工作台需多次旋转才能完成加工的零件，一般选用卧式加工中心；当零件加工工位较少，且跨距不大时，可选用立式加工中心，从一端进行加工 |
| | 盘、套、板类零件 | 这类零件带有键槽，端面上有平面、曲面和孔系，径向也常分布一些径向孔，盘、套、板类典型零件如图 1-32 所示。加工部位集中在单一端面上的盘、套、板类零件宜选择立式加工中心，加工部位位于不同方向表面的零件宜选择卧式加工中心 |
| 结构形状复杂、普通机床难以加工的零件 | 凸轮类 | 凸轮类零件包括各种曲线的盘形凸轮、圆柱凸轮、圆锥凸轮和端面凸轮等，加工时，可根据凸轮表面的复杂程度，选用三轴、四轴或五轴联动的加工中心 |
| | 整体叶轮类 | 整体叶轮类零件常见于航空发动机的压气机、空气压缩机、船舶水下推进器等。此类零件的加工除具有一般曲面加工的特点外，还存在许多特殊的加工难点，如通道狭窄，刀具很容易与加工表面和邻近曲面发生干涉。如图 1-33 所示为轴向压缩机涡轮，其叶面是一个典型的三维空间曲面，可采用四轴以上联动的加工中心加工 |
| | 模具类 | 常见的模具有锻压模具、铸造模具、注塑模具及橡胶模具等。如图 1-34 所示为连杆锻压模具。采用加工中心加工模具，工序高度集中，动模、静模等关键工件的精加工基本能够在一次装夹中全部完成，尺寸累积误差小，修配工作量小。同时，模具的可复制性强，互换性好 |
| 外形不规则的异形零件 | | 异形零件的外形不规则，大多要点、线、面多工位混合加工，如支架、拨叉、基座、样板、靠模等（图 1-35）。异形零件的刚性一般较差，夹紧及切削变形难以控制，加工精度也难以保证，因此，在普通机床上只能采取工序分散的原则加工，需用工装较多，加工周期较长<br>利用加工中心多工位点、线、面混合加工的特点，通过一次或两次装夹，即可完成异形零件加工中的大部分甚至全部工序内容 |
| 精度要求较高的中小批量零件 | | 针对加工中心加工精度高、尺寸稳定的特点，对加工精度要求较高的中小批量零件，选择加工中心加工，容易获得所要求的尺寸精度和形状位置精度，并可得到很好的互换性 |
| 周期性投产的零件 | | 某些产品的市场需求具有周期性和季节性，如果采用专门生产线会得不偿失，用普通设备加工效率又太低，质量也不稳定。若采用加工中心加工，首件试切完成后，程序和相关生产信息可保留下来，供以后反复使用，产品下次再投产时只要很少的准备时间就可以开始生产，生产准备周期大大缩短 |
| 新产品试制中的零件 | | 新产品在定型之前，需经反复试验和改进。选择加工中心试制，可省去许多用通用机床加工所需的试制工装。当零件被修改时，只需修改相应的程序并适当调整夹具、刀具即可，节省了费用，缩短了试制周期 |

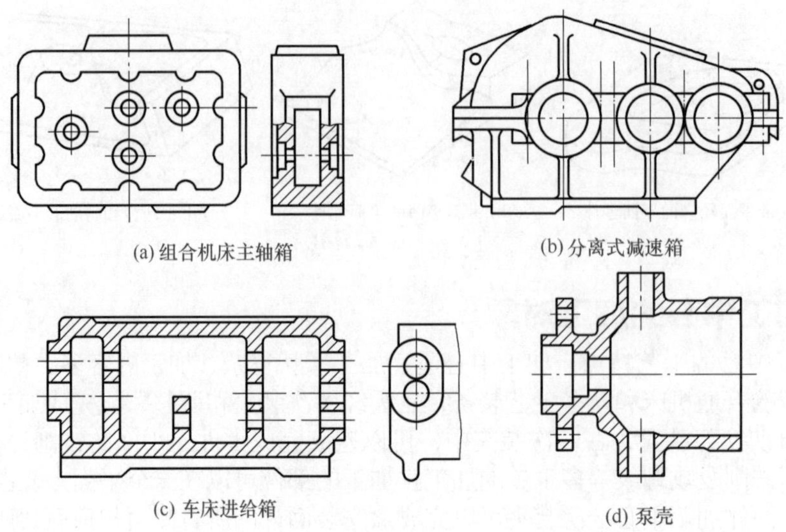


图 1-31　几种常见箱体类零件简图

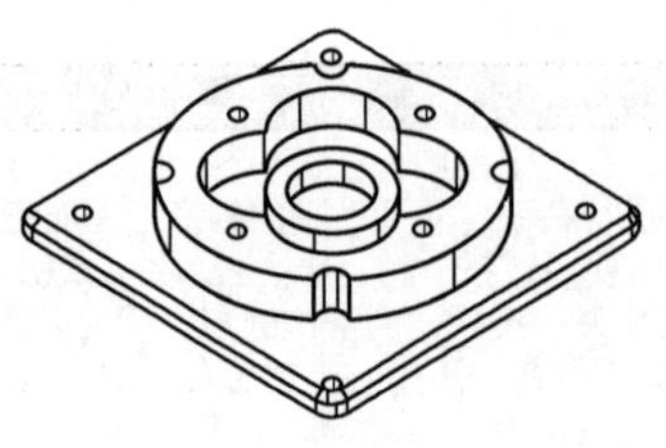

图 1-32　盘、套、板类典型零件

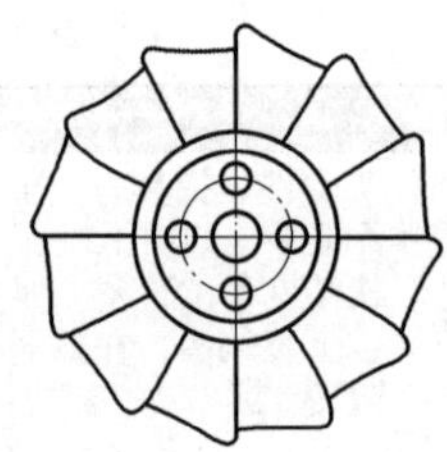

图 1-33　轴向压缩机涡轮

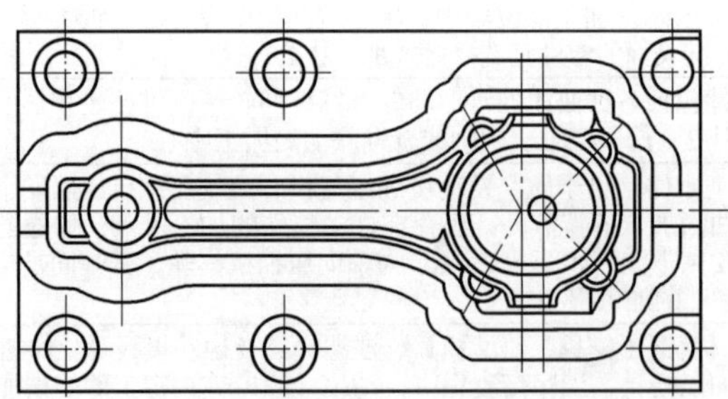

图 1-34　连杆锻压模具

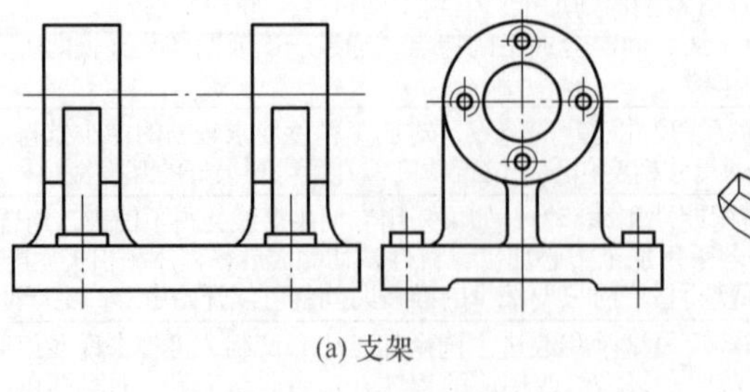


图 1-35　异形零件

# 第五节　铣工常用量具

## 一、测量长度用的计量器具

### 1. 量块

（1）量块的形状、用途及尺寸系统

量块用于测量精密工件或量规的正确尺寸，或用于调整、校正、检验测量仪器、工具，以及用于精密机床的调整、精密划线和直接测量精密零件等，是技术测量上长度计量的基准。

在实际生产中，量块是成套使用的，每套量块是由一定数量的不同标称尺寸的量块组成，以便组合各种尺寸，满足一定尺寸范围内的测量需求。常用成套量块规格见表 1-29。

表 1-29　量块的规格

| 套别 | 总块数 | 精度级别 | 尺寸系列 /mm | 间隔 /mm | 块数 |
| --- | --- | --- | --- | --- | --- |
| 1 | 91 | 00，0，1 | 0.5，1<br>1.001，1.002，…，1.009<br>1.01，1.02，…，1.49<br>1.5，1.6，…，1.9<br>2.0，2.5，…，9.5<br>10，20，…，100 | —<br>0.001<br>0.01<br>0.1<br>0.5<br>10 | 2<br>9<br>49<br>5<br>16<br>10 |
| 2 | 83 | 00，0，1<br>2，(3) | 0.5，1，1.005<br>1.01，1.02，…，1.49<br>1.5，1.6，…，1.9<br>2.0，2.5，…，9.5<br>10，20，…，100 | —<br>0.01<br>0.1<br>0.5<br>10 | 3<br>49<br>5<br>16<br>10 |
| 3 | 46 | 0，1，2 | 1.001，1.002，…，1.009<br>1.01，1.02，…，1.09<br>1.1，1.2，…，1.9<br>2，3，…，9<br>10，20，…，100 | —<br>0.001<br>0.01<br>0.1<br>1<br>10 | 1<br>9<br>9<br>9<br>8<br>10 |
| 4 | 38 | 0，1，2<br>(3) | 1，1.005<br>1.01，1.02，…，1.09<br>1.1，1.2，…，1.9<br>2，3，…，9<br>10，20，…，100 | —<br>0.01<br>0.1<br>1<br>10 | 2<br>9<br>9<br>8<br>10 |

（2）量块的使用方法

为了减少量块组合的累积误差，使用量块时，应尽量减少使用的块数，一般要求不超过 4 ～ 5 块。选用量块时，应尽量根据所需组合的尺寸，从最后一位数字开始选择，每选一块，应使尺寸数字的位数减少一位，依此类推，直到组合成完整的尺寸。

量块是一种精密量具，其加工精度高，价格也较高，因此在使用时一定要十分注意，不能碰伤和划伤其表面，特别是测量面。量块选好后，在组合前选用航空汽油或苯洗净表面的防锈油，并用软绸将各面擦干，然后用推压的方法将量块逐块研合。在研合时应保持动作平衡，以免测量面被量块棱角划伤。要防止腐蚀性气体侵蚀量块。使用时不得用手接触测量面，以免影响量块的组合精度。使用后，拆开组合量块，用航空汽油或苯将其洗净擦干，并涂上防锈油，然后装在特制的木盒内。绝不允许将量块组合在一起存放。

为了扩大量块的应用范围，可采用量块附件。量块附件主要有夹持器和各种量爪，如图1-36（a）所示，量块及其附件装配后，可测量外径、内径或作精密划线等。如图1-36（b）所示。

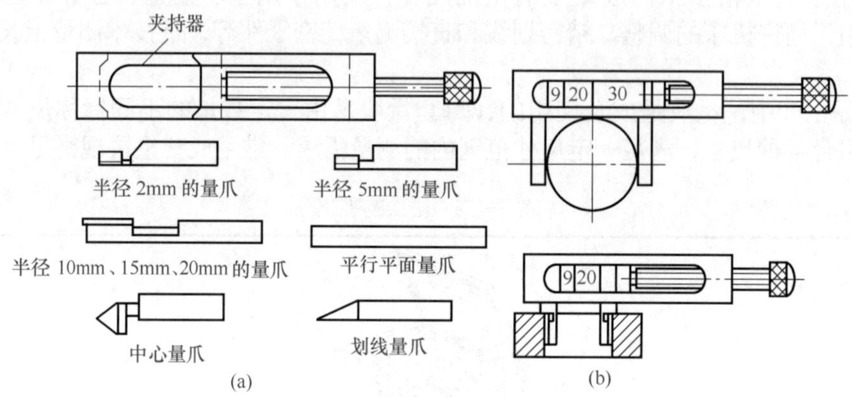


图 1-36　量块附件及其应用

## 2. 游标卡尺

（1）游标卡尺的规格

游标卡尺是车工最常用的中等精度的量具，用于测量工件的内径和外径尺寸，带深度尺的还可以手工测量工件的深度尺寸。利用游标可以读出毫米小数值，测量精度比钢直尺高，使用很方便。其规格见表1-30。

表 1-30　游标卡尺的规格

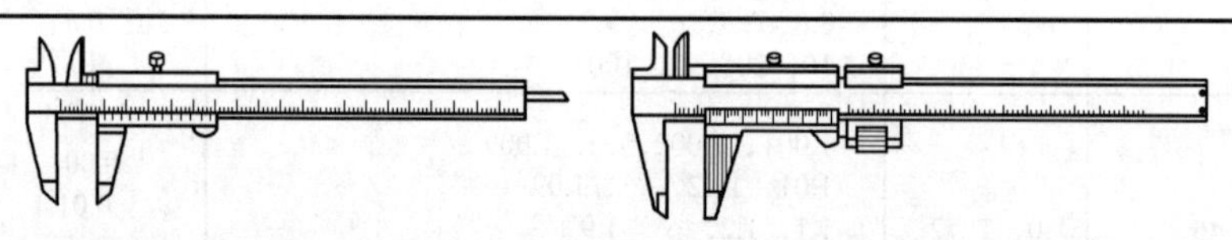


| 规格 | 名称 | 测量范围 /mm | 游标读数值 /mm |
|---|---|---|---|
| Ⅰ型 | 三角游标卡尺 | 0 ～ 125，0 ～ 150 | 0.02，0.05 |
| Ⅱ型 | 两用游标卡尺 | 0 ～ 200，0 ～ 300 | |
| Ⅲ型 | 双面卡脚游标卡尺 | 0 ～ 200，0 ～ 300 | |
| Ⅳ型 | 单面卡脚游标卡尺 | 0 ～ 500，0 ～ 1000 | |

（2）游标卡尺测量值的读数方法

以0.02mm游标卡尺为例：

第一步，读主尺上的整数：根据副尺零刻线以左与主尺上距副尺零刻线最近的刻度读出整数。如图1-37所示，副尺零刻线以左与主尺上的最近刻度为27，所以整数为27mm。

第二步，读副尺上的小数：根据副尺零线以右与主尺某一刻线对准的刻度数乘以刻度值读出小数。如图1-37所示副尺零线以右与主尺某一刻线对准的刻度数为零线以右第47格，所以小数为 47×0.02=0.94（mm）。

第三步，得出测量值：将主尺上读出的整数部分和副尺上读出的小数部分相加，即为所得测量值，即 27+0.94=27.94（mm）。

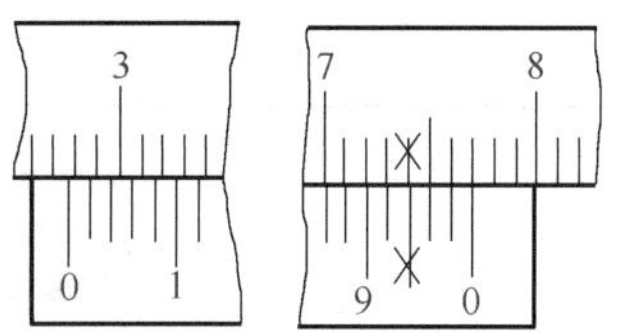


图 1-37　0.02mm 的游标

（3）使用游标卡尺应注意的事项

测量前要将卡尺的测量面用软布擦干净，卡尺的两个量爪合拢后，应密不透光。如漏光严重，需进行修理。量爪合拢后，游标零线应与尺身零线对齐，如对不齐，就表示存在零位偏差，一般不能使用（如要使用，需加校正值）。游标在尺身上滑动要灵活自如，不能过松或过紧，不能晃动，以免产生测量误差。测量时，应使量爪轻轻接触零件的被测表面，保持合适的测量力，量爪位置要摆正，不能歪斜。读数时，视线应与尺身表面垂直，避免产生视觉误差。

（4）游标卡尺的维护保养

① 不准把卡尺的两个量爪当扳手或划线工具使用，不准用卡尺代替卡钳、卡板等在被测件上推拉，以免磨损卡尺，影响测量精度。

② 带深度尺的游标卡尺，用完后应将量爪合拢，否则较细的深度尺露在外边，容易变形，甚至折断。

③ 测量结束时，要把卡尺平放，特别是大尺寸卡尺，否则易引起尺身弯曲变形。

④ 卡尺使用完毕，要擦净并上油，放置在专用盒内，防止弄脏或生锈。

⑤ 不可用砂布或普通磨料来擦除刻度尺表面及量爪测量面的锈迹和污物。

⑥ 游标卡尺受损后，不允许用锤子、锉刀等工具自行修理，应交专门修理部门修理，并经检定合格后才能使用。

### 3. 其他类型的游标量具

① 深度游标卡尺。主要用于测量孔、槽的深度和台阶的高度，如图 1-38 所示。

② 高度游标卡尺。主要用于测量工件的高度尺寸或进行划线，如图 1-39 所示。

③ 齿厚游标卡尺。结构上是由两把互相垂直的游标卡尺组成，用于测量直齿、斜齿圆柱齿轮的固定弦齿厚。如图 1-40 所示。

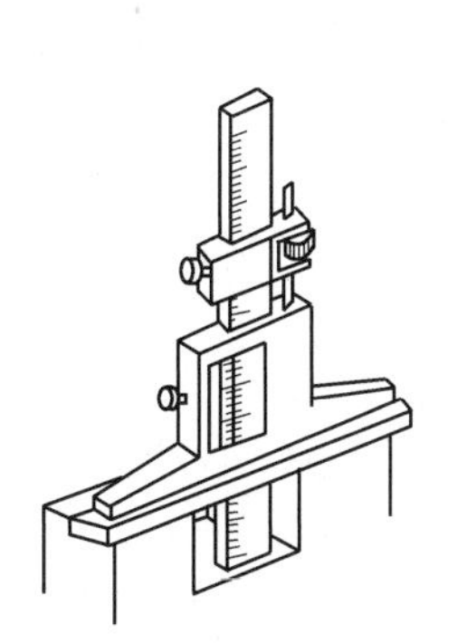

图 1-38　深度游标卡尺

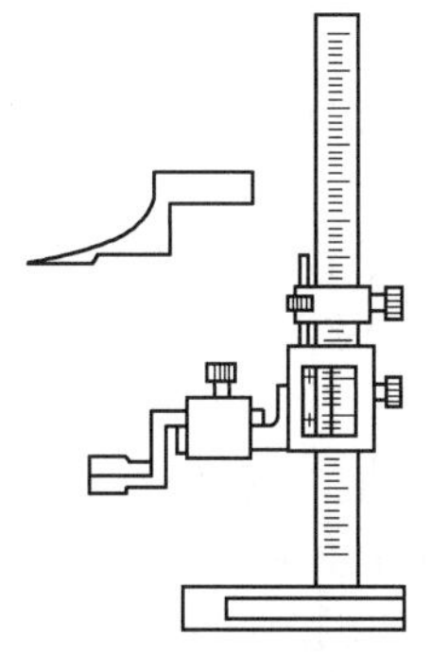

图 1-39　高度游标卡尺

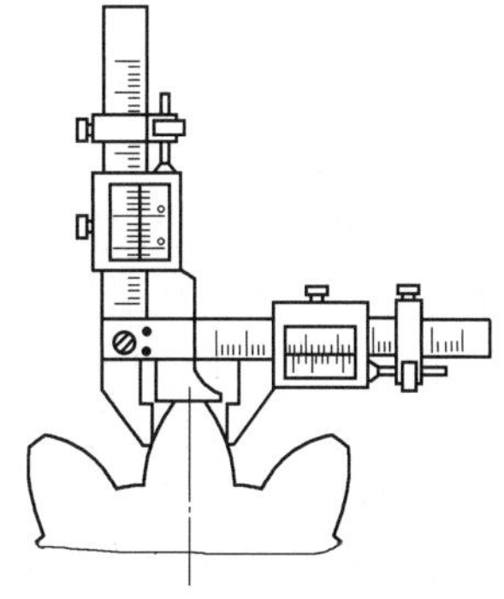

图 1-40　齿厚游标卡尺

### 4. 外径千分尺

（1）外径千分尺的规格

外径千分尺用于测量较大工件的外径、厚度、长度、形状偏差等，测量精度较高。外径千分尺的规格见表 1-31。

表 1-31　外径千分尺的规格　　单位：mm

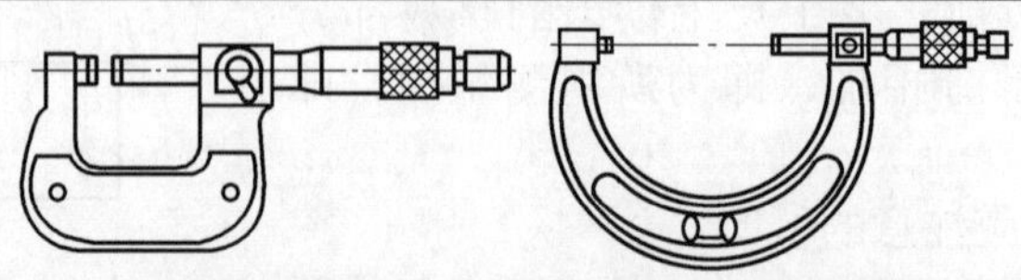

| 测量范围 | 测量范围间隔 | 分度值 |
|---|---|---|
| 0 ～ 25，25 ～ 50，50 ～ 75，75 ～ 100，100 ～ 125，125 ～ 150，150 ～ 175，175 ～ 200，200 ～ 225，225 ～ 250，250 ～ 275，275 ～ 300，400 ～ 325，325 ～ 350，350 ～ 375，375 ～ 400，400 ～ 425，425 ～ 450，450 ～ 475，475 ～ 500 | 25 | 0.01 |
| 500 ～ 600，600 ～ 700，700 ～ 800，800 ～ 900，900 ～ 1000 | 100 | 0.01 |

（2）外径千分尺的读数方法

读数时，从微分筒的边缘向左看固定套管上距微分筒边缘最近的刻线，从固定套管中线上侧的刻度读出整数，从中线下侧的刻度读出 0.5mm 的小数，再从微分筒上找到与固定套管中线对齐的刻线，将此刻线数乘以 0.01mm 就是小于 0.5mm 的小数部分的读数，最后把以上几部分相加即为测量值。以图 1-41 为例读出外径千分尺的读数。

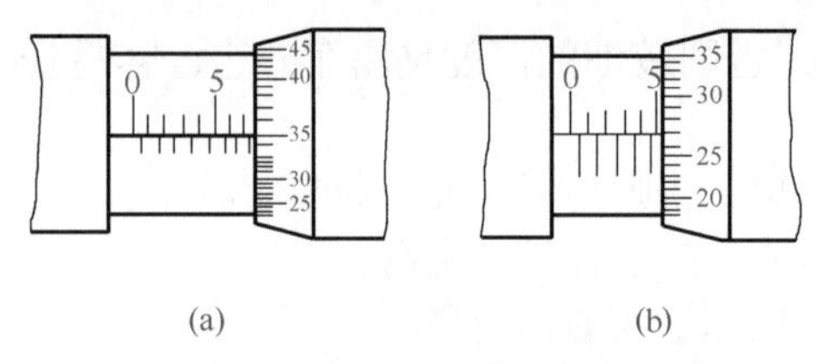


图 1-41　外径千分尺读数示例

第一，从图 1-41（a）所示中可以看出，距微分筒最近的刻线为中线下侧的刻线表示 0.5mm 的小数，中线上侧距微分筒最近的为 7mm 的刻线表示整数，微分筒上的 35 的刻线对准中线，所以外径千分尺的读数为 7mm+0.5mm+0.01mm × 35=7.85（mm）。

第二，从图 1-41（b）中可以看出，距微分筒最近的刻线为 5mm 的刻线，而微分筒上数值为 27 的刻线对准中线，所以外径千分尺的读数为 5mm+0.01mm × 27=5.27（mm）。

（3）外径千分尺的特点

① 外径千分尺使用方便，读数准确，其测量精度比游标卡尺高，在生产中使用广泛；但千分尺的螺纹传动间隙和传动副的磨损会影响测量精度，因此主要用于测量中等精度的零件。常用的外径千分尺的测量范围有 0 ～ 25mm、25 ～ 50mm、50 ～ 75mm 等多种，最大的可达 2500 ～ 3000mm。

② 千分尺的制造精度主要由它的示值误差（主要取决于螺纹精度和刻线精度）和测量面的平行度误差决定。制造精度可分为 0 级和 1 级两种，0 级精度较高。

（4）外径千分尺的使用方法

① 测量之前，转动千分尺的测力装置上的棘轮，使两个测量面合拢，检查测量面间是否密合，同时观察微分筒上的零线与固定套管的中线是否对齐，如有零位偏差，应进行调整。调整的方法是先使砧座与测微螺杆的测量面合拢，然后利用锁紧装置将测微螺杆锁紧，松开固定套管的紧固螺钉，再用专用扳手插入固定套管的小孔中，转动固定套管使其中线对准微分筒刻度的零线，然后拧紧紧固螺钉。当零位偏差是由于微分筒的轴向位置相差较远而致时，可将测力装置上的螺母松开，使压紧接头放松，轴向移动微分筒，使其左端与固定套管上的零刻度线对齐，并使微分筒上的零刻度线与固定套管上的中线对齐，然后旋紧螺母，压紧接头，使微分筒和测微螺杆结合成一体，再松开测微螺杆的锁紧装置。

② 测量时，先用手转动千分尺的微分筒，待测微螺杆的测量面接近工件被测表面时，再转动测力装置上的棘轮，使测微螺杆的测量面接触工件表面，听到 2 ～ 3 声“咔咔”声后

即停止转动，此时已得到合适的测量力，可读取数值。不可用手猛力转动微分筒，以免使测量力过大而影响测最精度，严重时还会损坏螺纹传动副。

③ 使用时，千分尺的测微螺杆的轴线应垂直零件被测表面。读数时最好不要从工件上取下千分尺，如需取下读数时，应先锁紧测微螺杆，然后再轻轻取下，以防止尺寸变动产生测量误差。读数要细心，看清刻度，特别要注意分清整数部分和 0.5mm 的刻线。

（5）外径千分尺的维护保养

① 不能用千分尺测量零件的粗糙表面，更不能用千分尺测量正在旋转的零件。

② 千分尺要轻拿轻放，不要摔碰。如受到撞击，应立即进行检查，必要时送计量部门检修。

③ 千分尺应保持清洁。测量完毕，用软布或棉纱等擦干净，放入盒中。长期不用应涂防锈油。要注意勿使两个测量面贴合在一起，以免锈蚀。

④ 大型千分尺应平放在盒中，以免变形。

⑤ 不允许用砂布和金刚砂擦拭测微螺杆上的污锈。

⑥ 不能在千分尺的微分筒和固定套管之间加酒精、煤油、柴油、凡士林和普通机油等；不允许把千分尺浸泡在上述油类及酒精中。如发现上述物质浸入，要用汽油洗净，再涂以特种轻质润滑油。

### 5. 其他类型千分尺

其他类型的千分尺的读数原理与读数方法与外径千分尺相同，只是由于用途不同，在外形和结构上有所差异。

（1）内径千分尺

内径千分尺用于测量工件的孔径、槽宽、卡规等的内尺寸和两个内表面之间的距离，其测量精度较高。内径千分尺的规格见表 1-32。

表 1-32　内径千分尺的规格　　单位：mm

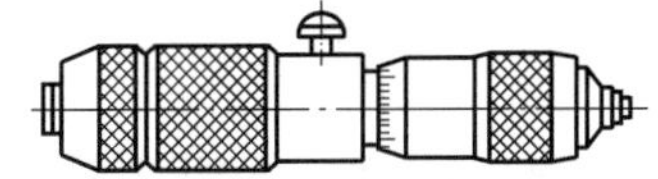

<table>
<tr><th>测量范围</th><th>分度值</th><th>测量范围</th><th>分度值</th></tr>
<tr><td>50 ～ 250，50 ～ 600</td><td rowspan="3">0.01</td><td rowspan="2">250 ～ 2000，250 ～ 4000，250 ～ 5000</td><td rowspan="3">0.01</td></tr>
<tr><td>100 ～ 1225，100 ～ 1500，100 ～ 5000</td></tr>
<tr><td>150 ～ 1250，150 ～ 1400，150 ～ 2000，150 ～ 3000，150 ～ 4000，150 ～ 5000</td><td>1000 ～ 3000，1000 ～ 4000，1000 ～ 5000</td></tr>
</table>

（2）深度千分尺

深度千分尺用于测量精密工件的孔、沟槽的深度和台阶的高度，以及工件两平行面间的距离等，其测量精度较高。深度千分尺的规格见表 1-33。

表 1-33　深度千分尺的规格　　单位：mm

| 测量范围 | 分度值 |
|---|---|
| 0 ～ 25，0 ～ 100，0 ～ 150 | 0.01 |

（3）公法线千分尺

公法线千分尺用于测量模数大于 1mm 的外啮合圆柱齿轮的公法线长，也可用于测量某些难测部位的长度尺寸。公法线千分尺的规格见表 1-34。

表 1-34 公法线千分尺的规格 单位: mm

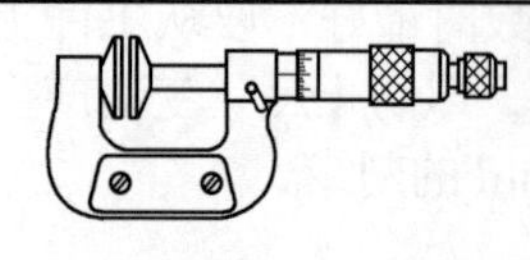

| 测量范围 | 分度值 | 测微螺杆螺距 | 量程 | 测量模数 |
|---|---|---|---|---|
| 0 ～ 25，25 ～ 50，50 ～ 75，75 ～ 100，100 ～ 125，125 ～ 150 | 0.01 | 0.5 | 25 | ≥ 1 |

（4）电子数显外径千分尺

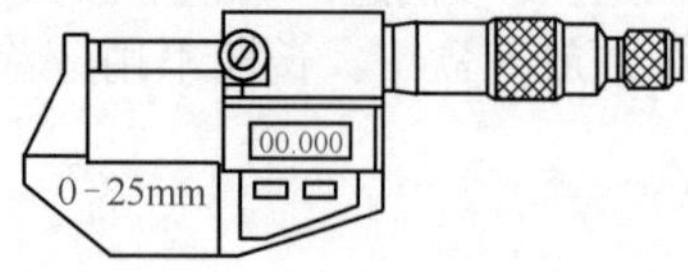

图 1-42 电子数显外径千分尺

电子数显外径千分尺用于测量精密外径尺寸。其测量范围为 0 ～ 25mm，分辨率为 0.001mm，如图 1-42 所示。

（5）带计数器千分尺

带计数器千分尺用于测量工件的外形尺寸。带计数器千分尺的规格见表 1-35。

表 1-35 带计数器千分尺的规格

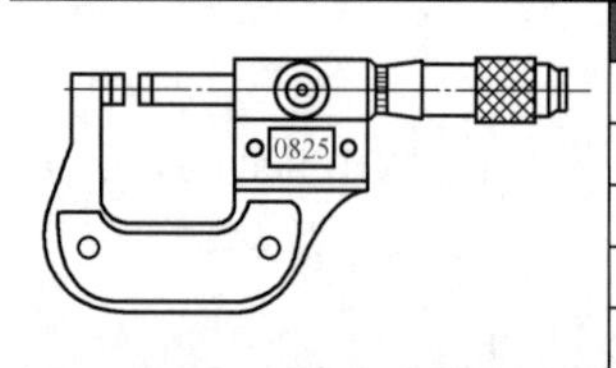


| 测量范围 /mm | 刻度数字 | | | | | | 计数器分辨率 |
|---|---|---|---|---|---|---|---|
| 0 ~ 25 | 0 | 5 | 10 | 15 | 20 | 25 | 0.01 |
| 25 ~ 50 | 25 | 30 | 35 | 40 | 45 | 50 | |
| 50 ~ 75 | 50 | 55 | 60 | 65 | 70 | 75 | |
| 75 ~ 100 | 75 | 80 | 85 | 90 | 95 | 100 | |
| 测微头分度值 | | 0.002 | 测微螺杆和测量端直径 /mm | | | | 6.5 |

## 二、测量角度用的计量器具

### 1. 游标万能角度尺

游标万能角度尺用于测量精密工件的内、外角度或进行角度划线。游标万能角度尺的规格见表 1-36。

表 1-36 游标万能角度尺的规格

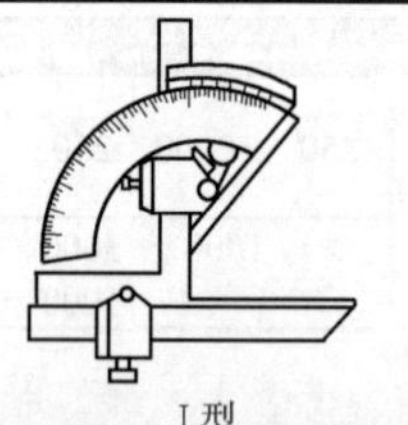

Ⅰ型

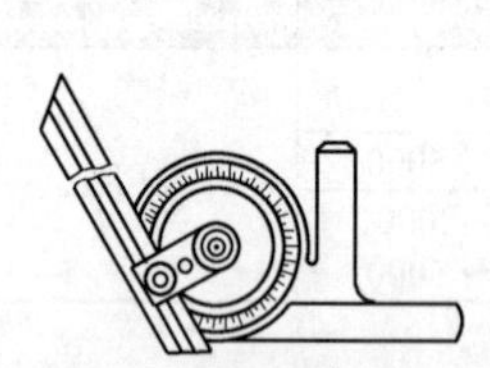
Ⅱ型

| 型式 | 游标读数值 | 测量范围 | 直尺测量面 | 附加直尺测量面 | 其他测量面 |
|---|---|---|---|---|---|
| | | | 公称长度 /mm | | |
| Ⅰ型 | 2′，5′ | 0 ～ 320° | ≥ 150 | — | — |
| Ⅱ型 | 5′ | 0 ～ 360° | 200 或 300 | 不规定 | |

### 2. 万能角尺

万能角尺用于测量一般的角度、长度、深度、水平度以及在圆形工件上定中心等，也可进行角度划线。万能角尺的规格见表 1-37。

### 3. 正弦规

正弦规用于测量或检验精密工件、量规、样板等内、外锥体的锥度、样板的角度、孔中心线与平面之间的夹角以及检定水平仪的水泡精度等。也可用作机床上加工带角度（或锥度）工件的精密定位。正弦规的规格见表 1-38。

表 1-37　万能角尺的规格

| | 公称长度 /mm | 角度测量范围 |
|---|---|---|
| 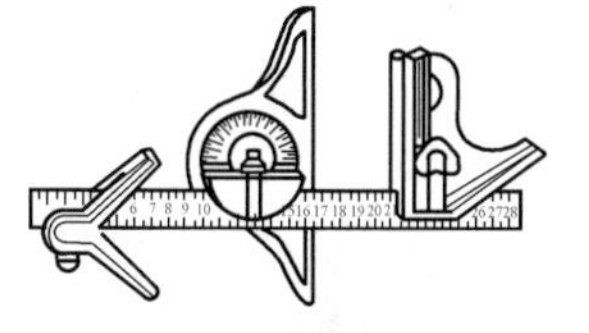 | 300 | 0° ～ 180° |

表 1-38　正弦规的规格

| 两圆柱中心距 /mm | 圆柱直径 /mm | 工作台宽度 /mm | | 精度等级 | |
|---|---|---|---|---|---|
| | | 窄 型 | 宽 型 | | |
| 100 | 20 | 25 | 80 | 0 级，1 级 | 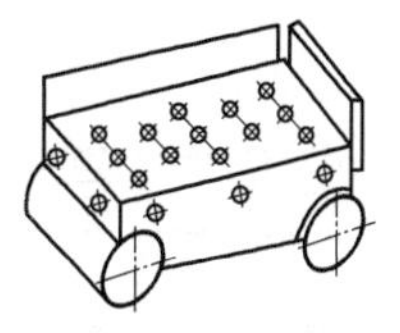 |
| 200 | 30 | 40 | 80 | | |

## 4. 框式与条式水平仪

框式与条式水平仪主要用来检验被测平面的平直度，也用于检验机床上各平面相互之间的平行度和垂直度，以及设备安装时的水平位置和垂直位置。框式与条式水平仪的规格见表 1-39。

表 1-39　框式与条式水平仪的规格

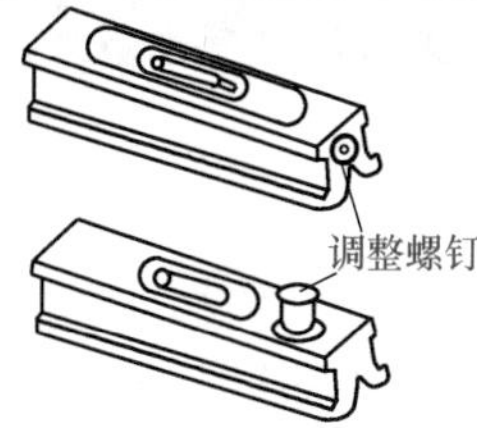

条式水平仪

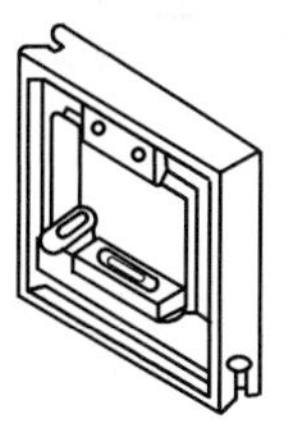
框式水平仪

| 组别 | Ⅰ | Ⅱ | Ⅲ |
|---|---|---|---|
| 分度值 /（mm/m） | 0.02 | 0.05 | 0.10 |
| 平面度 /mm | 0.003 | 0.005 | 0.005 |
| 位置公差 /mm | 0.01 | 0.02 | 0.02 |

| 品种 | 代号 | 外形尺寸 /mm | | | V 形工作面角度 |
|---|---|---|---|---|---|
| | | 长度 $L$ | 高度 $H$ | 宽度 $W$ | |
| 框式水平仪 | SK | 100 | 100 | 25 ～ 35 | 120° 或 140° |
| | | 150 | 150 | 30 ～ 40 | |
| | | 200 | 200 | 35 ～ 45 | |
| | | 250 | 250 | 40 ～ 50 | |
| | | 300 | 300 | 40 ～ 50 | |
| 条式水平仪 | ST | 100 | 30 ～ 40 | 30 ～ 35 | 120° 或 140° |
| | | 150 | 30 ～ 40 | 35 ～ 40 | |
| | | 200 | 40 ～ 50 | 40 ～ 45 | |
| | | 250 | 40 ～ 50 | 40 ～ 45 | |
| | | 300 | 40 ～ 50 | 40 ～ 45 | |

# 第二章 铣床和数控铣床（加工中心）

## 第一节 铣床概述

### 一、铣床的分类

铣床的类型很多，根据构造特点及用途分类，铣床的主要类型有升降台式铣床、工具铣床、工作台不升降铣床、悬臂及滑枕铣床、龙门铣床、仿形铣床，此外还有仪表铣床、专用铣床（包括键槽铣床、曲轴铣床、转子槽铣床）等。铣床的分类见表2-1。

铣床（包括万能型）在机械加工设备中占有很大的比重，它也是最早应用数控技术的普通机床。随着数控技术、计算机程控技术的应用和发展，结构上的不断改进，使铣床功能得到了很大的提高和扩展，现已逐步开发出数显铣床、数控万能铣床、程控铣床和加工中心等先进铣床。

表2-1 铣床（X）类的组、系划分表

| 组 | | 系 | | 主参数 | |
|---|---|---|---|---|---|
| 代号 | 名称 | 代号 | 名称 | 折算系数 | 名称 |
| 0 | 仪表铣床 | 1 | 台式工具铣床 | 1/10 | 工作台面宽度 |
| | | 2 | 台式车铣床 | 1/10 | 工作台面宽度 |
| | | 3 | 台式仿形铣床 | 1/10 | 工作台面宽度 |
| | | 4 | 台式超精铣床 | 1/10 | 工作台面宽度 |
| | | 5 | 立式台铣床 | 1/10 | 工作台面宽度 |
| | | 6 | 卧式台铣床 | 1/10 | 工作台面宽度 |
| 1 | 悬臂及滑枕铣床 | 0 | 悬臂铣床 | 1/100 | 工作台面宽度 |
| | | 1 | 悬臂镗铣床 | 1/100 | 工作台面宽度 |
| | | 2 | 悬臂磨铣床 | 1/100 | 工作台面宽度 |
| | | 3 | 定臂铣床 | 1/100 | 工作台面宽度 |
| | | 6 | 卧式滑枕铣床 | 1/100 | 工作台面宽度 |
| | | 7 | 立式滑枕铣床 | 1/100 | 工作台面宽度 |

续表

| 组 | | 系 | | 主参数 | |
|---|---|---|---|---|---|
| 代号 | 名称 | 代号 | 名称 | 折算系数 | 名称 |
| 2 | 龙门铣床 | 0 | 龙门铣床 | 1/100 | 工作台面宽度 |
| | | 1 | 龙门镗铣床 | 1/100 | 工作台面宽度 |
| | | 2 | 龙门磨铣床 | 1/100 | 工作台面宽度 |
| | | 3 | 定梁龙门铣床 | 1/100 | 工作台面宽度 |
| | | 4 | 定梁龙门镗铣床 | 1/100 | 工作台面宽度 |
| | | 6 | 龙门移动铣床 | 1/100 | 工作台面宽度 |
| | | 7 | 定梁龙门移动铣床 | 1/100 | 工作台面宽度 |
| | | 8 | 落地龙门镗铣床 | 1/100 | 工作台面宽度 |
| 3 | 平面铣床 | 0 | 圆台铣床 | 1/100 | 工作台面直径 |
| | | 1 | 立式平面铣床 | 1/100 | 工作台面宽度 |
| | | 3 | 单柱平面铣床 | 1/100 | 工作台面宽度 |
| | | 4 | 双柱平面铣床 | 1/100 | 工作台面宽度 |
| | | 5 | 端面铣床 | 1/100 | 工作台面宽度 |
| | | 6 | 双端面铣床 | 1/100 | 工作台面宽度 |
| | | 8 | 落地端面铣床 | 1/100 | 最大铣轴垂直移动距离 |
| 4 | 仿形铣床 | 1 | 平面刻模铣床 | 1/10 | 缩放仪中心距 |
| | | 2 | 立体刻模铣床 | 1/10 | 缩放仪中心距 |
| | | 3 | 平面仿形铣床 | 1/10 | 最大铣削宽度 |
| | | 4 | 立体仿形铣床 | 1/10 | 最大铣削宽度 |
| | | 5 | 立式立体仿形铣床 | 1/10 | 最大铣削宽度 |
| | | 6 | 叶片仿形铣床 | 1/10 | 最大铣削宽度 |
| | | 7 | 立式叶片仿形铣床 | 1/10 | 最大铣削宽度 |
| 5 | 立式升降台铣床 | 0 | 立式升降台铣床 | 1/10 | 工作台面宽度 |
| | | 1 | 立式升降台镗铣床 | 1/10 | 工作台面宽度 |
| | | 2 | 摇臂铣床 | 1/10 | 工作台面宽度 |
| | | 3 | 万能摇臂铣床 | 1/10 | 工作台面宽度 |
| | | 4 | 摇臂镗铣床 | 1/10 | 工作台面宽度 |
| | | 5 | 转塔升降台铣床 | 1/10 | 工作台面宽度 |
| | | 6 | 立式滑枕升降台铣床 | 1/10 | 工作台面宽度 |
| | | 7 | 万能滑枕升降台铣床 | 1/10 | 工作台面宽度 |
| | | 8 | 圆弧铣床 | 1/10 | 工作台面宽度 |
| 6 | 卧式升降台铣床 | 0 | 卧式升降台铣床 | 1/10 | 工作台面宽度 |
| | | 1 | 万能升降台铣床 | 1/10 | 工作台面宽度 |
| | | 2 | 万能回转头铣床 | 1/10 | 工作台面宽度 |
| | | 3 | 万能摇臂铣床 | 1/10 | 工作台面宽度 |
| | | 4 | 卧式回转头铣床 | 1/10 | 工作台面宽度 |
| | | 5 | 广用万能铣床 | 1/10 | 工作台面宽度 |
| | | 6 | 卧式滑枕升降台铣床 | 1/10 | 工作台面宽度 |
| 7 | 床身铣床 | 1 | 床身铣床 | 1/100 | 工作台面宽度 |
| | | 2 | 转塔床身铣床 | 1/100 | 工作台面宽度 |
| | | 3 | 立柱移动床身铣床 | 1/100 | 工作台面宽度 |
| | | 4 | 立柱移动转塔床身铣床 | 1/100 | 工作台面宽度 |
| | | 5 | 卧式床身铣床 | 1/100 | 工作台面宽度 |
| | | 6 | 立柱移动卧式床身铣床 | 1/100 | 工作台面宽度 |
| | | 7 | 滑枕床身铣床 | 1/100 | 工作台面宽度 |
| | | 9 | 立柱移动立卧式床身铣床 | 1/100 | 工作台面宽度 |
| 8 | 工具铣床 | 1 | 万能工具铣床 | 1/10 | 工作台面宽度 |
| | | 3 | 钻头铣床 | 1 | 最大钻头直径 |
| | | 5 | 立铣刀槽铣床 | 1 | 最大铣刀直径 |
| 9 | 其他铣床 | 0 | 六角螺母槽铣床 | 1 | 最大六角螺母对边宽度 |
| | | 1 | 曲轴铣床 | 1/10 | 刀盘直径 |
| | | 2 | 键槽铣床 | 1 | 最大键槽宽度 |
| | | 4 | 轧辊轴颈铣床 | 1/100 | 最大铣削直径 |
| | | 7 | 转子槽铣床 | 1/100 | 最大转子本体直径 |
| | | 8 | 螺旋桨铣床 | 1/100 | 最大工作直径 |

## 二、铣床主要结构

X6132 型铣床操作部位的名称和用途见表 2-2。

表 2-2　X6132 型铣床操作部位的名称和用途

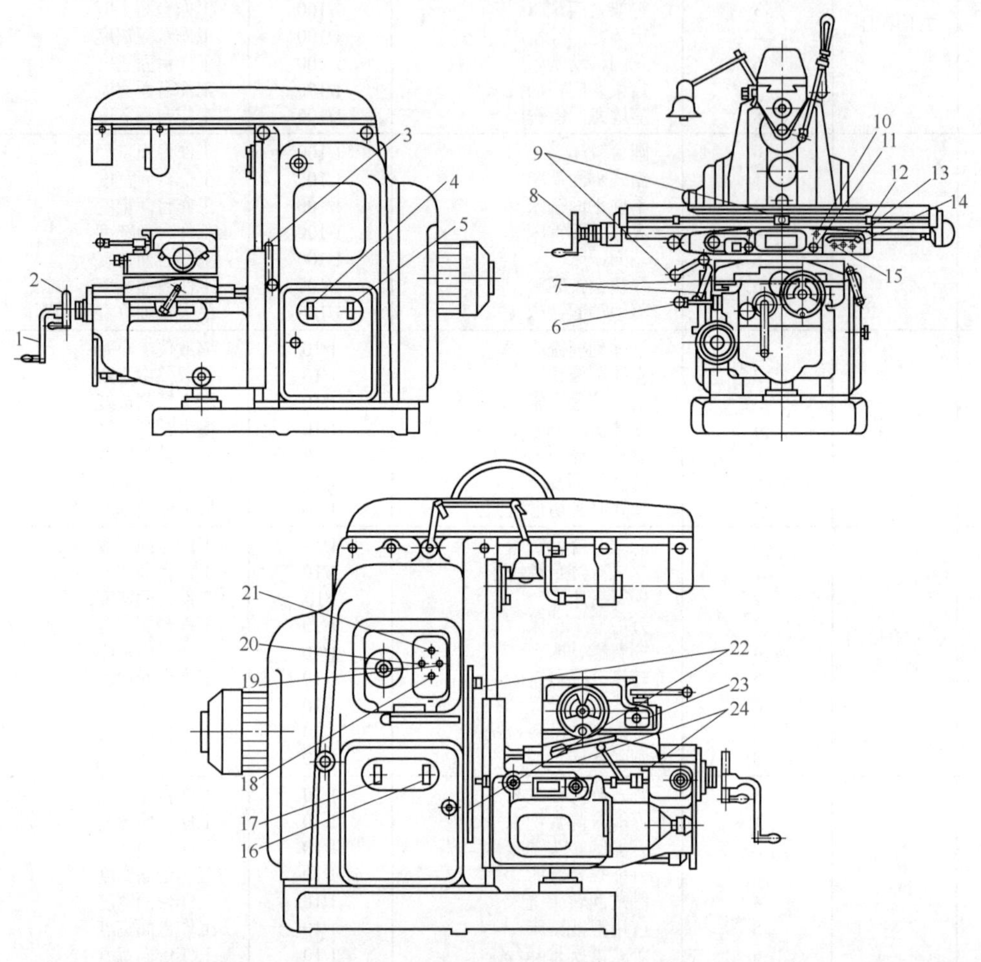


| 编号 | 操作部位的名称和用途 | 编号 | 操作部位的名称和用途 |
|---|---|---|---|
| 1 | 工作台垂向手动进给手柄 | 13 | 主轴及工作台启动按钮 |
| 2 | 工作台横向手动进给手柄 | 20 | |
| 3 | 垂向工作台紧固手柄 | 14 | 主轴及工作台停止按钮 |
| 4 | 冷却泵转换开关 | 19 | |
| 5 | 圆工作台转换开关 | 15 | 工作台快速移动按钮 |
| 6 | 工作台横向及垂向机动进给手柄 | 21 | |
| 7 | 横向工作台紧固手柄 | 16 | 主轴换向转换开关 |
| 8 | 工作台纵向手动进给手柄 | 17 | 电源转换开关 |
| 9 | 工作台纵向机动进给手柄 | 18 | 主轴上刀制动开关 |
| 10 | 纵向工作台紧固螺钉 | 22 | 垂向机动进给停止挡铁 |
| 11 | 回转工作台紧固螺钉 | 23 | 手动油泵手柄 |
| 12 | 纵向机动进给挡铁 | 24 | 横向机动进给停止挡铁 |

## 三、常用铣床的型号与技术参数

### 1. 铣床型号编制方法

机床型号是机床产品的代号，用以简明地表示机床的类别，主要技术参数和结构特征等。我国目前机床型号的编制是由汉语拼音字母和阿拉伯数字按一定的规律排列组成。

（1）机床类别代号

机床类别代号用大写的汉语拼音字母表示，排在型号的首位，如车床用“C”表示，磨床用“M”表示，铣床用“X”表示等。机床类别代号见表 2-3。

表 2-3　机床的类别和分类代号

| 类别 | 车床 | 钻床 | 镗床 | 磨床 | | | 齿轮加工机床 | 螺纹加工机床 | 铣床 | 刨插床 | 拉床 | 锯床 | 其他机床 |
|---|---|---|---|---|---|---|---|---|---|---|---|---|---|
| 代号 | C | Z | T | M | 2M | 3M | Y | S | X | B | L | G | Q |
| 读音 | 车 | 钻 | 镗 | 磨 | 二磨 | 三磨 | 牙 | 丝 | 铣 | 刨 | 拉 | 割 | 其 |

（2）通用特性代号

当某类机床除有普通型外，还有某种通用特性时，则在“类别”代号之后加通用特性代号予以区别。例“XQ6125”表示轻型万能铣床。机床通用特性代号见表 2-4。

表 2-4　机床通用特性代号

| 通用特性 | 高精度 | 精密 | 自动 | 半自动 | 数控 | 加工中心（自动换刀） | 仿形 | 轻型 | 加重型 | 简式或经济型 | 柔性加工单元 | 数显 | 高速 |
|---|---|---|---|---|---|---|---|---|---|---|---|---|---|
| 代号 | G | M | Z | B | K | H | F | Q | C | J | R | X | S |
| 读音 | 高 | 密 | 自 | 半 | 控 | 换 | 仿 | 轻 | 重 | 简 | 柔 | 显 | 速 |

（3）机床的组、系代号

组别、系别的代号用两位数来表示。各类机床中按机床的用途、性能、结构分成若干组别，每组中有若干个系别，位于机床类别和通用特性代号之后。铣床类中的组、系划分见表 2-1。

（4）机床主参数代号

主参数是指机床主要规格的基本参数，机床主参数代号用数字表示，位于组、系代号之后。主参数的尺寸单位为“mm”，通常用主参数的 1/10 表示。主参数按 1/10 折算后，当折算值大于 1 时，前面不加“0”，当折算值小于 1 时，则取小数点后第一位数，并在前面加“0”。如 X6132 型铣床组、系代号之后的数值是“32”，则表示此铣床的工作台台面宽度为 320mm。

（5）设计顺序号

当某些通用机床无法用一个主参数表示时，则在型号中用设计顺序号表示。设计顺序号由 1 起始，设计顺序号小于 10 时，由 01 开始编号。

铣床型号示例：

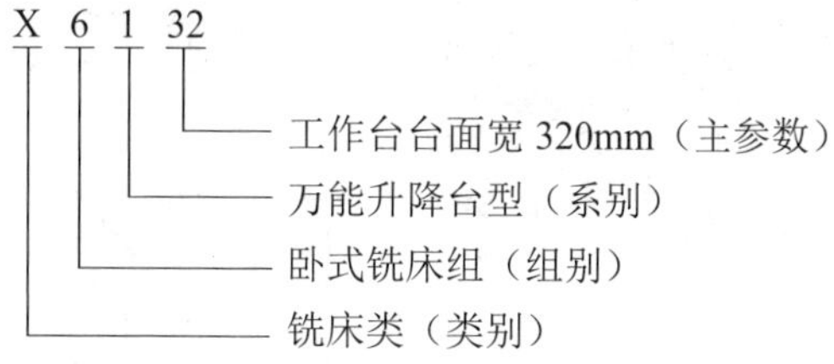

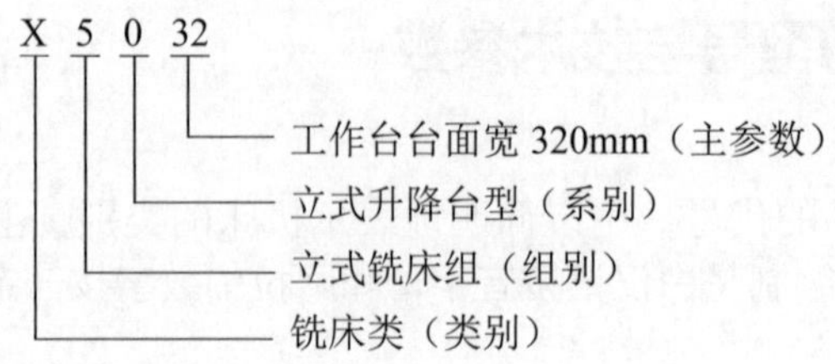


### 2. 机床型号旧编制方法说明

1994 年以前的型号是按原机械工业部的 1985 年、1976 年和 1957 年颁布的《金属切削机床型号编制方法》编制的。根据规定，已定型的机床型号暂不更改，因此目前还常见一些用 IH 的编制方法编制的机床型号，如 X62W 等。1957 年的机床型号编制方法编制的机床型号与现行型号的主要不同之处有以下三点：

① IH 编制方法编制的型号中，各类机床只规定有“组”别，而无“系”别，只用一位阿拉伯数字表示。

② 旧编制方法编制的型号中，铣床类的升降台铣床的主参数（工作台面宽度）用号数表示。如：

“0”：表示工作台面宽 200mm；
“1”：表示工作台面宽 250mm；
“2”：表示工作台面宽 320mm；
“3”：表示工作台面宽 400mm；
“4”：表示工作台面宽 500mm。

③ 旧编制方法编制的型号中，将机床的通用特性或结构特性代号排在主参数代号之后。

铣床型号示例：

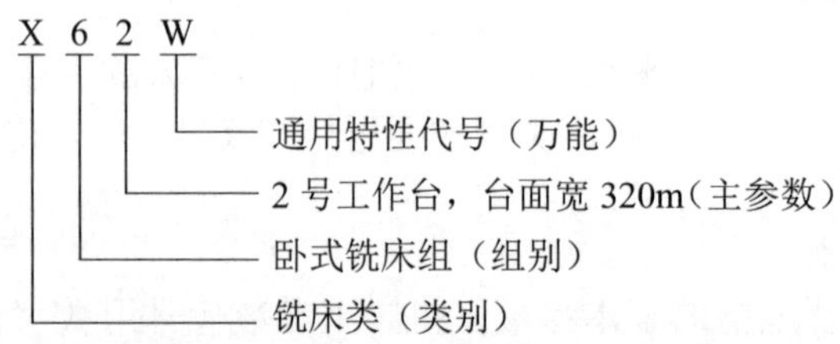


### 3. 常用铣床的型号与技术参数

① 卧式升降台铣床型号与技术参数（表 2-5）。

表 2-5　卧式升降台铣床型号与技术参数

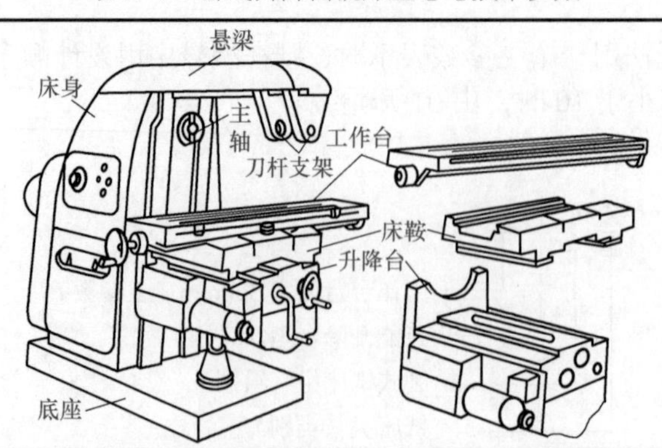

续表

| 产品名称 | 型号 | 工作台台面尺寸（宽×长）/mm | 技术参数 | | | | | | | 工作精度 | | 电动机功率/kW | |
|---|---|---|---|---|---|---|---|---|---|---|---|---|---|
| | | | 主轴轴线至工作台面距离/mm | 工作台中心线至垂直导轨面距离/mm | 工作台最大行程/mm | | | 主轴转速/（r/min） | | | | | |
| | | | | | 纵向（机/手） | 横向（机/手） | 垂向（机/手） | 级数 | 范围 | 平面度/（mm/mm²） | 表面粗糙度 $Ra$/μm | 主电动机 | 总容重 |
| 卧式升降台铣床 | X6012 | 125×500 | 0～250 | 110～210 | 250 | 100 | 125 | 9 | 120～1830 | 0.02/150 | 2.5 | 1.5 | 1.625 |
| | X083 | 140×400 | 0～130 | — | 160 | 185 | 130 | 1 | 2670 | 0.2/400 | 3.2 | 1.5 | 1.5 |
| | X6025A | 250×1200 | 40～400 | 120～320 | 550/570 | 200 | 360 | 8 | 50～1250 | 0.02/300 | 1.6 | 2.2 | 2.79 |
| | X6025 | 250×1100 | 10～430 | 145～425 | 680/700 | 260/280 | 400/420 | 18 | 32～1600 | 0.02/300 | 2.5 | 4 | 5.14 |
| | X6030 | 300×1100 | 10～430 | 160～430 | 680/700 | 250/270 | 400/420 | 18 | 32～1600 | 0.02/300 | 2.5 | 4 | 5.14 |
| | XD6032 | 320×1325 | 30～420 | 215～470 | 680/700 | 240/255 | 370/390 | 18 | 30～1500 | 0.02/100 | 2.5 | 7.5 | 9.09 |
| | XA6040A | 400×1700 | 30～470 | 255～570 | 900 | 315 | 125 | 18 | 30～1500 | 0.02/300 | 2.5 | 11 | 14.495 |
| | X755 | 500×2000 | 80～680 | 550 | 1400 | 500 | 600 | 18 | 25～1250 | 0.02/500 | 1.6 | 11 | 14.55 |

② 万能升降台铣床的型号与技术参数（表 2-6）。

表 2-6　万能升降台铣床的型号与技术参数

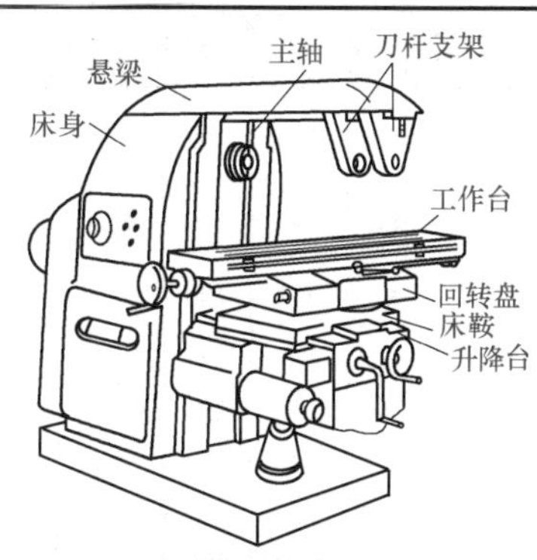


| 产品名称 | 型号 | 工作台台面尺寸（宽×长）/mm | 技术参数 | | | | | | | | 工作精度 | | 电动机功率/kW | |
|---|---|---|---|---|---|---|---|---|---|---|---|---|---|---|
| | | | 主轴轴线至工作台面距离/mm | 工作台中心线至垂直导轨面距离/mm | 工作台最大回转角度/（°） | 工作台最大行程/mm | | | 主轴转速/（r/min） | | | | | |
| | | | | | | 纵向（机/手） | 横向（机/手） | 垂向（机/手） | 级数 | 范围 | 平面度/（mm/mm²） | 表面粗糙度 $Ra$/μm | 主电动机 | 总容重 |
| 轻型万能铣床 | XQ6125 | 250×1100 | 40～410 | 160～395 | ±45 | 630 | 235 | 370 | 9 | 35～750 | 0.02/100 | 2.5 | 3 | 3.16 |
| | XQ6132 | 320×1320 | 70～480 | 190～490 | ±45 | 800 | 300 | 410 | 9 | 35～750 | 0.02/100 | 2.5 | 4 | 4.81 |
| 卧式万能升降台铣床 | X6125 | 250×1100 | 10～410 | 145～425 | — | 680/700 | 260～280 | 390～400 | 18 | 32～1600 | 0.02/300 | 2.5 | 4 | 5.225 |
| | X6130 | 300×1100 | 10～410 | 160～430 | — | 680/700 | 250～270 | 390～400 | 18 | 32～1600 | 0.02/300 | 2.5 | 4 | 5.225 |
| 万能升降台铣床 | X6130A | 300×1150 | 20～420 | 175～410 | ±45 | 680 | 235 | 400 | 12 | 35～1600 | 0.02/100 | 2.5 | 4 | 4.75 |
| | XD6132 | 320×1325 | 30～380 | 215～470 | ±45 | 680/700 | 240/255 | 330/350 | 18 | 30～1500 | 0.02/100 | 2.5 | 7.5 | 9.09 |
| | XA6140A | 400×1700 | 30～455 | 255～570 | ±45 | 900 | 315 | 425 | 18 | 30～1500 | 0.02/300 | 2.5 | 11 | 14.495 |
| | X6142 | 425×2000 | 80～450 | — | — | 1200/1210 | 360～370 | 360/370 | 20 | 18～1400 | 0.02/150 | 1.6 | 11 | 14.175 |

③ 立式升降台铣床、数控立式升降台铣床的型号与技术参数（表 2-7）。

表 2-7　立式升降台铣床、数控立式升降台铣床的型号与技术参数

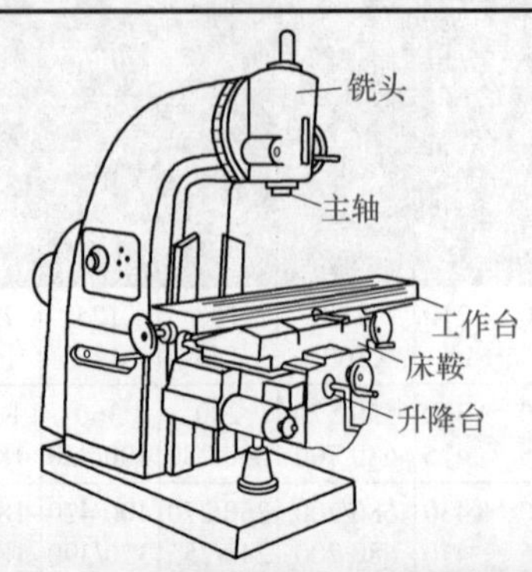


| 产品名称 | 型号 | 工作台台面尺寸（宽×长）/mm | 技术参数 | | | | | | | 工作精度 | | 电动机功率/kW | |
|---|---|---|---|---|---|---|---|---|---|---|---|---|---|
| | | | 主轴端面至工作台台面距离/mm | 主轴轴线至垂直导轨面距离/mm | 工作台最大行程/mm | | | 主轴转速/（r/min） | | 平面度/（mm/mm²） | 表面粗糙度 $Ra$/μm | 主电动机 | 总容重 |
| | | | | | 纵向（机/手） | 横向（机/手） | 垂向（机/手） | 级数 | 范围 | | | | |
| 立式升降台铣床 | X5012 | 125×500 | 0～250 | 155 | 255 | 100 | 250 | 9 | 120～130 | 0.02/150 | 2.5 | 1.5 | 0.6 |
| | X5020B | 200×900 | 10 | 265 | 500 | 190 | 360 | 8 | 60～1650 | 0.02/300 | 2.5 | 3 | 1 |
| | X5030A | 300×1150 | 40～410 | 175～410 | 680 | 235 | 400 | 12 | 35～1600 | 0.02/100 | 2.5 | 4 | 3 |
| | X5032 | 320×1320 | 60～410 | 350 | 680/700 | 240/255 | 330/350 | 18 | 30～1500 | 0.02/100 | 1.6 | 7.5 | 2.8 |
| | B1-400K | 400×1600 | 30～500 | 450 | 900 | 315 | 385 | 18 | 30～1500 | 0.02/300 | 2.5 | 11 | 4.25 |
| | X5042A | 425×200 | 0～490 | — | 1180/1200 | 400/410 | 450/460 | 20 | 18～1400 | 0.02/150 | 1.6 | — | 5.1 |
| 立式铣床 | X715 | 500×2000 | 80～680 | 550 | 1400 | 500 | 600 | 18 | 25×1250 | 0.03/500 | 1.6 | 11 | 14.55 |

| 产品名称 | 型号 | 工作台台面尺寸（宽×长）/mm | 技术参数 | | | | | | | 工作精度/mm | | 电动机功率/kW | |
|---|---|---|---|---|---|---|---|---|---|---|---|---|---|
| | | | 主轴端面至工作台台面距离/mm | 主轴轴线至垂直导轨面距离/mm | 工作台最大行程/mm | | | 主轴转速/（r/min） | | 定位精度 | 重复定位精度 | 主电动机 | 总容重 |
| | | | | | 纵向（机/手） | 横向（机/手） | 垂向（机/手） | 级数 | 范围 | | | | |
| 数控立式升降台铣床 | XK5012 | 125×500 | 0～250 | — | 250 | 100 | 250 | | 120～1830 | ±0.02/200 | 0.015 | 1.5 | 1.625 |
| | XK5020 | 200×900 | 40～400 | — | 500 | 220 | 360 | | 55～2500 | — | — | 3 | |
| | XK5025 | 250×1120 | 30～430 | 360 | 680 | 350 | 440 | | 50～3500 | ±0.05/300 | 0.015 | 1.5 | |
| | XKA5032A | 320×1320 | 60～460 | — | 760 | 290 | 380 | | 30～1500 | 0.031/300 | — | 7.5 | |
| | XK5034 | 340×1066 | 35～435 | — | 760 | 350 | 120 | | 45～3150 | $X$：0.06<br>$Y$：0.05<br>$Z$：0.04 | 0.025 | 3.7 | |
| | XK5038 | 381×9650 | 64～595 | — | 800 | 400 | 203 | | 45～4510 | $X$：0.06<br>Y：0.05<br>$Z$：0.04 | 0.025 | 5.5 | |
| | XK5040-1 | 400×1650 | 100～500 | — | 900 | 350 | 400 | | 12～1500 | 0.031/150 | — | 7.5 | |
| | XKA5040A | 400×1700 | 50～500 | — | 900 | 375 | 450 | | 30～1500 | 0.031/300 | — | 7.5 | |

## 四、数控铣床简介

### 1. 数控铣床的组成和工作原理

数控铣床是由普通铣床发展而来的一种数字程序控制机床。它将零件加工过程中所需的各种操作和步骤，以及刀具与零件之间的相对位移量都用数字化的代码表示，通过控制介质和数控面板等将数字信息输入专用或通用的计算机中，由计算机对输入的信息进行处理与运算，发出各种指令来控制机床的伺服系统或其他执行机构，从而自动加工出所需要的零件。

数控铣床加工能力很强，能够铣削各种平面轮廓和立体轮廓的零件，例如各种形状复杂的凸轮、样板、模具、叶片、螺旋桨等；此外，配上相应的刀具还可以进行钻、扩、铰、锪、镗孔和螺纹加工等。因此，在制造业中数控铣床得到了广泛应用。

（1）数控铣床的组成（表 2-8）

表 2-8　数控铣床的组成

| 组成类型 | 说　明 |
|---|---|
| 铣床本体 | 铣床本体是指其机械结构实体部分。它与传统的普通机床相比，同样由主传动系统、进给传动系统、床身、立柱和工作台等部分组成，但数控铣床的整体布局、外观造型、传动机构、工具系统及操作界面等方面都发生了很大变化，为了满足数控技术的要求和充分发挥数控机床的优势，归纳起来主要包括以下几个方面的变化：<br>①采用高性能主传动及主轴部件，具有传递功率大、刚性高、抗振性好及热变形小等优点<br>②进给传动采用高效传动件，具有传动链短、结构简单、传动精度高等特点，一般采用滚珠丝杠副、直线滚动导轨副等<br>③机床本身具有很高的动、静刚度<br>④采用全封闭罩壳。由于数控机床是自动完成加工，为了操作安全等，一般采用移动门结构的全封闭罩壳，对机床的加工部件进行全封闭 |
| 数控系统 | 数控系统是数控铣床的控制中心，是数控铣床的灵魂所在，主要由主控制系统、可编程序控制器（PLC）、输入 / 输出接口、键盘、监视器等组成。数控系统的主要控制对象是位置、角度、速度等机械量以及温度、压力，流量等物理量，其控制方式又可分为数据运算处理控制和时序逻辑控制两大类。其中，主控制器内的插补模块就是根据所读入的零件程序，通过译码、编译等处理后，进行相应的刀具轨迹插补运算，并通过与各坐标伺服系统的位置、速度反馈信号的比较，从而控制机床各坐标轴的位移。而时序逻辑控制通常由 PLC 来完成，它根据机床加工过程中各个动作要求进行协调，按各检测信号进行逻辑判别，从而控制机床各个部件有条不紊地按顺序工作 |
| 伺服系统 | 伺服系统是数控系统和机床本体之间的电传动联系环节。它将数控系统发出的脉冲信号转换为机床移动部件的运动，加工出符合图样要求的零件。伺服系统主要由伺服电动机、驱动控制系统和位置检测与反馈装置等组成。伺服电动机是系统的执行件；驱动控制系统则是伺服电动机的动力源。数控系统发出的指令信号与位置反馈信号比较后，作为位移指令，经过驱动系统的功率放大后，驱动电动机运转，通过机械传动装置带动工作台或刀架运动 |
| 辅助装置 | 辅助装置是数控铣床上为加工服务的配套部分，主要包括液压和气动系统、冷却和润滑系统、回转工作台、自动排屑装置、过载和保护装置等 |

（2）数控铣床的工作原理

数控铣床加工零件，首先根据所设计的零件图样，经过加工工艺分析、设计，将加工过程中所需的各种操作，例如主轴启停、主轴变速、切削用量、进给路线、切削液供给以及刀具与工件相对位移量等，以规定的数控代码按一定的格式编写成加工程序，然后通过键盘或其他输入设备将信息传送到数控系统，由数控系统中的计算机对接受的程序指令进行处理和计算，向伺服系统和其他各辅助控制线路发出指令，使它们按程序规定的动作顺序、刀具运动轨迹和切削工艺参数来进行自动加工；零件加工结束时，机床停止工作。

当数控铣床通过程序输入、调试和首件试切合格进入批量生产时，操作者一般只要进行工件上、下料装卸，再按一下程序自动循环按钮，数控铣床就能自动完成整个加工过程。

## 2. 数控铣床的分类及加工特点

（1）数控铣床的分类（表 2-9）

表 2-9 数控铣床的分类

<table>
<tr><th colspan="2">类别</th><th>说 明</th></tr>
<tr><td colspan="2">按其控制坐标轴的联动数分类</td><td>①二轴联动数控铣床，可对三轴中的任意两轴联动<br>②三轴联动数控铣床，可三轴同时联动<br>③多轴联动数控铣床，如四轴联动、五轴联动数控铣床</td></tr>
<tr><td rowspan="4">按其主轴的布局形成分类</td><td>立式数控铣床</td><td>立式数控铣床的主轴轴线垂直于机床工作台平面，即垂直于水平面，是数控铣床中数量最多的一种，应用范围也最为广泛。立式数控铣床主要用于加工机械零件类的平面、内外轮廓、孔和螺纹以及各类模具。立式数控铣床中以三轴（X、Y、Z）联动铣床居多，根据各坐标轴控制方式不同又可分为两种：<br>①工作台做纵向、横向移动和升降，主轴固定不动。小型数控立铣一般都采用工作台移动、升降而主轴固定不动的方式，与普通立式升降台铣床差不多<br>②工作台做纵向、横向移动，主轴升降。中型数控立铣一般采用工作台做纵向、横向移动，主轴沿垂直溜板上下运动<br>此外，还有机床主轴可以绕 X、Y、Z 坐标轴中的一个或两个轴做数控摆角运动的四轴和五轴联动数控立铣。一般来说，数控机床控制的坐标轴越多，特别是要求联动的坐标轴越多，数控机床的功能、加工范围及可选择的加工对象也越多。但随之而来的是数控机床的结构更复杂，系统功能更强大，编程难度更大，设备价格也更昂贵。为了扩大数控立铣的功能、加工范围和加工对象，可以附加数控转盘。当数控转盘水平放置时，可增加一个 C 轴；垂直放置时可增加一个 A 轴或 B 轴。如果是万能数控转盘，则可以一次增加两个转动轴。但附加数控转盘后，能实现几个坐标轴联动，则是由机床自身配置的数控系统的功能来决定</td></tr>
<tr><td>卧式数控铣床</td><td>卧式数控铣床主轴轴线与机床工作台平面平行，即平行于水平面。卧式数控铣床主要用于加工零件侧面的轮廓，例如箱体类零件的加工。为了扩大加工范围和扩充功能，卧式数控铣床通常采用增加数控转盘来实现四轴或五轴联动加工。这样不但工件侧面上的连续回转轮廓可以加工出来，而且可以实现在一次安装中，通过数控转盘改变工位，进行“四面加工”。尤其是万能数控转盘可以把工件上各种不同角度或空间角度的加工面摆成水平来加工，从而省去很多专用夹具或专用角度成形铣刀。对箱体类零件或需要在一次装夹中改变工位进行加工的零件来说，选择带数控转盘的卧式数控铣床进行加工非常合适</td></tr>
<tr><td>复合式数控铣床</td><td>复合式数控铣床是指一台机床上有立式和卧式两个主轴，或者是指主轴可作 90° 旋转的数控铣床。复合式数控铣床同时具备立式数控铣床和卧式数控铣床的功能，故又称为立、卧两用数控铣床。这类铣床对加工对象的适应性更强，因而使用范围也更广，其性能价格比高，能获得较好的经济效益<br>有些立、卧两用数控铣床采用主轴头可任意方向转换的万能数控主轴头，使其可以加工出与水平面呈不同角度的工件表面。此外，还可在其工作台上增设数控转盘，实现对零件的“五面加工”，即除了工件与转盘贴合的定位面外，其他表面都可以在一次安装中进行加工。当然，配有自动换刀装置 ATC（Automatic Tool Changer）、自动交换工作台机构 APC（Automatic Pallet Changer）的五面体加工中心功能更强，应用范围更广</td></tr>
<tr><td>龙门数控铣床</td><td>龙门数控铣床的主轴固定在龙门架上，主轴可在龙门架的横向与垂直导轨上移动，而龙门架则沿床身做纵向移动。龙门数控铣床一般是大型数控铣床，主要用于大型机械零件及大型模具的加工</td></tr>
<tr><td colspan="2">按伺服控制方式分类</td><td>按伺服控制方式分，数控铣床可分为开环控制、闭环控制、半闭环控制和混合控制的数控铣床四大类。其分类说明见表 2-10</td></tr>
</table>

表 2-10 按伺服控制方式分类及说明

| 类型 | 说 明 |
|---|---|
| 开环控制数控铣床 | 开环控制系统的数控铣床是指不带有位置检测反馈装置的数控铣床。这种数控铣床对机床移动部件的实际位移量不检测，也不能进行误差补偿和校正。通常使用步进电动机作为执行机构。数控系统发出的指令脉冲信号通过环形分配器和驱动电路，使步进电动机转过相应的步距角，再经传动系统带动工作台移动。移动部件的速度和位移量分别是由输入脉冲的频率和脉冲数决定的。开环控制数控铣床的控制精度主要取决于步进电动机的步距角和机床传动机构的精度及刚度。这类数控铣床结构简单、调试方便，但精度低，一般适用于经济型数控铣床和旧铣床的数控化改造。如图 2-1 所示为开环控制系统的工作原理 |
| 闭环控制数控铣床 | 闭环控制系统的数控铣床是在机床工作台上安装直线位移检测反馈装置，可将实际测量的位移值反馈到数控系统中，并与数控系统原命令的位移值自动比较，将差值通过数控系统向伺服系统发出新的进给命令，如此循环直到误差消除为止。这样，通过检测反馈可消除从电动机到机床移动部位整个机械传动链上的传动误差，得到很高的加工精度。闭环控制数控铣床的设计和调整相当复杂，难度大，而且直线位移检测器件的价格昂贵，因此主要用于一些精度要求很高的场合。如图 2-2 所示为闭环控制系统的工作原理 |

续表

| 类型 | 说　明 |
| --- | --- |
| 半闭环控制数控铣床 | 半闭环控制数控铣床与闭环控制数控铣床的唯一区别是半闭环的检测器件是角位移检测器，直接安装在电动机轴上或丝杠端部，而闭环的检测器件是直线位移检测器，安装在移动部件上，两者的工作原理完全一样。由于半闭环控制数控铣床大部分机械传动装置处于反馈回路之外，调试方便，可获得较稳定的控制特性。丝杠等机械传动误差不能通过反馈随时校正，但目前的数控系统均有螺距误差补偿和间隙自动补偿功能，可通过采用软件定值补偿方法来提高其精度。现在大部分数控铣床采用半闭环控制系统。半闭环控制系统的工作原理如图 2-3 所示 |
| 混合控制数控铣床 | 将上述伺服控制方式的特点加以选择集中，可组成混合伺服控制的形式，主要有下述两种方式：<br>①开环补偿型伺服控制方式。其特点是选用步进电动机的开环伺服机构作为基本控制，再附加一个位置校正电路，通过装在工作台上的直线位移测量器件的反馈信号来校正机械传动误差<br>②半闭环补偿型伺服控制方式。其特点是用半闭环作为基本控制，再用装在工作台上的直线位移测量器件实现全闭环，用闭环和半闭环的差进行控制，以提高精度 |

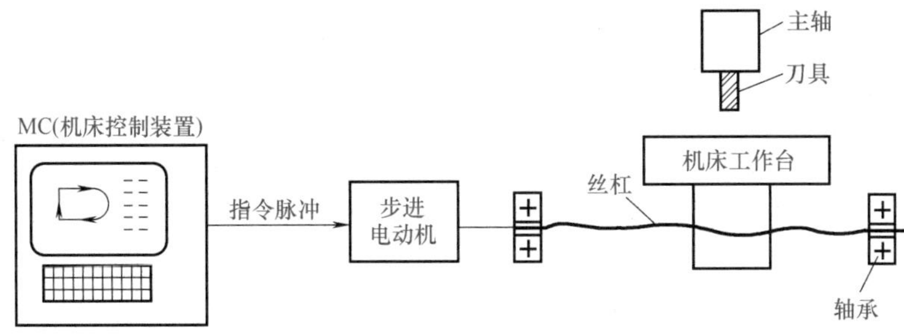


图 2-1　开环控制系统的工作原理

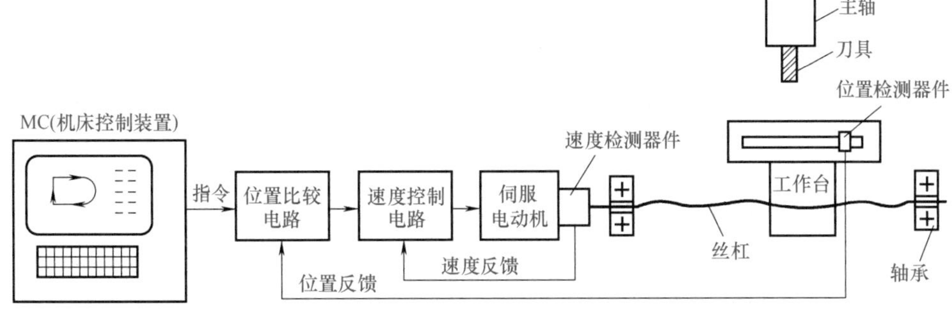


图 2-2　闭环控制系统的工作原理

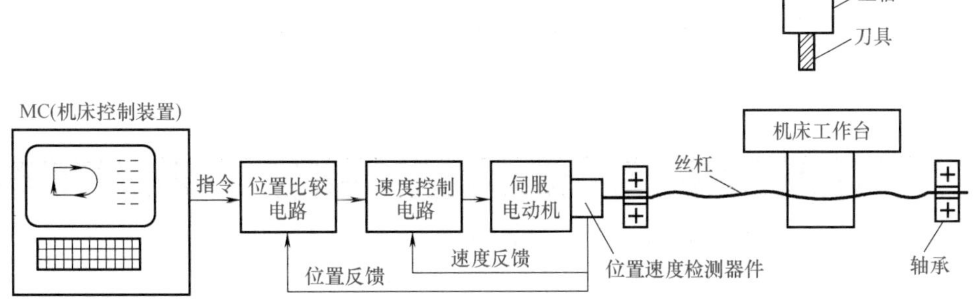


图 2-3　半闭环控制系统的工作原理

国内生产数控铣床的企业较多，有北京第一机床厂、南通纵横国际股份有限公司、常州多棱数控机床有限公司、自贡长征机床有限责任公司、桂林机床股份有限公司，以及台湾的友嘉、永进、大立、立扬、福裕、新卫等厂商。国外著名厂家例如：德国的德马吉（DMG）、斯宾纳（SPINNER）、海默（HERMLE）；日本的马扎克（MAZAK）、大隈（OKUMA）、安田（YASDA）、牧野（MAKINO）；瑞士的米克朗（MIKRON）；美国的哈斯（HAAS）、法道（FADAL）；英国的桥堡（BRIDGEPORT）；法国的鱼雷（HURIN）；韩国的斗山（DOOSAN）等。

（2）数控铣床的加工特点

数控铣床与普通铣床相比，主要有以下特点（表 2-11）。

表 2-11　数控铣床的加工特点

| 特点 | 特点说明 |
| --- | --- |
| 自动化程度高 | 数控铣床加工零件是按事先编好的程序自动运行，完成对零件的加工。操作者除了操作之外，不需要进行繁重的重复性手工操作，劳动强度和紧张程度均大为减轻，也改善了劳动条件 |
| 加工精度高，质量稳定 | 目前数控装置的脉冲当量一般为 0.001mm，即 1μm，高精度的数控系统可达 0.1μm，一般情况下都能保证工件精度。另外，数控加工还避免了人为操作误差，同一批加工零件的尺寸统一性好，产品质量稳定。数控铣床具有较高的加工精度，能加工很多普通机床难以加工或根本不能加工的复杂型面 |
| 能加工形状复杂的零件 | 数控铣床因能实现多坐标轴联动，可以加工普通机床难以加工或根本无法加工的空间曲线、曲面，如形状复杂的模具加工等 |
| 加工适应性强 | 数控铣床对加工对象的适应性强，即具有高柔性。当加工对象改变时，除了更换相应的刀具和解决工件装夹方式外，只需重新编制程序即可自动加工出新的零件，而不必对机床做任何大的调整。因此，数控铣床可很快地实现加工各种零件的目的，对多品种、中小批量零件的生产有很强的适应性，尤其是为新产品的研制开发以及产品的改型提供了极大的便利 |
| 生产效率高 | 数控铣床结构刚性好，主轴转速高，可以进行大切削用量的强力切削。机床移动部件具有很高的空行程运行速度，使辅助时间大为缩短，从而使数控铣床的生产效率较普通铣床一般高 2 ～ 3 倍，尤其是加工形状复杂的零件时，生产效率可提高十几倍到几十倍 |
| 良好的经济效益 | 数控铣床加工零件，分摊在每个零件上的设备费用是昂贵的，但其生产率和加工精度高，质量稳定，减少了废品率，且工艺装备费用低等，使生产成本大为下降，从而可获得良好的经济效益 |
| 易于构建计算机通信网络 | 由于数控铣床本身是与计算机技术紧密结合的，因而易于与计算机辅助设计和计算机辅助制造（CAD/CAM）系统连接，进而形成 CAD/CAM/CNC（计算机数控）相结合的一体化系统，在生产实践和数控技术教学上都具有重大意义 |
| 便于生产管理的现代化 | 用数控铣床加工零件，能准确地计算出零件的加工工时，并能有效地简化检验工装夹具和半成品的管理工作，有利于使生产管理现代化 |

虽然数控铣床有以上优点，但数控铣床价格昂贵、技术复杂、维修困难、加工成本高，并且要求管理及操作人员素质较高，因此应综合权衡，以使企业获得最佳的经济效益。

### 3. 数控铣床的用途及加工的应用范围（表 2-12）

数控铣床与数控车床一样，适用于加工精度高、品种多、批量小、形状复杂的零件，而且数控铣床可以加工许多普通铣床难以加工甚至根本无法加工的零件。数控铣床用途广泛，主要用于铣削以下 4 类零件，见表 2-12。

表 2-12　数控铣床的用途及加工的应用范围

| 特点 | | 特点说明 |
| --- | --- | --- |
| 数控铣床的用途 | 平面类零件的铣削 | 平面类零件的各加工面均是平面，或可展开为平面。一般用三坐标数控铣床任意两坐标轴联动就可以加工出来，相对较简单。数控铣床加工的零件绝大多数属于平面类零件 |
| | 空间曲面类零件的铣削 | 曲面类零件不能展开为平面，例如模具、叶片、螺旋桨等，一般利用三坐标数控铣床通过两轴联动、另一轴做周期性移动来加工，即 2.5 轴联动。此外，利用功能更强的三轴联动数控铣床能加工出形状更加复杂的空间曲面。加工时，铣刀与加工面始终为点接触，一般采用球头铣刀进行加工 |
| | 变斜角类零件的铣削 | 变斜角类零件是指加工面与水平面的夹角呈连续变化的零件，其加工面不能展开为平面。此类零件形状复杂，多为飞机上使用的零件，一般采用多轴联动的数控铣床（如四轴联动、五轴联动）来加工 |
| | 进行孔加工和攻螺纹 | 数控铣床还可进行孔加工，例如钻孔、扩孔、镗孔、铰孔、锪孔等孔加工和攻螺纹等 |

续表

| 特点 | 特点说明 |
|---|---|
| 数控铣床的加工应用范围 | 数控铣床是一种高效、高精度、高自动化的机床，有许多普通铣床不可比拟的优点。现在数控铣床的应用范围不断扩大，但由于数控铣床技术含量高、价格昂贵、维修困难、对操作人员素质要求高，从最经济的角度出发，数控铣床适合于加工具有以下特点的零件：<br>①多品种、小批量生产的零件<br>②形状结构复杂的零件<br>③必须严格控制公差，对精度要求高的零件<br>④需要频繁改型的零件<br>⑤用普通铣床加工时，需要昂贵工装设备的零件<br>⑥价格昂贵，不允许报废的关键零件<br>⑦需要最短生产周期的急需零件 |

### 4. 数控系统的主要功能

数控铣床中数控装置的硬件有各种不同的组成和配置，再安装不同的监控软件就可以实现许多功能，从而满足数控铣床的复杂控制要求。

数控系统的功能一般包括基本功能和选择功能。基本功能是数控系统的必备功能；选择功能是供用户根据机床特点和用途进行选择的功能。数控系统不同，其功能也不尽相同。下面以 FANUC 系统为例，简述其部分功能，见表 2-13。

表 2-13　数控系统的主要功能

| 类别 | 说　明 |
|---|---|
| 多坐标控制功能 | 控制功能是指数控装置能够控制的以及能够同时控制的轴数。控制功能是数控装置的主要性能指标之一。控制轴有移动轴和回转轴、基本轴和附加轴。控制的轴数越多，特别是同时控制的轴数越多，数控装置的功能越强，数控装置也越复杂，编程也就越困难<br>控制系统可以控制坐标轴的数目，指的是数控系统最多可以控制多少个坐标轴，其中包括平动轴和回转轴。基本平动坐标轴是 $X$、$Y$、$Z$ 轴；基本回转坐标轴是 $A$、$B$、$C$ 轴。联动轴数是指数控系统按照加工的要求可以控制同时运动的坐标轴的数目 |
| 刀具补偿功能 | 刀具补偿功能包括刀具长度补偿和刀具半径补偿。其中，刀具长度补偿又包括刀具几何补偿和刀具磨损补偿<br>①刀具长度补偿功能。刀具长度补偿是指刀具轴向的补偿，它使刀具在轴向上的实际位置比程序给定值增加或减少一个偏移量。利用该功能不但可以自动改变切削面高度，而且可以减少轴向对刀具的误差<br>②刀具磨损补偿功能。刀具在使用中会发生磨损，如不及时进行刀具磨损补偿，将会导致零件加工精度的降低。在刀具几何补偿不变的情况下，通过调整刀具磨损补偿从而间接改变了刀具长度补偿，以确保零件加工精度<br>③刀具半径补偿功能。利用该功能，可以使刀具中心自动偏离工件轮廓一个刀具半径，因而在编程时可以很方便地按工件实际轮廓尺寸进行计算，编制加工程序，而不必按铣刀中心轨迹计算和编程。该功能可通过改变刀具半径补偿量的方法来弥补铣刀制造精度的不足，扩大刀具直径选用范围及刀具返修刃磨的允许误差；还可以利用改变刀具半径补偿值的方法，以同一加工程序实现分层铣削和粗、精加工或用于提高零件加工精度。此外，通过改变刀具半径补偿值的正负号，还可以用同一加工程序加工某些需要相互配合的工件 |
| 固定循环功能 | 固定循环功能是将一系列典型的加工动作预先编好程序，存储在内存中，在需要时用 G 代码进行调用。使用固定循环功能，可大大简化程序编制。固定循环包括钻孔循环、镗孔循环、螺纹加工循环等 |
| 镜像加工功能 | 镜像加工也称为轴对称加工。对于一个相对于坐标轴对称的工件来说，利用镜像加工功能，只需编出一个或两个象限的程序，而其他象限的轮廓就可以通过镜像加工来实现 |
| 旋转功能 | 此功能可将编好的加工程序，在加工平面内旋转任意角度来执行 |
| 子程序 | 在某些被加工的零件中，常常会出现几何形状完全相同的加工轨迹，在编制加工程序时会有一些固定顺序和重复模式的程序段出现在多个程序中。为了简化编程，可将这些具有固定顺序和重复模式的典型加工程序段按一定格式编成子程序，然后输入存储器中<br>主程序在执行过程中如果需要某一子程序，可以通过一定格式的子程序调用指令来调用该子程序。子程序执行完后返回主程序，继续执行后面的程序段 |
| 宏程序功能 | 用户宏程序是指含有变量的子程序。用户宏程序由于允许使用变量、算术和逻辑运算及条件转移，使得编制相同加工操作的程序更方便、更容易，在加工程序中，可用一条简单指令即用户宏指令来调出用户宏程序 |

续表

| 类别 | 说　明 |
| --- | --- |
| 准备功能 | 准备功能也称为 G 功能，是用来指定数控铣床动作方式的功能。G 功能指令由地址符 G 和其后面的两位数字组成 |
| 辅助功能 | 辅助功能是数控加工中必不可少的辅助操作，用地址符 M 和其后任意两位数字表示。系统不同，M 功能也不全相同。辅助功能用来规定主轴的启停、切削液的开关等 |
| 进给功能 | 进给功能也称为 F 功能，是表示进给速度的功能，由地址符 F 和其后的若干位数字表示。实际进给速度可以通过 CNC 操作面板上的进给倍率修调旋钮进行调整 |
| 主轴功能 | 数控铣床的主轴功能主要是指定加工过程主轴的转速（刀具切削速度）。主轴功能由地址符 S 和其后的若干位数字来表示，单位为 r/min，如 s1000 表示主轴转速为 1000r/min |
| 图形显示功能 | CNC 装置可以配置单色或彩色 CRT（显示器），通过软件和接口实现字符和图形显示。可以显示加工程序、参数、各种补偿量、坐标位置、报警信息、动态刀具运动轨迹等 |
| 操作控制功能 | 数控铣床通常有单段运行、空运行、跳步、机床锁住、图形模拟运行以及急停等功能 |
| 自诊断报警功能 | 自诊断报警功能是指数控系统对其软件、硬件故障进行自我诊断的能力。该功能可用于监视整个机床和整个加工过程是否正常，并在发生异常时及时报警，从而能迅速查明故障类型及位置，减少因故障而造成的停机时间 |
| 通信功能 | 现代数控系统一般都配有 RS232C 接口或 DNC 接口，可以与上级计算机进行信号的高速传输。高档数控系统还可与 INTERNET（互联网）相连，以适应 FMS（柔性制造系统）、CIMS（计算机集成制造系统）的要求 |

### 5. 数控铣床的主要结构和技术参数

（1）数控铣床的主要结构

数控铣床的机械结构可分为 6 个主要部分，即床身、铣头、工作台、升降台、冷却系统和润滑系统（表 2-14）。

表 2-14　数控铣床的主要结构

| 类别 | 说　明 |
| --- | --- |
| 床身 | 床身是机床的基础部件，起支承和连接作用，具有良好的刚性。床身的底座上设有调节螺栓，便于机床调整水平，切削液储液池设在机床底座内部 |
| 铣头 | 铣头主轴支承在高精度轴承上，保证主轴具有高回转精度和良好的刚性。主轴采用无级变速，调速范围宽、传动平稳、操作方便。无级变速是指主轴的转速直接由主轴无级调速电动机的变速来实现。数控铣床主传动无级变速一般采用交流主轴伺服电动机作为驱动件<br>数控铣床的主轴端部主要用于安装刀具，铣刀是预先固定在标准锥柄刀夹中，使锥柄刀夹在前端的锥孔内定位，并用拉杆从主轴后端拉紧，由前端的端面键位传递转矩。半自动的装卸刀机构安装在铣头的上方，通过按钮开关使拉杆拉紧和放松，从而控制装刀和卸刀，既方便又安全 |
| 工作台 | 纵向工作台与横向床鞍支承在升降台较宽的水平导轨上。工作台的纵向进给是由安装在工作台右端的伺服电动机驱动的。工作台纵向（*X* 轴）和横向（*Y* 轴）的进给运动，主轴套筒垂直方向（*Z* 轴）的进给运动，都是由各自的交流伺服电动机驱动，分别通过同步齿形带带动带轮，传给精密滚珠丝杠副，实现进给。伺服电动机内装有脉冲编码器，位置及速度反馈信息均由此获得，构成半闭环控制系统<br>滚珠丝杠螺母副是一种将回转运动转变为直线运动的传动装置，它是在丝杠螺母副的基础上发展而来，具有传动精度高、摩擦小、使用寿命长等优点，广泛用于数控机床传动机构中。工作台左端装有手轮和刻度盘，以便进行手动操作<br>数控铣床是一种高精度、高效率、高自动化的机床，对导轨要求高。目前数控铣床采用的导轨主要有塑料滑动导轨、滚动导轨和静压导轨三种类型，其中又以塑料导轨居多。目前，许多机床床鞍的纵横向导轨面均是贴塑面，提高了导轨的耐磨性、运动的平稳性和保持良好的精度<br>数控铣床一般采用上表面带有 T 形槽的矩形工作台。T 形槽主要用来协助装夹工件。工作台四周带有凹槽，以便于切削液的回流和金属屑的清除 |
| 升降台 | 升降台前方装有交流伺服电动机，驱动床鞍做横向进给运动。此外，在横向滚珠丝杠前端还装有进给手轮，可实现手动进给。升降台左侧装有锁紧手柄，轴的前端装有长手柄，可带动锥齿轮及升降台丝杠旋转，从而获得升降台的升降运动 |
| 冷却系统 | 机床的冷却系统由冷却泵、出水管、回水管、开关及喷嘴等组成。冷却泵安装在机床底座的内腔里，冷却泵将切削液从底座内储液池打至出水管，然后经喷嘴喷出，对切削区进行冷却 |
| 润滑系统 | 润滑系统由手动润滑油泵、分油器、节流阀、油管等组成。机床采用周期润滑方式，用手动润滑油泵，通过分油器对主轴套筒、纵横向导轨及三向滚珠丝杠进行润滑，以提高机床的使用寿命 |

（2）数控铣床的主要技术参数

XK5025 型和 XK714B（VM600）型数控立式铣床如图 2-4 和图 2-5 所示。XK5025、XK714B（VM600）型数控铣床的主要技术参数分别见表 2-15 和表 2-16。

图 2-4　XK5025 型数控立式铣床

图 2-5　XK714B（VM600）型数控立式铣床

表 2-15　XK5025 型数控立式铣床的主要技术参数

| 名称 | 参数 | 名称 | 参数 |
|---|---|---|---|
| 数控系统 | BEIJING FANUC 0-MD | 主轴电动机容量 /kW | 2.2 |
| 工作台面积（长 × 宽）/mm | 1120×250 | 铣削进给速度范围 /（m/min） | 0 ～ 0.35 |
| 工作台纵向行程 /mm | 680 | 定位移动速度 /（m/min） | 2.5 |
| 工作台横向行程 /mm | 350 | 脉冲当量 /mm | 0.001 |
| 主轴套筒行程 /mm | 130 | 定位精度 /mm | ±0.013/（300） |
| 升降台垂向行程（手动）/mm | 400 | 重复定位精度 /mm | ±0.005 |
| 工作台允许最大承载 /kg | 250 | 用户存储器容量 /KB | 64 |
| 主轴转速范围 /（r/min） | 65 ～ 4750（12 挡） | | |

表 2-16　XK714B（VM600）型数控立式铣床的主要技术参数

| 名称 | 参数 | 名称 | 参数 |
|---|---|---|---|
| 工作台面积 /mm² | 800×400 | 切削进给速度 /（mm/min） | 1 ～ 5000 |
| T 形槽 /mm | 3×18H8 | 快速移动速度 /（mm/min） | 15 000 |
| 工作台最大承载 /kg | 550 | 进给电动机 /kW | 3/3/3 |
| *X* 向、*Y* 向、*Z* 向行程 /mm | 600、410、510 | 定位精度 /mm | 0.01 |
| 主轴端面至工作台面距离 /mm | 126 ～ 635 | 重复定位精度 /mm | 0.005 |
| 主轴中心至立柱导轨面距离 /mm | 215 ～ 625 | 机床外形尺寸（长 × 宽 × 高）/mm | 2500×2630×2550 |
| 主轴转速 /（r/min） | 60 ～ 4500（8000 可选） | 机床质量 /kg | 4500 |
| 主轴电动机功率（连续 /30min）/kW | 5.5/7.5 | 总电源供应量 /kW | 15 |
| 主轴孔锥度 | BT-40 | 典型配用数控系统 | FANUC 0i-B/0i Mate、SINUMERIK 802D |

# 第二节 铣床（数控铣床）的安装调整及精度检验

## 一、铣床的安装要点

铣床的主体运动是铣刀的旋转运动。一般情况下，铣床具有相互垂直的三个方向上的调整移动，同时，其中任一方向的调整移动也可成为进给运动。下面以 X62W 型卧式铣床为例说明其安装要点。

X62W 型卧式铣床的工艺特点：主轴水平布置，工作台可沿纵向、横向和垂向三个方向做进给运动或快速移动。工作台可以在水平面内作 ±45° 的回转，以调整需要的角度，适应螺旋表面的加工，其主要部件的安装要点见表 2-17。

表 2-17 铣床部件的安装要点

| 类别 | 说明 |
|---|---|
| 床身 | 床身是用来固定和支承铣床上所有的部件和机构的基础件、电动机、变速箱的变速操纵机构、主轴等安装在其内部，升降台、悬梁等分别安装在其下部和顶部 |
| 主轴 | 主轴的作用是紧固铣刀刀杆并带动铣刀旋转。主轴做成空心，前端为锥孔，刀杆的锥柄恰好与之配合，并用长螺栓穿过主轴通孔从后面将其紧固。主轴的轴颈与锥孔应该非常精确，否则，就不能保证主轴在旋转时的平稳性。变速操纵机构用来变换主轴的转速。变速齿轮均在床身内部，所以图面上无法看到 |
| 悬梁 | 悬梁可安装刀杆支架，用来支承刀杆外伸后端，以加强刀杆的刚度。悬梁可在床身顶部的水平导轨中移动，以调整其伸出的长度 |
| 升降台 | 升降台可沿床身前侧面的垂向导轨上、下移动。升降台内装有进给运动的变速传动装置、快速传动装置及其操纵机构。升降台的水平导轨上安装有床鞍，可沿主轴轴线方向移动（也称横向移动）。床鞍上安装有回转盘，回转盘上面的燕尾导轨上安装有工作台 |
| 工作台 | 工作台包括三个部分，即纵向工作台、回转盘和横向工作台（床鞍）。纵向工作台可以在回转盘的导轨槽内做纵向移动，以带动台面上的工件做纵向进给。台面上有三条 T 形直槽，槽内可放置螺栓，用以紧固夹具或工件。一些夹具或附件的底面往往安装有定位键，在工作台上安装时，一般应使键侧在中间的 T 形槽内贴紧。夹具或附件便能在台面上迅速定向。在三条 T 形槽中，中间的一条精度较高，其余两条精度较低。横向工作台在升降台上面的水平导轨上，可带动纵向工作台一起做横向移动。位于横向工作台上的回转盘，其唯一的作用就是能将纵向工作台在水平面内旋转一个角度（正、反向最大均可转过 45°），以便铣削螺旋槽。可以摇动相应的手柄，使工作台做纵、横向移动或升降，也可以由安装在升降台内的进给电动机带动做自动进给，自动进给的速度可操纵进给变速机构加以变速，需要时，还可做快速进给 |
| 万能立铣头 | 万能立铣头是 X62W 型铣床的重要附件，它能扩大铣床的应用范围，安装上它后可以完成立式铣床的工作。如图 2-6 所示为 X62W 型铣床的万能立铣头，它由座体 2、壳体 12、主轴座体 1、主轴 11 等构成。座体 2 由楔铁 4 配合，用螺钉 3 紧固在床身垂向导轨上。立铣头是空心主轴，前端为莫氏 4 号圆锥孔，用来安装铣刀和刀轴，立铣头可在纵向和横向两个相互垂直的平面内做 360° 转动，所以能与工作台面成任意角度 |

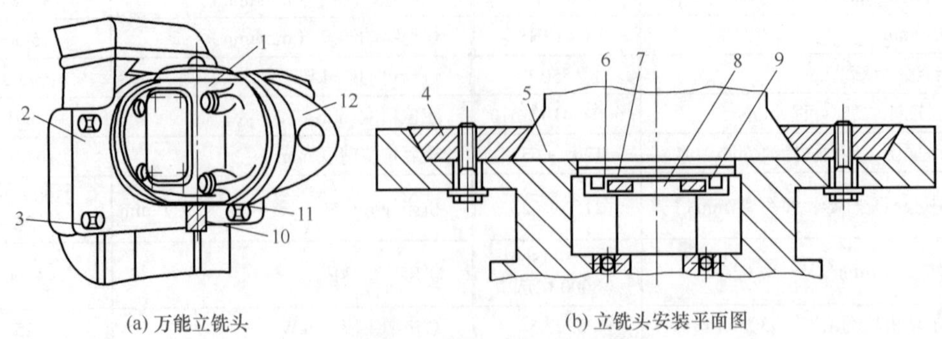


(a) 万能立铣头　(b) 立铣头安装平面图

图 2-6 万能立铣头及安装

1—主轴座体；2—座体；3—螺钉；4—楔铁；5—床身导轨；6—铣床主轴；7—连接盘；8—轴；9—铣床主轴凸键；10—铣刀；11—主轴；12—壳体

## 二、铣床的基本操作及调整

### 1. 铣床的合理使用和正确操作

以 X62W 型铣床为例，将其合理使用和操作说明如下：

（1）工作台的纵、横、垂向的手动进给操作

将工作台纵向手动进给手柄、工作台横向手动进给手柄、工作台垂向手动进给手柄，分别接通其手动进给离合器，摇动各手柄，带动工作台做各进给方向的手动进给运动。顺时针方向摇动手柄，工作台前进（或上升）；逆时针方向摇动手柄，工作台后退（或下降）。摇动各手柄，工作台做手动进给运动时，进给速度应均匀适当。

纵向、横向刻度盘圆周刻线 120 格，每摇动手柄一转，工作台移动 6mm，每摇动一小格，工作台移动 0.05mm（6/120mm）；垂向刻度盘圆周刻线 40 格，每摇动手柄一转，工作台上升（或下降）2mm；每摇动一小格，工作台上升（或下降）0.05mm，如图 2-7 所示。摇动各手柄，通过刻度盘控制工作台在各进给方向的移动距离。

(a) 垂向手柄和刻度盘

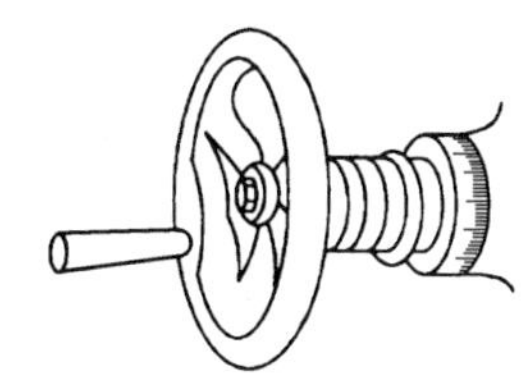

(b) 纵、横向手柄和刻度盘

图 2-7　纵、横、垂向手柄和刻度盘

摇动各进给方向的手柄，使工作台按某一方向要求的距离移动时，若手柄摇过头，不能直接退回到要求的刻线处，应将手柄退回一转后，再重新摇到要求的数值，如图 2-8 所示。

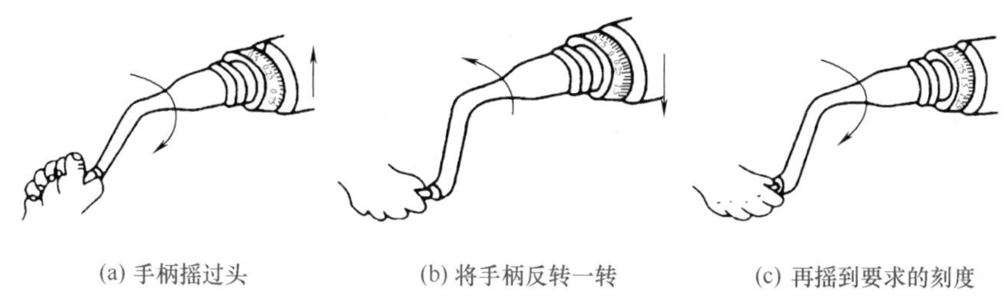

(a) 手柄摇过头　(b) 将手柄反转一转　(c) 再摇到要求的刻度

图 2-8　消除刻度盘空转的间隙

（2）主轴变速操作

如图 2-9 所示，调整主轴转速时，手握变速手柄球部，将变速手柄 1 下压，使手柄的榫块从固定环 2 的槽 Ⅰ 内脱出，再将手柄外拉，使手柄的榫块落入固定环 2 的槽 Ⅱ 内，手柄处于脱开位置 *A*。然后转动转速盘 3，使所需要的转速数值对准指针 4，再接合手柄。接合变速操纵手柄时，将手柄下压并较快地推到位置 *B*，使冲动开并 5 瞬时接通电动机而转动，以利于变速齿轮啮合，再由位置 *B* 慢速继续将手柄推到位置 *C*，使手柄的榫块落入固定环 2 的槽 Ⅰ 内，变速终止。用手按“启动”按钮，主轴就获得要求的转速。转速盘 3 上有 30 ～ 1500r/min 共 18 种转速。变速操作时，连续变换的次数不宜超过三次。如果必要，时隔 5min 后再进行变速，以免因启动电流过大，导致电动机超负荷，使电动机线路烧坏。

（3）进给变速操作

变速操作时，先将变速操纵手柄外拉，再转动手柄，带动转速盘旋转（转速盘上有 23.5 ～ 1180mn/min 共 18 种进给速度），当所需要的转速数值对准指针后，再将变速手柄推回到原位，如图 2-10 所示，按“启动”按钮使主轴旋转，再扳动自动进给操纵手柄，工作台就按要求的进给速度做自动进给运动。

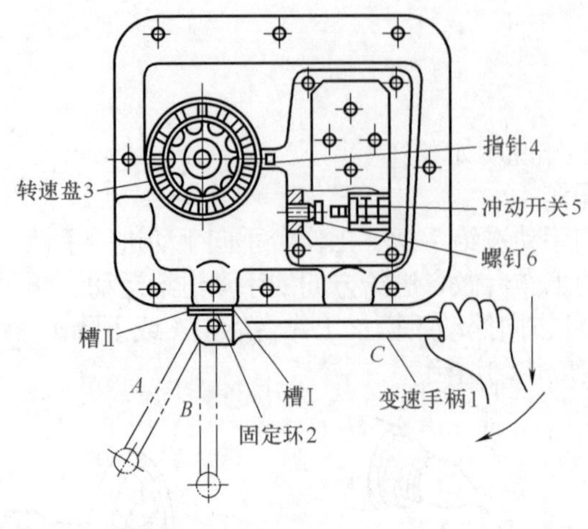


图 2-9　主轴变速手柄操作

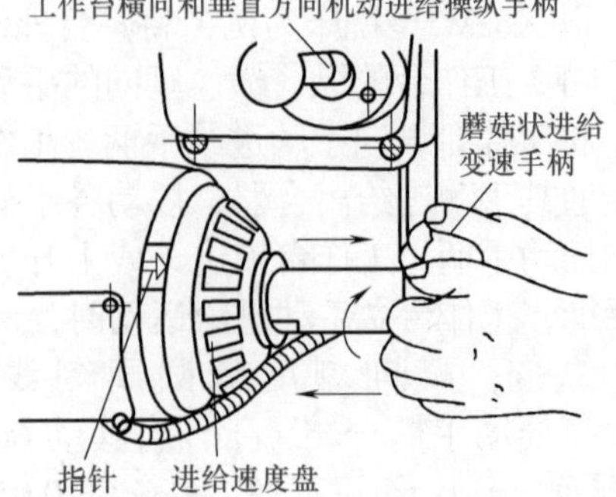


图 2-10　进给变速操作

（4）工作台纵向、横向、垂向的机动进给操作

工作台纵向、横向、垂向的机动进给操纵手柄均为复式手柄。纵向机动进给操纵手柄有三个位置，即“向右进给”“向左进给”“停止”，扳动手柄，手柄的指向就是工作台的机动进给方向，如图 2-11（a）所示。工作台横向和垂向的机动进给由同一手柄操作，该手柄有 5 个位置，即“向里进给”“向外进给”“向上进给”“向下进给”“停止”。扳动手柄，手柄的指向就是工作台的进给方向，如图 2-11（b）所示。

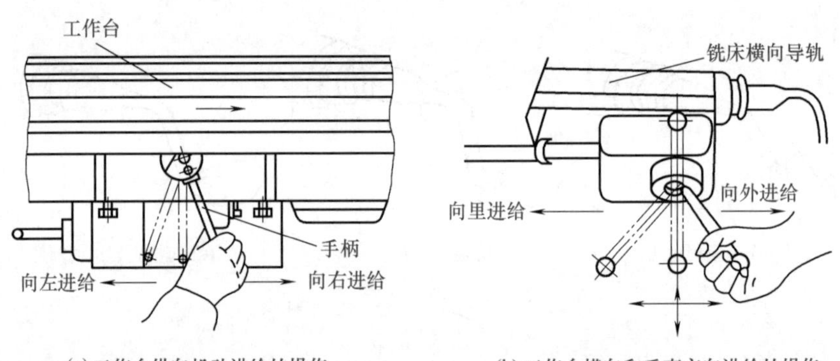


(a) 工作台纵向机动进给的操作　　(b) 工作台横向和垂直方向进给的操作

图 2-11　工作台纵向、横向、垂向的机动进给操作

以上各手柄，接通其中一个时，就相应地接通了电动机的电气开关，使电动机“正转”或“反转”，工作台就处于某一方向的机动进给运动。因此，操作时只能接通一个，不能同时接通两个。

（5）纵向、横向、垂向的紧固手柄

铣削加工时，为了减少振动，保证加工精度，避免因铣削力作用使工作台在某一进给方向上产生位置移动，对不使用的进给机构应紧固。这时可分别旋紧纵向工作台的紧固螺钉、横向工作台的紧固手柄或垂向工作台的紧固手柄。工作完毕后，必须将其松开。

（6）悬梁紧固螺母和悬梁移动六方头

旋紧两紧固螺钉，可将悬梁紧固在床身的水平燕尾形导轨面上；松开两紧固螺钉，用扳手转动六方头，可使悬梁沿床身水平导轨面前后移动。

（7）纵向、横向、垂向自动进给停止挡铁

它们各有两块，主要作用是停止机床各方向的自动进给。三个方向的自动进给停止挡铁，一般情况下安装在限位柱范围内，并且不准随意拆掉，防止出现机床事故。

（8）回转盘紧固螺钉

回转盘紧固螺钉有 4 个。铣削加工中需要调转工作台角度时，应先松开紧固螺钉，将工作台扳转到要求的角度，然后再将螺钉紧固。铣削工作完毕后，再将螺钉松开，使工作台恢复原位（即回转盘的零线对准基线），然后将螺钉紧固。

X62W 型铣床的操作顺序和要求如下：操作铣床时，首先用手摇动各手动进给操纵手柄，做手动进给检查，没有问题后，将电源开关扳至“通”的位置，将主轴换向开关扳至要求的转向，再调整主轴转速和工作台每分钟的进给量，然后按动“启动”按钮，使主轴旋转，扳动工作台自动进给操纵手柄，使工作台做自动进给运动。工作台进给完毕后，将自动进给手柄扳至原位，按下主轴“停止”按钮，停止主轴的旋转。操作完毕后，应使工作台在各进给方向上处于中间位置。当需要工作台做快速进给运动时，先扳动工作台自动进给手柄，再按下“快速”按钮，工作台即做该进给方向的快速进给运动。使用快速进给时，应注意机床的安全操作。

不使用回转工作台时，其转换开关应在“断开”位置。正常情况下，离合器开关应在“断开”位置。

### 2. 铣床的调整

铣床各部分若调整得不好，或在使用过程中部件或零件产生松动和位移，甚至磨损后，铣床均不能正常工作。为了保证铣床能加工出符合精度要求的高质量的工件，必要时应对铣床进行调整，调整的主要内容及方法如下。

（1）主轴轴承间隙的调整

主轴是铣床的主要部件之一，它的精度与工件的加工精度有密切的联系。如果主轴的轴承间隙太大，则使铣床主轴产生径向或轴向圆跳动，铣削时容易产生振动、铣刀偏让（俗称让刀）和加工尺寸控制不好等后果；若主轴的轴承间隙过小，则会使主轴发热，出现卡死等故障。

① X62W 型铣床主轴的调整。如图 2-12 所示，调整时先将床身顶部的悬梁移开，拆去悬梁下面的盖板。松开锁紧螺钉 2 后，就可拧动螺母 1，以改变轴承内圈 3 和 4 之间的距离，也就改变了轴承内圈与滚珠和外圈之间的间隙。

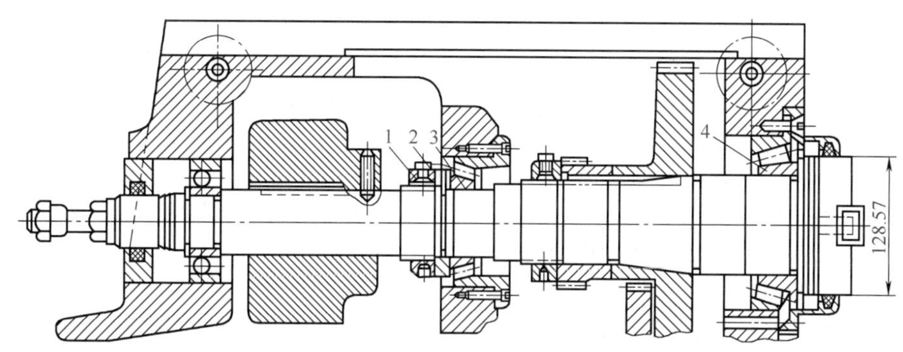


图 2-12　X62W 型铣床主轴轴承间隙的调整

1—螺母；2—螺钉；3，4—轴承内圈

轴承的松紧程度取决于铣床的工作性质。一般以 200N 的力推动或拉动主轴，顶在主轴端面的百分表读数在 0.015mm 的范围内变动，再在 1500r/min 的转速下运转 1h，若轴承温度不超过 60℃，则说明轴承间隙合适。

② 立式铣床主轴的调整。如图 2-13 所示，调整时先把立铣头上前面的盖板拆下，松开主轴上的锁紧螺钉 2，转动螺母 1，再拆下主轴头部的端盖 5，取下垫片 4（垫片由两个半圆环构成，以便装卸），再根据需要消除间隙的多少，配磨垫片。由于轴承内孔的锥度是 1 ∶ 12，若要消除 0.03mm 的径向间隙，则只要把垫片厚度磨去 0.36mm，再装上去即可。用较大的力拧紧螺母，使轴承内圈胀开，一直到把垫片压紧为止。再把锁紧螺钉拧紧，以防螺母松开，并装上端盖。

主轴的轴向间隙是靠上面两个角接触球轴承来调节的。在两轴承内圈的距离不变时，只要减薄外垫圈，就能减小主轴的轴向间隙。轴承松紧的测定同测定 X62W 型铣床主轴一样。

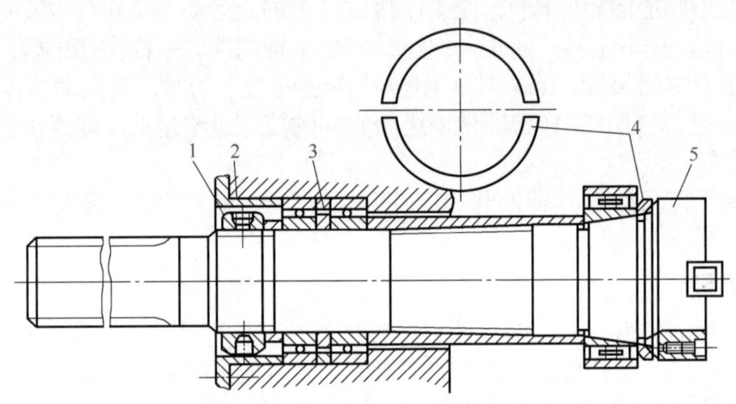


图 2-13　立式铣床主轴的调整

1—螺母；2—螺钉；3—外垫圈；4—垫片；5—端盖

（2）主轴冲动开关的调整

铣床设置冲动开关的目的是为了保证齿轮在变速时易于啮合。因此，其冲动开关接通时间不宜过长或接不通。时间过长，变速时容易造成齿轮撞击声过大或打坏齿轮。接不通时，则齿轮不易啮合。主轴冲动开关接通时间的长短是由螺钉的行程大小来决定的，并且与变通手柄扳动的速度有关。行程小，接不通；行程大，接通时间过长。因此，在调整时应特别加以注意，其调整方法如下（图 2-9）。

调整时，首先将机床电源断开，拧开按钮上的盖板，即能看到冲动开关 5，然后再扳动变速手柄 1，查看冲动开关 5 的接触情况，根据需要拧动螺钉，然后再扳动变速手柄 1，检查冲动开关 5 接触点接通的可靠性。一般来说，接触点相互接通的时间越短，所得到的效果越好。调整完后，应将按钮盖板安装好。在变速时，禁止用手柄撞击式的变速，变速手柄从 *A* 到 *B* 时应快一些，在 *B* 处停顿一下，然后将变速手柄慢慢推回原处（即 *C* 位置）。当在变速过程中发现齿轮撞击声过大时，应立即停止变速手柄 1 的扳动，将机床电源断开。这样，即能防止床身内齿轮被打坏或其他事故的发生。

（3）工作台的调整

① 工作台回转角度的调整。对 X62W 型同系列万能铣床来说，工作台可在水平面内顺时针和逆时针各回转 45°。调整时，可用机床附件中相应尺寸的扳手，将操纵图中的调节螺钉松开，该螺钉前后各有两个，拧松后即可将工作台转动。回转角度可由刻度盘上看出，调整到所需的角度后，再将螺钉重新拧紧。

② 快速电磁铁的调整。机床在三个不同方向的快速移动，是由电磁铁吸合后通过杠杆系统压紧摩擦片来实现的。因此，快速移动与弹簧的弹力有关，但与摩擦片的间隙无关，如

图 2-14 所示。所以，调整快速机构时，绝对禁止通过调整摩擦片的间隙来增加摩擦片的压力（摩擦片的间隙不得小于 1.5mm）。

当快速移动不起作用时，打开升降台右侧的盖板，取下螺母上的开口销，拧动螺母，调整电磁铁芯的行程，使其达到带动为止。

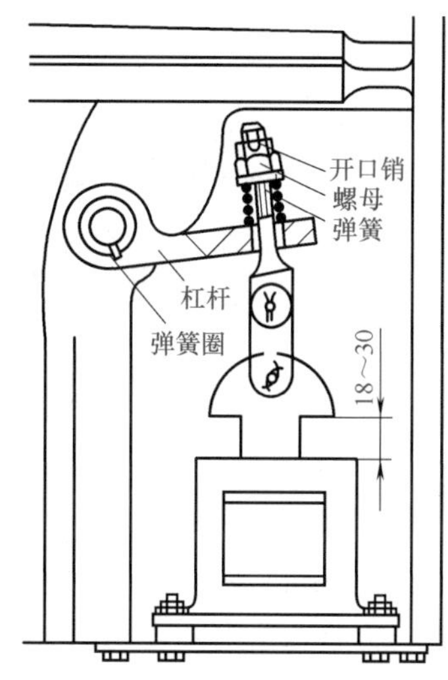

图 2-14　快速电磁铁装配示意图

③ 纵向工作台丝杠、螺母间隙的调整。工作台手轮从沿某一方向转动到向反方向转动时，中间有一空程存在，空程的大小综合反映了传动丝杠与螺母之间的间隙和丝杠本身安装的轴向间隙。存在这两种间隙，当铣削的作用力和进给方向一致，并大于摩擦力时，会使工作台产生窜动，以致损坏刀具和工件，因此必须及时加以调整。调整机构如图 2-15 所示。调整时，先卸去机床正面工作台底座上的盖板 4，如图 2-15（a）所示，拧松固定螺钉 3，使压板 2 松动，顺时针转动蜗杆 1，带动外圆为蜗轮的螺母 5 转动，并向固定在工作台底座上的主螺母 6 方向靠紧。在转动之前，间隙存在于两螺母螺纹的同一侧，如图 2-15（b）所示；当螺母 5 转动时，由于两螺母在一根丝杠上做相对转动而使两端面间相互产生推力，结果使两螺母分别以左右方向向丝杠上螺纹的两侧面靠紧，如图 2-15（c）所示，达到减小间隙的目的。调整好后，拧紧螺钉 3，装上盖板 4。丝杠螺母之间的配合松紧程度，应达到下面两个要求。

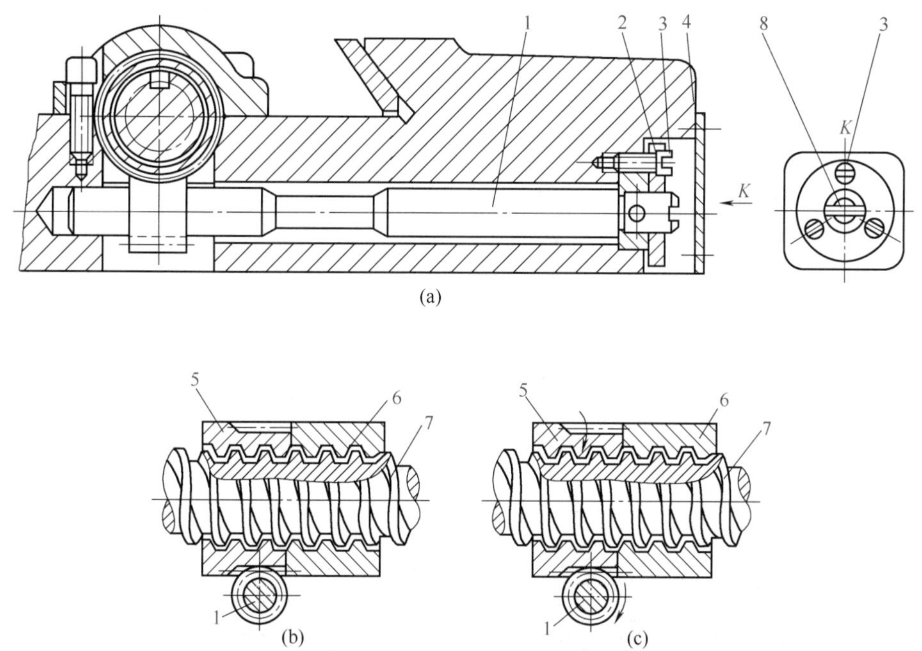

图 2-15　丝杠螺母间隙的调整机构

1—蜗杆；2—压板；3—固定螺钉；4—盖板；5—蜗轮螺母；6—主螺母；7—丝杠；8—调节螺杆

a. 用手轮做正反转时，空程读数一般为 0.15mm（3 小格），其中包括丝杠与螺母之间的间隙和丝杠两端轴承的间隙。作顺铣时，最好把间隙调整到 0.10 ～ 0.15mm 范围内。

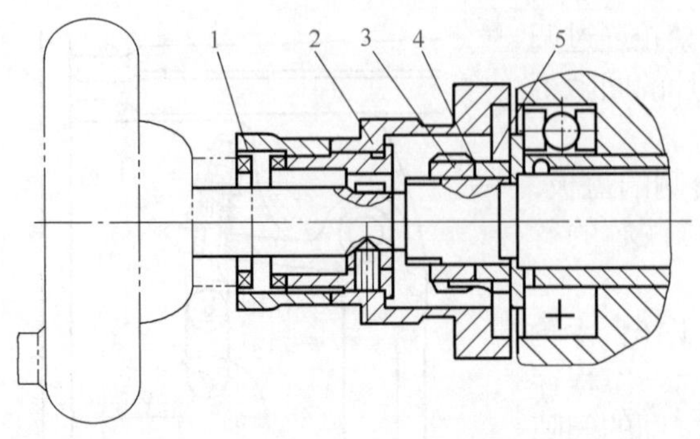

图 2-16　纵向工作台左端丝杠轴承的结构
1—锁紧螺母；2—刻度盘；3，5—调节螺母；4—止退垫圈

b. 用手摇手轮时，丝杠全长上都不应有卡住现象。因此加工时，尽量使工作台传动丝杠在全长内均匀合理地使用，以保证丝杠和导轨的均匀磨损。

④ 纵向工作台丝杠轴向窜动间隙的调整。如图 2-16 所示为纵向工作台左端丝杠轴承的结构。调整时，先卸下手轮，拧出螺母 1，取下刻度盘 2，扳直止退垫圈 4，松开螺母 3，转动螺母 5 就能调节推力轴承间的间隙。间隙调整合适后拧紧螺母 3，螺母 3 旋紧后使间隙在 0.01 ～ 0.03mm 内。把止动片扣好，然后再将刻度盘、螺母和手轮等装上。

（4）各进给方向导轨楔铁的调整

工作台导轨和楔铁（又称塞铁）经日常使用后会逐渐磨损，使间隙增大，造成铣削时工作台上下跳动和左右摇晃，影响工件的直线性和加工面的表面粗糙度，严重时会损坏铣刀，因此需经常进行调整。

导轨间隙的调整是利用楔铁的斜楔作用来增减间隙的。如图 2-17 所示为横向工作台导轨的楔铁调整机构。调整时，拧转螺杆 1，就能把楔铁 2 推进或拉出，使间隙减小或增大。如图 2-18 所示为纵向工作台导轨的楔铁调整机构。调整时，先松开螺母 2 及 3，拧动螺杆 1 和拧紧螺母 2，就能使楔铁推进或拉出，以达到间隙减小或增大的目的，间隙调整好后再拧紧螺母 3（可防止松动）。间隙的大小一般不超过 0.03mm，用手摇时不感到太重、太紧为合适。

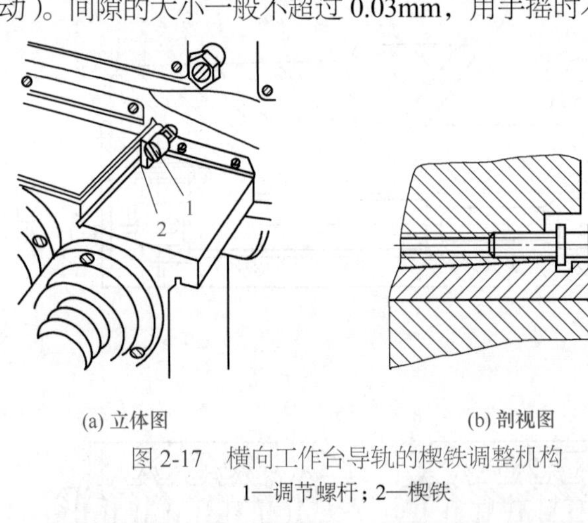

(a) 立体图　(b) 剖视图

图 2-17　横向工作台导轨的楔铁调整机构
1—调节螺杆；2—楔铁

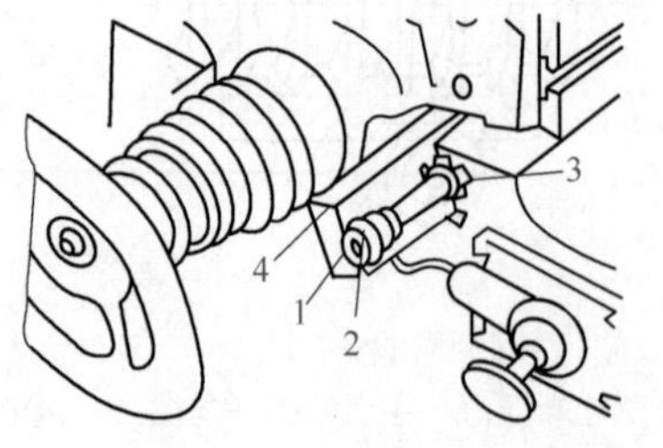

(a) 立体图

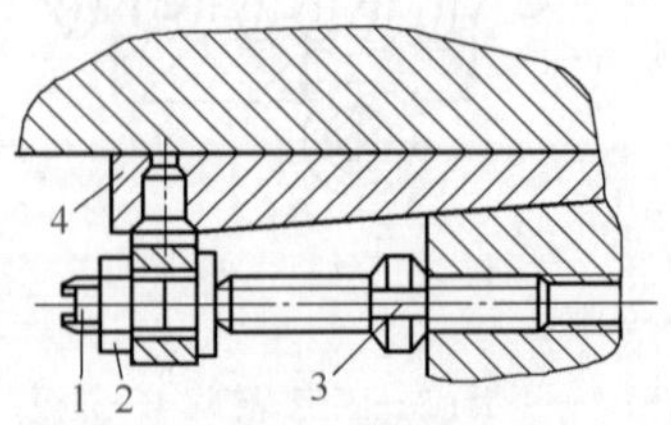

(b) 剖视图

图 2-18　纵向工作台导轨的楔铁调整机构
1—调节螺杆；2—螺母；3—锁紧螺母；4—楔铁

升降台导轨楔铁的调整方法与横向导轨楔铁相同，如图 2-19 所示。

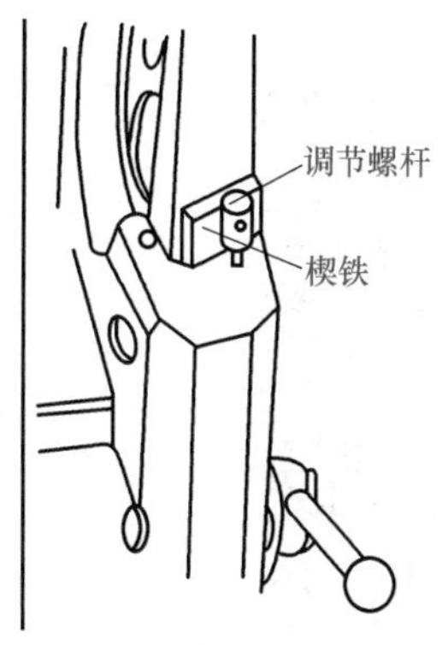


图 2-19　升降台导轨楔铁的调整机构

## 三、铣床工作精度的检验及空运转试验

工件铣削加工质量的好坏与铣床精度有着极为密切的关系。因此，在机床大修或使用较长时间后，应对机床的各项重要的精度指标进行检查。

以下是根据 GB/T 3933—2002《升降台铣床精度》和 GB/T 17421.1—1998《机床检验通则第 1 部分：在无负荷或精加工条件下机床的几何精度》两个标准，对卧式和立式升降台铣床的几何精度检验和工作精度检验，供参考。

在检测精度之前，应把铣床工作台的水平位置调整好。调整时，把两个水平仪互相垂直地放在工作台面上，通过镶条来调整工作台的水平位置。两个水平仪的读数均不超过 0.04mm/1000mm。

### 1. 卧式和立式升降台铣床工作精度的检验

卧式和立式升降台铣床工作精度的检验见表 2-18。

表 2-18　卧式和立式升降台铣床工作精度的检验

| 简图和试件尺寸 | 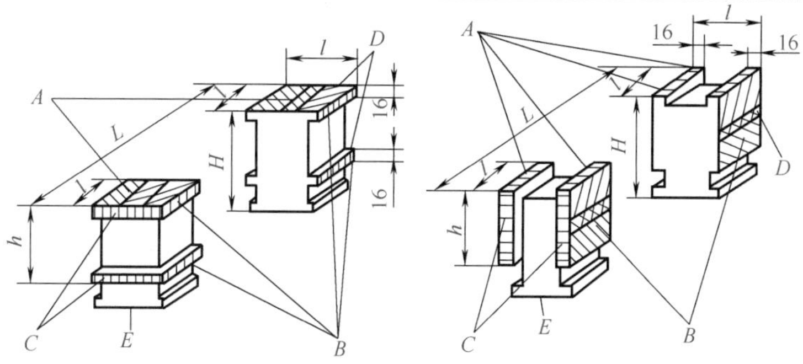 $L$=1/2 纵向行程<br>$l$=$h$=1/8 纵向行程<br>$L$ ≤ 500mm 时，$l_{max}$=100mm<br>500mm < $L$ ≤ 1000mm 时，$l_{max}$=150mm<br>$L$ > 1000mm 时，$l_{max}$=200mm<br>$l_{min}$=50mm<br>①纵向行程≥ 400mm 时，可用一个或两个试件<br>②纵向行程< 400mm 时，只用一个试件<br>③材料为 HT200 | |
|---|---|---|
| 铣床类型 | 立式铣床 | 卧式铣床 |
| 检验性质 | ①用工作台纵向机动和床鞍横向手动对 $A$ 面进行铣削，接刀处重叠约 5 ～ 10mm<br>②用工作台纵向机动、床鞍横向机动和升降台垂向手动对 $B$、$D$、$C$ 面进行铣削 | ①用工作台纵向机动和升降台垂向手动对 $B$ 面进行铣削，接刀处重叠约 5 ～ 10mm<br>②用工作台纵向机动、升降台垂向机动和床鞍横向手动对 $A$、$C$、$D$ 面进行铣削 |
| 切削条件 | ①套式面铣刀<br>②用同一把铣刀进行滚铣 | ①套式面铣刀<br>②用同一把铣刀进行滚铣 |
| 检验项目 | ①每个试件的 $A$ 面应平直<br>②试件高度 $H$ 应相等<br>③ $C$ 和 $B$，$D$ 和 $B$ 面应互相垂直，并都垂直于 $A$ 面 | ①每个试件的 $B$ 面应平直<br>②试件高度 $H$ 应相等<br>③ $C$ 和 $A$，$D$ 和 $A$ 面应互相垂直，并都垂直于 $B$ 面 |

续表

| 允差 /mm | ① 0.02<br>② 0.03<br>③ 0.02/100 | ① 0.02<br>② 0.03<br>③ 0.02/100 |
|---|---|---|
| 检验工具 | 平尺、量块、千分尺、90° 角尺 | 平尺、量块、千分尺、90° 角尺 |
| 备注参照 GB/T 7421.1—1998 的有关条款 | 在试切前应确保 *E* 面平直<br>试件应位于工作台纵向的中心线上，使长度 *L* 相等地分布在工作台中心的两边<br>非工作滑动面在切削时均应锁紧<br>铣刀应装在刀杆上刃磨，安装时应符合下列公差：<br>①圆度≤ 0.02mm<br>②径向跳动≤ 0.02mm<br>③轴向窜动≤ 0.03mm | |

### 2. 铣床空运转试验（表 2-19）

表 2-19　铣床空运转试验

| 类别 | 说　明 |
|---|---|
| 铣床空运转试验前的准备工作 | 铣床试车验收：空运转试验的目的是为了检测机床各项动作是否正常可靠。在此之前，应做好以下几项准备工作：<br>①将机床置于自然水平状态，一般不应用地脚螺栓固定<br>②清除各部件滑动面的污物，用煤油清洗后再用全损耗用油润滑<br>③用 0.03mm 的塞尺检查各固定结合面的密合度，要求插不进去；检查各滑动导轨端部，塞尺插入的深度应不大于 20mm<br>④检查各润滑油路装置是否正确（有些工作在装配时就应注意做好），油路是否畅通<br>⑤按润滑图表规定的油质、品种及数量，在机床各润滑处注入润滑油<br>⑥用手动操纵，在全行程上移动所有可移动的部件，检查移动是否轻巧均匀，动作是否正确，定位是否可靠，手轮的作用力是否符合通用技术要求<br>⑦检查限位装置是否齐全可靠<br>⑧检查电动机的旋转方向，如不符合机床标牌上所注明的方向，应予以改正<br>⑨在摇动手轮或手柄时，特别是使用机动进给时，工作台各个方向的夹紧手柄应松开<br>⑩开动机床时，检查手轮、手柄能否自动脱开，以免击伤操作者 |
| 铣床空运转试验的项目 | 做好铣床空运转试验前的准备工作后，即可进行机床的空运转试验，试验项目包括以下几个方面：<br>①空运转自低级转速逐级加快至最高转速，每级转速的运转时间不少于 2min，在最高转速下的运转时间应不少于 30min，主轴轴承达到稳定温度时不得超过 60℃<br>②启动进给箱电动机，应用纵向、横向及垂向进给，进行逐级运转试验及快速移动试验，各进给量的运转时间不少于 2min，在最高进给量运转至稳定温度时，各轴承温度不得超过 50℃。<br>③在所有转速的运转试验中，机床各工作机构应平稳正常，无冲击振动和周期性的噪声。<br>④在机床运转时，润滑系统各润滑点应保证得到连续和足够数量的润滑油，各轴承盖、油管接头及操纵手柄轴端均不得有漏油现象 |

## 第三节　铣床（数控铣床）的保养及故障维修

铣床的好坏直接影响零件的加工质量，因而注意对铣床的日常清洁与维护，使其保持良好的能动性，定期进行一级保养和检查，使其各项精度指标符合要求，都是很有必要的。

## 一、一级保养的内容及要求

### 1. 铣床的润滑

对于铣床的各润滑点，平时要特别注意，必须按期、按油质要求，根据说明书对铣床的润滑点加油润滑，对铣床润滑系统添加润滑油和润滑脂。各润滑点润滑的油质应清洁无杂质，一般使用 L-AN32 机油。

### 2. 一级保养的内容和要求

机床运转 500h 后，要进行一级保养。一级保养以操作工人为主，维修工人及时配合指导进行，其目的是使铣床保持良好的工作性能。一级保养的具体内容与要求见表 2-20。

表 2-20　一级保养的具体内容与要求

| 类别 | 说　明 |
|---|---|
| 铣床外部 | ①铣床各外表面、死角及防护罩内外都必须擦洗干净、无锈蚀、无油垢<br>②清洗机床附件，并上油<br>③检查外部有无缺件，如螺钉、手柄等<br>④清洗各部丝杠及滑动部位，并上油 |
| 铣床的传动部分 | ①修去导轨面的毛刺，清洗塞铁（镶条）并调整松紧<br>②对丝杠与螺母之间的间隙，丝杠两端的轴承间隙进行适当调整<br>③对于用 V 带传动的铣床，应擦干净 V 带并做调整 |
| 铣床的冷却系统 | ①清洗过滤网和切削液槽，要求无切屑、杂物<br>②根据情况及时调换切削液 |
| 铣床的润滑系统 | ①使油路畅通无阻，清洗油毡（不能留有切屑），要求油毡明亮<br>②检查手动油泵的工作情况，泵周围应清洁无油污<br>③检查油质，要求油质保持良好 |
| 铣床的电气部分 | ①擦拭电气箱，将电动机外部擦干净<br>②检查电气装置是否牢固、整齐<br>③检查限位装置等是否安全可靠 |

## 二、一级保养的操作步骤

### 1. 操作步骤

进行一级保养时，必须做到安全生产。如切断电源、拆洗时要防止砸伤或损坏零部件等，其操作步骤见表 2-21。

表 2-21　操作步骤

| 类别 | 说　明 |
|---|---|
| 切断电源 | 切断电源，以防止触电或造成人身、设备事故 |
| 擦洗床身 | 擦洗床身上的各部位，包括横梁、挂架、横梁燕尾形导轨、主轴锥孔、主轴端面拨块后尾、垂直导轨等，并修光毛刺 |
| 拆卸工作台 | 拆卸工作台部分内容如下：<br>①拆卸左撞块，并向右摇动工作台至极限位置，如图 2-20 所示<br>②拆卸工作台左端，先将手轮 1 拆下，然后将紧固螺母 2、刻度盘 3 拆下，再将离合器 4、螺母 5、止退垫圈 6、垫圈 7 和推力球轴承 8 拆下，如图 2-21 所示<br>③拆卸导轨楔铁<br>④拆卸工作台右端，如图 2-22 所示，首先拆下端盖 1，然后拆下锥销（或螺钉）3，再取下螺母 2 和推力球轴承 4，最后拆下支架 5<br>⑤拆下右撞块<br>⑥转动丝杠至最右端，取下丝杠。注意：取下丝杠时，防止平键脱落<br>⑦将工作台推至左端，取下工作台。注意：不要碰伤，要放在专用的木制垫板上 |
| 清洗零件 | 清洗卸下的各个零件，并修光毛刺 |
| 清洗工作台 | 清洗工作台的底座内部零件、油槽、油路、油管，并检查手拉油泵、油管等是否畅通 |
| 检查工作台 | 检查工作台各部无误后安装，其步骤与拆卸相反 |
| 调整楔铁 | 调整楔铁的松紧、推力球轴承与丝杠之间的轴向间隙，以及丝杠与螺母之间的间隙，使其旋转正常 |
| 拆卸清洗横向工作台 | 拆卸清洗横向工作台的油毡、楔铁、丝杠，并修光毛刺后涂油安装，使楔铁松紧适当，横向工作台移动时应灵活、正常 |

续表

| 类别 | 说　明 |
|---|---|
| 上、下移动升降台 | 上、下移动升降台，清洗垂直进给丝杠、导轨和楔铁，并修光毛刺，涂油调整，使其移动正常 |
| 拆擦电动机和防护罩 | 拆擦电动机和防护罩，清扫电气箱、蛇皮管，并检查是否安全可靠 |
| 擦洗整机外观 | 擦洗整机外观，检查各传动部分、润滑系统、冷却系统确实无误后，先手动后机动，使机床正常运转 |

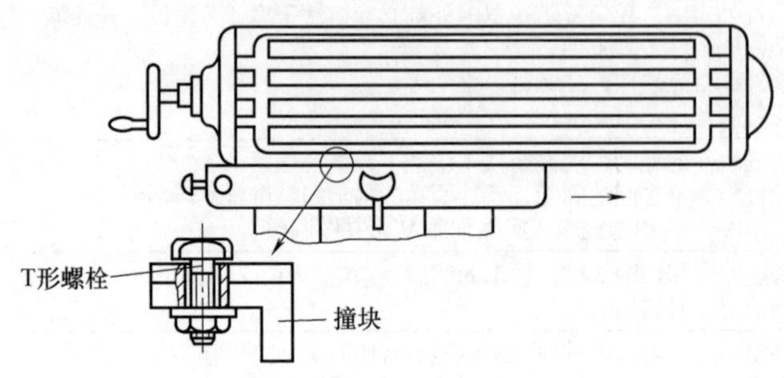


图 2-20　拆卸左撞块

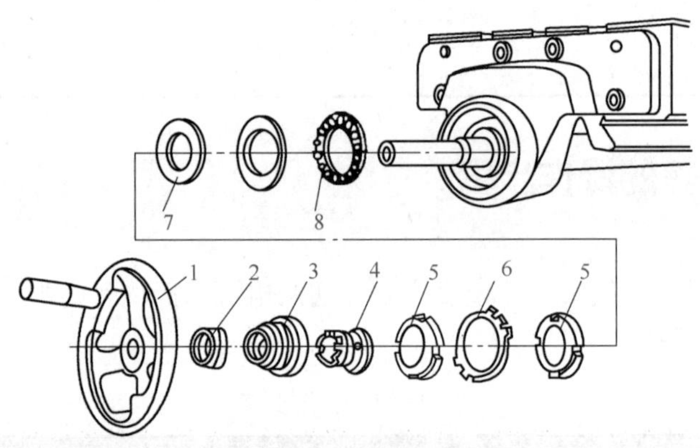


图 2-21　工作台左端拆卸示意

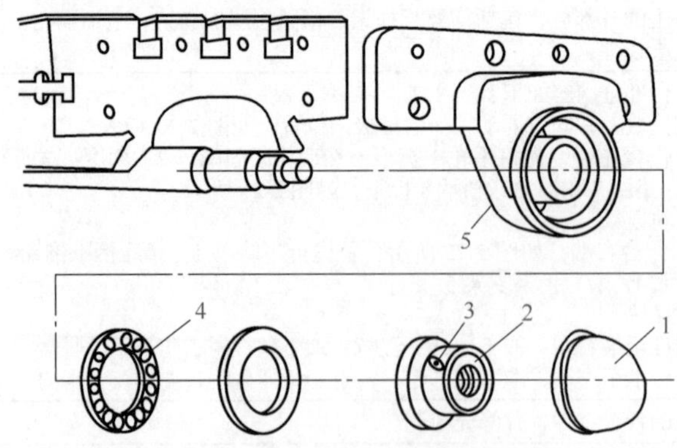


图 2-22　工作台右端拆卸示意

## 2. 注意事项

① 在拆卸右端支架时，不要用铁锤敲击或用螺丝刀撬其结合部位，应用木锤或塑料锤击打，以防其结合面出现撬伤或毛刺。

② 卸下丝杠时，应离开地面垂直挂起来，不要使丝杠的端面触及地面立放或平放，以免丝杠变形弯曲。

## 三、铣床常见故障维修

### 1. X62W 型铣床常见故障的产生原因及排除方法

① 主轴变速箱变速转换手柄扳不动。产生此故障的原因或是竖轴手柄与孔咬死，或是扇形齿轮与齿条卡住，或是拨叉移动轴弯曲。排除时，应将该部件拆开，仔细检查，或调整间隙、或修整零件加注润滑、或校直弯曲轴。

② 铣削时进给箱内有响声。铣削时进给箱内有响声是由于保险结合子的销子没有压紧，需要再次调整保险结合子。

③ 当把手柄扳到中间位置（断开）时，进给中断，但电动机仍继续转动。产生此故障的原因是横向及升降进给控制凸轮下的终点开关传动杠的高度未调整好，可通过调整终点开关上的传动杠杆来解决。

④ 按下快速行程按钮，接触点接通，但没有快速行程产生。产生此问题的原因是“快速行程”的大电磁吸铁上的螺母松了，需要紧固电磁吸铁上的螺母。

⑤ 工作台底座横向移动手摇过沉。产生此故障的原因或是横向进给传动的丝杠与螺母同轴度超差，或是横向进给丝杠产生弯曲，需检查后具体处理。一般螺母与丝杠的同轴度允差在 0.02mm 以内，若超差，需调整横向移动的螺母支架至要求尺寸。当丝杠弯曲时，需校正丝杠。

### 2. 加工过程中工件产生疵病的原因及排除方法

在加工过程中，有时工件会产生一些疵病，如尺寸不准确、表面质量不好、几何形状和相互位置有误差等，从而影响工件的质量。当这种疵病超过某种限度时，工件就将报废。因此，对于加工工件可能产生的疵病必须予以重视。现就铣床加工工件常见的疵病及其产生的原因和排除方法，分述如下：

① 表面质量不好。表面质量不好的产生原因及排除方法见表 2-22。

表 2-22　表面质量不好的产生原因及排除方法

| 产生原因 | 排除方法 |
| --- | --- |
| 进给量过大 | 选择合适的进给量 |
| 振动大 | 采取措施减小振动，如按铣削宽度选择铣刀的直径（铣刀直径与铣削宽度之比为 1.2 ～ 1.6）；铣刀齿数要适当；减小铣削用量；调整楔铁间隙，使工作台移动平稳 |
| 刀具磨钝 | 及时刃磨刀具 |
| 进给不均匀 | 手摇时要均匀，或用自动进给进刀 |
| 铣刀摆差过大 | 校正刀杆，重装铣刀，刀具振摆不应超差 |

② 尺寸精度差。铣床加工时，精度超差是常见的毛病之一，其产生的具体原因及排除方法见表 2-23。

表 2-23　铣床在加工时精度超差所产生的原因及排除方法

| 产生原因 | 排除方法 |
| --- | --- |
| 铣削中工件移动，造成加工超差 | 装夹时，工件应夹紧、牢固 |
| 测量误差造成的加工超差 | 正确测量，细心读数，及时校正 |
| 不遵守消除刻度盘空转的规则，刻度盘未对准；刻度盘位置记错或在加工中使刻度盘位置变动而未发觉导致加工超差 | 应该消除刻度盘的空转，记好刻度盘的原始位置；准确对准刻度线；对好刻度线后，不要变动位置 |

③ 加工工件表面不垂直。产生此毛病的原因是钳口和角铁不正；钳口与基准面间有杂物；工件发生移动。排除方法：应把工件垫正，修整夹具；装工件前要仔细清除钳口表面及基准面间的杂物；装夹工件应可靠，避免夹紧后移动。

④ 工件加工表面不平行。造成此误差的具体原因见表 2-24。

表 2-24　工件加工表面不平行的原因及排除方法

| 产生原因 | 排除方法 |
| --- | --- |
| 垫铁的表面平行度超差 | 修磨垫铁，使其工作表面平行 |
| 工作台面或机用虎钳导轨上有杂物 | 装夹工件前，应仔细清除工作台面和机用虎钳导轨面上的杂物 |
| 铣削大平面时，铣刀磨损，或工件发生移动 | 合理选择铣削方法及铣刀结构，避免工件在加工时发生松动 |

### 3. 万能升降台铣床常见故障的产生原因及排除方法（表 2-25）

表 2-25　万能升降台铣床常见故障的产生原因及排除方法

| 故障内容 | 产生原因 | 消除方法 |
| --- | --- | --- |
| 主轴变速箱操纵手柄自动脱落 | 操纵手柄内的弹簧松弛 | 更换弹簧或在弹簧尾端加一垫圈，也可将弹簧拉长后重新装入 |
| 扳动主轴变速手柄时，扳力超过 200N 或扳不动 | ①竖轴手柄与孔咬死 | ①拆下后修去毛头，加润滑油 |
| | ②扇形齿轮与其啮合的齿条卡住 | ②调整啮合间隙至 0.15mm 左右 |
| | ③拨叉移动轴弯曲或咬死 | ③校直、修光或换新轴 |
| | ④齿条轴未对准孔盖上的孔眼 | ④先变换其他各级转速或左右微动变速盘，调整齿条轴的定位器弹簧，使其定位可靠 |
| 主轴变速时开不出冲动动作 | 主轴电动机的冲动线路接触点失灵 | 检查电气线路，调整冲动小轴的尾端调整螺钉，达到冲动接触的要求 |
| 主轴变速操纵手柄轴端漏油 | 轴套与孔间隙过大，密封性差 | 更换轴套，控制轴套与孔间隙在 0.01 ～ 0.02mm 范围内 |
| 主轴轴端漏油（对立铣头而言） | ①主轴端部的封油圈磨损间隙过大 | ①更新封油圈 |
| | ②封油圈的安装位置偏心 | ②调整封油圈的装配位置，消除偏心 |
| 进给箱：没有进给运动 | ①进给电动机没有接通或损坏 | 检查电气线路及电气元件的故障，作相应的排除方法 |
| | ②进给电磁离合器不吸合 | |
| 进给时电磁离合器的摩擦片发热冒烟 | 摩擦片间隙量过小 | 适当调整摩擦片的总间隙量，保证在 3mm 左右 |
| 进给箱：正常进给时突然跑快速 | ①摩擦片调整不当，正常进给时处于半合紧状态 | ①适当调整摩擦片间的间隙 |
| | ②快进和工作进给的互锁动作不可靠 | ②检查电气线路的互锁性是否可靠 |
| | ③摩擦片润滑不良 | ③改善摩擦片之间的润滑 |
| | ④电磁吸铁安装不正，电磁铁断电后不能松开 | ④调整电磁离合器的安装位置，使其动作可靠正常 |
| 进给箱：噪声大 | ①与进给电动机第Ⅰ轴上的悬臂、齿轮磨损，轴松动、滚针磨损 | ①检查Ⅰ轴上的齿轮及轴、滚针是否磨损、松动，并采用相应的补偿措施 |
| | ②Ⅵ轴上的滚针磨损 | ②检查滚针是否磨损或漏装 |
| | ③电磁离合器摩擦片在自由状态时没有完全脱开 | ③检查摩擦片在自由状态时是否完全脱开，并作相应调整 |
| | ④传动齿轮发生错位或松动 | ④检查各传动齿轮 |

续表

<table>
<tr><th>故障内容</th><th>产生原因</th><th>消除方法</th></tr>
<tr><td rowspan="5">升降台上摇手感太重</td><td>①升降台塞铁调整过紧</td><td>①适当放松塞铁</td></tr>
<tr><td>②导轨及丝杠螺母副的润滑条件超差</td><td>②改善导轨的润滑条件</td></tr>
<tr><td>③丝杠底面对床身导轨的垂直度超差</td><td>③修正丝杠底座装配面对床身导轨面的垂直度</td></tr>
<tr><td>④防升降台自重下滑机构上的碟形弹簧压力过大（升降丝杠副为滚珠丝杠副时）</td><td>④适当调整碟形弹簧的压力</td></tr>
<tr><td>⑤升降丝杠弯曲变形</td><td>⑤检查丝杠，若弯曲变形，即作更换</td></tr>
<tr><td rowspan="5">工作台下滑板横向移动手感过重</td><td>①下滑板塞铁调整过紧</td><td>①适当放松塞铁</td></tr>
<tr><td>②导轨面润滑条件差或拉毛</td><td>②检查导轨的润滑供给是否良好，清除导轨面上的垃圾、切屑末等</td></tr>
<tr><td>③操作不当使工作台越位，导致丝杠弯曲</td><td>③注意合理操作，不要做过载及损坏性切削</td></tr>
<tr><td>④丝杠、螺母中心的同轴度差</td><td>④检查丝杠、螺母轴线的同轴度；若超差，应调整螺母托架位置</td></tr>
<tr><td>⑤下滑板中央托架上的锥齿轮中心与中央花键轴中心偏移量超差</td><td>⑤检查锥齿轮轴线与中央花键轴轴线的重合度，若超差，按修理说明进行调整</td></tr>
<tr><td rowspan="3">工作台进给时发生窜动</td><td>①切削力过大或切削力波动过大</td><td>①采用适当的切削量，更换磨钝刀具，去除切削硬点</td></tr>
<tr><td>②丝杠螺母之间的间隙过大（使用普通丝杠螺母副的）</td><td>②调整丝杠与螺母之间的距离</td></tr>
<tr><td>③丝杠两端上的超越离合器与支架端面间的间隙过大（使用滚珠丝杠副）</td><td>③调整丝杠的轴向定位间隙</td></tr>
<tr><td rowspan="4">左右手摇工作台时，手感均太重</td><td>①塞铁调整过紧</td><td>①适当放松塞铁</td></tr>
<tr><td>②丝杠支架中心与丝杠螺母中心不同心</td><td>②调整丝杠支架中心与丝杠螺母中心的同心度</td></tr>
<tr><td>③导轨润滑条件差</td><td>③改善导轨的润滑条件</td></tr>
<tr><td>④丝杠弯曲变形</td><td>④更换丝杠螺母副</td></tr>
</table>

第三章

# 铣削和数控铣削工艺

## 第一节　铣削用量的选择

### 一、铣削的基本运动与铣削用量

#### 1. 基本运动

铣削是利用铣刀旋转、工件相对铣刀做进给运动来进行切削的。铣削过程中包括两个运动：主运动和进给运动。

① 主运动。是指由机床或人力提供的主要运动，它使刀具和工件之间产生相对运动，从而使刀具前刀面接近工件。铣削是以铣刀旋转为主运动，它能使刀具从工件上切除多余的部分。

② 进给运动。是指由机床或人力提供的附加运动，它使刀具和工件之间产生附加的相对运动，加上主运动，即可不断地或连续地切除金属，并得到所需几何特征的已加工表面。铣削是经工件相对铣刀的移动为进给运动的。它有两种形式，一种是断续进给运动，另一种是连续进给运动。

#### 2. 铣削用量的内容

在铣削过程中，所选用的切削用量，称为铣削用量。铣削用量包括铣削速度、吃刀量和进给速度，其说明见表 3-1。

表 3-1　铣削用量

| 类别 | 说　明 |
|---|---|
| 铣削速度 | 选定的切削刃相对于工件的主运动的瞬时速度。铣削速度用符号 $v_c$ 表示，单位为 m/min（米 / 分钟）。在实际工作中，应先选好合适的铣削速度，然后根据铣刀直径计算出转速。它们的相互关系如下：<br>$$v_c = \frac{\pi d_0 n}{1000}$$ |

续表

| 类别 | 说　明 |
|---|---|
| 铣削速度 | $$n=\frac{1000v_c}{\pi d_0}$$ 式中 $v_c$——铣削速度，m/min<br>$d_0$——铣刀直径，mm<br>$n$——铣刀转速，r/min |
| 进给量 | 刀具在进给运动方向上相对工件的位移量，代号 $f$。它包含每齿进给量 $f_z$、每转进给时 $f$ 和进给速度 $v_f$。<br>每齿进给量是铣刀每转过一个齿，所对应的工件的位移量；每转进给量是铣刀每转一周，所对应的工件的位移量；进给速度是工件在一分钟内的位移量。它们的关系是：<br>$$v_f=fn=f_z zn$$ 式中 $z$——铣刀齿数<br>$n$——铣刀转速，r/min<br>$v_f$——进给速度，mm/min<br>$f$——每转进给量，mm/r<br>$f_z$——每齿进给量，mm/z |
| 吃刀量 $a_o$ | 吃刀量是两平面之间的距离。该两平面都垂直于所选定的测量方向，并分别通过作用在切削刃上两个使上述两平面间的距离为最大的点。吃刀量包含背吃刀量 $a_p$ 和侧吃刀量 $a_e$。在实际生产中吃刀量往往是对工件而言的<br>①背吃刀量 $a_p$：通过切削刃基点并垂直于工作平面的方向上测量的吃刀量。对铣削而言，是沿铣刀轴线方向测量的刀具切入工件的深度。采用圆柱铣刀铣削时，铣刀轴线处于水平位置，$a_p$ 沿水平轴线方向测量；采用端面铣刀铣削时，铣刀轴线处于垂直位置，则 $a_p$ 沿垂直轴线方向测量<br>②侧吃刀量 $a_e$：在平行于工作平面并垂直于切削刃基点的进给运动上测量的吃刀量。对铣削而言，是沿垂直于铣刀轴线方向测量的工件被切削部分的尺寸，应沿垂直于铣刀轴线方向测量 |

由上述可知，铣刀的轴线所处的位置不同，背吃刀量和侧吃刀量的测量方向是不同的。

## 二、确定铣削用量的原则

粗加工时，在机床动力和工艺系统刚性允许的前提下，以及具有合理的铣刀寿命的条件下，首先应选用较大的被切金属层的宽度，其次是选用较大的被切金属层的深度（厚度），再选用较大的每齿进给量，最后根据铣刀的寿命确定铣削速度。

精加工时，为了保证获得合乎要求的加工精度和表面粗糙度，被切金属层应尽量一次铣出；被切金属的深度一般在 0.5mm 左右；再根据表面粗糙度要求，选择合适的进给量；然后确定合理的铣刀寿命和铣削速度。

## 三、被切金属层深度（厚度）的选择

面铣时的背吃刀量 $a_p$、周铣时的侧吃刀量 $a_e$，即是被切金属层的深度。当铣床功率和工艺系统的刚性、强度允许，且加工精度要求不高及加工余量不大时，可一次进给铣去全部余量。当加工精度要求较高或加工表面粗糙度 $Ra$ 小于 6.3μm 时，铣削应分粗铣和精铣。端面铣削时，铣削深度的推荐值见表 3-2。当工件材料的硬度和强度较高时，应取较小值。当加工余量较大时，可采用阶梯铣削法。

表 3-2　端面铣削时背吃刀量 $a_p$ 的推荐值

| 铣削类型 | 粗铣 | | 精铣 | | |
|---|---|---|---|---|---|
| | 一般 | 沉重 | 精铣 | 高精铣 | 宽刀精铣 |
| 铣削深度盘 $a_p$/mm | ≤ 10 | ≤ 20 | 0.5 ~ 1.5 | 0.3 ~ 0.5 | 0.05 ~ 0.1 |

周铣时的侧吃刀量 $a_e$，粗铣时可比端面铣削时的背吃刀量 $a_p$ 大。故在铣床和工艺系统的刚性、强度允许的条件下，尽量在一次进给中，把粗铣余量全部切除。精铣时，可参照端

面铣削时的 $a_p$ 值。

阶梯铣削法用的阶梯铣刀如图 3-1 所示，它的刀齿分布在不同的半径上，而且各齿在轴向伸出的距离也各不相同。半径愈大的刀齿在轴向伸出的距离愈小，即后刀齿的位置比前刀齿在半径上小 $\Delta R$ 的距离。而在轴向，则比前刀齿多伸出 $\Delta a_p$ 的距离。能使工件的全部加工余量沿铣削深度方向分配到各齿上。若采用图 3-1（b）所示的由两组刀齿组成的铣刀铣削时，由于一组有三个刀齿，故每齿的进给量和切削厚度增大 3 倍，而切削宽度则减小，切出窄而厚的切屑。用阶梯铣削法既降低了铣削力，又有利于排除切屑，故可减少振动和功率消耗。

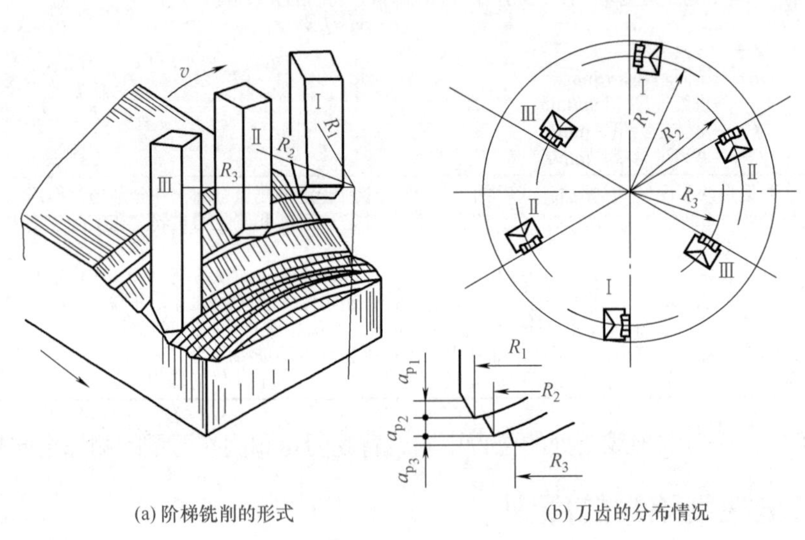

(a) 阶梯铣削的形式　　(b) 刀齿的分布情况

图 3-1　阶梯铣刀和阶梯铣削

另外，阶梯铣刀的刀齿在排列时，把最后一个刀齿（如图 3-1 所示中是刀齿Ⅲ）在轴向安装得比前一刀齿只伸出 0.5mm 左右，刀齿的几何参数符合精加工要求。此时的阶梯铣削，可使粗铣和精铣在一次进给中完成，以提高生产效率。此法也可用于普通面铣刀上。

## 四、铣削用量的选用

### 1. 选择铣削用量的原则

合理的选择铣削用量直接关系到铣削效果的好坏，即影响到能否达到高效、低耗及优质的加工效果，选择铣削用量应满足如下基本要求：

① 保证铣刀有合理的使用寿命，提高生产率和降低生产成本。

② 保证铣削加工质量，主要是保证铣削加工表面的精度和表面粗糙度达到图样要求。

③ 不超过铣床允许的动力和转矩，不超过铣削加工工艺系统（刀具、工具、机床）的刚度和强度，同时又充分发挥它们的潜力。

上述三项基本要求，选择时应根据粗、精加工具体情况有所侧重。一般在粗铣加工时，应尽可能发挥铣刀、铣床的潜力和保证合理的铣刀使用寿命；精铣加工时，则首先要保证铣削加工精度和表面粗糙度，同时兼顾合理的铣刀寿命。

### 2. 铣削用量的选择顺序

① 要选用较大的背吃刀量。

② 要选用较大的每齿进给量。

③ 要选用适宜的主轴转速。

### 3. 铣削用量的合理选用

在铣削过程中，如果能在一定的时间内切除较多的金属，就有较高的生产率。显然，增大吃刀量、铣削速度和进给量，都能增加金属切除量。但是，影响刀具寿命最显著的因素是铣削速度，其次是进给量，而吃刀量对刀具的影响最小。所以，为了保证必要的刀具寿命，应当优先采用较大的吃刀量，其次是选择较大的进给量，最后才是根据刀具的寿命要求，选择适宜的铣削速度。

粗铣时，进给量的提高主要是受力齿强度及机床、夹具等工艺系统刚性的限制。铣削用量大时，还受机床功率的限制。因此在上述条件下，可尽量取得大些。

精铣时，限制进给量的主要因素是加工精度和表面粗糙度。每齿进给量越大，表面粗糙度值也越大。在表面粗糙度要求较小时，还要考虑到铣刀刀齿的刀刃或刀尖不一定在同一个旋转的圆周或平面上，在这种情况下铣出的平面，将以铣刀一转为一个波纹。因此，精铣时，在考虑每齿进给量的同时，还需考虑每转进给量。

表 3-3 推荐的数值为各种常用铣刀在对不同工件材料铣削时的每齿进给量，粗铣时取表中的较大值；精铣时取表中的较小值。

表 3-3 每齿进给量 $f_z$ 值的选取　　单位：mm

| 工件材料 | 工件材料的硬度（HBS） | 硬质合金 | | 高速钢 | | | |
|---|---|---|---|---|---|---|---|
| | | 面铣刀 | 三面刃铣刀 | 圆柱铣刀 | 立铣刀 | 面铣刀 | 三面刃铣刀 |
| 低碳钢 | 60 ~ 150<br>150 ~ 200 | 0.2 ~ 0.4<br>0.20 ~ 0.35 | 0.15 ~ 0.30<br>0.12 ~ 0.25 | 0.12 ~ 0.2<br>0.12 ~ 0.2 | 0.04 ~ 0.20<br>0.03 ~ 0.18 | 0.15 ~ 0.30<br>0.15 ~ 0.30 | 0.12 ~ 0.20<br>0.10 ~ 0.15 |
| 中、高碳钢 | 120 ~ 180<br>180 ~ 220<br>220 ~ 300 | 0.15 ~ 0.5<br>0.15 ~ 0.4<br>0.12 ~ 0.25 | 0.15 ~ 0.3<br>0.12 ~ 0.25<br>0.07 ~ 0.20 | 0.12 ~ 0.2<br>0.12 ~ 0.2<br>0.07 ~ 0.15 | 0.05 ~ 0.20<br>0.04 ~ 0.20<br>0.03 ~ 0.15 | 0.15 ~ 0.30<br>0.15 ~ 0.25<br>0.1 ~ 0.2 | 0.12 ~ 0.2<br>0.07 ~ 0.15<br>0.05 ~ 0.12 |
| 灰铸铁 | 150 ~ 180<br>180 ~ 220<br>220 ~ 300 | 0.2 ~ 0.5<br>0.2 ~ 0.4<br>0.15 ~ 0.3 | 0.12 ~ 0.3<br>0.12 ~ 0.25<br>0.10 ~ 0.20 | 0.2 ~ 0.3<br>0.15 ~ 0.25<br>0.1 ~ 0.2 | 0.07 ~ 0.18<br>0.05 ~ 0.15<br>0.03 ~ 0.10 | 0.2 ~ 0.35<br>0.15 ~ 0.3<br>0.10 ~ 0.15 | 0.15 ~ 0.25<br>0.12 ~ 0.20<br>0.07 ~ 0.12 |
| 可锻铸铁 | 110 ~ 160<br>160 ~ 200<br>200 ~ 240<br>240 ~ 280 | 0.2 ~ 0.5<br>0.2 ~ 0.4<br>0.15 ~ 0.3<br>0.1 ~ 0.3 | 0.1 ~ 0.30<br>0.1 ~ 0.25<br>0.1 ~ 0.20<br>0.1 ~ 0.15 | 0.2 ~ 0.35<br>0.2 ~ 0.3<br>0.12 ~ 0.25<br>0.1 ~ 0.2 | 0.08 ~ 0.20<br>0.07 ~ 0.20<br>0.05 ~ 0.15<br>0.02 ~ 0.08 | 0.2 ~ 0.4<br>0.2 ~ 0.35<br>0.15 ~ 0.30<br>0.1 ~ 0.20 | 0.15 ~ 0.25<br>0.15 ~ 0.20<br>0.12 ~ 0.20<br>0.07 ~ 0.12 |
| 含 C < 0.3% 的合金钢 | 125 ~ 170<br>170 ~ 220<br>220 ~ 280<br>280 ~ 320 | 0.15 ~ 0.5<br>0.15 ~ 0.4<br>0.10 ~ 0.3<br>0.08 ~ 0.2 | 0.12 ~ 0.3<br>0.12 ~ 0.25<br>0.08 ~ 0.20<br>0.05 ~ 0.15 | 0.12 ~ 0.2<br>0.1 ~ 0.2<br>0.07 ~ 0.12<br>0.05 ~ 0.1 | 0.05 ~ 0.2<br>0.05 ~ 0.1<br>0.03 ~ 0.08<br>0.025 ~ 0.05 | 0.15 ~ 0.3<br>0.15 ~ 0.25<br>0.12 ~ 0.20<br>0.07 ~ 0.12 | 0.12 ~ 0.20<br>0.07 ~ 0.15<br>0.07 ~ 0.12<br>0.05 ~ 0.10 |
| 含 C > 0.3% 的合金钢 | 170 ~ 220<br>220 ~ 280<br>280 ~ 320<br>320 ~ 380 | 0.125 ~ 0.4<br>0.10 ~ 0.3<br>0.08 ~ 0.2<br>0.06 ~ 0.15 | 0.12 ~ 0.30<br>0.08 ~ 0.20<br>0.05 ~ 0.15<br>0.05 ~ 0.12 | 0.12 ~ 0.2<br>0.07 ~ 0.15<br>0.05 ~ 0.12<br>0.05 ~ 0.10 | 0.12 ~ 0.2<br>0.07 ~ 0.15<br>0.05 ~ 0.12<br>0.05 ~ 0.10 | 0.15 ~ 0.25<br>0.12 ~ 0.2<br>0.07 ~ 0.12<br>0.05 ~ 0.10 | 0.07 ~ 0.15<br>0.07 ~ 0.12<br>0.05 ~ 0.10<br>0.05 ~ 0.10 |
| 工具钢 | 退火状态<br>36HRC<br>46HRC<br>50HRC | 0.15 ~ 0.5<br>0.12 ~ 0.25<br>0.10 ~ 0.20<br>0.07 ~ 0.10 | 0.12 ~ 0.3<br>0.08 ~ 0.15<br>0.06 ~ 0.12<br>0.05 ~ 0.10 | 0.07 ~ 0.15<br>0.05 ~ 0.10<br>—<br>— | 0.05 ~ 0.1<br>0.03 ~ 0.08<br>—<br>— | 0.12 ~ 0.2<br>0.07 ~ 0.12<br>—<br>— | 0.07 ~ 0.15<br>0.05 ~ 0.10<br>—<br>— |
| 镁铝合金 | 95 ~ 100 | 0.15 ~ 0.38 | 0.125 ~ 0.3 | 0.15 ~ 0.20 | 0.05 ~ 0.15 | 0.2 ~ 0.3 | 0.07 ~ 0.2 |

## 五、铣削速度的选择

合理的铣削速度是在保证加工质量和铣刀寿命的条件下确定的。铣削时影响铣削速度的主要因素有刀具材料的性质和刀具的寿命、工件材料的性质、加工条件及切削液的使用情况等。

### 1. 粗铣时铣削速度的选择

粗铣时，由于金属切除量大，产生的热量多，切削温度高，为了保证合理的铣刀寿命，铣削速度要比精铣时低一些。在铣削不锈钢等韧性和强度高的材料，以及其他一些硬度和热强度等性能高的材料时，产生的热量更多，则铣削速度应降低。另外，粗铣时由于铣削力大，故还需考虑机床功率是否足够，必要时可适当降低铣削速度，以减小铣削功率。

### 2. 精铣时铣削速度的选择

精铣时，由于金属切除量小，所以在一般情况下，可采用比粗铣时高一些的铣削速度。提高铣削速度的同时，又将使铣刀的磨损速度加快，从而影响加工精度。因此，精铣时限制铣削速度的主要因素是加工精度和铣刀寿命。有时为了达到上述两个目的，采用比粗铣时还要低的铣削速度，即低速铣削。尤其在铣削加工面积大的工件，即一次铣削宽而长的加工面时，采用低速制，可使刀刃和刀尖的磨损量极小，从而获得高的加工精度。

表 3-4 推荐的数值是一般情况下的铣削速度，在实际工作中需按实际情况加以修改。

表 3-4　粗铣时的铣削速度

| 加工材料 | | | | 铣削速度 $v$/(m/min) | |
|---|---|---|---|---|---|
| 名称 | 牌号 | 材料状态 | 硬度（HBS） | 高速钢铣刀 | 硬质合金铣刀 |
| 低碳钢 | Q235A | 热轧 | 131 | 25 ～ 45 | 100 ～ 160 |
| | 20 | 正火 | 156 | 25 ～ 40 | 90 ～ 140 |
| 中碳钢 | 45 | 正火 | ≤ 229 | 20 ～ 30 | 80 ～ 120 |
| | | 调质 | 220 ～ 250 | 15 ～ 25 | 60 ～ 100 |
| 合金结构钢 | 40Cr | 正火 | 179 ～ 229 | 20 ～ 30 | 80 ～ 120 |
| | | 调质 | 200 ～ 230 | 12 ～ 20 | 50 ～ 80 |
| | 38CrSi | 调质 | 255 ～ 305 | 10 ～ 15 | 40 ～ 70 |
| | 18CrMnTi | 调质 | ≤ 217 | 15 ～ 20 | 50 ～ 80 |
| | 38CrMoAlA | 调质 | ≤ 310 | 10 ～ 15 | 40 ～ 70 |
| 不锈钢 | 2Cr13 | 淬火回火 | 197 ～ 240 | 15 ～ 20 | 60 ～ 80 |
| | 1Cr18Ni9Ti | 淬火 | ≤ 207 | 10 ～ 15 | 40 ～ 70 |
| 工具钢 | 9CrSi | — | 197 ～ 241 | 20 ～ 30 | 70 ～ 110 |
| | W18Cr4V | — | 207 ～ 255 | 15 ～ 25 | 60 ～ 100 |
| 灰铸铁 | HT150 | — | 163 ～ 229 | 20 ～ 30 | 80 ～ 120 |
| | HT200 | — | 163 ～ 229 | 15 ～ 25 | 60 ～ 100 |
| 冷硬铸铁 | — | — | 52 ～ 55HRC | — | 5 ～ 10 |
| 铜及铜合金 | — | — | — | 50 ～ 100 | 100 ～ 200 |
| 铝及铝合金 | — | — | — | 100 ～ 300 | 200 ～ 600 |

## 第二节 切 削 液

### 一、切削液的种类及其作用

切削液一般要无损于人体健康，对机床无腐蚀作用，不易燃，吸热量大，润滑性能好、不易变质，并且价格低廉，适于大量采用。切削液的种类很多，按其性质，可分为三大类。切削液的种类及其作用见表 3-5。

表 3-5 切削液的种类及其作用

| 类别 | | 说 明 |
|---|---|---|
| 切削液的种类 | 水溶液 | 水溶液的主要成分是水，故冷却性能很好，使用时，一般加入一定量的水溶性防锈添加剂。由于水溶液流动性大，价格低廉，所以应用较广泛 |
| | 乳化液 | 乳化液是将乳化油用水稀释而成的。这种切削液具有良好的冷却性能，但润滑、防锈性能较差。使用时常加入一定量的防锈添加剂和极压添加剂 |
| | 切削油 | 切削油的主要成分是矿物油（柴油和全损耗系统用油等），也可选用植物油（菜油和豆油等），硫化油和其他混合油等油类。这类切削液的比热容低，流动性差，是一种以润滑为主的切削液。使用时，也可加入油性防锈添加剂，以提高其防锈和润滑性能 |
| 切削液的作用 | 冷却作用 | 采用切削液能降低切削时产生的热量，减少刀具与工件、切屑之间的摩擦；另一方面能将已产生的切削热从切削区迅速带走。冷却作用主要是指后一方面 |
| | 润滑作用 | 采用切削液热量能渗透到切屑、刀具与工件接触面之间，并黏附在金属表面上而形成一层润滑膜，可以减少切削过程中的摩擦。如果其润滑性能良好，能减小切削力、显著提高表面质量和刀具寿命 |
| | 防锈作用 | 切削液能起到防锈作用，使机床、工件、刀具不受周围介质（如空气、水分、手汗等）的腐蚀 |
| | 清洗作用 | 切削液能起到清洗作用，防止细碎的切屑及砂粒粉末等污物附着在工件、刀具和机床工作台、导轨面上，以免影响工件表面质量，刀具精度、使用寿命和机床精度 |

### 二、切削液的选用

切削液应根据加工性质、工件材料、刀具材料和工艺要求等具体情况合理选用。其选择的一般原则有以下几点：

（1）根据加工性质选用

粗加工时，使用切削液的目的是为了降低温度，因而应选用以冷却为主的切削液；精加工时，为了保证工件的几何精度（包括表面粗糙度），应选用极压切削油或高浓度的极压乳化液。

（2）根据工件材料选用

钢件粗加工时用乳化液，精加工时用极压切削油；对于铸铁、铜及铝等脆性材料，一般不加切削液，必要时用黏度小的煤油和乳化液及压缩空气。

（3）根据刀具材料选用

高速钢用极压乳化液；硬质合金一般不用切削液，必要时用乳化液。

常用切削液的选用见表 3-6。

表 3-6 常用切削液的选用

| 加工材料 | 铣削种类 | |
|---|---|---|
| | 粗铣 | 精铣 |
| 碳钢 | 乳化液、苏打水 | 乳化液（低速时 10% ~ 15%，高速时 5%），极压乳化液、混合油、硫化油、肥皂水溶液等 |
| 合金钢 | 乳化液、极压乳化液 | |
| 不锈钢及耐热钢 | 乳化液、极压切削油<br>硫化乳化油<br>极压乳化液 | 氯化煤油<br>煤油加 25% 植物油<br>煤油加 20% 松节油和 20% 油酸、极压乳化液<br>硫化油（柴油加 20% 脂肪和 5% 硫黄），极压切削油 |

续表

| 加工材料 | 铣削种类 | |
|---|---|---|
| | 粗铣 | 精铣 |
| 铸钢 | 乳化液，极压乳化液、苏打水 | 乳化液、极压切削油<br>混合油 |
| 青铜<br>黄铜 | 一般不用，必要时用乳化液 | 乳化液<br>含硫极压乳化液 |
| 铝 | 一般不用，必要时用乳化液、混合油 | 菜油、混合油<br>煤油、松节油 |
| 铸铁 | 一般不用，必要时用压缩空气或乳化液 | 一般不用，必要时用压缩空气或乳化液或极压乳化液 |

（4）使用切削液的注意事项

合理使用切削液应特别注意切削液的冲注方式，为了能得到良好的使用效果，应注意以下几点。

① 要冲注足够的切削液，使铣刀充分冷却，尤其是在铣削速度较高和粗加工时，此点更为重要。

② 铣削一开始就应立即加切削液，不要等到铣刀发热后再冲注，否则会使铣刀过早磨损，并可能会使铣刀产生裂纹。

③ 切削液应冲注在切屑从工件上分离下来的部位，即冲注在热量最大，温度最高的地方。

④ 当铣削方式不同时，应及时改变冲注的位置和方向，以使切削液发挥最好的效果。

⑤ 应注意检查切削液的质量，尤其是乳化液，使用变质的切削液往往不能达到预期的效果。用水配制的切削液应注意配制比例，以免影响切削液使用效果。

# 第三节 铣 刀

## 一、铣刀的常用材料

### 1. 高速钢

高速钢是高速工具钢的简称，俗称锋钢。它是以钨（W）、铬（Cr）、钒（V）、钼（Mo）、钴（Co）为主要元素的高合金工具钢。其淬火硬度为62～70HRC；在600℃高温下，其硬度仍能保持在47～55HRC，具有较好的切削性能。故高速钢允许的最高温度为600℃，切削钢材时的切削速度一般在35m/min以下。高速钢具有较高的强度和韧性，能磨出锋利的刃口，并具有良好的工艺性，是制造铣刀的良好材料。W18Cr4V是钨系高速钢，是制造铣刀最常用的典型材料，常用的通用高速钢材料还有W6Mo5Cr4V2和W14Cr4MnRe等。特殊用途的高速钢，如含钴高速钢W6Mo5Cr4V2Co8，还有超硬型的高速钢W9Mo3Cr4V3Co10等，适用于加工特殊材料。

### 2. 硬质合金

硬质合金是由高硬度、难熔的金属碳化物（如WC和TiC等）和金属黏接剂（以Co为主）用粉末冶金方法制成的。其硬度可达72～82HRC，允许的最高工作温度可达1000℃。硬质合金的抗弯强度和冲击韧性均比高速钢差，刃口不易磨得锐利，因此其工艺性比高速钢差。

硬质合金可分成三大类，其代号是 P（钨钛钴类，牌号为 YT）、K（钨钴类，牌号为 YG）和 M（通用硬质合金类）。表 3-7 为切削加工用硬质合金的应用范围分类和用途。

表 3-7　切削加工用硬质合金的应用范围和用途

| 应用范围分类 | | | 用途分组 | | | 性能提高方向 | |
|---|---|---|---|---|---|---|---|
| 代号 | 加工材料类别 | 颜色 | 代号 | 加工材料 | 适应的加工条件 | 切削性能 | 合金性能 |
| M（钨钛钽、铌钴类） | 长切屑或短切屑的黑色金属和有色金属 | 黄色 | M10（YW1） | 钢、铸钢、锰钢、灰口铸铁和合金铸铁 | 中或高切削速度、小或中等切削截面条件下的车削 | ↑切削速度　进给量↓ | ↑耐磨性　韧性↓ |
| | | | M20（YW2） | 钢、铸钢、奥氏体钢或锰钢、灰口铸铁 | 中等切削速度、中等或大切屑截面条件下的车削、铣削 | | |
| | | | M30 | 钢、铸钢、奥氏体钢、灰口铸铁、耐高温合金 | 中等切削速度、中等或大切屑截面条件下的车削、铣削、刨削 | | |
| | | | M40 | 低碳易切钢、低强度钢、有色金属和轻合金 | 车削、切断、特别适于自动机床上加工 | | |
| P（钨钛钴类 YT） | 长切屑的黑色金属 | 蓝色 | P01（YN10、YT30） | 钢、铸钢 | 高切削速度、小切屑截面、无振动条件下的精车、精镗 | ↑切削速度　进给量↓ | ↑耐磨性　韧性↓ |
| | | | P10（YN15） | 钢、铸钢 | 高切削速度、中等或小切屑截面条件的车削、仿形车削、车螺纹和铣削 | | |
| | | | P10（YN14） | 钢、铸钢、长切屑可锻铸铁 | 中等切削速度和中等切削截面条件下的车削、仿形车削和铣削、小切屑截面的刨削 | | |
| | | | P30（YN5） | 钢、铸钢、长切屑可锻铸铁 | 中或低等切削速度、中等或大切削截面条件下的车削、铣削、刨削和不利条件下的加工 | | |
| | | | P40 | 钢、含砂眼和气孔的铸钢件 | 低切削速度、大切削角、大切屑截面以及不利条件下的车削、刨削、切槽和自动机床上加工 | | |
| | | | P50 | 钢、含砂眼和气孔的中和低强度钢铸件 | 用于要求硬质合金有高韧性的工序：在低切削速度、大切削角、大切屑截面及不利条件下的车削、刨削、切槽和自动机床上加工 | | |
| K（钨钴类 YG） | 短切屑的黑色金属、有色金属及非金属材料 | 红色 | K10（YG6X、YG6A） | 布氏硬度高于 220 的灰口铸铁、短切屑的可锻铸铁、淬硬钢、硅铝合金、铜合金、塑料、玻璃、硬橡胶、硬纸板、瓷器、石料 | 车削、铣削、钻削、镗削、拉削、刮削 | ↑切削速度　进给量↓ | ↑耐磨性　韧性↓ |
| | | | K20（YG6、YG8A） | 布氏硬度低于 220 的灰口铸铁。有色金属：铜、黄铜、铝 | 用于要求硬质合金有高韧性的车削、铣削、刨削、镗削、拉削 | | |
| | | | K30（YG8、YG8A） | 低硬度灰口铸铁、低强度钢、压缩木料 | 用于在不利条件下可能采用大切削角的车削、铣削、刨削、切槽加工 | | |
| | | | K40 | 软木或硬木、有色金属 | 用于在不利条件下可能采用大切削角的车削、铣削、刨削、切槽加工 | | |
| | | | K01（YG3、YG3X） | 特硬灰口铸铁、肖氏硬度大于 85 的冷硬铸铁、高硅铝合金、淬硬钢、高耐磨塑料、硬纸板、陶瓷 | 车削、精车、镗削、铣削、刮削 | ↑切削速度　进给量↓ | ↑耐磨性　韧性↓ |

### 3. 涂层刀具材料及超硬材料

涂层刀具材料主要是 TiC、TiN、TiC-TiN（复合）和陶瓷等，这些材料都具有高硬度、高耐磨性和很好的高温硬度等特性。把涂层材料涂在高速钢和韧性较好的硬质合金上，厚度虽仅几微米，但能使高速钢刀具的寿命延长 2 ～ 10 倍，硬质合金的寿命延长 1 ～ 3 倍。目前较先进的涂层刀具，为了综合各种涂层材料的优点，常采用复合涂层，如 TiC-TiN 和 $Al_2O_3$-TiC 等。目前涂层高速钢刀具，在成形铣刀和齿轮铣刀上的应用已较广泛。

超硬刀具材料有天然金刚石，聚晶人造金刚石和聚晶立方氮化硼等。超硬刀具材料可切削极硬材料，而且能保持长时间的尺寸稳定性，同时刀具刃口极锋利，摩擦系数也很小，适合超精加工。超硬刀具材料可烧结在硬质合金表面，做成复合刀片。

## 二、铣刀的种类

如图 3-2 所示为铣刀的种类，铣刀是多刀（齿）多刃刀具，其种类繁多，一般有四种分类方法：

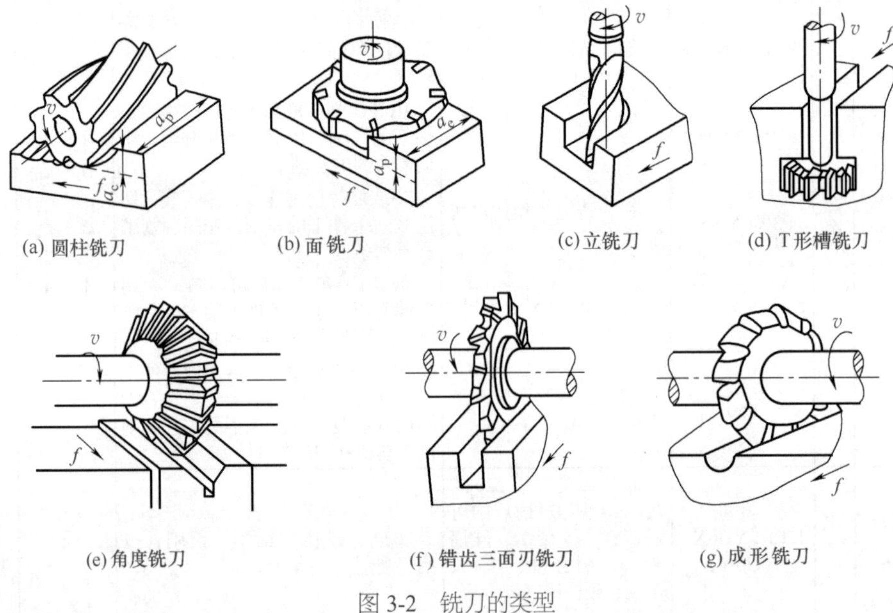


图 3-2　铣刀的类型

（1）按其切削部分的材料分

按其切削部分的材料可分为高速钢和硬质合金两种。

（2）按其用途分

① 铣平面用的铣刀（如圆柱铣刀、面铣刀等）。

② 铣沟槽用的铣刀，如立铣刀、T 形槽铣刀、角度铣刀、错齿三面刃铣刀等。

③ 铣成形面用的铣刀，如成形铣刀等。

（3）按齿背形式分

有尖齿铣刀和铲齿铣刀两种，如图 3-3 所示。两者的区别主要在于铲齿铣刀的齿背面是经铲制成的，使其在刃磨后仍能保持与原来的切削刃正式形状一样，用于成形铣刀上。

（4）按刀齿数目分

有粗齿铣刀和细齿铣刀，这主要是根据生产加工性质及其加工的几何精度要求而分类的。粗齿铣刀齿数少，用于粗加工，细齿铣刀齿数多，多用于半精加工和精加工。

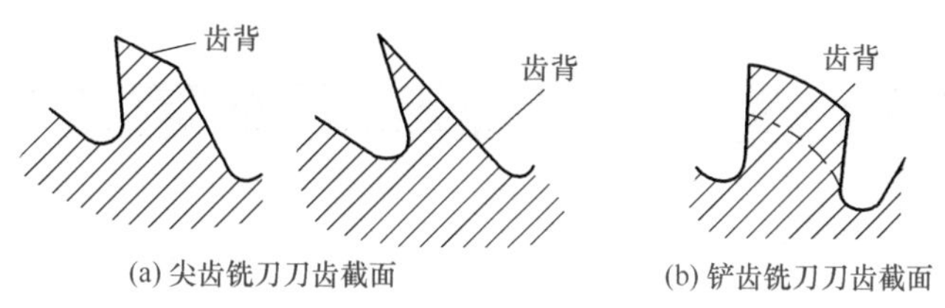

(a) 尖齿铣刀刀齿截面　(b) 铲齿铣刀刀齿截面

图 3-3　刀齿齿背形式

## 三、铣刀的选用

### 1. 选择铣刀型式

各种型式的铣刀有各自对应的用途，有些铣刀可以有多种用途，而一些铣刀只能专门进行单一用途的铣削加工，因此，选用铣刀首先应根据铣刀的用途进行选择。各种铣刀用途可参见表 3-8。

表 3-8　各种铣刀用途

| 品种 | 用　途 | 简　图 |
|---|---|---|
| 直柄立铣刀 | 用于铣削平面和台阶。该铣刀分细齿和粗齿两种。细齿用于半精铣平面和台阶；粗齿用于粗铣平面和台阶 | |
| 锥柄立铣刀 | | |
| 直柄键槽铣刀 | 用于加工圆头封闭或半封闭式的键槽。键槽铣刀在圆周上及端面上都有切削刃，工作时它能垂直进给及沿轴向进给 | |
| 锥柄键槽铣刀 | | |
| 半圆键槽铣刀 | 用于铣削半圆键槽 | |
| 燕尾槽铣刀 | 用于加工燕尾槽 | |
| T 形槽铣刀 | 用于加工 T 形槽 | |
| 套式立铣刀 | 用于半精铣平面 | |
| 镶齿套式面铣刀 | 用于铣切较宽的平面。刀齿磨损后，可以调节径向伸出量 | |
| 圆柱形铣刀 | 用于铣削平面。圆柱形铣刀分细齿和粗齿两种。细齿用于半精铣平面，粗齿用于粗铣平面 | |

续表

| 品种 | 用　途 | 简　图 |
| --- | --- | --- |
| 三面刃铣刀 | 用于加工凹槽和台阶。该铣刀分直齿和错齿两种。直齿用于半精铣凹槽和台阶，错齿用于粗铣凹槽和台阶 | 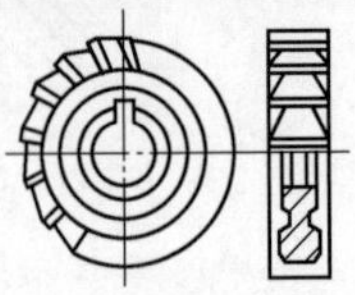 |
| 镶齿三面刃铣刀 | 用于加工凹槽和台阶。刀齿磨损后，铣刀宽度可以调整 | 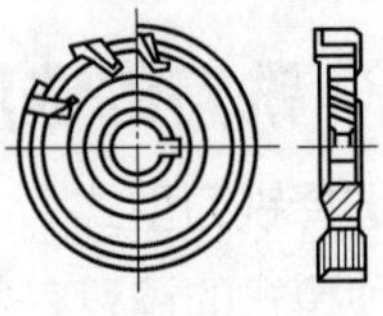 |
| 锯片铣刀 | 用于铣削窄面深的槽或锯断工作。分细齿、中齿和粗齿三种。细齿适用于铣削黑色金属，粗齿适用于铣削轻金属 | 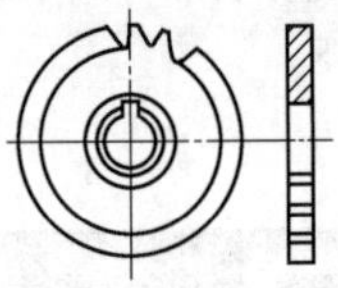 |
| 尖齿槽铣刀 | 用于加工 H9 级轴槽 | 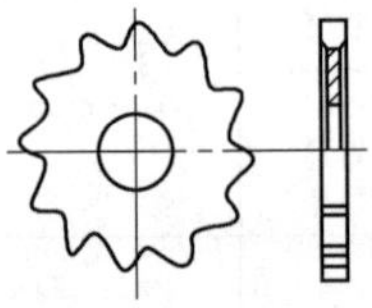 |
| 单角铣刀 | 用于铣切角度槽 | 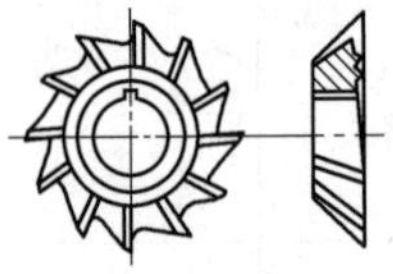 |
| 不对称双角铣刀 | 用于加工各种刀具的刃沟 | 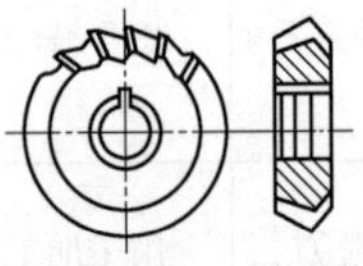 |
| 对称双角铣刀 | 用于加工有螺旋沟的尖齿及铲齿铣刀的刃沟 | 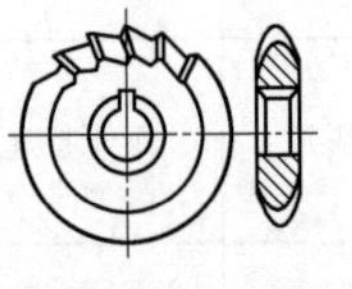 |
| 凸半圆铣刀 | 用于铣削半圆槽 | 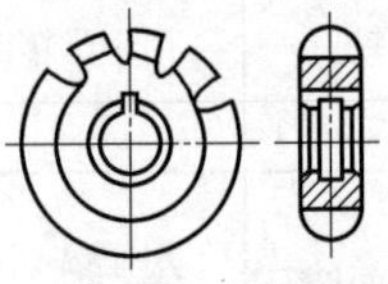 |
| 凹半圆铣刀 | 用于铣削凸半圆形的工件 | 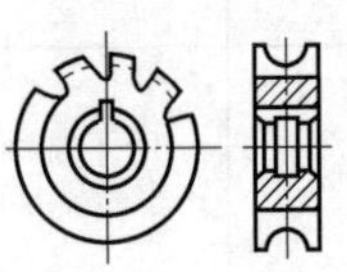 |

续表

| 品种 | 用途 | 简图 |
|---|---|---|
| 盘形齿轮铣刀 | 主要用于加工精度较低的直齿圆柱齿轮，有时也用于加工斜齿圆柱齿轮、齿条以及有空刀槽的人字齿轮 | 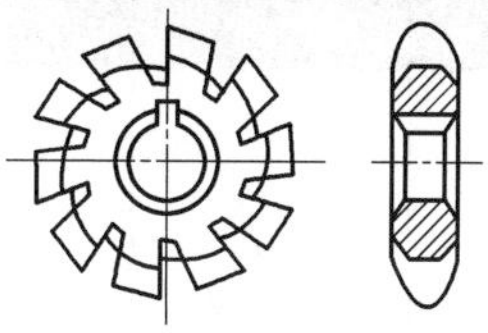 |
| 盘形直齿锥齿轮铣刀 | 用于加工精度较低的直齿圆锥齿轮。为与齿轮铣刀区别，在铣刀端面上标有“⏢”标记 | |
| 链轮铣刀 | 用于加工套筒滚子链链轮 | 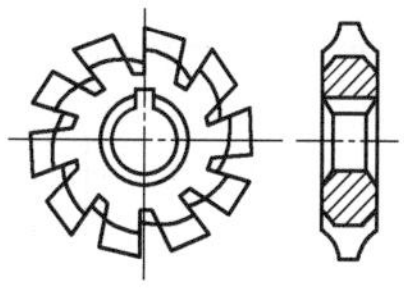 |

### 2. 铣刀规格的选择

铣刀形状复杂，种类较多，为了便于辨别铣刀的规格和性能，铣刀上都刻有标记。铣刀标记一般包括：制造厂的商标；制造铣刀的材料；铣刀的基本尺寸。

如圆柱铣刀、三面刃铣刀和锯片铣刀，一般标记为外圆直径 × 宽度（长度）× 内孔直径。如三面刃铣刀上标记为：“100×16×32”，则表示该三面刃的外圆直径为 100mm，宽度为 16mm，内孔直径为 32mm。立铣刀、带柄面铣刀和键槽铣刀等，一般只标注刀具直径。如锥柄立铣刀上标记是 $\phi$18mm，则表示该立铣刀的外圆直径是 18mm。半圆铣刀和角度铣刀，一般标记为：外圆直径 × 宽度 × 内孔直径 × 角度（或半径）。如角度铣刀上标记是“60×16×22×55°”则表示该角度铣刀的外圆直径是 60mm，厚度是 16mm，内孔直径是 22mm，角度是 55°。

铣刀标记主要是为了说明铣刀的尺寸和规格，使用方便，不易弄错。常用的几种标准铣刀规格的基本尺寸见表 3-9。

表 3-9　常用标准铣刀的规格尺寸

| 铣刀名称 | 基本尺寸 /mm | | | | | |
|---|---|---|---|---|---|---|
| | 外径 | 长度或宽度 | 孔径或直径 | 齿数 | 莫氏号数 | 角度 |
| 直齿三面刃铣刀 | 63 | 5<br>6<br>8<br>10<br>12<br>14<br>16 | 22 | 16 | — | — |
| | 80 | 6<br>8<br>10<br>12<br>14<br>16 | 27 | 18 | — | — |
| | 100 | 8<br>10<br>12<br>14<br>16<br>18<br>20 | 32 | 20 | — | — |

续表

| 铣刀名称 | 基本尺寸/mm | | | | | |
|---|---|---|---|---|---|---|
| | 外径 | 长度或宽度 | 孔径或直径 | 齿数 | 莫氏号数 | 角度 |
| 错齿三面刃铣刀 | 63 | 6<br>8<br>10 | 22 | 14 | — | — |
| | | 12<br>14<br>16 | | 12 | | |
| | 80 | 8<br>10<br>12 | 27 | 16 | — | — |
| | | 14<br>16<br>18<br>20 | | 14 | | |
| | 100 | 10<br>12<br>14 | 32 | 18 | — | — |
| | | 16<br>18<br>20<br>25 | | 16 | | |
| 粗齿圆柱铣刀 | 63 | 50<br>63<br>80<br>100 | 27 | 6 | — | — |
| | 80 | 63<br>80<br>100<br>125 | 32 | 8 | — | — |
| | 100 | 80<br>100<br>125<br>160 | 40 | 10 | — | — |
| 细齿圆柱铣刀 | 50 | 50<br>63<br>80 | 22 | 8 | — | — |
| | 63 | 50<br>63<br>80<br>100 | 27 | 10 | — | — |
| | 80 | 63<br>80<br>100<br>125 | 32 | 12 | — | — |
| | 100 | 80<br>100<br>125<br>160 | 40 | 14 | — | — |
| 套式面铣刀（面铣刀） | 63<br>80<br>100 | 40<br>45<br>50 | 27<br>32<br>32 | 10<br>10<br>12 | — | — |

续表

<table>
<tr><th rowspan="2">铣刀名称</th><th colspan="6">基本尺寸 /mm</th></tr>
<tr><th>外径</th><th>长度或宽度</th><th>孔径或直径</th><th>齿数</th><th>莫氏号数</th><th>角度</th></tr>
<tr><td>镶齿套式面铣刀（镶齿面铣刀）</td><td>80<br>100<br>125<br>160<br>200<br>250</td><td>36<br>40<br>40<br>45<br>45<br>45</td><td>27<br>36<br>40<br>50<br>50<br>50</td><td>10<br>10<br>14<br>16<br>20<br>26</td><td>—</td><td>—</td></tr>
<tr><td rowspan="14">镶齿三面刃铣刀</td><td>80</td><td>12<br>14<br>16<br>18<br>20</td><td>22</td><td>10</td><td>—</td><td>—</td></tr>
<tr><td rowspan="2">100</td><td>12<br>14<br>16<br>18</td><td rowspan="2">27</td><td>12</td><td rowspan="2"></td><td rowspan="2"></td></tr>
<tr><td>20<br>22<br>25</td><td>10</td></tr>
<tr><td rowspan="2">125</td><td>12<br>14<br>16<br>18</td><td rowspan="2">32</td><td>14</td><td rowspan="2">—</td><td rowspan="2">—</td></tr>
<tr><td>20<br>22<br>25</td><td>12</td></tr>
<tr><td rowspan="2">160</td><td>12<br>16<br>20</td><td rowspan="2">40</td><td>18</td><td rowspan="2">—</td><td rowspan="2">—</td></tr>
<tr><td>25<br>28</td><td>16</td></tr>
<tr><td rowspan="3">200</td><td>14</td><td rowspan="3">50</td><td>22</td><td>—</td><td>—</td></tr>
<tr><td>18<br>22</td><td>20</td><td>—</td><td>—</td></tr>
<tr><td>28<br>32</td><td>18</td><td>—</td><td>—</td></tr>
<tr><td rowspan="2">250</td><td>16<br>20</td><td rowspan="2">50</td><td>24</td><td rowspan="2">—</td><td rowspan="2">—</td></tr>
<tr><td>25<br>28<br>32</td><td>22</td></tr>
<tr><td rowspan="2">315</td><td>20</td><td rowspan="2">50</td><td>26</td><td>—</td><td>—</td></tr>
<tr><td>25<br>32<br>36<br>40</td><td>24</td><td>—</td><td>—</td></tr>
<tr><td>直柄立铣刀</td><td>3<br>4<br>5<br>6<br>8<br>10<br>12<br>14<br>16<br>18<br>20</td><td>40<br>43<br>47<br>57<br>63<br>72<br>83<br>83<br>92<br>92<br>100</td><td>4<br>4<br>5<br>6<br>8<br>10<br>12<br>12<br>16<br>16<br>20</td><td>3</td><td>—</td><td>—</td></tr>
</table>

续表

| 铣刀名称 | 基本尺寸 /mm | | | | | |
|---|---|---|---|---|---|---|
| | 外 径 | 长度或宽度 | 孔径或直径 | 齿 数 | 莫氏号数 | 角度 |
| 锥柄立铣刀 | 14<br>16<br>18<br>20 | 111<br>117<br>117<br>123 | — | 3 | 2 | — |
| | 22<br>25<br>28 | 140<br>147<br>147 | — | 3 | 3 | — |
| | 32<br>36<br>40<br>45 | 155<br>155<br>188<br>188 | — | 4 | 4 | — |
| | 50 | 220 | — | 4 | 5 | — |
| 锯片铣刀 | 63 | 1.0<br>1<br>2.0<br>2.5 | 16 | 32<br>24<br>24<br>20 | — | — |
| | 80 | 1<br>2.0<br>2.5<br>3.0 | 22 | 32<br>24<br>24<br>24 | — | — |
| | 100 | 1<br>1.6<br>2.0<br>2.5<br>3.0<br>4.0<br>5.0 | 22<br>(27) | 40<br>32<br>32<br>32<br>24<br>24<br>24 | — | — |
| | 125 | 2.0<br>2.5<br>3.0<br>4.0<br>5.0<br>6.0 | 22<br>(27) | 40<br>32<br>32<br>32<br>24<br>24 | — | — |
| | 160 | 2.0<br>2.5<br>3.0<br>4.0<br>5.0<br>6.0 | 32 | 40<br>40<br>40<br>32<br>32<br>32 | — | — |
| | 200 | 3.0<br>4.0<br>5.0<br>6.0 | 32 | 40<br>40<br>40<br>32 | — | — |
| 锥柄键槽铣刀 | 14<br>16<br>18<br>20 | 110<br>115<br>120<br>125 | — | 2 | 2 | — |
| | 25<br>28<br>32 | 145<br>150<br>155 | — | 2 | 3 | — |
| | 36<br>40<br>45 | 185<br>190<br>195 | — | 2 | 4 | — |

续表

| 铣刀名称 | 基本尺寸 /mm | | | | | |
|---|---|---|---|---|---|---|
| | 外径 | 长度或宽度 | 孔径或直径 | 齿数 | 莫氏号数 | 角度 |
| 盘形槽铣刀 | 63 | 4<br>5<br>6<br>8<br>10 | 22 | 16 | — | — |
| | 80 | 6<br>8<br>10<br>12<br>14<br>16 | 27 | 18 | — | — |
| | 100 | 8<br>10<br>12<br>14<br>16<br>20 | 32 | 20 | — | — |
| 单角度铣刀 | 63 | 16 | 22 | 22 | — | 45°<br>55°<br>65°<br>70° |
| | | 20 | | | — | 75°<br>80°<br>85°<br>90° |
| | 80 | 22 | 27 | 22 | — | 45°<br>55°<br>60°<br>65°<br>70° |
| | | 24 | | | — | 75°<br>80°<br>85°<br>90° |
| | 90<br>（老标准） | 25 | 27 | 24 | — | 30°<br>45°<br>55°<br>60° |
| | | 30 | | | — | 65°<br>70°<br>75°<br>80°<br>85° |
| 对称双角铣刀 | 63 | 8<br>10<br>14<br>20 | 22 | 20 | — | 30°<br>45°<br>60°<br>90° |
| | 80 | 12<br>18<br>22<br>40 | 27 | 22 | — | 30°<br>60°<br>90°<br>120° |
| | 100 | 14<br>25<br>32<br>45 | 27 | 24 | — | 30°<br>60°<br>90°<br>120° |

续表

<table>
<tr><th rowspan="2">铣刀名称</th><th colspan="7">基本尺寸 /mm</th></tr>
<tr><th>外径</th><th>长度或宽度</th><th>孔径或直径</th><th>齿数</th><th>莫氏号数</th><th colspan="2">角度</th></tr>
<tr><td rowspan="9">不对称双角铣刀</td><td rowspan="4">63</td><td>10</td><td rowspan="4">22</td><td rowspan="4">20</td><td rowspan="4">—</td><td>55°<br>60°<br>65°</td><td>15°</td></tr>
<tr><td>13</td><td>70°<br>75°</td><td>15°</td></tr>
<tr><td rowspan="2">16</td><td>80°<br>85°</td><td>15°</td></tr>
<tr><td>90°<br>100°</td><td>20°<br>25°</td></tr>
<tr><td rowspan="5">80</td><td>13</td><td rowspan="5">27</td><td rowspan="5">22</td><td rowspan="5">—</td><td>50°<br>55°</td><td>15°</td></tr>
<tr><td>16</td><td>60°<br>65°</td><td>15°</td></tr>
<tr><td>20</td><td>70°<br>75°<br>80°</td><td>15°</td></tr>
<tr><td rowspan="2">24</td><td>85°</td><td rowspan="2">20°</td></tr>
<tr><td>90°</td></tr>
</table>

## 四、铣刀的安装

铣刀的安装是铣削前必要的准备工作，其安装方法的正确与否，决定了铣刀的回转精度，并将影响铣削加工质量以及铣刀的使用寿命，因此安装铣刀必须要有一个正确的方法和步骤。

### 1. 铣刀安装精度分析及其对铣削加工的影响

铣刀安装得不好，旋转时就很可能产生振摆、跳动等，达不到平稳、同轴的要求。安装精度不高的原因很多，主要是由以下几个因素引起：

① 配合部位没有擦干净，有垃圾杂物，影响了正常配合，使刀轴、铣刀产生跳动。

② 刀轴精度、垫圈精度差，引起铣刀运转不平稳。这时如刀轴弯曲，则应校准或换用新的刀轴；垫圈平行度差，则应修磨后再使用。

③ 机床主轴及挂架轴承精度差，这时应请机修工人配合，予以修正后再使用。铣刀在铣削时，因是多刀刃断续切削，如果跳动明显，切削就不平稳，产生的振动较大，会使工件表面的粗糙度下降，并加剧铣刀的磨损，使铣削工作的效率和精度都大为降低。因此，铣刀安装完毕后，一定要仔细检查铣刀安装精度是否良好，有无明显跳动，如不好则要分析原因，重新安装，直至符合要求为止。

### 2. 直柄立铣刀的安装

直柄铣刀的直径一般为 3 ～ 20mm，常用弹簧夹头套筒安装或用钻夹头安装。有些生产部门也常用三爪卡盘来安装直柄铣刀，拆装刀具比较方便，但回转同轴度较差。直柄立铣刀的安装见表 3-10。

### 3. 锥柄立铣刀的安装

锥柄立铣刀的柄部锥度为莫氏锥度，分别为莫氏 1 号～ 5 号五种，按照铣刀直径的大小不同，做成不同号数的锥柄。安装这种铣刀，有以下两种方法，见表 3-11。

表 3-10　直柄立铣刀的安装

| 类别 | 说　明 |
| --- | --- |
| 用弹簧夹头安装直柄立铣刀 | 装夹直柄铣刀的弹簧夹头如图 3-4 所示，有锥柄、弹簧夹头和锁紧螺母三部分组成。锥柄的外锥度为 7 ∶ 24，与主轴内锥相配，内锥与弹簧夹头相配。弹簧夹头的形式很多，常用的如图 3-4 所示，夹头外圈上有三条弹性槽，锁紧时，三槽合拢，内孔收缩，将直柄铣刀柄部夹紧。螺母结构简单，仅起锁紧作用。由于弹簧夹头精度较高，同轴度好，因此应用比较广泛<br>直柄铣刀安装时，选用与铣刀柄部直径相同的弹簧夹头，将套筒内外锥、弹簧夹头、铣刀柄部及螺母内锥（或装夹阶台面）擦干净，然后将弹簧夹头装入套筒内，旋好螺母，一起装入主轴固紧，最后安装刀具，用扳手固紧锁紧螺母，将铣刀紧固在刀轴上 |
| 用钻夹头安装直柄立铣刀 | 用钻夹头安装直柄立铣刀的方法比较简单，直柄铣刀安装时，先将钻夹头锥柄擦干净，然后将钻夹头装入主轴固紧，最后安装刀具，用钻夹头钥匙同钻夹头将铣刀紧固在钻夹头内，如图 3-5 所示。由于钻夹头的最大张开直径一般为 13mm，所以安装的直柄铣刀的直径应在 13mm 以下 |

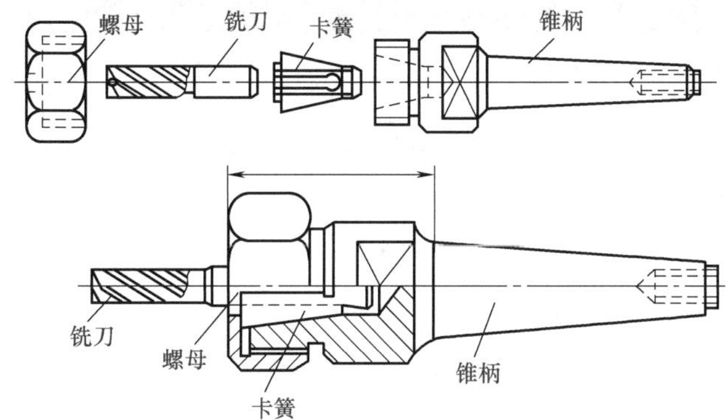


图 3-4　用弹簧夹头安装直柄立铣刀

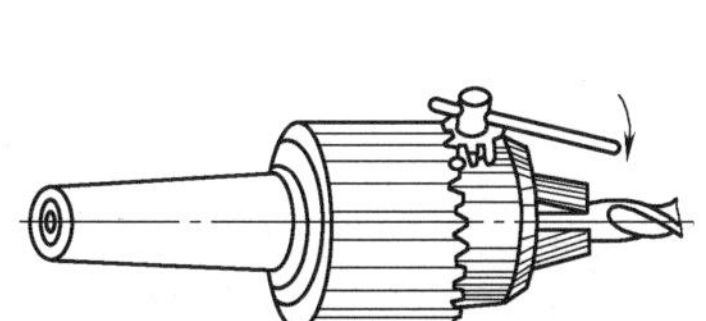

图 3-5　用钻夹头安装直柄立铣刀

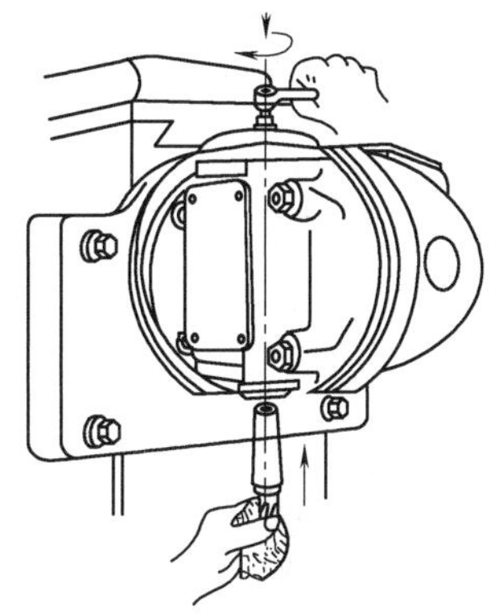

图 3-6　安装立铣刀

表 3-11　锥柄立铣刀的安装

| 类别 | 说　明 |
| --- | --- |
| 铣刀柄部锥度和主轴锥孔的锥度相同 | 先擦干净主轴锥孔和铣刀锥柄，将铣刀用棉纱垫住，然后把铣刀的锥柄插入主轴内孔，并用拉紧螺杆扳手从立铣头的上方顺时针旋紧拉紧螺杆，紧固铣刀，如图 3-6 所示 |
| 铣刀柄部锥度和主轴锥孔的锥度不同 | 当铣刀柄部锥度和主轴锥孔的锥度不同时，由于是两种规格不同的锥度，为了解决这个问题，安装时必须采用锥度过渡套筒。过渡套筒的外锥度是 7 ∶ 24，与主轴相配，内锥则根据立铣刀的柄部锥度，以适应各种不同规格的锥柄铣刀安装。锥柄铣刀安装时先将选用的中间过渡套筒内、外锥面擦干净。将所用铣刀锥柄部擦干净后插入套筒内一起装进主轴，选用的拉紧螺杆要特别注意与锥柄铣刀柄部内螺孔螺纹相配。其余操作方法与前述相同。如图 3-7 所示 |

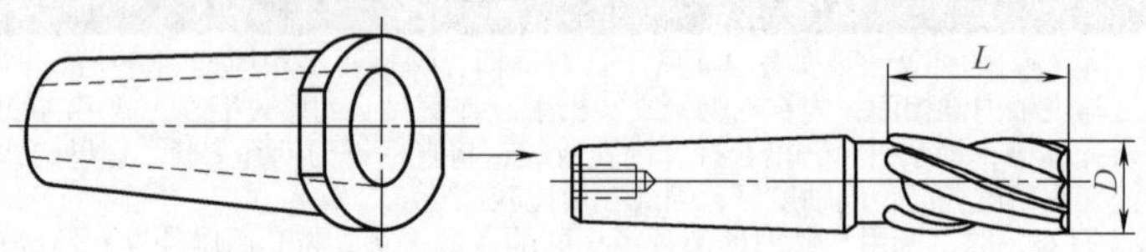

图 3-7　借助中间锥套安装立铣刀

## 4. 圆柱铣刀的安装步骤（表 3-12）

表 3-12　圆柱铣刀的安装步骤

| 类别 | 说　明 |
|---|---|
| 选择刀轴及拉紧螺杆 | 按所用的铣刀内孔选择相应的刀轴及拉紧螺杆时，应注意检查刀轴是否弯曲，刀轴和螺杆的螺纹是否完好，以及垫圈端面的粗糙度和平行度等，检查无误后擦净备用 |
| 调整横梁 | 松开横梁紧固螺钉，调整横梁伸出长度使之与刀轴相适应。如图 3-8 所示 |
| 安装刀轴 | 将主轴转速调整到最低转速（30r/min）或锁紧主轴。检查主轴内锥孔表面和刀轴柄部有无毛刺杂物，并清理干净，如图 3-9 所示。随后将刀轴柄部塞入主轴孔内，旋转拉紧螺杆，使拉紧螺杆旋入刀轴柄部内螺纹的圈数以 6 ～ 7 圈为宜，过少时可能造成滑牙。然后旋紧拉紧螺杆的背紧螺母，将刀轴拉紧在主轴锥孔内，如图 3-10 所示 |
| 安装铣刀 | 铣刀可通过紧固螺母和垫圈夹紧，直径较大的铣刀还应用平键来传递转矩。如果不采用平键连接，铣刀安装时应使其旋转方向与紧固螺母的旋紧方向相反，否则在切削力作用下，紧固螺母会愈来愈松，以致刀轴不能带动铣刀进行切削。铣刀在刀轴上的位置可由垫圈来调整，调整时，应使铣刀尽量靠近主轴。注意刀轴配合轴颈与挂架轴承孔应有足够的配合长度，如图 3-11 所示 |
| 安装挂架 | 擦净挂架轴承和刀轴配合轴颈，适当注入润滑油，调整挂架轴承。把挂架安装在横梁导轴上如图 3-12 所示，随后调整挂架轴承孔和刀轴配合轴颈的配合间隙，使用小挂架时用双头扳手调整，使用大挂架时用开槽圆螺母扳手调整如图 3-13 所示，然后用双头扳手紧固挂架如图 3-14 所示 |
| 紧固铣刀 | 用较大的扳手（或用小扳手套上管子）拧紧紧固螺母，这时通过垫圈时将铣刀紧固在刀轴上，如图 3-15 所示。紧固刀杆上的螺母时，必须先装上挂架，否则刀杆没有支撑，紧固时容易将刀杆扳弯 |

图 3-8　调整横梁伸出长度

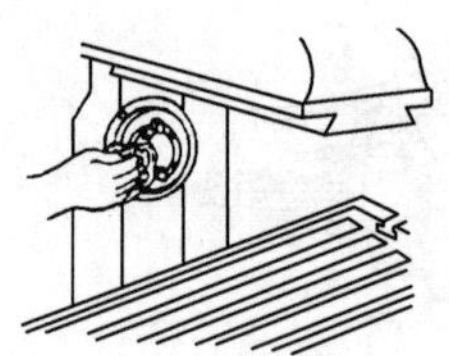
图 3-9　擦净主轴锥孔和刀轴锥柄

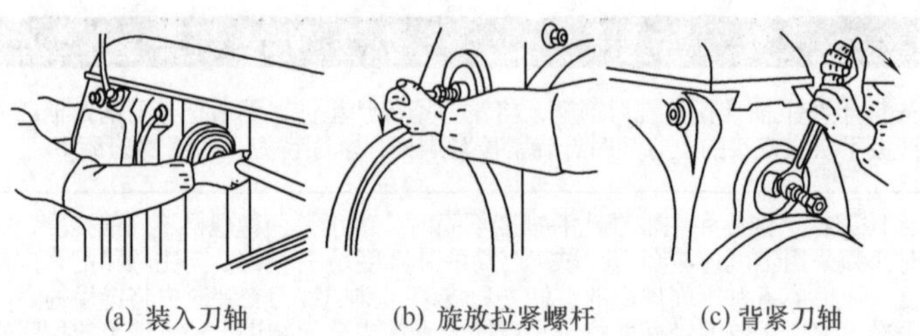
(a) 装入刀轴　(b) 旋放拉紧螺杆　(c) 背紧刀轴

图 3-10　安装刀轴

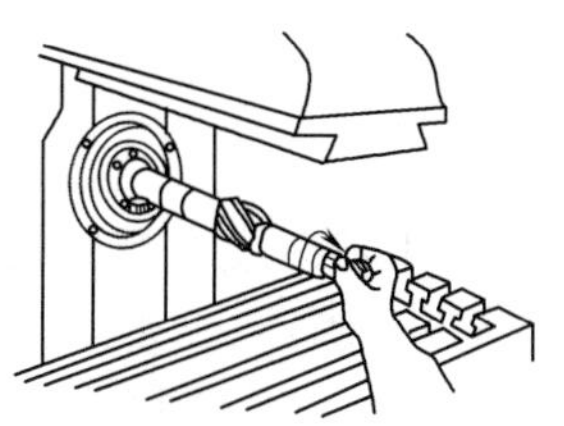

图 3-11 安装铣刀

图 3-12 安装挂架

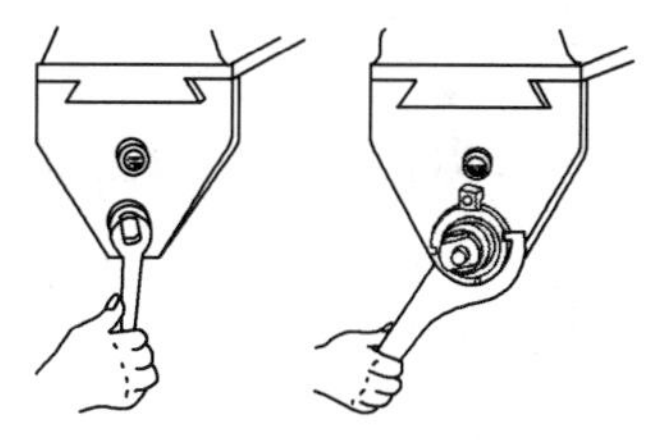

图 3-13 调整挂架轴承间隙

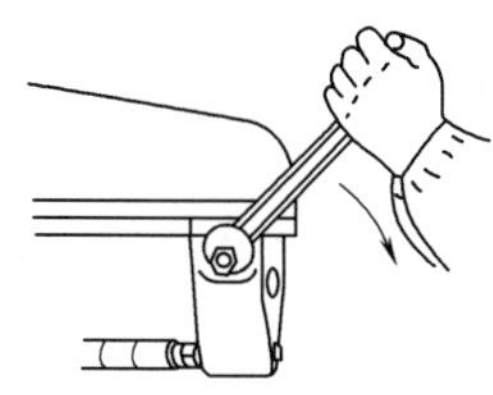

图 3-14 紧固挂架

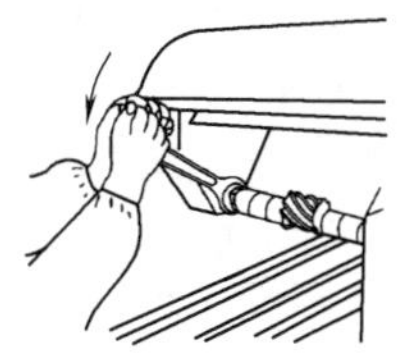

图 3-15 紧固铣刀

### 5. 安装端铣刀

端铣刀的形式有两种。一种是内孔带键槽的套式端铣刀，另一种是端面带槽的套式端铣刀，其安装类型及说明见表 3-13。

表 3-13 端铣刀安装类型及说明

| 类别 | 说明 |
|---|---|
| 内孔带键槽的套式端铣刀 | 这类铣刀安装时，用圆柱面上带键槽并装有键的刀轴，如图 3-16 所示。安装铣刀时，先擦净刀轴锥柄和铣床主轴锥孔，使刀轴凸缘上的槽对准主轴端部的键，用拉紧螺杆拉紧刀轴，然后擦净铣刀内孔、端面、刀轴圆柱面，将铣刀上的键槽对准刀轴上的键，装上铣刀，旋入紧刀螺钉，并用叉形扳手将铣刀紧固 |
| 端面带槽的套式端铣刀安装 | 端面带槽的套式端铣刀，用配有凸缘端面带键的刀轴安装，如图 3-17 所示。安装铣刀时，先将刀轴拉紧在铣床主轴锥孔内，将凸缘装入刀轴，并使凸缘上的槽对准主轴端部的键，装入铣刀时，使铣刀端面上的槽对准凸缘端面上的凸键，旋入螺钉，用叉形扳手紧固铣刀 |

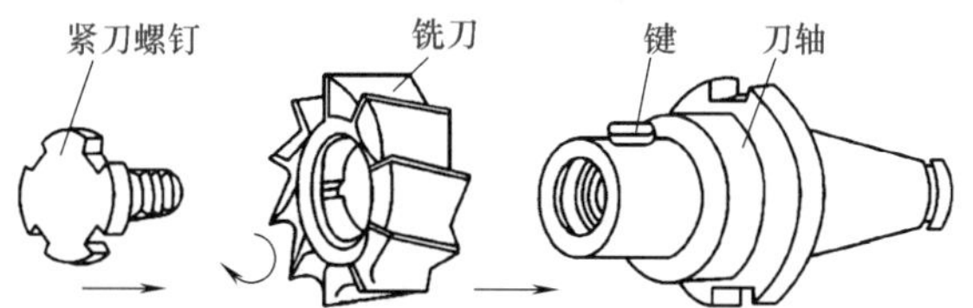


图 3-16 内孔带键槽的套式端铣刀安装

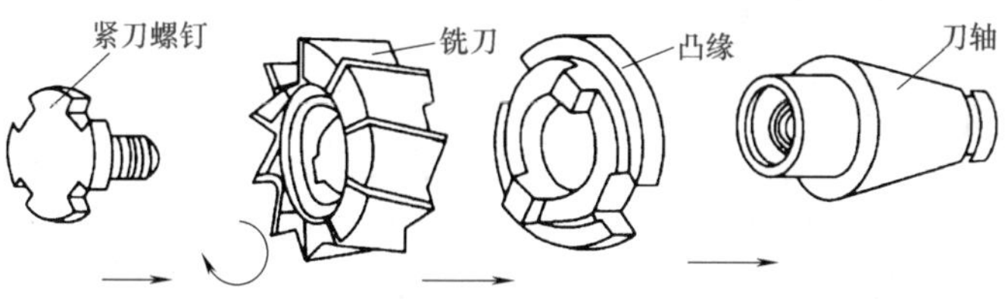


图 3-17 端面带槽的套式端铣刀安装

用以上结构形式的刀轴，可以安装直径大的端铣刀，也可以安装直径 160mm 以下的铣刀盘。另外在安装端铣刀时，也可以先在平口钳上将铣刀与刀轴安装好，使用时再将刀轴和铣刀安装到铣床主轴锥孔内，用拉紧螺杆拉紧。

## 五、铣刀的维护与保养

铣刀是一种精度较高的金属切削刀具，铣刀切削部分的材料价格和制造成本都比较高，因此使用过程中必须注意合理的维护和保养。使用和存放铣刀应注意以下事项：

① 铣刀的切削刃的锋利完整，是保证铣削精度的基本要求。在放置、搬运和安装拆卸中，应注意保护铣刀切削刃的精度，即使是使用后送磨的铣刀，也要注意保护好切削刃的精度。

② 铣刀装夹部位的精度比较高，套式铣刀的基准孔和装夹平面，柄式铣刀的圆柱面和圆锥面，如果有毛刺或凸起，会直接影响安装精度。而且铣刀有较高的硬度，修复比较困难，在安装、拆卸和放置、运送过程中，应注意保护。

③ 对使用后送磨的铣刀应注意清洁，使用过切削液的铣刀应及时清理残留的切削液和切屑，以防止铣刀表面氧化生锈影响精度。

④ 在铣刀放置时，应避免切削刃与金属物接触。在工具箱存放时，应设置专用的器具，使铣刀之间有一定的间距，避免切削刃之间互相损伤。如需叠放的，可在铣刀之间衬垫较厚的纸片。柄式铣刀一般应用一定间距的带孔板架，将铣刀柄部插入孔中。

⑤ 对长期不用的铣刀，或工作环境比较潮湿时，应注意涂抹防锈油进行保护。

⑥ 具有端部内螺纹的锥柄铣刀和刀体，应注意检查和维护内螺纹的精度，以免使用中发生事故。

⑦ 专用铣刀和成套的齿轮铣刀，应按规格和刀具编号分类保管，以免搞错型号和规格。

# 第四节　数控铣刀和刀具系统

## 一、数控铣常用刀具

根据被加工工件的加工结构、工件材料的热处理状态、加工性能以及加工余量，选择刚性好、寿命长、刀具类型和几何参数适当的刀具，如图 3-18 所示，是充分发挥数控铣床生产率、获得满意加工质量的前提。

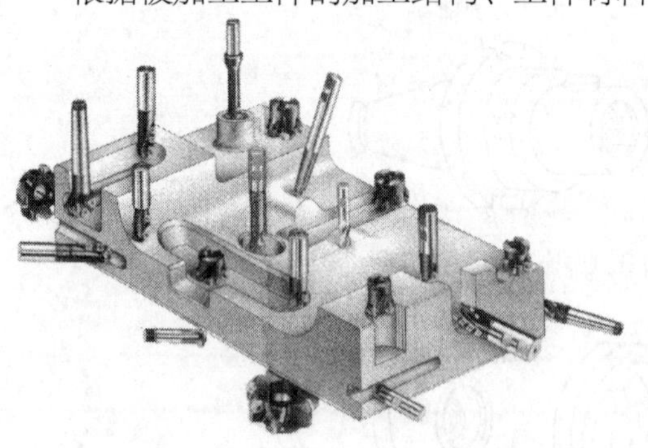

图 3-18　常用铣削加工刀具及其加工面

### 1. 数控刀具材料的性能及应用范围

刀具材料是决定刀具切削性能的根本因素，对于加工质量、加工效率、加工成本以及刀具寿命都有着重大的影响。要实现高效合理的切削，必须有与之相适应的刀具材料。数控刀具材料是较活跃的材料科技领域。近年来，数控刀具材料基础科研和新产品的成果集中应用在高速、超高速、硬质（含耐热、难加工）、干式、精细、超精细数控加工领域。刀具材料新产品的研发在超硬材料（如金刚石、$Al_2O_3$、$Si_3N_4$ 基类陶瓷、TiC 基类金属陶瓷、立方氮化硼、表面涂层材料），W、Co 类涂层和细晶粒（超细晶粒）硬质合金体及含 Co 类粉末冶金高速钢等领域进展速度较快。尤其是超硬刀具材料的应用，导致产生了许多新的切削理念，如高速切削、硬切削、干切削等。

数控刀具的材料主要有高速钢、硬质合金、陶瓷、立方氮化硼和金刚石五类，其性能和应用范围见表 3-14。目前数控机床用得最普遍的刀具是硬质合金刀具。

表 3-14　数控刀具材料的性能及应用范围

| 刀具材料 | | 优点 | 缺点 | 典型应用 |
|---|---|---|---|---|
| 高速钢 | | 抗冲击能力强，通用性好 | 切削速度低，耐磨性差 | 低速、小功率和断续切削 |
| 硬质合金 | | 通用性最好，抗冲击能力强 | 切削速度有限 | 钢、铸铁、特殊材料和塑料的粗、精加工 |
| 涂层硬质合金 | | 通用性很好，抗冲击能力强，中速切削性能好 | 切削速度限制在中速范围内 | 除速度比硬质合金高之外，其余与硬质合金一样 |
| 金属陶瓷 | | 通用性很好，中速切削性能好 | 抗冲击性能差，切削速度限制在中速范围 | 钢、铸铁、不锈钢和铝合金 |
| 陶瓷 | 陶瓷（热/冷压成形） | 耐磨性好，中速切削性能好 | 抗冲击性能差，抗热冲击性能也差 | 钢和铸铁的精加工，钢的滚压加工 |
| | 陶瓷（氮化硅） | 抗冲击性好，耐磨性好 | 非常有限的应用 | 铸铁的粗、精加工 |
| | 陶瓷（晶须强化） | 抗冲击性能好，抗热冲击性能好 | 有限的通用性 | 可高速粗、精加工硬钢、淬火铸铁和高镍合金 |
| 立方氮化硼（CBN） | | 高热硬性、高强度、高抗热冲击性能 | 不能切削硬度小于 45HRC 的材料，应用有限，成本高 | 切削硬度在 45 ～ 70HRC 之间的材料 |
| 聚晶金刚石（PCD） | | 高耐磨性，高速切削性能好 | 抗热冲击性能差，切削铁质金属化学稳定性差，应用有限 | 高速粗、精加工有色金属和非金属材料 |

## 2. 数控铣削对刀具的要求

（1）刀具性能方面

数控加工具有高速、高效和自动化程度高等特点，数控刀具是实现数控加工的关键技术之一。为了适应数控加工技术的需要，保证优质、高效地完成数控加工任务，对数控加工刀具材料提出了比传统的加工用刀具材料更高的要求，它不仅要求刀具耐磨损、寿命长、可靠性好、精度高、刚性好，而且要求刀具尺寸稳定、安装调整方便。数控加工对刀具提出的具体要求见表 3-15。

表 3-15　数控加工对刀具提出的具体要求

| 类别 | 说　明 |
|---|---|
| 刀具材料应具有高的可靠性 | 数控加工在数控机床上进行，切削速度和自动化程度高，要求刀具应具有很高的可靠性，并且要求刀具的寿命长、切削性能稳定、质量一致性好、重复精度高。如果刀具可靠性差，将会增加换刀次数和时间，降低生产率，这将使数控加工失去意义。如果刀具可靠性差还将产生废品、损坏机床与设备，甚至造成人员伤亡。因此，数控加工刀具的可靠性十分重要。解决刀具的可靠性问题，成为数控加工成功应用的关键技术之一。在选择数控加工刀具时，除需要考虑刀具材料本身的可靠性外，还应考虑刀具的结构和夹固的可靠性 |
| 刀具材料应具有高的耐热性、抗热冲击性和高温力学性能 | 为了提高生产效率，现在的数控机床向着高速度、高刚性和大功率发展。切削速度的增大，往往会导致切削温度急剧升高。因此，要求刀具材料的熔点高、氧化温度高、耐热性好、抗热冲击性能强，同时还要求刀具材料具有很高的高温力学性能，如高温强度、高温硬度、高温韧性等 |
| 数控刀具应具有高的精度 | 由于在数控加工生产中，被加工零件要求在一次装夹后完成其加工精度，因此，要求刀具借助专用的对刀装置或对刀仪调整到所要求的尺寸精度后，再安装到机床上使用。这样就要求刀具的制造精度要高。尤其在使用可转位结构的刀具时，刀片的尺寸公差、刀片转位后刀尖空间位置尺寸的重复精度，都有严格的精度要求 |
| 数控刀具应能实现快速更换 | 数控刀具应能与数控机床快速、准确地接合和脱开，能适应机械手和机器人的操作，并且要求刀具互换性好、更换迅速、尺寸调整方便、安装可靠，以减少因更换刀具而造成的停顿时间。刀具的尺寸应能借助于对刀仪在机外进行预调，以减少换刀调整的停机时间 |

续表

| 类别 | 说　明 |
| --- | --- |
| 数控刀具应系列化、标准化和通用化 | 数控刀具应系列化、标准化和通用化，尽量减少刀具规格，以利于数控编程和便于刀具管理，降低加工成本，提高生产效率。应建立刀具准备单元，进行集中管理，负责刀具的保管、维护、预调、配置等工作 |
| 数控刀具应尽量采用机夹可转位刀具 | 由于机夹可转位刀具能满足耐用、稳定、易调和可换等要求，目前，在数控机床设备上，广泛采用机夹可转位刀具结构。机夹可转位刀具在数量上达到整个数控刀具的 30% ～ 40% |
| 数控刀具应尽量采用多功能复合刀具及专用刀具 | 为了充分发挥数控机床的技术优势，提高加工效率，对复杂零件加工要求在一次装夹中进行多工序的集中加工，并淡化传统的车、铣、镗、螺纹加工等不同切削工艺的界限，是提高数控机床效率、加快产品开发的有效途径。为此，对数控刀具提出了多功能（复合刀具）的新要求，要求一种刀具能完成零件不同工序的加工，减少换刀次数，节省换刀时间，减少刀具的数量和库存量，便于刀具管理 |
| 数控刀具应能可靠地断屑或卷屑 | 为了保证生产稳定进行，数控加工对切屑处理有更高的要求。切削塑性材料时切屑的折断与卷曲，常常是决定数控加工能否正常进行的重要因素。因此，数控刀具必须具有很好的断屑、卷屑和排屑性能。要求切屑不缠绕在刀具或工件上、不影响工件的已加工表面、不妨碍冷却浇注效果。数控刀具一般都采取了一定的断屑措施（例如可靠的断屑槽型、断屑台和断屑器等），以便可靠地断屑或卷屑 |
| 数控刀具材料应能适应难加工材料和新型材料加工的需要 | 随着科学技术的发展，对工程材料提出了越来越高的要求，各种高强度、高硬度、耐腐蚀和耐高温的工程材料越来越多地被采用。它们中多数属于难加工材料，目前难加工材料已占工件的 40% 以上。因此，数控加工刀具应能适应难加工材料和新型材料加工的需要 |

（2）刀具材料方面

刀具材料的选择对刀具寿命、加工效率、加工质量和加工成本等的影响很大。刀具切削时要承受高压、高温、摩擦、冲击和振动等作用，因此，刀具材料应具备如下一些基本性能，见表 3-16。

表 3-16　刀具材料基本性能

| 类别 | 说　明 |
| --- | --- |
| 硬度和耐磨性 | 刀具材料的硬度必须高于工件材料的硬度，一般要求在 60HRC 以上。刀具材料的硬度越高，耐磨性就越好 |
| 强度和韧性 | 刀具材料应具备较高的强度和韧性，以便承受切削力、冲击和振动，防止刀具脆性断裂和崩刃 |
| 耐热性 | 刀具材料的耐热性要好，能承受高的切削温度，具备良好的抗氧化能力 |
| 工艺性能和经济性 | 刀具材料应具备好的锻造性能、热处理性能、焊接性能、磨削加工性能等，而且要追求高的性能价格比 |

### 3. 数控铣削刀具的选用原则

铣刀的选择是数控铣削加工工艺中的重要内容之一，它不仅影响数控铣床的加工效率，而且直接影响加工质量。另外，数控铣床主轴转速比普通铣床高，且主轴输出功率大，因此与传统加工方法相比，数控铣削加工对刀具不仅要求精度高、强度大、刚性好、寿命长，而且要求尺寸稳定、安装调整方便。这就要求采用新型优质材料来制造数控加工刀具，并合理选择刀具结构、几何参数，以满足数控加工的需要。

刀具的选用应考虑工件材质、加工轮廓类型、机床允许的切削用量和刚性以及刀具使用寿命等因素。选用的一般原则如下：

① 应优先选择通用的标准化刀具，特别是硬质合金可转位刀具。

② 为了提高刀具的使用寿命和可靠性，应尽量选用由各种高性能、高效率、长寿命的刀具材料制成的刀具，例如使用各种超硬材料刀具、硬质合金刀具、涂层刀具、陶瓷刀具、CBN 刀具等。

③ 为了集中工序，提高生产效率及保证加工精度，应尽可能采用复合刀具。其中，以孔加工复合刀具的使用最为普遍。

④ 应尽量采用各种高效刀具，例如可转位钻头、四刃钻、硬质合金单刃铰刀、波形刃立铣刀、可转位螺旋齿立铣刀（玉米铣刀、模数铣刀和热管式刀具等）。

⑤ 应尽量使用不重磨可转位刀片，少用焊接式刀片，以减少刀具磨损后的更换和预调时间。

### 4. 常用铣刀的种类

（1）面铣刀

面铣刀主要用于加工平面、台阶面等。面铣刀的主切削刃分布在铣刀的圆柱面上或圆锥面上，副切削刃分布在铣刀的端面上。面铣刀按结构可分为整体式面铣刀、硬质合金整体焊接式面铣刀、硬质合金机夹焊接式面铣刀、硬质合金可转位式面铣刀等形式，其说明见表 3-17。

表 3-17　面铣刀种类及说明

| 类别 | 说　明 |
| --- | --- |
| 整体式面铣刀 | 整体式面铣刀如图 3-19 所示。由于该面铣刀的材料为高速钢，所以其切削速度、进给量等都受到限制，从而阻碍了生产效率的提高。而且该铣刀的刀齿损坏后很难修复，所以整体式面铣刀应用很少 |
| 硬质合金整体焊接式面铣刀 | 硬质合金整体焊接式面铣刀如图 3-20 所示。该面铣刀由硬质合金刀片与合金钢刀体焊接而成，结构紧凑，切削效率高，制造较方便。但其刀齿损坏后很难修复，所以硬质合金整体焊接式面铣刀应用也不多 |
| 硬质合金机夹焊接式面铣刀 | 硬质合金机夹焊接式面铣刀如图 3-21 所示。该面铣刀是将硬质合金刀片焊接在小刀头上，再采用机械夹固的方法将小刀头装夹在刀体槽中，切削效率高。刀头损坏后，只要更换新刀头即可，延长了刀体的使用寿命。因此，硬质合金机夹焊接式面铣刀应用比较广泛 |
| 硬质合金可转位式面铣刀 | 硬质合金可转位式面铣刀如图 3-22 所示。该面铣刀是将硬质合金可转位刀片直接装夹在刀体槽中，切削刃用钝后，将刀片转位或更换新刀片即可继续使用。硬质合金可转位式面铣刀具有加工质量稳定，切削效率高，刀具寿命长，刀片调整、更换方便，刀片重复定位精度高等特点，适用于数控铣床或加工中心使用 |

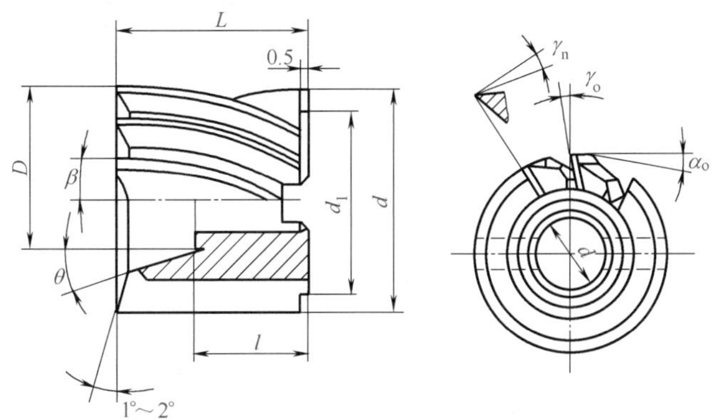


图 3-19　整体式面铣刀

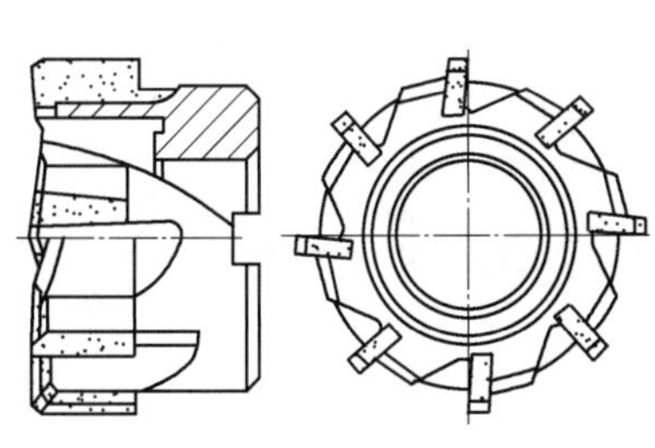

图 3-20　硬质合金整体焊接式面铣刀

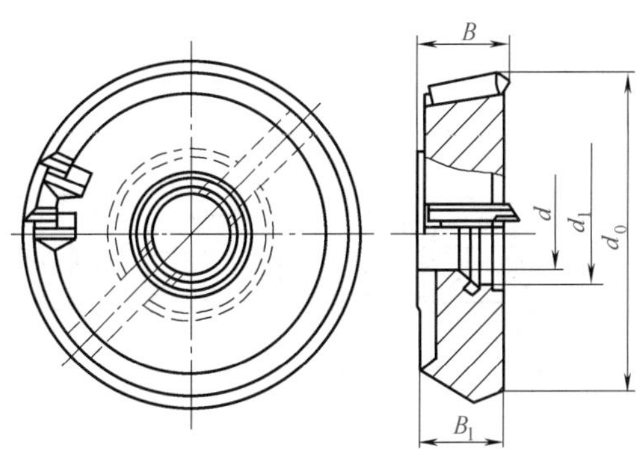


图 3-21　硬质合金机夹焊接式面铣刀

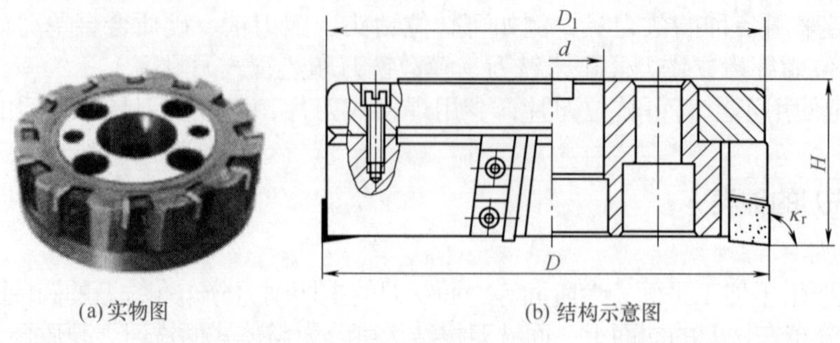

(a) 实物图　(b) 结构示意图

图 3-22　硬质合金可转位式面铣刀

（2）立铣刀

立铣刀是数控机床上用得最多的一种铣刀，立铣刀圆柱表面和端面上都有切削刃，它们可同时进行切削，也可单独进行切削。立铣刀能够完成的加工内容包括圆周铣削和轮廓加工，槽和键槽铣削，开放式和封闭式型腔、小面积的表面加工，薄壁的表面加工，平底沉头孔、孔面加工，倒角及修边等。

如图 3-23 所示为整体式立铣刀，材料有高速钢和硬质合金两种，底部有圆角、斜角和尖角等几种形式。该立铣刀的主切削刃分布在铣刀的圆柱面上，副切削刃分布在铣刀的端面上。主切削刃一般为螺旋齿，以增加切削平稳性，提高加工精度。由于普通立铣刀端面中心处无切削刃，所以立铣刀不能做轴向进给，端面刃主要用来加工与侧面相垂直的底平面。

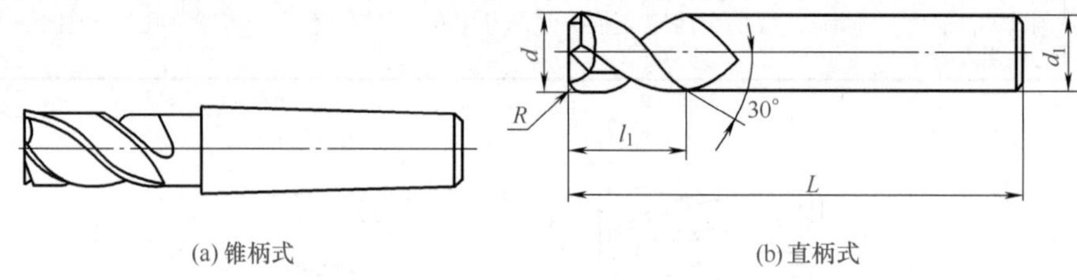

(a) 锥柄式　(b) 直柄式

图 3-23　整体式立铣刀

为了能加工较深的沟槽，并保证有足够的备磨量，立铣刀的轴向长度一般较长。为改善切屑卷曲情况，增大容屑空间，防止切屑堵塞，立铣刀刀齿数比较少，容屑槽圆弧半径则较大。整体式立铣刀有粗齿和细齿之分，粗齿齿数 3 ～ 6 个，适用于粗加工；细齿齿数 5 ～ 10 个，适用于半精加工。柄部有直柄、莫氏锥柄、7 ∶ 24 锥柄等多种形式。整体式立铣刀应用较广，但切削效率较低。

如图 3-24 所示为硬质合金可转位式立铣刀，其基本结构与高速钢立铣刀相差不多，但切削效率大大提高，是高速钢立铣刀的 2 ～ 4 倍，适用于数控铣床、加工中心的切削加工。

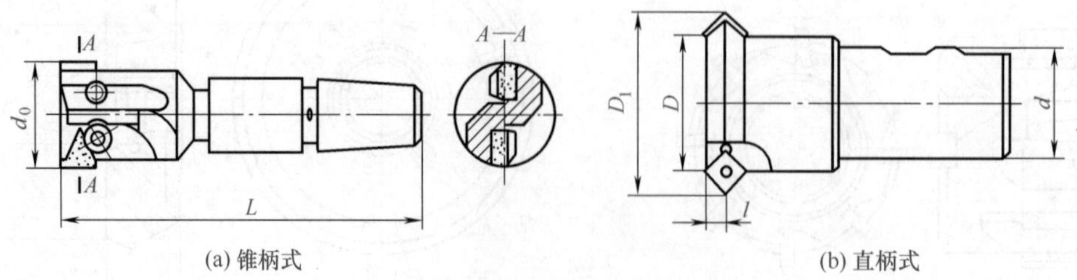

(a) 锥柄式　(b) 直柄式

图 3-24　硬质合金可转位式立铣刀

（3）模具铣刀

模具铣刀由立铣刀发展而成，可分为圆锥形立铣刀（圆锥半角 $\alpha/2$=3°、5°、7°、10°)、圆柱形球头立铣刀和圆锥形球头立铣刀三种；其柄部有直柄、削平型直柄和莫氏锥柄。它的结构特点是球头或端面上布满了切削刃，圆周刃与球头刃圆弧连接，可以做径向的轴向进给。铣刀工作部分用高速钢或硬质合金制造。国家标准规定直径 $d$=4 ～ 63mm。如图 3-25 所示为高速钢制造的模具铣刀；如图 3-26 所示为用硬质合金制造的模具铣刀。小规格的硬质合金模具铣刀多制成整体结构；$\phi$16mm 以上直径的，制成焊接或机夹可转位刀片结构。

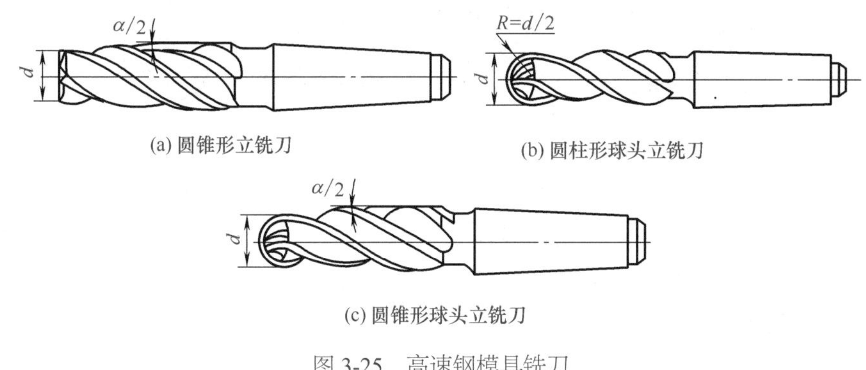


图 3-25　高速钢模具铣刀

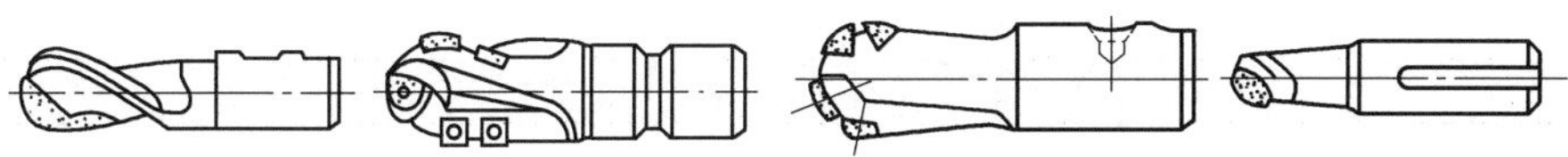

图 3-26　硬质合金模具铣刀

（4）键槽铣刀

键槽铣刀如图 3-27 所示。它有两个刀齿；圆柱面和端面都有切削刃；端面刃延至中心，既像立铣刀，又像钻头。加工时先轴向进给达到槽深，然后沿键槽方向铣出键槽全长。

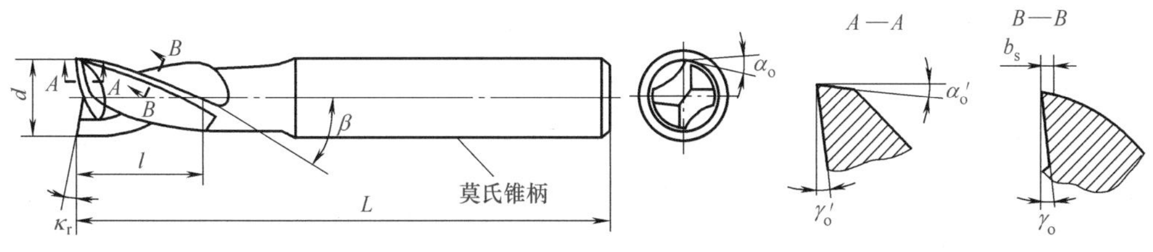


图 3-27　键槽铣刀

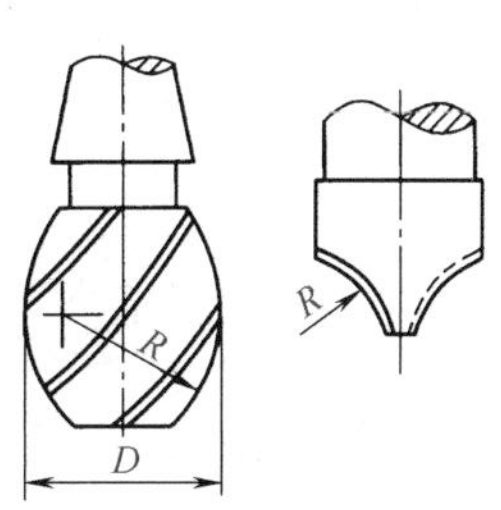


图 3-28　鼓形铣刀

按国家标准规定，直柄键槽铣刀直径 $d$=2 ～ 22mm；锥柄键槽铣刀直径 $d$=14 ～ 50mm。键槽铣刀直径的偏差有 e8 和 d8 两种。键槽铣刀的圆周切削刃仅在靠近端面的一小段长度内发生磨损，重磨时，只需刃磨端面切削刃，因此重磨后铣刀直径不变。

（5）鼓形铣刀

如图 3-28 所示为一种典型的鼓形铣刀。它的切削刃分布在半径为 $R$ 的圆弧面上，端面无切削刃。加工时控制刀具上下位置，相应改变刀刃的切削部位，可以在工件上切出从负到正的不同斜角。R 越小，鼓形刀所能加工的斜角范围越广，但所获得的表面质量也越差。这种刀具的特点是刃磨困难，切削条件差，而且不适用于加工有底的轮廓表面。

（6）成形铣刀

成形铣刀一般是为特定形状的工件或加工内容，例如渐开线齿面、燕尾槽和 T 形槽等专门设计制造的。几种常用的成形铣刀如图 3-29 所示。

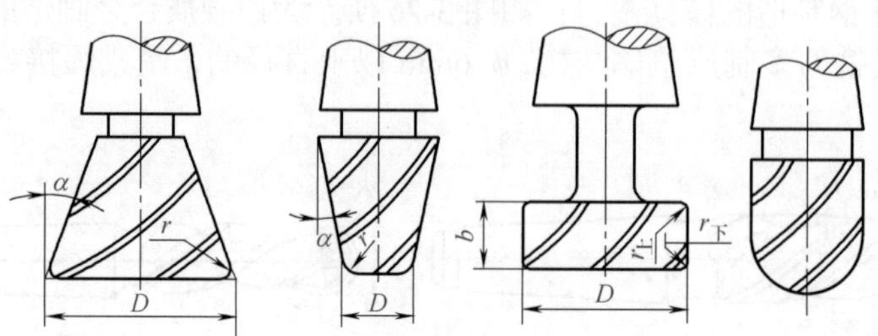


图 3-29　几种常用的成形铣刀

除了上述几种类型的铣刀外，数控铣床也可使用各种通用铣刀，但因不少数控铣床的主轴内有特殊的拉刀装置，或因主轴内锥孔有别，需配过渡套和拉钉。

## 5. 常用孔加工刀具

（1）钻孔刀具（其结构见表 3-18）

表 3-18　钻孔刀具的结构

| 类别 | 说　明 |
|---|---|
| 麻花钻 | 麻花钻是最常见的孔加工刀具，如图 3-30 所示。它可在实心材料上钻孔，也可用来扩孔，主要用于加工 $\phi$30mm 以下的孔 |
| 深孔钻 | 长径比（L/D）大于 5 为深孔，因加工深孔是在深处切削，切削液不易注入，散热差，排屑困难，钻杆刚性差，易损坏刀具和引起孔的轴线偏斜，影响加工精度和生产效率，故应选用深孔刀具加工<br>深孔钻按其结构特点可分为外排屑深孔钻、内排屑深孔钻、喷吸钻和套料钻等<br>外排屑深孔钻（图 3-31）以单面刃的应用较多。单面刃外排屑深孔钻最早用于加工枪管，故又名枪钻。适合加工孔径 $\phi$2 ～ 20mm、表面粗糙度 Ra 值为 3.2 ～ 0.8μm、公差等级 IT8 ～ IT10、长径比大于 100 的深孔<br>内排屑深孔钻（图 3-32）一般用于加工 $\phi$5 ～ 120mm、长径比小于 100、表面粗糙度 Ra 值为 3.2μm、公差等级 IT6 ～ IT9 的深孔。由于钻杆为圆形，刚性较好，且切屑不与工件孔壁摩擦，故生产效率和加工质量均较外排屑深孔钻有所提高 |
| 扩孔钻 | 将工件上已有的孔（铸出、锻出或钻出的孔）扩大的加工方法叫作扩孔。加工中心上进行扩孔多采用扩孔钻。也可使用键槽铣刀或立铣刀进行扩孔，比普通扩孔钻的加工精度高<br>扩孔钻如图 3-33 所示，与麻花钻相比，扩孔钻的刚度和导向性均较好、振动小，可在一定程度上校正原孔轴线歪斜。同时，由于扩孔的余量小、切削热少，故扩孔精度较高，表面粗糙度值较小。因此，扩孔属于半精加工 |
| 中心钻和定心钻 | 中心钻（图 3-34）主要用于钻中心孔，也可用于麻花钻钻孔前预钻定心孔；定心钻（图 3-35）主要用于麻花钻钻孔前预钻定心孔，也可用于孔口倒角，$\alpha$ 主要有 90° 和 120° 两种 |

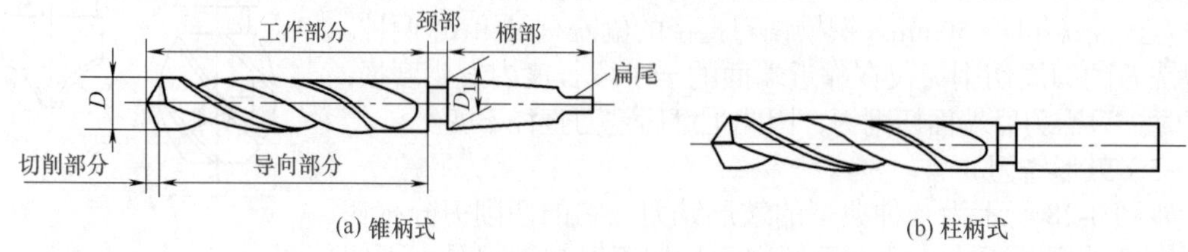


图 3-30　麻花钻的构成

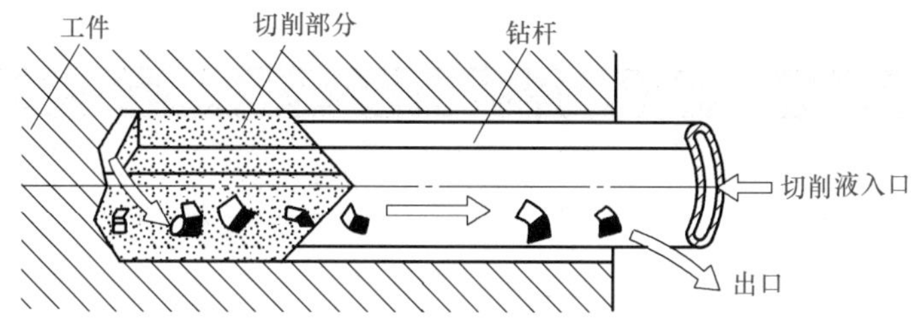


图 3-31 外排屑深孔钻

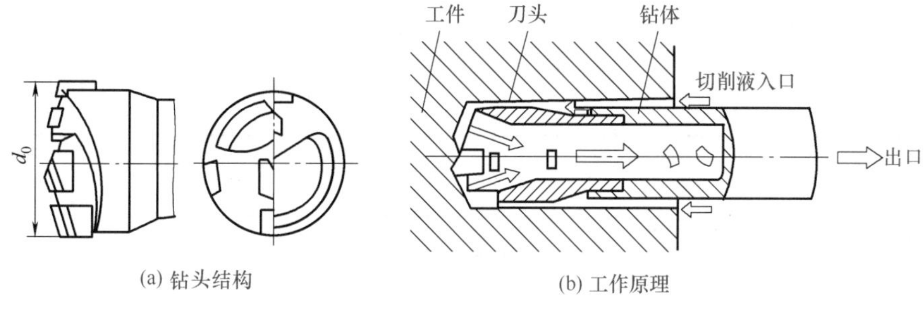


图 3-32 内排屑深孔钻

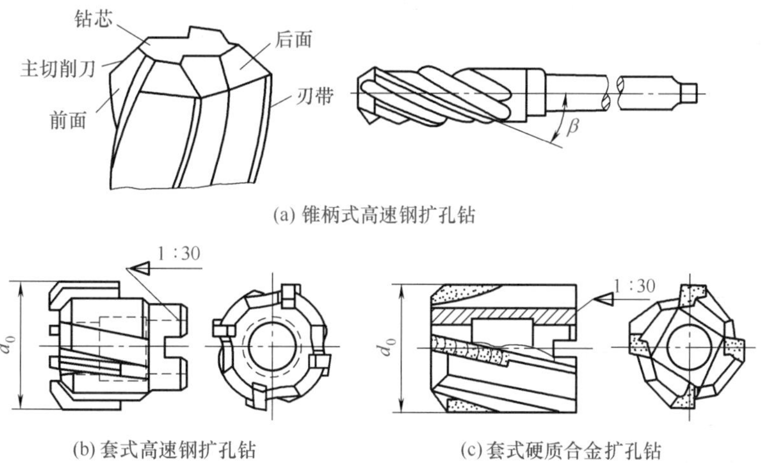


图 3-33 扩孔钻

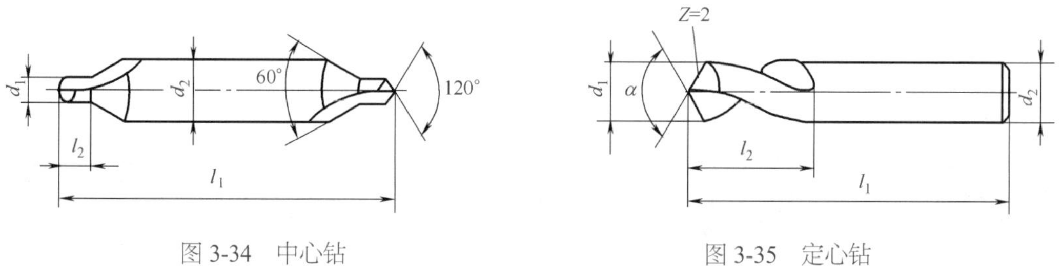


图 3-34 中心钻　　图 3-35 定心钻

（2）镗刀

在机床上用镗刀对大、中型孔进行半精加工和精加工称为镗孔。镗孔的尺寸精度一般可达 IT7 ～ IT10。镗刀种类很多，按切削刃数量可分为单刃镗刀和双刃镗刀，结构见表 3-19。

表 3-19　镗刀结构

| 类别 | 说　明 |
|---|---|
| 单刃镗刀 | 单刃镗刀（图 3-36）可用于镗削通孔、阶梯孔和不通孔。单刃镗刀只有一个刀片，使用时用螺钉装夹到镗杆上。垂直安装的刀片镗通孔，倾斜安装的刀片镗不通孔或阶梯孔<br>单刃镗刀刚性差，切削时易引起振动，为减小径向力，宜选较大的主偏角。镗铸铁孔或精镗时，常取 $\kappa_r$=90°；粗镗钢件孔时，为提高刀具寿命，一般取 $\kappa_r$=60°～75°。单刃镗刀结构简单，适应性较广，通过调整镗刀片的悬伸长度即可镗出不同直径的孔，粗、精加工都适用；但单刃镗刀调整麻烦，效率低，对工人操作技术要求高，只能用于单件小批量生产的场合 |
| 微调镗刀 | 加工中心上较多地选用微调镗刀进行孔的精镗。如图 3-37 所示，这种镗刀的径向尺寸可以在一定范围内进行微调，调节方便且精度高。调整尺寸时，只要转动螺母，与它相配合的螺杆（即刀头）就会沿其轴线方向移动。尺寸调整好后，将螺杆尾部的螺钉紧固，即可使用 |
| 双刃镗刀 | 镗削大直径的孔可选用如图 3-38 所示的双刃镗刀。双刃镗刀有两个对称的切削刃同时工作，也称为镗刀块（定尺寸刀具）。双刃镗刀的头部可以在较大范围内进行调整，且调整方便，最大镗孔直径可达 1000mm。切削时两个对称切削刃同时参加切削，不仅可以消除切削力对镗杆的影响，而且切削效率高。双刃镗刀刚性好，容屑空间大，两径向力抵消，不易引起振动，加工精度高，可获得较好的表面质量，适用于大批量生产 |

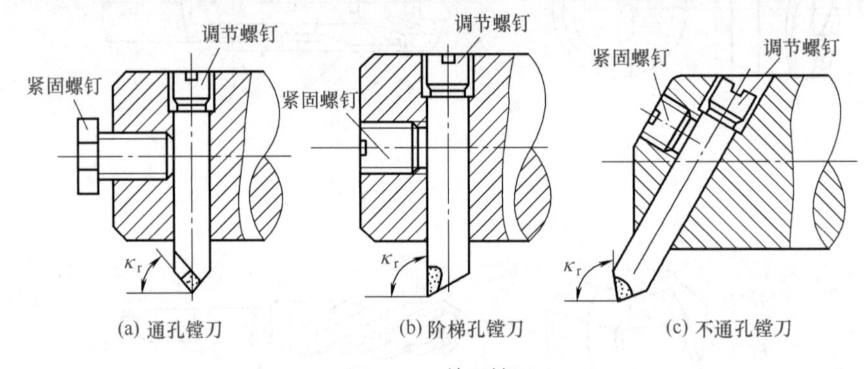


图 3-36　单刃镗刀

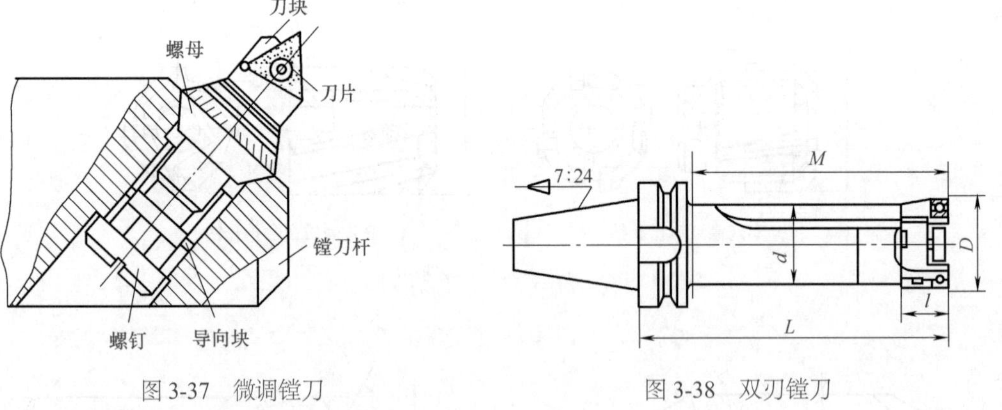


图 3-37　微调镗刀

图 3-38　双刃镗刀

（3）铰刀

铰孔是用铰刀对孔进行精加工的方法。铰孔往往作为中小孔钻、扩后的精加工，也可用于磨孔或研孔前的预加工。铰孔只能提高孔的尺寸精度和形状精度，减小其表面粗糙度值，不能提高孔的位置精度，也不能纠正孔的轴线歪斜。一般铰孔的尺寸精度可达 IT7 ～ IT9，表面粗糙度 *Ra* 值可达 1.6 ～ 0.8μm。

铰孔质量除与正确选择铰削用量、冷却润滑液有关外，铰刀的选择也至关重要。在加工中心上铰孔时，除使用普通标准铰刀外，还常采用机夹硬质合金刀片单刃铰刀和浮动铰刀等，见表 3-20。

表 3-20　铰刀种类及说明

| 类别 | 说　明 |
|---|---|
| 普通标准铰刀 | 普通标准铰刀如图 3-39 所示，普通标准铰刀有直柄、锥柄和套式三种。锥柄铰刀直径为 $\phi$10 ～ 32mm，直柄铰刀直径为 $\phi$6 ～ 20mm，小孔直柄铰刀直径为 $\phi$1 ～ 6mm，套式铰刀直径为 $\phi$25 ～ 80mm<br>铰刀的工作部分包括切削部分与校准部分。切削部分为锥形，担负主要切削工作；校准部分起导向、校正孔径和修光孔壁的作用<br>标准铰刀有 4 ～ 12 齿。铰刀的齿数除与铰刀直径有关外，主要应根据加工精度的要求选择。齿数多，导向性好，齿间容屑槽小，心部粗，刚性好，铰孔获得的精度较高；齿数少，铰削时稳定性差，刀齿负荷大，容易产生形状误差。铰刀齿数选择见表 3-21 |
| 机夹硬质合金刀片单刃铰刀 | 机夹硬质合金刀片单刃铰刀如图 3-40 所示。刀片 3 通过楔套 4 用螺钉 1 固定在刀体上，通过螺钉 7、销 6 可调节铰刀尺寸。导向块 2 可采用黏结和铜焊方式固定。机夹硬质合金刀片单刃铰刀不仅寿命长，而且加工孔的精度高，表面粗糙度 *Ra* 值可达 0.7μm。对于有内冷却通道的单刃铰刀，允许切削速度达 80m/min |
| 浮动铰刀 | 如图 3-41 所示为加工中心上使用的浮动铰刀。这种铰刀不仅能保证换刀和进刀过程中刀具的稳定性，刀片不会从刀杆的长方形孔中滑出，而且还能通过自由浮动而准确地“定心”。由于浮动铰刀有两个对称刃，能自动平衡切削力，在铰削过程中又能自动补偿因刀具安装误差或刀杆的径向圆跳动而引起的加工误差，因而加工精度稳定。浮动铰刀的寿命比高速钢铰刀高 8 ～ 10 倍且具有直径调整的连续性，因此是加工中心所采用的一种比较理想的铰刀 |

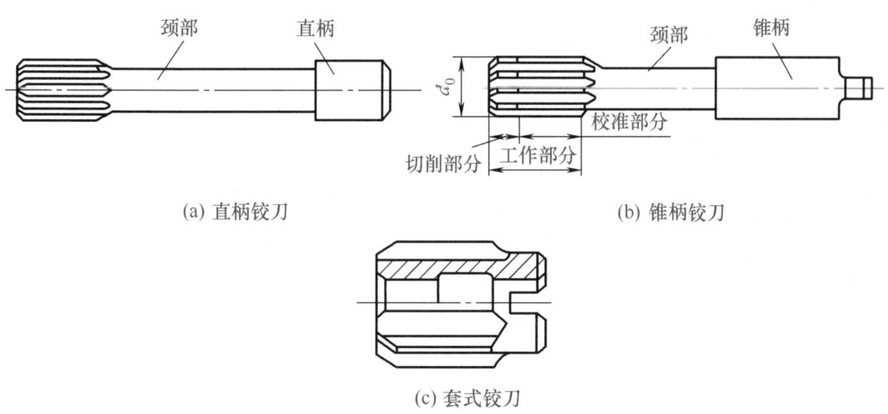


(a) 直柄铰刀　　(b) 锥柄铰刀

(c) 套式铰刀

图 3-39　普通标准铰刀

表 3-21　铰刀齿数

| 铰刀直径 /mm | | 1.5 ～ 3 | ＞ 3 ～ 14 | ＞ 14 ～ 40 | ＞ 40 |
|---|---|---|---|---|---|
| 齿数 | 一般加工精度 | 4 | 4 | 6 | 8 |
| | 高加工精度 | 4 | 6 | 8 | 10 ～ 12 |

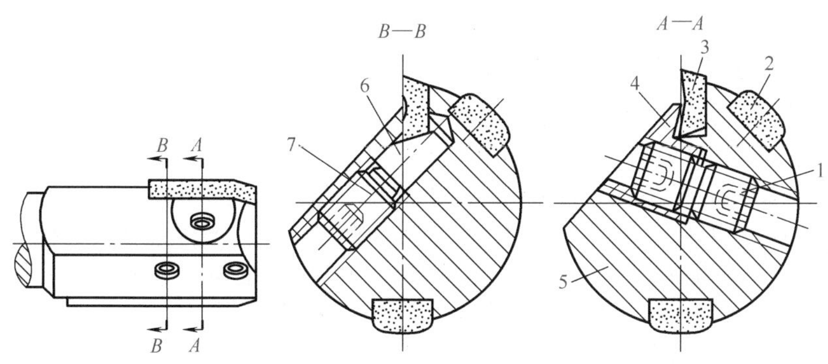


图 3-40　机夹硬质合金刀片单刃铰刀

1，7—螺钉；2—导向块；3—刀片；4—楔套；5—刀体；6—销

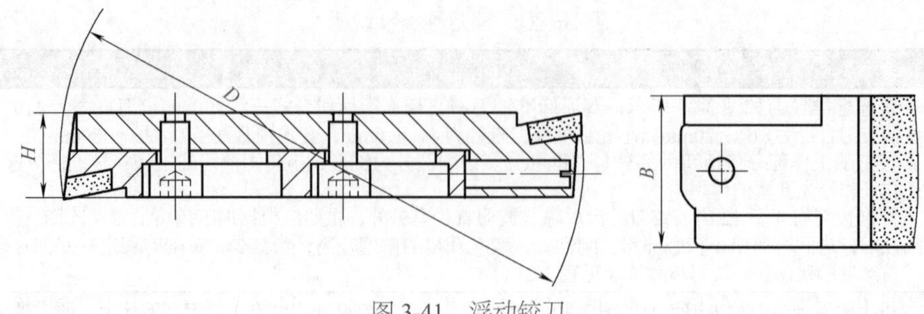


图 3-41　浮动铰刀

（4）锪刀

锪刀主要用于各种材料的锪台阶孔、锪平面、孔口倒角等工序，常用的锪刀有平底型、锥型及复合型等。

（5）机用丝锥

机用丝锥主要用于加工 M6 ～ M20 的螺纹孔。从原理上讲，丝锥就是将外螺纹做成刀具。

（6）螺纹铣刀

螺纹铣刀有圆柱螺纹铣刀、机夹螺纹铣刀及组合式多工位专用螺纹镗铣刀等形式。

① 圆柱螺纹铣刀的螺纹切削刃与丝锥不同，刀具上无螺旋升程，加工中的螺旋升程靠机床运动实现。由于这种特殊结构，该刀具既可加工右旋螺纹，也可加工左旋螺纹，但不适用于较大螺距螺纹的加工。

② 机夹螺纹铣刀适用于较大直径（如 $D > 25$mm）螺纹的加工。其特点是刀片易于制造，价格较低，有的螺纹刀片可双面切削，但抗冲击性能较整体螺纹铣刀稍差。因此，该刀具常用于加工铝合金材料。

③ 组合式多工位专用螺纹镗铣刀的特点是一刀多刃，一次完成多工位加工，可节省换刀等辅助时间，显著提高生产率。

螺纹铣削的优点：

① 一把螺纹铣刀可加工具有相同螺距的任意直径螺纹，既可加工右旋螺纹，也可加工左旋螺纹，螺纹铣削可以避免采购大量不同类型和规格的丝锥。

② 加工中产生的切屑是短切屑，因此不存在切屑处理方面的问题。

③ 刀具破损的部分可以很容易地从零件中去除。

④ 不受加工材料限制，那些无法用传统方法加工的材料可以用螺纹铣刀进行加工。

⑤ 采用螺纹铣刀，可以按所需公差要求加工，螺纹尺寸是由加工循环控制的。

⑥ 与丝锥攻螺纹相比，螺纹铣削可以采用更高的切削速度和进给量，极大地提高了生产率。

### 6. 对刀及对刀点和换刀点的确定

（1）对刀点和换刀点的确定

对刀点和换刀点的确定，是数控加工工艺分析的重要内容之一。对刀点是在数控机床上加工工件时，刀具相对工件运动的起点。由于程序也从该点开始执行，所以对刀点又称为起刀点或程序起点。对刀点选定后，即确定了机床坐标系与工件坐标系之间的相互位置关系。

进行数控加工编程时，刀具在机床上的位置由刀位点的位置来表示。刀位点是刀具上代表刀具位置的参照点。不同的刀具，刀位点不同。车刀、镗刀的刀位点是指其刀尖，立铣刀、面铣刀的刀位点是刀具底面与刀具轴线的交点，球头铣刀的刀位点是指球头铣刀的球心。所谓对刀，是指加工开始前，将刀具移动到指定的对刀点上，使刀具的刀位点与对刀点重合。

对刀点的选定原则如下：

① 便于数学处理和编制程序。

② 容易在机床上找正。

③ 加工过程中检查方便、可靠。

④ 引起的加工误差小。

对刀点可以设置在被加工工件上，也可以设置在夹具上，但必须与工件的定位基准有一定的坐标尺寸联系，这样才能确定机床坐标系与工件坐标系的相互关系。为了提高工件的加工精度，对刀点应尽量选在工件的设计基准或工艺基准上。对于以孔定位的工件，可以取孔的中心作为对刀点。车削加工则通常将对刀点设在工件外端面的中心上。当工件上没有合适的部位用来对刀时，也可以以加工出的工艺孔来对刀。成批生产时，为减少多次对刀带来的误差，常将对刀点作为程序的起点，同时也作为程序的终点。

换刀点则是指加工过程中需要换刀时刀具的相对位置点。对数控车床、数控铣床、加工中心等多刀加工数控机床，加工过程中需要进行换刀，故编程时应考虑设置一个换刀位置（即换刀点）。换刀点往往设在工件的外部，以能顺利换刀、不碰撞工件及机床上其他部件为原则。如在铣床上，常以机床参考点为换刀点；在加工中心上，以换刀机械手的固定位置点为换刀点；在车床上则以刀架远离工件的行程极限点为换刀点。选取的这些点，都是便于计算的相对固定点。

（2）对刀方法

对刀的准确程度将直接影响加工精度。因此，对刀操作一定要仔细，对刀方法应同零件加工精度要求相适应，生产中常使用百分表、寻边器和对刀仪对刀。

数控铣削加工常用的对刀方法见表 3-22。

表 3-22　数控铣削加工常用的对刀方法

| 类别 | 说　明 |
| --- | --- |
| 机内对刀 | 数控铣床在设定工件坐标系和设置刀具长度补偿值时可使用机内对刀。其基本原理为：先设定标准刀具，将标准刀具的 $Z$ 向轻微接触工件上表面后坐标置零。更换其他刀具接触同一表面，通过机床的刀具参数设置功能和坐标值显示，计算并输入刀具补偿量，再根据试切加工情况修正误差。具体操作步骤与数控机床类型有关 |
| 机外对刀 | 机外对刀采用对刀仪对刀，对刀仪有手动对刀仪和自动对刀仪两大类，主要目的都是确定刀具的长度尺寸及直径尺寸，以完成对刀。由于采用机外对刀，省去了在数控机床上的对刀时间，能有效地提高数控机床的使用率，尤其是自动对刀系统，对刀精度和效率都很高，如近年来发展很快的激光对刀系统，能够在间隔长达 5m 的情况下实现高重复精度的对刀操作。根据间隔不同，在激光光束所及的任何选定点，可测量直径小至 0.2mm 的刀具，并可对小至 0.1mm 的刀具进行破损检测。因此，随着数控机床的普及，自动对刀仪必将会更广泛地被采用 |

## 二、典型刀具系统的种类

### 1. 整体式刀具系统

整体式刀具系统如图 3-42 所示，它是把刀柄和工作头做成一体，使用时刀柄直接夹住刀具，根据不同刀具选用不同品种和规格的刀柄。这种刀柄的优点是刚性好、使用方便可靠，缺点是规格品种多，给生产和管理带来不便。

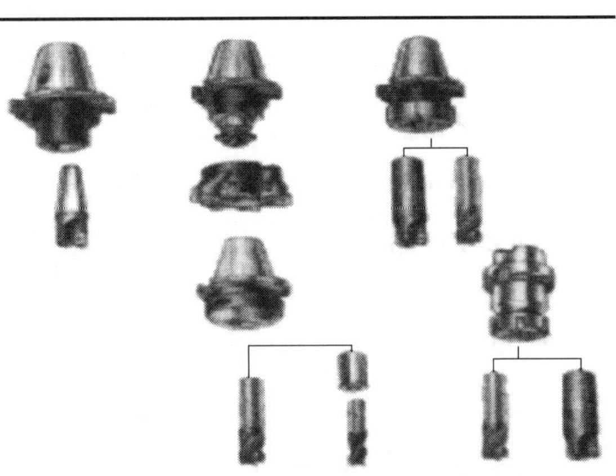

图 3-42　整体式刀具系统

我国为满足工业发展的需要，制定了“镗铣类整体数控工具系统”标准（简称为

TSG 工具系统），TSG 工具系统如图 3-43 所示。

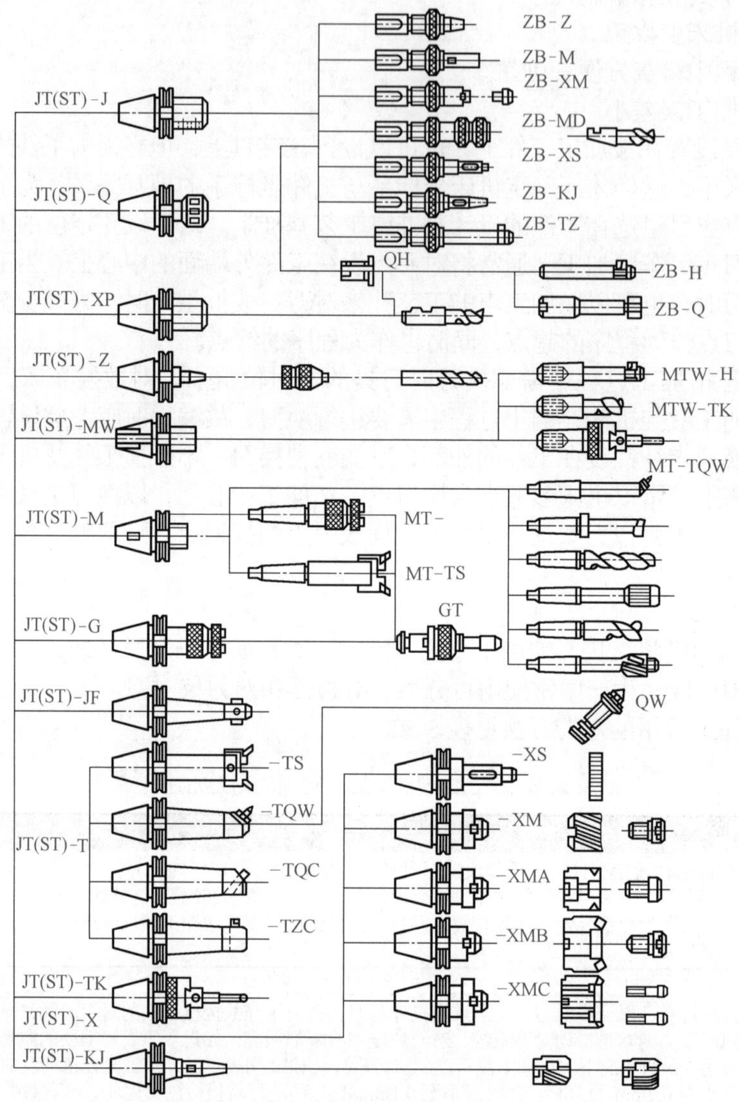


图 3-43　镗铣数控机床工具系统

整体式刀具系统工具锥柄代号由四部分组成，各部分意义如下：

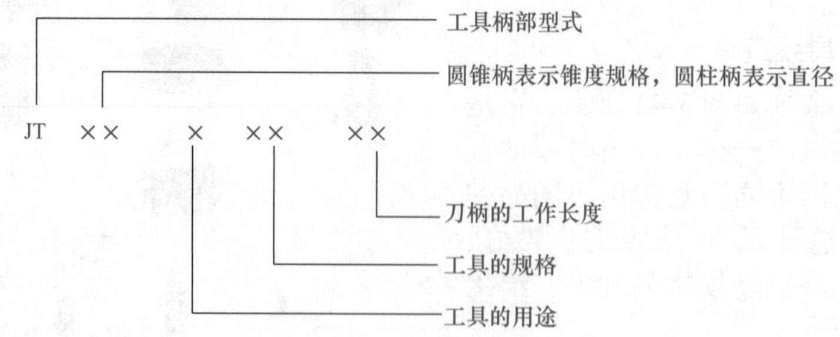


例如：JT-45-Q32-120

JT——表示工具柄型代号。

45——对圆锥柄表示锥度规格。

Q32——表示工具的规格。

120——表示刀柄的工作长度。

它所表示的工具为：自动换刀机床用 7 ： 4 圆锥工具柄（GB/T 10944），锥柄为 45 号，前部为弹簧夹，最大夹持直径 32mm，刀柄工作长度（锥柄大端直径 $\phi$57.15mm 处到弹簧夹头前端面的距离）为 120mm。工具柄部型式代号见表 3-23。工具的用途代号及规格参数见表 3-24。

表 3-23 工具柄部型式代号

| 代号 | 工具柄部型式 |
|---|---|
| JT | 自动换刀机床用 7 ： 24 圆锥工具柄 |
| BT | 自动换刀机床用 7 ： 24 圆锥 BT 型工具柄 |
| ST | 手动换刀机床用 7 ： 24 圆锥工具柄 |
| MT | 带扁尾莫氏圆锥工具柄 |
| MW | 无扁尾莫氏圆锥工具柄 |
| ZB | 直柄工具柄 |

表 3-24 工具的用途代号及规格参数

| 用途代号 | 用途 | 规格参数表示的内容 |
|---|---|---|
| J | 装直柄接杆工具 | 装接杆直径——刀柄工作长度 |
| Q | 弹簧夹头 | 最大夹持直径——刀柄工作长度 |
| XP | 装削平型直柄工具 | 装刀孔直径——刀柄工作长度 |
| Z | 装莫氏短锥钻夹头 | 莫氏短锥号——刀柄工作长度 |
| ZJ | 装莫氏锥度钻夹头 | 莫氏锥柄号——刀柄工作长度 |
| M | 装带扁尾莫氏圆锥柄工具 | 莫氏锥柄号——刀柄工作长度 |
| MW | 装无扁尾莫氏圆锥柄工具 | 莫氏锥柄号——刀柄工作长度 |
| MD | 装短莫氏圆锥柄工具 | 莫氏锥柄号——刀柄工作长度 |
| JF | 装浮动绞刀 | 绞刀块宽度——刀柄工作长度 |
| G | 攻螺纹夹头 | 最大攻螺纹规格——刀柄工作长度 |
| TQW | 倾斜型微调镗刀 | 最小镗孔直径——刀柄工作长度 |
| TS | 双刃镗刀 | 最小镗刀直径——刀柄工作长度 |
| TZC | 直角型粗镗刀 | 最小镗孔直径——刀柄工作长度 |
| TQC | 倾斜型粗镗刀 | 最小镗孔直径——刀柄工作长度 |
| TF | 复合镗刀 | 小孔直径 / 大孔直径——孔工作长度 |
| TK | 可调镗刀头 | 装刀孔直径——刀柄工作长度 |
| XS | 装三面刃铣刀 | 刀具内孔直径——刀柄工作长度 |
| XL | 装套式立铣刀 | 刀具内孔直径——刀柄工作长度 |
| XMA | 装 A 类面铣刀 | 刀具内孔直径——刀柄工作长度 |
| XMB | 装 B 类面铣刀 | 刀具内孔直径——刀柄工作长度 |
| XMC | 装 C 类面铣刀 | 刀具内孔直径——刀柄工作长度 |
| KJ | 装扩孔钻和铰刀 | 1 ： 30 圆锥大端直径——刀柄工作长度 |

## 2. 模块式刀具系统

模块式刀具系统（TMG）是将整体式刀杆分解成柄部（主柄）、中间连接块（连接杆）、工作部（工作头）三个主要模块（部分），然后通过各种连接结构，在保证刀杆连接精度、刚性的前提之下，将三模块连接成一个整体，如图 3-44 所示。使用者可以根据所加工零件的尺寸、精度要求及工艺要求来组合这三模块。模块工具刀柄克服了整体式工具刀柄功能单一、加工尺寸变动不便的不足，具有灵活、快速、经济可靠的优点。

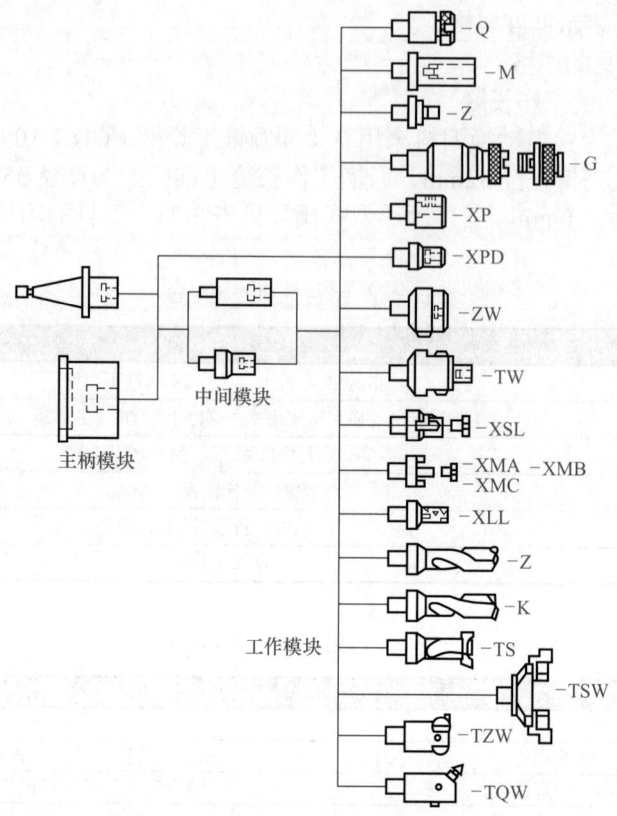


图 3-44 模块式刀具系统

模块式刀具系统各模块型号内容及表示方式说明如下：

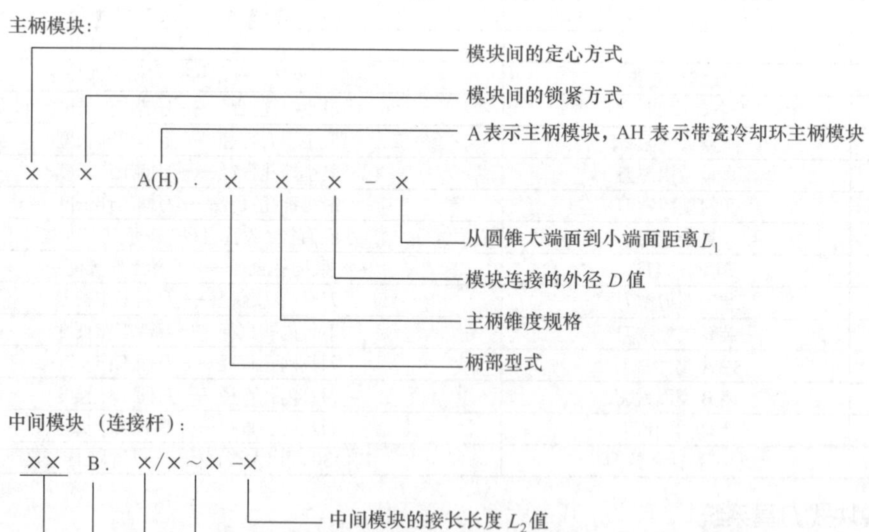

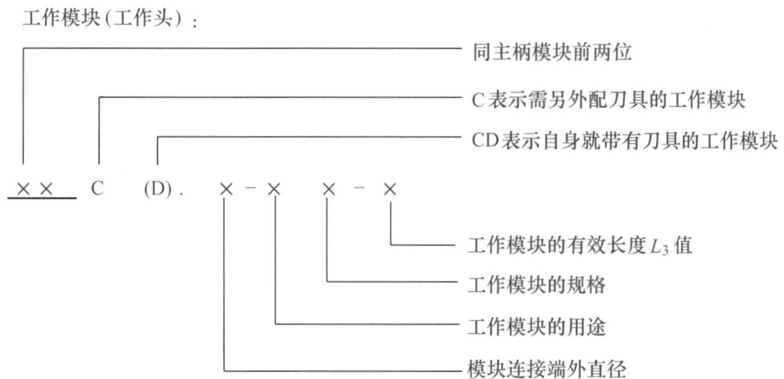


工作头有弹簧夹头、莫氏锥孔、钻夹头、铰刀、立铣刀、面铣刀、镗刀等多种，可根据不同的工艺要求，选用不同功能和规格的工作头。

# 第五节　定位和装夹

## 一、工件的定位与装夹

（1）定位与夹紧方案的确定

在零件加工的工艺过程中，合理选择定位基准对保证零件的尺寸和相互位置精度起着决定性的作用。定位基准有两种，一种是以毛坯表面作为基准面的粗基准，另一种是以已加工表面作为基准面的精基准。在确定定位基准与夹紧方案时，应注意以下几点：

① 力求设计基准、工艺基准与编程原点统一，以减少基准不重合误差和数控编程中的计算工作量。

② 选择粗基准时，应尽量选择不加工表面或能牢固、可靠地进行装夹的表面，并注意粗基准不宜重复使用。

③ 选择精基准时，应尽可能采用设计基准或装配基准作为定位基准，并尽量与测量基准重合，基准重合是保证零件加工质量最理想的工艺手段。精基准虽可重复使用，但为了减少定位误差，仍应尽量减少精基准的重复使用。

④ 尽量减少装夹次数，尽可能做到一次定位装夹后能加工出工件上全部或大部分待加工表面，以减少装夹误差，提高加工表面之间的相互位置精度，充分发挥机床的效率。

⑤ 避免采用占机人工调整式方案，以免占机时间太多，影响加工效率。

（2）工件在数控铣床和加工中心上的装夹要求

① 夹具应具有较高刚度和较高定位精度。

② 夹紧机构或其他元件不得影响进给，为切削刀具运动留下足够的空间。夹具上各零部件应不妨碍机床对零件各表面的加工，即夹具要尽量敞开，其定位、夹紧元件的空间位置应尽量低，夹具不能和各工步刀具轨迹发生干涉。另外，还应注意夹具或工件不能与自动换刀装置及交换工作台的运动发生干涉。

③ 夹具结构应力求简单，装卸方便快捷，辅助时间短。批量小的零件应优先选用组合夹具。形状简单的单件小批量生产的零件，可选用通用夹具，如三爪自定心卡盘、机用平口虎钳等。只有批量较大、周期性生产、加工精度要求较高的关键工序才设计专用夹具，以保证加工精度，提高装夹效率。数控加工夹具应尽可能使用气动、液压、电动等自动夹紧装置

实现快速夹紧，以缩短辅助时间。

④ 尽可能使工件产生较小的夹紧变形。要合理安排夹具的支承点、定位点和夹紧点。应使夹紧点靠近支承点，避免夹紧力作用在工件的中空区域。如果采用了相应措施仍不能控制零件变形对加工精度的影响，只能将粗、精加工分开，或者粗、精加工采用不同的夹紧力。可以在粗加工时采用较大夹紧力，精加工时放松工件，重新用较小夹紧力夹紧工件以控制零件夹紧变形。

## 二、常用铣床夹具

### 1. 铣床夹具的分类

铣床夹具的分类方法很多。如按工件在铣床上加工运动特点（即铣削时的进给方式），可分为直线进给夹具、圆周进给夹具、沿曲线进给夹具；按自动化程度和夹紧力来源不同，可分为气动、电动、液压夹具；按装夹工件数量的多少，分为单件、双件、多件夹具。最常用的分类方法是按使用范围不同，分为通用夹具、专用夹具和组合夹具三类。

### 2. 铣床夹具的组成

铣床夹具一般由以下几部分组成，见表 3-25。

表 3-25 铣床夹具的组成

| 类别 | 说明 |
|---|---|
| 定位件 | 在装夹工件时，对工件起定位作用的零部件 |
| 夹紧件 | 在装夹工件时，起夹紧作用的零部件 |
| 夹具体 | 是夹具的主体，它的作用是将各个零部件连接成一个整体而成为夹具，并通过它使夹具固定在铣床上 |
| 导向件 | 铣床工作时，在夹具上起引导刀具作用的零部件 |
| 对刀件 | 起对刀作用的零部件。铣床开动前，通过对刀件而迅速找到机床工作台、夹具与工件相对于刀具的正确位置 |
| 其他元件和装置 | 由于加工工件的要求不同，夹具中另外增加的一些元件 |

### 3. 铣床的通用夹具

通用夹具是指已经标准化的、在一定范围内可用于加工两种或两种以上不同工件的同一夹具。这类夹具的通用性强，由专门厂家生产，其中有的已经作为机床附件随主机配套供应。若将夹具的个别元件进行调整或更换，即可成为加工形状相似、尺寸相近、加工工艺相似的多种工件的通用可调整夹具。应用于成组技术加工工艺的可调整夹具，则称为成组夹具。

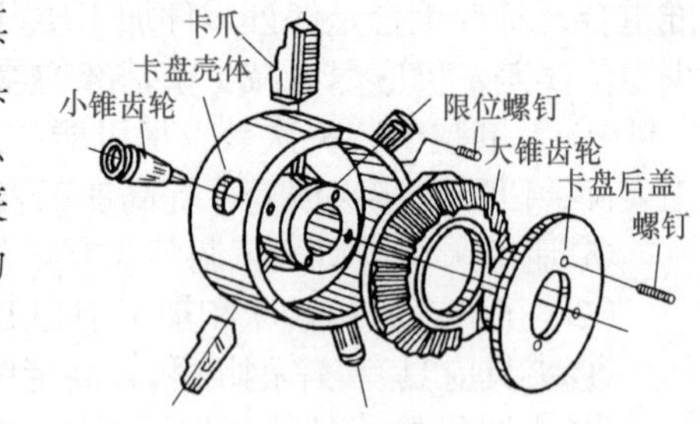

图 3-45 三爪自定心卡盘的结构组成

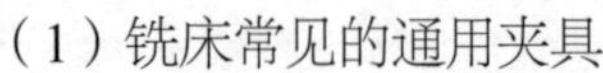
（1）铣床常见的通用夹具

① 三爪自定心卡盘的结构　三爪自定心卡盘安装在分度头、回转工作台或直接安装在工作台面上，用以装夹轴类和套类工件。三爪自定心卡盘的结构组成如图 3-45 所示。其各零件的作用见表 3-26。

表 3-26 三爪自定心卡盘各零件的作用

| 零件类型 | 零件作用说明 |
|---|---|
| 小锥齿轮 | 一共有三件，其端面有方孔，用于插放扳手。扳手扭动小锥齿轮，与其啮合的大锥齿轮就会转动，大锥齿轮背面与卡爪相配的阿基米德螺纹能把卡爪向中心收拢夹紧工件。小锥齿轮以大端外圆柱面定位，并由限位螺钉限定其轴向位置 |

续表

| 零件类型 | 零件作用说明 |
|---|---|
| 卡盘壳体 | 起连接各零部件成为完整夹具的作用。卡盘壳体端面的三条径向工字形槽安装卡爪，三个卡爪可沿工字形槽做径向移动。环形内腔安装大锥齿轮，外圆柱面上三个等分孔安装小锥齿轮 |
| 卡 爪 | 一共有三件，与卡盘壳体上工字形槽标号相应标有 1 号～ 3 号。三爪自定心卡盘的卡爪有正爪和反爪，适用于不同直径的轴类或套类工件的安装 |
| 大锥齿轮 | 起传动转换作用。大锥齿轮的端面是平面矩形阿基米德螺纹，与卡爪背面的螺纹相配合，正面锥齿与小锥齿轮啮合，内孔与卡盘壳体心套配合定位。大锥齿轮把小锥齿轮的旋转运动传递给卡爪，并把小锥齿轮的旋转运动转换成卡爪的径向移动 |
| 卡盘后盖 | 卡盘后盖用以限定大锥齿轮和小锥齿轮的移动，通过螺钉固定在卡盘壳体上，三爪自定心卡盘安装在分度头上使用时必须采用连接盘，如图 3-46 所示 |

② 机床用平口虎钳的结构　这种虎钳已作为机床的常用附件安装在铣床工作台上，可用来加工各种外形简单的工件。它也是通用可调整夹具的通用基本部分。

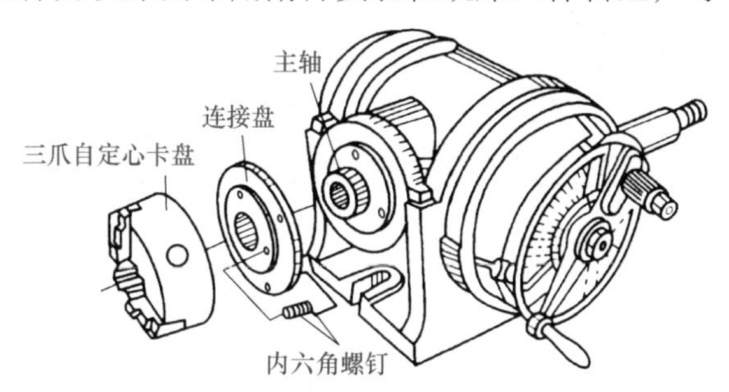

图 3-46　连接盘的作用

手动机床用平口虎钳的结构如图 3-47 所示，由固定部分、活动部分以及两个圆柱形导轨等主要部分组成。在固定部分及活动部分上分别安装钳口，整个虎钳靠分度底座固定在水平面上的任一角度位置。当操纵手柄转动螺杆时，即可通过圆柱形螺母带动活动部分做夹紧或松开移动。

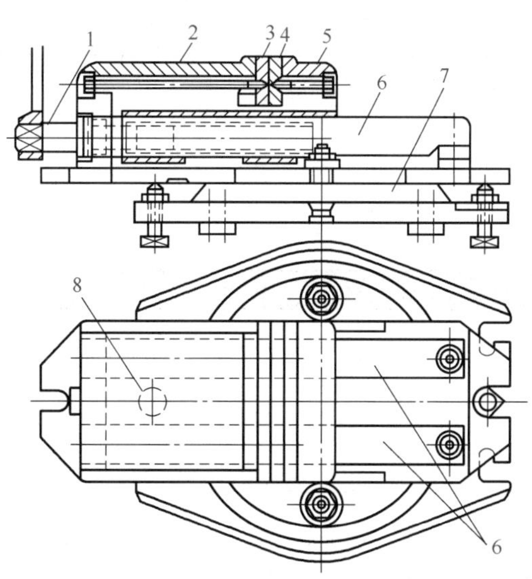

图 3-47　手动机床用平口虎钳的结构

1—螺杆；2—固定部分；3，4—钳口；5—活动部分；6—导轨；7—分度底座；8—圆柱形螺母

此外，还有一种可倾式机床用平口虎钳，钳口可倾斜一定的角度，铣削带一定倾斜角度的小型工件。机床用平口虎钳的规格见表 3-27。

③ 机用虎钳的结构　机用虎钳主要用于装夹长方体工件，也可用于装夹圆柱体工件。机用虎钳通常直接安装在机床工作台面上。其结构如图 3-48 所示。其各零件的作用见表 3-28。

表 3-27　机床用平口虎钳的规格

| 外形图 | 规格名称 | 规格 | | | | | | 应用范围 |
|---|---|---|---|---|---|---|---|---|
| | | 100 | 125 | 136 | 160 | 200 | 250 | |
| 普通平口钳 | 钳口宽度 | 100 | 125 | 136 | 160 | 200 | 250 | 适用于以平面定位和夹紧的中小型工件 |
| | 钳口最大张开量 | 80 | 100 | 110 | 125 | 160 | 200 | |
| | 钳口高度 | 38 | 44 | 36 | 50（44） | 60（56） | 56（60） | |
| | 定位键宽度 | 14 | 14 | 12 | 18（14） | 18 | 18 | |
| 可倾式平口钳 | 钳口宽度 | 100 | 125 | — | — | — | — | 适用于以平面定位和夹紧，具有一定倾斜角且切削力较小的小型工件 |
| | 钳口最大张开量 | 80 | 100 | — | — | — | — | |
| | 钳口高度 | 36 | 42 | — | — | — | — | |
| | 定位键宽度 | 14 | 14 | — | — | — | — | |

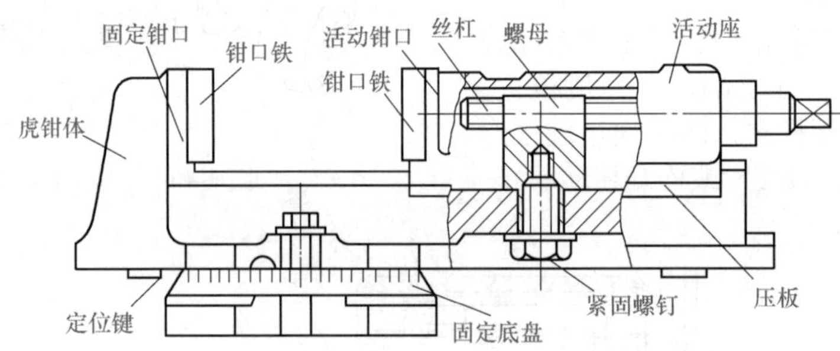


图 3-48　机用虎钳的结构组成

表 3-28　机用虎钳各零件的作用

| 零件类型 | 零件作用说明 |
|---|---|
| 虎钳体 | 起连接各零部件组成完整夹具的作用，并通过它把虎钳固定在工作台面上 |
| 固定钳口和钳口铁 | 起垂直定位作用 |
| 活动座、螺母、丝杠（及方头）和紧固螺钉 | 这些都是夹紧元件，丝杠和螺母组成了丝杠螺母副，当用手转动丝杠方头时，丝杠带动活动座在虎钳体的导轨上移动，起夹紧工件的作用 |
| 回转底座和定位键 | 起角度分度和夹具定位作用 |

④ V 形钳口自定心虎钳的结构　V 形钳口自定心虎钳的结构如图 3-49 所示。V 形钳口的夹持范围：V 形块（*D*/mm）大 35 ～ 100；小 15 ～ 60。

⑤ 三向虎钳的结构和尺寸　三向虎钳的结构如图 3-50 所示。尺寸系列见表 3-29。

表 3-29　三向虎钳的尺寸系列

| 序号 | 1 | 2 | 3 | 4 |
|---|---|---|---|---|
| 钳口张开量 /mm | 60 | 80 | 100 | 140 |

⑥ 液压虎钳的结构　液压虎钳的结构如图 3-51 所示，其组成与机用虎钳类似，不同的是夹紧部分由液压控制阀、活塞、活塞杆、滑板、滚轮和滚轮座、活动钳口座等组成。机用虎钳的夹紧力来源于人力，液压虎钳的夹紧力来源于液压力。

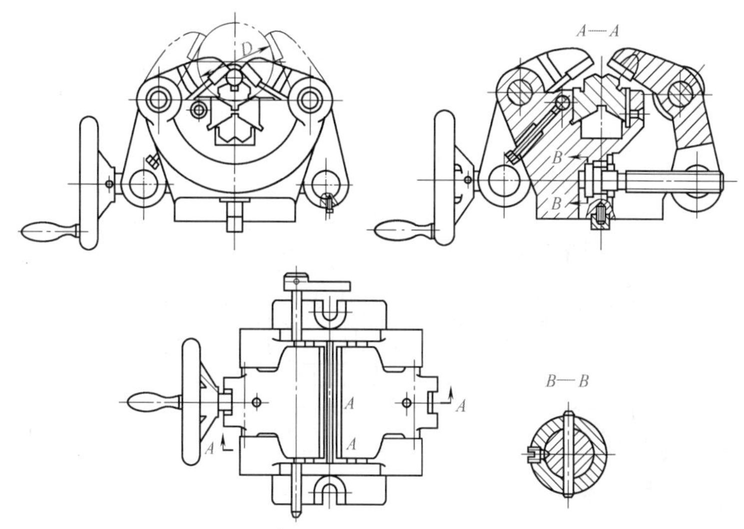


图 3-49　V 形钳口自定心虎钳结构及夹持范围

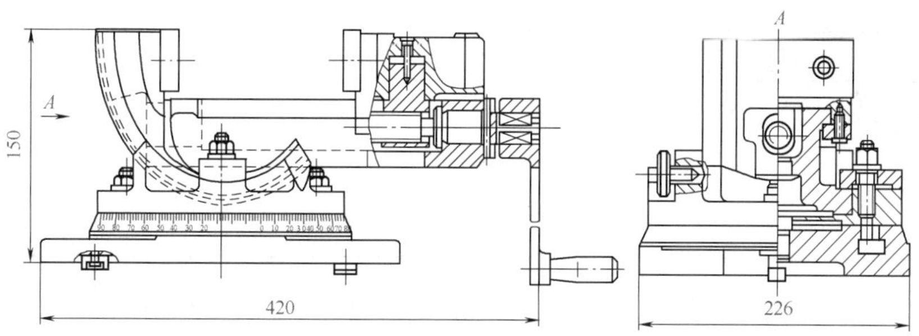


图 3-50　三向虎钳的结构

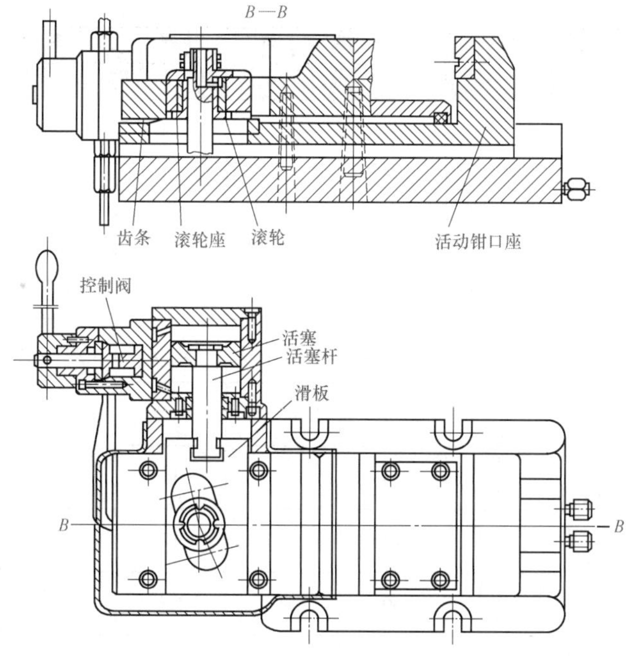


图 3-51　液压虎钳的结构组成

液压虎钳适用于大批量生产，可减轻劳动强度，在加工中还能吸收一定的振动。

⑦ 万能分度头　分度头是铣床的主要附件，而万能分度头则是铣床上最常用的一种分度头，如 F11125 型万能分度头。铣床上常用的万能分度头的规格及应用范围见表 3-30。

表 3-30　万能分度头的规格及应用范围

| 项目 | F1180 | F11100A | F11125A | F11160A |
|---|---|---|---|---|
| 中心高 | 80 | 100 | 125 | 160 |
| 主轴锥孔号（莫氏） | 3 | 3 | 4 | 4 |
| 主轴与水平位置的倾斜角 | –6° ～ 90° | –6° ～ 90° | –5° ～ 95° | –5° ～ 95° |
| 蜗轮副的传动比 | 1 ∶ 40 | 1 ∶ 40 | 1 ∶ 40 | 1 ∶ 40 |
| 定位键的宽度 | 14 | 14 | 18 | 18 |
| 主轴法兰盘定位短锥的直径 | 36.541 | 41.275 | 53.975 | 53.975 |

应用范围：①能使工件绕本身的轴线进行等分或不等分分度
②可将工件相对于铣床工作台台面扳成所需要的角度
③铣削螺旋槽或凸轮时，能配合工作台的移动，使工件做连续旋转

⑧ 回转工作台　铣床常用的回转工作台的规格见表 3-31。铣床通用的回转工作台已标准化，其上面应设计中心销（或孔）、T 形槽，以便专用夹具与专用夹具联合使用。

表 3-31　铣床常用回转工作台的规格

| 示图 | 规格名称 | 规格 | | | | 应用范围 |
|---|---|---|---|---|---|---|
| | | 250 | 320 | 400 | 500 | |
| 手动回转工作台<br>手动机动回转工作台 | 工作台直径 | 250 | 320 | 400 | 500 | 回转工作台主要辅助铣床完成中小型工件的曲面加工和分度加工。机动回转工作台配上万向节，可实现自动进给运动 |
| | 中心孔的锥度号（莫氏） | 4 | 4 | 4 | 5 | |
| | 蜗轮副的传动比 | 1 ∶ 90 | 1 ∶ 90 | 1 ∶ 120 | 1 ∶ 120 | |
| | 蜗杆圆环的刻度 | 120 × 2′ | 120 × 2′ | 90 × 2′ | 90 × 2′ | |
| | 工作台圆周的刻度 | 360 × 1° | 360 × 1° | 360 × 1° | 360 × 1° | |
| | 定位键的宽度 | 14 | 18 | 18 | 22（18） | |
| | T 形槽的宽度 | 12 | 14 | 14 | 18 | |
| | T 形槽的间距 | 60 | 80 | 100 | 150（125） | |
| | 底面至台面的高度 | 100 | 140 | 140 | 155 | |

（2）铣床通用可调整夹具

通用可调整夹具是在通用夹具的基础上发展而来的，如机用虎钳、铣床回转工作台和分度台等，都可设计成可调整夹具。

① 采用专用钳口夹紧的平口虎钳　由于机用虎钳是平口虎钳，所以一般只能加工外形比较规则的工件。将其固定钳口做成各种可换钳口，可适应不同工件的形状、尺寸、加工特性和毛坯表面状态，则通用夹具即变成了通用可调整夹具，用定向键将虎钳相对机床工作台的进给方向安装，应用情况见表 3-32。

表 3-32　采用专用钳口夹紧的平口虎钳

| 简图 | 说明 |
|---|---|
| 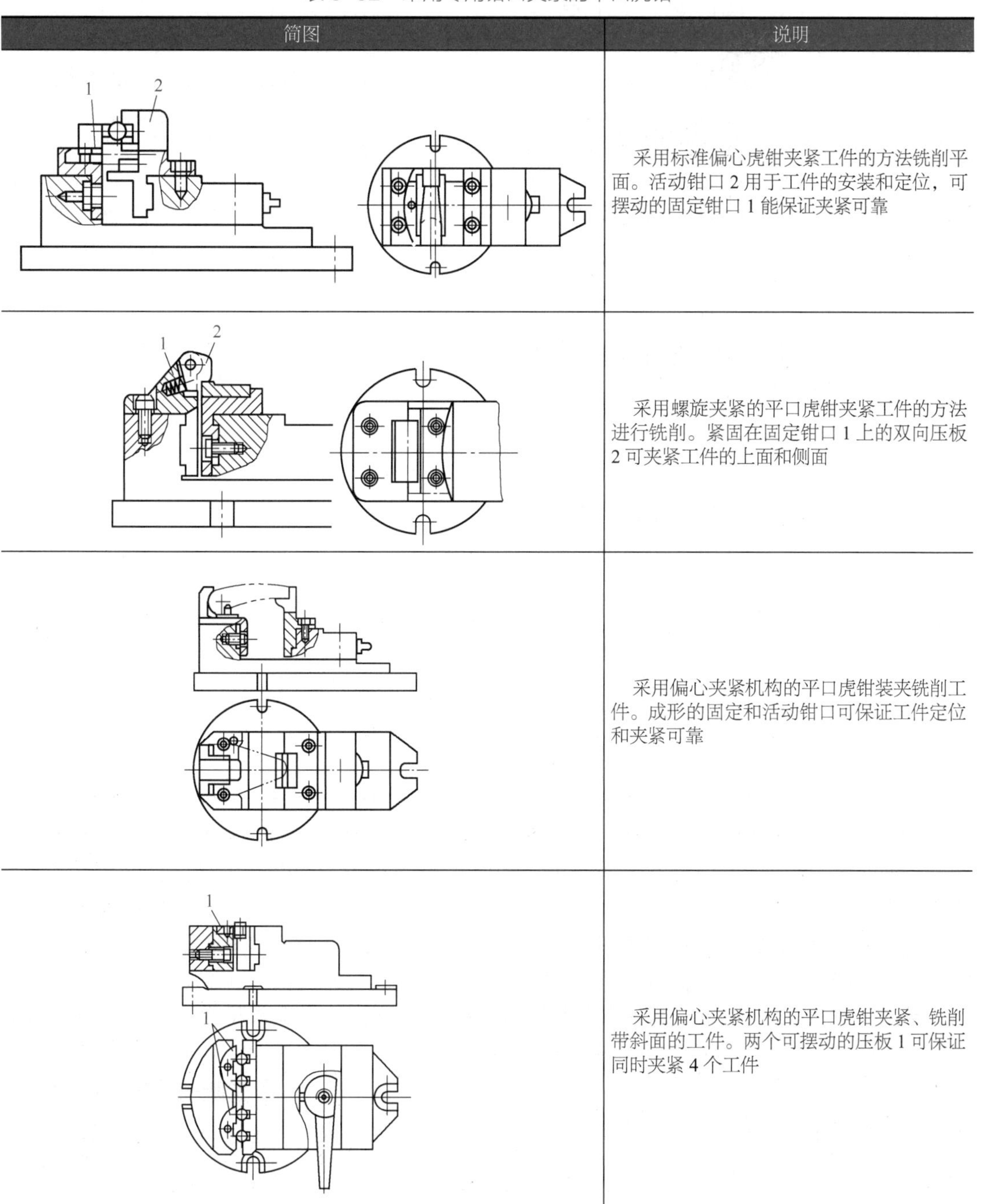 | 采用标准偏心虎钳夹紧工件的方法铣削平面。活动钳口 2 用于工件的安装和定位，可摆动的固定钳口 1 能保证夹紧可靠 |
| | 采用螺旋夹紧的平口虎钳夹紧工件的方法进行铣削。紧固在固定钳口 1 上的双向压板 2 可夹紧工件的上面和侧面 |
| | 采用偏心夹紧机构的平口虎钳装夹铣削工件。成形的固定和活动钳口可保证工件定位和夹紧可靠 |
| | 采用偏心夹紧机构的平口虎钳夹紧、铣削带斜面的工件。两个可摆动的压板 1 可保证同时夹紧 4 个工件 |

续表

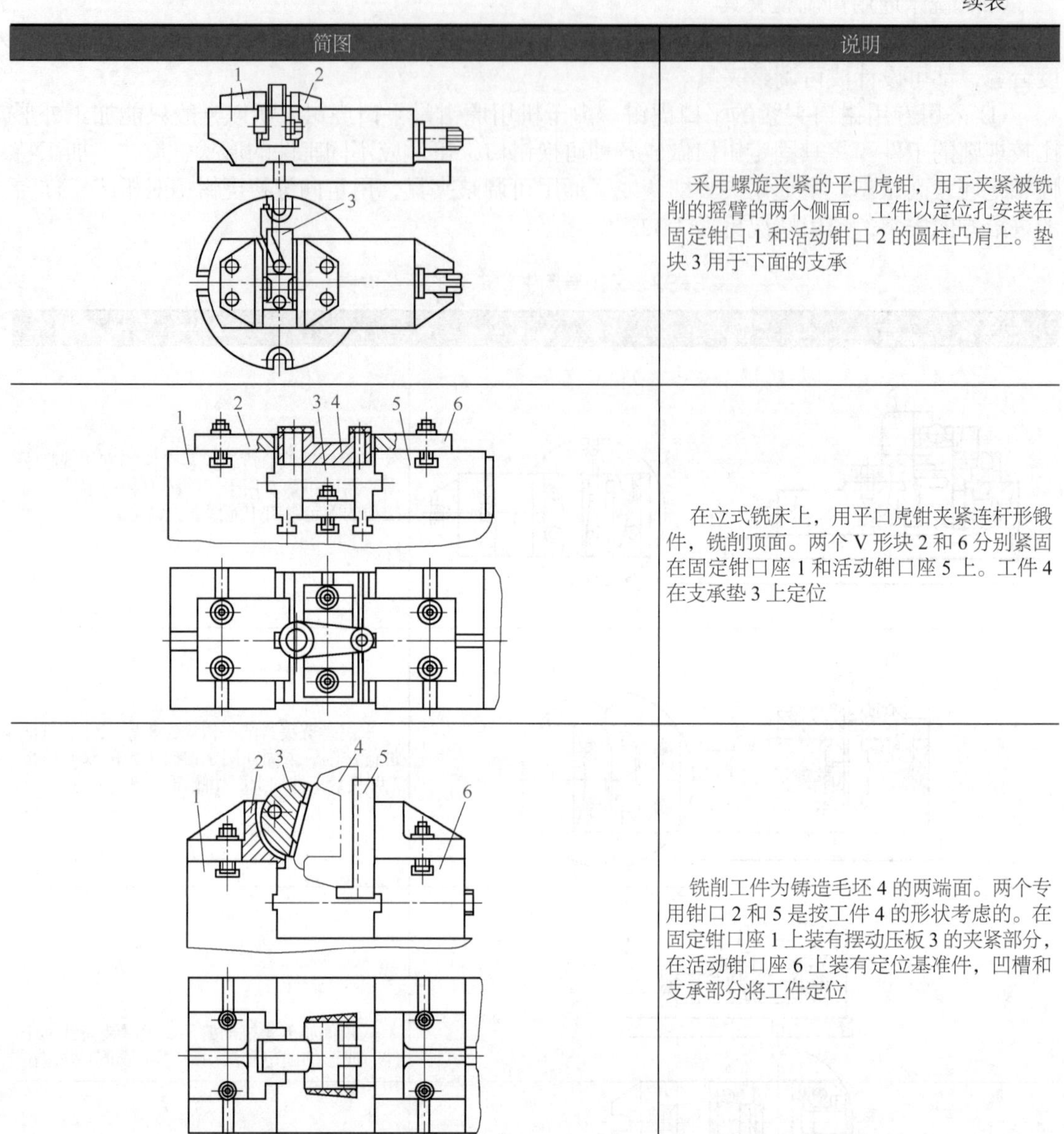

| 简图 | 说明 |
| --- | --- |
| | 采用螺旋夹紧的平口虎钳，用于夹紧被铣削的摇臂的两个侧面。工件以定位孔安装在固定钳口1和活动钳口2的圆柱凸肩上。垫块3用于下面的支承 |
| | 在立式铣床上，用平口虎钳夹紧连杆形锻件，铣削顶面。两个V形块2和6分别紧固在固定钳口座1和活动钳口座5上。工件4在支承垫3上定位 |
| | 铣削工件为铸造毛坯4的两端面。两个专用钳口2和5是按工件4的形状考虑的。在固定钳口座1上装有摆动压板3的夹紧部分，在活动钳口座6上装有定位基准件，凹槽和支承部分将工件定位 |

② 换盒式夹具　如图3-52所示，工件装夹在料盒5中，以外圆和端面在V形块7中定位。料盒5安放在夹具的4个支承钉4上，并由4个支柱3挡住两侧面。夹紧时，活塞左移，活塞杆2上的斜面经滚轮和杠杆1，将工件连同料盒5推向挡块6一起夹紧。料盒5（一式两个，交替使用）根据工件的需要可设计成各种形式，当工件有凸肩要求时，可设计成如件8形式的浮动支承。

③ 铣削六方回转夹具　铣削六方回转夹具如图3-53所示，该夹具与立轴锥面的锁紧分度台配合使用。工件以外圆和端面定位，由气缸驱动，使弹簧夹头下移，将工件夹紧。铣床上安装6把铣刀，可同时铣削6个工件的两个面。每进给一次，夹具回转120°，回转3次，工件的6个面即可铣削完毕。更换弹簧夹头，可加工不同直径的工件。

④ 多件装夹铣削夹具　常用的多件装夹铣削夹具如图3-54所示。将工件的圆柱部分$\phi$14h9放在弹性滑块2的槽中定位，并以$\phi$16mm的台阶面靠在弹性滑块的端面上，限制工

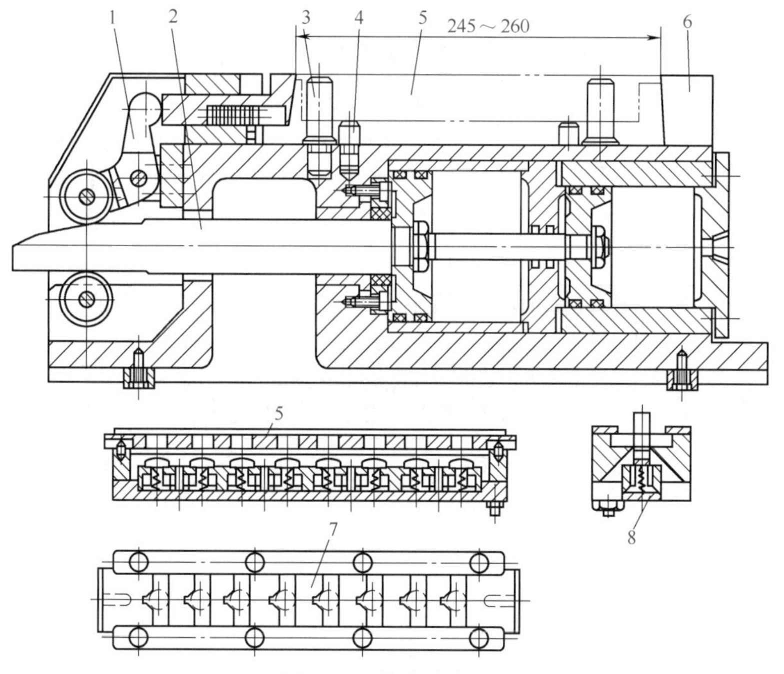


图 3-52　换盒式夹具

1—杠杆；2—活塞杆；3—支柱；4—支承钉；5—料盒；6—挡块；7—V 形块；8—浮动支承

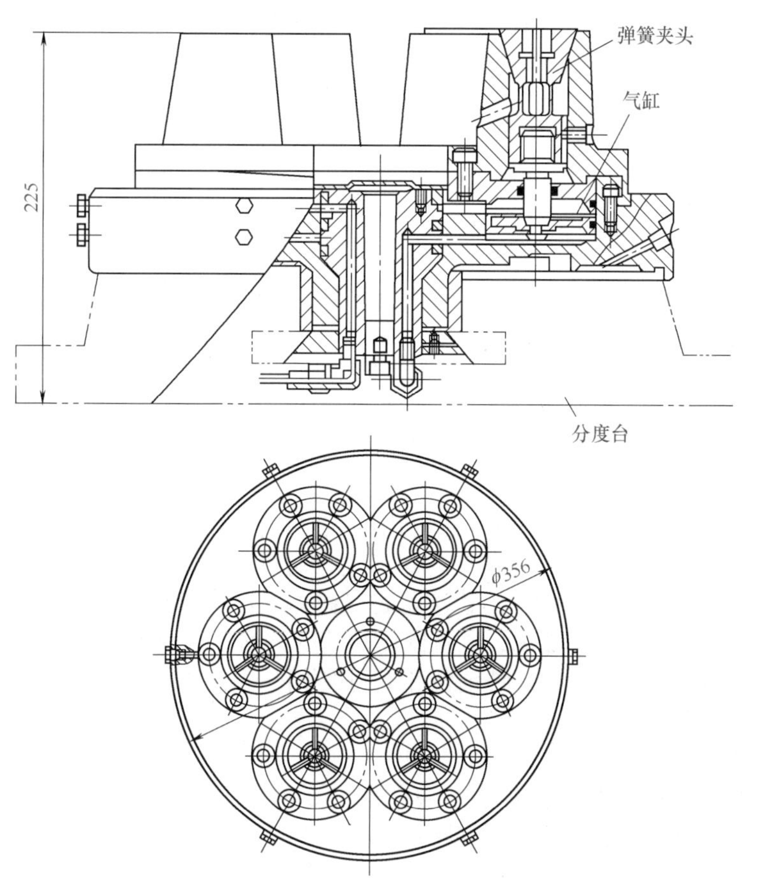


图 3-53　铣削六方回转夹具

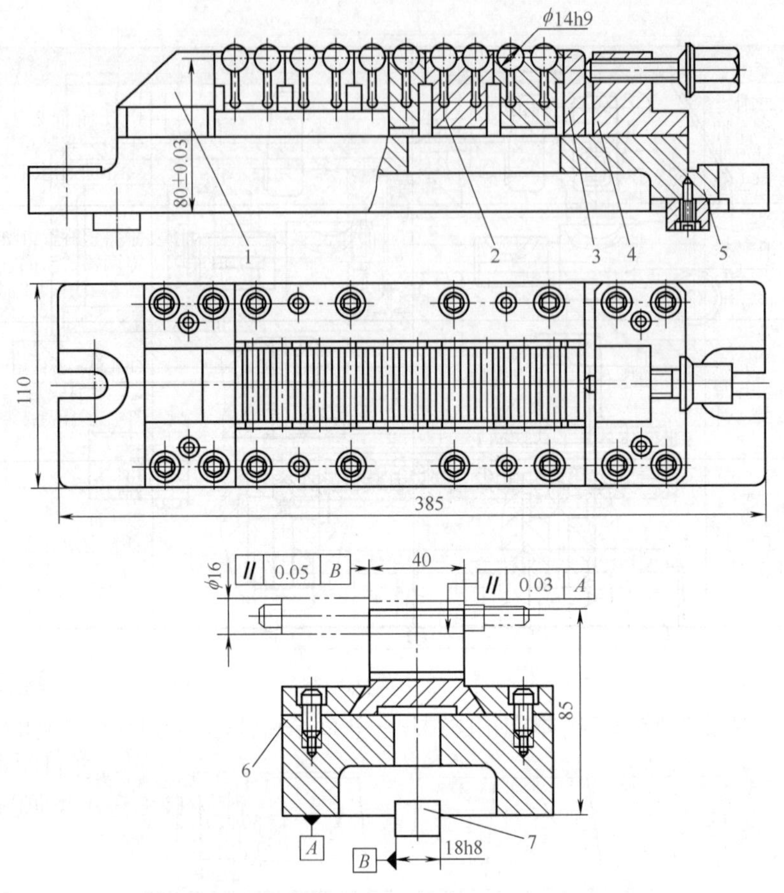


图 3-54 多件装夹铣削夹具

1—支座；2—弹性滑块；3—压块；4—螺杆支架；5—夹具体；6—压板；7—定位键

件的 5 个自由度。旋紧右上方的夹紧螺杆，推动压块 3，使压块压向弹性滑块，从而把 10 个工件连续均匀地夹紧。其中，支座 1 相当于固定钳口；压板 6 与夹具体上平面组成燕尾形导轨，使弹性滑块沿其滑移；定位键 7 用以安装夹具的定位。这种夹具结构简单，操作方便，由于采用多件装夹，生产效率高。还可把夹具体做成通用件，定位元件根据工件情况可更换，因而提高了夹具的使用效率。若将夹紧部分改装成气动或气动 - 液压夹紧装置，更适用于大批量生产。

⑤ 铣削半圆键用的夹具 铣削半圆键用的夹具如图 3-55 所示，该夹具用于卧式铣床。工件从料仓 4 进入，装在铣刀杆上的带轮 1 带动带轮 9，经过蜗杆 10、蜗轮 11 减速，使凸轮 6 旋转，由于凸轮 6 螺旋线的作用，滚轮 8、滚轮轴 7 即带动滑板 5 做左右往复运动。工件由推杆 3 逐个推入到定位套 2 内，并推向旋转着的铣刀，实现进给运动。被铣削完成的两个半圆工件依靠自重落入料盘内。铣削各种不同规格的半圆键时，只需更换相应的定位套 2、推杆 3 和料仓 4 即可。

（3）铣床类成组夹具

成组夹具是在推行成组技术的过程中，根据一组（或几组）工件的相似性的加工而设计制造的夹具，是推行成组加工的重要物质基础。

① 铣床类成组夹具的特点 在多品种成批生产的铣削加工中，采用成组技术的加工方法，可把多种类型和系列产品的工件，按加工所用的铣床刀具和夹具等工艺装备的共性分组。

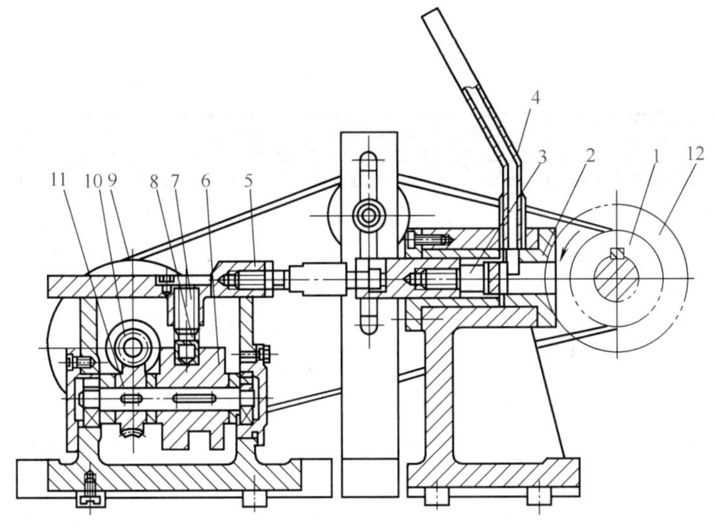

图 3-55　铣削半圆键用的夹具

1，9—带轮；2—定位套；3—推杆；4—料仓；5—滑板；6—凸轮；

7—滚轮轴；8—滚轮；10—蜗杆；11—蜗轮；12—铣刀

同一组结构形状相似的工件，在同一台铣床上用共同的工艺装备和调整方法进行加工。与专用夹具的不同之处，在于使用对象是一组或一组相似的工件。当从一种工件转变加工同组另一种工件时，只需对夹具上的个别定位元件或夹紧元件做一点调整或更换即可。所以成组夹具对一个工件组而言，是专门化可调整夹具，而对组内各个工件而言，又是通用可调整夹具。成组夹具的加工对象是通过成组技术的原则确定的；而通用可调整夹具的加工对象，是按一般原则组合的，夹具的结构偏重于可调，而成组夹具则同时可调可换，工艺性更为广泛，针对性更强。

成组夹具兼有专用夹具精度高、装夹快速和通用夹具多次重复使用的优点，一般不受产品改型的限制，故成组夹具具有较好的适应性和专用性，其适应性仅次于组合夹具，且又具有现场调整迅速、操作简单等优点。成组夹具能补偿组合夹具在结构、刚度和精度等方面的不足，但制造成本较高，生产管理较繁杂。

成组夹具的形式很多，但基本结构都是由基础（固定）部件、可调整部件和可更换部件组成的。基础部件包括夹具体和中间传递装置，作为夹具的通用部分。当加工工件的成组批量足够满足铣床负荷时，基础部件经安装校正后可长期固定在铣床工作台上，不必因产品轮番生产而更换。可更换的部件和可调整的部件有定位元件、夹紧元件、导向元件和对刀元件等，这些部件是根据铣削加工工件的具体结构要素、定位夹紧方式及工序加工要求而专门设计的，是成组夹具的专用元件，当更换加工工件时，通过更换和调整某些元件，即可满足新的一组工件的加工工艺要求。

多品种成批生产的工件加工，采用成组夹具，可克服使用专用夹具时的设计制造工作量大、成本高和生产技术准备周期长等缺点。表 3-33 所示为成组夹具与专用夹具的经济效果比较。

② 铣床类成组夹具的典型结构

a. 成组钳口。有不少形状复杂的工件，如连杆、托架、拨叉等，需要在机用虎钳上铣削加工，但一般的钳口只能装夹形状比较规则的工件，对于形面复杂、基面不规则的工件，则装夹困难。针对上述情况，可根据工件的形状、大小、结构及材质等进行分类分组，设计几种钳口。这几种钳口可以单独使用，也可以互相配合使用。现分别将各种钳口及其应用范围简单介绍，如表 3-34。

表 3-33　成组夹具与专用夹具的经济效果比较

| 项目内容 | | 夹具形式 | | 节省成本和工时 |
|---|---|---|---|---|
| | | 成组夹具 | 专用夹具 | |
| 工件的种类数 | | 800 | 800 | |
| 夹具的套数 | | 552 | 22 | |
| 每套的平均成本 | 夹具 | 80 元 | 177 元 | 74% |
| | 可换衬垫 | — | 16 元 | |
| 每套的设计工时 | 夹具 | 20h | 115h | 59% |
| | 可换衬垫 | — | 5h | |
| 可换衬垫数 | | — | 475 | |

表 3-34　钳口种类及其应用范围

| 种 类 | 应 用 范 围 |
|---|---|
| 多用钳口 | 多用钳口如图 3-56 所示。多用钳口是由两块外形相似的钳口组成，钳口上有各种台阶和圆弧。其中，台阶用于薄形工件的定位，可以对各种薄形工件的端面、长孔、圆弧以及凸轮面进行铣削；圆弧用于加工圆形薄工件的凸台端面和连杆等 |
| 活动钳口 | 活动钳口如图 3-57 所示，活动钳口用于加工带有斜度和角度的工件，如连杆或斜度大小不同的楔铁工件等。活动钳口由摆动件、固定件和销轴组成。使用时，将固定件安装在机用虎钳的活动钳体上，摆动件可通过销轴与固定件连接。在装夹工件时，其旋转角最大为 6°，如加工斜度超过自锁角的工件时，可在工件上加垫，以适当扩大其自锁范围。这种钳口能自动旋转夹紧工件，具有夹紧力均匀、可靠等特点 |
| 端面齐头钳口 | 端面齐头钳口如图 3-58 所示。这种钳口制造简单，夹紧力大，适用于加工各种方形和长方形工件的端面。钳口的左面用螺钉使工件紧贴于右侧定位面上，工件靠机用虎钳夹紧 |
| 圆弧钳口 | 圆弧钳口如图 3-59 所示。圆弧钳口由三段圆弧组成，两边圆弧的半径相等，中间圆弧的半径稍大。两边的圆弧与活动钳口相配合使用，可多件装夹。其特点是定位准确，并可缩短工件装夹和找正的时间，配用一定的定位元件，可省去划线工序 |
| 可换钳口 | 可换钳口如图 3-60 所示。图 3-60（a）是用 V 形块及平板作可换钳口加工小圆柱工件的实例；图 3-60（b）是夹紧小圆柱工件时，使其同时受到向下的夹紧力所用的可换钳口；图 3-60（c）是夹紧较小工件时，使其得到一定的倾斜角度所用的可换钳口；图 3-60（d）是同时夹紧三个工件时用的可换钳口，滑柱 3、小圆柱体 4 及斜面滑柱 5 可自动调节以保证三个工件同时夹紧；图 3-60（e）是用塑料制成的活动钳口，塑料中可加进金属或其他添加剂，用以提高塑料的抗磨损性能。添加剂与塑料 6 在冷却状态下混合在一块，然后加热倾注到可换钳口的壳体 7 中，铸成与工件外形相吻合的钳口形状 |

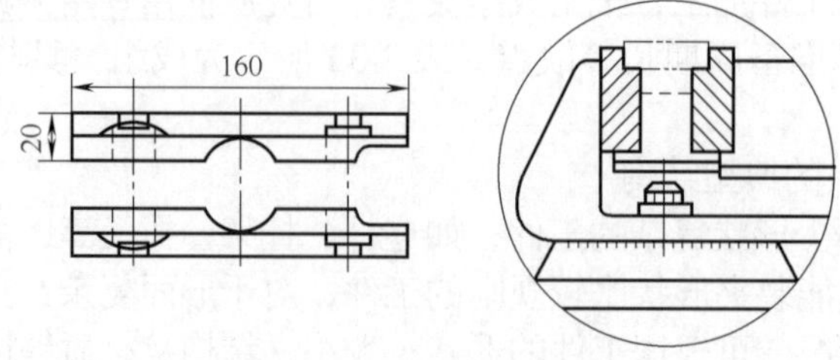


图 3-56　多用钳口的外形

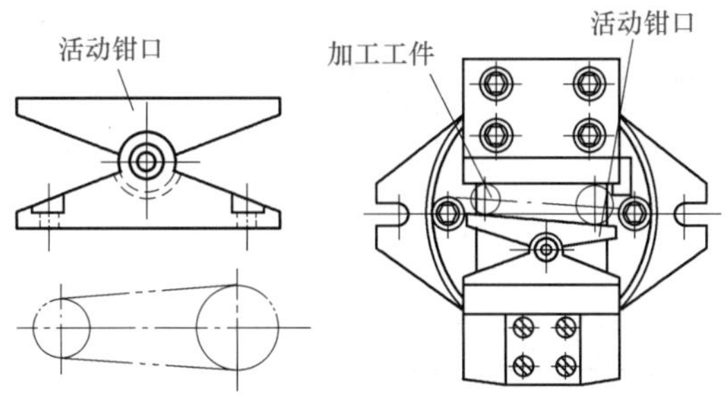


图 3-57　活动钳口的外形

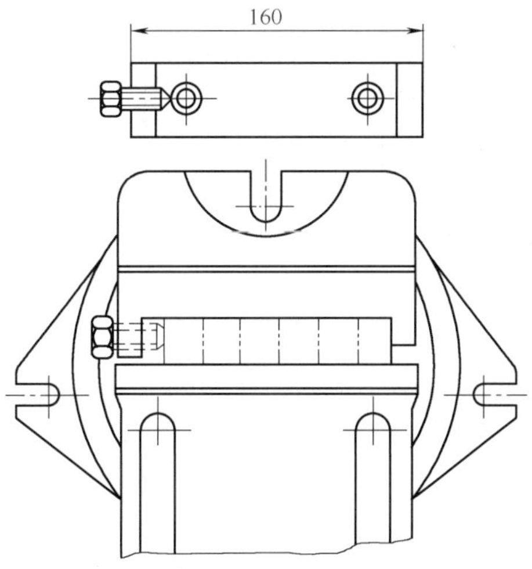


图 3-58　端面齐头钳口的外形

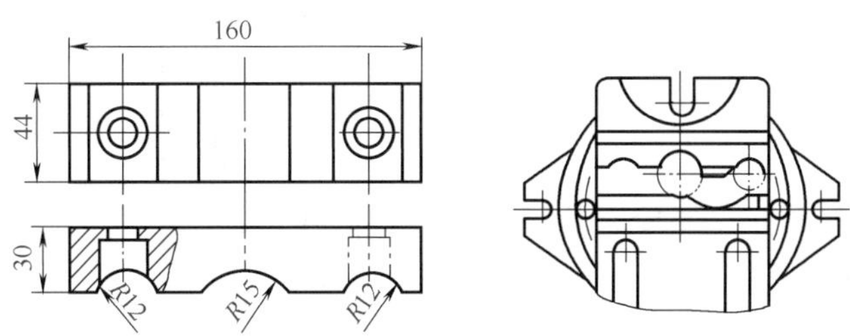


图 3-59　圆弧钳口的外形

在铣削工作中，使用专用的可换钳口和机用虎钳，可扩大加工领域，实践表明，可完成 60% ～ 70% 的外形简单工件的加工。因此，设计和使用可换钳口和可换衬垫（图 3-61），应当成为设计在铣床上加工中小型工件用的成组夹具的主要方向，其成本只有专用夹具的几分之一，而且还能提高劳动生产率。

b. 成组等分铣削夹具。成组等分铣削夹具结构如图 3-62 所示，其结构特点及适用范围见表 3-35。

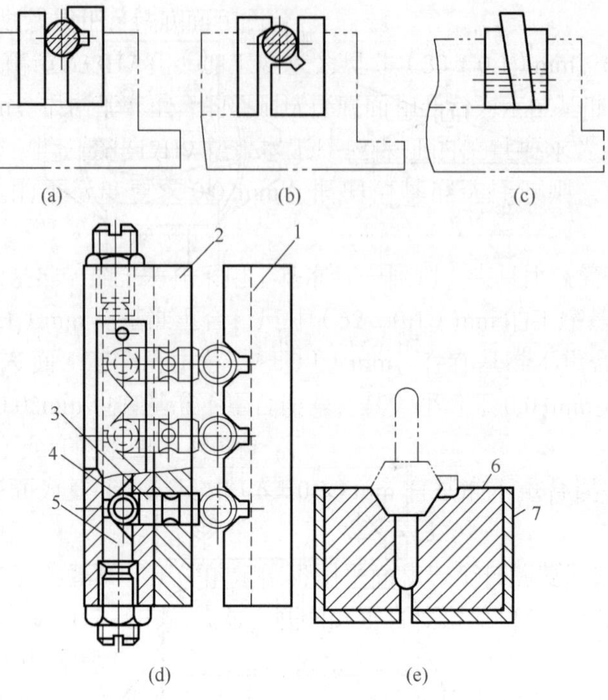


图 3-60　可换钳口的外形

1—固定钳口；2—活动钳口；3—滑柱；4—小圆柱体；5—斜面滑柱；6—塑料；7—可换钳口的壳体

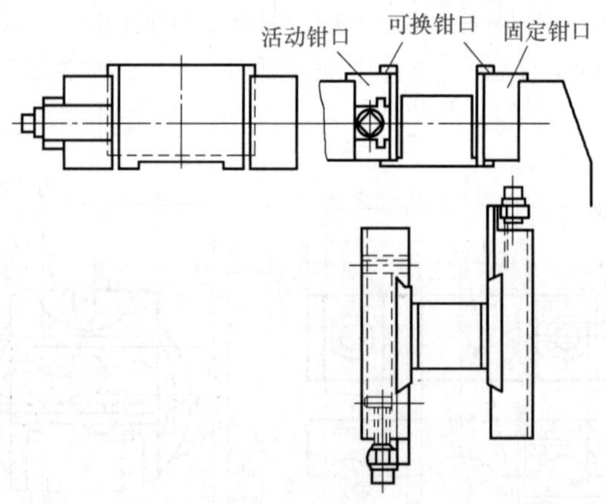


图 3-61　带可换钳口和可换衬垫的成组铣床夹具

如图 3-63（a）～（f）所示为成组等分铣削夹具加工工件组简图。

4. 典型铣床专用夹具的结构

（1）铣削键槽用的简易专用夹具

该夹具用于铣削加工（轴）上的半通键槽，如图 3-64 所示。其各零件的作用见表 3-36。

（2）轴瓦铣开专用夹具

该夹具用于将轴瓦铣成两半，如图 3-65 所示。其各零件的作用见表 3-37。

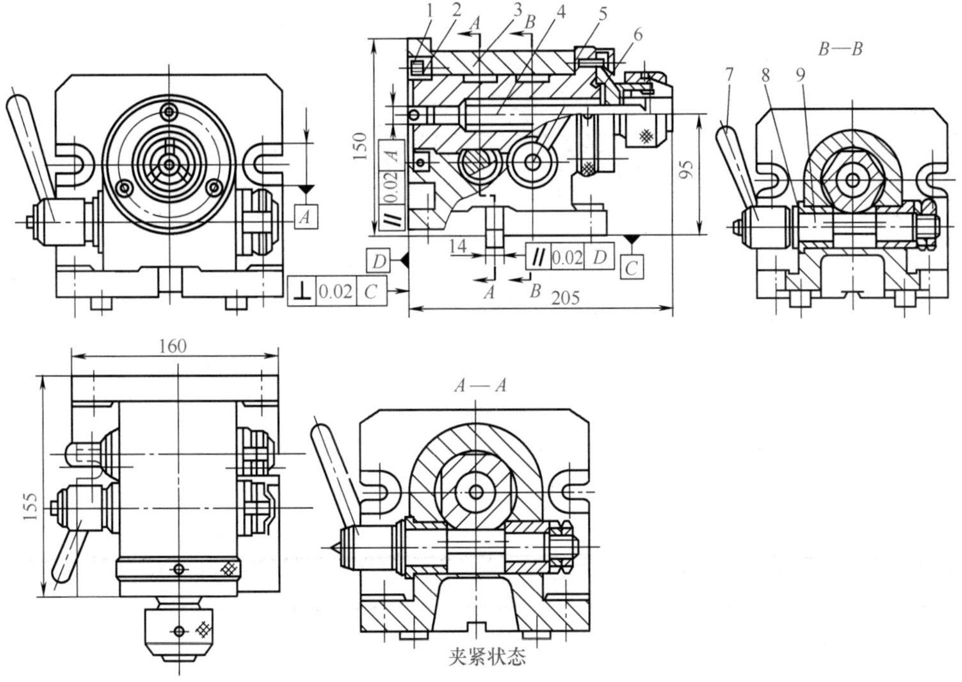


图 3-62 带可换钳口和衬垫的成组等分铣床夹具结构

1—螺母；2—垫圈；3—底座；4—定位杆；5—分度芯轴；6—夹头组件；7—手柄；8—衬套；9—偏心轴

表 3-35 成组等分铣削夹具结构特点及适用范围

| 类 型 | 说 明 |
|---|---|
| 结构特点 | ①本夹具利用偏心进行分度自锁，结构简单，操作方便，可作 2 等分、3 等分、4 等分、6 等分铣削<br>②在分度芯轴上加过渡接盘后，可安装三爪自定心卡盘，利用分度心轴的莫氏 3 号锥孔，也可安装各种带锥柄的夹头<br>③底座为卧立两用结构 |
| 适用范围 | ①可加工本工件组中工件端部的十字槽、六角、四方或外径上的各种形状的通槽<br>②以孔定位的薄形工件可用芯轴装夹，进行多件加工<br>③基体底座加上垫块使基体与顶针座等高后，可代替分度头使用 |

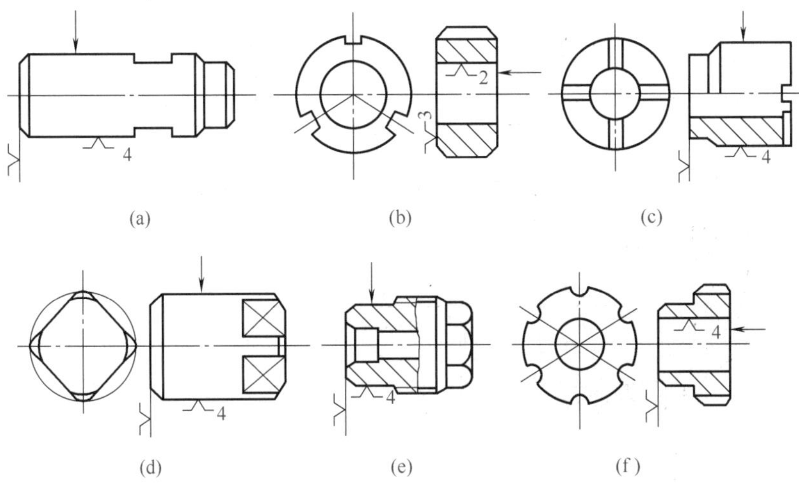


图 3-63 成组等分铣削夹具加工工件组简图

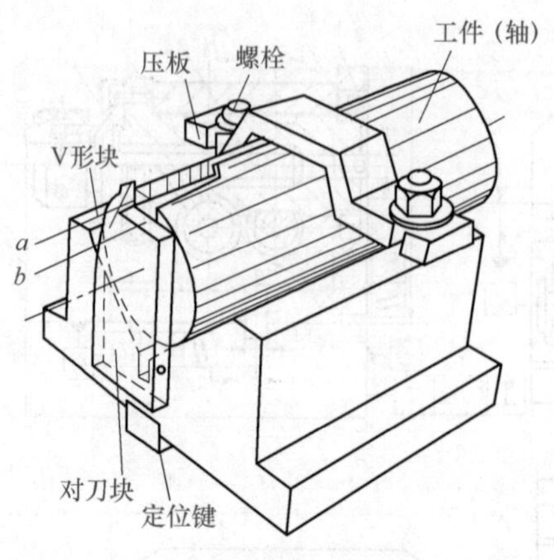


图 3-64　铣削键槽用的简易专用夹具

表 3-36　铣削键槽用的简易专用夹具各零件的作用

| 零件类型 | 零件作用说明 |
|---|---|
| V 形块 | 起连接各零部件组成完整夹具的作用，同时起支承定位作用 |
| 压板和螺栓 | 起夹紧工件（轴）的作用 |
| 对刀块 | 除对工件（轴）起轴向定位作用外，主要用以调整铣刀和工件（轴）的相对位置。对刀面 *a* 通过铣刀周刃对刀，调整铣刀与工件（轴）的中心对称位置；对刀面 *b* 通过铣刀端面刃对刀，调整铣刀与工件（轴）外圆（或水平中心线）的相对位置 |
| 定位键 | 在机床与夹具间起定位作用 |

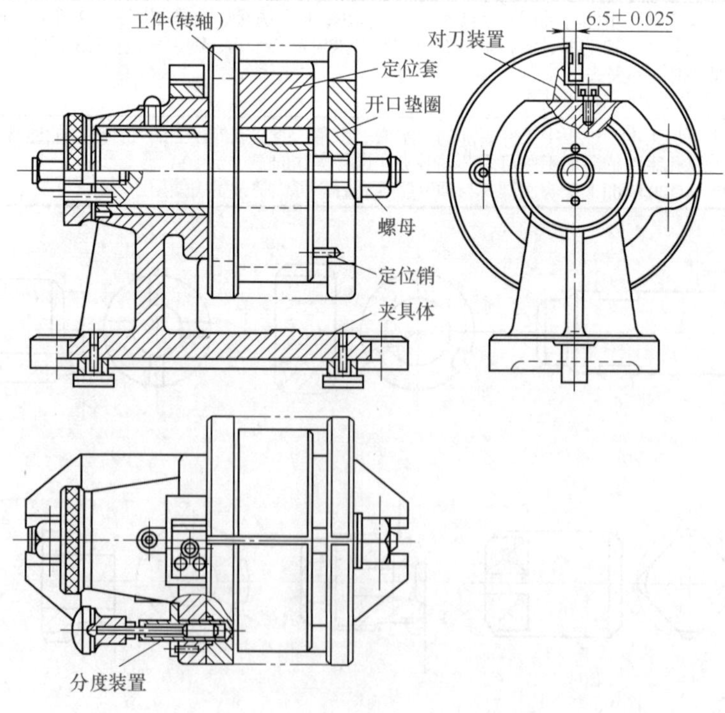


图 3-65　轴瓦铣开夹具

表 3-37　轴瓦铣开专用夹具各零件的作用

| 零件类型 | 零件作用说明 |
| --- | --- |
| 转轴、定位套、定位销和开口垫圈 | 定位套用平键固定于转轴上。工件（轴瓦）装在定位套上，以内孔和端面定位。开口垫圈套在转轴上，使工件（轴瓦）的另一端定位。开口垫圈端面的定位销插入定位套端面的销孔内，使开口垫圈的开口有一个准确不变的位置。转轴可在夹具体的孔内转动，以配合分度装置起分度作用 |
| 夹具体 | 起支承夹具和连接夹具与机床的作用。夹具体底部的定位键与机床工作台的 T 形槽配合，起定位导向作用 |
| 螺母 | 配合开口垫圈将工件（轴瓦）夹紧在定位套上 |
| 分度装置 | 起分度作用。铣开一个切口后，通过分度装置使工件（轴瓦）转 180°，再铣开另一个切口 |
| 对刀装置 | 起对刀作用。对刀时需配合对刀塞块 |

## 5. 铣床组合夹具

（1）组合夹具的系列

组合夹具按尺寸系列有小型、中型和大型三种。其区别在于元件的外形尺寸、T 形槽宽度和螺栓及螺孔直径规格；小型系列组合夹具元件的螺栓规格为 M8×1.25mm，T 形槽之间的距离为 30mm。这种系列夹具适用于仪器、仪表及电子工业，也可以用于较小工件的加工；中型系列组合夹具元件的螺栓规格为 M12×1.5mm，T 形槽之间的距离为 60mm。这种夹具适用于机械制造工业，是目前应用最广泛的一个系列；大型系列组合夹具元件的螺栓规格为 M16×2mm，T 形槽之间的距离为 60mm。该系列的夹具适用于重型机械制造工业。

（2）组合夹具的特点

组合夹具的特点有以下几点：

① 由于元件已标准化、系列化和通用化，因此能缩短夹具的制造时间，使生产周期大大缩短。

② 由于组合夹具的元件可反复使用，因此可节省制造夹具的材料和工时，降低成本。

③ 组合夹具的元件可通过不同形式的组装而成不同类型的夹具，因此适应性强。

④ 为了保证组装多样性，满足生产的需要，需储备足够的元件，因此首次费用较大。

⑤ 与专用夹具相比，组合夹具的刚性和精度较差，结构也不易紧凑。

（3）组合夹具元件的分类

组合夹具大致可分为槽系列和孔系列两大类。槽系组合夹具主要通过键与槽确定元件之间的相互位置；孔系组合夹具主要通过销和孔确定元件之间的相互位置。我国在生产中普遍使用的组合夹具大多是槽系列。

根据组合夹具连接部结构要素的承效能力和适应工件外形尺寸的大小，又可分为大、中、小三个系列，大型组合夹具适用于较大零件的加工；中型组合夹具适用于中等尺寸零件的加工；而小型组合夹具适用于仪器仪表制造业。组合夹具元件按用途可分为 8 大类，每一类又有多个品种和多种规格。这些品种、规格不同的元件，其区别在于外形尺寸和相应的螺钉直径、定位键宽度的不同。组合元件的类别、品种和规格见表 3-38。

表 3-38　组合元件的类别、品种和规格

| 类别 | 品种数 | | | 规格数 | | |
| --- | --- | --- | --- | --- | --- | --- |
| | 大型 | 中型 | 小型 | 大型 | 中型 | 小型 |
| 基础件 | 3 | 9 | 8 | 9 | 39 | 35 |
| 支承件 | 17 | 24 | 34 | 105 | 230 | 186 |
| 定位件 | 7 | 25 | 27 | 30 | 335 | 236 |
| 导向件 | 6 | 12 | 17 | 16 | 406 | 300 |

续表

| 类别 | 品种数 | | | 规格数 | | |
|---|---|---|---|---|---|---|
| | 大型 | 中型 | 小型 | 大型 | 中型 | 小型 |
| 压紧件 | 6 | 9 | 11 | 13 | 32 | 31 |
| 紧固件 | 15 | 16 | 18 | 96 | 143 | 133 |
| 其他元件 | 8 | 18 | 13 | 25 | 135 | 74 |
| 组合件 | 2 | 6 | 11 | 4 | 13 | 22 |

下面主要介绍我国槽系组合夹具各类元件中一些主要品种外观形状，而孔系组合夹具的元件分类与槽系基本相同。各类元件及其主要用途见表 3-39。

表 3-39　组合夹具的元件分类及其主要用途

| 元件类型 | 元件作用说明 |
|---|---|
| 基础件 | 基础件主要作夹具体用，也是各类元件安装的基础。通过定位键和槽用螺栓可定位安装其他元件，组成一个统一的整体。基础件有方形基础板、长方形基础板、圆形基础板和角尺形基础板等结构形式，如图 3-66 所示。其中圆形基础板还可作简单的分度。角尺形基础板可作弯板及较强的支柱，也可作钻模、铣削夹具的夹具体 |
| 支承件 | 它是组合夹具的骨架元件，各种夹具结构的组成都少不了它。支承件用作不同高度的支承和各种定位支承平面。它还起上下连接作用，即把上面的组合件及定位、导向等元件通过它与其下面的基础板连成一体。它包括各种垫片、垫板、支承、角铁垫板、菱形板、V 形块等，如图 3-67 所示 |
| 定位件 | 定位件如图 3-68 所示，有定位键、定位销、定位盘、各种定位支承、定位支座、镗孔支承、对位轴及各种顶尖等。定位元件主要用在组装时确定各元件之间或元件与工件之间的相对位置，用于保证夹具中各元件的定位精度、连接强度及整个夹具的刚度 |
| 导向件 | 导向元件主要用来确定孔加工时刀具与工件的相对位置，有的导向件可作工件定位用，有的也可起引导刀具的作用。如图 3-69 所示，导向件包括各种结构和规格的钻模板、钻套和导向支承等 |
| 压紧件 | 压紧件用于保证工件定位后的正确位置。各种压板的主要面都需磨削，因此常用它作为定位挡板、连接板和其他用途。压紧件包括各种压板，用以压紧工件，如图 3-70 所示 |
| 紧固件 | 紧固元件包括各种螺栓、螺钉、螺母和垫圈等，它用于连接组合夹具中的各种元件及紧固被加工工件，它在一定程度上影响着整个夹具的刚性。组合夹具使用的螺栓和螺母，一般要求强度高、寿命长、体积小，如图 3-71 所示 |
| 其他元件 | 这类元件是在组合夹具的元件中难以列入上述几类元件的，统一并入其他件。包括：连接板、回转压板、浮动块、各种支承钉、支承帽、支承环、二爪支承、三爪支承等，其用途各不相同，它们在夹具中主要起辅助作用，如图 3-72 所示 |
| 组合件 | 组合件是指由几个元件组成的单独部件，在使用过程中以独立部件参加组装，一般不允许拆散。它能提高组合夹具的万能性，扩大使用范围，加快组装速度，简化夹具结构等。常见的组合件分为：分度合件、支承合件、定位合件、夹紧合件、钻模用合件、组装工具等，如图 3-73 所示 |

（4）组合夹具的组装

把组合夹具的元件和合件，按一定的步骤和要求组合成加工所需的夹具，这就是组装工作。组合夹具的组装是夹具设计和装配统一的过程。正确的组装过程一般按下列步骤进行，见表 3-40。

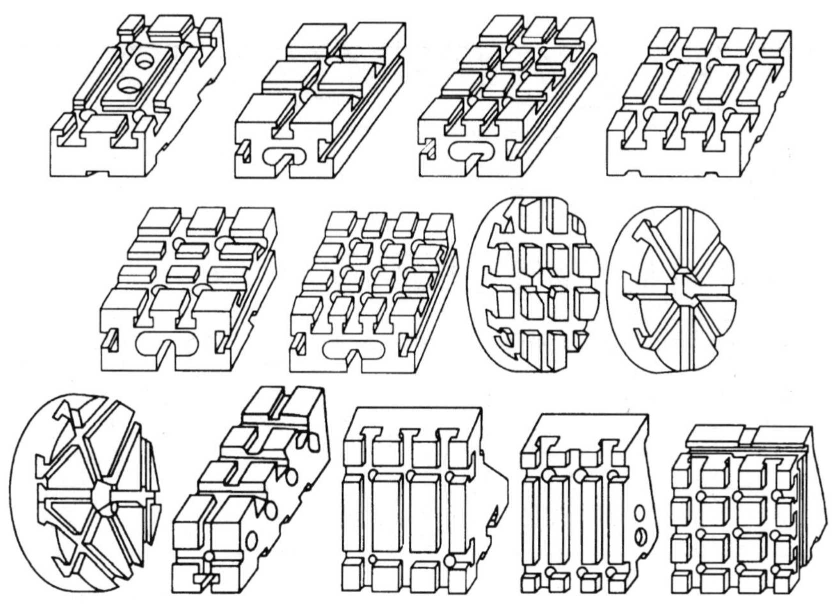

图 3-66　组合夹具的基础件类型

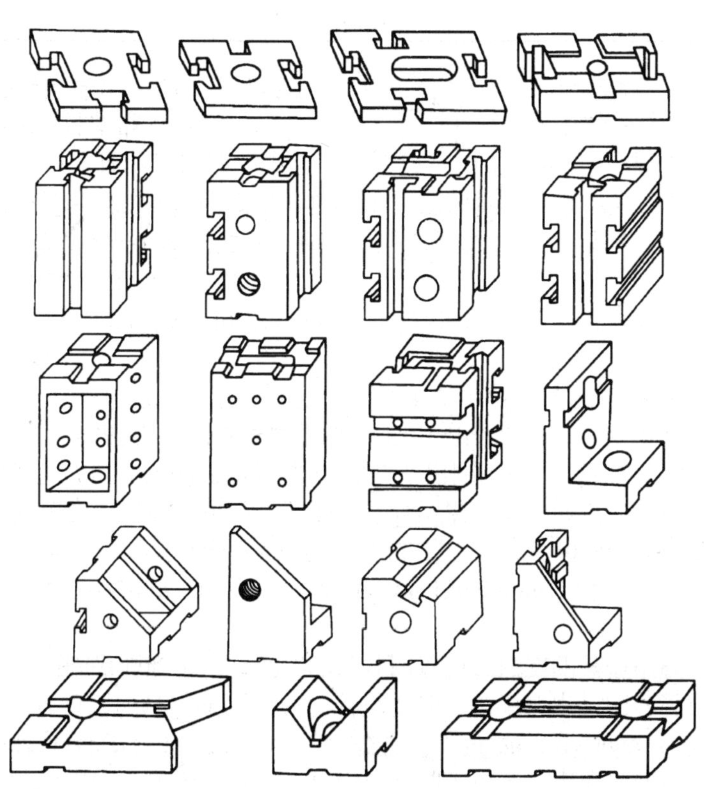

图 3-67　组合夹具的支承件类型

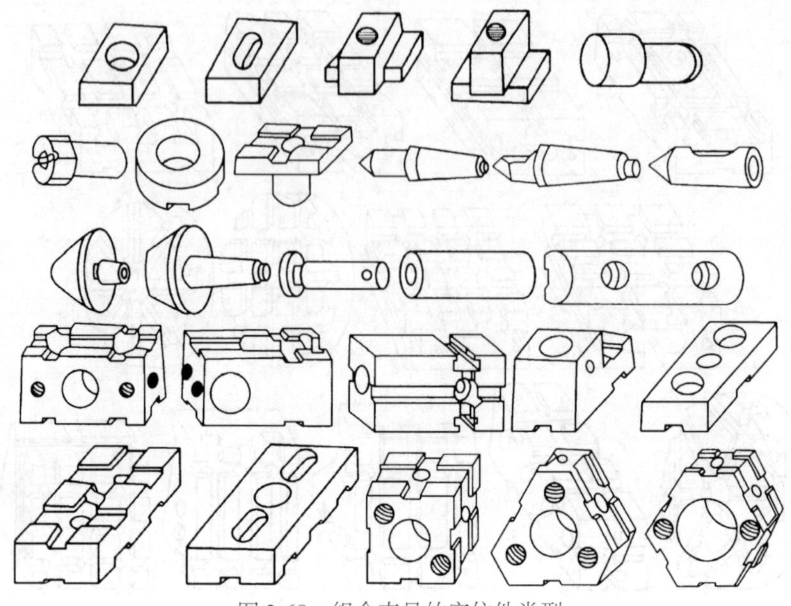

图 3-68　组合夹具的定位件类型

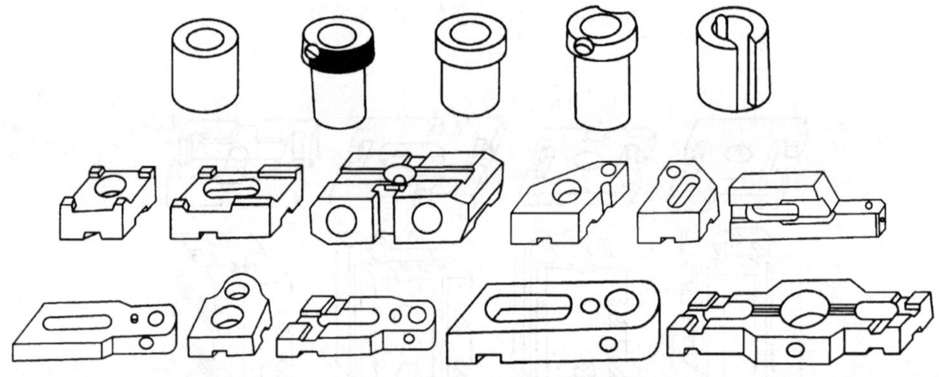

图 3-69　组合夹具的导向件类型

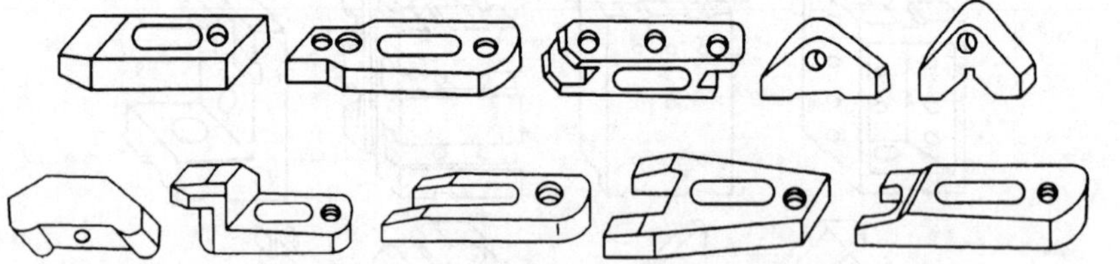

图 3-70　组合夹具的压紧件类型

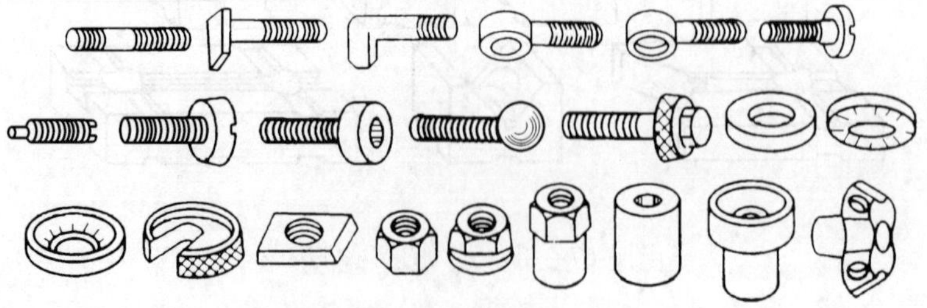

图 3-71　组合夹具的紧固件类型

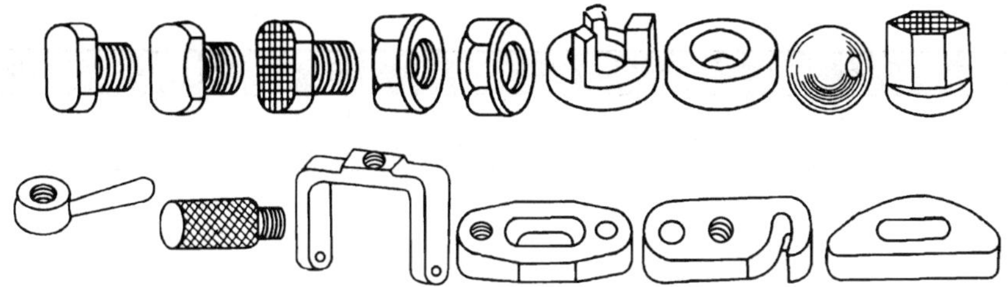

图 3-72 组合夹具的其他元件类型

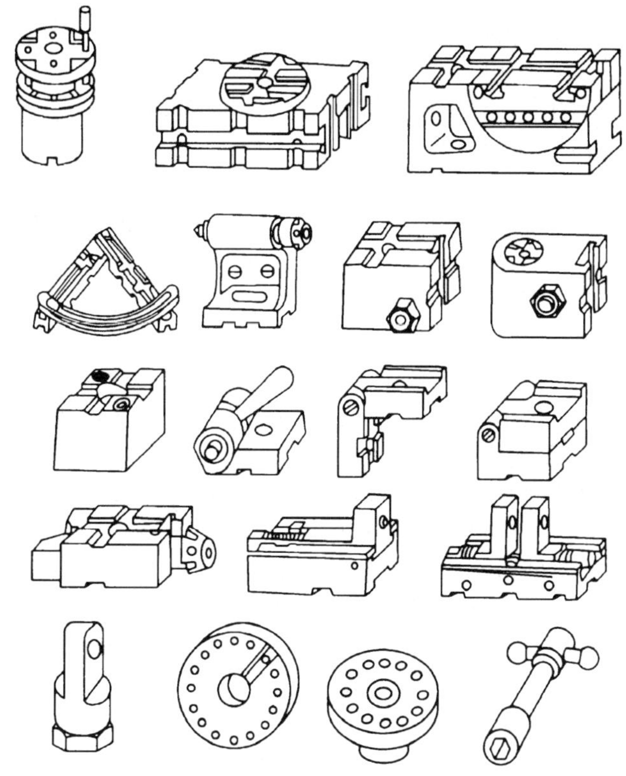

图 3-73 组合夹具的组合件类型

表 3-40 组合夹具的组装

| 类别 | 说明 |
| --- | --- |
| 熟悉工件的加工工艺和技术要求 | 因为组合夹具是为加工某工件的一个工序服务的，因此在组装前必须对这个工件的工艺规程和工件图样上的技术要求有所了解，特别是对本工序所要求达到的技术要求要了解透彻。此外，还应掌握组合夹具现有各类元件的结构和规格等情况 |
| 拟定组装方案 | 在熟悉了加工工件的工艺和技术要求后，经过分析，可按工件的定位基准来选择定位元件，并考虑其如何固定和调整。同时，按工件的形状、夹紧部位来选择夹紧元件，确定夹紧装置的结构。此外，还应考虑有哪些特殊要求需要保证，采用哪些元件来实现这些特殊要求等。最后，还应大体上设想一下整个夹具的总体布置情况 |
| 试装 | 在有了上述初步设想后，就可着手进行试装，即按设想的夹具结构，先摆个样子，不予固定。其目的在于验证设想的夹具结构是否合理，能否实现，通过试装，可以按具体情况进行修正，以避免在正式组装时出现较多的返工 |
| 组装和调整 | 在拟定方案和试装的基础上，可以进行正式组装，组装时一般是按照由夹具的内部到外部，由下部至上部的顺序进行元件的组装和调整。其间，两者往往是交叉进行的，即边组装、边测量、边调整。调整是组装工作中相当重要的环节。在连接元件和紧固元件时，应该保证元件定位和紧固的可靠性，以免在使用过程中发生事故 |

续表

| 类别 | 说明 |
| --- | --- |
| 检查 | 当夹具元件全部紧固后，应仔细地进行一次检查，例如检查结构是否合理、工件夹紧是否可靠、夹具尺寸能否保证加工的技术要求等。如果认为已完善无误，则可交付使用 |

## 三、铣床夹具使用和维护

合理选用和正确使用铣床夹具，是保证铣削加工质量、提高工作效率、降低成本、减轻劳动强度、确保安全生产的重要途径。因而注意夹具的维护，对保证铣床夹具具有较长的使用寿命和保持高的精度是必要的。

（1）三爪自定心卡盘的使用与维护

① 三爪自定心卡盘的中心定位精度取决于工字形槽与卡爪的配合精度及大锥齿轮端面矩形阿基米德螺纹与卡爪端面螺纹的配合精度。因此，应经常检查和清洁这些配合部位。卡爪是固定成组搭配使用的，不能随意组合使用；卡爪与工字形槽也有对应的顺序关系，不能随意改变。因为不同的工字形槽处的大锥齿轮端面螺纹线的中心距是不同的。

② 三爪自定心卡盘的夹紧，是用定制的方头扳手来操作的，不能随意加长力臂。因为过大的夹紧力矩会损坏工字形槽和锥齿轮，也会影响自定心精度。

③ 用于精加工和粗加工的三爪自定心卡盘应分别保管。

④ 用三爪自定心卡盘和尾座一夹一顶装夹工件时，应注意尾座顶尖的轴线与自定心卡盘的轴线同轴。进行螺旋加工时应注意避让，以免铣刀切伤卡爪而损坏三爪自定心卡盘。

（2）机用虎钳的使用和维护

① 机用虎钳的夹紧机构应采用定制的机用虎钳扳手，在限定的力矩范围内夹紧工件。扳紧力矩过大会降低机用虎钳的寿命，甚至使虎钳遭到损坏。

② 使用时，应注意保证定位侧面与工作台面的垂直度及导轨上平面与工作台面的平行度。只有这样才能保证工件有高的定位精度。应注意保持固定钳口和活动钳口平面的质量，若其表面有凸起毛刺，不仅会影响定位精度，还会夹坏工件的已加工表面。

③ 应经常检查各紧固螺钉，如发现松动应及时紧固。

④ 应注意保持导轨面和各贴合面的清洁。在使用回转盘上刻度前，首先应找正固定钳口与工作台某一进给方向平行，然后在调整中使用回转刻度。

⑤ 机用虎钳的钳口可以制成多种形式，更换不同形式的钳口，可扩大虎钳的使用范围。机用虎钳不同形式的钳口如图 3-74 所示。

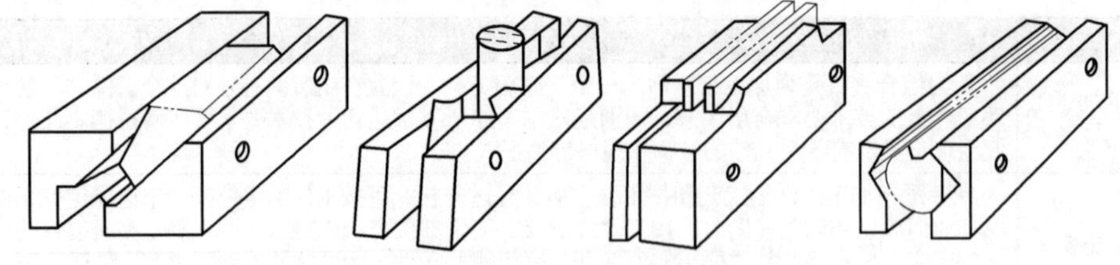

图 3-74　机用虎钳不同形式的钳口

（3）专用夹具的使用和维护

专用夹具是专为某一工件的某一工序设计的，使用时应注意下列事项：

① 识读工件的工序加工图，了解工件的结构特点，特别是本工序工件的定位部位和夹紧部位的特点。根据图样的编号和工装对应编号选用夹具，并对夹具进行检查分析，分析定位元件和定位部位，夹紧元件和使用方法，确定保证夹具与机床的相对位置精度的方法，以

及工件安装方法。

② 若夹具有等分装置，应检查等分精度，回转紧固机构是否完好。若夹具有对刀装置，应分析对刀装置的对应加工尺寸及对刀方法。若无对刀装置，应对工件进行划线，以便调整切削位置。

③ 应根据适用的切削用量进行铣削。铣削过程中，应注意观察工件的振动情况，夹具、机床、刀具等工艺系统的振动情况，以便根据切削情况调整切削用量和夹紧力。

④ 夹具使用完毕，应及时送回专用夹具保管部门进行检测保养。

（4）组合夹具的使用和维护

① 组合夹具应由专门人员组装。

② 使用过程中应定期检查各连接部位的螺栓、螺钉是否紧固，各基本元件的接合面之间是否有间隙。

③ 夹具安装到工作台上以后，应该用百分表检查各定位部位的定位精度。

④ 试铣削时应缓缓进行，观察夹具的振动情况，以防止梗刀。若发现梗刀等冲击力时，应注意检查夹具的组合位置是否改变，以免产生废品。

⑤ 组合夹具用毕拆卸后，应仔细清洁各元件表面、凹槽、内孔等部位，然后涂上防锈剂，妥善保存在专门位置，以备再用。

## 第六节 机械加工工艺规程的制定

### 一、工艺规程及其作用

在小批量生产中，一般应拟定工艺过程卡片，在批量生产中，除制定工艺过程卡片之外，还应制定工序卡片。

机械加工工艺规程的作用主要有以下三个方面。

① 加工工艺规程是顺利生产的重要保证，按照它组织生产，就能做到各工序科学地衔接，实现优质、高产和低耗。

② 加工工艺规程是生产准备和计划调度的主要依据，使生产均衡顺利地进行。

③ 加工工艺规程是新建、扩建和改造生产系统的基本技术文件。

### 二、机械加工工艺规程制定

正确的工艺规程必须满足图样的各项技术要求；必须结合本单位的实际情况；必须保证工艺的经济性、技术的先进性和方案的可实施性。

#### 1. 资料准备

这些资料与信息包括产品技术信息（完整的图样和技术要求等）、产品的生产信息（生产批量、交货时间等）；产品原材料信息（毛坯或材料的供应情况等）；生产条件信息（现有生产的设备状况、人员素质等）；新技术、新工艺、新材料信息（国内外的先进工艺及生产技术的发展状况等）。

#### 2. 计算年生产纲领

通过计算年生产纲领，确定产品的生产类型是大批量、中批量还是单件小批量生产，生产类型是制定工艺规程的重要依据。

### 3. 加工零件的工艺性分析

工艺性分析就是分析影响零件加工难易程度的因素，为采取合理工艺措施奠定基础，包括以下内容，见表 3-41。

表 3-41　加工零件的工艺性分析

| 类别 | 说　明 |
|---|---|
| 检查零件图的完整性和正确性 | 在了解零件形状和结构之后，应检查零件视图是否正确、足够，表达是否直观、清楚，绘制是否符合国家标准，尺寸、公差以及技术要求的标注是否齐全、合理等 |
| 零件的技术要求分析 | 零件的技术要求包括加工表面的尺寸精度、形状精度、主要加工表面之间的相互位置精度、加工表面的粗糙度以及表面质量方面的其他要求、热处理要求和其他要求（如动平衡、未注圆角或倒角、去毛刺、毛坯要求等） |
| 零件的材料分析 | 分析所提供的毛坯或材料材质本身的力学性能和热处理状态，毛坯的铸造品质和被加工部位的材料硬度，是否有白口、夹砂、疏松等。判断其加工的难易程度，为选择刀具材料和切削用量提供依据。所选的零件材料应经济合理，切削性能好，满足使用性能的要求 |
| 合理的标注尺寸 | ①零件图上的重要尺寸应直接标注，而且在加工时应尽量使工艺基准与设计基准重合，并符合尺寸链最短的原则<br>②零件图上标注的尺寸应便于测量，尽量不要从轴线、中心线、假想平面等难以测量的基准标注尺寸<br>③零件图上的尺寸不应标注成封闭式，以免产生矛盾<br>④零件上非配合的自由尺寸，应按加工顺序尽量从工艺基准给出<br>⑤零件上各非加工表面的位置尺寸应直接标注，而非加工面与加工面之间只能有一个联系尺寸 |
| 零件的结构工艺性分析 | 零件的结构工艺性分析零件结构应尽量满足以下要求<br>①有利于达到所要求的加工质量<br>②有利于减少加工劳动量<br>③有利于提高劳动生产率<br>在常规工艺条件下零件结构工艺性分析的例子见表 3-42 |

表 3-42　在常规工艺条件下零件结构工艺性分析举例

| 问题 | 工艺性不好 | | 改进后工艺性好 | |
|---|---|---|---|---|
| 箱耳位置 | 孔离箱壁太近<br>①钻头在圆角处易引偏<br>②箱壁高度尺寸大，需加长钻头方能钻孔 | 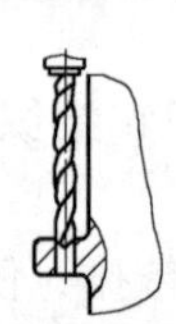 | 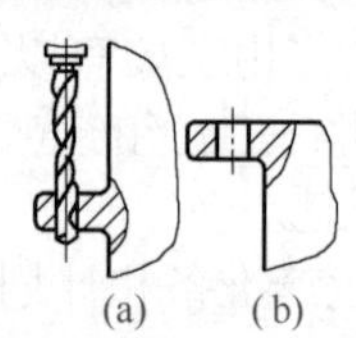 (a)　(b) | ①加长箱耳，不需加长钻头可钻孔<br>②只要使用上允许，将箱耳设计在某一端，则不需加长箱耳，即可方便加工 |
| 螺纹加工退刀槽 | 车螺纹时，螺纹根部易打刀；工人操作紧张，且不能清根 | 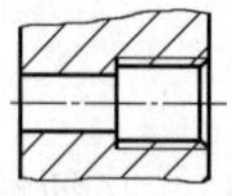 | 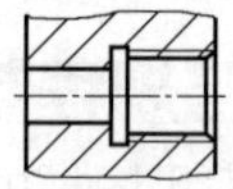 | 留有退刀槽，可使螺纹清根，操作相对容易，可避免打刀 |
| 键槽加工退刀槽 | 插键槽时，底部无退刀空间，易打刀 | 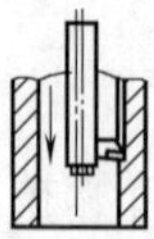 | 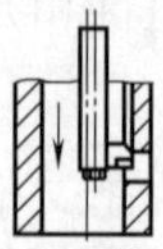 | 留出退刀空间，避免打刀 |
| 齿轮加工退刀槽 | 小齿轮无法加工，插齿无退刀空间 | 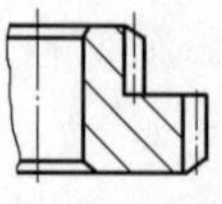 | 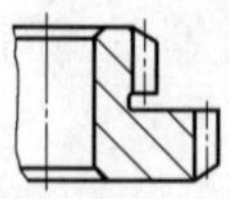 | 大齿轮可滚齿或插齿，小齿轮可以插齿加工 |
| 磨削加工退刀槽 | 两端轴颈需磨削加工，因砂轮圆角而不能清根 | 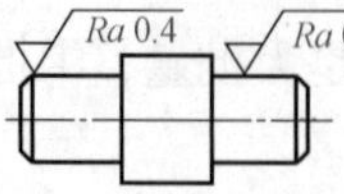 Ra 0.4　Ra 0.4 | 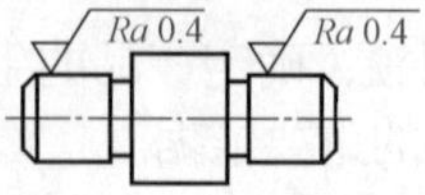 Ra 0.4　Ra 0.4 | 留有退刀槽，磨削时可以清根 |

续表

| 问题 | 工艺性不好 | | 改进后工艺性好 | |
|---|---|---|---|---|
| 加工表面划伤 | 键槽底与左孔母线齐平，插键槽时易划伤左孔表面 | 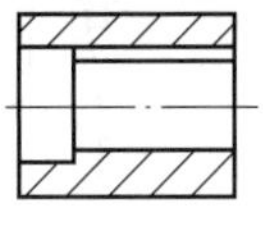 | 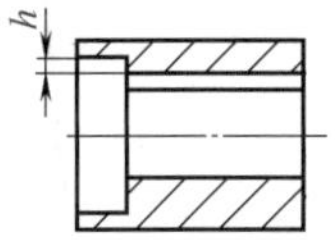 h | 左孔尺寸稍大，可避免划伤左孔表面。操作方便 |
| 斜面钻孔 | 斜面钻孔，钻头易引偏 | 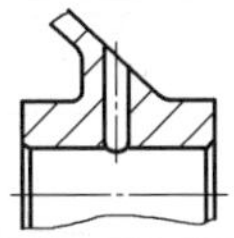 | 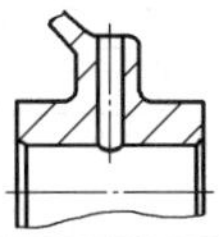 | 只要结构允许，留出平台，可直接钻孔 |
| 锥面磨削清根 | 锥面需磨削，加工时易碰伤圆柱面，并且不能清根 | 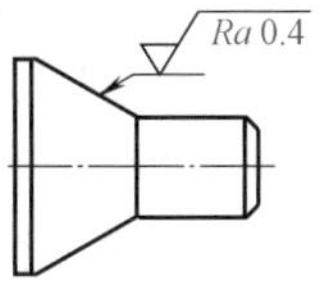 Ra 0.4 | 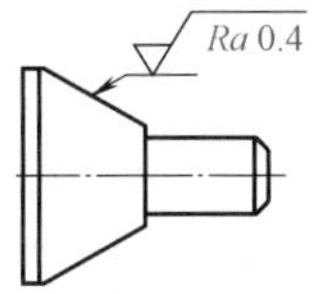 Ra 0.4 | 可方便地对锥面进行磨削加工 |
| 箱体加工面 | 加工面设计在箱体内，加工时调整刀具不方便，观察也困难 | 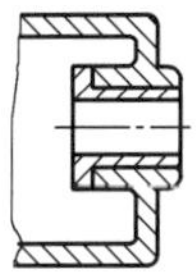 | 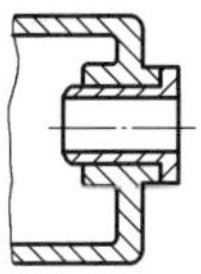 | 加工面设计在箱体外部，加工方便 |
| 加工面同高度 | 加工面高度不同，需两次调整刀具加工，影响生产率 | 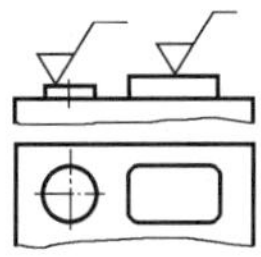 | 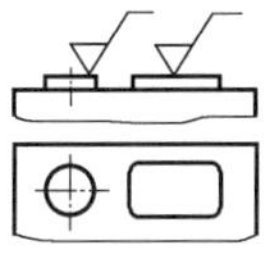 | 加工面在同高度，一次调整刀具，可加工两个平面 |
| 空刀槽尺寸 | 三个空刀槽的宽度有三种尺寸，需用三把不同尺寸刀具加工 | 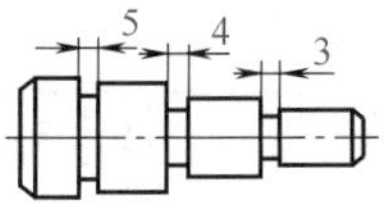 5 4 3 | 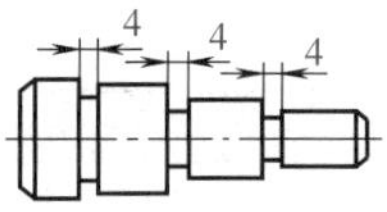 4 4 4 | 空刀槽宽度相同，使用一把刀具即可加工 |
| 螺纹孔尺寸 | 同一端面上的螺纹孔，尺寸相近，由于需更换刀具，因此加工不方便，而且装配也不方便 | 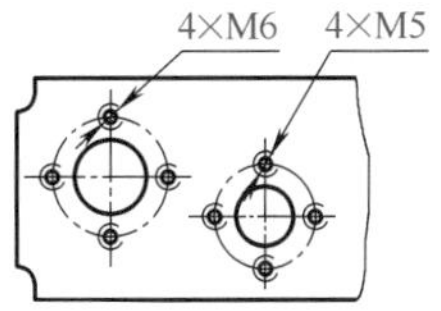 4×M6 4×M5 | 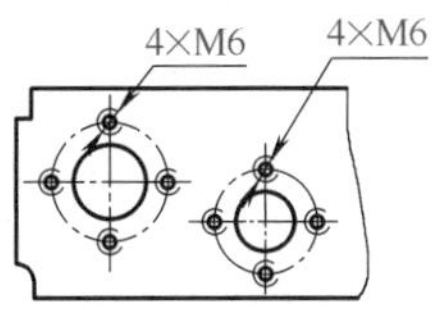 4×M6 4×M6 | 尺寸相近的螺纹孔，改为同一尺寸螺纹孔，方便加工和装配 |
| 加工面大小 | 加工面大，加工时间长，并且零件尺寸愈大，平面度误差愈大 | 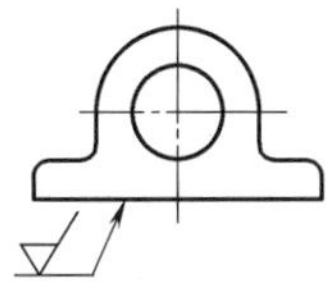 | 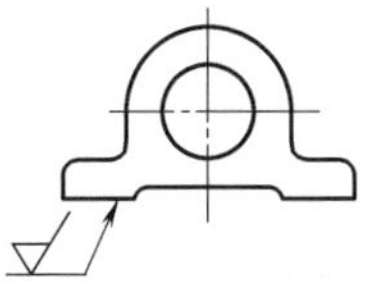 | 加工面减小，节省工时，减少刀具损耗，并且容易保证平面度要求 |
| 同轴度 | 外圆和内孔有同轴度要求，由于外圆需在两次装夹下加工，所以同轴度不易保证 | 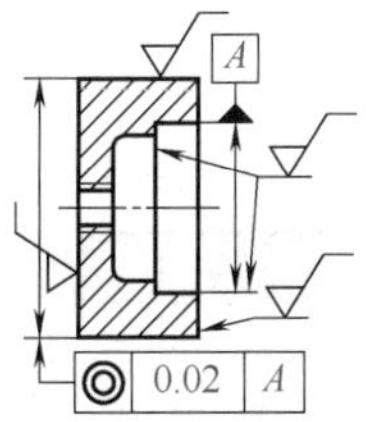 A ◎ 0.02 A | 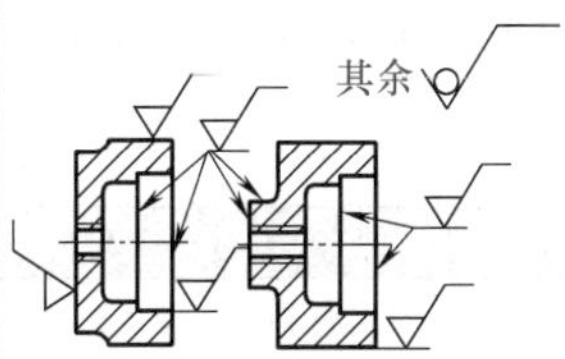 其余 | 可在一次装夹下加工外圆和内孔，同轴度要求易得到保证 |
| 内壁孔口 | 内壁孔出口处有阶梯面，钻孔时孔易钻偏或钻头折断 | 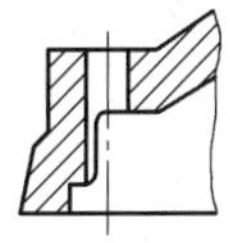 | 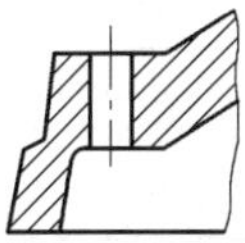 | 内壁孔口出口端平整，钻孔方便，易保证孔中心位置度 |

续表

| 问题 | 工艺性不好 | | 改进后工艺性好 | |
|---|---|---|---|---|
| 附加定位面 | 加工*B*面时以*A*面为定位基准，由于*A*面较小定位不可靠 | 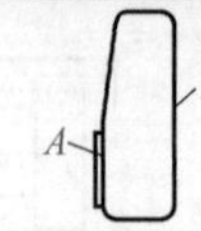 *B* *A* | 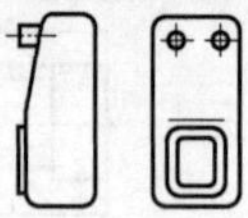 | 附加定位基准，加工时保证*A*、*B*面平行，加工后，将附加定位基准去掉 |
| 键槽方向 | 键槽设置在阶梯轴90°方向上，需两次装夹加工 | 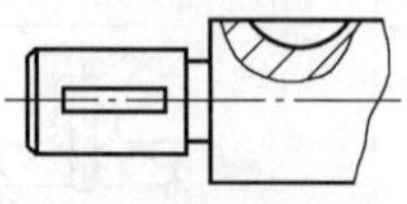 | 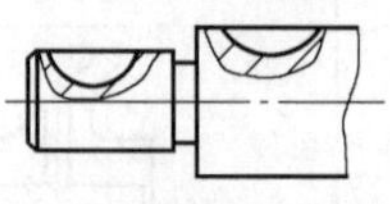 | 将阶梯轴的两个键槽设计在同一方向上，一次装夹即可对两个键槽加工 |
| 钻孔深度 | 钻孔过深，加工时间长，钻头耗损大，并且钻头易偏斜 | 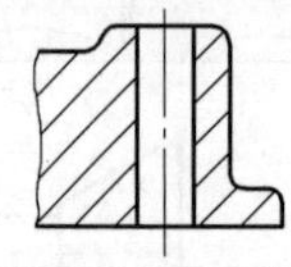 | 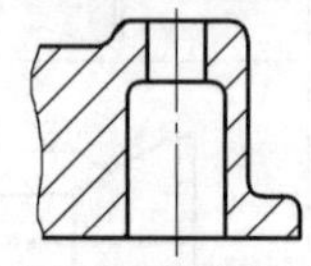 | 钻孔的一端留空刀，钻孔时间短，钻头寿命长，钻头不易偏斜 |
| 气（油）道设计 | 进、排气（油）通道设计在孔壁上，加工相对困难 | 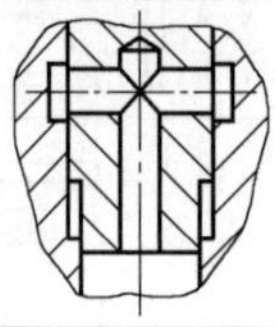 | 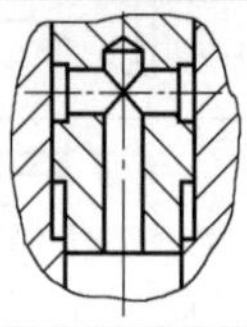 | 进、排气（油）通道设计在轴的外圆上，加工相对容易 |

### 4. 毛坯选择

选择毛坯的种类和制造方法时应全面考虑机械加工成本和毛坯制造成本，以达到降低零件生产总成本的目的。

① 毛坯的种类（表3-43）

表3-43　毛坯的种类

| 类别 | 说　明 |
|---|---|
| 铸件 | 铸件适用于形状较复杂的零件毛坯。其铸造方法有砂型铸造、精密铸造、金属型铸造、压力铸造等。较常用的是砂型铸造，当毛坯精度要求低、生产批量较小时，采用木模手工造型法；当毛坯精度要求高、生产批量很大时，采用金属型机器造型法。铸件材料有铸铁、铸钢及铜、铝等有色金属 |
| 锻件 | 锻件适用于强度要求高、形状比较简单的零件毛坯。其锻造方法有自由锻和模锻两种。自由锻毛坯精度低、加工余量大、生产率低，适用于单件小批生产以及大型零件毛坯。模锻毛坯精度高、加工余量小、生产率高，但成本也高，适用于中小型零件毛坯的大批量生产 |
| 型材 | 型材有热轧和冷拉两种。热轧适用于尺寸较大、精度较低的毛坯；冷拉适用于尺寸较小、精度较高的毛坯 |
| 焊接 | 焊接件是根据需要将型材或钢板等焊接而成的毛坯件，它简单方便，生产周期短，但需经时效处理后才能进行机械加工 |
| 冷冲压件 | 冷冲压件毛坯可以非常接近成品要求，在小型机械、仪表、轻工电子产品方面应用广泛。但因冲压模具昂贵，仅用于大批量生产 |

② 毛坯选择时应考虑的因素（表3-44）

表3-44　毛坯选择时应考虑的因素

| 类别 | 说　明 |
|---|---|
| 零件的材料及力学性能要求 | 零件材料的工艺特性和力学性能大致决定了毛坯的种类。例如铸铁零件用铸造毛坯；钢质零件当形状较简单且力学性能要求不高时常用棒料；重要的钢质零件应选用锻件，形状复杂力学性能要求不高时用铸钢件；有色金属零件常用型材或铸造毛坯 |
| 零件的结构形状与外形尺寸 | 大型且结构较简单的零件毛坯多用砂型铸造或自由锻；结构复杂的毛坯多用铸造；小型零件可用模锻件或压力铸造毛坯；板状钢质零件多用锻件毛坯；轴类零件的毛坯，若台阶直径相差不大，可用棒料；若台阶尺寸相差较大，则宜选择锻件 |

续表

| 类别 | 说明 |
| --- | --- |
| 生产纲领的大小 | 大批量生产中，应采用精度和生产率都较高的毛坯制造方法。铸件采用金属模机器造型和精密铸造，锻件用模锻或精密锻造。在单件小批生产中用木模手工造型或自由锻来制造毛坯 |
| 现有生产条件 | 确定毛坯时，必须结合具体的生产条件，如现场毛坯制造的实际水平和能力、外协的可能性等 |
| 充分利用新工艺、新材料 | 为节约材料和能源，提高机械加工生产率，应充分考虑精密铸造、精锻、冷轧、冷挤压、粉末冶金、异形钢材及工程塑料等在机械中的应用，减少机械加工量，经济效益非常显著 |

### 5. 拟定工艺过程

包括划分工艺过程的组成，选择定位基准、选择零件表面的加工方法，安排加工顺序和组合工序等。

### 6. 工序设计

包括选择机床和工艺装备、确定加工余量、计算工序尺寸及其公差、确定切削用量及计算工时定额等。

### 7. 编制工艺文件

按照一定的格式和要求编制工艺文件。

## 三、工艺过程的设计

### 1. 定位基准的选择

选择定位基准时，是从保证工件加工精度要求出发的，因此，定位基准的选择应先选择精基准，再选择粗基准。

（1）精基准的选择原则

选择精基准时，主要应考虑保证加工精度和工件安装方便可靠，其选择原则见表 3-45。

表 3-45　精基准的选择原则

| 类别 | 说明 |
| --- | --- |
| 基准重合原则 | 选用设计基准作为定位基准，以避免定位基准与设计基准不重合而引起的基准不重合误差。如图 3-75（a）所示的零件，设计尺寸为 $a$ 和 $c$，设顶面 $B$ 和底面 $A$ 已加工好（即尺寸 $a$ 已经保证），现在用调整法铣削一批零件的 $C$ 面。为保证设计尺寸 $c$，以 $A$ 面定位，则定位基准 $A$ 与设计基准 $B$ 不重合，如图 3-75（b）所示。由于铣刀是相对于夹具定位面（或机床工作台面）调整的，对于一批零件来说，刀具调整好后位置不再变动。加工后尺寸 $c$ 的大小不一：除受本工序加工误差（$\Delta_j$）的影响外，还与上道工序的加工误差（$L_a$）有关。这一误差是由于所选的定位基准与设计基准不重合而产生的，这种定位误差称为基准不重合误差。它的大小等于设计（工序）基准与定位基准之间的联系尺寸 $a$（定位尺寸）的公差 $T_a$。从图 3-75（c）中可看出，欲加工尺寸 $c$ 的误差包括 $\Delta_j$ 和 $L_a$，为了保证尺寸 $c$ 的精度，应使 $\Delta_j+L_a \leqslant T_c$<br>采用基准不重合的定位方案，必须控制该工序的加工误差和基准不重合误差的总和不超过尺寸 $c$ 的公差 $T_c$。既缩小了本道工序的加工允差，又对前面工序提出较高的要求，使加工成本提高，应当避免。所以，在选择定位基准时，应当尽量使定位基准与设计基准相重合<br>如图 3-76 所示，以 $B$ 面定位加工 $C$ 面，使基准重合，此时尺寸 $a$ 的误差对加工尺寸 $c$ 无影响，本工序加工误差只需满足 $\Delta_j \leqslant T_c$ 即可<br>基准重合的情况能使本工序允许出现的误差加大，使加工更容易达到精度要求，经济性更好。但是有时采用基准重合会使夹具结构复杂，增加操作的困难 |
| 基准统一原则 | 采用同一组基准定位加工零件上尽可能多的表面，这就是基准统一原则。这样做可以简化工艺规程的制订工作，减少夹具设计、制造工作量和成本，缩短生产准备周期。由于减少了基准转换，所以便于保证各加工表面的相互位置精度。例如加工轴类零件时，采用两中心孔定位加工各外圆表面，就符合基准统一原则。箱体零件采用一面两孔定位，齿轮的齿坯和齿形加工多采用齿轮的内孔及一端面为定位基准，均属于基准统一原则 |

续表

| 类别 | 说明 |
|---|---|
| 自为基准原则 | 某些要求加工余量小而均匀的精加工工序，选择加工表面本身作为定位基准，称为自为基准原则。如图 3-77 所示，磨削车床导轨面，用可调支承支撑床身零件，在导轨磨床上，用百分表找正导轨面相对机床运动方向的正确位置，然后加工导轨面以保证其余量均匀，满足对导轨面的质量要求。还有浮动镗刀镗孔、珩磨孔、拉孔、无心磨外圆等也都是自为基准的实例 |
| 互为基准原则 | 当对工件上两个相互位置精度要求很高的表面进行加工时，需要用两个表面互相作为基准，反复进行加工，以保证位置精度要求。例如要保证精密齿轮的齿圈跳动精度，在齿面淬硬后，先以齿面定位磨内孔，再以内孔定位磨齿面，从而保证位置精度 |
| 便于装夹原则 | 所选精基准应保证工件安装可靠，夹具设计简单、操作方便 |

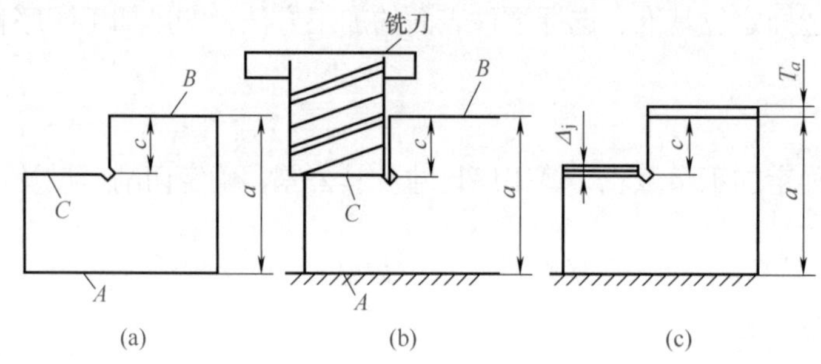

图 3-75　基准不重合误差示例

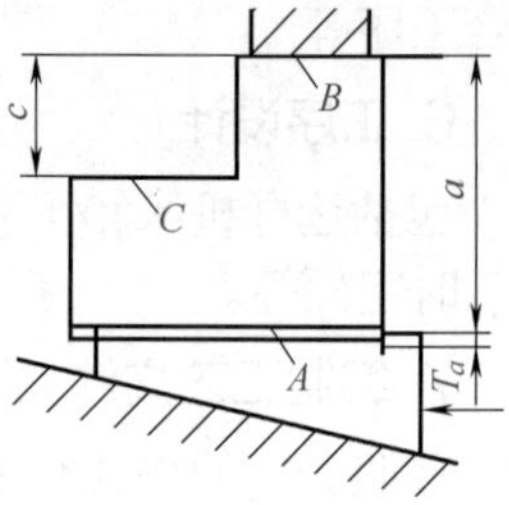

图 3-76　基准重合安装示意

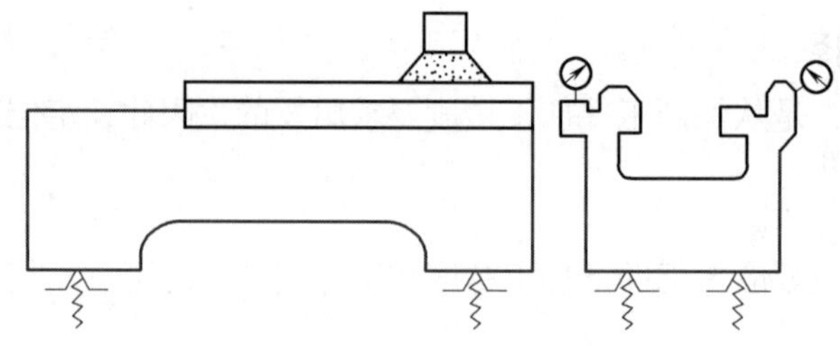
图 3-77　自为基准实例

（2）粗基准的选择原则

选择粗基准时，主要要求保证各加工面有足够的加工余量，使加工面与不加工面间的位置符合图样要求，并特别注意要尽快获得精基准面。具体选择时应考虑下列原则，见表 3-46。

表 3-46　粗基准的选择原则除

| 类别 | 说明 |
|---|---|
| 选择重要表面为粗基准 | 为保证工件上重要表面的加工余量小而均匀，则应选择该表面为粗基准。所谓重要表面一般是工件上加工精度以及表面质量要求较高的表面：如床身的导轨面，车床主轴箱的主轴孔，都是各自的重要表面。因此，加工床身和主轴箱时，应以导轨面或主轴孔为粗基准，如图 3-78 所示 |
| 选择不加工表面为粗基准 | 为了保证加工面与不加工面间的位置要求，一般应选择不加工面为粗基准。如果工件上有多个不加工面，则应选其中与加工面位置要求较高的不加工面为粗基准，以便保证精度要求，使外形对称等<br>如图 3-79 所示的工件，毛坯孔与外圆之间偏心较大，应当选择不加工的外圆为粗基准，将工件装夹在三爪自定心卡盘中，把毛坯与外圆的偏心量 $\gamma$ 在镗孔时切除，从而保证其壁厚均匀 |
| 选择加工余量最小的表面为粗基准 | 在没有要求保证重要表面加工余量均匀的情况下，如果零件上每个表面都要加工，则应选择其中加工余量最小的表面为粗基准，以避免该表面在加工时因余量不足而留下部分毛坯面，造成废品工件 |

续表

| 类别 | 说　明 |
|---|---|
| 选择较为平整光洁、加工面积较大的表面为粗基准 | 选择较为平整光洁、加工面积较大的表面为粗基准以便工件定位可靠、夹紧方便 |
| 粗基准在同一尺寸方向上只能使用一次 | 因为粗基准本身都是未经机械加工的毛坯面，其表面粗糙且精度低，若重复使用将产生较大的误差 |

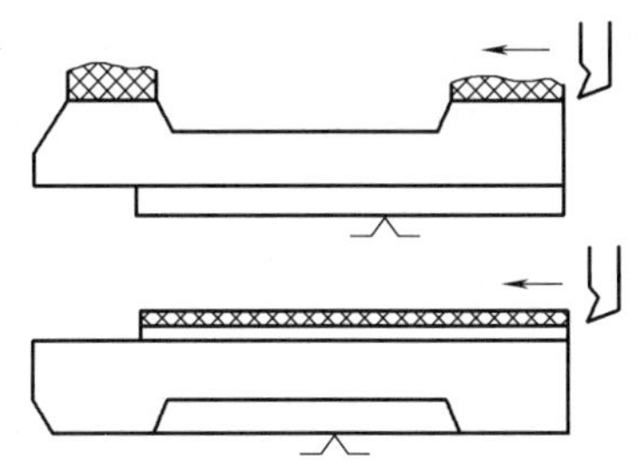

图 3-78　床身加工的粗基准选择

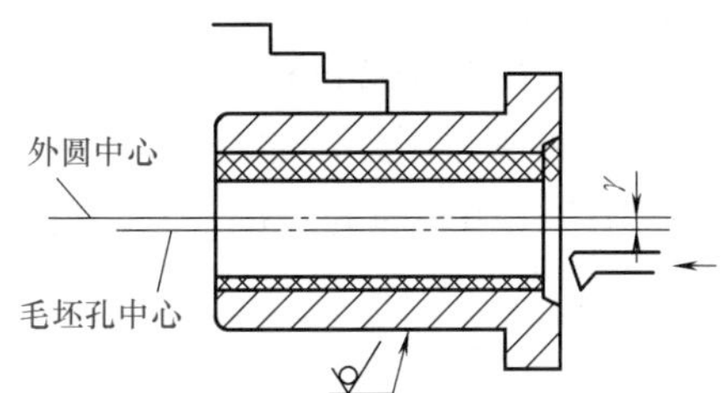


图 3-79　粗基准选择的实例

实际上，无论精基准还是粗基准的选择，上述原则都不可能同时满足，有时还是互相矛盾的。因此，在选择时应根据具体情况进行分析，权衡利弊，保证其主要的要求。

（3）定位基准选择示例

例：如图 3-80 所示为车床进刀轴架零件，若已知其工艺过程如下。

① 划线。

② 粗精铣底面和凸台。

③ 粗精镗 $\phi$33H7 孔。

④ 钻、扩、铰 $\phi$17H9 孔。

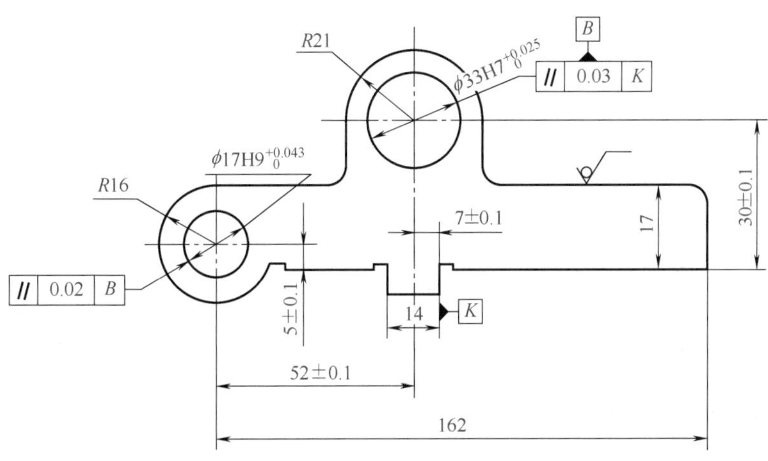


图 3-80　车床进刀轴架

选择各工序的定位基准。

第一道工序：划线。毛坯误差较大时，采用划线的方法能兼顾到几个不加工面对加工面的位置要求。选择不加工面 $R$21mm 外圆和 $R$16mm 外圆为粗基准，同时兼顾不加工的上平面与底面距离 17mm 的要求，划出底面和凸台的加工线。

第二道工序：按划线找正，铣底面和凸台。

第三道工序：粗精镗 $\phi$33H7 孔。加工要求为尺寸（33±0.1）mm、6±0.1mm 及凸台侧面 $K$ 的平行度 0.03mm。根据基准重合的原则选择底面和凸台为定位基准。

第四道工序：钻、扩、铰 $\phi$17H9 孔。本工序应保证的位置要求为尺寸（5±0.1）mm、（52±0.1）mm 及两孔的平行度要求 0.02mm。根据精基准选择原则，可以有三种不同的方案。

① 底面和 $K$ 面为基准　加工两孔采用了基准统一原则。夹具比较简单。

设计尺寸（5±0.1）mm 与基准重合；尺寸（52±0.1）mm 的工序基准是孔 $\phi$33H7 的中心线，而定位基准是 $K$ 面，定位尺寸为（7±0.1）mm，存在基准不重合误差，其大小等于 0.2mm；两孔平行度 0.02mm 也有基准不重合误差，其大小等于 0.03mm。因此，此方案基准不重合误差已经超过了允许的范围，不可行。

② $\phi$33H7 孔和底面为基准　对尺寸（5±0.1）mm 有基准不重合误差，且定位销细长，刚性较差，所以也不好。

③ 底面和 $\phi$33H7 孔为基准　工件的定位可用平面和一个长的菱形销来实现，三个设计要求均为基准生命，唯 $\phi$33H7 孔的轴线对于底面的垂直度误差将会影响两孔轴线的平行度，应当在镗 $\phi$33H7 孔时加以限制。

经过以上分析，第三方案基准基本上重合，夹具结构也不太复杂，装夹方便，故应采用。

### 2. 加工方法的选择

工件表面的加工方法，首先取决于加工表面的技术要求，这些技术要求还包括由于基准不重合而提高对某些表面的加工要求，根据各加工表面的技术要求，首先选择能保证该要求的最终加工方法，然后确定各工序、工步的加工方法，如图 3-81 所示为在加工工艺路线拟定中，表面加工方法的确定过程。

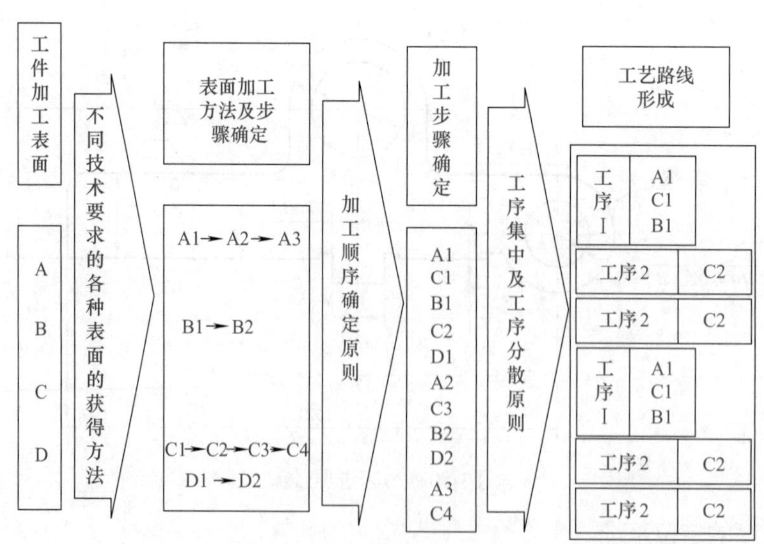


图 3-81　表面加工方法确定过程

选择加工方法应考虑的因素见表 3-47。

### 3. 加工顺序的安排

（1）加工阶段的划分

表 3-47 选择加工方法应考虑的因素

| 类别 | 说明 |
|---|---|
| 工件材料因素 | 例如，淬硬钢工件的精加工要用磨削的方法，有色金属工件的精加工应采用精车或精镗等加工方法，而不应采用磨削 |
| 工件的结构和尺寸因素 | 对于IT7级精度的孔采用拉削、铰削、镗削和磨削等加工方法都可。但是箱体上的孔一般不用拉或磨，而常常采用铰孔和镗孔，直径大于60mm的孔不宜采用钻、扩、铰 |
| 生产类型因素 | 选择加工方法要与生产类型相适应。大批量生产应选用生产效率高和质量稳定的加工方法，单件小批量采用经济方便的方法。例如同为平面和孔的加工，大批量中采用拉削加工，单件小批量生产则采用刨削、铣削平面和钻、扩、铰孔 |
| 具体生产条件 | 应充分利用现有设备和工艺手段，不断引进新技术，对老设备进行技术改造，挖掘企业潜力，提高工艺水平 |

按加工性质和作用的不同，工艺过程一般可分为粗加工阶段、半精加工阶段、精加工阶段和光整加工阶段，其说明见表3-48。

表 3-48 加工阶段的划分

| 类别 | 说明 |
|---|---|
| 粗加工阶段 | 主要任务是切除各表面上的大部分余量，其关键问题是提高生产率 |
| 半精加工阶段 | 完成次要表面的加工，并为主要表面的精加工做准备，其关键问题是方便、经济 |
| 精加工阶段 | 保证各主要表面达到图样要求，其主要问题是如何保证加工质量 |
| 光整加工 | 此阶段对于表面粗糙度要求很低和尺寸精度要求很高的表面，还需要进行光整加工。这个阶段的主要目的是提高表面质量，一般不能用于提高形状精度和位置精度。常用的加工方法有金刚车（镗）、研磨、珩磨、超精加工、镜面磨、抛光及无屑加工等 |

（2）加工顺序的安排

① 切削加工顺序的安排（表3-49）

表 3-49 切削加工顺序的安排

| 类别 | 说明 |
|---|---|
| 先粗后精 | 先安排粗加工，中间安排半精加工，最后安排精加工和光整加工 |
| 先主后次 | 先安排零件的装配基面和工作表面等主要表面的加工，后安排如键槽、紧固用的光孔和螺纹孔等次要表面的加工。由于次要表面加工工作量小，又常与主要表面有位置精度要求，所以一般放在主要表面的半精加工之后、精加工之前进行 |
| 先面后孔 | 对于加工箱体、支架、连杆、底座等零件，先加工用作定位的平面和孔的端面，然后再加工孔。这样可使工件定位夹紧稳定可靠，利于保证孔与平面的位置精度，减小刀具的磨损，同时也给孔加工带来方便 |
| 基面先行 | 用作精基准的表面，要首先加工出来。所以，第一道工序一般是进行定位面的粗加工和半精加工（有时包括精加工），然后再以精基面定位加工其他表面。例如，轴类零件顶尖孔的加工 |

② 热处理工序的安排（表3-50）

表 3-50 热处理工序的安排

| 类别 | 说明 |
|---|---|
| 退火与正火 | 退火或正火的目的是为了消除组织的不均匀，细化晶粒，改善金属的加工性能。对高碳钢零件用退火降低其硬度，对低碳钢零件用正火提高其硬度，以获得较好的可切削性，同时能消除毛坯制造中的应力。退火与正火一般安排在机械加工之前进行 |
| 时效处理 | 以消除内应力、减小零件变形为目的。对于一般铸件，常安排在粗加工前或粗加工后；对于要求较高的零件，在半精加工后要再安排一次；对于一些刚性较差、精度要求特别高的重要零件（如精密丝杠、主轴等），常常安排在每个加工阶段之间 |

续表

| 类别 | 说明 |
|---|---|
| 调质 | 对零件淬火后再高温回火，能消除内应力、改善加工性能并能获得较好的综合力学性能。一般安排在粗加工之后。对一些性能要求不高的零件，调质也常作为最终热处理 |
| 淬火 | 淬火后工件硬度提高且易变形，应安排在精加工阶段的磨削加工前 |
| 渗碳 | 渗碳易产生变形，应安排在精加工前，为控制渗碳层厚度，渗碳前需要安排精加工 |
| 氮化 | 一般安排在工艺过程的后部、该表面的最终加工之前。氮化处理前应调质 |

③ 辅助工序的安排（表 3-51）

表 3-51　辅助工序的安排

| 类别 | 说明 |
|---|---|
| 中间检测 | 一般安排在粗加工全部结束后，精加工之前；送往外车间加工的前后（特别是热处理前后）；花费工时较多和重要工序的前后 |
| 特种检测 | X 射线、超声波探伤等多用于材料内部质量的检测，一般安排在工艺过程的开始；荧光检测、磁力探伤主要用于表面质量的检测，通常安排在精加工阶段。荧光检测如用于检查毛坯的裂纹，则安排在加工前 |
| 表面处理 | 电镀、涂层、发蓝、氧化、阳极化等表面处理一般安排在工艺过程的最后进行 |
| 其他辅助工序 | 表面强化和去毛刺、倒棱、清洗、防锈等。正确地安排辅助工序是十分重要的。如果安排不当或遗漏，将会给后续工序和装配带来困难，甚至影响产品的质量，所以必须给予重视 |

### 4. 工序的组合

工序组合一般采用工序集中或工序分散的原则。

（1）工序集中

就是将工件的基本加工工序集中在少数几道工序中完成，每道工序加工内容多，工艺路线短。其主要特点如下：

① 可以采用高效机床和工艺装备，生产率高。

② 减少了设备数量以及操作工人人数和占地面积，节省人力、物力。

③ 减少了工件安装次数，利于保证表面间的位置精度。

④ 采用的工装设备结构复杂，调整维修较困难，生产准备工作量大。

（2）工序分散

就是将工件的基本加工工序分散到多道工序内完成，每道工序加工的内容少，工艺路线很长。其主要特点是：

① 设备和工艺装备比较简单，便于调整，容易适应产品的变换。

② 对工人的技术要求较低。

③ 可以采用最合理的切削用量，减少机动时间。

④ 所需设备和工艺装备的数目多，操作工人多，占地面积大。

在拟定工艺路线时，工序集中或分散的程度，主要取决于生产规模、零件的结构特点和技术要求。有时还要考虑各工序生产节拍的一致性。一般情况下，单件小批生产时，采用工序集中，在一台普通机床上加工出尽量多的表面；大批量生产时，既可以采用多刀、多轴等高效、自动机床，将工序集中，也可以将工序分散后组织流水生产。批量生产应尽可能采用效率较高的半自动机床，使工序适当集中，从而有效地提高生产率。对于重型零件，为了减少零件装卸和运输的劳动量，工序应适当集中；对于刚性差且精度高的精密工件，则工序应适当分散。

## 四、工序的设计

零件在工艺过程设计后，应进行工序设计。主要工作是为每一工序选择机床和工艺装备，确定加工余量、工序尺寸和公差，确定切削用量和工时定额等。

### 1. 机床与工艺装备的选择

① 机床的加工范围应与零件的外廓尺寸相适用。
② 机床的工作精度应与工序要求的精度相适应。
③ 机床的生产率与工件生产类型相适应。
④ 机床的选择应考虑车间现有设备条件，改装设备或设计专用机床。

### 2. 工艺装备的选择（表 3-52）

表 3-52　工艺装备的选择

| 类别 | 说　明 |
|---|---|
| 夹具选择 | 单件小批生产尽量采用通用夹具和组合夹具；在大批量生产中，应根据工序加工要求设计制造专用夹具 |
| 刀具选择 | 主要取决于工序所采用的加工方法、加工表面的尺寸、工件材料所要求的加工精度和表面粗糙度、生产率及经济性等，一般应尽可能采用标准刀具，必要时采用高生产率的复合刀具及其他专用刀具 |
| 量具选择 | 主要根据生产类型和要求检测的精度。在单件、小批量生产中，应尽量采用通用量具和量仪。大批量生产应采用极限量规和高效的专用检测量具和量仪等。量具的精度必须与加工精度相适应 |

### 3. 工序尺寸及公差的确定（工艺计算）

由于工序尺寸是工件在加工时各工序应保证的加工尺寸，因此正确地确定工序尺寸及其公差是工序设计的一项重要的工作。

工序尺寸的计算要根据工件图上的设计尺寸、已确定的各工序的加工余量以及定位基准的转换关系来进行。工序尺寸公差则按各工序加工方法的经济精度选定。工序尺寸及偏差标注在各工序的工序简图上，作为加工和测验的依据。

（1）定位基准与设计基准重合时的工序尺寸确定

对于各工序的定位基准与设计基准重合时的表面的多次加工，其工序尺寸的计算比较简单。此时只要根据工件图上的设计尺寸、各工序的加工余量、各工序所能达到的精度，由最后一道工序开始依次向前推算，直至毛坯为止，即可确定各工序尺寸及公差。

例：某车床主轴箱箱体的主轴孔，设计要求为 $\phi$100Js6，$Ra$0.8μm，加工工序为粗镗→半精镗→精镗→浮动镗四道工序。

确定各工序的基本余量，要根据相关知识及工厂实际经验，具体数值见表 3-53 中的第二列；再根据各种加工方法的经济精度表格确定各工序尺寸的公差，见表 3-53 中的第三列；最后由后工序向前工序逐个计算工序尺寸，并得到各工序尺寸及公差和表面粗糙度。

表 3-53　主轴孔各工序的工序尺寸及其公差的计算实例

| 工序名称 | 工序基本余量 | 工序的经济精度 / mm | 工序尺寸 /mm | 工序尺寸及其公差和 $Ra$ |
|---|---|---|---|---|
| 浮动镗 | 0.1 | J6（±0.01） | 100 | $\phi$（100±0.01）mm　$Ra$0.8μm |
| 精镗 | 0.5 | H7（$^{+0.035}_{0}$） | 100–0.1=99.9 | $\phi 99.9^{+0.035}_{0}$ mm　$Ra$0.8μm |
| 半精镗 | 2.4 | H10（$^{+0.14}_{0}$） | 99.9–0.5=99.4 | $\phi 99.4^{+0.14}_{0}$ mm　$Ra$3.2μm |
| 粗镗 | 5.0 | H13（$^{+0.44}_{0}$） | 99.4–2.4=97.0 | $\phi 97^{+0.44}_{0}$ mm　$Ra$6.3μm |
| 毛坯孔 | 8.0 | ±1.3 | 97.0–5=92.0 | $\phi$（92±1.3）mm |

（2）基准不重合时的工序尺寸确定

基准不重合时的工序尺寸确定，要利用“工艺尺寸换算”方法确定。这时要用工艺尺寸（测量、调整、走刀尺寸）代替原设计尺寸。这种尺寸的代换称“工艺尺寸换算”，其目的是保证原设计要求、便于加工、提高生产率。

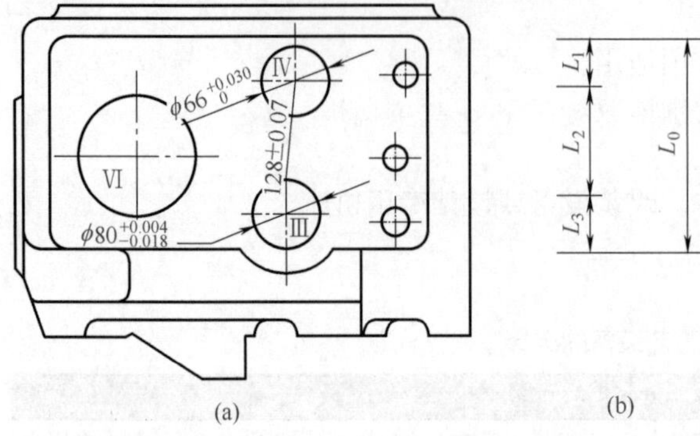

图 3-82　主轴箱Ⅲ、Ⅳ轴孔中心距测量尺寸链

① 工艺尺寸链　在工件加工过程中，由有关工序尺寸、设计要求尺寸或加工余量等所组成的尺寸链称为工艺尺寸链。它是由机械加工工艺过程、加工的具体方法所决定的。加工时的装夹方式、表面尺寸形成方法、刀具的形状，都可能影响工艺尺寸链的组合关系，如图 3-82（b）和图 3-83（b）所示。

工艺尺寸链的特点如下：

a. 封闭性。因尺寸链是封闭的尺寸组合，它是由一个封闭环和若干个组成环构成的封闭图形。它具有封闭性，不封闭就不成为尺寸链。

b. 关联性。因尺寸链封闭，所以尺寸链中各环都相互关联。封闭环随所有组成环变动而变动。

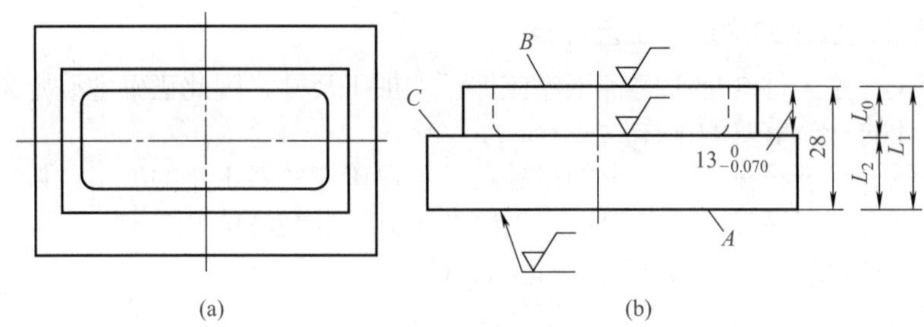

图 3-83　定位基准与设计基准不重合举例

② 工艺尺寸链的计算　生产实践中常用极值法计算尺寸链。此法是按误差综合最不利的情况，即按组成环出现极值（最大值或最小值）时，来计算封闭环的。此法的优点是简便、可靠；其缺点是当封闭环公差小、组成环数目多时，会使组成环公差过于严格。

极值法常用的基本计算公式见表 3-54。

表 3-54　极值法常用的基本计算公式

| 类别 | 说　明 |
| --- | --- |
| 封闭环的基本尺寸 | 封闭环的基本尺寸等于所有增环基本尺寸之和减去所有减环基本尺寸之和，即：<br>$$A_0=\sum_{i=1}^{m}\vec{A}_i-\sum_{j=1}^{n}\overleftarrow{A}_j \quad (3\text{-}1)$$<br>式中　$A_0$——封闭环基本尺寸<br>$m$——增环数<br>$n$——减环数 |

续表

| 类别 | 说明 |
| --- | --- |
| 封闭环的极限尺寸 | 封闭环的最大极限尺寸等于各增环最大极限尺寸之和减去各减环最小极限尺寸之和；封闭环的最小极限尺寸等于各增环最小极限尺寸之和减去各减环最大极限尺寸之和。即：<br>$A_{0\max}=\sum_{i=1}^{m}\vec{A}_{i\max}-\sum_{j=1}^{n}\overleftarrow{A}_{j\min}$<br>$A_{0\min}=\sum_{i=1}^{m}\vec{A}_{i\min}-\sum_{j=1}^{n}\overleftarrow{A}_{j\max}$ （3-2） |
| 封闭环的上下偏差 | 封闭环的上偏差等于各增环的上偏差之和减去各减环下偏差之和；封闭环下偏差等于各增环的下偏差之和减去各减环上偏差之和。即：<br>$ESA_0=\sum_{i=1}^{m}ES\vec{A}_i-\sum_{j=1}^{n}EI\overleftarrow{A}_j$ （3-3）<br>$EIA_0=\sum_{i=1}^{m}EI\vec{A}_i-\sum_{j=1}^{n}ES\overleftarrow{A}_j$ （3-4）<br>式中　$ES\vec{A}_i$，$ES\overleftarrow{A}_j$——增环上偏差；减环上偏差<br>$EI\vec{A}_i$，$EI\overleftarrow{A}_j$——增环下偏差；减环下偏差 |
| 封闭环的极限尺寸 | 封闭环的极限尺寸等于其基本尺寸与各组成环公差之和，即封闭环的最大极限尺寸等于封闭环基本尺寸加上偏差，封闭环最小极限尺寸等于封闭环基本尺寸加下偏差，即：<br>$A_{0\max}=A_0+ESA_0$ （3-5）<br>$A_{0\min}=A_0+EIA_0$ （3-6） |

③ 工艺尺寸链的应用（直线尺寸链）

a. 测量基准和设计基准不重合。

例：车床主轴箱体Ⅲ轴和Ⅳ轴的中心距为（127±0.07）mm。该尺寸拟用游标卡尺直接测量两孔内侧或外侧母线之间的距离来间接保证。已知Ⅲ轴孔直径为 $\phi90^{+0.04}_{+0.018}$ mm，Ⅳ轴孔直径为 $\phi65^{+0.03}_{0}$ mm。现采用外卡测量两孔内侧母线之间的距离。为求得该测量尺寸，需要按尺寸链的计算步骤计算尺寸链（图 3-82）。

图中，$L_0$=128±0.07mm；$L_1=40^{+0.002}_{+0.009}$ mm；$L_2$ 为待求测量尺寸；$L_3=33^{+0.015}_{0}$ mm。$L_1$、$L_2$、$L_3$ 为增环；$L_0$ 为封闭环。

把上述数据带入式（3-1）、式（3-3）、式（3-4）中可得：$L_2=54^{+0.053}_{-0.061}$ mm。只要实测结果在 $L_2$ 公差范围之内，就能够保证Ⅲ轴和Ⅳ轴中心距的设计要求。若实测结果超差，却不一定都是废品。因为直线尺寸链的极值算法考虑的是极限情况下各环之间的尺寸联系。从保证封闭环的尺寸要求来看，这是一种保守算法，计算结果可靠。但是，计算中隐含有假废品问题。如本例中，若两孔直径尺寸都在公差的上限，即尺寸 $L_1$=40.002mm，$L_3$=33.015mm，则 $L_2$ 的尺寸变成 $L_2$=54−0.087mm，因为此时 $L_1+L_2+L_3$=126.93mm，恰好是中心距设计尺寸的下限尺寸。

生产上为避免假废品的产生，发现实测尺寸超差时，应实测其他组成环的实际尺寸，然后在尺寸链中重新计算封闭环的实际尺寸。若重新计算结果超出封闭环设计的要求范围，便确认为废品，否则为合格品。

产生假废品的根本原因在于测量基准和设计基准不重合。组成环环数愈多，公差范围愈大，出现假废品的可能性愈大。因此，在测量时应尽量使测量基准和设计基准重合。

b. 定位基准和设计基准不重合。如图 3-83 所示，按大批量生产采用调整法加工 $A$、$B$、$C$ 面。工艺安排是前面工序已将 $A$、$B$ 面加工，以 $A$ 面为定位基准加工 $C$ 面。因 $C$ 面设计基

准是 $B$ 面，定位基准与设计基准不重合，所以需进行尺寸换算。

尺寸链图如图 3-83（b）所示。在尺寸链中，调整法加工可直接保证的尺寸是 $L_2$，$L_0$ 是封闭环，尺寸间接保证。$L_1$ 为增环，$L_2$ 为减环。

在设计尺寸中，$L_1$ 为未注公差，$L_2$ 需经计算才能得到。为了保证 $L_0$ 的设计要求，首先将 $L_0$ 的公差分配给 $L_1$ 和 $L_2$。这里按等差法进行分配。令 $L_1=L_2=\dfrac{T_{L0}}{2}=0.035\text{mm}$，则标注 $L_1$（或 $L_2$）的公差得 $L_1=28_{-0.035}^{\ 0}\text{mm}$。$T_{L0}$ 表示 $L_0$ 的公差值。

由式（3-1）、式（3-3）、式（3-4）计算 $L_2$ 的基本尺寸和偏差可得 $L_2=15_{\ 0}^{+0.035}\text{mm}$。

加工时，只要保证 $L_1$ 和 $L_2$ 的尺寸都在各自的公差范围之内，就一定能满足 $L_0=13_{-0.070}^{\ 0}\text{mm}$ 的设计要求。

本例中，$L_1$ 和 $L_2$ 原为未注公差，但由于定位基准和设计基准不重合，产生公差的限制，增加加工的难度。本例若采用试切法，则 $L_0$ 的尺寸可直接得到，不需要求解尺寸链。但同调整法相比，试切法生产率低。

### 4. 时间定额的组成

在一定生产条件下，规定完成一件产品或完成一道工序所消耗的时间，叫时间定额。时间定额的组成见表 3-55。

表 3-55　时间定额的组成

| 类别 | 说　明 |
| --- | --- |
| 基本时间 $t_m$ | 直接改变工件尺寸、形状、相对位置、表面状态或材料性质等工艺过程所消耗的时间叫作基本时间。对于机械加工，它还包括刀具切入、切削加工和切出等时间 |
| 辅助时间 $t_f$ | 在一道工序中，为完成工艺过程所进行的各种辅助动作所消耗的时间，叫作辅助时间。它包括装卸工件、外停机床、改变切削用量、测量工件等所消耗的时间<br>基本时间和辅助时间的总和称为操作时间 |
| 工作地点服务时间 $t_{iw}$ | 为使加工正常进行，工人照管工作地（包括刀具调整、更换、润滑机床、清除、收拾工具等）所消耗的时间，叫作工作地点服务时间。一般可按操作时间的百分数（2%～7%）来计算 |
| 休息与自然需要时间 $t_x$ | 工人在工作班内为恢复体力和满足生理需要所消耗的时间，叫作休息与自然需要时间。它也按操作时间的百分数（2%）来计算。<br>所有上述时间的总和称为单件时间 $t_d$；$\alpha$ 表示工作地点服务时间除以操作时间比值的百分数；$\beta$ 表示休息与自然需要时间除以操作时间比值的百分数<br>$t_d=t_m+t_f+t_{iw}+t_x=(t_m+t_f)\left(1+\frac{\alpha+\beta}{100}\right)$ |
| 准备终结时间 $t_z$ | 加工一批工件时，开始和终止时所做的准备终结工作而消耗的时间，叫作准备终结时间，如熟悉工艺文件、领取毛坯、安装刀具和夹具、调整机床以及归还工艺装备和送交成品等所消耗的时间。工件批量 $N$ 越大，分摊到每个工件上的准备终结时间越小。成批生产时的单件时间定额为<br>$t_d=t_m+t_f\left(1+\dfrac{\alpha+\beta}{100}\right)+\dfrac{t_z}{N}$ |
| 时间定额的确定 | 时间定额的确定可以采用计算法、经验法和实验法。计算法需要采用大量的计算数据为依据，不但烦琐，有时实用性也不高。经验法即依靠经验丰富的人员以工作经验为依据，计算简便易行，但有时争议较大。实验法即通过工序进行的实际情况来确定时间定额，准确易行，但实验数据有时会受操作者积极性的影响 |

## 五、提高劳动生产率的工艺途径

提高劳动生产率的主要工艺途径是采用新工艺、新技术、新材料和加强管理。常见方法如下。

### 1. 缩短基本时间

① 提高切削用量　它是提高生产率的最有效办法。目前广泛采用高速加工，采用硬质

合金刀具、陶瓷刀具、人造金刚石刀具等。

② 减小切削行程长度　如多把车刀同时加工工件的砂轮越程槽等，均可使切削行程长度减小。

③ 合并工步　用几把刀具或一把复合刀具对工件的几个不同表面或同一表面同时加工，由于工步的基本时间全部或部分重合，可减少工序的基本时间，如图 3-84 和图 3-85 所示即为复合刀具和多刀加工的实例。

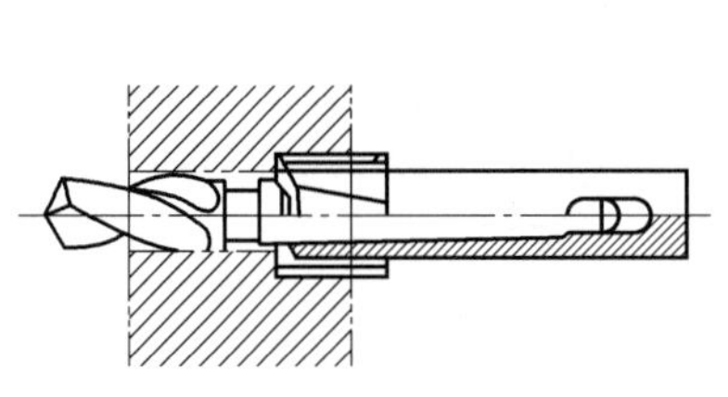

图 3-84　复合刀具加工实例

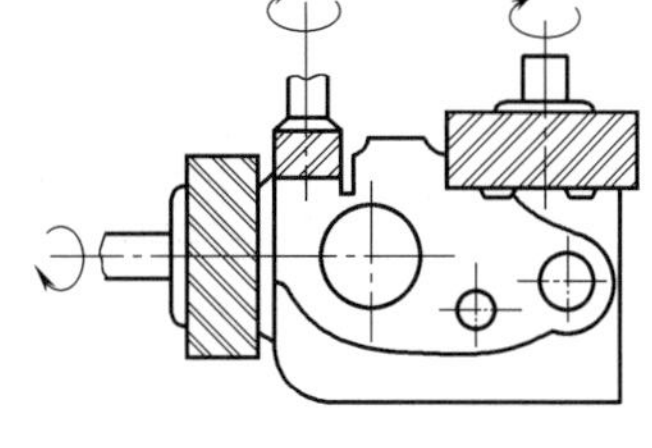

图 3-85　多刀铣削箱体实例

④ 采用多件加工　机床在一次装夹中同时加工几个工件，使分摊到每个工件上的基本时间和辅助时间大为减少。工件可采用平行、顺序和平行顺序加工，如图 3-86 所示。

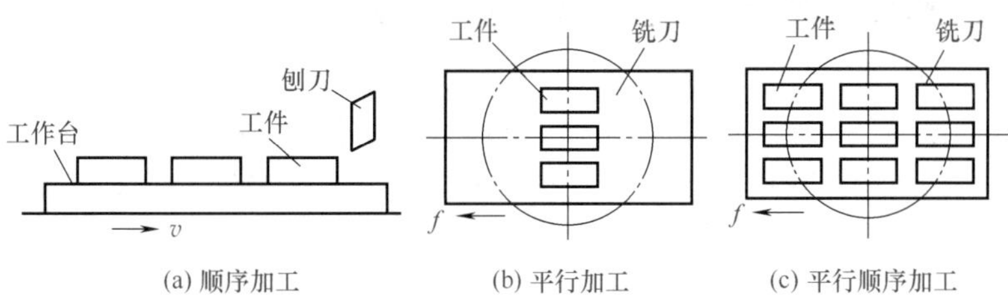


图 3-86　顺序多件、平行多件和平行顺序多件加工

## 2. 缩短辅助时间

缩短辅助时间有两种方法，其一是使辅助动作机械化和自动化；其二是使辅助时间与基本时间重合。具体说明见表 3-56。

表 3-56　缩短辅助时间说明

| 类别 | 说　明 |
|---|---|
| 采用先进夹具 | 采用转位夹具或转位工作台、直线往复式工作台，如图 3-87 所示。采用主动检测或数显自动测量装置，节省停机检测的辅助时间 |
| 缩短工作地点服务时间 | 主要是缩短微调刀具和每次换刀时间，提高刀具及砂轮使用寿命，如采用各种微调刀具机构、专用对刀样板、机外的快换刀夹、机械夹固的可转位硬质合金刀片等 |
| 缩短准备与终结时间 | 主要方法是扩大工件的生产批量和减少工装的调整时间。可采用易调整的液压仿形机床、程控机床和数控机床等 |
| 采用新工艺和新方法 | 采用先进的毛坯制造方法，如精铸、精锻等；采用少、无切屑新工艺，如冷挤、滚压等；采用特种加工，如用电火花加工锻模等；改进加工方法，如以拉代铣、以铣代刨、以精磨代刮研等 |
| 高效自动化加工及成组加工 | 在成批大量生产中，采用组合机床及其自动线加工；在单件小批生产中，采用数控机床、加工中心机床、各种自动机床及成组加工等，都可有效地提高生产率 |

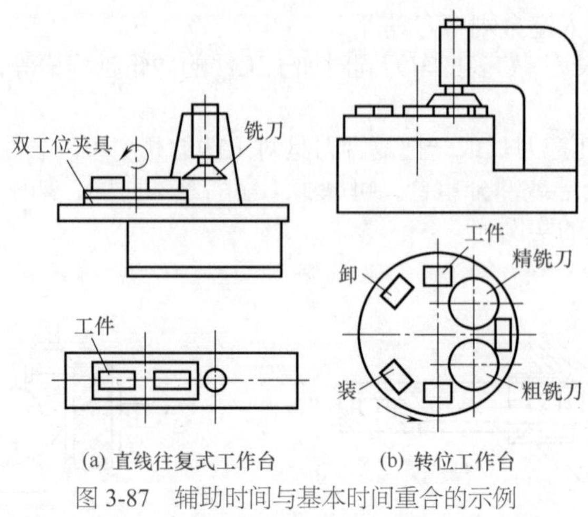

图 3-87 辅助时间与基本时间重合的示例

# 第七节 数控铣削加工工艺的制定

数控铣削加工的工艺是在普通铣削加工工艺设计的基础上，充分考虑和利用数控铣床的特点而制定的。制定工艺关键在于合理安排工艺路线，协调数控铣削工序与其他工序之间的关系，确定数控铣削工序的内容和步骤，并为程序编制准备必要的条件。数控铣削加工工艺制定得合理与否，对程序编制、机床的加工效率和零件的加工质量都有重要影响。因此，应遵循一般的工艺原则并结合数控铣床的特点，认真而详细地制定好零件的数控铣削加工工艺。

## 一、零件图样分析

零件的工艺性分析是制定数控铣削加工工艺的前提，其主要内容如下：

### 1. 零件图及其结构工艺性分析

① 分析零件的形状、结构及尺寸的特点，确定零件上是否有妨碍刀具运动的部位，是否有会产生加工干涉或加工不到的区域，零件的最大形状尺寸是否超过机床的最大行程，零件的刚性随着加工的进行是否有太大的变化等。

② 检查零件的加工要求。例如：尺寸加工精度、形位公差及表面粗糙度值在现有的加工条件下是否可以得到保证，是否还有更经济的加工方法或方案。

③ 在零件上是否存在对刀具形状及尺寸有限制的部位和尺寸要求，例如过渡圆角、倒角、槽宽等；这些尺寸是否过于凌乱，是否可以统一；尽量使用最少的刀具进行加工，减少刀具规格、换刀及对刀次数和时间，以缩短总的加工时间。

④ 对于零件加工中使用的工艺基准应当着重考虑，它不仅决定了各个加工工序的前后顺序，还将对各个工序加工后各个加工表面之间的位置精度产生直接的影响；应分析零件上是否有可以利用的工艺基准，对于一般加工精度要求，可以利用零件上现有的一些基准面或基准孔，或者专门在零件上加工出工艺基准；当零件的加工精度要求很高时，必须采用先进的统一基准定位装夹系统才能保证加工要求。

⑤ 分析零件材料的种类、牌号及热处理要求，只有了解了零件材料的切削加工性能，才能合理选择刀具材料和切削参数；同时要考虑热处理对零件的影响，例如热处理变形，并在工艺路线中安排相应的工序消除这种影响，而零件的最终热处理状态也将影响工序的前后顺序。

⑥ 当零件上的一部分内容已经加工完成时，应充分了解零件的已加工状态，了解数控铣削加工的内容与已加工内容之间的关系，尤其是位置尺寸关系；这些内容之间在加工时如何协调；采用什么方式或基准保证加工要求，例如对其他企业的外协零件的加工。

⑦ 构成零件轮廓的几何元素（点、线、面）的条件（如相切、相交、垂直和平行等）是数控编程的重要依据。因此，在分析零件图样时，务必要分析几何元素的给定条件是否充分，发现问题及时与设计人员协商解决。

有关铣削零件的结构工艺性实例见表 3-57。

表 3-57　铣削零件的结构工艺性实例

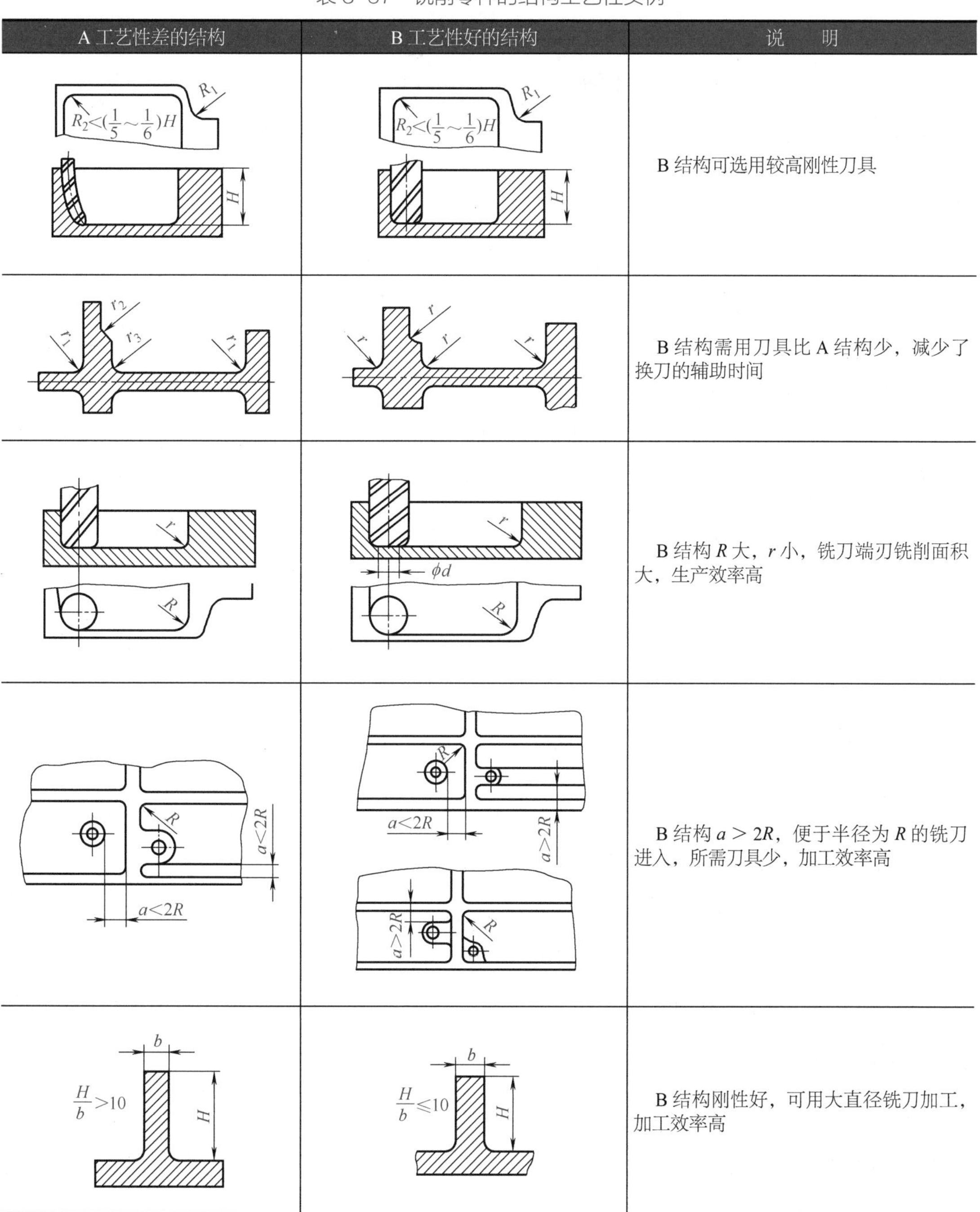

| A 工艺性差的结构 | B 工艺性好的结构 | 说　明 |
| --- | --- | --- |
|  |  | B 结构可选用较高刚性刀具 |
|  |  | B 结构需用刀具比 A 结构少，减少了换刀的辅助时间 |
|  |  | B 结构 $R$ 大，$r$ 小，铣刀端刃铣削面积大，生产效率高 |
|  |  | B 结构 $a>2R$，便于半径为 $R$ 的铣刀进入，所需刀具少，加工效率高 |
|  |  | B 结构刚性好，可用大直径铣刀加工，加工效率高 |

续表

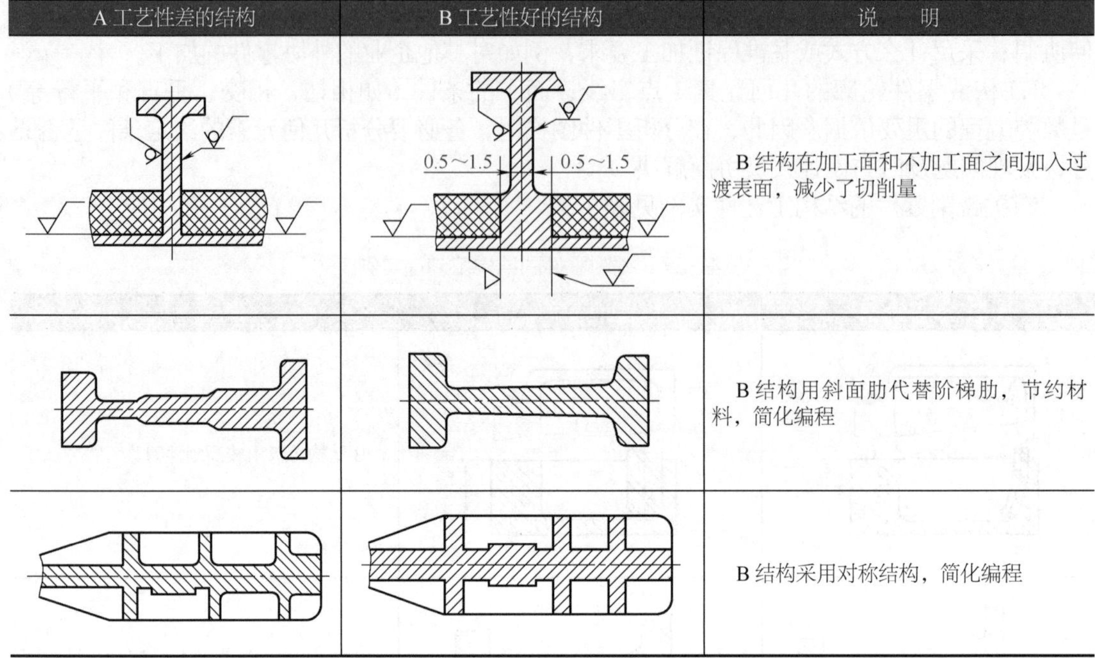


| A 工艺性差的结构 | B 工艺性好的结构 | 说　　明 |
|---|---|---|
| | | B 结构在加工面和不加工面之间加入过渡表面，减少了切削量 |
| | | B 结构用斜面肋代替阶梯肋，节约材料，简化编程 |
| | | B 结构采用对称结构，简化编程 |

## 2. 零件毛坯的工艺性分析

零件在进行数控铣削加工时，由于加工过程的自动化，使得余量的大小、如何装夹等问题在设计毛坯时就要仔细考虑好。否则，如果毛坯不适合数控铣削，加工将很难进行下去。

根据实践经验，下列几方面应作为毛坯工艺性分析的重点。

① 毛坯应有充分、稳定的加工余量。毛坯主要指锻件、铸件。因模锻时的欠压量与允许的错模量会造成余量的多少不等；铸造时也会因砂型误差、收缩量及金属液体的流动性差不能充满型腔等造成余量的不等。此外，锻造、铸造后，毛坯的挠曲与扭曲变形量的不同也会造成加工余量不充分、不稳定。因此。除板料外，不论是锻件、铸件还是型材，只要准备采用数控铣削加工，其加工面均应有较充分的余量。经验表明，数控铣削中最难保证的是加工面与非加工面之间的尺寸，这一点应该特别引起重视。如果已确定或准备采用数控铣削加工，就应事先对毛坯的设计进行必要的更改，或在设计时就加以充分考虑，即在零件图样注明的非加工面处也要增加适当的余量。

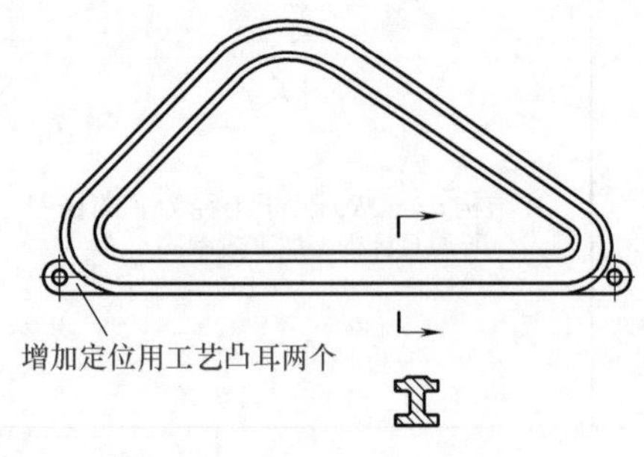


图 3-88　增加辅助基准示例

② 分析毛坯的装夹适应性这主要考虑毛坯在加工时定位和夹紧的可靠性与方便性，以便在一次安装中加工出较多表面。对不便于装夹的毛坯，可考虑在毛坯上另外增加装夹余量或工艺凸台、工艺凸耳等辅助基准。如图 3-88 所示，该工件缺少合适的定位基准，在毛坯上铸出两个工艺凸耳，在凸耳上制出定位基准孔。

③ 分析毛坯的余量大小及均匀性。主要是考虑在加工时要不要分层切削，分几层切削；也要分析加工中与加工后的变形程度，考虑是否应采取预防性措施与补救措施。例如对于热轧中、厚铝板，经淬火时效，很容易在加工中与加工后变形，最好采用经预拉伸处理的淬火板坯。

## 二、加工方法的选择

数控铣床或加工中心加工的表面主要有平面、平面轮廓、曲面、孔和螺纹等。所选加工方法要与零件的表面特征、所要求达到的精度及表面粗糙度相适应。

（1）平面和平面轮廓加工方法的选择

在数控铣床及加工中心上加工平面和平面轮廓主要采用面铣刀和立铣刀。经粗铣的平面，尺寸精度可达 IT12 ～ IT14（指两平面之间的尺寸），表面粗糙度 *Ra* 值可达 12.5 ～ 25μm；经粗、精铣的平面，尺寸精度可达 IT7 ～ IT9，表面粗糙度 *Ra* 值可达 1.6 ～ 3.2μm。

平面轮廓多由直线、圆弧或其他曲线构成，通常采用三坐标数控铣床进行两轴半坐标加工。如图 3-89 所示为由直线和圆弧构成的零件平面轮廓 *ABCDEA*，采用半径为 *R* 的立铣刀沿周向加工，细双点画线 *A'B'C'D'E'A'* 为刀具中心的运动轨迹。为保证加工面光滑，刀具应沿轮廓的切向方向切入、切出，如图 3-89 所示中沿 *PA'* 切入，沿 *A'K* 切出。

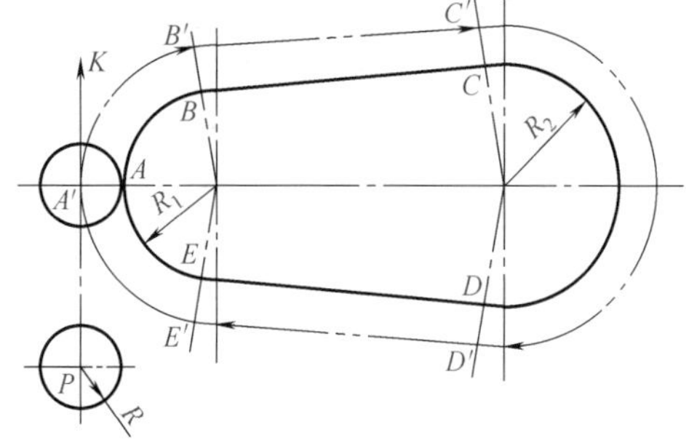


图 3-89　平面轮廓加工

（2）固定斜角平面加工方法的选择

固定斜角平面是与水平面成一固定夹角的斜面。当工件尺寸不大时，可用斜垫板垫平后加工；如果机床主轴可以摆角，则可以将机床主轴摆成适当的角度，用不同的刀具来加工，如图 3-90 所示。当工件尺寸很大，斜面斜度又较小时，常用行切法加工，即刀具与零件轮廓的切点轨迹是一行一行的，行间距离是按零件加工精度要求确定的，但加工后，会在加工面上留下残留面积，需要用钳修方法加以清除，用三坐标数控立式铣床加工飞机整体壁板零件时常用此法。当然，加工斜面的最佳方法是采用五坐标数控铣床，主轴摆角后加工，可以不留残留面积。

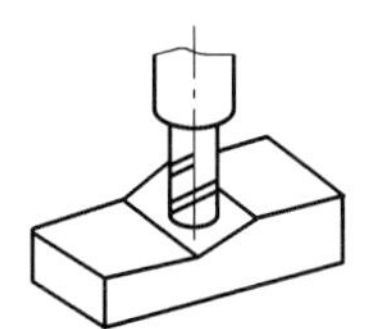

(a) 主轴垂直面刃加工　(b) 主轴摆角后侧刃加工

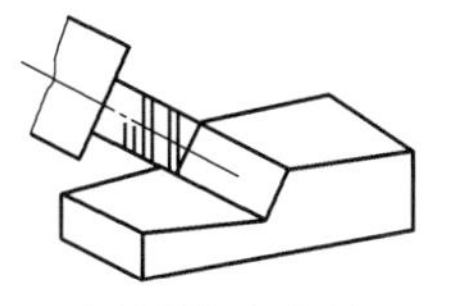

(c) 主轴摆角后面刃加工

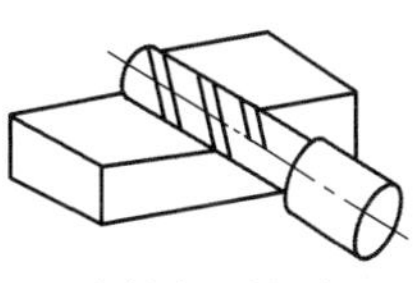

(d) 主轴水平侧刃加工

图 3-90　主轴摆角加工固定斜角平面

对于图 3-90（c）所示的正圆台和斜肋表面，一般可用专用的角度成形铣刀加工，其效果比采用五坐标数控铣床摆角加工好。

（3）变斜角面加工方法的选择

① 对曲率变化较小的变斜角面，选用 *X*、*Y*、*Z* 和 *A* 四坐标联动的数控铣床，采用立铣刀（当零件斜角过大，超过机床主轴摆角范围时，可用角度成形铣刀加以弥补）以圆弧插补方式摆角加工，如图 3-91（a）所示。加工时，为保证刀具与零件型面在全长上始终贴合，刀具绕 *A* 轴摆动角度 $\alpha$。

② 对曲率变化较大的变斜角面，四坐标联动加工难以满足加工要求，最好用五坐标联动数控铣床，以圆弧插补方式摆角加工，如图 3-91（b）所示。夹角 *A'* 和 *B'* 分别是零件斜面母线与 *Z* 坐标轴夹角 $\alpha$ 在 *ZOY* 平面和 *XOZ* 平面上的分夹角。

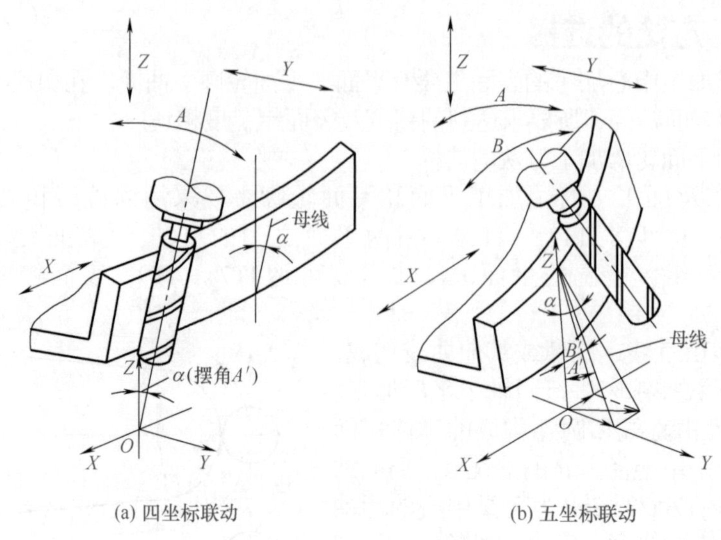

(a) 四坐标联动　　(b) 五坐标联动

图 3-91　数控铣床加工变斜角面

③ 采用三坐标数控铣床两坐标联动，利用球头铣刀和鼓形铣刀，以直线或圆弧插补方式进行分层铣削加工，加工后的残留面积用钳修方法清除。如图 3-92 所示为用鼓形铣刀分层铣削变斜角面的情形。由于鼓形铣刀的鼓径可以做得比球头铣刀的球径大，所以加工后的残留面积高度小，加工效果比球头铣刀好。

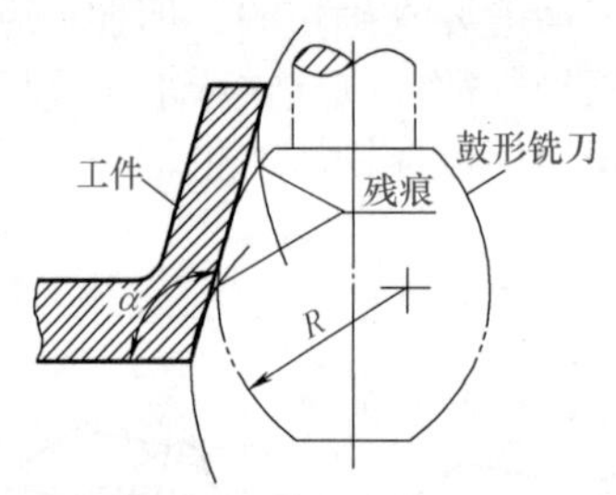

图 3-92　用鼓形铣刀分层铣削变斜角面

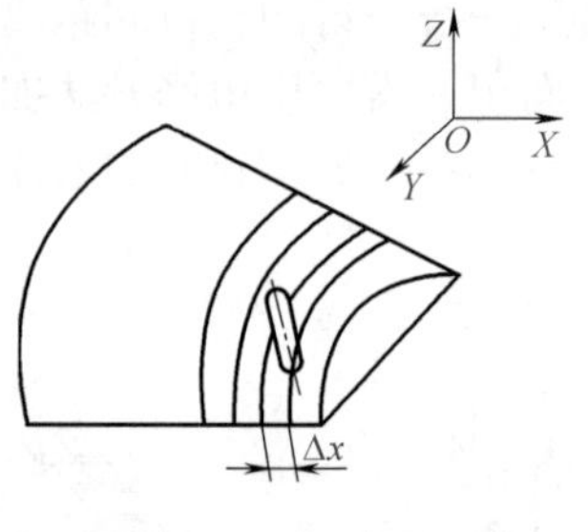

图 3-93　两轴半坐标行切法加工曲面

（4）曲面轮廓加工方法的选择

立体曲面的加工应根据曲面形状、刀具形状（球状、柱状、端齿）以及精度要求采用不同的铣削加工方法，如两轴半、三轴、四轴及五轴等联动加工。

① 对曲率变化不大和精度要求不高的曲面的精加工，常用两轴半坐标行切法加工，即 $X$、$Y$、$Z$ 三轴中任意两轴做联动插补，第三轴做单独的周期进给。如图 3-93 所示，在 $X$ 向将工件分成若干段，球头铣刀沿 $YOZ$ 面所截的曲线进行铣削，每一段加工完后进给 $\Delta x$，再加工另一相邻曲线，如此依次切削即可加工出整个曲面。在行切法中，要根据轮廓表面粗糙度的要求及刀头不干涉相邻表面的原则选取 $\Delta x$。球头铣刀的刀头半径应选得大一些，以利于散热，但刀头半径应小于内凹曲面的最小曲率半径。

两轴半坐标加工曲面的刀心轨迹 $O_1O_2$ 和切削点轨迹 $ab$ 如图 3-94 所示，图中 $ABCD$ 为被加工曲面，$P_{YOZ}$ 平面为平行于 $YOZ$ 坐标平面的一个行切面，刀心轨迹 $O_1O_2$ 为曲面 $ABCD$ 的等距面 $IJKL$ 与行切面 $P_{YOZ}$ 的交线，显然，$O_1O_2$ 是一条平面曲线。由于曲面的曲率变化，改变了球头铣刀与曲面切削点的位置，使切削点的连线成为一条空间曲线，从而在曲面上形成扭曲的残留沟纹。

② 对曲率变化较大和精度要求较高的曲面的精加工，常用三坐标联动插补的行切法加工。如图 3-95 所示，$P_{YOZ}$ 平面为平行于 $YOZ$ 坐标平面的一个行切面，它与曲面的交线为 $ab$，由于是三坐标联动，球头铣刀与曲面的切削点始终处于平面曲线 $ab$ 上，可获得较规则的残留沟纹。但这时的刀心轨迹 $O_1O_2$ 不在 $P_{YOZ}$ 平面上，而是一条空间曲线。

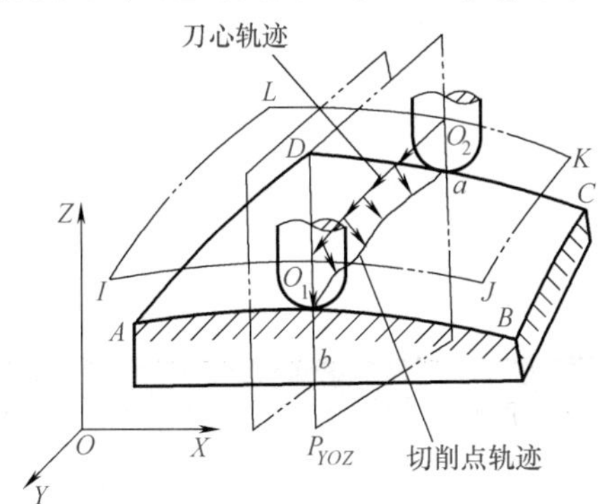


图 3-94　两轴半坐标行切法加工曲面的切削点轨迹

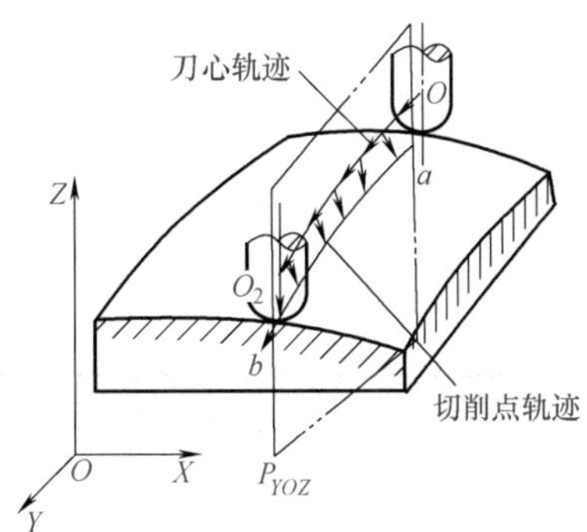


图 3-95　三坐标联动行切法加工曲面的切削点轨迹

③ 对像叶轮、螺旋桨这样的零件，因其叶片形状复杂，刀具容易与相邻表面发生干涉，常用五坐标联动加工，由于其编程计算相当复杂，一般采用自动编程。

（5）孔加工

孔加工方法比较多，有钻孔、扩孔、铰孔和镗孔等。大直径孔还可采用圆弧插补方式进行铣削加工。

① 直径大于 $\phi$30mm 的已铸出或锻出毛坯孔的孔，一般采用粗镗→半精镗→孔口倒角→精镗加工方案，孔径较大的可采用立铣刀粗铣、精铣加工方案。有空刀槽时，可用锯片铣刀在半精镗之后、精镗之前铣削完成，也可用镗刀进行单刀镗削，但效率较低。

② 直径小于 $\phi$30mm 的无毛坯孔的孔，通常采用锪平端面→打中心孔→钻→扩→孔口倒角→铰加工方案；有同轴度要求的小孔，需采用锪平端面→打中心孔→钻→半精镗→孔口倒角→精镗（或铰）加工方案。为提高孔的位置精度，在钻孔工步前需安排锪平端面和打中心孔工步。孔口倒角安排在半精加工之后、精加工之前，以防孔内产生毛刺。

（6）螺纹加工

螺纹的加工依据孔径大小而定。一般情况下，M6 ～ M20 的螺纹孔，通常采用攻螺纹方法加工。M6 以下的螺纹孔，可在加工中心上完成底孔加工，再通过其他手段（如手工）攻螺纹，因为在加工中心上攻螺纹不能随机控制加工状态，小直径丝锥容易折断。M20 以上的螺纹孔，可采用镗刀进行镗削加工，也可采用螺纹铣刀铣螺纹。

## 三、加工阶段的划分

在数控铣床和加工中心上加工，加工阶段主要依据工件的精度要求确定，同时还需要考虑生产批量、毛坯质量、加工中心的加工条件等因素。若零件已经过粗加工，数控铣床或加工中心只完成最后的精加工，则不必划分加工阶段。

当零件的加工精度要求较高，在数控铣床或加工中心加工之前又没有进行过粗加工时，则应将粗、精加工分开进行，粗加工通常在普通机床上进行，在数控铣床或加工中心上只进行精加工。这样不仅可以充分发挥机床的各种功能，降低加工成本，提高经济效益，而且可以让零件在粗加工后有一段自然时效过程，以消除粗加工产生的残余应力，恢复因切削力、夹紧力引起的弹性变形以及由切削热引起的热变形，必要时还可以安排人工时效，最后再通过精加工消除各种变形，保证零件的加工精度。

对零件的加工精度要求不高，而毛坯质量较高、加工余量不大、生产批量又很小的零件，可在数控铣床或加工中心上把粗、精加工合并进行，完成加工工序的全部内容，但粗、精加工应划分成两道工序分别完成。在加工过程中，对于刚性较差的零件，可采取相应的工艺措施，如粗加工后安排暂停指令，由操作者将压板等夹紧元件（装置）稍稍放松一些，以恢复零件的弹性变形，然后再用较小的夹紧力将零件夹紧，最后再进行精加工。

## 四、工序的划分

在数控机床上加工的工件，一般按工序集中原则划分工序。根据数控机床的加工特点，加工工序的划分见表 3-58。

表 3-58　加工工序的划分

| 类别 | 说　明 |
|---|---|
| 按装夹定位划分工序 | 对于加工内容不多的工件，可根据装夹定位划分工序，即以一次装夹完成的那部分工艺过程为一道工序。通常，先将加工部位分为几个部分，每道工序加工其中一部分。如加工外轮廓时，以内腔夹紧；加工内腔时，以外轮廓夹紧 |
| 按所用刀具划分工序 | 为了减少换刀次数和空程时间，可以按刀具划分工序。在一次装夹中，用一把刀加工完所有部位，然后再换第二把刀加工其他部位，即以同一把刀具完成的那部分工艺过程为一道工序。这种方法适用于零件结构较复杂、待加工表面较多，机床连续工作时间较长、加工程序的编制和检查难度较大等情况。自动换刀数控机床中大多采用这种方法 |
| 按粗、精加工划分工序 | 由于粗加工切削余量较大，会产生较大的切削力，使刚度较差的工件产生变形，故一般对易产生加工变形的零件，可按粗、精加工分开的原则来划分工序，即粗加工中完成的那一部分工艺过程为一道工序，精加工完成的那一部分工艺过程为一道工序 |
| 按加工部位划分工序 | 对于加工内容很多的零件，可按其结构特点将加工部位分成几个部分，如内形、外形、曲面或平面等，以完成相同型面的那一部分工艺过程为一道工序。一般先加工平面、定位面、后加工孔；先加工简单的几何形状，再加工复杂的几何形状；先加工精度要求较低的部位，再加工精度要求较高的部位 |

有关工序的划分，应按零件的结构特点、工件的安装方式、数控加工内容、数控机床的性能以及工厂的生产条件等因素，灵活掌握，力求合理。

## 五、加工顺序的安排

在选定加工方法、划分工序后，工艺路线拟定的主要内容就是合理安排这些加工方法和加工工序的顺序。零件的加工工序通常包括切削加工工序、热处理工序和辅助工序（包括表面处理、清洗和检验等）。这些工序的顺序直接影响到零件的加工质量、生产效率和加工成本。因此，在设计工艺路线时，应合理安排好切削加工、热处理和辅助工序的顺序，并解决好工序间的衔接问题。

### 1. 切削加工工序的安排（表 3-59）

表 3-59　切削加工工序的安排

| 类别 | 说　明 |
|---|---|
| 基面先行原则 | 用作精基准的表面应优先加工出来，因为定位基准的表面越精确，装夹误差就越小。例如：轴类零件加工时，总是先加工中心孔，再以中心孔为精基准加工外圆表面和端面；箱体类零件总是先加工定位用的平面和两个定位孔，再以平面和定位孔为精基准加工孔系和其他平面 |
| 先粗后精原则 | 各个表面的加工顺序按照粗加工→半精加工→精加工→光整加工的顺序依次进行，逐步提高表面的加工精度和减小表面粗糙度 |
| 先主后次原则 | 零件的主要工作表面、装配基面应先加工，从而能及早发现毛坯中主要表面可能出现的缺陷；次要表面可穿插进行，放在主要加工表面加工到一定程度后、最终精加工之前进行 |
| 先面后孔原则 | 对箱体、支架类零件，平面轮廓尺寸较大，一般先加工平面，再加工孔和其他尺寸，这样安排加工顺序，一方面用加工过的平面定位，稳定可靠；另一方面在加工过的平面上加工孔，比较容易，并能提高孔的加工精度，特别是钻孔时孔的轴线不易偏斜 |

### 2. 热处理工序的安排

为提高材料的力学性能、改善材料的切削加工性能和消除工件的内应力，在工艺过程中要适当安排一些热处理工序。热处理工序在工艺路线中的安排主要取决于零件的材料和热处理的目的。热处理工序的安排见表 3-60。

表 3-60 热处理工序的安排

| 类别 | 说明 |
|---|---|
| 预备热处理 | 预备热处理的目的是改善材料的切削性能，消除毛坯制造时的残余应力，改善组织。其工序位置多在机械加工之前，常用的有退火、正火等 |
| 消除残余应力热处理 | 由于毛坯在制造和机械加工过程中产生的内应力，会引起工件变形，影响加工质量，因此要安排消除残余应力热处理。消除残余应力热处理最好安排在粗加工之后精加工之前，对精度要求不高的零件，一般将消除残余应力的人工时效和退火安排在毛坯进入机加工车间之前进行。对精度要求较高的复杂铸件，在机加工过程中通常安排两次时效处理，加工顺序是铸造→粗加工→时效→半精加工→时效→精加工。对高精度零件，如精密丝杠、精密主轴等，应安排多次消除残余应力热处理，甚至采用冰冷处理以稳定尺寸 |
| 最终热处理 | 最终热处理的目的是提高零件的强度、表面硬度和耐磨性，常安排在精加工工序（磨削加工）之前。常用的有淬火、渗碳、渗氮和碳氮共渗等 |

### 3. 辅助工序的安排

辅助工序主要包括：检验、清洗、去毛刺、去磁、倒棱边、涂防锈油和平衡等。其中检验工序是主要的辅助工序，是保证产品质量的主要措施之一，一般安排在粗加工全部结束后精加工之前、重要工序之后、工件在不同车间之间转移前后和工件全部加工结束后。

### 4. 数控加工工序与普通工序的衔接

数控工序前后一般都穿插有其他普通工序，如果衔接不好就容易产生矛盾，因此要解决好数控工序与非数控工序之间的衔接问题。最好的办法是建立相互状态要求。例如：要不要为后道工序留加工余量，留多少；定位面与孔的精度要求及形位公差等。其目的是达到相互能满足加工需要，且质量目标与技术要求明确，交接验收有依据。关于手续问题，如果是在同一个车间，可由编程人员与主管该零件的工艺员协商确定，在制定工序工艺文件中互审会签，共同负责；如果不是在同一个车间，则应用交接状态表进行规定，共同会签，然后反映在工艺规程中。

## 六、进给路线的确定

在确定进给路线时，对于数控铣削应考虑以下几个方面。

### 1. 应能保证零件的加工精度和表面粗糙度要求

① 如图 3-96 所示，当铣削平面零件外轮廓时，一般采用立铣刀侧刃切削。刀具切入工件时，应避免沿零件外廓的法向切入，而要沿外廓曲线延长线的切向切入，避免在切入处产生刀具的刻痕而影响表面质量，保证零件外廓曲线平滑过渡。同理，在切离工件时，也应避免在工件的轮廓处直接退刀，而要沿该零件轮廓延长线的切向逐渐切离工件。

② 铣削封闭的内轮廓表面时，若内轮廓曲线允许外延，则应沿切线方向切入切出。若内轮廓曲线不允许外延（图 3-97），则刀具只能沿内轮廓曲线的法向切入切出，此时刀具的切入切出点应尽量选在内轮廓曲线两几何元素的交点处。当内部几何元素相切无交点时（图 3-98），为防止刀补取消时在轮廓拐角处留下凹口［图 3-98（a）］，刀具切入切出点应远离拐角［图 3-98（b）］。

③ 如图 3-99 所示为圆弧插补方式铣削外整圆时的进给路线。当整圆加工完毕时，不要在切点处直接退刀，而应让刀具沿切线方向多运动一段距离，以免取消刀补时，刀具

与工件表面相碰，造成工件报废。铣削内圆弧时也要遵循从切向切入的原则，最好安排从圆弧过渡到圆弧的加工路线如图 3-100 所示，这样可以提高内孔表面的加工精度和加工质量。

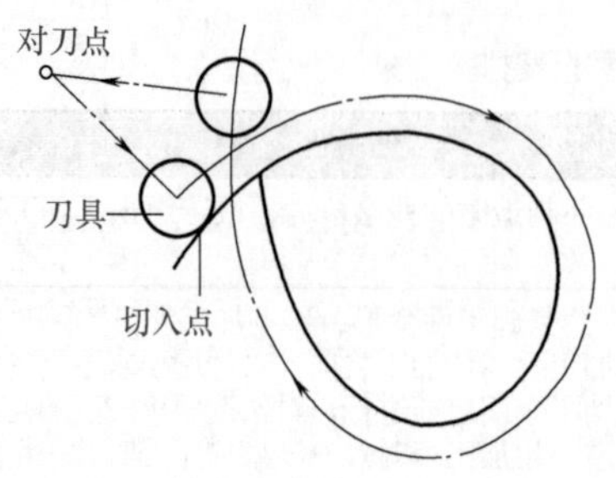


图 3-96　外轮廓加工刀具的切入和切出

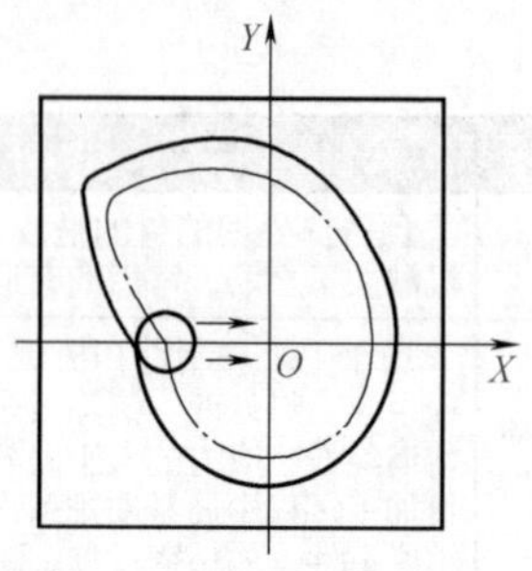


图 3-97　内轮廓加工刀具的切入和切出

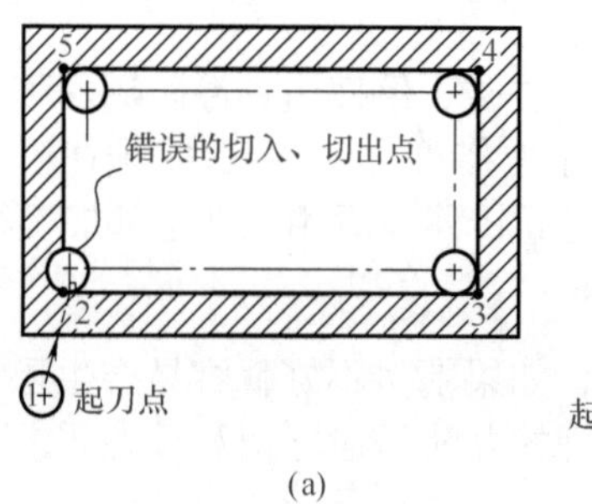


图 3-98　无交点内轮廓加工刀具的切入和切出

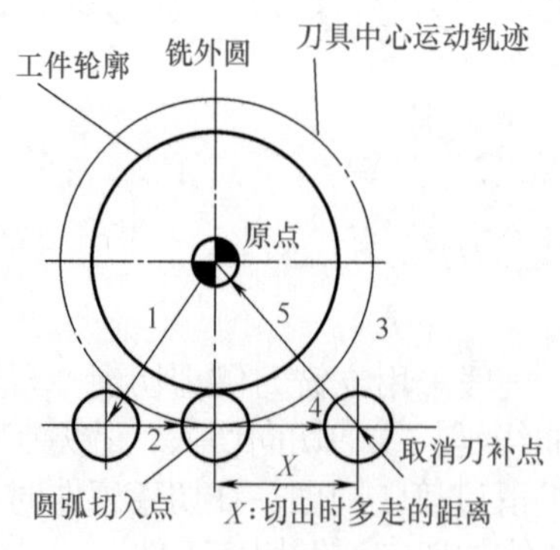


图 3-99　外圆铣削

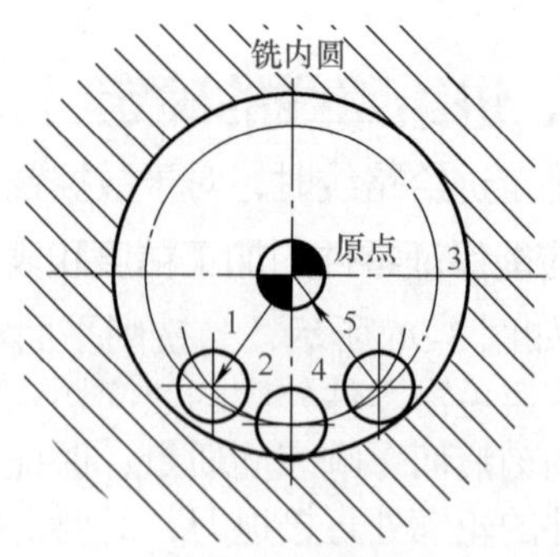


图 3-100　内圆铣削

④ 对于孔位置精度要求较高的零件，在精镗孔系时，镗孔路线一定要注意各孔的定位方向一致，即采用单向趋近定位点的方法，以避免传动系统反向间隙误差或测量系统的误差对定位精度的影响。例如如图 3-101（a）所示的孔系加工路线，在加工孔Ⅳ时，X 方向的反向间隙将会影响Ⅲ、Ⅳ两孔的孔距精度；如果改为如图 3-101（b）所示的加工路线，可使各孔的定位方向一致，从而提高孔距精度。

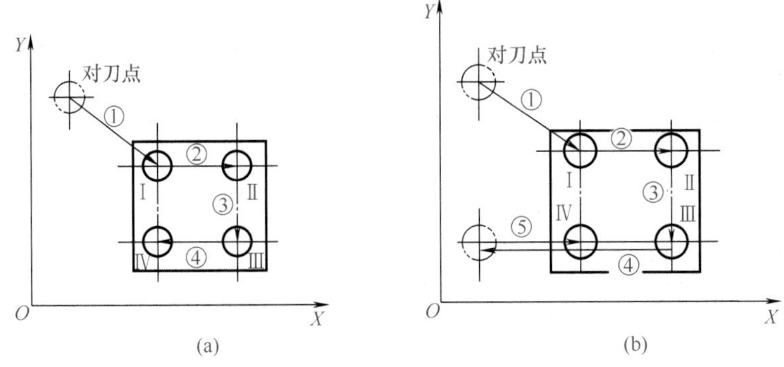

图 3-101　孔系加工路线方案比较

⑤ 铣削曲面时，常采用球头刀行切法进行加工。对于边界敞开的曲面加工，可采用两种进给路线。如图 3-102 所示的发动机大叶片，当采用如图 3-102（a）所示的加工方案时，每次沿直线加工，刀位点计算简单，程序少，加工过程符合直纹面的形成，可以准确保证母线的直线度；当采用如图 3-102（b）所示的加工方案时，符合这类零件数据给出情况，便于加工后检验，叶形的准确度较高，但程序较多。由于曲面零件的边界是敞开的，没有其他表面限制，所以边界曲面可以延伸，球头刀应由边界外开始加工。

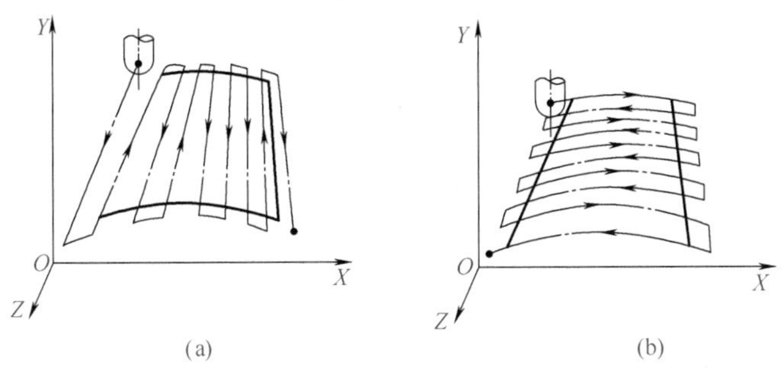

图 3-102　曲面加工的进给路线

⑥ 轮廓加工中应避免进给停顿。因为加工过程中的切削力会使工艺系统产生弹性变形并处于相对平衡状态，进给停顿时，切削力突然减小，会改变系统的平衡状态，刀具会在进给停顿处的零件轮廓上留下刻痕。

⑦ 为提高工件表面的精度和减小表面粗糙度值，可以采用多次进给的方法，精加工余量一般以 0.2 ～ 0.5mm 为宜。而且精铣时宜采用顺铣，以减小零件被加工表面粗糙度的值。

### 2. 加工路线的选择

应使进给路线最短，减少刀具空行程时间，提高加工效率。如图 3-103 所示为正确选择钻孔加工路线的例子。按照一般习惯，总是先加工均布于同一圆周上的八个孔，再加工另一圆周上的孔［图 3-103（a）］。但是对点位控制的数控机床而言，要求定位精度高，定位过程尽可能快，因此这类机床应按空程最短来安排进给路线，如图 3-103（b）所示，以节省加工时间。

### 3. 简单、量少

应使数值计算简单，程序数量少，以减少编程工作量。

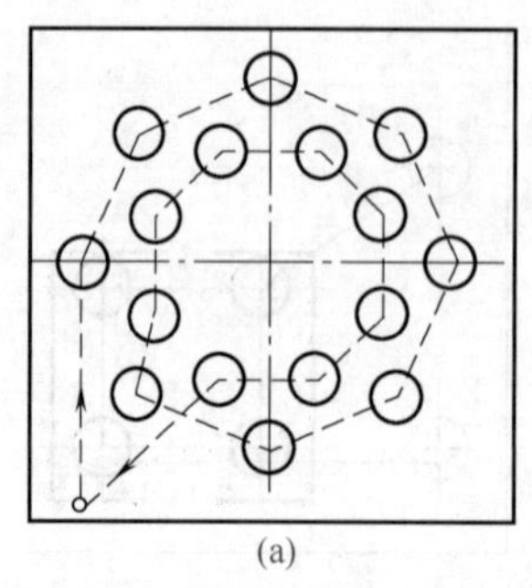
(a)

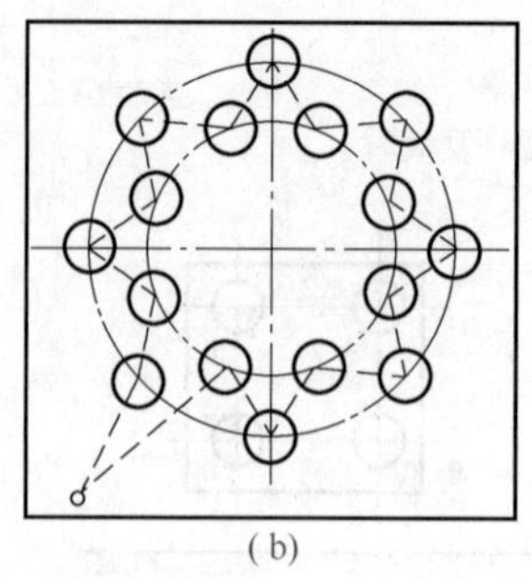
(b)

图 3-103 最短加工路线选择

## 七、铣削用量的选择

铣削用量包括铣削速度 $v_c$、进给量 $f_z$ 和吃刀量。数控加工时，同一加工过程选用不同的铣削用量，会产生不同的铣削效果。合理的铣削用量应能保证工件的加工质量和刀具寿命，充分发挥机床潜力，最大限度发挥刀具的铣削性能，并能获得高生产率和低加工成本。

在铣削过程中，如果能在一定的时间内切除较多的金属，就会有较高的生产效率。显然，提高背吃刀量、铣削速度和进给量均能增加金属的切除量。但是，影响铣刀寿命最显著的因素是铣削速度，其次是进给量，吃刀量的影响最小。所以为了保证铣刀合理的寿命，应当优先采用较大的吃刀量，其次是选择较大的进给量，最后才是根据铣刀寿命的要求，选择适宜的铣削速度。

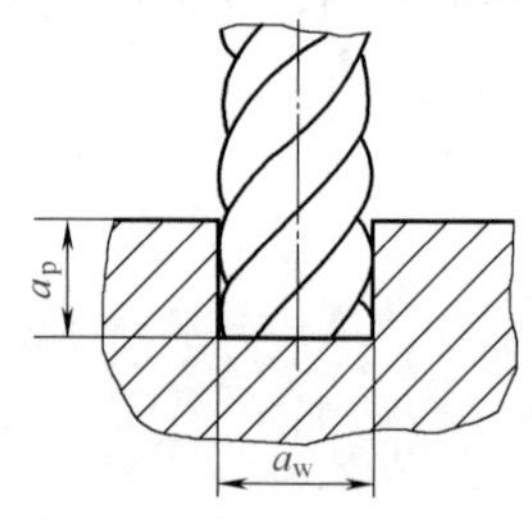

图 3-104 背吃刀量 $a_p$ 和侧吃刀 $a_w$

### 1. 吃刀量的选择

如图 3-104 所示，刀具切入工件后的吃刀量包括背吃刀量 $a_p$ 和侧吃刀量 $a_w$ 两个方面。

（1）背吃刀量 $a_p$

在机床、工件和刀具刚度允许的情况下，背吃刀量可以等于加工余量，即尽量做到一次进给铣去全部的加工余量，这是提高生产率的一个有效措施。只有当表面粗糙度值 $Ra$ 小于 6.3μm 时，为了保证零件的加工精度和表面粗糙度，才需要考虑留一定的余量进行精加工。

（2）侧吃刀量 $a_w$

侧吃刀量也称为铣削宽度，在编程软件中称为步距，一般铣削宽度与刀具直径 $D$ 成正比。在粗加工中，步距取得大些有利于提高加工效率。使用平底刀进行切削时，一般取 $a_w$=（0.6 ～ 0.9）$D$；而使用圆鼻刀进行加工时，刀具实际直径应扣除刀尖的圆角部分，即 $d=D-2r$（$d$ 为刀具实际直径，$r$ 为刀尖圆角半径），而 $a_w$ 可以取到（0.8 ～ 0.9）$d$；在使用球头刀进行精加工时，步距的确定应首先考虑所能达到的精度和表面粗糙度。

（3）背吃刀量或侧吃刀量与表面质量的要求

① 在工件表面粗糙度值 $Ra$ 要求为 12.5 ～ 25μm 时，如果周铣的加工余量小于 5mm，面铣的加工余量小于 6mm 时，粗铣一次进给就可以达到要求。但在余量较大、工艺系统刚性较差或机床动力不足时，可分两次进给完成。

② 在工件表面粗糙度值 $Ra$ 要求为 3.2 ～ 12.5μm 时，可分粗铣和半精铣两步进行。粗铣时选择背吃刀量或侧吃刀量尽量做到一次进给铣去全部的加工余量，工艺系统刚性较差或机床动力不足时，可分两次进给完成。粗铣后留 0.5 ～ 1mm 余量，在半精铣时切除。

③ 在工件表面粗糙度值 $Ra$ 要求为 0.8 ～ 3.2μm 时，可分粗铣、半精铣、精铣三步进行。半精铣时背吃刀量或侧吃刀量取 1.5 ～ 2mm；精铣时，周铣的侧吃刀量取 0.3 ～ 0.5mm，面

铣刀背吃刀量取 0.5 ～ 1mm。

必须指出，机床刚度、工件材料和精度以及刀具材料和规格等因素都影响背吃刀量和侧吃刀量的选择，实际使用时，应查阅相关工艺手册选择合适的背吃刀量和侧吃刀量。

### 2. 每齿进给量 $f_z$ 的选择

粗铣时，限制进给量提高的主要因素是切削力，进给量主要是根据铣床进给机构的强度、刀杆的刚度、刀齿的强度及铣床、夹具、工件的工艺系统刚度来确定。在强度和刚度许可的条件下，进给量可以尽量选取得大一些。精加工时，限制进给量提高的主要因素是表面粗糙度。为了减少工艺系统的振动，减小已加工表面的残留面积高度，一般选取较小的进给量。每齿进给量的选择方法总结如下：

① 一般情况下，粗铣取大值，精铣取小值。

② 对刚性较差的工件，或所用的铣刀强度较低时，铣刀每齿进给量应适当减小。

③ 在铣削加工不锈钢等冷硬倾向较大的材料时，应适当增大铣刀每齿进给量，以免铣削刃在冷硬层上铣削，以致加速切削刃的磨损。

④ 精铣时，如果铣刀安装后的径向圆跳动量及轴向圆跳动量加大，则铣刀每齿进给量应适当地减小。

⑤ 用带修光刃的硬质合金铣刀进行精铣时，只要工艺系统的刚性好，铣刀每齿进给量可适当增大，但修光刃必须平直，并与进给方向保持较高的平行度，这就是所谓的大进给量强力铣削。大进给量强力铣削可以充分发挥铣床和铣刀的加工潜力，提高铣削加工效率。

确定铣刀每齿进给量 $f_z$ 后，进给速度 $F=f_z zn$（mm/min），$z$ 为铣刀的齿数，$n$ 为转速（r/min）。

### 3. 铣削速度 $v_c$ 的选择

在铣削加工时，铣削速度 $v_c$ 也称为单齿切削量，单位为 m/min。提高铣削速度是提高生产率的一个有效措施，但铣削速度与刀具寿命的关系比较密切。随着铣削速度的增大，刀具寿命急剧下降，故铣削速度的选择主要取决于刀具寿命。另外，铣削速度还要根据工件材料的硬度做适当的调整。

确定了铣削速度 $v_c$ 后，主轴转速 $n=v_c\times 1000/\pi D$，$D$ 为刀具直径（mm）。

数控加工的多样性、复杂性以及日益丰富的数控刀具，决定了选择刀具时不能再主要依靠经验。刀具制造厂在开发每一种刀具时，已经做了大量的试验，在向用户提供刀具的同时，也提供了详细的使用说明。

操作者应该能够熟练地使用生产厂商提供的技术手册，通过手册选择合适的刀具，并根据手册提供的参数合理使用数控刀具。

可转位铣刀参考铣削用量见表 3-61，硬质合金焊接铣刀参考铣削用量见表 3-62，整体硬质合金铣刀参考铣削用量见表 3-63，表 3-64 ～表 3-68 给出了部分孔加工的铣削用量，供选择时参考。

表 3-61　可转位铣刀参考铣削用量

| 工件材料及硬度 | 可转位面铣刀 GMA | | 可转位面铣刀 ZMA、ZMB | | 可转位重型面铣刀 CMA | | 可转位铝合金面铣刀 LMA | | 可转位密齿面铣刀 MM、MMA、ZMMA | |
|---|---|---|---|---|---|---|---|---|---|---|
| | $v_c$/（m/min） | $f_z$/（mm/r） | $v_c$/（m/min） | $f_z$/（mm/r） | $v_c$/（m/min） | $f_z$/（mm/r） | $v_c$/（m/min） | $f_z$/（mm/r） | $v_c$/（m/min） | $f_z$/（mm/r） |
| 碳素钢 180 ～ 280HBW | 70 ～ 110 | 0.10 ～ 0.30 | 70 ～ 120 | 0.05 ～ 0.15 | 70 ～ 110 | 0.10 ～ 0.30 | — | — | 70 ～ 110 | 0.05 ～ 0.20 |
| 合金钢 280 ～ 350HBW | 35 ～ 70 | 0.10 ～ 0.20 | 50 ～ 85 | 0.05 ～ 0.15 | 35 ～ 70 | 0.10 ～ 0.20 | — | — | 35 ～ 70 | 0.05 ～ 0.20 |

续表

| 工件材料及硬度 | 可转位面铣刀GMA | | 可转位面铣刀ZMA、ZMB | | 可转位重型面铣刀CMA | | 可转位铝合金面铣刀LMA | | 可转位密齿面铣刀MM、MMA、ZMMA | |
|---|---|---|---|---|---|---|---|---|---|---|
| | $v_c$/（m/min） | $f_z$/（mm/r） | $v_c$/（m/min） | $f_z$/（mm/r） | $v_c$/（m/min） | $f_z$/（mm/r） | $v_c$/（m/min） | $f_z$/（mm/r） | $v_c$/（m/min） | $f_z$/（mm/r） |
| 淬火钢≤40HRC | — | — | — | — | — | — | — | — | — | — |
| 不锈钢≤270HBW | 80～140 | 0.10～0.30 | 70～120 | 0.10～0.20 | — | — | — | — | — | — |
| 铸铁≤220HBW | 60～100 | 0.10～0.30 | 70～120 | 0.05～0.20 | 45～70 | 0.10～0.30 | — | — | 60～100 | 0.10～0.25 |
| 铝合金 | — | — | — | — | — | — | 300～800 | 0.10～0.30 | — | — |
| $a_p$/mm | ≤6（$D$[①]=60～100）≤8（$D$=125～500） | | ≤6 | | ≤8 | | ≤8 | | ≤5 | |
| $a_w$/mm | 0.60$D$ | | | | | | | | | |

| 工件材料及硬度 | 可转位阶梯面铣刀JTMA | | 可转位面铣刀SGM、SGMA、SCMB | | 可转位燕尾槽面铣刀VX | | 可转位陶瓷面铣刀TRM、TSM、TZM | |
|---|---|---|---|---|---|---|---|---|
| | $v_c$/（m/min） | $f_z$/（mm/r） | $v_c$/（m/min） | $f_z$/（mm/r） | $v_c$/（m/min） | $f_z$/（mm/r） | $v_c$/（m/min） | $f_z$/（mm/r） |
| 碳素钢180～280HBW | 130～80 | 0.15～0.40 | 85～125 | 0.10～0.20 | — | — | 180～300 | 0.05～0.15 |
| 合金钢280～350HBW | 110～70 | 0.20～0.20 | 60～90 | 0.10～0.20 | — | — | 180～280 | 0.05～0.15 |
| 淬火钢≤40HRC | — | — | 45～70 | 0.05～0.15 | — | — | 90～300 | 0.05～0.12 |
| 不锈钢≤270HRC | — | — | 85～125 | 0.10～0.20 | — | — | 100～180 | 0.05～0.12 |
| 铸铁≤220HBW | 130～80 | 0.15～0.40 | 90～170 | 0.10～0.20 | 70～100 | 0.05～0.10 | 120～380 | 0.10～0.20 |
| 铝合金 | — | — | 200～700 | 0.10～0.20 | — | — | — | — |
| 钛合金 | — | — | 20～80 | 0.05～0.20 | — | — | — | — |
| $a_p$/mm | 2.5～25 | | ≤6 | | ≤15 | | 0.2～4 | |
| $a_w$/mm | ≤0.60$D$ | | | | ≤25 | | ≤0.60$D$ | |

| 工件材料及硬度 | 可转位三面刃、两面刃铣刀SMD | | 可转位立铣刀LXM、LXY、LXX、LXT | | 可转位倒角立铣刀DLX、DLM | | 可转位T形槽铣刀KTXZ、KTXM | | 可转位立铣刀RMM、RMY、RMX、RMT | |
|---|---|---|---|---|---|---|---|---|---|---|
| | $v_c$/（m/min） | $f_z$/（mm/r） | $v_c$/（m/min） | $f_z$/（mm/r） | $v_c$/（m/min） | $f_z$/（mm/r） | $v_c$/（m/min） | $f_z$/（mm/r） | $v_c$/（m/min） | $f_z$/（mm/r） |
| 碳素钢180～280HBW | 70～140 | 0.05～0.20 | 70～110 | 0.10～0.30 | 70～140 | 0.15～0.30 | 80～140 | 0.10～0.20 | 70～120 | 0.10～0.30 |
| 合金钢280～350HBW | 60～120 | 0.05～0.20 | 40～70 | 0.10～0.20 | 60～110 | 0.10～0.30 | 40～80 | 0.05～0.15 | 50～100 | 0.05～0.20 |
| 淬火钢≤40HRC | — | — | 30～60 | 0.04～0.10 | 40～70 | 0.05～0.20 | — | — | 40～80 | 0.05～0.20 |
| 不锈钢≤270HBW | 70～140 | 0.05～0.15 | 100～140 | 0.10～0.30 | 80～120 | 0.10～0.20 | — | — | 70～120 | 0.05～0.20 |
| 铸铁≤220HBW | 70～140 | 0.05～0.20 | 45～70 | 0.10～0.30 | 90～150 | 0.20～0.40 | 60～100 | 0.10～0.20 | 70～120 | 0.10～0.30 |
| 铝合金 | — | — | — | — | 210～700 | 0.15～0.40 | — | — | 300～600 | 0.15～0.40 |
| 钛合金 | — | — | — | — | — | — | — | — | — | — |
| $a_p$/mm | ≤2$L$[②] | | ≤5 | | ≤5 | | — | | ≤5 | |
| $a_w$/mm | ≤$L$ | | ≤0.6$D$ | | — | | — | | — | |

续表

| 工件材料及硬度 | 可转位螺旋立铣刀 KLXX、KLXM、KLXZ | | 可转位球头立铣刀 QXZ、QXCZ | | 机夹单片球头立铣刀 DQY、DQX、DQM | |
|---|---|---|---|---|---|---|
| | $v_c$/（m/min） | $f_z$/（mm/r） | $v_c$/（m/min） | $f_z$/（mm/r） | $v_c$/（m/min） | $f_z$/（mm/r） |
| 碳素钢 180～280HBW | 80～140 | 0.06～0.15 | 60～140 | 250～400 | 60～120 | 0.08～0.25 |
| 合金钢 280～350HBW | 80～120 | 0.06～0.15 | 60～140 | 250～400 | 60～120 | 0.08～0.25 |
| 淬火钢 ≤ 40HRC | — | — | | | | |
| 不锈钢 ≤ 270HBW | 60～120 | 0.06～0.12 | | | | |
| 铸铁 ≤ 220HBW | 80～120 | 0.05～0.15 | | | | |
| 铝合金 | — | — | | | | |
| 钛合金 | — | — | | | | |
| $a_p$/mm | — | | 一般型（0.2～0.5）$D$<br>长刃型 1.2$D$ | | 0.2～1 | |

① $D$ 为铣刀直径。

② $L$ 为铣刀宽度。

表 3-62　硬质合金焊接铣刀参考铣削用量

| 铣刀 | 工件材料及硬度 | 切削速度 $v_c$/（m/min） | 每齿进给量 $f_z$/（mm/r） | 背吃刀量 $a_p$/mm | 侧吃刀量 $a_w$/mm |
|---|---|---|---|---|---|
| 硬质合金玉米铣刀 YMXX、YMXM、YMXT | 碳素钢 180～220HBW | 40～50 | 0.04～0.20 | ≤ 0.8$L$① | ≤ 0.5$D$② |
| | 合金钢 220～280HBW | 35～50 | 0.03～0.15 | | |
| | 铸铁 180～220HBW | 40～60 | 0.06～0.30 | | |
| 硬质合金螺旋立铣刀 HLXM、HLXX | 碳素钢 180～220HBW | 30～50 | 0.03～0.15 | ≤ 0.8$L$ | ≤ 0.5$D$ |
| | 合金钢 220～280HBW | 25～40 | 0.02～0.10 | | |
| | 铸铁 180～220HBW | 30～50 | 0.05～0.25 | | |
| 硬质合金立铣刀 YHLXY、YHLXM | 碳素钢 180～220HBW | 15～35 | 铣槽 0.02～0.10 | 铣槽≤ $D$<br>铣侧面≤ 1.5$D$ | 铣槽 = $D$<br>铣侧面≤ 0.2$D$ |
| | | | 铣侧面 0.05～0.30 | | |
| | 合金钢 220～280HBW | 10～25 | 铣槽 0.01～0.08 | | |
| | | | 铣侧面 0.03～0.25 | | |
| | 铸铁 180～220HBW | 15～35 | 铣槽 0.02～0.15 | | |
| | | | 铣侧面 0.06～0.45 | | |
| 硬质合金错齿三面刃铣刀 HSM | 碳素钢 200HBW | 60～80 | 0.10～0.15 | 1～2$l$③ | |
| | 铸铁 200HBW | | | | |

续表

| 铣刀 | 工件材料及硬度 | 切削速度 $v_c$/（m/min） | 每齿进给量 $f_z$/（mm/r） | 背吃刀量 $a_p$/mm | 侧吃刀量 $a_w$/mm |
|---|---|---|---|---|---|
| 硬质合金 T 形槽铣刀 HZTXY、HZTXM | 铸铁 200HBW | 35～50 | 0.03～0.08 | — | — |
| 硬质合金燕尾槽铣刀 HVX | 铸铁 200HBW | 60～80 | 0.05～0.10 | ≤0.8$L_1$[④] | — |
| 硬质合金球头立铣刀 HQ | 碳素钢 180～220HBW | 15～30 | 0.02～0.08 | ≤0.4$D$ | ≤$D$ |
| | 合金钢 220～280HBW | 10～25 | 0.01～0.07 | | |
| | 铸铁 180～220HBW | 15～30 | 0.02～0.10 | | |

① $L$ 为铣刀切削刃长度。

② $D$ 为铣刀直径。

③ $l$ 为铣刀刀齿宽度。

④ $L_1$ 为切削刃高。

表 3-63　整体硬质合金铣刀参考铣削用量

| 铣刀 | 工件材料及硬度 | 切削速度 $v_c$/（m/min） | 每齿进给量 $f_z$/（mm/r） | 背吃刀量 $a_p$/mm | 侧吃刀量 $a_w$/mm |
|---|---|---|---|---|---|
| 整体硬质合金球头立铣刀 YQX | 碳素钢 180～220HBW | 20～35 | 0.02～0.08 | ≤0.4$D$ | ≤$D$ |
| | 合金钢 220～280HBW | 15～30 | 0.01～0.07 | | |
| | 铸铁 180～220HBW | 20～40 | 0.02～0.10 | | |
| 整体硬质合金圆锥形球头立铣刀 YYQX | 碳素钢 180～220HBW | 15～30 | 0.02～0.08 | ≤0.4$D$ | ≤$D$ |
| | 合金钢 220～280HBW | 10～25 | 0.01～0.07 | | |
| | 铸铁 180～220HBW | 15～35 | 0.02～0.10 | | |
| 整体硬质合金键槽铣刀 YJX | 碳素钢 180～220HBW | 20～40 | 0.02～0.10 | （0.4～0.6）$D$ | ≤$D$ |
| | 合金钢 220～280HBW | 15～30 | 0.01～0.08 | | |
| | 铸铁 180～220HBW | 20～40 | 0.02～0.15 | | |
| 整体硬质合金立铣刀 YLX、整体硬质合金圆角立铣刀 YYX、整体硬质合金圆锥形立铣刀 YYLX | 碳素钢 180～220HBW | 20～40 | 铣槽 0.02～0.10 | 铣槽≤$D$ 铣侧面≤1.5$D$ | 铣槽=$D$ 铣侧面≤0.2$D$ |
| | | | 铣侧面 0.05～0.30 | | |
| | 合金钢 220～280HBW | 15～30 | 铣槽 0.01～0.08 | | |
| | | | 铣侧面 0.03～0.25 | | |
| | 铸铁 | 20～40 | 铣槽 0.02～0.15 | | |
| | 180～220HBW | | 铣侧面 0.06～0.45 | | |

表 3-64　高速钢钻头加工铸铁件的铣削用量

| 钻头直径/mm | 工件硬度 | | | | | |
|---|---|---|---|---|---|---|
| | 160～220HBW | | 200～400HBW | | 300～400HBW | |
| | $v_c$/(m/min) | $f$/(mm/r) | $v_c$/(m/min) | $f$/(mm/r) | $v_c$/(m/min) | $f$/(mm/r) |
| 1～6 | 8～25 | 0.07～0.12 | 10～18 | 0.05～0.1 | 5～12 | 0.03～0.08 |
| 6～12 | 8～25 | 0.12～0.2 | 10～18 | 0.1～0.18 | 5～12 | 0.08～0.15 |
| 12～22 | 8～25 | 0.2～0.4 | 10～18 | 0.18～0.25 | 5～12 | 0.15～0.25 |
| 22～50 | 8～25 | 0.4～0.8 | 10～18 | 0.25～0.4 | 5～12 | 0.25～0.35 |

注：采用硬质合金钻头加工铸铁件时取 $v_c$=20～30m/min。

表 3-65　高速钢钻头加工钢件的铣削用量

| 钻头直径/mm | 工件硬度 | | | | | |
|---|---|---|---|---|---|---|
| | $\sigma_b$=520～700MPa（35、45 钢） | | $\sigma_b$=5700～900MPa（15Cr、20Cr） | | $\sigma_b$=5100～110MPa（合金钢） | |
| | $v_c$/(m/min) | $f$/(mm/r) | $v_c$/(m/min) | $f$/(mm/r) | $v_c$/(m/min) | $f$/(mm/r) |
| 1～6 | 8～25 | 0.05～0.1 | 12～30 | 0.05～0.1 | 8～15 | 0.03～0.08 |
| 6～12 | 8～25 | 0.1～0.2 | 12～30 | 0.1～0.2 | 8～15 | 0.08～0.15 |
| 12～22 | 8～25 | 0.2～0.3 | 12～30 | 0.2～0.3 | 8～15 | 0.15～0.25 |
| 22～50 | 8～25 | 0.3～0.45 | 12～30 | 0.3～0.45 | 8～15 | 0.25～0.35 |

表 3-66　高速钢铰刀铰孔的铣削用量

| 铰刀直径/mm | 工件硬度 | | | | | |
|---|---|---|---|---|---|---|
| | 铸铁 | | 钢及合金钢 | | 铝、铜及其合金 | |
| | $v_c$/(m/min) | $f$/(mm/r) | $v_c$/(m/min) | $f$/(mm/r) | $v_c$/(m/min) | $f$/(mm/r) |
| 6～10 | 2～6 | 0.3～0.5 | 1.2～5 | 0.3～0.4 | 8～12 | 0.3～0.5 |
| 10～15 | 2～6 | 0.5～1 | 1.2～5 | 0.4～0.5 | 8～12 | 0.5～1.5 |
| 15～25 | 2～6 | 0.8～1.5 | 1.2～5 | 0.5～0.6 | 8～12 | 0.8～1.5 |
| 25～40 | 2～6 | 0.8～1.5 | 1.2～5 | 0.4～0.6 | 8～12 | 0.8～1.5 |
| 40～60 | 2～6 | 1.2～1.8 | 1.2～5 | 0.5～0.6 | 8～12 | 1.5～2 |

注：采用硬质合金铰刀铰铸铁材料时 $v_c$=8～10m/min，铰铝材料时 $v_c$=12～15m/min。

表 3-67　镗孔的铣削用量

| 工序 | 刀具材料 | 工件材料 | | | | | |
|---|---|---|---|---|---|---|---|
| | | 铸铁 | | 钢及其合金 | | 铝及其合金 | |
| | | $v_c$/(m/min) | $f$/(mm/r) | $v_c$/(m/min) | $f$/(mm/r) | $v_c$/(m/min) | $f$/(mm/r) |
| 粗镗 | 高速钢 | 20～25 | 0.4～1.5 | 15～30 | 0.35～0.7 | 100～150 | 0.5～1.5 |
| | 硬质合金 | 35～50 | | 50～70 | | 100～250 | |
| 半精镗 | 高速钢 | 20～35 | 0.15～1.5 | 15～50 | 0.15～0.45 | 100～200 | 0.2～0.5 |
| | 硬质合金 | 50～70 | | 90～130 | | | |
| 精镗 | 高速钢 | 70～90 | ＜0.08 | 100～135 | 0.12～0.15 | 150～400 | 0.06～0.1 |
| | 硬质合金 | | 0.12～0.15 | | | | |

注：当采用高精度镗刀镗孔时，铣削速度 $v_c$ 可提高一些，铸铁件为 100～150m/min；钢件为 150～250m/min；铝合金为 250～500m/min。进给量可在 0.03～0.1mm/r 范围内选取。

表 3-68 攻螺纹的铣削用量

| 工件材料 | 铸铁 | 钢及其合金 | 铝及其合金 |
| --- | --- | --- | --- |
| $v_c$ ( m/min ) | 2.5 ～ 5 | 1.5 ～ 5 | 5 ～ 15 |

# 第八节 数控铣削加工工件及工艺性分析

## 一、平面铣削工艺分析

### 1. 平面铣削加工需要考虑的几个问题

平面铣削是控制加工工件高度的加工。平面铣削通常使用的铣削刀具是面铣刀，为多齿刀具。但在小面积范围内有时也使用立铣刀进行平面铣削，面铣刀加工垂直于它的轴线的工件上表面。

在 CNC 编程中，平面铣削需要考虑三个问题：铣刀直径的选择、铣削中刀具相对于工件的位置、刀具的刀齿，见表 3-69。

表 3-69 平面铣削加工需要考虑问题

| 类别 | 说　明 |
| --- | --- |
| 铣刀直径的选择 | 平面铣削最重要的一点是对面铣刀直径尺寸的选择。对于单次平面铣削，平面铣刀最理想的宽度应为材料宽度的 1.3 ～ 1.6 倍，可以保证切屑较好地形成和排出。如需要铣削的宽度为 80mm，那么选用直径 120mm 的面铣刀比较合适。<br>对于面积过大的平面，由于受到多种因素的限制，如考虑到机床功率、刀具和可转位刀片几何尺寸、安装刚度、每次铣削的深度和宽度以及其他加工因素，面铣刀刀具直径不可能比平面宽度更大时，宜多次铣削平面。应尽量避免面铣刀刀具的全部刀齿参与铣削，即应尽量避免对宽度等于或稍微大于刀具直径的工件进行平面铣削。面铣刀整个宽度全部参与铣削（全齿铣削）会迅速磨损镶刀片的切削刃，并容易使切屑黏结在刀齿上。此外，工件表面质量也会受到影响，严重时会造成镶刀片过早报废，从而增加加工的成本 |
| 铣削中刀具相对于工件的位置 | 铣削中刀具相对于工件的位置可由面铣刀进入工件材料时的铣削铣入角来确定<br>平面铣刀的切入角由刀心位置相对于工件边缘的位置决定：如果刀具中心位置在工件内（但不跟工件中心重合），切入角为负，如图 3-105( a ) 所示；如果刀具中心位置在工件外，切入角为正，如图 3-105( b ) 所示；刀具中心位置与工件边缘线重合时，切入角为零<br>如果工件只需一次铣削，应该避免刀具中心轨迹与工件中心线重合。因为刀具中心处于工件中间位置时容易引起振动，从而使加工质量变差，因此刀具轨迹应偏离工件中心线；应该避免刀具中心线与工件边缘线重合。因为当刀具中心轨迹与工件边缘线重合时，铣削镶刀片进入工件材料时的冲击力最大<br>使用负切入角是首选的方法，即应尽量让面铣刀中心在工件区域内。如果切入角为正，刚刚切入工件时，刀片相对工件材料冲击速度大，引起的碰撞力也较大。所以正切入角容易使刀具破损或产生缺口。因此，拟定刀具中心轨迹时，应避免正切入角的产生；使用负切入角时，已切入工件材料的镶刀片承受最大切削力，而刚切入（撞入）工件的刀片将受力较小，引起的碰撞力也较小，从而可延长镶刀片寿命，且引起的振动也小一些 |
| 刀具的刀齿 | CNC 加工中，典型的面铣刀为具有可互换的硬质合金可转位刀片的多齿刀具。平面铣削加工中并不是所有的镶刀片都同时参与加工，每一可转位刀片只在主轴旋转一周内的部分时间中参与工作，这种断续铣削的特点与刀具寿命有重要的关系。可转位刀片的几何角度、铣削刀片的数量都会对面铣加工产生重要的影响<br>平面铣刀为多齿刀具，刀具可转位刀片数量与刀具有效直径之间的关系通常称为刀齿密度或刀具节距<br>根据刀齿密度，可将常见的平面铣刀分为小密度、中密度和大密度三类。小密度类型的刀具最为常见，应用面较广。密齿铣刀因为镶刀片密度过大，同时进入工件的刀片较多，所需的机床功率较大，而且不一定能保证足够的铣削间隙，这样切屑就不能及时排出，因此密齿铣刀主要用在切屑量小的精加工场合。此外，选择刀齿密度时还要保证在任何时刻都能至少有一个刀片正在铣削材料，这样可避免由于突然中断铣削引起冲击而对刀具或机床造成损坏，使用大直径平面铣刀加工小宽度工件时尤其要注意这种情况 |

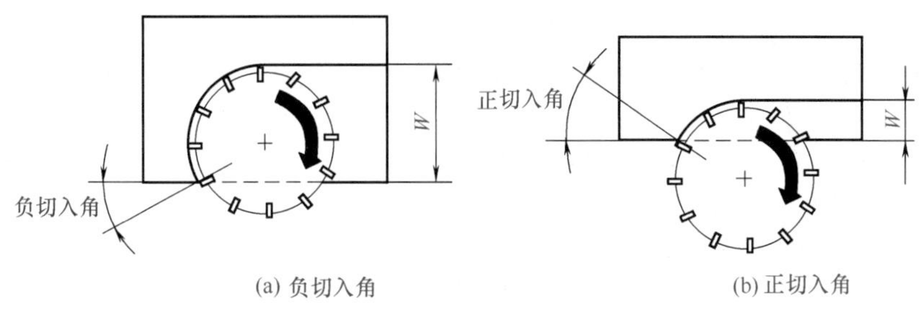

(a) 负切入角 (b) 正切入角

图 3-105 切削切入角（$W$ 为切削宽度）

### 2. 平面铣削的刀具路线设计

单次平面铣削的一般规则同样也适用于多次铣削。由于平面铣刀的直径通常太小而不能一次切除较大区域内的所有材料，因此在同一深度需要多次铣削。

铣削大平面时，分多次铣削的铣削路线有如图 3-106 所示的几种，每一种方法在特定环境下都具有各自的优点。最为常见的方法为同一深度上的单向多次铣削和双向往复铣削。

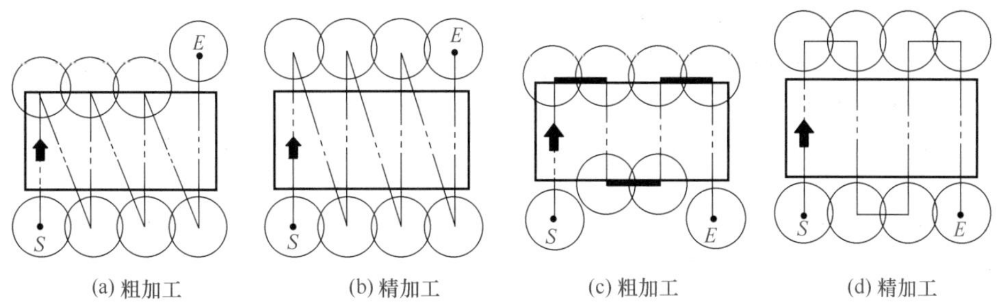

(a) 粗加工 (b) 精加工 (c) 粗加工 (d) 精加工

图 3-106 平面铣削的多次铣削路线

单向多次铣削时，铣削起点在工件的同一侧，另一侧为终点的位置，每完成一次铣削后，刀具从工件上方回到铣削起点的同一侧，如图 3-106（a）、（b）所示，这是平面铣削中常见的方法。频繁的快速返回运动导致效率很低，但能保证面铣刀的铣削总是顺铣。

双向往复铣削也称为 Z 形铣削，如图 3-106（c）、（d）所示，其应用也很广泛。双向往复铣削的效率比单向多次铣削要高，但铣削时刀具要在顺铣和逆铣间反复切换，在精铣平面时会影响加工质量，因此平面质量要求高的平面精铣通常并不使用这种铣削路线。

如图 3-106 所示均为沿 $X$ 向逐步进刀切完整个平面，沿 $Y$ 向逐步进刀的原理和此一样。

## 二、轮廓铣削工艺分析

铣削平面零件内、外轮廓时，一般用立铣刀侧刃进行铣削。轮廓加工一般根据工件轮廓的坐标来编程，而用刀具半径补偿的方法使刀具向工件轮廓一侧偏移，以铣削形成准确的轮廓轨迹。如果要实现粗、精加工，也可以用同一程序段，通过改变刀具半径补偿值来实现粗加工和精加工。铣削工件的外轮廓时，刀具铣入和切出时要注意避让夹具，并使切入点的位置和方向尽可能是铣削轮廓的切线方向，以利于刀具切入时受力平稳；铣削工件的内轮廓时，更要合理选择切入点、切入方向和下刀位置，避免刀具碰到工件上不该铣削的部位。

### 1. 立铣刀的尺寸

数控加工中，必须考虑立铣刀的直径、长度和螺旋槽长度等因素对铣削加工的影响。

数控加工中，立铣刀的直径必须非常精确，立铣刀的直径包括名义直径和实测的直径。

名义直径为刀具厂商给出的值，实测的直径是精加工用作半径补偿的半径补偿值。CNC 工作中必须区别对待非标准直径尺寸的刀具。例如重新刃磨过的刀具，即使用实测的直径作为刀具半径偏置值，也不宜将它用在精度要求较高的精加工中。立铣刀铣削周边轮廓（如盘类零件）时，所用的立铣刀的刀具半径一定要小于零件内轮廓的最小曲率半径，一般取最小曲率半径的 0.8 ～ 0.9 倍（轮廓粗加工刀具可不受此限）。另外，直径大的刀具比直径小的刀具的抗弯强度大，加工中不容易引起受力弯曲和振动。

刀具从主轴伸出的长度和立铣刀从刀柄夹持工具的工作部分中伸出的长度也值得认真考虑，立铣刀的长度越长，抗弯强度越小，受力弯曲程度越大，这将会影响加工的质量，并容易产生振动，加速切削刃的磨损。

不管刀具总长如何，螺旋槽长度（1.5*D* 左右）决定切削的最大深度。实际应用中一般让 *Z* 方向的背吃刀量不超过刀具的半径；直径较小的立铣刀，一般可选择刀具直径的 1/3 作为背吃刀量。

## 2. 刀齿数量

选择立铣刀时，尤其加工中等硬度工件材料时，对刀齿数量的考虑应引起重视。

小直径或中等直径的立铣刀，通常有两个、三个、四个或更多的刀齿。被加工工件材料类型和加工的性质往往是选择刀齿数量的决定因素。

加工塑性大的工件材料（如铝、镁等）时，为避免产生积屑瘤，常用刀齿少的立铣刀，如两齿（两个螺旋槽）的立铣刀。一方面，立铣刀刀齿越少，螺旋槽之间的容屑空间就越大，可避免在切削量较大时产生积屑瘤；另一方面，刀齿越少，编程的进给率就越小（$F=f_zzn$）。

对较硬的材料刚好相反，因为此时需要考虑另外两个因素：刀具振动和刀具偏移。在加工脆性材料时，选择多刀齿立铣刀会减小刀具的振动和偏移，因为刀齿越多铣削越平稳。

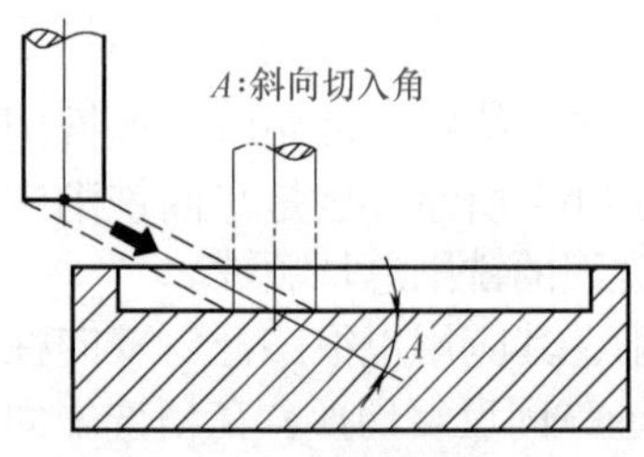

图 3-107　斜线轨迹进刀方式

小直径或中等直径的立铣刀，如三刀齿立铣刀兼有两刀齿刀具与四刀齿刀具的优点，加工性能好，但三刀齿立铣刀不是精加工的选择，因为很难精确测量其直径尺寸。

键槽铣刀通常只有两个螺旋槽，可沿 *Z* 向切入实心材料。

## 3. 立铣刀铣削的进、退刀控制方法

立铣刀铣削的进、退刀方式有两种：垂直方向进刀（常称为下刀）和退刀以及水平方向进刀和退刀，见表 3-70。数控编程软件通常有三种垂直方向（即深度方向）进刀的方式：一是直接垂直向下进刀方式，二是斜线轨迹进刀方式（图 3–107），三是螺旋轨迹进刀方式。

表 3–70　立铣刀铣削的进、退刀控制方法

| 类别 | 说　明 |
| --- | --- |
| 直接垂直向下进刀 | 加工实心材料时只能用具有垂直吃刀能力的键槽铣刀，如较深型腔、封闭槽或其他实心材料的切入。值得注意的是，并不是所有立铣刀都可以进行这种操作，对于其他的立铣刀只能在很小的铣削深度时才能直接垂直向下进刀。大多数立铣刀和所有的面铣刀均不能采用直接垂直向下进刀方式切削<br>所有的立铣刀在非铣削状态（即铣削工件前刀具快速接近工件时）的进刀均可使用直接进刀方式，但应特别注意刀具与工件的安全间隙，在任何时候都不允许刀具以快速运动的速度碰到工件 |

续表

| 类别 | | 说明 |
|---|---|---|
| 垂直方向切入工件的进、退刀方式 | 斜线进刀及螺旋进刀 | 斜线进刀及螺旋进刀都是靠铣刀的侧刃逐渐向下铣削而实现向下进刀的，这两种进刀方式可用于端部铣削能力较弱的面铣刀（如最常用的可转位硬质合金铣刀）的向下进给。同时斜线或螺旋进刀可以改善进刀时的铣削状态，保持较高的速度和较低的铣削负荷<br>斜向切入同时使用 $Z$ 轴和 $X$ 轴（或 $Y$ 轴）进给，进刀斜角角度随着立铣刀直径的不同而不同，如 $\phi$25mm 刀具的常见进刀斜角为 25°，$\phi$50mm 刀具的常见进刀斜角为 8°，$\phi$100mm 刀具的进刀斜角为 3° 。这种切入方法适用于平底、球头和 R 形立铣刀。小于 $\phi$20mm 的刀具要使用较小的进刀角度，一般为 3° ～ 10°<br>用 CAM 软件加工编程时，对进刀及退刀有较详尽的设置，包括有安全距离、方式、抬刀方式及自动进、退刀的参数设置，如螺旋角度或倾斜角度、螺旋半径或斜线长度等 |
| 水平方向进、退刀方式 | | 为了改善铣刀开始接触工件和离开工件表面时的状况，数控编程时一般要设置刀具接近工件和离开工件表面时的特殊运行轨迹，以避免刀具直接与工件表面相撞和保护已加工表面。水平方向进、退刀方式分为直线与圆弧两种方式，分别需要设定铣削路线长度和铣削圆弧半径<br>精加工内外轮廓时，刀具切入工件时，均应尽量避免沿工件轮廓的法向切入和切出，而应沿铣削起始点延伸线［图 3-108（a）］或切线方向［图 3-108（b）］逐渐切入工件，以避免在工件轮廓切入处产生刻痕，保证工件表面平滑过渡。同理，在刀具离开工件时，也应避免在工件的铣削终点处直接抬刀（此时抬刀有可能造成欠切），而要沿着铣削终点延伸线或切线方向逐渐切离零件。铣削封闭的内轮廓表面时，因内轮廓曲线不允许外延，刀具可以沿一过渡圆弧切入和切出工件轮廓。如图 3-109 所示，若刀具从工件坐标原点出发，其加工路线为 1 → 2 → 3 → 4 → 5，这样，可提高内轮廓表面的加工精度和质量<br>粗加工轮廓时，为了简化计算，允许从其他方向（通常为轮廓法向）进、退刀 |

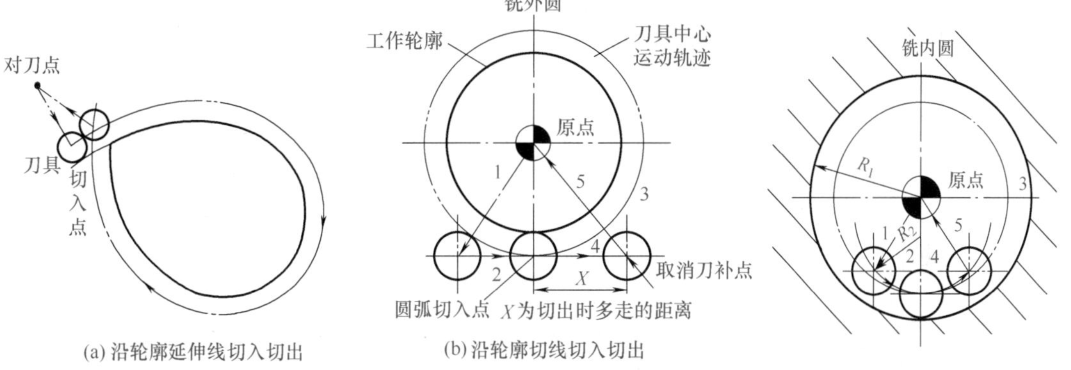


图 3-108　铣削外轮廓的铣削路线

图 3-109　铣削内轮廓的切削路线

## 4. 刀具 $Z$ 向高度设置（表 3-71）

表 3-71　刀具 $Z$ 向高度设置

| 类别 | 说明 |
|---|---|
| 起止高度 | 起止高度是指进、退刀的初始高度。在程序开始时，刀具将先到达这一高度，同时在程序结束后，刀具也将退回到这一高度。起止高度应大于或等于安全高度，安全高度也称为提刀高度，是为了避免刀具碰撞工件而设定的高度，在铣削过程中，刀具需要转移位置时将退到这一高度再进行快速运动到下一进刀位置，安全高度值一般情况下应大于零件的最大高度（即高于零件的最高表面）。如图 3-110 所示为铣削过程示意 |

续表

| 类别 | 说　明 |
| --- | --- |
| 安全间隙 | 数控加工时，刀具一般先快速进给到工件外的某一点，然后再以铣削进给速度到加工位置，该点到工件表面的距离称为安全间隙，Z 向距离称为 Z 向安全间隙，侧向距离称为 X、Y 向安全间隙（图 3-110）。如果安全间隙过小，刀具有可能以快速进给的速度碰到工件，但也不要设得太大，因为太长的慢速进给距离将影响加工效率。在设定安全间隙时，应充分估计到毛坯余量的不稳定性和可能的刀具尺寸误差，一般在加工中小尺寸零件时，Z 向和 X、Y 向安全间隙设为 5mm 左右是可行的，而加工较大尺寸零件时，安全间隙设为 10 ～ 15mm 左右即可。编程中注意安全间隙设置，是非常重要的一个细节 |
| 抬刀控制 | 在加工过程中，刀具有时需要在两点间移动而不切削。当设定为提刀时，刀具将先提高到安全平面，再在安全平面上移动；否则刀具将直接在两点间移动而不提刀，直接移动可以节省抬刀时间，但前提是在刀具移动路径中不能有障碍结构。编程中，当分区域选择加工面并分区域加工时，应特别注意的是中间没有选择的部分是否有高于刀具移动路线的部分，有则抬刀到安全高度，没有则可直接移动。在粗加工时，对较大面积的加工通常建议使用抬刀，以便加工时可以暂停，对刀具进行检查 |

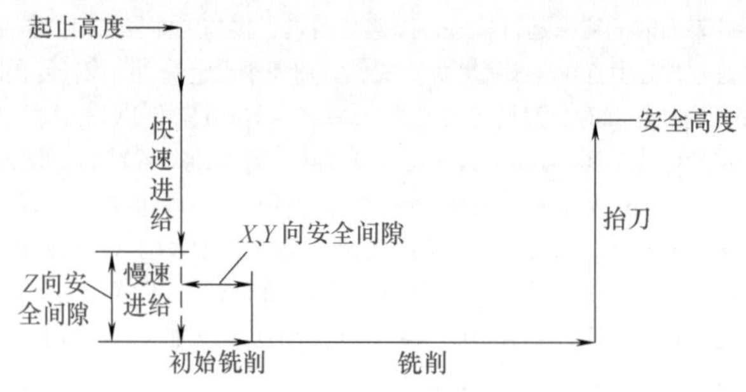


图 3-110　铣削过程示意

## 5. 铣削方向

铣削方向有两种模式：顺铣和逆铣，如图 3-111 所示为主轴正转时的顺铣和逆铣的指令应用。

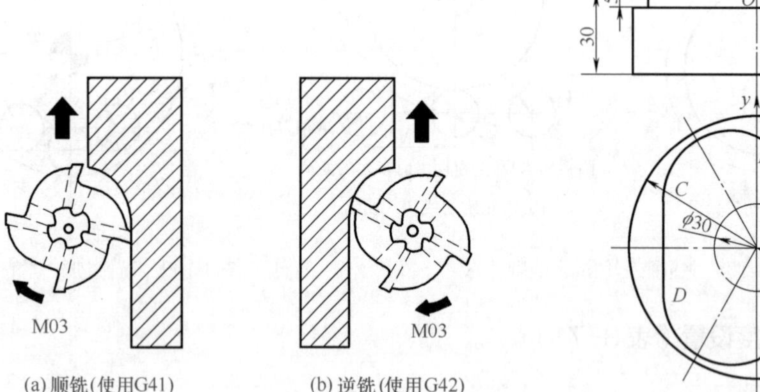


图 3-111　主轴正转时的顺铣和逆铣的指令应用

图 3-112　轮廓加工

在指令 M03 功能下，主轴为顺时针旋转，使用 G41 指令，刀具半径将偏置到工件左侧，则刀具为顺铣模式。相反，如果使用 G42 指令，偏置到工件右侧，则刀具为逆铣模式。大多数情况下，尤其在精加工操作中，顺铣模式都是圆周铣削中较好的模式。

## 6. 轮廓加工工艺分析举例

工件毛坯为 $\phi$85mm × 30mm 的圆柱件，材料为铝合金，加工上部轮廓后形成如图 3-112

所示的凸台，说明见表 3-72。

表 3-72　轮廓加工工艺分析举例

| 类别 | 说　明 |
| --- | --- |
| 零件图的分析 | 该工件的材料为铝合金，铣削性能较好，加工部分凸台的精度要求不高，可以按照图样标注的基本尺寸进行编程，一次铣削完成 |
| 加工方案和刀具选择 | 由于凸台的高度是 5mm，工件轮廓外的铣削余量不均匀，根据粗略计算，选用 $\phi$20mm 的可转位圆柱形两齿直柄铣刀一次铣削成形凸台轮廓 |
| 铣削用量的选择 | 查表 3-61，$v_c$ 为 300 ～ 600m/min，$f_z$ 为 0.15 ～ 0.4mm/r，综合分析工件的材料和硬度、加工的精度要求、刀具的材料和寿命、使用铣削液等因素，取 $v_c$=300m/min，$f_z$=0.3mm/r；主轴转速 $n=v_c\times1000/\pi D\approx4774$r/min，有些刚性较差的机床可能不能在此转速下正常工作，结合机床的刚度综合考虑取 $v_c$=1000r/min；进给速度 $F=f_zzn$=600mm/min，结合机床的刚度综合考虑取进给速度 $F$ 为 300mm/min 左右即可 |
| 工件的安装 | 本例工件毛坯的外形是圆柱形，为使工件定位和装夹准确可靠，选择两块 V 形块和平口钳来装夹 |
| 水平面进、退刀 | 在如图 3-112 所示中的 $A$、$B$、$C$、$D$、$E$、$F$ 点或轮廓上的其他点选一点切向切入和切出 |

## 三、型腔加工工艺分析

### 1. 型腔铣削加工的方法

型腔铣削也是数控铣床、加工中心中常见的一种加工。型腔铣削需要在边界线确定的一个封闭区域内去除材料，该区域由侧壁和底面围成，侧壁可以是直壁面、斜面或曲面，底面可以是平面、斜面或曲面，型腔内部可以全空或有岛屿。对于形状比较复杂的型腔则需要使用计算机辅助（CAM）编程。型腔铣削（手工）编程时需要考虑两个重要因素：刀具切入方法和粗加工切削路线设计。

型腔铣削采用的刀具一般有键槽铣刀和普通立铣刀，键槽铣刀可以直接沿 $Z$ 向切入工件，普通立铣刀不宜直接沿 $Z$ 向切入工件。用普通立铣刀加工型腔时有两种方法可供选择：一是先用钻头预钻孔，然后立铣刀通过预钻孔垂向切入；二是可以选择斜向切入或螺旋切入的方法，但注意切入的位置和角度的选择应适当。

型腔的加工分粗加工和精加工，先用粗加工切除大部分材料，粗加工一般不可能都在顺铣模式下进行，也不可能保证给精加工留的余量在所有地方都完全均匀。所以在精加工之前通常要进行半精加工。这种情况下可能要使用多把刀具。

常见的型腔粗加工路线有行切法［图 3-113（a）］、环切法［图 3-113（b）］和先行切后环切［图 3-113（c）］。其中图 3-122（c）所示的把行切法和环切法结合起来用一把刀进行粗加工和半精加工是一个很好的方法，因为它集中了两者的优点。CAM 编程中还有其他的型腔加工路线选择，如螺旋形，用户可以选择指定切削角度，选择切入点和精加工余量，这些方法若使用手工编程，工作量非常巨大。下面以最简单的矩形型腔加工的手动编程举例说明型腔加工的基本方法。

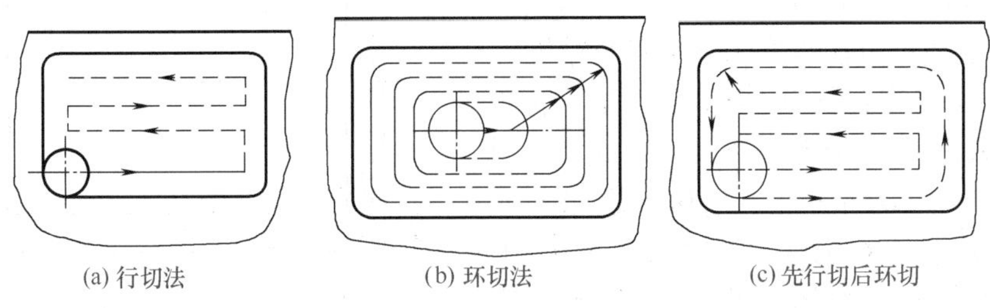

(a) 行切法　(b) 环切法　(c) 先行切后环切

图 3-113　型腔粗加工三种路线

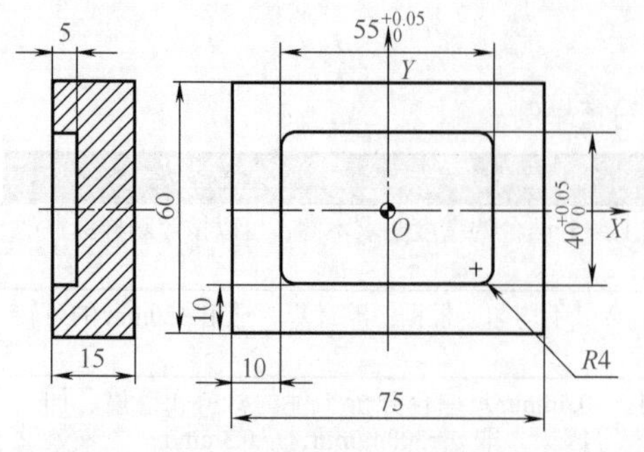

图 3-114　矩形型腔零件图

## 2. 矩形型腔的加工工艺分析

以图 3-114 所示矩形型腔为例对型腔加工方法进行讨论分析。

（1）刀具选择

零件图中矩形型腔的四个角都有圆角，圆角的半径限定精加工刀具的半径选择，所用精加工刀具的半径必须不大于圆角的半径。

本例中圆角为 $R$=4mm，粗加工时可使用 $\phi$8mm 或更大的键槽铣刀（中心切削立铣刀），但精加工中刀具半径应略小于圆角半径，以使刀具真正的切削而不是摩擦圆角，选用 $\phi$6mm 的立铣刀作为精加工刀具比较合理。因此确定粗加工刀具直径 $\phi$8mm，精加工刀具直径 $\phi$6mm。

（2）切入方法、切入点和粗加工路线的确定

由于必须切除封闭区域内的所有材料（包括底部），所以一定要考虑刀具能否通过垂直切入或斜向切入到达所需深度的切入点位置。斜向插入必须在空隙位置进行，但垂直切入几乎可以在任何地方进行。切入点有两个位置比较实用：型腔中心、型腔拐角圆心。本例中选择从型腔拐角开始的方法，选择左下角的型腔拐角圆心作为开始点。

粗加工时，刀具运动采用 Z 字形行切路线，即在一次切削中使用顺铣模式，而另一次切削中使用逆铣模式，计算比较简单。并接着在不抬刀的情况下环绕一周进行半精加工。最后采用环切法进行精加工。

（3）工件零点的确定

工件轮廓 $X$、$Y$ 向对称，程序中可选用型腔中心作为 $X$、$Y$ 向的工件零点。假设上表面已经过精加工，可选工件上表面为 $Z$ 向零点，当然也可选择工件下表面作为 $Z$ 向零点。

（4）加工方法及余量分析

如前所述，粗加工让刀具沿 Z 字形路线在封闭区域内来回运动是一种高效的粗加工方法，Z 字形路线粗加工通常选择型腔的拐角圆心为刀具起点位置。

粗加工刀具沿 Z 字形路线来回运动在加工表面上留下扇形残留余量，这些扇形残留余量是随后加工的最大障碍，此时不宜立即进行精加工，因为切削不均匀余量时很难保证公差和表面质量。为了避免后面可能出现的加工问题，需要加一道半精加工操作，其目的是消除扇形残留余量。如图 3-115 所示，从粗加工最后的位置接着开始半精加工，刀具路径环绕一周，得到均匀的精加工余量。型腔粗加工留下的加工余量，包括精加工余量和半精加工余量。对于高硬度材料或使用较小直径的刀具时，通常精加工余量是一个较小的值。本例取精加工余量为 0.5mm。半精加工余量（如图 3-115 所示中的 $C$ 值），主要解决粗加工的扇形残留余量，本例取半精加工余量等于 0.5mm。

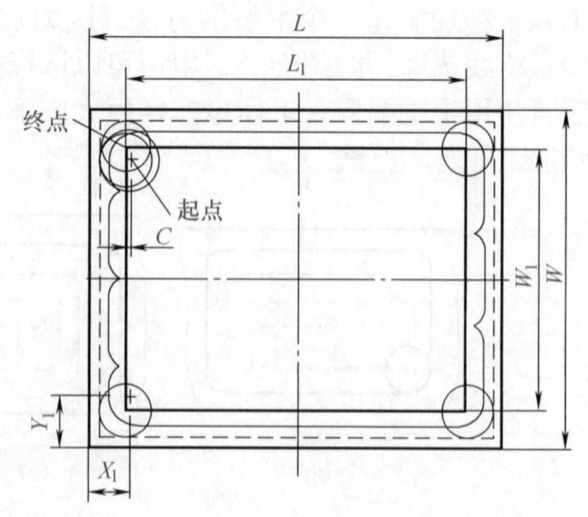

图 3-115　半精加工得到均匀的精加工余量

（5）刀路设计及计算（表 3-73）

表 3-73　刀路设计及计算

| 类别 | 说　明 |
|---|---|
| Z 形刀路间距值的确定 | 型腔在粗加工后的实际形状与两次切削之间的间距（通常称为刀路间距）有关，型腔粗加工中的间距（也就是侧吃刀量）与所需切削次数和刀具直径有关，刀路间距通常为刀具直径的 70% ～ 90%，相邻两刀应有一定的重叠部分，最好先对刀路间距值进行估算，选择跟期望的刀路间距相近的值<br>切削的次数又与型腔的切削宽度（$W$）有关，刀路间距要选择合理，最好能保证每次切削的间距相等。可以根据估算的刀路间距值和型腔的切削宽度（$W$）估算切削次数，然后再精确地计算出刀路间距，如果间距计算值过大或过小，还可以调整切削次数 $N$ 重新计算精确的刀路间距值。计算公式如下：<br>$QN=(W-2R_{刀}-2S-2C)$<br>式中，$N$ 为切削次数；$Q$ 为 Z 形刀路间距，单位为 mm；其他各字母含义如图 3-116 所示。<br>本例设 5 个等距的间距，因为型腔宽度 $W$=40mm，粗加工刀具直径为 $\phi$8mm（$R_{刀}$=4mm），精加工余量 $S$=0.5mm，半精加工余量 $C$=0.5mm，因此行间距尺寸为：<br>$Q=(40-2\times4-2\times0.5-2\times0.5)/5=6\text{mm}$<br>间距 6mm 为 $\phi$8mm 的立铣刀直径的 75%，比较合适 |
| Z 形刀路切削长度的确定 | 在进行半精加工前，必须计算每次实际切削长度（即增量 $D$），公式为<br>$D=L-2R_{刀}-2S-2C$<br>本例子中 $D$ 值为：<br>$D=55-2\times4-2\times0.5-2\times0.5=45\text{mm}$<br>这就是各间距之间的实际切削长度（不使用刀具半径偏置） |
| 半精加工切削的长度和宽度的确定 | 半精加工运动的主要目的就是消除不均匀的加工余量。由于半精加工与粗加工往往使用同一把刀具，因此通常从粗加工的最后刀具位置开始进行半精加工。<br>半精加工切削的长度 $L_1$ 和宽度 $W_1$ 值需要计算得出，可通过下面公式计算：<br>$L_1=L-2R_{刀}-2S$<br>$W_1=W-2R_{刀}-2S$<br>本例中：$L_1$=46mm，$W_1$=31mm |
| 精加工刀具路线的确定 | 粗加工和半精加工完成后，可以使用 $\phi$6mm 的刀具进行精加工并得到最终尺寸。编程时必须使用刀具补偿来保证尺寸公差，并使用适当的主轴转速和进给率保证所需的表面质量，选择轮廓中心点作为加工起点位置。由于刀具半径补偿不能在圆弧插补运动中启动，因此必须添加直线导入和导出运动，引导圆弧半径的计算。如图 3-117 所示为矩形型腔的典型精加工刀具路线（起点在型腔中心）<br>本例中矩形型腔宽度相对刀具直径较大，切入切出弧的半径 $R_a$ 可以用下面的方法计算：<br>$R_a=W/4=40\text{mm}/4=10\text{mm}$ |
| 矩形型腔编程 | 完成以上工艺分析和计算后，便可对型腔进行编程了 |

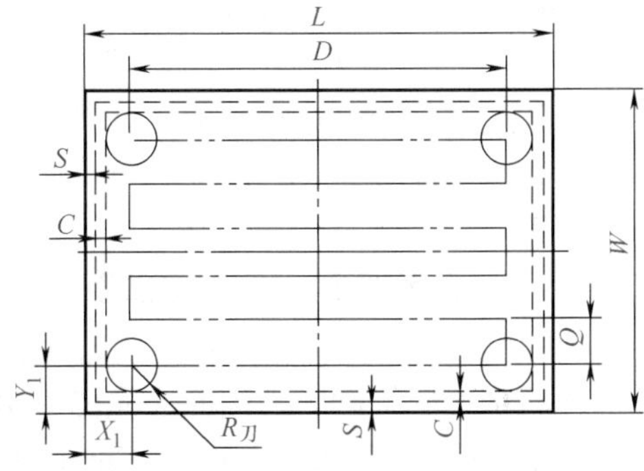


图 3-116　拐角处的型腔粗加工起点——Z 字形方法

$X_1$—刀具起点的 $X$ 坐标；$L$—型腔长度；$D$—实际切削长度；$Y_1$—刀具起点的 $Y$ 坐标；$W$—型腔宽度；$S$—精加工余量；$R_{刀}$—刀具半径；$Q$—两次切削之间的间距；$C$—半精加工余量

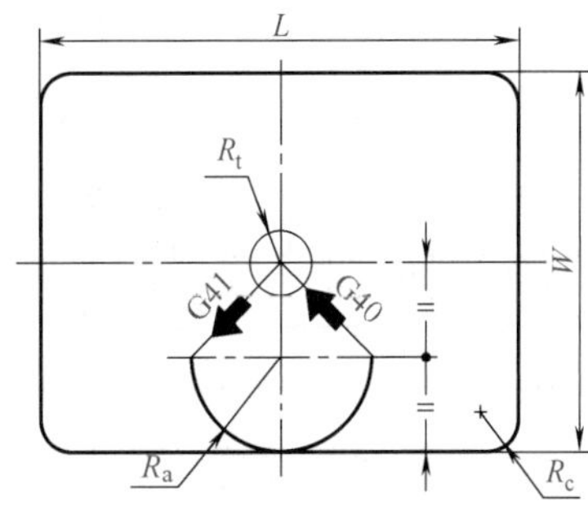


图 3-117　矩形型腔的典型精加工刀具路线

## 四、槽形铣削加工工艺分析

如图 3-118 所示为平面槽形凸轮零件，其外部轮廓尺寸已经由前道工序加工完，本工序的任务是在铣床上加工槽与孔。零件材料为 HT200，其数控铣床加工工艺分析如下。

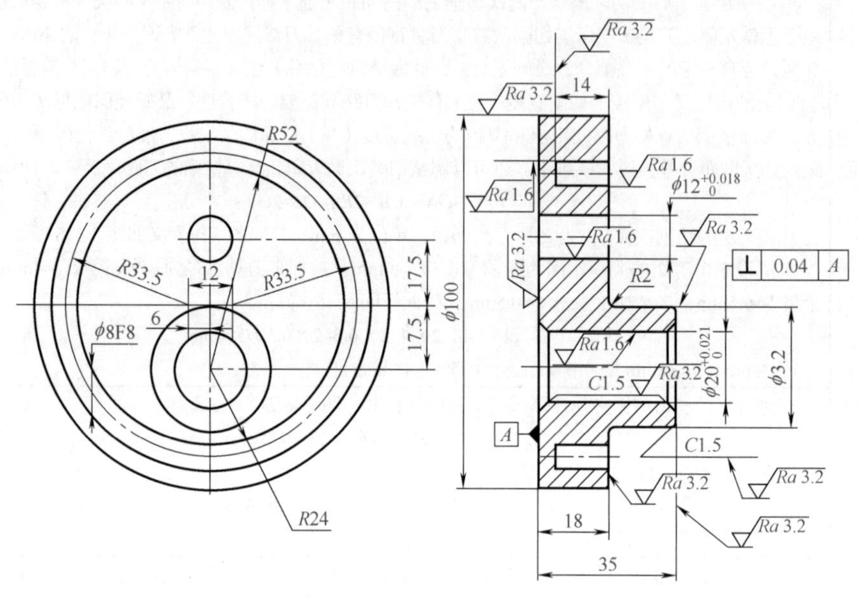


图 3-118　平面槽形凸轮零件图

### 1. 零件图工艺分析

凸轮槽形内、外轮廓由直线和圆弧组成，几何元素之间关系描述清楚完整，凸轮槽侧面与 $\phi20^{+0.021}_{0}$mm、$\phi12^{+0.018}_{0}$mm 两个内孔表面粗糙度值要求较小，为 $Ra$1.6μm。凸轮槽内外轮廓面和 $\phi20^{+0.021}_{0}$mm 孔与底面有垂直度要求。零件材料为 HT200，切削加工性能较好。

根据上述分析，凸轮槽内、外轮廓及 $\phi20^{+0.021}_{0}$mm、$\phi12^{+0.018}_{0}$mm 两个孔的加工应分粗、精加工两个阶段进行，以保证表面粗糙度值要求。同时以底面 $A$ 定位，提高装夹刚度以满足垂直度要求。

### 2. 确定装夹方案

根据零件的结构特点，加工 $\phi20^{+0.021}_{0}$mm、$\phi12^{+0.018}_{0}$mm 两个孔时，以底面 $A$ 定位（必要时可设工艺孔），采用螺旋压板机构夹紧。加工凸轮槽内外轮廓时，采用"一面两孔"方式定位，即以底面 $A$ 和 $\phi20^{+0.021}_{0}$mm、$\phi12^{+0.018}_{0}$mm 两个孔为定位基准，装夹示意如图 3-119 所示。

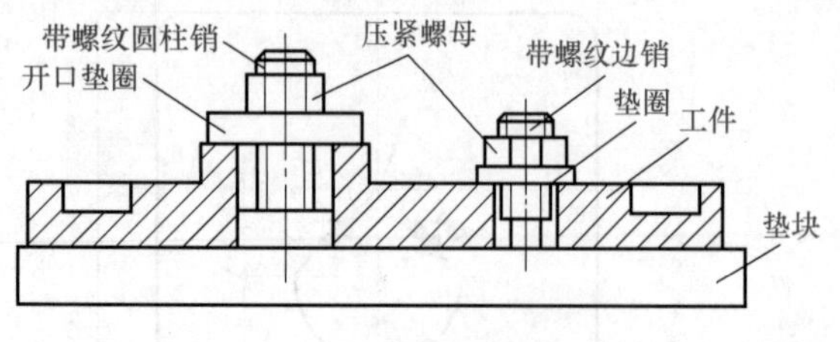


图 3-119　凸轮槽加工装夹示意

### 3. 确定加工顺序及进给路线

加工顺序的拟定按照基面先行、先粗后精的原则确定。因此应先加工用作定位基准的 $\phi20^{+0.021}_{0}$mm、$\phi12^{+0.018}_{0}$mm 两个孔，然后再加工凸轮槽内外轮廓表面。为保证加工精度，粗、精加工应分开，其中 $\phi20^{+0.021}_{0}$mm、$\phi12^{+0.018}_{0}$mm 两个孔的加工采用钻孔→粗铰→精铰方案。进给路线包括平面进给和深度进给两部分。平面进给时，外凸轮廓从切线方向切入，内凹轮廓从过渡圆弧切入。为使凸轮槽表面具有较好的表面质量，采用顺铣方式铣削。深度进给有两种方法：一种是在 $XOZ$ 平面（或

*YOZ* 平面）来回铣削逐渐进刀到既定深度；另一种方法是先打一个工艺孔，然后从工艺孔进刀到既定深度。

### 4. 刀具的选择

根据零件的结构特点，铣削凸轮槽内、外轮廓时。铣刀直径受槽宽限制，取为 $\phi$6mm。粗加工选用 $\phi$6mm 高速钢立铣刀，精加工选用 $\phi$6mm 硬质合金立铣刀。所选刀具及其加工表面见表 3-74 平面槽形凸轮数控加工刀具卡片。

表 3-74　平面槽形凸轮数控加工刀具卡片　　单位：mm

| 产品名称或代号 | | 零件名称 | 平面槽形凸轮 | | 零件图号 | |
|---|---|---|---|---|---|---|
| 序号 | 刀具号 | 刀具 | | | 加工表面 | 备注 |
| | | 规格名称 | 数量 | 刀长 | | |
| 1 | T01 | $\phi$5 中心钻 | 1 | | 钻 $\phi$5mm 中心孔 | |
| 2 | T02 | $\phi$19.6 钻头 | 1 | 45 | $\phi$20 孔粗加工 | |
| 3 | T03 | $\phi$11.6 钻头 | 1 | 30 | $\phi$12 孔粗加工 | |
| 4 | T04 | $\phi$20 铰刀 | 1 | 45 | $\phi$20 孔精加工 | |
| 5 | T05 | $\phi$12 铰刀 | 1 | 30 | $\phi$12 孔精加工 | |
| 6 | T06 | 90° 倒角铣刀 | 1 | | $\phi$20 孔倒角 *C*1.5 | |
| 7 | T07 | $\phi$6 高速钢立铣刀 | 1 | | 粗加工凸轮槽内、外轮廓 | 底圆角 *R*0.5 |
| 8 | T08 | $\phi$6 硬质合金立铣刀 | 1 | 20 | 精加工凸轮槽内、外轮廓 | |
| 编制 | | 审核 | 批准 | | 年　月　共　页 | 第　页 |

### 5. 铣削用量的选择

凸轮槽内、外轮廓精加工时留 0.1mm 铣削余量，精铰削 $\phi20^{+0.021}_{0}$mm、$\phi12^{+0.018}_{0}$mm 两个孔时留 0.1mm 铰削余量。选择主轴转速与进给速度时，确定铣削速度与每齿进给量，然后按 $v_c=\pi dn/1000$、$v_f=nzf_z$ 计算主轴转速与进给速度（计算过程从略）。

### 6. 填写数控加工工序卡片

将各工步的加工内容、所用刀具和切削用量填入表 3-75 平面槽形凸轮数控加工工序卡片。

表 3-75　平面槽形凸轮数控加工工序卡片

| 夹具名称 | 螺旋压板 | 使用设备 | J1 VMC40M | | 车间 | 数控 | |
|---|---|---|---|---|---|---|---|
| 工步号 | 工步内容 | 刀具号 | 刀具规格/mm | 主轴转速/（r/min） | 进给速度/（mm/min） | 背吃刀量/mm | 备注 |
| 1 | *A* 面定位钻 $\phi$5 中心孔（两处） | T01 | $\phi$5 | 800 | — | — | 手动 |
| 2 | 钻 $\phi$19.6 孔 | T02 | $\phi$19.6 | 400 | 50 | — | 自动 |
| 3 | 钻 $\phi$11.6 孔 | T03 | $\phi$11.6 | 400 | 50 | — | 自动 |
| 4 | 铰 $\phi$20 孔 | T04 | $\phi$20 | 150 | 30 | 0.2 | 自动 |
| 5 | 铰 $\phi$12 孔 | T05 | $\phi$12 | 150 | 320 | 0.2 | 自动 |
| 6 | $\phi$20 孔倒角 *C*1.5 | T06 | 90° | 400 | 30 | — | 手动 |
| 7 | 一面两孔定位，粗铣凸轮槽内轮廓 | T07 | $\phi$6 | 1200 | 50 | 4 | 自动 |
| 8 | 粗铣凸轮槽外轮廓 | T07 | $\phi$6 | 1200 | 50 | 4 | 自动 |
| 9 | 精铣凸轮槽内轮廓 | T08 | $\phi$6 | 1500 | 30 | 14 | 自动 |
| 10 | 精铣凸轮槽外轮廓 | T08 | $\phi$6 | 1500 | 30 | 14 | 自动 |
| 11 | 翻面装夹，铣 $\phi$20 孔另一侧倒角 *C*1.5 | T06 | 90° | 400 | 30 | — | 手动 |
| 编制 | | 审核 | 批准 | | 年　月 | 共　页 | 第　页 |

## 五、孔类零件加工工艺分析

孔加工的特点是刀具在 *XY* 平面内定位到孔的中心，然后刀具在 *Z* 方向做一定的铣削运动，孔的直径一般由刀具的直径来决定，根据实际选用刀具和编程指令的不同，可以实现钻孔、扩孔、铰孔、镗孔、铣孔、攻螺纹等孔加工的形式。一般来说，较小的孔（一般指直径不大于 $\phi$30mm 的孔）可以用钻头一次加工完成，较大的孔（一般指直径大于 $\phi$30mm 的孔）可以先钻孔再扩孔，或用镗刀进行镗孔，也可以用铣刀按轮廓加工的方法铣出相应的孔。如果孔的位置精度要求较高，可以先用中心钻或定心钻钻出孔的中心位置。刀具在 *Z* 方向的铣削运动可以用直线插补命令 G01 来实现，但一般都使用钻孔固定循环指令来实现孔的加工。

内螺纹的加工方式根据孔径的大小选择，一般情况下，M6 ～ M20 之间的螺纹孔，采用攻螺纹的方法加工。由于加工中心上攻小直径螺纹时丝锥容易折断，M6 以下的螺纹，可在加工中心上完成底孔加工再通过其他手段攻螺纹。对于 M20 以上的内螺纹，一般用螺纹铣刀铣螺纹，或用螺纹车（镗）刀车（镗）螺纹。

### 1. 孔加工方案及其经济精度（有 3-76）

表 3-76　常见孔加工方案的经济精度

| 加工方案 | 经济精度 | 表面粗糙度 *Ra*/μm | 适用范围 |
|---|---|---|---|
| 钻 | IT11 ～ IT12 | 12.5 | 孔径小于 15 ～ 20mm |
| 钻→铰 | IT9 | 3.2 ～ 1.6 | |
| 钻→铰→精铰 | IT7 ～ IT8 | 1.6 ～ 0.8 | |
| 钻→扩 | IT10 ～ IT11 | 12.5 ～ 6.3 | 孔径大于 15 ～ 20mm，一般不超过 30mm |
| 钻→扩→铰 | IT8 ～ IT9 | 3.2 ～ 1.6 | |
| 钻→扩→粗铰→精铰 | IT7 | 1.6 ～ 0.8 | |
| 钻→扩→机铰→手铰 | IT6 ～ IT7 | 0.4 ～ 0.1 | |
| 粗镗 | IT11 ～ IT12 | 12.5 ～ 6.3 | 毛坯有铸出孔或锻出孔 |
| 粗镗→半精镗 | IT8 ～ IT9 | 3.2 ～ 1.6 | |
| 粗镗→半精镗→精镗 | IT7 ～ IT8 | 1.6 ～ 0.8 | |
| 粗镗→半精镗→浮动镗刀精镗 | IT6 ～ IT7 | 0.8 ～ 0.4 | |
| 粗镗→半精镗→磨 | IT7 ～ IT8 | 0.8 ～ 0.2 | |
| 粗镗→半精镗→粗磨→精磨 | IT6 ～ IT7 | 0.2 ～ 0.1 | |
| 粗镗→半精镗→精镗→金刚镗 | IT6 ～ IT7 | 0.4 ～ 0.05 | 精度要求较高的有色金属 |

### 2. 孔加工的进给路线

加工孔时，先将刀具在 *XY* 平面内迅速、准确地运动到孔中心线位置，然后再沿 *Z* 向运动进行加工。因此，孔加工进给路线的确定包括在 *XY* 平面内的进给路线和 *Z* 向（轴向）的进给路线两项内容。

（1）在 *XY* 平面内的进给路线

加工孔时，刀具在 *XY* 平面内为点位运动，因此确定进给路线时主要考虑定位要迅速、准确。例如，加工如图 3-120（a）所示的零件，图 3-120（b）所示进给路线比图 3-120（c）所示进给路线节省定位时间。定位准确即要确保孔的位置精度，从同一方向趋近目标可避免受机械进给系统反向间隙的影响，如图 3-121 所示，按图 3-121（b）所示路线加工，*Y* 向反向间隙会使误差增加，从而影响 3、4 孔的位置精度，按图 3-121（c）所示路线加工，可避免反向间隙。

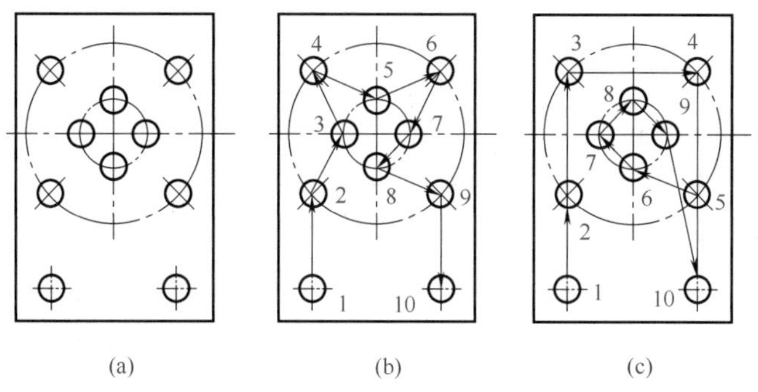


图 3-120　最短进给路线分析

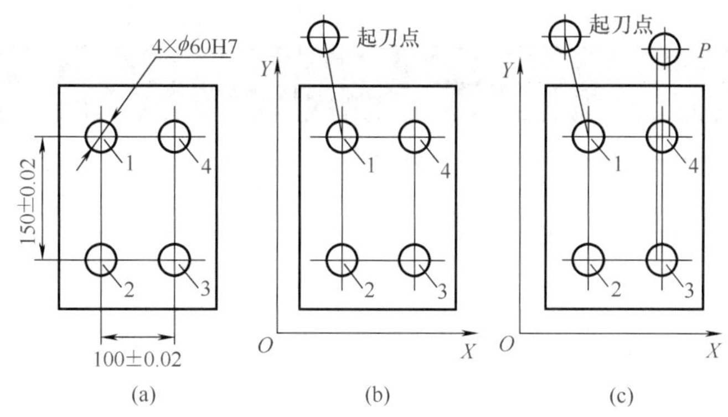


图 3-121　准确定位进给路线分析

通常定位迅速和定位准确难以同时满足，如图 3-120（b）所示是按最短路线进给的，满足了定位迅速的要求，但因不是从同一方向趋近目标的，故难以做到定位准确；如图 3-121（c）所示是从同一方向趋近目标位置的，满足了定位准确的要求，但又非最短路线，没有满足定位迅速的要求。因此，在具体加工中应抓主要矛盾，若按最短路线进给能保证位置精度，则取最短路线；反之，应取能保证定位准确的路线。

（2）*Z* 向（轴向）的进给路线

为缩短刀具的空行程时间，*Z* 向的进给分快进快退（即快速接近和离开工件）和工进（工作进给）。刀具在开始加工前，要快速运动到距待加工表面指定距离（切入距离）的 *R* 平面上，然后才能以工作进给速度进行铣削加工。如图 3-122（a）所示为加工单孔时刀具的进给路线（进给距离）。加工多孔时，为减少刀具空行程时间，加工完前一个孔后，刀具只需退到 *R* 平面即可，然后快速移动到下一孔位，其进给路线如图 3-122（b）所示。

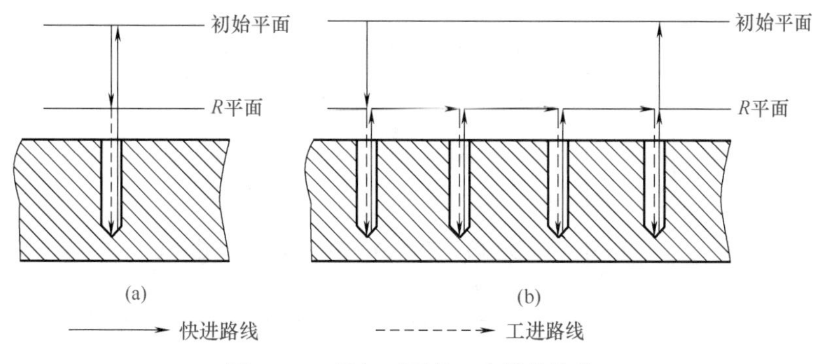


图 3-122　孔加工刀具 *Z* 向进给路线

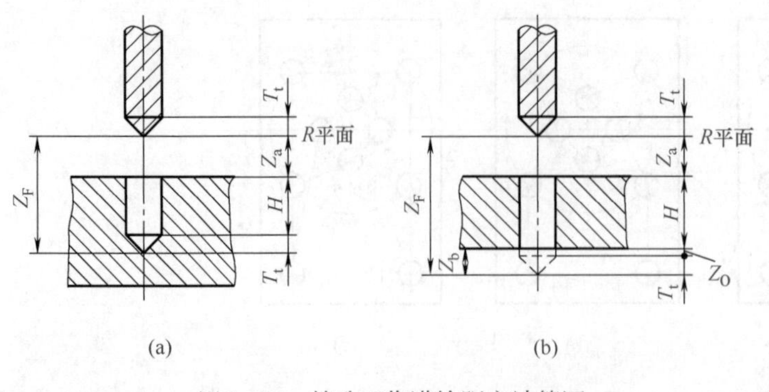


图 3-123　钻孔工作进给距离计算图

如图 3-123 所示，在工作进给路线中，工进距离 $Z_F$ 除包括被加工孔的深度 $H$ 外，还应包括切入距离 $Z_a$、切出距离 $Z_O$（加工通孔）和钻尖（顶角）长度 $T_t$（有些工程技术人员将图 3-123 所示中的 $Z_b$ 称为切出距离）。

孔加工刀具的切入、切出距离经验数据见表 3-77。

表 3-77　孔加工刀具的切入、切出距离经验数据

| 加工方式 | 表面状态 /mm | | 加工方式 | 表面状态 /mm | |
|---|---|---|---|---|---|
| | 已加工表面 | 毛坯表面 | | 已加工表面 | 毛坯表面 |
| 钻孔 | 2 ～ 3 | 5 ～ 8 | 铰孔 | 3 ～ 5 | 3 ～ 8 |
| 扩孔 | 3 ～ 5 | 5 ～ 8 | 铣削 | 3 ～ 5 | 3 ～ 10 |
| 镗孔 | 3 ～ 5 | 5 ～ 8 | 攻螺纹 | 5 ～ 10 | 5 ～ 10 |

## 3. 孔加工举例

例如，要编程加工的系列孔见表 3-78 所示，图中的其他表面已经完成加工，工件材料为 45 钢。

表 3-78　孔加工举例

| 类别 | 说　明 |
|---|---|
| | 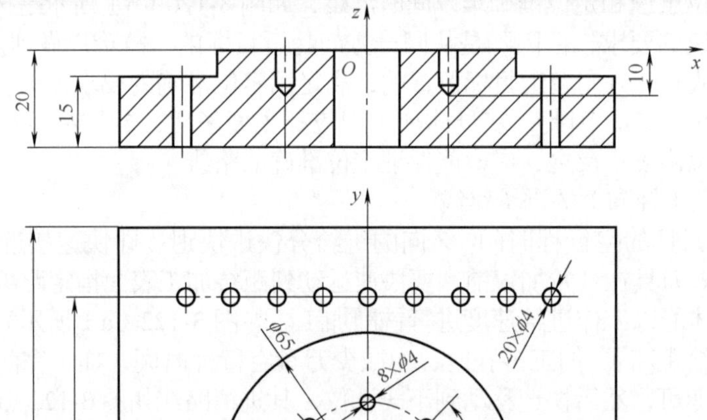 |

续表

| 类别 | 说　明 |
|---|---|
| 分析零件图 | 该工件的材料为 45 钢，切削性能较好，孔直径尺寸精度不高，可以一次钻削完成。孔的位置没有特别要求，可以按照图样所示的基本尺寸进行编程。环形分布的孔为不通孔，当钻到孔底部时应使刀具在孔底停留一段时间（0.5s 左右），外侧孔的深度较深，应使刀具在钻削过程时适当退刀以利于排出切屑 |
| 选择加工方案和刀具 | 工件上要加工的孔共 28 个，先钻削环形分布的 8 个孔，钻完第 1 个孔后刀具退到孔上方 2mm 处，再快速定位到第 2 个孔上方，钻削第 2 个孔，直到 8 个孔全钻完。然后将刀具快速定位到右上方第 1 个孔的上方，钻完一个孔后刀具退到这个孔上方 2mm 处，再快速定位到第 2 个孔上方，钻削第 2 个孔，直到 20 个孔全钻完。钻削用的刀具选择 $\phi$4mm 的高速钢麻花钻 |
| 选择铣削用量 | 影响铣削用量的因素很多，工件的材料和硬度、加工的精度要求、刀具的材料和寿命、是否使用铣削液等都直接影响到铣削用量的大小。在数控程序中，决定铣削用量的参数是主轴转速 $S$ 和进给速度 $F$，主轴转速 $S$、进给速度 $F$ 值的选择与在普通机床上加工时的值相似，可以通过计算的方法得到，也可查阅《金属切削工艺手册》或根据经验数据确定。本例采用查表法，查表 3-65 得铣削速度 $v_c$ 为 8 ～ 25m/min，进给量 $f$ 为 0.1 ～ 0.2mm/r，取 $v_c$=10r/min，$F$=0.2mm/r，则主轴转速 $S$=$v_c$ × 1000/$\pi D$=398r/min，取 $S$ 为 400r/min，进给速度 $F$=400 × 0.2mm/min=80mm/min |
| 安装工件 | 工件毛坯在工作台上的安装方式主要根据工件毛坯的尺寸和形状、生产批量的大小等因素来决定。一般大批量生产时考虑使用专用夹具，小批量或单件生产时使用通用夹具，如平口钳等，如果毛坯尺寸较大也可以直接装夹在工作台上。本例中的毛坯外形方正，可以考虑使用平口钳装夹，同时在毛坯下方的适当位置放置垫块，防止钻削通孔时将平口钳钻坏 |

## 六、泵盖零件铣削加工工艺分析

如表 3-79 所示的泵盖零件，材料为 HT200，毛坯尺寸（长 × 宽 × 高）为 170mm × 110mm × 30mm，小批量生产，试分析其数控铣床加工工艺过程。

表 3-79　泵盖零件加工举例

| 类别 | 说　明 |
|---|---|

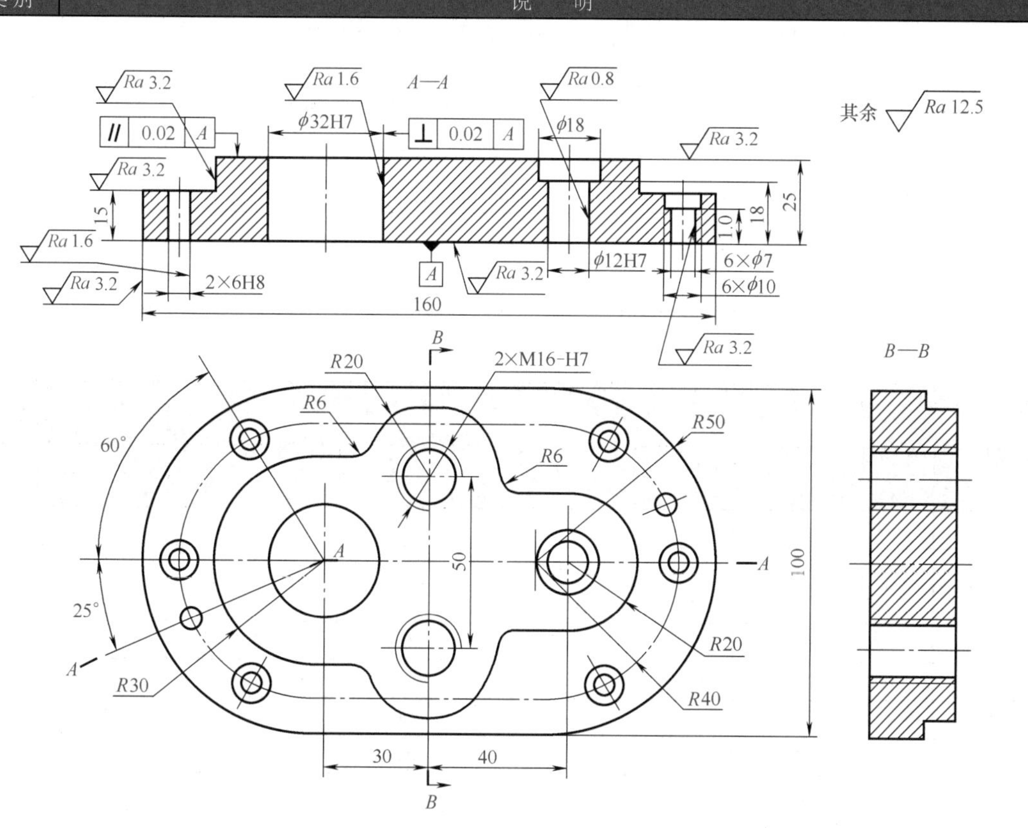

续表

| 类别 | 说明 |
| --- | --- |
| 零件图工艺分析 | 该零件主要由平面、外轮廓以及孔系组成。其中 $\phi$32H7 和 2×$\phi$6H8 三个内孔的表面粗糙度值要求较小，为 *Ra*1.6μm；而 $\phi$12H7 内孔的表面粗糙度值要求更小，为 *Ra*0.8μm；$\phi$32H7 内孔表面对 *A* 面有垂直度要求，上表面对 *A* 面有平行度要求。该零件材料为灰铸铁，切削加工性能较好。<br>根据上述分析 $\phi$32H7 孔、2×$\phi$6H8 孔与 $\phi$12H7 孔的粗、精加工应分开进行，以保证表面粗糙度值要求。同时以底面 *A* 定位，提高装夹刚度以满足 $\phi$32H7 内孔表面的垂直度要求 |
| 选择加工方法 | ①上、下表面及台阶面的表面粗糙度值要求为 *Ra*3.2μm，可选择“粗铣→精铣”方案<br>②孔加工方法的选择。孔加工前，为便于钻头引正，先用中心钻加工中心孔，然后再钻孔。内孔表面的加工方案在很大程度上取决于内孔表面本身的尺寸精度和粗糙度。对于精度较高、表面粗糙度 *Ra* 值较小的表面，一般不能一次加工到规定的尺寸，而要划分加工阶段逐步进行。该零件孔系加工方案的选择如下<br>a. 孔 $\phi$32H7，表面粗糙度值为 *Ra*1.6μm，选择“钻→粗镗→半精镗→精镗”方案<br>b. 孔 $\phi$12H7，表面粗糙度值为 *Ra*0.8μm，选择“钻→粗铰→精铰”方案<br>c. 孔 6×$\phi$7，表面粗糙度值为 *Ra*3.2μm，无尺寸公差要求，选择“钻→铰”方案<br>d. 孔 2×$\phi$6H8，表面粗糙度值为 *Ra*1.6μm，选择“钻→铰”方案<br>e. 孔 $\phi$18mm 和 6×$\phi$10mm，表面粗糙度值为 *Ra*12.5μm，无尺寸公差要求，选择“钻孔→锪孔”方案<br>f. 螺纹孔 2×M16-H7，采用先钻底孔，后攻螺纹的加工方法 |
| 确定装夹方案 | 该零件毛坯的外形比较规则，因此在加工上、下表面、台阶面及孔系时，选用平口钳夹紧；在铣削外轮廓时，采用“一面两孔”定位方式，即以底面 *A*、$\phi$32H7 孔和 $\phi$12H7 孔定位 |
| 确定加工顺序及进给路线 | 按照基面先行、先面后孔、先粗后精的原则确定加工顺序，详见表 3-80 泵盖零件数控加工工序卡。外轮廓加工采用顺铣方式，刀具沿切线方向切入与切出 |
| 刀具选择 | ①零件上、下表面采用面铣刀加工，根据侧吃刀量选择端铣刀直径，使铣刀工作时有合理的切入 / 切出角；且铣刀直径应尽量包容工件整个加工宽度，以提高加工精度和效率，并减小相邻两次进给之间的接刀痕迹<br>②台阶面及其轮廓采用立铣刀加工，铣刀半径 *R* 受轮廓最小曲率半径限制，*R*=6mm<br>③孔加工各工步的刀具直径根据加工余量和孔径确定。该零件加工所选刀具与泵盖零件数控加工刀具卡片见表 3-81 |
| 铣削用量选择 | 该零件材质切削性能较好，铣削平面、台阶面及轮廓时，留 0.5mm 精加工余量；孔加工精镗余量留 0.2mm、精铰余量留 0.1mm<br>选择主轴转速与进给速度时，先查切削用量手册，确定铣削速度与每齿进给量，然后按 $v_c=\pi Dn/1000$、$v_f=nzf_z$ 计算主轴转速与进给速度（计算过程从略） |
| 拟定数控铣削加工工序卡片 | 为更好地指导编程和加工操作，把该零件的加工顺序、所用刀具和铣削用量等参数编入表 3-80 所示的泵盖零件数控加工工序卡片中 |

表 3-80　泵盖零件数控加工工序卡片

| 零件名称 | 泵盖 | 夹具名称 | 平口钳和一面两销自制夹具 | 使用设备 | J1 VMC40M | | 车间 | 数控 |
| --- | --- | --- | --- | --- | --- | --- | --- | --- |
| 工步号 | 工步内容 | | 刀具号 | 刀具规格/mm | 主轴转速/（r/min） | 进给速度/（mm/min） | 背吃刀量/mm | 备注 |
| 1 | 粗铣定位基准面 *A* | | T01 | $\phi$125 | 200 | 50 | 2 | 自动 |
| 2 | 精铣定位基准面 *A* | | T01 | $\phi$125 | 200 | 50 | 0.5 | 自动 |
| 3 | 粗铣上表面 | | T01 | $\phi$125 | 200 | 50 | 2 | 自动 |
| 4 | 精铣上表面 | | T01 | $\phi$125 | 200 | 30 | 0.5 | 自动 |
| 5 | 粗铣台阶面及其轮廓 | | T02 | $\phi$12 | 900 | 50 | 4 | 自动 |
| 6 | 精铣台阶面及其轮廓 | | T02 | $\phi$12 | 900 | 30 | 0.5 | 自动 |
| 7 | 钻所有孔的中心孔 | | T03 | $\phi$3 | 1000 | | | 自动 |
| 8 | 钻 $\phi$32H7 底孔至 $\phi$27 | | T04 | $\phi$27 | 200 | 50 | | 自动 |
| 9 | 粗镗 $\phi$32H7 孔至 $\phi$30 | | T05 | | 500 | 80 | 1.5 | 自动 |

续表

| 工步号 | 工步内容 | 刀具号 | 刀具规格 /mm | 主轴转速 /（r/min） | 进给速度 /（mm/min） | 背吃刀量 /mm | 备注 |
|---|---|---|---|---|---|---|---|
| 10 | 半精镗 $\phi$32H7 孔至 $\phi$31.6 | T05 | | 700 | 70 | 0.8 | 自动 |
| 11 | 精镗 $\phi$32H7 孔 | T05 | | 800 | 60 | 0.2 | 自动 |
| 12 | 钻 $\phi$12H7 底孔至 $\phi$11.8 | T06 | $\phi$11.8 | 600 | 60 | | 自动 |
| 13 | 锪 $\phi$8 孔 | T07 | $\phi$18×11 | 200 | 30 | | 自动 |
| 14 | 粗铰 $\phi$12H7 | T08 | $\phi$12 | 100 | 50 | 0.1 | 自动 |
| 15 | 精铰 $\phi$12H7 | T08 | $\phi$12 | 100 | 50 | | 自动 |
| 16 | 钻 2×M16 底孔至 $\phi$14 | T09 | $\phi$14 | 500 | 60 | | 自动 |
| 17 | 2×M16 底孔倒角 | T10 | 90° 倒角铣刀 | 300 | 50 | | 手动 |
| 18 | 攻 2×M16 螺纹孔 | T11 | M16 | 100 | 200 | | 自动 |
| 19 | 钻 6×$\phi$7 底孔至 $\phi$6.8 | T12 | $\phi$6.8 | 700 | 70 | | 自动 |
| 20 | 锪 6×$\phi$10 孔 | T13 | $\phi$10×5.5 | 150 | 30 | | 自动 |
| 21 | 铰 6×$\phi$7 孔 | T14 | $\phi$7 | 100 | 30 | 0.1 | 自动 |
| 22 | 钻 2×$\phi$6H8 底孔至 $\phi$5.8 | T15 | $\phi$5.8 | 900 | 80 | | 自动 |
| 23 | 铰 2×$\phi$6H8 孔 | T16 | $\phi$6 | 100 | 30 | 0.1 | 自动 |
| 24 | 一面两孔定位粗铣外轮廓 | T17 | $\phi$35 | 600 | 50 | 2 | 自动 |
| 25 | 精铣外轮廓 | T17 | $\phi$35 | 600 | 30 | 0.5 | 自动 |
| 编制 | 审核 | | 批准 | | 年 月 日 | 共 页 | 第 页 |

表 3-81 泵盖零件数控加工刀具卡片

| 产品名称或代号 | | 零件名称 | | 泵盖 | 零件图号 | |
|---|---|---|---|---|---|---|
| 序号 | 刀具编号 | 刀具规格名称 | 数量 | 加工表面 | | 备注 |
| 1 | T01 | $\phi$125 硬质合金面铣刀 | 1 | 铣削上、下表面 | | |
| 2 | T02 | $\phi$12 硬质合金立铣刀 | 1 | 铣削台阶面及其轮廓 | | |
| 3 | T03 | $\phi$3 中心钻 | 1 | 钻中心孔 | | |
| 4 | T04 | $\phi$27 钻头 | 1 | 钻 $\phi$32H7 底孔 | | |
| 5 | T05 | 内孔镗刀 | 1 | 粗镗、半精镗和精镗 $\phi$32H7 孔 | | |
| 6 | T06 | $\phi$11.8 钻头 | 1 | 钻 $\phi$12H7 底孔 | | |
| 7 | T07 | $\phi$18×11 锪钻 | 1 | 锪 $\phi$18 孔 | | |
| 8 | T08 | $\phi$12 铰刀 | 1 | 铰 $\phi$12H7 孔 | | |
| 9 | T09 | $\phi$14 钻头 | 1 | 钻 2×M16 螺纹底孔 | | |
| 10 | T10 | 90° 倒角铣刀 | 1 | 2×M16 螺孔倒角 | | |
| 11 | T11 | M16 机用丝锥 | 1 | 攻 2×M16 螺纹孔 | | |
| 12 | T12 | $\phi$6.8 钻头 | 1 | 钻 6×$\phi$7 底孔 | | |
| 13 | T13 | $\phi$10×5.5 锪钻 | 1 | 锪 6×$\phi$10 孔 | | |
| 14 | T14 | $\phi$7 铰刀 | 1 | 铰 6×$\phi$7 孔 | | |

续表

| 序号 | 刀具编号 | 刀具规格名称 | 数量 | 加工表面 | 备注 |
|---|---|---|---|---|---|
| 15 | T15 | $\phi$5.8 钻头 | 1 | 钻 2×$\phi$6H8 底孔 | |
| 16 | T16 | $\phi$6 铰刀 | 1 | 铰 2×$\phi$6H8 孔 | |
| 17 | T17 | $\phi$35 硬质合金立铣刀 | 1 | 铣削外轮廓 | |
| 编制 | | 审核 | 批准 | 年 月 日 | 共 页 第 页 |

# 第九节 分度头的使用

## 一、分度头的基本知识

### 1. 简单分度头和万能分度头

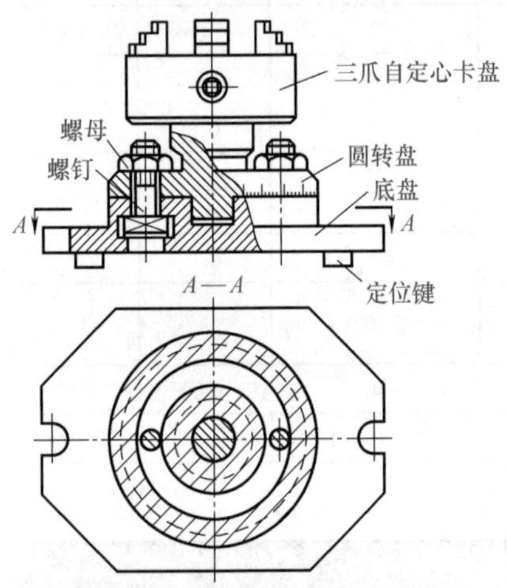


图 3-124 垂直式简单分度头

分度头是铣床上的重要附件和夹具，在铣削中应用很广泛。分度头有多种形式，常用的有简单分度头和万能分度头等。

（1）简单分度头

简单分度头如图 3-124 所示，它结构简单，分度精度差，所以，只能用于一般工件的分度，使用时，把它固定在工作台上，松开螺母，圆转盘可在 360° 范围内自由转动，分度完毕后，将螺母拧紧。制作这种分度头时，注意使底盘的下平面与上平面和圆转盘的下平面都要互相平行，且与圆转盘的回转线垂直。

（2）万能分度头

许多机械零件在铣削时，需要利用分度头进行圆周分度，才能铣出等分的角度面和齿槽。在铣床上使用的分度头有万能分度头、半万能分度头和等分分度头，其型号、技术规格见表 3-82、表 3-83。

表 3-82 机械分度头型号及技术规格

| 产品名称 | 型号 | 技术规格 | | | | |
|---|---|---|---|---|---|---|
| | | 中心高 /mm | 主轴锥孔锥度号（莫氏） | 主轴锥孔大端直径 /mm | 主轴法兰盘定位短锥直径 /mm | 蜗杆副传动比 |
| 万能分度头 | F1180 | 80 | 3 号 | $\phi$23.825 | $\phi$36.541 | 40 |
| | F11125 | 125 | 4 号 | $\phi$31.267 | $\phi$53.975 | |
| | F11160 | 160 | | | | |
| | F11100A | 10 | 3 号 | $\phi$23.825 | $\phi$41.275 | |
| | F11125A | 125 | 4 号 | $\phi$31.267 | $\phi$53.975 | |
| | F11160A | 160 | | | | |
| 半万能分度头 | F1280 | 80 | 3 号 | $\phi$23.825 | $\phi$36.541 | 40 |
| | F12100 | 100 | | | $\phi$41.275 | |
| | F12125 | 125 | 4 号 | $\phi$31.267 | $\phi$53.975 | |
| | F12160 | 160 | | | | |

续表

| 产品名称 | 技术规格 | | | | | | | 外形尺寸（长×宽×高）/mm | 净重/kg |
|---|---|---|---|---|---|---|---|---|---|
| | 主轴水平位置升降角 | 定位缝宽度/mm | 配套卡盘型号 | 分度精度 | | 重复精度 | | | |
| | | | | 普通 | 精密 | 普通 | 精密 | | |
| 万能分度头 | +90° ～ -6° | 14 | K11125 | 1′ | | ±45° | | 334×334×147 | 36 |
| | | 18 | | | | | | 416×373×209 | 80 |
| | | | | | | | | 477×477×260 | 125 |
| | +95° ～ -5° | 14 | K11160 | ±1′ | | | | 410×375×190 | 67 |
| | | 18 | | | | | | 470×330×225 | 119 |
| | | | | | | | | 470×330×260 | 125 |
| 半万能分度头 | — | 14 | K11160 | 1′ | | ±45° | | 317×206×147 | 27 |
| | | | | | | | | 389×251×186 | 57 |
| | | 18 | | | | | | 477×318×225 | 88 |
| | | | | | | | | 477×318×260 | 95 |

表 3-83　等分分度头型号及技术规格

| 产品名称 | 型号 | 技术规格 | | | | | |
|---|---|---|---|---|---|---|---|
| | | 中心高/mm | 主轴锥孔锥度号（莫氏） | 主轴锥孔大端直径/mm | 可等分数 | 工作台直径/mm | 立放时轴肩面至底面高度/mm |
| 立卧等分分度头 | F43125A | 125 | 4 | $\phi$31.267 | 2、3、4、6、8、12、24 | $\phi$125 | — |
| | F43160A | 160 | | | | $\phi$160 | |
| | F43160 | | | | | $\phi$160 | |
| | F43100C | 100 | 3 | $\phi$23.825 | 2、3、4、6、8、12、24 | $\phi$100 | ＜125 |
| | F43125C | 125 | | | | $\phi$125 | |
| | F43160C | 160 | 4 | $\phi$31.267 | | $\phi$160 | ＜150 |

| 产品名称 | 技术规格 | | | | 外形尺寸（长×宽×高）/mm | 净重/kg |
|---|---|---|---|---|---|---|
| | 主轴法兰盘定位短锥直径/mm | 定位键宽度/mm | 配套卡盘型号 | 分度精度 | | |
| 立卧等分分度头 | $\phi$53.975 | 18 | K11160 | 2′ | 245×185×225 | 75 |
| | | | K11200 | | 245×185×257 | 87 |
| | | | | | 300×265×180 | 92 |
| | $\phi$41.275 | 14 | — | 1′ | 153.5×275×178.5 | 67 |
| | | | | | 172×282×222.5 | |
| | $\phi$53.975 | 18 | | | 172×282×262.5 | — |

## 2. 万能分度头的外形结构与传动系统

F11125 型万能分度头在铣床上较常使用，其主要结构和传动系统如图 3-125 所示。

分度头主轴 9 是空心的，两端均为莫氏 4 号内锥孔，前端锥孔用于安装顶尖或锥柄芯轴，后端锥孔用于安装交换齿轮芯轴，作为差动分度、直线移距及加工小导程螺旋面时安装交换齿轮之用。主轴的前端外部有一段定位锥体，用于三爪自定心卡盘连接盘的安装定位。

装有分度蜗轮的主轴安装在回转体 8 内，可随回转体在分度头基座 10 的环形导轨内转动。因此，主轴除安装成水平位置外，还可在 -6° ～ +90° 范围内任意倾斜，调整角度前应松开基座上部靠主轴后端的两个螺母 4，调整之后再予以紧固。主轴的前端固定着刻度盘 13，可与主轴一起转动。刻度盘上有 0° ～ 360° 的刻度，可作分度之用。

分度盘（又称孔盘）3 上有数圈在圆周上均布的定位孔，在分度盘的左侧有一分度盘紧固螺钉 1，用以紧固分度盘，或微量调整分度盘。在分度头的左侧有两个手柄：一个是主轴锁紧手柄 7，在分度时应先松开，分度完毕后再锁紧；另一个是蜗杆脱落手柄 6，它可使蜗杆和蜗轮脱开或啮合。蜗杆和蜗轮的啮合间隙可用偏心套调整。在分度头右侧有一个分度手柄 11，转动分度手柄时，通过一对传动比 1 ：1 的直齿圆柱齿轮及一对传动比为 1 ：40 的蜗杆副使主轴旋转。此外，分度盘右侧还有一根安装交换齿轮用的交换齿轮轴 5，它通过一对速比为 1 ：1 的交错轴斜齿轮副和空套在分度手柄轴上的分度盘相联系。

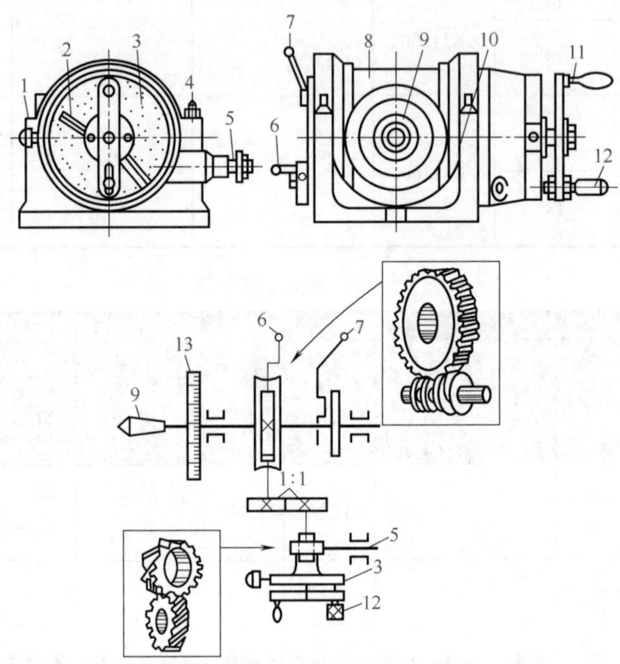


图 3-125　F11125 型万能分度头的外形和传动系统

1—分度盘紧固螺钉；2—分度叉；3—分度盘；4—螺母；5—交换齿轮轴；6—蜗杆脱落手柄；7—主轴锁紧手柄；8—回转体；9—主轴；10—基座；11—分度手柄；12—分度定位销；13—刻度盘

分度头基座 10 下面的槽里装有两块定位键。可与铣床工作台面的 T 形槽直槽相配合，以便在安装分度头时，使主轴轴线准确地平行于工作台的纵向进给方向。

### 3. 万能分度头的附件及其功用

（1）分度盘

F11125 型万能分度头备有两块分度盘，正、反面都有数圈均布的孔圈，常用分度盘孔圈数见表 3-84。

表 3-84　孔盘的孔圈数

| 盘块面 | 盘的孔圈数 |
|---|---|
| 带一块盘 | 正面：24、25、28、30、34、37、38、39、41、42、43<br>反面：46、47、49、51、53、54、57、58、59、62、66 |
| 带两块盘 | 第一块正面：24、25、28、30、34、37<br>反面：38、39、41、42、43<br>第二块正面：46、47、49、51、53、54<br>反面：57、28、59、62、66 |

使用分度盘可以解决不是整转数的分度，进行一般的分度操作。

（2）分度叉

在分度时，为了避免每分度一次都要计数孔数，可利用分度叉来计数，如图 3-126 所示。松开分度叉紧固螺钉，可任意调整两叉之间的孔数，为了防止分度手柄时带动分度叉转动，用弹簧片将它压紧在分度盘上。分度叉两叉之间的实际孔数，应比所需的孔距数多一个孔，因为第一个孔是作起始孔而不计数的。图 3-126 所示是每分度一次摇过 5 个孔距的情况。

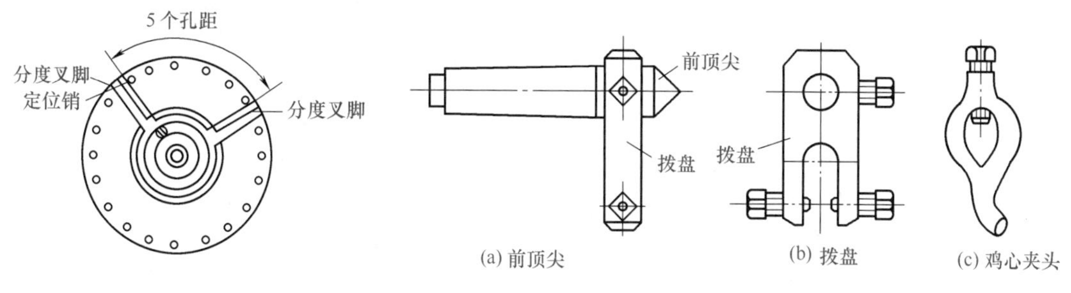


图 3-126　度叉　　图 3-127　前顶尖、拨盘和鸡心夹头

（3）前顶尖、拨盘和鸡心夹头

前顶尖、拨盘和鸡心夹头如图 3-127 所示，是用作支承和装夹较长工件的。使用时，先卸下三爪自定心卡盘，将带有拨盘的前顶尖，如图 3-127（a）所示，插入分度头主轴锥孔中，拨盘如图 3-127（b）所示，用来带动鸡心夹头和工件随分度头主轴一起转动，鸡心夹头如图 3-127（c）所示，工件可插在孔中用螺钉紧固。

（4）三爪自定心卡盘的结构

三爪自定心卡盘的结构如图 3-128 所示，它是通过连接盘安装在分度头主轴上，用来装夹工件，当扳手方榫插入小锥齿轮的方孔内转动时，小锥齿轮就带动大锥齿轮转动。大锥齿轮的背面有一平面螺纹，与三个卡爪上的牙齿啮合，因此当平面螺纹转动时，三个爪就能同步进出移动。

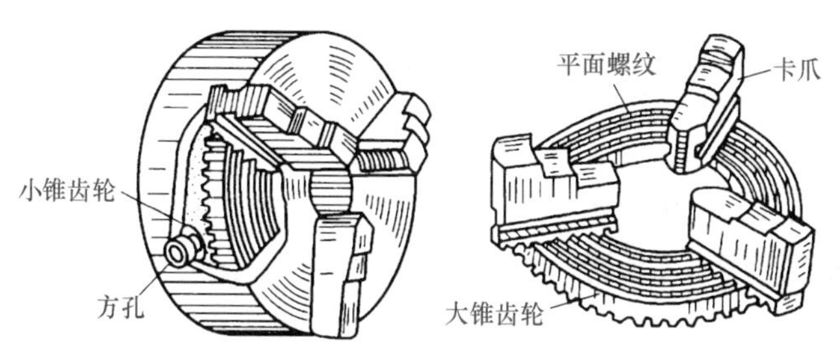


图 3-128　三爪自定心卡盘的结构

（5）尾座

尾座与分度头联合使用，一般用来支承较长的工件，如图 3-129 所示。在尾座上有一个顶尖，和装在分度头上前顶尖或三爪自定心卡盘一起支承工件或芯轴。转动尾座手轮，可使后顶尖进出移动，以便装卸工件。后顶尖可以倾斜一个不大的角度，同时顶尖的高低也可以调整。尾座下有两个定位键，用来保持后顶尖

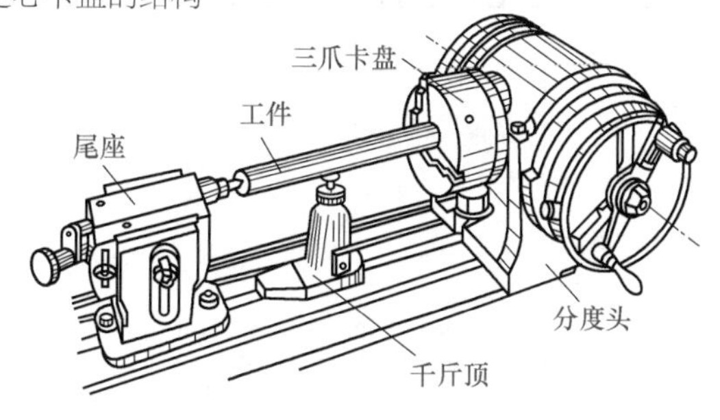


图 3-129　分度头及其附件装夹工件的方法示意

轴线与纵向进给方向一致，并和分度头轴线在同一直线上。

（6）千斤顶

为了使细长轴在加工时不发生弯曲、颤动，在工件下面可以支承千斤顶，分度头附件千斤顶的结构如图 3-130 所示。转动螺母可使螺杆上下移动。锁紧螺钉是用来紧固螺杆的。千斤顶座具有较大的支承底面，以保持千斤顶的稳定性。

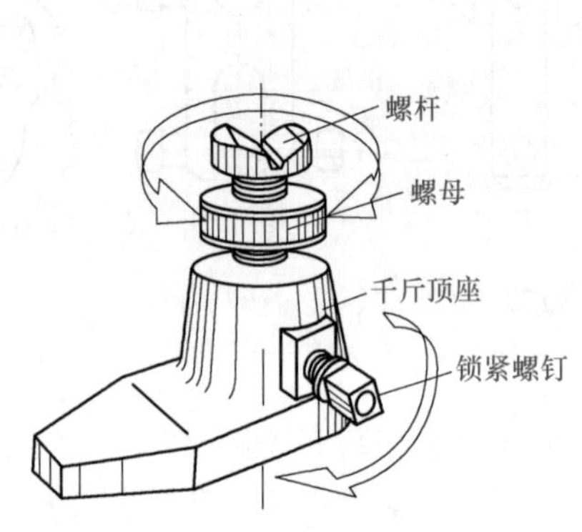


图 3-130 千斤顶的结构

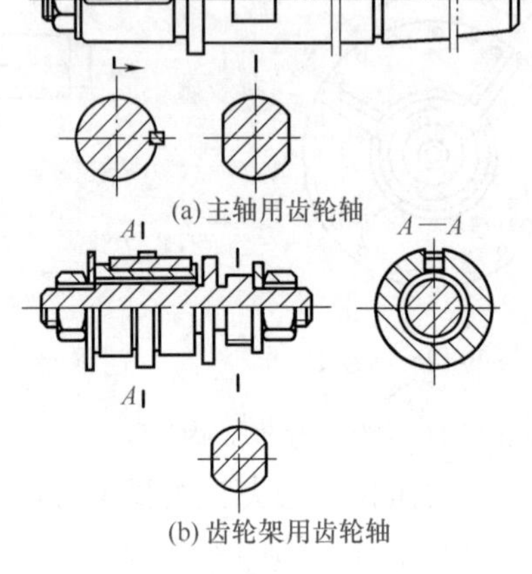


图 3-131 交换齿轮轴

（7）交换齿轮轴、交换齿轮架和交换齿轮

① 交换齿轮轴。装入分度头主轴孔内的交换齿轮轴如图 3-131（a）所示，装在交换齿轮架上的齿轮轴如图 3-131（b）所示。

② 交换齿轮架。安装于分度头侧轴上，用于安装交换齿轮及交换齿轮，如图 3-132 所示。

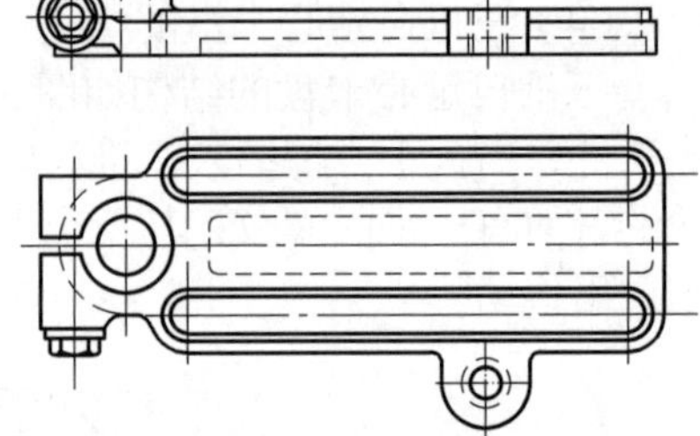

图 3-132 分度头交换齿轮架

③ 交换齿轮。分度头上的交换齿轮，用来作直线移动、差动分度及铣削螺旋槽等工件。F11125 型万能分度头有一套 5 的倍数的交换齿轮，即齿数分别为 25（两个）、30、35、40、50、55、60、70、80、90、100，共 12 只齿轮。

## 4. 分度方法与计算（表 3-85）

表 3-85 分度方法与计算

| 类别 | 说明 |
|---|---|
| 简单分度法 | 简单分度法是分度中最常用的一种方法。分度时，先将分度盘固定，转动手柄使蜗杆带动蜗轮旋转，从而带动主轴和工件转过所需的度（转）数。由分度头的传动系统可知，分度手柄的转数和工件圆周等分数关系如下：<br>$$n=\frac{40}{z}$$<br>式中 $n$——分度手柄转数，r<br>40——分度头定数<br>$z$——工件圆周等分数（齿数或边数） |

续表

| 类别 | 说明 |
|---|---|
| 角度分度法 | 角度分度法实质上是简单分度法的另一种形式，从分度头结构可知，分度手柄摇 40r，分度头主轴带动工件转 1r，也就是转了 360°。因此，分度手柄转 1r 工件转过 9°，根据这一关系，可得出角度分度计算公式<br>$$n=\frac{\theta^\circ}{90^\circ} \text{或} n=\frac{\theta'}{540'}$$<br>式中 $\theta$——工件所需转过的角度，（°）或（′） |
| 直线移距分度法 | 所谓直线移距分度法，就是把分度头主轴（或侧轴）和纵向工作台丝杠用交换齿轮连接起来，移距时只要转动分度手柄，通过交换齿轮，使工作台作精确移距的一种分度方法。常用的直线移距法是主轴交换齿轮法。主轴交换齿轮法的传动系统如图 3-133 所示<br>由于直线移距主轴交换齿轮法蜗杆蜗轮的减速，当分度手柄转了很多转后，工作台才移动一个较小的距离，所以移距精度较高。交换齿轮的计算公式为：<br>$$\frac{z_1 z_3}{z_2 z_4}=\frac{40s}{nP_{丝}}$$ 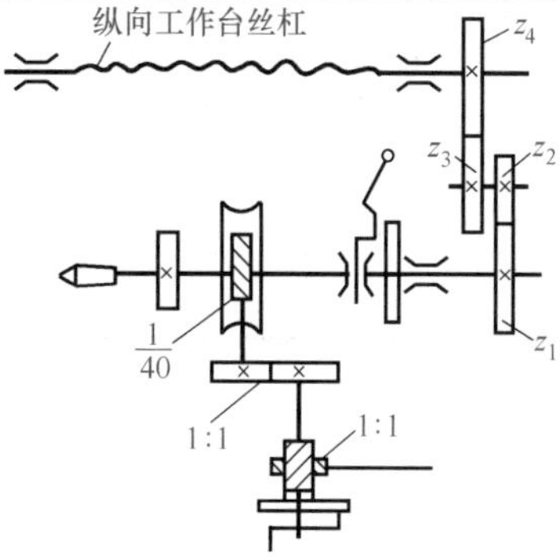<br>纵向工作台丝杠 $z_4$ $z_3$ $z_2$ $\frac{1}{40}$ 1:1 1:1 $z_1$<br>图 3-133 直线移距主轴交换齿轮法传动系统<br>式中 $z_1$，$z_3$——主动齿轮<br>$z_2$，$z_4$——从动齿轮<br>$s$——工件移距量，即每等分、每格的距离，mm<br>$P_{丝}$——工作台纵向丝杠螺距，mm<br>40——分度头定数<br>$n$——每次分度时分度手柄转数，r<br>按上式计算时，式中的 $n$ 可以任意选取，但在单式轮系时交换齿轮的传动比不大于 2.5，在复式轮系时不大于 6，以使传动平稳 |

## 二、分度头的安装、调整与使用维护

### 1. 分度头的安装与找正

（1）用三爪卡盘装夹工件时的安装与找正

一些长度尺寸较小的轴类和套类零件，可以直接采用分度头三爪卡盘装夹工件。使用分度头三爪卡盘装夹工件的安装找正步骤见表 3-86。

表 3-86 三爪卡盘装夹工件的安装找正步骤

| 安装类型 | 说明 |
|---|---|
| 安装三爪卡盘 | 如图 3-134 所示，操作步骤如下：<br>①清洁分度头主轴前端外锥体及连接盘的内锥孔表面和孔口端面<br>②将连接盘装入主轴前端外锥体上，用三个内六角螺钉紧固在分度头主轴上<br>③在分度头主轴内插入一根圆棒<br>④将三爪卡盘套入圆棒上，然后将三爪卡盘装入连接盘，使三爪卡盘后面的定位圆与连接盘的圆柱定位台阶对准<br>⑤旋转三爪卡盘，使其背面的螺钉孔对准连接盘的螺钉穿孔，用三个内六角螺钉将三爪卡盘紧固在连接盘上 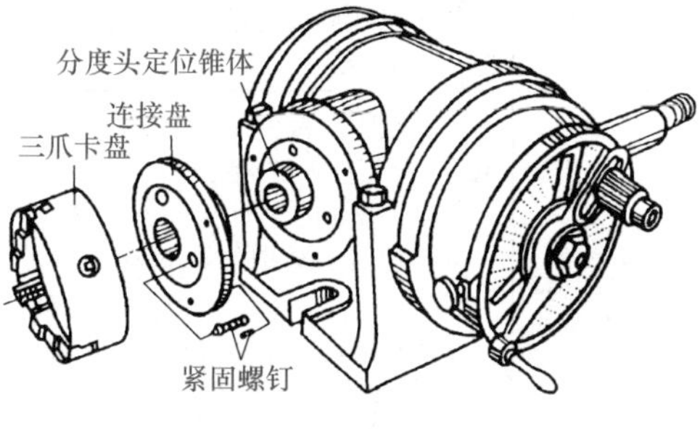<br>分度头定位锥体 连接盘 三爪卡盘 紧固螺钉<br>图 3-134 安装三爪卡盘 |

续表

| 安装类型 | 说　明 |
| --- | --- |
| 安装分度头 | ①将分度头安装在机床工作台面上，底部的定位键块嵌入工作台宽度中间T形槽的直槽中，双手将分度头按分度头底座上指示箭头的方向贴紧<br>②用插入T形槽的T形螺栓、平垫圈和螺母将分度头紧固在工作台便于铣削加工的合适位置<br>③分度头找正，如图3-135所示，分度头找正的方法如下<br>a. 用百分表找正外圆与分度头主轴的同轴度时，手摇分度手柄，使分度头主轴转动，先测量*a*点的圆跳动，若圆跳动过大，可转动标准芯轴重新夹紧，或在百分表示值高的位置，在卡爪和标准芯轴之间垫纸片或铜片，*a*点找正好以后，再找正*b*点，如圆跳动过大，则可在高点处用铜棒轻轻敲击，使百分表示值差减少一半，直至找正到跳动误差在0.03mm以内<br>b. 找正圆棒上素线与工作台面平行，如图3-135所示，使百分表触点与工件外圆*a*点接触，移动工作台横向，找出最高点，转动表盘使指针对准“0”位，移动工作台纵向至*b*点，观察两处最高点的百分表示值是否一致，若不一致，可调整分度头主轴，直至找正到误差在0.02mm以内<br>c. 找正圆棒侧素线与纵向进给方向平行，如图3-145所示，找正时，使百分表触点与圆棒的侧素线的*a*点附近接触，移动工作台垂向，找出百分表示值最高点后使百分表指针对准“0”位，移动纵向至*b*点，观察百分表示值是否一致，若有误差，则松开紧固分度头的T形螺钉，在分度头侧面垫上木块，用铜棒轻轻敲击分度头底部侧面，直至找正到误差在0.03mm/200mm以内 |

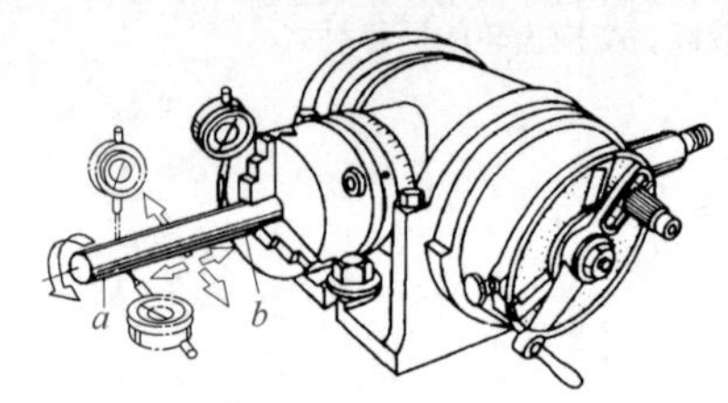


图3-135　用卡盘装夹工件时的分度头找正

（2）用拨盘和顶尖装夹工件时的安装与找正

较长的轴类工件应采用拨盘、两顶尖装夹，分度头、尾座与拨盘、顶尖的安装找正具体步骤见表3-87。

表3-87　安装与找正类型及说明

| 类型 | 说　明 |
| --- | --- |
| 安装和找正分度头 | 如图3-136所示，其安装步骤如下<br>①将分度头安装在工作台右端中间T形槽位置，底部定位键嵌入T形槽直槽，用一莫氏4号锥柄检验芯轴，插入分度头主轴锥孔内<br>②用百分表找正芯轴*a*、*b*两点处径向圆跳动<br>③找正芯轴上素线与工作台面平行<br>④找正芯轴侧素线与工作台纵向进给方向平行 |
| 安装前顶尖与拨盘 | 如图3-137所示，其安装操作步骤如下<br>①将分度头主轴和顶尖的配合锥面擦干净，用手推顶尖锥面，使顶尖莫氏锥面与分度头主轴锥孔贴合<br>②将拨盘装入分度头主轴的前端，拨盘上的孔与分度头上的螺孔对准后，用三个内六角螺钉将拨盘紧固在分度头上 |
| 安装尾座与找正两顶尖轴线 | ①将尾座安装在工作台左侧中间T形槽位置，顶尖与分度头顶尖相对，如图3-138所示，两顶尖的距离根据工件长度确定<br>②用于找正的标准芯轴应进行检测，标准芯轴应具有高精度的圆柱度<br>③转动尾座顶尖的移动手轮，使分度头和尾座顶尖顶住工件，顶装前注意清洁工件顶尖孔与两顶尖的锥面<br>④找正时，首先用百分表触点触及标准芯轴的测量表面，用手转动工件，在芯轴两端找正工件外圆与两顶尖轴线的同轴度<br>⑤按前述类似方法，检测标准芯轴上素线与工作台面的平行度，侧素线与纵向进给方向的平行度。若有误差，因分度头已经找正过，此时，应微量调整尾座的高低和横向位置进行找正 |

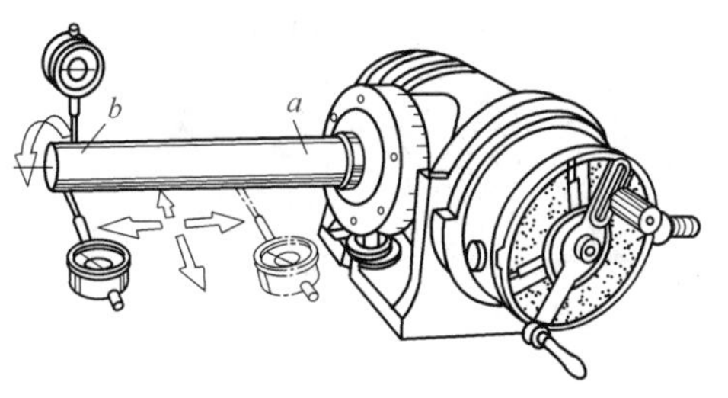


图 3-136　用拨盘、顶尖装夹工件时的分度头找正

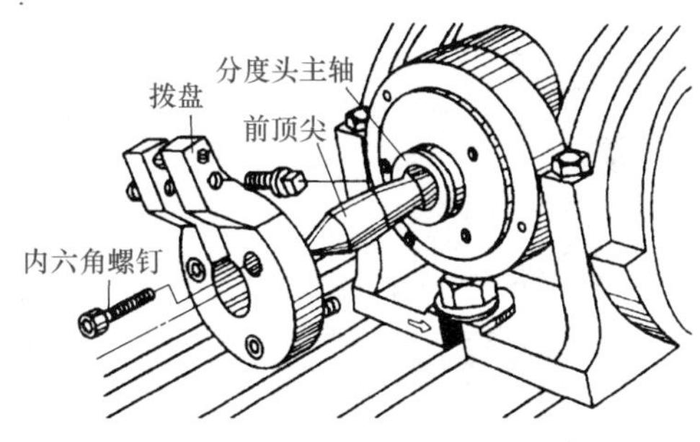


图 3-137　前顶尖与拨盘的安装

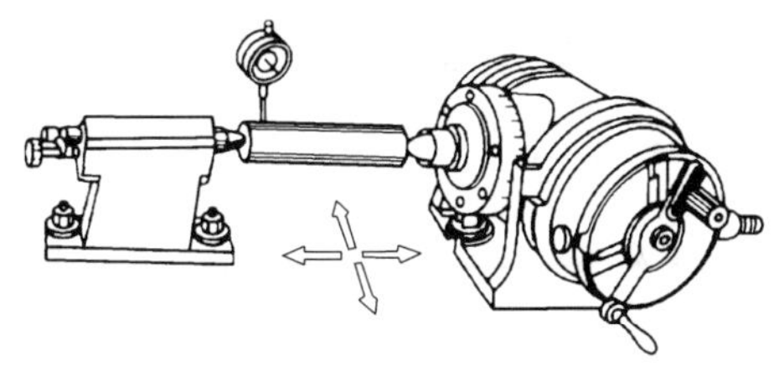

图 3-138　分度头与尾座顶尖的找正

## 2. 分度头的使用维护

### （1）分度头的使用调整（表 3-88）

表 3-88　分度头的使用调整

| 类别 | 说　明 |
|---|---|
| 分度头蜗杆蜗轮啮合间隙的调整 | 如图 3-139 所示，分度头蜗轮蜗杆的啮合间隙调整操作步骤如下<br>①用 17 ～ 19mm 的双头扳手松开螺母<br>②扳动蜗杆脱落手柄，使之与调节螺钉靠紧。若间隙过大，松开螺母，将调节螺钉逆时针方向退出，然后旋紧螺母，再次扳动手柄，使之与螺钉靠紧。若是间隙过小，则顺时针调节螺钉进行调节<br>③紧固螺母<br>④试摇分度头手柄，检查主轴转动时是否灵活，正反转动分度手柄反向的空程应比较小 |
| 分度头蜗杆轴向间隙调整 | 如图 3-139 所示，分度头蜗杆轴向间隙调整的操作步骤如下<br>①松开圆螺母上的两个紧定螺钉<br>②轴向间隙过大，顺时针方向转动圆螺母，若间隙过小，则逆时针转动圆螺母<br>③摇动分度手柄，检查摇动时的松紧程度是否合适<br>④反复调整后，旋紧紧定螺钉 |
| 分度头主轴角度的调整 | 分度头主轴可以在 –6° ～ 90° 范围内调整角度，以适应不同的铣削要求，调整主轴角度的操作步骤如下<br>①用 17 ～ 19mm 的双头扳手，松开机座上盖后部的两个螺母<br>②用 10mm 内六角扳手，略松开机座上盖前部的两个内六角螺钉<br>③将主轴交换齿轮轴装入主轴锥孔（或用三爪卡盘夹紧一根圆棒），用手扳动交换齿轮轴（或圆棒），使分度头主轴随回转体转动，并使回转体上的所需角度刻线对准机座上的“0”线<br>④用内六角扳手将机座上的内六角螺钉扳紧<br>⑤用双头扳手扳紧两个螺母 |

### （2）分度盘（孔盘）与分度叉的使用调整

分度盘的拆卸和换装。F11125 型分度头有两块分度盘，正反面有不同圆周上均布的等分孔圈。在进行不同分度时，经过计算需要使用合适的孔圈，需要进行使用调整，如图 3-140 所示。具体操作步骤如下：

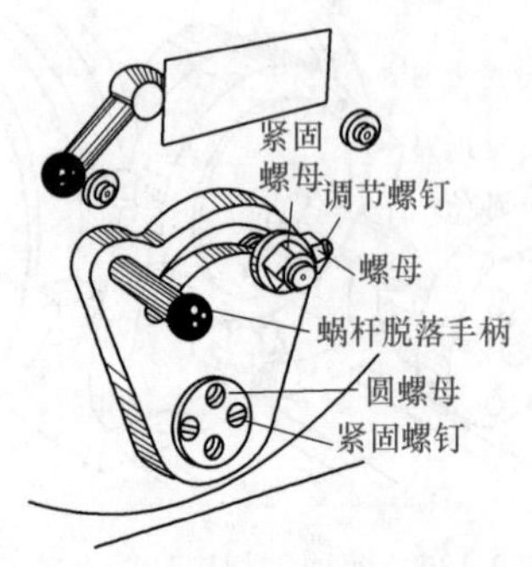


图 3-139 分度头蜗杆蜗轮间隙的调整

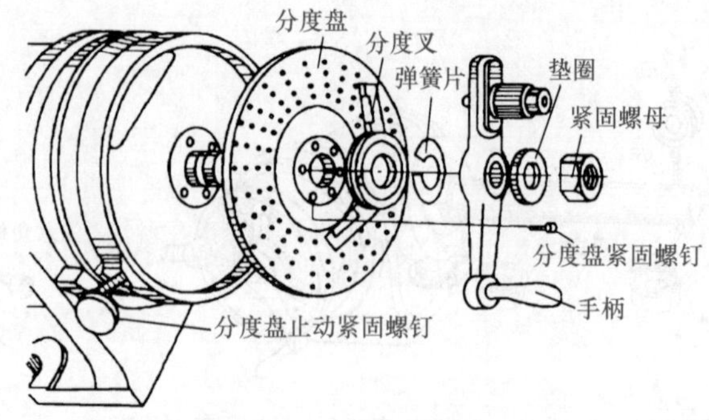


图 3-140 分度盘的拆装

① 松开分度头手柄紧固螺母，取下螺母、垫圈和手柄，注意保管好分度手柄轴上的平键。

② 卸下弹簧片和分度叉。

③ 用旋具松开四个分度盘紧定螺钉。

④ 松开分度盘止动紧固螺钉。

⑤ 将两个分度盘紧定螺钉旋入分度盘的螺孔中，双手手指捏住螺钉，均匀用力将分度盘拉出。

⑥ 将选好的分度盘，按上述方法的逆顺序装好分度盘和分度手柄，安装手柄时注意将手柄上的内键槽对准轴上的平键。

（3）分度头的维护保养

① 经常保持分度头的清洁，用毕应擦拭干净并上油。

② 分度头的摆放应轻放垫稳，搬运时注意防止跌落损坏。

③ 各部分应定期加油，并检查油量是否在油标线内。

④ 合理使用分度头主轴的锁紧手柄，分度时应松开锁紧手柄，加工时应缩进分度头主轴。注意加工螺旋面和螺旋槽工件时不能锁紧分度头主轴。

⑤ 找正工件和分度头时，不能用锤子直接敲击分度头和尾座等。

⑥ 在主轴孔内穿装用作搬运的圆棒等物时，应注意保护主轴两端的锥孔表面，不能碰毛磕坏。

⑦ 用分度头旋转进行铣削时，应注意不能采用顺铣，不能使用过大的进给量，严禁超载使用。

⑧ 精密的分度头不能用于铣削加工螺旋面工件，以免分度头过早降低分度精度。

# 第四章 数控铣削（加工中心）编程

## 第一节 数控铣床编程概述

### 一、数控编程的内容和步骤

数控机床是由普通机床发展而来的，它们之间的根本区别在于数控机床是按照事先编制好的加工程序自动地完成对零件的加工，而普通机床是由操作者按照工艺规程通过手动操作来完成对零件的加工。

数控加工程序编制，就是把加工零件的工艺过程、工艺参数、刀具的运动轨迹、位移量、切削用量以及其他辅助动作（如换刀，切削液开、关与主轴正、反转等）按照数控机床规定的指令代码及程序格式编写成加工程序单，把这一程序单中的内容记录在存储介质上（如穿孔纸带、磁盘等），输入到数控装置中，从而指挥机床加工零件。这种从零件图的分析到制成控制介质的全部过程叫做数控程序的编制。

数控机床加工零件的质量和效率，在很大程度上取决于所编程序的优劣。相比较而言，普通机床加工的质量与效率，主要与技术工人的操作熟练程度有很大关系。理想的加工程序不仅要保证能加工出符合图样要求的合格零件，还应使数控机床得到充分、合理的应用。一般来说，理想的零件加工程序应达到这样的要求标准：正确合理、优质高效且安全可靠。

数控编程的主要内容有分析零件图样、确定加工工艺过程、数值计算、编写零件加工程序、制作控制介质、校对程序及进行首件试切。

数控编程的步骤一般如图 4-1 所示。

从数控编程的步骤可以看出，在数控机床上加工零件所涉及的范围比较广，与相应的配套机床技术有密切关系。在加工过程中，机床的每一步动作都由该程序来决定，因此其加工工艺的制定非常详细。它与普通机床不同，工艺员对普通机床的工艺编制只考虑大致方案，具体操作细节，如主轴转速、进给量大小等均由机床操作者根据自己的经验、技能，在加工现场自行决定并不断加以改进；而数控机床加工，则必须由编程员事先对零件加工过程的每一步都要在程序中写好，整个工艺过程中的每一细节都要考虑周到、安排合理。数控机床上运行的零件程序远比普通机床上用的零件工艺过程要复杂得多，机床的动作顺序、零件的工艺过程、刀具的选择、走刀的路线和切削用量等，都要编入程序。所以说，合格的编程员首先应该是一个很好的工艺员，能熟练掌握程序编制和输入方法，熟悉数控机床的性能特点，能正确提出刀具方案和夹具方案，否则就无法做到全面、周到地考虑零件加工的全过程，正确合理、优质高效地编制零件加工程序。因此，这就要求程序设计员要有较高的素质。

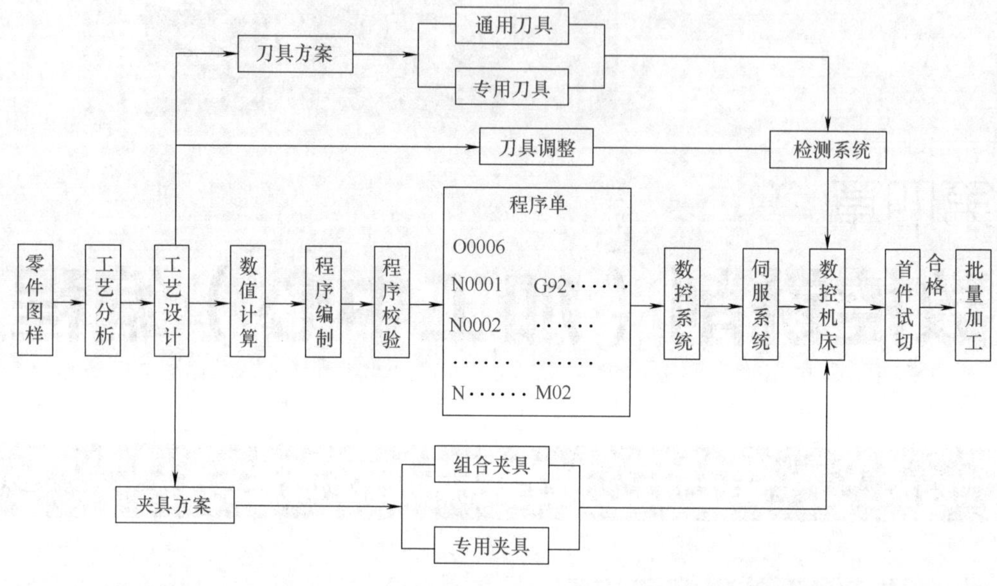


图 4-1　数控编程的步骤

### 1. 分析图样、确定加工工艺

首先对零件图样进行分析以明确加工的内容和要求。例如：根据图样对工件的形状尺寸、技术要求进行分析，然后选择加工方案，确定合理的加工顺序、走刀路线、夹具、刀具及适当的切削用量等；同时还要考虑所选用数控机床的指令功能，充分发挥机床的效能。工艺处理涉及很多方面，编程过程应注意以下几点（表 4-1）。

表 4-1　编程过程应注意的事项

| 类别 | 说　明 |
| --- | --- |
| 确定加工方案 | 由于具体情况不同，对于同一个零件的加工方案也有所不同，应选择最经济、最合理、最完善的加工工艺方案 |
| 工夹具的设计和选择 | 要选择合适的定位方式和夹紧方法，做到装夹工件快速有效；尽量采用可反复使用的组合夹具，经济效益好，必要时可以设计专用夹具。此外，所用夹具一定要考虑数控机床的运动特点，不仅要便于安装，也要便于协调工件和机床坐标系的尺寸关系 |
| 加工余量的选择 | 数控机床加工余量的大小等于每个中间工序加工余量的总和。各工序间加工余量的选择可根据下列条件进行：<br>①尽量采用最小的加工余量总和，以便缩短加工时间，降低零件加工费用<br>②要留有足够的加工余量，保证最后工序的加工余量能得到图样上所规定的精度和表面粗糙度要求<br>③加工余量要与加工零件的尺寸大小相适应，一般来说零件越大，由于切削力、内应力所引起的变形也越大，故加工余量也相应大些<br>④决定加工余量时应考虑到零件热处理引起的变化，以免产生废品<br>⑤决定加工余量时应考虑加工方法和加工设备的刚性，以免零件发生变形 |

续表

| 类别 | 说　明 |
| --- | --- |
| 选择合理的加工路线 | 合理地选择加工路线即进给（走刀）路线，对于数控机床加工是很重要的。所谓加工路线，就是指数控机床在加工过程中刀具中心运动的轨迹和方向。确定加工路线，就是确定刀具运动的轨迹和方向，也就是编程的轨迹和运动方向。加工路线的选择一般应遵循以下原则<br>①保证所加工零件的精度和表面粗糙度的要求<br>②尽量缩短加工路线，尽量减少换刀次数和空行程，提高生产效率<br>③有利于简化数值计算，减少程序段数目和编程复杂程度 |
| 选择合适的刀具 | 数控机床具有高速、高效的特点。数控机床所用的刀具较普通机床用的刀具要严格得多，应根据工件材料的性能、切削用量、加工工序类型、机床特性等因素正确选择刀具。对刀具总的要求是刚性好、精度高、使用寿命长和安装调整方便等 |
| 确定合理的切削用量 | 数控编程时，必须正确确定切削用量三要素，即切削速度、背吃刀量及进给速度。确定切削用量时应根据数控机床使用说明书的规定、被加工工件材料类型（如铝材、铸铁、钢材等）、加工工序（如粗加工、半精加工、精加工等）以及刀具寿命不低于一个工作班，在机床刚度允许的情况下，选择的切深能以尽可能少的走刀次数去除加工余量，并结合实践经验来确定。选择切削用量一般要保证刀具寿命，提高加工效率。加工质量要求高的零件要留有足够的精加工余量。数控机床的精加工余量比普通机床精加工余量要小。主轴的转速 $n$（r/min）可根据切削速度 $v_c$ 来选择，其公式为<br>$$v_c=\frac{\pi Dn}{1000}$$<br>式中　$D$——工件或刀具直径，mm<br>$v_c$——切削速度，由刀具寿命决定，m/min<br>进给速度 $v_f$（mm/min），要根据零件的加工精度和表面粗糙度的要求，以及刀具和工件材料来选择。最大进给速度受机床刚度和进给功能的限制 |

### 2. 数值计算

根据零件的几何尺寸设定好坐标系，确定加工路线，计算零件粗、精加工时刀具中心运动轨迹，得到刀位数据。对于点位控制的数控机床，例如数控钻床，一般不需要计算。只有当零件图样坐标系与所编程序的工件坐标系不一致时，才需要进行相应的换算。对于由直线和圆弧组成的比较简单的零件加工，要计算出零件轮廓相邻几何元素的切点或交点（统称为基点）的坐标值，从而获得各几何元素的起点、终点、圆弧的圆心坐标值。数控系统没有刀具补偿功能时，还要计算刀具中心的运动轨迹坐标值。另外，对于形状复杂的零件（如特殊曲线、曲面组成的零件）的加工，如果数控系统本身没有此类曲线的插补功能时，需采用小直线段或圆弧段拟合逼近法，根据加工精度的要求计算出各节点（逼近线段的交点或切点称为节点）坐标值，这往往需要借助计算机辅助完成。

### 3. 程序编制和程序输入

加工路线、工艺参数（如切削用量等）以及刀位数据确定后，按数控系统规定的功能指令代码和程序段格式，逐段编写零件加工程序单，并记录在控制介质上作为输入信息，或把程序单内容直接通过数控系统上的键盘逐段输入。

### 4. 程序校验与首件试切

编制好的程序必须经过校验和试切才能用于正式加工。可采用关闭伺服驱动功放开关，在带有刀具轨迹动态模拟显示功能的数控系统上，切换到 CRT（显示器）图形显示状态下运行所编程序，据自动报警内容及所显示的刀具轨迹或零件图形是否正确来调试、修改。还可采用不装刀具、工件，开车空运行来检查、判断程序执行中机床运动是否符合要求。以上方法只能检验机床运动是否正确，而不能检验被加工零件的实际加工质量，因此需要进行零件的首件试切。对于较复杂的零件，可先采用塑料或铝等易切削材料进行首件试切。当首件试切有误差时，应分析产生原因，加以修改。

### 5. 批量生产

零件程序通过校验和首件试切合格后，可进行正式批量加工生产。操作者一般只要进行工件上、下料，再按自动循环按钮，就可实现自动循环加工。由于刀具磨损等原因，要适时检测所加工零件尺寸，进行刀具补偿。操作者还要注意观察运行情况，以免发生意外。

## 二、数控编程的分类及特点

### 1. 数控编程的分类

数控编程一般分为手工编程和自动编程两大类。

（1）手工编程

手工编程是指从分析零件图样、确定加工工艺、数值计算、编写零件加工程序单、制备控制介质或人工键入数控系统直至程序校验等各步骤均由人工完成。对于几何形状不复杂、计算容易、程序段不多的零件，一般采用手工编程，而且显得经济、及时。在点位加工或由直线与圆弧组成的轮廓加工中，手工编程应用广泛。目前，仍然有相当部分如数控车床、加工中心的程序是由手工编程完成的。

（2）自动编程

对于几何形状复杂，尤其是需三轴以上联动加工的空间曲面组成的零件，如叶片、凸轮、复杂模具等，编程时，坐标数值计算烦琐、时间长、易出错，用手工编程难以完成，必须采用计算机辅助编程，即自动编程。

自动编程是利用计算机专用软件编制数控加工程序的过程。编程人员根据零件图样和工艺要求，使用有关 CAD/CAM 软件（包括 Master CAM、Pro/ENGINEER、UG、Cimatron、SolidWorks、CAXA 等），先利用 CAD 功能模块进行造型，然后再利用 CAM 模块设置参数后生成刀具路径，最后经后置处理后生成加工程序，可进行仿真检验和刀具轨迹检验等操作以检查程序的正确性。通过机床电缆接口和计算机连接，利用计算机通信传输软件将加工程序直接传输到数控机床的数控系统中，控制机床加工或进行 DNC 加工。

自动编程的特点是应用计算机代替人的劳动。编程人员除了完成工艺处理阶段全部或部分工作外，不再参与数值计算、编制零件加工程序等工作，故可大大减轻编程人员的工作量，提高编程效率。目前根据编程信息的输入与计算机对信息的处理方式不同，计算机辅助编程（即自动编程）又可分为语言式自动编程和图形交互式自动编程（CAM 自动编程）两类。

### 2. 数控铣床编程的特点

数控铣床是通过两轴联动加工零件的平面轮廓，通过两轴半控制、三轴或多轴联动来加工空间曲面零件。数控铣削加工编程具有如下特点：

① 首先应进行合理的工艺分析。由于零件加工的工序多，在一次装夹下，要完成粗加工、半精加工和精加工。周密合理地安排各工序的加工顺序，有利于提高加工精度和生产效率。

② 尽量按刀具集中原则安排加工工序，减少换刀次数。

③ 合理设计进刀、退刀辅助程序段，选择换刀点的位置，是保证加工正常进行、提高零件加工质量的重要环节。

④ 对于编好的程序必须进行认真检查，并于加工前进行试运行，以减少程序出错率。

## 三、数控铣床编程程序的结构与格式

数控系统种类繁多，每种数控系统根据其自身特点和编程需要，都有一定的程序格式。不同机床的系统不同，程序格式也有所不同。

## 1. 程序的结构

零件加工程序有主程序和子程序之分，但不论是主程序还是子程序，每一个程序都是由程序名、程序内容和程序结束三部分组成。

例如：

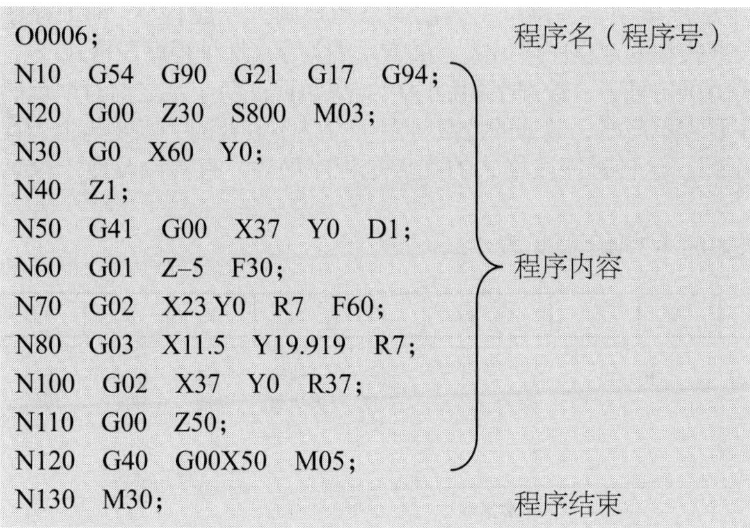

```
O0006;                                        程序名（程序号）
N10  G54  G90  G21  G17  G94;    ┐
N20  G00  Z30  S800  M03;        │
N30  G0  X60  Y0;                │
N40  Z1;                         │
N50  G41  G00  X37  Y0  D1;      │
N60  G01  Z-5  F30;              ├ 程序内容
N70  G02  X23 Y0  R7  F60;       │
N80  G03  X11.5  Y19.919  R7;    │
N100  G02  X37  Y0  R37;         │
N110  G00  Z50;                  │
N120  G40  G00X50  M05;          ┘
N130  M30;                                    程序结束
```

一般系统采用全屏幕编辑，程序名（如 O0006）应单独占用一行，其余各程序段可写在一行内。程序段号 N× × × × 可省略（如果没有子程序调用等），字符间可空也可不空。

例如：

O0006;

G59　G90　G21　G17　G94　G00　Z30　S800　M03;

两段程序共用一行显示。

（1）程序名（或程序号）

程序名（或程序号）是程序的开始标记，为了与存储器中其他程序区别开，每个程序都编有不同的程序名（或程序号）存入系统中。不同的数控系统，程序名（或程序号）表示也不同。如在 FANUC 系统中，采用英文字母“O”及其后的四位数字来表示，而其他系统有的采用“%”“P”“；”等与其后的若干位数表示。SINUMERIK 系统程序名开始两个符号必须是字母，其后的符号可以是字母、数字或下画线且最多为 16 个字符（SINUMERIK 802D 系统）。

（2）程序内容

程序内容是整个程序的核心，由许多程序段组成。而每个程序段由若干个字组成。程序内容规定了数控机床要完成的全部动作和顺序，包含了加工前机床状态要求和刀具加工零件时的运动轨迹，其说明见表 4-2。

表 4-2　程序内容

| 类别 | 说　明 |
| --- | --- |
| 加工前机床状态要求 | 该部分一般由程序前面几个程序段组成，通过执行该部分的程序完成了指定刀具的安装、刀具参数补偿、旋转方向及进给速度、以什么方式和什么位置切入工件等一系列刀具切入工件前的机床状态的切削准备工作 |
| 刀具加工零件时的运动轨迹 | 该部分用若干程序段描述被加工工件表面的几何轮廓，完成被加工工件表面轮廓的切削加工 |
| 程序结束 | 该部分的程序内容是当刀具完成对工件的切削加工后，刀具以何种方式退出切削，退出切削后刀具停留在何处，机床处在什么状态等，并以辅助功能 M02（程序结束）或 M30（程序结束，返回程序头）来表示整个程序的结束 |

## 2. 程序的格式

零件的加工程序是由若干以段号大小顺序排列的程序段组成。每一个程序段由若干个数据字组成，每个字是控制系统的具体指令。它由表示地址的英语字母、数字和符号组成。

程序段格式是指一个程序段中字、字符、数据的书写规则。一般有字 - 地址程序段格式、使用分隔符的程序段格式和固定程序段格式。最常用的为字 - 地址程序段格式。

字 - 地址程序段格式由语句号字、数据字和程序段结束组成。每个字之前有地址码用以识别地址。字的排列顺序要求不严格，数据的位数可多可少，不需要的字以及与上一程序段相同的续效字可以省略不写。这种程序段格式的优点是程序简短、直观以及便于检查和修改，应用广泛。

字 - 地址程序段格式如图 4-2 所示及见表 4-3。

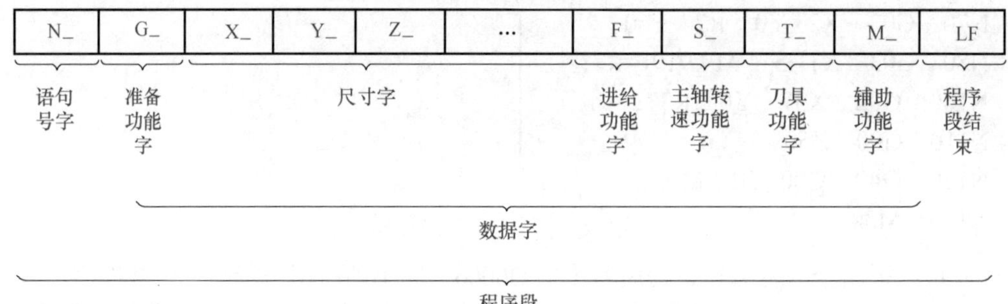


图 4-2　字 - 地址程序段格式

表 4-3　程序内容

| 类别 | 说明 |
| --- | --- |
| 语句号字 | 用以识别程序段的编号。由地址码 N 和后面的若干位数字组成。例如：N0020 表示该语句的语句号为 0020，即表示第 0020 号程序段 |
| 准备功能（G 功能）字 | G 功能是使数控机床做好某种操作准备的指令。用地址 G 和两位数字表示，从 G00 ～ G99 共 100 种。目前，有的数控系统也用到 00 ～ 99 之外的数字 |
| 尺寸字 | 尺寸字是由地址码、“+”“–”符号及数字构成。尺寸字的地址码有 X、Y、Z、U、V、W、P、Q、R、A、B、C、I、J、K、D、H 等。例如 X10　Y–20。尺寸字的“+”可省略。表示地址的英文字母的含义如表 4-4 所示 |
| 进给功能（F 功能）字 | 表示刀具中心运动的进给速度，由地址码 F 和后面若干位数字构成。每种数控系统的进给速度表示方法可能不同。如 F150 表示进给速度为 150mm/min。有的用 F×× 表示，这后两位数既可以是代码，也可以是进给量的数值，具体规定要以所用机床编程说明书为准 |
| 主轴转速功能（S 功能）字 | 由地址码 S 及其后面的若干数字组成，单位为 r/min。例如 S800 表示主轴转速为 800r/min |
| 刀具功能（T 功能）字 | 由地址码 T 及其后面的若干位数字组成。刀具功能的数字是指定的刀号，数字的位数由所用的系统决定。例如 T03 表示第三号刀 |
| 辅助功能（M 功能）字 | 用来表示机床的一些辅助动作的指令。由地址码 M 及其后面的两位数字组成，从 M00 ～ M99 共 100 种 |
| 程序段结束 | 写在每一程序段之后，表示该程序段结束。当用“ISO”标准代码时为“NL”或“LF”；用 EIA 标准代码时，结束符为“CR”；有的用符号“；”或“：*”表示，而有的系统则直接回车即可 |

表 4-4　地址码中英文字母的含义

| 地址 | 功能 | 说明 | 地址 | 功能 | 说明 |
|---|---|---|---|---|---|
| A | 坐标字 | 绕 $X$ 轴旋转 | N | 顺序号 | 程序段顺序号 |
| B | 坐标字 | 绕 $Y$ 轴旋转 | O | 程序号 | 程序号、子程序号的指定 |
| C | 坐标字 | 绕 $Z$ 轴旋转 | P |  | 暂停或程序中某功能的开始使用的顺序号 |
| D | 补偿号 | 刀具半径补偿指令 | Q |  | 固定循环终止段号或固定循环中的定距 |
| E |  | 第二进给功能 | R | 坐标字 | 固定循环中定距离或圆弧半径的指定 |
| F | 进给速度 | 进给速度的指令 | S | 主轴功能 | 主轴转速的指令 |
| G | 准备功能 | 指令动作方式 | T | 刀具功能 | 刀具编号的指令 |
| H | 补偿号 | 补偿号的指定 | U | 坐标字 | 与 $X$ 轴平行的附加轴的增量坐标值或暂停时间 |
| I | 坐标字 | 圆弧中心 $X$ 轴向坐标 | V | 坐标字 | 与 $Y$ 轴平行的附加轴的增量坐标值 |
| J | 坐标字 | 圆弧中心 $Y$ 轴向坐标 | W | 坐标字 | 与 $Z$ 轴平行的附加轴的增量坐标值 |
| K | 坐标字 | 圆弧中心 $Z$ 轴向坐标 | X | 坐标字 | $X$ 轴的绝对坐标值或暂停时间 |
| L | 重复次数 | 固定循环及子程序的重复次数 | Y | 坐标字 | $Y$ 轴的绝对坐标值 |
| M | 辅助功能 | 机床开 / 关指令 | Z | 坐标字 | $Z$ 轴的绝对坐标值 |

下面对一个典型的字 - 地址程序段格式加以说明：

N0010　G01　X50　Z–10　F100　S600　T03　M03　LF

其中，N0010　　表示第十号程序段；

G01　　表示直线插补；

X50 Z–10　　分别表示沿 $X$、$Z$ 坐标方向的位移量；

F100　　表示进给速度是 100mm/min；

S600　　表示主轴转速是 600r/min；

T03　　表示第三号刀具；

M03　　表示主轴按顺时针方向旋转；

LF　　表示该程序段结束。

# 第二节　数控铣床的坐标系

## 一、右手直角笛卡儿坐标系

统一规定数控机床坐标轴及其运动方向，是为了便于描述机床的运动。简化程序的编制，并使所编程序具有通用性。目前，国际标准化组织规定统一使用标准坐标系（ISO841），我国机械工业部也颁布了 GB/T 19660—2005《工业自动化系统与集成机床数值控制坐标系和运动命名》的数控标准，它与 ISO841 标准等效。这些命名原则和规定如下。

### 1. 刀具相对于静止的工件而运动的原则

为了使编程人员能够在不知道机床加工零件时是刀具移向工件，还是工件移向刀具的情况下，就可以根据零件图样确定工件的加工过程，特规定这一原则。

### 2. 标准坐标系的规定

标准坐标系也叫机床坐标系。在编制程序时，以该坐标系来规定运动的方向和距离。国际标准化组织（ISO）统一规定采用右手直角笛卡儿坐标系作为数控机床的标准坐标系，如图 4-3 所示。在图 4-3 所示中，大拇指的指向为 $X$ 轴的正方向，食指的指向为 $Y$ 轴的正方向，中指的指向为 $Z$ 轴的正方向。该坐标系的各坐标轴与机床主要导轨相平行。一般来说，工件安装在机床上，要按机床的主要直线导轨找正工件。

通常在命名或编程时，在机床加工过程中，不论是刀具移动还是被加工工件移动，都一律假定被加工工件是相对静止的，刀具是移动的。所以，图 4-3 所示中的 $X$、$Y$、$Z$、$A$、$B$、$C$ 的方向是指刀具相对移动的方向。

如果把刀具看成是相对静止的，工件是相对移动的，则用 $X'$、$Y'$、$Z'$、$A'$、$B'$、$C'$ 的方向来表示工件相对移动的方向。由图 4-3 所示可见，$X$ 和 $X'$、$Y$ 和 $Y'$、$Z$ 和 $Z'$ 等的方向是相反的。

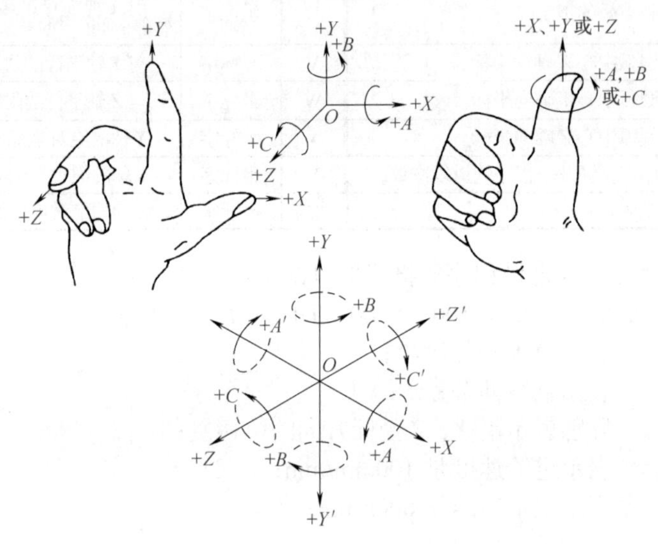


图 4-3　右手直角笛卡儿坐标系

### 3. 运动方向的确定

坐标轴定义顺序是先确定 $Z$ 轴，然后确定 $X$ 轴，最后确定 $Y$ 轴。

GB/T 19660—2005 中规定：机床某一运动部件的运动正方向，是增大刀具和工件之间距离的方向。

（1）$Z$ 坐标的运动

$Z$ 坐标的运动由传递切削力的主轴决定，与机床主轴轴线平行或重合的坐标轴即为 $Z$ 坐标。对于铣床、镗床、钻床等主轴带动刀具旋转的轴是 $Z$ 轴；对于车床、磨床和其他加工旋转体的机床，主轴带动工件旋转，$Z$ 轴与主轴旋转中心重合，平行于床身导轨。

$Z$ 坐标的正方向为增大刀具与工件之间距离的方向。如在钻镗加工中，钻入或镗入工件的方向为 $Z$ 坐标的负方向，退出方向为正方向。

（2）$X$ 坐标的运动

$X$ 坐标是水平的且平行于工件的装夹表面，它是在刀具或工件定位平面内运动的主要坐标。

对于工件做旋转运动的机床（如车床、磨床等），$X$ 坐标的方向平行于横向滑座，在工件的径向上。刀具远离工件的方向为 $X$ 轴正方向。对于刀具做旋转运动的机床（如镗床、铣床、钻床等），若 $Z$ 轴是水平的（主轴是卧式的），则沿刀具、主轴后端向工件方向看，$X$ 轴的正方向指向右方；若 $Z$ 轴为垂直的（主轴是立式的），则面对刀具主轴向立柱方向看，右方向即为 $X$ 轴的正方向。

（3）$Y$ 坐标的运动

$Y$ 坐标轴垂直于 $X$ 和 $Z$ 坐标轴。$Y$ 轴正方向根据 $X$ 轴和 $Z$ 轴的正方向，按右手直角笛卡儿直角坐标系来确定。

### 4. 旋转运动 $A$、$B$ 和 $C$

$A$、$B$、$C$ 分别为绕 $X$、$Y$、$Z$ 轴转动的旋转轴，其方向根据右手螺旋法则来判定。

### 5. 其他坐标轴

一般称靠近主轴的坐标系为第一坐标系，稍远的且分别与 $X$、$Y$、$Z$ 轴平行的 $U$、$Y$、$W$ 坐标轴称为第二坐标系，如果再有分别与 $X$、$Y$、$Z$ 坐标轴平行的轴，则称第三坐标系 $P$、$Q$、$R$ 坐标轴。其他不平行于 $X$、$Y$、$Z$ 坐标轴的，取名为 $D$ 轴或 $E$ 轴等。

## 二、数控铣床的坐标系

数控铣床坐标系统分为机床坐标系和工件坐标系（编程坐标系）。

### 1. 机床坐标系

以机床原点为坐标系原点建立起来的 $X$、$Y$、$Z$ 轴直角坐标系，称为机床坐标系。机床坐标系是机床本身固有的坐标系，它是制造和调整机床的基础，也是设置工件坐标系的基础，一般不允许随意变动。

数控铣床坐标系符合 ISO 规定，仍按右手笛卡儿规则建立。三个坐标轴互相垂直，机床主轴轴线方向为 $Z$ 轴，刀具远离工件的方向为 $Z$ 轴正方向。$X$ 轴是位于与工件安装面相平行的水平面内，对于立式铣床，人站在工作台前，面对机床主轴，右侧方向为 $X$ 轴正方向；对于卧式铣床，人面对机床主轴，左侧方向为 $X$ 轴正方向。$Y$ 轴垂直于 $X$、$Z$ 坐标轴，其方向根据右手笛卡儿坐标系来确定，如图 4-4 所示。

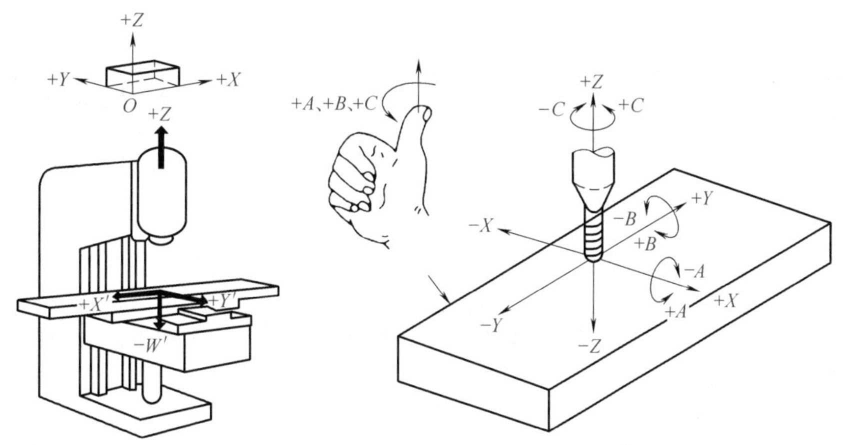


图 4-4　立式铣床坐标系

### 2. 机床原点

机床坐标系的原点，简称机床原点（机床零点）。它是一个固定的点，由生产厂家在设计机床时确定。机床原点一般设在机床加工范围下平面的左前角。

### 3. 参考点

参考点是机床上另一个固定点，该点是刀具退离到一个固定不变的极限点，其位置由机械挡块或行程开关来确定。数控铣床的型号不同，其参考点的位置也不同。通常立式铣床指定 $X$ 轴正向、$Y$ 轴正向和 $Z$ 轴正向的极限点为参考点。

一般在机床启动后，首先要执行手动返回参考点的操作，这样数控系统才能通过参考点间接确认出机床零点的位置，从而在数控系统内部建立一个以机床零点为坐标原点的机床坐标系。这样在执行加工程序时，才能有正确的工件坐标系。

**4. 工件坐标系（编程坐标系）**

工件坐标系是编程时使用的坐标系，是为了确定零件加工时在机床中的位置而设置的。在编程时，应首先设定工件坐标系。工件坐标系采用与机床运动坐标系一致的坐标方向。

**5. 工件原点（编程原点）**

工件坐标系的原点简称工件原点，也是编程的程序原点即编程原点。工件原点的位置是任意的，由编程人员在编制程序时根据零件的特点选定。程序中的坐标值均以工件坐标系为依据，将编程原点作为计算坐标值时的起点。编程人员在编制程序时，不用考虑工件在机床上的安装位置，只要根据零件的特点及尺寸来编程。工件原点一般选择在便于测量或对刀的基准位置，同时要便于编程计算。选择工件原点的位置时应注意以下几点：

① 工件原点应选在零件图的尺寸基准上，以便于坐标值的计算，使编程简单。

② 尽量选在精度较高的加工表面上，以提高被加工零件的加工精度。

③ 对于对称的零件，一般工件原点设在对称中心上。

④ 对于一般零件，通常设在工件外轮廓的某一角上。

⑤ 工件原点在 $Z$ 轴方向，一般设在工件表面上。

机床坐标系与工件坐标系的关系如图 4-5 所示。图中的 $X$、$Y$、$Z$ 坐标系为机床坐标系，$X'$、$Y'$、$Z'$ 坐标系为工件坐标系。

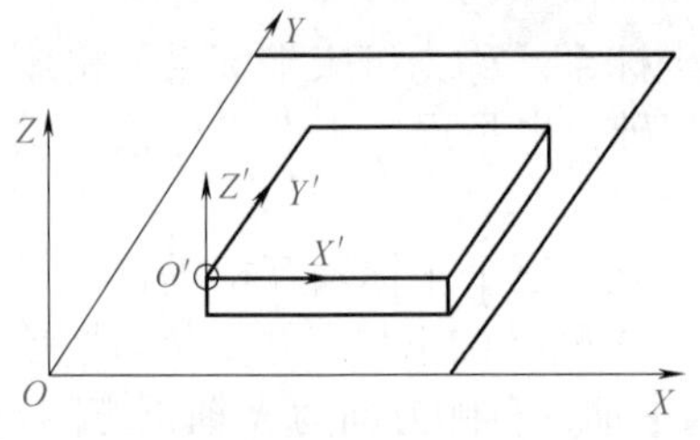


图 4-5　机床坐标系与工件坐标系的关系

# 第三节　程序编制中的数学处理

## 一、数学处理的内容

根据被加工零件图样，按照已经确定的加工工艺路线和允许的编程误差，计算数控系统所需要输入的数据，称为数学处理。对零件图进行数学处理是编程前的主要准备工作之一，而且即便采用计算机进行自动编程，也经常需要先对工件的轮廓形状进行数学预处理，才能对有关几何元素进行定义。

图形的数学处理一般包括两个方面：一方面根据零件图给出的形状、尺寸和公差等直接通过数学方法（如三角、几何与解析几何法等）计算出编程时所需要的有关节点或基点坐标值，例如圆弧插补所需要的圆弧圆心相对起点的坐标增量 $I$、$J$、$K$；另一方面是按照零件图给出的条件还不能直接计算出编程时所需要的节点坐标值，也不能按照零件图给出的条件直接进行工件轮廓几何元素的定义进行自动编程，那么就必须根据所采用的具体工艺方法、工艺装备等加工条件，对零件原图形及有关尺寸进行必要的数学预处理或改动，才可进行节点的坐标计算和进行正常的编程工作。

**1. 数值计算**

编程原点设定后，可以采用以下两种方法求出具体数值。

① 手工数值处理。利用代数、三角函数、几何与解析几何等数学工具，再加上计算器

等求出具体数值。例如：图 4-6 中的各点坐标值计算如下：

$A(-10\times\cos30°,\ 30+10\times\sin30°)=A(-8.66,\ 35)$；

$B(10\times\cos30°,\ 30+10\times\sin30°)=B(8.66,\ 35)$；

$C(30\times\cos30°+10\times\cos30°,\ -30\times\sin30°+10\times\sin30°)=C(34.641,\ -10)$；

$D(30\times\cos30°,\ -30\times\sin30°-10)=D(25.981,\ -25)$；

$E(-30\times\cos30°,\ -30\times\sin30°-10)=E(-25.981,\ -25)$；

$F(-30\times\cos30°-10\times\cos30°,\ -30°\times\sin30°+10\times\sin30°)=F(-34.641,\ -10)$。

② 利用 AutoCAD 等 CAD 软件来求具体坐标数值。如图 4-6 所示，先画出图形来，再利用尺寸标注，把每一个节点相对于工件坐标系原点的坐标标注出来，就可以得到节点的具体坐标值。对于图 4-7 所示的零件，可以用 AutoCAD 软件来进行坐标值计算，根据图中的尺寸标注可以得出图中各点的坐标值如下：$A(-8.66,\ 35)$；$B(8.66,\ 35)$；$C(34.641,\ -10)$；$D(25.981,\ -25)$；$E(-25.981,\ -25)$；$F(-34.641,\ -10)$。

这里指的是用手工编程的方法进行数值计算，如果采用自动编程，就不必这样了。

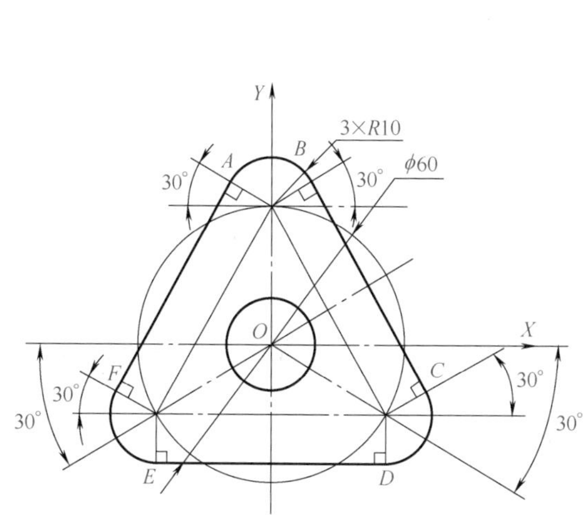


图 4-6　利用代数、三角函数、几何与解析几何等数学工具进行手工数值处理

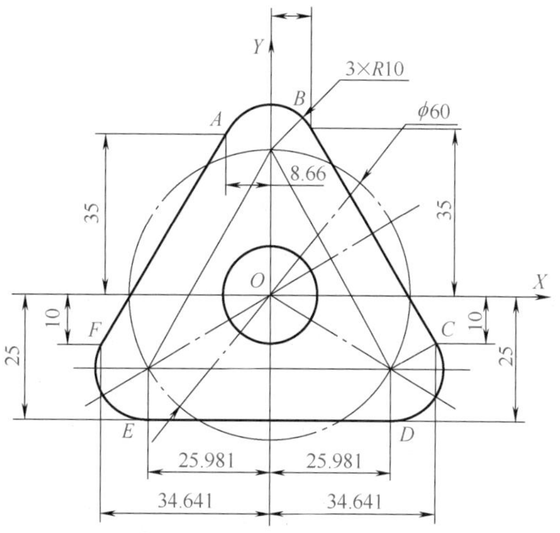


图 4-7　利用 AutoCAD 软件来求具体坐标数值

## 2. 基点与节点

① 基点。零件的轮廓复杂多样，是由许多不同的几何元素所组成，例如直线、圆弧、二次曲线以及列表曲线等。各几何元素之间的连接点称为基点，例如两条直线的交点、直线与圆弧或圆弧与圆弧的交点或切点、圆弧与二次曲线的交点或切点等。目前，数控系统都具有直线、圆弧插补功能，对于由直线与直线或直线与圆弧构成的平面轮廓零件，数值计算比较简单，主要是计算出各基点坐标及圆弧的圆心点坐标。

② 节点。当被加工零件轮廓形状是由直线段或圆弧之外的其他曲线构成，例如椭圆、双曲线、抛物线或用一系列坐标点表示的列表曲线，而数控系统又不具备该曲线的插补功能时，可用若干直线段或圆弧去逼近被加工曲线，逼近线段与被加工曲线的交点或切点称为节点，如图 4-8 所示。

在编程时，要计算出节点的坐标，并按节点划分程序段时，逼近线段的近似区间越大，则节点数目越少，相应的程序段数目也越少，但逼近线段的误差 $\delta$ 应小于或等于编程允许误差 $\delta_{允}$，即 $\delta\leqslant\delta_{允}$。考虑到工艺系统及计算误差的影响，$\delta_{允}$ 一般取零件公差的 1/5 ～ 1/10。

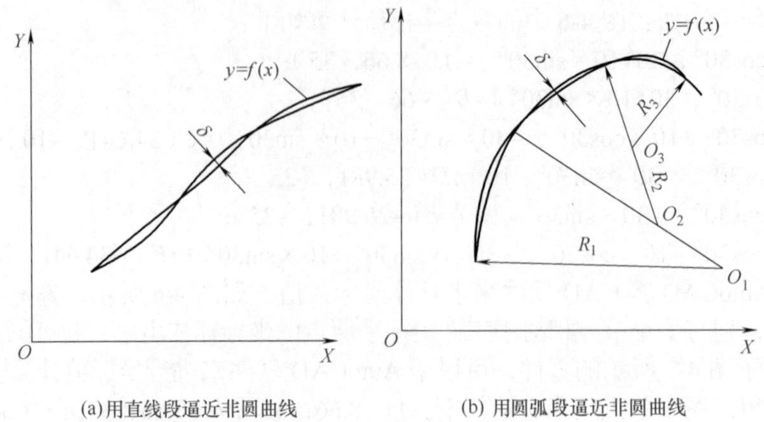


图 4-8 非圆曲线的逼近

为了编程方便，一般都采用直线段逼近已知的曲线，这种方法称为直线逼近或线性插补。节点拟合计算的难度及工作量都较大，故宜通过计算机完成，有时也可由人工计算完成。

## 二、坐标值常用的计算方法

在手工编程的数值计算工作中，除了非圆曲线的节点坐标值需要进行较复杂和烦琐的几何计算及其误差的分析计算外，其余各种计算均比较简单，通常借助具有三角函数运算功能的计算器即可进行。所需数学基础知识也仅仅为代数、三角函数、平面几何、平面解析几何中较简单的内容。

坐标值计算的一般方法如图 4-9 所示。

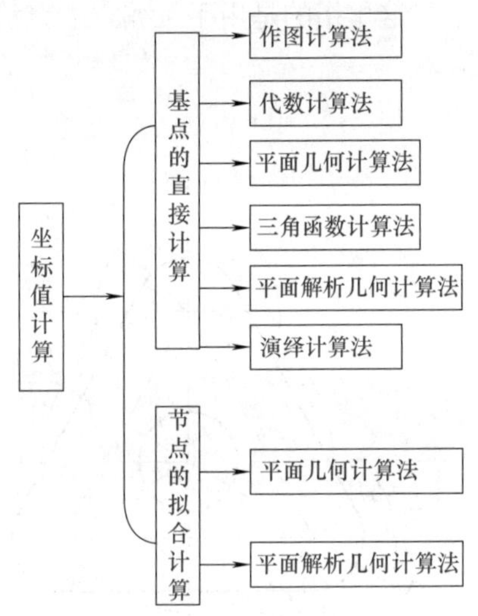


图 4-9 坐标值计算的一般方法

# 第四节 FANUC 0i 系统的基本指令

## 一、准备功能指令

准备功能一般称为 G 代码或 G 功能，是用来指定机床的运动方式。它由准备功能地址符“G”和其后面的两位数字组成，从 G00~G99 共 100 种，如 G00、G03、G81 等。常用准备功能指令见表 4-5。

表 4-5 FANUC 0i 系统常用准备功能 G 指令

| G 指令 | 组号 | 功能 | 附注 |
|---|---|---|---|
| *G00 | 01 | 点定位（快速移动） | 模态 |
| *G01 | | 直线插补（进给速度） | 模态 |
| G02 | | 顺时针圆弧插补 | 模态 |
| G03 | | 逆时针圆弧插补 | 模态 |

续表

| G 指令 | 组号 | 功能 | 附注 |
|---|---|---|---|
| G04 | 00 | 暂停 | 非模态 |
| G09 | 00 | 精确停止 | 非模态 |
| *G15 | 17 | 极坐标指令取消 | 模态 |
| G16 | | 极坐标指令 | 模态 |
| *G17 | 02 | 选择 *XY* 平面 | 模态 |
| *G18 | | 选择 *ZX* 平面 | 模态 |
| *G19 | | 选择 *YZ* 平面 | 模态 |
| G20 | 06 | 英制（英寸输入） | 模态 |
| G21 | | 公制（毫米输入） | 模态 |
| G27 | 00 | 返回并检查参考点 | 非模态 |
| G28 | | 返回参考点 | 非模态 |
| G29 | | 从参考点返回 | 非模态 |
| G30 | | 返回第二参考点 | 非模态 |
| G33 | 01 | 螺纹切削 | 模态 |
| *G40 | 07 | 取消刀具半径补偿 | 模态 |
| G41 | | 左侧刀具半径补偿 | 模态 |
| G42 | | 右侧刀具半径补偿 | 模态 |
| G43 | 08 | 刀具长度补偿 + | 模态 |
| G44 | | 刀具长度补偿 – | 模态 |
| *G49 | | 取消刀具长度补偿 | 模态 |
| *G50 | 11 | 比例缩放取消 | 模态 |
| G51 | | 比例缩放有效 | 模态 |
| *G50.1 | 12 | 可编程镜像取消 | 模态 |
| *G51.1 | | 可编程镜像有效 | 模态 |
| G52 | 00 | 设置局部坐标系 | 非模态 |
| G53 | | 选择机床坐标系 | 非模态 |
| *G54 | 14 | 选用 1 号工件坐标系 | 模态 |
| G55 | | 选用 2 号工件坐标系 | 模态 |
| G56 | | 选用 3 号工件坐标系 | 模态 |
| G57 | | 选用 4 号工件坐标系 | 模态 |
| G58 | | 选用 5 号工件坐标系 | 模态 |
| G59 | | 选用 6 号工件坐标系 | 模态 |
| G60 | 00 | 单一方向定位 | 模态 |
| G61 | 15 | 精确停止方式 | 模态 |
| *G64 | | 切削方式 | 模态 |
| G65 | 00 | 宏程序调用 | 非模态 |
| G66 | 12 | 模态宏程序调用 | 模态 |
| *G67 | | 模态宏程序调用取消 | 模态 |
| G68 | 16 | 坐标旋转有效 | 模态 |
| *G69 | | 坐标旋转取消 | 模态 |
| G73 | 09 | 深孔钻削固定循环 | 模态 |
| G74 | | 攻左螺纹固定循环 | 模态 |
| G76 | 09 | 精镗固定循环 | 模态 |

续表

| G 指令 | 组号 | 功能 | 附注 |
|---|---|---|---|
| *G80 | 09 | 取消固定循环 | 模态 |
| G81 | | 钻削固定循环 | 模态 |
| G82 | | 钻削固定循环 | 模态 |
| G83 | | 深孔钻削固定循环 | 模态 |
| G84 | | 攻右螺纹固定循环 | 模态 |
| G85 | | 镗削固定循环 | 模态 |
| G86 | | 镗削固定循环 | 模态 |
| G87 | | 背镗固定循环 | 模态 |
| G88 | | 镗削固定循环 | 模态 |
| G89 | | 镗削固定循环 | 模态 |
| *G90 | 03 | 绝对值指令方式 | 模态 |
| *G91 | | 增量值指令方式 | 模态 |
| G92 | 00 | 工件零点设定 | 非模态 |
| *G94 | 05 | 每分进给 | 模态 |
| G95 | | 每转进给 | 模态 |
| G96 | 13 | 恒线速度控制 | 模态 |
| *G97 | | 恒线速度控制取消 | 模态 |
| *G98 | 10 | 固定循环返回初始点 | 模态 |
| G99 | | 固定循环返回 *R* 点 | 模态 |

注：1.* 号表示机床上电时 G 指令是初始状态。G01、G90;G90、G91;G17、G18、G19 上电时的初始状态由参数决定。
2. 00 组的指令是非模态指令，其余均为模态指令。

从表 4-5 中可以看到，所有 G 代码被分为成了不同的组，这是由于编程中的指令有模态指令和非模态指令两种，而大多数的 G 代码是模态的。

模态 G 代码也称为续效性指令。是指这些 G 代码不只在当前的程序段中有效，而是在后面的程序段中一直有效，直到程序中重新指定其他同组 G 代码为止，同组的模态 G 代码控制同一个目标但起不同的作用，它们之间是不相容的。

非模态指令也称为非续效性指令，其功能只在本程序段中有效。在程序中如果有连续两段程序都含有同样的非模态指令，那么后面的非模态指令不能省略。

如果程序中出现了上面表中的 G 代码，系统则会显示 10 号报警。同一程序段中允许有几个 G 代码出现，但当两个或两个以上的同组 G 代码出现时，最后出现的一个同组的 G 代码有效。在固定循环模态下，任何一个 01 组的 G 代码都将使固定循环模态指令自动取消。

## 二、辅助功能指令

辅助功能是用来控制机床的各种辅助动作和开关状态。如换刀、主轴正反转与停止、切削液的开关、子程序调用等。辅助功能也称为 M 功能或 M 指令，它是由 M 和后面两位数字组成。与 G 指令不同的是在同一程序段中只允许一个 M 指令存在。常用辅助功能 M 指令见表 4-6。

（1）程序停止 M00

M00 功能可将程序强制暂停，其常用于粗加工和精加工之间检测尺寸或数控铣床中手动换刀时的暂停。但是在暂停后主轴会继续转动，所以一般在执行该功能前应先执行 M05（主轴停转）功能以保证安全。再次按下循环启动键，可继续执行 M00 后面的程序。

表 4-6　FANUC 0i 系统常用辅助指令

| M 代码 | 功　能 | M 代码 | 功　能 |
|---|---|---|---|
| M00 | 程序停止 | M08 | 冷却液开 |
| M01 | 条件程序停止 | M09 | 冷却液关 |
| M02 | 程序结束（复位） | M18 | 主轴定向解除 |
| M03 | 主轴正转 | M19 | 主轴定向 |
| M04 | 主轴反转 | M29 | 刚性攻螺纹 |
| M05 | 主轴停止 | M30 | 程序结束并返回程序头 |
| M06 | 刀具交换 | M98 | 调用子程序 |
| M07 | 冷却液开 | M99 | 子程序结束返回 / 重复执行 |

M00 功能既可以编写在独立的程序段中，也可以和其他指令一起编写在程序段中，在其他完成后暂停才执行。

（2）选择性程序停止 M01

辅助功能 M01 可选择停止或者不停止，它是由操作面板上的“选择停止”按钮来控制的。它和 M00 功能类似，区别是 M01 可选择，而 M00 不能选择。当程序中有 M01 时，“选择停止”开关决定程序暂停或继续运行。

（3）程序结束 M02 和 M30

M02 和 M30 都是程序结束指令。这两个功能相似，但也有不同，M02 的功能是完成工件加工程序段的所有指令后，使主轴、进给和冷却液停止，常用于数控装置和机床复位。M30 指令除完成 M02 指令功能外，还包括将程序回到第一段，M02 则将程序结束在最后一段。

# 第五节　FANUC 0i 系统基本 G 指令

## 一、快速定位 G00

G00 指令就是使刀具以快速的速率移动到指定的位置，例如起刀点、换刀点或刀具的快速返回，使用 G00 指令时不能对工件进行加工。在 G00 指令下，刀具只是快速定位，其速度不受 F 值的控制，刀具的运动轨迹可以是直线也可以是非直线。

（1）指令格式：G00 X__Y__Z__；

X、Y、Z 是工件移动的终点坐标，刀具以绝对或增量值的指令方式快速移动到指定坐标点。

（2）G00 指令编程实例

起始点位置为 X-50，Y-75，终点位置为 X150，Y25，指令为 G00 X150. Y25.；将使刀具从起始点移动到终点，其刀具轨迹如图 4-10 所示。

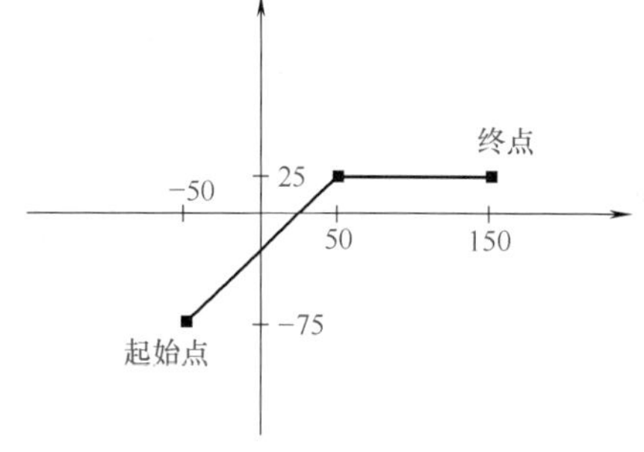


图 4-10　G00 快速定位

## 二、直线插补 G01

G01 指令是直线插补移动，它使刀具按 F 指令从当前位置移动到指定的位置，其移动轨迹是一条直线。G01 是模态指令，也是我们最常用的指令之一。

（1）指令格式：G01 X__Y__Z__F__；

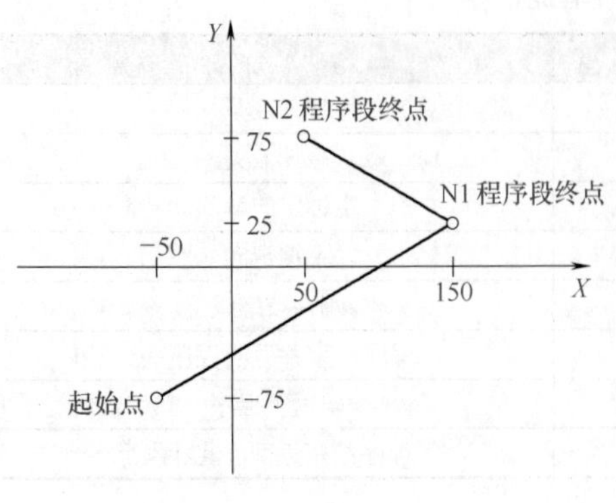

图 4-11　G01 直线插补

*X*、*Y*、*Z* 是工件移动的终点坐标，刀具以绝对或增量值的指令方式，由 *F* 指令指定进给速度移动到指定坐标点。

（2）G01 指令编程实例

设当前刀具所在坐标为 X−50. Y−75.，则如下程序段

N1　G01　X150. Y25. F100；

N2　X50. Y75.；

将使刀具从起始点移动到终点，其刀具轨迹如图 4-11 所示。由上面的程序可以看出，程序段 N2 中没有 G01 指令，因为 G01 指令为模态指令，所以 N1 程序段中 G01 指令在 N2 程序段中继续有效，同样地，指令 F100 在 N2 段也继续有效，即刀具沿两段直线的运动速度都是 100mm/min。

## 三、圆弧插补指令 G02、G03 与平面指定指令 G17、G18、G19

G02、G03 是圆弧插补指令，也是模态指令。G02 指令为在指定平面顺时针插补；G03 指令为在指定平面逆时针插补。在有圆弧插补指令的程序中，要用 G17、G18、G19 指令来确定圆弧插补所在的平面。顺时针、逆时针的转向从与指定平面相垂直的坐标轴的正向往负向观察。平面指定指令与圆弧插补指令的关系如图 4-12 所示。

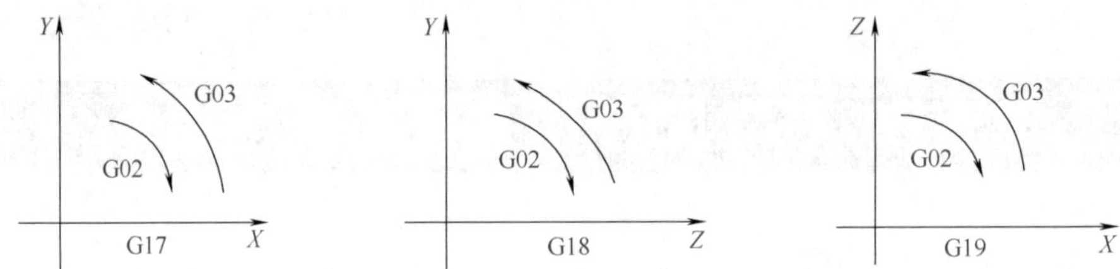

图 4-12　平面指定指令与圆弧插补指令的关系

（1）指令格式

圆心编程的方法有两种：一是终点坐标和圆弧半径确定圆心的坐标，即半径法；二是起点到圆心在各轴上的增量值（用 I、J、K 表示增量值）确定圆心坐标，即圆心法。

当 I、J、K 为零时可以省略不用写；在同一个程序段中，如果 I、J、K 与 R 同时出现，R 半径有效。当用 R 编程时，不能加工整圆，用圆心坐标 I、J、K 可以加工整圆。一般加工小于 180° 的圆弧时用 R 指令，其余用 I、J、K 指令编程。

① 在 *XY* 平面上的圆弧

$$\mathrm{G17}\begin{Bmatrix}\mathrm{G02}\\\mathrm{G03}\end{Bmatrix}\mathrm{X}\_\ \mathrm{Y}\_\begin{Bmatrix}\mathrm{R}\_\\\mathrm{I}\_\ \mathrm{J}\_\end{Bmatrix}\mathrm{F}\_$$

② 在 *XZ* 平面上的圆弧

$$\mathrm{G18}\begin{Bmatrix}\mathrm{G02}\\\mathrm{G03}\end{Bmatrix}\mathrm{X}\_\ \mathrm{Z}\_\begin{Bmatrix}\mathrm{R}\_\\\mathrm{I}\_\ \mathrm{K}\_\end{Bmatrix}\mathrm{F}\_$$

③ 在 *YZ* 平面上的圆弧

$$\mathrm{G19}\begin{Bmatrix}\mathrm{G02}\\ \mathrm{G03}\end{Bmatrix}\mathrm{Y}\_\ \mathrm{Z}\_\begin{Bmatrix}\mathrm{R}\_\\ \mathrm{J}\_\ \mathrm{K}\_\end{Bmatrix}\mathrm{F}\_$$

上面各项说明参见表 4-7。

表 4-7 平面指定与圆弧插补

| 指令内容 | | 指 令 | 意 义 |
|---|---|---|---|
| 平面指定 | | G17 | 指定 *XY* 平面（机床默认的指令，可以省略不写） |
| | | G18 | 指定 *XZ* 平面 |
| | | G19 | 指定 *YZ* 平面 |
| 旋转方向 | | G02 | 顺时针方向旋转 |
| | | G03 | 逆时针方向旋转 |
| 终点位置 | G90 模态 | *X*、*Y*、*Z* 中的两个值 | 当前工件坐标系的终点位置的坐标值 |
| | G91 模态 | *X*、*Y*、*Z* 中的两个值 | 终点相对于起始点的坐标增量（起点到终点的距离） |
| 圆弧的圆心坐标 | | *I*、*J*、*K* 中的两个值 | 圆心相对于圆弧起始点的坐标增量（起点到圆心的距离） |
| 圆弧半径 | | *R* | 圆弧半径。0°＜圆心角＜180°时取正；180°≤圆心角＜360°时取负 |
| 进给速度 | | *F* | 沿圆弧移动的速度 |

（2）圆心法编程

圆心法是圆弧的终点由地址 *X*、*Y*、*Z* 来决定的。在 G90 模态，地址 *X*、*Y*、*Z* 给出了圆弧终点在当前坐标系中的坐标值；在 G91 模态，地址 *X*、*Y*、*Z* 给出的则是在各坐标轴方向上当前刀具所在点到终点的距离。

用 I、J、K 的圆弧插补时，因为它是对应坐标轴上的增量值，所以其分为正值和负值，当增量的方向与坐标轴的方向相同时取正值，相反则取负值，它与 G90、G91 指令无关，如图 4-13 所示。

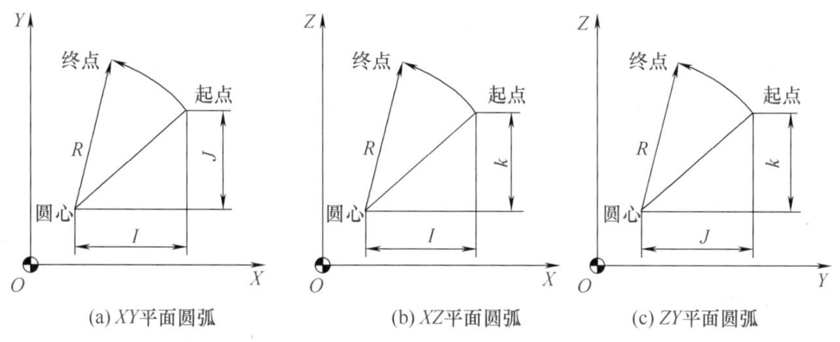

(a) *XY*平面圆弧　(b) *XZ*平面圆弧　(c) *ZY*平面圆弧

图 4-13 圆心法编程示意

（3）半径法编程

半径编程是用圆弧半径 *R* 代替圆心编程中的 *I*、*J*、*K*，以起点及终点和圆弧半径来表示一圆弧。此时应注意，在使用同一半径 *R* 的情况下，从起点 *A* 到终点 *B* 的圆弧可能有两个，如图 4-14 所示中的圆弧 *a* 与圆弧 *b*，编程时它们的起始点及半径都一样，但圆心不同。为区分二者，规定圆弧所对应的圆心角≤ 180°时（圆弧段 *a*），*R* 为正值，圆心角＞ 180°时（圆弧段 *b*）*R* 为负值。程序如下：

圆心角＞180°之圆弧（即路径 *b*）：G90 G03 X0. Y30. R−30. F80；

圆心角≤180°）之圆弧（即路径 *a*）：G90 G03 X0. Y30. R−30. F80；

现以图 4-15 为例，说明 G02、G03 指令的用法。

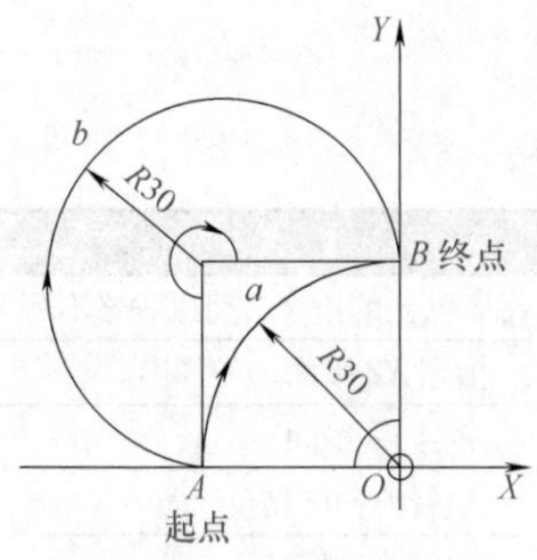


图 4-14　半径编程

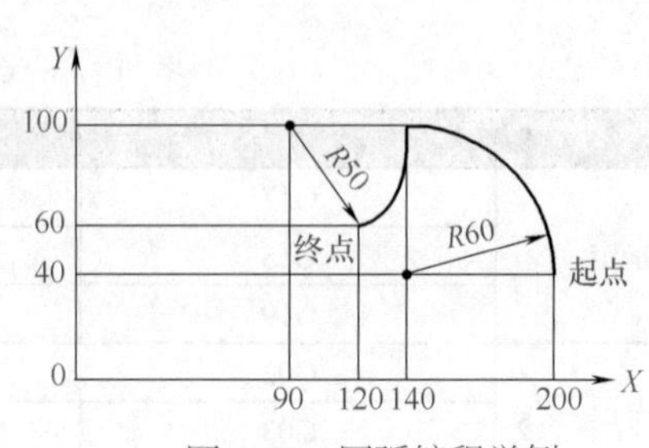


图 4-15　圆弧编程举例

① 绝对坐标编程

| 圆心法 | 半径法 |
|---|---|
| G01 X200. Y40. Z0 F200； | G01 X200. Y40. Z0 F200； |
| G90 G03 X140. Y100. I−60. F300； | G90 G03 X140. Y100. R60. F300； |
| G02 X120. Y60. I−50.； | G02 X120.0 Y60. RS0.； |

② 增量坐标编程

| 圆心法 | 半径法 |
|---|---|
| G01 X200. Y40. Z200； | G01 X200. Y40. Z0 F200； |
| G91 G3 X−60. Y60. I−60. F300； | G91 G3 X−60. Y60. R60. F300； |
| G02 X−20. Y−40. I−50.； | G02 X−20. Y−40. RS0.； |

（4）整圆编程方法

加工整圆时只能使用圆心编程法。如图 4-16 所示，整圆的指令写法如下：

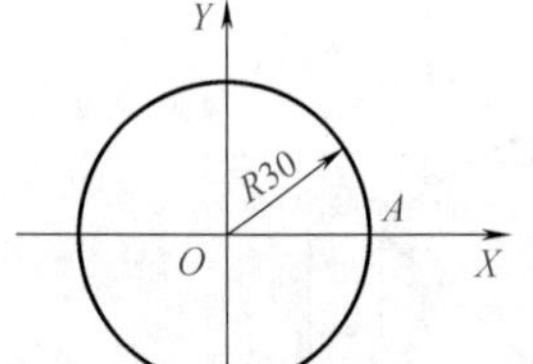


图 4-16　整圆的铣削

G1 X30.Y0；G02 I−30.；

使用圆弧切削指令时应注意以下几点：

① 一般机床开机后，默认设定为 G17（*XY* 平面），故在 *XY* 平面上铣削圆弧时，可省略 G17 指令。

② 当一单节中同时出现 *I*、*J* 和 *R* 时，以 *R* 为优先（即有效），*I*、*J* 无效。

③ *I*0、*J*0 或 *K*0 时，可省略不写。

④ 省略 *X*、*Y*、*Z* 终点坐标时，表示起点和终点为同一点，是切削全圆，如图 4-16 所示。若用半径法则刀具无运动产生。

⑤ 当终点坐标与指定的半径值非交于同一点时，会显示警示信息。

⑥ 直线切削后面接圆弧切削，其 G 指令必须转换为 G02 或 G03，若再进行直线切削时，则必须再转换为 G01 指令，这些是很容易被疏忽的。

⑦ 使用切削指令（G01，G02，G03）须先指定主轴转动，且须指定进给速率 *F*。

## 四、暂停指令 G04

使刀具做短时间无进给加工或机床空运转，从而使加工表面粗糙度降低。因此 G04 指令一般用于镗平面、锪孔等加工的光整加工。

指令格式：G04 X__；或 G04 P__；

地址 P 或 X 给定暂停的时间，地址 X 后可用小数点编程，如 X2.0 表示暂停时间为 2s，而 X2 则表示暂停时间为 2ms；地址 P 不允许带小数点，单位为 ms，如 P2000 表示暂停 2s。

## 五、英制、公制单位指令 G20、G21

G20、G21 是两个互相取代的 G 指令，G20 设定程序以英寸为单位，G21 设定程序以毫米为单位。一般机床出厂时，将公制输入 G21 设定为参数缺省状态。用公制输入程序时，可不再指定 G21；但用英制输入程序时，在程序开始时必须指定 G20（在坐标系统设定前）。在一个程序中也可以公制、英制输入混合使用，在 G20 以下、G21 未出现前的各程序段为英制输入；在 G21 以下、G20 未出现前的各程序段为公制输入。G21、G20 具有停电后的续效性，为避免出现意外，在使用 G20 英制输入后，在程序结束前务必加一个 G21 的指令，以便恢复机床的缺省状态。

## 六、参考点相关指令 G27、G28、G29、G30

① 参考点返回检查 G27

G27 指令可使被指令轴以快速定位进给速度运动到 IP 指定的位置，检查该位置是否为参考点，如果是参考点，系统会发出完成的信号（指示灯被点亮）；如果不是参考点，系统会报警，并终止程序的运行。

指令格式：G27 IP__；

在刀具补偿的方式下，刀具补偿对 G27 指令有效，所以在执行 G27 指令以前应该取消刀具补偿（半径补偿和长度补偿）。

② 自动返回参考点 G28

G28 指令使指令轴以快速定位进给速度经由 IP 指定的中间点返回机床参考点，中间点的指定可以是绝对值方式也可以是增量值方式，这要看当前的模态是绝对值还是增量值。

指令格式：

G28 IP__；

G28 指令一般用于在整个加工程序结束后使工件移出加工区，以便卸下加工过的零件和装夹待加工的零件。

③ 参考点自动返回 G29

G29 指令可使被指令轴以快速定位进给速度从参考点经由中间点运动到指令位置，中间点的位置由以前的 G28 或 G30 指令确定。

指令格式：

G29 IP__；

一般在增量值方式下，指令值为中间点到终点的距离。

（4）返回第二参考点 G30

G30 指令与 G28 指令的功能很相似，不同点就是 G28 使指令轴返回机床参考点，而 G30 使指令轴返回第二参考点。

指令格式：G30 IP__；

第二参考点是机床的固定点，它和机床参考点之间的距离是由参数设定的。G30 指令主要用于在机床中刀具交换，因为机床的 $Z$ 轴换刀点为 $Z$ 轴的第二参考点，所以在交换刀具之前必须先执行 G30 指令。

## 七、刀具半径补偿 G40、G41、G42

由于程序所控制的刀具刀位点的轨迹和实际刀具刃口切削出的形状在尺寸大小上存在刀

具半径的差别，在加工中会产生误差，所以在实际加工中应通过刀具补偿指令使机床自动调整各个坐标轴的移动量，完成切削过程。

指令格式：$\left\{\begin{matrix} G40 \\ G41 \\ G42 \end{matrix}\right\}$X__Y__Z__D__F__；

刀补号地址 D 后跟的数值是刀具号，它用来调用内存中刀具半径补偿的数值。在进行刀具半径补偿前，必须用 G17 或 G18、G19 指定补偿是在哪个平面上进行。同时必须与指定平面中的轴相对应。

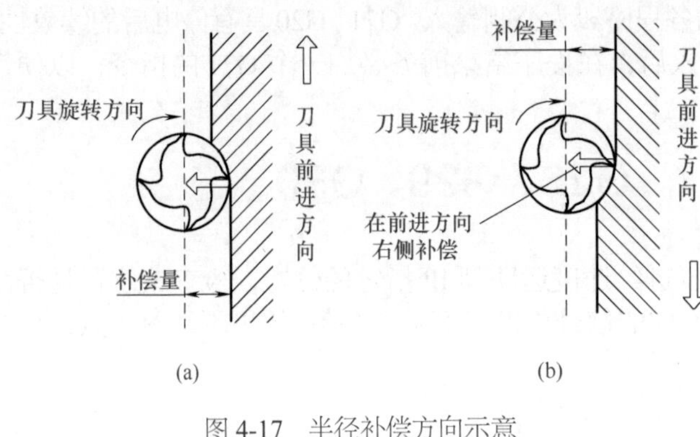


图 4-17　半径补偿方向示意

G40 是取消刀具半径补偿功能。

G41 是在相对于刀具前进方向左侧进行补偿，称为左刀补，如图 4-17（a）所示

G42 是在相对于刀具前进方向右侧进行补偿，称为右刀补，如图 4-17（b）所示。

G40、G41、G42 都是模态指令，可相互注销。

## 八、刀具长度补偿指令 G43、G44、G49

在加工中心加工工件时，由于工件工序多，需要的刀具不止一把，每一把刀具的长度又不相同，在同一程序中不同刀具的刀位点在 Z 方向的位置也不相同。所以在实际加工中要用刀具长度补偿指令使不同刀具的刀位点在 Z 方向的位置相同，以便对工件进行加工。当刀具磨损后可通过刀具长度补偿指令来补偿刀具磨损的变化量，如图 4-18 所示。

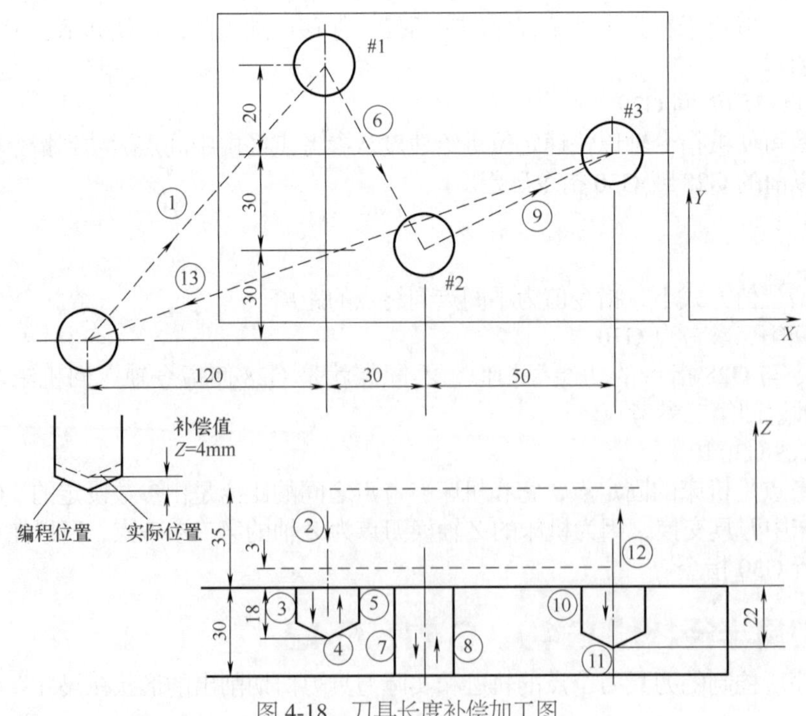


图 4-18　刀具长度补偿加工图

指令格式：$\begin{Bmatrix} \text{G43} \\ \text{G44} \end{Bmatrix}$Z__H__；

用 G43、G44 指令指定偏置的方向。G43 是正偏置，G44 是负偏置。H 指令设定在偏置存储器中的偏置量。不管是 G90 绝对指令还是 G91 增量指令，由 H 代码指定的已存入补偿存储器中的补偿值在 G43 时加上，在 G44 时则是从 *a* 轴运动指令的终点坐标值中减去成为终点。

补偿号可用 H00 ～ H99 来指定。偏置值与偏置号对应，可通过 MDI/CRT 先设置在偏置存储器中。对应的补偿号 00 即 H00 的补偿值通常为 0，所以对应于 H00 的补偿量不设定。需要取消刀具长度补偿时用指令 G49 或 H00。G43、G44、G49 都是模态代码，可相互注销。

## 九、绝对坐标 G90 与相对坐标 G91

绝对坐标 G90 指令是按绝对值方式设定坐标，即移动指令终点的坐标值 *X*、*Y*、*Z* 都是以坐标系的坐标原点为基准来计算。相对坐标 G91 指令是按增量值方式设定坐标，即移动指令终点的坐标值 *X*、*Y*、*Z* 都是以当前点为基准来计算的，当前点到终点的方向与坐标轴同向取正、反向取负。

指令格式：G90 X__Y__Z__；  G91 X__ Y__ Z__；

# 第六节　简化编程

在编程过程中，会有一些图形经过镜像、缩放、旋转等转变成的，我们要是根据转变后的加工轨迹编程，就需要大量的计算。所以为了降低编程难度就需要按转变前的编程，简化编程的难度。在 FANUC 0i 系统中有极坐标指令、缩放功能指令、镜像功能指令和坐标系旋转指令等可用来简化编写程序。

## 一、极坐标指令 G15、G16

终点的坐标值可以用极坐标（半径和角度）输入。角度的正向是所选平面的第一轴正向的逆时针转向，而负向是沿顺时针转动的转向。半径和角度两者可以用绝对值指令或增量值指令（G90、G91）。

指令格式：G16 极坐标生效指令

G15 极坐标取消指令

设定工件坐标系零点作为极坐标系的原点，即可以用绝对值编程指令指定半径，也可用增量值编程指令指定半径。在极坐标方式中，对于圆弧插补或螺旋线切削（G02、G03）用 *R* 指定半径，不能指定任意角度倒角和拐角圆弧过渡。

编程实例：如图 4-19 所示图形和尺寸，编写极坐标功能程序，见表 4-8。

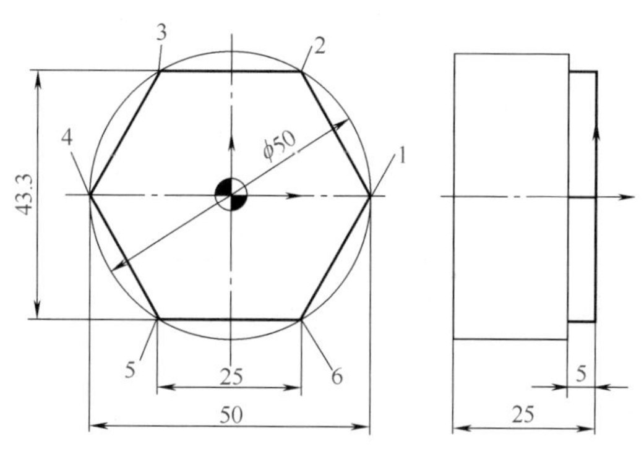


图 4-19　极坐标功能

表 4-8　极坐标功能程序的编写

| 程　序 | 注　释 |
|---|---|
| O0001 | 程序名 |
| N10 G54 G90 G4 0G17 G15 G0 Z100 | 程序初始化 |
| N20 G0 X35 Y0 Z100 | 快速定位 |
| N30 Z10 | 刀具下降到 Z10 位置 |
| N40 M03 S500 | 主轴正传 |
| N50 G01 Z−5 F30 | 刀具下降到切削位置 |
| N60 G42 G01 X25 Y0 D1 F60 | 刀具建立半径补偿 |
| N70 G16 | 极坐标生效 |
| N80 Y60 | 加工 1—2 |
| N90 Y120 | 加工 2—3 |
| N100 Y180 | 加工 3—4 |
| N110 Y240 | 加工 4—5 |
| N120 Y300 | 加工 5—6 |
| N130 G15 | 极坐标取消 |
| N140 G40 G01 X35 YO | 取消刀具半径补偿 |
| N150 G00 Z100 | 快速升至 Z100 位置 |
| N160 M05 | 主轴停转 |
| N170 M30 | 程序停止并返回开始 |

## 二、缩放功能指令 G50、G51

指令格式：

① G51 X__Y__Z__P__；

② G51 I__ J__ K__ P__；

③ G51 X__ Y__ Z__ I__ J__ K__；

G50；取消比例缩放

G51 表示比例缩放开，G50 表示比例缩放关。G51 中的 $X$、$Y$、$Z$ 给出缩放中心的坐标值，P 后跟缩放倍数。$I$、$J$、$K$ 表示选择要进行比例缩放的坐标轴。G51 既可指定平面缩放，也可指定空间缩放。在 G51 后，运动指令的坐标值以（$X$，$Y$，$Z$）为缩放中心，按 P 规定的缩放比例进行计算。使用 G51 指令可用一个程序加工出形状相同、尺寸不同的工件。G51、G50 为模态指令，可相互注销，G50 为缺省值。有刀补时，先缩放，然后进行刀具长度补偿、半径补偿。

例如在图 4-20 所示中的三角形 $ABC$ 中，顶点为 $A$(30，40)，$B$(70，40)，$C$(50，80)，若缩放中心为 $D$(50，50)，则缩放程序为：

G51 X50 Y50 P2；

在执行该程序后，系统将自动计算 $A$、$B$、$C$ 三点坐标数据为 $A$(10，30)，$B$(90，30)，$C$(50，110)，获得放大一倍的三角形 $A'B'C'$。

## 三、镜像功能指令 G50.1、G51.1

镜像功能是将数控加工的刀具轨迹沿坐标做镜像转换，形成加工坐标轴对称工件的走刀轨迹。

指令格式：

G51.1 X__Y__；

G50.1 X__Y__；

G51.1 指令是建立镜像，由指令坐标轴后的坐标值指定镜像位置（对称轴、线、点），G50.1 指令用于取消镜像。G51.1、G50.1 为模态指令，可相互注销。有刀补时，先镜像，然后进行刀具长度补偿、半径补偿，如图 4-21 所示。

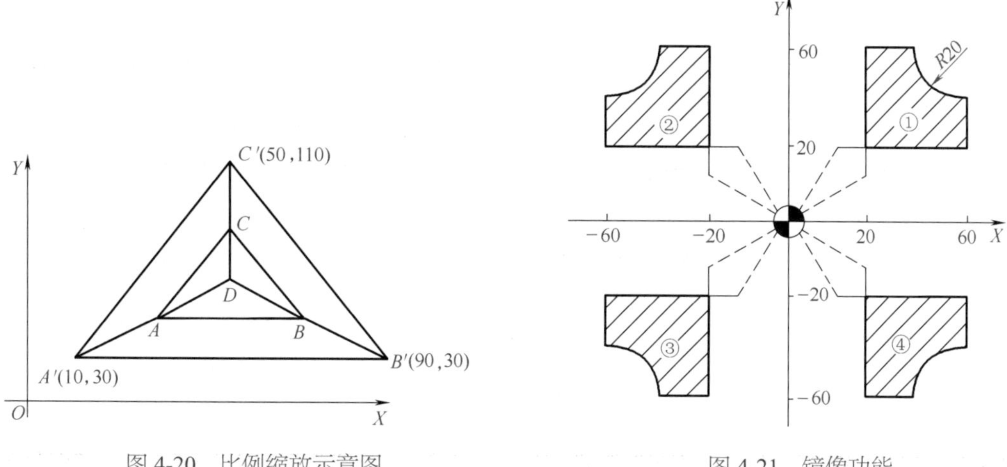


图 4-20　比例缩放示意图　　图 4-21　镜像功能

编程实例：如图 4-21 所示图形和尺寸，编写镜像功能程序，见表 4-9。

表 4-9　镜像功能程序的编写

| 程　序 | 注　释 |
|---|---|
| O0003 | 主程序号 |
| N10 G90 G54 G17 G00 X0 Y0 Z10 | 快速定位 |
| N20 M03 S800 | 主轴正传 |
| N30 M98 P0004 | 调用 0004 号子程序加工① |
| N40 G51.1 X0 | *X* 轴镜像开 |
| N50 M98 P0004 | 调用 0004 号子程序加工② |
| N60 G50.1 X0 | *X* 轴镜像取消 |
| N70 G51.1 X0 Y0 | *X*、*Y* 轴镜像开，位置为（0，0） |
| N80 M98 P0004 | 调用 0004 号子程序加工③ |
| N90 G50.1 X0 Y0 | *X*、*Y* 轴镜像取消 |
| N100 G51.1 Y0 | *Y* 轴镜像开 |
| N110 M98 P0004 | 调用 0004 号子程序加工④ |
| N120 G50.1 Y0 | *Y* 轴镜像取消 |
| N130 M05 | 主轴停转 |
| N140 M30 | 程序停止并返回开始 |
| O0004 | 子程序名 |
| N10 G01 Z−5 F50 | 刀具下降到 *Z* 向加工点 |
| N20 G00 G41 X20 Y10 D01 | 建立刀具半径补偿 |
| N30 G01 Y60 | 加工到 *Y*60 |
| N40 X40 | 加工到 *X*40 |
| N50 G03 X60 Y40 R20 | 铣 *R*20 圆弧 |
| N60 Y20 | 加工到 *Y*20 |
| N70 X10 | 加工到 *X*10 |
| N80 G00 X0 Y0 | 快速移动到坐标零点 |
| N90 Z10 | 刀具抬升至 *Z*10 位置 |
| N10 M99 | 子程序结束 |

用该指令编程时可使编程的图形按指定的旋转中心和旋转方向旋转指定的角度。

## 四、坐标系旋转指令 G68、G69

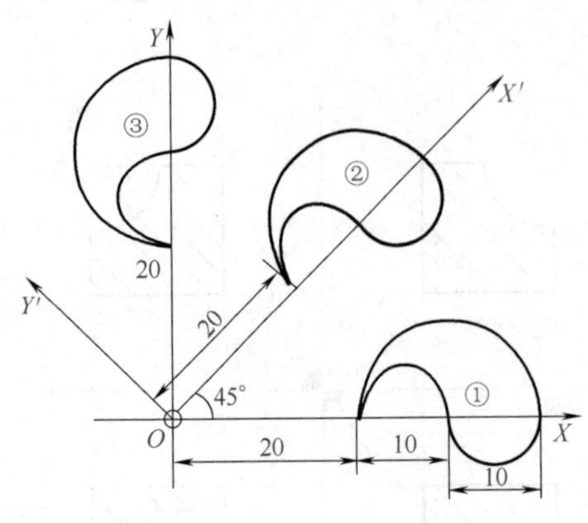

图 4-22　坐标系旋转

指令格式：G68 X__Y__Z__P__;

G69；取消坐标系旋转

G68 为坐标旋转功能，G69 为取消坐标旋转功能。其中 $X$、$Y$、$Z$ 是由 G17、G18 或 G19 定义的旋转中心的坐标值，$P$ 为旋转角度，单位是“度”，$0° \leqslant P \leqslant 360°$ 在有刀具补偿的情况下，先进行坐标旋转，然后才进行刀具半径补偿、刀具长度补偿。在有缩放功能的情况下，先缩放后旋转，如图 4-22 所示。

编程实例：如图 4-22 所示图形和尺寸，编写旋转变换功能程序，见表 4-10。

表 4-10　旋转变换功能程序的编写

| 程　序 | 注　释 |
|---|---|
| O0001 | 主程序名 |
| N10 G90 G17 M03 S1000 | 程序初始化，主轴正传 |
| N20 M98 P0002 | 调用 0002 号子程序加工① |
| N30 G68 X0 Y0 P45 | 坐标旋转 45° |
| N40 M98 P0002 | 调用 0002 号子程序加工② |
| N60 G68 X0 Y0 P90 | 坐标旋转 90° |
| N70 M98 P0002 | 调用 0002 号子程序加工③ |
| N80 G69 M05 M30 | 取消旋转，主轴停转，程序停止并返回开始 |
| O0002 | 子程序名 |
| N10 G90 G01 X20 Y0 F100 | 刀具定位 |
| N20 G02 X30 Y0 I5 | 铣 $R$10 圆弧 |
| N30 G03 X40 Y0 I5 | 铣 $R$10 圆弧 |
| N40 X20 Y0 I10 | 铣 $R$20 圆弧 |
| N50 G00 X0 Y0 | 快速回到零点 |
| N60 M99 | 子程序结束 |

# 第七节　固定循环指令

在数控加工中钻孔、镗孔、攻螺纹、深孔钻削等加工时，通常需要快速定位来接近工件，进给速度加工孔和完成后的快速返回参考点等固定动作。在使用固定循环加工孔时可以用一个程序来完成孔加工的所有动作。

表 4-11 列出了所有的孔加工固定循环指令。

表 4-11 固定循环指令

| G 代码 | 加工运动（Z 轴负向） | 孔底动作 | 返回动作（Z 轴正向） | 用途 |
|---|---|---|---|---|
| G73 | 间歇进给 | — | 快速定位进给 | 高速深孔钻削循环 |
| G74 | 切削进给 | 暂停、主轴正转 | 切削进给 | 攻左螺纹循环 |
| G76 | 切削进给 | 主轴定向，让刀 | 快速定位进给 | 精镗循环 |
| G80 | — | — | — | 取消固定循环 |
| G81 | 切削进给 | — | 快速定位进给 | 普通钻削循环 |
| G82 | 切削进给 | 暂停 | 快速定位进给 | 钻削或粗镗削 |
| G83 | 间歇进给 | — | 快速定位进给 | 深孔钻削循环 |
| G84 | 切削进给 | 暂停、主轴反转 | 切削进给 | 攻右螺纹循环 |
| G85 | 切削进给 | — | 切削进给 | 镗削循环 |
| G86 | 切削进给 | 主轴停 | 快速定位进给 | 镗削循环 |
| G87 | 切削进给 | 主轴正转 | 快速定位进给 | 反镗削循环 |
| G88 | 切削进给 | 暂停、主轴停 | 手动 | 镗削循环 |
| G89 | 切削进给 | 暂停 | 切削进给 | 镗削循环 |

一般情况下，孔加工的固定循环完成有以下 6 个步骤如图 4-23 所示。

① 快速定位 *X*、*Y* 轴。

② 沿 *Z* 轴快速定位到 *R* 点。

③ 孔切削加工。

④ 孔底动作（如暂停、主轴反转、主轴停等）。

⑤ *Z* 轴返回到 *R* 点。

⑥ *Z* 轴快速返回到初始点。

初始点
①定位
②Z轴快速定位到R点
⑥Z轴快速返回初始点
R
③孔加工
⑤Z轴返回R点
④孔底动作

图 4-23 固定循环动作顺序

## 一、指令格式

G90/G91 G98/G99 G__X__Y__Z__R__P__Q__F__K__;

指令说明如下。

① G90/G91 表示绝对坐标编程和增量坐标编程，如图 4-24 所示。

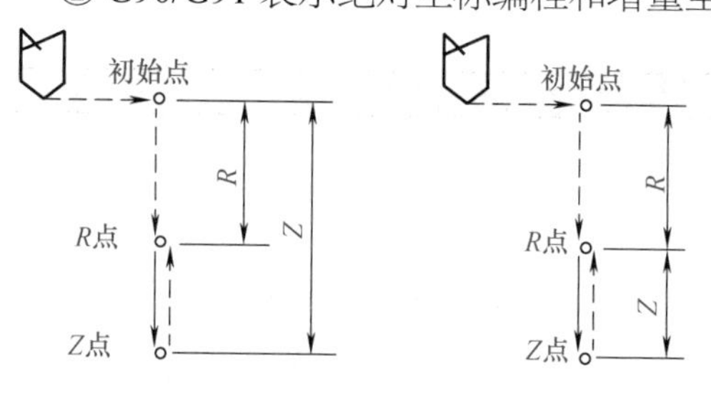


(a) G90(绝对值指令)　(b) G91(增量值指令)

图 4-24 G90 和 G91 两种方式

② G98 模态下，孔加工完成后 *Z* 轴返回初始平面；在 G99 模式下则返回 *R* 平面。如果被加工的孔在一个平整的平面上，我们可以使用 G99 指令，因为 G99 模式下返回 *R* 点进行下一个孔的定位，而一般编程中 *R* 点非常靠近工件表面，这样可以缩短零件加工时间，但如果工件表面有高于被加工孔的凸台或筋时，使用 G99 模式时非常有可能使刀具和工件发生碰撞，这时为了保证安全，应该使用 G98 模式，使 *Z* 轴返回初始点后再进行下一个孔的定位，如图 4-25 所示。

③ G73 ～ G89 表示孔加工方式，G73/G74/G76/G81 ～ G89 都是模态指令，在被取消前一直保持有效，如钻孔加工、高速深孔钻加工、镗孔加工等。

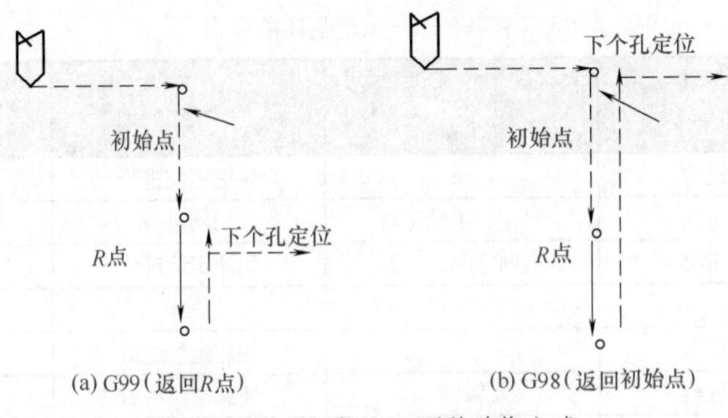


图 4-25　G98 和 G99 两种动作方式

④ X__Y__表示孔的位置坐标。

⑤ Z__表示孔底深度。

⑥ R__表示安全面（*R* 面）的坐标。增量方式时，为起始点到 *R* 面的增量距离；在绝对方式时，为 *R* 面的绝对坐标。

⑦ Q__表示每次切削深度。

⑧ P__表示孔底的暂停时间。

⑨ F__表示切削进给速度。

⑩ K__表示固定循环的重复次数，仅在指定的程序段内有效。

## 二、常用固定循环指令

由 G×× 指定的孔加工方式是模态的，在没有改变当前的孔加工方式模态或取消固定循环前，孔加工模态会一直保持下去。使用 G80 或 01 组的 G 指令可以取消固定循环模式。孔加工参数也是模态的，在被改变或固定循环取消之前也会一直保持有效。即使孔加工模态被改变，我们可以在指令一个固定循环时或执行固定循环中的任何时候指定或改变任何一个孔加工参数。重复次数 *K* 不是一个模态的值，它只在需要重复的时候给出。进给速率 *F* 是一个模态的值，即使固定循环取消后它仍然会保持有效。

如果正在执行固定循环的过程中数控系统被复位，则孔加工模态、孔加工参数及重复次数 *K* 均被取消。

如表 4-12 的例子让读者更好地理解以上所讲的内容。

表 4-12　程序解释

| 序号 | 程序内容 | 注　释 |
|---|---|---|
| 1 | S__M03; | 指定转速，并命令主轴正向旋转 |
| 2 | G81X__Y__Z__R__F__K__; | 快速定位到 *X*、*Y* 坐标指定点，以 *Z*、*R*、*F* 给定的孔加工参数，使用 G81 给定的孔加工方式进行加工，并重复 *K* 次，在固定循环执行的开始，*Z*、*R*、*F* 是必要的孔加工参数 |
| 3 | Y__; | *X* 轴不动，*Y* 轴快速定位到指令点进行孔的加工，孔加工参数及孔加工方式保持序号 2 中的模态值。序号 2 中的 *K* 值在此不起作用 |
| 4 | G82X__P__K__; | 孔加工方式被改变，孔加工参数 *Z*、*R*、*F* 保持模态值，给定孔加工参数 *P* 的值，并指定重复 *K* 次 |
| 5 | G80X__Y__; | 固定循环被取消，除 *F* 以外的所有孔加工参数被取消 |
| 6 | G85X__Y__Z__R__P__; | 由于执行序号 5 时固定循环已被取消，所以必要的孔加工参数除 *F* 之外必须重新给定，即使这些参数和原值相比没有变化 |
| 7 | X__Z__; | *X* 轴定位到指令点进行孔的加工，孔加工参数 *Z* 在此程序段中被改变 |
| 8 | G89X__Y__; | 定位到 *X*、*Y* 指令点进行孔加工，孔加工方式被改变为 G98。*R*、*P* 由序号 6 指定，*Z* 由序号 7 指定 |
| 9 | G01X__Y__; | 固定循环模态被取消，除 *F* 外所有的孔加工参数都被取消 |

当加工在同一条直线上的等分孔时，可以在 G91 模态下使用 *K* 参数，*K* 的最大值可取到 9999。

如：G91 G81 X__ Y__ Z__ R__ F__ K5；

## 三、钻孔循环指令

### 1. 钻孔（点钻）循环指令 G81

指令格式：

G81 X__ Y__ Z__ R__F__；

① X__Y__表示孔的位置坐标；

② Z__表示孔底深度；

③ R__表示安全平面高度；

④ F__表示进给速度。

G81 是最简单的固定循环，它的执行过程为：*X*、*Y* 定位，*Z* 轴快进到 *R* 点，以 *F* 速度进给到 *Z* 点，快速返回初始点（G98）或 *R* 点（G99），孔底没有动作，如图 4-26 所示。

### 2. 钻孔循环，粗镗孔循环指令 G82

指令格式：

G82 X__ Y__ Z__ R__P__F__；

① X__Y__表示孔的位置坐标；

② Z__表示孔底深度；

③ R__表示安全平面高度；

④ P__表示在孔底停留时间，单位是 ms；

⑤ F__表示进给速度。

G82 固定循环在孔底有一个暂停的动作，除此之外和 G81 完全相同。孔底的暂停可以提高孔深的精度。如图 4-27 所示为 G82 固定循环加工示意图。

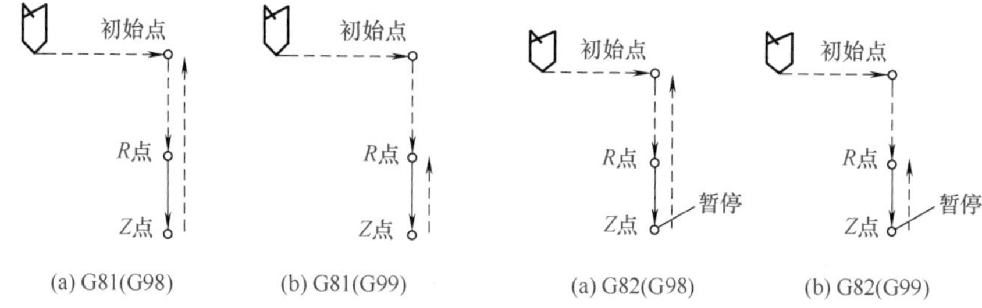


图 4-26　G81 固定循环加工示意图

图 4-27　G82 固定循环加工示意图

### 3. 高速深孔钻削循环指令 G73

指令格式：

G73 X__ Y__ Z__ R__Q__F__K__；

① X__Y__表示孔的位置坐标；

② Z__表示孔底深度；

③ R__表示安全平面高度；

④ Q__表示每次进给深度，必须用增量值指定，且必须是正值；

⑤ F__表示进给速度；

⑥ K__表示固定循环的重复次数。

此指令动作示意如图 4-28 所示。在高速深孔钻削循环中，从 $R$ 点到 $Z$ 点的进给是分段完成的，每段切削进给完成后 $Z$ 轴向上抬起一段距离，然后再进行下一段的切削进给，$Z$ 轴每次向上抬起的距离为 $d$，由参数给定，每次进给的深度由孔加工参数 $Q$ 给定。该固定循环主要用于又深又小的孔加工，每段切削进给完成后 $Z$ 轴抬起的动作起到了断屑、排屑、冷却等作用。

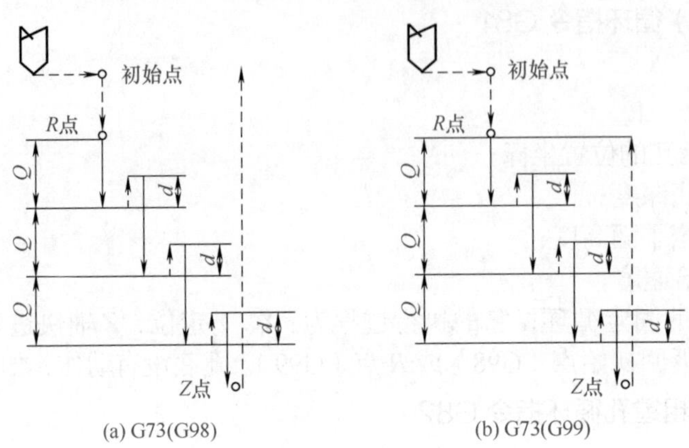


图 4-28　G73 固定循环加工示意图

### 4. 深孔钻削循环指令 G83

指令格式：

G83 X__ Y__ Z__ R__Q__F__；

① X__ Y__表示孔的位置坐标；

② Z__表示孔底深度；

③ R__表示安全平面高度；

④ Q__表示每次进给深度，必须用增量值指定，且必须是正值；

⑤ F__表示进给速度。

G83 和 G73 指令相似，在其指令下从 $R$ 点到 $Z$ 点的进给也是由分段完成的，和 G73 指令不同的是，每段进给完成后，$Z$ 轴返回的是 $R$ 点，然后再以快速进给速率运动到距离下一段进给起点上方 $d$ 的位置开始下一段进给运动。每段进给的距离由孔加工参数 $Q$ 给定，$Q$ 始终为正值，$d$ 的值由机床参数给定。如图 4-29 所示。

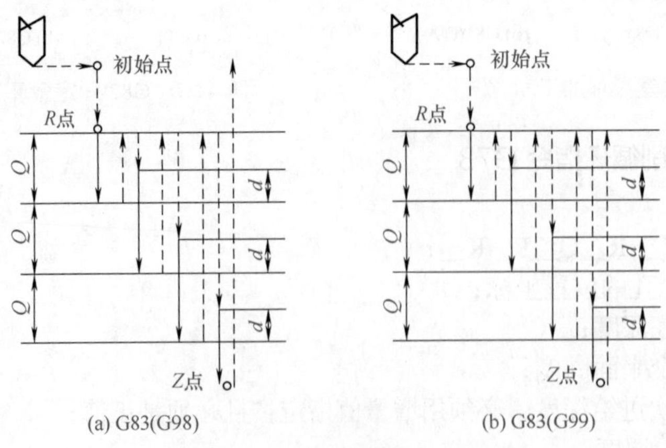


图 4-29　G83 固定循环加工示意

# 四、镗孔固定循环指令

## 1. 粗镗孔循环指令 G85

指令格式：

G85 X__ Y__ Z__ R__F__；

① X__ Y__表示孔的位置坐标；

② Z__表示孔底深度；

③ R__表示安全平面高度；

④ F__表示进给速度。

G85 固定循环很简单，其加工动作过程与 G81 相同。执行过程如下：*X*、*Y* 定位，*Z* 轴快速到 *R* 点，以 *F* 给定的速度进给到 *Z* 点，以 *F* 给定速度返回 *R* 点。如果是在 G98 模式下，返回 *R* 点后再快速返回初始点。如图 4-30 所示。

## 2. 粗镗孔循环指令 G86

指令格式：

G86 X__ Y__ Z__ R__P__F__；

① X__ Y__表示孔的位置坐标；

② Z__表示孔底深度；

③ R__表示安全平面高度；

④ P__表示在孔底停留时间，单位是 ms；

⑤ F__表示进给速度。

该固定循环的执行过程和 G81 类似，不同的地方是在 G86 中刀具进给到孔底时使主轴停止，快速返回到 *R* 点或初始点时再使主轴以原方向、原转速旋转。由于此指令在退刀前没有让刀，回刀是会把工件的表面划伤，所以 G86 一般用于粗镗或表面粗糙度要求不高的镗孔加工。如图 4-31 所示。

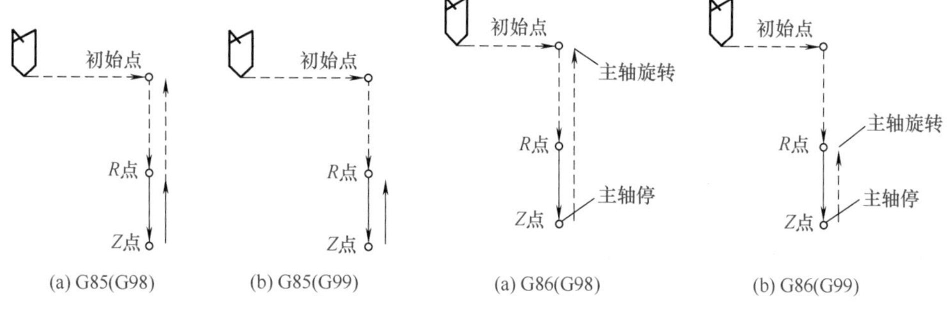


图 4-30 G85 粗镗孔循环加工示意

图 4-31 G86 粗镗孔循环加工示意

## 3. 粗镗孔循环指令 G88

指令格式：

G88 X__ Y__ Z__ R__P__F__；

① X__ Y__表示孔的位置坐标；

② Z__表示孔底深度；

③ R__表示安全平面高度；

④ P__表示在孔底停留时间，单位是 ms；

⑤ F__表示进给速度。

执行该指令时，刀具先以进给的速度加工到孔底，在孔底暂停后主轴停止转动，然后转变为手动状态（G88 是带有手动返回功能的用于镗削的固定循环），这样就可以用手动的方式安全退出刀具。如图 4-32 所示。

### 4. 粗镗孔循环指令 G89

指令格式：

G89 X__ Y__ Z__ R__P__F__;

① X__ Y__表示孔的位置坐标；

② Z__表示孔底深度；

③ R__表示安全平面高度；

④ P__表示在孔底停留时间，单位是 ms；

⑤ F__表示进给速度。

该指令与 G85 指令的加工动作类似，就是在 G85 指令加工动作上增加了孔底的暂停。如图 4-33 所示。

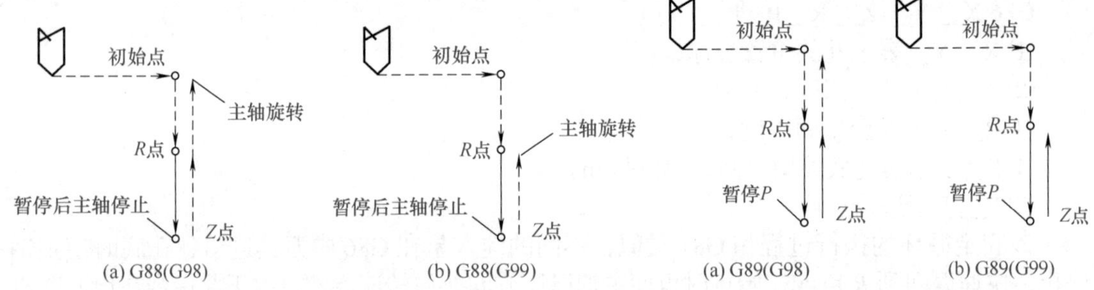


图 4-32　G88 粗镗孔循环加工示意

图 4-33　G89 粗镗孔循环加工示意

### 5. 精镗孔循环指令 G76

指令格式：

G76 X__ Y__ Z__ R__Q__P__F__;

① X__ Y__表示孔的位置坐标；

② Z__表示孔底深度；

③ R__表示安全平面高度；

④ Q__表示孔底的偏移量；

⑤ P__表示在孔底停留时间，单位是 ms；

⑥ F__表示进给速度。

执行该指令时，刀具先以进给的速度加工到孔底，在孔底暂停后主轴停止转动，然后刀具沿径向偏移量 $Q$ 给定的尺寸（图 4-34）使刀尖离开工件表面，最后把刀具升至安全点。所以 G76 指令主要用于精镗孔加工。如图 4-35 所示。

### 6. 反镗孔循环指令 G87

指令格式：

G87 X__ Y__ Z__ R__Q__F__;

① X__Y__表示孔的位置坐标；

② Z__表示孔底深度；

③ R__表示安全平面高度；

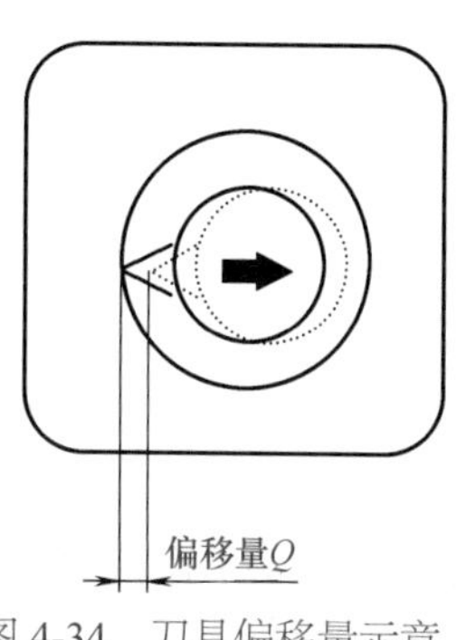


图 4-34　刀具偏移量示意

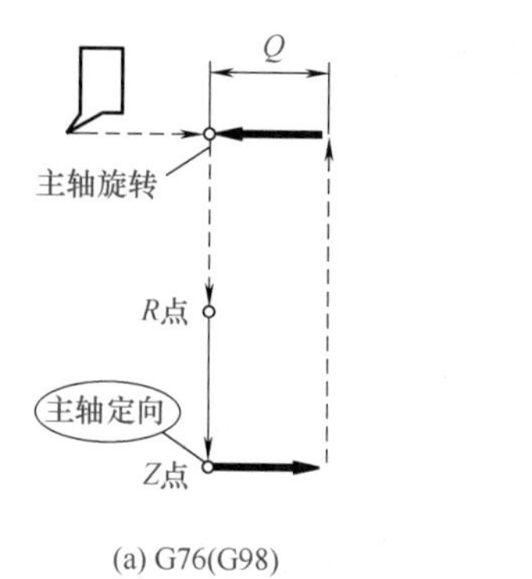

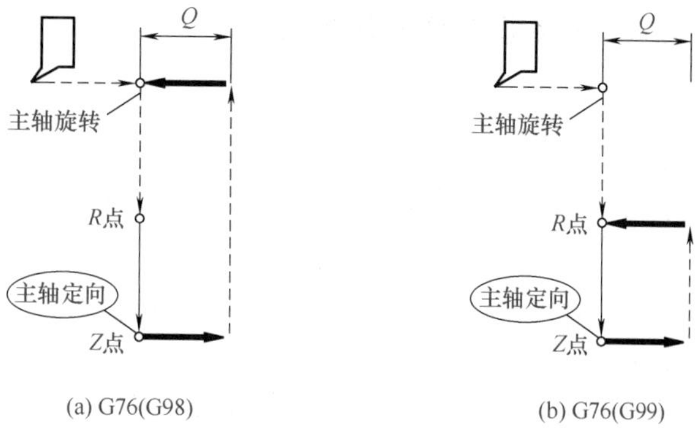

(b) G76(G99)

图 4-35　精镗孔循环加工示意

④ Q__表示孔底的偏移量；

⑤ F__表示进给速度。

G87 循环中，*X*、*Y* 轴定位和主轴定向后，*X*、*Y* 轴向指定方向移动由加工参数 *Q* 给定的距离，以快速进给速度运动到孔底，*X*、*Y* 轴恢复原来的位置，主轴以给定的速度和方向旋转，*Z* 轴以 *F* 给定的进给速度移动到 *Z* 点，然后主轴再次定向，*X*、*Y* 轴向指定方向移动 *Q* 给定的距离后，以快速进给速度返回到初始点，*X*、*Y* 轴恢复定位位置，主轴开始旋转。

该指令用于图 4-36 所示的孔的加工。该指令不能使用 G99 方式编程。

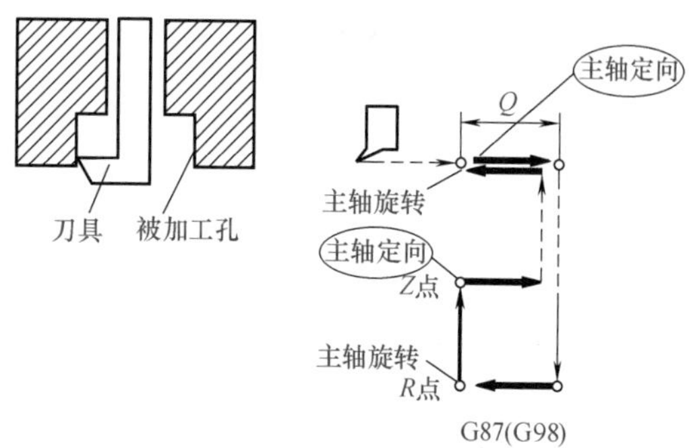


图 4-36　反镗孔循环加工示意

### 7. 取消固定循环指令 G80

G80 指令被执行以后，固定循环（G73、G74、G76、G81 ～ G89）被该指令取消，*R* 点和 *Z* 点的参数以及除 *F* 外的所有孔加工参数都会被取消。

## 五、攻螺纹固定循环指令

### 1. 攻左螺纹固定循环指令 G74

指令格式：

G74 X__ Y__ Z__ R__P__F__；

① X__Y__表示孔的位置坐标；

② Z__表示孔底深度；

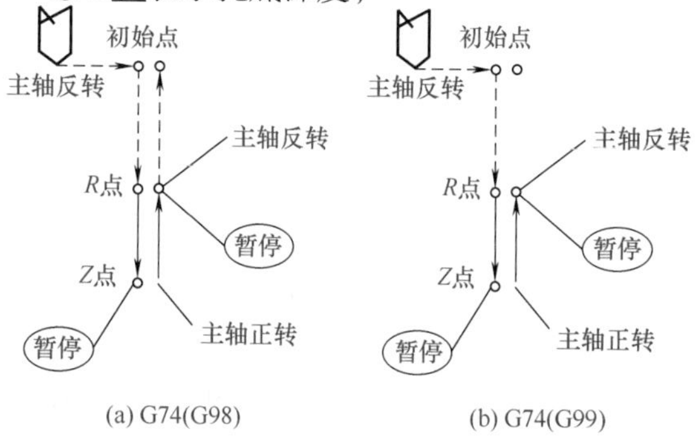

③ R__表示安全平面高度；

④ P__表示在孔底停留时间，单位是 ms；

⑤ F__表示进给速度。

G74 指令为攻左螺纹固定循环，在使用左螺纹固定循环时，应注意循环开始以前必须给 M04 指令使主轴反转，*F* 与 *S* 的比值等于螺距。其加工过程是快速移动到 *R* 点，进行攻螺纹并直到孔底，然后主轴正传退到 *R* 点，如图 4-37 所示。

(a) G74(G98)　　(b) G74(G99)

图 4-37　攻左螺纹固定循环加工示意

### 2. 攻右螺纹固定循环指令 G84

指令格式：

G84 X__ Y__ Z__ R__P__F__;

① X__Y__表示孔的位置坐标；

② Z__表示孔底深度；

③ R__表示安全平面高度；

④ P__表示在孔底停留时间，单位是 ms；

⑤ F__表示进给速度。

G84 固定循环除主轴旋转的方向完全相反外，其他与攻左螺纹固定循环 G74 完全一样，注意在循环开始以前指令主轴正转。另外，在 G74 或 G84 循环进行中，进给倍率开关和进给保持开关的作用将被忽略，而且在一个固定循环加工动作执行完毕之前不能中途停止，如图 4-38 所示。

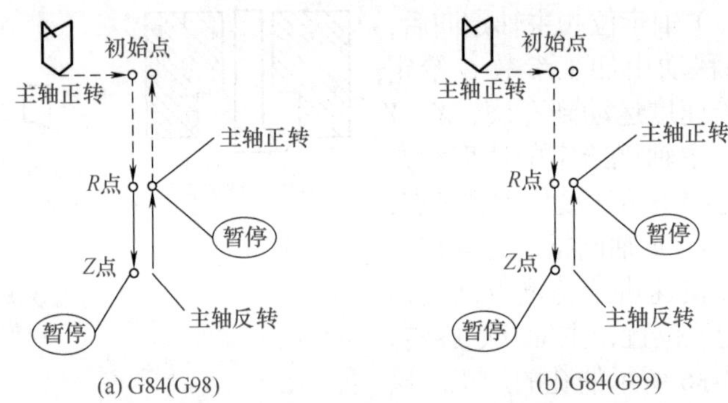


图 4-38　右螺纹固定循环加工示意

# 第八节　子程序和宏程序

## 一、子程序

加工程序可分为主程序和子程序，当加工程序中有固定的顺序和重复的模式时，可将其编程子程序存放，以简化编程。主程序执行过程中如需要某一个子程序，就可以通过一定模式的子程序调用指令来调用该子程序，执行完成返回到主程序，继续执行后面的程序段。

### 1. 子程序的格式

子程序的格式如下：

O××××;（或：××××）

N10…　;

……　;

……　;

N…　M99;

式中，O（或：）×××× 为子程序号，“O”是 EIA 代码，“：”是 ISO 代码；M99 为子程序结束指令。

## 2. 调用子程序的指令 M98

指令格式：M98 P △△△△ ××××；

式中，P △△△△ ×××× 表示子程序调用情况。P 后共有 8 位数字，前四位为重复调用子程序的次数，省略时为调用一次；后四位为所调用的子程序号。

例如：

M98：P62010；　　调用 2010 号子程序，重复调用 6 次

M98 P2010：　　调用 2010 号子程序，重复调用 1 次

M98 P60006；　　调用 6 号子程序，重复调用 6 次

## 3. 子程序的嵌套

为了进一步简化编程，可以让主程序调用多重子程序，即主程序调用一个子程序，而子程序又可以调用另一个子程序，这种程序结构称为子程序嵌套。编程中使用较多的是两重嵌套，其程序的执行如图 4-39 所示。子程序最多可有四级嵌套。

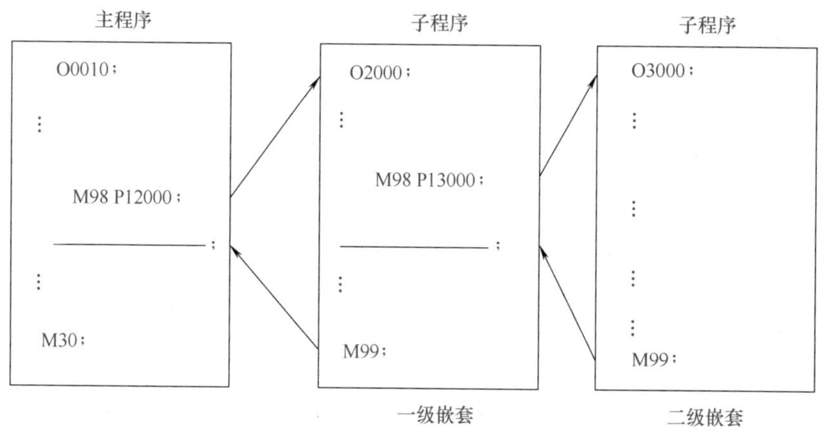


图 4-39　子程序的嵌套示意

## 4. M99 指令的其他用法

① 若子程序结束用指令"M99 P__"，表示执行完子程序后，返回主程序中由地址 P 指定的程序段。

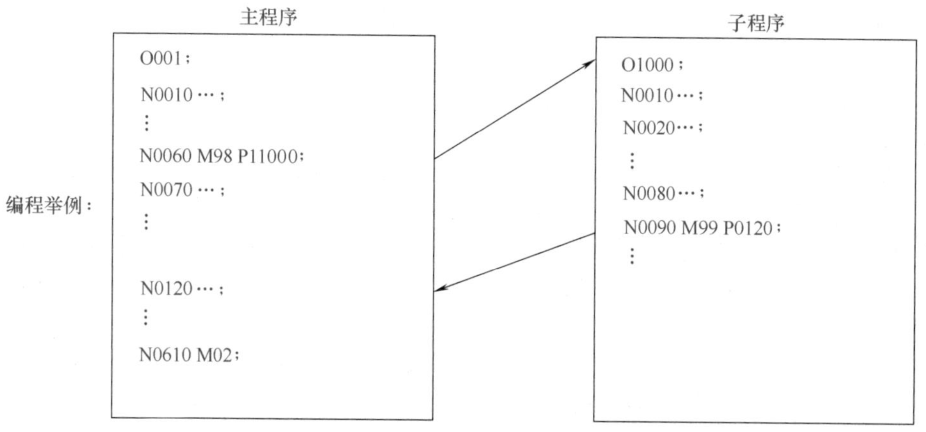


② 若在主程序中插入"M99"程序段，则执行完该指令后，将返回主程序起点。

③ 若在主程序中插入“/M99 P__”程序段，则执行完该程序段后，将返回程序中由地址 P 指定的程序段。

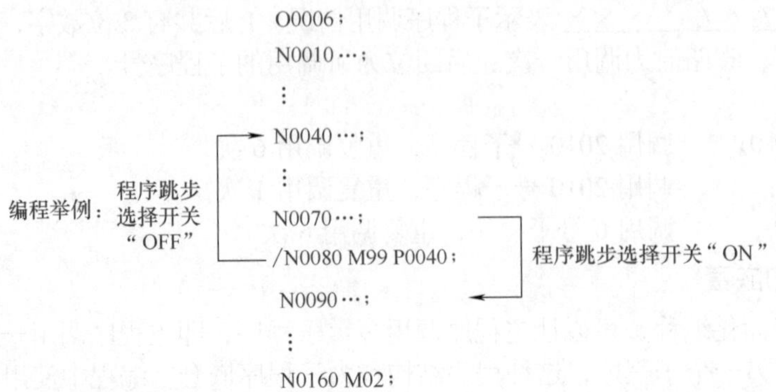


### 5. 子程序的应用

子程序多用于以下几种情况：

① 零件上若干处具有相同的轮廓形状。对于这种情况，只要编写一个加工该轮廓形状的子程序，然后用主程序多次调用该子程序的方法来完成对工件的加工。

② 加工中反复出现具有相同轨迹的走刀路线。如果相同轨迹的走刀路线出现在某个加工区域的各个层面上，采用子程序编写加工程序比较方便，在程序中常用增量值确定切入深度。

③ 模块化的程序结构。加工复杂零件时，往往包含许多独立的工序，有时工序之间需要适当调整。为了优化加工程序，把每一个独立的工序编成一个子程序，这样就形成了模块化的程序结构，便于对加工顺序进行调整。主程序中只有换刀和调用子程序等指令。

## 二、宏程序

虽然子程序对重复性的相同操作很有用。但用户宏程序功能允许使用变量、算术和逻辑运算，以及条件分支控制，这便于普通加工程序的发展，如发展成打包好的自定义的固定循环。所以用户宏程序是能提高数控机床性能的一种特殊功能，使用中可以把完成某一功能的一系列指令就像使用子程序一样存入储存器，只需用一个总指令代表它们，在使用时只需给出这个总指令就能执行其功能。

### 1. 用户宏功能中的变量

在使用用户宏程序时，其数值可以直接指定或用法变量指定。

（1）变量表示

变量中用变量符号（#）和其后面的变量号指定。

（2）变量类型

在 FANUC 数控系统中变量表示形式为“#”后跟 1 ～ 4 位数字，变量的种类有以下三种。

① 局部变量：宏程序中 #1 ～ #33 是局部使用的变量，用于自变量转移。

② 公共变量：公共变量用户可以自由使用，由主程序调用的各子程序及宏程序来说是可以共用的。在关掉系统电源时，#100 ～ #149 的变量值被全部清除，#500 ～ #509 的变量值则可以保存。

③ 变量系统：是由“#”后面跟的 4 位数字来定义的，它可以读写各种 NC 数据项，包括与机床处理器有关的交换参数、机床状态参数、加工参数等系统信息。

### 2. 宏程序的分类

FANUC 0i 系统宏程序功能分为 A 类和 B 类两种。A 类宏程序由生产的厂家提供，可以实现丰富的宏功能，其中包括算术运算和逻辑运算等处理功能。B 类宏程序是由用户自己编写的，其宏功能的应用是提高数控系统使用性能的有效途径，其可以实现算术运算、逻辑运算等功能。我们经常用的一般是 B 类宏程序，在这里主要介绍 B 类宏程序。

### 3. 宏变量的表示形式

当指定一宏变量时，用“#”后跟变量号的形式，如：#1。在计算机上允许给变量指定变量名，但用户宏程序没有提供这种能力。

宏变量号可用表达式指定，此时表达式应包含在方括号内。如：#[#1+#2−10]

### 4. 宏变量的取值范围

局部变量和全局变量取值范围分别如下：

−1047 ～ −1029，0，1029 ～ 1047

如计算结果无效（超出取值范围）时，系统就会发出编号 111 的错误警报。

### 5. 宏变量的引用

在程序中引用（使用）宏变量时，其格式为：在指令字地址后面跟宏变量号。当用表达式表示变量时，表达式应包含在一对方括号内。如：G01 X[#1+#2] F#3；。

被引用宏变量的值会自动根据指令地址的最小输入单位进行圆整。例：程序段 G00 X#2；，给宏变量 #2 赋值 12.3456，在 1/1000mm 的 CNC 上执行时，程序段实际解释为 G00 X12.346；。

要使被引用的宏变量的值反号，在“#”前加前缀“−”即可。如：G00 X−#5；

当引用未定义的宏变量时，该变量前的指令地址被忽略。如：#2=3，#3=null（空），执行程序段 G00 X#2 Y #3；，结果为 G00 X0。

宏变量不能用于程序号、程序段顺序号、程序段跳段编号。

### 6. 宏变量值的显示

① 按偏置菜单钮 [MENU OFFSET]，显示刀具补偿显示屏幕。

VARIABLE　　O1234 N1234

| NO. | DATA | NO. | DATA |
|---|---|---|---|
| 100 | 123.456 | 108 | |
| 101 | 0.000 | 109 | |
| 102 | | 110 | |
| 103 | | 111 | |
| 104 | | 112 | |
| 105 | | 113 | |
| 106 | | 114 | |
| 107 | | 115 | |

ACTUAL POSITION (RELATIVE)

实际位置（相对位置）

| X | 0.000 | Y | 0.000 |
|---|---|---|---|
| Z | 0.000 | B | 0.000 |

[ OFFSET ]　[ MACRO ]　[ MENU ][ WORK ][　　]

② 按软体键 [MACOR]，显示宏变量屏幕。

③ 按NO键，输入变量号，再按INPUT键，光标将移动到输入变量号的位置。当变量值为空白时，该变量为空。标记 ******** 表示变量值上溢（变量的绝对值大于 99999999）或下溢（变量的绝对值小于 0.0000001）。

### 7. 宏程序算术运算和逻辑运算

在算术和逻辑运算中有函数运算、乘除运算、加减运算等。表 4-13 中列出的操作可以使用变量完成。在表中右边的表达式可用常量或变量与函数或运算符的组合表示。表达式中的变量 #j 和 #k 可用常量替换，也可用表达式替换。

表 4-13　算术和逻辑运算

| 函　数 | 格　式 | 备　注 |
|---|---|---|
| 赋值 | #i=#j | |
| 求和 | #i=#j+#k | |
| 求差 | #i=#j−#k | |
| 乘积 | #i=#j*#k | |
| 求商 | #i=#j/#k | |
| 正弦 | #i=SIN[#j] | 角度用十进制度表示。以“度”为单位 |
| 余弦 | #i=COS[#j] | |
| 正切 | #i=TAN[#j] | |
| 反正切 | #i=ATAN[#J]/[#k] | |
| $\sqrt{t}$ | #i=SQRT[#j] | |
| 绝对值 | #i=ABS[#J] | |
| 四舍五入 | #I=ROUND[#J] | |
| 向下取整 | #I=FIX[#J] | |
| 向上取整 | #I=FUP[#J] | |
| 或 OR | #I=#J OR #K | 逻辑运算用二进制数按位操作 |
| 异或 XOR | #I=#J XOR #K | |
| 与 AND | #I=#J | |
| 十 - 二进制转换 | #I=BIN[#J] | 用于转换发送到 PMC 的信号或从 PMC 接收的信号 |
| 二 - 十进制转换 | #I=BCD[#J] | |

列表说明：

（1）角度单位

SIN、COS、TAN 和 ATAN 函数使用的角度单位为十进制度。

（2）反正切函数 ATAN

在反正切函数后面指定两条边的长度，并用斜线隔开（如：y/x）。结果为 0<=result<360。如：#2=ATAN[1]/[−1]；#2 的值为 135.0。

（3）四舍五入函数 ROUND

当 ROUND 函数包含数学或逻辑操作命令中，如 IF、WHILE 语句时，四舍五入在第一个小数位进行。如：#2=1.2345；#1=ROUND[#2]；则 #1=1.0。

（4）向上和向下取整

向上取整是指圆整后的整数，其绝对值比原值的绝对值要大，而向下圆整是指圆整后的整数，其绝对值比原值的绝对值要小。

例如：

#1=1.2；

#3=FUP[#1]；　2.0

#3=FIX[#1]；　1.0

#2=−1.2；

#3=FUP[#2]；−2.0

#3=FIX[#1]； –1.0

（5）函数缩写

用函数的前两个字符表示该函数。如：ROUND——RO，FIX——FI

（6）运算优先级

① 函数；

② 乘除类运算（*、/、AND、MOD）；

③ 加减类运算（+、–、OR、XOR）。

（7）方括号嵌套

方括号用于改变运算顺序。方括号的嵌套深度为五层，含函数自己的方括号。当方括号超过五层时，系统会发生 118 号报警。

### 8. 宏语句和 NC 语句

如下列程序段我们认为是宏语句：

① 包含算术运算和逻辑运算及赋值操作的程序段；

② 包含控制语句，如 GOTO，DO，END 的程序段；

③ 包含宏调用命令，如 G65、G66、G67 或其他调用宏的 G、M 代码。不是宏语句的程序段称 NC 语句。

宏语句与 NC 语句的区别：在程序单段运行模式下执行宏语句，机床也不停止。但当机床参数 011 的第五位设成 1 时，执行宏语句，机床用单段运行模式停止。在刀具补偿状态下，宏语句程序段不作不含运动程序段处理。

与宏语句具有相同特性的 NC 语句：子程序调用程序段（在程序段中，子程序被 M98 或指定的 M、T 代码调用）仅包含 O、N、P、L 地址，和宏语句具有相同特性。包含 M99 和地址 O、N、P 的程序段，具有宏语句特性。

### 9. 分支和循环

在程序中可用 GOTO 语句和 IF 语句来改变控制执行顺序。分支和循环操作共有三种类型。

① GOTO 语句表示无条件分支（转移）。

② IF 语句表示条件分支。

③ WHILE 语句表示循环。

以下是三种类型的说明。

（1）无条件分支 GOTO 语句

控制转移到顺序号 n 所在位置。如果顺序号超出 1 ～ 9999 的范围时，系统会产生 128 号报警。顺序号可用表达式指定。

格式：

GOTO n;

n 表示转移到的程序段的顺序号

（2）条件分支 IF 语句

在 IF 后指定一条件，当条件满足时，会自动转移到顺序号为 n 的程序段，不满足则执行下一程序段。

格式：

IF [ 表达式 ] GOTO n;

处理；

Nn … ；

（3）条件循环 WHILE 语句

格式：

```
WHILE [ 表达式 ] DO n;
⋮
END n;
```

当条件满足时，运行 n 以下程序，直到 END n；不满足时，运行 END n 后一段程序。

**10. 条件表达式**

条件表达式由两变量或一个变量一个常数中间夹比较运算符组成，条件表达式必须包含在一对方括号内。条件表达式可直接用变量代替。

运算符是由两个字母组成，用于比较两个值，注意不能用不等号，见表 4-14。

表 4-14　运算符

| 运算符 | 含义 | 运算符 | 含义 |
| --- | --- | --- | --- |
| EQ | 相等（=） | GE | 大于等于（≥） |
| NE | 不等于（≠） | LT | 小于（<） |
| GT | 大于（>） | LE | 小于等于（≤） |

**11. 宏程序调用**

宏程序可用下述方式调用：

① 非模态调用 G65；

② 模态调用 G66、G67；

③ 用 G 代码调用宏程序；

④ 用 M 代码调用宏程序；

⑤ 用 M 代码的子程序调用；

⑥ 用 T 代码的子程序调用。

宏程序调用和子程序调用的区别：

① 用 G65 可以指定实参（传送给宏程序的数据），而 M98 没有此能力。

② 当 M98 程序段包含其他 NC 指令时，在该指令执行完后调用子程序，而 G65 则无条件调用宏程序。

③ 当 M98 程序段包含其他 NC 指令时，在程序单段运行模式下机床停止，而 G65 不会让机床停止。

④ G65 调用时，局部变量的层次被修改，而 M98 调用不会更改局部变量的层次。

**12. 实参描述**

在 G65 后用地址 P 指定需调用的用户宏程序号；当重复调用时，在地址 L 后指定调用次数（1～99）。L 省略时，既定调用次数是 1。通过使用实参描述，数值被指定给对应的局部变量。

实参描述有两种类型，实参描述类型Ⅰ（表 4-15）可同时使用除 G、L、O、N 和 P 之外的字母各一次。而实参描述类型Ⅱ（表 4-16）只能使用 A、B、C 各一次，I、J、K 最多可以用十次。实参描述类型根据使用的字符自动判断。

表 4-15　实参描述类型Ⅰ

| 地址 | 变量号 | 地址 | 变量号 | 地址 | 变量号 |
| --- | --- | --- | --- | --- | --- |
| A | #1 | I | #4 | T | #20 |
| B | #2 | J | #5 | U | #21 |
| C | #3 | K | #6 | V | #22 |
| D | #7 | M | #13 | W | #23 |
| E | #8 | Q | #17 | X | #24 |
| F | #9 | R | #18 | Y | #25 |
| H | #11 | S | #19 | Z | #26 |

注：地址 G、L、N、O、P 不能用于实参；不需指定的地址可省略，省略地址对应的局部变量设成空（null）。

表 4-16　实参描述类型Ⅱ

| 地址 | 变量号 | 地址 | 变量号 | 地址 | 变量号 |
|---|---|---|---|---|---|
| A | #1 | K3 | #12 | J7 | #23 |
| B | #2 | I4 | #13 | K7 | #24 |
| C | #3 | J4 | #14 | I8 | #25 |
| I1 | #4 | K4 | #15 | J8 | #26 |
| J1 | #5 | I5 | #16 | K8 | #27 |
| K1 | #6 | J5 | #17 | I9 | #28 |
| I2 | #7 | K5 | #18 | J9 | #29 |
| J2 | #8 | I6 | #19 | K9 | #30 |
| K2 | #9 | J6 | #20 | I10 | #31 |
| I3 | #10 | K6 | #21 | J10 | #32 |
| J3 | #11 | I7 | #22 | K10 | #33 |

注：I、J、K 的下标（subscripts）用于表示实参描述的顺序，实际程序中不需写出。

## 13. 宏程序编程实例

以一个简单的椭圆形工件来加工。

设一小段直线来代替曲线，整个椭圆轨迹线加工（假定加工深度为 4mm），如图 4-40 所示。

已知椭圆的参数方程为 $X=a\cos\theta$，$Y=b\sin\theta$。变量数学表达式如下：

设定 $\theta$=#1（0° ～ 360°），那么　$X$=#2=$a$cos［#1］，$Y$= #3=$b$sin［#1］。

加工程序如下：

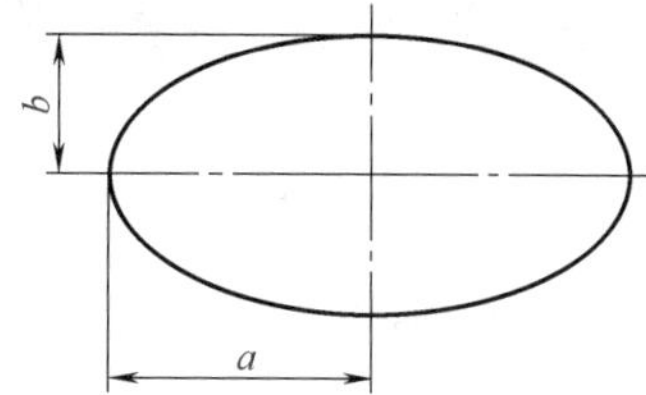

图 4-40　椭圆形工件示意

```
O0001;
S1000 M03;
G90 G54 G00 Z100;
S1000 M03;
G00 Xa Y0;
G00 Z3;
G01 Z-2 F100;
#1=0;
N99 #2=a*cos［#1］;
#3=b*sin［#1］;
    G01 X#2 Y#3 F300;
    #1=#1+1;
    IF［#1LE360］GOTO99;
    GOO Z50;
M30;
```

# 第五章 数控铣床（加工中心）的操作

## 第一节　FANUC 0i 系统的操作

### 一、控制面板

#### 1. 面板组成结构

操作面板主要用于控制加工中心的运动和选择加工中心的工作方式，包括手动进给方向按钮、主轴手控按钮、工作方式选择按钮、程序运行控制按钮、进给倍率调节旋钮、主轴倍率调节旋钮等。一般数控机床的控制面板主要分为上、下两部分，其上部为系统操作面板，下部为机床控制面板。FANUC 0i 系统加工中心的控制面板如图 5-1 所示。

#### 2. 系统操作面板

FANUC 0i 系统操作面板主要分为 MDI 键盘和 CRT 显示器两部分。如图 5-2 所示，左半部为 CRT 显示界面和菜单选择栏，右半部为数字 / 字母键、编辑键及页面切换键等。

MDI 键盘主要用于程序编辑、辅助建立坐标、参数输入等操作功能，其键盘上各个功能的说明见表 5-1。

#### 3. 机床控制面板

机床控制面板用来控制机床的运行状态，根据操作需求控制机床运行，主要由模式选择旋钮、运行控制开关、手动调节开关等组成。表 5-2 介绍了机床控制面板上各种按键的功能。

### 二、数控铣 / 加工中心的基本操作

#### 1. 机床开启和关闭的操作

（1）开启机床的操作

① 首先检查机床的润滑系统是否正常，接通压缩空气。

图 5-1 FANUC 0i 系统加工中心的控制面板

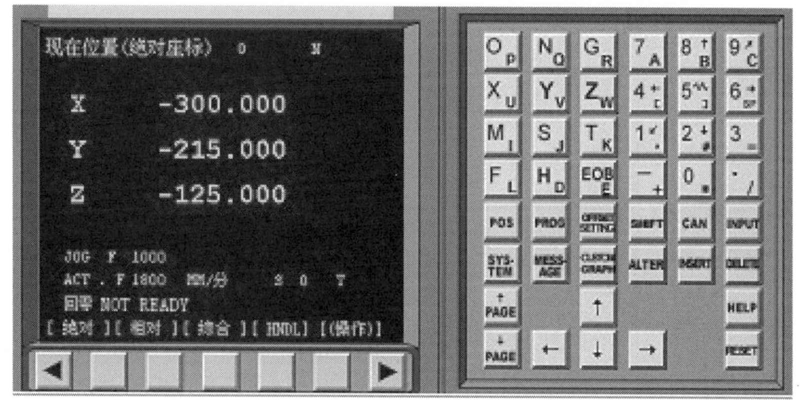


图 5-2 FANUC 0i 系统操作面板

表 5-1 FANUC 0i 系统操作面板按键功能

| 序号 | 按钮 | 名称 | 用途 |
|---|---|---|---|
| 1 | POS | 位置显示页面键 | 位置显示有三种方式：绝对坐标、相对坐标、机械坐标，用对应软键可选择所需的坐标系 |

续表

| 序号 | 按钮 | 名称 | 用途 |
|---|---|---|---|
| 2 | PROG | 程序显示与编辑页面键 | 用来显示程序的屏幕，对显示程序进行编辑和修改 |
| 3 | OFFSET SETTING | 参数输入键 | 按第一次进入刀具参数补偿页面，按第二次进入坐标系设置页面。也可按对应软键来选择 |
| 4 | SYSTEM | 系统参数键 | 显示机床系统参数 |
| 5 | MESSAGE | 信息页面键 | 显示屏幕中信息，如报警 |
| 6 | CUSTOM GRAPH | 图形显示键 | 刀具路径的图形显示 |
| 7 | ALERT | 替换键 | 可以把输入的数据替换光标所在的数据 |
| 8 | DELETE | 删除键 | 删除一个程序，或者删全部程序，或者删除光标所在的数据 |
| 9 | INSERT | 插入键 | 可以把输入区中的数据插入到当前光标之后的位置 |
| 10 | CAN | 取消键 | 消除输入区内的数据，按一次，除去当前光标的前一个 |
| 11 | EOB E | 单节键 | 结束一行程序的输入并切换到下一行 |
| 12 | SHIFT | 换档键 | 在具有两个功能的键上用来切换功能 |
| 13 | RESET | 复位键 | 用于机床复位、程序复位停止、取消报警等 |
| 14 | ↑ PAGE | 翻页键 | 用于向上翻页 |
| 15 | PAGE ↓ | 翻页键 | 用于向下翻页 |
| 16 | HELP | 帮助键 | 用以显示系统的帮助画面 |
| 17 | ↑ ← ↓ → | 光标移动键 | ↑向上移动光标 ↓向下移动光标 ←向左移动光标 →向右移动光标 |

续表

| 序号 | 按钮 | 名称 | 用　途 |
|---|---|---|---|
| 18 | 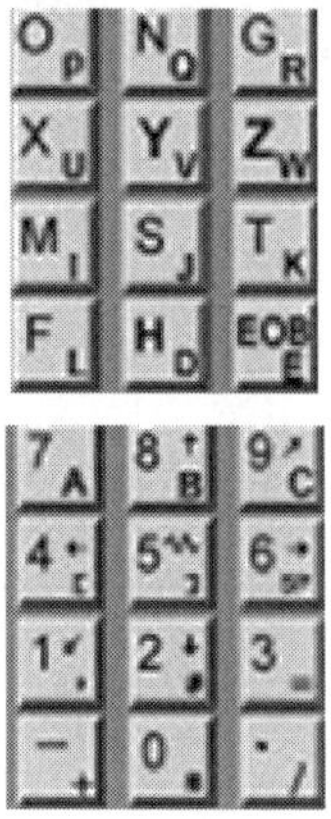 | 字符键 | 用以字符的输入，按“SHIFT”键可以实现字符之间的切换 |
| 19 | | 软键盘 | 在显示屏下方，共五个键，不同画面的软键有不同的功能 |
| 20 |  | 翻页软键 | 用以切换不同的软键功能 |

表 5-2　机床控制面板按键功能

| 序号 | 按钮 | 名称 | 功能说明 |
|---|---|---|---|
| 1 | 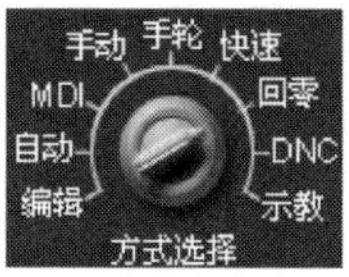 | 编辑 | 旋钮指向编辑后，进入编辑工作模式，通过操作面板输入数控程序和编辑程序 |
| | | 自动 | 旋钮指向自动后，机床进入自动模式，此模式下可运行程序 |
| | | MDI | 进入 MDI 模式，可手动输入并运行程序 |
| | | 手动 | 进入手动模式，$X$、$Y$、$Z$ 轴可同时移动 |
| | | 手轮 | 进入手轮移动模式，可用手轮移动 $X$、$Y$、$Z$ 轴 |
| | | 快速 | 进入手动快速模式，可快速移动 $X$、$Y$、$Z$ 轴 |
| | | 回零（返回原点） | 旋钮指向回零后，机床进入回零模式 |
| | | DNC | 进入 DNC 模式，可输入输出资料 |
| 2 |  | 选择停止 | 在按下此按钮后，“M01”代码有效 |
| 3 |  | 机床锁定 | 用此按钮来控制锁定机床 |
| 4 |  | 跳步（单段忽略） | 对数控程序中的注释符号“/”有效 |
| 5 |  | $Z$ 轴锁定 | 用此按钮键来控制锁定 $Z$ 轴 |
| 6 |  | 单段模式 | 程序运行时每次执行一段程序指令 |
| 7 |  | 空运行模式 | 按下此按钮后，机床进入空运行状态 |
| 8 |  | 机床复位 | 机床恢复到设定状态 |

续表

| 序号 | 按钮 | 名称 | 功能说明 |
|---|---|---|---|
| 9 | 循环启动 | 循环启动 | 程序运行开始；系统处于"自动运行"或"MDI"位置时有效，其余模式下使用时无效 |
| 10 | 进给保持 | 进给保持 | 程序暂停运行，在程序运行过程中按下此按钮运行暂停。再按"循环启动"可恢复程序运行 |
| 11 | 主轴转速修调 | 主轴转速倍率选择 | 通过此旋钮，可调节主轴转速倍率 |
| 12 | 进给速率修调 | 进给倍率选择 | 通过此旋钮，可调节进给倍率 |
| 13 | 快速倍率 | 快速倍率选择 | 通过此旋钮，可调节快速倍率 |
| 14 | 急停 | 急停按钮 | 按下急停按钮，机床移动会立刻停止，输出的指令和主轴的转动都停止 |
| 15 | 停止 启动 主轴 | 控制主轴转动按钮 | 停止、启动 |
| 16 | 手动轴选择 | 移动轴选择旋钮 | 手动模式下选择移动轴的方向 |
| 17 | + - 手动 | 正、反方向移动轴按钮 | 在手动方式下控制进给轴的正反方向进给 |
| 18 | 电源开 | 电源开启 | 开启系统电源 |
| 19 | 电源关 | 电源关闭 | 关闭系统电源 |
| 20 | X1 X10 X100 | 手轮进给倍率旋钮 | 手轮模式下，用此调节手轮步长，X1、X10、X100分别表示移动量为0.001mm、0.01mm、0.1mm |
| 21 | HANDLE | 手轮 | 手轮模式下，用此旋钮来移动$X$、$Y$、$Z$轴，顺时针为正方向移动，逆时针为负方向移动 |

② 开启机床电源，检查机床各个散热扇是否工作正常。

③ 开启机床操作面板上的"电源开"按钮，显示器进入初始画面后，检查"急停"按钮是否松开至状态，若未松开，旋转"急停"按钮，将其松开，检查机床有无报警。

④ 手动操作使机床返回参考点。

（2）关闭机床的操作

① 确认程序是否运行结束，机床各轴是否都停止移动，检查有无异常报警。

② 关闭系统电源。

③ 断开机床电源。

④ 断开机床外部电源。

⑤ 关闭压缩空气。如使用空气压缩机，要断开其电源。

### 2. 机床返回参考点操作

开机后机床必须要手动返回参考点，以便机床建立坐标系，也可以把上次关机前建立的坐标系恢复到原来的位置。特殊原因使机床对机械原点失去记忆的情况下，也需要返回机床参考点，以便建立新的机床坐标系。其具体操作步骤如下：

① 在机床回参考点前，要确认机床各轴距离参考点 100mm 以上，如果离参考点过近，要在手轮或手动模式下移动机床 $X$、$Y$、$Z$ 轴远离参考点，否则容易出现超程报警。

② 把操作面板上操作模式旋钮指向“回零” ，进入回原点模式，先将 $X$ 轴回原点，旋转操作面板上的“手动轴选择”旋钮使旋钮指向 $Z$，再按一下正方向按钮 ，使 $Z$ 轴回原点，直到 $X$ 轴回原点灯变亮 ，显示屏上的 $Z$ 坐标变为“0.000”，$Z$ 轴回零完毕。用同样的方法，再分别旋转“手动轴选择”旋钮到 $X$ 轴、$Y$ 轴，按一下正方向 ，此时 $X$ 轴，$Y$ 轴将分别回原点，直到 $X$ 轴，$Y$ 轴回原点灯变亮 ，$X$、$Y$、$Z$ 回零结束，机床返回参考点。

### 3. 手动操作方式

手动操作主要分为手动连续进给操作和手轮操作，手动连续进给操作分为手动移动和快速移动两种。根据加工的需要选择不同的操作方式。

（1）手动移动方式

手动移动的速度较慢，但可以通过“进给倍率”调节移动速度。在手动移动过程中，也可以随时改变“进给倍率”调节移动速度大小。用机床操作面板上 $X$、$Y$、$Z$ 调节机床各坐标轴，用 +、- 方向键号调节机床运动方向。具体操作步骤如下：

① 转动操作面板中的机床方式选择旋钮使其指向“手动”，使系统处于手动模式，机床转入手动操作状态。

② 转动 按钮，选择要移动的坐标轴。

③ 按住“+”或“-”，可移动相应的坐标轴。当松开时，机床坐标轴会停止移动。

（2）手动快速移动

在快速方式下，机床各轴可以以较快的速度移动。通常在拆装工装或打扫机床时会用到快速移动，但机床如果没有执行回参考点的操作，快速移动方式将不起作用。手动快速移动的速度是靠快速倍率 来调节的。常见机床通常情况下手动移动每次只能移动一个坐标轴，也有些机床可以同时移动多轴。

手动快速移动具体操作步骤如下：

① 将旋钮调至“快速”模式。

② 转动按钮，选择要移动的坐标轴。由于机床各轴的运动速度很快，这时要观察一下 $Z$ 轴上刀具是否抬至一定高度，以免在快速移动过程中工作台上的工件碰到刀具。

③ 按住“+”或“–”，可移动相应的坐标轴。当松开时，机床坐标轴会停止移动。

（3）手轮操作方式

手轮移动方式是机床各类手动移动方式中用途最广泛的，它既可以快速移动，也很缓慢地移动机床各轴。在调试或对刀需精确调节机床时，将手轮移动倍率调小，使移动速度放慢。当需要快速移动时，将手轮倍率调大，快速移动手轮上的小柄。

手轮移动具体操作步骤如下：

① 将操作面板中的方式旋转到“手轮” ，使系统进入手轮模式。

② 转动旋钮，选择移动坐标轴。

③ 转动旋钮，选择移动倍率。X1 表示手轮每转动一格，坐标轴移动量为 0.001mm；X10 表示手轮每转动一格，坐标轴移动量为 0.01mm；X100 表示手轮每转动一格，坐标轴移动量为 0.1mm。

④ 正方向移动是顺时针旋转，负方向移动是逆时针旋转。

### 4. 程序编辑的操作

程序编辑对不同的工件来编写新的加工程序，其主要内容包括程序的输入、删除、修改、插入、检索等编辑方式。一般手动编写程序是先将程序写在草稿纸上检查无误后，再进行程序输入，这样可以减少操作失误。

（1）建立新程序

编写新程序前，应先了解工件加工工艺，以便根据不同的工序编写对应的程序。建立新程序的操作步骤如下：

① 将操作面板中的机床操作方式旋转到“编辑”，使系统进入编辑模式。

② 按下 PROG 按钮，将画面切换到编辑程序画面。

③ 编写程序号，按 INSERT 输入。

④ 输入编写的程序内容。

（2）编辑程序

编辑程序即输写程序，其包括程序插入、修改、删除、删除整个程序和程序检索，其说明见表 5-3。

表 5-3 编辑程序说明

| 类别 | 说　明 |
|---|---|
| 插入程序段中的字 | 对系统所修改或删除的最小单位是一个字，字是地址字母后面的一组数字<br>①在“编辑”模式下选择程序画面<br>②将光标移动到准备插入字的程序段中<br>③在输入缓冲区输入所要插入的字<br>④按下 INSERT 键，输入的字被插入到程序段中 |

续表

| 类别 | 说　明 |
|---|---|
| 修改程序段中的字 | 修改程序中字和插入程序中字的操作步骤基本相同<br>①在“编辑”模式下选择程序画面<br>②将光标移动到准备修改字的程序段中<br>③在输入缓冲区输入所要修改的字<br>④按下 INSERT 键，修改的字被输入到程序段中 |
| 删除程序段中的字 | 删除键是将已经输入到程序段中的字删除。操作步骤如下：<br>①在“编辑”模式下选择程序画面<br>②将光标移动到准备删除字的程序段中<br>③按下 DELETE 键，将删除程序段中的字 |
| 删除整个程序 | 程序被删除后，将不可在系统中恢复，所以删除前要确定此程序是否已经不需要了。删除程序的步骤如下：<br>①在“编辑”模式下选择程序画面<br>②在缓冲区输入字母“O”，在字母后面输入将要删除的程序号<br>③按下 DELETE 键，将删除整个程序 |
| 程序中字符的检索 | 在程序中由于程序段多，分为若干页，用检索的办法可以快速将所需要的某个字符显示在画面中。如果没检索出输入的字符系统则会报警<br>①在“编辑”或“自动”模式下选择程序画面<br>②在缓冲区输入所要检索的字符<br>③按下 ↓ 键，将会检索出输入的字符<br>④再按下 ↓ 键，会出现下一个相同的字符 |

（3）程序之间的切换

机床正在运行的程序是当前程序，而且机床只能有一个当前程序，新建的程序会被自动切换成当前程序。输入程序号可以切换当前程序，如果输入的程序号码在系统不存在，系统则会报警。切换程序的步骤如下：

① 将旋钮转到“编辑”模式下，使系统进入编辑模式。

② 按下 PROG 按钮，将当前画面切换到编辑程序画面。

③ 输入要切换的程序号，注意程序号前要加上字母“O”。

④ 按下 ↓ 键，将会把输入的程序切换到当前程序。

### 5. 自动加工模式的操作

自动加工是一切都准备就绪后，开始加工工件时要进行的操作。在编制零件加工程序之后，将加工程序输入到机床系统内存储器中进行编辑，编辑操作包括插入、修改、删除和字的替换和程序号的检索、字检索、地址检索等。

进行自动加工时常用的功能按钮见表 5-4。

续表

表 5-4 自动加工时常用的功能按钮

| 类别 | 说明 |
|---|---|
| 循环启动运行 | 检查机床是否回零，若未回零，先将机床回零。在“自动”模式下按循环启动 循环启动，程序开始连续执行，直到程序运行结束又返回到程序首段，再次按下“循环启动”将重新运行整段程序。在程序运行过程中按“进给保持”按钮 进给保持，程序将停止执行；再按下 循环启动 按钮，程序从暂停位置开始执行 |
| 单步运行 | 在“自动”或“MDI”模式下按“循环启动”，再按下“单步” 单步 按钮，程序将每次只执行一段程序，再次按下“循环启动”将继续执行下一段程序 |
| 程序跳步 | 当整段程序中有不用运行的程序段时，在程序段的开头部分输入“/”符号。当“跳步” 跳步 按下后，前段带有“/”符号的程序段将不再执行，直接执行下一段程序 |
| 程序选择停止 | 当按下“选择停止” 选择停 按钮时，程序中“M01”代码有效。当选择停止关闭时，程序中“M01”无效 |
| 程序空运行 | 在机床进行程序空运行时，程序中设定的进给速度将不起作用，而是以 G00 的速度进行移动，此时调节“进给倍率”可控制其速度 |
| 机床锁定 | 机床锁定是将机床的各个进给轴锁定。在机床锁定状态下，各进给轴是不会移动的，但机床的相对坐标和绝对坐标会随自动运行程序或手动移动时相应坐标值变化。在使用机床锁定功能后，机床工件坐标系的原点会有变动，因此在正常加工工件之前要进行手动回机床参考点（零点） |
| 机床辅助功能锁定 | 在进行机床的模拟图像功能时，需要辅助功能锁住机床主轴和机床换刀等。辅助功能锁住后，可以在显示屏上查看程序的运行轨迹以检查程序的正确性，在程序轨迹走刀过程中开启机床的空运行加快程序运行速度 |
| 程序的中断 | 在加工过程中有时会需要程序中断或暂停，以便检查问题或其他工作等。程序中断有以下三种方法<br>①进给保持功能。当程序在运行中按下 进给保持 按钮后，程序会暂停运行，进给轴停止移动，但主轴会继续转动，此功能只是暂停程序的运行，不会对其造成影响，再次按下 循环启动 后，程序会继续运行<br>②复位键功能。当在程序运行中按下 RESET 按钮后，程序会停止运行，进给轴停止移动，主轴也会停止转动程序将不能继续运行<br>③紧急停止功能。急停是在紧急情况下使用的，当在程序运行中按下 急停 按钮后，程序会停止运行，进给轴停止移动，主轴也会停止转动，程序将不能继续运行，机床的零点也会消失，在急停后要手动对机床回零 |

### 6. MDI 功能

在 MDI 模式下，用 MDI 键盘在屏幕上输入一组程序指令，机床可以根据输入的程序运行，这种操作称为 MDI 运行方式。

可以输入一段程序并能执行，其程序有以下特点：

① MDI 程序的格式和其他程序的格式一样，通常情况下最多只能编写 10 段程序内容。

② MDI 程序中不支持使用刀具半径补偿。

③ M30 在 MDI 程序中不能执行其功能。

④ 在执行 MDI 程序后，程序不能被保存。

⑤ 在执行结束指令“M02”或“M30”后程序将会自动删除。

MDI 程序适用于一些简单的辅助操作，例如加工中心的换刀、主轴转动等。其操作步骤如下：

① 将方式选择按钮旋转在“MDI”的位置。

② 按下“PROG”程序显示键，使屏幕显示“MDI”程序画面。

③ 输写数据指令：在输入键盘上按数字 / 字母键，可以做取消、插入、删除等修改操作。键入程序号：键入字母“O”，再键入程序编号，但不可以与已有程序的编号重复。

④ 输入完整的数据指令后，按循环启动按钮运行程序。用清除输入的数据。输入程序后，用回车换行键结束一行的输入后换行。

### 7. 机床的换刀

换刀分为手动换刀和自动换刀两种。一般数控铣是手动换刀，加工中心可以自动换刀也可以手动换刀。

（1）机床手动换刀

手动换刀的操作过程比较简单，但是换刀时间长。其操作步骤如下：

① 将旋钮转到“手动”模式。

② 用手握住主轴上的刀柄，按下操作面板上的“松刀”按钮，将刀具取下。

③ 按住下操作面板上的“松刀”按钮，将准备换的刀具的刀柄装在主轴上，松开换刀按钮，换刀完毕。

（2）机床自动换刀

自动换刀系统一般由刀库、机械手和驱动装置组成。当加工所需要的刀具比较多时，要将全部刀具在加工之前根据工艺设计放置到刀库中，并给每一把刀具设定刀具号码，然后由程序调用。具体步骤如下：

① 将需用的刀具在刀柄上装夹好，并调整到准确尺寸。

② 根据工艺和程序的设计将刀具和刀具号一一对应。

③ 主轴回 $Z$ 轴零点。

④ 手动输入并执行“T01 M06”。

⑤ 手动将 1 号刀具装入主轴，此时主轴上刀具即为 1 号刀具。

⑥ 手动输入并执行“T02 M06”。

⑦ 手动将 2 号刀具装入主轴，此时主轴上刀具即为 2 号刀具。

⑧ 其他刀具按照以上步骤依次放入刀库。

### 8. 刀具补偿功能

刀具补偿是通过切削点垂直于刀具轨迹的位移补偿，用来修正刀具实际半径或直径与其程序规定值之差。它分为刀具长度补偿和刀具半径补偿两种。

（1）刀具长度补偿

FANUC 0i 的刀具长度补偿包括形状长度补偿和磨耗长度补偿两种，如图 5-3 所示。刀具可以根据需要抬高或降低，通过在数控程序中调用长度补偿实现。长度补偿参数在刀具表中按需要输入。

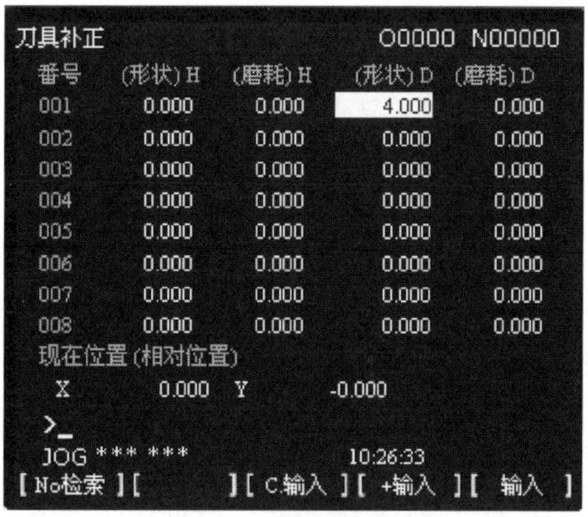

刀具长度补偿的 $Z$ 轴的零点设在主轴端面上，而不设在刀尖上。零点设在主轴端面上的

刀具补正　　O0000 N00000

| 番号 | (形状) H | (磨耗) H | (形状) D | (磨耗) D |
|---|---|---|---|---|
| 001 | 0.000 | 0.000 | 4.000 | 0.000 |
| 002 | 0.000 | 0.000 | 0.000 | 0.000 |
| 003 | 0.000 | 0.000 | 0.000 | 0.000 |
| 004 | 0.000 | 0.000 | 0.000 | 0.000 |
| 005 | 0.000 | 0.000 | 0.000 | 0.000 |
| 006 | 0.000 | 0.000 | 0.000 | 0.000 |
| 007 | 0.000 | 0.000 | 0.000 | 0.000 |
| 008 | 0.000 | 0.000 | 0.000 | 0.000 |

现在位置 (相对位置)

X　0.000　Y　-0.000

>_

JOG *** ***　10:26:33

[ No检索 ] [ ] [ C.输入 ] [ +输入 ] [ 输入 ]

图 5-3　刀具补偿对话框

长度补偿补的是刀长，也就是指从主轴端面到刀尖之间的距离。刀具补偿是为了使刀具顶端到达编程位置而进行的刀具位置而进行的刀具位置补偿。补偿功能代码 H--，是长度补偿代码号。当有刀具长度补偿编程时可考虑刀具顺序的变化值或更换新刀具时都不必重新编程，只需改变数控机床中存储上的刀具补偿号值就可以了。

数控铣床可以利用相对基准刀具设置长度补偿。就是用 T01 号刀具作为其他所有刀具的基准刀具，现利用机床相对坐标测量出 T02、T03 等其他刀具相对于 T01 号刀具的相对长度值，把相对长度补偿值输入到参数设置中。其操作步骤如下：

① 在 JOG 状态下启动主轴正转。

② 选择工件上表面光滑部位为基准面。

③ 用 T01 号刀具并用手摇盘将刀具下端与工件表面临界接触 。

④ 用机床相对坐标系记录位置并清为 0 。

⑤ 手动换上 T02 号刀具并用手摇盘将刀具下端与工件表面临界接触。

⑥ 将相对坐标系中 $Z$ 轴值输入到 OFFSET 界面中的补偿参数。

⑦ 利用上述方法设置其他需用刀具的长度补偿值。

（2）刀具半径补偿

FANUC 0i 的刀具半径补偿包括形状半径补偿和磨耗半径补偿两种，如图 5-3 所示。数控铣床 / 加工中心进行零件加工时，编程时参照的主轴的中心线，而实际刀具是有半径的，所以在铣削零件时必须使用半径补偿。补偿功能代码是 D--。由于刀具的磨损或因换刀引起的刀具半径变化时，不必重新编程，只需修改相应的偏置参数即可。加工余量的预留可通过修改偏置参数实现，而没必要为粗、精加工各编制一个程序。刀具补偿操作步骤如下：

① 方式选择开关在任何位置均可。

② 按下“OFFSET”键或软键，使屏幕显示刀具补偿画面 。

③ 将光标移到要设定或改变补偿的位置上 。

④ 输入设定的值或要修改的补偿值 。

⑤ 按下输入键，刀具的补偿值或修改值即显示在光标停留的位置上。

## 三、坐标系参数设置

数控铣或加工中心加工前，必须在工件坐标系设定界面上确定工件零点相对于机床零点的偏移量，并将数值储存到系统中。确定工件坐标系与机床坐标系的关系方法有两种，一是通过 G54 ～ G59 设定，二是通过 G92 设定。

### 1. G54 ～ G59 坐标系参数的设置

将工件的零点在机床坐标系上的坐标数据输入到 G54 工件坐标原点。其操作步骤如下：

① 按 OFFSET SETTING 键，打开工件坐标系设定界面，切换屏幕界面，可以显示每个工件坐标系的工件零点偏移值。

按软键选择键，使其显示工件坐标系设定界面。

② 将光标停留在选定的坐标参数设定区域（设定 G54）。用方位键 ↑ ↓ ← → 选择所需的坐标系和坐标轴。

③ 首先设定 $X$ 的坐标值，假设利用 MDI 键盘输入“−500.0”，按输入键“INPUT”，G54 中 $X$ 的坐标值变为 −500.0。

④ 使用方位键 ↓ ，将光标移至 $Y$ 轴坐标系的位置，假设输入“−415.00”，按下输入

键“INPUT”。

⑤ 最后将光标移至 *Z* 轴坐标系的位置，假设输入“–404.0”，按输入键“INPUT”，即完成了 G54 坐标系参数的设定。此时显示屏显示如图 5-4 所示。

### 2. G92 坐标系参数的设定

通过对刀得到的 *X*、*Y*、*Z* 值即为工件坐标系 G92 的原点值。如果程序是使用工件坐标系 G92，则每次更换工件都要重新对刀。因为 G92 的坐标原点与对刀时的刀位点密切相关，不同的刀位点将会得到不同坐标原点的 G92 坐标系。所以一般常用工件坐标系 G54 ～ G59。

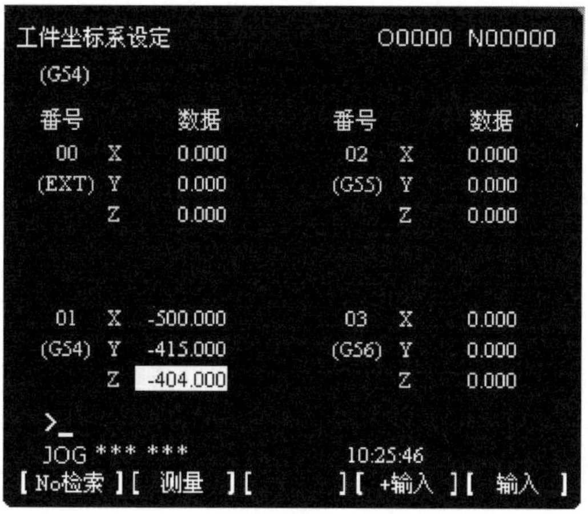

图 5-4　G54 坐标参数设定

## 四、数控铣 / 加工中心的对刀

数控程序一般按工件坐标系编程，对刀的过程就是建立工件坐标系与机床坐标系之间关系的过程。

数控铣床和立式加工中心建立工件坐标系的指令是 G54 ～ G59，根据程序中编写的不同的坐标系来建立相应的工件坐标系。

在选择刀具后，刀具被放置在刀架上。对刀时，首先要使用基准工具在 *X*、*Y* 轴方向对刀，再拆除基准工具，将所需刀具装载在主轴上，在 *Z* 轴方向对刀。

*X* 轴和 *Y* 轴对刀方法有刚性靠棒法、试切法、寻边器等，*Z* 轴对刀一般采用试切法或采用塞尺的方法。以下是常用几种对刀方法。

### 1. 刚性靠棒 *X*、*Y* 轴对刀

刚性靠棒采用检查塞尺松紧的方式对刀，具体过程见表 5-5。

表 5-5　对刀方法

| 类别 | 说　明 |
|---|---|
| *X* 轴方向对刀 | 设工件中心为工件坐标原点，*X* 轴方向对刀过程如下<br>①转动操作面板中的方式选择旋钮，使其指向“手动”，则系统处于“手动”模式，机床转入手动操作状态 <br>②按下 MDI 键盘上的  POS 按钮，使显示屏上显示坐标值，手动移动机床位置，将机床移动到如图 5-5 所示的大致位置<br>③转动操作面板中的方式选择旋钮，使其指向“手轮”，则系统处于手轮控制方式，将手动轴选择旋钮置于 X 挡，调节手轮进给速度旋钮  <br>④将手轮进给速度调节至最小（X1 挡），转动手轮使靠棒靠近工件如图 5-6 所示的位置，在离工件 1mm 左右时加入 0.5mm 塞尺，继续转动手轮至塞尺不能正常塞进去。将 *X* 坐标归零，升高靠棒，然后以同样的方法将靠棒移至工件的另一面，转动手轮至塞尺不能正常塞进去<br>⑤记下显示屏界面中的 *X* 坐标值，计算中间值。升高靠棒，然后将靠棒移至中间值，此坐标就是工件中心的 *X* 坐标<br>⑥进入工件坐标系画面选中坐标系后，将光标移至 *X* 坐标系上，按下软键中的“测量”，*X* 轴对刀结束 |

续表

| 类别 | 说　明 |
| --- | --- |
| $X$轴方向对刀 | 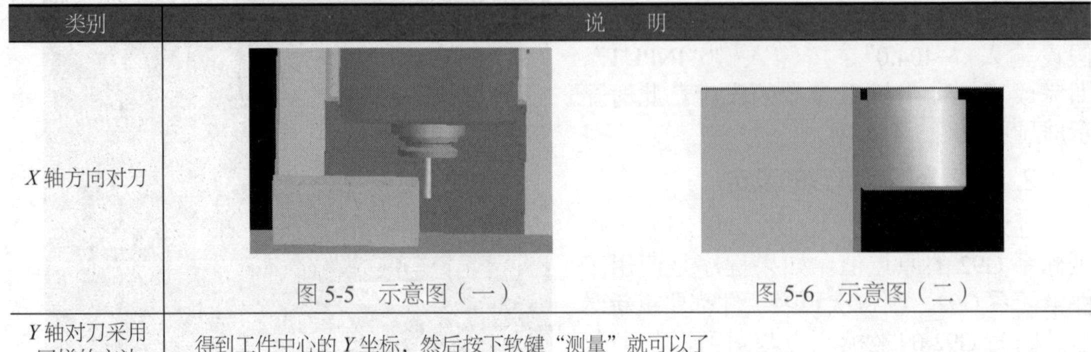 图 5-5　示意图（一）　　图 5-6　示意图（二） |
| $Y$轴对刀采用同样的方法 | 得到工件中心的 $Y$ 坐标，然后按下软键“测量”就可以了 |

## 2. 试切对刀

试切对刀是以切削工件的方式找工件坐标原点。一般情况下，当工件的外形尺寸有余量时可用试切对刀的方法。试切对刀方法见表 5-6。

表 5-6　试切对刀方法

| 类别 | 说　明 |
| --- | --- |
| $X$、$Y$轴对刀 | ①首先在 $X$ 轴方向对刀。按操作面板上的手动按钮，机床转入手动加工状态<br>②按下操作面板上主轴正转的按钮，使主轴转动<br>③首先利用操作面板上的旋钮和按钮，将机床刀具移动到工件附近的大致位置<br>④当刀具移动到工件附近的大致位置后，采用手轮方式移动机床，转动操作面板中的方式选择旋钮使其指向“手轮”，则系统处于手轮控制方式，将手动轴选择旋钮置于 X 挡，调节手轮进给速度旋钮。旋转手轮精确移动零件，直到刀具开始切削到工件边沿为止<br>⑤按下 MDI 键盘上的 POS 按钮，使显示屏上显示坐标值，$X$ 轴归零。升高刀具，移至工件的另外一边。同样，将手轮对应轴旋钮置于 X 挡，调节手轮进给速度旋钮，旋转手轮精确移动零件，直到刀具开始切削到工件边沿为止。记下此时显示屏中的 $X$ 坐标，此为刀具中心的 $X$ 坐标，记为 $X_1$，将刀具直径记为 $X_2$，则工件上表面中心的坐标 $X=(X_1+X_2)/2$。进入工件坐标系画面选中坐标系后，将光标移至 $X$ 坐标系上，按下软键中的“测量”<br>⑥ $Y$ 方向对刀采用相同的方法。得到工件中心的 $Y$ 坐标，然后按下软键“测量”，$X$、$Y$ 轴对刀结束 |
| $Z$轴对刀 | ①按下操作面板上主轴转动按钮，使主轴转动<br>②首先利用操作面板上的旋钮和按钮，将机床刀具移动到工件附近的大致位置<br>③往负方向移动 $Z$ 轴，直到刀具开始切削到工件的表面，记下此时 $Z$ 的坐标值，记为 $Z$。此 $Z$ 值即为工件表面一点处 $Z$ 的坐标值<br>④进入工件坐标系画面选中坐标系后，将光标移至 $Z$ 坐标系上，按下软键中的“测量”，$Z$ 轴对刀结束<br>通过对刀得到的坐标值（$X$，$Y$，$Z$）即为工作坐标系原点在机床坐标系中的坐标值 |

## 3. 寻边器 $X$、$Y$ 轴对刀

寻边器由固定端和测量端两部分组成。固定端由刀具夹头夹持在机床主轴上，中心线与主轴轴线重合。在对刀时，主轴一般以 500r/min 旋转。通过手动或手轮方式，使寻边器向工件对刀基准面移动靠近，让测量端接触基准面。在测量端未接触工件时，固定端与测量端的中心线不重合，两者呈偏心状态。当测量端与工件接触后，偏心距减小，这时使用点动方式或手轮方式微调进给，寻边器继续向工件移动，偏心距逐渐减小。当测量端和固定端的中心

线重合的瞬间，测量端会明显地偏出，出现明显的偏心状态。主轴中心位置距离工件基准面的距离等于测量端的半径。

（1）$X$轴方向对刀

① 旋转操作面板中的机床操作模式选择旋钮使其指向“手动”，则系统处于手动模式，机床转入手动操作状态。

② 按下操作面板上主轴转动按钮，使主轴转动。未与工件接触时，寻边器测量端大幅度晃动。

移动到大致位置后，可采用手轮方式（手动脉冲方式）移动机床，点击操作面板中的方式选择旋钮使其指向“手轮”，则系统处于手轮模式，采用手轮方式精确移动机床，将手动轴选择旋钮置于 X 挡，调节手轮进给速度旋钮，使用手轮精确移动寻边器。当寻边器靠近工件时，测量端晃动幅度逐渐减小，直至固定端与测量端的中心线重合，如图 5-7 所示，此时用手轮方式以最小脉冲当量（$X_1$）移动工件，寻边器的测量端突然会大幅度偏移，如图 5-8 所示，这时说明寻边器与工件恰好吻合。

图 5-7　中心线重合

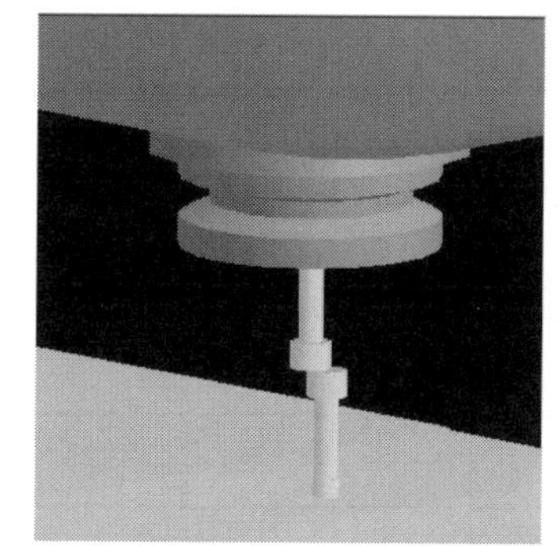

图 5-8　大幅度偏移

③ 按下 MDI 键盘上的 POS 按钮，使显示屏上显示坐标值 $X$ 轴归零。升高寻边器，移至工件的另外一边。同样，将手轮对应轴旋钮置于 X 挡，调节手轮进给速度旋钮，旋转手轮精确移动零件，直到刀具开始切削到工件边沿为止。记下此时显示屏中的 $X$ 坐标，此为刀具中心的 $X$ 坐标，记为 $X_1$，将刀具直径记为 $X_2$，则工件上表面中心的坐标 $X=(X_1+X_2)/2$，结果记为 $X$。进入工件坐标系画面选中坐标系后，将光标移至 $X$ 坐标系上，按下软键中的“测量”。

（2）$Y$轴方向对刀

$Y$ 轴方向对刀采用同样的方法。得到工件中心的 $Y$ 坐标，然后按下软键“测量”。

# 第二节　SIEMENS 802D 系统的操作

## 一、控制面板

SIEMENS 802D 系统主要有系统操作面板、机床控制面板及窗口式操作界面。

1. 系统操作面板

① SIEMENS 802D 的数控系统面板如图 5-9 所示。

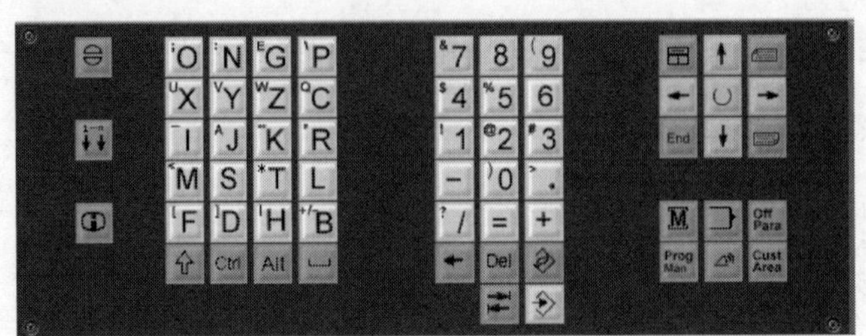

图 5-9　SIEMENS 802D 系统面板

② SIEMENS 802D 数控系统面板的按键符号功能见表 5-7。

表 5-7　SIEMENS 802D 数控系统面板的按键符号功能

| 按钮 | 名　称 | 功　能 |
| --- | --- | --- |
|  | 报警应答键 |  |
|  | 通道转换键 |  |
|  | 信息键 |  |
|  | 上档键 | 对键上的两种功能进行转换。用上档键后，当按下字符键时，该键上行的字符（除光标键之外）就会被输出 |
|  | 空格键 |  |
|  | 删除键（退格键） | 从右向左删除字符 |
| Del | 删除键 | 从左向右删除字符 |
|  | 取消键 |  |
|  | 制表键 |  |
|  | 回车 / 输入键 | 有三种作用：①输入一个编辑值；②打开、关闭一个文件目录；③打开文件 |
|  | 翻页键 |  |
| M | 加工操作区域键 | 按下此键，进入机床操作区域 |
|  | 程序操作区域键 |  |
| Off Para | 参数操作区域键 | 按下此键，进入参数操作区域 |
| Prog Man | 程序管理操作区域键 | 按下此键，进入程序管理操作区域 |
|  | 报警 / 系统操作区域键 |  |
|  | 选择转换键 | 一般用于单选、多选框 |

2. 机床控制面板

① SIEMENS 802D 的机床控制面板如图 5-10 所示。

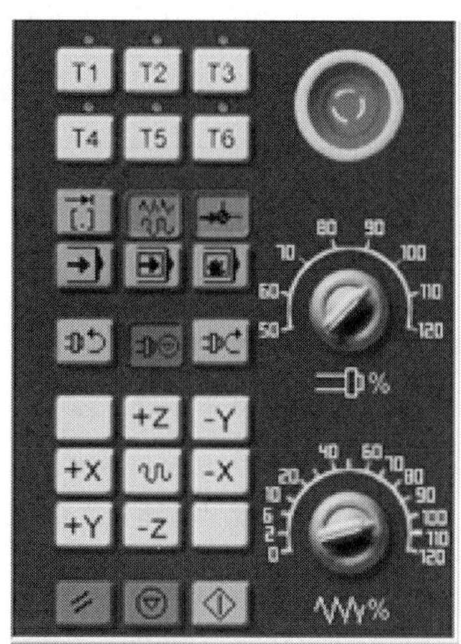


图 5-10　SIEMENS 802D 机床控制面板

② SIEMENS 802D 机床控制面板的按键符号功能见表 5-8。

表 5-8　SIEMENS 802D 机床控制面板的按键符号功能介绍

| 按钮 | 名称 | 功能简介 |
|---|---|---|
|  | 紧急停止 | 当按下急停按钮时，机床移动会立即停止，并且所有的输出如主轴的转动等都将会关闭 |
|  | 增量选择按钮 | 在单步或手轮方式下，用于选择移动距离 |
|  | 手动方式 | 手动方式，连续移动 |
|  | 回参考点方式 | 机床回零；机床必须首先执行回零操作，然后才可以运行 |
|  | 自动 | 进入自动加工模式 |
|  | 单段 | 当此按钮被按下时，运行程序时每次执行一条数控指令 |
|  | 手动数据输入（MDA） | 单程序段的执行模式 |
|  | 主轴正转 | 按下此按钮后，主轴正转 |
|  | 主轴停止 | 按下此按钮后，主轴停止转动 |
|  | 主轴反转 | 按下此按钮后，主轴反转 |
|  | 快速按钮 | 在手动方式下，按下此按钮后，再按下移动按钮则可以快速移动机床 |
| +Z -Z +Y<br>-Y +X -X | 光标移动按钮 | ↑向上移动光标<br>↓向下移动光标<br>←向左移动光标<br>→向右移动光标 |
|  | 复位键 | 按下此键后，可复位 CNC 系统，包括取消报警、主轴故障复位、中途退出自动操作循环和输入、输出过程等 |

续表

| 按钮 | 名称 | 功能简介 |
| --- | --- | --- |
|  | 循环保持 | 程序运行暂停，在程序运行过程中，按下此按钮运行会暂停，主轴仍继续转动。按 键恢复运行 |
|  | 运行开始 | 程序运行开始 |
|  | 主轴倍率修调 | 通过此旋钮，可调节主轴转速倍率 |
|  | 进给倍率修调 | 调节数控程序自动运行时的进给速度倍率，调节范围为0～120%。通过此旋钮，可调节进给倍率 |

### 3. 窗口式操作界面

窗口式操作界面如图5-11所示。在操作界面的右方和下方为选择菜单软件，在一些菜单下还会有多级子菜单，当进入子菜单后，通过点返回键，就可以返回上一级。

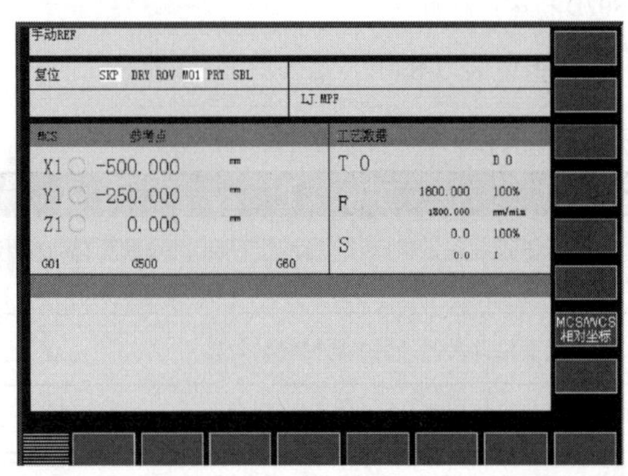


图5-11 窗口式操作界面

## 二、SIEMENS 802D系统的基本操作

### 1. 返回参考点模式

在系统启动后，机床将自动处于“回参考点”模式。在其他模式下，依次按下手动方式 和回零方式 进入“回参考点”模式。

回参考点的操作步骤如下：

① *X*轴回参考点。按下按钮 +X ，*X*轴将回到参考点，在回到参考点后，*X*轴的回零灯将从 变为 ，表示*X*轴回零完成。

② *Y*轴回参考点。按下按钮 +Y ，*Y*轴将回到参考点，在回到参考点后，*Y*轴的回零灯将从 变为 ，表示*Y*轴回零完成。

③ *Z*轴回参考点。按下按钮 +Z ，*Z*轴将回到参考点，在回到参考点后，*Z*轴的回零灯将从 变为 ，表示*Z*轴回零完成。

在系统回参考点前的操作界面如图5-12所示，回参考点后的操作界面如图5-13所示。

### 2. 手动运行模式

手动运行模式说明见表5-9。

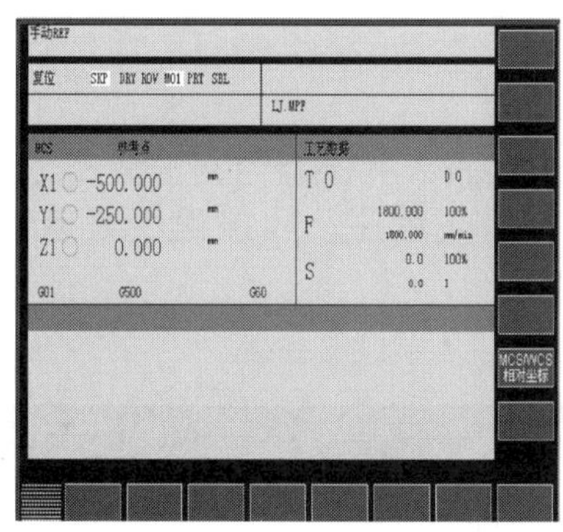

图 5-12　机床回参考点前 CRT 界面图

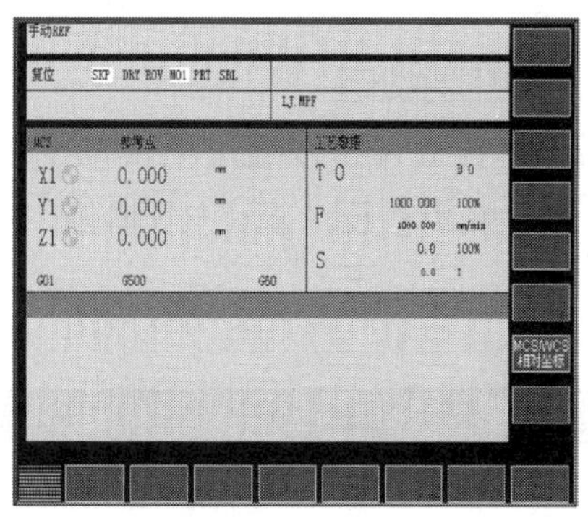

图 5-13　机床回参考点后 CRT 界面图

表 5-9　手动运行模式说明

| 类别 | 说　明 |
| --- | --- |
| JOG 运行模式 | JOG 运行模式的操作步骤如下<br>①按下机床控制面板上的手动方式按钮，进入手动模式<br>②选择进给速率<br>③选择 X、Y、Z 坐标轴的方向键，按下选择的坐标轴方向键按钮，机床上相应的轴会移动<br>快速移动<br>①按下快速移动按钮，进入快速移动模式<br>②选择 X、Y、Z 坐标轴的方向键，按下选择的坐标轴方向键按钮，机床上相应的轴会快速移动<br>增量进给<br>①按下机床控制面板上增量选择按钮，进入增量进给模式<br>②选择进给速率（1 INC，10 INC，100 INC，1000 INC）<br>③按下光标移动按钮，选择正向移动或负向移动，坐标轴将会相应移动一个增量<br>④再次按下增量选择按钮键，系统则会退出增量模式 |
| 手轮模式 | 在手动 / 连续加工或在对刀，需精确调节机床时，可用手动脉冲方式调节机床。手轮模式运行的操作步骤如下<br>①将操作界面切换到加工操作区<br>②按下手动方式按钮进入手动模式，按下增量选择按钮选择手轮进给速率<br>③按下 手轮方式 软键，用软键 X 或 Z 可以选择当前需要用手轮操作的轴<br>④旋转手轮的手柄，可以精确控制机床的移动 |

## 3. MDA 方式

① 按下机床控制面板上键，将机床切换到 MDA 运行方式，如图 5-14 所示，图中左上角显示当前操作为“MDA”模式。

② 使用系统控制面板上的操作键输入指令。

③ 在输入完一段程序后，按下操作面板上的“运行开始”按钮，系统将会运行程序。程序执行完后会自动结束。在程序启动后不可以再对程序进行编辑，只在

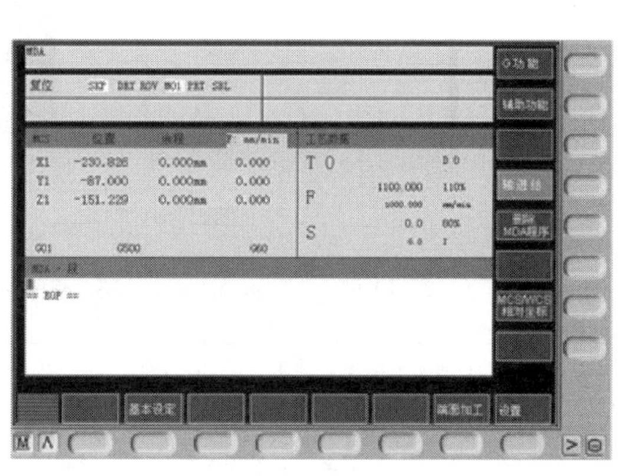

图 5-14　MDA 操作界面

“停止”和“复位”状态下才能编辑。

### 4. 数控程序处理

数控程序处理可以通过记事本或写字板等编辑软件输入并保存为文本格式文件，也可以直接用 SIEMENS 802D 系统内部的编辑器直接输入程序。数控程序处理说明见表 5-10。

表 5-10 数控程序处理说明

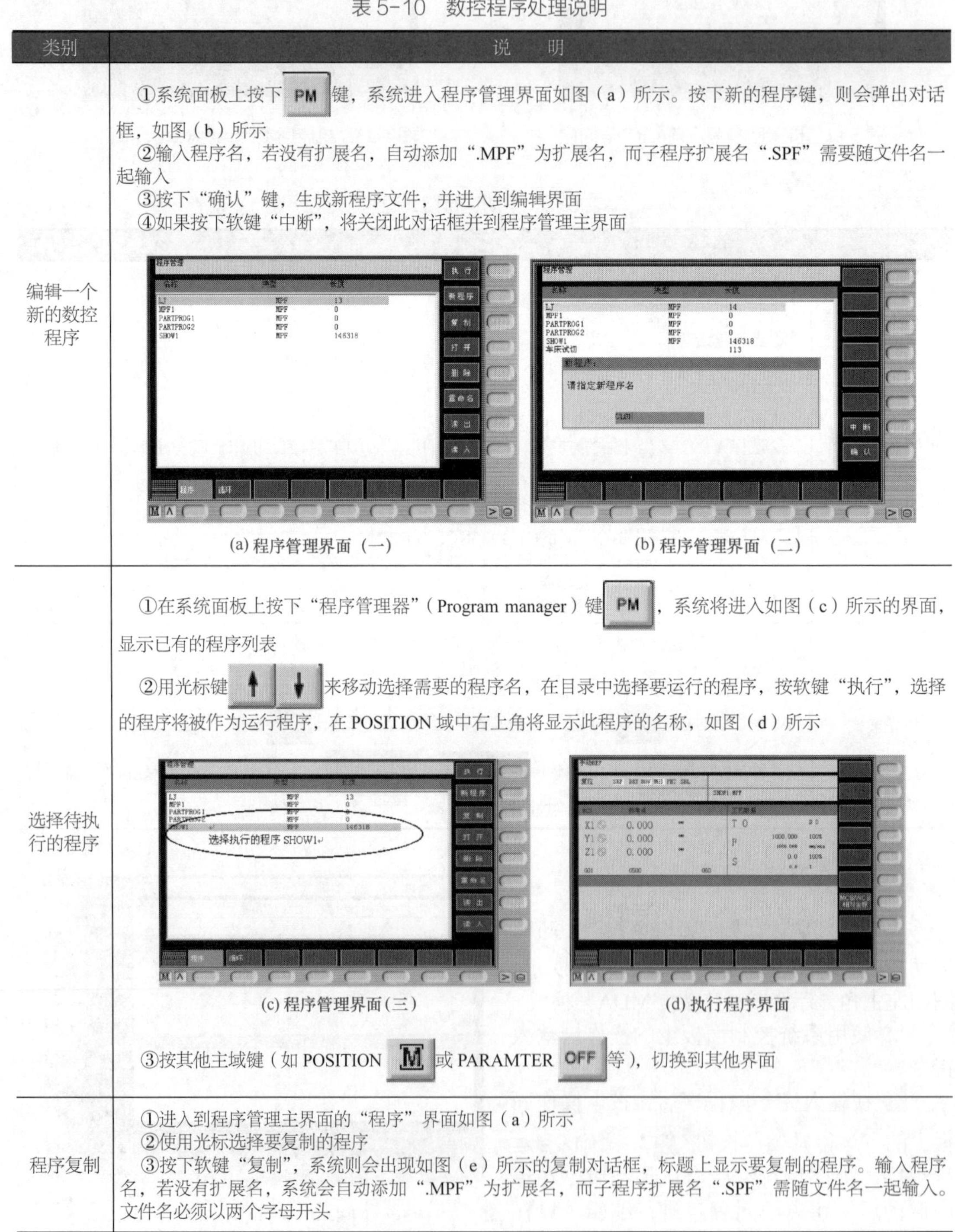

| 类别 | 说明 |
| --- | --- |
| 编辑一个新的数控程序 | ①系统面板上按下 PM 键，系统进入程序管理界面如图（a）所示。按下新的程序键，则会弹出对话框，如图（b）所示<br>②输入程序名，若没有扩展名，自动添加“.MPF”为扩展名，而子程序扩展名“.SPF”需要随文件名一起输入<br>③按下“确认”键，生成新程序文件，并进入到编辑界面<br>④如果按下软键“中断”，将关闭此对话框并到程序管理主界面<br>(a) 程序管理界面（一）　(b) 程序管理界面（二） |
| 选择待执行的程序 | ①在系统面板上按下“程序管理器”（Program manager）键 PM，系统将进入如图（c）所示的界面，显示已有的程序列表<br>②用光标键 ↑ ↓ 来移动选择需要的程序名，在目录中选择要运行的程序，按软键“执行”，选择的程序将被作为运行程序，在 POSITION 域中右上角将显示此程序的名称，如图（d）所示<br>选择执行的程序 SHOW1<br>(c) 程序管理界面(三)　(d) 执行程序界面<br>③按其他主域键（如 POSITION M 或 PARAMTER OFF 等），切换到其他界面 |
| 程序复制 | ①进入到程序管理主界面的“程序”界面如图（a）所示<br>②使用光标选择要复制的程序<br>③按下软键“复制”，系统则会出现如图（e）所示的复制对话框，标题上显示要复制的程序。输入程序名，若没有扩展名，系统会自动添加“.MPF”为扩展名，而子程序扩展名“.SPF”需随文件名一起输入。文件名必须以两个字母开头 |

续表

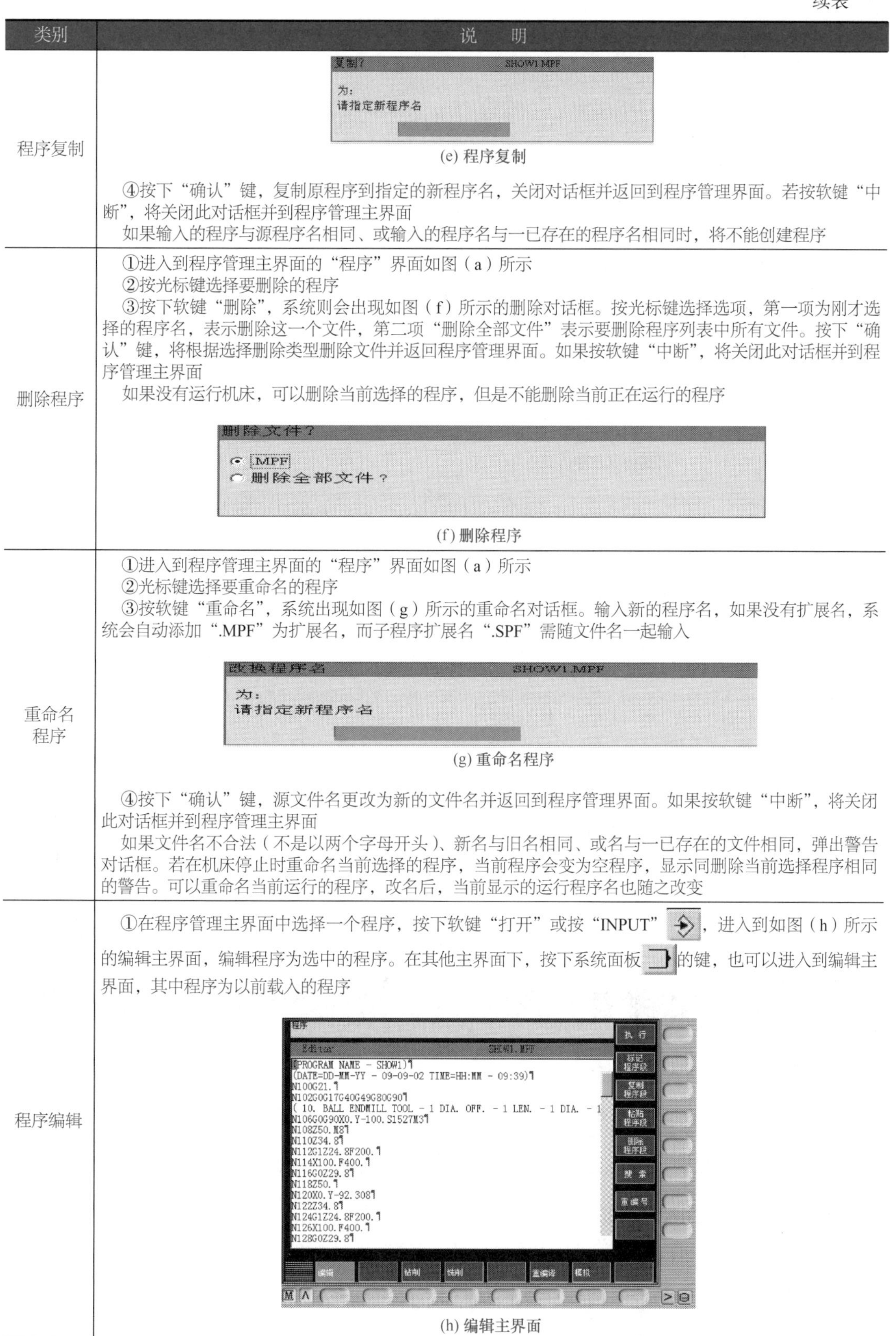

| 类别 | 说　明 |
| --- | --- |
| 程序复制 | (e) 程序复制<br>④按下“确认”键，复制原程序到指定的新程序名，关闭对话框并返回到程序管理界面。若按软键“中断”，将关闭此对话框并到程序管理主界面<br>如果输入的程序与源程序名相同、或输入的程序名与一已存在的程序名相同时，将不能创建程序 |
| 删除程序 | ①进入到程序管理主界面的“程序”界面如图（a）所示<br>②按光标键选择要删除的程序<br>③按下软键“删除”，系统则会出现如图（f）所示的删除对话框。按光标键选择选项，第一项为刚才选择的程序名，表示删除这一个文件，第二项“删除全部文件”表示要删除程序列表中所有文件。按下“确认”键，将根据选择删除类型删除文件并返回程序管理界面。如果按软键“中断”，将关闭此对话框并到程序管理主界面<br>如果没有运行机床，可以删除当前选择的程序，但是不能删除当前正在运行的程序<br>(f) 删除程序 |
| 重命名程序 | ①进入到程序管理主界面的“程序”界面如图（a）所示<br>②光标键选择要重命名的程序<br>③按软键“重命名”，系统出现如图（g）所示的重命名对话框。输入新的程序名，如果没有扩展名，系统会自动添加“.MPF”为扩展名，而子程序扩展名“.SPF”需随文件名一起输入<br>(g) 重命名程序<br>④按下“确认”键，源文件名更改为新的文件名并返回到程序管理界面。如果按软键“中断”，将关闭此对话框并到程序管理主界面<br>如果文件名不合法（不是以两个字母开头）、新名与旧名相同、或名与一已存在的文件相同，弹出警告对话框。若在机床停止时重命名当前选择的程序，当前程序会变为空程序，显示同删除当前选择程序相同的警告。可以重命名当前运行的程序，改名后，当前显示的运行程序名也随之改变 |
| 程序编辑 | ①在程序管理主界面中选择一个程序，按下软键“打开”或按“INPUT”，进入到如图（h）所示的编辑主界面，编辑程序为选中的程序。在其他主界面下，按下系统面板的键，也可以进入到编辑主界面，其中程序为以前载入的程序<br>(h) 编辑主界面 |

续表

| 类别 | 说　明 |
| --- | --- |
| 程序编辑 | ②输入程序，程序将被存储<br>③按下“执行”软键来选择当前编辑程序为运行程序<br>④按下“标记程序段”软键，开始标记程序段，按复制或删除或输入新的字符时将取消标记<br>⑤按下“复制程序段”软键，将当前选中的一段程序复制到剪切板<br>⑥按下“粘贴程序段”软键，当前剪切板上的文本会粘贴到当前的光标位置<br>⑦按下“删除程序段”软键可以删除当前选择的程序段<br>⑧按下“重编号”软键将重新编排行号<br>如果编辑的程序是当前正在执行的程序，则不能输入任何字符 |
| 搜索程序 | （1）整段程序的搜索<br>①切换到程序编辑界面，参考编辑程序<br>②按下软键“搜索”，系统则会弹出如图（i）所示的搜索文本对话框。若需按行号搜索，按软键“行号”，对话框变为如图（j）所示的对话框。<br>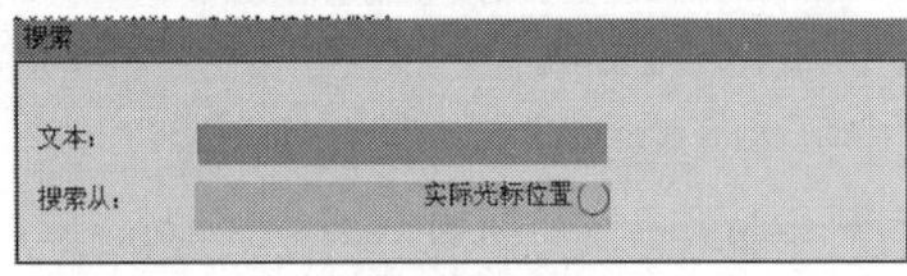<br>(i) 搜索文本对话框<br>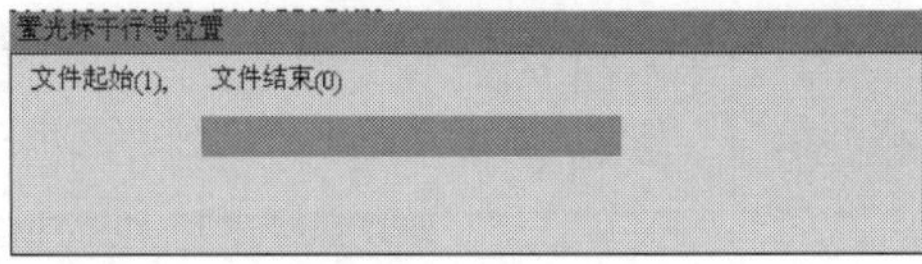<br>(j) 置光标于行号位置对话框<br>③按下“确认”后如果找到了要搜索的字符串或行号，将光标停到此字符串的前面或者是对应行的行首<br>搜索文本时，若搜索不到，主界面将无变化，在底部会显示“未搜索到字符串”。搜索行号时，若搜索不到，光标停到程序尾部<br>（2）程序段的搜索<br>使用程序段搜索功能查找所需要的零件程序中的指定行，且从此行开始执行程序<br>①按下控制面板上的自动方式键切换到如图（k）所示的自动加工主界面<br>②按下软键“程序段搜索”切换到如图（l）所示的程序段搜索窗口，若不满足前置条件，此软键按下无效<br>③按下软键“搜索断点”，光标移动到上次执行程序中止时的程序行上。按软键“搜索”，可从当前光标位置开始搜索或从程序头开始，输入数据后，按“确认”键，则跳到搜索到的位置<br>④按下“启动搜索”软键，界面回到自动加工主界面下，并把搜索到的程序行设置为运行程序行<br>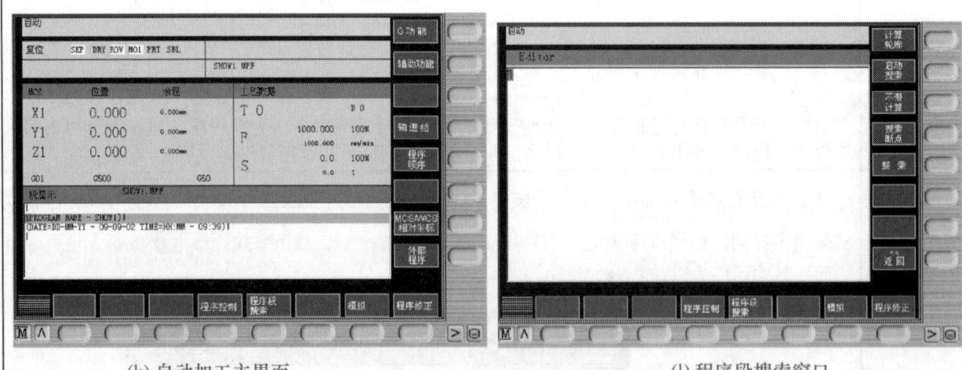<br>(k) 自动加工主界面　　(l) 程序段搜索窗口<br>使用“计算轮廓”可使机床返回到中断点，并返回到自动加工主界面，如果已经使用过一次“启动搜索”，则按下“启动搜索”时，系统会弹出对话框，警告不能启动搜索，需按复位键“RESET”后才可以再次使用“启动搜索” |

## 5. 运行程序时的控制参数

① 使用程序控制机床运行，将已经编辑好的程序选择为待执行的程序。

② 按下控制面板上的自动运行方式键，如果显示屏中当前界面为加工操作区，则系统显示出如图5-15所示的界面，否则仅在左上角显示当前操作模式（“自动”）而界面

不变。

③ 使用软键“程序顺序”可以切换段的 7 行和 3 行显示。

④ 使用软键“程序控制”可设置程序运行的控制选项，如图 5-16 所示。

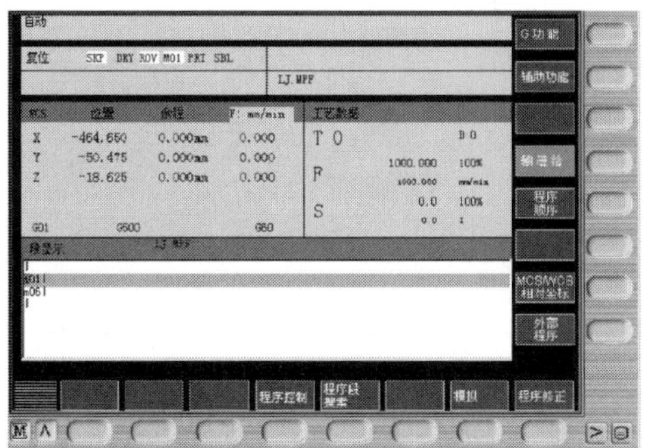

图 5-15　加工操作窗口

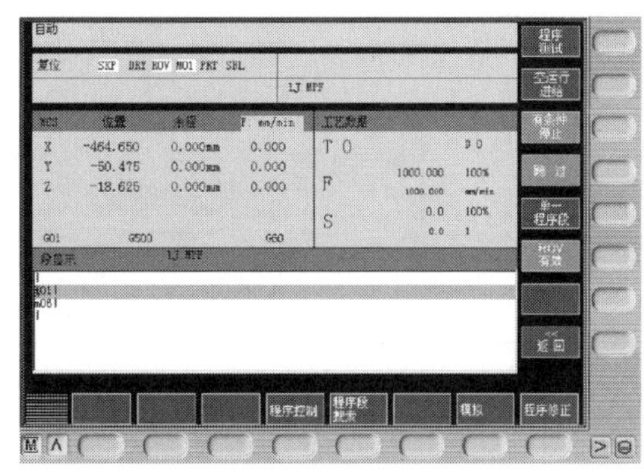

图 5-16　程序控制窗口

按下软键  返回前一界面。右排的软键对应的状态说明如表 5-11 所示。

表 5-11　程序运行方式的软键功能表

| 软键 | 显示 | 说　明 |
|---|---|---|
| 程序测试 | PRT | 在程序测试方式下所有到进给轴和主轴的设定值被禁止输出，机床不会移动，但显示运行数据 |
| 空运行进给 | DRY | 进给轴以空运行设定数据中的设定参数运行，执行空运行进给时编程指令无效 |
| 有条件停止 | M01 | 程序在执行到有 M01 指令的程序时将停止运行 |
| 跳过 | SKP | 前面有斜线标志的程序在程序运行时跳过不予执行（如：/N120G…） |
| 单一程序段 | SBL | 此功能生效时零件程序按如下方式逐段运行：每个程序段逐段解码，在程序段结束时有一暂停，但在没有空运行进给的螺纹程序段时为一例外，在只有螺纹程序段运行结束后才会产生一暂停。单段功能中有处于程序复位状态时才可以选择 |
| ROV 有效 | ROV | 按快速修调键，修调开关对于快速进给也生效 |

## 6. 建立新刀具的操作（表 5-12）

表 5-12　建立新刀具的操作

| 操作步骤 | 说　明 |
|---|---|
| 建立新刀具操作 | 建立新刀具操作步骤如下<br>①如果当前界面不是在参数操作区，则按系统面板上的参数操作区域键，切换到参数操作区<br>②按下软键“刀具表”，切换到刀具表界面，如图（a）所示<br>③按下软键“新刀具”，切换到新刀具界面，如图（b）所示<br>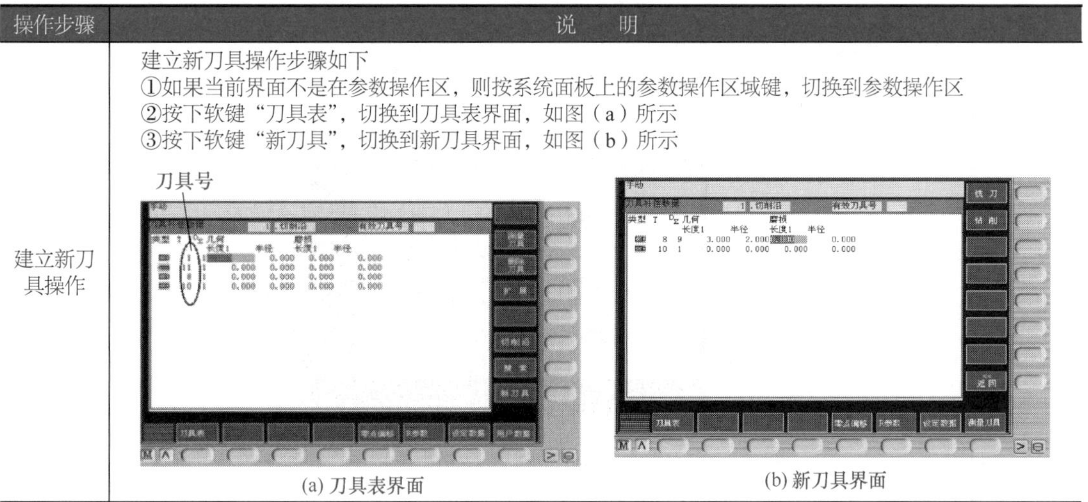<br>刀具号<br>(a) 刀具表界面　(b) 新刀具界面 |

续表

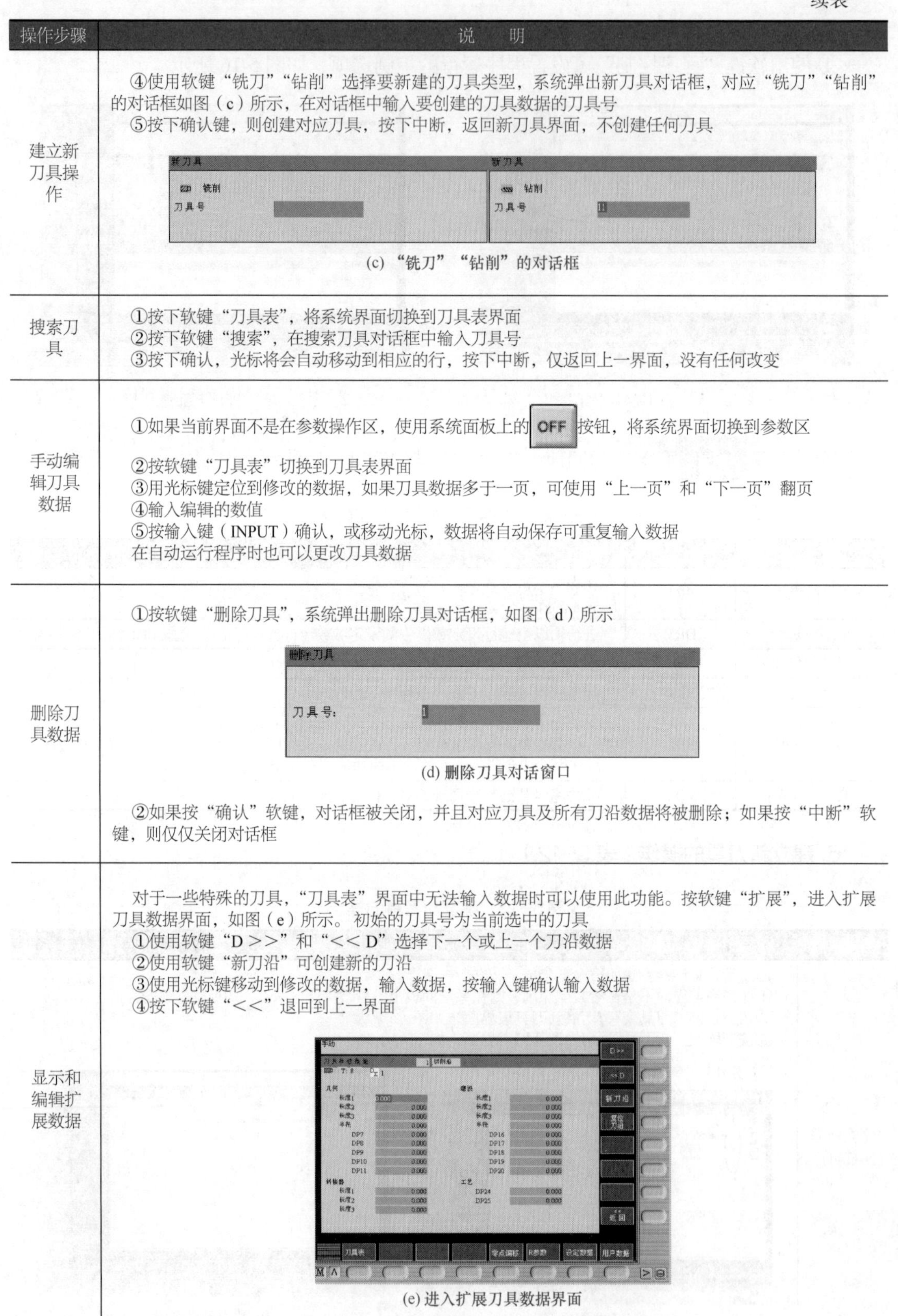

| 操作步骤 | 说　明 |
| --- | --- |
| 建立新刀具操作 | ④使用软键“铣刀”“钻削”选择要新建的刀具类型，系统弹出新刀具对话框，对应“铣刀”“钻削”的对话框如图（c）所示，在对话框中输入要创建的刀具数据的刀具号<br>⑤按下确认键，则创建对应刀具，按下中断，返回新刀具界面，不创建任何刀具<br>(c)“铣刀”“钻削”的对话框 |
| 搜索刀具 | ①按下软键“刀具表”，将系统界面切换到刀具表界面<br>②按下软键“搜索”，在搜索刀具对话框中输入刀具号<br>③按下确认，光标将会自动移动到相应的行，按下中断，仅返回上一界面，没有任何改变 |
| 手动编辑刀具数据 | ①如果当前界面不是在参数操作区，使用系统面板上的 OFF 按钮，将系统界面切换到参数区<br>②按软键“刀具表”切换到刀具表界面<br>③用光标键定位到修改的数据，如果刀具数据多于一页，可使用“上一页”和“下一页”翻页<br>④输入编辑的数值<br>⑤按输入键（INPUT）确认，或移动光标，数据将自动保存可重复输入数据<br>在自动运行程序时也可以更改刀具数据 |
| 删除刀具数据 | ①按软键“删除刀具”，系统弹出删除刀具对话框，如图（d）所示<br>(d) 删除刀具对话窗口<br>②如果按“确认”软键，对话框被关闭，并且对应刀具及所有刀沿数据将被删除；如果按“中断”软键，则仅仅关闭对话框 |
| 显示和编辑扩展数据 | 对于一些特殊的刀具，“刀具表”界面中无法输入数据时可以使用此功能。按软键“扩展”，进入扩展刀具数据界面，如图（e）所示。初始的刀具号为当前选中的刀具<br>①使用软键“D >>”和“<< D”选择下一个或上一个刀沿数据<br>②使用软键“新刀沿”可创建新的刀沿<br>③使用光标键移动到修改的数据，输入数据，按输入键确认输入数据<br>④按下软键“<<”退回到上一界面<br>(e) 进入扩展刀具数据界面 |

| 操作步骤 | 说　明 |
|---|---|
| 创建新刀沿 | ①将系统界面切换到刀具表界面，按下软键“切削沿”，切换到如图（f）所示界面<br>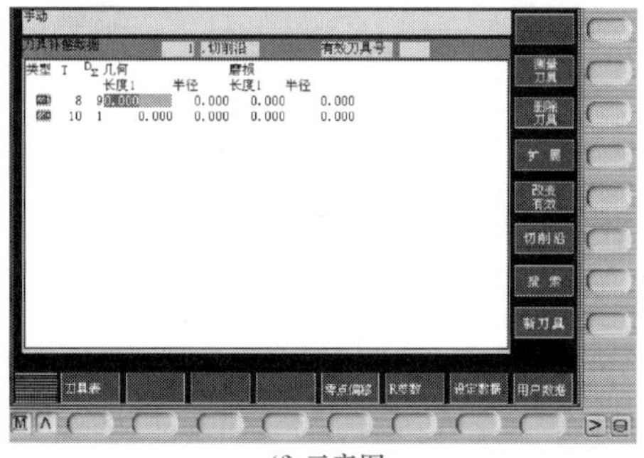<br>(f) 示意图<br>②使用软键“新刀沿”，为当前刀具创建一个新的刀沿数据，且当前刀沿号变为新的刀沿号（刀沿号不得超过 9 个）<br>③按“返回”，返回到刀具表界面 |

### 7. 坐标系切换

使用此功能可以改变当前显示的坐标系。当前界面不是“加工”操作区，按“加工操作区域键”M，切换到加工操作区。切换机床坐标系，按软键 MCS/WCS 相对坐标，系统出现如图 5-17 的界面。

① 按下软键 相对实际值，可切换到相对坐标系。

② 按下软键 工件坐标，可切换到工件坐标系。

③ 按下软键 机床坐标，可切换到机床坐标系。

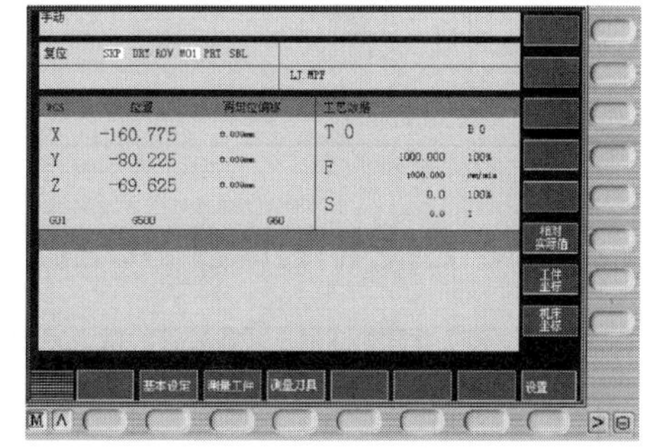

图 5-17　示意图

### 8. 自动运行程序（表 5-13）

表 5-13　自动运行程序说明

| 类别 | 说　明 |
|---|---|
| 程序自动加工流程 | ①首先检查机床是否机床回零。如果未回零，需先将机床回零<br>②使用程序控制机床运行，将已经编辑好的程序选择为待执行的程序<br>③按下控制面板上的自动方式键，如果显示屏上当前界面为加工操作区，系统则会显示出如图（a）所示的界面，不然仅在左上角显示当前操作模式（“自动”）而界面不变<br>④按下启动键开始执行程序<br>⑤程序执行完毕，再次按启动键，程序从头开始运行<br>(a) |

续表

| 类别 | 说　明 |
|---|---|
| 程序中断运行 | 数控程序在运行过程中可根据需要暂停、停止、急停和重新运行<br>①数控程序在运行过程中，按下“循环保持”按钮，程序暂停运行，机床保持暂停运行时的状态。当再次按下“运行开始”按钮时，程序将从暂停行开始继续运行<br>②数控程序在运行过程中，按下“复位”按钮，程序停止运行，机床停止，当再次按下“运行开始”按钮时，程序将从暂停行开始继续运行<br>③数控程序在运行过程中，按下“急停”按钮，数控程序中断运行，继续运行时需先将急停按钮松开，当再次按下“运行开始”按钮时，剩余下的数控程序从中断行开始作为一个独立的程序运行 |
| 单段程序运行方式 | ①检查机床是否机床回零。如果未回零，要先将机床回零<br>②选择一个可以自动加工的数控程序（主程序和子程序需分别选择）<br>③按下操作面板上的按钮，使其指示灯变亮，机床进入自动加工模式<br>④按下操作面板上的按钮，使其指示灯变亮<br>⑤每按下一次“运行开始”按钮，数控程序执行一段，可以通过主轴倍率旋钮和进给倍率旋钮来调节主轴旋转的速度和移动的速度<br>数控程序执行后，按下操作面板上的“复位”按钮就可以回到程序起始部分 |

## 三、SIEMENS 802D 数控系统的对刀

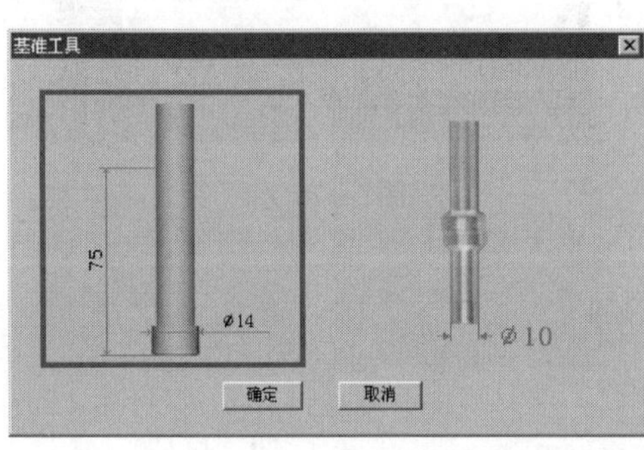


图 5-18　基准工具

数控程序一般按工件坐标系编程，对刀的过程就是建立工件坐标系与机床坐标系之间的关系的过程。

### 1. *X*、*Y* 轴的对刀

铣床及加工中心在 *X*、*Y* 方向对刀时一般使用的是基准工具。基准工具主要包括“刚性靠棒”和“寻边器”两种，如图 5-18 所示。这里我们主要介绍刚性靠棒基准工具的使用方法。

刚性靠棒采用检查塞尺松紧的方式对刀，具体过程见表 5-14。

表 5-14　采用检查塞尺松紧的方式对刀

| 类别 | 说　明 |
|---|---|
| *X* 轴方向对刀 | ①按下操作面板中的按钮进入“手动”方式；以“视图”菜单中的动态旋转、动态缩放、动态平移等工具，通过按 -X +X、-Y +Y、-Z +Z 按钮，将机床移动到如图（a）所示的大致位置。移动到大致位置后，可以采用手轮调节方式移动机床，使用塞尺检查基准工具和零件之间的距离。在机床下方显示如图（b）所示的局部放大图<br>②按下系统面板的 手轮 按钮，选择手轮对应轴旋钮置于 X 挡，调节手轮进给量旋钮，通过旋转手轮手柄精确移动零件。逆时针选择，机床向负方向移动；顺时针选择，机床向正方向移动，直到塞尺抽不出为止，如图（c）所示 |

续表

<table>
<tr><th>类别</th><th>说　　明</th></tr>
<tr><td>X 轴方向对刀</td><td>

(a) 靠近工件示意图

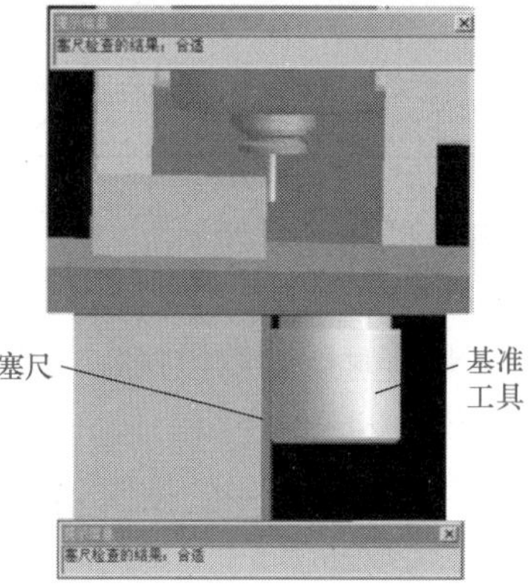


(b) 对刀示意图

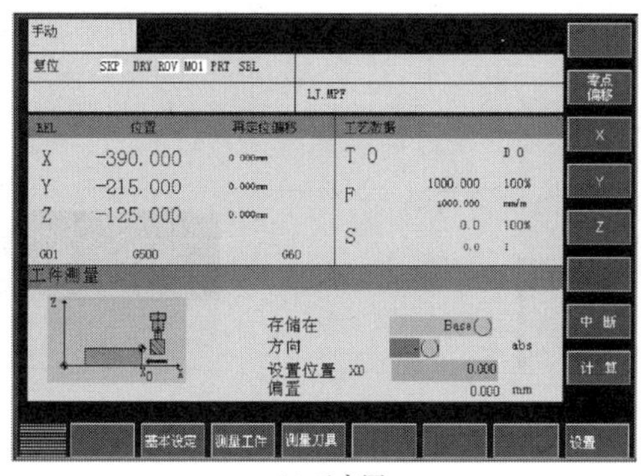


(c) 示意图

③将工件坐标系原点到 X 方向基准边的距离记为 $X_2$，将塞尺厚度记为 $X_3$，将基准工具直径记为 $X_4$，将 $(X_2+X_3+X_4)/2$ 记为 $D_X$

④按下软键测量工件，进入“工件测量”界面，如图（c）所示

⑤按下光标键或使光标停留在“存储在”栏中

⑥在系统面板上点击按钮，选择用来保存工件坐标系原点的位置（此处选择了 G54）

⑦按下按钮将光标移动到“方向”栏中，并通过点击按钮，选择方向（此处应该选择“-”）

⑧按下按钮将光标移至“设置位置 X0”栏中，并在“设置位置 X0”文本框中输入 $D_X$ 的值，并按下输入键

⑨按下软键计 算，系统将会计算出工件坐标系原点的 X 分量在机床坐标系中的坐标值，并将此数据保存到参数表中
</td></tr>
<tr><td>Y 轴的对刀</td><td>Y 轴对刀和 X 轴对刀的方法相同</td></tr>
</table>

续表

| 类别 | 说明 |
|---|---|
| X轴、Y轴对刀注意事项 | ①使用点动方式移动机床时，手轮的选择旋钮需置于“OFF”挡<br>②完成X、Y方向对刀后，需将塞尺和基准工具收回<br>③塞尺有各种不同尺寸，可以根据需要调用 |

## 2. 轴的对刀

数控铣、加工中心对Z轴对刀时采用的是实际加工时所要使用的刀具。Z轴对刀的方法有多种，其中包括Z轴对刀器、塞尺等，这里主要介绍一下使用塞尺对刀。

塞尺对刀法的操作如下：

① 按下操作面板中的按钮进入“手动”方式；通过按-X +X、-Y +Y、-Z +Z按钮，将机床移动到大致位置，如图5-19所示。

② 按下系统面板的手轮按钮，选择手轮对应轴旋钮并置于Z挡，调节手轮进给量旋钮，通过旋转手轮手柄精确移动零件，直到塞尺抽不出为止，如图5-20所示。

图5-19 靠近工件

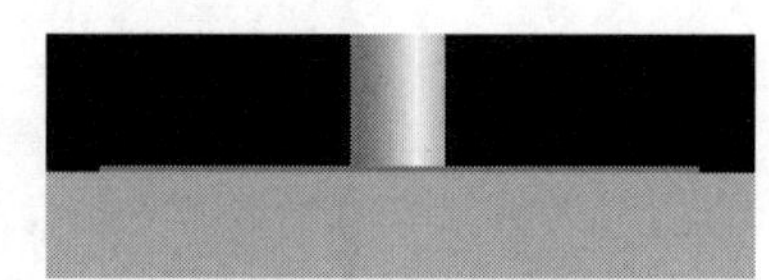

图5-20 精确移动零件

③ 按下软键测量工件，进入“工件测量”界面，按下软键Z。在系统面板上使用选择用来保存工件坐标原点的位置。

④ 使用移动光标，在“设置位置Z0”文本框中输入塞尺厚度，并按下输入键。

⑤ 按下软键“计算”，就能得到工件坐标系原点的Z分量在机床坐标系中的坐标，此数据将被自动记录到参数表中。

# 第六章
# 铣削平面与连接面

## 第一节 铣 平 面

铣平面是铣加工中的基础性切削工作，它可以在卧式铣床上铣削，也可以在立式铣床上铣削。根据被铣削面与基准面的位置关系可分为铣平面和铣斜面等。如图 6-1（a）、（b）、（c）所示分别为在卧式铣床上安装圆柱铣刀铣削，在卧式铣床上安装端铣刀铣削，在立式铣床上安装端铣刀，用立铣铣削。

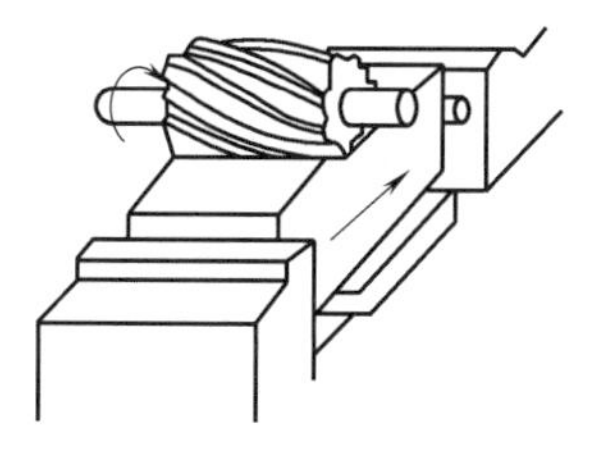
(a) 圆柱铣刀铣削

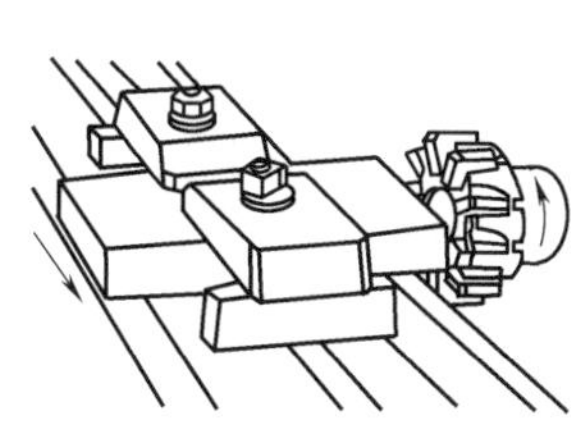
(b) 端铣刀铣削

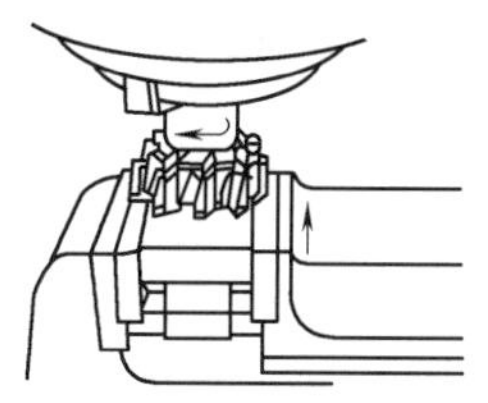
(c) 立铣铣削

图 6-1　平面铣削方法

### 一、铣削平面的主要步骤

铣削平面的主要步骤有以下几点：

① 读工件图样。检查毛坯尺寸。

② 安装机用虎钳，调整固定钳口位置。

③ 选择和安装铣刀。

④ 选择并调整铣削用量。

⑤ 安装并找正工件。由于被夹持表面是毛坯面，所以钳口处应垫上铜皮。使用划针盘找正工件。

⑥ 调整和安置工作台纵向自动进给停止挡铁的位置。
⑦ 铣削前对刀工作，如图 6-2 所示。
⑧ 铣削完毕后，停车、降落工作台并退出工件。
⑨ 测量并卸下工件。

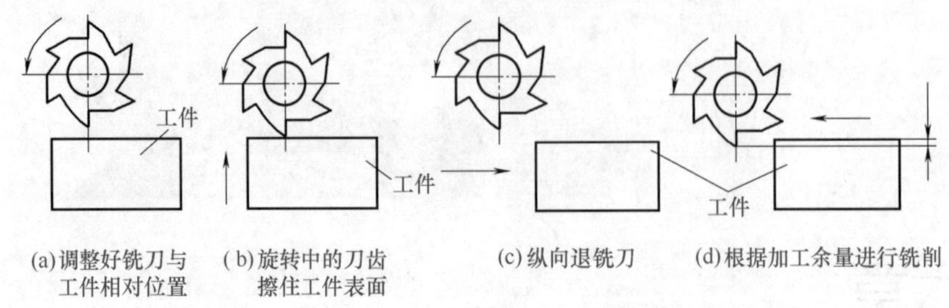


(a) 调整好铣刀与工件相对位置　(b) 旋转中的刀齿擦住工件表面　(c) 纵向退铣刀　(d) 根据加工余量进行铣削

图 6-2　铣削前对刀工作

## 二、铣削平面的常用刀具

### 1. 高速钢铣刀（表 6-1）

表 6-1　高速钢铣刀

| 类别 | 说　　明 |
|---|---|
| 圆柱铣刀 | 标准圆柱铣刀是用周边铣削法加工平面的主要刀具。圆柱铣刀有粗齿和细齿两种，如图 6-3 所示，粗齿圆柱铣刀螺旋角和容屑槽比较大，铣削比较平稳，一次可铣去较多的余量，可用于平面粗、精加工，但刃磨比较困难；细齿圆柱铣刀螺旋角和容屑槽比较小，铣刀的圆柱度比较好，适用于平面的精加工 |
| 面铣刀 | 面铣刀又称端铣刀，是用端面铣削法加工平面的主要刀具。标准的面铣刀有套式面铣刀和镶齿套式面铣刀两种。镶齿面铣刀的刀体是结构钢，可制作较大直径的刀具，因此在生产中通常都使用这种面铣刀。在加工平面宽度较小、精度要求较高的修配零件时，可选用整体的面铣刀 |

### 2. 硬质合金可转位面铣刀

铣削平面还常选用可转位面铣刀，如图 6-4 所示。可转位面铣刀的刀片形状常用的有三角形、方形和圆形，如图 6-5 所示。刀片的装夹方式有前楔块夹紧和后楔块夹紧，如图 6-6 所示。铣削常用的硬质合金主要有两类，钨钴类硬质合金（YG）主要用于加工铸铁材料，粗铣时常选用 YG6、YG8，精铣时常选用 YG3。钨钴钛类硬质合金（YT）用于加工一般钢料，粗铣时常选用 YT5，精铣时常选用 YT15、YT30。

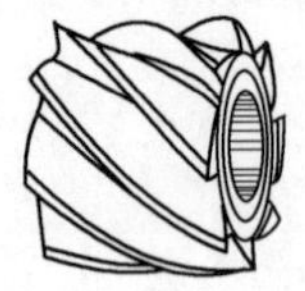

(a) 粗齿圆柱铣刀

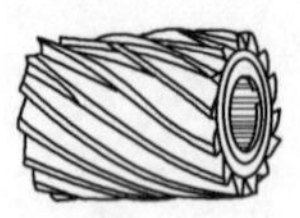

(b) 细齿圆柱铣刀

图 6-3　圆柱铣刀

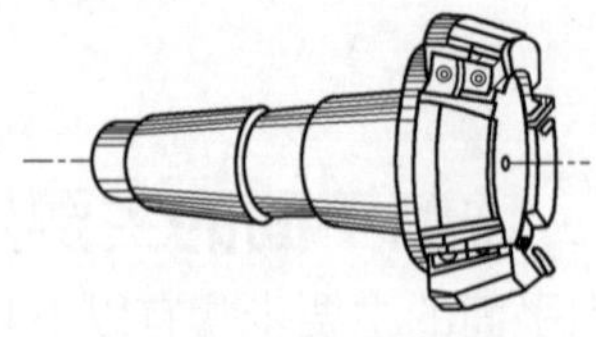

图 6-4　可转位面铣刀

### 3. 平面高速铣削刀具

高速铣削是指使用硬质合金刀具，以达到充分发挥刀具的切削性能，利用比高速钢刀具高得多的切削速度来提高生产效率的一种切削方法。目前端铣平面已大量采用高速铣削，常用的平面高速铣削刀具有以下几种，见表 6-2。

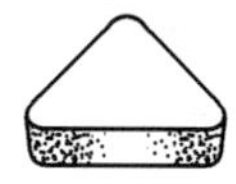
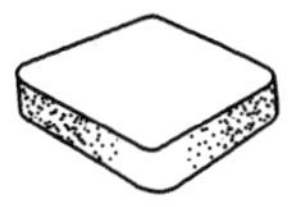
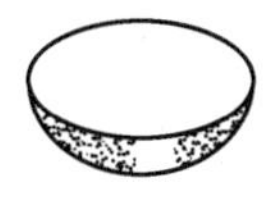

图 6-5　可转位面铣刀刀片形状

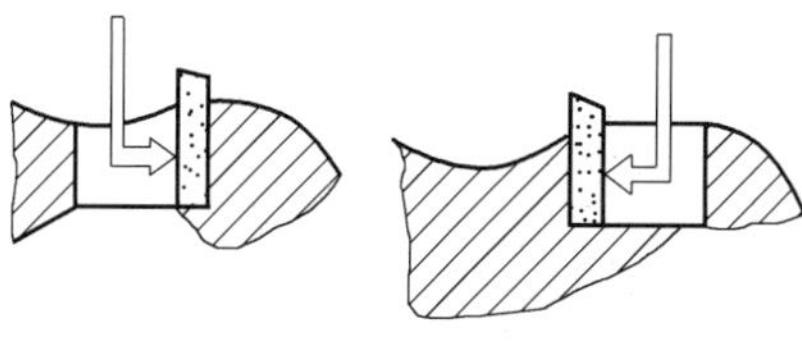


图 6-6　刀片装夹方式

表 6-2　常用的平面高速铣削刀具

| 类别 | 说　明 |
|---|---|
| 正前角铣刀 | 正前角的铣刀具有齿刃锋利、切削力小的优点，如图 6-7(a) 所示可以看出，因切削抗力汇集在刀尖上，使性脆的硬质合金非常容易崩碎，所以正前角铣刀适用于铣削强度较低的材料和振动较小的场合，一般适用于精铣加工 |
| 负前角铣刀 | 如图 6-7（b）所示为负前角刀具，切削时不是刀尖先切入，而是前刀面先接触工件推挤金属层，并且切削抗力 $F_r$ 不是作用在刀尖上，而是作用在离开刀尖的前刀面上，从而提高了刀具的抗振能力和强度。同时负前角会加剧切屑的变形，使切削热增加而提高切削层温度，使加工处材料软化，有利于铣削加工，提高表面加工质量 |
| 正前角带负倒棱铣刀 | 如图 6-7（c）所示为正前角带负倒棱铣刀切削时的受力情况。带负倒棱的目的在于改善正前角刀具的受力情况，使正前角铣刀既能保持切削轻快的优点，又有足够的强度。因此，当机床、夹具和工件的刚度不足时，采用这种形式的刀具比较有利 |

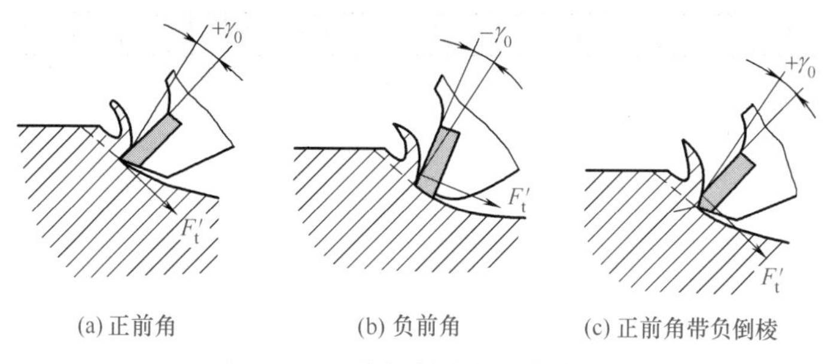


图 6-7　刀片切削时的受力情况

## 三、装夹工件

在铣床上加工平面，一般可用机用虎钳装夹工件；当工件尺寸较大或形状较复杂时，常采用螺钉、压板直接把工件装夹在工作台上；在大批量生产中，为提高生产效率，可使用专用夹具。

## 四、用圆柱铣刀铣削平面

### 1. 铣刀的选择

用圆柱铣刀铣削平面时，铣刀的宽度应大于加工表面的宽度，这样可以在一次进给铣削中铣出整个加工表面，如图 6-8 所示。粗加工时，切去的金属余量较大，工件加工表面的质量要求一般，应选择粗齿铣刀；精加工时去除的金属量较小，工件表面的质量要求较高，应选择细齿铣刀。

### 2. 铣刀的安装

为了增加铣刀切削工件时的刚性，铣刀应尽量靠近床身一方安装，挂架应尽量靠近铣刀安装。由于铣刀的前刀面形成切削，铣刀应向着前刀面的方向旋转切削工件，否则会因刀具不能正常切削而崩坏刀齿。如图 6-9 所示为两种不同旋向圆柱铣刀的安装。

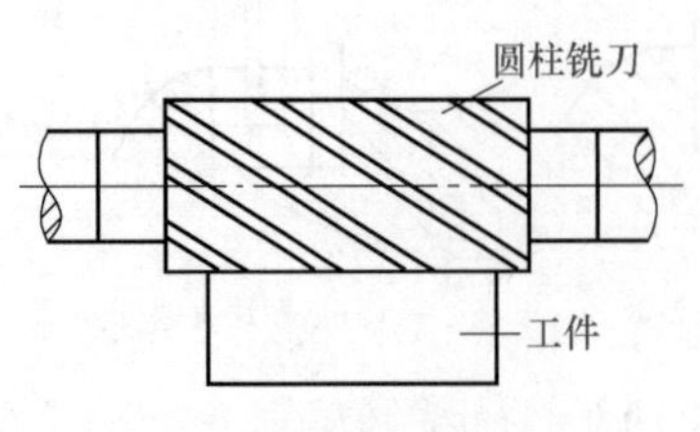


图 6-8　圆柱铣刀选用

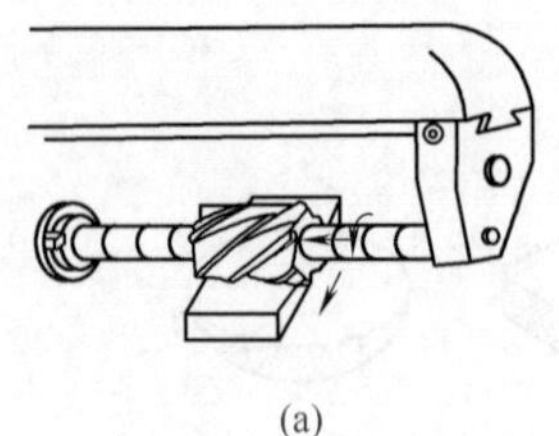
(a)

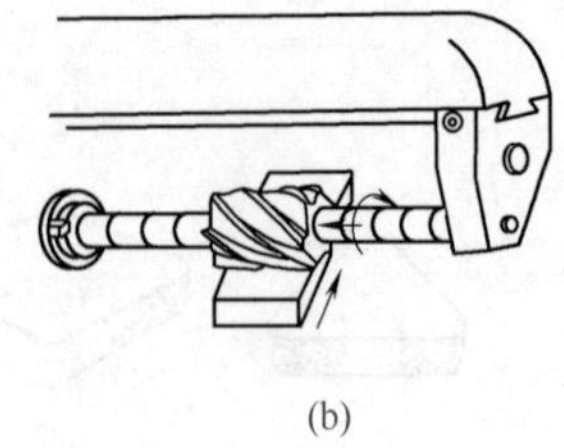
(b)

图 6-9　铣刀的安装

### 3. 两种不同的铣削方式

如图 6-10 所示是铣平面过程中铣床工作台丝杠与丝杠螺母的传动示意图，这时，如果用双手顺着工作台运动的 *S* 方向用力一推，发现工作台会向 *S* 方向窜动一小段距离。如果朝与 *S* 相反的方向推，工作台就不会窜动。这就说明丝杠、螺母传动机构存在间隙。丝杠在螺母中沿 *S* 方向前进时，是依靠丝杠螺纹的左侧面和螺母螺纹的右侧面进行斜面滑移而向前运动的，所以间隙产生在丝杠螺纹的右侧面和螺母螺纹的左侧面之间。由于丝杠和螺母在相互运动中的磨损，这个间隙将逐渐扩大。详细地了解这个问题，对于今后的铣削工作有着重要的意义。

在卧式铣床上使用圆柱铣刀铣削平面的方式有两种，见表 6-3。

表 6-3　周铣平面中两种不同的铣削方式

| 类别 | 说　明 |
|---|---|
| 顺铣 | 铣刀旋转方向与工件进给方向相同，如图 6-10（a）和图 6-11（a）所示这种铣法称顺铣法。<br>顺铣时，铣刀刀齿作用在工作台上的力与工作台前进的方向相一致，就好比朝 *S* 方向推了一下，工作台同样要向前移动一小段距离，这个距离就等于丝杠和螺母之间间隙的大小。这样，就使铣刀突然切入被加工表面而出现深啃现象，如图 6-12 所示，使铣刀杆和铣床传动机构受到冲击，甚至引起铣刀齿折断或长铣刀杆变弯曲<br>顺铣也有其优点，例如，逆铣时，刀刃在加工表面上滑动一小段距离才切入工件，切屑由薄而厚，刀刃容易磨损；顺铣时，刀刃一开始就切入工件，切屑由厚而薄，故刀刃比逆铣磨损小，铣刀耐用度高。逆铣时，铣削力的一个分力的方向朝上，铣削力将工件从夹具中拉起，不利于铣削；顺铣时，这个力的方向朝下，有压住工件的作用，因而这个力是有利的。另外，顺铣还具有加工表面质量好、送进动力小、切削表面没有硬化层等优点，所以，在能避免铣削力拉动铣床工作台产生窜动的轻力铣削中，可采用顺铣法铣削 |
| 逆铣 | 铣刀旋转方向与工件进给方向相反，如图 6-10（b）和图 6-11（b）所示这种铣法称逆铣法。<br>逆铣时，铣削力与工作台运动方向相反，在铣削力的作用下，丝杠与螺母总是保持紧密的接触，而不会松动，这时，上述的不利于铣削的现象也就不会出现。所以，在铣床上通常都采用逆铣的方法来加工 |

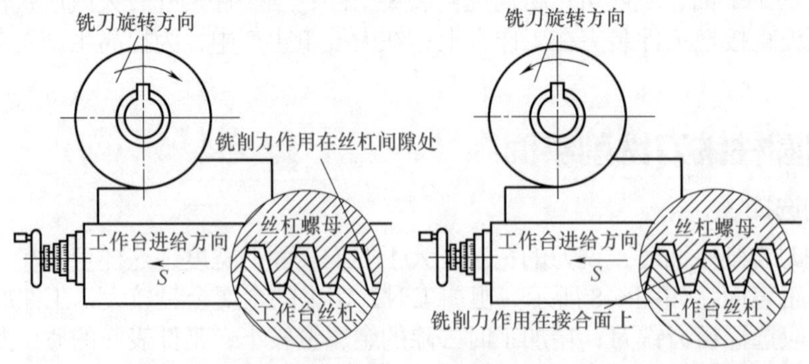


(a) 铣刀旋转方向与工作台进给方向相同　　(b) 铣刀旋转方向与工作台进给方向相反

图 6-10　两种不同的切削

### 4. 工件加工精度的方法

平面的加工精度包括直线度、平面度和表面粗糙度等，为了保证平面工件的加工精度，需要注意以下几个方面，见表 6-4。

(a) 顺铣

(b) 逆铣

图 6-11　顺铣与逆铣

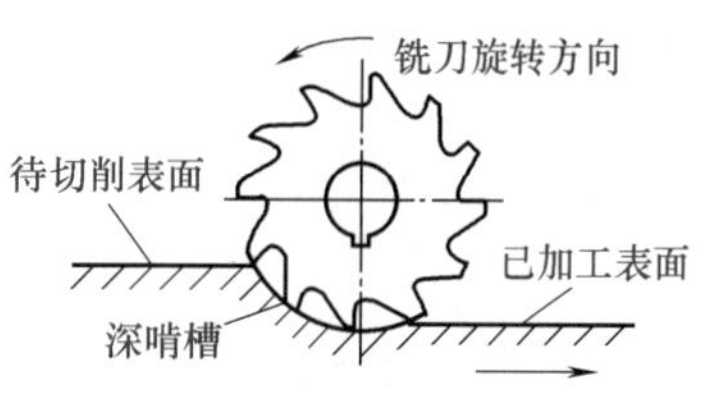


图 6-12　已加工表面出现深啃槽

表 6-4　工件加工精度的方法

| 类别 | 说　明 |
|---|---|
| 控制好圆柱铣刀的径向圆跳动 | 圆柱铣刀的径向跳动，会造成切削深度不均匀和加工表面出现波纹，而使表面粗糙度增大。所以，必须把圆柱铣刀的径向圆跳动控制在一定范围内<br>普通圆柱铣刀的径向圆跳动不得超过 0.03mm，它可以用百分表进行检查。检查时，用扳手扳动长铣刀杆上的螺母如图 6-13（a）所示，或用扳手扳动主轴前端的凸键如图 6-13（b）所示，使铣刀杆缓慢反转，百分表在各刀齿最高点的最大读数与最小读数之差，就是铣刀的径向圆跳动。圆柱铣刀出现径向圆跳动超差的原因主要是长铣刀杆弯曲或刃磨铣刀中的误差 |
| 圆柱铣刀铣平面出现深啃槽及预防 | 圆柱铣刀铣平面中出现的深啃槽（图 6-12），有时多而细浅，有时大而深并且很明显，但无论哪种形式的深啃槽，都会严重影响被加工表面质量。为了保证被加工工件的精度，应注意以下事项<br>①铣削中途，没下降工作台前，不要停止进给，否则，因铣削力突然改变，而使铣刀下沉在正进行切削的表面，而形成明显凹坑（出现深啃槽后，若还有加工余量，可补充切削一次）。所以每次铣削完毕，将工件退回前，必须降低工作台，以免铣刀在已加工表面拉出印痕<br>②顺铣和逆铣这两种切削方法要选择和调整好，如顺铣中工作台的突然窜动，会使被加工表面出现深啃槽<br>③要控制好圆柱铣刀的径向圆跳动，若跳动量超过允许范围，在走刀中会留下周期变化的深啃槽<br>④铣削过程中要预防工件和铣刀的振动或颤动 |
| 预防铣削中产生振动或工件颤动 | 铣平面中的振动或工件颤动，都会严重影响工件的表面质量，甚至无法加工，这主要是由于工件、夹具或铣床的安装、调整不当而引起的，出现这种情况后必须找出原因，然后设法消除 |
| 控制好圆柱铣刀的圆柱度误差 | 在卧式铣床上使用圆柱铣刀铣平面，所铣出表面平面度误差的大小主要取决于圆柱铣刀的圆柱度误差。若使用两端直径小、中间直径大的铣刀时，铣出的表面却成为凹面；反之，若使用两端直径大而中间直径小的铣刀时，铣出的表面却成为凸面。因此，在精铣平面中，要注意对圆柱铣刀进行检查 |

(a) 检查情况Ⅰ

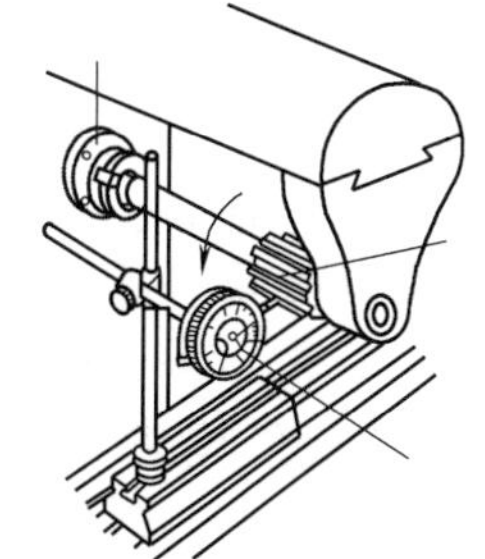
(b) 检查情况Ⅱ

图 6-13　检查铣刀径向圆跳动

## 五、用端铣刀铣平面

下面介绍端铣刀［以 X5023（X52K）型为例］在立式铣床上铣平面的方法。

### 1. 铣刀的选择

用端铣刀铣削平面，为了使加工的平面在一次进给铣削中铣出整个加工表面，铣刀的直径应等于被加工表面宽度的1.2～1.5倍，如图6-14所示；粗加工时，切去的金属余量较大，加工强度大时，可选择转位硬质合金刀片端铣刀；精加工时，去除的金属量较小，工件表面的质量要求较高，或加工强度不大时可选择套式端铣刀。

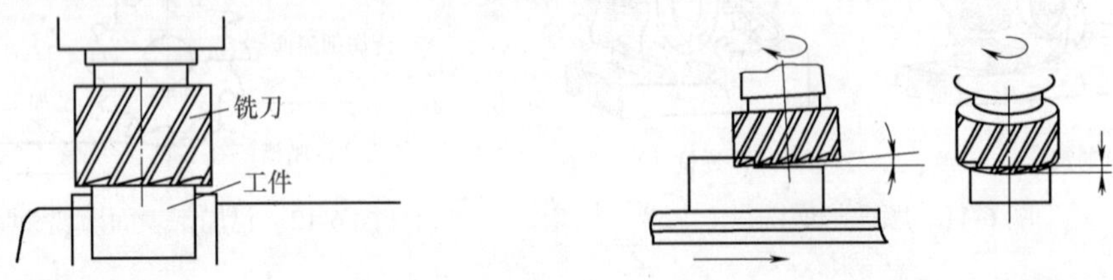


图6-14　端铣刀直径应大于加工面宽度　　　　图6-15　在立式铣床上端铣刀铣出凹面

## 2. 铣刀的安装

用端铣刀铣平面时，要保证立铣头主轴轴线与工作台面垂直，如果不垂直，用纵向进给铣削工件时，会铣出一个凹面，如图6-15所示，影响加工面的平面度，可以用锥度芯轴和直角尺按图6-16所示的方法进行校正，校正时将角尺外测量面轻轻靠近芯轴的圆柱面，观察角尺外测量和芯轴的圆柱面是否密合或间隙是否均匀，确定立铣头的主轴轴心与工作台面是否垂直，测量时应分别在纵向和横向两个方向上检测。校正合格后将立铣头壳体与主轴座体的紧固螺母拧紧即可。

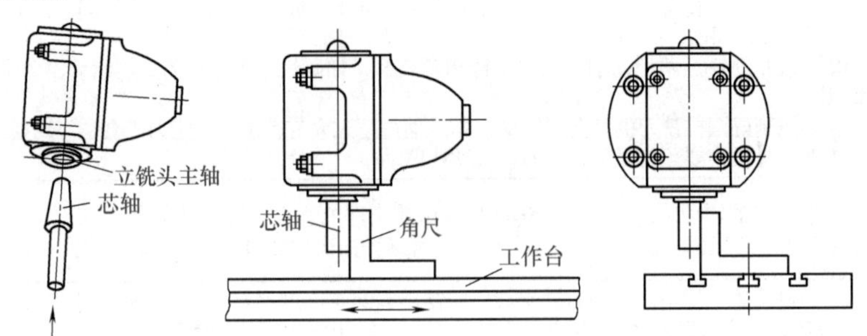


图6-16　用角尺校正立铣头主轴轴心线与工作台垂直

## 3. 端铣时的铣削方式

端铣时，根据铣刀与工件的相对位置不同，可分为对称铣削和不对称铣削两种不同的铣削方式。当铣刀的中心与工件铣削层宽度的中心一致时称为对称端铣；当铣刀的中心与工件铣削层宽度的中心不一致时称为不对称端铣。如图6-17所示。对称铣削时，工件铣削层宽度在铣刀轴线的两边各占一半，左半部分为进刀部分是逆铣，右半部分为出刀部分是顺铣。工作台在进给方向不会产生突然拉动现象，但工作台横向会产生突然拉动现象，所以铣削前必须锁紧横向工作台。这种铣削方式只适用于加工短而宽或较厚的工件，不宜加工狭长或较薄的工件。不对称端铣时当进刀部分大于出刀部分时，称为逆铣，如图6-17（b）所示；反之称为顺铣，如图6-17（c）所示。顺铣时，同样可拉动工作台，造成严重后果，所以一般不采用，大多采用的是逆铣。

## 4. 铣削过程

在立铣床上用端铣刀铣削工件的过程和在卧式铣床上用圆柱铣刀铣削工件的过程基本一致。移动工作台使工件位于端铣刀下面开始对刀，可以利用立铣床上的主轴升降套筒带动立铣刀进行对刀。对刀时，先启动主轴，再松开主轴套筒锁紧手柄，摇动主轴套筒升降手柄，使铣刀慢慢靠向工件，当铣刀微触工件后，在主轴套筒升降刻度盘上作记号，然后摇动主轴

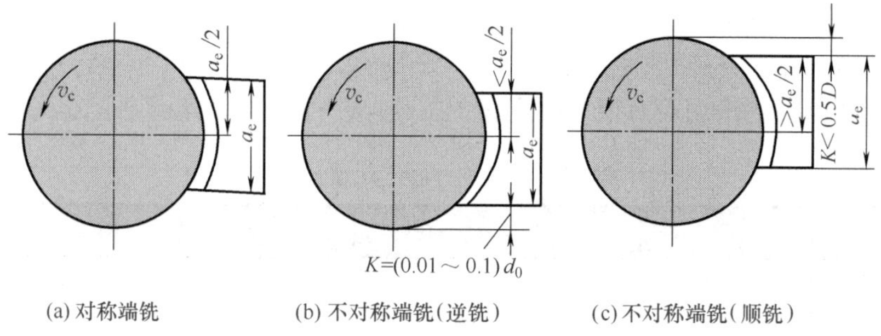


图 6-17 端铣的铣削方式

套筒升降手柄抬升主轴套筒，并锁紧主轴套筒锁紧手柄，再纵向退出工件，按胚件实际尺寸，降下主轴套筒，调整铣削层深度。余量小时可一次进给铣削至尺寸要求；否则根据余量进行粗铣和精铣。对刀后，应采用逆铣法加工至图样要求。铣刀在切削过程中要保持主轴套筒锁紧手柄处于锁紧状态。另外主轴套筒的伸出量应尽量短一些，以防止由于切削力的作用使主轴套筒变形。

## 六、平面的检验与质量分析

### 1. 平面的检验

平面铣完后，要按零件的图样要求进行检验，平面的检验主要有以下几个方面，见表 6-5。

表 6-5 平面的检验

| 类别 | 说明 |
|---|---|
| 平面度误差 | 对于平面度要求不高的平面，一般用刀口形直尺检验其平面度；对于要求较高的平面，则用着色法检验。着色法是在标准平板上涂上红丹粉，将工件上的平面放在标准平板上进行对研，观察标准平板的着色情况，若均匀而细密，则工件平面度精度很好 |
| 表面粗糙度 | 表面粗糙度一般用表面粗糙度样板来比较检验 |
| 平行度 | 对于平行度要求不高的工件，可用千分尺或游标卡尺测量工件的四角及中部，观察各部尺寸的差值，这个差值就是平行度误差。如果所有尺寸的差值都在图样要求的范围内，则该工件的平行度误差符合要求。对于平行度要求较高的工件，则应该用百分表检验其平行度，如图 6-18 所示。检验时调整百分表的高度，使百分表测量头与工件平面接触，把工件放在百分表下面，将百分表长指针对准表盘的零位，使工件紧贴表座台面移动，根据百分表读数的变化便可测出工件的平行度误差（用此法还可以检验工件的尺寸精度） |
| 垂直度 | 对于垂直度要求不高的工件，可用宽座直角尺检验，对于垂直度要求较高的工件，要用百分表检验，如图 6-19 所示。它是把标准角铁放在平板上，将工件用 C 形夹头夹在角铁上，工件下面垫上圆棒，使百分表测量头与被测平面接触，沿工件定位基准面垂直方向移动百分表，根据百分表读数值的变化，便可测出垂直度误差 |
| 倾斜度 | 对于倾斜度要求不高的工件，可用游标万能角度尺直接量得斜面与基准面之间的夹角；对于精度要求较高的工件，则用正弦规并配合百分表和量块来检验 |

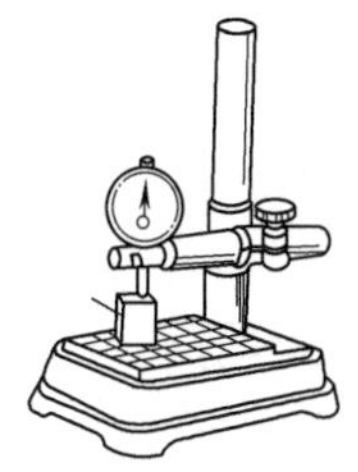

图 6-18 用百分表检验工件平行度和尺寸精度

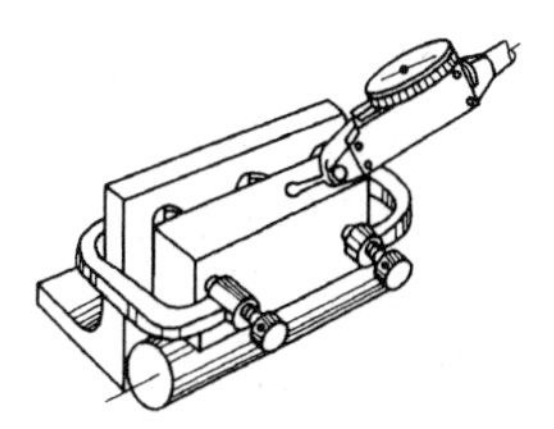

图 6-19 用百分表测量垂直度

### 2. 平面铣削质量分析

平面铣削质量的好坏不仅与机床设备、刀具及夹具的好坏有直接联系，还与铣削用量的合理选用以及切削液的选用等有很多因素有关。铣削平面的质量分析见表 6-6。

表 6-6 铣削平面的质量分析

| 质量问题 | 产生原因 |
| --- | --- |
| 表面粗糙度值过大 | ①铣刀刃口变钝<br>②铣削时有振动<br>③铣削时进给量太大<br>④铣刀几何参数选择不当<br>⑤铣削时有拖刀现象<br>⑥切削液选用不当<br>⑦铣削时有积屑瘤产生，或切削有粘刀现象<br>⑧在铣削过程中进给停顿而产生“深啃”现象 |
| 平面度误差超差 | ①用周铣法时，铣刀的圆柱度差<br>②用端铣法时，铣床主轴轴线与进给方向不垂直<br>③铣床工作台进给运动的直线性差<br>④铣床主轴轴承的轴向和径向间隙大<br>⑤工作受夹紧力和铣削力后产生变形<br>⑥工件由于存在内应力，工件表面层切除后产生变形<br>⑦工件在铣削过程中，由于切削热变形<br>⑧当圆柱铣刀的宽度和面铣刀的直径小于加工面的宽度时由于接刀而产生接刀痕 |
| 平行度超差 | ①基准面与工作台面之间没有擦干净<br>②机用虎钳导轨面与工作台面不平行<br>③平行垫铁精度差<br>④端铣时，进给方向与铣床主轴轴线不垂直<br>⑤周铣时，铣刀圆柱度差 |
| 垂直度超差 | ①机用虎钳钳口与工作台面不垂直<br>②工件基准面与钳口不贴合<br>③圆柱铣刀或立铣刀有锥度<br>④基准面质量差<br>⑤在卧式铣床上进行端面铣削垂直面时，工作台零位不准<br>⑥立式铣床主轴零位不准 |
| 斜度不准 | ①工件画线不准确和在铣削时产生位移<br>②可倾虎钳、可倾工作台或立铣头扳转角度不正确<br>③采用周铣时铣刀有锥度<br>④用角度铣刀铣削时，铣刀角度不准 |

## 第二节 铣削平行面和垂直面

### 一、铣平行面的方法

有些工件需要加工后的表面与工件的基准面保证平行。基准面是指在零件图中，用来确定其他表面等几何要素的位置的面，当工件基准面与工作台平行时，在立铣上用端面铣法或在卧铣上用周铣法均可铣出平行面。当工件基准面与工作台面垂直，并与进给方向平行时，可在立铣上用周铣法或在卧铣上用端铣法铣出平行面。装夹工件时，为了使基准面位于上述位置，通常采用表 6-7 所示方法。

表 6-7 铣平行面的方法说明

| 类型 | 方法说明 |
| --- | --- |
| 利用与基准面垂直的平面铣平行面 | 当工件上有垂直于基准面的平行面时，可利用这个平面进行装夹。工件在机用虎钳上装夹，可将该平面与固定钳口贴合，然后用铜锤轻敲顶面，使工件基准面与机用虎钳导轨面贴合，这时铣出的工件顶面即与基准面平行，如图 6-20 所示。也可采用定位键使基准面与进给方向平行，如图 6-21 所示，这时用端铣刀铣出的平面即为平行面。由于采用这种装夹方法加工平面时，与垂直面的精度有密切关系，因而在加工前必须预先检查其垂直度，若不够准确则应进行修正或垫准 |
| 调整法铣平行面 | 当工件上没有与基准面垂直的平面时，应设法使基准面与工作台面平行。如在机用虎钳上装夹工件，如图 6-22 所示，需在钳口上放置圆棒。夹紧时，用铜锤轻敲顶面，使基准面与导轨面紧贴，从而与工作台面平行。由于用这种方法装夹工件不够稳固，因此只适用于精铣平行面。若工件上有压板压紧位置时，则可将工件直接装夹在工作台上，如图 6-23 所示，使基准面与工作台面贴合，随后铣出平行面 |
| 用组合铣刀铣平行面 | 生产中为了提高铣削平行面的铣削效率，可以在卧式铣床上用组合铣刀铣平行面，如图 6-24 所示，这种铣削方法可一次铣削获得两个平面。在铣削前刀具的安装比较重要，要保证刀具之间有良好的平行度 |
| 铣平行面的质量分析 | 铣平行面时造成平行度误差的主要原因，有下列几个方面<br>①基准面与工作台面之间没有擦干净<br>②由于机用虎钳导轨面与工作台不平行，或因平行垫铁精度较差等因素，使工件的加工表面无法与工作台面平行<br>③若与固定钳口贴合的垂直度差，则铣出的平行面也会产生误差<br>④端铣时，若进给方向与铣床主轴轴线不垂直，将影响工件平面度；当进行不对称铣削时，若两相对平面呈不对称凹面也影响工件平行度<br>⑤周铣时，铣刀圆柱度差，也会影响加工面对基准面的平行度 |

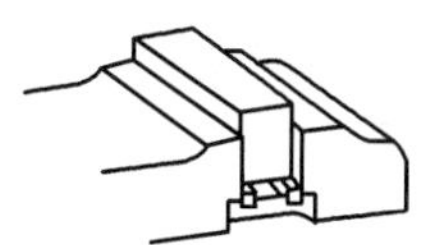

图 6-20 用平行垫铁装夹工件铣平行面

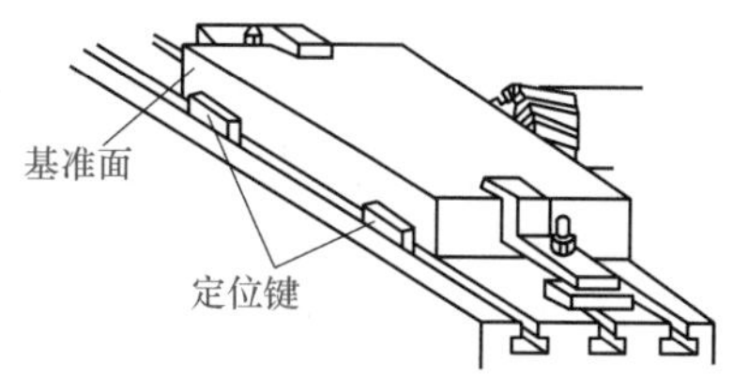


图 6-21 用定位键装夹工件铣平行面

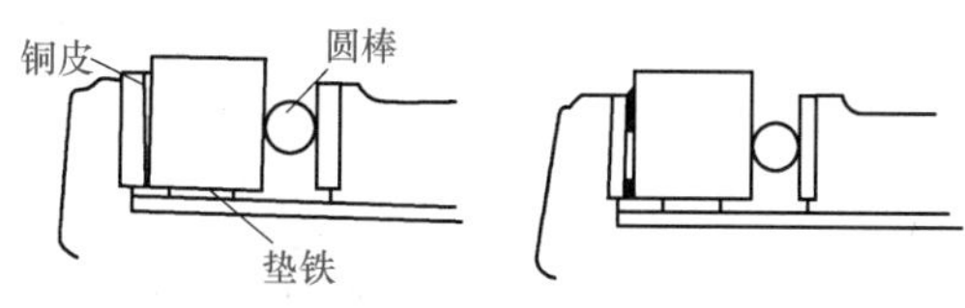


图 6-22 用圆棒装夹工件铣平行面

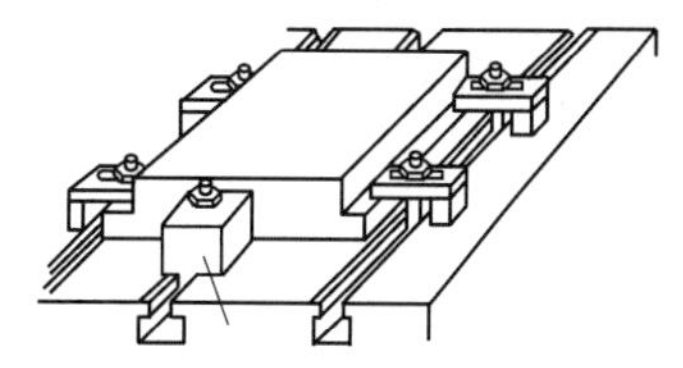

图 6-23 工件装夹在工作台上铣平行面

## 二、铣垂直面的方法

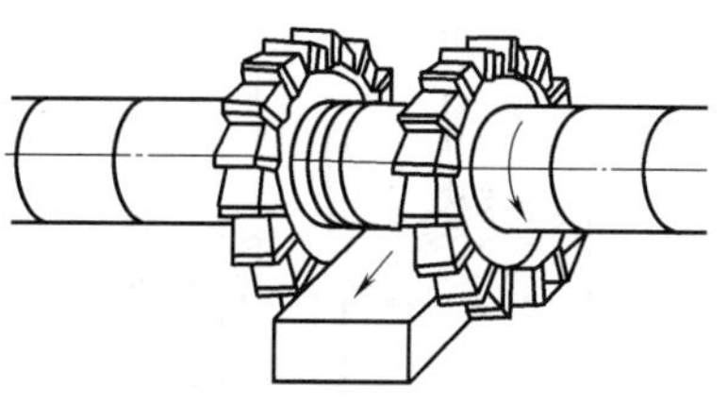

图 6-24 卧式铣床上用组合铣刀铣平行面

铣垂直面，就是要求铣出的平面与基准面垂直。用圆柱铣刀在卧式铣床上铣出的平面和用端铣刀在立式铣床上铣出的平面，都与工作台面平行。所以在这种条件下铣垂直面，只要把基准面安装得与工作台面垂直就可以了，这就是铣垂直面需要注意的主要问题。至于加工方法，则与铣平面完全相同。

### 1. 将工件装夹在机床用平口虎钳内加工

机用虎钳的固定钳口与底面垂直。当虎钳安装在工作台上后，台面与底面密合，所以固定钳口就与工作台面垂直。因此在安装工件时，只要把基准面的固定钳口紧密贴合即可。在装夹时为了使基准面与固定钳口贴合紧密，往往在活动钳口与工件之间放置一根圆棒，如图 6-25（a）所示。若不放置圆棒，若工件与基准面相对的面是高低不平的毛坯面，或与基准面不平行，在夹紧后基准面与固定钳口不一定会很好地贴牢，如图 6-25（b）、（c）所示，这样铣出的平面也就不一定与基准面垂直。在装夹时，除了要在活动钳口处放置一根圆棒外，还应仔细地把固定钳口和基准面擦干净，因为在这两个地方只要有一点杂物，就会影响定位精度。

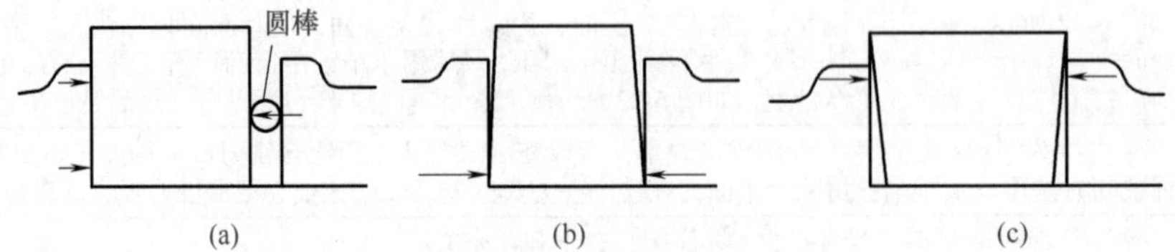


图 6-25　在机用虎钳上铣垂直面的装夹方法

如果固定钳口与底平面的垂直度误差较大，即使仔细装夹也不会准确。此时可按以下两种方法进行调整。

①在固定钳口处垫铜皮或纸片，当铣出的平面与基准面之间的夹角小于 90° 时，铜皮或纸片应垫在钳口的上部，反之则垫在下部。这种方法只作为临时措施和用于单位生产。

②校正固定钳口，先利用百分表检查钳口的误差，如图 6-26 所示，然后用百分表读数的差值乘以钳口铁的高度再除以百分表的移距，把此数值厚度的刚片或铜片垫在固定钳口和钳口铁之间。若百分表的读数上面大，则应垫在上面，反之则垫在下面，也可把钳口铁拆下并按误差的数值将其磨准。把钳口铁垫准或磨准后，还需再做检查，直到准确为止。用作检查的平行铁，紧贴固定钳口的检查面必须光整。若钳口铁是光整平面，且高度方向尺寸较大时，可用百分表直接校正钳口铁。

### 2. 将工件装夹在角铁上加工

加工宽而长的工件，一般利用角铁来装夹。角铁的两个平面是互相垂直的，所以一个面与工作台面平行，另一个面就与工作台面垂直，就相当于固定钳口。装夹情况如图 6-27 所示，两只弓形夹（又称 C 形夹）代替了活动钳口的夹紧作用。

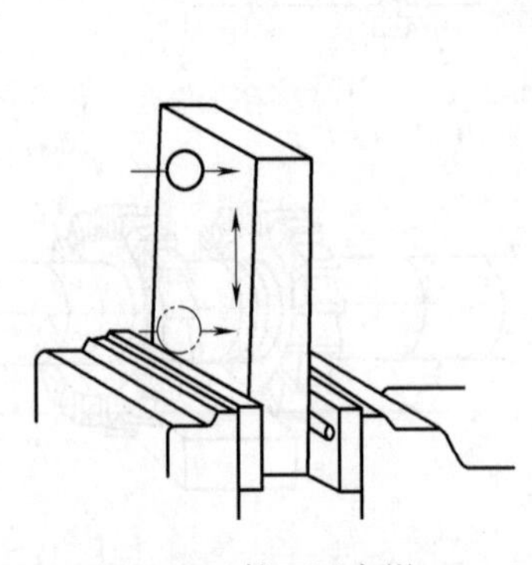

图 6-26　校正固定钳口

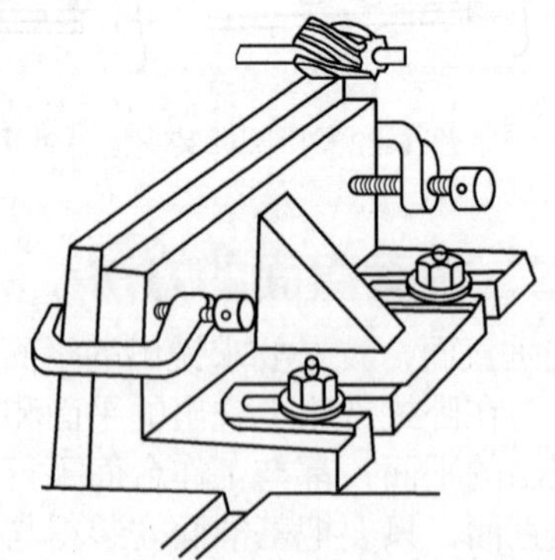

图 6-27　在角铁上铣垂直面的装夹方法

### 3. 用压板装夹工件加工

对于尺寸较大的工件，在卧式铣床上用面铣刀铣削较合适，其装夹情况如图 6-28（a）所示。此时所铣的平面与基准面垂直的程度，取决于机床的精度和台面与基准面之间的清洁程度。因为机床的精度很高，而且基准面的接触面积大，又减少了夹具本身所引起的误差，因此采用这种加工方法，不仅操作简便，而且保证垂直度。对薄而宽的工件，在立式铣床上用立铣刀铣削较合适。工件下面垫平行垫铁，再用压板压紧，装夹及加工情况如图 6-28（b）所示。用这种方法加工，比采用角铁安装铣垂直面要方便和稳固，加工精度也较高。对于有的工件要求两个狭长面保持垂直，可以按图 6-28（c）所示。在工件下面垫平行垫铁，再用压板压紧工件，利用机床的纵向和横向进给，一次装夹铣出垂直面。要注意工件下的垫板不能露出加工表面，否则铣刀会切削到垫板。

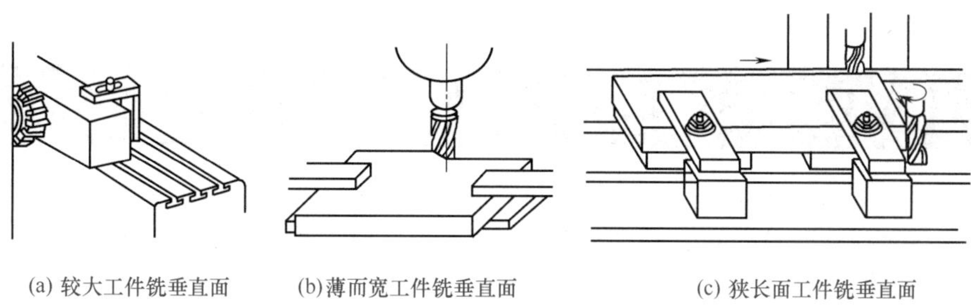

(a) 较大工件铣垂直面　(b) 薄而宽工件铣垂直面　(c) 狭长面工件铣垂直面

图 6-28　用压板装夹铣垂直面的方法

为了提高生产效率，有时可以先将一块靠铁校正到与主轴轴心线平行，并用压板压紧，如图 6-29 所示，然后将工件的加工基准面与校正后的靠铁一侧贴合，用压板压紧工件，如图 6-30 所示，在卧式铣床上用端铣刀铣削工件的加工面。下一个工件加工时可不需要找正靠铁，直接将工件装夹即可加工。

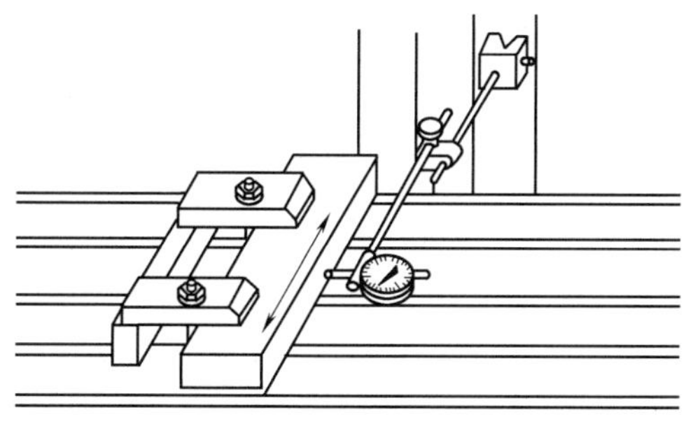

图 6-29　用百分表校正靠铁

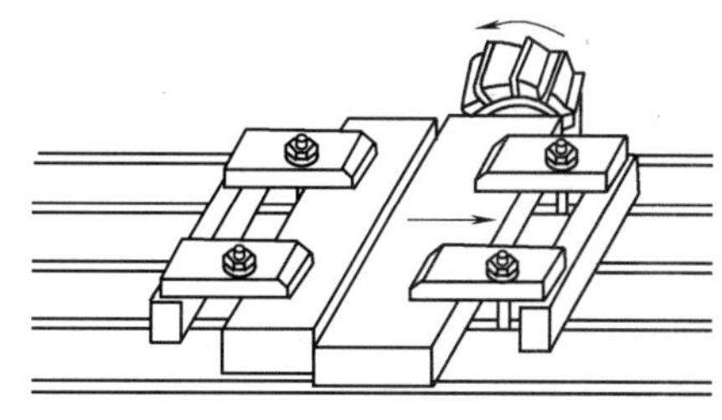

图 6-30　用靠铁定位装夹工件铣垂直面

### 4. 铣垂直面的质量分析

除了表面粗糙度及平面度外，主要的铣削质量问题是加工面的垂直度超差，其主要原因有下列几点，见表 6-8。

表 6-8　铣垂直面的质量分析

| 类别 | 说　明 |
|---|---|
| 机床用平口虎钳固定钳口与工作台面不垂直 | 产生这种情况除了因机用虎钳安装和校正不好外，若夹紧力过大，也可能使机用虎钳变形，从而使固定钳口外倾。夹紧时，不应该用长虎钳夹紧手柄，也不得用手锤猛敲手柄。因为过分施力夹紧，会使固定钳口外倾而不能回复到正确位置，使机用虎钳定位精准下降。尤其在精铣时，夹紧力不宜过大 |
| 工件基准面与固定钳口不贴合 | 除了应修去工件毛刺，擦净工件基准面和固定钳口污物外，还应在活动钳口处放置一根圆棒或放一条窄长而较厚的铜皮 |
| 卧式铣床主轴垂直于钳口 | 卧式铣床主轴垂直于钳口时圆柱铣刀或立铣刀有锥度进行周铣垂直面时，应重新磨准铣刀，保证圆柱铣刀和立铣刀的圆柱要求 |

续表

| 类别 | 说　明 |
| --- | --- |
| 基准面质量差 | 当基准面较粗糙和平面度较差时，将在装夹过程中造成误差，致使铣出的垂直面无法达到要求 |
| 工作台“零位”不准 | 在卧式铣床上进行端面铣削垂直面时，工作台“零位”不准，工作台垂向进给铣削会影响垂直度。铣削前应校正立铣刀“零位” |
| 立式铣床主轴“零位”不准 | 立式铣床主轴“零位”不准，其影响与在卧式铣床上进行端面铣削垂直面时工作台“零位”不准相似，铣削前应校正立铣头“零位” |

## 第三节　铣削斜面

所谓斜面，是指零件上与基准面成倾斜的平面，它们之间相交成一个角度。如图 6-31（a）所示，斜面与基准面之间的夹角为 30°；图 6-31（b) 工件长度为 50mm 时，两端尺寸相差 1mm，用斜度“∠ 1 ∶ 50”表示。斜度 $M$ 用下式计算：

$$M=\tan\beta=\frac{D-d}{L}$$

式中　$\beta$——斜面与基准面之间夹角，(°)；

$D$——工件大端高度，mm；

$d$——工件小端高度，mm；

$L$——工件长度，mm。

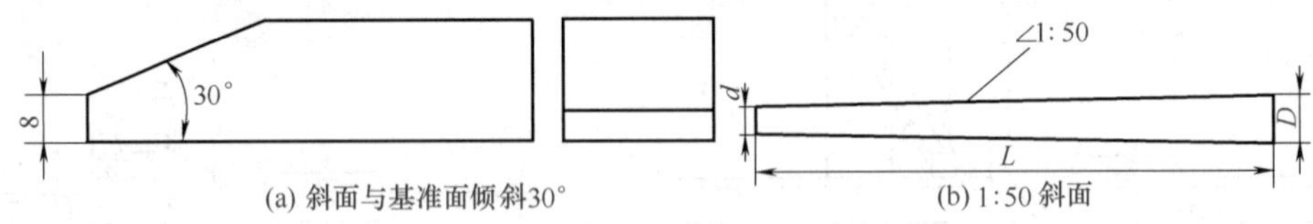


图 6-31　斜面斜度的表示方法

铣削斜面实质上也是铣削平面，只是需要转动工件或是转动铣刀。所以常用的铣削斜面的方法有三类，现分别介绍如下。

### 一、倾斜工件铣斜面

#### 1. 按画线找正工件铣斜面

如图 6-32 所示是按照画线加工较小斜面的工序。加工前，按照斜度要求，先在工件上划出斜面加工线。对于小尺寸工件，可装夹在机用虎钳内［图 6-32（a)］，使用划针盘，将工件找正［图 6-32（b)］，然后夹紧，接着铣削斜面［图 6-32（c)］。较薄较大的斜面工件，可装夹在 90° 角铁内［图 6-32（a)］，找正后通过弓形夹进行夹紧，然后铣削加工［图 6-32（b)］。这种方法适用于加工角度精度要求不高的斜面工件。

#### 2. 利用角度垫铁铣斜面

铣小尺寸斜面工件时，将角度垫铁放在机用虎钳内，如图 6-33 所示。工件放在角度垫铁上，工件夹紧后即可进行铣削。垫铁的宽度应小于工件宽度，以便能将工件夹紧。采用这种方法进行大批量加工时，最好使用能定位的角度垫铁，如图 6-34 所示。当工件每次放到角度垫铁上后，都使工件下端与定位阶台面接触好，这样将工件装夹位置限定，然后利用机

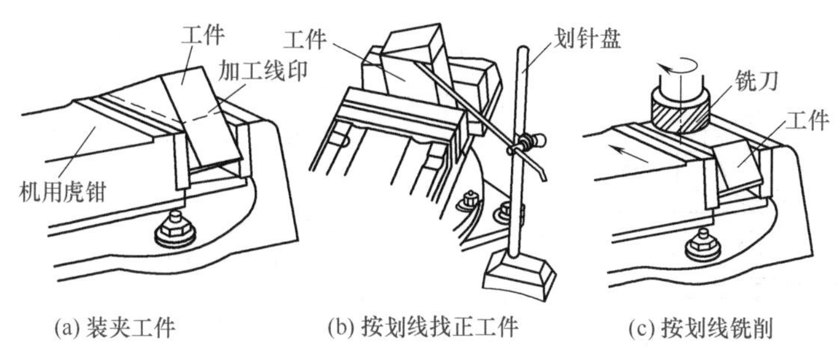


图 6-32　按照划线加工较小斜面

用虎钳将工件夹紧。

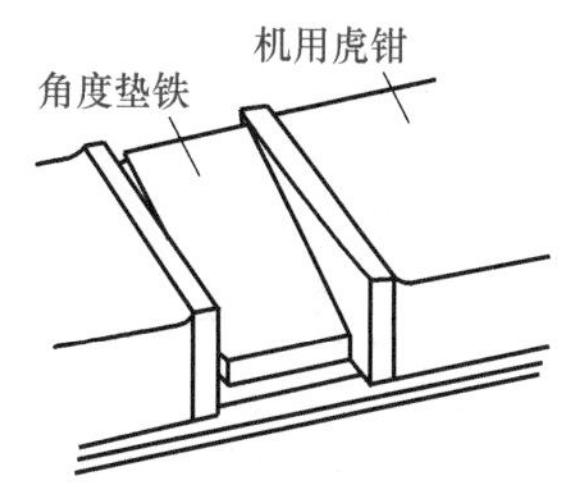


图 6-33　角度垫铁放在机用虎钳内

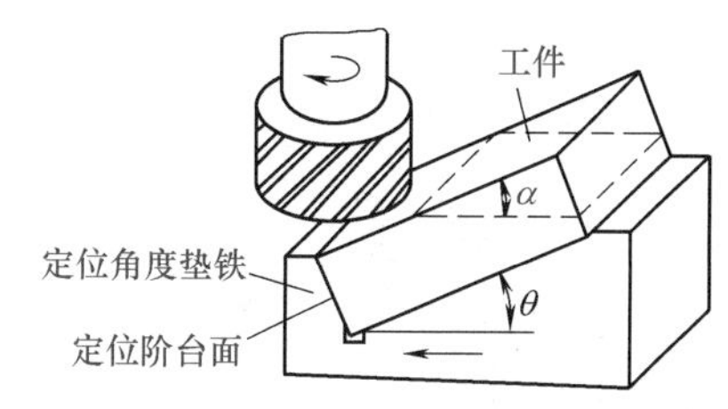


图 6-34　利用定位角度垫铁铣斜面

铣削大尺寸斜面工件，可将带定位阶台面的角度垫铁直接固定在工作台上，工件放在角度垫铁上，使用压板和螺栓将工件夹紧后即可加工。利用角度垫铁铣斜面，在制作角度垫铁时，应注意使垫铁的倾斜角度与工件所要求的倾斜度相同，以铣出合乎要求的斜面来。

### 3. 转动工件铣斜面

如图 6-35 所示是在卧式铣床上转动工件铣削斜面的情况。将工件装夹在机用虎钳上，通过机用虎钳底座上的刻线，按照工件斜度要求将机用虎钳的上钳座转至一定角度，然后将固定上钳座的两个螺母拧紧，接着铣出所要求斜面。这种方法适用于小斜度工件，否则，会因上钳座转动角度太大而铣伤钳座面。

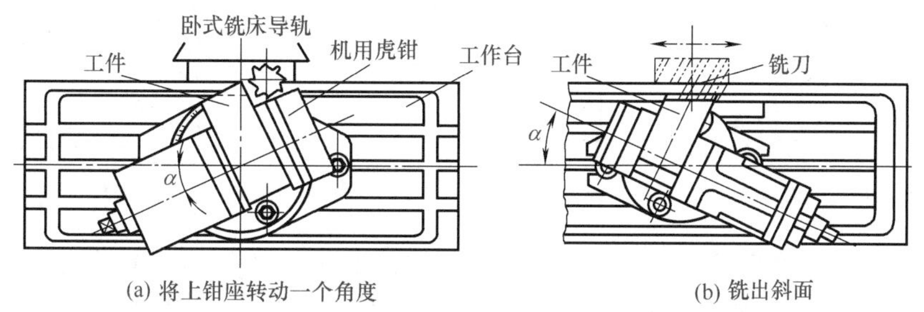


图 6-35　转动工件铣斜面

铣削大尺寸斜面工件，在不便于使用夹具和辅助工具的情况下，可直接安装在工作台上。图 6-36 所示是在万能铣床或卧式铣床上铣大斜面工件，安装工件时，用万能角度尺进行找正，找正后使用压板和 T 形螺栓将工件夹紧。

## 二、转动铣刀切削位置铣斜面

这种铣削形式是在立式铣床上按照工件的斜度要求，将立铣头转动到相应角度，把斜面

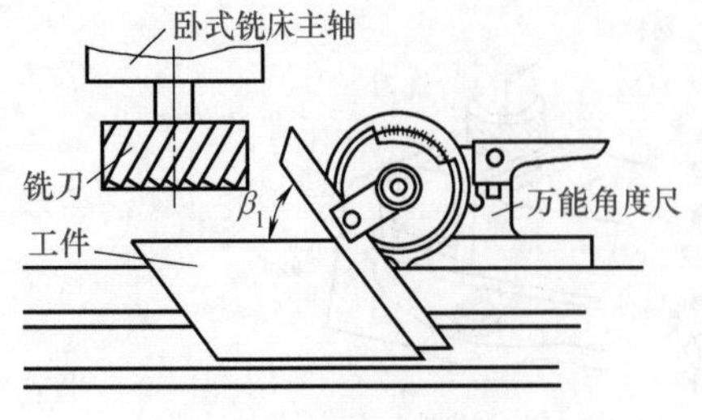

图 6-36　转动工件法铣大斜面工件

铣出来。如果在万能或卧式铣床上采用这种方法加工斜面，需要安装万能铣头，铣头主轴轴线能在纵向和横向两个相互垂直的平面内作 360° 的转动，所以它能与工作台面成任何角度，完成铣斜面工作。

在立式铣床上或在卧式铣床上安装万能铣头铣斜面，确定铣头扳转角度数值的方法是相同的，都是根据工件斜面的倾斜度和所使用铣刀的情况而定，可参照下面方法。

① 斜面和垂直面相交成角度 $\beta$，用立铣刀的圆周刀齿切削如图 6-37 所示，这时，铣头（铣刀）扳转角度 $\alpha$ 应等于 $\beta$，即 $\alpha=\beta$；当使用端面刀齿切削（图 6-38）时，铣头应扳转角 $\alpha=90°-\beta_1=90°-\beta$。

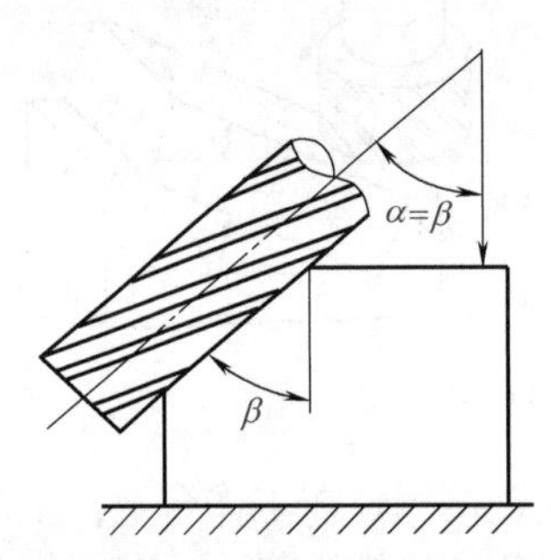

图 6-37　铣刀圆周齿铣斜面（一）

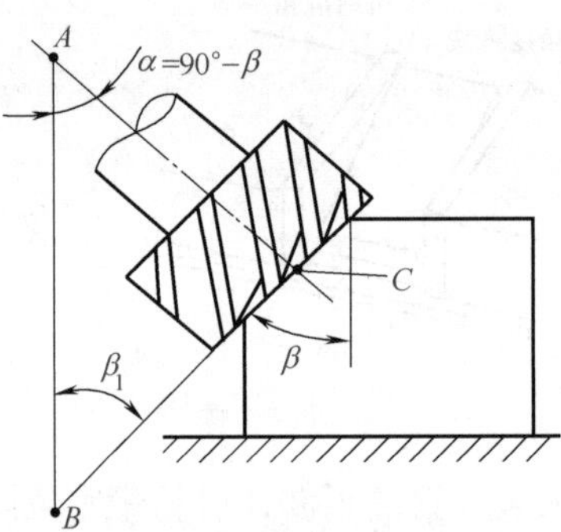

图 6-38　铣刀端面齿铣斜面（一）

② 斜面和水平面相交成角度 $\beta$，用铣刀的端面刀齿切削如图 6-39 所示，这时，铣头（铣刀）扳转角度 $\alpha$ 应等于 $\beta$，即 $\alpha=\beta$；当使用圆周刀齿切削时（图 6-40），铣头应扳转角度 $\alpha=90°-\beta_1=90°-\beta$。

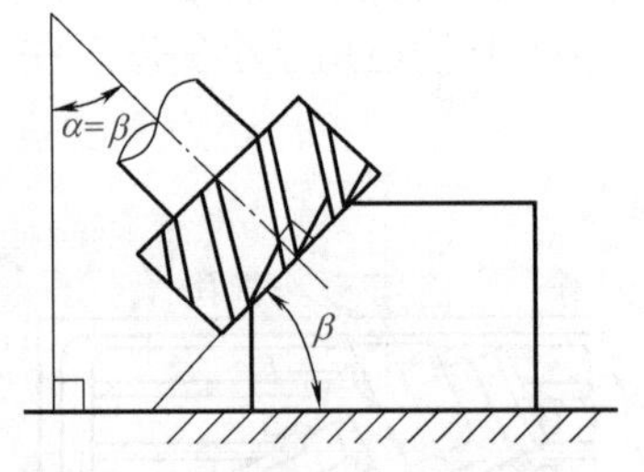

图 6-39　铣刀端面齿铣斜面（二）

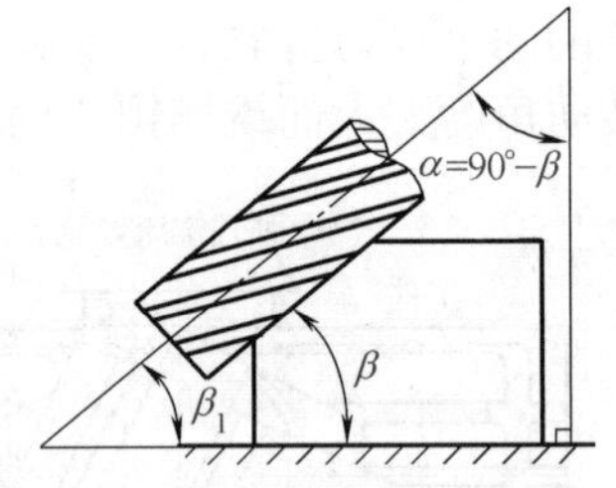

图 6-40　铣刀圆周齿铣斜面（二）

③ 如果给定的角度是斜面和工作台垂直线间的夹角 $\beta$，用铣刀的圆周刀齿切削（图 6-41）时，铣头应扳转角度 $\alpha=180°-\beta$；当用端面刀齿切削（图 6-42）时，$\alpha=\beta-90°$

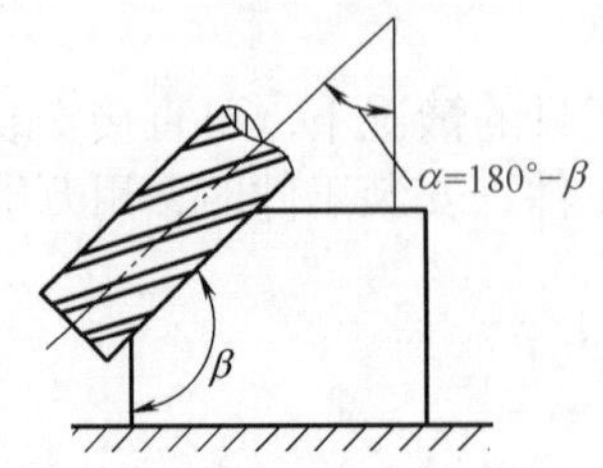

图 6-41　铣刀圆周齿铣斜面（三）

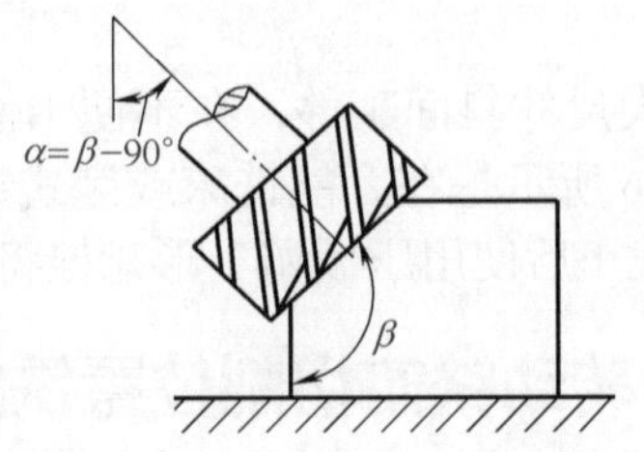

图 6-42　铣刀端面齿铣斜面（三）

④ 如果给定的角度是斜面和工作台面平行的水平面间所夹的钝角 $\beta$，用铣刀的圆周刀齿切削时（图 6-43），铣头应扳转角度 $\alpha=\beta-90°$；当用端面刀齿切削时（图 6-44），铣头应扳转角度 $\alpha=180°-\beta$。

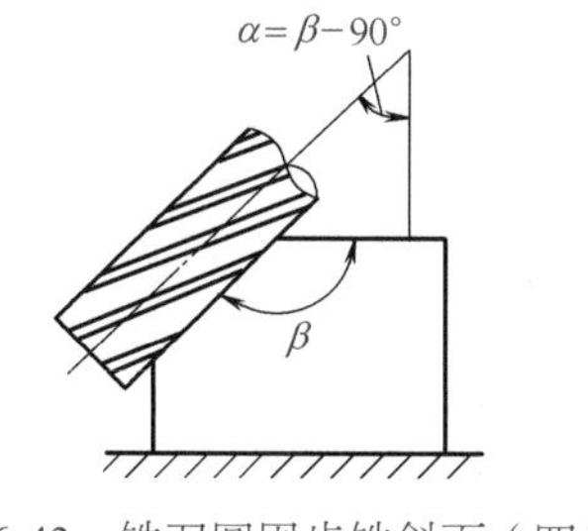

图 6-43　铣刀圆周齿铣斜面（四）

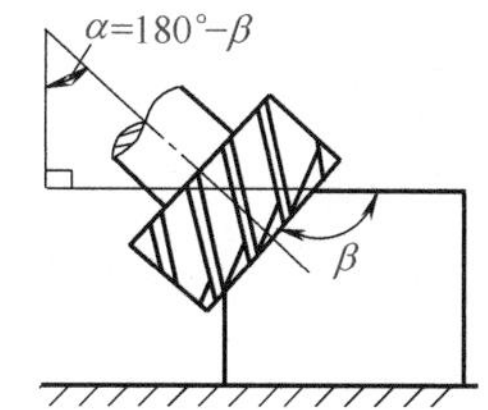

图 6-44　铣刀端面齿铣斜面（四）

## 三、用角度铣刀铣削斜面

宽度较小的斜面，可以用角度铣刀铣削。工件角度由铣刀的角度保证。如图 6-45 所示。在工件数量较多时，为了保证加工质量和提高生产效率，也可以将多把角度铣刀组合起来进行铣削，如图 6-46 所示是采用两把规格相同、刃口相反的单角铣刀，在同时铣削工作的两个斜面。由于角度铣刀的刀齿强度较差，容屑槽又小，因此在使用时，应选取较小的铣削用量，尤其是每齿进给量更要适当减少。在铣削钢件时，应加注足够的铣削液，以免刀具严重磨损。

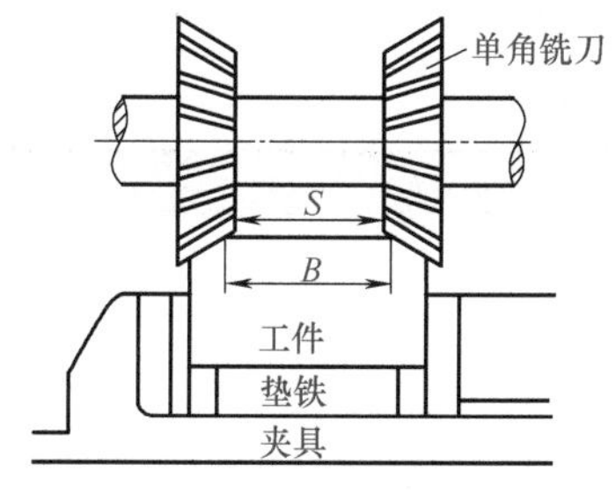

图 6-45　用两把单角铣刀铣斜面

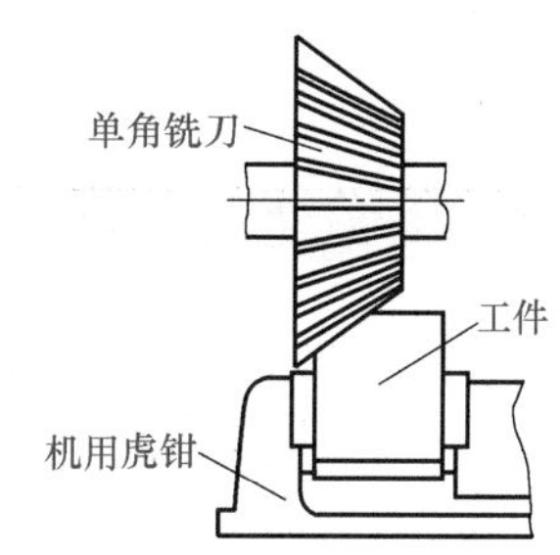

图 6-46　用单角铣刀铣斜面

## 四、斜面的检验方法

斜面除了要检验表面粗糙度和尺寸外，还需检验它与基准面之间的夹角是否正确，这个角度可用万能游标量角器来测量。测量时，先将万能游标量角器的底边紧贴工件的基准面，然后把直尺调整到紧贴工件的斜面。若这时量角器的计数在图样所要求的公差范围内，则斜面的倾斜度正确，如图 6-47 所示。对于精度要求高的斜面和斜度小的斜面，一般都用正弦规来检验。

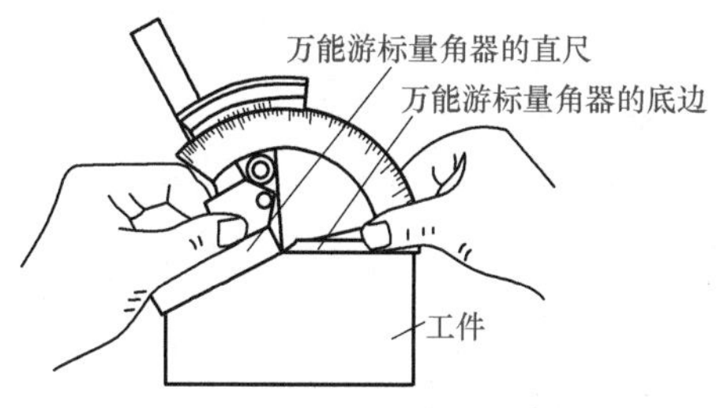

图 6-47　用万能角度尺检测斜面

# 第四节　铣削矩形工件

## 一、铣削矩形工件的加工步骤

### 1. 熟悉加工图样

首先看懂零件图样，了解图样上有关加工部位的尺寸标注及精度要求、表面形状与位置精度和表面粗糙度要求，以及其他的技术要求。

### 2. 检查毛坯

对照零件图样检查毛坯的尺寸、形状及毛坯的余量大小。

### 3. 铣刀的选择

可在立式铣床上安装端铣刀铣削，也可以采用在卧式铣床上安装圆柱铣刀铣削。圆柱铣刀的宽度和端铣刀的直径应大于工件切削层的宽度。端铣刀的直径选择可按如下公式计算：

$$d_0=(1.2 \sim 1.6)B$$

式中　$d_0$——铣刀直径，mm；

　　　$B$——铣削层宽度，mm。

### 4. 矩形工件铣削的方法步骤

在铣削过程中，为了保证各表面之间的平行度和垂直度，铣削的方法步骤见表 6-9。

表 6-9　矩形工件铣削的方法步骤说明

| 铣削操作 | 简　图 | 说　明 |
|---|---|---|
| 铣 *A* 面 | 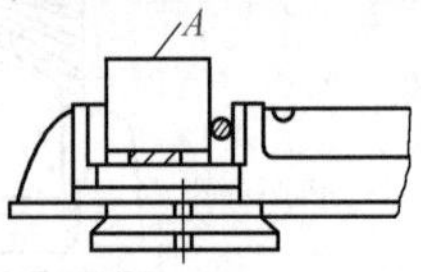 A | 先加工基准面 *A*，因为基准面是加工其他各面的定位基准，通常要求具有较小的表面粗糙度值和较好的平面度 |
| 铣 *B*、*C* 面 | 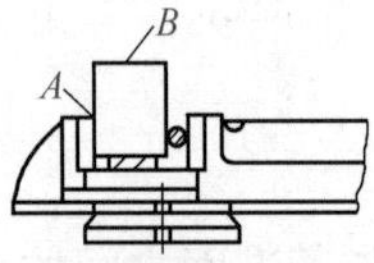 B<br>A | 以 *A* 面为基准，铣削 *B* 面和 *C* 面，并应保证与 *A* 面垂直 |
|  | 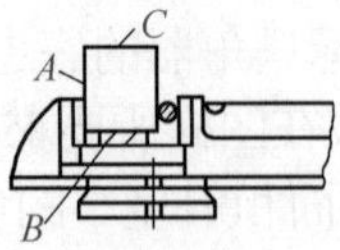 C<br>A<br>B | 接着以 *A* 面和 *B* 面为基准，铣削 *C* 面，与 *A* 面垂直，与 *B* 面平行，并保证尺寸精度要求 |
| 铣 *D* 面 | 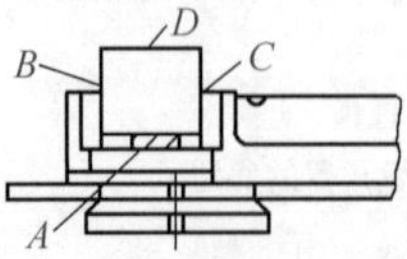 D<br>B<br>C<br>A | 铣削 *C* 面和 *D* 面时，应保证其与相对面的平行度和尺寸公差，尤其是精铣时更应重视。第一件工件，一般以多次试切来获得所要求的尺寸 |
| 铣 *E* 面 | 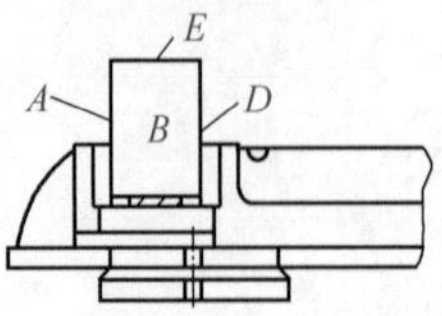 E<br>A<br>B<br>D | 铣削 *E* 面时，为了保证与 *A* 面和 *B* 面都垂直，除了使 *A* 面和机用虎钳固定钳口相贴合外，还要用角尺找正 *B* 面对工件台面的垂直度，找正的方法如图 6-48 所示，角尺的一面与机用虎钳的水平导轨贴合，另一面与工件的 *B* 面贴合 |

续表

| 铣削操作 | 简　图 | 说　明 |
|---|---|---|
| 铣 *F* 面 |  | 铣削 *F* 面时，将 *A* 面和机用虎钳固定钳口相贴合，*E* 面与钳体的导轨面相贴合装夹工件，并铣出工件的长度尺寸 |

用上述方法比较费时，每件都需要角尺找正。在件数较多或批量生产时，可按图 6-49 所示的方法进行铣削。在加工之前，只要把固定钳口找正与纵向进给方向垂直，在工件下面垫平行垫铁（或不垫），使基准面 *A* 紧贴平行垫铁（或机用虎钳导轨），侧面 *B* 紧贴固定钳口，即可铣出符合要求的端面，并不需每件找正，且容易保证质量。

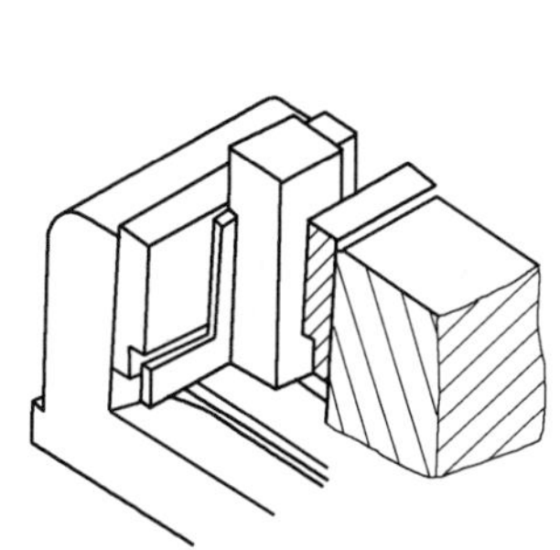

图 6-48　用角尺找正两端面

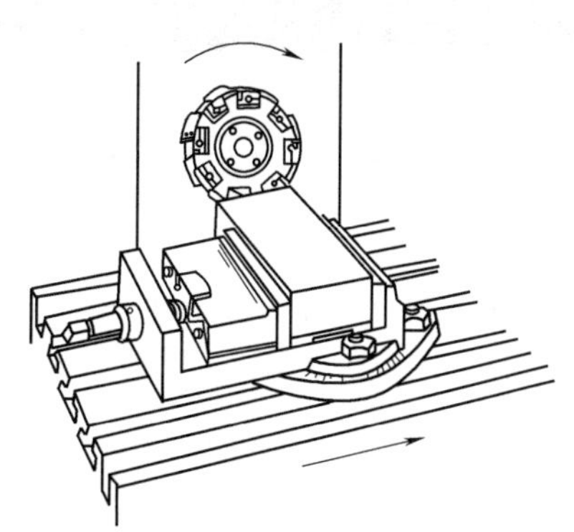

图 6-49　在卧式铣床上用面铣刀铣削端面

## 二、工件的检验与质量分析

### 1. 工件的检验

工件全部铣完后，应做全面的检验。对第一个工件来说，每铣好一个面后，就应进行检验，合格后再继续铣削。

（1）垂直度的检测

① 用宽座角尺或刀口角尺检测垂直度，其方法如图 6-50 所示。

② 在平板上进行检测垂直度。把标准角铁放在平板上，将工件用 C 形夹头夹在角铁上，工件下面垫上圆棒，用百分表检验，如图 6-51 所示。

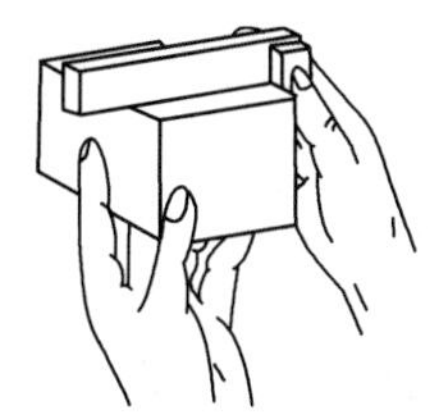

图 6-50　用宽座角尺检验垂直度

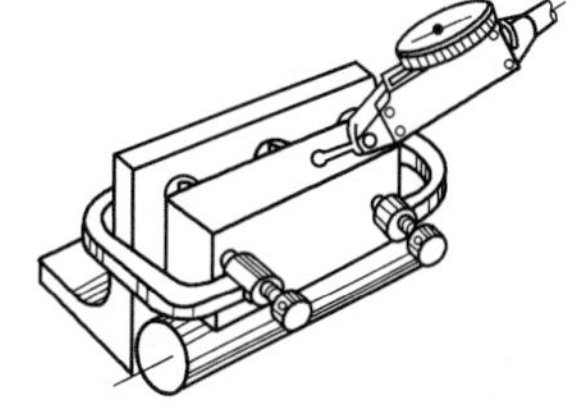

图 6-51　用角铁在平板上检验垂直度

（2）表面粗糙度的检验

根据标准样板比较测定或根据经验目测表面粗糙度。

（3）平行度和尺寸精度检验用游标卡尺或千分尺测量

## 2. 质量分析（表 6-10）

表 6-10　矩形工件铣削的质量分析

| 垂直度超差的原因 | 平行度超差的原因 | 尺寸超差的原因 |
| --- | --- | --- |
| ①机用虎钳固定钳口与工件台面不垂直<br>②机用虎钳固定钳口与导轨面未擦干净<br>③工件装夹时基准面有毛刺及脏物 | ①立铣头主轴与工作台面不垂直，横向进给时铣成斜面，纵向进给时产生凹面<br>②圆柱形铣刀的圆柱度超差<br>③表面有明显的接刀痕 | ①测量不准确或测量读数有误差<br>②计算错误或看错刻度盘<br>③看错图样尺寸<br>④对刀时，切得太深或太浅 |

# 第五节　加工实例

## 实例一：用端面铣刀铣削加工平面与垂直面

### 1. 图样分析

铣削加工的零件平面、垂直面尺寸如图 6-52 所示，加工精度和加工基准识读。加工精度包括尺寸、形状、位置精度和表面粗糙度，识读图样时应注意这四项技术要求，现分析如下：

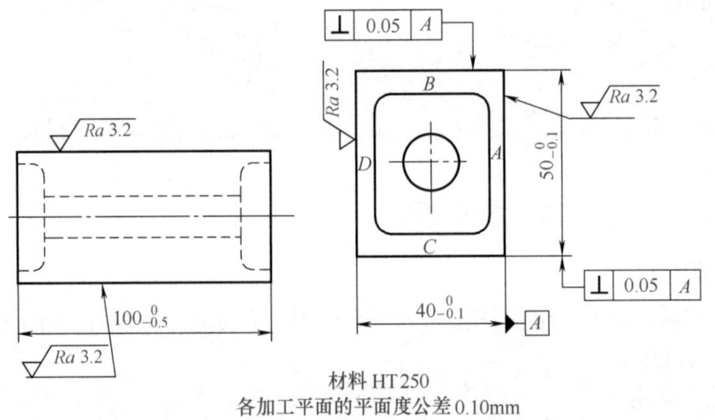


图 6-52　铣削平面、垂直面零件图

① 加工平面的尺寸为 50mm × 100mm、40mm × 100mm，形状精度规定的平面度公差为 0.10mm。

② 平行面之间的尺寸为 $50_{-0.1}^{0}$mm、$40_{-0.1}^{0}$mm，位置精度规定的垂直面垂直度公差为 0.05mm。

③ 坯件尺寸为 60mm × 50mm × 100mm 的矩形工件，两端有不深的凹腔，中间有直径不大的通孔。

④ 在加工中，图样上的基准面尽可能用作定位面，本例要求 *B*、*C* 面垂直于平面 *A*，平面 *D* 平行于平面 *A*，因此图样上的基准面为 *A* 面，因此应取 *A* 面作为定位基准面。

⑤ 工件各加工表面粗糙度值均为 *Ra*3.2μm，采用端面铣削法铣削加工较易达到加工要求。

⑥ 材料 HT250，切削性能较好，可选用高速钢面铣刀，也可以选用硬质合金面铣刀加工。

⑦ 外形为矩形工件，外形尺寸不大，宜采用机用平口虎钳装夹铣削加工，也可以选用

直接装夹在工作台面上和使用角铁装夹加工。

## 2. 确定加工步骤（表 6–11）

表 6–11　确定加工步骤

| 类别 | 说　明 |
| --- | --- |
| 拟定平面、垂直面加工步骤 | 根据图样的精度要求，本例选用在立式铣床上用高速钢整体套式面铣刀加工，平面和垂直面加工工序步骤如下<br>①坯件检验<br>②安装机用平口虎钳<br>③装夹工件<br>④安装套式面铣刀<br>⑤粗铣四面<br>⑥精铣 50mm × 100mm 基准平面<br>⑦预检平面度<br>⑧精铣 $50_{-0.1}^{0}$mm 两垂直面<br>⑨精铣 $40_{-0.1}^{0}$mm 平行面<br>⑩平面、垂直面铣削工序检验 |
| 选择铣床 | 选用 X5032 型立式铣床或类似的立式铣床 |
| 选择工件装夹方式 | 选用上例类似的平口虎钳装夹工件 |
| 选择刀具 | 根据图样给定的平面宽度尺寸，查表 3-9《常用标准铣刀的规格尺寸》选择整体高速钢套式面铣刀规格，现选用外径为 80mm、宽度为 100mm、孔径为 32mm、齿数为 10 的套式面铣刀 |
| 选择检验测量方法 | ①平面度采用刀口形直尺检验<br>②平行面之间的尺寸和平行度用外径千分尺测量<br>③垂直度用 90° 角度尺检验<br>④表面粗糙度采用目测样板类比检验 |

## 3. 平面、垂直面铣削加工

### （1）加工准备（表 6-12）

表 6–12　加工准备

| 类别 | 说　明 |
| --- | --- |
| 坯件检验 | ①用钢直尺检验预制件的尺寸，并结合各表面的垂直度、平行度情况，检验坯件是否有加工余量，本例测得坯件基本尺寸为 57mm × 46mm × 100mm。在确定加工余量时应注意考虑不加工的方形内腔及中间孔与各加工表面的位置，尽可能使不加工的孔和内腔处于加工表面的居中位置<br>②综合考虑平面的粗糙度、平面度以及相邻面的垂直度，在两个 57mm × 100mm 的平面中选择一个作为基准平面 |
| 安装机用平口虎钳 | 将机用虎钳安装在工作台中间 T 形槽内，钳口位置居中，并用手拉动机用虎钳底盘，使定位键向 T 形槽直槽一侧贴合，然后用 T 形螺栓将平口虎钳压紧在工作台面上 |
| 装夹和找正工件 | 工件下面垫长度大于 100mm、宽度小于 40mm 的平行垫块，其高度使工件上平面高于钳口 5mm |
| 安装铣刀 | 选用凸缘端面上带有键的刀杆安装铣刀，如图 6-53 所示，套式面铣刀安装和拆卸的步骤如下<br>①擦干净铣床主轴锥孔和铣刀杆锥柄部分<br>②将铣刀杆锥柄装入锥孔，凸缘连接盘上的缺口对准主轴端面键块后用拉紧螺杆紧固刀杆<br>③装上凸缘连接盘，并使连接盘上的键对准刀杆上的槽<br>④安装铣刀，将铣刀端面及孔径擦净，使铣刀端面上的槽对准凸缘连接盘上的键，然后旋入螺钉，用十字扳手扳紧<br>⑤套式面铣刀的拆卸时，先松开螺钉，然后依次拆下铣刀、连接盘、刀杆。拆卸和安装时都必须注意安全操作，以免被锋利的刀尖刀刃划伤。特别是在用十字扳手扳紧螺钉时，应注意自我保护<br>⑥安装铣刀后，注意检查立铣头与工作台面的垂直度。找正立铣头与工作台面的方法如图 6-54 所示，如果主轴轴线与进给方向绝对垂直或反向微量倾斜，如图 6-54（a）所示，会在铣出的表面出现交叉刀纹，出现拖刀现象，为了避免端铣时的拖刀影响表面粗糙度，应在不影响平面度的前提下，使铣床主轴向进给方向微量倾斜，如图 6-54（b）所示，以消除拖刀，提高表面质量 |

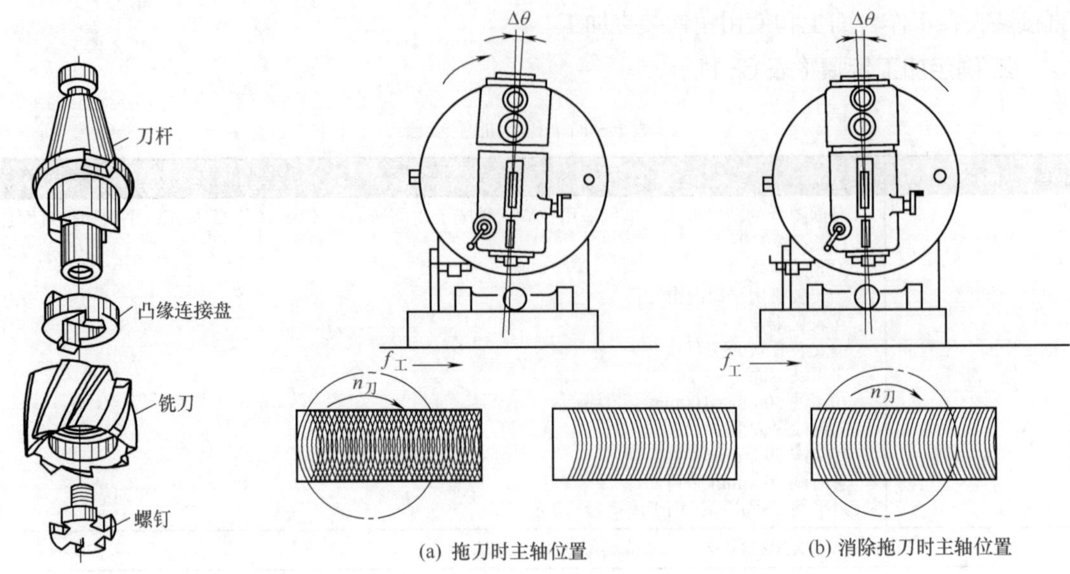

(a) 拖刀时主轴位置　(b) 消除拖刀时主轴位置

图 6-53　套式面铣刀的安装　　图 6-54　主轴与工作台位置对表面粗糙度的影响

（2）选择铣削用量

按工件材料（HT200）和铣刀的规格选择、计算和调整铣削用量。

① 粗铣。取铣削速度 $v$=16m/min，每齿进给量 $f_z$=0.10mm/z，则铣床主轴转速为：

$$n=\frac{1000v}{\pi D}=\frac{1000\times16}{3.14\times80}\approx63.69\text{（r/min）}$$

每分钟进给量为：

$$v_f=f_z zn=0.10\times10\times60=60\text{（mm/min）}$$

实际调整铣床主轴转速为：$n$=60r/min，每分钟进给量为：$v_f$=60mm/min。

② 精铣。取铣削速度 $v$=20m/min，每齿进给量 $f_z$=0.063mm/z，实际调整铣床主轴转速为：$n$=75r/min，每分钟进给量为：$v_f$=47.5mm/min。

③ 粗铣时的铣削层深度为 2.5mm，精铣时的为 0.5mm。铣削层宽度 40mm、50mm。

（3）对刀和粗铣平面

① 启动主轴，调整工作台，使铣刀处于工件上方，横向调整的位置如图 6-55 所示，使工件和铣刀处于端铣对称铣削或不对称逆铣的位置，然后锁紧工作台横向。

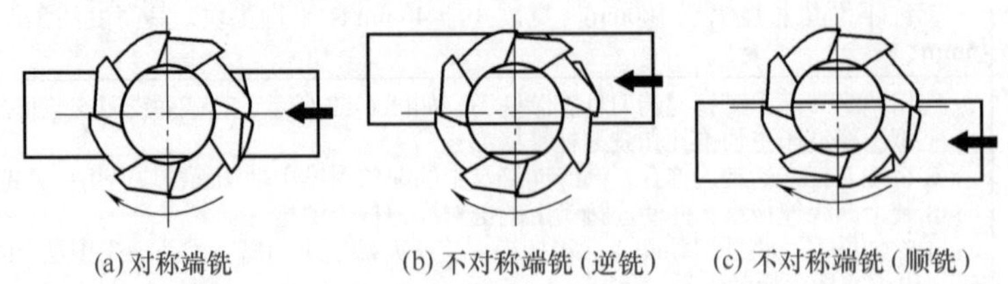
(a) 对称端铣　(b) 不对称端铣（逆铣）　(c) 不对称端铣（顺铣）

图 6-55　对称端铣与不对称端铣

② 纵向退刀后，按铣削层深度 2.5mm 上升工作台，用不对称逆铣方式粗铣平面 $A$。

③ 将平面 $A$ 与机用平口虎钳定位面贴合，粗铣平面 $B$，工件翻转 180°，平面 $B$ 与平行垫块贴合，粗铣平面 $C$。为了保证面 $A$ 与 $B$、$C$ 的垂直度，在加工垂直面 $B$、$C$ 时，应在 $D$ 面与活动钳口之间加一根圆棒，以使平面 $A$ 能紧贴定钳口，若不使用圆棒装夹工件，可能会

因夹紧面与基准面 *A* 不平行等因素，致使工件基准面不能与定钳口定位面完全贴合，如图 6-55（b）、（c）所示。由于工件中间有通孔，因此装夹时应注意避免过大的夹紧力，以免工件内孔变形，甚至使铸铁材料的工件产生裂纹。

④ 将工件转过 90°，将平面 *A* 与平行垫块贴合，粗铣平面 *D*。

（4）预检、精铣各面

① 用刀口形直尺预检工件各面的平面度，以及 *A* 面与 *B*、*C* 面的垂直度，*A* 面与 *D* 面的平行度。若预检发现垂直度误差较大，应检查平口虎钳固定钳口定位面与工作台面的垂直度。在确认机用虎钳底面与工作台面之间紧密贴合的前提下，若测得定钳口与工作台面不垂直，则应对钳口进行找正。找正的方法是松开定钳口铁与虎钳的紧固螺钉，在钳口铁与虎钳之间衬垫一定厚度的铜片或纸片。衬垫物的厚度等于百分表读数的差值乘以钳口铁的高度再除以百分表的测量移距。衬垫的位置根据差值的方位确定，若百分表的读数上面大，则应垫在上面，反之，则垫在下面。例如测量的百分表移距为 100mm，测得百分表读数为上面大 0.50mm，固定钳口的高度为 50mm，则在虎钳口上方衬垫的厚度为 0.25mm。

② 用游标卡尺或千分尺测量尺寸 50mm、40mm 的实际余量，本例测得粗铣后实际尺寸为 50.75 ～ 50.85mm、40.78 ～ 40.89mm。

③ 检查套式面铣刀的刀尖质量、磨损情况，按精铣时铣削用量调整主轴转速和进给量。

④ 精铣平面 *A*，铣削层深度为 0.3mm，用刀口形直尺预检精铣后表面的平面度，以确定铣刀的刀刃质量及铣床立铣头与工作台面的垂直度。用刀口形直尺测量时，对纵向进给铣削的平面，沿横向测得的凹圆弧误差主要是由立铣头倾斜引起的。若精铣的平面度未达到 0.10mm 的要求，表面粗糙度未达到 *Ra*3.2μm，应更换铣刀、重新调整立铣头与工作台面的垂直度。

（5）按粗铣四面的步骤精铣各面

在精铣的过程中，注意过程测量，在达到尺寸要求的同时，达到垂直度、平行度要求。若预检垂直度有误差，可在固定钳口处衬垫铜片或纸片，当铣出的平面与基准面之间的夹角小于 90° 时，铜片或纸片应垫在钳口上部，反之，则垫在下部。只要仔细地微量调整纸片、铜片的厚度或衬垫位置，便可铣削出符合图样要求的垂直面。

### 4. 平面、垂直面铣削检验与常见质量问题及其原因（表 6-13）

表 6-13　平面、垂直面铣削检验与常见质量问题及其原因

| 类型 | 说　明 |
|---|---|
| 平面、垂直面检验 | ①用千分尺测量平行面之间的尺寸应在 49.90 ～ 50.00mm、39.90 ～ 40.00mm 范围内，但因平行度公差为 0.05mm，因此用千分尺测得的尺寸最大偏差应在 0.05mm 内<br>②用刀口形直尺测量平面度时，如图 6-56 所示，各个方向的直线度均应在 0.05mm 范围内，必要时可用 0.05mm 的塞尺检查刀口形直尺与被测平面之间缝隙的大小<br>③用 90° 角度尺测量相邻面垂直度时，应以工件上 *A* 面为基准，并注意在平面的两端测量，以测得最大实际误差值，分析、找出垂直度误差产生的原因<br>④表面粗糙度检验，通过目测类比法进行。本例平面由端面铣削法铣成。表面粗糙度值应在 *Ra*3.2μm 以内 |
| 套式面铣刀铣削平面、垂直面质量要点分析 | ①平面度超差除与圆柱铣刀铣削中类似原因外，主要原因是立铣头与工作台面不垂直<br>②平行度较差的原因与圆柱铣刀铣削时类似，但不包括铣刀锥度等形状误差因素。因端铣可能产生中间凹的缺陷，因此若测量时发现沿横向中间小，两端大，则主要原因也是立铣头与工作台面不垂直引起的<br>③垂直度较差的原因<br>a. 立铣头轴线与工作台面不垂直<br>b. 机用虎钳安装精度差<br>c. 钳口铁安装精度差或形状精度差<br>d. 工件装夹时没有使用圆棒，工件基准面与定钳口之间有毛刺或脏污、衬垫铜片或纸片厚度与位置不正确等 |

续表

| 类型 | 说　明 |
|---|---|
| 套式面铣刀铣削平面、垂直面质量要点分析 | ④平行面之间尺寸超差的原因<br>a. 铣削过程预检尺寸误差大<br>b. 工作台垂向上升的吃刀量数据计算或操作错误<br>c. 量具的精度差<br>d. 测量值读错等<br>⑤表面粗糙度超差的原因<br>a. 铣削位置调整不当采用了不对称顺铣<br>b. 铣刀刃磨质量差和过早磨损<br>c. 刀杆精度差引起铣刀端面跳动<br>d. 铣床进给有爬行，铣削过程中如果产生爬行，将会在加工表面留下“深啃”，如图 6-57 所示<br>e. 工件材料有硬点等 |

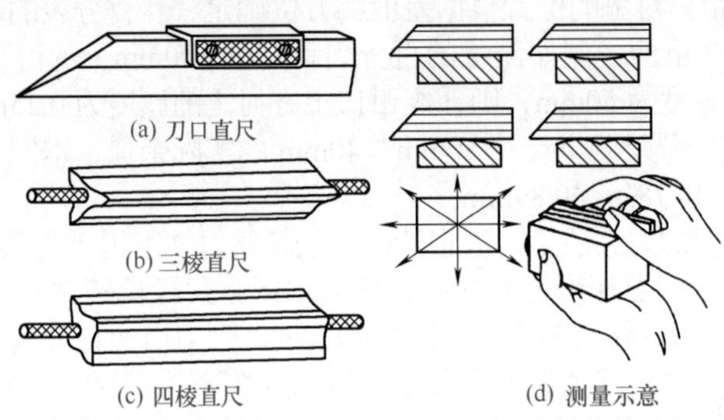


图 6-56　用刀口形直尺测量平面度

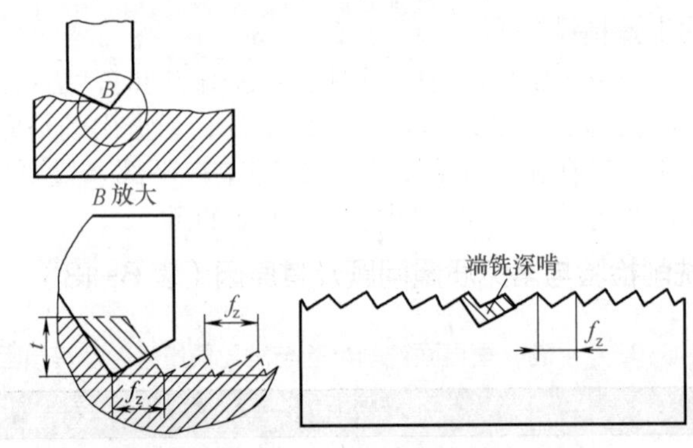


图 6-57　进给量和铣削爬行对表面粗糙度的影响

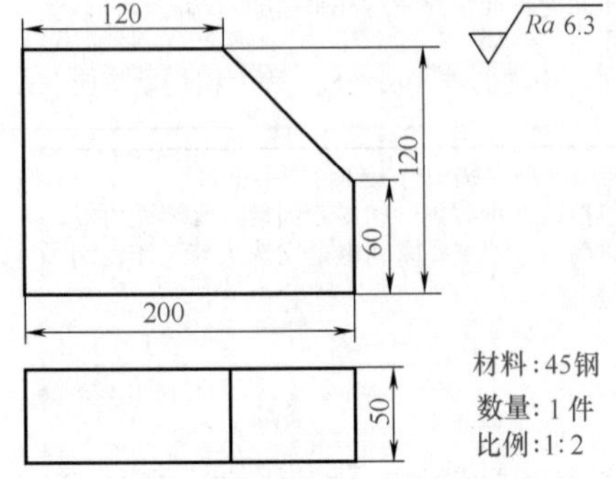


图 6-58　铣单斜面工件尺寸

## 实例二：铣单斜面

### 1. 图样分析

如图 6-58 所示为铣单斜面工件尺寸，现分析如下：

① 该工件为 200mm × 120mm × 50mm 的长方体，去掉一个 80mm 长、60mm 高的角，形成该形状。

② 材料为 45 钢，这种工件多为单件生产。

### 2. 铣削方法

该工件有多种铣削方法可供选择，其说明见表 6-14。

表 6-14 铣削方法

| 类别 | | 说明 |
|---|---|---|
| 方法一：转动工件的铣削方法 | 按划线装夹工件 | 该工件若为单件生产，尺寸较小，适合用机用虎钳装夹，在立式铣床上用端铣刀加工。先在坯料上划出斜面的轮廓线，并在线上打上样冲眼，然后将工件装夹在机用虎钳上，再用划针盘把所划的线矫正得与工作台面平行，然后夹紧，如图 6-59（a）所示。铣削时，应先把大部分余量切掉（留精铣余量），检查工件无松动后再开始精铣，精铣应将样冲眼铣去一半。此法效率低，速度慢，只适于单件生产 |
| | 利用台虎钳转动工件 | 如图 6-59（b）、（c）、（d）所示。图 6-59（b）所示为用万能转台装夹，在卧式铣床或万能铣床上铣斜面；图 6-59（c）所示为用普通可回转式机用虎钳装夹，在卧式或万能铣床上端铣斜面；图 6-59（d）所示为用万能机用虎钳在立式铣床上端铣斜面。这种机用虎钳既能在底座上做水平回转，又能在垂直面上转动。 |
| | 利用分度头转动工件 | 当在圆柱形工件上铣斜面时，利用分度头扳起一个角度来装夹工件，则更为方便，如图 6-60 所示。 |
| | 利用斜垫铁装夹工件 | 如图 6-61 所示，只要在工件下面垫一块与工件斜面角度相应的斜垫铁，就可铣斜面。当工件较小时，可将工件与斜垫铁一起装夹在机用虎钳上；对较大的工件，则可用压板装夹。在大批生产时，为了提高生产效率，可设计专用夹具来铣斜面 |
| 方法二：转动立铣头铣斜面 | | 在立式铣床上也可以不转动工件而转动立铣头来铣斜面，如图 6-62 所示 |

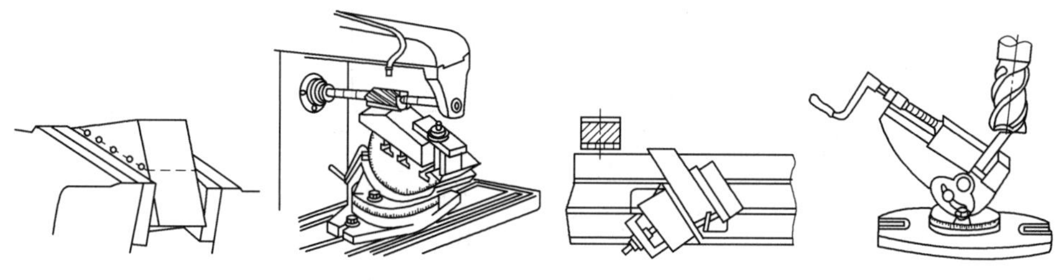

(a) 矫正工作台面平行夹紧　(b) 万能转台装夹　(c) 普通可回转式机用虎钳装夹　(d) 立式铣床上端铣斜面

图 6-59 利用机用虎钳铣斜面

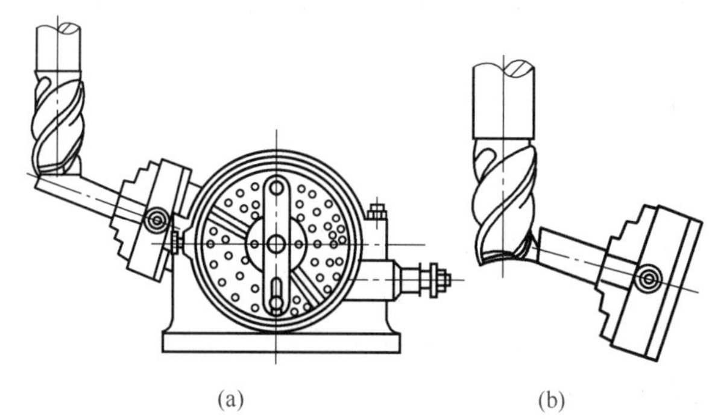

(a)　(b)

图 6-60 利用分度头铣斜面

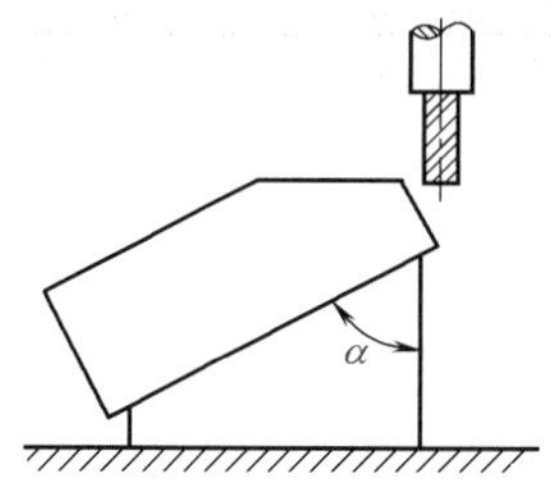


图 6-61 利用斜垫铁铣斜面

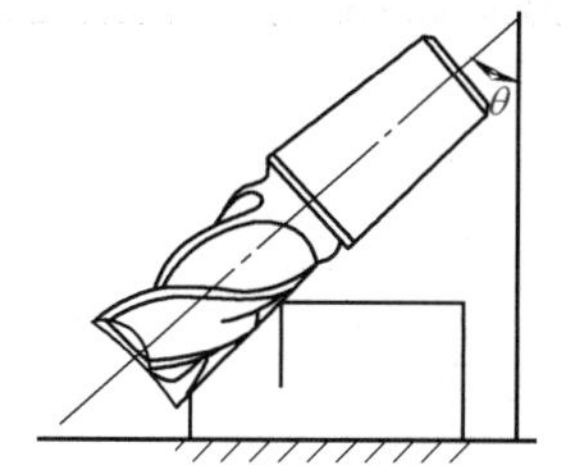


图 6-62 转动立铣头铣斜面

## 实例三：调整主轴角度铣削斜面

### 1. 图样分析

如图 6-63 所示为调整主轴角度铣削斜面工件尺寸，其加工精度和基准分析如下：

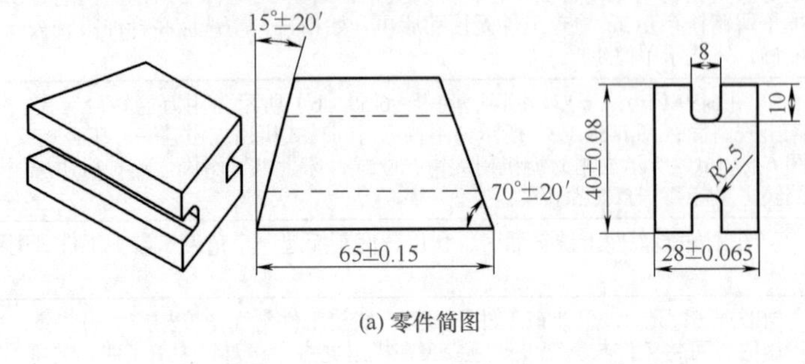


(a) 零件简图

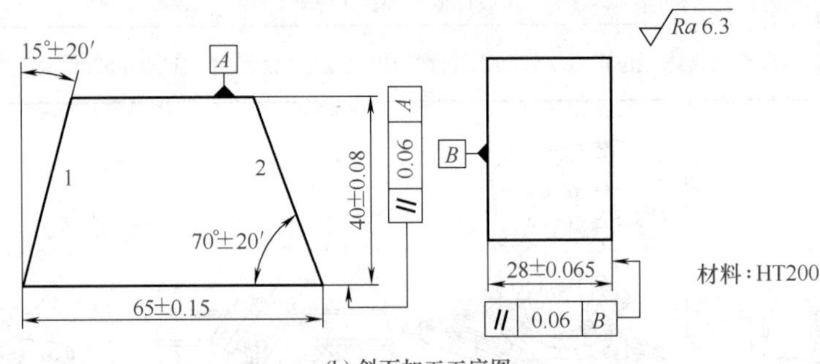


(b) 斜面加工工序图

图 6-63　角度铣削斜面工件尺寸

① 斜面工件外形的尺寸精度为（65±0.15）mm，（40±0.08）mm，（28±0.065）mm。斜面 1 与端面的夹角为 15°±20′，斜面 2 与底面的夹角为 70°+20′。

② 相对面的平行度公差为 0.06mm。

③ 坯件为 65mm×40mm×28mm 的矩形工件。

④ 在加工中，基准面尽可能用作定位面，本例加工斜面 1 时，以同侧端面为基准；铣削斜面 2 时，以底面为基准。

⑤ 工件各表面粗糙度值均为 *Ra*6.3μm，铣削加工能达到要求。

⑥ 材料为 HT200，切削性能较好，可选用高速钢铣刀。

⑦ 工件外形为矩形工件，宜采用机用平口虎钳装夹工件。

### 2. 确定加工步骤（表 6-15）

表 6-15　确定加工步骤

| 类别 | 说　明 |
|---|---|
| 拟定在立式铣床上铣削加工工件斜面步骤 | 根据图样的精度要求，本例在立式铣床上调整主轴轴线角度铣削加工工件斜面，加工步骤如下<br>①坯件检验<br>②安装、找正机用平口虎钳<br>③装夹找正工件<br>④安装立铣刀或面铣刀<br>⑤调整立铣头角度<br>⑥粗精铣斜面 1<br>⑦调整立铣头角度<br>⑧粗精铣斜面 2<br>⑨斜面工件铣削工序检验 |

续表

| 类别 | 说　明 |
|---|---|
| 选择铣床 | 选用 X5032 型立式铣床或主轴可回转角度的类似立式铣床 |
| 选择工件装夹方式 | 选择铣床用机用平口虎钳型号规格，现选用 Q12160 型平口虎钳，钳口宽度为 160mm，钳口最大张开度为 125mm，钳口高度为 50mm |
| 选择刀具 | 根据图样给定的斜面宽度尺寸选择铣刀规格，现选用外径为 63mm 的套式面铣刀和外径 32rnm 的锥柄立铣刀，分别铣削斜面 1 和斜面 2 |
| 选择检验测量方法 | ①平面度采用刀口形直尺测量<br>②平行面之间的尺寸和平行度用外径千分尺测量<br>③斜面角度用游标万能角度尺测量，垂直度用 90° 角度尺检验<br>④表面粗糙度采用目测样板类比检验 |

## 3. 斜面工件铣削加工

### （1）加工准备（表 6-16）

表 6-16　加工准备

| 类别 | 说　明 |
|---|---|
| 坯件检验 | ①用游标卡尺检验预制件的尺寸，本例测得预制件基本尺寸为 65mm × 40mm × 28mm<br>②综合考虑平面的粗糙度、平面度以及相邻面的垂直度，在两个 65mm × 28mm 与 40mm × 28mm 的平面中选择一个作为基准平面 |
| 安装、找正机用平口虎钳 | 将机用虎钳安装在工作台中间 T 形槽内，安装时注意底面与工作台面之间的清洁度。用百分表找正虎钳定钳口与工作台纵向平行 |
| 装夹工件 | 铣削斜面 1 时，采用主轴倾斜端铣法，工件以侧面和端面为基准装夹，工件下面衬垫平行垫块，其高度使工件上平面高于钳口 15mm（40tan15° =10.72mm），并找正工件端面与工作台面平行，如图 6-64（a）所示。铣削斜面 2 时，采用主轴倾斜周铣法，工件以侧面和底面为基准装夹，工件相对钳口的高度和端面外伸的长度以保证斜面铣削位置线在钳口之外，并找正工件底面基准与工作台面平行，如图 6-64（b）所示。 |
| 调整立铣头倾斜角和安装铣刀 | 调整立铣头倾斜角与工件斜面角度的标注方法、使用周边铣削和端面铣削方法有对应的几何关系，见表 6-17，不同的铣削方法和斜面不同的角度标注方法，立铣头倾斜的角度是不同的，铣削加工斜面时，应注意与表例对照，首先判别图样上斜面角度的标注，然后确定加工方法，随后才能计算得出立铣头倾斜的角度<br>①铣削斜面 1 时，对照表 6-17，立铣头转过的角度等于斜面夹角，即 $\alpha=\theta$，立铣头倾斜角调整的操作方法如下<br>a. 用扳手顺时针旋拧立铣头右面的圆锥销顶端的六角螺母，拔出定位锥销，如图 6-65（a）所示<br>b. 松开立铣头回转盘的四个紧固螺母如图 6-65（b）所示<br>c. 根据转角要求，转动立铣头回转盘左侧的齿轮轴，如图 6-65（c）所示，按回转盘刻度逆时针转过 15°<br>d. 紧固四个回转盘螺母，具体操作方法是按对角顺序逐步紧固。紧固后应观察零线与刻度的位置调整立铣头的倾斜角度<br>调整立铣头倾斜角必须认真操作，立铣头倾斜角的误差，将直接影响斜面的角度加工精度，调整后，安装套式面铣刀，具体操作方法参照铣平面时介绍的相关内容<br>②铣削斜面 2 时，见表 6-17，立铣头逆时针方向转过的角度等于 $\alpha=90°-\theta=90°-70°=20°$<br>安装立铣刀的具体操作步骤如下<br>a. 选择外锥面与铣床主轴锥孔配合，内锥面与立铣刀配合的变径套，注意铣床主轴的内锥孔是公制 7 ∶ 24 锥度，而立式铣刀的柄部是莫氏锥度，铣刀和铣床主轴的同轴旋转精度主要靠锥度配合保证。擦净主轴锥孔、铣刀锥柄和变径套的内外锥面，选择与铣刀柄部内螺纹相同的拉紧螺杆<br>b. 将立铣刀锥柄装入变径套的锥孔内，两者之间是通过莫氏锥度配合的，配合面之间应无间隙，即铣刀柄部插入后不能摇动<br>c. 将变径套连同铣刀装入主轴锥孔，并使变径套上的缺口对准主轴端部的键块，用来传递转矩<br>d. 用拉紧螺杆将铣刀连同变径套紧固在主轴上，注意拉紧螺杆的螺纹是旋入立式铣刀的柄部内螺纹，旋入的螺纹应在 5 牙以上，以使铣刀、变径套和铣床主轴可靠地连接在一起 |

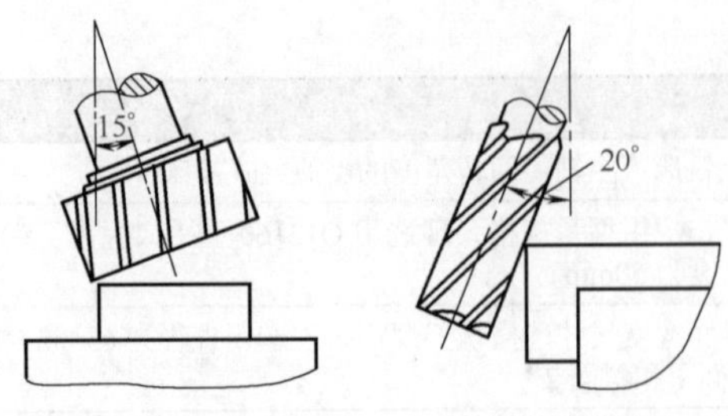


(a) 用面铣刀端铣法加工斜面　(b) 用立铣刀周铣法加工斜面

图 6-64　斜面工件铣削时工件和铣刀位置

(a) 取出定位锥销

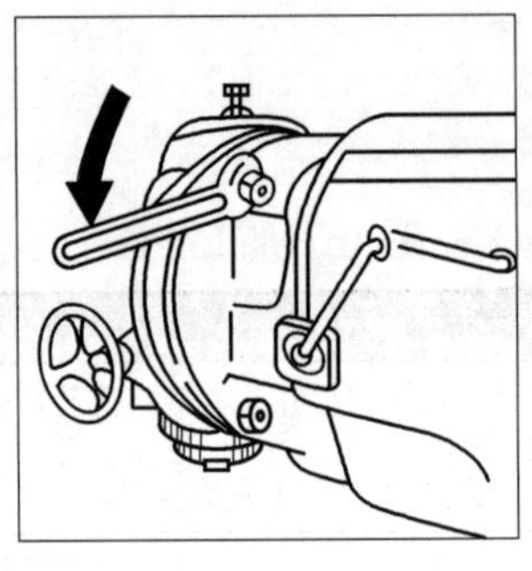

(b) 松开紧固螺母

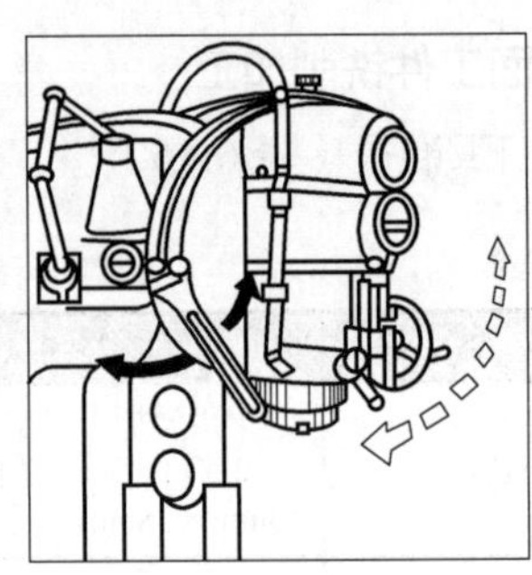

(c) 转动倾斜角

图 6-65　立铣头倾斜角的调整步骤

表 6-17　调整主轴角度、铣削斜面的方法

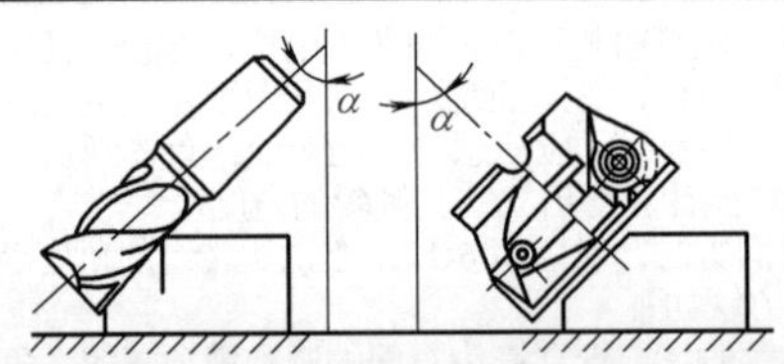


| 工件角度标柱注式 | 立铣头转动角度 $\alpha$ | |
|---|---|---|
| | 用立铣刀周边铣削 | 端面铣削 |
| 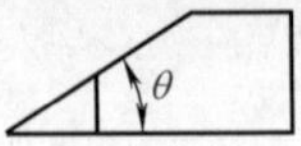 $\theta$ | $\alpha$=90° − $\theta$ | $\alpha$=$\theta$ |
| 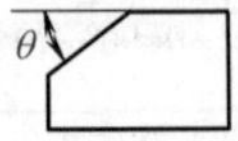 $\theta$ | $\alpha$=90° − $\theta$ | $\alpha$=$\theta$ |
| 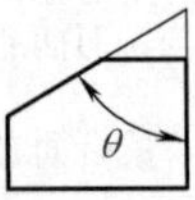 $\theta$ | $\alpha$=$\theta$ | $\alpha$=90° − $\theta$ |
| 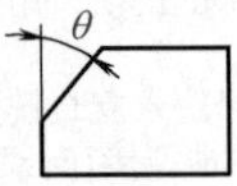 $\theta$ | $\alpha$=$\theta$ | $\alpha$=90° − $\theta$ |

续表

| 工件角度标注形式 | 立铣头转动角度 $\alpha$ | |
|---|---|---|
| | 用立铣刀周边铣削 | 端面铣削 |
| $\theta$ | $\alpha=\theta-90°$ | $\alpha=180°-\theta$ |
| $\theta$ | $\alpha=180°-\theta$ | $\alpha=\theta-90°$ |

（2）选择铣削用量

按工件材料（HT200）和铣刀的规格选择、计算和调整铣削用量。

① 套式面铣刀取主轴转速 $n$=75r/min（$v$≈15m/min），进给量 $v_f$=47.5mm/min。

② 立铣刀取主轴转速 $n$=190r/min（$v$≈19m/min），进给量 $v_f$=37.5mm/min。

③ 斜面铣削的吃刀深度粗铣、半精铣一般为 2.5mm，精铣时为 0.5mm。斜面 1 的宽度为 $\dfrac{40}{\cos 15°}=41.41\,\text{mm}$，斜面 2 的宽度为 $\dfrac{40}{\cos 20°}=42.57\,\text{mm}$。

（3）斜面工件铣削加工（表 6-18）

表 6-18　斜面工件铣削加工

| 类别 | 说　明 |
|---|---|
| 铣削斜面 1 | ①对刀时，调整工作台目测使面铣刀轴线处于斜面的中间，紧固工作台纵向，垂向对刀使铣刀端面刃恰好擦到工件尖角最高点，如图 6-66（a）所示，垂向升高对刀时应缓缓进行，以免突然切入后工件被拉动位移<br>②按斜面 1 的铣削余量（40sin15° =10.35mm）分两次调整铣削层深度，第一次为 5mm，第二次为 4mm，横向进给粗铣斜面 1，如图 6-66（b）所示，注意工作台纵向的位置，若调整不当，会产生顺铣，此时工件将会发生拉动位移<br>③用万能角度尺检测斜面角度，若角度准确，可垂向上升 1mm 左右，精铣斜面 1，使斜面与侧面的交线位置与原交线重合，如图 6-66（c）所示 |
| 铣削斜面 2 | ①调整工作台，使立铣刀的圆周切削刃能一次铣出整个斜面<br>②纵向对刀，使立铣刀圆周刃恰好擦到工件交线，如图 6-67（a）所示<br>③按斜面铣削余量（40tan20° = 14.56mm）分三次纵向调整铣削层深度。第一次为 5mm，第二次为 4.5mm，第三次为 3.5mm，横向进给粗铣斜面 2，铣削时注意紧固工作台纵向，如图 6-67（b）所示<br>④用万能角度尺测量斜面 2 角度，若角度准确，可根据交线的位置和余量，纵向移动 1mm 左右，精铣斜面 2，使交线恰好与原交线重合，如图 6-67（c）所示 |
| 调整主轴角度铣削斜面应注意事项 | ①铣削方式（端铣法或周铣法）、工件斜面的角度标注与工件装夹位置、立铣头倾斜角度及其方向有密切的关系，在加工时，应注意按图样对照，以免组合上的错误<br>②调整立铣头角度后，斜面必须采用工作台横向进给铣削。进给的方向最好能使切削分力指向定钳口，并采用逆铣方法<br>③铣削余量应通过计算获得，铣削余量调整值的累计应注意将尖角对刀时的切除量估算在内，精铣时应目测与计算余量相结合，以保证斜面位置的准确性<br>④采用纵向调整铣削余量时，应注意紧固工作台纵向，以免工作台被拉动后影响加工精度，甚至会因拉动发生铣刀崩刃，工件转动 |

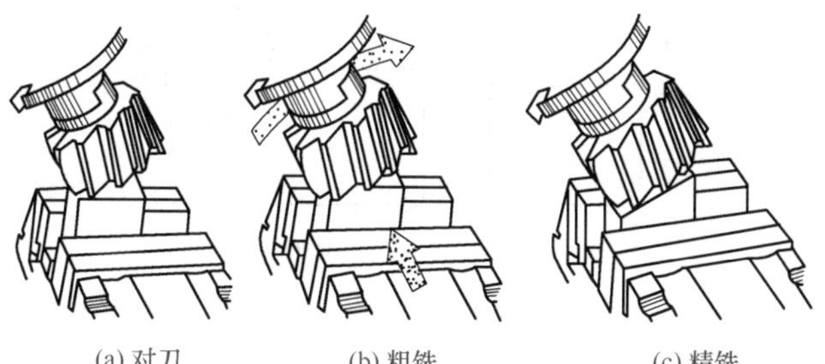

(a) 对刀　　(b) 粗铣　　(c) 精铣

图 6-66　用面铣刀倾斜端铣斜面

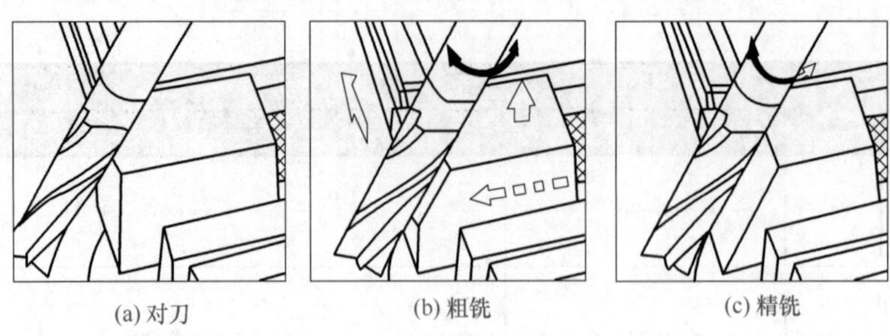


图 6-67　用立铣刀倾斜固铣斜面

## 4. 斜面工件铣削检验与质量要点分析（表 6-19）

表 6-19　斜面工件铣削检验与质量要点分析

<table>
<tr><th colspan="2">类型</th><th>说　明</th></tr>
<tr><td colspan="2">斜面检验</td><td>①游标万能角度尺测量斜面 1 的角度误差通过基准转换测量，斜面 1 与底面基准的角度为 75° ±20′。斜面 2 与底面基准的角度为 70° ±20′。用游标万能角度尺测量的方法如图 6-68 所示，测量时，将测量面之间的角度调整到与工件相同角度，即角度尺测量面与工件斜面、基准面贴合，然后将游标尺的读数与图样要求比较，确定斜面加工的角度误差<br>②斜面的位置测量时，本例只需用游标卡尺测量尺寸（65±0.15）mm 是否合格<br>③用 90° 角度尺测量斜面与侧面垂直度时，应以 0.05mm 厚度的塞尺不能塞入缝隙为合格<br>④表面粗糙度检验通过目测样板类比法进行。本例斜面 1 用端铣法铣成，斜面 2 用周铣法铣成。选用相应纹路和精度的样板对照，表面粗糙度值应在 Ra6.3μm 以内</td></tr>
<tr><td rowspan="4">调整立铣头角度铣削斜面常见质量问题及其原因</td><td>斜面平面度超差的主要原因</td><td>①立铣刀圆柱度误差大<br>②立铣头紧固螺栓紧固顺序不对，致使立铣头与工作台横向进给方向不垂直</td></tr>
<tr><td>斜面与侧面垂直度较差的原因</td><td>①机用平口虎钳定钳口与工作台纵向不平行<br>②工件装夹时定位面之间有脏污等</td></tr>
<tr><td>斜面与基准面角度误差大的原因</td><td>①立铣头调整角度有误差或计算错误<br>②立铣刀圆周刃有锥度或铣削过程中因立铣刀较长而发生偏让<br>③工件基准面装夹位置不准确<br>④工件夹紧力较小，铣削过程中工件微量位移等</td></tr>
<tr><td>表面粗糙度超差的原因</td><td>①铣削位置调整不当采用了不对称顺铣<br>②铣床进给有爬行<br>③铣刀安装精度差，引起铣削振动<br>④工件装夹不够稳固引起铣削振动<br>⑤铣削余量分配不合理，如铣削深度过大等</td></tr>
</table>

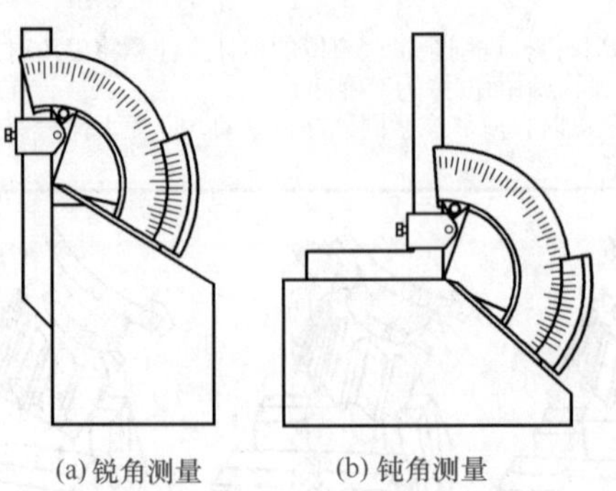


图 6-68　用游标万能角度尺测量斜面

# 第七章 铣削台阶、直角槽和特形槽

## 第一节　铣削台阶

台阶工件有多种形式，而台阶是由平面和垂直面组合而成，台阶零件的形式如图 7-1 所示。根据技术要求，它应具有较好的直线度、平面度和所需要的表面粗糙度值。

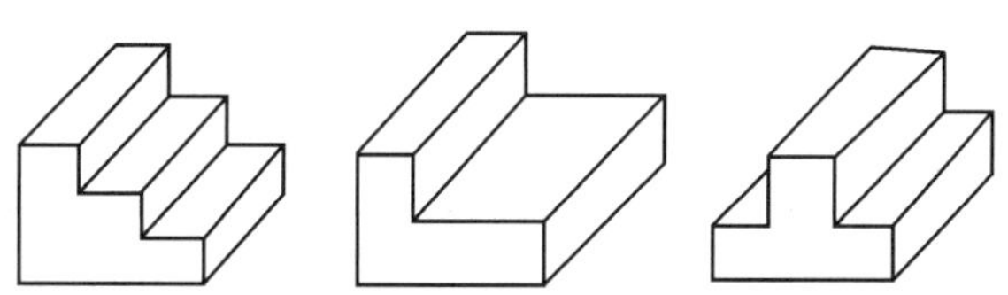

图 7-1　台阶零件的形式

### 一、铣削台阶的工艺要求

#### 1. 尺寸精度

台阶上与其他零件相配合的尺寸，其尺寸精度一般要求都较高。

#### 2. 形状位置精度要求

各平面的平面度，台阶侧面与基准面的平行度，以及双台阶对中分线的对称度等，都应有较高的要求。

#### 3. 表面粗糙度要求

组成台阶的平面也应像铣削平面一样，要求有较高的表面质量，特别是台阶上有些需要与其他零件表面配合的面其要求更高。

### 二、铣削台阶的方法

零件上的台阶，通常在卧式铣床上采用三面刃铣刀或在立式铣床上采用立铣刀或面铣刀进行加工，常用的方法如下。

### 1. 用三面刃铣刀铣台阶（表 7-1）

表 7-1　用三面刃铣刀铣台阶

| 类别 | 说　明 |
|---|---|
| 铣刀的选择 | 如图 7-2 所示为三面刃铣刀铣台阶示意图。在选三面刃铣刀时，主要选择三面刃铣刀的宽度和直径，选用的三面刃铣刀的宽度应尽量大于所铣台阶面的宽度，以便在一次进给中铣出台阶的宽度。铣削中，为了使台阶的上平面能在回转的铣刀杆下通过，三面刃铣刀的直径应按下式计算确定<br>$D > d+2t$<br>式中　$D$——三面刃铣刀的直径，mm<br>$d$——铣刀刀杆垫圈直径，mm<br>$t$——台阶深度，mm<br>在满足上式条件下，应选用直径较小的三面刃铣刀 |
| 工件的装夹和校正 | 台阶工件的装夹方法较多，根据工件形状和尺寸，采用机用虎钳装夹。在安装工件时，必须校正机用虎钳和工件的安装位置，校正的内容有以下两个<br>①一般情况下工件用机用虎钳装夹，尺寸较大的工件可用压板装夹。对于形状复杂的工件或大批量生产时可用专用夹具装夹<br>②采用机用虎钳装夹工件时，应校正固定钳口与主轴轴线的垂直度。装夹工件时，应使工件的侧面靠向固定钳口，使工件的底面靠向钳体导轨面，铣削台阶时，底面应高出钳口的上平面，以免铣削中铣刀铣削到钳口 |
| 铣削方法 | 工件装夹校正后，手摇各进给手柄，使回转中的铣刀的侧面切削刃擦着台阶侧面的贴纸如图 7-3（a）所示，然后垂直降落工作台如图 7-3（b）所示，横向移动工作台一个台阶宽度的距离 $B$，并紧固横向进给，再上升工作台使铣刀的圆柱面切削刃擦着工件上表面的贴纸如图 7-3（c）所示，手摇工作台纵向进给手柄，退出工件，上升工作台一个台阶深度 $t$，摇动纵向进给手柄使工件靠近铣刀，手动或自动纵向铣出台阶，如图 7-3（d）所示。台阶深度较深时，可将台阶侧面留有 0.5 ～ 1.0mm 余量，分次铣出台阶深度，最后一次进给时可将台阶底面和侧面同时精铣到要求，如图 7-3（e）所示。 |
| 铣双面台阶 | 铣削时可先铣出一侧的台阶，并保证尺寸要求，然后退出工件，将工作台横向进给移动一个距离 $A$（$A=L+C$），紧固横向进给后，铣出另一侧台阶，如图 7-4 所示。也可以在一侧的台阶铣好后，松开机用虎钳，把工件调转 180° 后重装装夹，再铣另一侧面台阶。用这种方法铣削，台阶的凸台宽度尺寸受工件宽度尺寸精度的影响较大，但铣出的两台阶能获得很高的对称度 |

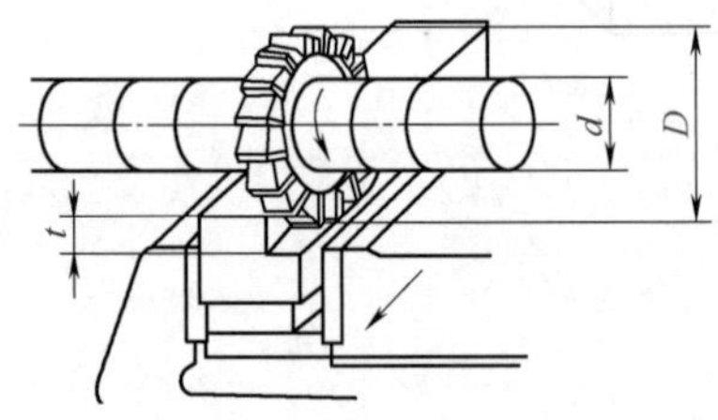


图 7-2　用三面刃铣刀铣台阶

### 2. 组合三面刃铣刀铣削等高台阶

在批量加工中，台阶都是采用组合铣刀来铣削，如图 7-5 所示，这样，不但大大提高生产效率，而且操作简单，能保证工件质量。组合三面刃铣刀铣等高台阶与用一把铣刀铣台阶的方法相似，下面将其不同点加以介绍。

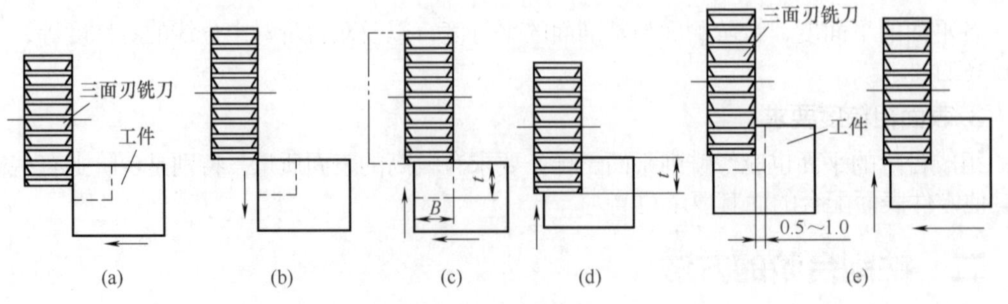


图 7-3　台阶的铣削方法

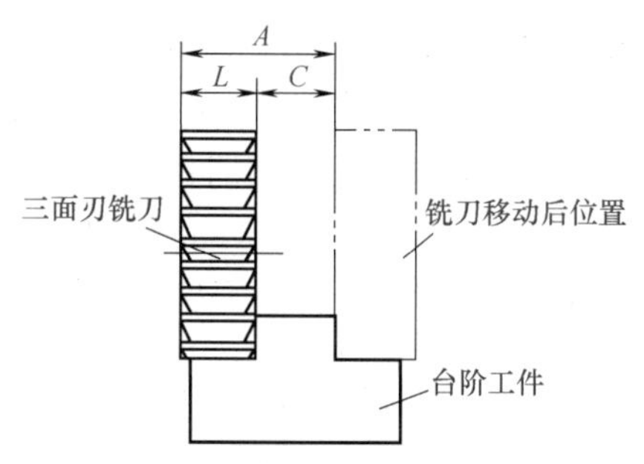

图 7-4　用一把三面刃铣刀铣双面台阶

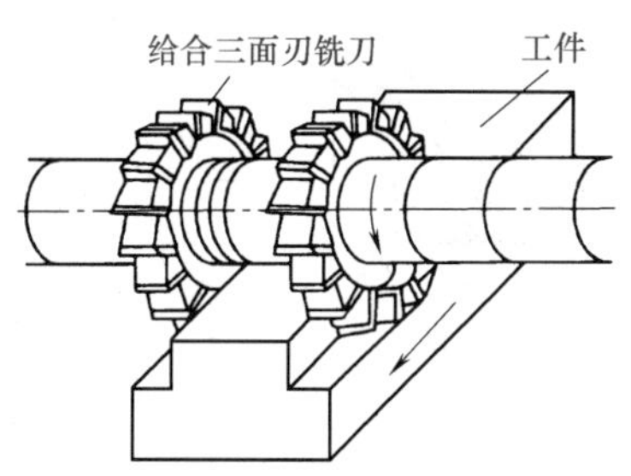

图 7-5　用组合三面刃铣刀铣台阶

（1）组合铣刀的安装

采用组合三面刃铣刀铣削时，应选用两个直径等尺寸完全相同的三面刃铣刀，中间用长铣刀杆垫圈把两刀隔开，以将刀刃之间的距离调整到所需要的尺寸。铣刀紧固以后，要用游标卡尺检查两铣刀相对两刀刃内侧尺寸的间隔距离是否符合尺寸要求，如图 7-6 所示，如果不合要求，则应重新调整。在用游标卡尺测量组合铣刀的中间距离时，要特别注意：组合铣刀中间的尺寸绝对不能小于实际需要的尺寸，有时则比这个尺寸略大一些（一般可加大 0.1 ～ 0.3mm）。这是为了防止铣刀受旋转中跳动量的影响，使铣得的中间尺寸减小而产生废品。由于铣刀有轴向摆差，所以当两铣刀的组合尺寸略大于或略小于所需要尺寸时，可松开长铣刀杆上的螺母，将两把铣刀相对转动一个位置，再拧紧铣刀杆螺母，就可能得到所需要的组合尺寸。如果两铣刀间的内侧距离和所要求尺寸相差较大，则需要通过增减垫圈的方法来解决。

大批量加工中，为了保证台阶工件的加工质量，初校好的两铣刀间组合尺寸应先试铣进行调整，并检查铣得的尺寸是否在公差范围之内。直到连续三四个工件都质量稳定为止。在加工过程中，还必须经常抽工件检验，以免由于组合尺寸变动及夹具走动等原因而使大批的工件报废。

（2）调整铣刀与工件的相对位置

三面刃组合铣刀在切削前，要做好对刀工作。台阶位置要求不严格的工件可采用线印对刀法如图 7-7 所示，即先在工件铣台阶位置上按尺寸要求划出线印，铣削中按线印对刀和进行加工。精度要求较高的台阶工件，组合铣削时可采用图 7-3 所示的侧面对刀法。这时，以三面刃铣刀的外侧刃刚擦着工件侧面为起点，然后下降工作台并横向移动工作台，其移动量 $S$ 用下式计算：

$$S=L+C$$

式中　$L$——三面刃铣刀宽度，mm；

　　　$C$——台阶工件内侧距离尺寸，mm。

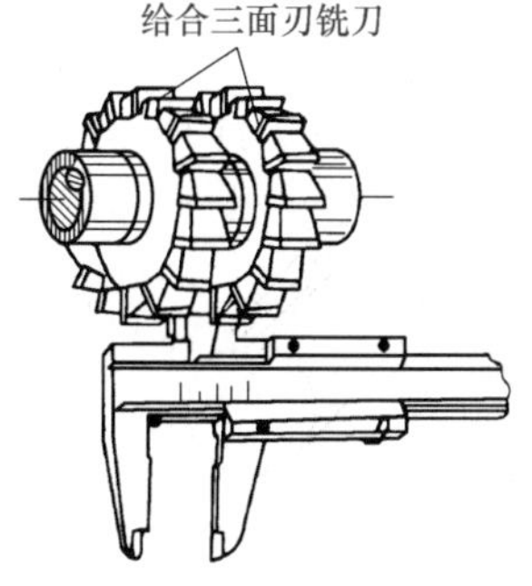

图 7-6　用游标卡尺检查两铣刀内侧尺寸

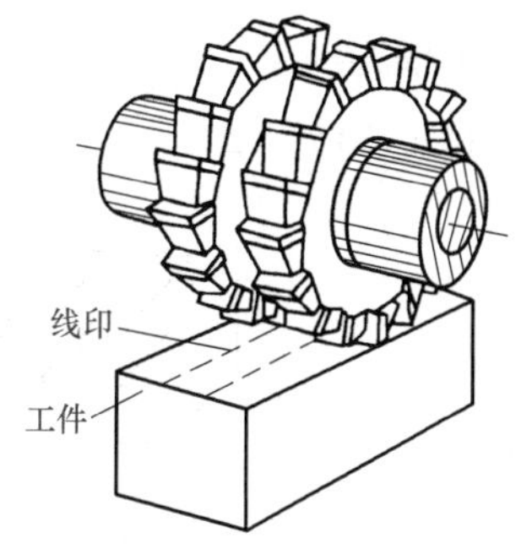

图 7-7　按线印对刀铣台阶

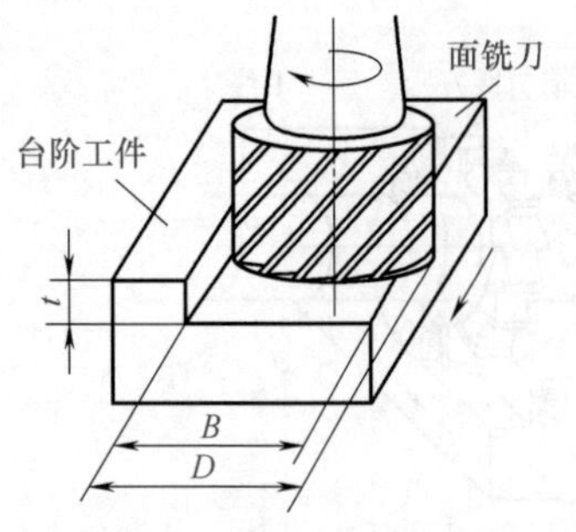

图 7-8　用面铣刀铣台阶

### 3. 用面铣刀铣或立铣刀铣台阶

面铣刀铣台阶如图 7-8 所示。宽度较宽且深度较浅的台阶常使用面铣刀在立式铣床上加工。面铣刀刀杆刚性大，铣削时，切屑厚度变化小，切削平稳，加工出的表面质量好，生产效率高。铣削时所选用铣刀的直径 $D$ 应大于台阶宽度 $B$，一般可按 $D=(1.4 \sim 1.6)B$ 选取。

立铣刀铣台阶如图 7-9 所示。深度较深的台阶或多级台阶可用立铣刀在立式铣床上进行加工。铣削时，立铣刀的圆周刃起主要切削作用，端面刃起修光作用。由于立铣刀刚性小，强度较弱，铣削时选用的铣削用量比使用三面刃铣刀铣削时要小，否则容易产生“扎刀”现象，甚至折断铣刀。因此，在条件允许的情况下，应选用直径较大的立铣刀，以提高铣削效率。

### 4. 台阶的测量

台阶的测量较为简单，台阶的宽度和深度一般可用游标卡尺和深度游标卡尺测量。对于两边对称台阶的凸台宽度，当台阶深度较深时，可用千分尺测量；台阶深度较浅，不便用千分尺测量时，可用极限量规测量，如图 7-10 所示。

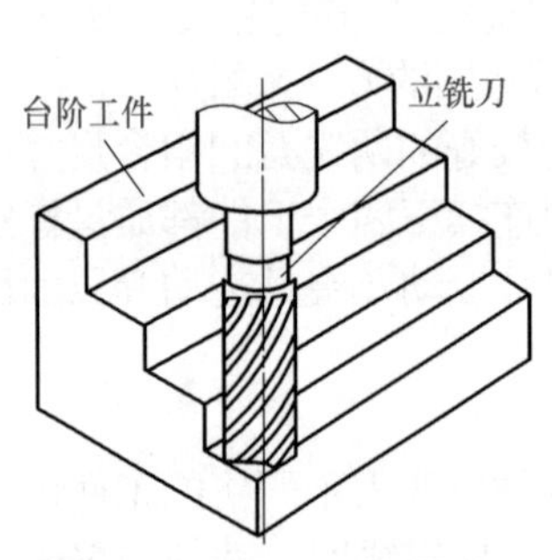

图 7-9　用立铣刀铣台阶

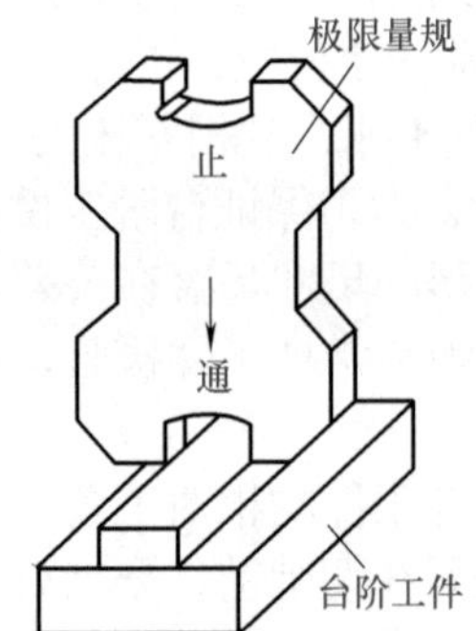

图 7-10　用极限规测量台阶凸台的宽度

# 第二节　铣削直角沟槽

## 一、直角沟槽的种类及铣削技术要求

### 1. 直角沟槽的种类

常见的直角沟槽有敞开式、封闭式和半封闭式三种，如图 7-11 所示。

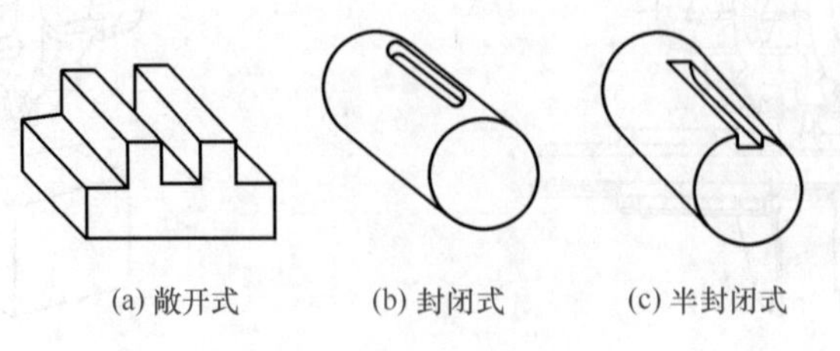

图 7-11　直角沟槽的种类

### 2. 直角沟槽铣削技术要求（表 7-2）

表 7-2　直角沟槽铣削技术要求

| 类别 | 说　明 |
| --- | --- |
| 尺寸精度 | 槽的宽度、长度和深度都有一定的尺寸精度要求，尤其是对与其他零件相配合的部位，尺寸精度要求相对较高 |
| 形状精度 | 各种形状的沟槽都由平面组成，因此，通常有平面度和直线度基本要求。用于配合的平面，其形状要求比较高 |
| 位置精度 | 槽与基准之间一般都有位置精度要求。对在轴类零件上分布的沟槽，还有等分精度或夹角的要求 |
| 表面粗糙度 | 组成槽的各表面都有表面粗糙度要求，用于配合的表面要求较小的表面粗糙度值，如工作台面 T 形槽直槽的两侧面常用于夹具定位，因此要求具有较小的表面粗糙度值 |

## 二、直角沟槽的铣削方法

直角沟槽由三个平面组成，相邻两平面之间相互垂直，两侧面相互平行。直角沟槽通常用盘形铣刀和指形铣刀加工，敞开式直角沟槽可用三面刃铣刀和盘形槽铣刀加工，较宽的直角沟槽可采用合成铣刀加工，如图 7-12 所示。封闭式直角沟槽采用立铣刀或键槽铣刀加工。半封闭直角沟槽则须根据封闭端的形式确定不同的铣刀进行加工。

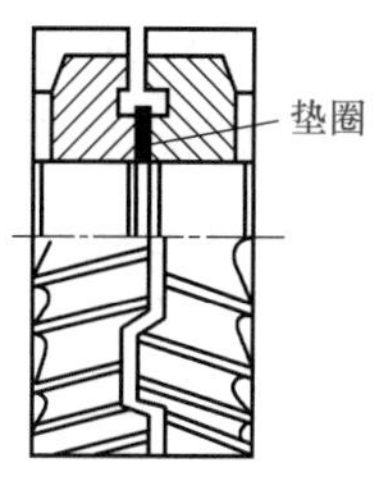

图 7-12　铣削直角沟槽的合成铣刀

### 1. 用三面刃铣刀铣削直角沟槽

用三面刃铣刀加工直角通槽的方法和步骤与铣削台阶时基本相似。当尺寸较小时，通常采用三面刃铣刀加工，成批生产时采用盘形铣刀加工。用三面刃铣刀铣削直角沟槽见表 7-3。

表 7-3　用三面刃铣刀铣削直角沟槽

| 类别 | 说　明 |
| --- | --- |
| 铣刀的选择 | 所选用的三面刃铣刀的宽度 $B$，应等于或小于所加工的槽宽 $B'$；铣刀的直径 $D$ 应大于刀轴垫圈的直径 $d$ 与两倍的槽深 $H$ 的和，如图 7-13 所示，即 $D > d+2H$。对于槽宽 $B$ 尺寸精度要求较高的沟槽，通用选用宽度小于槽宽的三面刃铣刀，采用扩大法分两次或分两次以上铣削至要求 |
| 工件的安装与校正 | 一般直角槽加工时可采用机用平口钳装夹工件。在窄长件上铣长直角槽时，机用平口钳的固定钳口应与铣床主轴轴心线垂直安装，在窄的工件上铣与工件长度方向垂直的直角槽时，机用平口钳的固定钳口应与铣床主轴轴心线平行安装。保证铣出的直角槽两侧与工件的基准侧面平行或垂直 |
| 对刀的方法 | 常用的对刀方法有两种。一是划线对刀。在工件的加工部位划出敞开式直角沟槽的尺寸线和位置线，装夹校正工件后，调整铣床，使三面刃铣刀侧面切削刃对准工件上所划的宽度线，将横向进给紧固，分次进给铣出直角沟槽。二是侧面对刀。装夹校正工件后，调整机床，使三面刃铣刀侧面切削刃轻擦工件侧面贴纸，垂直降落工作台，横向移动工作台一个铣刀宽度加工件侧面到槽侧的距离 $A$，将横向进给紧固，调整好切削深度，铣出直角沟槽，如图 7-14 所示 |

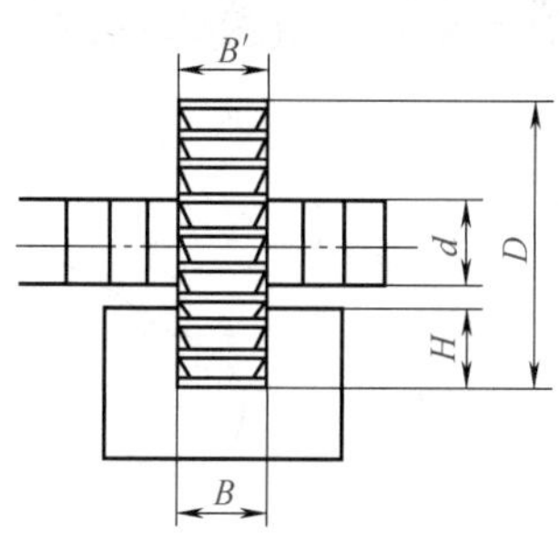


图 7-13　铣刀的选择

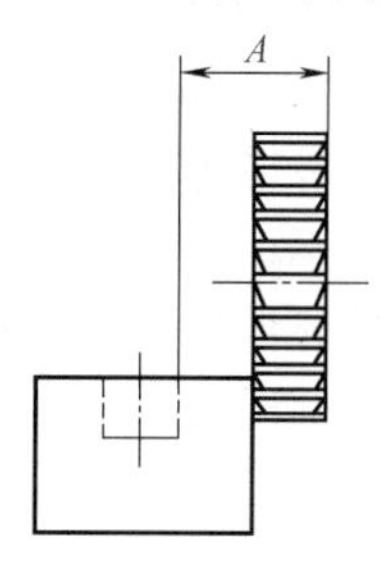


图 7-14　侧面对刀

**2. 用立铣刀铣半封闭和封闭式直角沟槽**

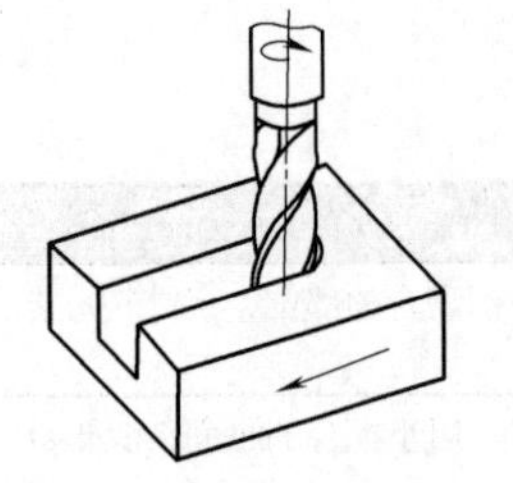

图 7-15　用立铣刀铣半封闭式直角沟槽

用立铣刀铣半封闭直角沟槽时，所选择的立铣刀直径应等于或小于槽的宽度。由于立铣刀的强度及装夹刚度较小。容易折断或让刀，加工较深的槽时应分层铣削，进给量要比三面刃铣刀小些，以免因受力过大引起铣刀折断，深度铣好后，再将槽两侧扩铣到尺寸。扩铣时应避免顺铣，防止损坏铣刀和啃伤工件，如图 7-15 所示。

用立铣刀铣封闭式直角沟槽时，由于立铣刀端面刃没有完全通过刀具中心，不能垂直进给切削工件，所以铣削前先在工件上画出槽的尺寸位置线，然后按线在槽的另一端，预钻一个小于槽宽尺寸的落刀孔，以便由此孔落刀铣削，如图 7-16 所示。铣削时应分次数进给，调整切深铣透工件，每次进给都由落刀孔一端铣向槽的另一端，槽深铣透后，再扩铣长度和两侧。铣削时，不使用的进给应紧固，扩铣两侧时应避免顺铣。

**3. 用键槽铣刀铣半封闭式及封闭式直角沟槽**

加工精度较高、深度较浅的半封闭式及封闭式直角沟槽时，可用键槽铣刀。键槽铣刀的端面刃，能在垂直进刀时切削工件，用它加工穿透的封闭槽，可不必预钻刀孔，由槽的一端分数次进给，调整切深铣出槽来。

**4. 直角槽的检验**

如图 7-17 所示是用杠杆百分表检测槽对称度。直角槽的长度、宽度、深度，可分别用游标卡尺、千分尺、深度尺检验；对称度可分别用游标卡尺、千分尺或杠杆百分表检验。用杠杆百分表检验对称度时，将工件分别以 $A$、$B$ 面为基准，放在平板平面上，使表的触点触在槽的侧面上，移动工件检测，观察表的指针变化情况，两次测得的读数值一致，槽的两侧就对称于工件中心平面。

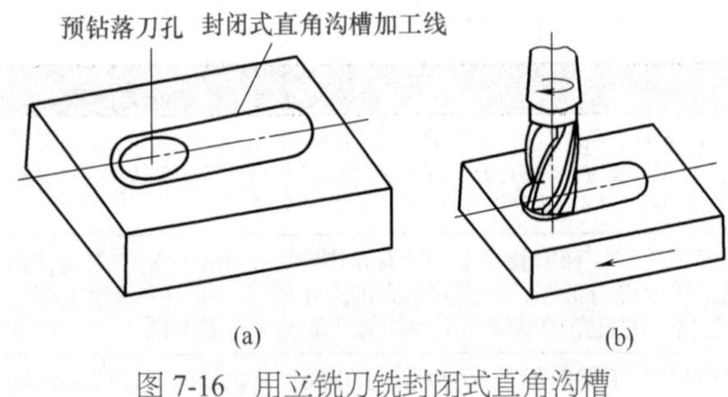


图 7-16　用立铣刀铣封闭式直角沟槽

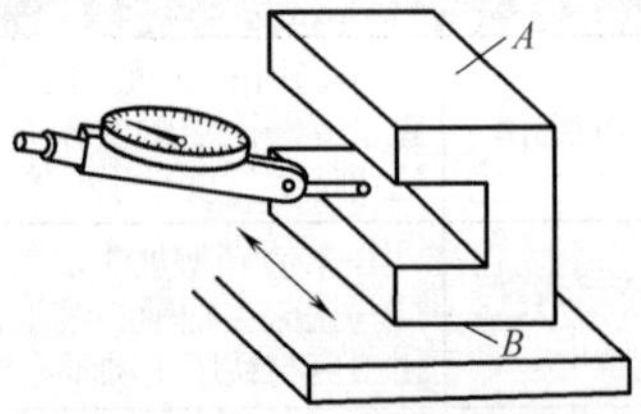

图 7-17　用杠杆百分表检测槽对称度

## 第三节　铣削键槽

在轴类零件上安装平键的直角沟槽，称为键槽。键槽也是直角沟槽，故与直角沟槽技术要求基本相同。由于键槽要与键相配合，因此，不但要保证槽宽精度，而且还要保证键槽与轴心线的对称度及槽两侧面和槽底面对轴心线的平行度。键槽分通槽、半通槽和封闭槽等几种类型，

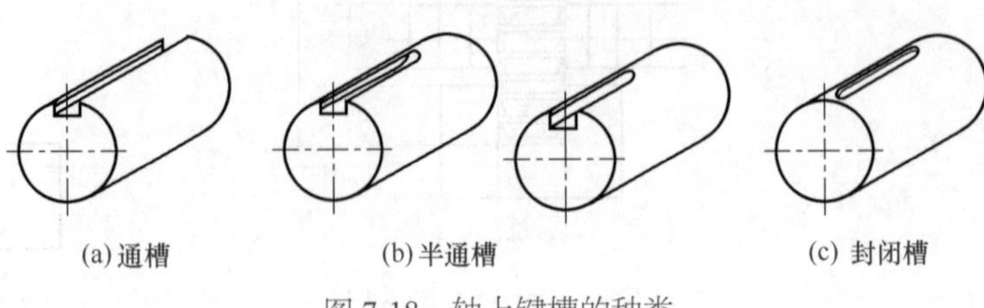


图 7-18　轴上键槽的种类

如图 7-18 所示。

## 一、铣轴上键槽用的铣刀及其选择

铣轴上的通槽和槽底一端是圆弧形的半通槽时，一般选用盘形槽铣刀，键槽的宽度由铣刀宽度保证，半通槽一端的槽底圆弧半径，由铣刀半径保证。因此，应选用和键槽宽度一致的盘形槽铣刀，按图样标注的半通槽槽底圆弧半径确定铣刀半径。

铣轴上封闭键槽和槽底一端是直角的半通槽，应选用键槽铣刀，并按键槽的宽度尺寸来确定铣刀直径。铣削精度要求较高的轴上键槽，选好铣刀后要经试切检查，槽宽尺寸合格后才可加工工件。试切时槽宽尺寸大，若刀具圆跳动合格，可适当用油石修整刀具刃口，使铣出的槽宽合乎要求。

## 二、平口钳装夹工件及键槽铣刀铣轴上键槽

### 1. 平口钳的安装和工件的校正

用平口钳装夹工件时，应校正固定钳口与铣床工作台纵向进给方向平行。工件装夹后，用划针盘校正工件上母线与工作台面平行，保证铣出的键槽两侧和槽底面与工件轴心线平行。

### 2. 对中心的方法

铣削轴上键槽时，通过对刀调整，应使键槽铣刀的回转中心线通过工件轴心线。常用对中心的方法有以下三种，见表 7-4。

表 7-4　常用对中心的方法

| 类别 | 说　明 |
|---|---|
| 切痕对中心法 | 安装并校正工件后，适当调整机床，使键槽铣刀中心大致对准工件的中心，然后开动机床使铣刀旋转，让铣刀轻轻划着工件，并在工件上逐渐铣出一个宽度约小于铣刀直径的小平面，如图 7-19 所示，用肉眼观察，使铣刀的中心落在平面宽度中心上，再上升垂直进给，在平面两边铣出两个小台阶，并且使两边台阶高度一致，则铣刀中心通过了工件中心，然后将横向进给机构紧固，如图 7-20 所示。这种方法使用简便，是最常用的对刀方法，此法的对刀准确度取决于操作者的技术水平和目测的准确度 |
| 用游标卡尺测量对中心 | 安装并校正工件后，用钻夹头夹持与键槽铣刀直径相同的圆棒，适当调整工件与圆棒的相对正确位置，用游标卡尺测量圆棒圆周围与两钳口间的距离，若 $a=a'$，则对好了中心，如图 7-21 所示。中心对好后，将横向工作台紧固，试铣，检查无误后，开始加工工件 |
| 用杠杆百分表测量对中心 | 加工精度要求较高的轴上键槽时，可用杠杆百分表测量对中心。对中心时，先把工件夹紧在两钳口间，把杠杆百分表固定在立铣头主轴的下端，用手转动主轴，并且适当调整横向工作台，使百分表的读数在钳口两内侧面一致，如图 7-22 所示。中心对准后，将横向进给机构紧固再加工 |

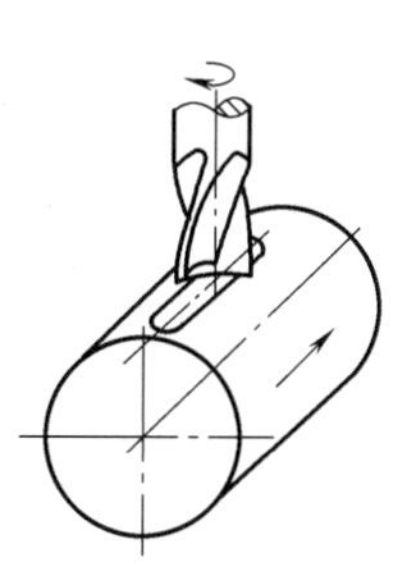

图 7-19　切痕对中心

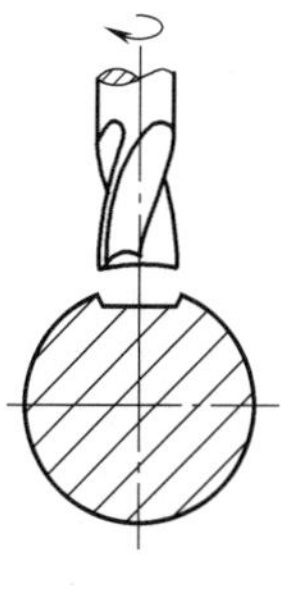

(a) 切痕对称

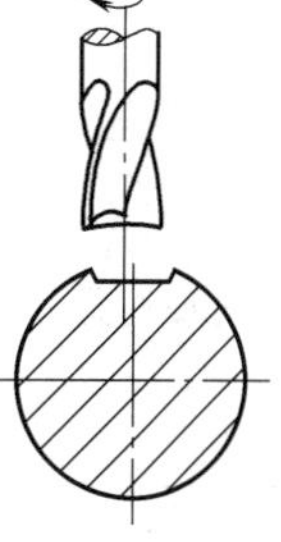

(b) 切痕不对称

图 7-20　判断中心是否对准

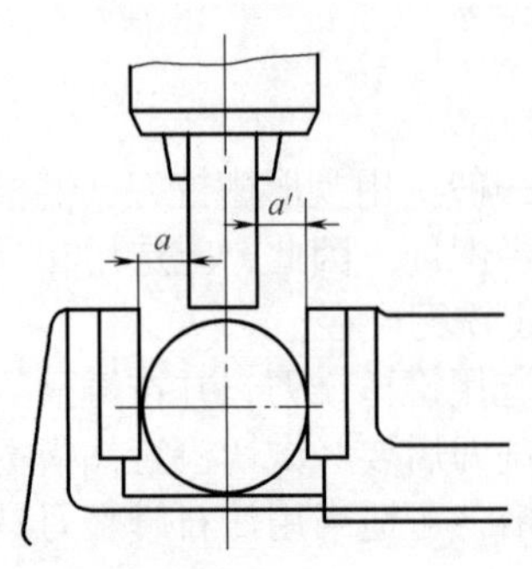


图 7-21　用游标卡尺测量对中心

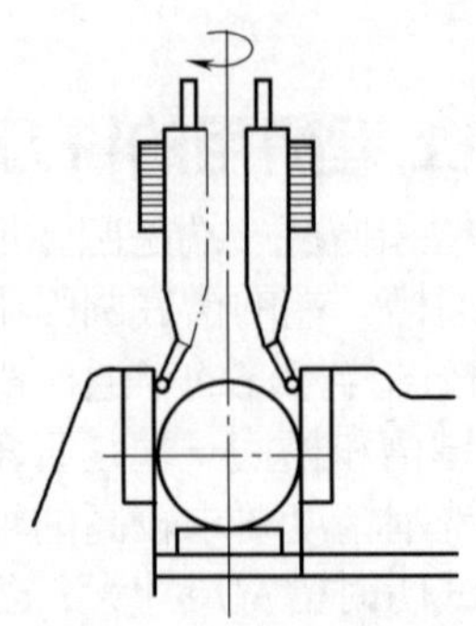

图 7-22　用杠杆百分表测量对中心

### 3. 铣削方法（表 7-5）

表 7-5　铣削方法

| 类别 | 图　示 | 说　明 |
|---|---|---|
| 深度一次铣成法 | 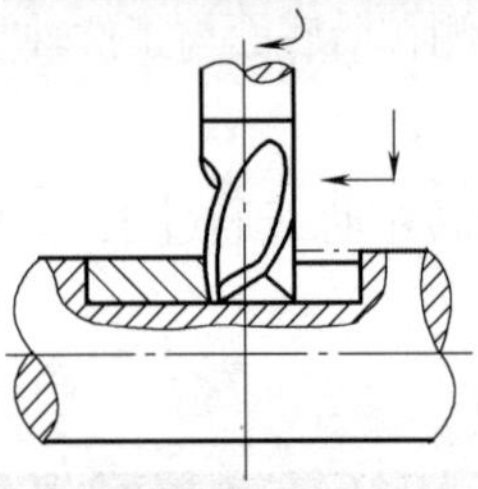 | 铣削时先从键槽的一端垂直进给，铣出键槽的深度，然后采用较小的纵向进给量自动进给或采用手动进给铣出键槽的长度尺寸。如左图所示。这种加工方法对铣刀的使用比较不利，因为铣刀在用钝时，其切削刃上的磨损长度等于键槽的深度。若刃磨圆柱面切削刃，则因铣刀直径磨小而不能再用作精加工；若把端面一段磨去，则不经济，所以铣削之前对键槽铣刀的直径需用千分尺进行测量检查 |
| 分层铣削法 | 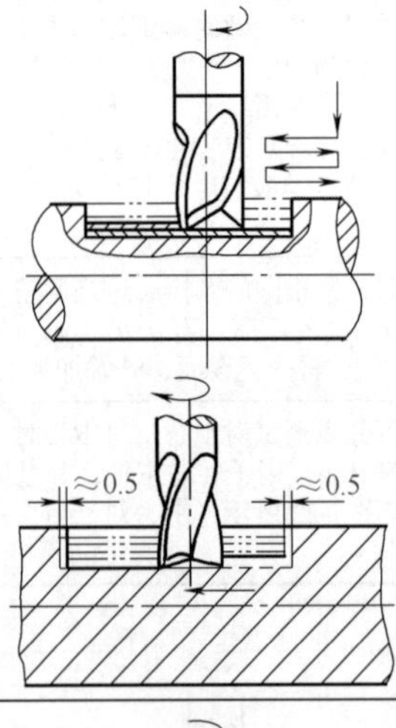 ≈0.5　≈0.5 | 安装铣刀后，先在废料上试铣，检查所铣键槽的宽度尺寸符合图样要求后，再装夹，校正工件并对好中心，才可加工工件。铣削前，先在工件上画出键槽的长度尺寸位置线，对刀记住刻度盘数值，按照铣刀直径的大小，可选择每次走刀的吃刀深度为 0.1 ～ 1mm，手动进给由键槽的一端铣向另一端，然后以较快的速度手动将工件退至原位，再吃深，仍由原来一端铣向另一端。铣削中注意键槽两端各留 0.2 ～ 0.5mm 余量，逐次铣到要求的深度尺寸后，再铣成键槽长度尺寸，如左图所示。以上方法适用于加工长度尺寸较短、生产数量不多的键槽 |
| 扩刀铣削法 | 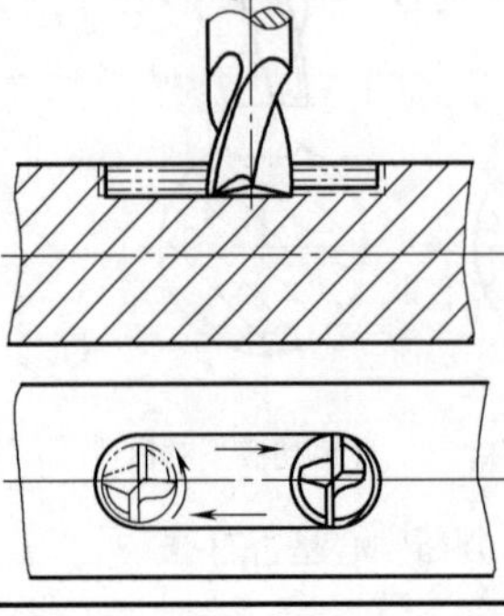 | 先将所选择的键槽铣刀直径磨小 0.2 ～ 0.5mrn，磨出的铣刀圆柱度要好。在工件上画出键槽尺寸位置线，装夹校正工件并对好中心，记住横向刻度盘的刻度数值，将横向进给紧固。键槽两端各留 0.2 ～ 0.5mm 余量，分层往返吃刀粗铣到键槽深度，测量槽宽尺寸，同时将键槽深度和长度精铣，如左图所示。深度留精铣余量可为 0.1 ～ 0.3mm，扩铣两侧时，应注意消除横向进给丝杠和螺母间隙的影响，以免中心位置铣错。铣完一件后，仍将横向工作台调整到原来的中心位置，按以上方法铣另一件。铣短键槽可用手动进给；铣长键槽可用机动进给，但铣刀接近键槽一端时，应及时停止机动进给，再手动进给铣出长度尺寸 |

续表

| 类别 | 图　示 | 说　明 |
|---|---|---|
| 粗精铣法 | — | 选择两把键槽铣刀，一把用来粗铣，另一把用来精铣。粗铣的铣刀按照键槽尺寸大小，可将槽宽留 0.2 ～ 1 mm 的余量。精铣的铣刀要经试切检验合乎要求。工件装夹校正后夹好并对好中心，先用粗铣铣刀铣削，深度留少许余量，然后换上精铣铣刀，将宽度、长度、深度精铣到要求尺寸 |

### 4. 工件外径尺寸变化对所铣键槽中心位置的影响

当平口钳装夹加工成批的轴上键槽时，工件外圆直径尺寸的变化，影响着键槽的中心位置，如图 7-23 所示。例如：在一批 $\phi50^{+0.5}_{+0.2}$ mm 的轴上，铣 $12^{+0.033}_{0}$mm 宽的键槽，第一件对好中心后，加工这一批工件时，会因工件直径的制造公差使键槽中心位置发生变化。工件外径最大尺寸 $\phi$50.5mm 和最小尺寸 $\phi$50.2mm 时键槽的中心位置将偏移 0.15mm。因此用平口钳加工成批轴上键槽时，这种装夹方法优点是装卸工件方便，但键槽的中心位置会随着工件直径的大小而改变，当一批工件的直径偏差较大时，中心偏差也较大。

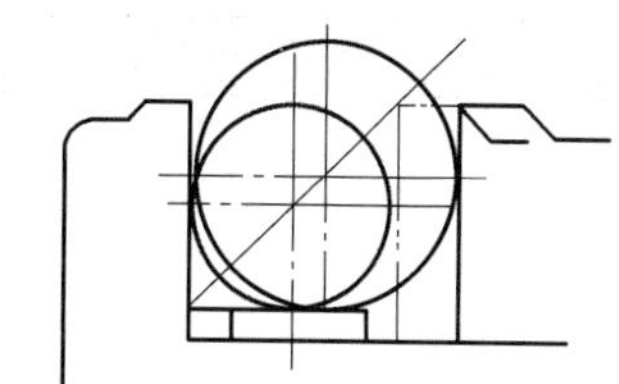

图 7-23　外径尺寸对键槽中心位置的影响

所以在加工前应先将工件外圆直径进行测量，按实际公差尺寸接近的情况分组，再适当调整刀具和工件的相对位置，加工出所有工件，避免因工件直径的制造公差，使键槽两侧与轴心线的对称度超差造成废品。此种装夹方法，适用于直径公差要求较严的批量工件或单件生产。

## 三、V 形铁装夹工件铣轴上键槽

### 1. 工件的安装

用 V 形铁装夹较长的轴类工件铣键槽时，应选择两块等高的 V 形铁，由压板和螺栓配合将工件夹紧。压板的压力尽量通过 V 形铁，如图 7-24 所示。工件中心必定在 V 形角的平分线上，当工件直径改变时，工件中心只在 V 形角的平分线上变动。因此，当铣刀的轴线或对称线与 V 形角的平分线对准后，能保证键槽的对称度。这种装夹方法对键槽的深度虽有影响，但键槽深度的要求一般都不高。

### 2. V 形铁的安装和校正

若用底面上带凸键的 V 形铁装夹工件时，应将两块 V 形铁的凸键放入工作台中央 T 形槽内，并使其同一个侧面靠向 T 形槽的一侧定位安装，如图 7-25 所示。用一般的 V 形铁装夹工件时，可在 T 形槽内放置定位块，使 V 形铁侧面靠向定位铁侧面定位安装，如图 7-26 所示。V 形铁安装后，可选标准的量棒放入 V 形槽上，用百分表校正其上母线与工作台面的平行度，校正其侧母线与工作台纵向进给方向的平行度，如图 7-27 所示。

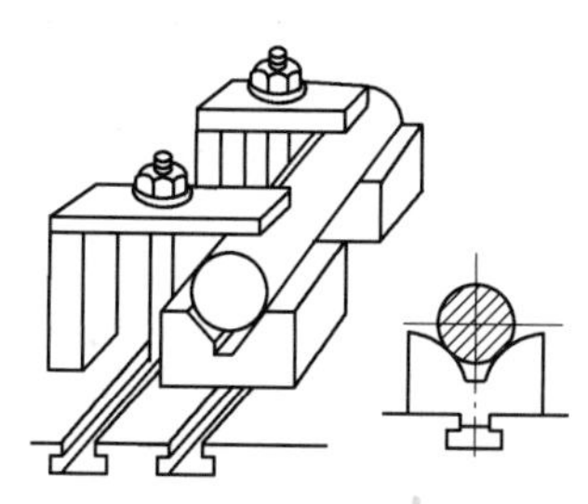

图 7-24　用 V 形铁和压板装夹工件

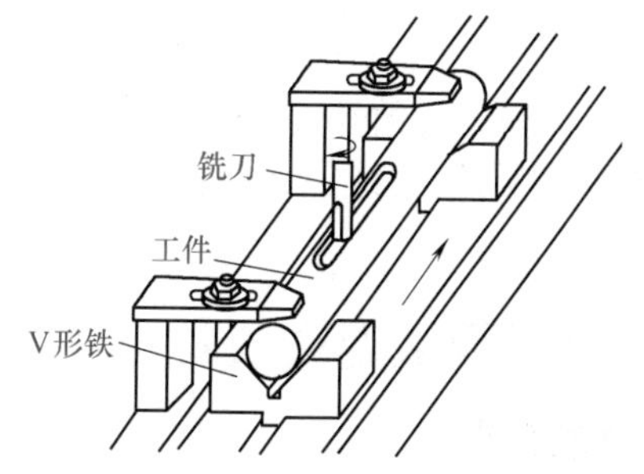


图 7-25　用 V 形铁装夹工件铣轴上键槽

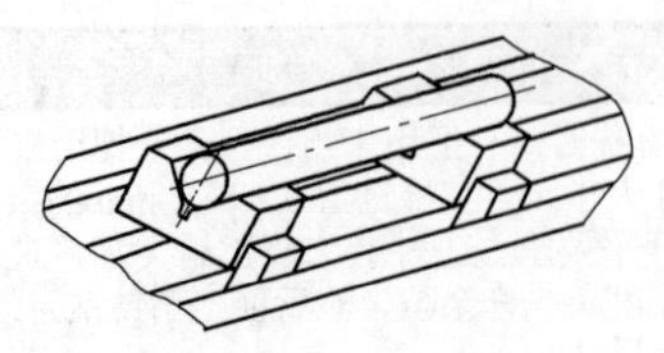

图 7-26 用定位块定位安装 V 形铁

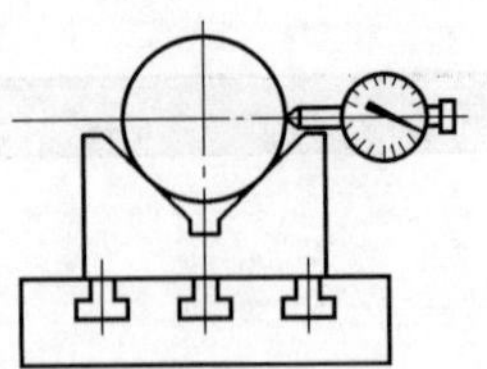

图 7-27 用百分表校正 V 形铁

### 3. 对中心的方法（表 7-6）

表 7-6 对中心的方法

| 类别 | 说 明 |
|---|---|
| 擦边对刀法 | 先在工件侧面贴一张薄纸，开动机床，当铣刀擦到薄纸后，向下退出工件，再横向移动工作台，如图 7-28 所示。用立铣刀或键槽铣刀时<br>$A=(D+d_0)/2+$纸厚<br>式中 $A$——工作台横向移动距离，mm<br>$D$——工件直径，mm<br>$d_0$——立铣刀直径，mm<br>在对刀过程中，若已把工件侧面切去一点，则把上式中加纸厚改为减切去量 |
| 用游标卡尺测量对中心 | 安装并校正工件后，用钻夹头夹持与键槽铣刀直径相同的圆棒，适当调整工件与圆棒的相对正确位置，使角尺的一侧分别靠向工件两侧的母线。用游标卡尺测量圆棒（或铣刀）圆周围与角尺间的距离，若 $A=A'$，则为对好了中心，如图 7-29 所示。中心对好后，将横向工作台紧固，试铣，检查无误后，开始加工工件 |
| 用杠杆百分表测量对中心 | 加工精度要求较高的轴上键槽时，可用杠杆百分表测量对中心。对中心时，把杠杆百分表固定在立铣头主轴的下端，用手转动主轴，并且适当调整横向工作台，使百分表的读数在 V 形铁两侧斜面上的读数一致，如图 7-30 所示。中心对准后，将横向进给机构紧固再加工 |

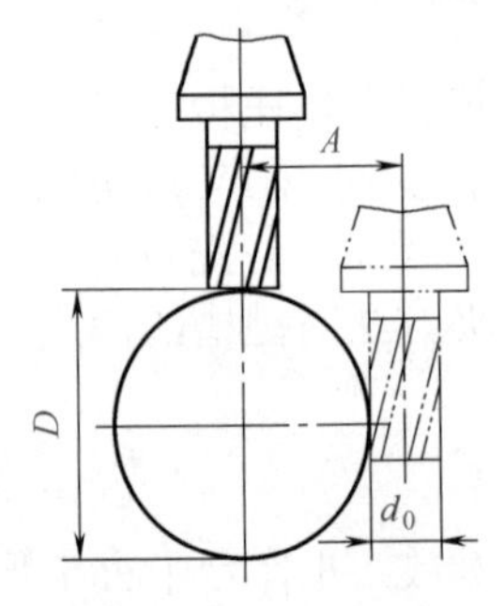


图 7-28 擦边对刀法

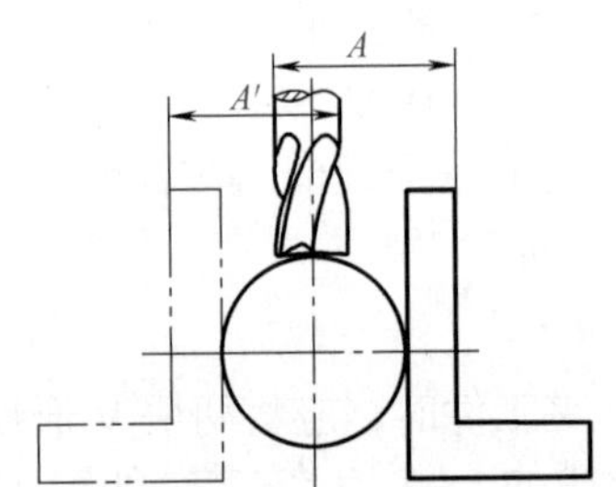


图 7-29 测量对中心

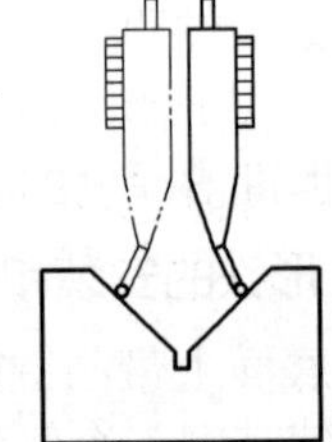

图 7-30 用杆杠百分表测量对中心

### 4. 铣削方法

铣削方法与前面讲过的用平口钳装夹工件，用键槽铣刀铣轴上键槽的方法基本相同。

用 V 形铁装夹工件铣轴上键槽这种加工方法可保证装夹工件后，铣出的键槽两侧及槽底与工件轴心线平行；能保证成批加工轴上键槽时，不受工件外径制造公差的影响，使一批工件的键槽两侧与轴心线有稳定的对称度。所以用 V 形架装夹是铣刀所常采用的，可适用于批量生产。

## 四、盘形槽铣刀铣长轴上的键槽

### 1. 工件的装夹

在直径 20 ～ 60mm 的细长轴上铣长键槽时，可将工件放在工作台中央 T 形槽上定位，用压板压紧，用盘形铣刀加工，以槽口倒角代替 V 形架。

## 2. 对中心的方法（表 7-7）

表 7-7　对中心的方法

| 类别 | 说　明 |
|---|---|
| 盘形槽铣刀的切痕对刀法 | 先把工件大致调整到铣刀的中分线位置上，再开动机床，在工件表面上切出一个小于槽宽的椭圆形切痕，观察铣刀两端面的中心，若处于小平面的中心位置，则铣刀厚度的中心就通过工件中心，如果不在中心位置，则要调整横向工作台。中心对好后，将横向进给紧固 |
| 擦边对刀法 | 先在工件侧面贴一张薄纸，开动机床，当铣刀擦到薄纸后，向下退出工件，再横向移动工作台，如图 7-31 所示。用盘形槽铣刀或三面刃铣刀时<br>$A=(D+L)/2+$ 纸厚<br>式中　$A$——工作台横向移动距离，mm<br>$D$——工件直径，mm<br>$L$——铣刀宽度，mm<br>在对刀过程中，若已把工件侧面切去一点，则把上式中加纸厚改为减切去量 |
| 测量对中心的方法 | 如图 7-32 所示为测量对中心的方法，中心对好后，紧固横向工作台，然后加工工件 |

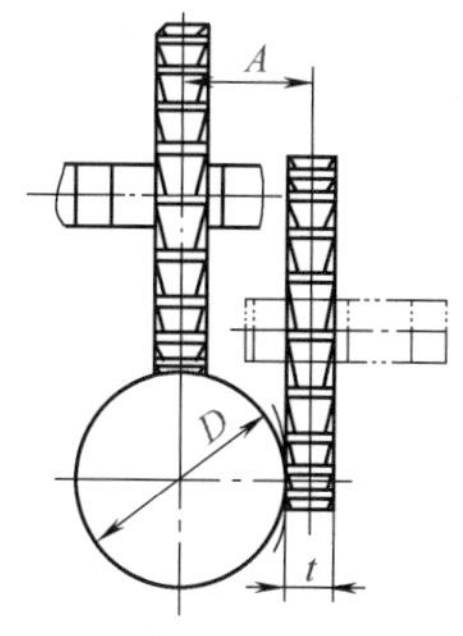


图 7-31　擦边对刀法

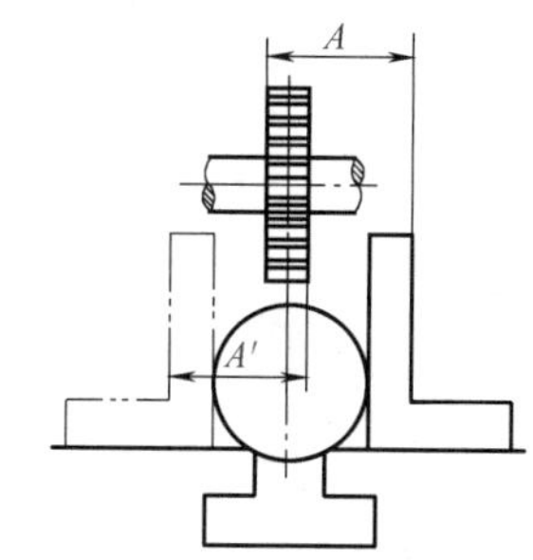


图 7-32　测量对中心的方法

## 3. 铣削方法

铣长轴上的通槽或不通槽，深度可一次铣成。铣削时，用压板压在距离工件端部 60 ～ 100mm 处，由工件端部向里铣出一段槽长，如图 7-33（a）所示，然后停车，把压板移到工件端部，垫上铜皮夹紧工件，如图 7-33（b）所示，观察铣刀碰不到压板，再开车自动走刀铣出全长。用盘形槽铣刀铣长轴上的键槽这种方法对于加工较长轴上的长键槽有较高的生产效率，可用于批量生产。

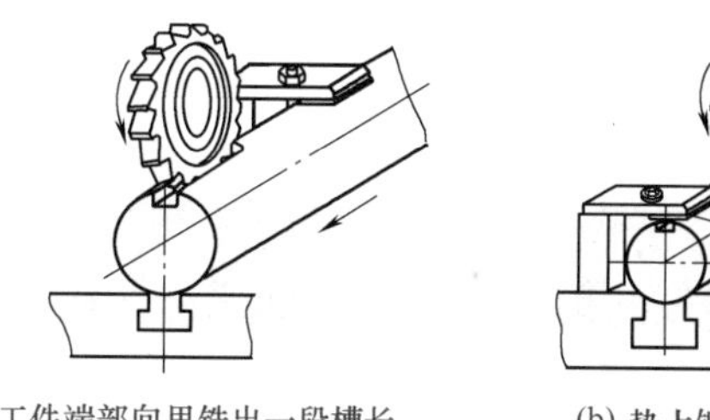

(a) 工件端部向里铣出一段槽长

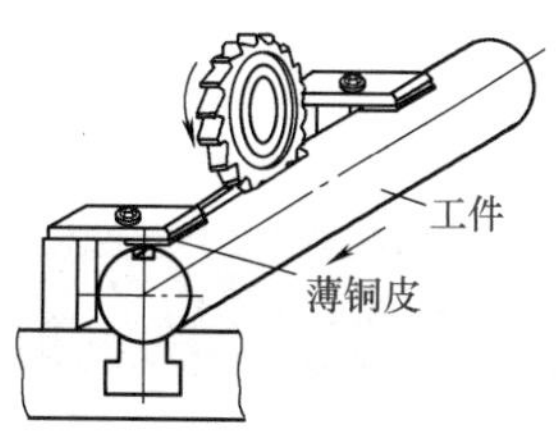


(b) 垫上铜皮夹紧工件

图 7-33　用盘形槽铣刀铣长轴上键槽

## 五、键槽的检测方法（表 7-8）

表 7-8　键槽的检测方法

| 类别 | 说　明 |
| --- | --- |
| 测量键槽宽度 | 键槽宽度要求比较高，常用内径千分尺和塞规检验，如图 7-34 所示 |
| 测量键槽的深度 | 键槽的深度要求不很高，但尺寸的基准可能是工件上、下素线或轴线，测量时常需要进行尺寸换算，如图 7-35 所示，用游标卡尺测量后，若槽深尺寸基准是轴线，则需减去工件实际半径才能得到槽深测量尺寸 |
| 测量键槽对称度 | 对称度测量的基本方法，如图 7-36 所示，先用百分表找正工件的轴线与测量基准面平行（如与测量平板的测量面平行），然后找正键槽的一侧平面与基准平面平行，将工件绕线旋转 180°，找正键槽另一侧平面与基准平面平行，并观察百分表的示值，若两侧等高，即百分表示值相同或有偏差，但在对称度允许值的 2 倍的范围内，则说明对称度符合图样要求 |
| 测量键槽的长度和轴向位置 | 测量键槽的长度和轴向位置，这两项可用钢直尺或游标卡尺测量 |

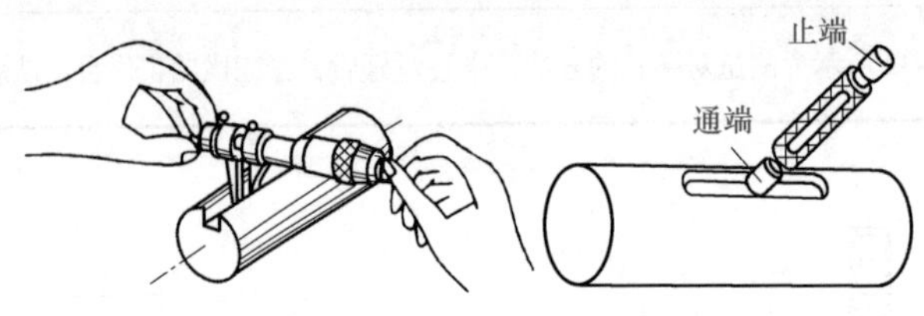


(a) 用内径千分尺测量　(b) 用塞规测量

图 7-34　用内径千分尺和塞规检验键槽宽度

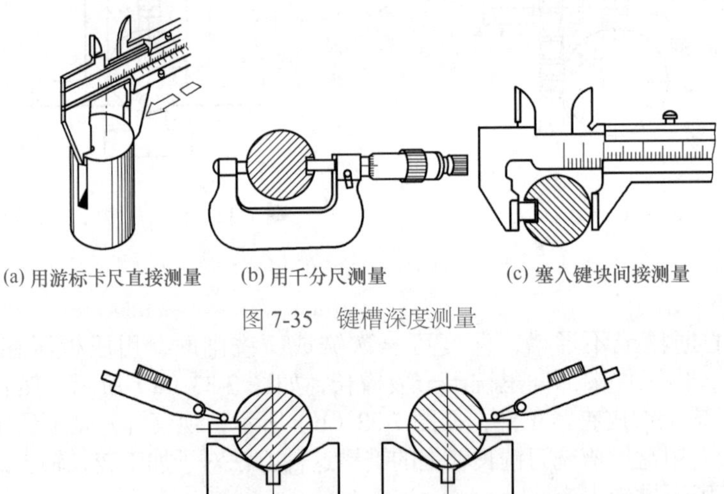

(a) 用游标卡尺直接测量　(b) 用千分尺测量　(c) 塞入键块间接测量

图 7-35　键槽深度测量

图 7-36　键槽对称度测量

# 第四节　铣 T 形槽和半圆键槽

## 一、铣 T 形槽

T 形槽主要用于机床工作台或夹具上，作为定位或用来安装 T 形螺栓来夹紧工件。铣 T

形槽的示意图如图 7-37 所示。T 形槽在铣床上铣削时可以分三个步骤：铣直角槽、铣 T 形槽和倒角，如图 7-38 所示。

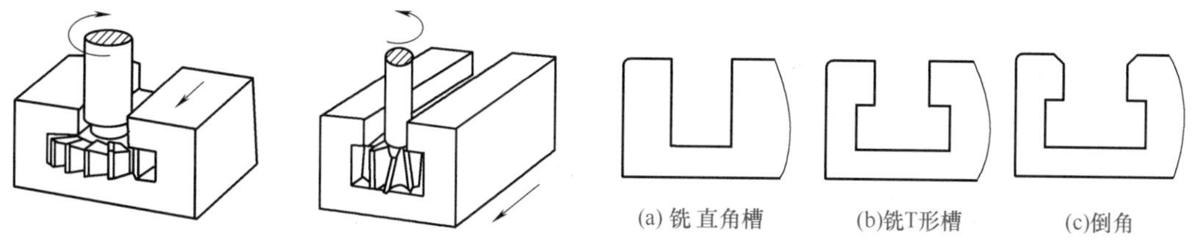


图 7-37　铣 T 形槽的示意图

图 7-38　铣 T 形槽的三个步骤

### 1. T 形槽的铣削加工工序过程（表 7-9）

表 7-9　T 形槽的铣削加工工序过程

| 类别 | 说　明 |
| --- | --- |
| 铣削加工工序过程 | 根据图样的精度要求，一般在立式铣床上用立铣刀铣削加工直槽，用 T 形铣刀加工 T 形底槽。T 形槽铣削加工工序过程为：检验预制件→安装、找正机用虎钳→工件表面划出直槽对刀线→装夹、找正工件→安装立铣刀→对刀、试切预检→铣削直槽→换装 T 形槽铣刀→垂向深度对刀→铣削底槽→铣削槽口倒角→ T 形槽铣削工序的检验 |
| 选择铣床 | 根据需要选用 X5032 型立式铣床或同类的立式铣床 |
| 选择工件装夹方式 | 采用机用虎钳装夹，工件以侧面和底面作为定位基准 |
| 选择刀具 | 根据图样给定的 T 形槽基本尺寸，选择适合的刀具 |
| 选择检验测量方法 | T 形槽的测量方法比较简单，可根据需要来选择适合的测量尺寸 |

### 2. T 形槽的铣削方法

（1）铣刀的选择

T 形槽铣刀是专门用来加工 T 形槽底槽的，通常有锥柄和直柄两种，如图 7-39 所示。其切削部分与盘形铣刀相似，又可分为直齿和交错齿两种，较小的 T 形槽铣刀，由于受 T 形槽直槽部分尺寸的限制，刀具柄部和刀头连接部分直径较小，因而刀具刚度和强度均比较小。

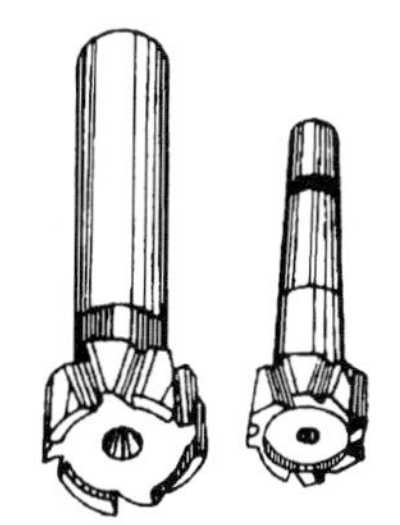

图 7-39　T 形槽铣刀

在铣削 T 形槽时要正确选用铣刀：如果 T 形槽两端是封闭的，应选用立铣刀铣直角槽。加工前应在 T 形槽的两端各钻一个落刀孔，落刀孔的直径应大于 T 形槽的总宽度，深度应略小于 T 形槽的总深度，如图 7-40 所示。如果 T 形槽两端是敞开的，应选用宽度和直角槽槽宽相等的三面刃铣刀加工直槽，然后用 T 形槽铣刀加工 T 形槽。加工 T 形槽上口的倒角时，可选用倒角铣刀铣削。

（2）工件的装夹与校正

工件的装夹可根据工件形状和尺寸的不同，采用不同的装夹方法。工件尺寸较小时，可用平口钳夹持铣削。如果工件的尺寸较大，应将工件直接平压在铣床工作台面上加工，采用这种方法铣削时工件平稳，切削振动小。找正工件时可先将工件的上平面与工作台面平行，以保证铣出的 T 形槽深浅一致。然后再将 T 形槽的槽线找正。找正槽线时，如果工件侧面已经加工过，可在工作台面上紧固一个平铁，将平铁找正，用工件侧面靠紧定位平铁，压紧工件即可。如果工件的侧面未加工，可用大头针粘在刀尖上，按工件已经画好的 T 形槽加工线校正工件。

（3）铣削直角槽

在卧式铣床上用三面刃盘铣刀或在立式铣床上用立铣刀，铣削出直角槽，如图 7-41 所示。

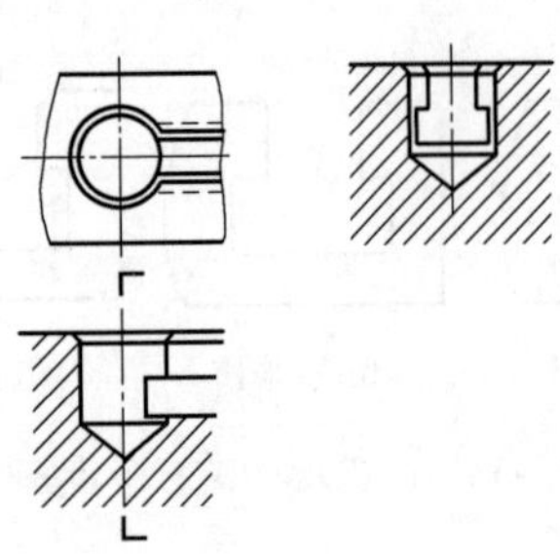

图 7-40　加工落刀孔示意图

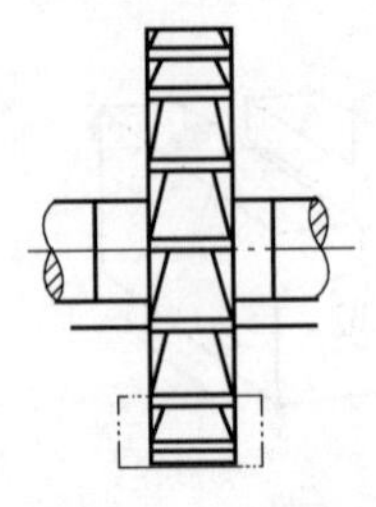

(a) 用三面刃盘铣刀铣直角槽

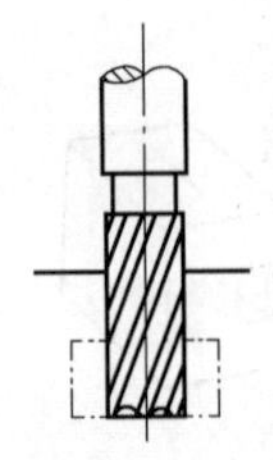

(b) 用立铣刀铣直角槽

图 7-41　直角槽的铣削

（4）铣削 T 形槽底槽

如图 7-42 所示为 T 形槽底槽的铣削示意图，直角槽铣完后，就要选择 T 形槽铣刀铣削 T 形槽底槽。其铣削底槽的方法说明见表 7-10。

表 7-10　铣削 T 形槽底槽

| 类别 | 说　明 |
| --- | --- |
| 选用铣刀 | 根据图样要求选用合适的铣刀，一般情况下，T 形铣刀的直径应等于底槽的宽度，T 形槽铣刀的厚度应等于底槽的高度。但若铣刀直径小于底槽的宽度，则应先铣好一边后再铣另一边。若铣刀厚度也小于底槽高度，同样应分刀铣削，先铣好上面，再铣削底面 |
| 对刀 | 因为工件已经在立铣床上加工完直角槽，所以不需要再装夹和找正。这时如果工作台横向未移动，则换上 T 形槽铣刀后，就不必对刀了。如果工作台横向已移动（或者工作是重新装夹），这时就必须对刀，其方法是<br>①切痕对刀。调整机床各工作手柄，使 T 形槽铣刀端面与底槽面平齐，开动机床，使铣刀在直沟槽两侧切出一个切痕，停机检测，如果两侧切痕相等，即铣刀的位置已对准<br>②圆棒对刀。将直径等于直角槽的一根圆棒装夹在铣刀夹头内，转动主轴，圆棒能顺利进入沟槽内而不与槽侧面摩擦，主轴即与直角沟槽已对准。然后换下立铣头，换上 T 形槽铣刀便可铣削 |
| 铣削 | 调整好侧吃刀量，选用合理的铣削用量，并调整好机床，开始铣削。铣削时先用手动进给，待铣刀有一半以上切入工件后再改用机动进给，同时要冲注切削液 |

（5）槽口倒角

底槽铣削好后，可拆下 T 形槽铣刀，装上倒角铣刀，倒角如图 7-43 所示。

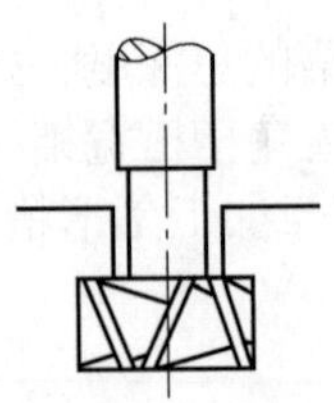

图 7-42　T 形槽底槽的铣削

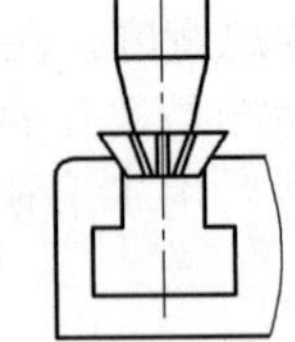

图 7-43　T 形槽槽口倒角

首先，铣刀的外径应根据直角槽口的宽度选用，铣刀的角度应与图样标示的倒角角度一致。其次，看槽底铣好后，横向移动工作台是否移动，如果没有，则不需要对刀。再次选用合理的铣削用量，根据图样标示的倒角大小，调整好背吃刀量，开动机床一次进给完成。

### 3. 不穿通 T 形槽的铣削

在机械制造中，还经常会遇到两头不穿通的 T 形槽。铣削这种 T 形槽时，应先在 T 形槽的两端预钻落刀孔，如图 7-44 所示。落刀孔的直径应大于 T 形槽铣刀的切削部分的直径。不穿通 T 形槽的铣削方法如下：

① 划线。按照图样要求，在工件上划出对称槽宽线和 T 形槽两端位置（即找准预钻落刀孔的位置）。

② 钻落刀孔。落刀孔的深度应略大于 T 形槽总深度。

③ 铣直角槽。在两落刀孔之间铣出直角沟槽，一般用立铣刀铣直角沟槽。

④ 铣 T 形槽。在落刀孔处落刀铣 T 形槽，铣出 T 形槽底槽。

⑤ 倒角。槽口倒角

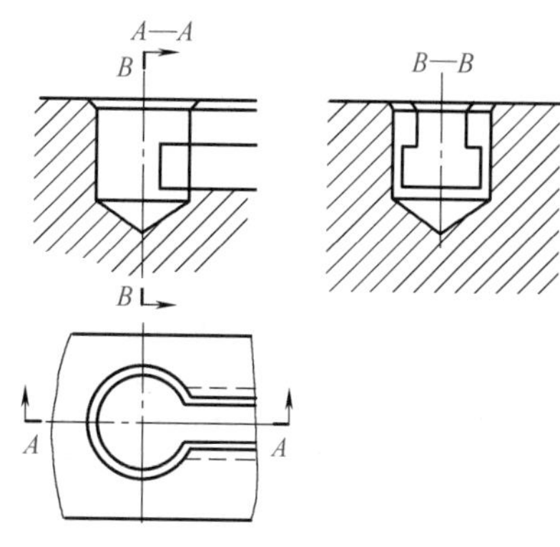


图 7-44　不穿通的 T 形槽落刀孔

### 4. T 形槽的检验与质量分析

（1）T 形槽的检验

T 形槽的检验比较简单，要求不高的 T 形槽可用游标卡尺检验各部分尺寸。要求较高的基准槽可用内径千分尺或塞规进行检验。

（2）T 形槽铣削加工的质量分析

① T 形槽上的直角槽宽度超差，其原因是铣刀直径选择不准确或是铣刀安装时同轴度未校正。

② T 形槽的槽底与直角槽不对称，其原因是在加工 T 形槽的槽底时对刀不准确或横向工作台没有锁紧，在加工时受切削力的影响使工件产生了位移。

③ T 形槽的槽底与基准面不平行，其原因是工件的上平面未找正，或是铣刀未夹紧，铣削时被铣削力拉下。

④ T 形槽的粗糙度超差的主要原因有铣刀刀刃磨损或在铣削过程中没有及时地清除切屑以及进给量过大。

## 二、铣半圆键槽

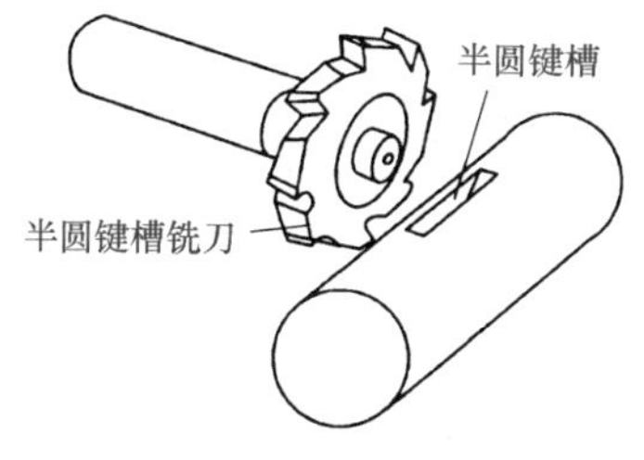


图 7-45　半圆键槽铣刀和半圆键槽

半圆键是键的一种特殊形式。因为它便于轴的安装，所以在机械传动中也广泛地采用。在轴上与半圆键相配合的槽是半圆键槽。用半圆键槽铣刀进行铣削，如图 7-45 所示。半圆键槽铣刀与 T 形槽铣刀相似。

半圆键槽铣刀可安装在立式或卧式铣床上加工半圆键槽，如图 7-46、图 7-47 所示。铣刀的端面带有中心孔，在卧式铣床上安装铣刀时可在挂架上安装顶尖，顶住铣刀中心孔，以增加铣刀的刚性。所以在卧式铣床上加工半圆键槽比较稳定。

图 7-46　在立式铣床上铣半圆键槽

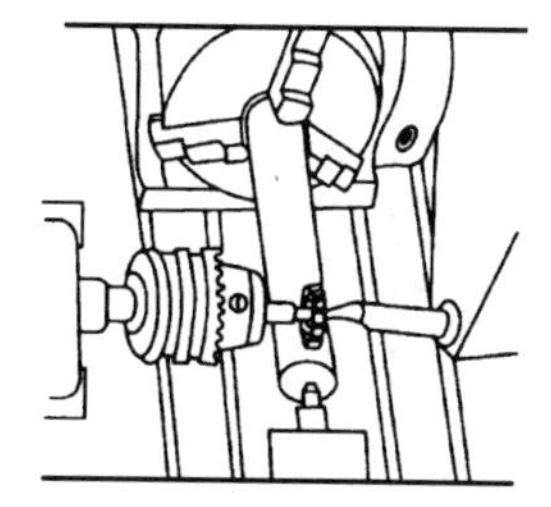

图 7-47　在卧式铣床上铣半圆键槽

（1）半圆键槽的加工准备

如图 7-48 所示为半圆键槽零件图，其加工工序须按以下步骤准备，见表 7-11。

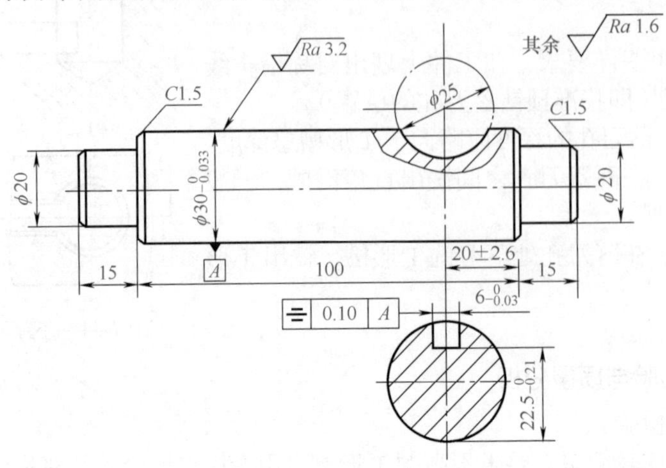


图 7-48　半圆键槽零件

表 7-11　半圆键槽的加工准备

| 类别 | 说　　明 |
|---|---|
| 图样加工精度识读 | ①半圆键槽的宽度 $6^{0}_{-0.03}$ mm，键槽的深度用槽底至下素线的尺寸 $22.5^{0}_{-0.21}$ mm，槽底圆弧直径 25mm<br>②半圆键槽中心至工件台阶面的尺寸为（20±0.26）mm，键槽加工件轴线的对称度公差为 0.10mm<br>③预制件为阶梯轴，中部轴直径 $\phi30^{0}_{-0.033}$ mm，长度 100mm；两轴端尺寸为 ϕ20mm × 15mm<br>④半圆键槽加工面表面粗糙度值为 *Ra*6.3μm，在铣床上用半圆键槽铣刀铣削加工能达到要求。<br>⑤工件材料为 45 钢，切削性能较好。<br>⑥工件外形为阶梯零件，中部光轴可用于工件装夹 |
| 半圆键槽的加工步骤 | 根据图样的精度要求，在卧式铣床上用半圆键槽铣刀铣削加工。半圆键槽加工步骤为：预制件检验→选择或制作简易夹具→安装、找正半圆键槽铣刀→装夹工件→切痕对刀→铣削半圆键槽→半圆键槽铣削工序检验 |
| 选择铣床 | 选用 X6132 型卧式铣床或类同的卧式铣床 |
| 选择工件装夹方式 | 工件以中间外圆柱面定位装夹，因半圆键槽铣刀柄短直径小，而安装铣刀的夹头体螺母直径比较大，因而须使用简易专用夹具装夹工件，如图 7-49 所示，工件在简易夹具的 V 形槽内定位，用螺栓压板夹紧。简易夹具可直接安装在工作台面上，也可以装夹在机用平口虎钳内 |
| 半圆键槽铣刀的选用 | 半圆键槽铣刀直径略大于半圆键的直径，半圆键槽的配合精度较高，因此半圆键槽铣刀的宽度也很精确。所以在选用铣刀时要根据半圆键槽的基本尺寸选择铣刀的外径和宽度。铣刀的宽度可用千分尺进行测量。如果是在卧式铣床上加工半圆键槽，铣削时可在挂架轴承孔内安装顶尖，顶住铣刀端面的顶尖孔，以增加铣刀的刚性。铣刀在机床上安装后，用百分表校正铣刀的端面圆跳动，跳动量在 0.3mm 以内，如图 7-50 所示 |

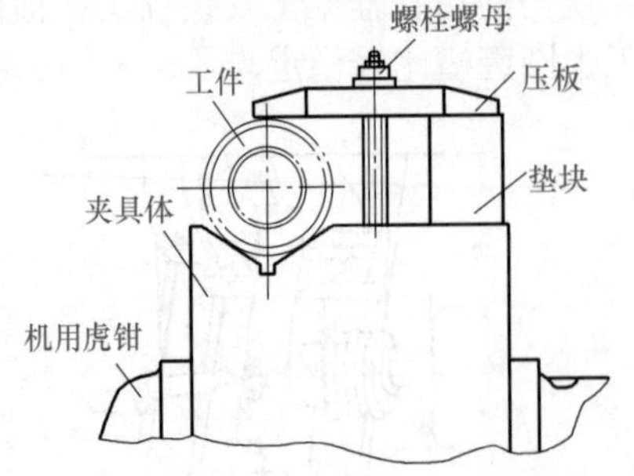


图 7-49　铣削半圆键槽轴类零件简易夹具

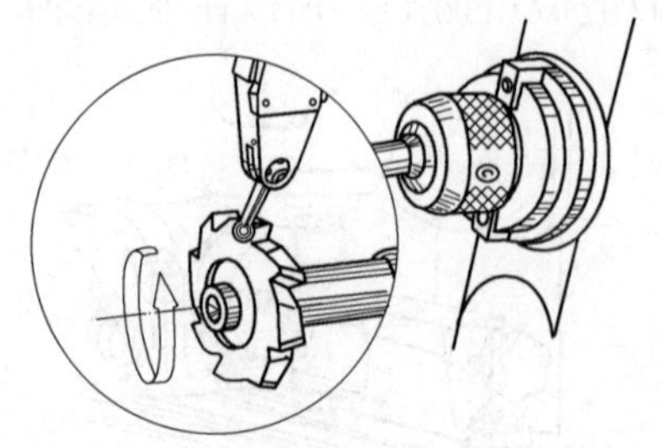

图 7-50　校正铣刀的端面跳动

（2）半圆键槽加工（表 7-12）

表 7-12　半圆键槽加工

| 类别 | | 说　明 |
|---|---|---|
| 加工准备 | 预制件检验 | 用千分尺检验轴中间部分的直径实际尺寸为 29.98mm |
| | 安装并找正简易夹具 | ①安装机用平口虎钳，选用的平口虎钳应能牢固地夹紧简易夹具体<br>②用百分表找正机用虎钳钳口与纵向平行<br>③将简易夹具装夹在机用平口虎钳<br>④用百分表检测夹具体侧面基准与工作台纵向平行<br>⑤用标准圆棒装夹在夹具上 V 形槽内，用百分表检测圆棒上素线与工作台面的平行度 |
| | 划线、装夹工件 | 在工件表面划出轴向位置线。划线时，可将工件插装在工作台面的 T 形槽直槽内，台阶环形面与工作台面贴合，然后用游标高度划线尺寸按 20mm 划出半圆键槽轴向位置线。装夹时，将工件放置在 V 形槽内，压板的压紧点尽可能靠近半圆键槽加工位置，压板垫块的高度应使压板大致水平，压板不要超出简易夹具的基准侧面，只要超过工件的中心即可 |
| | 安装铣刀 | 根据半圆键槽铣刀的柄部直径，选用弹性套和夹头体安装铣刀，铣刀伸出部分应尽可能短，只要铣削时夹头体的螺母与简易夹具的基准侧面不接触即可。本例槽宽的精度要求比较高，因此需用千分尺测量铣刀的宽度是否在 $6^{-0.020}_{-0.038}$ mm 范围内，还需用百分表测量铣刀的端面圆跳动误差应在 0.02mm 以内，找正的方法与键槽铣刀的方法相仿 |
| 选择铣削用量 | | 根据工件材料（45 钢）、表面粗糙度要求和铣刀参数，现调整主轴转速 $n$=190r/min（$v$≈15.8m/min），采用手动进给 |
| 半圆键槽加工 | 对刀 | ①键槽轴向位置纵向对刀时，移动工作台纵向和横向，目测使刀具宽度对称工件中心，工件上轴向位置划线对准刀具中心，锁紧纵、横向，缓缓上升工作台，在工件表面铣出切痕，目测切痕是否对称划线，若有偏差，可微量调整工作台纵向，直至切痕对称键槽轴向位置划线。<br>②横向与垂向对刀与用三面刃铣刀铣削半封闭键槽时的切痕对刀方法完全相同 |
| | 半圆键槽铣削加工 | 锁紧工作台纵、横向，开动机床，移动工作台垂向，缓缓进给，铣削时注意铣刀的振动情况，因半圆键槽铣削时，切削量随着工作台上升会愈来愈大，因此进给速度可逐步减慢。本例的垂向按刻度盘上的表面对刀记号，上升的尺寸是 30−22.6=7.4mm。上升到槽底位置时，可以空转片刻，然后停机下降工作台，使工件退离铣刀 |

（3）半圆键槽铣削加工的检验与质量要点分析（表 7-13）

表 7-13　半圆键槽铣削加工的检验与质量要点分析

| 类别 | | 说　明 |
|---|---|---|
| 半圆键槽铣削加工的检验 | | ①半圆键槽的对称度、宽度测量方法与普通键槽相同<br>②半圆键槽的轴向位置用游标卡尺检验，测量时先测出槽口轴向宽度尺寸 $S_1$，然后测出一侧槽口与基准端面的尺寸 $S_2$，即可计算半圆键槽的轴向位置 $S$，如图 7-51（a）所示。若测得 $S_1$=24.90mm、$S_2$=7.50mm，则：$S=\frac{S_1}{2}+S_2=\frac{24.90}{2}+7.50=19.95$（mm），符合图样要求<br>③半圆键槽的深度借助键块测量，如图 7-51（b）所示，键块的直径尺寸应小于铣刀直径。测量时测得键块的直径尺寸 $d$ 和尺寸 $H_1$，便可通过计算得出尺寸 $H$，如图 7-51（c）所示。若测得键块直径 $d$=26.05mm，$H_1$=48.50mm，则：$H_1$=48.50−26.05=22.45mm，符合图样要求 |
| 半圆键槽铣削加工常见质量问题及其原因 | 半圆键槽宽度尺寸超差的主要原因 | ①选择铣刀时宽度尺寸测量不准确<br>②铣刀安装后端面跳动误差大<br>③进给速度比较快，铣削过程中使铣刀发生偏让<br>④工作台横向未锁紧<br>⑤铣削振动等 |
| | 半圆键槽铣刀折断的原因 | ①铣削速度选择不恰当，铣刀转速过慢<br>②垂向进给时有冲击或速度过快<br>③铣削时没有冲注足够的切削液<br>④铣削时工作台纵向、横向未锁紧<br>⑤铣刀装夹时柄部伸出距离过长，夹头夹紧力不够大，夹头内孔精度差等<br>⑥工件、夹具和机用虎钳等装夹不稳固 |

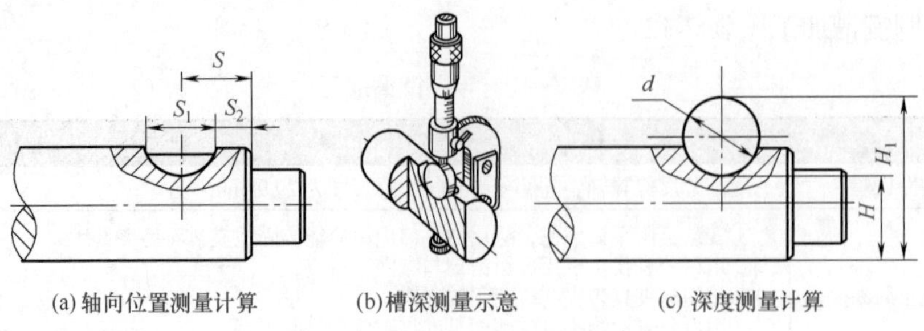


图 7-51　半圆键槽检验测量计算

# 第五节　铣 V 形槽

V 形槽一般用角度铣刀直接铣削出来，V 形槽由两斜面构成，其夹角有 60°、90° 和 120°、150° 等，其中以 90° V 形槽为常用。由于 V 形槽一般用来支撑轴类零件并对工件进行定位，因此其对称度要求较高，这是加工 V 形槽时需要保证的一个重要精度。其次，为了保证与配合件的正确相配，V 形槽的底部与直槽相通，该直槽较窄一般采用锯片铣刀铣削。V 形槽的铣削方法较多，一般是使用角度铣刀直接铣出或采用改变铣刀切削位置或改变工件装夹位置的方法铣削。

## 一、用双角度铣刀铣 V 形槽

用双角度铣刀铣削 V 形槽如图 7-52 所示。

### 1. 铣削中间窄槽

用双角度铣刀铣削 V 形槽时，必须在工件上首先用锯片铣刀铣出窄槽。窄槽的作用是使用角度铣刀铣 V 形面时保护刀尖不被损坏，同时，使 V 形槽配合的工件表面能够紧密贴合，如图 7-53 所示。

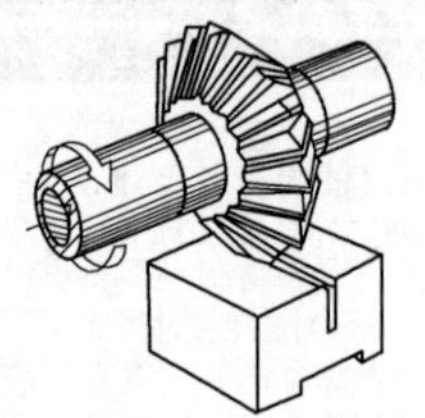

图 7-52　用双角度铣刀铣削 V 形槽

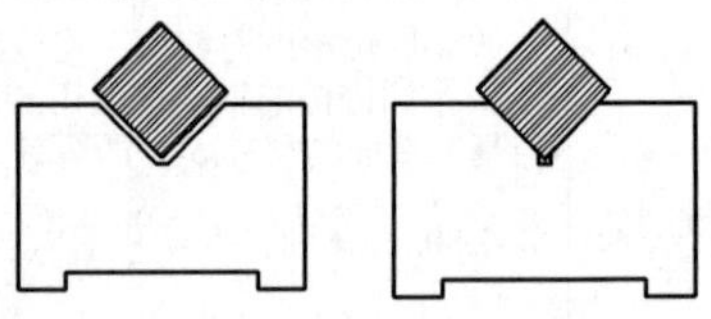

图 7-53　窄槽的作用

铣削中间窄槽时，按工件表面画出的对称槽宽参照横向对刀具体操作方法，也可用换面对刀法对刀。具体操作时，工件第一次铣出切痕后，将工件回转 180°，以另一侧面定位再次铣出切痕，目测两切痕是否重合，如有偏差，按偏差的一半微量调整工作台横向，直至两切痕重合。

### 2. 铣削 V 形槽

V 形槽的铣削步骤有以下几点说明：

① 根据 V 形槽的宽度和槽角 $\alpha$ 的大小，选用角度 $\theta$ 与槽角 $\alpha$ 相等，宽度略大于 V 形槽宽度的双角度铣刀。为了提高刀杆工作刚度，铣刀应尽可能安装在靠近主轴处。

② 开动机床，摇动各工作手柄对刀，使双角度铣刀刀尖处于窄槽中间，垂向上升工作台，进行试铣。然后检测，根据测量结构调整工作台横向位置，直至两边距离相等。

③ 如图 7-54 所示是 V 形架零件图，铣削 V 形槽的侧吃刀量为：

$$a_e = \frac{30-3}{2} \times \cot 45^\circ = 13.5 \text{（mm）}$$

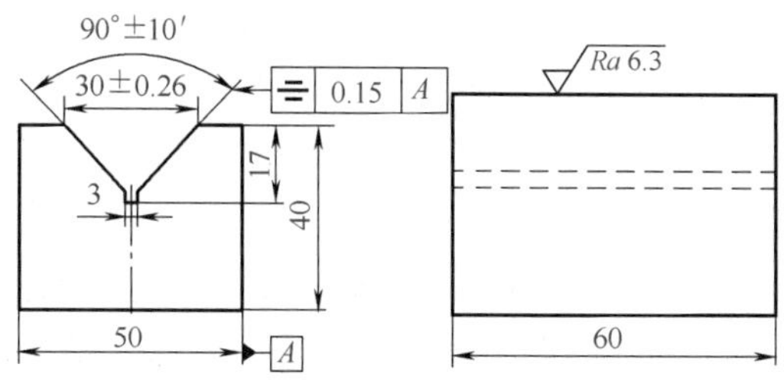


图 7-54　V 形架零件图

根据图样要求，调整侧吃刀量，以双角度铣刀擦到窄槽开始计算，其计算式为：

$$a_e = \frac{B-B'}{2} \times \cot\frac{\alpha}{2}$$

式中　$a_e$——侧吃刀量，mm；

$\alpha$——V 形槽槽形角，(°)；

$B$——V 形槽宽度，mm；

$B'$——窄槽度宽，mm。

④ 对于精度要求较高的 V 形槽，其铣削过程分粗铣和精铣。

a. 粗铣。可选用较大的侧吃刀量和较大的进给量。粗铣时也可分为多次进给，但必须保留 1mm 左右的精铣余量。同时为了保证铣削加工的精度要求，可在一、二次粗铣后，检测 V 形槽对称度，并在下次进给之前根据结果调整工作台横向位置。测量方法如图 7-55（a）所示。

b. 精铣。粗铣结束后，必须停机，取下工件，在平板上用百分表配合标准圆棒重新仔细地检测对称度。其方法是以工件侧面为基准，放在平板上，将标准圆棒放入 V 形槽内，用百分表测出圆棒的最高点，如图 7-55（b）所示，然后将其指针读数值调整到零。将工件翻转 180° 再测量最高点，如图 7-55（b）所示，观察读数值是否也在零位。如果不在，则根据误差值的一半调整横向工作台，再进行精铣。精铣时应以小的侧吃刀量和小的进给量为宜。

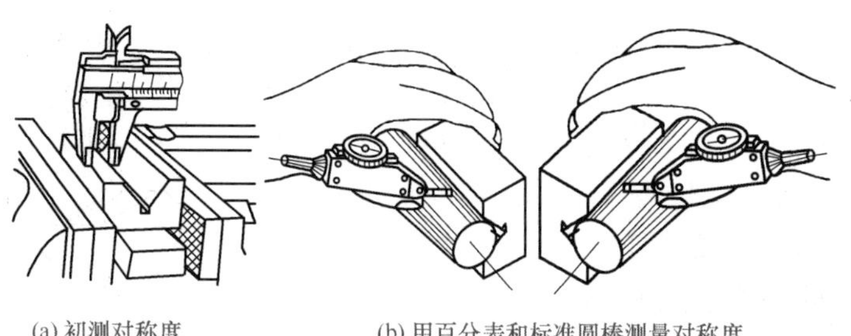

(a) 初测对称度　　(b) 用百分表和标准圆棒测量对称度

图 7-55　测量方法

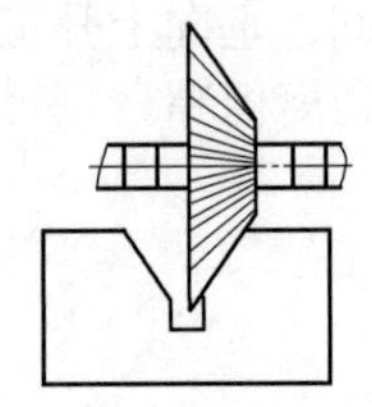

图 7-56　用单角度铣刀铣 V 形槽

## 二、用单角度铣刀铣 V 形槽

V 形槽也可用单角度铣刀进行铣削，其铣削步骤与用双角度铣刀铣 V 形槽基本相同。只是双角度铣刀是一次铣削两个侧面，而单角度铣刀是先铣好一个侧面后将工件转过 180° 再铣另一个侧面，如图 7-56 所示。

## 三、铣 V 形槽的其他方法

V 形槽的铣削加工，除了前面所讲的两种方法外，还可用立铣刀在立式铣床上加工 V 形槽和转动工件来铣削。

### 1. 用立铣刀加工 V 形槽

用立铣刀在立式铣床上加工 V 形槽，如图 7-57 所示。首先应将立铣头转过 V 形槽半角并固定，然后把工件装夹好，横向移动工作台进行铣削。具体操作方法如下：先将立铣刀刀尖对准窄槽中心线，调整铣削深度，将一侧铣削至尺寸，然后把工件转 180° 装夹，再铣削另一侧至相同深度。由于工作台纵向固定不动，铣削深度一致，因此 V 形槽对矩形工件两侧对称性较好。尤其是 V 形槽较宽，而角度铣刀宽度不够时，或 V 形槽夹角大于 90° 时，常采用这种铣削方法。

### 2. 转动工件加工 V 形槽

工件装夹时将 V 形槽的 V 形面与工作台面找正至平行或垂直位置，可以采用三面刃铣刀、立铣刀和面铣刀等来加工 V 形槽，如图 7-58 所示。

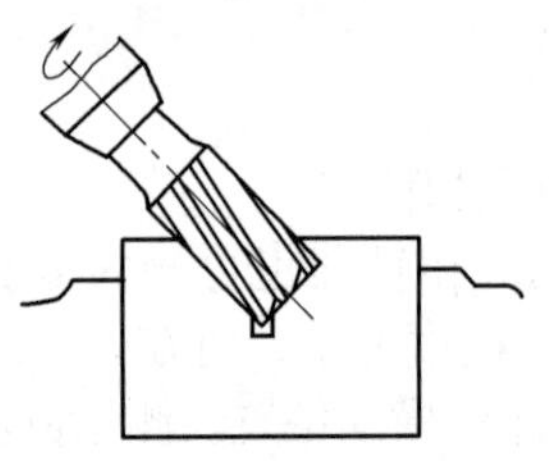

图 7-57　用立铣刀铣削 V 形槽

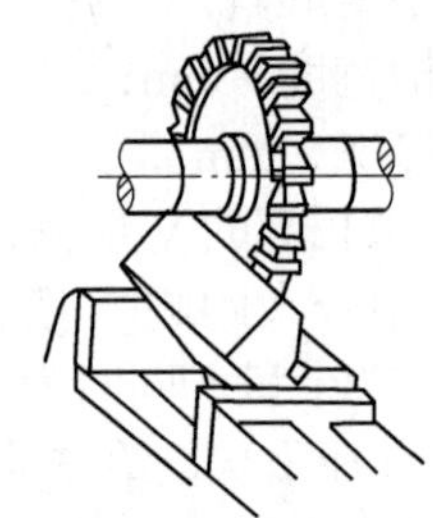

图 7-58　转动工作铣削 V 形槽

## 四、V 形槽铣削加工的检测与质量分析

### 1. V 形槽铣削加工的检测

① V 形槽对称度的检测与预检方法相同，与侧面的平度也可采用类似方法，只是测量点在标准圆棒的两端最高点。窄槽宽度、深度、V 形槽槽口宽度均用游标卡尺测量，表面粗糙度用目测比较检测。

② 检测 V 形槽的槽形角。如图 7-59（a）所示，V 形槽的槽形角可用游标万能角度尺测量出半个槽形角为 45°，然后用刀口形 90° 角度尺测量槽形角，如图 7-59（b）所示。用这种方法能测得槽形角度的对称性。

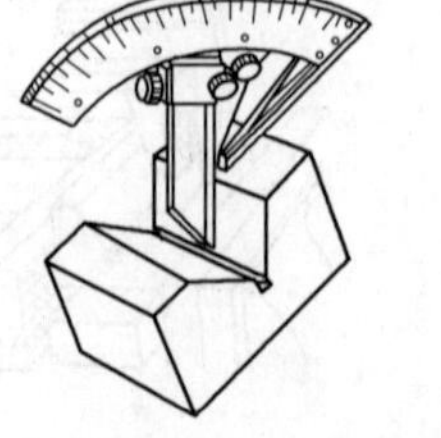

(a) 测量槽形半角

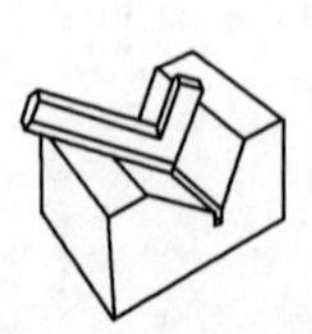

(b) 测量槽形角

图 7-59　测量 V 形槽的槽形角

### 2. V 形槽铣削加工的质量分析

① V 形槽槽口宽度尺寸超差的主要原因可能有工件上平面与工作台面不平行、工件夹紧不牢固铣削过程中工件

底面基准脱离定位面等。

② V 形槽对称度超差原因可能有双角度铣刀槽口对刀不准确、预检测量不准确、精铣时工件重新装夹有误差等。

③ V 形槽与工件侧面不平行的原因可能有机用虎钳定钳口与纵向不平行、铣削时虎钳微量位移、工件多次装夹时侧面与机用虎钳定位面之间有毛刺和脏物等。

④ V 形槽槽形角角度误差大和角度不对称的原因可能有铣刀角度不准确或不对称、工件上平面未找正、机用虎钳夹紧时工件向上抬起等。

⑤ V 形槽侧面粗糙度超差的主要原因有铣刀刃磨质量差、铣刀刀杆弯曲引起铣削振动等。

# 第六节 铣燕尾槽

内燕尾槽与外燕尾槽是配合使用的，如图 7-60 所示。对其角度、宽度和深度都有较高的精度要求，对燕尾槽上斜面的平面度要求也较高，且表面粗糙度 *Ra* 值要小。燕尾槽的角度 $\alpha$ 有 45°、50°、55°、60°等多种，一般采用 55°。

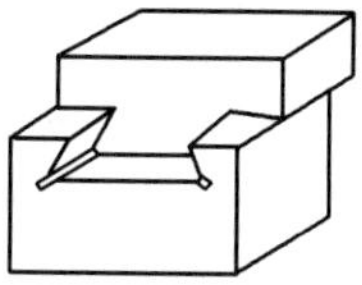

图 7-60 内燕尾槽与外燕尾槽

## 一、燕尾槽的技术要求

因为内燕尾槽与外燕尾槽是作为导向零件用的，所以技术要求非常严格，见表 7-14。

表 7-14 燕尾槽的技术要求

| 类别 | 说明 |
| --- | --- |
| 角度 | 燕尾槽的角度要求很高，以保证内燕尾槽和外燕尾槽能密切配合 |
| 宽度、深度尺寸要求 | 燕尾槽的宽度、深度要求很高 |
| 各表面的表面粗糙度 | 组成燕尾槽的各表面的表面粗糙度值要小。有些精度要求较高的燕尾槽导轨，铣削后还要经过磨、刮等精密加工 |
| 各表面的平面度 | 组成燕尾槽的各表面的平面度误差要小<br>此外，对组成燕尾槽各表面的表面硬度也有很高的要求 |

## 二、铣削内燕尾槽和外燕尾槽

### 1. 内燕尾槽和外燕尾槽的铣削方法

第一步先铣出直角槽［图 7-61（a）］，然后使用燕尾槽铣刀铣削燕尾槽［图 7-61（b）］。铣削外燕尾槽时，先铣出阶台［图 7-62（a）、（b）］，然后铣出燕尾槽［图 7-62（c）、（d）］。燕尾槽铣刀刚度弱，容易折断，所以，在切削中要经常清理切屑，防止堵塞，选用的铣削用量要适当，并且注意充分使用切削液。

在缺少合适的燕尾槽铣刀情况下，可以使用单角铣刀代替进行加工，如图 7-63 所示，这时，单角铣刀的角度要和燕尾槽角度相一致，并且，铣刀杆不要露出铣刀端面，防止有碍切削（可选用内胀式夹紧铣刀的铣刀杆）。

### 2. 燕尾槽类工件测量计算

内燕尾槽和外燕尾槽的角度都可使用万能角度尺测量，槽深和燕尾高度可使用深度游标卡尺或高度游标卡尺进行测量。由于这类工件受倒角和空刀槽的影响，因此它的宽度尺寸往往不容易测量准确。对于尺寸精度要求较高的工件，可采用间接测量的方法。如图 7-64 所示，用游标卡尺测出两标准量棒的内侧距离 $M$ 和外侧距离 $M_1$，则可计算出内燕尾槽和外燕尾槽的宽度。

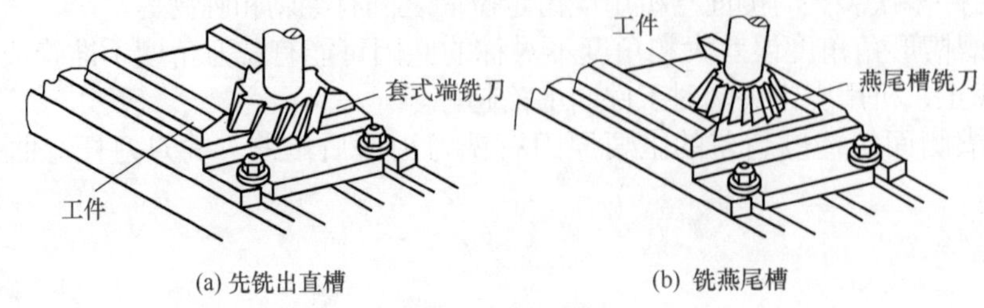


图 7-61　内燕尾槽的铣削方法

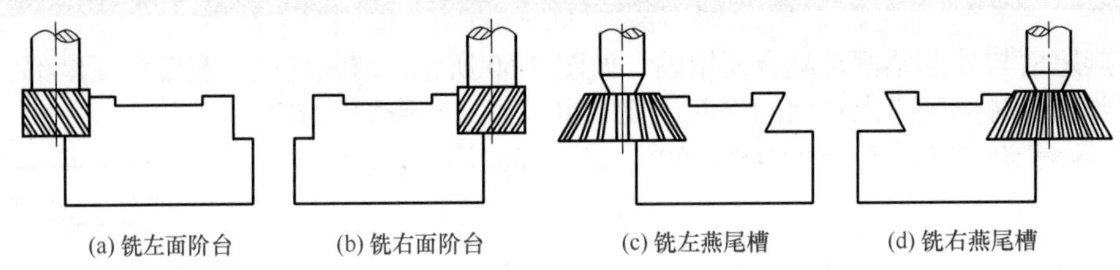


图 7-62　外燕尾槽的铣削方法

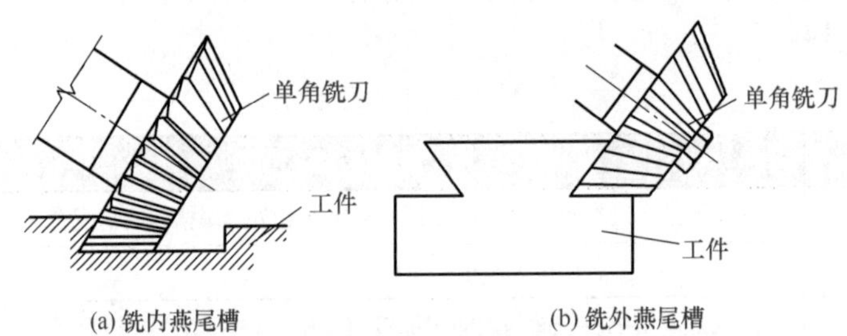


图 7-63　单角铣刀铣燕尾槽

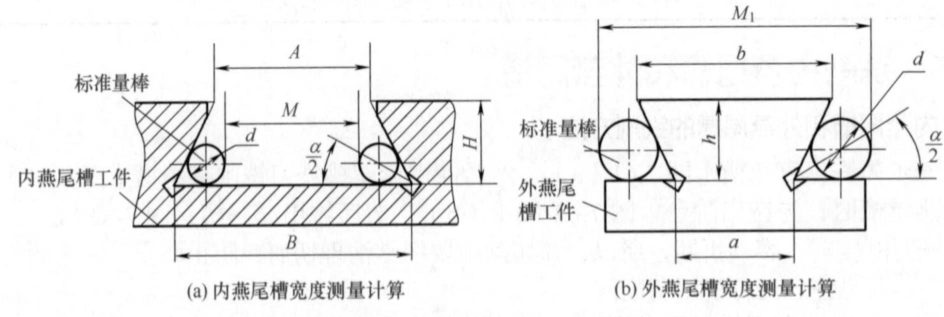


图 7-64　燕尾槽类工件测量计算

内燕尾槽宽度计算：

$$A = M + d\left(1 + \cot\frac{\alpha}{2}\right) - 2H\cot\alpha$$

$$B = M + d\left(1 + \cot\frac{\alpha}{2}\right)$$

式中　$A$——燕尾槽最小宽度，mm；

$B$——燕尾槽最大宽度，mm；

$M$——两标准量棒内侧距离，mm；

$H$——燕尾槽槽深，mm；

$d$——标准量棒直径，mm；

$\alpha$——燕尾槽角度，(°)。

外燕尾槽宽度计算：

$$a = M_1 - d\left(1 + \cot\frac{\alpha}{2}\right)$$

$$b = M_1 + 2h\cot\alpha - d\left(1 + \cot\frac{\alpha}{2}\right)$$

式中　$a$——燕尾槽最小宽度，mm；

$b$——燕尾槽最大宽度，mm；

$M_1$——两标准量棒外侧距离，mm；

$d$——标准量棒直径，mm；

$h$——燕尾槽高度，mm；

$\alpha$——燕尾槽角度，(°)。

批量加工中，可使用专用样板进行检查。图 7-65 所示是采用样板检测内燕尾槽的情况。先使样板的 $K$ 面和燕尾槽两边的上平面贴合好，然后测量燕尾槽的角度 $\alpha$、高度 $H$ 和上槽宽 $B$（公差按界限量规通端的尺寸公差确定），再将样板转过 180°，测量燕尾槽另一个角度面。用这种方法还能对燕尾槽的对称性进行检测。

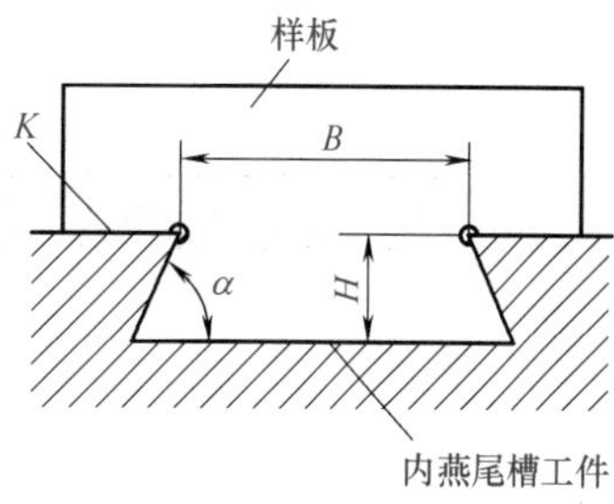


图 7-65　使用样板检测燕尾槽

## 三、内、外燕尾槽铣削加工的检验与质量分析

### 1. 铣削加工的检验

① 燕尾槽对称度的检验与 V 形槽测量方法相仿，与侧面的平行度的检验也可采用类似方法，只是测量点在标准圆棒的两端最高点。表面粗糙度用目测比较检验。

② 用游标万能角度尺测量燕尾槽槽形角。由几何关系可知，采用这种测量方法，只要保证槽底与工件上平面平行，测得的角度即为槽形角。用内径千分尺和外径千分尺测内燕尾槽和外燕尾槽的宽度时，注意标准圆棒的精度、圆棒与槽侧是否贴合良好。

### 2. 铣削加工的质量分析

① 内燕尾槽或外燕尾槽宽度尺寸超差的主要原因可能有标准圆棒精度差、测量操作不准确、横向调整操作失误等。

② 内燕尾槽或外燕尾槽对称度超差原因可能有尺寸计算错误、铣削一侧调整对称度时预检测量不准确、横向调整操作失误等。

③ 内燕尾槽或外燕尾槽与工件侧面不平行的原因可能有机用平口虎钳定钳口与纵向不平行、工件多次装夹时侧面与虎钳定位面之间有毛刺或脏物、工件两侧面平行度误差大。

④ 内燕尾槽或外燕尾槽槽形角角度误差大的原因可能有铣刀角度选错或角度不准确。

⑤ 内燕尾槽或外燕尾槽侧面粗糙度超差的主要原因有铣刀刃磨质量差、铣刀安装刀柄伸出较长引起铣削振动、铣削余量分配不合理和铣削用量选用不当等。

# 第七节　加工实例

## 实例一：铣双台阶

### 1. 图样分析

双台阶工件的铣削加工尺寸如图 7-66 所示，双台阶工件的铣削加工分析见表 7-15。

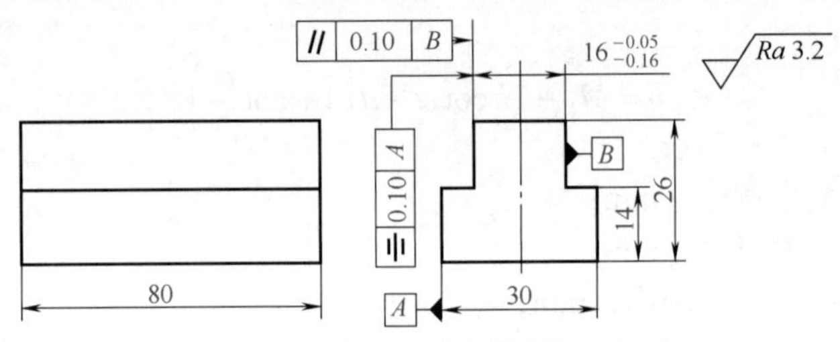


图 7-66　双台阶工件的铣削加工尺寸

表 7-15　双台阶工件的铣削加工分析

| 类别 | 说　明 |
| --- | --- |
| 分析加工精度 | ①台阶的宽度尺寸为 $16^{-0.05}_{-0.16}$ mm，台阶底面高度尺寸为 14mm<br>②台阶两侧面的平行度公差为 0.10mm，对外形宽度 30mm 的对称度为 0.10mm<br>③预制件为 80mm × 30mm × 26mm 的矩形工件，台阶在全长贯通 |
| 分析表面粗糙度 | 工件各表面粗糙度值均为 *Ra*3.2μm，铣削加工比较容易达到 |
| 分析材料 | 45 钢的切削性能较好，加工时可选用高速钢铣刀，加注切削液进行铣削 |
| 分析形体 | 矩形零件，侧面定位与夹紧面积为 14mm × 80mm，宜采用机用虎钳装夹 |

### 2. 拟定加工工艺与工艺准备（表 7-16）

表 7-16　拟定加工工艺与工艺准备

| 类别 | 说　明 |
| --- | --- |
| 拟定双台阶的加工工序过程 | 根据图样的精度要求，双台阶工件可在立式铣床上用立铣刀铣削加工，也可以在卧式铣床上用三面刃铣刀铣削加工。由于主要精度面在台阶侧面，因此，本例在卧式铣床上用三面刃铣刀加工，以端铣形成台阶侧面精度比较高。双台阶加工工序过程：检验预制件→安装、找正机用虎钳→装夹和找正工件→安装三面刃铣刀→对刀，调整一侧台阶铣削位置→粗铣一侧台阶→预检，准确微量调整精铣一侧台阶→调整另一侧台阶铣削位置→粗铣另一侧台阶→预检，准确微量调整精铣另一侧台阶→双台阶铣削工序的检验 |
| 选择铣床 | 选用 X6132 型卧式万能铣床 |
| 选择工件装夹方式 | 选用机用虎钳装夹工件。考虑到工件的铣削位置，须在工件下垫平行垫块，使工件台阶底面略高于钳口上平面 |
| 选择刀具 | 根据图样给定的台阶底面宽度尺寸（30−16）/2=7mm，以及台阶高度尺寸 26−14=12mm 选择铣刀规格，现选用外径为 80mm，宽度为 12mm、孔径为 27mm、铣刀齿数为 12 的标准直齿三面刃铣刀 |
| 选择检验测量方法 | ①台阶的宽度尺寸用 0 ～ 25mm 的外径千分尺测量，因精度不高，也可采用 0.02mm 示值的游标卡尺测量。台阶底面高度尺寸用游标卡尺测量<br>②台阶侧面对工件宽度的对称度用百分表借助标准平板和六面角铁进行测量。测量时采用工件翻身法进行对比测量，具体操作方法如图 7-67 所示 |

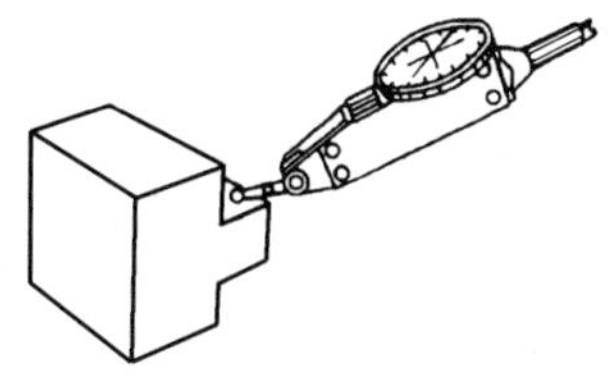

图 7-67　测量台阶对称度示意

## 3. 双台阶工件加工

① 加工准备（表 7-17）

表 7-17　双台阶工件加工准备

| 类别 | 说　明 |
|---|---|
| 预制件检验 | ①检验工件宽度和高度实际尺寸。本例宽度为 29.90 ～ 29.92mm，高度为 25.95 ～ 29.98mm<br>②检验预制件侧面与上、下平面的垂直度，挑选垂直度较好的相邻面作为工件装夹的定位面 |
| 安装、找正机用平口虎钳 | 将机用虎钳安装在工作台中间的 T 形槽内，位置居中，并用百分表找正，使定钳口的定位面与工作台纵向平行。因工件的装夹位置比较高，选择机用虎钳时应注意活动钳口的滑枕与导轨间隙不能过大，以免工件夹紧后向上抬起 |
| 装夹和找正工件 | 在工件下面垫长度大于 80mm，宽度小于 30mm 的平行垫块，使工件上平面高于钳口 13mm。工件夹紧以后，可用百分表复核工件定位侧面与纵向的平行度，上平面与工作台面的平行度 |
| 安装铣刀 | 采用直径 27mm 的刀杆安装铣刀。安装后，目测铣刀的跳动情况，若端面跳动较大，则应检查刀杆和垫圈的精度，并重新安装 |
| 选择铣削用量 | 按工件材料（45 钢）和铣刀的规格选择和调整铣削用量，调整主轴转速 $n$=75r/min，$v$≈18.85m/min；进给量 $v_f$=47.5mm/min，$f_z$≈0.053mm/z |

② 双台阶铣削加工（表 7-18）

表 7-18　双台阶铣削加工

| 类别 | 说　明 |
|---|---|
| 对刀和一侧台阶粗铣调整 | 对刀和一侧台阶粗铣调整，如图 7-68 所示<br>①侧面横向对刀。在工件一侧面贴薄纸，使三面刃铣刀的侧刃恰好擦到工件侧面，在横向刻度盘上作记号，调整横向，使一侧面铣削量为 6.5mm<br>②上平面垂向对刀。在工件上平面贴薄纸，使三面刃铣刀的圆周刃恰好擦到工件上平面，在垂向刻度盘上作记号，调整垂向，使工件上升 11.5mm |
| 粗铣和预检一侧台阶 | ①粗铣一侧台阶时注意紧固工作台横向，因工件夹紧面积较小，铣刀切入时工件较易被拉起，此时可用手动进给缓缓切入，待切削比较平稳时再使用自动进给<br>②预检时，应先计算预检的尺寸数值。留 0.5mm 精铣余量时，测得台阶侧面与工件侧面的尺寸为 23.41mm，若按键宽为 15.89mm 计算，台阶单侧铣除的余量为 29.91−15.89/2=7.01mm。因此，精铣一侧台阶后的尺寸应为 7.01+15.89=22.90mm，铣削余量为 23.41−22.90=0.51mm。台阶底面高度的尺寸可直接用游标卡尺测量，若粗铣后测得高度尺寸为 14.45mm，则精铣余量为 14.45−14=0.45mm |
| 精铣和预检一侧台阶 | ①工作台按 0.51mm 横向准确移动，按 0.45mm 垂向升高，精铣一侧台阶，铣削时为保证表面质量，全程使用自动进给<br>②预检精铣后的两侧面尺寸应为 22.90mm，底面高度尺寸为 14mm |
| 粗铣和预检另一侧台阶 | ①工作台横向移动键宽 $A$ 和刀具宽度 $L$ 尺寸之和，铣削另一侧台阶，粗铣时可在侧面留 0.5mm 余量，因此横向移动距离 $S$（图 7-69）为：<br>$S=A+L+0.5=15.89+12+0.5=28.39\text{mm}$<br>按计算出的 $S$ 值横向移动工作台，粗铣另一侧<br>②由于计算出的 $S$ 值中铣刀的宽度为公称尺寸，预检时，测得另一侧粗铣后的键宽尺寸为 16.30mm，因此实际精铣余量为 16.30−15.89=0.41mm |
| 精铣另一侧台阶 | 按预检尺寸与图样中间公差的键宽尺寸差值 0.41mm 准确移动工作台横向，精铣另一侧台阶 |

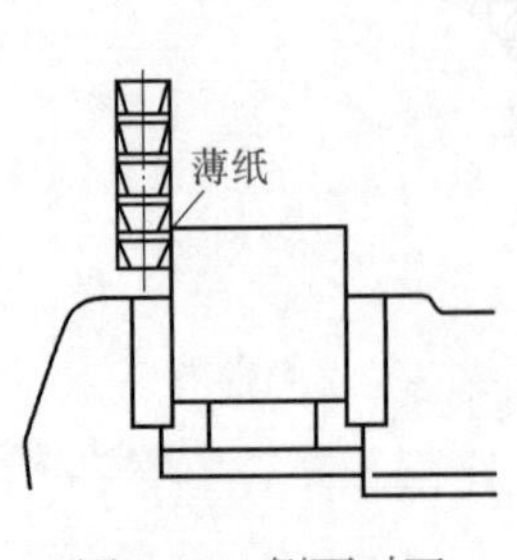

图 7-68　侧面对刀

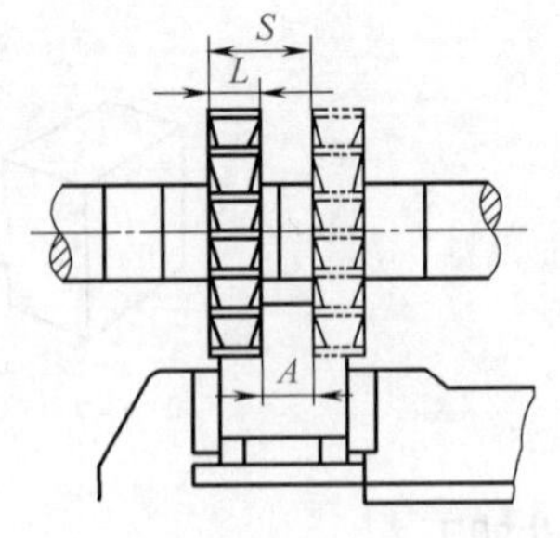


图 7-69　另一侧横向位移尺寸

## 4. 双台阶工件检验与质量要点分析（表 7-19）

表 7-19　双台阶工件检验与质量要点分析

| 类别 | 说　明 |
| --- | --- |
| 检验双台阶工件 | ①用千分尺测量的台阶宽度尺寸应在 15.84 ～ 15.95mm 范围内<br>②用百分表在标准平板上测量键宽对工件两侧面的对称度时，将工件定位底面紧贴六面角铁垂直面，工件侧面与平板表面贴合，然后用翻身法比较测量，百分表的示值误差应在 0.10mm 范围内<br>③用游标卡尺测量台阶底面高度尺寸应在 13.79 ～ 14.21mm 之间（未注公差可按 js14 确定公差范围）<br>④通过目测类比法进行表面粗糙度的检验。本例台阶侧面由端铣法铣成，台阶底面由周铣法铣成 |
| 铣削双台阶工件的质量分析要点 | ①台阶宽度尺寸超差的主要原因可能是由于对刀不准确、预检不准确、工作台调整数值计算错误等<br>②台阶侧面的平行度较差的原因可能是由于铣刀直径较大，工作时向不受力一侧偏让、工件定位侧面与纵向不平行［图 7-70（a）］、万能铣床的工作台回转盘零位未对准等。其中工作台零位未对准时，用三面刃铣刀铣削而成的台阶两侧面将会出现凹弧形曲面，且上窄下宽而影响宽度尺寸和形状精度，如图 7-70（b）所示。<br>③台阶宽度与外形对称度超差的原因可能是由于工件侧面与工作台纵向不平行、工作台调整数据计算错误、预检测量误差等。<br>④表面粗糙度超差的原因可能是由于铣刀刃磨质量差和过早磨损、刀杆精度差、支架支持轴承间隙调整不合理等 |

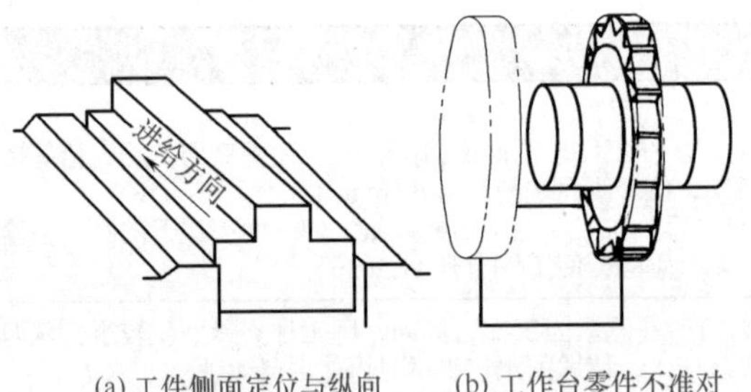


(a) 工件侧面定位与纵向不平行时的影响　(b) 工作台零件不准对加工台阶的影响

图 7-70　台阶侧面平行度误差大的原因

# 实例二：铣宽槽

### 1. 图样分析

宽槽工件的铣削加工尺寸如图 7-71 所示。该工件的主体为一旋转体，外形为车削加工的台阶圆柱体，中心有孔，垂直于轴线有一孔，一般为销钉孔，其他工序已加工完毕。现应铣削宽 24mm、深 20mm 的槽。该工件的数量为 50 件，属于小批量生产。

### 2. 铣削步骤

从以上分析可知，该工件为小批量生产，铣削步骤见表 7-20。

表 7-20　铣削步骤

| 类别 | 说　明 |
| --- | --- |
| 装夹工件 | 根据工件的结构特点，选底平面 *A* 为主要定位基准，用压板直接将工件装夹在工作台上。具体的装夹情况如图 7-72 所示<br>先将 $\phi$16 的定位销固定在铣床工作台上，然后将工件套在定位销上，并在 $\phi$8mm 孔中插入一根 $\phi$8mm 的芯棒，作为角向校正的依据。校正时，将百分表的磁性表座固定在床身垂直导轨上，并使百分表测头和芯棒的一侧接触，然后移动横向工作台，校正 $\phi$8mm 孔的轴线和横向工作台移动方向的平行度。经过角向校正后，就可用压板将工件紧固，并在铣削前将 $\phi$8mm 芯棒抽出。由于批量较大，为了节省每次安装时角向校正的时间，首件安装后，应在 $\phi$8mm 芯棒的侧面加装定位块 |
| 选择铣刀 | 选择三面刃铣刀，铣刀直径为<br>$$D \geqslant 2t+d$$<br>式中　$t$——为要加工槽的深度，mm<br>　　　$d$——为刀杆垫圈外径，mm<br>考虑工件批量较大，最好能一次铣削完成，最好选宽度为 24mm 的铣刀。由于槽的公差较严，装夹铣刀时要严格控制铣刀的轴向跳动量 |
| 对刀 | 为了保证工件槽形的对称性，铣刀宽度的中心线必须通过工件中心。对刀时，可先启动主轴，使铣刀的侧刃微微接触 $\phi$52mm 的外圆，然后将工件向下退离铣刀，再利用横向工作台使工件向铣刀移动 38mm，即可进行试铣与测量 |
| 沟槽位置精度检验 | 首先检验沟槽对 $\phi$8mm 孔的垂直度，其方法是在铣削完毕后，仍使工件保持铣削时的夹紧状态，再将 $\phi$8mm 芯棒重新插入 $\phi$8mm 孔中，然后用安装工件时校正工件角向位置的方法在机床上现场测量<br>其次检验沟槽的对称性。可用外径千分尺直接测量沟槽的两侧壁厚 *N* 及 *M*（图 7-71）的实际尺寸，*N* 及 *M* 的差值不应超过对称度允差的 1 倍（即 0.04mm）。如果发现超差，则可根据 *N* 与 *M* 差值的一半，移动横向工作台，重新调整铣刀的切削位置 |

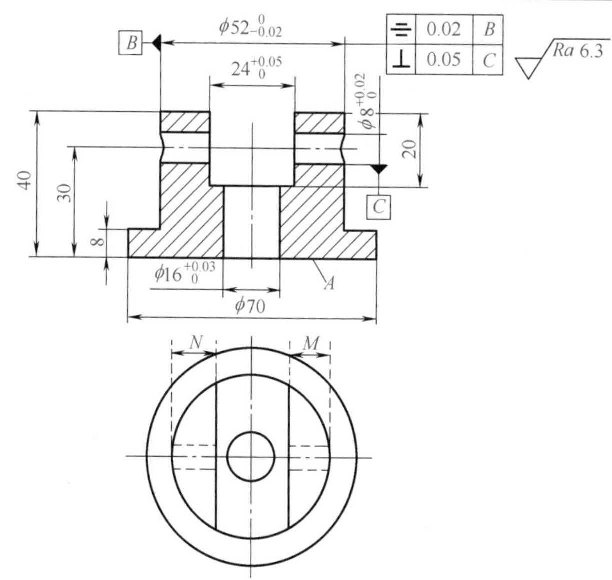


材料：45 钢；数量 50 件；比例：1 ∶ 1

图 7-71　宽槽工件的铣削加工尺寸

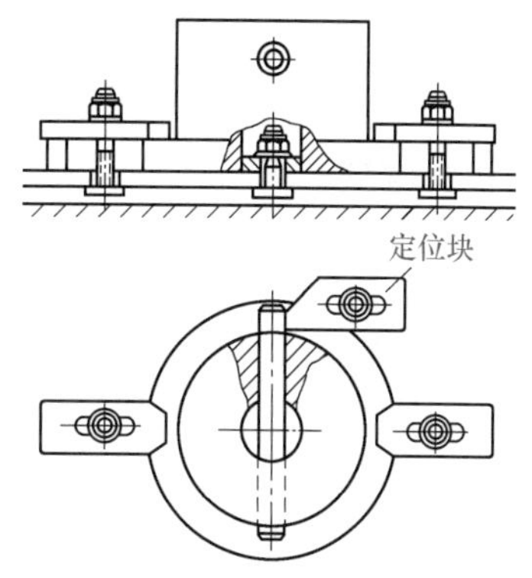


图 7-72　工件的装夹示意

## 实例三：铣传动轴两端的窄槽

### 1. 图样分析

如图 7-73 所示为一传动轴，轴的两端用窄槽与主动件和从动件连接，工件的各部位尺寸图中已标出，现要铣出两端的槽。

### 2. 技术要求

① 该轴的传动槽宽度公差为 0 ～ 0.12mm。

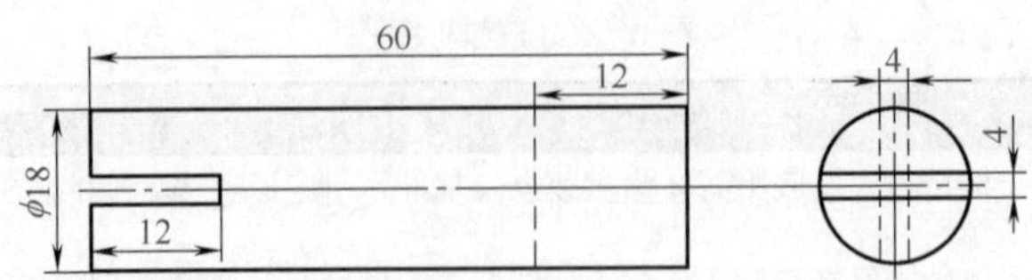


图 7-73　传动轴两端窄槽的零件尺寸

② 槽应位于轴的中心，位置偏差应小于 0.15。

③ 两槽呈（90±1）°。

④ 材料 Q235，数量 1 件。

### 3. 铣削步骤（表 7-21）

表 7-21　铣削步骤

| 类别 | 说　明 |
|---|---|
| 装夹工件 | 由于该工件为圆形，最好不用机用虎钳装夹，适宜用三爪夹盘装夹。因此铣削时可将分度头安装在工作台上，将工件夹在分度头的三爪夹盘上。槽向与工作台纵向平行。如果批量较大，应特制专用夹具，以提高工作效率。夹紧时应夹在工件的中部，上面留出 15 ～ 20mm 即可。在加工另一端时，由于夹紧力易使窄槽变形，故应注意要夹在工件的中部，以保护已铣好的一端 |
| 选择铣刀 | 铣刀应选择 4mm 厚的盘形铣刀，根据所加工的槽的深度，铣刀规格为 60mm×4mm×27mm |
| 确定切削用量 | 该槽应一次铣出，铣削用量应选择为：$t$=20mm，$S_{齿}$=0.03mm / 齿，$v$=30m/min，$n$=95r/min，$S_{分}$=47.5mm/min |
| 对刀并铣削 | 横向移动工作台，使铣刀对准槽的位置；然后提升工作台，使铣刀的刀尖与槽底处于同一高度；便可以铣削了<br>开始铣削时，用手摇动纵向手柄缓慢进给，以防止打刀；当铣削面上同时有几个齿工作时，可转为自动进给，直至切削结束。一端的槽铣完后，测量槽的深度和宽度，合格后取下工件将工件倒过来装夹，铣削另一端的槽。装夹时应注意槽的方向，即已加工完的槽应处于横向。其他操作与前述一样 |

## 实例四：T 形槽铣削加工

### 1. 图样分析

铣削加工如图 7-74 所示的 T 形槽铣削零件，现分析如下：

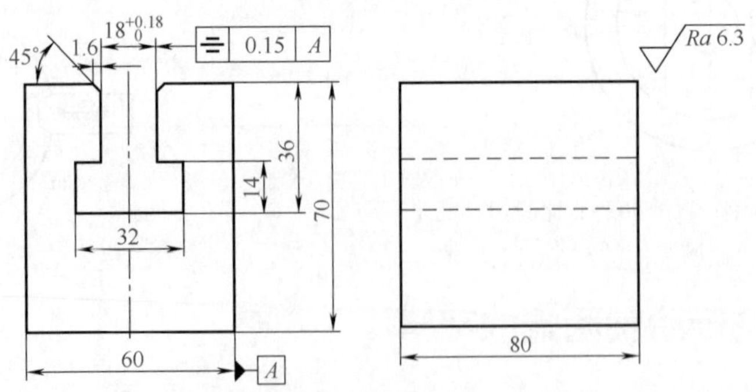


图 7-74　T 形槽铣削零件加工尺寸

① T 形槽直槽的宽 $18^{+0.18}_{0}$mm，T 形槽的深度 36mm，宽 32mm，高 14mm，直槽口倒角为 1.5mm×45°。

② T 形槽外尺寸为 60mm×70mm×80mm，侧面外形的对称度公差 0.15mm。

③ 预制件为 60mm × 70mm × 80mm 的矩形工件。

④ T 形槽加工表面粗糙度值为 $Ra6.3\mu m$，在铣床上铣削加工能达到要求。

⑤ 预制件的材料为 HT200，其切削性能较好。

⑥ 预制件为矩形工件，便于装夹。

## 2. 拟定加工工艺与工艺准备（表 7-22）

表 7-22　拟定加工工艺与工艺准备

| 类别 | 说　明 |
| --- | --- |
| 拟定 T 形槽的铣削加工工序过程 | 根据图样的精度要求，本例宜在立式铣床上用立铣刀铣削加工直槽，用 T 形铣刀加工 T 形底槽。T 形槽铣削加工工序过程为：检验预制件→安装、找正机用虎钳→工件表面划出直槽对刀线→装夹、找正工件→安装立铣刀→对刀、试切预检→铣削直槽→换装 T 形槽铣刀→垂向深度对刀→铣削底槽→铣削槽口倒角→ T 形槽铣削工序的检验 |
| 选择铣床 | 选用 X5032 型立式铣床或同类的立式铣床 |
| 选择工件装夹方式 | 采用机用虎钳装夹，工件以侧面和底面作为定位基准 |
| 选择刀具 | 根据图样给定的 T 形槽基本尺寸，选择直径为 18mm 的标准直柄立铣刀铣削直槽；选择基本尺寸为 18mm，直径为 32mm，宽度为 14mm 的标准直柄 T 形槽铣刀铣削底槽；选择外径为 25mm，角度为 45° 的反燕尾槽铣刀铣削直槽口倒角 |
| 选择检验测量方法 | T 形槽的测量方法比较简单，本例可用游标卡尺测量各项尺寸和对称度 |

## 3. T 形槽的铣削加工（表 7-23）

表 7-23　T 形槽的铣削加工

| 类别 | | 说　明 |
| --- | --- | --- |
| 加工准备 | 检验预制件 | 用千分尺检验预制件的平行度和尺寸，测得宽度的实际尺寸为 60.12 ～ 60.20mm |
| | 安装、找正机用虎钳 | 安装机用虎钳，并找正定钳口与工作台纵向平行 |
| | 划线、装夹工件 | 在工件表面划直槽位置参照线。划线时，可将工件与划线平板贴合，划线尺高度为（60−18）/2=21mm，用翻身法划出两条参照线。工件装夹时，注意侧面、底面与机用虎钳定位面之间的清洁度 |
| | 安装铣刀 | 根据立铣刀、T 形槽铣刀和反燕尾槽铣刀的柄部直径，选用弹性套和夹头体安装铣刀，铣刀伸出部分应尽可能短，以增加铣刀的刚度 |
| | 选择铣削用量 | 按工件材料（HT200）和铣刀参数选择铣削用量。铣削直槽时，调整铣削用量 $n$=250r/min（$v\approx$15m/min），$v_f$ =30mm/min；铣削 T 形槽底槽时，因铣刀强度低，排屑困难，故选用较低的调整铣削用量 $n$=118r/min（$v\approx$12m/min），$v_f$ =23.5mm/min；铣削倒角时，选用铣削用量 $n$=235r/min（$v\approx$18m/min），$v_f$ =47.5mm/min |
| | 找正立铣头位置 | 为保证铣削精度，注意检查立铣头刻度盘的零线是否对准 |
| 铣削 T 形槽 | 铣削直角槽 | 铣削直角槽，如图 7-75（a）所示<br>①调整工作台，将铣刀调整到铣削位置的上方，按工件表面划出的对称槽宽参照线移动横向对刀。开动机床，垂向对刀并上升 1mm 后，移动纵向，在工件表面铣出浅痕。停机后用游标卡尺预检槽的对称位置，若有误差，应按两侧测量数据差值的一半微调横向，直至浅槽对称工件外形。同时，也需对槽宽的实际尺寸进行预检，但须注意预检测量应避免刀尖圆弧或倒角对槽宽测量的影响<br>②按垂向表面对刀的位置，将 36mm 深度余量分两次铣削，若侧面不再精铣，槽深余量的分配最好为 22mm 与 14mm，以避免直槽侧面留有接刀痕。铣削时，由于深度余量比较大，应注意锁紧横向，并应先用手动进给缓慢切入工件，然后改用机动进给。为避免顺、逆铣对槽宽的影响，两次铣削应采用同一方向。直槽铣削完毕后，应对槽深、槽宽、对称度进行预检 |
| | 铣削 T 形底槽 | 铣削 T 形底槽，如图 7-75（b）所示<br>①换装 T 形铣刀，因直槽铣削后横向没有移动，不必重新对刀。如果工件重新安装或横向已经移动，可采用以下方法对刀 |

续表

| 类别 | | 说明 |
|---|---|---|
| 铣削T形槽 | 铣削T形底槽 | a. 用刀柄对刀。将18mm直柄立铣刀掉头安装在铣夹头内，露出一段柄部，先通过目测使铣刀柄部对准已加工的直槽，微量调整横向，移动纵向，使刀柄能顺畅地进入槽内，此时，主轴与工件的横向相对位置已恢复至直槽加工位置<br>b. 用切痕对刀。换装T形槽铣刀后，调整垂向使铣刀的端面刃与直角槽底恰好接触，调整横向目测使铣刀中心与直槽对准，开动机床，缓缓移动工作台纵向，使T形槽铣刀在直角槽槽口铣出相等的两个切痕，此时，主轴与工件的横向相对位置已恢复至直槽加工位置<br>②垂向对刀使铣刀端面刃与直角槽底恰好接触，为减少T形铣刀端面与槽底的摩擦，也可以使直槽略深一些。底槽铣削开始用手动进给，当铣刀大部分缓缓切入后改用机动进给，铣削过程中注意及时清除切屑，以免因切屑堵塞，切削区温度升高，致使铣刀退火或折断，从而影响铣削，甚至造成废品 |
| | 铣削槽口倒角 | 铣削槽口倒角，如图7-75（c）所示。换装反燕尾槽铣刀，垂向对刀，使铣刀锥面刃与槽口恰好接触，垂向升高1.6mm，铣削槽口倒角 |

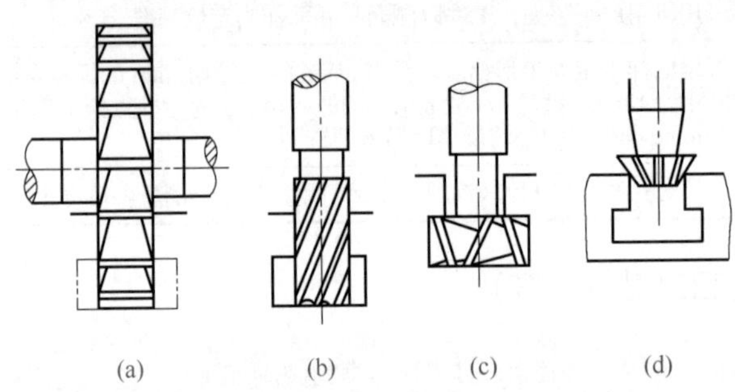


图7-75　T形槽铣削步骤

## 4. T形槽铣削加工的检验与质量分析（表7-24）

表7-24　T形槽铣削加工的检验与质量分析

| 类别 | 说明 |
|---|---|
| T形槽铣削加工的检验 | T形槽的检验比较简单，精度较高的直角槽检验可用内径千分尺或塞规测量，底槽检验一般用游标卡尺测量，倒角和表面粗糙度通过目测检验 |
| T形槽铣削加工质量分析 | ①直角槽宽度尺寸超差的主要原因可能有立铣刀宽度尺寸测量不准确、铣刀安装后跳动误差大、进给速度比较快使铣刀发生偏让、两次铣削时进给方向不同等<br>②底槽与直角槽对称度超差原因可能有工件重装后T形槽铣刀对刀不准确、铣削底槽因工作台横向未锁紧产生拉动偏移<br>③T形槽槽底与基准底面不平行的原因可能有铣刀未夹紧微量下移、工件在铣削过程中因夹紧不牢固基准底面偏离定位面和装夹时底面与工作台面不平行等<br>④底槽表面粗糙度误差大的原因可能有铣削过程中未及时清除切屑、进给量过大等 |

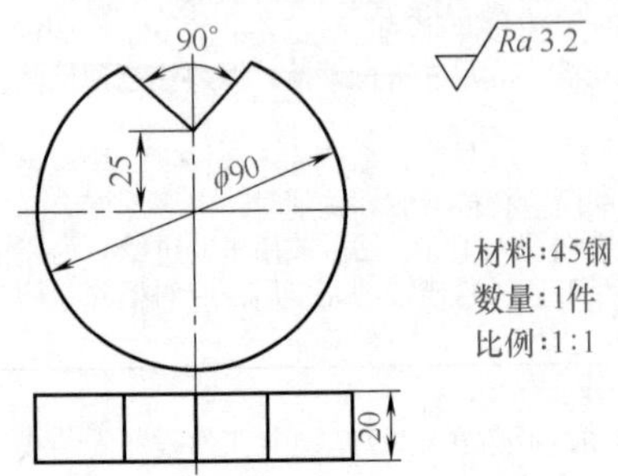


图7-76　V形槽铣削零件的加工尺寸

# 实例五：V形槽的铣削加工

## 1. 图样分析

如图7-76所示为V形槽铣削零件的加工尺寸，现分析如下：

该工件为一个直径90mm的圆盘，铣90° V形槽，该槽底距圆心25mm，工件的厚度为20mm，用的材料为45钢，数量1件，比例1 ∶ 1。

## 2. 铣削加工及检验（表 7-25）

表 7-25　铣削加工及检验

| 类别 | 说　明 |
|---|---|
| 装夹工件 | 由于该工件是单件生产，$\phi$90mm 外圆和 20mm 厚两端面均已加工完毕，用机用虎钳装夹较为方便 |
| 选择铣刀并铣削 | 由于该 V 形槽是 90°，即可用立铣刀铣削，也可用三面刃铣刀铣削。用立铣刀铣削时，按划线加工较为方便。粗铣时应使进给方向与钳口平行，这样可使铣削力与钳口垂直，可避免工件在钳口中转动；用三面刃铣刀铣削时，可不必划线，只要使三面刃铣刀的侧面刀刃偏移工件中心一个距离 S 即可。其公式为<br>$$S=g\sin\frac{\alpha}{2}$$<br>式中　$g$——槽底至中心的距离，mm；<br>$\alpha$——V 形槽夹角，（°）。<br>本例零件为<br>$$S=g\sin\frac{90^\circ}{2}=25\times0.7071=17.68\ (\text{mm})$$<br>即在铣刀侧刃对准工件中心后，将工作台连同工件偏移 17.68mm，铣削到三面刃铣刀的圆周刀刃距工件中心 17.68mm 即可，如图 7-77 所示 |
| 对称度的检验 | 检验 V 形槽对称度的方法如图 7-78 所示。检验时，以工件两侧面为基准，将一个侧面放置平台上，用一圆棒放入 V 形槽内，用百分表测量圆棒高度，然后把工件翻转 180°，再进行测量比较，若两次测量在百分表上的计数相等，则 V 形槽与工件两侧面对称 |

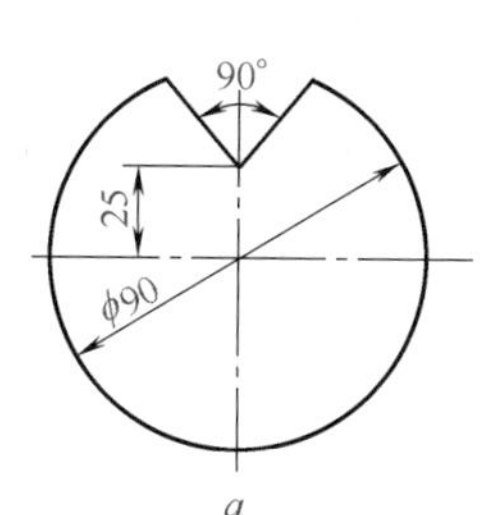


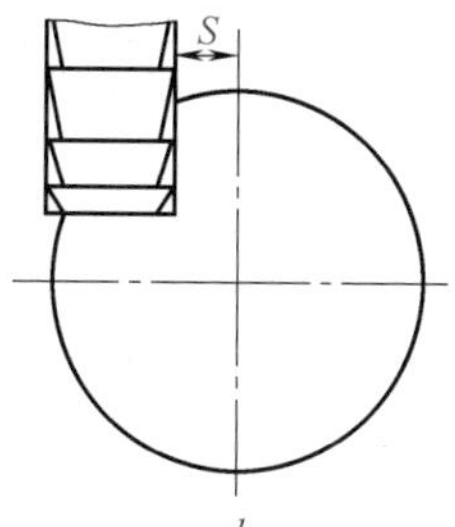


图 7-77　有 V 形槽的圆盘

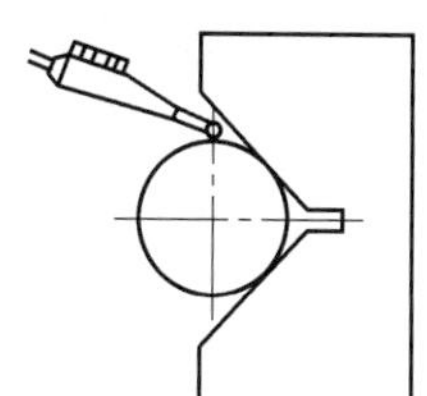

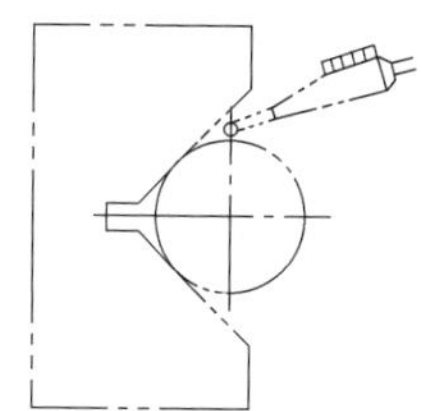

图 7-78　检验 V 形槽的对称度

# 实例六：铣燕尾槽和燕尾块

## 1. 铣削加工准备（表 7-26）

表 7-26　铣削加工准备

| 类别 | 说　明 |
|---|---|
| 图样分析 | 如图 7-79 所示为燕尾槽和燕尾块零件铣削加工尺寸，现分析如下<br>①燕尾槽最小宽度 25mm，深度 8mm，标准圆棒直径为 6mm 时，测量尺寸 $l$ 为 $17.848^{+0.13}_{0}$ mm；燕尾块的最小宽度、深度基本尺寸与燕尾槽相同，标准圆棒直径为 6mm 时，测量尺寸 $l_1$ 为 $41.392^{0}_{-0.16}$ mm。燕尾槽与燕尾块的槽形角为 60°<br>②燕尾槽和燕尾块对尺寸为 50mm 侧面外形的对称度公差为 0.15mm<br>③预制件为 60mm × 50mm × 45mm 的矩形工件<br>④燕尾槽和燕尾块加工表面粗糙度值 $Ra$ 为 6.3μm，在铣床上铣削加工能达到要求<br>⑤工件材料为 HT200，切削性能较好<br>⑥工件外形是矩形工件，便于装夹 |

续表

| 类别 | 说　　明 |
|---|---|
| 选择燕尾槽（燕尾块）铣削加工方法和步骤 | 根据图样的精度要求，本例宜在立式铣床上用立铣刀铣削加工直角槽（双台阶）后，用燕尾铣刀铣削燕尾槽（块），燕尾槽（块）铣削加工步骤如下<br>①检验预制件<br>②安装、找正机用虎钳<br>③工件表面划出直角槽（双台阶）对刀线<br>④装夹、找正工件<br>⑤安装立铣刀<br>⑥对刀、试切预检<br>⑦铣削直角槽（双台阶）<br>⑧换装燕尾槽铣刀<br>⑨垂向深度对刀<br>⑩铣削燕尾槽（块）一侧并预检<br>⑪铣削燕尾槽（块）另一侧并预检<br>⑫燕尾槽（块）铣削工序检验 |
| 选择铣床 | 选用 X5032 型立式铣床或类似的立式铣床 |
| 选择工件装夹方式与工件装夹、找正 | ①采用机用虎钳装夹，工件以侧面和底面作为定位基准<br>②安装机用虎钳，并找正固定钳口与工作台纵向平行<br>③在工件表面划直角槽（双台阶）位置参照线。划线时，可将工件与划线平板贴合，划线尺高度为（50−25）/2=12.5mm，燕尾块双台阶为（50−25−2×8×cot60°）/2=7.88mm。用翻身法划出两条参照线<br>④工件装夹时，注意侧面、底面与机用虎钳定位面之间的清洁度 |
| 选择和安装铣刀 | 根据图样给定的燕尾槽基本尺寸，选择直径为 20mm 的立铣刀铣削中间直角槽（双台阶）；选择外径为 25mm、角度为 60° 的燕尾槽铣刀铣削燕尾槽（块）。铣削中间直角槽（双台阶）时，用锥柄变径套安装立铣刀；铣削燕尾槽（块）斜面时，使用夹头体和弹性套换装燕尾槽铣刀 |
| 选择检验测量方法 | 燕尾槽（块）的槽口宽度用千分尺借助标准圆棒测量，对称度的测量与 V 形槽的对称度测量类似，用百分表借助标准圆棒测量。燕尾槽（块）的深度用游标卡尺测量 |
| 预制件检验 | 用千分尺检验预制件的平行度和尺寸，测得宽度的实际尺寸为 50.02 ～ 50.08mm。用直角尺测量侧面与底面的垂直度，选择垂直度较好的侧面、底面作为定位基准 |
| 选择铣削用量 | 按工件材料（HT200）和铣刀参数，铣削直角槽（双台阶）时，因铣削余量少，材料硬度不高，选择并调整铣削用量 $n$=235r/min（$v_c$≈14.8m/min），$v_f$=30mm/min；铣削燕尾槽（块）时，因铣刀容屑槽浅，颈部细，刀尖强度差，故选用较低铣削用量，调整铣削用量 $n$=190r/min（$v_c$≈l5m/min），$v_f$=23.5mm/min |

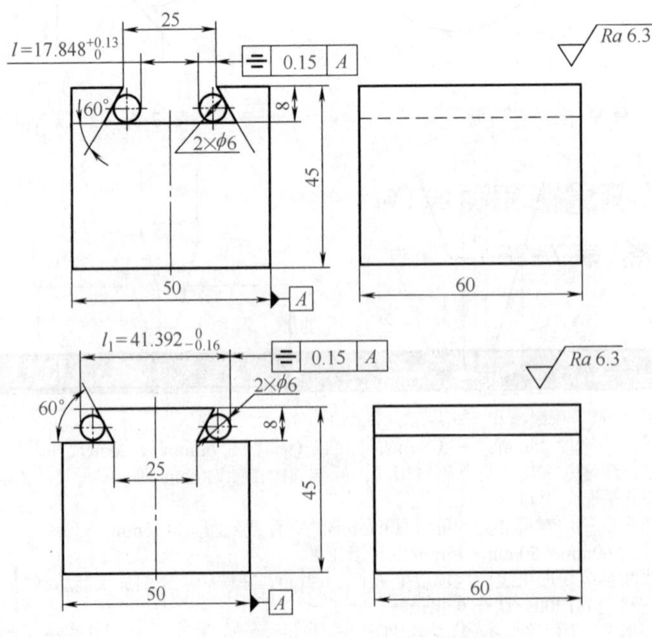


图 7-79　燕尾槽和燕尾块零件加工尺寸示意

## 2. 铣削加工操作步骤

铣削燕尾槽（块）的基本步骤见表 7-27，如图 7-80、图 7-81 所示。

表 7-27　铣削燕尾槽（块）的基本步骤

| 类别 | 说　明 |
|---|---|
| 铣削直角槽（双台阶） | ①铣削直角槽时，按工件表面划出的对称槽宽参照线横向对刀，具体操作方法，与 T 形槽直槽铣削方法相同。槽侧与工件侧面的尺寸为 12.525mm。铣削时可分粗、精铣，以提高直角槽的铣削精度<br>②铣削双台阶时，按工件表面划出的对称台阶宽度参照线横向对刀。具体操作方法与双台阶铣削方法相同。台阶宽度的尺寸为 $25+2\times8\times\cot60°=34.24$mm，台阶侧面与工件侧面的尺寸为（50.05−34.24）/2≈7.90mm 或 50.05−7.90=42.15mm。用于控制台阶对工件侧面的对称度 |
| 燕尾槽铣削步骤 | ①铣削直角槽后换装燕尾槽铣刀，考虑铣刀的刚度，刀柄不应伸出过长<br>②槽深对刀时，目测使燕尾槽铣刀与直角槽中心大致对准，垂向上升工作台，使铣刀端面刃齿与工件直角槽底接触，并调整槽深为 8.10mm<br>③铣削燕尾槽一侧时，如图 7-80（a）所示，先使铣刀刀尖恰好擦到工件直角槽一侧，然后按偏移量 $s$ 调整横向，偏移量 $s$ 与槽深 $h$ 和槽形角有关。本例为：<br>$s=h\cot\alpha=8.10\times\cot60°=4.676$（mm）<br>铣削槽一侧时，应将余量分为粗、精加工，粗铣余量为 2.5mm、1.5mm，然后进行预检，如图 7-80（b）所示。放入直径为 6mm 的标准圆棒后，工件侧面至一侧圆棒的尺寸为（50.05−17.91）/2=16.07mm<br>④铣削燕尾槽另一侧时，如图 7-80（c）所示，按侧面粗、精铣方法，逐步铣削至槽宽测量尺寸 $17.848^{+0.13}_{0}$ mm。铣削过程中应注意不能采用顺铣，以免折断铣刀 |
| 燕尾块铣削步骤 | ①铣削双台阶后换装燕尾槽铣刀，考虑铣刀的刚度，刀柄不应伸出过长<br>②燕尾块高度对刀时，使铣刀端面刃与台阶底面恰好接触，并调整高度尺寸为 7.9mm<br>③铣削燕尾块一侧时［图 7-81（a）］，侧面对刀使铣刀刀尖恰好擦到台阶侧面，然后按 $s$ 值分粗、精铣削。粗铣后，应进行预检，如图 7-81（b）所示。按工件侧面实际尺寸和燕尾块宽度测量尺寸，逐步达到精铣测量尺寸（50.05+41.31）/2=45.68mm<br>④铣削燕尾块另一侧时，如图 7-81（c）所示。应按侧面粗、精铣方法，逐步铣削至燕尾块宽度测量尺寸 $41.392^{0}_{-0.16}$ mm |

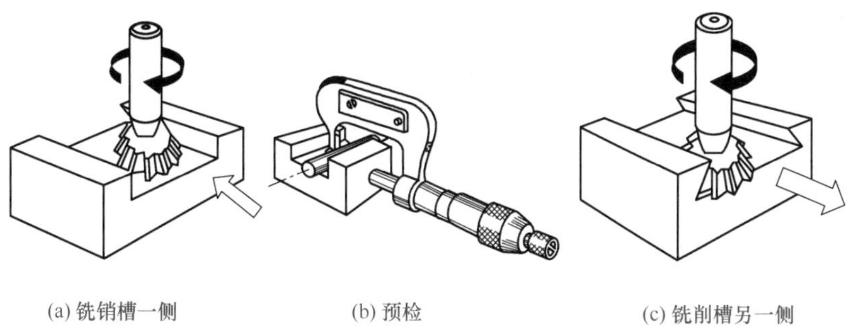

(a) 铣销槽一侧　(b) 预检　(c) 铣削槽另一侧

图 7-80　铣削燕尾槽

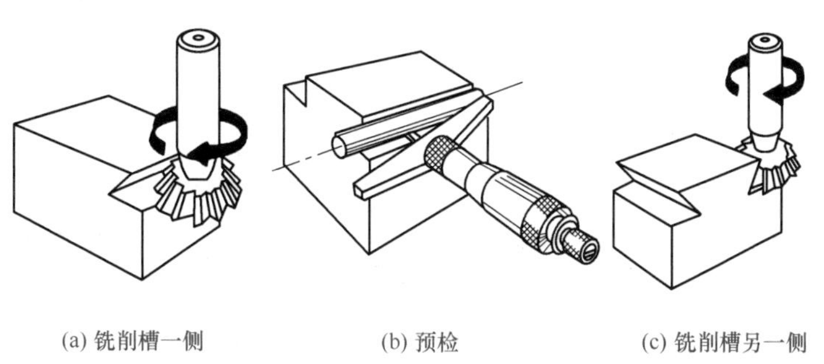

(a) 铣削槽一侧　(b) 预检　(c) 铣削槽另一侧

图 7-81　铣削燕尾块

### 3. 燕尾槽（块）铣削加工的检验与常见质量问题及其原因

（1）燕尾槽（块）铣削加工的检验

① 燕尾槽（块）对称度的检验与 V 形槽测量方法相仿，与侧面平行度的检验也可采用类似方法，只是测量点在标准圆棒的两端最高点。表面粗糙度用目测比较检验。

② 用游标万能角度尺测量燕尾槽槽形角。由几何关系可知，采用这种测量方法，只要槽底与工件上平面平行，测得的角度即为槽形角。用内径千分尺和外径千分尺测量燕尾槽和燕尾块的宽度时，注意标准圆棒的精度、圆棒与槽侧是否贴合良好。本例选用 6mm 标准圆棒时，燕尾槽 $l$ 值应在 17.848 ～ 17.978mm 范围内；燕尾块 $l_1$ 值应在 41.232 ～ 41.392mm 范围内。

（2）燕尾槽（块）铣削加工常见质量问题及其原因（表 7-28）

表 7-28　燕尾槽（块）铣削加工常见质量问题及其原因

| 常见问题 | 原　因 |
|---|---|
| 燕尾槽（块）宽度尺寸超差 | ①标准圆棒精度差<br>②测量操作不准确（特别是在用内径千分尺测量槽宽尺寸时）<br>③横向调整操作失误等 |
| 燕尾槽（块）对称度超差 | ①尺寸计算错误<br>②铣削一侧调整对称度时预检测量不准确<br>③横向调整操作失误等 |
| 燕尾槽（块）与工件侧面不平行 | ①机用虎钳固定钳口与纵向不平行<br>②工件多次装夹时，侧面与机用虎钳定位面之间有毛刺或脏物<br>③工件两侧面平行度误差大 |
| 燕尾槽（块）槽形角角度误差大 | 可能是铣刀角度选错或角度不准确 |
| 燕尾槽（块）侧面粗糙度超差 | ①铣刀刃磨质量差<br>②铣刀安装刀柄伸出较长引起铣削振动<br>③铣削余量分配不合理及铣削用量选用不适当等 |

# 第八章 铣削离合器

## 第一节 铣削直齿离合器

直齿离合器也称为矩形齿离合器（图 8-1）。根据离合器的齿数，分为奇数齿和偶数齿两种。这两种离合器的特点是齿的侧面都通过工件中心，以保证两个离合器能够正确啮合。

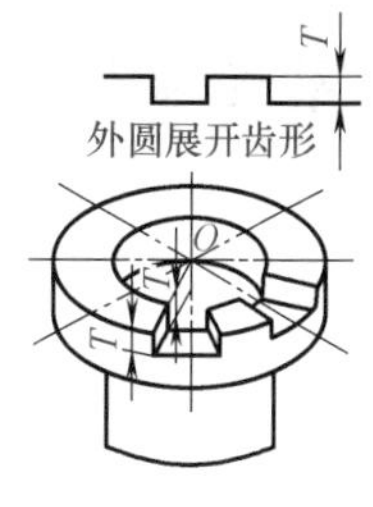


图 8-1 矩形齿离合器

### 一、铣奇数直齿离合器

铣奇数直齿离合器的铣削方法见表 8-1。

### 二、铣偶数直齿离合器

铣偶数直齿离合器的铣削方法见表 8-2。

表 8-1 铣奇数直齿离合器的铣削方法

| 类型 | 说　明 |
| --- | --- |
| 选择铣刀 | 铣奇数直齿离合器时，选用三面刃铣刀或立铣刀。为了使离合器的小端齿不被铣伤，三面刃铣刀的宽度 $B$［图 8-2（a）、（b）］或者立铣刀的直径 $D$，应略小于齿槽小端的宽度。铣刀宽度（或立铣刀直径）按下式计算<br>$B(D)\leqslant(d_1/2)\sin\alpha=(d_1/2)\sin(180°/z)$<br>式中　$B(D)$——铣刀宽度（或直径），mm<br>$d_1$——离合器内孔直径，mm<br>$z$——离合器齿数<br>$\alpha$——离合器齿槽角，（°） |
| 工件的安装和校正 | 工件装夹在分度头三爪卡盘上。工件装夹中应校正径向圆跳动和端面圆跳动符合要求。如果用芯轴装夹工件，应将芯轴校正后，再将工件装夹在芯轴上进行加工 |
| 对中心 | 铣削工件时，应使三面刃铣刀的端面刃或立铣刀的圆周刃通过工件中心。一般情况下，装夹、校正工件后，在工件上画出中心线，然后再按照画线对好中心线，如图 8-3（a）、（b）所示 |
| 铣削方法 | 对好中心铣削工件时，使铣刀切削刃轻轻与工件端面接触，然后退刀，按齿高调整切削深度，将不使用的进给及分度头主轴紧固，使铣刀穿过工件整个端面，铣出第一刀，形成两个齿的一个端面，退刀后松开分度头主轴紧固手柄，分度后铣第二刀。以同样方法铣完各齿，走刀次数等于奇数齿离合器的齿数 |

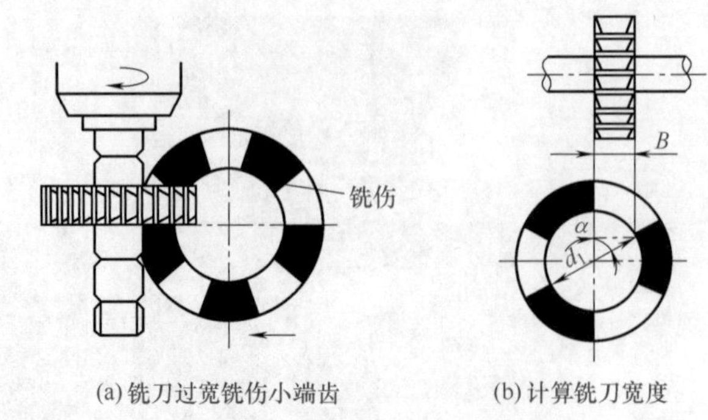


图 8-2　三面刃铣刀宽度的选择

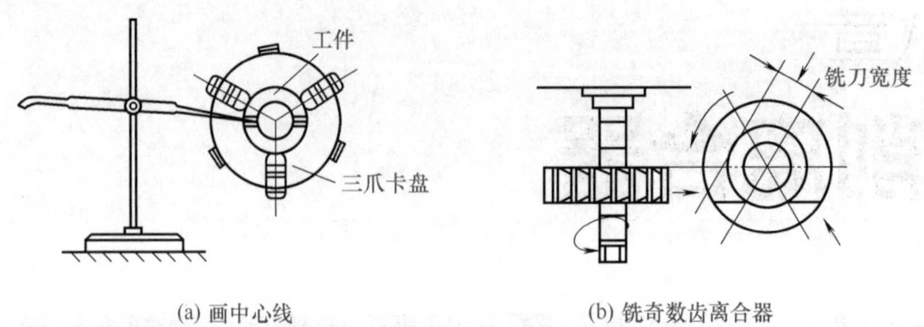


图 8-3　根据画线对中心线

表 8-2　铣偶数直齿离合器的铣削方法

| 类型 | 说　明 |
|---|---|
| 选择铣刀 | 铣偶数直齿离合器也用三面刃铣刀或立铣刀，三面刃铣刀的宽度或立铣刀直径尺寸的确定，与铣奇数齿离合器相同。但铣偶数齿离合器时，为了不使三面刃铣刀铣伤对面的齿面，又能将槽底铣平，三面刃铣刀的最大直径如图 8-4 所示，计算公式如下<br>$D \leqslant (T^2+d_1^2-4B^2)T$<br>式中　$D$——三面刃铣刀允许最大直径，mm<br>$d_1$——离合器齿部内孔直径，mm<br>$T$——离合器齿深，mm<br>$B$——三面刃铣刀宽度，mm |
| 铣削方法 | 工件的装夹、校正、画线、对中心的方法与铣奇数齿离合器相同。铣偶数齿离合器时，铣刀不能通过整个工件端面，每次铣出一个齿的一个侧面，因此注意不要铣伤对面的齿。铣削时，首先使铣刀的端面 1 对准工件中心，如图 8-5（a）所示，分度铣出齿侧 1、2、3、4，然后将工件转过一个齿槽角 $\alpha$，再将工作台移动一个刀宽的距离，使铣刀端面 2 对准工件中心，再依次铣出每个齿的另一个侧面 5、6、7、8，如图 8-5（b）所示 |
| 铣齿侧间隙 | 铣齿侧间隙就是将离合器的齿多铣去一些，使槽形大于齿形，便于两个离合器正常啮合。铣削方法有两种<br>①偏移中心法。铣刀侧面对好工件中心后，使刀具的端面刃（或立铣刀圆周刃）超过工件中心 0.2 ～ 0.3mm。使齿的大端至小端铣去一样多，齿侧就产生间隙，这样齿不通过工件中心，离合器结合时齿侧面只有外圆处接触，影响承载能力，因此偏移中心法只用于精度要求不高或齿部不淬硬的离合器的加工<br>②偏转角度法。铣刀对准工件中心，将全部齿槽铣完后，使工件转过一个角度一般为 1° ～ 2°（或按图样要求转过一定角度），再铣一次，将所有齿的左侧和右侧切去一部分。这样使齿的大端多铣去一些，使齿侧产生间隙，但齿侧仍通过工件中心。这种方法适用于精度要求较高的离合器加工 |

## 三、直齿离合器的检验方法

直齿离合器的检验方法有以下几点：

① 齿的等分性。可用游标卡尺测量每个齿的大端直径。

② 齿的深度。可用游标卡尺或深度尺测量。

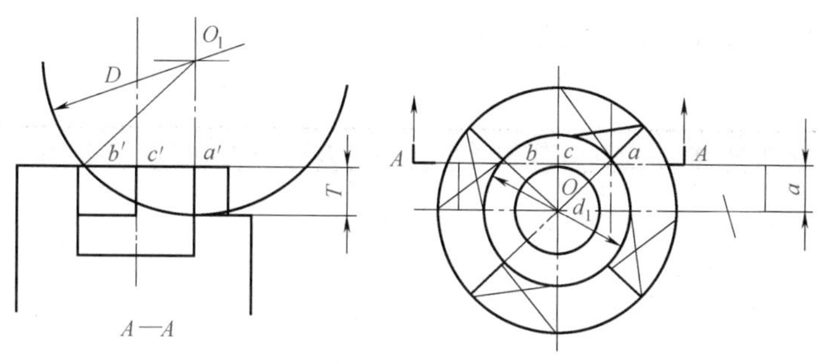


图 8-4　计算三面刃铣刀直径

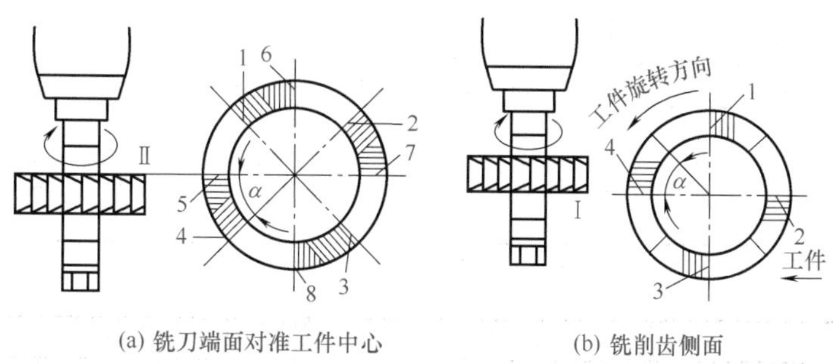


图 8-5　铣削顺序

③ 齿侧间隙和啮合情况。将互相啮合的离合器装在芯轴上，使其相互啮合，用塞尺检测齿侧间隙，判断是否合格。

④ 表面粗糙度。用目测法或标准样块对比检测。

# 第二节　铣削等边尖齿及锯形离合器

## 一、等边尖齿离合器的铣削

### 1. 等边尖齿离合器的特点

等边尖齿离合器如图 8-6 所示，等边尖齿离合器的齿面是由两个对称的斜面组成，它们的延长线均通过工件中心，齿形外端大、内端小，由外径向中心点收缩。它的齿形角有 60° 和 90° 两种。

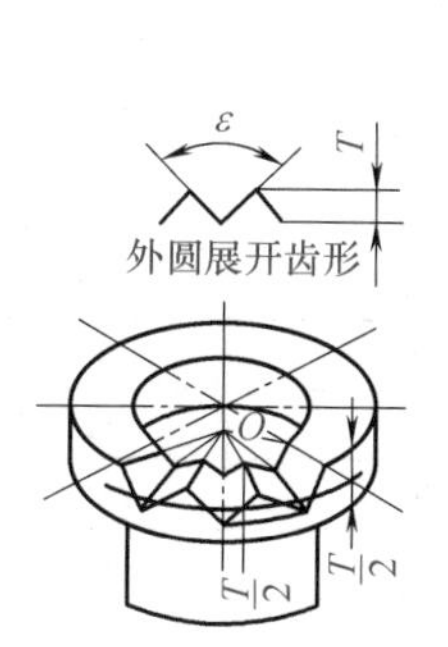


图 8-6　等边尖齿离合器

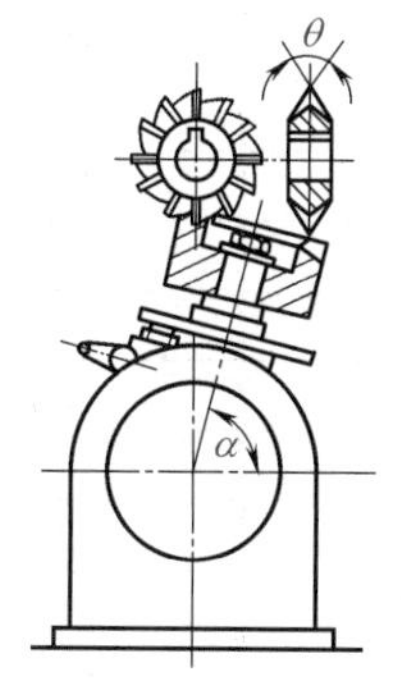


图 8-7　铣等边尖齿离合器

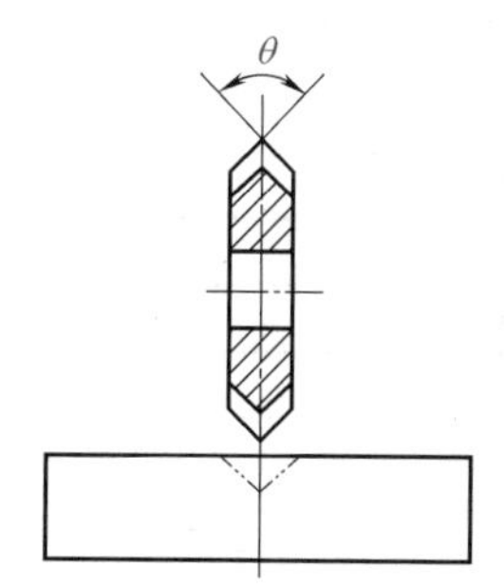


图 8-8　等边尖齿离合器对中心

## 2. 铣等边尖齿离合器的铣削方法（表 8-3）

表 8-3　铣等边尖齿离合器的铣削方法

| 类型 | 说　明 |
|---|---|
| 铣刀的选择 | 应尽量与离合器齿槽角相同角度的对称双角铣刀。在满足工件切削深度要求的情况下，铣刀直径应尽量选小些。铣等边尖齿离合器，如图 8-7 所示 |
| 工件的装夹和校正 | 工件装夹在分度头三爪卡盘上。工件装夹中应校正径向圆跳动和端面圆跳动符合要求。如果用芯轴装夹工件，应将芯轴校正后，再将工件装夹在芯轴上进行加工 |
| 分度头主轴倾斜角度计算 | 为了获得不等的齿深，分度头主轴应倾斜一个角度 $\alpha$，倾斜角度 $\alpha$ 的大小可见表 8-4 或用下式计算<br>$\cos\alpha=\tan(90°/z)\cot(\theta/2)$<br>式中　$\alpha$——分度头主轴倾斜角度，(°)<br>$z$——离合器齿数<br>$\theta$——离合器径向齿形角，即铣刀廓形角，(°) |
| 对中心 | 在工件端面上画出中心线，使双角铣刀的刀尖对准中心线，即对好中心，如图 8-8 所示 |
| 铣削方法 | 铣削时，不论齿数是奇数还是偶数，每分度一次只能铣出一条槽。为保证离合器结合良好，在铣削齿面接触精度要求较高的尖齿离合器时，要求一对离合器应使用同一把铣刀加工。调整吃刀深度时，应按大端齿深在外径处逐步调整到要求的切削深度，并使齿顶留有 0.2 ～ 0.3mm 宽的小平面，以保证齿形工作台面接触，然后依次分度并铣出各齿 |

表 8-4　铣等边尖齿离合器和梯形齿离合器分度头倾斜角 $\alpha$ 值

| 要铣的离合器齿数 | 铣削离合器用的双角铣刀角度 $\theta$ | | 要铣的离合器齿数 | 铣削离合器用的双角铣刀角度 $\theta$ | |
|---|---|---|---|---|---|
| | 60° | 90° | | 60° | 90° |
| 8 | *69°51′ | 78°30′ | 35 | 85°32′ | 87°26′ |
| 9 | 72°13′ | 79°51′ | 36 | 85°40′ | 87°30′ |
| 10 | 74°05′ | 80°53′ | 37 | 85°47′ | 87°34′ |
| 11 | 75°35′ | 81°53′ | 38 | 85°54′ | 87°38′ |
| 12 | 76°50′ | 82°26′ | 39 | 86°00′ | 87°42′ |
| 13 | 77°52′ | 83°02′ | 40 | 86°06′ | 87°45′ |
| 14 | 78°45′ | 83°32′ | 41 | 86°12′ | 87°48′ |
| 15 | 79°31′ | 83°58′ | 42 | 86°17′ | 87°51′ |
| 16 | 80°11′ | 84°21′ | 43 | 86°22′ | 87°54′ |
| 17 | 80°46′ | 84°41′ | 44 | 86°27′ | 87°57′ |
| 18 | 81°17′ | 84°59′ | 45 | 86°32′ | 88°00′ |
| 19 | 81°45′ | 85°15′ | 46 | 86°37′ | 88°03′ |
| 20 | 82°10′ | 85°29′ | 47 | 86°41′ | 88°05′ |
| 21 | 82°34′ | 85°42′ | 48 | 86°45′ | 88°08′ |
| 22 | 82°53′ | 85°54′ | 49 | 86°49′ | 88°10′ |
| 23 | 83°12′ | 86°05′ | 50 | 86°53′ | 88°12′ |
| 24 | 83°29′ | 86°15′ | 51 | 86°56′ | 88°14′ |
| 25 | 83°45′ | 86°24′ | 52 | 87°00′ | 88°16′ |
| 26 | 84°01′ | 86°32′ | 53 | 87°03′ | 88°18′ |
| 27 | 84°13′ | 86°39′ | 54 | 87°07′ | 88°20′ |
| 28 | 84°25′ | 86°46′ | 55 | 87°10′ | 88°22′ |
| 29 | 84°37′ | 86°53′ | 56 | 87°14′ | 88°24′ |
| 30 | 84°47′ | 86°59′ | 57 | 87°16′ | 88°25′ |
| 31 | 84°57′ | 87°05′ | 58 | 87°19′ | 88°27′ |
| 32 | 85°06′ | 87°11′ | 59 | 87°24′ | 88°30′ |
| 33 | 85°16′ | 87°16′ | 60 | 87°24′ | 88°30′ |
| 34 | 85°25′ | 87°21′ | — | — | — |

注：表中有 * 为不常用的。

## 二、锯齿形离合器的铣削

### 1. 锯齿形离合器的特点

锯齿形离合器的齿形也是向中心点逐渐收缩的，其齿形角有60°、70°、75°、80°、85°等几种，如图8-9所示。齿顶留有0.2～0.3mm小平面。

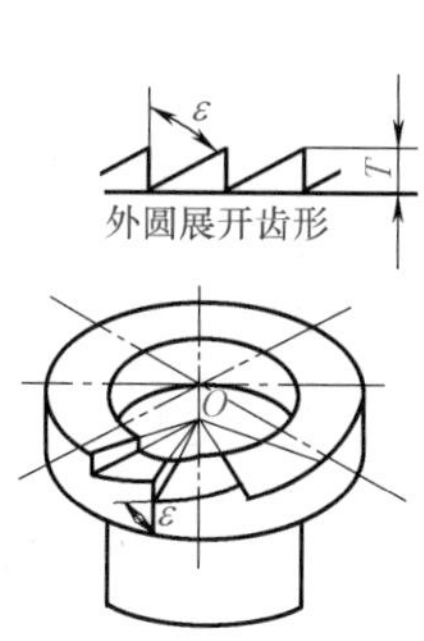


图8-9　锯齿形离合器

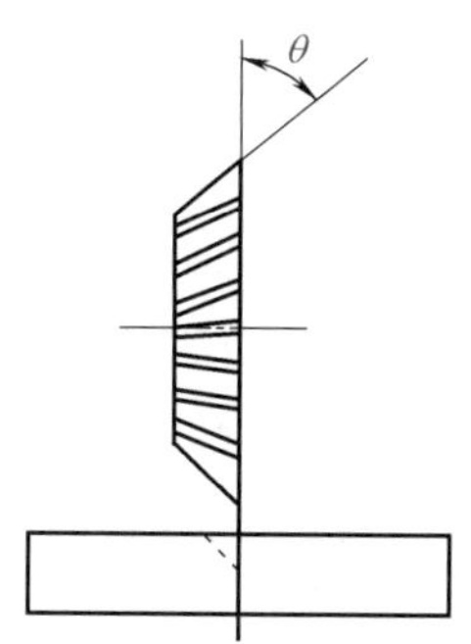


图8-10　锯齿形离合器对中心

### 2. 锯齿形离合器的铣削方法（表8-5）

表8-5　锯齿形离合器的铣削方法

| 类型 | 说　明 |
|---|---|
| 铣刀的选择 | 铣锯齿形离合器用单角铣刀，单角铣刀的角度与离合器的齿槽角相等 |
| 对中心的方法 | 先在工件端面上画出中心线，使单角铣刀的端面和刀刃对准所画的中心线，即对好中心，见图8-10所示，然后将横向进给固定 |
| 分度头的主轴倾斜角度的计算 | 铣削时分度头主轴应倾斜一个角度$\alpha$，其值可见表8-6或用下式计算<br>$\cos\alpha=\tan(180°/z)\cot\theta$<br>式中　$\alpha$——分度头主轴倾斜角度，(°)<br>$z$——离合器齿数<br>$\theta$——齿形角，即单角铣刀廓形角度，(°) |

表8-6　铣削锯齿形离合器分度头倾斜角$\alpha$值

| 离合器齿数 $z$ | 铣削离合器用的单角铣刀角度$\theta$ | | | | | |
|---|---|---|---|---|---|---|
| | 60° | 65° | 70° | 75° | 80° | 85° |
| 5 | *60°12′ | *70°12′ | 74°40′ | 78°47′ | 82°12′ | 86°21′ |
| 6 | *70°32′ | 74°23′ | 77°52′ | 81°06′ | 84°09′ | 87°06′ |
| 7 | 73°50′ | 77°02′ | 79°54′ | 82°35′ | 85°10′ | 87°35′ |
| 8 | 76°10′ | 78°52′ | 81°20′ | 83°38′ | 85°48′ | 87°55′ |
| 9 | 77°52′ | 80°14′ | 82°23′ | 84°24′ | 86°19′ | 88°11′ |
| 10 | 79°12′ | 81°17′ | 83°13′ | 85° | 86°43′ | 88°22′ |
| 11 | 80°14′ | 82°08′ | 83°54′ | 85°29′ | 87°04′ | 88°32′ |
| 12 | 81°06′ | 82°49′ | 84°24′ | 85°53′ | 87°18′ | 88°39′ |
| 13 | 81°49′ | 83°24′ | 84°51′ | 86°13′ | 87°30′ | 88°46′ |
| 14 | 82°26′ | 83°54′ | 85°12′ | 86°30′ | 87°42′ | 88°51′ |
| 15 | 82°57′ | 84°19′ | 85°34′ | 86°44′ | 87°51′ | 88°56′ |
| 16 | 83°24′ | 84°41′ | 85°51′ | 86°57′ | 87°59′ | 89° |

续表

| 离合器齿数 z | 铣削离合器用的单角铣刀角度 θ | | | | | |
|---|---|---|---|---|---|---|
| | 60° | 65° | 70° | 75° | 80° | 85° |
| 17 | 83°48′ | 85° | 86°06′ | 87°08′ | 88°07′ | 89°04′ |
| 18 | 84°09′ | 85°17′ | 86°19′ | 87°17′ | 88°13′ | 89°07′ |
| 19 | 84°30′ | 85°32′ | 86°31′ | 87°26′ | 88°19′ | 89°10′ |
| 20 | 84°46′ | 85°46′ | 86°42′ | 87°34′ | 88°24′ | 89°12′ |
| 21 | 85°01′ | 85°58′ | 86°51′ | 87°41′ | 88°29′ | 89°15′ |
| 22 | 85°13′ | 86°09′ | 87° | 87°48′ | 88°33′ | 89°17′ |
| 23 | 85°27′ | 86°20′ | 87°08′ | 87°53′ | 88°37′ | 89°19′ |
| 24 | 85°38′ | 86°29′ | 87°15′ | 87°59′ | 88°40′ | 89°20′ |
| 25 | 85°49′ | 86°37′ | 87°22′ | 88°04′ | 88°43′ | 89°22′ |
| 26 | 85°59′ | 86°45′ | 87°28′ | 88°08′ | 88°46′ | 89°24′ |
| 27 | 86°08′ | 86°53′ | 87°34′ | 88°12′ | 88°50′ | 89°25′ |
| 28 | 86°16′ | 86°59′ | 87°39′ | 88°16′ | 88°52′ | 89°26′ |
| 29 | 86°24′ | 87°06′ | 87°44′ | 88°20′ | 88°54′ | 89°27′ |
| 30 | 86°31′ | 87°11′ | 87°48′ | 88°23′ | 88°56′ | 89°28′ |
| 31 | 86°39′ | 87°18′ | 87°53′ | 88°25′ | 88°59′ | 89°29′ |

注：表中有 * 为不常用的。

## 三、工件的检测方法

检测时先目测各齿的齿顶平面宽度均匀一致，确定齿的等分性，再将两件离合器穿在一根芯轴上，使其啮合，观察齿侧是否都均匀接触。

# 第三节　梯形齿离合器的铣削

## 一、梯形齿离合器的特点

梯形齿离合器有梯形收缩齿和梯形等高齿两种。如图 8-11 所示。其特点是梯形收缩齿离合器的齿顶和齿底，在齿长方向上是等宽的，齿或槽的中心线通过离合器的主轴，齿的深度在齿的长度上不等，铣削时分度头主轴应倾斜一个角度 $\alpha$。梯形等高齿离合器的齿深在齿长方向上是等高的，齿顶宽度在齿长方向上不相等，齿的中心线通过离合器的轴线，铣削时分度头主轴呈水平或垂直状态，以便铣出相等的齿高。

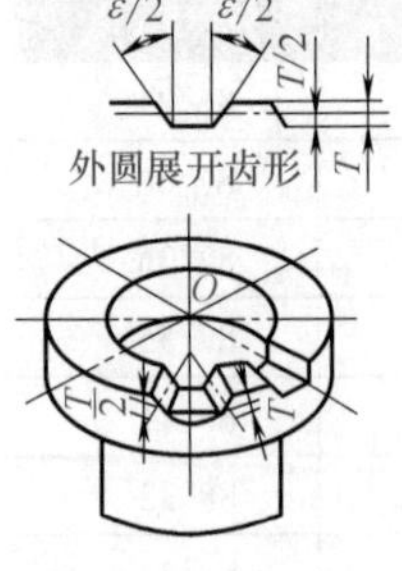

(a) 梯形等高齿

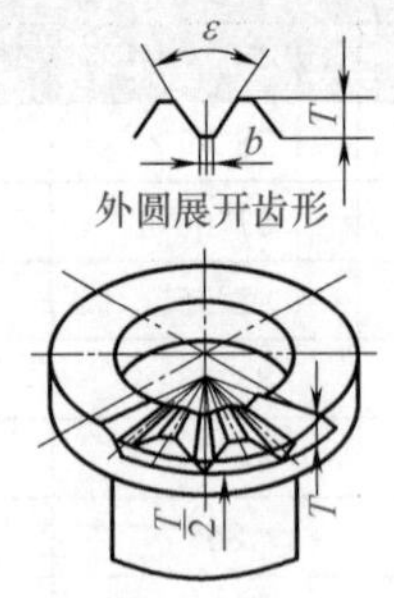

(b) 梯形收缩齿

图 8-11　梯形齿离合器

## 二、铣梯形等高齿离合器

铣梯形等高齿离合器的铣削方法见表 8-7。

表 8-7 铣梯形等高齿离合器的铣削方法

| 类型 | 说　明 |
| --- | --- |
| 铣刀的选择 | 铣刀的廓形角应等于离合器的槽形角，铣刀廓形角的有效工作高度应大于离合器的齿高，铣刀的齿宽度 $B$ 应小于齿槽的最小宽度，不能铣伤小端齿面 |
| 对中心的方法 | 对中心应在工件装夹并校正后进行。为保证铣刀齿侧中心线通过离合器轴线，应使铣刀侧面刃上距离刀齿顶 $T/2$ 处的 $K$ 点通过离合器中心线，采用画线与对刀相结合的对刀方法，先在工件上画出中心线，再在铣刀上画出廓形角的对称中心线，移动横向工作台，使两线对准，然后按公式计算并移动横向工作台一个距离 $e$，使铣刀侧刃上的 $K$ 点通过工件轴心线，如图 8-12 所示。$e$ 值可按下式计算<br>$$e=\frac{B}{2}+\frac{T}{2}\tan\frac{\theta}{2}$$<br>式中　$e$——横向工作台移动距离，mm<br>$B$——铣刀顶刃宽度，mm<br>$T$——离合器齿高，mm<br>$\theta$——铣刀廓形角，(°) |
| 铣削方法 | 梯形等高齿离合器一般都设计成奇数齿，铣削方法与铣直齿奇数离合器相同。图样上要求的齿侧间隙，可在齿槽铣完后，用偏转角度的方法铣成。直径较大的梯形等高齿离合器，两次走刀后齿槽留下的残留余量，可适当调整工作台的位置，将偏转工件角度铣去，但要注意不要铣伤齿部 |

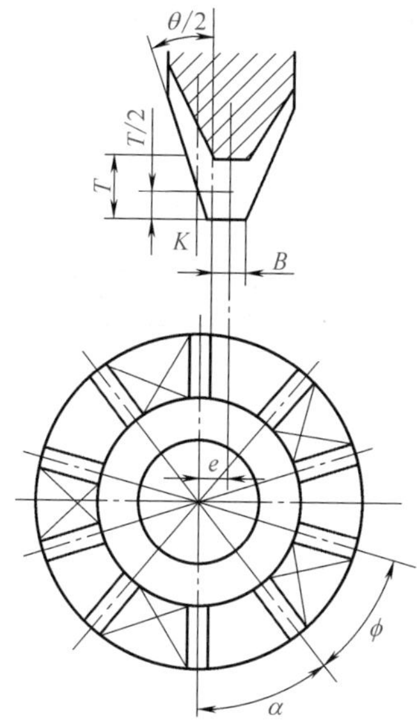


图 8-12　铣削梯形等高齿离合器的对刀方法

## 三、铣梯形收缩齿离合器

铣梯形收缩齿离合器的铣削方法见表 8-8。

表 8-8　铣梯形收缩齿离合器的铣削方法

| 类型 | 说　明 |
| --- | --- |
| 铣刀的选择 | 铣梯形收缩齿离合器用梯形槽成形铣刀，如图 8-13 所示，也可用符合要求的对称双角铣刀。铣刀廓形角的有效工作高度应大于离合器圆处的齿高，铣刀的齿顶宽度 $B$ 应等于离合器的槽底宽度 |
| 对中心的方法 | 对刀时，应使梯形槽成形铣刀的对称中心线通过工件中心。先在铣刀上画出刀齿廓形对称中心线，然后在工件端面上画出中心线，使铣刀中心线与工件的中心线对准，如图 8-14 所示，即对好中心。这种对刀方法适用于齿数较多、齿距较小的梯形收缩齿离合器<br>对于齿数较少、齿距较大的离合器，则采用如图 8-15 所示的方法对刀。铣刀廓形对称线偏离工件轴线的距离为 |

续表

| 类型 | 说　明 |
| --- | --- |
| 对中心的方法 | $$e=\frac{x}{2}\tan\frac{\theta}{2}$$<br>式中　$e$——铣刀廓形对称线偏离工件轴线的距离<br>$x$——铣刀齿顶离槽底的距离，mm<br>$\theta$——铣刀廓形角，(°)<br>例：铣削齿形角为 40° 的梯形收缩齿离合器，对刀时测得齿顶离槽底的距离为 0.9mm，求横向工作台的移动距离 $e$<br>解　$$e=\frac{x}{2}\tan\frac{\theta}{2}=\frac{0.9}{2}\tan\frac{40^\circ}{2}=16\text{mm}$$<br>$e$ 值确定后，就可移动横向工作台，使工件上的齿槽与铣刀接触的一侧移开铣刀一段距离 $e$。再换一齿位置，重复上述方法，直至铣刀廓形两侧与齿槽两侧同时接触，说明铣刀廓形对称线已通过工件轴心<br>对中心应在分度头主轴倾斜角度前进行。分度头主轴倾斜角度的计算与铣等边尖齿离合器相同，也可查表 8-4 |
| 铣削方法 | 这种离合器的齿形相当于等边尖齿离合器的齿形，只是齿顶和槽底平面比较宽，因此铣削方法与等边离合器一样 |

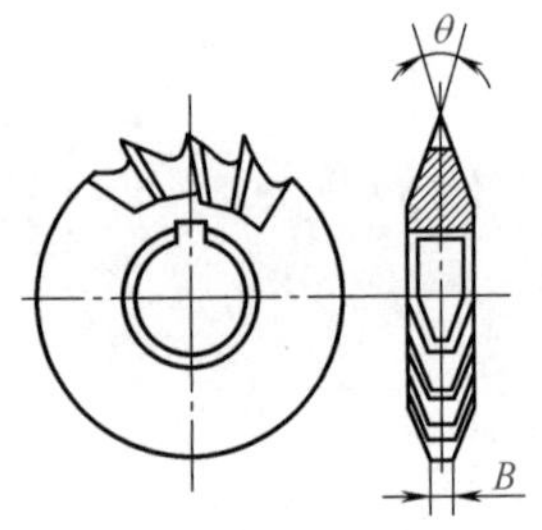


图 8-13　梯形槽成形刀

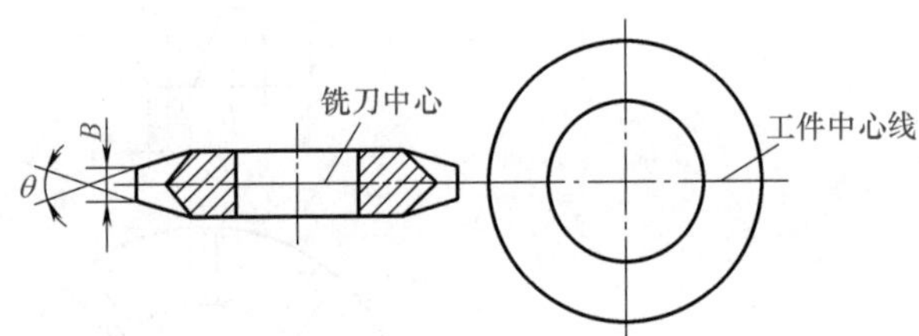


图 8-14　铣梯形收缩齿离合器铣刀的工作位置

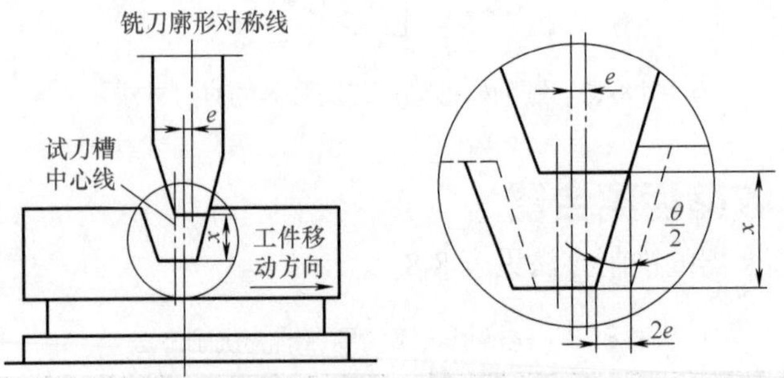


图 8-15　铣削梯形收缩齿离合器的对刀方法

## 四、梯形齿离合器的检验方法

其检验方法与直齿离合器相同，可用涂色法检验接触齿数和齿侧接触面积。一般接触齿数不少于全部齿数的一半以上，齿侧接触面积的 60% 为合格。

# 第四节 加工实例

## 实例一：铣偶数齿离合器

### 1. 图样分析

如图 8-16 所示为铣削偶数齿离合器的零件尺寸。该零件的尺寸为直径 $\phi$85mm，高 60mm；离合器齿高 10mm，离合器齿外径 $\phi$74mm，内径 $\phi$48mm。

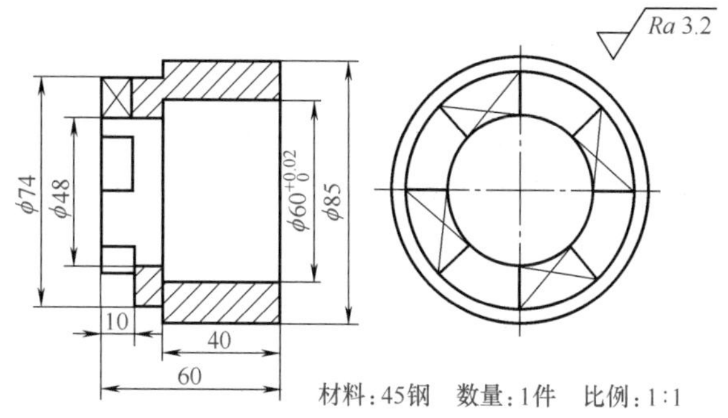


图 8-16　铣削偶数齿离合器的零件尺寸

### 2. 加工步骤

（1）工件的装夹和校正

工件的具体装夹方法应根据工件的外形和数量的不同来确定。本例中的工件由于具有足够长的外圆柱面（$\phi$85mm × 40mm），可直接用分度头的三爪卡盘装夹，如图 8-17（a）所示。

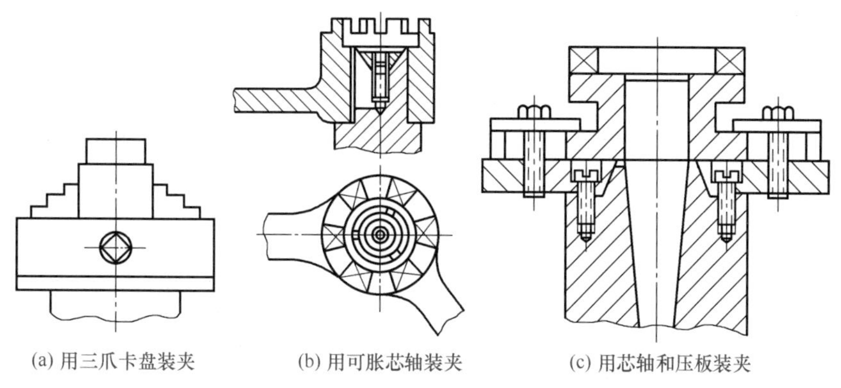

(a) 用三爪卡盘装夹　(b) 用可胀芯轴装夹　(c) 用芯轴和压板装夹

图 8-17　铣削牙嵌式离合器的装夹方法

在生产中，有时会有工件外形不规则，无法用三爪卡盘装夹，或工件上没有足够长的夹持部分，不宜采用三爪卡盘装夹，这时应以工件内孔定位，用可胀芯轴或圆柱形芯轴和压板配合装夹。如图 8-17（b）所示就是用可胀芯轴装夹的例子，其内六角螺钉的锥体与芯轴上的锥孔配合，芯轴的外圆柱面与工件内孔为精度较高的动配合，芯轴上开有三条窄槽，使芯轴具有一定弹性，当工件套入芯轴后，旋紧螺钉就可使芯轴胀开，将工件紧固。如图 8-17（c）所示是用圆柱形芯轴和压板配合装夹工件的情形，其芯轴的一端和分度头主轴锥孔相配合，另一端和工件内孔相配合，法兰盘用螺钉固定在分度头主轴上，作为工件的轴向定位元件，装夹时只要把工件套在芯轴上并用压板把工件紧固即可。这两种装夹方式都适用于加工批量较大的工件。

工件装夹后，要用百分表检查它的径向和端面的跳动量，其误差不应超过允许的范围。采用内孔定位装夹的工件，只要校正首件，以后装夹工件就不需要校正。

（2）选择铣刀

加工偶数齿的矩形齿离合器一般都采用三面刃铣刀，特殊情况下有时也采用立铣刀加工。三面刃铣刀的宽度 $B$ 或立铣刀的直径 $D$ 应小于两齿侧之间的最小垂直距离，由图 8-18 所示可得：

$$B（或D）< \frac{d_1}{2}\sin\frac{180°}{z}（mm）$$

$$< \frac{48}{2}\times\sin\frac{180°}{4} < 16.9（mm）$$

式中　$d_1$——离合器齿部内径，mm；

$z$——离合器齿数。

按上式计算出来的 $B$（或 $D$），可能不是整数，这时应取整数，并满足铣刀规格，例如，本例计算结果为 16.9mm，则可选用宽度为 14mm 的三面刃铣刀或直径为 14mm 的立铣刀。此式也适用于奇数齿的离合器。

（3）对刀

离合器铣削时，对刀是一道很重要的操作步骤。铣削矩形齿离合器时，不论是偶数齿还是奇数齿，都必须使铣刀侧刃通过工件中心，才能保证离合器工作时接触良好。在生产中，常用的对刀方法如图 8-18 所示，移动横向工作台，使铣刀侧刃微微接触工件外圆表面，然后退出工件，并使工件朝铣刀方向移动一段等于工件外圆半径 $R$ 的距离即可。

对一些精度要求较高的离合器，为了使铣刀侧刃在铣削时准确地通过工件中心，也可采用试切法对刀，即找一个适当直径的试件，装夹于三爪卡盘内，移动横向工作台，由操作者目测把试件中心移到离铣刀侧面 2 ～ 4mm 处，开动机床在试件上铣一刀，其深度大约和离合器齿深相等，然后将试件转过 180° 再铣一刀，如图 8-19 所示，测量试件上凸肩的宽度 $b$，再移动横向工作台，使试件朝铣刀方向移动 $b/2$ 的距离，即能保证铣刀侧刃通过工件的中心。

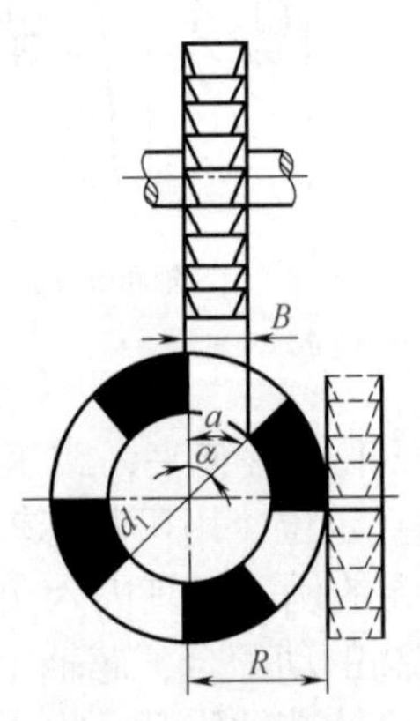


图 8-18　铣刀宽度计算

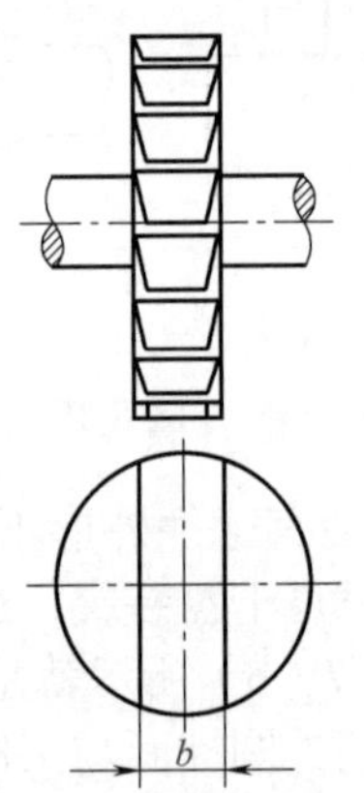


图 8-19　试切法对刀

对刀结束后，将横向工作台紧固，换上工件调整好切削深度，并将升降台紧固，即可开始铣削。

（4）铣削方法

偶数齿离合器要分两次铣削才能铣出正确的齿形。如图 8-20 所示是齿数 $z$=4 的离合器的情形。第一次铣削时铣刀的侧刃Ⅰ对准工件中心，通过逐次分度只能依次铣出各齿的右侧面 1、2、3 和 4，如图 8-20（a）所示。为了铣削各齿的左侧面 5、6、7 和 8，必须进行第二次铣削，这时要移动横向工作台，使铣刀的另一侧刃Ⅱ对准工件的中心，移动的距离应是第一次铣削后工件上的槽宽（也是铣刀的宽度），同时工件也必须偏转一个齿槽角 $\theta$，如图 8-20（b）所示，然后就可以逐次分度将各齿的左侧面 5、6、7 和 8 依次铣出。

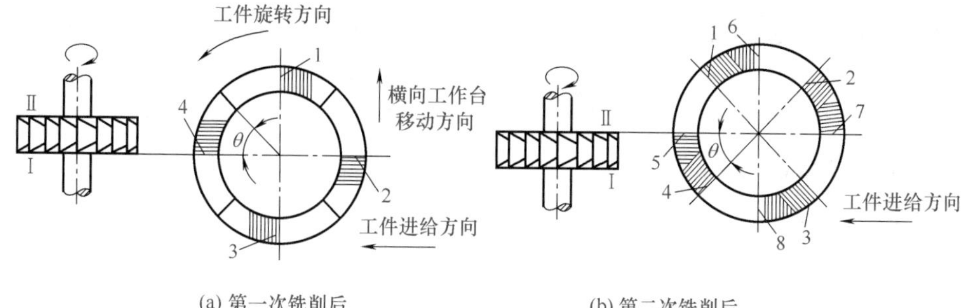


(a) 第一次铣削后　　(b) 第二次铣削后

图 8-20　偶数齿离合器的铣削

为了使离合器能在工作时顺利地结合和脱开，齿槽角应比齿面角略大些，即：

$$\theta=\frac{180^\circ}{z}+(1^\circ\sim2^\circ)$$
$$=\frac{180^\circ}{4}+(1^\circ\sim2^\circ)=46^\circ\sim47^\circ$$

式中　$z$——离合器的齿数。

为了保证齿槽角比齿面角略大些，在偏转 $\theta$ 角时，可将分度头手柄按 $\frac{180^\circ}{2}$ 再多转 1/6 转来达到，即分度头手柄转数 $n$ 为：

$$n=\frac{20}{z}+\frac{1}{6}$$
$$=\frac{20}{4}+\frac{1}{6}=5\frac{7}{42}$$

为方便起见，$n$ 值也可直接从表 8-9 中查取。

表 8-9　铣偶数齿离合器偏转 $\theta$ 角分度手柄转数

| 离合器齿数 $z$ | 2 | 4 | 6 | 8 | 10 | 12 | 14 | 16 | 18 | 20 |
|---|---|---|---|---|---|---|---|---|---|---|
| 分度盘孔数 $N$ | 42 | 42 | 42 | 42 | 42 | 42 | 42 | 24 | 54 | 42 |
| 分度手柄转数 $n$ | $10\frac{7}{42}$ | $5\frac{7}{42}$ | $3\frac{21}{42}$ | $2\frac{28}{42}$ | $2\frac{7}{42}$ | $1\frac{35}{42}$ | $1\frac{25}{42}$ | $1\frac{10}{24}$ | $1\frac{15}{54}$ | $1\frac{7}{42}$ |

采用表 8-9 中的数据加工的离合器，其齿槽角比齿面角大 3°。在生产中，如果图纸对齿槽角有特殊要求，则应按图纸要求加工。此外，在铣制偶数齿离合器时必须注意：尽可能采用小直径的三面刃铣刀，以免铣刀在工作中切伤对面的齿。为此，铣刀直径 $D$（mm）应满足：

$$D\leqslant\frac{d_1^2-4B^2+T^2}{T}$$

式中　$d_1$——离合器齿部内径，mm；

$B$——铣刀宽度，mm；

$T$——离合器的齿高，mm。

如上述条件无法满足，则应改用立铣刀在立式铣床上加工。

## 实例二：铣螺旋齿牙嵌离合器

螺旋齿牙嵌离合器有单向（单作用）和双向（双作用）两种，一般在立式铣床上加工。这类离合器的齿数较少，齿形特点与梯形等高齿牙嵌离合器基本相同，只是用螺旋面代替了斜面。

### 1. 双向螺旋齿牙嵌离合器铣削

如图 8-21 所示为双作用螺旋齿牙嵌离合器示意图，其在立式铣床上的铣削加工步骤见表 8-10。

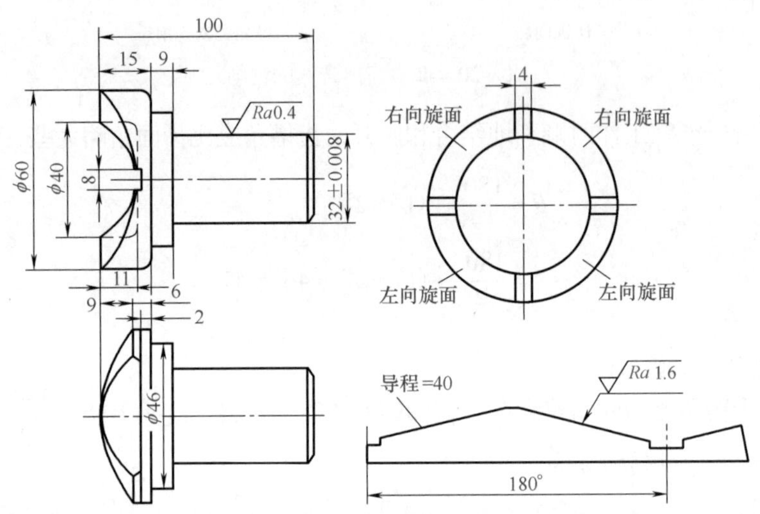


图 8-21 双作用螺旋齿牙嵌离合器

表 8-10 铣削加工步骤

| 类别 | 说明 |
| --- | --- |
| 铣削底槽 | 铣削底槽之前应把 8mm 宽的槽底和 4mm 宽的顶面划好线。然后，使分度头主轴处于水平位置，按划线位置，用立铣刀铣削底槽，底槽宽度为 8mm，深度为 11mm。所选铣刀的直径应等于底槽宽度，铣削方法同偶数齿矩形牙嵌离合器 |
| 装夹工件和对刀 | 利用三爪自定心卡盘把工件装夹在分度头上。因工件顶面的两条交线平行，且宽度为 4mm，故铣刀的轴心线应与工件中心偏离 2mm |
| 计算和安装交换齿轮 | 本例中，导程 $P_z$=40mm，故交换齿轮齿数为 $\frac{z_1 z_3}{z_2 z_4}=\frac{240}{P_z}=\frac{240}{40}=\frac{90\times 80}{40\times 30}$，故 $z_1$=90、$z_2$=40、$z_3$=80、$z_4$=30<br>挂轮时，铣削右螺旋面工件时，丝杠与工件旋转方向相同；铣削左螺旋面工件时，丝杠与工件旋转方向相反 |
| 铣削螺旋面 | 铣削螺旋面时采用立铣刀，立铣刀的直径以不碰到另一侧齿面为准。本例中，底槽宽度为 8mm，故铣刀直径应不超过 16mm。铣削时，先把立铣刀偏在工件外侧，以逆铣方式先铣削两个右螺旋面，以便从顶面切向槽底。铣削分粗、精铣两次进行，精铣时，应在一次调整的深度中铣削两个右螺旋面，以保证两个螺旋面等高，中间只作 180° 分度。在铣削左螺旋面时，应首先将挂轮处增加（或减少）一个中间轮，然后再将立铣刀偏在工件中心的里侧，从槽底铣至顶面。精铣时，同样应在一次调整的深度中铣削 2 个右螺旋面<br>当离合器顶面的两条交线不平行时，加工中应使立铣刀中心偏离被铣削螺旋面一个距离 $e$。$e$ 值的计算公式如下<br>$$e=R_0\sin\frac{1}{2}\left(\arctan\frac{P_z}{\pi D}+\arctan\frac{P_z}{\pi d_1}\right)$$<br>式中 $d_1$——离合器齿部内径，mm<br>$R_0$——立铣刀半径，mm<br>$D$——离合器齿部外径，mm<br>$P_z$——螺旋面导程，mm<br>当螺旋面导程小于 17mm 时，由于无法选择合适的交换齿轮，可用主轴交换齿轮法加工 |

### 2. 单向螺旋齿牙嵌离合器铣削

如图 8-22 所示为某单作用螺旋齿牙嵌离合器示意图，该离合器有两个齿，$\overline{16}$、$\overline{43}$面是底槽；$\overline{65}$、$\overline{32}$面是齿顶；$\overline{54}$、$\overline{21}$面是螺旋面。其在立式铣床上采用三面刃铣刀和立铣刀铣削加工的步骤见表 8-11。

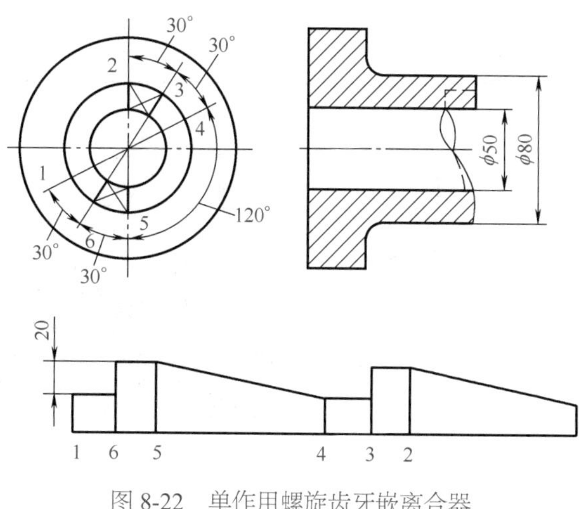


图 8-22 单作用螺旋齿牙嵌离合器

表 8-11 铣削加工步骤

| 类别 | 说明 |
|---|---|
| 铣削底槽 | 使分度头主轴处于水平位置，铣削方法同偶数齿矩形牙嵌离合器。本例中铣刀宽度 $B$ 为<br>$$B\leqslant\frac{d_1}{2}\sin\alpha=\frac{50}{2}\times\sin30^\circ=12.5\,(\mathrm{mm})$$<br>式中 $d_1$——离合器齿部内径，mm<br>$\alpha$——齿槽角，$\alpha=\frac{180^\circ}{2}$。<br>选用 $B$=12mm 的三面刃铣刀<br>铣刀直径 $D_0$ 为<br>$$D_0\leqslant\frac{d_1^2+T^2-4B^2}{T}=\frac{2500+400-4\times12^2}{20}=116.2\,(\mathrm{mm})$$<br>式中 $d_1$——离合器齿部内径，mm<br>$T$——离合器齿深，mm<br>$B$——三面刃铣刀宽度，mm<br>选用 $D_0$=100mm 的三面刃铣刀 |
| 计算和安装交换齿轮 | 本例中，导程 $P_z$=60mm，查手册，取交换齿轮齿数为 $z_1$=72、$z_2$=48、$z_3$=64、$z_4$=24 |
| 换铣刀 | 换上直径为 12mm 的立铣刀，将工件转过 90°，使槽侧面处于垂直位置，调整工作台横向位置，使立铣刀中心偏离工件一个距离 $e$<br>$$e=R_0\sin\left[\frac{1}{2}\left(\arctan\frac{P_z}{\pi D}+\arctan\frac{P_z}{\pi d_1}\right)\right]$$<br>$$=6\sin\left[\frac{1}{2}\left(\arctan\frac{60}{80\pi}+\arctan\frac{60}{50\pi}\right)\right]$$<br>$$=6\sin\left[\frac{1}{2}\times(13^\circ25'+20^\circ54')\right]$$<br>$$=1.77(\mathrm{mm})$$ |

续表

| 类别 | 说　明 |
| --- | --- |
| 铣削螺旋面 | 如图 8-23 所示为铣削单作用螺旋齿牙嵌离合器螺旋面，安装好交换齿轮后，松开分度盘紧固螺钉，摇动分度手柄，带动分度盘一起转动，检查螺旋方向，决定是否需要中间轮，然后回到起始位置。检查螺旋方向无误后，拔出分度手柄插销，手动工作台纵向进给（立铣刀切入齿槽），然后把插销插入孔盘，摇动分度手柄，进行螺旋面铣削，这样反复进给，直至达到图样要求。第一个螺旋面铣好后，分度手柄反向转动，使工件退回到起始位置，然后将插销从孔圈中拔出进行分度，再以相同的方法铣削第二个螺旋面 |

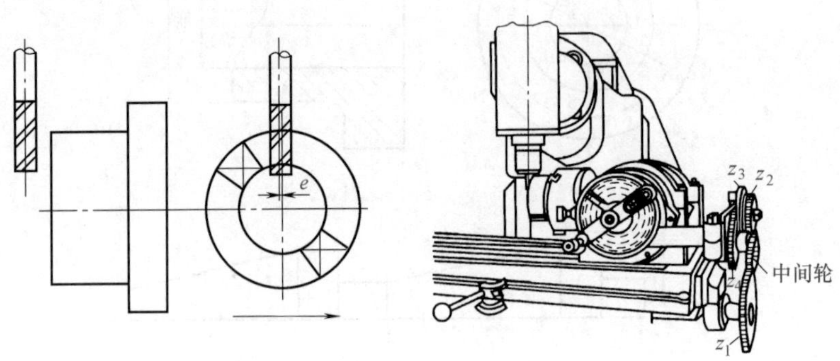


图 8-23　铣削单作用螺旋齿牙嵌离合器螺旋面

## 实例三：铣梯形等高齿离合器

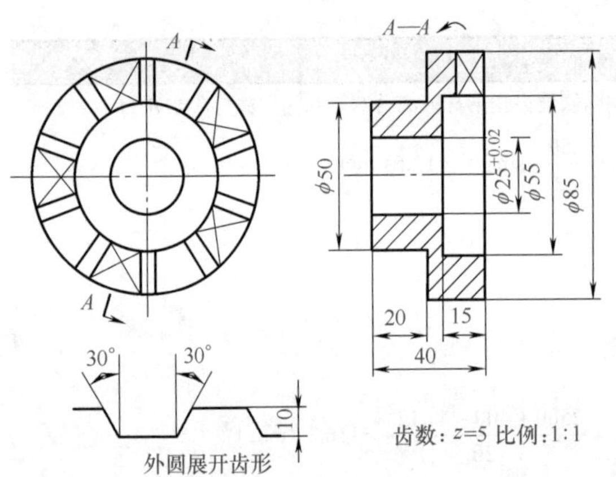


图 8-24　铣削梯形等高齿离合器的零件尺寸

### 1. 图样分析

如图 8-24 所示为铣削梯形等高齿离合器的零件尺寸。该种离合器的特点是等齿高，齿顶宽度和齿底宽度均由外向里收缩，而齿侧的高度是不变的，并且所有齿侧中心线均通过离合器的轴线。该工件的外径为 $\phi$85mm，离合器部分内径为 $\phi$55mm，安装端为外径 $\phi$50mm、内径 $\phi$25mm、长 20mm 的圆柱体。内外形均由车削加工而成，全部加工完毕，只需铣离合器齿。

### 2. 加工步骤

该离合器的铣削方法与梯形收缩齿离合器完全不同，但和矩形齿离合器的铣削方法类似，具体操作步骤见表 8-12。

表 8-12　铣梯形等高齿离合器的操作步骤

| 操作步骤 | 操作说明 |
| --- | --- |
| 安装工作 | 工件的装夹方法与矩形齿离合器相同，分度头主轴和工作台面垂直 |
| 选择铣刀 | 这种离合器应采用专用铣刀铣削，但也可用三面刃铣刀改磨（图 8-25）。改磨时，应使铣刀的廓形角 $\theta$ 等于离合器的齿形角 $\varepsilon$；铣刀廓形的有效工作高度 $H$ 要大于离合器齿高 $T$；而铣刀的齿顶宽度 $B$ 的大小应考虑到铣削时不碰伤齿槽的另一侧。本例选 $\theta=\varepsilon=60°$，$H$=12mm，$B$=10mm |
| 对刀 | 铣削时，应使铣刀侧刃上的 $K$ 点通过工件齿侧中心线（图 8-26）。对刀时可先按照铣削梯形收缩齿离合器的对刀方法，使铣刀的廓形对称线通过工件中心，然后再移动横向工作台一段距离 $e$。如图 8-26 所示，$e$（mm）值可计算如下 |

续表

| 操作步骤 | 操作说明 |
|---|---|
| 对刀 | $$e=\frac{B}{2}+\frac{T}{2}\tan\frac{\theta}{2}=\frac{10}{2}+\frac{10}{2}\times\tan\frac{60^\circ}{2}=7.88(\text{mm})$$<br>式中 $B$——铣刀齿顶宽度，mm<br>$T$——离合器齿高，mm<br>$\theta$——铣刀廓形角<br>当铣刀的齿顶宽度不易测量时，按上式计算就无法求得较为准确的横向工作台移动距离 $e$。此时可用齿厚卡尺直接测量铣刀在 $K$ 点处的廓形宽度 $B_K$（图 8-27），这样横向工作台只要移动距离 $B_K/2$ 即可，这种方法既简便又准确。对刀结束后，应将工件偏转一角度，以便将对刀时在工件上切出的齿槽铣去。然后调整好切削深度，就可开始铣削 |
| 铣削方法 | 方法一<br>梯形等高齿离合器一般都设计成奇数齿，所以和铣削奇数齿的矩形齿离合器一样，铣刀每次行程可铣出相对的两齿侧，当铣削次数等于离合器的齿数时，就可将所有的齿侧都铣好。遇到梯形等高齿离合器的齿槽角 $\beta$ 大于齿面角 $\alpha$（图 8-26），则应将齿槽按上述方法铣好后，根据齿槽角的要求，把工件偏转（$\beta-\alpha$）/2 角度，将各齿槽的某一侧再铣一刀即可<br>方法二<br>在单件小批量生产或没有专用铣刀的情况下，也可在立式铣床上用三面刃铣刀来铣削梯形等高齿离合器。这种方法是利用立铣头扳转角度铣削斜面的原理来铣削梯形等高齿的齿侧斜面。铣削过程必须分铣底槽和铣齿侧斜面两步进行。其操作步骤如下<br>（1）铣梯形齿底槽<br>在立式铣床上铣梯形齿底槽，如图 8-28 所示。立铣头主轴处于垂直位置，分度头主轴处于水平位置，铣削时工作台做横向进给。铣削方法与铣矩形齿离合器基本相同，不同之处是使三面刃铣刀偏离工件中心一个距离 $e$<br>$$e=\frac{T}{2}\tan\frac{\varepsilon}{2}=\frac{5}{2}\times\tan 30^\circ=1.44\ (\text{mm})$$<br>式中 $e$——铣刀侧刃偏离工件中心的距离，mm<br>$T$——梯形等高齿离合器的齿深，mm<br>$\varepsilon$——梯形等高齿离合器的齿形角，(°)<br>（2）铣梯形齿齿侧斜面<br>如图 8-29 所示，铣好工件上全部底槽后，将立铣头扳转一个角度 $\alpha$，$\alpha$ 应等于齿形角的一半，即 $\alpha=\frac{\varepsilon}{2}$，移动纵向工作台使三面刃铣刀刀尖 1 与已铣好的槽底 2 相接触，然后调整升降工作台，使刀尖 1 刚好切到底槽角 3，调整完毕即逐齿分度进行铣削 |

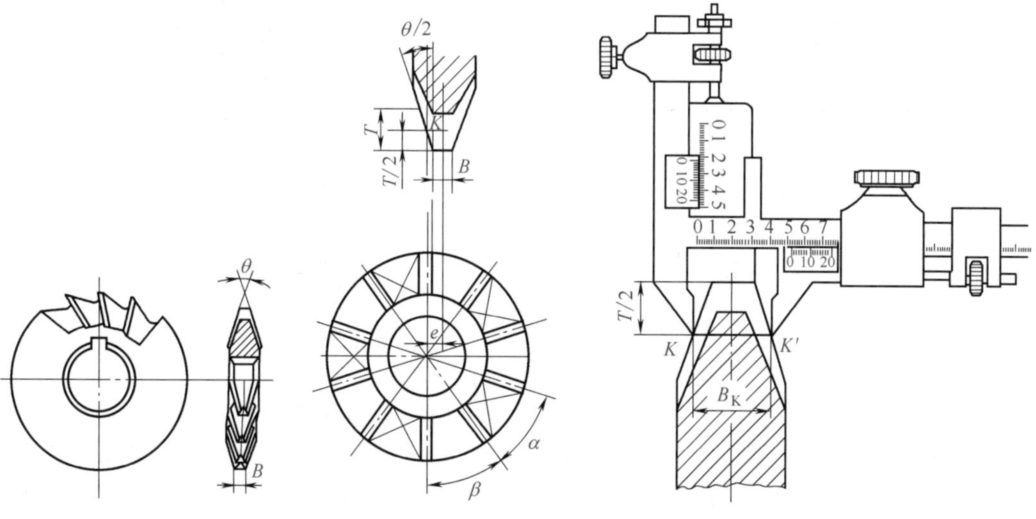


图 8-25 梯形槽成形铣刀　图 8-26 铣刀的工作位置　图 8-27 用齿厚卡尺测量铣刀 $K$ 点的廓形宽度

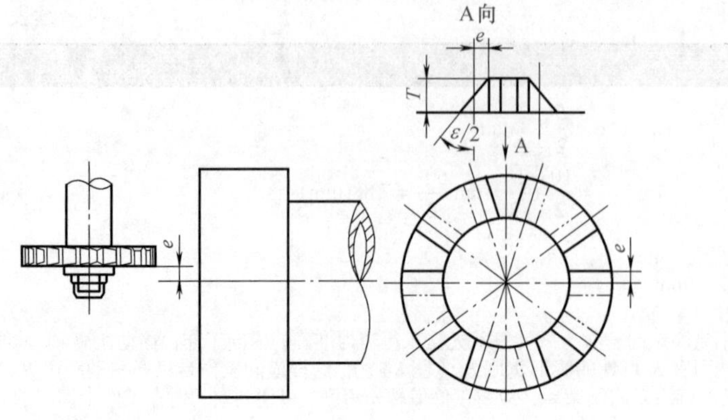


图 8-28　铣梯形等高齿离合器底槽

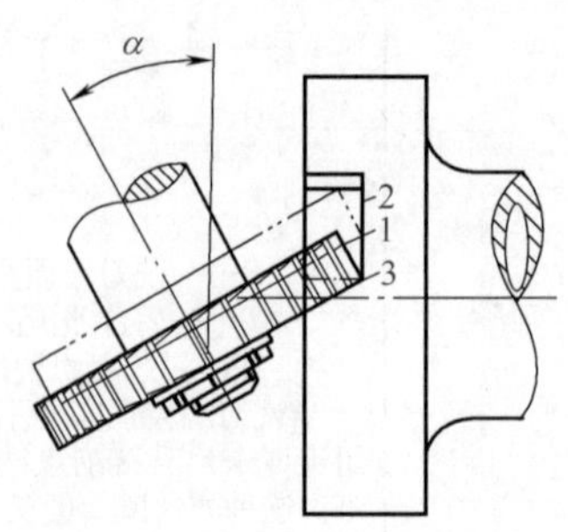


图 8-29　铣梯形齿齿侧斜面

## 实例四：铣锯齿形离合器

### 1. 图样分析

如图 8-30 所示为锯齿形离合器的零件尺寸，现分析如下：

① 工件外圆为 $\phi100_{-0.1}^{\ 0}$mm，凹台内圆为 $\phi60_{\ 0}^{+0.10}$mm，深 12mm，内孔为 $\phi30_{\ 0}^{+0.027}$mm，齿数 $z$=25，齿形角 $\varepsilon$=85°，外圆齿深 $T$=$6_{\ 0}^{+0.10}$mm，各齿等分误差不大于 5′，齿距累积误差不大于 10′，齿面表面粗糙度为 $Ra$3.2μm。

② 材料为 40Cr，热处理调质至 220 ～ 260HBW。

### 2. 加工技术要求

① 选用 X6132 型万能卧式铣床。

② 采用单角铣刀铣削，铣刀的廓形角 $\theta$ 等于工件的齿形角 $\varepsilon$，即 85°。

③ 装夹方法采用芯轴固紧工件，装夹在分度头上（图 8-31），分度头主轴需从水平位置仰起一个角度 $\alpha$，以使铣出的径向齿侧延伸线通过零件中心。经计算 $\alpha$=89°37′。

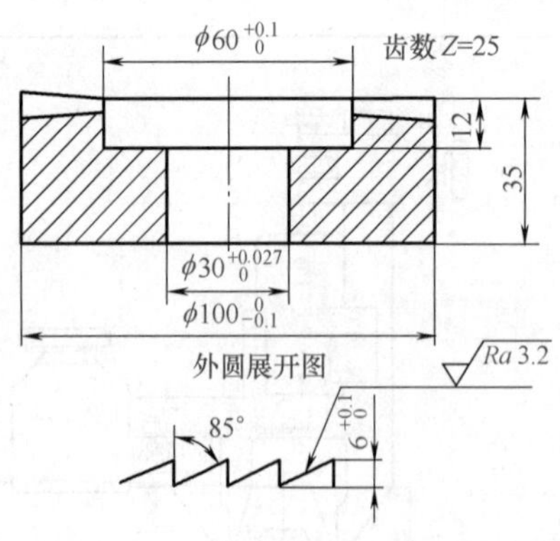


图 8-30　锯齿形离合器的零件尺寸

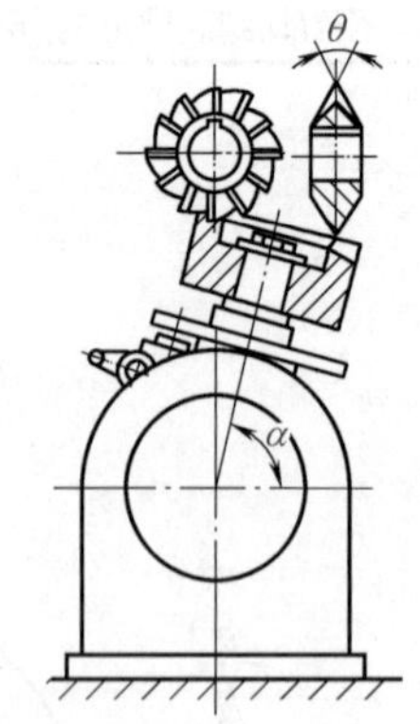


图 8-31　工件在分度头上装夹

④ 铣削方法按画线对刀，使单角铣刀的端面侧刃通过工件轴心，经试切合乎要求后，以工件外圆大端最高点为基准，摇动机床升降台做垂直进给粗铣齿形，留 1.5mm 左右精铣余量，隔齿分度粗铣出所有齿形。精铣时仍以工件外圆大端面最高点为基准，控制进刀深度，分度铣各齿至要求。

### 3. 加工步骤（表 8-13）

表 8-13　加工步骤

| 类别 | 说　明 |
| --- | --- |
| 检查工件 | 检查工件内孔的圆跳动和大端端面跳动，误差均应在 0.02mm 范围内，用芯轴装夹后，也应检查芯轴夹持部分外圆的圆跳动量和所夹工件端面的跳动量，误差均不大于 0.02mm；清理工作台和分度头；安装分度头。将分度头主轴扳转为垂直方向 |
| 装夹工件 | 将装有工件的芯轴装夹在分度头三爪自定心卡盘上。装夹后应找正工件 $\phi$100mm 外圆与端面的跳动量误差不大于 0.02mm |
| 扳转分度头主轴 | 扳转分度头主轴仰角 $\alpha$，将分度头顺时针向右转动 90° $-\alpha$，使仰角 $\alpha$=89° 36′ |
| 对刀、试切 | 移动机床工作台纵向和横向，按工件划线对刀，使角铣刀的端面侧刃通过工件的轴心，进行试切。试切后，调整好背吃刀量进行铣削 |
| 粗铣各齿 | 粗铣一齿后，分度粗铣各齿，各留 1.5mm 左右精铣余量。为控制等分点的齿距累积误差，可采用隔齿分度法 |
| 精铣各齿 | 仍用隔齿分度法，精铣各齿至要求。保证齿深 $6^{+0.10}_{0}$mm，各齿等分误差不大于 5′，齿距累积误差不大于 10′，表面粗糙度为 $Ra$3.2μm |

### 4. 加工操作技巧（表 8-14）

表 8-14　加工操作技巧

| 类别 | 说　明 |
| --- | --- |
| 扳转分度头主轴成仰角 $\alpha$ | 锯齿形离合器的齿侧都是径向的，它们的齿侧延伸线都通过零件的中心，其齿槽宽度必须由外圆向中心逐渐变窄，使整个齿形（包括齿顶和槽底）向轴线上一点收缩。为此，必须将分度头主轴扳转一个仰角 $\alpha$，使离合器的齿槽在外圆和中心处铣出不等的深度，这样所铣齿的齿侧延伸线就能通过零件的中心［图 8-32（a）］。若分度头主轴处于垂直位置铣削，所铣出齿的齿侧延伸线就不通过零件中心［图 8-32（b）］且槽底平行于端面，使离合器无法接合<br>分度头的仰角大小根据齿形角和离合器齿数而定。计算公式为<br>$$\cos\alpha = \tan\frac{180°}{z}\cot\varepsilon$$<br>式中　$\alpha$——分度头主轴仰角（°）<br>$z$——离合器齿数<br>$\varepsilon$——离合器齿形角（°）<br>本例工件经用上式计算得 $\alpha$=89° 36′ |
| 做好对刀、试切工作 | 锯齿形齿的特点是直面为一个通过工件轴心的径向平面。所以对刀时，应使单角铣刀的端面侧刃准确地通过工件轴心。为此，可先按划线对中心，再进行试切。移动机床纵向和横向工作台，使单角铣刀侧刃端面与划线对齐，并在工件端面上铣出一条很浅的线状切痕，然后纵向退出工件，将分度头主轴转过 180°，再次铣切原来的部位（图 8-33），若两线痕重合，则表示铣刀侧刃端面通过工件中心。如果不重合，则仔细调整横向工作台位置，隔两齿分度，在另一齿的端面上重复用以上方法试刀，直至两次线痕重合为止。角铣刀侧面对中心后，需将横向工作台固紧。工件回到起始位置方可进行铣削。还可采用一种贴薄纸对刀法，即在铣刀侧切削刃上贴一层薄纸，移动工作台，使侧刃贴近工件一侧素线，使薄纸贴紧，下降工作台，退出铣刀，再将工作台横向移动 $D$/2 的距离（$D$ 为工件外径），即表示铣刀侧切削刃已对正工件中心 |
| 采用隔齿分度法 | 在铣削工件等分槽时，一般习惯于铣好一个槽后，分度逐槽铣削。本例工件由于齿距累积误差要求较高，故最好采用隔齿铣削，以减少这种误差<br>铣一齿后，铣下一齿时，分度手柄的转数 $n=\frac{40}{z}=\frac{40}{25}=1\frac{3}{5}=1\frac{18}{35}$（r），即每次分度，手柄摇转一圈后再在 30 孔圈中摇过 18 个孔距<br>本例工件可采取隔 4 齿分度的方法，即铣出第一齿后，接着分度铣第 5、9、1 3、1 7、21、25 齿，接着仍按隔 4 齿分度，铣出第 4、8、12、16、20、24 齿，再继续铣出第 3、7、11、15、19、23 齿和 2、6、10、14、18、22 齿，完成一次铣削循环<br>隔齿分度时，分度头手柄的转数应为 $n=\frac{40}{z}\times 4=\frac{40}{25}\times 4=6\frac{2}{5}=6\frac{12}{30}$（r），即每次分度手柄摇过 6 圈再在 30 孔圈内摇过 12 个孔距 |

续表

| 类别 | 说　明 |
|---|---|
| 做好检验工作 | 锯齿形离合器主要的质量检验项目和方法见表 8-15 |
| 加工中忌忘却锁紧分度头主轴和机床工作台 | 工件分度后若不立即锁紧分度头主轴，铣削时易产生振动使齿形错位，损坏刀具及分度传动机构；对刀、铣削时，若工作台横向移动机构不锁紧，所铣的齿形会产生“偏心”移位；垂直进给后，若工作台升降机构未锁紧，则会在分度铣削各齿时，易造成每齿的背吃刀量大小不一，切削余量不均匀，特别是在精铣时，不能保证各齿的加工尺寸一致性。凡此种都应该在操作中随时注意纠正，以免造成不必要的事端 |
| 忌采用过大的切削用量 | 角度铣刀的刀齿是尖角形，齿尖部分的强度较低，且刀齿较密，排屑困难。在铣削时应十分注意控制切削用量的大小。若切削用量过大，刀齿尖角部极易折断，更由于排屑不便，影响到工件的表面粗糙度。为此，使用角度铣刀时，切削用量应小于圆柱铣刀的切削用量。粗铣齿槽时，首次背吃刀量不能大于齿高的 1/2，即 3mm 左右。精铣齿槽时，铣削速度可适当加大，以降低工件的表面粗糙度值。为有利于排屑、散热，铣削时还应充分供应切削液 |
| 忌分度头主轴仰角调整不当 | 铣削工件时，需将分度头主轴转一个仰角 $\alpha$。若 $\alpha$ 角度不准确，则所铣齿侧延伸线就不能准确地通过工件中心线。调整分度头主轴仰角时，需先松开基座主轴后部螺母，再稍微松开其前部的内六角螺钉，逆时针方向将分度头主轴扳转 90°−89°36′=24′，使角 $\alpha$=89°36′，对准刻度后，先紧固前部螺母，再固紧后部，切忌以相反的顺序固紧，否则会使主轴位置的零位走动<br>扳转分度头主轴时，不宜直接就将主轴扳仰角的度数，这样不容易消除分度头前次使用时蜗杆和蜗轮存有的间隙。将分度头主轴逆时针转动后再顺时针转动可使这种间隙消除。若扳转角度时过了头，则需将分度头主轴反向退回 1/4 转以上，再按原来方向扳转至所需的角度位置 |
| 忌芯轴设计、使用不当 | 工件用芯轴装夹时，芯轴下部外圆（卡盘夹持部分）与中部定位外圆的同轴度误差不能太大，否则会增大装夹后工件外圆与端面的跳动误差。芯轴上部的螺纹不宜过长，否则会妨碍角铣刀的纵向进退。压在工件凹槽内的螺母不应压得太紧或太松，否则会造成轴心偏移或工件窜动。芯轴必须精度足够、尺寸适当，下部和中部外圆同轴度和圆度误差均不应大于 0.01mm，以使工件安装夹紧后保持较高的精度。芯轴的螺纹部分应低于工件凹槽端面，最好用薄螺母及弹簧垫圈以适当的锁紧力压紧 |

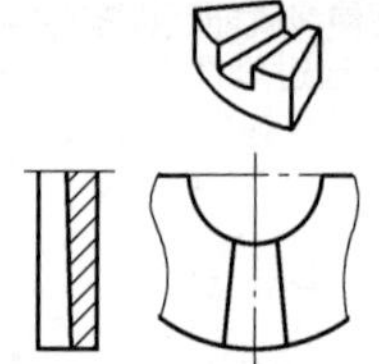

(a) 齿侧延伸线通过中心

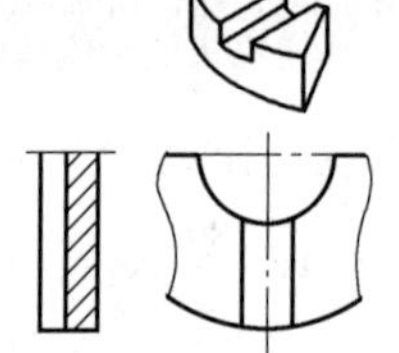

(b) 齿侧延伸线不通过中心

图 8-32　齿槽的延伸线

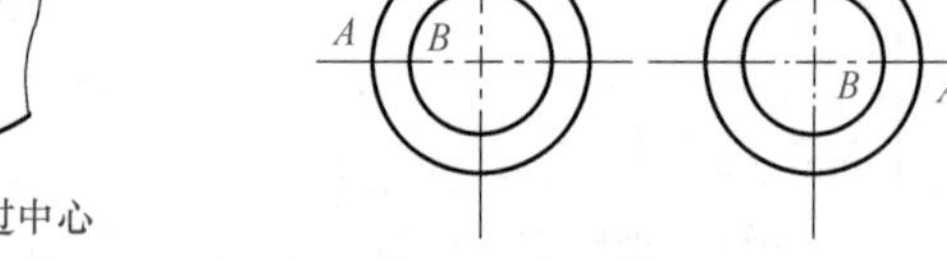


图 8-33　用试切法对中心

表 8-15　锯齿形离合器主要的质量检验项目和方法

| 类别 | 说　明 |
|---|---|
| 齿深的检验 | 工件齿形为齿顶端面与槽底不平行的收缩齿，可用平直尺放在齿顶面上，用游标卡尺两尖角测量齿深 |
| 齿形角的检验 | 由于工件齿槽底面不垂直于轴线，故必须校平某一点槽底面与基面平行，然后将游标万能角度尺在垂直方向，测量槽底与槽直平面的角度值，或在离合器外圆上涂色后滚印在纸上测量色印的角度值 |
| 等分度的检验 | 工件齿形的等分精度可用精密分度头检验。在加工中也可以用游标卡尺测量每个齿在外圆上所占的弦长（或齿槽在内孔处所占的弦长）来检验等分度 |
| 离合器接触齿数和贴合面积的检验 | 离合器一般是成对生产的，检验时将一对离合器同时套在标准芯轴上，结合后用塞尺或涂色法检查其接触齿数和贴合面积。一般接触齿数应大于全齿数的 1/2，贴合面积不少于 60% |

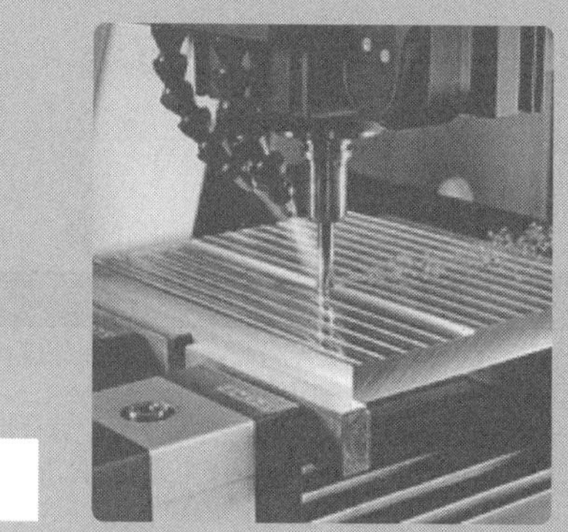

# 第九章
# 角度面和刻线加工

## 第一节　角度面和刻线加工的基础知识

### 一、铣削角度面的基本特征及加工要求

#### 1. 角度面的基本特征

具有角度面的零件与连接面零件有许多共同点，角度面零件加工的平面基本上都是斜面，即所加工的平面相互之间成一定的倾斜角，例如棱柱、棱台、棱锥体等，如图 9-1 所示，这些零件的坯件一般是圆柱体，斜面与斜面之间除了有夹角要求外，对于轴线还有中心角或等分度等要求。

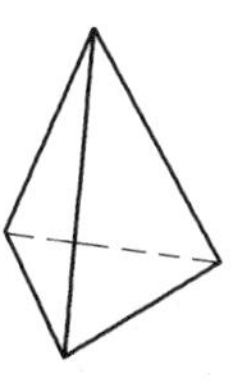
(a) 正棱锥

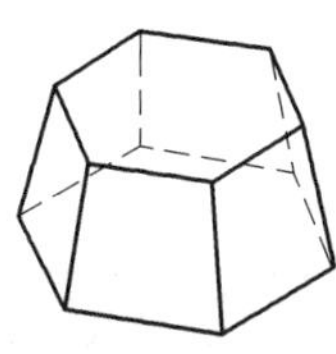
(b) 正棱台

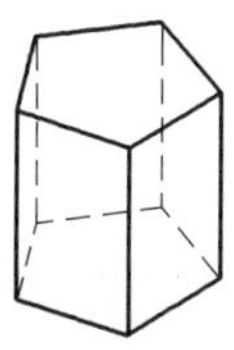
(c) 正棱柱

图 9-1　具有角度面的工件

#### 2. 角度面加工的技术要求

① 角度面的平面度和交线（棱）的直线度要求，以及棱线点汇交（如棱锥顶点）和棱线（如棱柱与棱台连接）共面连接要求。

② 正棱柱、正棱台、正棱锥的端面边长（或外接圆、对角线）和高度（或棱长）尺寸精度要求。

③ 棱台、棱锥侧面与工件轴线或其他基准之间的夹角要求，侧面之间的夹角要求。

④ 角度面与端面基准的位置精度要求。

⑤ 角度面的表面粗糙度要求。

## 二、角度面铣削加工的计算和调整方法

### 1. 角度面铣削的计算（表 9-1）

表 9-1　角度面铣削的计算

| 类别 | 说　明 |
|---|---|
| 分度计算 | 角度面工件通常在分度夹具上装夹加工，因此需进行等分分度计算或角度分度计算<br>①圆周均布的角度面的分度计算。铣削正棱锥、棱台和棱柱，因这些工件的角度面与棱的等分数是相同的，在分度夹具铣削加工时，需按角度面或棱的等分数计算分度手柄的转数 $n$。例如在 11125 型分度头上铣削加工一正六棱柱工件，分度手柄转数 $n$ 按简单分度法公式计算为<br>$n=\frac{40}{6}=6\frac{2}{3}=6\frac{44}{66}\ (\mathrm{r})$<br>即每铣削加工完一个角度面，分度手柄转过 6r 又 66 孔圈上 44 个孔距<br>②与工件轴线平行的单角度面分度计算。例如在轴上加工一角度面，如图 9-2 所示，与工件轴线平行并与端面直角槽夹角为 30°。此时，角度面与直槽之间的夹角 1 与加工位置中心角 2 是相等的，因此，在找正工件端面的直角槽后，30°夹角分度时，分度头手柄转数按角度分度公式计算为<br>$n=\frac{\theta}{9°}=\frac{30°}{9°}=3\frac{1}{3}=3\frac{18}{54}\ (\mathrm{r})$<br>即找正端面直角槽后，铣削角度面时，分度手柄应转过 3r 又 54 孔圈上 18 个孔距 |
| 分度头仰角计算 | 铣削与轴线倾斜的单角度面需调整分度头的仰角。仰角计算与斜面加工时工件转动角度的调整计算方法基本相同。譬如在立式铣床上用立铣刀铣削，若图样要求角度面与轴线的夹角为 $\alpha$，则分度头的仰角等于 $\alpha$；若图样要求角度面与端面的夹角为 $\beta$，则分度头的仰角 $\alpha=90°-\beta$。若角度面不仅与轴线倾斜，还与某一基准（如前例的端面直角槽）有夹角要求，可分别进行计算后调整分度头仰角与分度头主轴旋转角度 |

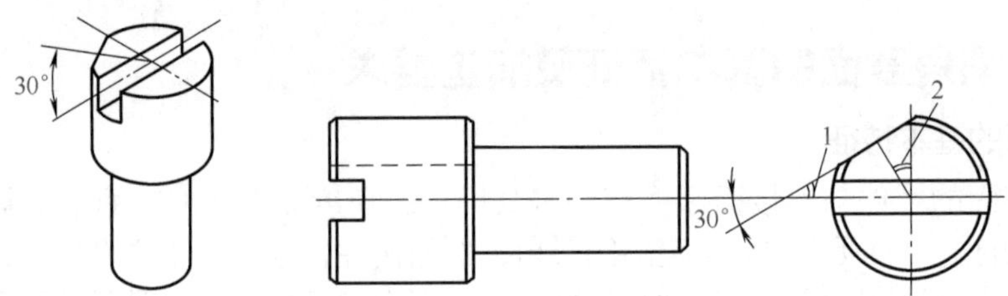


图 9-2　单角度面分度计算示意

### 2. 角度面铣削调整要点（表 9-2）

表 9-2　角度面铣削调整要点

| 类别 | 说　明 |
|---|---|
| 工件找正要点 | 找正工件与分度头同轴、工件轴线与进给方向平行，按图样要求找正工件轴线与工作台面平行或成一定仰角 |
| 工件装夹要点 | 通常采用安装在分度头或回转工作台上的三爪自定心卡盘装夹工件，工件伸出部分应尽量短，必要时可采用尾座后顶尖做辅助定位 |
| 铣削调整要点 | 铣刀直径不宜过大，以免铣削振动；切除余量须按角度面与工件轴线的尺寸进行调整，一般不用角度面的宽度控制；分度计算时尽量用较大的圈孔数，以满足角度中度、分、秒的要求；铣削棱柱、棱台、棱锥连接的工件时，应在调整切削余量时，注意观察棱的共面连接和点汇交质量 |

## 三、刻线基本特征及加工要求

### 1. 刻线零件的基本特征

在铣床上刻线具有较高的加工精度，刻线通常分布在工件的圆柱面、圆锥面和平面上，在平面上刻线还有向心刻线和直线移距刻线之分。刻线通常按需要有长、中、短线。

刻线加工实质上是铣床上用静止刀具在工件表面加工截面为 V 形的沟槽切削过程，V 形槽的夹角、深度会影响槽口宽度（即刻线宽度）。刻线的等分或间距尺寸精度是刻线加工主要技术要求。

### 2. 刻线加工的技术要求

① 刻线（槽）的对称度和线向要求，如圆柱面刻线槽形对称工件轴向平面，刻线与轴线平行。

② 刻线的长度尺寸要求是对长、中、短线的尺寸要求。

③ 刻线起始位置要求，如平面向心刻线的起始圆直径尺寸，又如直尺刻线长起始位置及第一条刻线与基准的位置尺寸。

④ 刻线的宽度尺寸要求，宽度与刻线槽的夹角和刻线的深度尺寸有关。

⑤ 刻线的直线度和清晰度要求，实质上是刻线槽侧面的表面粗糙度要求，清晰度还与刻线槽底（刻线刀 刀尖）圆弧和刻线所在表面的质量有关。

## 四、刻线用的刀具及其装夹方法

刻线刀通常采用高速钢（白钢条）磨制而成，也可以用废旧立铣刀改磨而成。刻线刀具可在普通砂轮机上刃磨，高速钢刀具可在（白色）氧化铝砂轮上刃磨。刻线刀的几何形状及主要角度如图 9-3 所示。

刻线刀的刃磨方法和顺序如图 9-4 所示，刃磨后的刻线刀要用油石修磨前、后刀面，提高刃口质量，保持刃口锋利。在铸铁件上刻线时，刻线刀前角可以磨成零度。

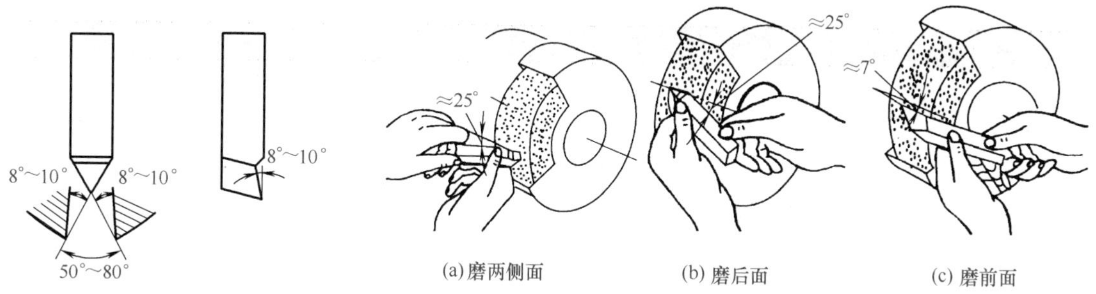


图 9-3　刻线刀具的几何角度

图 9-4　刻线刀具刃磨的基本方法

用白钢条磨成的刻线刀，安装在卧式铣床上可用图 9-5 所示的刀夹安装。其装夹方法与铣花键的成形刀头的安装方法相同，先将刀夹安装在刀杆上，然后将白钢条磨成的刻线刀插入方孔中，用螺钉紧固。通常也可将刻线刀用垫圈直接夹紧在铣刀杆上。用立铣刀改磨成的刻线刀，可利用铣夹头、弹性套直接安装在立铣头的主轴锥孔内。用废旧锯片铣刀改磨的刻线刀，可用刀轴垫圈夹紧在刀轴上。刻线刀安装后要牢靠。

## 五、在圆柱面或圆锥面上刻线

在圆柱面上刻线如图 9-6 所示，在圆锥面上刻线如图 9-7 所示。

### 1. 工件的装夹和校正

在圆柱面上刻线时，应将分度头主轴调成与工作台面平行，并与工作台纵向进给方向平行。在带孔工件上刻线时，可用芯轴装夹工件，如图 9-8 所示；在盘类工件上刻线时，可用三爪卡盘装夹工件，如图 9-9 所示。前一种装夹方法，应校正芯轴的圆跳动，后一种应校正工件的外圆柱面上的圆跳动在 0.03mm 内。

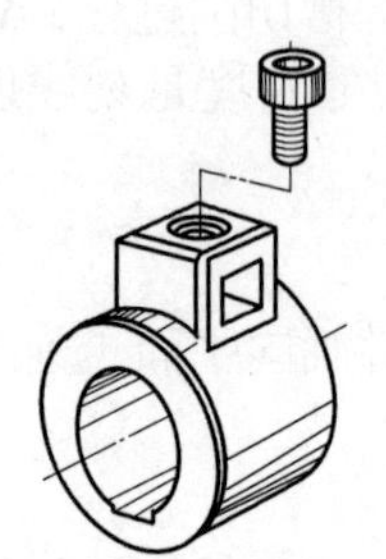
图 9-5　安装刻线刀的刀夹

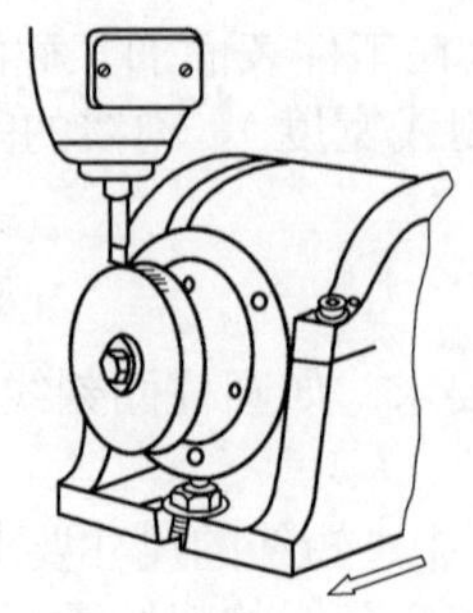
图 9-6　在圆柱面上刻线

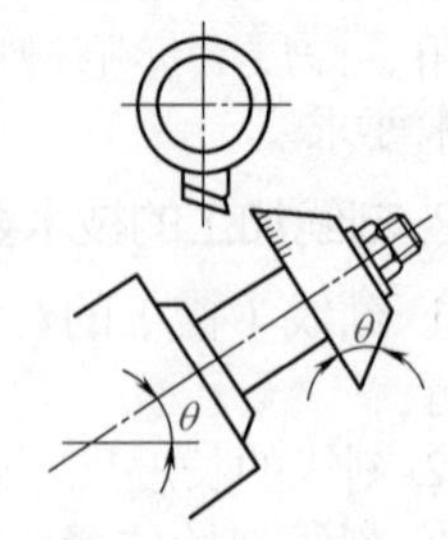

图 9-7　在圆锥面上刻线

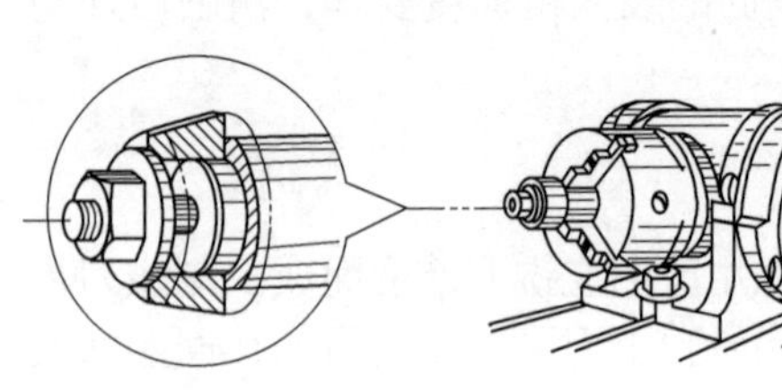
图 9-8　用芯轴装夹工件

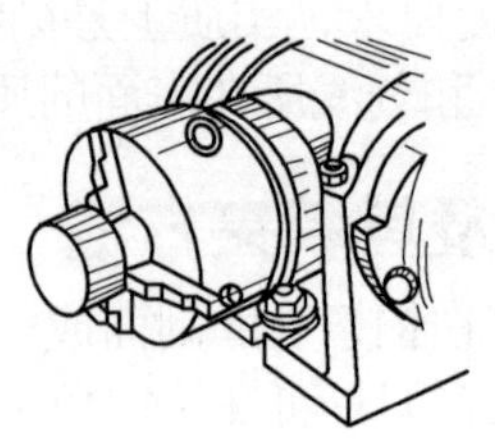
图 9-9　用三爪卡盘装夹工件

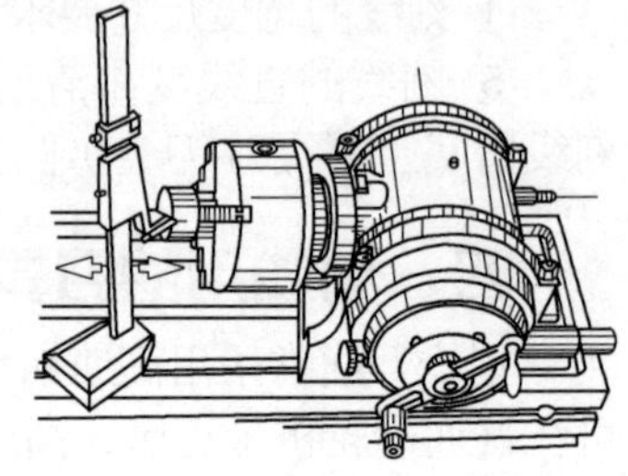
图 9-10　划中心线

### 2. 刻线的方法（表 9-3）

表 9-3　刻线的方法

| 方法 | 说　明 |
|---|---|
| 计算分度手柄转数 | 工件上的刻线以格数为单位时，用简单分度法算分度手柄转数；刻线以度数为单位时，用角度分度法计算分度手柄转数 |
| 划线对中心 | 在工件圆周面和端面上划出中心线，使刻线刀刀尖对准工件中心线。划线时将高度尺调整到 125mm，在工件的两侧分别划出一条线，再将分度头转过去 180°，用高度尺再划一次，如图 9-10 所示。如果两次划出的线重合，说明划线位置准确。如果不重合，则按其偏差的一半进行调整，直至划出的线重合。然后将分度头转过 90°，使划出的线处于上方，将刻线刀对准划出的线，并紧固横向工作台 |
| 调整刻线长度 | 摇动工作台的纵向进给手柄，使刻线刀刀尖刚好与工件的端面对齐，然后在纵向进给刻度盘上用粉笔作好记号（或将刻度盘调零）。降下工作台，根据纵向进给刻度盘上作粉笔的记号（或将刻度盘上的零位）摇动工作台纵向进给手柄，调整出刻线长度，再用另外一种颜色粉笔作好记号。如果工件上同时要刻几种不同长度的线条，则在调整刻线长度时应用不同颜色粉笔在相应的刻度盘位置上作好记号 |
| 刻线 | 调整工作台，使刻线刀刀尖轻轻划着工件外圆表面，摇动工作台的纵向进给手柄，退出工件，然后上升工作台 0.1 ～ 0.15mm 的刻线深度。试刻几条线，检查线条没有问题后，再适当调整刻线深度，刻线深度根据工件材料、刀具角度、刻线要求可在 0.25 ～ 0.5mm 内。刻完第一条线后，分度手柄应转过相应的圈数和孔数，刻第二条线，逐次刻出相应的线 |

### 3. 在圆锥面上刻线

在圆锥面上刻线的方法与在圆柱面上刻线的方法基本相同，先在圆锥面上划出中心线，再将分度头主轴倾斜一个锥面角 $\theta$，使工件刻线处的圆锥面处于水平状态。然后将分度头转过 90°，使划出的中心线处于上方，将刻线刀的刀尖对准划出的中心线，紧固横向工作台，开始刻线。

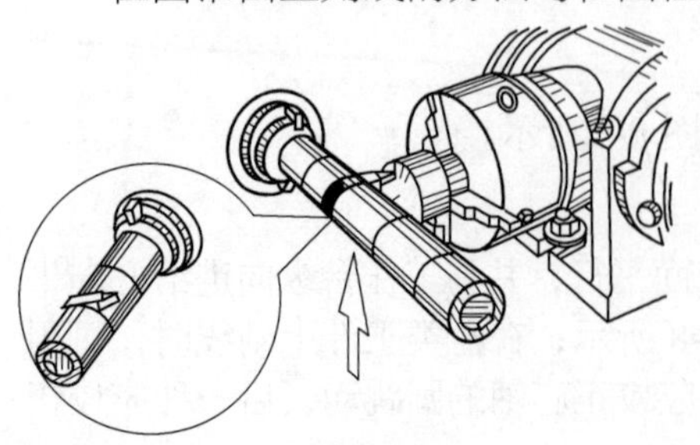
图 9-11　在圆柱端面刻线示意

## 六、圆柱端面刻线

在圆柱端面刻线时，工件的装夹、找正、分度计算等与圆柱面刻线方法相同，不同的是刻线刀具的安装

（图 9-11）。圆柱端面刻线方法见表 9-4。

表 9-4 圆柱端面刻线方法

| 方法 | 说明 |
|---|---|
| 划线 | 在工件的圆柱端面上划出中心线。划线时，先将游标高度尺调整到 25mm，在工件的端面划出一条线，然后将分度头主轴转过 180°，用高度尺再重划一次，如两次划出的线重合，说明划线位置准确。如不重合，则按其偏差一半进行调整，直至划出的线重合。然后将分度头主轴转 90°，使划出的线处于上方，将刻线刀的刀尖对准划出的线，紧固横向工作台 |
| 刻线长度调整 | 将刻线刀的刀尖刚好与工件外圆对齐，然后在垂向进给刻度盘上划线作记号，手动纵向退出工件，根据垂向刻度盘上的记号，摇动垂向手柄，用白粉笔在升降刻度盘上作记号 |
| 刻线 | 摇动垂向工作台手柄，使刻线刀处于刻线部位。纵向微微进给，使刀尖与端面刚好接触，在纵向刻度盘上作记号，纵向退出工件，下降纵向工作台在 0.1mm 左右，手动上升，刻出长线，观看线条粗细是否符合要求，若过细则再调整纵向工作台。刻完一条线后，逐格分度，刻其余各线 |

## 七、平面直线移距刻线

在平面上刻线如图 9-12 所示。平面工件刻线可以在立式铣床或卧式铣床上进行。若精度要求不高，则可直接利用工作台手柄刻度盘计数移距；精度较高时，则可利用分度头作直线移距。在立式铣床上，利用万能分度头以主轴交换齿轮法线直线移距分度进行刻线。

### 1. 利用工作台刻度盘分度刻线

当工件上的刻线间隔要求精度不高时，可用纵、横工作台刻度盘上的刻度，控制工作台的移动距离，完成平面上的直线移距刻线。

① 工件的装夹和校正。工件可用平口钳装夹，工件形体较大时，用压板压紧在工作台面上。以上两种装夹方法，都应使工件的刻线方向与工作台的进给方向平行，工件装夹时，应校正其刻线平面与工作台面平行。

② 对刀方法。工件装夹并校正后，应使刻线刀的刀尖与工件侧面对齐，调整横向工作台，通过其刻度盘控制不同刻线长度。然后再使刻线刀刀尖与工件端面对齐，调整好纵向工作台刻度盘，控制直线间隔分度，如图 9-13 所示。以上工作完成，可调整刻线深度，用纵向工作台分度，用横向工作台进给，依次刻出所有线条。

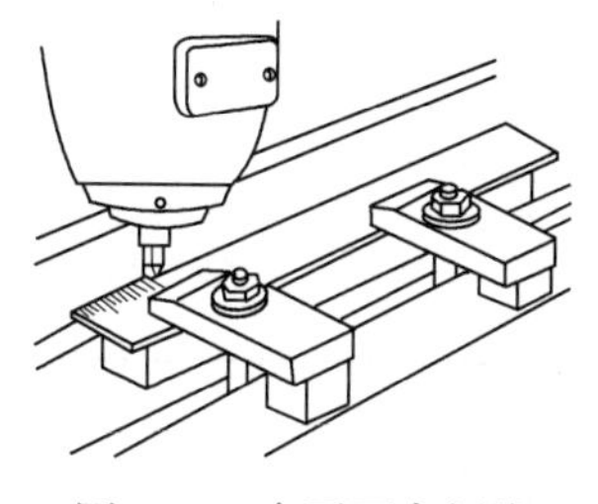

图 9-12 在平面上刻线

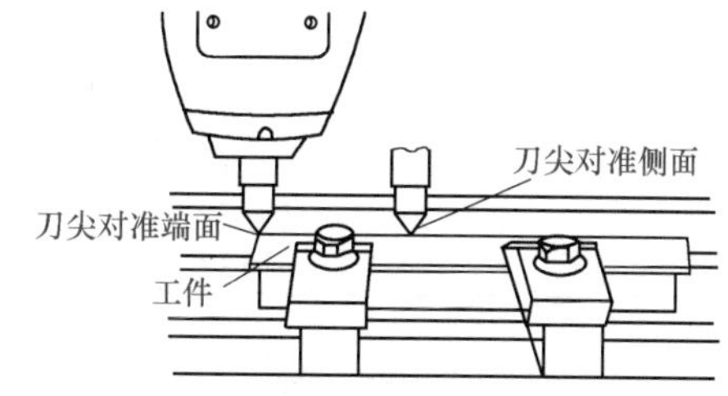


图 9-13 平面刻线时的对刀

### 2. 用主轴挂轮法进行直线移距刻线

当工件上的刻线精度要求较高，或者刻线间隔距离是小数值时，应用主轴挂轮法分度并刻线。主轴挂轮法是将分度头主轴经配换齿轮与纵向工作台丝杠连接，摇动分度手柄，经齿轮带动工作台丝杠转动，使工作台完成直线移动距离的分度工作。

用主轴挂轮法进行直线移距刻线方法见表 9-5。

表 9-5　用主轴挂轮法进行直线移距刻线方法

| 类别 | 说　明 |
| --- | --- |
| 计算挂轮及分度手柄转数 | 挂轮的计算公式如下<br>$$Z_1Z_3/Z_2Z_4=40s/nP$$<br>式中　$Z_1$，$Z_3$——主动齿数<br>$Z_2$，$Z_4$——被动齿数<br>$s$——直线间隔距离，mm<br>40——分度头定数<br>$n$——设分一格分度手柄转数（一般取 $n$ 为小于 10 的整数转数）<br>$P$——工作台纵向丝杠螺距，mm |
| 配换齿轮的安装 | 若采用复式轮时，齿轮 $Z_1$ 和 $Z_3$ 为主动轮，可安装在分度头的主轴上，$Z_2$ 和 $Z$ 为从动轮，可安装在纵向工作台丝杠上，如图 9-14（a）所示，主动轮 $Z_1$ 和 $Z_3$ 位置可以互换，从动轮 $Z_2$ 和 $Z_4$ 位置可以互换。若采用单式轮时，主动轮 $Z_1$ 装在分度头主轴上，从动轮 $Z_2$ 装在纵向工作台丝杠上，在 $Z_1$ 和 $Z_2$ 间安装一任意齿数的中间轮起连接和传动作用，这个中间轮不能影响传动比，只影响运动传递方向，如图 9-14（b）所示<br>例如：在工件平面上进行精度要求较高的平面移距刻线，每条线间距 $s$=1mm，机床纵向丝杠螺距 $P$=6mm，取 $n$=5。要确定配交换齿轮的齿数，以及交换齿轮在挂轮和挂架上进行安装。根据公式计算交换齿轮齿数<br>$$Z_1Z_3/Z_2Z_4=40s/nP_{丝}=\frac{40\times1}{5\times6}=\frac{40}{30}$$<br>即制动齿轮 $Z_1$=40，从动齿轮 $Z_4$=30，每次分度时分度手柄转 5 转<br>主轴交换齿轮法直线移距分度交换齿轮配置方法如图 9-15 所示。将分度头安放在纵向工作台中间 T 形槽右侧顶端处，并使定位键按指示的箭头方向贴紧后压紧，拆下端盖，在纵向丝杠右端装上轴套、从动轮 $Z_4$=30，并装上垫圈及螺钉，以防齿轮传动时脱落。另外将主轴交换齿轮轴，装入分度头主轴后端锥孔内，装上主动齿轮 $Z_1$=40、套圈、垫圈和螺母。在分度头侧轴处装上交换齿轮架，在交换齿轮架上装入交换齿轮轴、齿轮套及中间齿轮（$Z_0$），使中间齿轮（$Z_0$）与主动齿轮（$Z_1$）、从动齿轮（$Z_4$）啮合适当，然后紧固交换齿轮架及螺母，再装上垫圈和螺母。再装孔盘并将紧固螺钉紧牢，在交换齿轮、交换齿轮套部分与分度头各油孔处加注润滑油，最后摇动分度手柄检查啮合情况 |
| 注意问题 | 手柄转数 $n$ 不可选得过大，一般取整数 10 以内，以免分度时手柄转数过多而浪费时间。齿轮啮合间隙过大或过小都不合适，如过大，影响分读精度，如过小，容易出现“咬死”现象。一般齿轮啮合间隙控制在 0.05mm 内。主动轮和从动论出现啮合不上时，可加中间轮使其啮合，但要注意运动和传递方向。挂轮安装后，应手摇分度手柄检查传动情况，没有问题后，才可开始工作，工作时应切断电源，防止接通机动进给而损坏机床及附件 |
| 刻线刀的安装 | 刻线刀可选用废旧键槽铣刀按前述方法刃磨而成。先将铣刀夹头安装在立铣头主轴孔中，用弹性套将刻线刀具紧固牢靠，并使刻线刀的前刀面与固定钳口平行。将主轴转速调整至最低挡，并将主轴换向开关转至“停止”位置 |
| 刻线方法 | 采用压板或机床用平口虎钳装夹工件，当采用机床用平口虎钳装夹工件时将机用虎钳定位键安放在工作台中间 T 形槽内，找正固定钳口与纵向工作台进给方向平行后压紧。在工件下垫上适当高度的平行垫铁，使工件高出钳口，找正工件上平面，使其与工作台面平行度小于 0.03mm<br>端面对刀时，先摇动垂向、横向和分度手柄，使刻刀刀尖与工件端面对齐，如图 9-16（a）所示，并在孔盘上作好记号，作为移距的起点。侧面对刀时，横向退出工件，将分度手柄摇 5 转，摇动横向手柄，使刻线刀刀尖与工件侧面对齐，如图 9-16（b）所示。在横向刻度盘上作记号，而后调整刻线长度，根据记号调整线长，用白粉笔在横向刻度盘上作记号。刻线时，先摇动横向工作台，使刀尖处于刻线部位，垂向微微上升，使刀尖与工件上平面刚好接触，在垂向刻度盘上作记号，下降工作台，横向退出工件，然后垂向上升 0.1mm 左右，刻出第一条短线，观看线条粗细是否符合要求，过细则再作调整。每刻一条线后，将分度手柄摇过计算时设定的圈数，依次刻完各条线。如图 9-16（c）所示 |

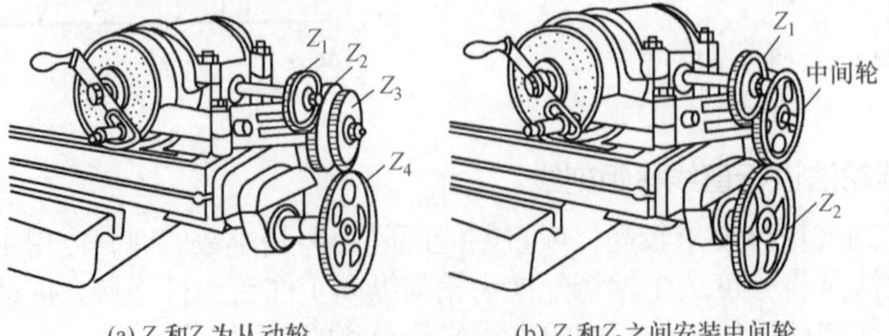


(a) $Z_2$和$Z_4$为从动轮　　(b) $Z_1$和$Z_2$之间安装中间轮

图 9-14　配换齿轮的安装

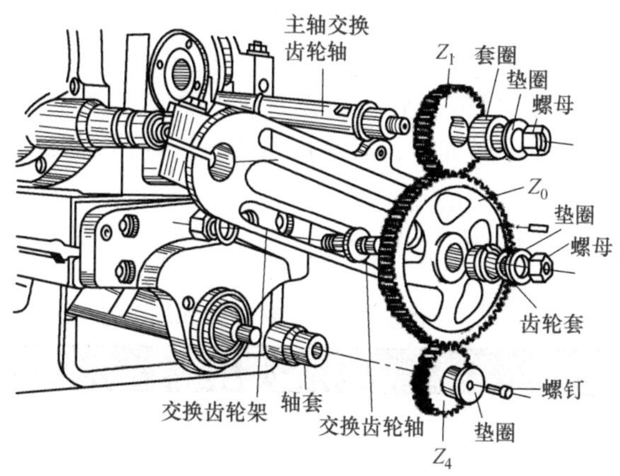


图 9-15　主轴交换齿轮的配置

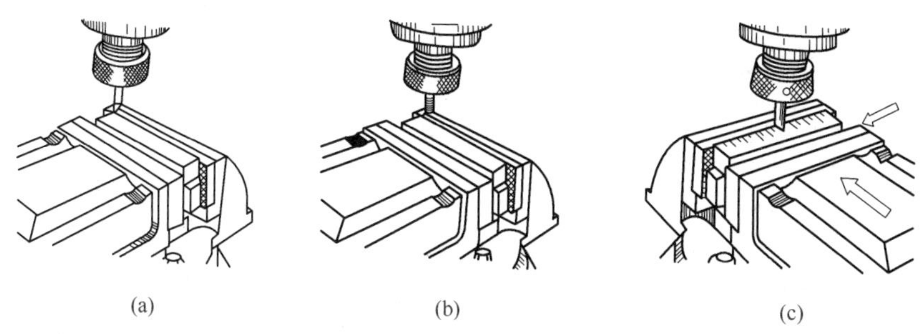


图 9-16　在平面上刻线步骤示意

# 第二节　加工实例

## 实例一：平面直线移距刻线加工

### 1. 图样分析

如图 9-17 所示为平面直线移距刻线零件的加工尺寸。现分析如下：

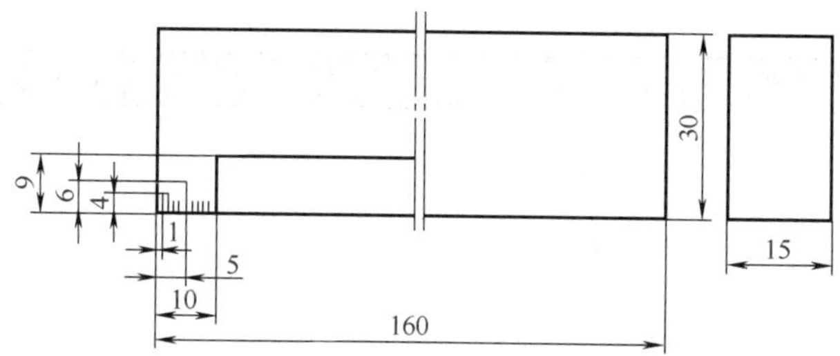


图 9-17　平面直线移距刻线零件的加工尺寸

① 刻线有短、中、长三种，长度尺寸：短线 4mm、中线 6mm、长线 9mm。

② 刻线总长度尺寸为工件总长度 150mm（160mm−10mm）。

③ 刻线位置在 30mm × 160mm 的平面上，刻线移距方向的起始和终点位置至两端面的尺寸均为 5mm；刻线刻制方向的起始位置沿 30mm 宽度的一侧面。刻线间距尺寸为 1mm。

④ 刻线清晰度要求与铣削加工的表面粗糙度有相似之处，微观分析，刻线槽底部交线及侧面与刻线表面的交线的直线度是刻线的主要目测指标。

⑤ 工件材料为 45 钢，切削性能较好，刻线刀取正前角。

经上述分析，工件外形为矩形零件，宜采用机用平口虎钳装夹。

### 2. 拟定加工方法

平面直线移距刻线零件的加工方法见表 9-6。

表 9-6　平面直线移距刻线零件的加工方法

| 方法 | 说　明 |
| --- | --- |
| 拟定平面直线移距刻线加工步骤 | 根据刻线要求和工件外形，拟定在立式铣床上加工。刻线加工步骤<br>①预制件检验<br>②安装机用平口虎钳并找正<br>③装夹和找正工件<br>④刃磨、安装刻线刀<br>⑤端面对刀并调整移距方向刻线起始位置及侧面对刀并调整刻制方向起始位置<br>⑥表面对刀并调整刻线深度<br>⑦纵向移动间距，横向控制刻线长度，试刻短（4 条）、中（1 条）、长线（1 条）<br>⑧预检刻线位置尺寸、长度尺寸和清晰度<br>⑨准确调整刻线位置、深度和刻线进给距离<br>⑩依次准确移距和刻线，刻线工序检验 |
| 选择铣床 | 选用 X5032 型立式铣床 |
| 选择工件装夹方式 | 选用钳口宽度为 125mm 的机用平口虎钳装夹工件。考虑到工件的长度为 160mm，因此宜用长度大于 160mm 的平行垫块垫高工件，使工件刻线表面略高于钳口上平面 |
| 选择刀具 | 根据在立式铣床上刻线的特点，刻线刀具采用 $\phi$10mm 左右的废旧键槽铣刀改制而成。根据工件材料和刻线尺寸间隔距离的要求，选取 $\gamma_0$=4° ～ 5°，$\varepsilon_r$=45°，$\alpha_0$=6° ～ 7° |
| 选择刻度移距方法 | 本例刻度间距要求比较低，并没有间隔误差和累计误差精度要求，故直接用工作台刻度盘刻度进行刻线移距操作 |
| 选择检验测量方法 | ①用游标卡尺测量刻线的长度尺寸以及刻线的间距尺寸<br>②间距尺寸通常是通过抽验、目测及测量总移距长度进行测量检验<br>③刻线的位置尺寸也用游标卡尺测量<br>④刻线的线向可用 90° 角度尺测量<br>⑤刻度的清晰度以及四短一中，四短一长的刻线长度分布要求，一般用目测检验 |

### 3. 加工步骤

平面直线移距刻线工件加工步骤见表 9-7。

表 9-7　平面直线移距刻线工件加工步骤

| 类型 | | 说　明 |
| --- | --- | --- |
| 加工准备 | 预制件检验 | ①用刀口形直尺检验刻线表面的平面度，目测检验表面粗糙度<br>②用游标卡尺检验工件的长度 160mm、宽度 30mm 与厚度 15mm 尺寸，未注公差的尺寸一般可按 IT14 ～ IT18 确定<br>③用 90° 角度尺测量矩形工件的各面之间的垂直度<br>④用百分表检验上下面的平行度 |
| | 安装、找正机用平口虎钳 | 将机用平口虎钳安装在工作台中间 T 形槽内，位置居中，并用百分表找正定钳口定位面与工作台纵向平行 |
| | 装夹、找正工件 | 将工件装夹在平口虎钳内，用平行垫块使工件刻线平面高于钳口 5mm 左右，用百分表找正工件上平面与工作台面平行，平行度误差在 0.03mm 以内，若垫实夹紧后平行度不够好，可在定钳口和平行垫块上垫薄纸进行找正 |
| | 安装和找正刻线刀具 | 用铣刀夹头和弹性套装夹刻线刀，将机床的主轴转速调整到最低挡，并将主轴换向电气开关转至“停止”位置。找正刻线刀刀尖的中间平面与工作台横向平行，使刻线刀在沿横向刻线时具有预定的前角、后角和刀尖角 |

续表

| 类型 | | 说　明 |
|---|---|---|
| 刻线加工 | 对刀 | 如图 9-18 所示，操作步骤如下<br>①纵向端面对刀时，调整工作台，使刻线刀刀尖对准工件起始端面与上平面的交线，如图 9-18（a）所示，锁紧工作台纵向，调整纵向刻度盘使刻度零线和基准零线对齐<br>②横向侧面对刀时，调整工作台，使刻线刀刀尖对准工件起始侧面与上平面的交线对齐，如图 9-18（b）所示，锁紧工作台横向，调整横向刻度盘使零度刻线与基准零线对齐<br>③垂向对刀时，使刀尖恰好与上平面接触，可稍留一些间隙如图 9-18（c）所示 |
| | 调整刻线位置 | 纵向按对刀位置使刀尖向刻线移距方向移动 5mm；横向沿刻线进给方向，在横向刻度盘上作记号：调整长线为 9mm、中线为 6mm，短线为 4mm，并分别采用不同颜色的粉笔，如红、黄、蓝粉笔做好记号；垂向升高 0.1mm，作为第一条刻线的试刻深度 |
| | 试刻线及预检 | ①在第一条刻线位置，横向手动进给，试刻长线<br>②横向退刀后测量刻线与端面的尺寸为 5mm，长度尺寸为 9mm，目测刻线是否清晰，直线度及粗细是否符合要求 |
| | 依次刻线 | 如图 9-18（d）所示，按预检的结果，微量调整垂向，达到刻线的粗细要求，随后每刻一条线纵向移距 1mm，横向根据图样短、中、长的分布要求依次刻线。在刻线的过程中，应掌握以下操作要点<br>①注意纵向和横向的刻度盘不能丝毫松动，否则会产生废品<br>②为保护刻线刀的刀尖，退刀时可略下降垂向，刻下一条线时再恢复到原来位置<br>③因本例刻线间距是 1mm，累计的尺寸可在过程中进行复核，还可将线长的规律记忆为“一长四短一中四短”口诀以便操作 |

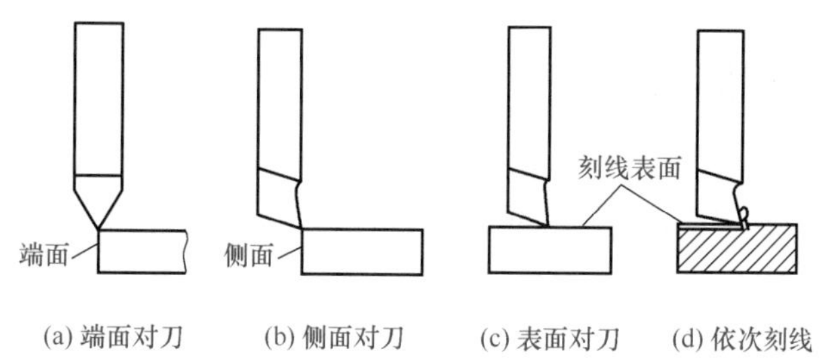

(a) 端面对刀　(b) 侧面对刀　(c) 表面对刀　(d) 依次刻线

图 9-18　平面直线移距刻线步骤

### 4. 平面直线移距刻线检验

① 检验前，用细油石去除刻线的毛刺。

② 目测检验刻线的清晰度、粗细是否均匀、刻线的直线度以及长短中的分布是否符合图样要求。

③ 检验起始位置尺寸，抽验刻线长度和间距尺寸，测量方法与预检相同。

### 5. 平面直线移距刻线加工常见质量问题及其原因（表 9-8）

表 9-8　平面直线移距刻线加工常见质量问题及其原因

| 原因 | 说　明 |
|---|---|
| 刻线起始位置误差大的主要原因 | ①对刀不准确<br>②工件侧面与工作台纵向不平行<br>③第一条线位置调整错误和预检错误<br>④调整时未消除传动间隙等 |
| 刻线长度和间距尺寸误差过大的原因 | ①工作台移距精度差<br>②刻度盘松动<br>③纵向未锁紧或锁紧机构性能不好<br>④横向进给操作或纵向移距失误等 |

续表

| 原因 | 说明 |
|---|---|
| 刻线不清晰、直线度不好或粗细不均的原因 | ①刻线刀刃磨质量不好<br>②刀具安装位置不正确影响刻制切削<br>③工件刻线平面与工作台面不平行<br>④如图 9-19 所示，刻线过程中刀尖损坏或微量偏转，其中刀尖损坏可使刻线阻力加大，槽底圆弧变大，侧面出现振纹，从而影响刻线的清晰度和直线度，如图 9-19（a）所示。刀尖微量偏转是由于刀具刻线中两侧刃受力不均匀和安装找正不准确引起的，由于偏转后影响对称刻制切削，可能会出现单边毛刺较大、有振纹的现象，如图 9-19（b）所示 |

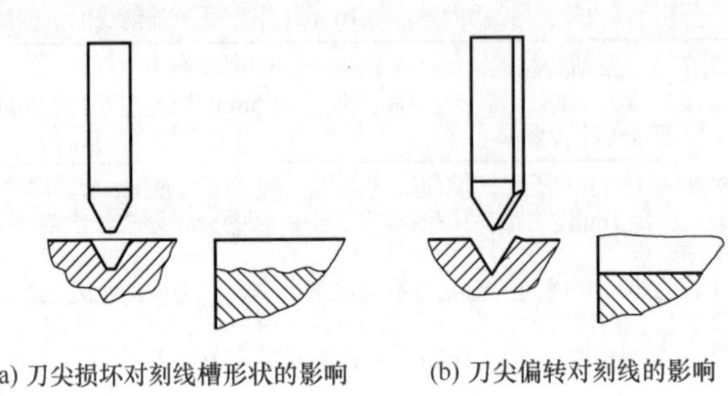

(a) 刀尖损坏对刻线槽形状的影响　(b) 刀尖偏转对刻线的影响

图 9-19　刀尖损坏或微量偏转对刻线的影响

## 实例二：铣削角度面轴

### 1. 图样分析

如图 9-20 所示为角度面轴类零件的加工尺寸。现分析如下：

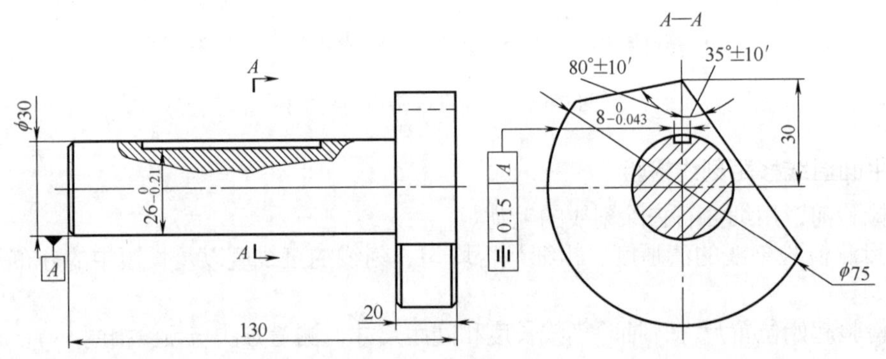


图 9-20　角度面轴类零件的加工尺寸

① 预制件的总长度为 130mm，角度面所在外圆直径为 $\phi$75mm，键槽所在外圆直径为 $\phi$30mm，键槽宽度为 $8_{-0.043}^{0}$mm，槽至轴外圆的尺寸 $26_{-0.21}^{0}$mm，键槽的对称度为 0.15mm。

② 角度面与轴上键槽中心平面的夹角分别为 35°±10′ 与 80°±10′。

③ 两角度面交线至工件轴线的尺寸为 30mm；两角度面与工件轴线的平行度为 0.05mm。

④ 工件键槽和角度面表面粗糙度值为 *Ra*3.2μm，其余为 *Ra*6.3μm，铣削加工比较容易达到。

⑤ 工件材料为 45 钢，切削性能较好，可选用高速钢铣刀，加注切削液进行铣削。

经上述分析，工件外形为阶梯轴零件，宜采用分度头三爪自定心卡盘装夹。

## 2. 拟定加工方法

角度面轴类零件的加工方法见表 9-9。

表 9-9　角度面轴类零件的加工方法

| 方法 | 说　明 |
|---|---|
| 拟定角度面加工步骤 | 根据图样的精度要求，角度面在铣床上可采用立铣刀铣削加工，具体加工步骤如下<br>①预制件检验<br>②安装分度头及三爪自定心卡盘<br>③装夹和找正工件及安装立铣刀<br>④工件端面划线<br>⑤调整 35°±10′ 度面铣削位置及粗铣 35°±10′ 角度面<br>⑥调整 80°±10′ 度面铣削位置及粗铣 80°±10′ 角度面<br>⑦预检角度面位置尺寸和夹角精度<br>⑧准确调整角度面铣削位置，精铣角度面及角度面铣削工序检验 |
| 选择机床 | 选用 X5032 型立式铣床或类似的立式铣床 |
| 选择工件装夹方式 | 选用 F11125 型分头度，采用三爪自定心卡盘装夹工件。考虑到工件找正角度面铣削位置时须以键槽为基准，但工件悬臂装夹伸出距离不宜过长，因此宜将键槽位置处于卡爪之间，如图 9-21 所示 |
| 选择刀具 | 根据图样给定的角度面所在圆柱面的长度尺寸 20mm 选用立铣刀的规格，现选用直径为 28mm 的锥柄中齿标准立铣刀 |
| 确定检测方法 | 选择检验测量方法有以下两点<br>①角度面夹角测量借助分度头和百分表测量，具体的测量步骤如图 9-22 所示<br>②角度面与轴线的位置尺寸测量须先进行计算，按图样给定的角度面交线至轴线的尺寸 30mm（$e$），由几何关系可以计算得到尺寸 $e_1$、$e_2$。然后借助百分表按计算所得尺寸 $e_1$、$e_2$ 测量，测量时角度面处于水平位置。角度面交线的位置由 $E_1$、$E_2$ 确定，如图 9-22 所示。本例如下<br>$e_1=30\sin35°=17.21\text{mm}$<br>$E_1=30\cos35°=24.57\text{mm}$<br>$e_2=30\sin80°=29.54\text{mm}$<br>$E_2=30\cos80°=5.21\text{mm}$ |

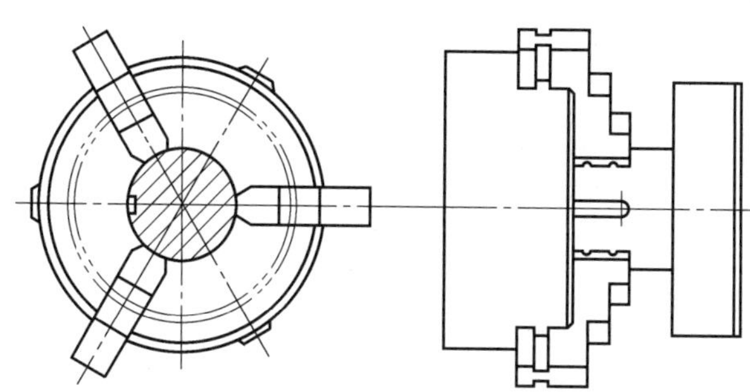

图 9-21　工件装夹方式和位置

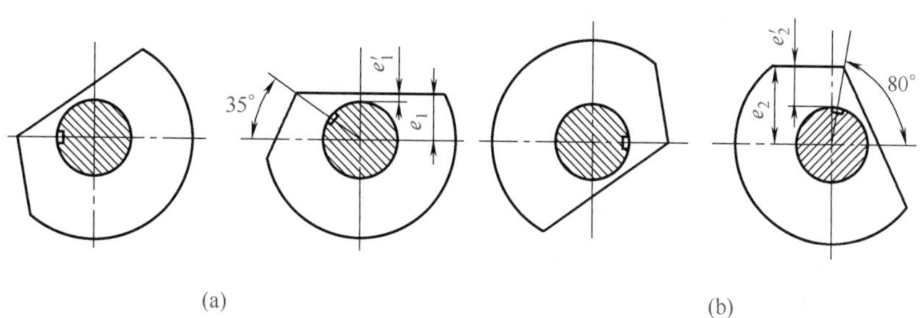


图 9-22　角度面位置精度测量

## 3. 加工步骤

角度面轴铣削加工步骤见表 9-10。

表 9-10　角度面轴铣削加工步骤

| 类型 | | 说　明 |
|---|---|---|
| 加工准备 | 预制件检测 | ①检验轴上键槽的宽度、槽底位置和对称度，本例均在公差范围内<br>②检验角度面所在的外径实际尺寸，本例为 74.85mm |
| | 安装分度头和三爪自定心卡盘 | 将分度头主轴水平位置安装在工作台中间 T 形槽内，位置居中，并安装三爪自定心卡盘 |
| | 分度计算及分度定位销的调整 | ①根据角度分度公式计算分度手柄转数 $n$。以键槽中间平面为基准<br>$n_1=\frac{\theta_1}{9°}=\frac{35°}{9°}=3\frac{8}{9}=3\frac{48}{54}$（r）<br>$n_2=\frac{\theta_1}{9°}=\frac{80°}{9°}=8\frac{8}{9}=8\frac{48}{54}$（r）<br>铣削 35° 角度面，先找正键槽处于一侧水平位置，然后分度手柄按 $n_1$ 分度。铣削 80° 角度面，找正键槽处于另一侧水平位置，然后按 $n_2$ 分度，如图 9-22 所示<br>②调整分度定位销和分度叉。将分度定位销调整到 54 孔圈数，分度叉调整为 48 个孔距 |
| | 装夹和找正工件 | 用百分表找正工件与分度头轴线的同轴度在 0.05mm 以内 |
| | 安装铣刀 | 采用变径套安装立铣刀 |
| | 选择铣削用量 | 按工件材料（45 钢）和铣刀的规格选择和调整铣削用量，调整主轴转速 $n$=235r/min，$v$≈20m/min；进给量 $v_f$=47.5mm/min，$f_z$≈0.05mm/z |
| 角度面铣削加工 | 工件表面划线步骤 | 如图 9-23 所示，操作步骤如下<br>①用百分表测量对称度的方法找正工件键槽处于水平位置<br>②用游标高度尺在工件端面划水平中心线和垂直中心线<br>③将垂直中心线处于水平位置，按 30mm 在键槽一侧划平行线得出斜面交线位置<br>④按 $n_1$ 与 $n_2$ 分度，过交线位置分别划两个角度面的参照线，并过中心线交点划出两角度面参照线的平行线<br>⑤划线后，用游标卡尺复核角度面参照线与中心的距离应等于 $e_1$、$e_2$ |
| | 对刀 | ①确定用立铣刀端铣角度面，铣刀端面刃与工件外圆最高处擦边对刀，作为控制 $e_1$、$e_2$ 尺寸的依据<br>②铣刀圆周刃与工件外圆侧面最高处擦边对刀，作为控制角度面交线位置（$E_1$、$E_2$）的依据 |
| | 试铣预检 | ①将工件键槽通过准确分度处于水平位置一侧，如图 9-24（a）所示，按 $n_1=3\frac{48}{54}$(r) 进行角度分度，使 35° 角度面参照线处于水平铣削位置，按 $\frac{D}{2}-e_1$ 调整工作台垂向，使铣出的角度面至工件中心的尺寸为 17.21mm，按 $\frac{D}{2}-E_1$ 调整工作台横向，达到角度面的交线位置尺寸要求。为了预检需要，可各放 0.5mm 作为精铣余量，粗铣 35° 角度面<br>②将工件键槽通过准确分度处于水平位置另一侧如图 9-24（b）所示，按 $n_2=8\frac{48}{54}$(r) 进行角度分度，使 80° 角度面参照线处于水平铣削位置，按 $\frac{D}{2}-e_2$ 调整工作台垂向，使铣出的角度面至工件中心的尺寸为 29.54mm，按 $\frac{D}{2}-E_2$ 调整工作台横向，达到角度面的交线位置尺寸要求。为了预检需要，也可各放 0.5mm 作为精铣余量。粗铣 80° 角度面<br>③预检的过程与划线过程相似 |
| | 精铣角度面 | 按预检尺寸与图样尺寸的差值移动工作台，准确调整精锐位置，分别精铣 35°、80° 角度面 |

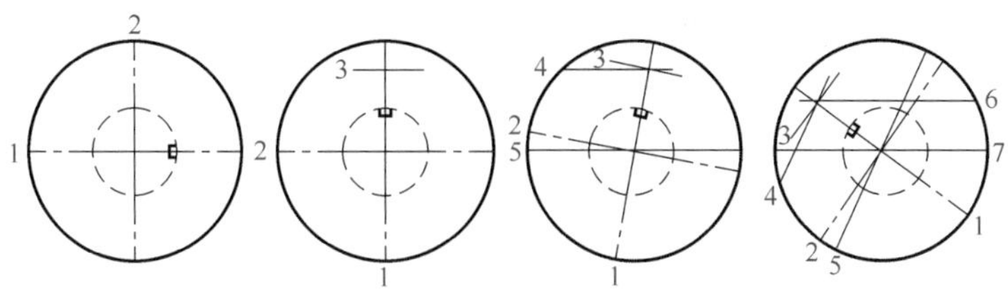


图 9-23　划线步骤示意

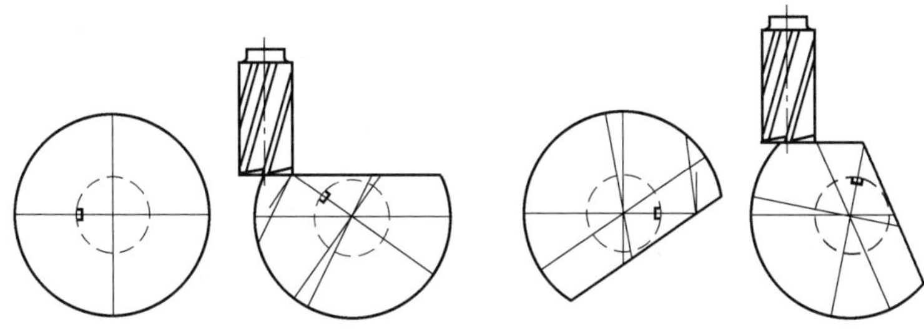

(a) 铣削35°角度面　　(b) 铣削80°角度面

图 9-24　角度面铣削步骤示意

## 4. 角度面轴的检验（表 9-11）

表 9-11　角度面轴的检验

| 类别 | 说　明 |
|---|---|
| 角度检验 | 角度检验用百分表和分度头测量，具体的操作过程与划线过程相同，不同的是当工件的 35° 角度面处于水平测量位置时，用百分表测量角度面与工作台面的平行度，若测得平行度误差为 0.03mm，角度面长度约为 23mm，此时，角度误差为<br>$\Delta\theta_1=\arcsin(0.03/23)=0.0747°=4'29''$<br>角度误差在公差范围内。用同样的方法可以测量 80° 角度面进行检验 |
| 角度面至轴线的尺寸公差检验 | 角度面至轴线的尺寸因公差比较大，可用游标卡尺测量角度面至与之平行的中心线的尺寸，35° 角度面至中心的垂直尺寸应为 17.21mm；85° 角度面至中心的垂直尺寸为 29.54mm。此时，角度面交线与中心的尺寸应为 30mm |
| 表面粗糙度检验 | 表面粗糙度检验通过目测类比法进行。本例角度面采用端铣法 |

## 5. 角度面轴常见质量问题及其原因（表 9-12）

表 9-12　角度面轴常见质量问题及其原因

| 原因 | 说　明 |
|---|---|
| 角度面夹角超差的主要原因 | ①划线错误和误差大<br>②分度计算错误<br>③分度时未消除分度机构传动间隙<br>④铣削时未锁紧分度头主轴等 |
| 角度面交线位置尺寸误差过大的原因 | ①角度面夹角错误或误差较大<br>②角度面至工件中心的尺寸计算错误<br>③铣削位置调整失误等 |
| 角度面与工件轴线不平行的原因 | ①分度头主轴与工作台面不平行<br>②用横向进给铣削时，立铣头与工作台面不垂直等 |
| 角度面交线不清晰的原因 | ①铣刀刀尖磨损和圆弧较大<br>②角度面至中心的尺寸调整误差大，而横向调整的位置却比较准确，两角度面之间出现残留的过渡铣削平面 |

## 实例三：铣削四棱柱体

### 1. 图样分析

如图 9-25 所示为带四方轴类零件的加工尺寸。现分析如下：

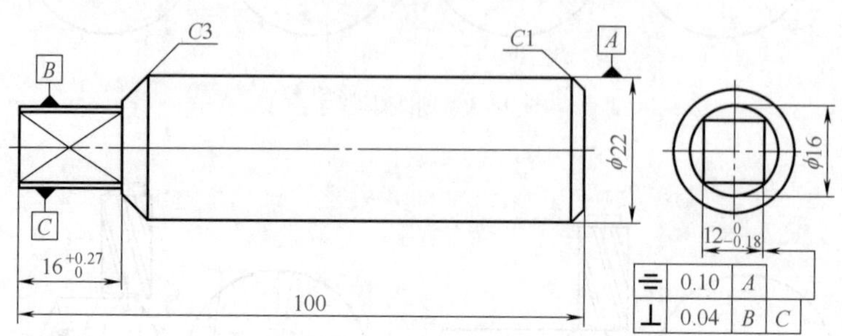

图 9-25 带四方轴类零件的加工尺寸

① 预制件为阶梯轴类零件，两端无定位中心孔，四方在工件一端，而且长度仅 16mm。但有对称度和垂直度要求。

② 预制件的总长度为 100mm，零件外圆直径为 $\phi$22mm，端面有倒角 1×45°，与四方连接端有 3×45° 的倒角；四方外接圆尺寸为 $\phi$16mm，四方对边尺寸为 $12_{-0.18}^{0}$mm，四方长度尺寸为 $16_{0}^{+0.27}$mm；四方侧面之间的垂直度为公差 0.04mm，对工件轴线的对称度公差为 0.10mm。

③ 工件的表面粗糙度值全部为 $Ra$3.2μm，铣削加工比较容易达到。

④ 工件材料 45 钢，切削性能较好，可选用高速钢铣刀。

经上述分析，零件外圆直径 $\phi$22mm 圆柱面长度 84mm，可用于装夹，因此，工件宜采用分度头及三爪自定心卡盘装夹。

### 2. 拟定加工方法

四方轴类零件的加工方法见表 9-13。

表 9-13 四方轴类零件的加工方法

| 方法 | 说　明 |
|---|---|
| 拟定四方加工步骤 | 根据图样的精度要求，四方在铣床上可采用三面刃铣刀或立铣刀单侧面铣削加工，当工件数量较多时，也可以采用两把三面刃铣刀组合后，用内侧刃同时铣削四方的对应平行侧面，具体步骤如下<br>①采用一把三面刃铣刀（或立铣刀）铣削四方的加工方法，四方加工步骤：预制件检验→安装分度头及三爪自定心卡盘→装夹和找正工件→安装铣刀→对刀试铣四方侧面→工件转过 180° 铣削四方另一侧面→预检四方对边尺寸→按四方对边尺寸准确调整侧面铣削位置→预检四方长度尺寸→按四方长度尺寸准确调整铣削位置→按四方等分要求分度依次铣削四方→四方铣削工序检验<br>②采用两把三面刃铣刀铣削四方的加工方法，四方加工步骤：预制件检验→安装分度头及三爪自定心卡盘→装夹和找正工件→安装铣刀并测量内侧刃之间的尺寸（试切时的尺寸约为 13mm 左右）→目测对刀试铣四方两侧面→预检四方对边尺寸 $A_1$ →工件转过 180° 再次铣削四方同一对边→再次测量四方对边尺寸 $A_2$ →按四方对边尺寸 $A$ 与 $A_1$ 差值准确调整中间垫圈厚度→按（$A_1$—$A_1$）/2 准确调整对边铣削位置→预检四方长度尺寸→按四方长度尺寸准确调整铣削位置→按四方等分要求分度依次铣削四方→四方铣削工序检验 |
| 选择机床 | 选用 X5032 型立式铣床或类似的立式铣床 |
| 选择装夹方法 | 选用 F11125 型万能分度头分度，采用三爪自定心卡盘装夹工件。考虑到工件的刚度，装夹时工件伸出距离尽可能小 |
| 选择刀具 | ①根据图样给定的四方长度尺寸、四方外接圆和对边尺寸，选用三面刃铣刀的规格，铣刀外径应大于刀杆垫圈外径与 2 倍四方长度尺寸之和（本例为 72mm）。铣刀的厚度应大于四方外接圆与对边差值的一半（本例为 2mm）。现选用 80mm×27mm×10mm 的标准直齿三面刃铣刀<br>②若采用立铣刀端铣四方侧面，选用直径为 20mm 的标准锥柄立铣刀 |

续表

| 方法 | 说　　明 |
|---|---|
| 确定检测方法 | ①根据尺寸精度，四方对边尺寸用 0 ～ 25mm 的外径千分尺测量检验<br>②四方侧面对轴线的对称度测量与检验均在铣床上借助分度头分度，用带座的百分表检验<br>③测量对称度时采用 180° 翻身法测量检验<br>④四方长度尺寸用游标卡尺测量检验<br>⑤相邻侧面的垂直度用宽座角尺检验 |

## 3. 带四方轴类工件加工步骤（表 9-14）

表 9-14　带四方轴类工件加工步骤

| 类型 | | 说　　明 |
|---|---|---|
| 加工准备 | 预制件检测 | 根据图样要求，预制件的检验主要是用千分尺测量工件 $\phi$16mm 和 $\phi$22mm 外径的实际尺寸、圆柱度，用游标卡尺测量工件总长度 100mm、四方所在 $\phi$16mm 阶梯轴的长度 16mm。本例各项检验均符合图样要求 |
| | 分度头安装 | 将分度头水平安装在工作台中间 T 形槽内，底部的定位键向操作者方向靠紧。分度头的位置略偏向工作台右侧。安装三爪自定心卡盘时注意各接合面之间的清洁度 |
| | 分度计算及分度定位销的调整 | ①根据简单分度公式计算分度头分度手柄转数 $n$。对于正多边形，边数即为等分数，故<br>$n=\frac{40}{z}=\frac{40}{4}=10\text{（r）}$<br>即每铣完一边后，分度手柄应转过 10r<br>②将分度定位销调整到任一个孔圈，因为 $n$ 是整转数，与孔圈数无关，分度叉只起到指示整转定位孔的作用 |
| | 分度头找正 | 用三爪自定心卡盘装夹工件，工件伸出长度为 24mm，用百分表找正工件上素线与工作台面平行，侧素线与纵向进给方向平行，找正工件 $\phi$22mm 外圆柱面与分度头轴线的同轴度在 0.04mm 以内 |
| | 安装铣刀 | 在立式铣床上，三面刃铣刀须采用短刀杆安装。立铣刀采用与铣刀锥柄和机床主轴内锥相配的变径套安装。由于短刀杆的刚性比较差，因此，铣刀的安装位置应尽可能靠近主轴，但须注意不要妨碍铣削加工 |
| | 选择铣削用量 | 按工件材料（45 钢）和铣刀的规格。选用直齿三面刃铣刀时，调整主轴转速 $n$=75r/min（$v$≈19m）；进给量 $v_f$ =60mm/min（$f_z$≈0.044mm/z）。选用立铣刀时，调整主轴转速 $n$=235r/min（$v$≈15m/min），进给量 $v_f$ =47.5mm/min（$f_z$≈0.067mm/z） |
| 铣削加工 | 调整侧面铣削位置 | ① 用三面刃铣刀铣削时，侧面铣削对刀示意如图 9-26（a）所示，在工件的 $\phi$12mm 外圆柱面上贴薄纸，调整工作台，使三面刃铣刀圆周刃最远点与工件端面的距离约为 10mm，铣刀下方侧刃缓缓接近工件，待薄纸移动、擦去，此时，铣刀恰好擦到工件的圆柱面最高点，将此位置在垂向刻度盘上做好侧面对刀标记。工件沿纵向退离刀具，根据对刀位置，工作台垂直移动量 $s$ 为<br>$s=\frac{16-12}{2}=2\text{（mm）}$<br>考虑到粗、精铣的余量分配，先移动 1.5mm 作粗铣余量，留 0.5mm 作精铣余量<br>② 用立铣刀铣削时，用端面刃铣削侧面，对刀示意如图 9-26（b）所示，具体操作方法与三面刃铣刀类似 |
| | 调整铣削长度 | 用三面刃铣刀铣削长度对刀示意如图 9-27（a）所示，对刀操作步骤与侧面对刀类似，先在工件端面贴薄纸，调整工作台，目测使工件中心对准铣刀的轴线，然后缓缓移动工作台纵向，使铣刀的圆周刃恰好擦到工件端面薄纸，在纵向的刻度盘上做好标记，将工件沿横向退离铣刀，根据刻度盘标记，工作台纵向移动 15.5mm，留 0.5mm 作精铣余量。用立铣刀铣削时长度的对刀方法与上述方法基本相同，如图 9-27（b）所示。调整完毕后，锁紧工作台纵向 |
| | 试铣预检 | 调整好铣削位置后，铣削第一面，然后将工件转过 180°（即分度手柄转过 20r），铣削第三面（即四方对应面），随后用千分尺预检四方对边尺寸，若测得对边尺寸为 12.90mm，根据中间公差计算，单面还有 0.50mm 的精铣余量；用游标卡尺预检四方长度，若测得长度为 15.6mm，则还需铣除 0.50mm，可进入长度尺寸公差范围 |
| | 粗铣各面 | 按对边尺寸 12.9mm 和长度尺寸 15.6mm 的铣削位置，每铣削一面，分度手柄转过 10r，依次粗铣四方 |
| | 精铣各面 | 按精铣余量准确调整铣削位置，准确分度，依次精铣四方各面 |

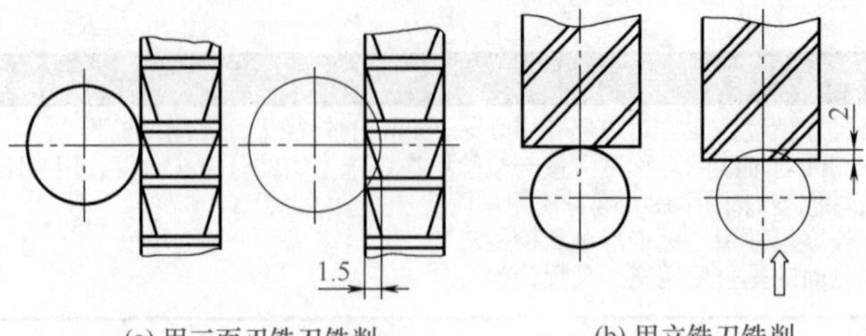


图 9-26　侧面铣削对刀调整示意

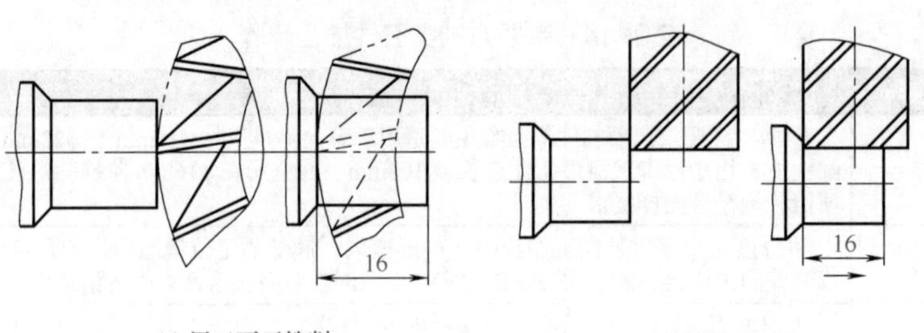


图 9-27　铣削长度对刀示意

### 4. 四方轴类零件检验与质量分析

四方轴类零件检验方法见表 9-15，质量分析见表 9-16。

表 9-15　四方轴类零件的检验方法

| 类别 | 说　明 |
|---|---|
| 用千分尺 | 用千分尺测量四方对边尺寸。对边尺寸应在 12.00 ～ 11.92mm 范围内 |
| 用游标卡尺 | 用游标卡尺测量四方长度尺寸。长度尺寸应在 16.27 ～ 16.00mm 范围内 |
| 用百分表 | 用百分表测量四方对称度的方法检验一般在铣削完毕后直接在机床上进行，操作方法与测量轴上键槽基本相同。检验时，用带座的百分表测头与工件上表面接触，并将百分表的指针示值调整至零位。移动表座，使测头脱离工件上表面，分度手柄转 20r，使工件通过分度头准确转过 180°，使四方对应面处于上方测量位置，用百分表测量该面，百分表的示值变动量应在 0.10mm 范围内 |
| 90° 宽座角尺测量 | 四方侧面垂直度采用 90° 宽座角尺测量，具体操作方法与垂直面测量相同 |
| 表面粗糙度检验 | 表面粗糙度检验通过目测类比法进行。本例四方的侧面使用端铣法加工，阶梯面由铣刀周刃铣成 |

表 9-16　四方轴类零件质量分析

| 类型 | 说　明 |
|---|---|
| 对边和长度尺寸超差的原因 | ①操作过程计算错误或刻度盘转过格数差错<br>②移动工作台未消除传动结构间隙<br>③对刀时未考虑外接圆直径的实际尺寸<br>④对刀微量切痕未计入切除量；量具示值读错<br>⑤铣削时分度头主轴未锁紧等 |
| 相邻面角度超差的原因 | ①分度计算错误<br>②分度手柄转数操作失误<br>③测量与加工分度时未消除分度机构传动间隙等 |
| 四方对称度超差的原因 | ①工件与分度头主轴同轴度差<br>②铣削时各面铣削余量不相等 |
| 对应面不平行的原因 | 分度失误及工件上素线与工作台面不平行等 |
| 四方阶梯面未接平的原因 | 主要是工件的侧素线与纵向进给方向不平行 |

# 第十章
# 铣凸轮

## 第一节 铣削等速盘形凸轮

凸轮是各种机械中经常采用的零件，其种类较多，常用的有圆盘凸轮和圆柱凸轮。凸轮机械是依靠凸轮本身的轮廓形状，使从动件获得所需要的运动，凸轮轮廓的形状决定了从动件的运动规律。

凸轮机械就其运动规律可分为等速运动、等加速运动及等减速运动等。在普通铣床上加工的凸轮一般是等速凸轮。所谓等速凸轮，就是当凸轮周边上某一点转过相等的角度时，便在半径方向上（或轴线方向上）移动相等的距离。等速凸轮的工作型面一般都采用阿基米德螺旋面。铣削等速凸轮时，一般应达到如下工艺要求：

① 凸轮的工作型面应具有较小的表面粗糙度值。

② 凸轮工作型面应符合预定的形状，以满足从动件接触方式的要求。

③ 凸轮工作型面应符合所规定的导程（或升高量、升高率）、旋向、基圆、槽深等要求。

④ 凸轮工作型面应与某一基准部位处于正确的相对位置。

等速圆盘凸轮的工作型面是在圆周面上的，这种凸轮通常是在立式铣床上铣削而成的。

### 一、等速圆盘凸轮的三要素

等速凸轮的工作型面是由阿基米德曲线组成的平面螺旋面。阿基米德曲线是一种匀速升高曲线，即当曲线每转过相同角度时，曲线沿径向升高相等的距离。这种曲线可用以下三个要素表示：

① 凸轮某段等速螺旋线部分的工作曲线最大半径和最小半径之差。

② 凸轮工作曲线转过单位角度时沿径向所移动的距离。

若凸轮圆周按 360° 等分，升高率 $h$ 为：

$$h = \frac{H}{\theta}$$

式中　$H$——凸轮从动件总的升高量；

$\theta$——工作曲线在圆周上所占的度数。

若凸轮圆周按 100 等分，升高率 $h$ 为：

$$h=\frac{H}{z}$$

式中　$z$——工作曲线在圆周上所占的等份数。

③ 凸轮工作曲线按一定的升高率转过一周时的升高量。

若凸轮圆周按 360° 等分，导程 $P_z$ 为：

$$P_z=\frac{360°}{\theta}$$

若凸轮圆周按 100 等分，导程 $P_z$ 为：

$$P_z=\frac{100H}{z}$$

## 二、等速盘形凸轮的铣削方法

等速盘形凸轮在立式铣床上铣削，常用的加工方法有垂直铣削法和倾斜铣削法两种。

### 1. 垂直铣削法

垂直铣削法是指加工时工件和立铣刀的轴线都与工作台面相垂直的铣削方法，如图 10-1 所示。这种铣削方法适宜加工只有一条工作曲线，或者虽然有几条工作曲线，但它们的导程都是相等的情况。垂直铣削法具体内容见表 10-1。

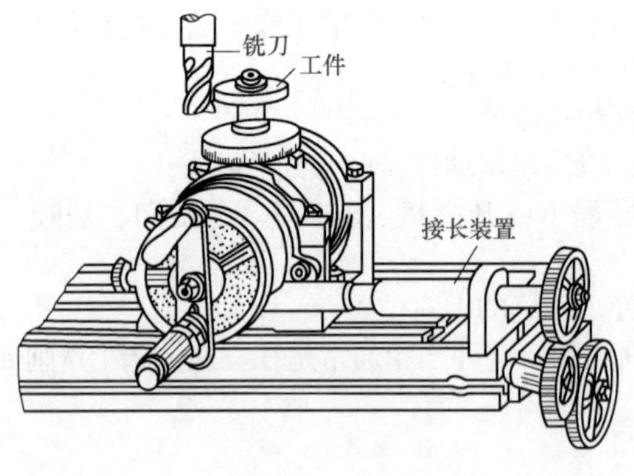

图 10-1　垂直铣削法

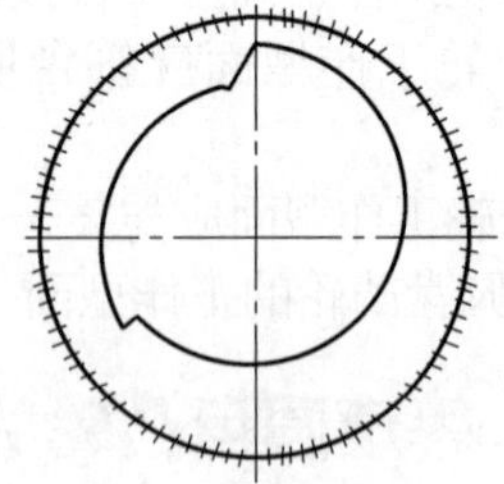
图 10-2　留下精铣加工余量

### 2. 倾斜铣削法

倾斜铣削法是指在加工时，分度头主轴和水平方向成一仰角后进行铣削的方法。其特点是计算准确，加工范围广泛，不受工作曲线的限制，只要挂一套齿轮就可以铣出几段不同导程的曲线，而且操作简便，也不受凸轮尺寸的限制，弥补了垂直铣削法的不足。倾斜铣削法具体内容见表 10-2。

表 10-1　垂直铣削方法

| 类别 | 说　明 |
| --- | --- |
| 划线并粗铣 | 在坯件上划出凸轮的工作曲线，并打上样冲眼。划线时，要特别准确地划出工作曲线的起点（最小半径处）和终点（最大半径处）。凸轮的加工余量不均匀，应先进行粗铣，把大部分余量去除掉，并留有均匀的精铣加工余量（一般留 2mm 左右），如图 10-2 所示 |
| 选择铣刀与铣削方向 | 立铣刀的直径应等于凸轮从动件滚子的直径。为保证逆铣状态，以免立铣刀折断，铣凸轮时，要注意凸轮的正反面，即当铣刀顺时针旋转时，凸轮的工作曲线应按逆时针方向升高，凸轮按顺时针方向旋转，如图 10-3 所示 |
| 安装工件 | 将粗铣后的凸轮坯件用带键的锥度芯轴直接装于分度头主轴锥孔中，用拉紧螺栓紧固后将分度头主轴仰起 90°，垂直于工作台面，如图 10-4 所示 |
| 计算交换齿轮 | 为保证工件旋转一转，同时工件等速移动一个导程的距离，应将工作台丝杠与分度头侧轴用交换齿轮连接，交换齿轮的计算公式为<br>$$\frac{z_1 z_3}{z_2 z_4}=\frac{40P_{丝}}{P_z}$$<br>式中　$P_{丝}$——纵向工作台丝杠螺距，mm<br>$P_z$——凸轮导程，mm<br>$z_1$，$z_3$——主动轮齿数<br>$z_2$，$z_4$——从动轮齿数<br>40——分度头定数<br>主动轮 $z_1$、$z_3$ 应装在工作台丝杠上，从动轮 $z_2$、$z_4$ 应装在分度头的侧轴上。中间轮的使用原则：铣削时保证逆铣状态，使凸轮的旋转方向与铣刀的旋转方向相同，并且纵向进给方向应使工件中心逐渐远离铣刀，如图 10-5 所示 |
| 对刀 | 从动件是对心直动的“对心凸轮”，对刀时应使铣刀和工件的中心连线与工作台纵向进给平行。从动件是偏置的“偏心凸轮”，对刀时应利用工作台的横向进给使铣刀的中心偏离工件的中心，偏移的距离必须等于从动件的偏心距 $e$，并且偏移的方向也必须与从动件的偏置方向一致，如图 10-6 所示 |
| 进刀及退刀 | 进刀时，先将分度手柄的定位销拔出，然后摇动工作台纵向移动，使工件靠近铣刀（此时工件只移不转），待铣刀切入工件到预定深度时，再将定位销插入孔盘孔眼中。接着按预定方向摇动手柄，带动孔盘及工件转动（工件边转边移）进行铣削。退刀时，可将工作台横向移动（移前先记准刻度），使工件离开铣刀，再反向摇动手柄（定位销不要拔出），使工件反向转动，退回到起始位置。再将工作台横向复位，进行第二次进刀，依次铣削至尺寸为止，如图 10-7 所示 |
| 特点 | ① 当凸轮上有几条不同导程的曲线时，每加工一条曲线，就需要搭配一次挂轮<br>② 对于一些导程是大质数或带小数值的凸轮，用垂直法加工，交换齿轮搭配较困难<br>③ 用垂直法加工盘形凸轮，由于分度头主轴扳成垂直位置，有些机床会因垂直行程不够而无法加工，同时，由于挂轮时分度头位于工作台一端尽头处，使工件不能触及铣刀，需增设接长装置<br>④ 垂直法铣凸轮时，进刀和退刀比较麻烦 |

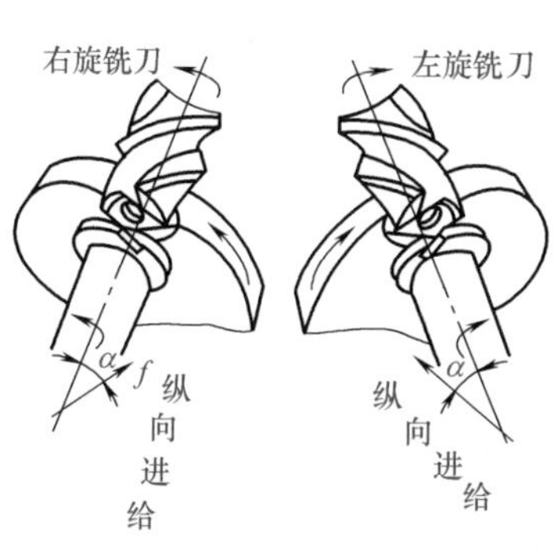

图 10-3　铣削方向

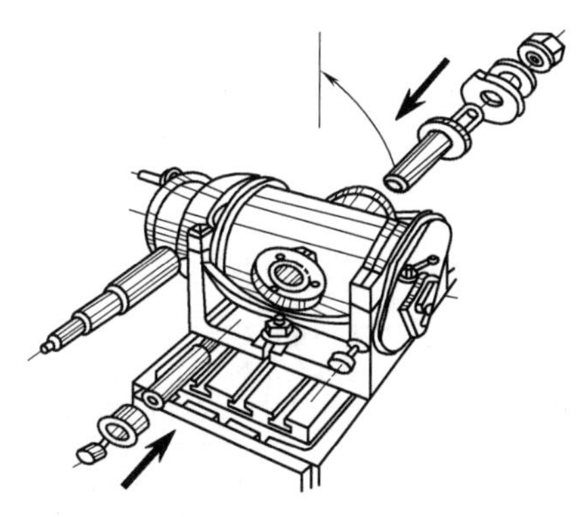
图 10-4　安装工件示意

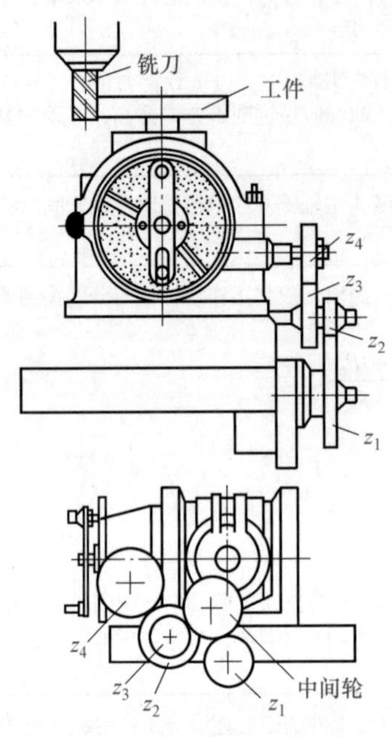


图 10-5 中间轮的使用

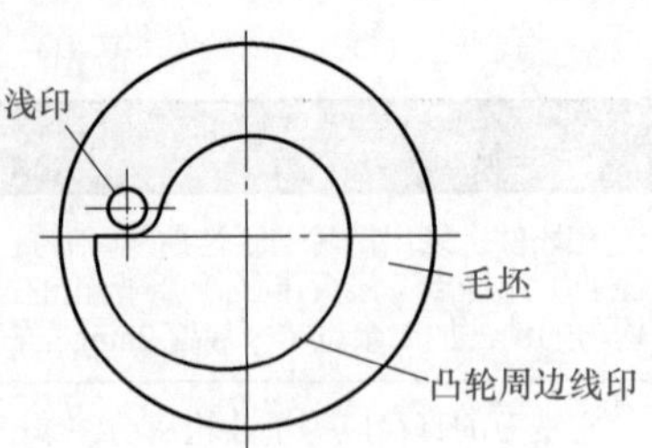


图 10-6 从动件的对刀

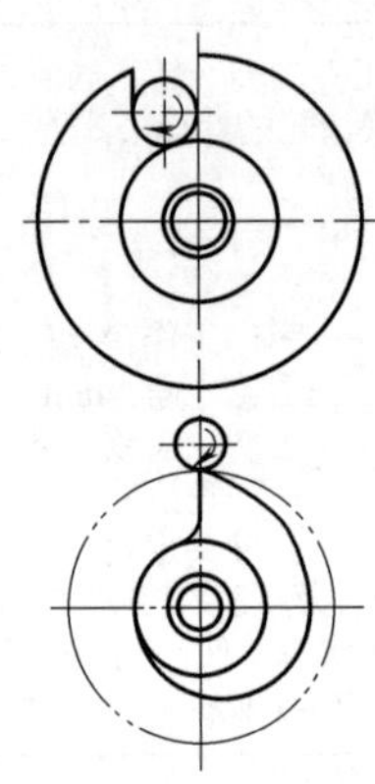

图 10-7 退刀

表 10-2 倾斜铣削法

| 类别 | 说 明 |
| --- | --- |
| 铣削原理 | 当分度头主轴仰起 $\alpha$ 角后，立铣头也必须相应转动一个 $\beta$ 角（$\beta=90°-\alpha$），使分度头主轴与立铣头主轴相互平行。此时，如果分度头的交换齿轮是按某一假定的导程 $P_{z挂轮}$来计算的，则当工件每转过一转，工作台将带着工件水平移动一个 $P_{z挂轮}$距离，但由于铣刀和工件的轴线位置是倾斜的关系，铣刀仅切入工件一个小于 $P_{z挂轮}$的距离，该距离应当等于凸轮的导程 $P_z$，如图 10-8 所示中几何关系为<br>$$P_z=P_{z挂轮}\sin\alpha$$<br>式中 $\alpha$——分度头仰角，(°)<br>$P_{z挂轮}$——假定的交换齿轮导程，mm<br>由于铣削时工作台的水平移动和工件升高量的变化，铣刀的切削部位逐渐由下而上移动，因此铣刀必须具有足够的刀刃长度 $L$，即<br>$$L=B+H\cot\alpha+10$$<br>式中 $B$——凸轮的厚度，mm<br>$\alpha$——分度头仰角（若有几段不同升高量时，可按较小值 $\alpha$ 计算） |
| 计算挂轮并安装 | 如图 10-9 所示，根据铣削原理，交换齿轮的计算公式为<br>$$\frac{z_1z_3}{z_2z_4}=40-\frac{P_{丝}}{P_{z挂轮}}$$<br>式中 $P_{丝}$——纵向工作台丝杠螺距，mm<br>$z_1$，$z_3$——主动轮齿数<br>$z_2$，$z_4$——被动轮齿数<br>40——分度头定数<br>注意：$P_{z挂轮}$在选择时，比任何一条工作曲线的实际导程都要大，尽量取整数，并且易于配置交换齿轮 |
| 中间轮 | 主动轮 $z_1$，$z_3$ 挂在丝杠上，从动轮 $z_2$，$z_4$ 应装在分度头的侧轴上。按铣刀旋转方向和凸轮工作曲线方向确定中间轮的使用（图 10-10），以确保工作台向预定方向进给。铣削时，转动工件使最小半径处与铣刀接触，手摇分度手柄进刀，铣削完毕，落下工作台即可 |

续表

| 类别 | 说明 |
| --- | --- |
| 特点 | ①当凸轮上有几条不同导程的曲线时，只需选择一个适当的假定导程 $P_{z挂轮}$，挂一次轮即可，当曲线导程不同时，只要改变分度头和立铣头的倾斜角就可进行加工<br>②用倾斜法加工大质数或带小数值的凸轮，可将假定导程 $P_{z挂轮}$选择整数值，然后通过计算，按所得倾斜角 $\alpha$ 和 $\beta$ 值分别调整分度头和立铣头，即可加工所要求的凸轮<br>③当用倾斜铣削法铣削时，可以通过调整分度头和立铣头的倾角，从而弥补垂直法受机床行程限制的缺陷<br>④倾斜法铣削凸轮，只需操纵升降工作台即可实现进刀和退刀 |

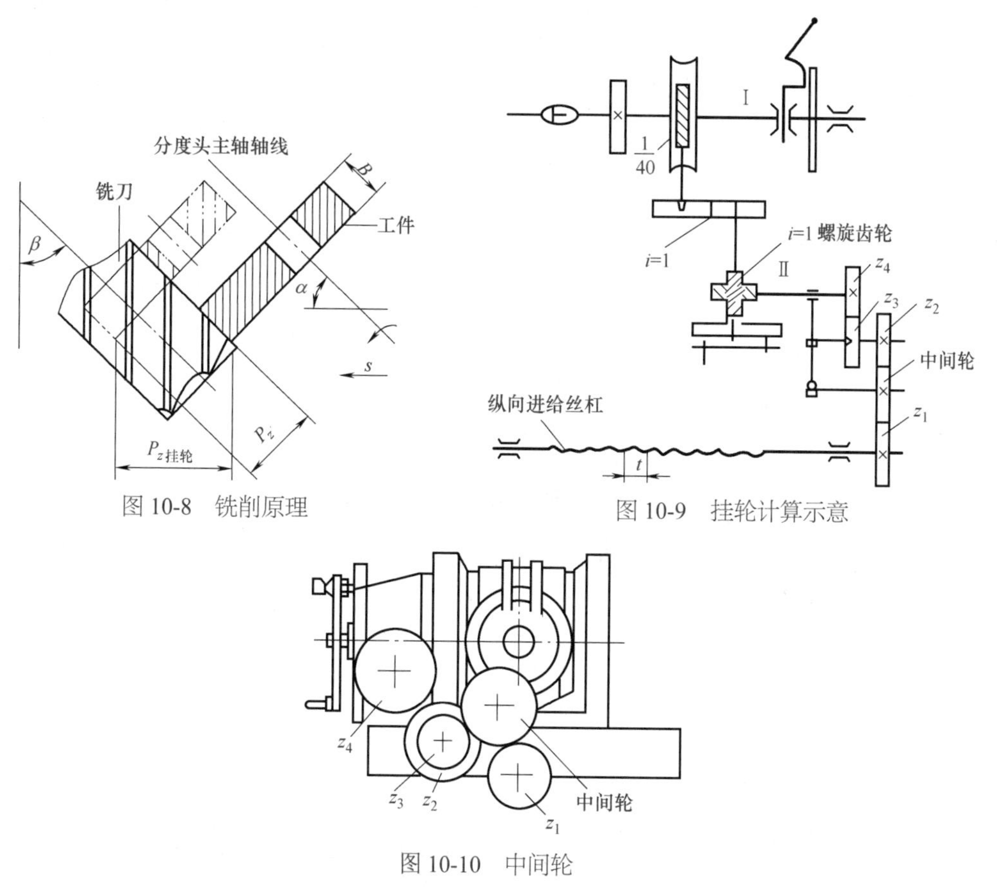


图 10-8　铣削原理

图 10-9　挂轮计算示意

图 10-10　中间轮

# 第二节　凸轮的检验及质量分析

## 一、检验项目

根据凸轮铣削的工艺要求，凸轮的检验主要包括以下项目：

### 1. 导程

其中包括工作型面所占中心角和相应的升高量等主要参数。

### 2. 凸轮工作型面形状精度

主要根据所采用的螺旋面类型，检验型面母线的位置和直线度。

### 3. 凸轮工作型面位置精度

主要检验工作型面的起始位置。

## 二、检验方法

### 1. 检验凸轮升高量的方法

测量升高量，一般是将工件装夹在分度头上，利用分度头和百分表来测量。由于凸轮工作型面是从动件滚子的包络线，因此测量时应注意从动件的工作位置。

① 圆盘凸轮的导程检验，如图 10-11（a）、（b）所示，对于对心直动的圆盘凸轮，可将百分表测头对准工件中心进行测量。而偏置直动的圆盘凸轮则需在偏移中心距离为 $e$ 的位置上进行测量。测量时，应将百分表的示值变化与分度头回转角度配合起来，测出凸轮曲线所占的中心角 $\theta$ 以及在 $\theta$ 范围内的升高量 $H$，随后根据这些数值进行换算，即可得出凸轮的实际导程值。

② 圆柱凸轮的导程检验，如图 10-11（c）～（e）所示，测量端面凸轮时，测量方法与圆盘凸轮基本相同，只是应注意将测量位置尽量靠近工件外圆。测量圆柱螺旋槽凸轮时，可以利用塞规，塞入螺旋槽的拐点处，分段进行测量。先测出曲线所占的中心角 $\theta$，具体方法如图 10-11（d）所示。然后将凸轮放在测量平板上，用游标高度尺和百分表测出升高量，如图 10-11（e）所示，根据测出的 $\theta$ 和 $H$，即可换算导程的实际值。

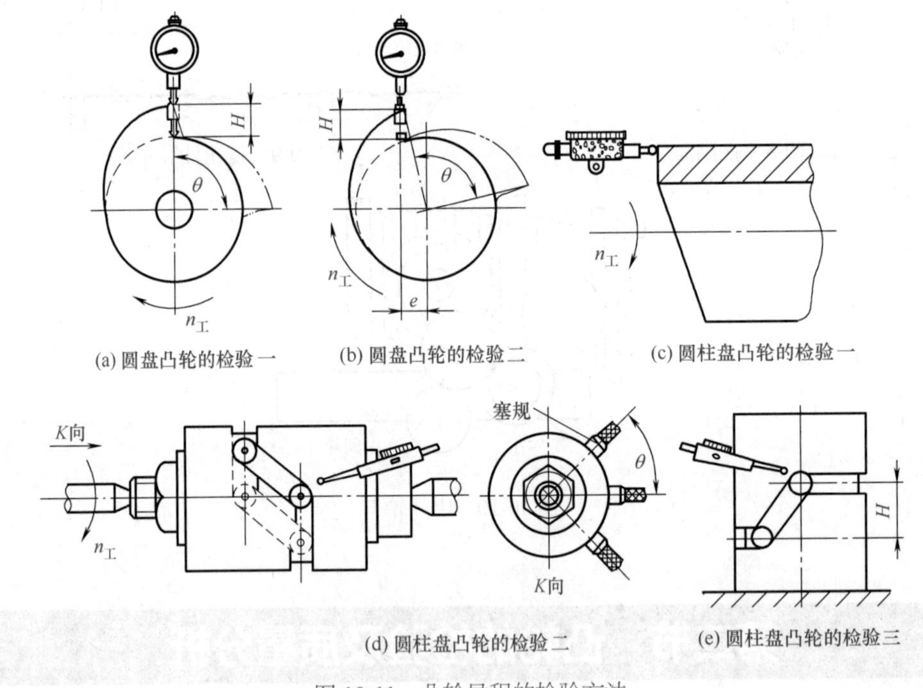


图 10-11　凸轮导程的检验方法

### 2. 凸轮工作型面形状精度检验

为了保证凸轮和从动件接触良好，铣削后的凸轮必须对工作型面的形状进行检查。等速圆盘凸轮的工作型面属于阿基米德型平面螺旋面，其型面母线是直线，并且平行于工件轴线。因此，检验时可用直角尺，按如图 10-12（a）所示方法测量，但需注意测量基准面与轴线的垂直度。对端面凸轮的型面母线检验，也可采用类似的方法，如图 10-12（b）所示。等速圆柱凸轮螺旋槽的两侧面属于法向直廓螺旋面，螺旋槽的法向截面应是直角槽，因此，可用塞规塞入槽内，用厚薄规检查两侧的间隙，以判断其法向截面是否正确，如图 10-12（c）所示。

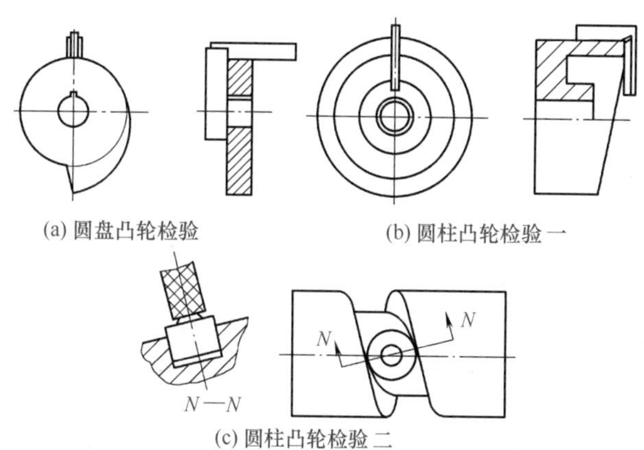

(a) 圆盘凸轮检验　(b) 圆柱凸轮检验一　(c) 圆柱凸轮检验二

图 10-12　凸轮工作型面形状精度检验

### 3. 凸轮工作型面位置精度检验

凸轮工作型面位置要求一般有下列几种情况：

① 测量圆柱凸轮螺旋面的起始位置，可将凸轮的基面放在平台上，用百分表或游标卡尺测量的起始位置（滚子中心）至基面的距离尺寸。

② 测量圆盘凸轮的基圆尺寸，实际上也属于螺旋面起始位置精度，测量时可直接用游标卡尺测出曲线最低点至中心的尺寸，即为基圆半径实际值。

## 三、质量分析

凸轮铣削操作比较复杂，加工过程中涉及的问题也比较多，铣削过程中的主要质量问题及发生的原因有以下几点，见表 10-3。

表 10-3　质量分析

| 类别 | 说　明 |
| --- | --- |
| 表面粗糙度差 | ①铣刀不锋利；铣刀太长，刚性差<br>②进给量过大；铣削方向选择不当<br>③装夹不稳固，有振动<br>④传动系统间隙过大 |
| 升高量不正确 | ①计算错误：如导程、挂轮比、倾斜角等<br>②调整精度差：如分度头主轴位置、立铣头轴线位置、铣刀切削位置<br>③铣刀直径选择不正确<br>④挂轮配置错误：如齿轮齿数错误；主动轮和被动轮位置颠倒 |
| 工作型面形状误差大 | ①未区别不同类型的螺旋面，铣刀切削位置不正确<br>②铣削偏置直动式盘形凸轮时，偏移量的计算有错误<br>③铣刀几何形状差，如有锥度、母线不直等<br>④分度头和立铣头相对位置不正确 |

# 第三节　加工实例

## 实例一：铣圆盘凸轮

### 1. 图样分析

如图 10-13 所示为等速圆盘凸轮的零件尺寸，现分析如下：

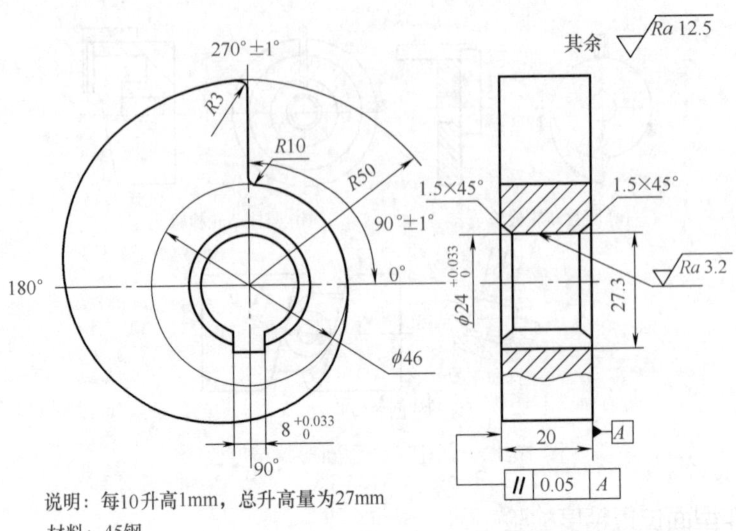


图 10-13　等速圆盘凸轮的零件尺寸

① 凸轮基圆直径为 46mm，基圆型面占 90°，从动件滚子直径为 20mm。

② 工作型面夹角为 270°，每 10° 升高 1mm，总升高量为 27mm。

③ 工作型面的表面粗糙度 *Ra* 为 12.5μm。

④ 选用 X5032 型立式铣床，用 F11125 型分度头进行装夹，用垂直铣削法铣削。

## 2. 加工步骤（表 10-4）

表 10-4　加工步骤

| 类别 | 说　明 |
| --- | --- |
| 铣刀选择 | 选择立铣刀，其直径应等于凸轮从动件滚子的直径，即 $D_{刀}=$ 20mm |
| 划线 | ①以坯件外圆定位，将坯件安装在三爪自定心卡盘上。用装有划线头的高度游标卡尺在坯件端面划出凸轮曲线起始位置水平中心线，然后转动分度头主轴，每隔 10° 划一条中心线，直至划出距起始线 270° 的终止位置中心线，如图 10-14（a）所示<br>②将高度游标卡尺降低至距水平中心线 23mm 的位置，转动分度头主轴，使所划起始位置中心线处于垂直位置，用高度游标卡尺划出水平线与之相交。转动分度头，使每隔 10° 的中心线依次垂直，高度游标尺则每划一次降低 1mm，依次划线与中心线相交，直至当 270° 位置中心线垂直时划出距中心 50mm 的水平线与之相交，如图 10-14（b）所示<br>③用划规按 $\phi$46mm 划出 270° ～ 360° 基圆型面线<br>④用曲线板光滑连接 0° ～ 270° 之间每隔 10° 中心线上的各交点<br>⑤用划规划出 *R*10mm、*R*3mm 连接圆弧<br>⑥在各交点和连接曲线上打样冲眼 |
| 计算与安装交换齿轮 | ①把分度头安装在纵向工作台右侧，并把分度头主轴扳转 90°，以垂直于工作台面，然后安装交换齿轮，如图 10-15 所示<br>②导程<br>$$P_z=\frac{360°H}{\theta}=\frac{360°\times 27}{270°}=36\text{（mm）}$$<br>③交换齿轮齿数<br>$$\frac{z_1 z_3}{z_2 z_4}=\frac{40P_{丝}}{P_z}=\frac{100\times 70}{30\times 35}=\frac{40\times 6}{36}$$<br>主动轮 $z_1$=100 或 $z_3$=70 挂在丝杠上，从动轮 $z_2$=30 或 $z_4$=35 挂在分度头侧轴上 |
| 铣削 | ①拔出分度定位销，转动分度手柄，用大头针校正 90°、270° 位置中心连线，使之与纵向工作台进给方向平行。然后紧固分度头主轴，选用外径为 20mm 的立铣刀分粗、精铣铣削 270° 位置直线段和 *R*10mm 型面至划线位置，如图 10-16（a）所示。下降纵向工作台，使铣刀脱离工件 |

续表

| 类别 | 说　明 |
|---|---|
| 铣削 | ②移动横向工作台，移动方向如图 10-16（b）所示，移动量为 10mm。然后移动纵向工作台并转动分度手柄，垂向上升使铣刀逐步接近 *R*10mm 位置<br>③转动分度手柄，用纵向工作台调整铣削量，逐次铣削 0°～270°位置基圆部分型面至划线位置如图 10-16（c）所示<br>④铣工作型面时铣刀应处于 0°起始位置如图 10-16（d）所示。铣削时先拔出分度定位销，用纵向工作台调整铣削余量，然后把分度定位销插入孔盘孔眼，顺工作曲线升高方向转动分度手柄并带动分度头和纵向工作台做复合运动，逐次铣削 0°～270°螺旋型面至划线位置 |

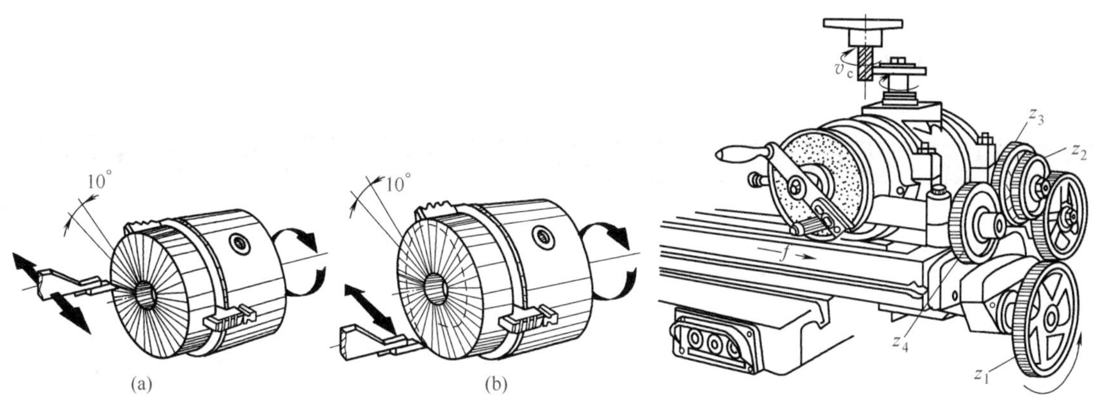


图 10-14　划线示意

图 10-15　安装交换齿轮

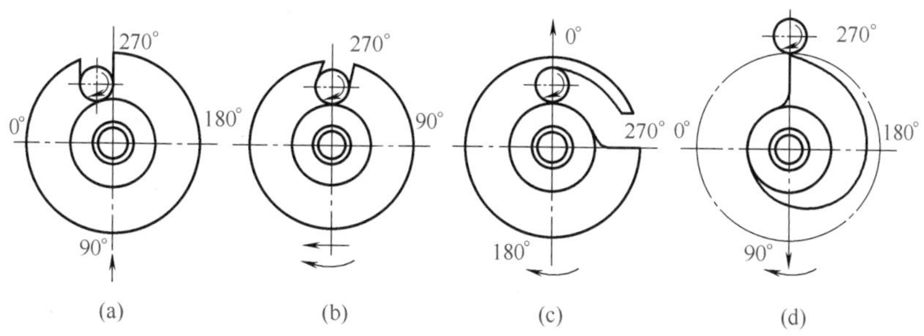


图 10-16　铣削步骤

## 实例二：铣圆柱凸轮

### 1. 图样分析

如图 10-17 所示为等速圆柱凸轮的零件尺寸，现分析如下：

① 该凸轮的外形为 $\phi$60mm × 120mm 的圆柱体，上面加工宽度 14mm 的封闭螺旋槽。槽深 8mm。圆柱的中心有 $\phi$25mm 的孔，并带有 8mm 宽的键槽。

② 这是一个圆柱凸轮，工作时转一周便是一个循环。图 10-17（b）是凸轮的展开图。*AB* 段和 *CD* 段是两段直槽，*BC* 段和 *DA* 段是两段螺旋相反的等速螺旋槽。这两段槽在圆周上各占 120°，从动件在 *BC* 段和 *DA* 段的轴向移动距离为 60mm。

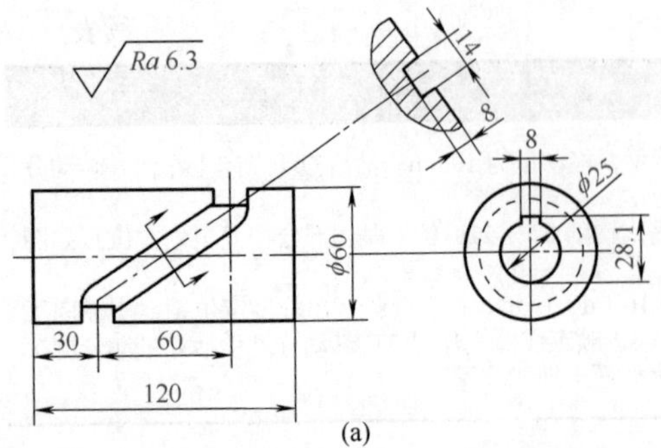


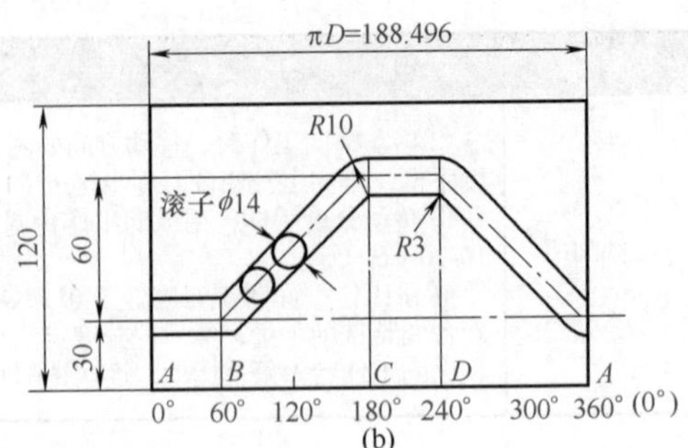


图 10-17　等速圆柱凸轮的零件尺寸

## 2. 加工步骤（表 10-5）

表 10-5　加工步骤

| 类别 | 说　明 |
| --- | --- |
| 划线 | 加工前先要在工件外圆柱表面上，按图 10-17 所示的展开图划线，特别要注意 *BC* 段及 *DA* 段螺旋槽的起点和终点位置，以便在铣削时控制螺旋槽的位置 |
| 装夹工件 | 圆柱形凸轮一般都可通过芯轴安装在分度头和尾座之间，工件和芯轴之间最好有键定位，以免铣削时工件走动 |
| 选择铣刀 | 从前面的分析可知，由于干涉现象，用立铣刀是不能铣出正确的矩形螺旋槽的，为了减少干涉过切量，立铣刀的直径应越小越好。但对等速圆柱凸轮来说，它的螺旋槽要和从动件的滚子相配合，所以实际上并不要求螺旋槽的法向截面是矩形的，如果正确地加工成矩形螺旋槽，则反而会使滚子和槽侧接触不良，以至造成运动不灵活，甚至卡死。因此，粗铣时应选择直径略小于滚子直径的立铣刀，以便在槽侧留有一定的精铣余量；而精铣时最好选用直径等于滚子直径的立铣刀，以使左右两槽侧能一次铣成。但在缺少和滚子等直径铣刀的情况下，也可采用略小于滚子直径的立铣刀精铣，但此时螺旋槽的两侧要分两次铣削 |
| 计算及安装挂轮 | 根据上图所示，凸轮螺旋槽导程 $L$ 为<br>$$L=\frac{360^\circ}{120^\circ}\times 60=180\text{（mm）}$$<br>当 $L$=180mm 时，挂轮 $z_1$=60；$z_4$=80<br>挂轮安装后要检查一下导程是否正确，并且由于凸轮的 *BC* 段与 *DA* 段的旋向相反，因此在铣好 *BC* 段后，应增加或减少一个中间轮，然后再铣 *DA* 段 |
| 对刀 | 在粗铣及用直径和滚子相同的立铣刀精铣时，铣刀的轴线必须通过凸轮的轴线。这可用试切法、侧面接触法或环表法对刀来保证。当用直径比滚子小的立铣刀精铣时，则在对刀时要保证铣刀外圆和滚子外圆与凸轮外圆螺旋线在同一点相切，因此铣刀轴线要相对滚子中心偏开一段距离，为了简化计算，铣刀轴线的位置可近似地在凸轮外圆柱的展开面上确定。如图 10-18（a）、（b）所示分别是铣削 *BC* 段及 *DA* 段螺旋槽的情形，滚子和外圆螺旋线在 $N_1$ 及 $N_2$ 两点相切，因此铣刀在精铣相应的槽侧螺旋面时，也应在 $N_1$ 或 $N_2$ 点和外圆螺旋线相切。这样铣刀轴线就在横向和纵向偏开了滚子中心一个 $e_x$ 及 $e_y$ 距离。由图 10-18，$e_x$ 和 $e_y$ 可近似计算如下<br>$$e_x=\frac{d-D_c}{2}\cos\omega\text{（mm）}$$<br>$$e_y=\frac{d-D_c}{2}\sin\omega\text{（mm）}$$<br>式中　$d$——滚子直径，mm<br>$D_c$——立铣刀直径，mm<br>$\omega$——凸轮外圆螺旋角<br>加工时，可在螺旋槽粗铣后，将横向及纵向工作台分别移动 $e_x$ 及 $e_y$ 距离。至于 $e_x$ 及 $e_y$ 的偏移方向，则与螺旋槽的旋向及所铣削的螺旋面是螺旋槽的哪一侧有关，参照图 10-16 所示。如加工右旋的 *BC* 段螺旋槽的左侧时，横向工作台应向里移动 $e_x$，纵向工作台应向右移动 $e_y$。这里必须要注意：在移动纵向工作台前，必须将分度手柄的定位销从分度盘的分度孔中退出<br>对本例工件，滚子直径 $d$=14mm，外圆螺旋角 $\omega$ 为<br>$$\tan\omega=\frac{\pi D}{L}=\frac{\pi\times 60}{180}=1.0472$$<br>$$\omega=46^\circ 19'$$ |

续表

| 类别 | 说明 |
| --- | --- |
| 对刀 | 如取铣刀直径 $D_c$=12mm，则精铣时<br>$$e_x=\frac{d-D_c}{2}\cos\omega=\frac{14-12}{2}\times\cos46°19'=0.69\text{（mm）}$$<br>$$e_y=\frac{d-D_c}{2}\sin\omega=\frac{14-12}{2}\times\sin46°19'=0.72\text{（mm）}$$<br>铣刀切削位置确定后，就可按划线进行铣削 |

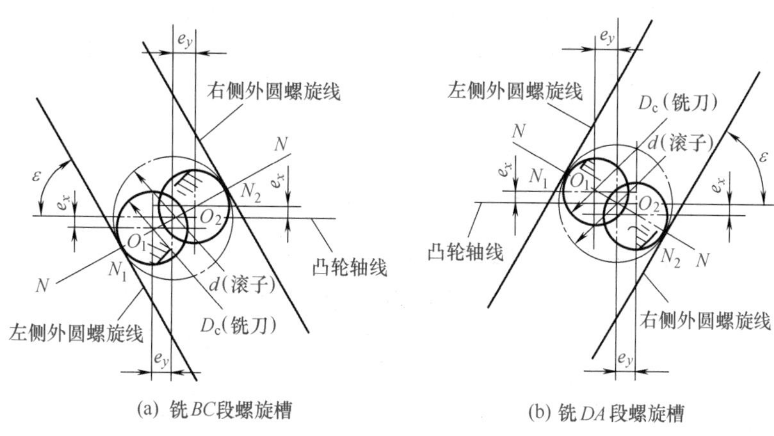


图 10-18 精铣时铣刀的切削位置

## 实例三：铣圆柱（端）凸轮

### 1. 图样分析

如图 10-19 所示为圆柱（端）凸轮的零件尺寸，现分析如下：

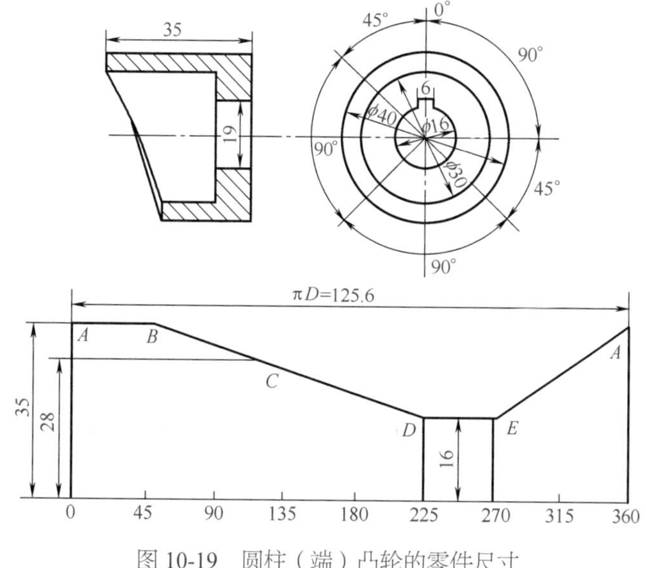


图 10-19 圆柱（端）凸轮的零件尺寸

① 该零件外圆 $\phi$40mm，凸轮中心孔 $\phi$16mm。

② 圆柱凸轮近休止角 45°，升角 180°，远休止角 45°，回程角 90°。

③ 该零件为非等速凸轮，升程的前 90°和后 90°上升速度有差别。

④ 该零件所用材料为 45 钢。

## 2. 加工步骤

如果批量小可选择手动进给，如果批量较大，可选用靠模铣削法。本例以靠模铣削法讲述。此工件的靠模可以按凸轮形状制作，也可用旧凸轮作靠模。如图 10-20 所示就是用靠模法加工非等速圆柱凸轮的靠模装置，该装置既可加工非等速圆柱凸轮，也可用于加工等速圆柱凸轮。在该装置中，夹具体紧固在铣床工作台上，夹具体内装有芯轴，芯轴上安装有工件、蜗轮和靠模。铣削时，转动蜗杆，带动蜗轮，芯轴、工件和靠模一起旋转，由于插销是固定的，并且嵌入靠模的曲线槽内，因而使工件随靠模做相应的运动，便可铣出与靠模相同的螺旋面。

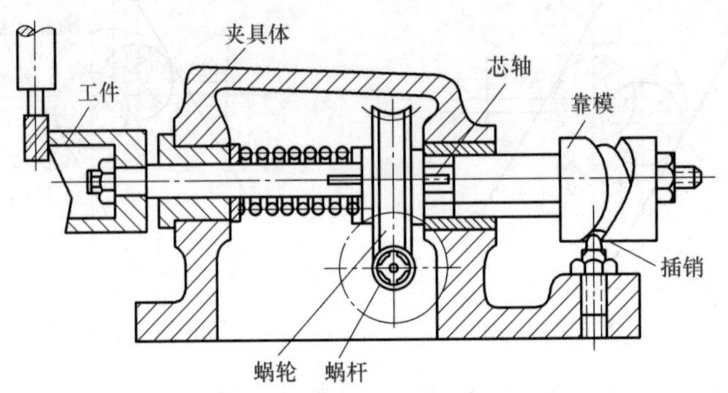


图 10-20　靠模法铣圆柱端面凸轮

使用这种靠模装置加工凸轮具有质量稳定、生产效率高的优点，操作也相当简便。当需要更换产品时，只要更换靠模和插销即可。但由于铣刀和插销的位置是相对的，因此要注意凸轮工作面的位置和方向，以免错误造成废品。

# 第十一章

# 铣齿轮及刀具齿槽

## 第一节　齿轮和齿槽铣削基本知识

### 一、直齿圆柱齿轮的基本参数及几何尺寸计算

标准直齿圆柱齿轮各部分的名称如图 11-1 所示。直齿圆柱齿轮的基本参数如下。

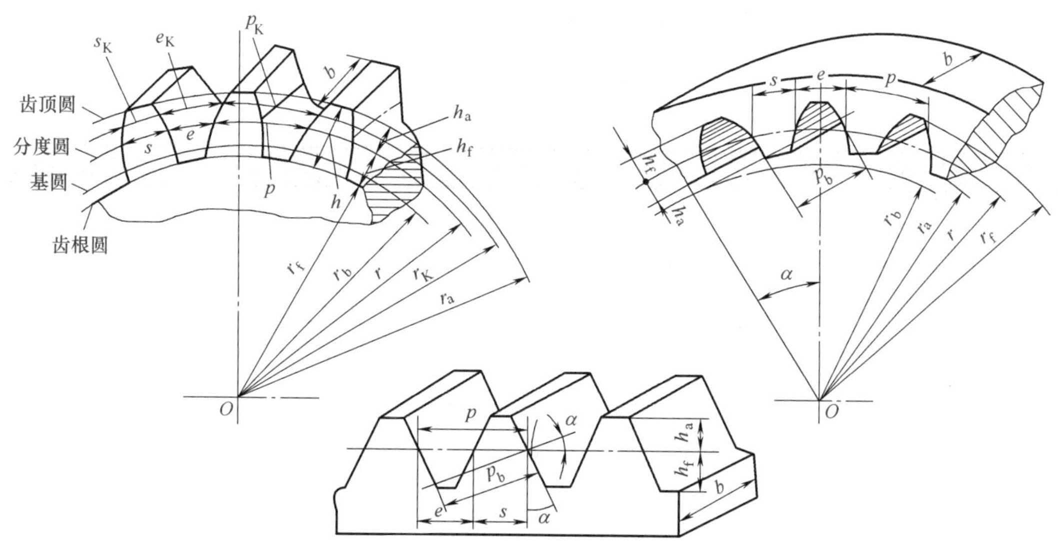


图 11-1　标准直齿圆柱齿轮各部分的名称

#### 1. 模数 $m$ 和压力角 $\alpha$

模数是分度圆上的齿距 $p$ 与 π 的比值，即 $m=\dfrac{p}{\pi}$，单位为 mm。渐开线齿轮的模数和压力角 $\alpha$ 的值均已标准化。国家标准规定 $\alpha$=20°。

### 2. 齿顶高系数 $h_a^*$ 和顶隙系数 $c^*$

国家标准规定，标准齿轮的齿顶高 $h_a=h_a^*m$；齿根高 $h_f=(h_a^*+c^*)m$。标准齿轮 $h_a^*=1$、$c^*=0.25$；短齿齿轮 $h_a^*=0.8$、$c^*=0.3$。

标准直齿圆柱齿轮的几何尺寸计算公式见表 11-1。

表 11-1　标准直齿圆柱齿轮的几何尺寸计算公式

| 符号名称 | 外齿轮 | 内齿轮 |
|---|---|---|
| 齿顶高 $h_a$ | $h_a=h_a^*m$ | |
| 齿根高 $h_f$ | $h_f=(h_a^*+c^*)m$ | |
| 全齿高 $h$ | $h=h_a+h_f=(2h_a^*+c^*)m$ | |
| 齿距 $p$ | $p=\pi m$ | |
| 齿厚 $s$ | $s=\dfrac{\pi m}{2}$ | |
| 槽宽 $e$ | $e=\dfrac{\pi m}{2}$ | |
| 基圆齿距 $p_b$ | $p_b=\pi m\cos\alpha$ | |
| 中心距 $a$ | $a=m\left(\dfrac{z_1+z_2}{2}\right)$ | |
| 分度圆直径 $d$ | $d=mz$ | |
| 基圆直径 $d_b$ | $d_b=mz\cos\alpha$ | |
| 齿顶圆直径 $d_a$ | $d_a=d+2h_a$ | $d_a=d-2h_a$ |
| 齿根圆直径 $d_f$ | $d_f=d-2h_f$ | $d_f=d+2h_f$ |

## 二、斜齿圆柱齿轮的基本参数及几何尺寸计算

斜齿圆柱齿轮的基本参数见表 11-2。

表 11-2　斜齿圆柱齿轮的基本参数

| 类别 | 说　明 |
|---|---|
| 螺旋角 $\beta$ | 斜齿圆柱齿轮的轮齿沿齿宽方向呈螺旋形，齿廓曲面与分度圆柱面的交线为一螺旋线，该螺旋线上的切线与过齿轮轴线的夹角称为该斜齿轮的螺旋角，用 $\beta$ 表示，如图 11-2 所示，一般取 $\beta=8°\sim20°$，人字齿轮的螺旋角可达 25°～40°。根据螺旋线旋向不同，斜齿轮分左旋和右旋两种，如图 11-3 所示 |
| 法向模数 $m_n$ 和端面模数 $m_t$ | 垂直于斜齿圆柱齿轮轴线的平面称为斜齿轮端面，垂直于分度圆柱上螺旋线方向的平面称为斜齿轮的法平面，该两平面内的参数分别称为端面参数和法面参数。标准规定法平面参数（法向参数）为标准值。法向模数 $m_n$ 和端面模数 $m_t$ 的关系为<br>$m_n=m_t\cos\beta$ |
| 压力角 $\alpha$ | 标准规定法向压力角 $\alpha_n=20°$，法向压力角 $\alpha_n$ 和端面压力角 $\alpha_t$ 的关系为<br>$\alpha\tan\alpha_n=\tan\alpha_t\cos\beta$ |
| 齿顶高系数 $h_{at}^*$、顶隙系数 $c_t^*$ 和变位系数 $x_t$ | 齿顶高系数 $h_{at}^*$、顶隙系数 $c_t^*$ 和变位系数 $x_t$ 分别为<br>$h_{at}^*=h_{an}^*\cos\beta$<br>$c_t^*=c_n^*\cos\beta$<br>$x_t=x_n\cos\beta$<br>外啮合标准斜齿圆柱齿轮的几何尺寸计算公式见表 11-3 |

## 三、锥齿轮的基本知识

锥齿轮是圆锥齿轮的简称，也称伞齿轮。它用来实现两相交轴之间的传动，两相交轴之

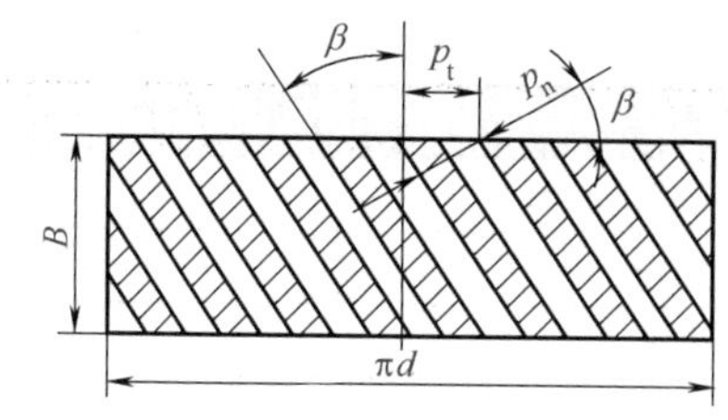


图 11-2　斜齿轮的螺旋角

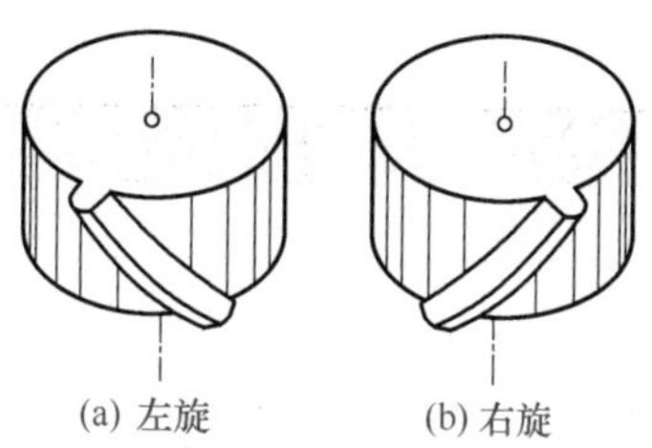


图 11-3　斜齿轮旋向

表 11-3　外啮合标准斜齿圆柱齿轮的几何尺寸计算公式

| 符号名称 | 外齿轮 | 内齿轮 |
|---|---|---|
| 齿顶高 $h_a$ | $h_a=h_{an}^*m_n=m_n$ | |
| 齿根高 $h_f$ | $h_f=(h_{an}^*+c_n^*)m_n=1.25m_n$ | |
| 导程 $P_z$ | $P_z=\dfrac{\pi m_n z}{\sin\beta}$ | |
| 中心距 $a$ | $a=m\left(\dfrac{z_1+z_2}{2}\right)$ | |
| 分度圆直径 $d$ | $d=m_t z=m_n z/\cos\beta$ | |
| 基圆直径 $d_b$ | $d_b=d\cos\alpha_t$ | |
| 齿顶圆直径 $d_a$ | $d_a=d+2h_a$ | |
| 齿根圆直径 $d_f$ | $d_f=d-2h_f$ | |

间的角度称为轴交角，用符号 $\sum$ 表示，其值可根据具体的传动需要确定，一般多采用 90°，但也有大于和小于 90° 的。锥齿轮的轮齿有直齿、斜齿和弧线齿等形式。直齿锥齿轮和斜齿锥齿轮的设计、制造及安装均较简单，但噪声较大，用于低速传动，一般在普通铣床上用锥齿轮铣刀仿形法加工。弧线齿锥齿轮具有传动平稳、噪声小及承载能力大等特点，用于高速重载的场合，一般在刨齿机上用展成法加工。

### 1. 锥齿轮各部分的名称

锥齿轮的轮齿排列在截圆锥体上，轮齿由齿轮的大端到小端逐渐收缩变小。由于这一特点，对应于圆柱齿轮中的各有关“圆柱”在锥齿轮中就变成了“圆锥”，如分度圆锥（节锥）、根锥、顶锥等。具体名称和定义见表 11-4。

表 11-4　锥齿轮各部分的名称和定义

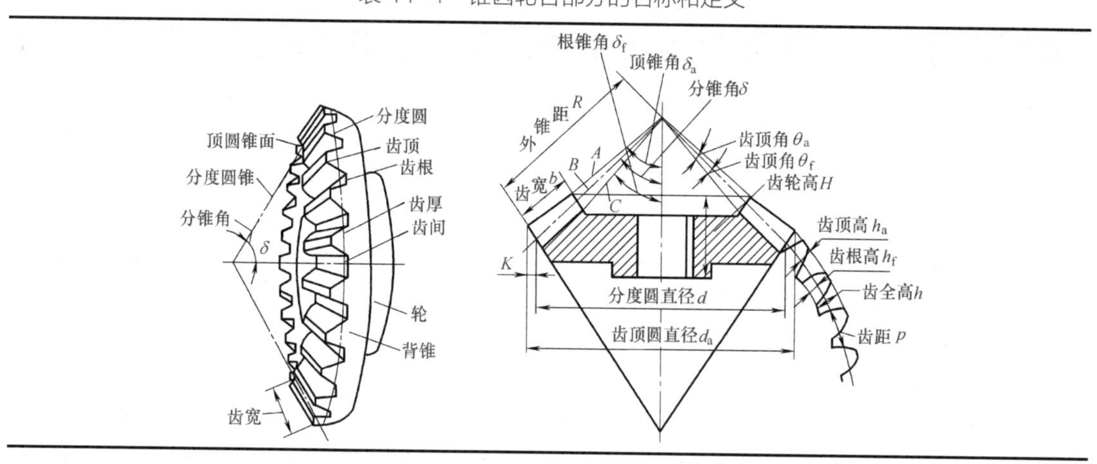

续表

| 名称 | 定　义 |
| --- | --- |
| 分度圆锥（节锥） | 一对相互啮合的锥齿轮的相切圆锥面 |
| 顶圆锥 | 通过所有轮齿齿顶的圆锥面 |
| 根圆锥 | 通过所有轮齿齿根的圆锥面 |
| 分锥角 | 分锥母线与锥齿轮轴线之间的夹角 |
| 顶锥角 | 顶锥母线与锥齿轮轴线之间的夹角 |
| 根锥角 | 根锥母线与锥齿轮轴线之间的夹角 |
| 齿顶角 | 顶锥母线与分锥母线之间的夹角 |
| 齿根角 | 根锥母线与分锥母线之间的夹角 |
| 锥距（节锥半径） | 分锥母线的长度 |
| 分度圆直径 | 分度圆锥底圆的直径 |
| 背锥 | 与分度圆锥相垂直的圆锥面 |

## 2. 锥齿轮的计算

锥齿轮因为小端齿形的尺寸较小，而大端齿形的尺寸较大，所以大小端的模数并不相同，但在计算锥齿轮的各部尺寸时，是以大端模数为标准值的。标准锥齿轮各部分尺寸及其计算见表 11-5。

表 11-5　标准锥齿轮各部分尺寸及其计算

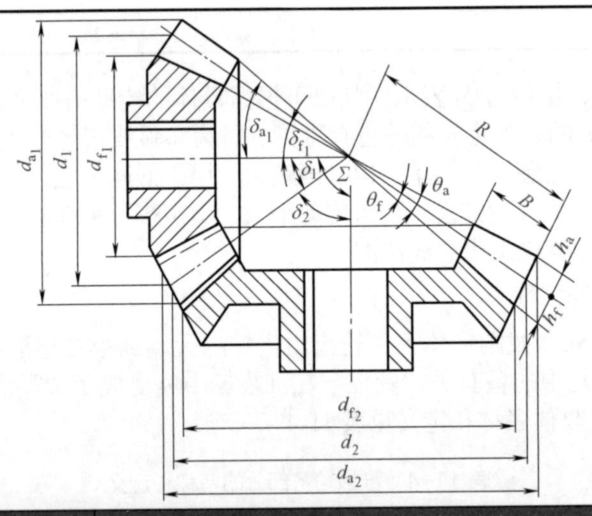


| 名称 | 计算公式 |
| --- | --- |
| 模数 | $m$（大端模数，标准值） |
| 齿距 | $p=\pi m$ |
| 轴交角 | $\Sigma=\delta_1+\delta_2$ |
| 分锥角 | $\Sigma=\delta_1+\delta_2$，$\tan\delta_2=\frac{z_2}{z_1}$，$\tan\delta_1=\frac{z_2}{z_1}$ |
| 分度圆直径 | $d=mz$ |
| 齿顶圆直径 | $d_a=m(z+2\cos\delta)$ |
| 齿根圆直径 | $d_f=m(z-2.4\cos\delta)$ |
| 顶隙系数 | $c^*=0.2$ |
| 顶隙 | $c=c^*m=0.2m$ |

续表

| 名称 | 计算公式 |
|---|---|
| 齿顶高 | $h_a=h_a^*m$ |
| 齿根高 | $h_f=(h_a^*+c^*)m$ |
| 全齿高 | $h=h_a+h_f=(2h_a^*+c^*)m$ |
| 齿顶角 | $\tan\theta_a=2\sin\dfrac{\delta}{z}$ |
| 齿根角 | $\tan\theta_f=2.4\sin\dfrac{\delta}{z}$ |
| 顶锥角 | $\delta_{a_1}=\delta_1+\theta_a \quad \delta_{a_2}=\delta_2+\theta_a$ |
| 根锥角 | $\delta_{f_1}=\delta_1-\theta_f \quad \delta_{f_2}=\delta_2-\theta_f$ |
| 锥距 | $R=\dfrac{d}{2}\sin\delta=\dfrac{mz}{2}\sin\delta$ |
| 齿宽 | $b\leqslant R/3$ |
| 小端模数 | $m_i=m(R-b)/R$ |

## 四、锥齿轮铣刀及锥齿轮的检测

由于锥齿轮的轮齿由齿轮的大端向圆锥顶点逐渐收缩，故锥轮的大小端的直径是不相等的，大小端的基圆直径也不相等。渐开线的形状取决于基圆直径的大小，因此大端基圆直径大，大端渐开线齿形就较平直；小端基圆直径小，小端渐开线齿形就较弯，从而造成了齿槽大端宽而深、小端窄而浅的齿形特点。如果铣刀的齿形与厚度适合大端，就不适合于小端，反之亦然。

### 1. 锥齿轮铣刀的选择

① 标准锥齿轮铣刀的齿形按大端齿形设计，厚度按锥距 $R$ 与齿宽 $b$ 之比 $R/b=3$ 时的小端齿槽宽度设计制造。

② 标准锥齿轮铣刀适用于 $R/b\geqslant 3$ 时锥齿轮的铣削，对 $R/b<3$ 时的锥齿轮，应选择更薄的锥齿轮铣刀。

③ 标准锥齿轮铣刀厚度是相同模数、相同号数的正齿轮铣刀的 2/3，因此，锥齿轮铣刀的端面刻有“⏢”或“伞”字标记。

④ 锥齿轮铣刀的齿形按大端齿形设计，大端齿形与当量圆柱轮的齿形相同。因此选择锥齿轮铣刀时，应根据图样上的模数、齿数 $z$ 和分锥角 $\delta$ 计算当量齿数 $z_v$，如图 11-4 所示中几何关系可知，其计算公式为：

$$\frac{mz_v}{2}=\frac{R_{分}}{\cos\delta}=\frac{mz}{2\cos\delta}$$

即：

$$z_v=z/\cos\delta$$

式中　$z$——实际齿数；

$\delta$——分锥角，(°)。

⑤ 根据锥齿轮的模数 $m$、当量齿数 $z_v$。选择铣刀的号数，在选取时应注意锥齿轮铣刀的标记“⏢”，以免造成差错。

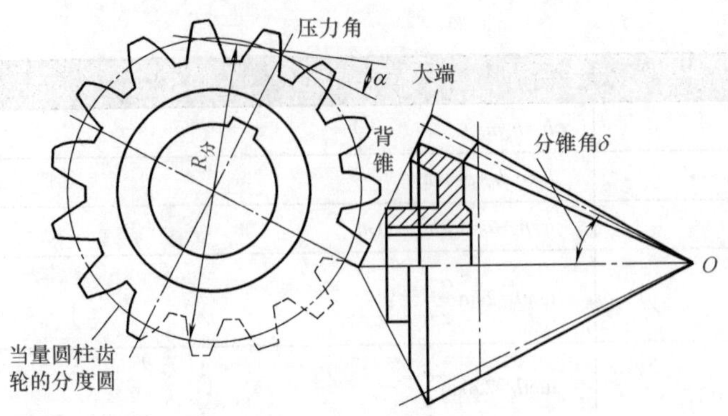


图 11-4　锥齿轮铣刀的几何关系

锥齿轮铣刀号数见表 11-6。

表 11-6　锥齿轮铣刀号数

| 刀号 | 1 | 2 | 3 | 4 | 5 | 6 | 7 | 8 |
|---|---|---|---|---|---|---|---|---|
| 当量齿数 | 12 ～ 13 | 14 ～ 16 | 17 ～ 20 | 21 ～ 25 | 26 ～ 34 | 35 ～ 54 | 55 ～ 134 | 135 ～ ∞ |

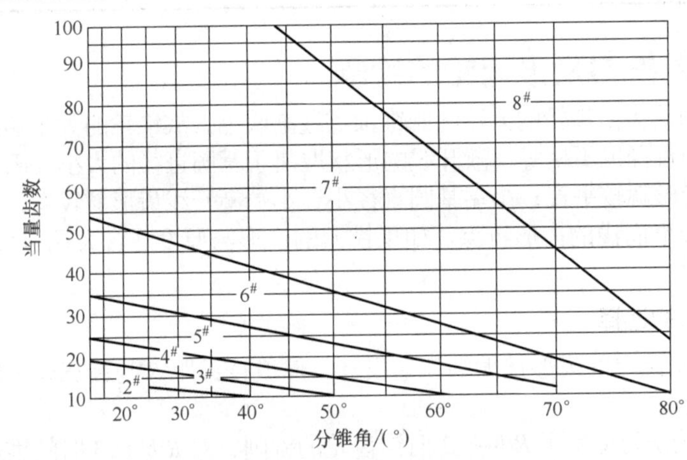


图 11-5　齿轮铣刀刀号查取

为方便，可根据分锥角 $\delta$ 和当量齿数 $z_v$ 查取齿轮铣刀刀号，如图 11-5 所示。

## 2. 齿轮坯的检测

齿坯几何形状和尺寸的准确与否是锥齿轮加工时工件装夹、找正、铣削和测量的重要依据。齿轮坯的具体检测内容见表 11-7。

表 11-7　齿轮坯的具体检测内容

| 类别 | 说　明 |
|---|---|
| 检测齿轮圆直径 | 由于加工时需按齿顶圆对刀来调整齿槽铣削深度，因此须用游标卡尺或千分尺检测齿轮坯齿顶圆的直径尺寸与偏差，如图 11-6 所示 |
| 检测顶锥角 | 测量时将齿轮坯基准面放在平板上，下面垫上适当高度的平行垫铁，基尺测量面放在平板上平行移动，使直尺测量面与齿轮坯顶锥面相贴合，即可测出顶锥角。为使测量准确，测量时应使直尺测量面或基尺测量面通过齿轮坯轴线，如图 11-7 所示 |
| 检测顶锥面的圆跳动量 | 将工件套入芯轴，使定位面紧贴芯轴台阶面，将百分表测头与顶锥面接触，用手转动齿轮坯，由百分表示值的变动范围确定顶锥面的圆跳动误差，如图 11-8 所示 |

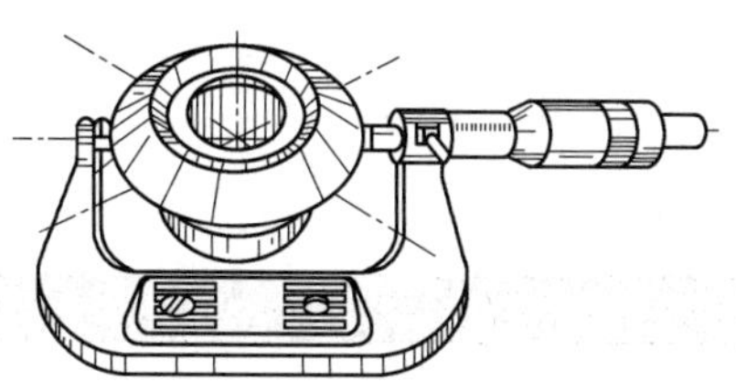
图 11-6　检测齿顶圆的直径尺寸与偏差

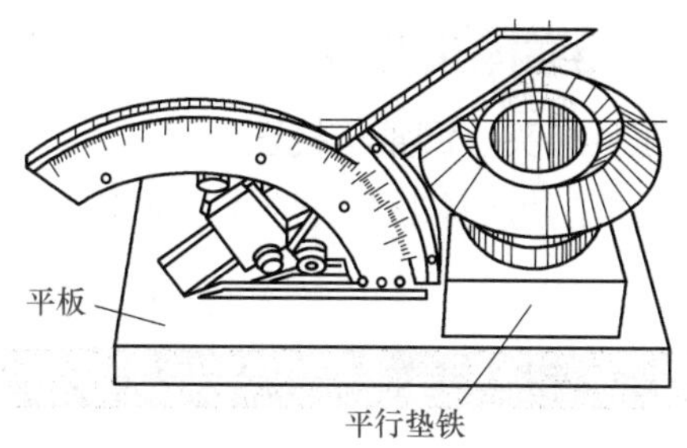

图 11-7　检测顶锥角

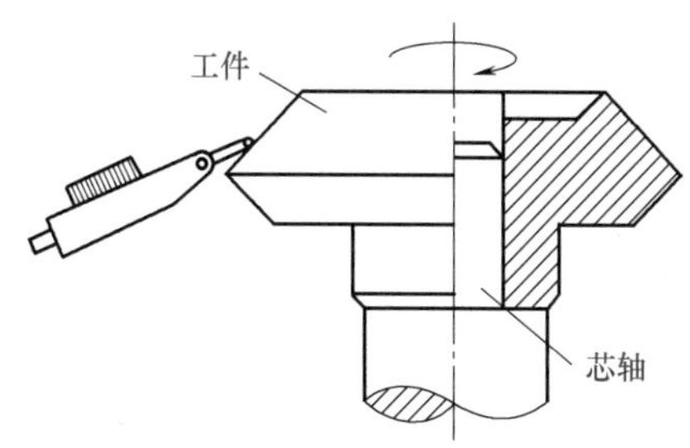

图 11-8　检测顶锥面圆跳动误差

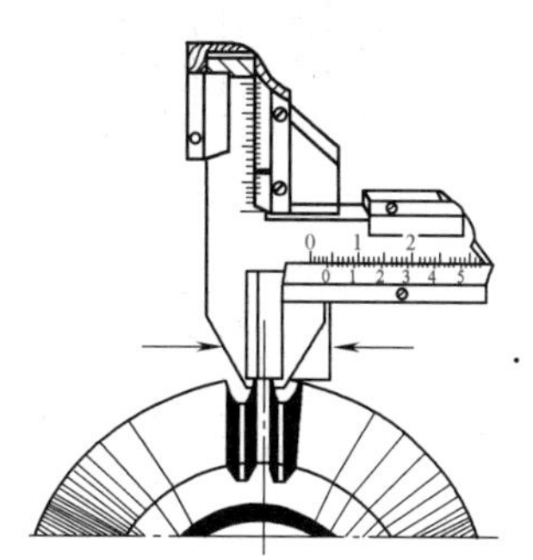
图 11-9　检测大端齿厚

加工完成的锥齿轮的检测内容见表 11-8。

表 11-8　加工完成的锥齿轮的检测内容

| 类别 | 说　明 |
|---|---|
| 检测大端齿厚 | 用齿厚游标卡尺测量。如图 11-9 所示，测量时，先将垂直游标尺调整到大端分度圆弦齿高 $\overline{h_a}$，并与齿顶面靠紧。然后移动水平游标卡尺，使两测量爪与齿轮齿面接触，水平游标卡尺的读数即为大端分度圆弦齿厚 $\bar{s}$ 尺寸，计算公式如下 $$\bar{s}=mz_v\sin\frac{90^\circ}{z_v}$$ $$\overline{h_a}=m\left[1+\frac{z_v}{2}\left(1-\cos\frac{90^\circ}{z_v}\right)\right]$$ 测量时要注意测量点应在背锥与轮齿的交线上，尺身平面与轮齿背锥的中间素线基本平行 |
| 检测齿向误差 | 齿向误差是指通过齿高中部，在齿全长内实际齿向对理论齿向的最大允许误差。测量时，把一对量针放在对应的两个齿槽中，若齿向正确，量针的针尖会碰在一起，如图 11-10 所示，否则便说明齿向有一定误差 |
| 检测齿圈的圆跳动误差 | 将工件套入芯轴，把标准量棒嵌入齿槽，用手转动工件，使百分表测量大端量棒处最高点，测量每个齿，如图 11-11 所示，百分表示值的变动量为大端齿圈的圆跳动误差 |

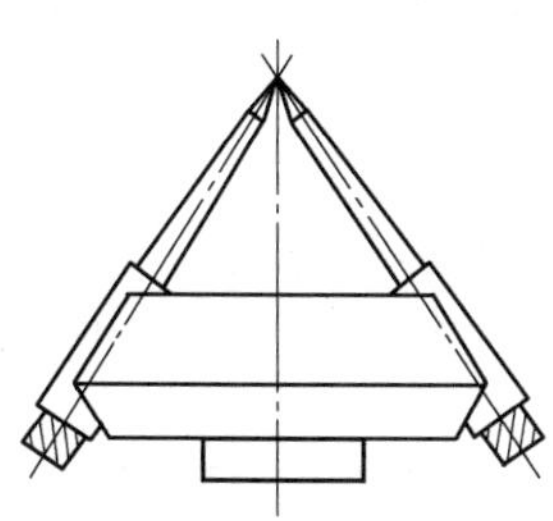
图 11-10　检测齿向误差

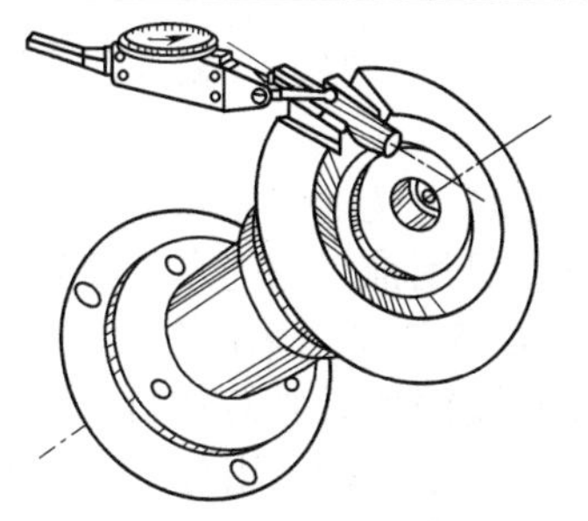
图 11-11　检测齿圈的圆跳动误差

## 五、锥齿轮的铣削

### 1. 工件装夹、调整与找正

锥齿轮工件通常带孔或带轴，常用的装夹与找正方法见表 11-9。

表 11-9　常用的装夹与找正方法

| 类别 | | 图示 | 说　明 |
|---|---|---|---|
| 锥齿轮的装夹方法 | 直柄芯轴装夹法 | | 如左图所示，把锥齿轮先安装在直柄芯轴上，然后用三爪卡盘夹紧直柄芯轴。此法适用于带孔锥齿轮的铣削 |
| | 三爪卡盘装夹法 | | 如左图所示，用三爪卡盘直接夹紧锥齿轮的柄部，此法适用于带柄锥齿轮的铣削 |
| | 锥柄芯轴装夹法 | | 如左图所示，此法采用内六角螺钉和埋头垫圈夹紧带孔锥齿轮工件，既方便观察，又因工件靠近分度头主轴，铣削时较稳固 |
| 锥齿轮的找正 | | | 锥齿轮的找正方法如左图所示。采用划线，先将高度游标卡尺目测对准工件锥面中部的中心位置，在锥面划出一条直线，分度头准确转过 180°，在工件同一侧，再划一条直线，两线相交一点，若交点偏向工件小端，应将高度尺下降 3mm 左右，重复上述步骤划出另两条直线，此时在工件顶锥面形成了对称轴线的菱形框。若交点偏向工件大端，应将高度尺上升 3mm 左右。如果划线时高度游标卡尺的升降方向不对，可能会使菱形框不完整，以致影响对刀 |

### 2. 铣削方法

因为锥齿轮的齿形是逐渐向圆锥顶点收缩的，由于锥齿轮铣刀厚度是按标准锥齿轮小端凿槽宽度设计的，因此齿槽中部铣好后，齿轮大端齿槽还有一定的加工余量，并且余量从小端向大端逐渐增多，所以要进行偏铣，达到使大端齿槽两侧多铣去一些的目的。具体铣削方法如下：

（1）在卧式铣床上铣削锥齿轮

在卧式铣床上铣削锥齿轮的方法较多，现介绍以下两种铣削方法：

① $G+S$ 法。$G+S$ 法是指采用分度头回转量 $G$ 和工作台横向偏移量 $S$ 相结合的方法。具体铣削方法、步骤及铣削原则见表 11-10。

② $\lambda+S$ 法。$\lambda+S$ 法是指采用分度头水平内偏转角度 $\lambda$ 和工作台横向偏移量 $S$ 相结合的方法。具体铣削方法、水平转角的计算及铣削步骤见表 11-11。

表 11-10 G+S 铣削方法、步骤及铣削原则

| 类别 | 说　明 |
| --- | --- |
| 铣削方法 | ① 水平进给铣削法如图 11-12 所示。为了使槽底与工作台面平行，须将分度头主轴扳转一个根锥角（铣削角）$\delta_f$。此时铣削深度用升降台来调整，自动进给是纵向走刀。具体方法是松开基座后面的 2 只六角螺母，再将前面 2 只内六角螺钉微松，扳动芯轴，使仰角等于根锥角 $\delta_f$，然后先紧固内六角螺钉，再紧固六角螺母<br>② 垂直进给铣削法如图 11-13 所示。适用于工件的铣削 $\delta_f$ 较大，且长度和直径也较大，以致工作台即使处于最低位置（升降台将与底座碰到），而锥齿轮的齿槽底还不能在铣刀下通过时的情况。此时，分度头主轴应扳转 $\phi=90°-\delta_f$，铣削深度用纵向工作台来调整，自动进给是垂直走刀 |
| 铣削步骤 | ① 铣齿槽中部如图 11-14 所示。对好中心后，使刀尖和齿坯大端接触，然后退出铣刀，将工作台升高 2.2m，按小端齿槽宽度铣出全部齿槽。<br>② 扩铣齿槽左侧如图 11-15 所示。铣左侧时，分度头向右（顺时针）转，工作台向左移。具体方法是按计算的横向偏移量 $S=mb/(2R)$，向左移动横向工作台并紧固。摇动分度头手柄，使齿坯向右转动，让铣刀刚好擦着小端齿槽的左侧，然后将定位销插入孔盘孔中，并记下分度手柄转过的孔距数，依次分度将所有齿槽左侧铣完。<br>③ 扩铣齿槽右侧如图 11-16 所示。铣右侧时，分度头向左（逆时针）转，工作台向右移。具体方法是松开横向工作台，横向工作台向右移动 2S 并紧固，再按 2 倍的扩铣齿槽左侧时所记下分度手柄转过的孔距数，反方向摇动分度头手柄，使齿坯向左转动，依次分度将所有齿槽右侧铣完。操作中应注意消除分度头的传动间隙 |
| 铣削原则 | 铣右侧时，分度头向左（逆时针）转，工作台向右移；铣左侧时，分度头向右（顺时针）转，工作台向左移，如图 11-17 所示 |

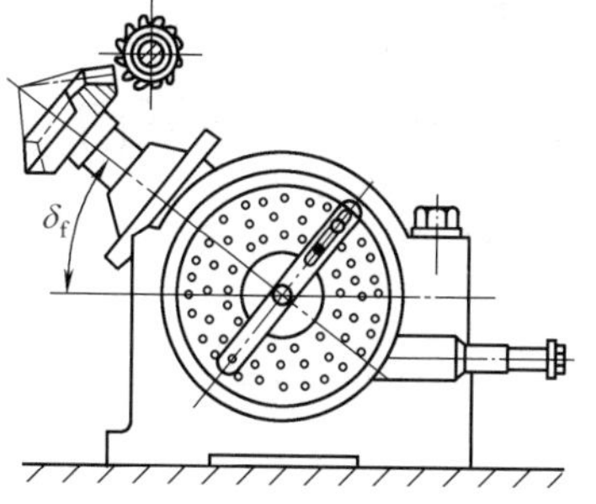

图 11-12　水平进给铣削法

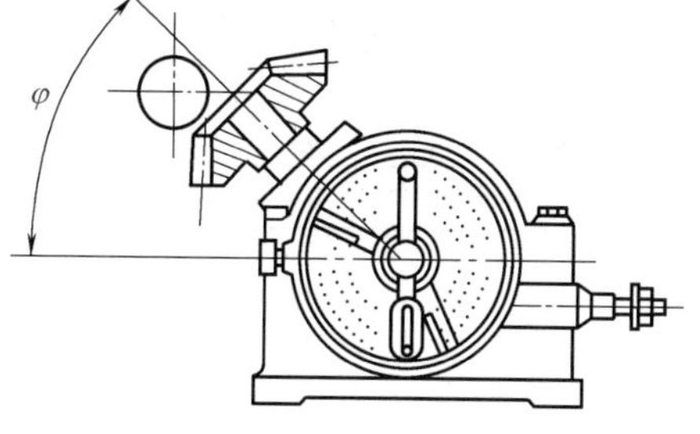

图 11-13　垂直进给铣削法

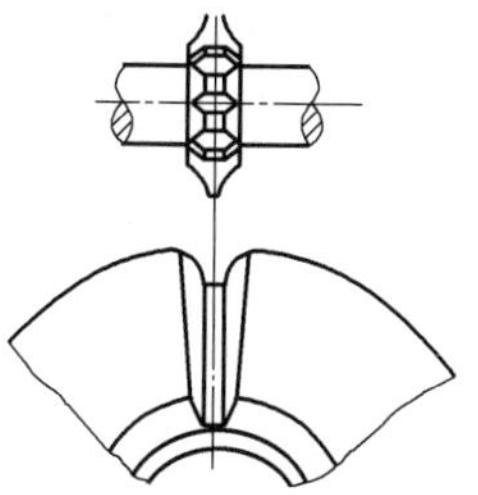
图 11-14　铣齿槽中部示意

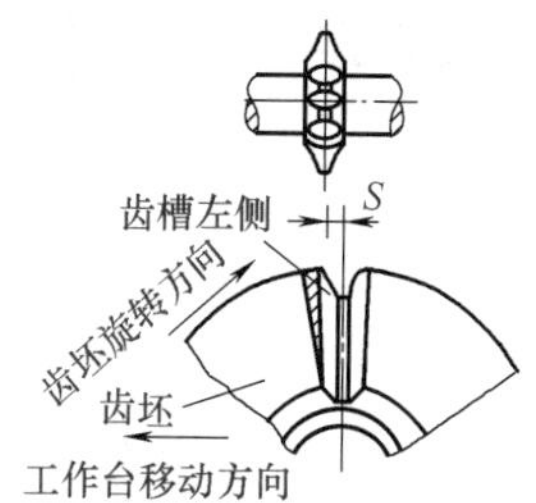

图 11-15　扩铣齿槽左侧示意

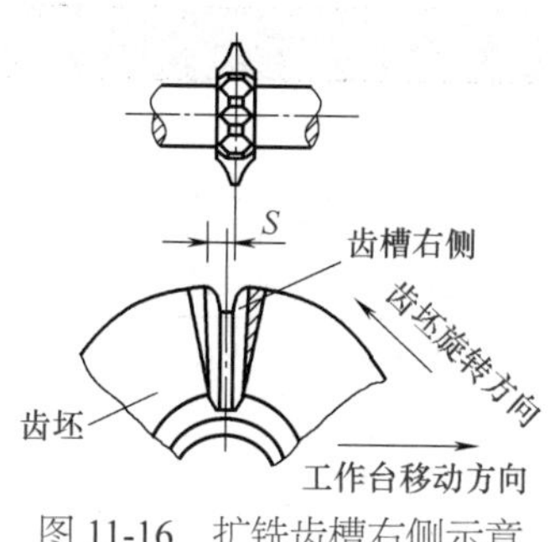

图 11-16　扩铣齿槽右侧示意

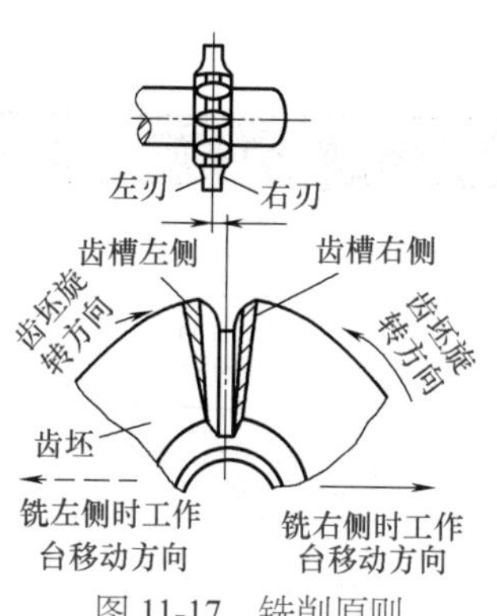

图 11-17　铣削原则

表 11-11　λ +S 铣削方法、水平转角的计算及铣削步骤

| 类别 | 说　明 |
|---|---|
| 铣削方法 | 铣削方法如图 11-18 所示，此法将主轴扳转一个根锥角（铣削角）$\delta_f$ 的分度头放置在圆转台等回转机构上，再通过转动圆转台使分度头主轴轴线在水平面内偏转一个角度 |
| 水平转角的计算 | 如图 11-19 所示几何关系可知，其计算公式为<br>$\sin\lambda=(B_{大}-B_{小})/(2b)$<br>式中　$B_{大}$——锥齿轮大端齿槽宽度，mm<br>$B_{小}$——锥齿轮小端齿槽宽度，mm<br>$b$——锥齿轮齿宽，mm |
| 铣削步骤 | ① 铣齿槽中部如图 11-20 所示。对好中心后使刀尖和齿坯大端接触，然后退出铣刀，将工作台升高 2.2m，按小端齿槽宽度铣出全部齿槽<br>② 扩铣齿槽左侧如图 11-21 所示。将分度头在圆转台上水平偏转一个 λ 角后并紧固。移动横向工作台，让铣刀刚好擦着小端齿槽的左侧，记下横向移动量 S，依次分度将所有齿槽左侧铣完<br>③ 扩铣齿槽右侧如图 11-22 所示。将分度头在圆转台上水平反方向偏转一个 2λ 角后紧固。将横向工作台反方向移动 2S，依次分度将所有齿槽右侧铣完 |

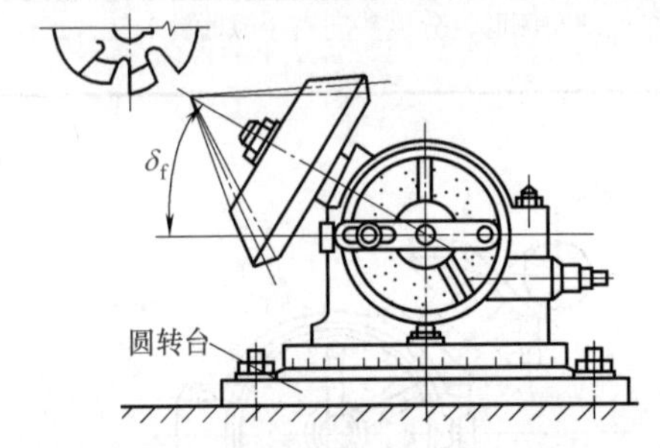

图 11-18　λ +S 铣削方法示意

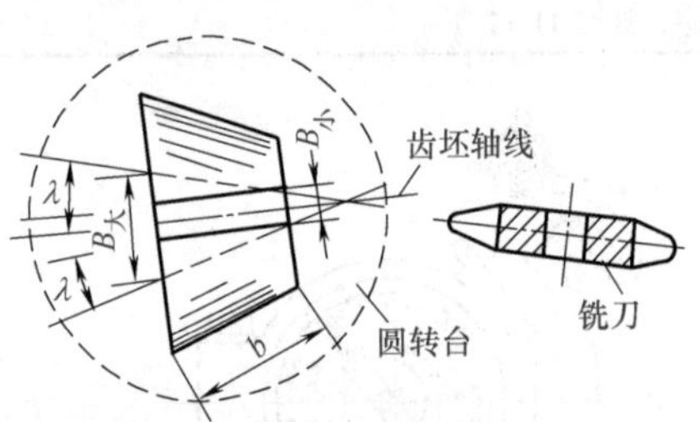

图 11-19　水平转角的计算示意

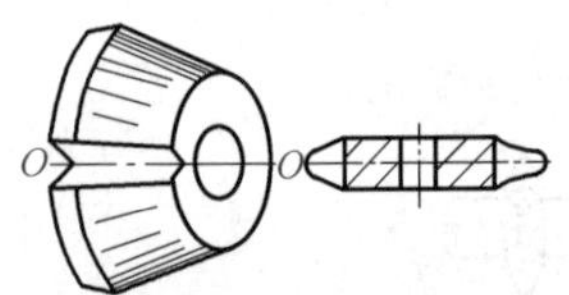

图 11-20　铣齿槽中部

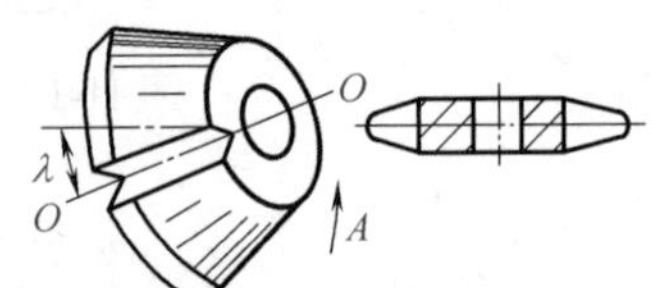

图 11-21　扩铣齿槽左侧

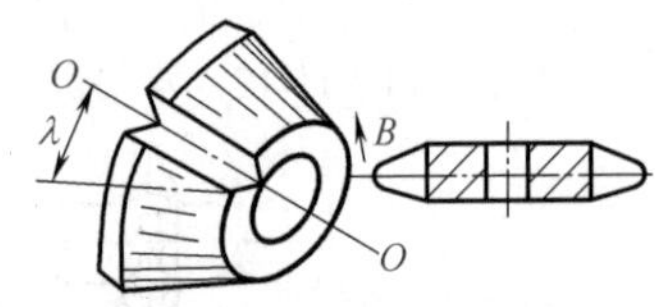

图 11-22　扩铣齿槽右侧

（2）在立式铣床上铣削锥齿轮

在立式铣床上也可以采用 λ+S 法铣削锥齿轮，并且操作步骤与在卧式铣床铣削时基本相同。但由于分度头主轴向下倾斜的最大角度为 6°，所以当计算出的 λ > 6°时，说明该锥齿轮不宜在立式铣床上铣削。其铣削方法和步骤见表 11-12。

表 11-12　铣削方法和步骤

| 类别 | | 说　明 |
|---|---|---|
| 铣削方法 | | 在安装分度头时，可把底座下面的定位键拆去，并将整个分度头在水平面旋转一个根锥角（铣削角）$\delta_f$，再紧固工作台，如图 11-23 所示 |
| 铣削步骤 | 铣齿槽中部 | 铣齿槽中部如图 11-24 所示。将分度头主轴调整到与工作台面平行，对好中心后，使刀尖和齿坯大端接触，然后退出铣刀，将工作台横向移动 2.2m，按小端齿槽宽度铣出全部齿槽 |
| | 扩铣齿槽左侧 | 扩铣齿槽左侧如图 11-25 所示。将分度头主轴向上抬起 λ 角后紧固，并将工作台下降 S 距离，让铣刀刚好擦着小端齿槽的左侧，记下垂向移动量 S，依次分度将所有齿槽左侧铣完 |
| | 扩铣齿槽右侧 | 扩铣齿槽右侧如图 11-26 所示。将分度头主轴向下倾斜 λ 角后紧固，并将工作台上升 S 距离，让铣刀刚好擦着小端齿槽的右侧，记下垂向移动量 S，依次分度将所有齿槽右侧铣完 |

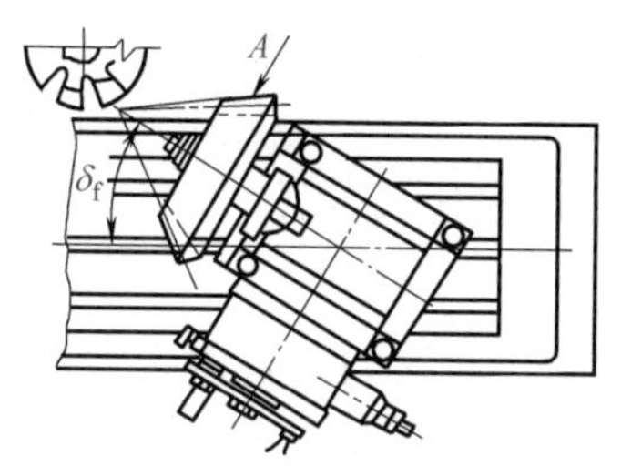

图 11-23　铣削方法示意

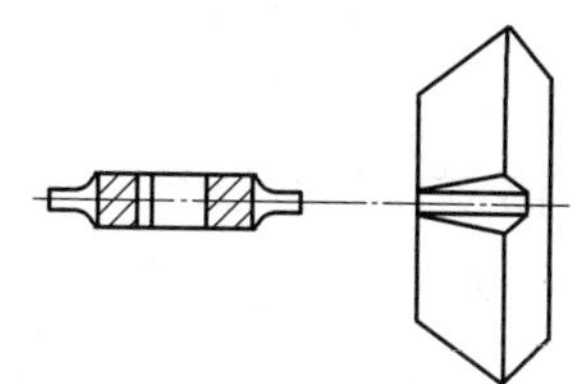
图 11-24　铣齿槽中部

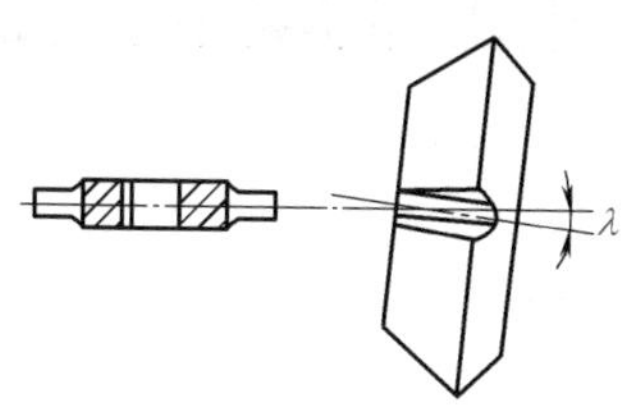

图 11-25　扩铣齿槽左侧

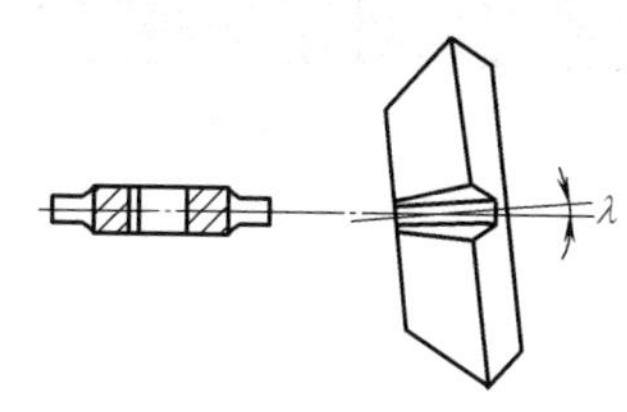

图 11-26　扩铣齿槽右侧

### 3. 铣削锥齿轮的注意事项

① 铣削锥齿轮的关键问题是偏铣齿槽的两侧余量，为了使锥齿轮的齿形正确，并对称于工件轴线，偏铣齿槽两侧时所切去的余量应相等，若出现偏差，则需纠正。纠正的方法见表 11-13。

表 11-13　偏铣齿槽大、小端两侧余量的纠正方法

| 现象 | 纠正方法 |
|---|---|
| 小端尺寸已准而大端还有余量 | 适当增大回转量 $G$（或水平偏角 $\lambda$）和偏移量 $S$，使大端齿厚铣去一些，小端不再被铣去 |
| 大端尺寸已准而小端还有余量 | 适当减小回转量 $G$（或水平偏角 $\lambda$），偏移量 $S$ 应多减小些，使小端齿厚铣去一些，而大端不再被铣去 |
| 大端、小端尺寸均有余量且相等 | 只需减小偏移量 $S$，使大端、小端都铣去一些 |
| 小端尺寸已准而大端尺寸太小 | 适当减小回转量 $G$（或水平偏角 $\lambda$）和偏移量 $S$，使小端不再被铣去，而大端比原来少铣去一些 |
| 大端尺寸已准而小端尺寸太小 | 适当增大回转量 $G$（或水平偏角 $\lambda$）和偏移量 $S$，使小端比原来少铣去一些 |

② 由于锥齿轮的轮齿由齿轮的大端向圆锥顶点逐渐收缩，故锥齿轮的大小端的直径是不相等的，大小端的基圆直径也不相等。而渐开线的形状取决于基圆直径的大小，因此大端基圆直径大，大端渐开线齿形就较平直；小端基圆直径小，小端渐开线齿形就较弯曲，而标准锥齿轮铣刀的齿形按大端齿形设计制造，因此铣削后的锥齿轮小端的齿形有些余量未被切除（如图 11-27 中 $B$ 处），从而影响齿轮的啮合，所以一般铣削后都要将齿轮的小端齿形加以修锉。但这项工作比较费时，因此最好在铣削时适当地减薄小端齿厚，以免除修锉工作。为此一般可以适当减小偏移量 $S$，使小端多铣去一些。

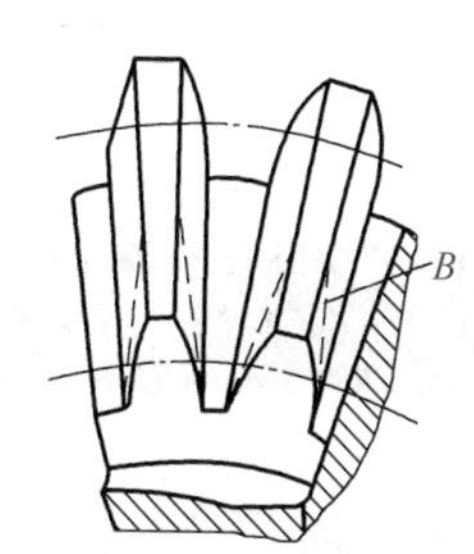

图 11-27　锥齿轮小端余量未被切除

③ 铣削过程中，偏铣齿槽调整回转量 $G$ 时，若出现分度手柄多转一孔则齿厚较薄，而少转一孔齿厚又过厚时，可松开分度盘侧端紧固螺钉，使分度盘做微量转动，而不应该单纯从一边增大偏移量使齿厚减薄，这样会使齿形的对称性受到影响。

### 4. 直齿锥齿轮铣削质量分析

用万能分度头装夹工件进行分度，并用成形锥齿轮铣刀在普通铣床上铣削锥齿轮的齿形，一般来说其加工精度是较低的，尤其是齿轮的齿形误差较大。通常遇到的质量问题见表 11-14。

表 11-14　直齿锥齿轮铣削质量问题

| 质量问题 | 造成质量问题的原因 |
| --- | --- |
| 齿形和齿厚误差超差 | ①铣刀刃磨不好<br>②铣刀号数选择错误<br>③铣刀安装不好<br>④操作时偏移量和回转量控制不好<br>⑤机床导轨平行度差 |
| 齿距误差超差 | ①齿轮坯装夹不好<br>②分度不准确<br>③分度头传动机构精度差 |
| 齿向误差超差 | ①操作时对刀不准确<br>②铣大端两侧时，偏移量不相等<br>③齿轮坯基准端面与轴心线垂直度不好<br>④装夹齿轮坯时，轴心线与芯轴轴心线交叉 |
| 齿圈径向跳动超差 | ①齿轮坯装夹误差大<br>②齿轮坯外径与内孔同轴度差<br>③分度头主轴轴心线与旋转轴心线不重合 |
| 齿面产生波纹和表面粗糙度较大 | ①铣削用量过大<br>②铣刀变钝<br>③刀轴弯曲<br>④机床导轨镶条太松<br>⑤机床主轴的轴向窜动量过大<br>⑥机床主轴和刀轴径向跳动量过大<br>⑦铣削时分度头主轴未紧固<br>⑧工件热处理不好 |

# 第二节　铣削齿轮、齿条技巧分析

## 一、铣直齿圆柱齿轮的技巧分析

### 1. 检查齿坯尺寸

主要是检查齿坯外圆（即齿顶圆）的直径尺寸，以便根据齿顶圆的实际直径确定铣削深度，使齿轮分度圆齿厚符合要求。

### 2. 齿坯的装夹

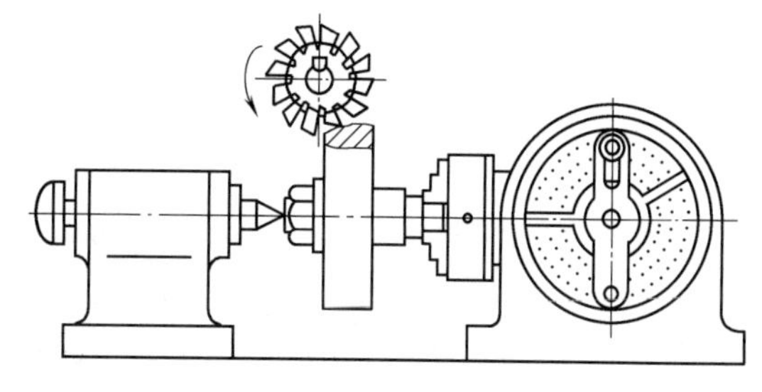

图 11-28　正齿轮的铣削

安装调整精度低，影响齿轮加工质量。齿坯装夹时，通常是将齿坯装在芯轴上，再将芯轴装在分度头及尾座的两个顶尖间（图 11-28），齿轮宽度较小时，可同时在芯轴上装几个齿坯。铣齿轮轴（即齿轮与轴为一整体）上的齿形时，工件的一端可直接夹在分度头上的三爪卡盘内，另一端用尾顶尖支承。工件装夹后经校正，必须保证：

① 齿轮坯轴线与铣床工作台面平行精度要求；

② 齿轮坯轴线与铣床纵向工作台的进给方向平行精度要求；

③ 齿轮坯轴心线与分度头主轴中心线重合精度要求；

④ 齿轮坯的径向跳动量与端面跳动量不得超过允许数值。

### 3. 铣刀的选择、装夹和对刀

忌铣刀与齿轮坯间的相互位置超差。根据被加工齿轮的模数和齿数选择铣刀。铣刀在刀杆上装夹之后，应检查其运转情况，如有偏摆，应予调整。为提高铣刀的装夹刚性，挂架与床身间的距离应尽量小些。

### 4. 对刀

调整好铣刀与齿轮坯间的相互位置，是保证齿轮齿形对称性的关键。对刀的原则是使铣刀廓形的对称平面通过齿轮坯轴线。常用的对刀方法有以下两种。

① 划线法。将划针盘调整到接近齿轮坯中心的高度，在齿轮坯外圆的一侧划一条线，然后摇动分度头，使齿轮坯转过 180°，第一次划出的线也随之转到了另一侧。此时，移动划针盘并保持其原有高度，在第一次划了线的一侧齿轮坯外圆上，再划一条线。对刀时，使铣刀对正两条线中间即可。

② 切痕法

与铣花键轴时的切痕对刀法相近，不过铣齿轮时，应使铣刀对准切痕中心。

### 5. 分度计算和调整

根据被加工齿轮的齿数和精度要求，确定分度方法并进行分度计算，然后根据计算结果对分度头做必要的调整。

### 6. 调整切削深度

切削深度应按轮齿齿厚进行调整。对模数较大的齿轮分粗、精两次铣削，精铣时的切削深度，按粗铣后轮齿齿厚进行调整。对于小模数齿轮，一次铣削即可铣出整个齿形，为保证齿厚符合要求，可先按小于全齿高的深度铣出几个齿，再根据这几个齿的齿厚，将铣削深度调整到需要的数值。在以上各项工作完成后，即可逐步将齿轮铣出。

## 二、直齿条及斜齿条的加工技巧

齿条可以看成是齿数无穷多的齿轮的一部分，由于齿数无穷多，所以齿轮的分度圆、齿顶圆与齿根圆都变成了直线，成为齿条的中线、齿顶线及齿根线，同时其齿形也不再是渐开线而成为直线了。直齿条的齿向与端面垂直，在端面内齿条具有标准模数和压力角，其形状如图 11-29（a）所示，基本尺寸及计算见表 11-15。

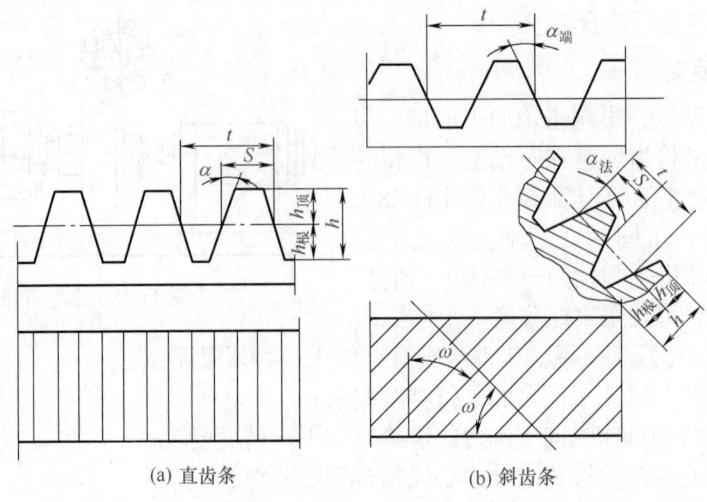


图 11-29　齿条形状示意

表 11-15　直齿条的基本尺寸及计算

| 名称 | 符号 | 计算公式 |
|---|---|---|
| 齿距 | $t$ | $t=\pi m$ |
| 齿厚 | $S$ | $S=\pi m/2$ |
| 齿顶高 | $h_{顶}$ | $h_{顶}=m$ |
| 齿根高 | $h_{根}$ | $h_{根}=1.25m$ |
| 全齿高 | $h$ | $h=h_{根}+h_{顶}=2.25m$ |

斜齿条可以看成是由斜齿轮演化来的，斜齿条与端面成（$90°-\omega$）角，$\omega$ 相当于斜齿轮的螺旋角。斜齿条在法向截面内的模数 $m_{法}$及压力角 $\alpha_{法}$为标准值。斜齿条的形状如图 11-29（b）所示，其基本尺寸及计算见表 11-16。

表 11-16　斜齿条的基本尺寸及计算

| 名称 | 符号 | 计算公式 |
|---|---|---|
| 法向齿距 | $t_{法}$ | $t_{法}=\pi m_{法}$ |
| 法向齿厚 | $S_{法}$ | $S_{法}=\pi m_{法}/2$ |
| 端面齿距 | $t_{端}$ | $t_{端}=\pi m_{法}/\cos\omega$ |
| 端面压力角 | $\alpha_{端}$ | $\tan\alpha_{端}=\tan\alpha_{法}/\cos\omega$ |
| 齿顶高 | $h_{顶}$ | $h_{顶}=m$ |
| 齿根高 | $h_{根}$ | $h_{根}=1.25m$ |
| 全齿高 | $h$ | $h=h_{根}+h_{顶}=2.25m$ |

### 1. 直齿条的加工操作技巧分析

齿条铣削通常在卧式铣床上进行，铣直齿条的步骤见表 11-17。

表 11-17　铣直齿条的步骤

| 类别 | 说　明 |
| --- | --- |
| 工件的安装 | 忌不检查与调整工件与工作台的相互位置。铣短齿条时，工件可在平口钳或其他夹具内装夹。装夹后，应保证齿顶平面与铣床工作台面平行，齿条端面与横向工作台的移动方向平行（即齿向与铣床刀杆轴线垂直）。铣长齿条时，工件可在夹具内装夹，也可用两个平口钳装夹。装夹后，齿条的齿顶面要与铣床工作台面平行，端面应与纵向工作台的移动方向平行 |
| 铣刀的选择 | 由于齿条相当于齿数无穷多的齿轮，所以可根据齿条模数选择 8 号标准盘形齿轮铣刀进行加工 |
| 铣刀的安装 | 忌刀杆刚度差，影响加工精度。铣短齿条时，铣刀直接安装在铣床刀杆上<br>铣长齿条时，由于工件取纵向位置装夹，被加工齿条的齿向与铣床刀杆轴线平行，因此，需对铣床进行改装。改装方法很多，如图 11-30 所示是较常用的横向刀架，它通过一对螺旋齿轮使主轴转过 90°，适应齿条铣削的要求 |
| 齿条齿距的控制 | 在铣完齿条上的一个齿槽后，应将横向工作台（铣短齿条时）或纵向工作台（铣长齿条时）移动一个齿距，以便铣下一个齿槽。常用的移距方法有以下几种<br>① 按进给手轮刻度盘控制齿距。每次移距时，刻度盘转过的格数 $n$ 为<br>$$n=\frac{\pi m}{s}\text{（格）}$$<br>式中　$m$——被加工齿条的模数，mm；<br>$s$——刻度盘每转一格工作台移动的距离，mm。<br>使用此法时，应注意消除进给丝杠与螺母的间隙。这种方法操作简便，但不精确，也容易出差错<br>②分度头侧轴挂轮法。此法即直线间隔分度法中的侧轴挂轮法在直齿条铣削中的应用，具体计算及挂轮选择可参见前面章节。除以上方法外，还可采用其他的移距装置或用百分表控制齿条的齿距。在立式铣床上铣齿条时，需用如图 11-31 所示的横向刀架使铣刀芯轴成卧式，铣削步骤仍如前述 |

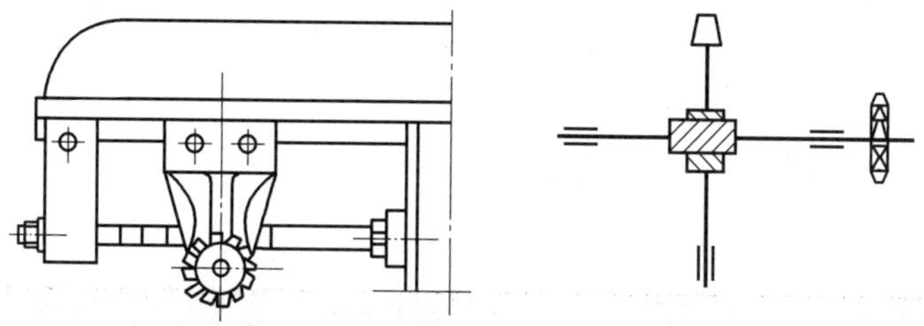

图 11-30　卧式铣床上的横向刀架

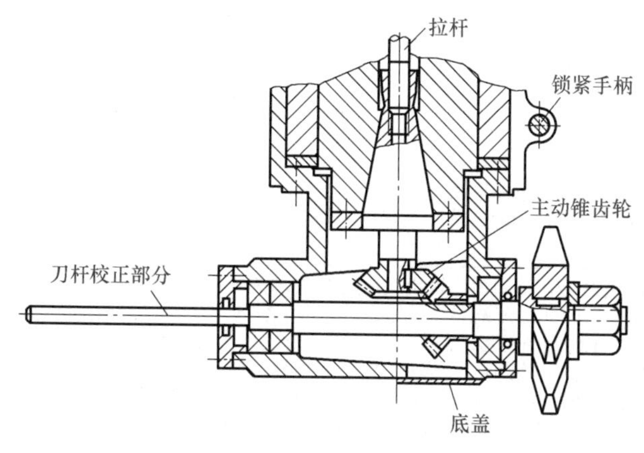


图 11-31　立式铣床上的横向刀架

### 2. 斜齿条的加工操作技巧分析

斜齿条的铣削方法与直齿条的铣削方法基本相同，但在铣斜齿条时，工件的安装或机床的调整应保证齿条的齿向与齿条的端面成（$90°-\omega$）角度。为此，常采用以下两种方法见表 11-18。

表 11-18　斜齿条的加工操作技巧分析

| 类别 | 说　明 |
| --- | --- |
| 工件倾斜装夹法 | 忌法向齿距 $t_{法}$与端面齿距 $t_{端}$搞混。安装时，应使工件与工作台的移动方向倾斜成 $\omega$ 角，如图 11-32（a）所示，这样铣刀便可铣出符合要求的斜齿条<br>需注意的一点是，采用此法时，工作台每次移动的距离应等于齿条的法向齿距 $t_{法}$。此法适合加工 $\omega$ 较小的短齿条 |
| 转动工作台法 | 忌法向齿距 $t_{法}$与端面齿距 $t_{端}$搞混。安装工件时，应使齿条的端面与纵向工作台的移动方向平行，然后再根据齿条齿向将工作台扳转 $\omega$ 角，如图 11-32（b）所示。采用此法时，每铣一齿后，纵向工作台的移动距离应等于斜齿条的法向齿距 $t$<br>注意：转动工作台法适合于加工较长的斜齿条 |

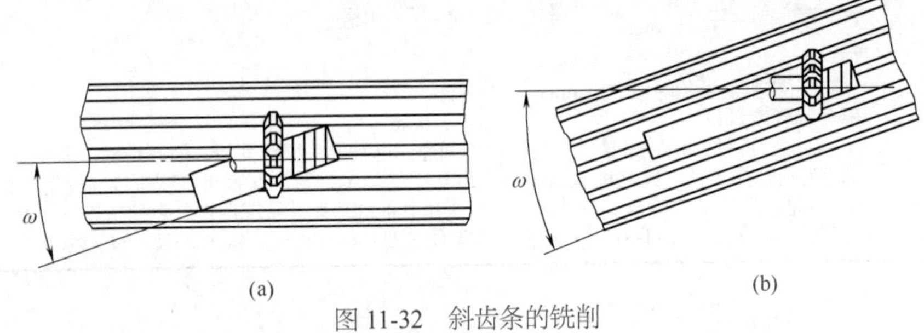


图 11-32　斜齿条的铣削

## 三、铣直齿刀具的端面齿槽的技巧

铣直齿刀具的端面齿槽的技巧见表 11-19。

表 11-19　铣直齿刀具的端面齿槽的技巧

| 类别 | 说　明 |
| --- | --- |
| 工件的装夹 | 工件应在分度头内装夹；被加工刀具有尾柄时，可直接夹固工件的柄部；若为有孔刀具时，可利用芯轴装夹，但应使芯轴及其夹紧元件不影响工作铣刀的切削行程。忌芯轴制造刚度低、装夹定位精度低 |
| 选择工作铣刀 | 选用廓形角与工件槽形角相同的单角铣刀 |
| 确定分度头仰角 | 忌不考虑加工刀具副偏角影响。为使加工出的端面齿棱边宽度一致，端面齿槽由内向外应逐渐加深。因此，在铣削时，分度头主轴需仰起 $\alpha$ 角（图 11-33），$\alpha$ 角的大小可用下式计算<br>$\cos\alpha=\tan\dfrac{360°}{Z}\cot\theta$<br>式中　$Z$——被加工刀具的齿数<br>$\theta$——工件端面齿槽槽形角<br>计算出的 $\alpha$ 值，没有考虑到被加工刀具副偏角的影响，在实际工作时，应根据副偏角的大小，对计算出的 $\alpha$ 进行适当调整 |
| 调整工作铣刀的切削位置 | 工件的端面齿槽是在圆周齿槽铣出之后进行铣削的，而端面刀齿的前刀面与相应的圆周刀齿的前刀面应在同一平面内，因此，在铣端面齿槽之前，应先使工件的圆周刀刃与纵向工作台的移动方向平行，并作以下调整：当工件圆周刀齿的前角 $\gamma>0$ 时，先使工作铣刀的端面齿对准工件中心，然后将横向工作台移动等于偏移量 $E$ 的一段距离，再转动分度头主轴，使圆周刀齿的前刀面与工作铣刀的端面刀齿轻轻接触，最后按端面齿槽的深度将升降工作台调整到适当高度，这样，工作铣刀就进入正确的切削位置，可以逐齿进行铣削了。工作台偏移量 $E$，可按下式计算，即<br>$E=\dfrac{D}{2}\sin\gamma$ |

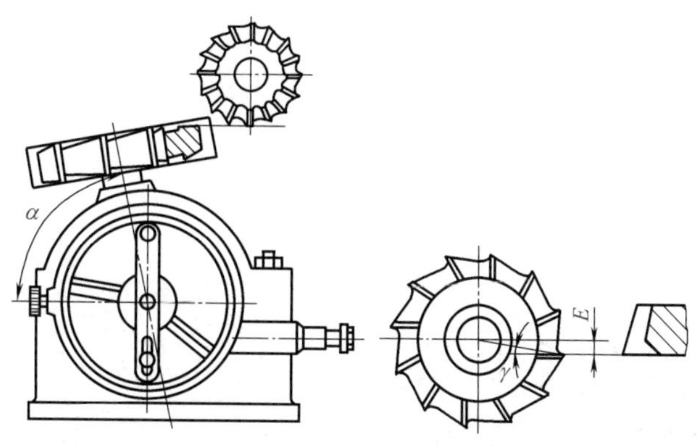

图 11-33　直齿刀具端面齿槽的铣削

## 四、铣螺旋齿刀具的端面齿槽的技巧

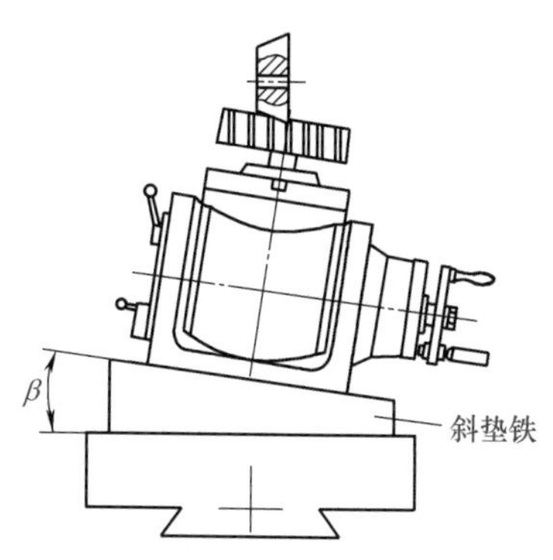

图 11-34　在卧式铣床上加工螺旋齿刀具的端面齿

对于直线齿背的端面齿槽，可按法向槽形角选择单角铣刀。由于工件的圆柱刀齿为螺旋齿，所以端面齿具有一定大小的前角，这就要求在调整铣刀的切削位置时，除要确定横向工作台的偏移量 $E$ 及分度头仰角 $\alpha$ 外，还应使分度头在平行于横向工作台移动方向的垂直平面内转动 $\theta$ 角。这一转角可用在分度头下垫斜垫铁的方法实现（图 11-34）。$\alpha$、$\beta$ 及 $E$ 的数值可近似地按下式计算：

$$\cos\alpha = \tan\frac{360°}{Z}\cot(\gamma_{1N} + \theta)$$

$$\tan\beta = \tan\gamma_{1N}\sin\alpha$$

$$E = \frac{D}{2}\sin\lambda_1$$

式中　$Z$——工件的齿数；

$\theta$——工件端面齿槽槽形角，(°)；

$\lambda_1$——端面刀刃刃倾角，(°)；

$D$——工件外径，mm；

$\gamma_{1N}$——端面刀刃法向前角，(°)。

$\lambda_1$ 一般在工件的工件图中标出。如工件图中未标出了 $\gamma_{1N}$ 时，可按下式计算：

$$\tan\gamma_{1N} = \tan\omega\cos\lambda_1$$

式中　$\omega$——工件圆周刀刃的螺旋角。

由于上述计算结果为近似值，在实际工作时，应根据切削情况对分度头主轴的倾角 $\alpha$ 作适当调整，调整原则是使端面刀刃的棱边沿刀刃宽度一致。具体铣削方法与铣直齿刀具端面齿的情况基本相同。为避免使用分度头下面的斜垫铁，在卧式铣床上加工螺旋齿刀具端面齿时，可用下面方法进行调整。

① 在工作台的水平面内，按工件的螺旋角 $\omega$ 转动分度头底座，右旋工件应逆时针方向转动；左旋工件则按顺时针方向转动。忌转动方向错误。

② 计算 $\alpha$ 值，并将分度头主轴仰起。忌不考虑刀具副偏角影响。

③ 工作铣刀端面刃对准工件中心，再按 $E$ 值横向移动工作台。

④ 转动分度头主轴，使工作铣刀端面刃对准工件中心，即可试铣端面齿。忌对位不准。

螺旋齿刀具的端面齿也可在立式铣床上铣削，此时工作铣刀切削位置的调整如图 11-35 所示。分度头底座在工作台水平面内应转动（$90°-\alpha$）角，分度头主轴的仰角为 $\beta$，偏移量 $E$ 由移动升降台得到。

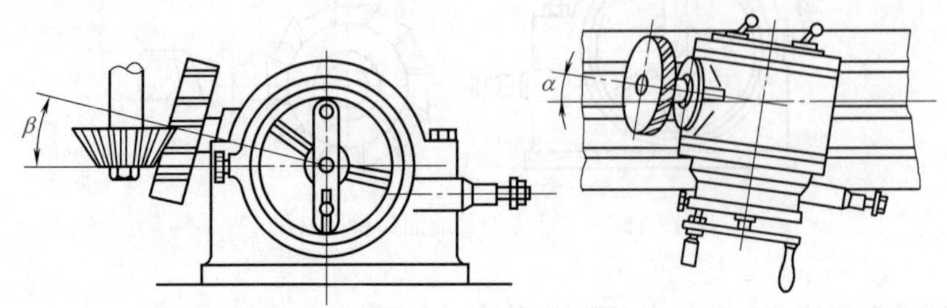


图 11-35　在立式铣床上加工螺旋齿刀具的端面齿

## 五、麻花钻的开槽操作技巧

麻花钻头的几何形状如图 11-36 所示，有螺旋角为 $\beta$ 的两条螺旋槽。

开槽铣刀及齿背铣刀如图 11-37 所示，其刀齿的几何形状要根据钻头的直径来确定。铣削时，工作台转动的方向及转角大小等调整方法与圆柱面螺旋铣刀相同，一般采用试铣来对刀。

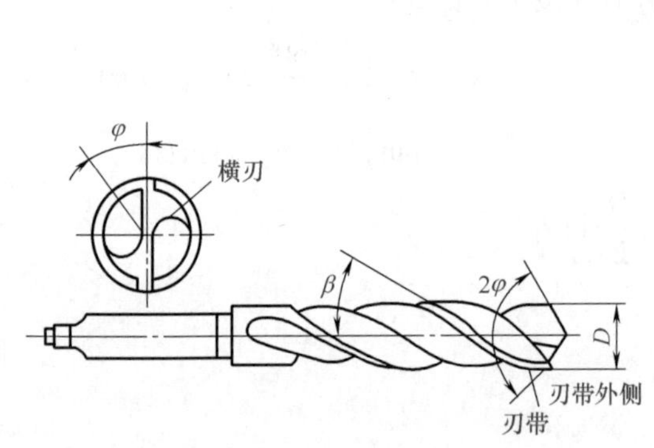


图 11-36　麻花钻头的几何形状

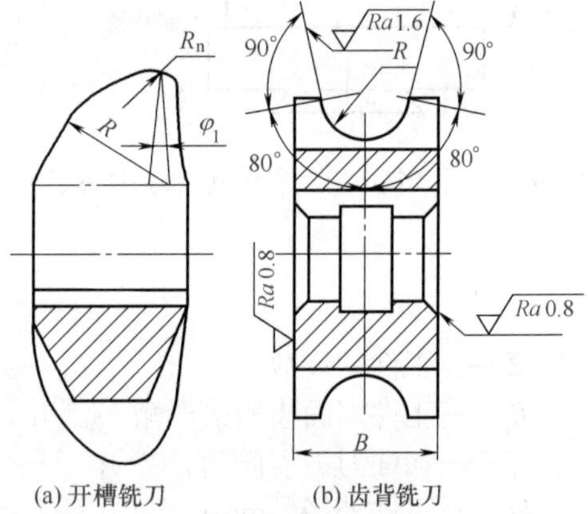


图 11-37　铣削钻头用的工作铣刀

## 六、角度铣刀锥面开齿的操作技巧

角度铣刀锥面开齿的准备工作与盘形直齿刀具端面齿开齿时基本相同，工作台横向偏移量 $S$ 的计算也是 $S=R\sin\gamma_0$，而分度头的倾斜角 $\alpha$ 的计算为：

$$\varphi=\beta_0-\lambda$$

$$\tan\beta_0=\cos\frac{360°}{z}\cot\delta$$

$$\sin\lambda=\tan\frac{360°}{z}\cot\theta\sin\beta_0$$

式中　$\beta_0$—— 工件铣刀刀齿齿高中线与工件铣刀中心线间的夹角。

如图 11-38 所示，用试切确定铣削深度以保证锥面上刀刃棱边宽度值。

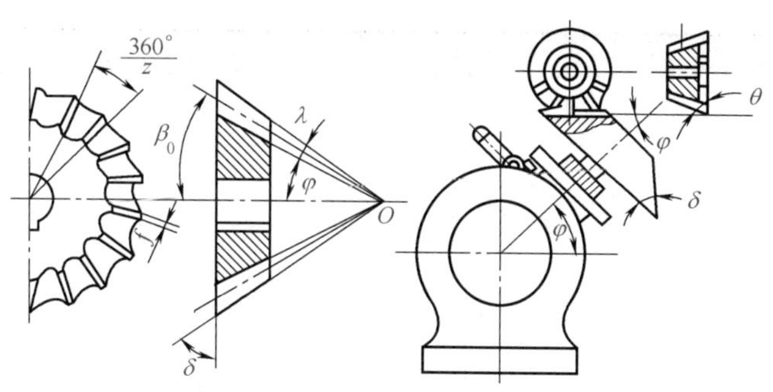


图 11-38　试切确定铣削深度

# 第三节　加工实例

## 实例一：铣削直齿圆柱齿轮零件

### 1. 图样分析

如图 11-39 所示为一直齿圆柱齿轮（标准正齿轮）的零件尺寸，现分析如下：

① 工件外圆为 $\phi=102\ _{-0.10}^{\ 0}$mm，跨 4 齿测量公法线长度 $\omega=32.40\ _{-0.20}^{-0.10}$ mm，精度为 9 级。

② 齿轮的模数 $m$=3mm，齿数 $z$=32，压力角 $\alpha=20°$。

③ 分度圆弦齿厚为 $4.71\ _{-0.05}^{\ 0}$ mm，齿面表面粗糙度值 $Ra$3.2μm。

④ 材料为 45 钢，热处理调质至 230～268HBW。

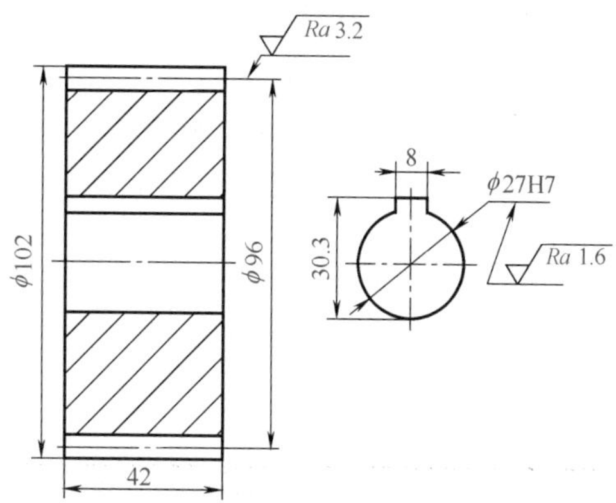


图 11-39　直齿圆柱齿轮（标准正齿轮）的零件尺寸

### 2. 拟定加工方法

铣削直齿圆柱齿轮零件的加工方法见表 11-20。

表 11-20　铣削直齿圆柱齿轮零件的加工方法

| 类型 | 说　明 |
|---|---|
| 机床的选择 | 选用 X6132 型万能卧式铣床 |
| 刀具的选择 | 选用压力角为 20°，模数为 3mm 的 5½ 号齿轮盘铣刀 |
| 装夹方法 | 工件用芯轴安装，再将芯轴装夹在尾座顶尖和分度头主轴顶尖间，用鸡心夹头和拨盘带动旋转。装夹后需经找正，并调整分度叉和定位插销位置 |
| 铣削方法 | 将铣刀齿形对正工件中心，对刀后试切，分度铣出全部齿数的刀痕，检查合格后，调整背吃刀量分两次进给，逐齿铣出全部齿槽 |
| 检测方法 | 用齿厚卡尺检测齿轮的弦齿顶高和分度圆弦齿厚，用公法线千分尺或游标卡尺检测齿轮的公法线长度 |

## 3. 加工路线和加工步骤（表 11-21）

表 11-21　铣削直齿圆柱轮零件的加工路线和加工步骤

| 类型 | | 说　明 |
|---|---|---|
| 加工路线 | | 粗铣各齿齿形—精铣各齿齿形 |
| 加工步骤 | 操作前检查、准备 | ①检查和调整铣床，清理工作台<br>②检查工件尺寸，清除毛刺<br>③安装分度头和尾座，安装前需进行清理 |
| | 装夹工件 | 将工件安装在芯轴上，芯轴装夹于分度头主轴顶尖与尾座顶尖之间，分度头一侧装鸡心夹头与拨盘以带动工件转动。装夹前，需调整两顶尖的等高度，使其在同一轴线上。装夹后，应找正工件外圆的径向圆跳动，误差不大于 0.02mm。调整尾座顶尖顶紧力使工件转动灵活 |
| | 调整分度头分度叉 | 分度头手柄的转数为 $n=\frac{40}{32}=1\frac{1}{4}=1\frac{7}{28}$（r）即分一次度时，手柄应转过 1 圈再在分度盘 28 的孔圈内转过 7 个孔距。分度叉按 7 个孔距（8 个孔）调整 |
| | 对刀 | 使铣刀齿形的中心对准工件的中心 |
| | 试 铣 | 在工件边缘分度铣出全部齿数的刀痕，检查分度误差及工件、铣刀装夹情况，以便稳定地铣削 |
| | 粗铣齿形 | 根据试铣刀痕的切深，确定背吃刀量，以 $v_c$=30 ～ 32m/min 的铣削速度（铣刀转速为 95 ～ 118r/min）和约 2/3 齿深（4.5 ～ 5mm）的背吃刀量，粗铣出各齿形 |
| | 精铣齿形 | 分两次精铣，第一次背吃刀量 $a_p$=1 ～ 1.2mm，铣好几齿后，跨 4 齿测量公法线长度 $\omega'$，根据所要求的公法线长度 $\omega$ 值，求出差值 $\Delta\omega$（$\Delta\omega=\omega'-\omega$），再由 $\Delta\omega$ 值确定需再增加的背吃刀量 $a'_p$ 值（$a'_p$=1.46$\Delta\omega$），在铣出其余所有齿形后，背吃刀量取 $a'_p$，精铣出所有齿形。精铣时，铣削速度 $v_c$ 取 40m/min 左右，即铣刀转速为 150 ～ 190r/min。精铣后，跨 4 齿测量公法线长度 $\omega=32.40^{-0.10}_{-0.20}$ mm，弦齿厚为 $4.71^{\ 0}_{-0.05}$ mm。齿面表面粗糙度为 $Ra$3.2μm |

## 4. 加工操作技巧

（1）合理选用齿轮铣刀

由于齿轮齿形为渐开线齿形，所以应选截形为正确渐开线的齿轮盘铣刀。可按有关表格，在 15 把一套的齿轮铣刀里选择模数为 3mm 的 5 ½ 铣刀（所铣齿轮齿数为 30 ～ 34）。

（2）正确进行对刀

对刀是使铣刀齿形的中心对准工件的中心。对刀是一项十分重要的工作，如果中心对不准则铣出的齿形会使齿向一边偏斜（俗称“困牙”）影响齿轮的啮合和使用。对刀可采取如下方法，见表 11-22。

表 11-22　对刀方法

| 类别 | 说　明 |
|---|---|
| 按划线对中心 | 在工作台上装一划线盘，先使划针尖略低于工件中心，在工件上划出一条线，再将工件旋转 180°，在工件上划出第二条线。然后将工件转动 90°，使两条划线在工件的上方，移动工作台使铣刀处在两条平行线中间，即表示铣刀已对中心。此法较为简易，但需观察仔细，操作熟练。为进一步提高对中心准确度，可在工件上试切一道微小的线痕，观察线痕与两条线的相对位置。横向移动工作台，以找正对齐 |
| 用千分表对中心 | 将带有磁力吸盘的千分表座吸附在铣床立柱导轨面上，移动工作台，使千分表测头对准工件外圆周面，找出内侧最远的一条素线，记下千分表刻度值。纵向和垂直移动工作台使千分表测头靠近铣刀侧面，在其间垫上量块高度为 $H$ 的量块组，使千分表值和刚才所记刻度值一致，铣刀齿形中心即视为对准了工件中心。量块组的 $H$ 值计算如下<br>$H=D-\frac{B}{2}$<br>式中　$H$——量块组的高度，mm；<br>$D$——工件外圆半径，mm；<br>$B$——铣刀两侧端面厚度，mm |
| 用分度头顶尖对中心 | 工件装夹前，移动工作台，使铣刀侧端面对正分度头顶尖。装好工件后再将工作台横向移动 $B$/2 的距离（$B$ 为铣刀两侧端面厚度），即视为铣刀齿形中心与工件中心对齐。此法应在分度头及尾座安装找正后进行 |

续表

| 类别 | 说　明 |
| --- | --- |
| 用芯轴对中心 | 工件装夹后，移动工作台，使铣刀侧端面与芯轴一端外圆侧面接触。下降工作台，将工作台横向移动 $\frac{B}{2}+\frac{d}{2}$ 的距离（$d$ 为芯轴该段外圆直径），就表示铣刀齿形中心已在工件中心位置 |

（3）忌操作分度头不正确

铣削齿轮时，应正确地操作分度头。若分度叉位置移动，定位插销所插的孔数有变，则所铣出的齿距会产生较大的误差；若分度手柄未朝一个方向均匀转动，或手柄不慎多摇，未正确改正，则使得蜗杆蜗轮间隙不能消除，铣削时会造成齿厚不等及齿距误差过大；若铣削时，分度头主轴未紧固，会使工件振动较大，影响到表面粗糙度值。为此，应熟练掌握分度头的操作要领，每一次操作都应谨慎小心，切忌疏忽粗心，以防止上述弊端发生。

（4）增加工件铣削时的刚度

安装工件的芯轴应有较好的强度和一定的硬度，长度应尽量短些，使铣削时铣刀不碰及两侧分度头顶尖上鸡心夹头拨盘和尾座即可。为防铣削时工件受力下垂，可在工件下面用千斤顶支承。

（5）忌背吃刀量调整错误

背吃刀量调整不当，会造成铣削后齿高和齿厚不正确。调整背吃刀量不能单凭肉眼观察和经验的大致估测，需经过精确测量和计算。在粗铣、半精铣时，铣好几个齿后，需用游标卡尺跨齿测量公法线长度，将测量值与规定的公法线长度相比较，根据 $\Delta\omega$ 值可计算出 $a'_p$ 值。这样可以较为精确地确定背吃刀量，以保证齿形加工精度。

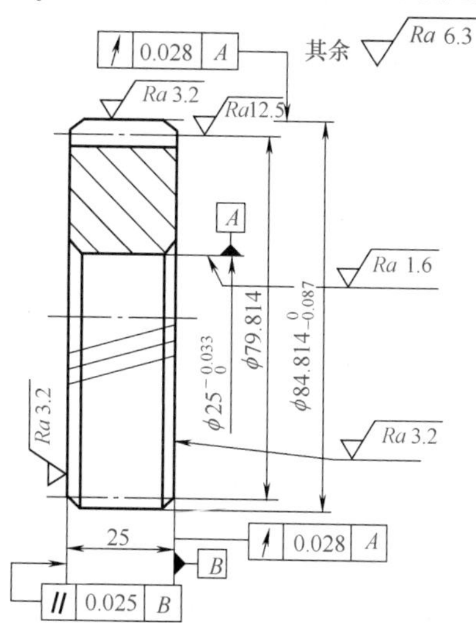


图 11-40　斜齿圆柱齿轮的零件尺寸

（6）不宜采用过大的铣削用量

由于齿轮精度不高，操作者往往急于求成，试图在粗铣后一次就精铣出全部齿形，甚至不经粗铣就直接铣出。若如此加工，则不但齿面表面粗糙度值无法保证，而且很难确保齿形的精度。因为过大的切削用量会使铣削时产生较大的振动，也易损坏铣刀刀齿，从而破坏所铣齿形。为此要合理选择好铣削用量，严格划分粗、精铣两个加工阶段。粗铣时，不宜采用过大的铣削速度。在经测量计算确定背吃刀量后，精铣时，可适当提高铣削速度，以降低工件表面粗糙度值。

（7）忌“干铣”或切削液供应不足

## 实例二：斜齿圆柱齿轮的铣削

斜齿圆柱齿轮通常在卧式万能升降台铣床上加工，其铣削方法与直齿圆柱齿轮基本相同，只是在齿轮刀具的选择和铣床调整上有所不同。如图 11-40 所示为斜齿圆柱齿轮的零件尺寸，用 X62W 型铣床加工，其图样要求及铣削加工方法如下：

### 1. 图样要求

① 法向模数 $m_n$=2.5，齿数 $z$=30，法向齿形角 $\alpha_n$=20°，螺旋角 $\beta$=20°，螺旋方向 $L$。

② 法线长度 $W_{kn}$=34.476，跨卡齿数 $k$=5，精度为 10 级。

### 2. 加工方法（表 11-23）

表 11-23　加工方法

| 类别 | 说　明 |
| --- | --- |
| 当量齿轮和铣刀的选择 | 铣削斜齿圆柱齿轮时应根据当量齿轮的齿数选择铣刀号。当量齿数 $z_v$ 按下式计算<br>$$z_v=\frac{z}{\cos^3\beta}$$<br>式中　$z_v$——斜齿圆柱齿轮的当量齿数<br>$z$——斜齿圆柱齿轮的实际齿数<br>$\beta$——齿轮螺旋角<br>因 $\cos^3\beta$ 计算烦琐，即：$k=\frac{1}{\cos^3\beta}$<br>本例 $z$=30，$\beta$=20°，查手册 $k$=1.204，经计算得<br>$z_v=kz=1.204\times30=36.12$<br>应选用 $m$=2.5mm，$\alpha$=20°的 5 号盘形齿轮铣刀 |
| 工件装夹 | 装夹方法与铣削直齿圆柱齿轮相同 |
| 调整工作台转角并对刀 | 工作台的扳转角度和方向与齿轮螺旋角有关。铣削左旋斜齿轮时，工作台顺时针转动一个螺旋角 $\beta$；铣削右旋斜齿轮时，工作台逆时针转动一个螺旋角 $\beta$。本例中，工作台应顺时针转动 20°。对刀时通常采用切痕法，使铣刀廓形对称线对准齿坯的轴心 |
| 计算导程并选择和配置交换齿轮 | 计算导程并选择和配置交换齿轮，导程为<br>$$P_z=\frac{\pi m_n z}{\sin\beta}=\frac{3.1416\times2.5\times30}{\sin20°}=688.9068(mm)$$<br>查相关手册可知，导程 688.9068mm 与 688.01mm 相近，故选择交换齿轮齿数为：$z_1$=40，$z_2$=4，$z_3$=48，$z_4$=86 配置交换齿轮时，因本例齿轮齿向为左旋，故交换齿轮的轴数为偶数，安装时主动齿轮 $z_1$=40，要装在工作台纵向丝杠右端，从动齿轮 $z_4$=86 装在分度头侧轴上 |
| 调整铣削吃刀量 | 方法与圆柱齿轮铣削加工相同。测量弦齿厚时，第二次铣削吃刀量为 $\Delta a_p=1.37\times(s_{粗}-s_{图})$<br>本例中 $z_v$=36.12，$z$=36 时，分度圆弦齿厚为 1.5703，分度圆弦齿高为 1.0171；$z$=37 时，分度圆弦齿厚为 1.5703，弦齿高为 1.0167，故本例齿轮的分度圆弦齿厚为 2.5×1.5703=3.9257mm，分度圆弦齿高应采用比例插入法计算，即<br>分度圆弦齿高 =［1.0171-（1.0171-1.0167）×0.12］$m_n$<br>=1.017052×2.5=2.5426（mm） |
| 铣削 | 铣削方法同圆柱齿轮铣削。完成一个轮齿的铣削后，依次分度铣削下一个轮齿，分度头手柄转过圈数为<br>$$n=\frac{40}{z}=\frac{40}{30}=1\frac{10}{30}=1\frac{22}{66}\text{（圈）}$$<br>即每铣削完一齿后，分度手柄应在 66 孔圈上转过 1 圈多 22 个孔距 |
| 测量公法线长度 | ①计算跨齿数<br>$k=0.111z+0.5=0.111\times30+0.5=3.83\approx4$<br>② 按 $k$=4 查手册得 $A$=10.3325<br>③ 按 $\beta$=20°。查手册得 $B$=0.016720<br>④ 公法线长度<br>$W_{kn}=m_n(A+Bz)=2.5\times(10.3325+0.016720\times30)=27.09$（mm）<br>当齿轮宽度小于 $W_{kn}\sin\beta$，无法测量公法线长度时，可采用测量分度圆弦齿厚的方法 |

## 实例三：铣削圆柱螺旋齿刀具端面齿开齿

### 1. 图样分析

如图 11-41 所示为凹半圆圆柱直齿铣刀尺寸，现分析如下：

① 铣刀直径 $D$=100mm，前角 $\gamma$=6°，齿槽角 $\theta$=25°，槽底圆弧半径 $R$=2mm，齿槽深 $h$=15mm，齿数 $z$=12。

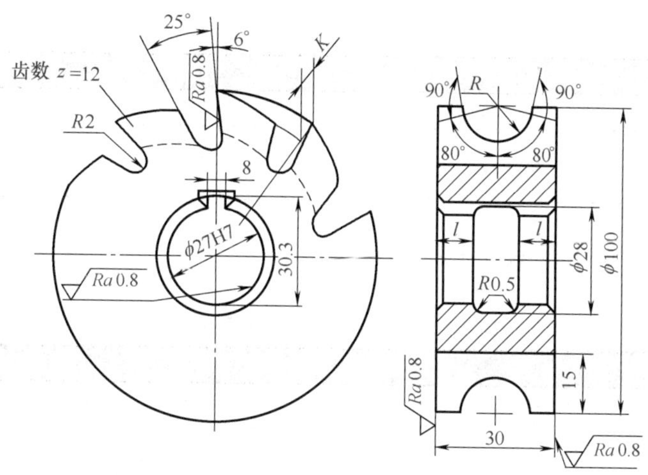


图 11-41 凹半圆圆柱直齿铣刀的尺寸

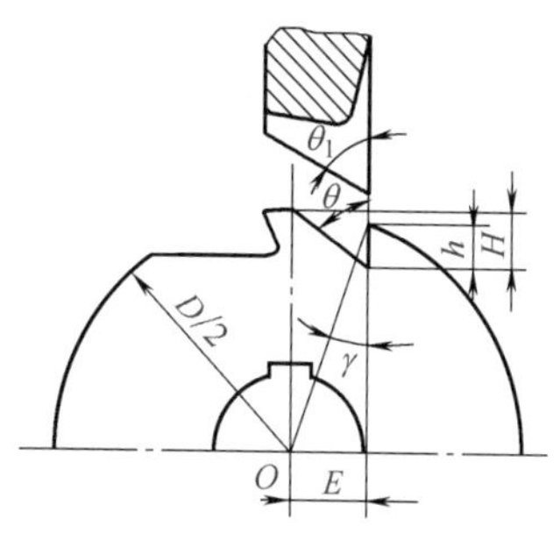


图 11-42 单角铣刀铣削位置

② 工件内孔 $D_1$=27H7mm，已加工至 $\phi$26.4mm，厚度 $B$=31mm 加工至 $30_{-0.02}^{\ 0}$ mm，外圆及凹半圆也已加工成形，外圆实际尺寸为 $\phi$100.8mm，现需在圆柱面上进行开齿，齿面表面粗糙度为 $Ra$6.3μm。

③ 材料为 W18Cr4V，热处理淬硬至 62 ～ 64HRC。

### 2. 加工方法

① 选用 X6132 型万能卧式铣床加工。

② 选用廓形角 $\theta_1$=25°，刀尖圆弧半径 $r_1$=2mm，外径为 $\phi$80mm 的单角铣刀。

③ 工件用芯轴装夹在分度头主轴和尾架两顶尖之间，分度头一侧用鸡心夹头夹紧、拨盘带动。装夹时需经找正。

④ 调整单角铣刀的工作位置，采用划线对刀或切痕对刀，使单角铣刀端面刃口通过工件中心，横向偏移工作台 $E$=5.27mm，提升工作台升高 $H$=15.68mm（图 11-42），开始开齿铣削，铣好一齿槽后，分度逐齿铣出全部齿槽。

### 3. 加工路线

加工路线：铣削第一齿槽→分度逐齿铣削全部齿槽。

### 4. 加工步骤（表 11-24）

表 11-24 加工步骤

| 类别 | 说　明 |
|---|---|
| 操作前检查、准备 | ① 清理工作台，清理分度头<br>② 清理工件毛刺，检查工件尺寸<br>③ 安装工作铣刀<br>④ 安装分度头及尾座 |
| 装夹工件 | 工件用芯轴安装，装夹在分度头主轴和尾座两顶尖之间，用鸡心夹头夹紧、拨盘带动。装夹时，应找正工件外圆径向圆跳动误差不大于 0.02mm |
| 对刀 | 采用划线对刀或切痕对刀法，使角铣刀端面切削刃通过工件中心线。对刀后，以半角铣刀尖部圆弧底面接触工件外圆最高点，纵向移动工作台退出 |
| 横向偏移工作台 | 将工作台横向移动一个偏移量 $E$=5.27mm，紧固横向工作台 |
| 提升工作台 | 将工作台提升一个升高量 $H$=15.68mm |

续表

| 类别 | 说　明 |
|---|---|
| 铣削第一齿槽 | 开动机床移动纵向工作台，进行开齿铣削。铣出第一齿齿槽 |
| 分度逐齿铣出全部齿槽 | 分度时，分度一次，手柄应摇转 $n=\frac{40}{12}=3\frac{1}{3}=3\frac{22}{66}$ |

## 5. 加工操作技巧分析（表 11-25）

表 11-25　加工操作技巧分析

| 类别 | 说　明 |
|---|---|
| 工件装夹，忌工件装夹不当 | 工件用芯轴装夹在两顶尖之间。分度头顶尖和尾座顶尖安装后应有较好的等高性。否则，加工时会影响工件的径向圆跳动，造成齿形误差。芯轴两端中心孔应精确可靠，芯轴与工件内孔的配合间隙应适当，否则，也会影响工件的径向圆跳动。芯轴的长度应适当，太长则刚性不足，太短易使单角铣刀进、退受阻。由于槽深较大，开齿时最好在工件下端用千斤顶支撑，以防切削时振动 |
| 合理选择工件铣刀 | 使用单角铣刀开齿的计算和调整比较简单方便，而且工作刃口短，其端面切削刃又能起修光作用，切削负荷较轻，易于控制加工精度，故选用单角铣刀进行开齿。单角铣刀的选择应根据工件齿槽角 $\theta$ 和槽底圆弧半径 $r$ 来确定，其外径按齿槽深度来选择。故本例选用了廓形角 $\theta_1=25°$，$r_1=2$mm，外径为 $\phi80$mm 的单角铣刀 |
| 调整单角铣刀的工作位置 | 要使单角铣刀正确地铣出工件齿槽的形状，必须对其工作位置进行调整。调整的方法是使工作台横向偏移一个距离 $E$ 及将工作台升高一个高度 $H$。$E$ 和 $H$ 的计算公式如下<br>$$E=\frac{D}{2}\sin\gamma$$<br>$$H=\frac{D}{2}(1-\cos\gamma)+h$$<br>式中　$E$——工作台横向的偏移量，mm<br>$D$——工件外径，mm<br>$\gamma$——工件前角，(°)<br>$H$——工作台升高量，mm<br>$$E=\frac{D}{2}\sin\gamma=100.8\times\sin6°=5.27\ (\text{mm})$$<br>$$H=\frac{D}{2}(1-\cos\gamma)+h=15.28(\text{mm})$$<br>考虑到工件外径的加工余量，取 $H$=15.68mm |
| 调整单角铣刀工作位置时不应忽视工件外径的加工余量 | 用单角铣刀开齿需调整工作位置，一般根据偏移量和升高量的计算值来实施调整，但计算时不应根据图样所注尺寸来进行运算。因为铣削开齿是粗加工，以后还要热处理淬硬，进行磨削加工，工件在开齿前留有一定的加工余量，若不予考虑，则所铣出的齿槽深度就明显不够，增加了以后磨削时的困难。因此在计算 $E$ 和 $H$ 值时，工件外径都应按实际尺寸计算，在计算出 $H$ 值后，还应加上工件外径单边余量的一半，以保证齿深的要求 |
| 操作时忌疏忽有关机构的紧固 | 调整单角铣刀工作位置时，横向偏移工作台后及提升工作台后都应立即进行紧固，分度时，每分度一次，也必须锁紧。以上机构若不及时紧固或锁紧，会使单角铣刀位置走动或使工件分度偏移，必须随时注意提防 |

# 第十二章

# 铣削外花键

## 第一节　外花键的基础知识

### 一、外花键的种类及特征

外花键是机械传动中广泛应用的零件，机床、汽车、拖拉机等的变速箱内，大都用花键齿轮套与花键轴配合的滑移做变速移动。

外花键按其齿廓的形状可分为矩形齿、梯形齿、渐开线齿和三角形齿等。其中以矩形花键使用最广泛。矩形花键的定心方式有大径定心、小径定心和齿侧定心三种。其他齿形的花键一般都采用齿侧定心。如图 12-1 所示。我国现行国标 GB/T 1144—2001 中只规定了小径定心一种方式，因为小径定心稳定性好，精度高，国外一些先进国家大都采用渐开线花键连接的齿侧配合制。在普通铣床上，可加工修配用的大径定心矩形外花键，精度较高的外花键大径可以用磨床加工；对小径定心的矩形外花键，由于小径圆弧比较难加工，故一般只进行粗加工。矩形花键的尺寸与规格见表 12-1。

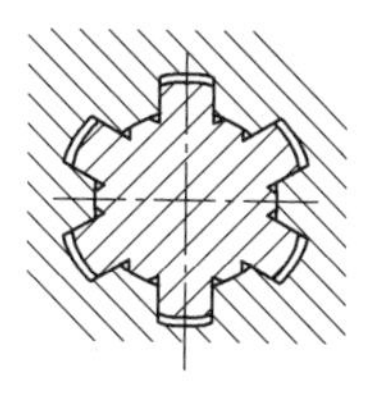

(a) 内径定心

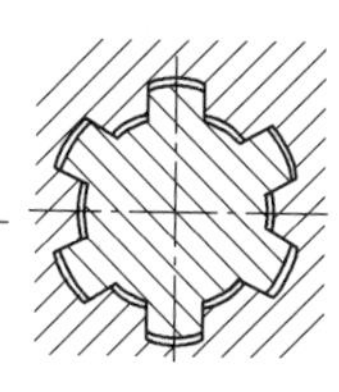

(b) 外径定心

(c) 键侧定心

图 12-1　矩形花键的定心方式

表 12-1　矩形花键的尺寸与规格

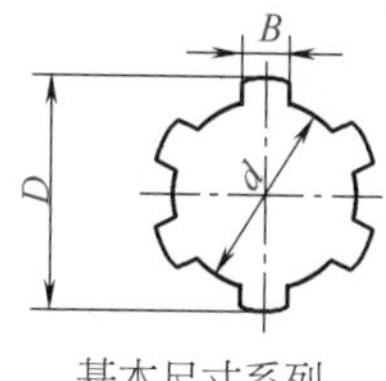


基本尺寸系列

续表

| 小径 d/mm | 轻系列 规格（$N\times d\times D\times B$）/mm | 轻系列 键数 N | 轻系列 大径 D/mm | 轻系列 键宽 B/mm | 中系列 规格（$N\times d\times D\times B$）/mm | 中系列 键数 N | 中系列 大径 D/mm | 中系列 键宽 B/mm |
|---|---|---|---|---|---|---|---|---|
| 11 | — | — | — | — | 6×11×14×3 | 6 | 14 | 3 |
| 13 | — | — | — | — | 6×13×16×3.5 | | 16 | 3.5 |
| 16 | — | — | — | — | 6×16×20×4 | | 20 | 4 |
| 18 | — | — | — | — | 6×18×22×5 | | 22 | 5 |
| 21 | — | — | — | — | 6×21×25×5 | | 25 | 5 |
| 23 | 6×23×26×6 | 6 | 26 | 6 | 6×23×28×6 | | 28 | 6 |
| 26 | 6×26×30×6 | | 30 | 6 | 6×26×32×6 | | 32 | 6 |
| 28 | 6×28×32×7 | | 32 | 7 | 6×28×34×7 | | 34 | 7 |
| 32 | 8×32×36×6 | | 36 | 6 | 8×32×38×6 | 8 | 38 | 6 |
| 36 | 8×36×40×7 | 8 | 40 | 7 | 8×36×42×7 | | 42 | 7 |
| 42 | 8×42×46×8 | | 46 | 8 | 8×42×48×8 | | 48 | 8 |
| 46 | 8×46×50×9 | | 50 | 9 | 8×46×54×9 | | 54 | 9 |
| 52 | 8×52×58×10 | | 58 | 10 | 8×52×60×10 | | 60 | 10 |
| 56 | 8×56×62×10 | | 62 | 10 | 8×56×65×10 | | 65 | 10 |
| 62 | 8×62×68×12 | | 68 | 12 | 8×62×72×12 | | 72 | 12 |
| 72 | 10×72×78×12 | 10 | 78 | 12 | 10×72×82×12 | 10 | 82 | 12 |
| 82 | 10×82×88×12 | | 88 | 12 | 10×82×92×12 | | 92 | 12 |
| 92 | 10×92×98×14 | | 98 | 14 | 10×92×102×14 | | 102 | 14 |
| 102 | 10×102×108×16 | | 108 | 16 | 10×102×112×16 | | 112 | 16 |
| 112 | 10×112×120×18 | | 120 | 18 | 10×112×125×18 | | 125 | 18 |

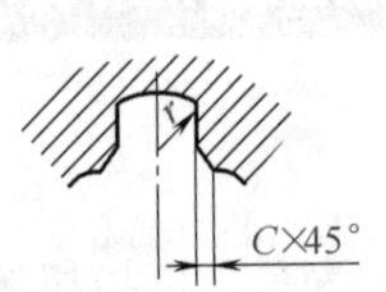


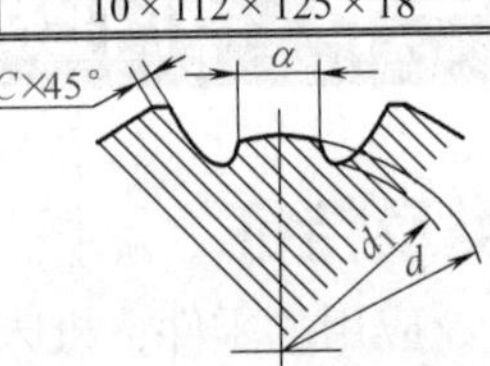


键槽的截面尺寸

| 轻系列 规格（$N\times d\times D\times B$） | 轻系列 C | 轻系列 r | 轻系列 参考 $d_{1\min}$ | 轻系列 参考 $a_{\min}$ | 中系列 规格（$N\times d\times D\times B$） | 中系列 C | 中系列 r | 中系列 参考 $d_{1\min}$ | 中系列 参考 $a_{\min}$ |
|---|---|---|---|---|---|---|---|---|---|
| — | — | — | — | — | 6×11×14×3 | 0.2 | 0.1 | — | — |
| — | — | — | — | — | 6×13×16×3.5 | | | — | — |
| — | — | — | — | — | 6×16×20×4 | 0.3 | 0.2 | 14.4 | 1.0 |
| — | — | — | — | — | 6×18×22×5 | | | 16.6 | 1.0 |
| — | — | — | — | — | 6×21×25×5 | | | 19.5 | 2.0 |
| 6×23×26×6 | 0.2 | 0.1 | 22 | 3.5 | 6×23×28×6 | | | 21.2 | 1.2 |
| 6×26×30×6 | 0.3 | 0.2 | 24.5 | 3.8 | 6×26×32×6 | 0.4 | 0.3 | 23.6 | 1.2 |
| 6×28×32×7 | | | 26.6 | 4.0 | 6×28×34×7 | | | 25.8 | 1.4 |
| 8×32×36×6 | | | 30.3 | 2.7 | 8×32×38×6 | | | 29.4 | 1.0 |
| 8×36×40×7 | | | 34.4 | 3.5 | 8×36×42×7 | | | 33.4 | 1.0 |
| 8×42×46×8 | | | 40.5 | 5.0 | 8×42×48×8 | | | 39.4 | 2.5 |
| 8×46×50×9 | | | 44.6 | 5.7 | 8×46×54×9 | 0.5 | 0.4 | 42.6 | 14 |
| 8×52×58×10 | 0.4 | 0.3 | 49.6 | 4.8 | 8×52×60×10 | | | 42.6 | 14 |
| 8×56×62×10 | | | 53.6 | 6.5 | 8×56×65×10 | | | 52.0 | 2.5 |
| 8×62×68×12 | | | 59.7 | 7.3 | 8×62×72×12 | 0.6 | 0.5 | 57.7 | 2.4 |
| 10×72×78×12 | | | 69.6 | 5.4 | 10×72×82×12 | | | 67.4 | 1.0 |
| 10×82×88×12 | | | 79.3 | 8.5 | 10×82×92×12 | | | 77.0 | 2.9 |
| 10×92×98×14 | | | 89.6 | 9.9 | 10×92×102×14 | | | 87.3 | 4.5 |
| 10×102×108×16 | | | 99.6 | 11.3 | 10×102×112×6 | | | 97.7 | 6.2 |
| 10×112×120×18 | 0.5 | 0.4 | 108.8 | 10.5 | 10×112×125×18 | | | 106.2 | 4.1 |

注：$d_1$ 和 $a$ 值仅适用于展成法加工。

## 二、矩形花键铣削的工艺要求

① 尺寸精度。键的宽度和花键的定心面是主要配合尺寸，精度要求较高。

② 表面粗糙度键的两侧面和定心配合面的表面粗糙度，一般要求在 $Ra0.2 \sim 3.2\mu m$ 之间。

③ 形状和位置精度包括：a. 外花键定心小径（或大径）与基准轴线的同轴度。b. 键的形状精度和等分精度。c. 键的两侧面与基准轴线的对称度和平行度。

花键的定心配合面的尺寸公差一般采用 f7 或 h7；键的宽度尺寸公差一般采用 f8 或 h8 和 f9 或 h9。花键位置偏差的最大允许量见表 12-2。

表 12-2　花键对称度公差

| 键槽宽或键宽 $B$/mm | | 一般用 /mm | 精密传动用 /mm |
| --- | --- | --- | --- |
| 3 | $t2$ | 0.010 | 0.006 |
| 3.5 ～ 6 | | 0.012 | 0.008 |
| 7 ～ 10 | | 0.015 | 0.009 |
| 12 ～ 18 | | 0.018 | 0.011 |

注：花键对称度公差包括等分误差。

## 三、矩形外花键铣削加工的方法及特点

外花键的加工方法应根据零件的数量、技术要求及设备和刀具等具体条件确定。如大批量生产时，可在花键滚床上加工；对精度要求高和表面硬度高的外花键，则在花键磨床上加工。零件数量不多时，可在普通铣床上加工。

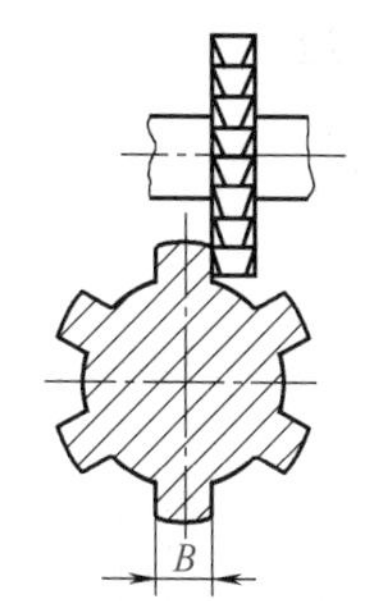

图 12-2　用三面刃单刀铣削外花键

### 1. 使用单刀铣削外花键

如图 12-2 所示是使用单刀铣削外花键。当工件的数量很少时，使用三面刃单刀铣削较为简便。用这种方法加工，对铣刀的直径及铣刀的安装精度都没有很高的要求，但缺点是生产效率比较低。用单刀铣削可采用先铣削中间齿槽，后铣削键侧的方法，也可以采用先铣削键侧，后铣削槽底的方法，这两种方法各有特点见表 12-3。

表 12-3　使用单刀铣削外花键的特点

| 类别 | 说　明 |
| --- | --- |
| 先铣削中间槽，后铣削键侧的加工特点 | 先铣削中间槽，后铣削键侧的加工特点有<br>①先铣削中间槽可以铣除花键加工的大部分余量，只留较少的余量铣削键侧，减少侧刃铣削次数<br>②借助中间槽的铣削位置，可通过计算，按横向移动（$B+L$）/2 调整键侧的铣削加工位置<br>③先铣削中间槽，三面刃铣刀的厚度受到一定限制，限制条件按下式计算<br>$$L' = d'\sin\left[\frac{180°}{N} - \arcsin\left(\frac{B}{d'}\right)\right]$$<br>式中　$L'$——铣刀最大宽度，mm<br>$d'$——外花键留磨小径，mm<br>$B$——外花键宽度，mm<br>$N$——外花键齿数<br>④对于大径定心的外花键，经允许，可铣成折线槽底。若需要用小径铣刀加工，这种方法因槽底中部没有先铣侧面残留的凸尖部分，减少了小径的铣削余量 |

续表

| 类别 | 说　明 |
| --- | --- |
| 先铣削键侧，后铣削槽底的加工特点 | 先铣削键侧，后铣削槽底的加工特点有<br>①键宽尺寸及其对工件轴线的对称度、平行度是花键加工的重点。对不够熟练的操作者，可以利用较多的余量进行多次的试切测量，逐步达到图样要求<br>②先铣键侧，可选用厚度较大的铣刀，提高了铣刀的刚度<br>③先铣削键侧，一次铣除的余量比较少，有利于减少铣削振动<br>④对于直径较大，齿数较少的花键，槽底中部残留余量比较多，直接用槽底圆弧单刀加工比较困难 |

### 2. 使用组合铣刀侧面刀刃铣削外花键

使用组合铣刀侧面刀刃铣削外花键如图 12-3 所示。利用组合的两把三面刃铣刀的内侧刃，使花键的两个键侧同时铣出。铣削时应掌握以下要点。

① 两把三面刃铣刀的直径相同，其误差应小于 0.2mm。

② 两把铣刀侧面刀刃之间的距离应等于花键键宽，使铣出的键宽在规定的公差范围内。

③ 两把三面刃铣刀的内侧刃应对称于工件中心。方法是用试件试切一段后，将试件正反转过 90°，用百分表测量键侧对称度。根据差值的一半移动工作台横向做精确调整。

### 3. 使用组合铣刀圆柱面刀刃铣削外花键

使用组合铣刀圆柱面刀刃铣削外花键如图 12-4 所示。利用组合的两把三面刃铣刀的圆柱面刀刃，使花键的两个键侧同时铣出。铣削时应掌握以下要点：

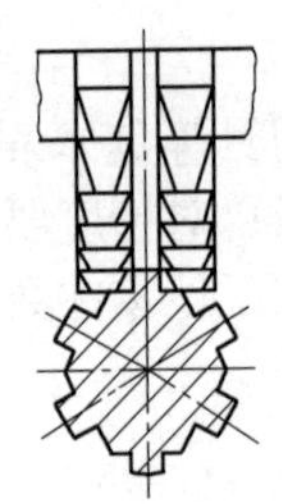

图 12-3　用组合三面刃铣刀内侧刃铣削外花键

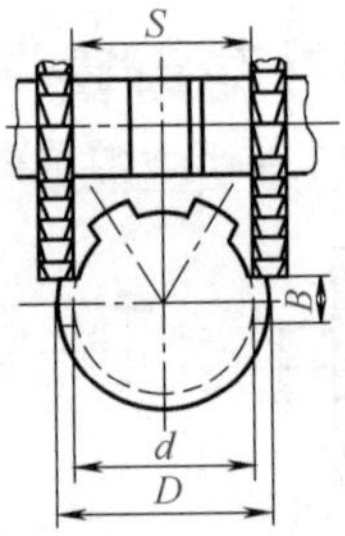

图 12-4　用组合三面刃铣刀圆周刃铣削外花键

① 两把三面刃铣刀的直径要求严格相等，最好一次磨出。

② 利用铣床工作台的垂向移动量控制键的宽度。铣削时，先铣一刀，将工件转过 180° 再铣削一刀。用千分尺测量键宽后，按余量的一半上升工作台。重复以上铣削步骤，便能获得准确的键宽尺寸，以及精度高的对称度。

③ 两把铣刀之间的距离 $s$ 为：

$$s=\sqrt{d^2-B^2}-1$$

式中　$d$——外花键小径，mm；

$B$——外花键键宽，mm。

$s$ 值调整时一般控制在 ±0.5mm 的范围内。

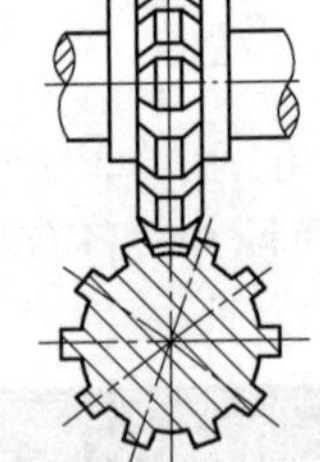

图 12-5　用成形铣刀铣削外花键

④ 两把三面刃铣刀的内侧刃对工件中心的对称度不要求十分准确。

⑤ 分度头主轴和尾座顶尖必须同轴，加工时尾座的顶尖应顶得比较紧，否则，铣出的键度两端尺寸会不一致。

### 4. 使用成形铣刀铣削外花键

使用成形铣刀铣削外花键如图 12-5 所示。成批生产时，通常使用专用成形铣刀，铣削时能一次铣削出花键槽。因此此方法具有生产效率高、加工质量好和操作简便等优点。铣削时，通过调整背吃刀量来控制键的宽度。因此，首件加工须细致地调整背吃刀量，以获得精确的键宽和小径尺寸。此外，加工前应进行“切痕对中”，并在逐步达到键宽尺寸的同时，通过百分表的检测和工作台横向微量调整，使键的两侧面达到对称度要求。

## 四、矩形外花键的检验与质量分析方法

检验外花键的方法与检验键槽的方法基本相同。在单件和小批生产时，使用千分尺检验键的宽度，用千分尺或游标卡尺检验小径，等分精度由分度头精度保证，必要时可用百分表检验外花键键侧的对称度，如图 12-6（a）所示。在成批和大量生产中，可用如图 12-6（b）所示的综合量规检验。检验时，先用千分尺或卡规检验键宽，在键的宽度不小于最小极限尺寸的条件下，以综合量规能通过为合格。

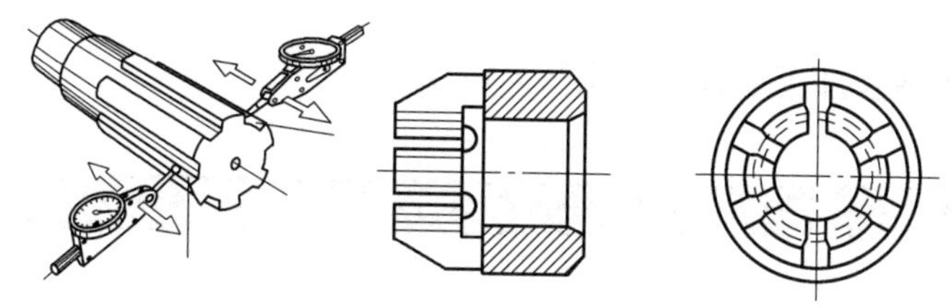

(a) 用百分表检验对称度　　(b) 用综合量规检验

图 12-6　矩形外花键检验

# 第二节　成形铣刀铣削外花键

## 一、成形铣刀铣削外花键的加工准备

如图 12-7 所示为加工小批量铣削 6mm × 18mm × 22mm × 5mm 小径定心的花键轴，须按以下步骤进行准备。

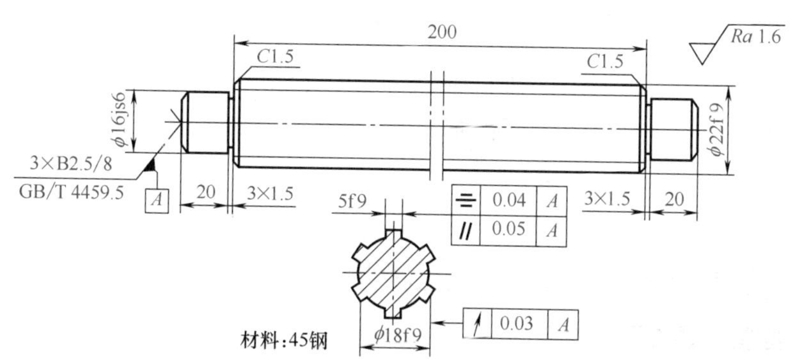


图 12-7　矩形细长花键轴的尺寸

### 1. 图样加工精度识读

① 花键键宽尺寸为 5f9 即 $5^{-0.03}_{-0.06}$ mm，键宽对工件轴线的对称度公差为 0.04mm，平行度公差为 0.05mm。

② 小径如 18f9 即 $18^{-0.016}_{-0.034}$ mm，大径 $\phi$22f9 即 $D=22^{-0.020}_{-0.041}$。

③ 花键长度尺寸为 200mm。

④ 工件两端是小于小径尺寸的轴颈，轴颈的长度比较短，因此，在轴的工艺设计时，在铣削花键时设置了工艺轴颈，用于装夹工件。

⑤ 工件的小径对轴线的圆跳动公差为 0.03mm，花键以小径定心。

⑥ 工件的表面粗糙度值全部为 $Ra$1.6μm。

⑦ 工件材料为 45 钢，切削性能较好。

⑧ 工件外形为轴类零件，两端有定位中心孔，便于工件按基准定位，但工件的长度和直径比值比较大，属于较细长的工件。铣削过程中必要时须增加辅助支承。

⑨ 加工难点。工件比较长，直径比较小，在铣削过程中比较容易振动、偏让，应采用简易的辅助支承。花键的精度要求比较高，应选用精度较高的铣床、分度头、铣刀和量具进行加工。

### 2. 拟定加工步骤及加工准备（表 12-4）

表 12-4　拟定加工步骤及加工准备

| 类别 | 说　明 |
|---|---|
| 拟定花键加工步骤 | 根据图样的精度要求，此花键在铣床上加工必须采用成形铣刀才能达到精度要求。采用成形铣刀铣削花键步骤：安装找正分度头和尾座→安装成形铣刀→试件试切找正铣削位置→装夹、找正工件→安装辅助支承→试铣对称花键槽→微量调整、准确分度依次铣削花键→花键铣削工序检验 |
| 选择铣床 | 选用 X6132 卧式万能铣床或类似的卧式铣床 |
| 选择工件装夹方式 | 选择工件装夹方式有两种：第一种选用 F11125 型万能分度头分度，采用两顶尖和拨盘、鸡心夹头装夹工件；第二种工件中部用小型的机用平口虎钳作辅助定位和夹紧。虎钳底部用适当厚度的平行垫块垫高，使钳口的高度恰好超过工件中心，抽去垫块后，可将机用虎钳搬走，留出工作台面便于测量和预检。工件装夹示意如图 12-8 所示 |
| 选择刀具 | 本节为小批量的工件，精度要求比较高，采用专用的花键成形铣刀，一次铣出花键齿槽 |
| 选择检验测量方法 | 键宽尺寸用 0 ～ 25mm 的外径千分尺预检测量，用键宽卡规检验测量；键侧与轴线的平行度、键宽对轴线的对称度测量与检验均在铣床上借助分度头分度，用带座的百分表预检，检验时采用综合量规检测，用百分表测量对称度时，将花键槽两侧置于水平位置，分度头的转角为顺时针转过 $\theta=\dfrac{360°}{N}$，然后再反向转过 $2\theta$；小径尺寸用 25 ～ 50mm 的外径千分尺预检测量，用小径卡规检验测量。因本节的检测深度位置比较小，应选用测头直径较小的百分表进行测量 |

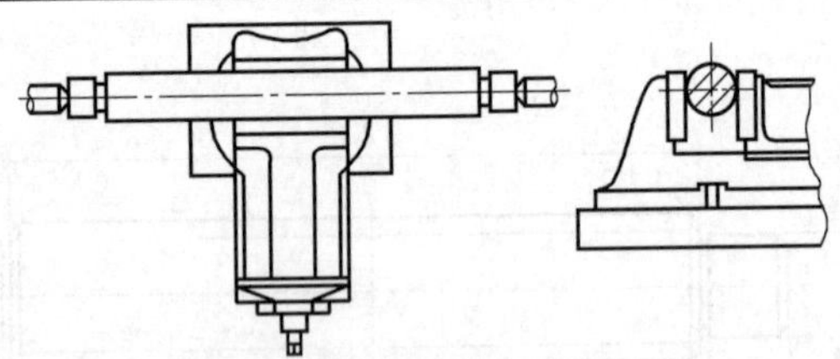

图 12-8　用机用虎钳作工件装夹的辅助定位和夹紧

## 二、外花键成形铣刀铣削加工步骤

### 1. 加工准备（表 12-5）

表 12-5　加工准备

| 类别 | 说　明 |
|---|---|
| 试件准备和预制件检验 | 根据花键轴的加工工艺，利用批量加工中不影响花键加工的，而有质量问题的零件作为花键铣削试件。试件和预制件的检验主要是用千分尺测量工件 $\phi$2mm 外圆的实际尺寸、圆柱度，以及用百分表、两顶尖测量座测量与两端中心孔定位轴线的圆跳动。也可以在机床上安装分度头、尾座后，用两顶尖顶装工件进行检验 |

续表

| 类别 | 说　明 |
|---|---|
| 安装、找正分度头和尾座 | ①选择精度较高的分度头和尾座，对分度头的主轴和传动机构间隙、分度辅助装置的完好程度（如孔盘、分度手柄的联结配合、分度销的形状精度、主轴锁紧手柄的性能等）进行检查<br>②安装时注意底面和定位键侧的清洁度和贴合精度，两顶尖的距离按工件长度确定，尾座顶尖的伸出距离要尽可能小一些，以增强尾座顶尖的刚度<br>③本节为批量工件首件加工，找正分度头和尾座位置时，必须注意找正分度头主轴与尾座的顶尖同轴，这样，工件顶尖之间长度有误差时，尾座顶尖移动后定位的工件才能保证工件轴线与工作台和进给方向相对位置的找正精度<br>④ 按工件 6 齿等分数调整分度盘、分度销位置和分度叉展开角度。本节选用 $n=\frac{40}{z}=6\frac{44}{66}$（r），$z$ 为铣刀齿数 |
| 装夹和找正试件（工件） | 两顶尖定位并用鸡心夹和拨盘装夹试件（工件）后，用百分表找正上素线与工作台面平行，侧素线与纵向进给方向平行，找正工件与分度头轴线的同轴度在 0.03mm 以内。尾座顶尖和分度头的主轴顶尖同轴也是通过工件两端与顶尖轴线的同轴度、工件轴线与工作台面和进给方向平行度、尾座旋转体上平面与工作台面的平行度找正等达到位置精度 |
| 检测和安装铣刀 | 根据铣刀设计的前角检测铣刀刃磨后的实际前角值，测量时注意先找正安装铣刀的芯轴与分度头的同轴度。在不妨碍铣削的情况下，铣刀安装尽可能靠近主轴，减少铣削时刀杆振动，在安装横梁和挂架后，应注意调节挂架刀杆支持轴承的间隙 |
| 选择铣削用量 | 按工件材料（45 钢）和铣刀的规格，与一般三面刃铣刀相比，主轴转速和进给量均可以低一挡次 |
| 配置和安装辅助定位和夹紧装置 | 选用规格较小的机用平口虎钳，底部配置适当高度的平行垫块，使钳口的顶面略超过工件中心 5mm 左右。工件找正后，用手将机用虎钳定钳口靠向工件内侧，手拧机用虎钳丝杠扳手端部，将工件自由夹紧 |

## 2. 花键铣削加工（表 12-6）

表 12-6　花键铣削加工

| 类别 | 说　明 |
|---|---|
| 试件铣削和预检 | ①调整工作台，目测使成形铣刀的两刀尖与试件外圆间距相同，启动铣床主轴，垂向微量上升，在试件的外圆表面铣出切痕，如图 12-9（a）所示。若切痕只有一个，或切痕有大小，此时应微量调整工作台横向，调整的方向应使工件向无切痕和切痕较小的方向移动。纵向移动，换一个位置对刀，直至切痕相同。<br>②当切痕中间尖角恰好衔接时，铣刀小径圆弧的中点与工件外圆的最高点恰好接触。此时，垂向位置作为花键槽深的起始位置。纵向退刀后，垂向上升花键槽深度 2mm 的 3/4（1.5mm），铣削第一条花键槽，如图 12-9（b）所示<br>③预检键侧的对称度，如图 12-9（c）所示，将试件顺时针转过 $\theta=\frac{360°}{N}=60°$，$n=6\frac{44}{66}$ r，用百分表测量键侧 1，工件逆时针转过 $2\theta=120°$，$n=13^{22}/_{66}$ r，用百分表测量检测 2，若键侧 1、2 的百分表示值一致，说明键的对称度精度较高。若键侧 1、2 的百分表示值不一致，说明对刀有偏差。设测得键侧 1 比键侧 2 高 $\Delta x$=0.10mm，则应将工件键侧 1 靠向铣刀移动距离 $S$<br>$$S=\frac{\Delta x}{2\cos\frac{180°}{N}}=\frac{0.10}{2\times\cos\frac{180°}{6}}=0.06(\text{mm})$$<br>即工件向键侧 1 靠向铣刀方向横向移动 0.06mm<br>④分度手柄准确转过 $n$=20r，铣削第二条花键槽，如图 12-9（d）所示，用内径千分尺测量两端的小径尺寸，因槽底的尺寸比较小，千分尺只能用部分测砧测量，注意测量操作的准确性。必要时可以用百分表、升降规和量块测量大径和小径的差值，以确定小径尺寸的准确数值和垂向应调整的数值 $\Delta H$。<br>⑤分度手柄准确转过 $n=6^{44}/_{66}$ r，铣削第三条花键槽，如图 12-9（e）所示，用外径千分尺对键宽尺寸进行预检，测得键宽尺寸的实际值以及与图样尺寸的差值 $\Delta B$。如图 12-10 所示，两者之间有以下几何关系<br>$$\Delta B=2\Delta H\sin\frac{180°}{N}$$<br>若测得 $\Delta H$=0.47mm，则 $\Delta B=2\Delta H\sin\frac{180°}{N}=2\times0.47\times\sin30°=0.47(\text{mm})$，即 $\Delta H$=$\Delta B$，说明铣刀廓形准确。<br>⑥按图样的要求分度，铣削六条花键槽一段长度，其中相邻两条槽全长铣出，便于检测键宽和键侧平行度，花键另一侧的对称度。<br>⑦用千分尺和卡规配合预检试件的键宽、小径尺寸；用百分表检测花键两端对称度、键侧与轴线的平行度和花键的等分精度 |

续表

| 类别 | 说　明 |
|---|---|
| 试件检验 | 用卡规和综合量规预检试件花键，注意综合量规能否全程通过，卡规止端应不能通过 |
| 工件花键铣削 | 按试铣调整好的位置和纵向行程，铣削花键，铣削时为提高铣削精度，应注意以下事项<br>①换装工件后，应找正工件两端外圆与分度头的同轴度，若同轴度误差大的工件，不可进行加工<br>②分度头尾座顶尖不宜顶得过紧，以免细长轴弯曲影响铣削和分度精度。一般可用手握工件，感觉无轴向间隙，工件又能转动自如为宜<br>③辅助定位和夹紧的机用虎钳，应在分度头锁紧手柄锁紧后夹持工件，在分度头锁紧手柄松开前松开机用虎钳钳口。夹持部位应注意清洁切屑，以免损坏大径表面质量。在试件铣削中可进行观察，通过测量，验证辅助夹持的效果和影响。主要是观察工件铣削时的振动情况和对加工精度的影响。<br>④装夹工件的鸡心夹夹紧工件后，其柄部侧面应与工件轴线基本平行，否则用拨盘螺钉紧固后会影响工件与分度头的同轴度和其他位置精度 |

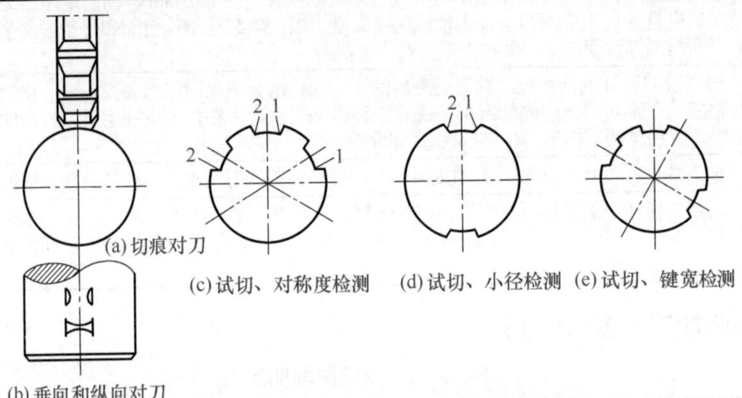


图 12-9　花键成形铣刀的试切对刀和预检

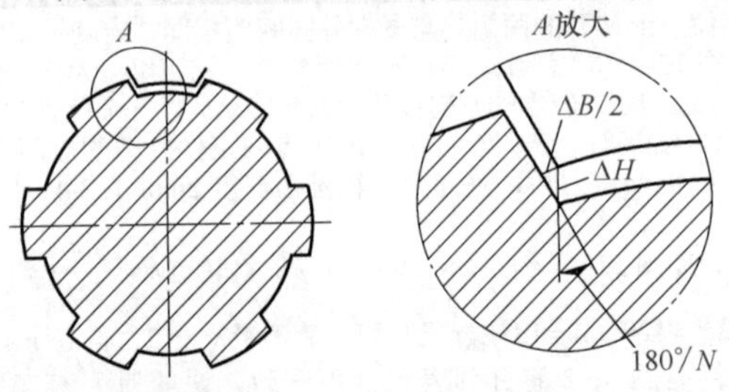


图 12-10　花键成形铣刀槽深和键宽的尺寸几何关系

## 三、成形铣刀铣削外花键检验

其测量的位置比较小，精度要求比较高，测量时需注意以下几点：

① 用千分尺测量键宽和小径尺寸时，因测量部位面积比较小，容易引起测量误差，因此应注意测量动作和位置的准确性，特别应注意，由于测砧与工件接触面积较小，测量力容易偏大而造成测量误差。

② 用百分表测量平行度、对称度和等分度误差时，因测量面积较小，应选用测头较小的百分表测量，同时须注意测头应避免与其他非测量面接触，以免影响测量精度和造成测量错误。

③ 工件细长，预制件的检验应注意工件是否弯曲变形，铣削后应注意工件放置，以免影响原有精度。

④ 因键侧高度比较小，用宽度卡规测量时，两端可沿轴向测量，中间部分沿径向测量；使用小径卡规时一般仅能在两端进行测量，判断小径尺寸是否在公差范围内。

# 第三节　三面刃单刀铣削外花键

## 一、三面刃单刀铣削加工大径定心外花键

如图 12-11 所示为 6×42×48×12 大径定心的花键轴，材料为 45 钢。其铣削加工步骤见表 12-7。

表 12-7　三面刃单刀铣削加工大径定心外花键

| 类别 | 说　明 |
|---|---|
| 加工准备 | 图样加工精度识读<br>①花键键宽尺寸为 12f9 即 $12_{-0.059}^{-0.016}$ mm，键宽对工件轴线的对称度公差为 0.05mm，平行度公差为 0.06mm<br>②小径尺寸为 42f9 即 $12_{-0.275}^{-0.025}$ mm<br>③花键长度尺寸为 $\phi$8f7×140mm 圆柱面的长度 140mm<br>④在小径和齿侧的连接部位，有深 0.3mm 宽 1mm 的沉割槽<br>⑤工件的大径对轴线的圆跳动公差为 0.03mm<br>⑥工件的表面粗糙度值全部为 $Ra$1.6μm。<br>⑦工件材料为 45 钢，切削性能较好<br>⑧工件外形为轴类零件，两端有定位中心孔，便于工件按基准定位，但工件两端的直径 $\phi$35js6 圆柱面长度 30mm，加上 3×0.25 的沉割槽宽度 3mm，工件的夹紧部位比较短（仅 33mm），用鸡心夹头和拨盘装夹比较困难 |
| 拟定花键加工步骤 | 根据图样的精度要求，此花键在铣床上只能做粗加工，键宽与小径应留有磨削加工余量 0.3～0.5mm，并相应地降低加工精度等级。本节拟定键宽与小径均留有磨削余量 0.4mm，即 $B'$=(12.4±0.045)mm，$d'$=(42.4±0.105)mm。粗铣花键平行度公差仍为 0.06mm，对称度公差仍为 0.05mm<br>采用一把三面刃铣刀，先铣削中间槽，后铣削键侧的方法，花键粗加工步骤：预制件检验→安装、找正分度头和尾座→装夹、找正工件→用切痕对刀法调整中间槽铣削位置→铣削中间槽→试铣花键两侧调整铣削位置→铣削花键一侧（六面）→铣削键另一侧→调整试铣小径 180°对称圆弧面铣削位置→铣削小径圆弧面→花键铣削工序检验 |
| 选择铣床 | 选用 X6132 型卧式万能铣床或类似的卧式铣床 |
| 选择工件装夹方式 | 选用 F11125 型万能分度头分度，采用两顶尖和拨盘、鸡心夹头装夹工件。本节工件鸡心夹头装夹的部位长度尺寸为 30mm，考虑到花键铣削时铣刀的切出距离，若选择外圆直径为 63mm 的三面刃铣刀，切出距离为 31.5mm，有可能铣到夹头，因此，须选择柄部尺寸略小于 12mm 键宽尺寸的鸡心夹夹紧工件，而且在找正铣削位置时，应将夹头柄部侧面调整到与某一键侧对齐，如图 12-12 所示，以避免铣削过程中铣刀铣坏鸡心夹头，工件松动而影响加工精度。鸡心夹部分的尺寸也不宜过大，否则也会影响铣削 |
| 选择刀具 | ①选择铣削中间槽和键侧的铣刀。采用先铣削中间槽的加工方法，铣刀的厚度受到限制。受工件装夹部位的长度限制，铣刀的直径应尽可能小。选择时先按图样给定数据计算铣刀厚度限制条件<br>按图样给定数据<br>$d$=42mm，$d'$=42.4mm（0.4mm 是小径磨削余量）<br>$B$=12mm，$B'$=12.4mm（0.4mm 是键宽磨削余量）<br>$$L'=d'\sin\left[\frac{180^\circ}{N}-\arcsin\left(\frac{B'}{d'}\right)\right]=42.4\times\sin\left[\frac{180^\circ}{6}-\arcsin\left(\frac{12.4}{42.4}\right)\right]=9.53(\text{mm})$$<br>按铣刀标准，选择 63mm×22mm×8mm 标准直齿三面刃铣刀<br>②选择铣削小径圆弧面的铣刀。选用 63mm×22mm×1.60mm 的标准细齿锯片铣刀，用每铣一刀转动一个小角度，逐步铣出圆弧面的加工方法，铣削留有磨削余量的花键槽底小径圆弧面 |
| 选择检验测量方法 | 键宽尺寸用 0～25mm 的外径千分尺测量检验。键侧与轴线的平行度、键宽对轴线的对称度测量与检验均在铣床上借助分度头分度，用带测量座的百分表检验。测量对称度时将键侧置于水平位置，然后用分度头准确转过 180°，采用翻身法测量检验。小径尺寸用 25～50mm 的外径千分尺测量检验 |

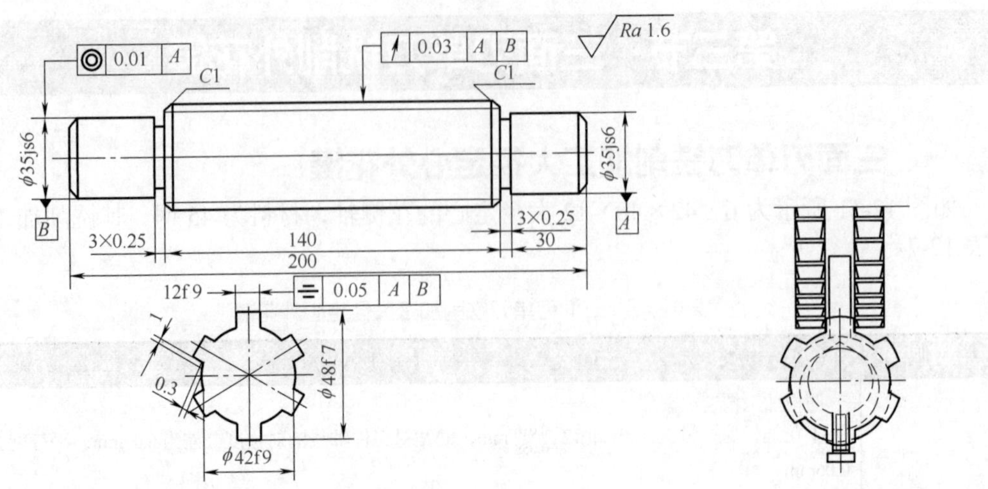


图 12-11　大径定心外花键轴零件尺寸

图 12-12　铣削时铣刀与工件、鸡心夹的相对位置

## 二、大径定心花键工件的粗铣加工步骤

### 1. 加工准备

大径定心花键工件的粗铣加工准备见表 12-8。

表 12-8　大径定心花键工件的粗铣加工准备

| 类别 | 说　明 |
|---|---|
| 检验预制件 | 根据花键轴的一般加工工艺，在铣削花键前，定心大径已经过磨削。预制件的检验主要是用千分尺测量工件 $\phi$8mm 外圆的实际尺寸、圆柱度，以及用百分表、两顶尖测量座（图 12-13）测量与两端中心孔定位轴线的圆跳动。也可以在机床上安装分度头后，用两顶尖顶装工件进行检验。本例预制工件的大径尺寸、圆柱度及圆跳动均符合图样要求 |
| 安装分度头和尾座 | 安装时注意底面和定位键侧的清洁度，在旋紧紧固螺栓时，可用手向定位键贴合方向施力。两顶尖的距离按工件长度确定，尾座顶尖的伸出距离要尽可能小一些，以增强尾座顶尖的刚度。按工件 6 齿等分数调整分度盘、分度销位置和分度叉展开角度。本节选用公式为 $$n=\frac{40}{z}=6\frac{44}{66}$$ 式中 $n$——分度手柄转数<br>$z$——为铣刀齿数 |
| 装夹和找正工件 | 两顶尖定位并用鸡心夹和拨盘装夹工件后，用百分表找正上素线与工作台面平行，侧素线与纵向进给方向平行，找正工件与分度头轴线的同轴度在 0.03mm 以内。若工件有几件，应找正尾座顶尖的轴线与工作台平行，通常可借助尾座转体的上平面进行找正 |
| 安装铣刀 | 根据铣刀孔径选用 $\phi$22mm 刀杆，三面刃铣刀和锯齿铣刀安装的位置大致在刀杆长度的中间，并应有一定的间距，铣削时互不妨碍。因刀杆直径比较小，铣削时容易发生振动，在安装横梁和支架后，应注意调节支架刀杆支持轴承的间隙并加注润滑油 |
| 选择铣削用量 | 按工件材料（45 钢）和铣刀的规格，调整主轴转速 $n$=95r/min（$v$≈19m/min）；进给量口 $v_f$=47.5mm/min（$f_z$≈0.03mm/z）。在粗铣中间槽和侧面时，主轴转速可低一挡，在用锯片铣刀铣削圆弧面时，主轴转速和进给量均可以高一挡 |

图 12-13　用两顶尖测量座测量预制件的圆跳动

## 2. 花键铣削加工（表 12-9）

表 12-9 花键铣削加工

| 类别 | 说明 |
|---|---|
| 试切对刀 | 将鸡心夹柄部置于水平位置，用切痕对刀法，调整三面刃铣刀的铣削中间槽的位置，具体操作方法与用三面刃铣刀铣削轴上直角沟槽相同。使铣出的直角槽对称工件轴线 |
| 调整铣削长度 | 本节花键虽然是在圆柱面上贯通的，但因受到装夹位置的限制，铣削终点位置应在铣刀中心刚过花键靠近分度头一侧的台阶端面为宜，并应注意不能铣到鸡心夹头 |
| 槽和键对称度的铣削调整过程 | 中间槽铣出一段后，用百分表测量槽的对称度，测量时，先用外径千分尺测量槽的实际宽度尺寸，然后将工件转过 90°，用杠杆百分表测量处于水平向上的槽侧面，再将工件按原方向转过 180°，用处于原高度的杠杆百分表比较测量槽的另一侧面，若百分表示值不一致，记住示值高的一侧，微量调整工作台横向，移动的方向是示值高的一侧靠向铣刀，移动的距离是两侧示值差的一半。重复以上过程，直至中间槽对称工件轴线 |
| 调整中间槽的深度 | 中间槽深按大径实际尺寸与小径留有磨量的尺寸确定。本节公式为 $$H=\frac{D-d'}{2}=\frac{48-42.4}{2}=2.8(\text{mm})$$ |
| 铣削中间槽 | 按试切的位置铣削第一条中间槽，然后按分度手柄转数 $n$ 分度，依次铣削六条中间槽，如图 12-14（a）所示 |
| 调整键侧铣削位置 | 中间槽铣削完毕后，将分度头主轴转过 $\frac{\theta}{2}=\frac{180°}{N}=30°$（$n=3\frac{22}{66}$ r），使键处于上方位置，如图 12-14（b）所示。根据原工作台横向位置，按实际槽宽尺寸 $L'$ 和放磨键宽尺寸 $B'$ 移动距离，$s_1=\frac{L'+B'}{2}=\frac{8.1+12.4}{2}=10.25(\text{mm})$ 即工作台横向移动 10.25mm |
| 预检键的对称度并铣削键侧 1 | 为了保证键的对称度，可按放磨键宽尺寸再留有 1mm 左右的余量（本节放余量 1mm，则试切时 $s_1$=10.75mm）试切键两侧，用杠杆百分表预检键的对称度，具体操作方法与测量槽的对称度相似。试切时，在移动 $s_1$=10.75mm 试铣键侧 1 后，工作台横向移动 $s_1=2s_1$，试铣键侧 2，然后用百分表比较测量键两侧，若测得键侧 1 与键侧 2 的示值不一致，可根据百分表的示值差，将高的一面余量铣去。当键对称度达到图样要求时，用千分尺测量键宽尺寸，按键宽的实际尺寸与 12.4mm 差值的一半，准确移动工作台横向，此外，工作台垂向按键侧的深度 $H\approx\frac{D-d'}{2}+0.5\text{mm}$ 调整，随后按等分要求，依次铣削各键键侧 1 |
| 铣削键侧 2 | 按 $s_2$=20.50mm 横向准确移动工作台，铣削键侧 2。铣出一段后，可测量键宽尺寸，确保键宽尺寸在 12.4mm 的公差范围内。随后按等分要求，依次铣削各键键侧 2，如图 12-14（c）所示 |
| 铣削小径圆弧面 | ①对刀。调整工作台，目测使锯片铣刀宽度的中间平面通过工件轴线（即对中对刀），如图 12-15（a）所示。将分度头主轴转过 30°使工件槽处于上方位置，铣刀处于槽的中间位置。通过垂向对刀，确定小径铣削位置<br>②铣削小径圆弧面。调整工件的圆周位置，使锯片铣刀从靠近键的一侧处开始铣削［图 12-15（b）］，并调节好纵向自动进给停止限位挡块，每铣削一刀后，应退刀，再摇动分度手柄，使工件转过一个小角度后，继续进行铣削。工件每次转过的角度越小，圆弧面的形状精度越高。铣削好一个槽的槽底圆弧面后，按起始或终点位置分度，依次铣削六个圆弧面。铣削时应注意，锯片铣刀不能碰伤键侧面 |

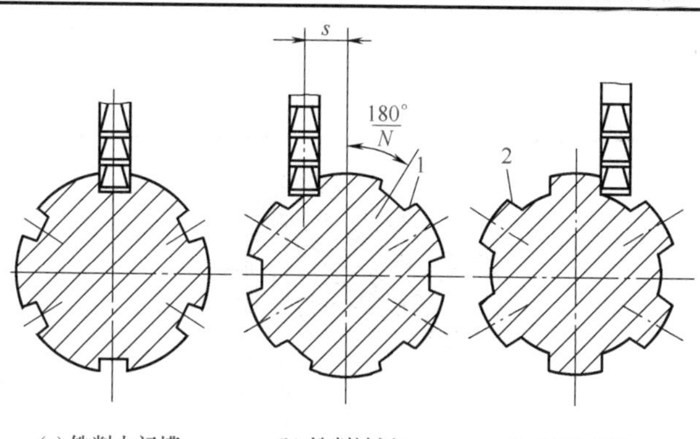


图 12-14 外花键先铣中间槽后铣键侧的加工步骤

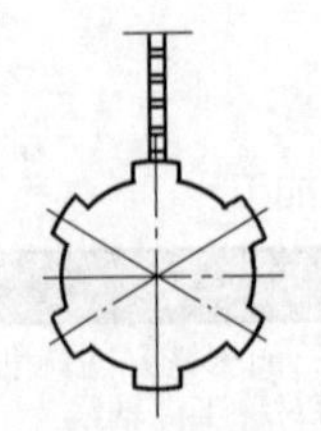
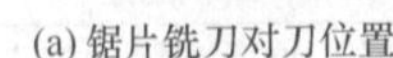
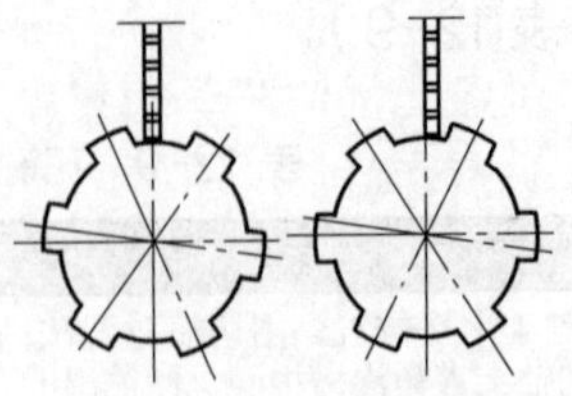

(a) 锯片铣刀对刀位置　　(b) 锯片铣刀周向铣削位置

图 12-15　用锯片铣刀铣削槽底圆弧面

## 三、大径定心花键检测与常见质量问题及其原因

① 用千分尺测量键宽和小径尺寸。键宽尺寸应在 12.355 ～ 12.445mm 范围内；小径尺寸应在 42 .295 ～ 42.505mm 范围内。测量操作时，应注意在花键全长内多选几个测量点，应对六条键都进行测量，测量数据可记录下来，以便进行合格判断和质量分析。

② 用百分表测量平行度、对称度和等分度误差。

a. 对称度的检验，一般在铣削完毕后直接在机床上进行检验。检验时，将工件通过分度头准确地转过 90°，使键处于水平位置，用百分表测量键侧 1，翻转 180°，以同样高度测量键侧 2，测量点可在键侧全长内多选几点，百分表的示值变动量应在 0.05mm 范围内。

b. 平行度的测量也可用同样办法进行，见图 12-16 所示，各键侧测量时百分表的示值变动量均应在 0.06mm 范围内。

c. 测量等分度时，应注意分度手柄按原分度方向转动，以免传动间隙影响测量精度。

③ 表面粗糙度检验。通过目测类比法进行。对槽底圆弧面，应目测其多边形状折线的疏密程度，若多边形明显，则可认为表面粗糙度不合格。还应目测检验键侧是否有微小的碰伤情况。

大径定心花键检测常见质量问题及其原因见表 12-10。

表 12-10　大径定心花键检测常见质量问题及其原因

| 常见问题 | 产生原因 |
|---|---|
| 在铣削过程中花键键宽尺寸超差和等分度误差 | ①中间槽加工后横向移动距离计算错误<br>②控制键宽时，工作台横向调整不准确<br>③过程检测时，测量有误差<br>④试切调整键侧对称度和键宽时余量控制不合理<br>⑤分度操作不准确等 |
| 花键等分度、平行度和对称度超差 | ①分度头尾座的顶尖轴线与工作台面和进给方向不平行<br>②两顶尖轴线不同轴<br>③工件装夹后与分度头同轴度较差<br>④尾座顶尖顶得较松等 |
| 花键槽底小径圆弧面产生误差 | ①锯片铣刀铣削起点和终点位置过于靠近键侧，碰伤键侧<br>②每铣一刀分度头转过的小角度较大，引起较大的表面形状误差<br>③锯片铣刀铣削时铣刀径向跳动大或进给量过大，加工表面出现振纹，使表面粗糙度值超差等 |

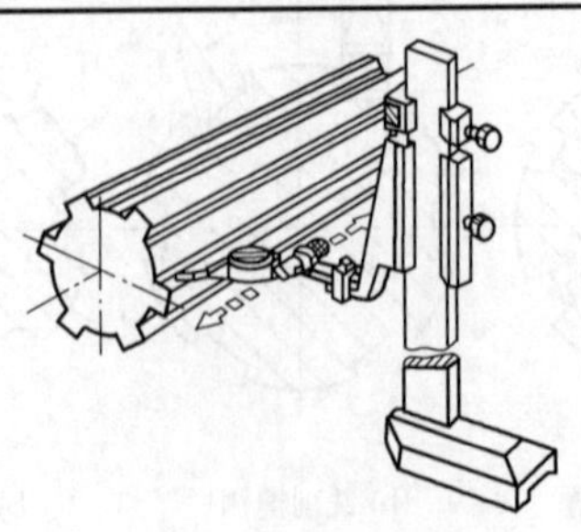

图 12-16　用百分表测量花键平行度

## 四、三面刃单刀铣削小径定心外花键

如图 12-17 所示为单刀铣削小径定心外花键零件图，须按以下步骤做好准备。

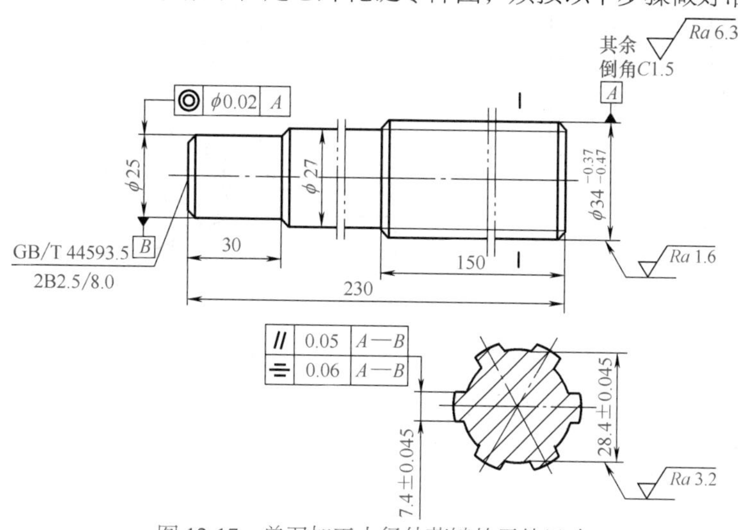


图 12-17 单刀加工小径外花键的零件尺寸

（1）分析图样

① 按零件图所示，分析加工精度为：

键宽：$B=7_{-0.098}^{-0.040}$ mm，$B'=(7.4\pm0.045)$ mm

小径：$d=28_{-0.041}^{-0.020}$ mm，$d'=(28.4\pm0.105)$ mm

大径：$D=34_{-0.47}^{-0.31}$ mm

键对工件轴线的对称度公差 0.10mm，对工件轴线平行度公差 0.05mm。

② 分析表面粗糙度。大径表面为 $Ra$1.6μm，小径表面为 $Ra$3.2μm，其余（包括键侧）表面粗糙度 $Ra$6.3μm。

③ 分析材料。工件材料为 40Cr 合金结构钢，具有较高的强度。

④ 分析形体。工件是阶梯轴，花键在 $\phi$34mm × 150mm 外圆上贯通，两端有孔径为 2.5mm 的 B 型中心孔，而且有 $\phi$25mm × 30mm 的外圆柱面，便于工件定位装夹。

（2）花键轴铣削加工工艺及工艺准备（表 12-11）

表 12-11 花键轴铣削加工工艺及工艺准备

| 类别 | 说　明 |
|---|---|
| 花键加工工序 | 花键的直径比较小，采用先铣削键侧，后铣削中间槽的方法加工花键轴。花键铣削加工工序过程为：预制件检验→安装分度头→找正工件并在工件表面画键宽线→按画线对刀调整键侧 1 铣削位置→试切两侧面并预检键对称度→铣削键侧 1（六面）→调整键侧 2 铣削位置并达到工序要求→铣削键侧 2（六面）→调整槽底圆弧面铣削位置→铣削槽底圆弧面达到小径要求→花键工序的检验 |
| 选择铣床 | 工件长度 230mm，分度头及尾座安装长度约 550mm 左右，选择与 X6132 型类同的卧式铣床 |
| 工件的装夹方式 | 由形体分析可知，工件两端有顶尖孔，又具有可供夹紧的 $\phi$25mm × 30mm 圆柱面，既可以采用两顶尖、鸡心夹和拨盘装夹工件，也可以采用三爪自定心卡盘和尾座顶尖一夹一顶的方式装夹。本节选用 F11125 型万能分度头采用一夹一顶方式装夹 |
| 选择刀具 | ①选择铣削键侧刀具。采用先铣削键侧后铣削槽底圆弧面的加工方法，铣刀的厚度不受严格限制，现选用 63mm × 8mm 直齿三面刃铣刀<br>②选择铣削槽底圆弧面刀具：采用成形单刀铣削。单刀的形式与结构如图 12-18 所示：单刀的刀刃形状由工具磨床刃磨，圆弧部分的长度和半径尺寸应进行检验，侧刃夹角用游标量角器测量，如图 12-19（a）所示。侧刃与圆弧刃的两个交点距离和圆弧半径通常可进行试件试切后，对切痕进行测量，如图 12-19（b）所示 |
| 选择检验测量方法 | 按工序要求，键的宽度尺寸、对称度与平行度以及小径尺寸检验测量方法与大径定心花键检测相同 |

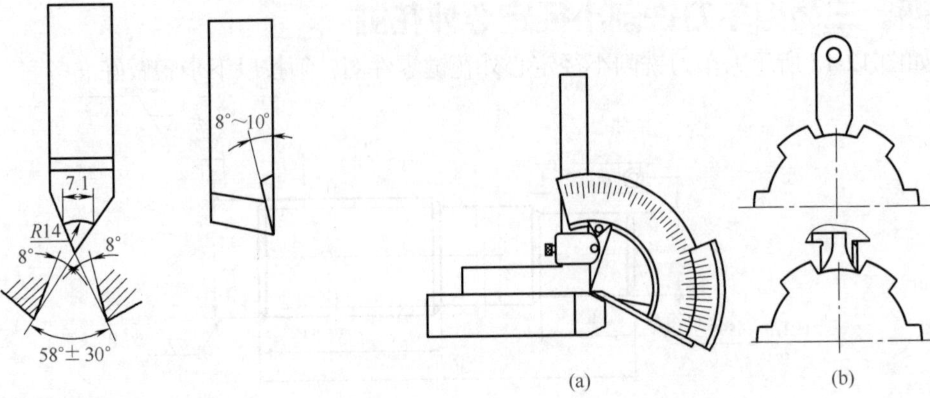


图 12-18　铣削花键槽底成形单刀形式与结构　　　图 12-19　铣削花键槽底成形单刀的检验

（3）小径定心花键单刀铣削加工步骤

①加工准备（表 12-12）

表 12-12　加工准备

| 类别 | 说　明 |
|---|---|
| 安装分度头和尾座 | 安装分度头和尾座并在分度头上安装三爪自定心卡盘，安装前应选择自定心精度较高的卡盘，安装时应注意清洁各定位接合面，保证安装精度 |
| 预检、装夹和找正工件 | 检验大径的尺寸与圆柱度，并检验大径圆柱面与两顶尖轴线的同轴度。大径圆柱面一端中心孔用尾座顶尖定位，$\phi$25mm×30mm 的圆柱面用三爪自定心卡盘定位夹紧。当工件与分度头轴线同轴度有误差时，可将工件转过一个角度装夹后，再进行找正，若还有误差，也可在卡爪与工件之间垫薄铜片，直至工件大径外圆与回转中心同轴度在 0.03mm 之内。上素线与工作台面的平行度、侧素线与进给方向平行度均在 100mm±0.02mm 范围内 |
| 安装铣刀 | 三面刃铣刀与装夹成形单刀头的紧固刀盘一起穿装在刀杆上，并有一定的间距。铣削槽底圆弧面的成形单刀头装夹方式如图 12-20 所示，本节选用图 12-20（b）所示的方式装夹 |
| 选择铣削用量 | 按工件材料（45 钢）和铣刀的规格，调整主轴转速 $n$=95r/min（$v$≈19m）；进给量 $v_f$=47.5mm/min（$f_z$≈0.03mm/z）。在粗铣中间槽和侧面时，主轴转速可低一挡，在用锯片铣刀铣削圆弧面时，主轴转速和进给量均可高一挡。圆弧面单刀的铣削用量由试切确定。试切时，根据工件的振动情况，圆弧面的表面质量（包括圆弧的形状和表面粗糙度）确定 |

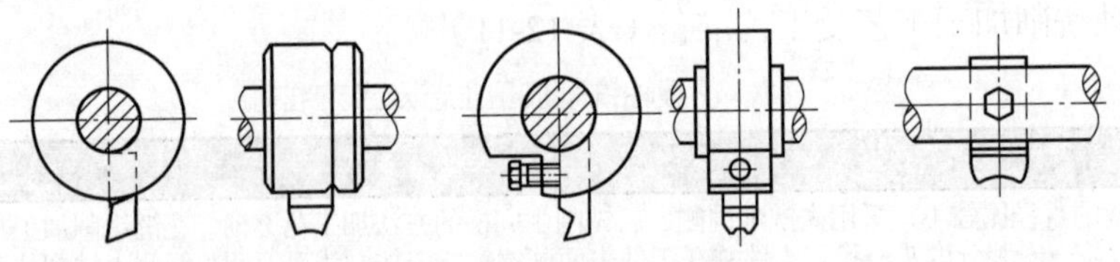

(a) 用夹紧刀盘安装　　(b) 用方孔刀盘安装　　(c) 用方孔刀杆安装

图 12-20　铣削花键槽底成形单刀安装方法

②加工步骤（表 12-13）

表 12-13　加工步骤

| 类别 | 说　明 |
|---|---|
| 工件表面划线 | ①划水平中心线。将划线游标高度尺调整至分度头的中心高 125mm，在工件外圆水平位置两侧划水平线，然后将工件转过 180°，按同样高度在工件两侧重复划一次线，若两次划线不重合，则将划线位置调整在两条线的中间，再次划线，直至翻转划线重合。该重合的划线即为水平位置中心线<br>②划键宽线。根据水平中心线的划线位置，将游标高度尺调高或调低键宽尺寸的一半（本节为 3.7mm），仍按上述方法，在工件水平位置的两侧外圆上划出键宽线 |

续表

| 类别 | 说明 |
| --- | --- |
| 调整键侧铣削位置 | ①划线后，将工件转过 90°，使键宽划线转至工件上方，作为横向对刀依据。调整工作台，使三面刃铣刀侧刃切削平面离开键侧 1 键宽线约 0.3 ～ 0.5mm，在横向刻度盘上用粉笔作记号并锁紧工作台横向。<br>②根据花键铣削长度、铣刀切入和切出距离，调整铣削终点的自动停止限位挡块<br>③调整键侧垂向铣削位置时，先使铣刀圆周刃恰好擦到工件表面，然后工作台垂向上升度 $H=\frac{D'-d}{2}+0.4=\frac{33.65-28}{2}+0.4=3.22(\text{mm})$（式中 0.4mm 是键侧加深量） |
| 试切与对称度预检 | 试铣键侧 1 与键侧 2，如图 12-21（a）、（b）。试铣键侧 2 时，工作台横向移动距离 $S$=$L$+$B$+2（0.3 ～ 0.5）=16.2（mm）（式中 0.3 ～ 0.5mm 是试铣时键侧单面保留的铣削余量）。预检键的对称度可按放磨键宽尺寸再留有 1mm 左右的余量，用杠杆百分表来检验 |
| 铣削键侧 1 | 根据预检结果，若测得键侧 1 比键侧 2 少铣去 0.15mm，则将工件由水平预检测量位置转至上方铣削位置，然后调整工作台横向，将键侧 1 铣去 0.15mm。再次测量键宽尺寸，按工序图样的键宽尺寸与实测尺寸差值的一半调整工作台横向，按等分数分度，依次铣削键侧 1（6 面） |
| 铣削键侧 2 | 键侧 1 铣削完毕后，调整工作台横向，保证键宽尺寸达到（7.4 ± 0.045）mm，按等分要求，依次铣削键侧 2（6 面） |
| 铣削槽底小径圆弧面 | 铣削槽底小径圆弧面如图 12-21（c）所示<br>①安装成形单刀。单刀伸出的尺寸尽可能小，以提高刀具的刚度。由于成形单刀铣削时常用圆弧刀刃对刀，因此应注意单刀的安装精度。目测检验安装精度的方法如图 12-22（a）所示，借助的平行垫块尽可能长，若安装正确，垫块应与刀轴平行<br>②横向对刀。调整工作台，目测使单刀的圆弧刀刃的两个尖角与工件键顶同时接触，如图 12-22（b）所示，对刀后锁紧工作台横向<br>③调整工件转角。将工件由铣削键侧的位置转至铣削槽底位置。转角为 $\frac{\theta}{2}=\frac{180°}{N}$［本节为 30°，$n=3\frac{22}{66}$（r）］<br>④试切预检小径尺寸。工作台垂向在槽底对刀，试切出圆弧面，工件转过 180°，按垂向同样铣削位置，试切出对应的圆弧面，用外径千分尺预检小径尺寸<br>⑤按实测尺寸与工序尺寸差值的一半调整工作台垂向。当试切的小径尺寸符合图样要求时，按工件等分要求，依次铣削槽底圆弧面，使小径尺寸达到（28.4 ± 0.105）mm |

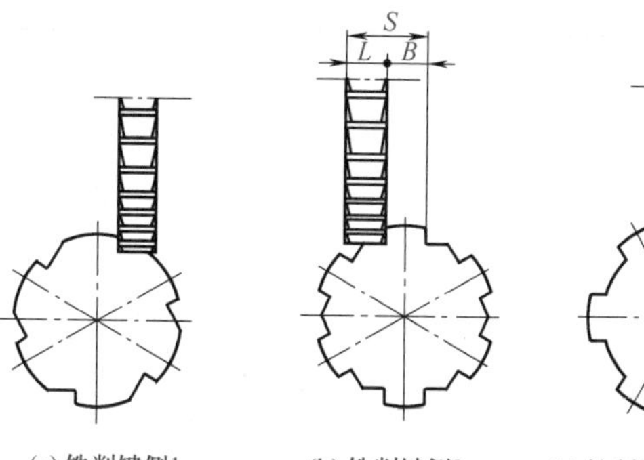


(a) 铣削键侧1　(b) 铣削键侧2　(c) 铣削槽底小径圆弧面

图 12-21　先键侧后槽底铣削花键步骤

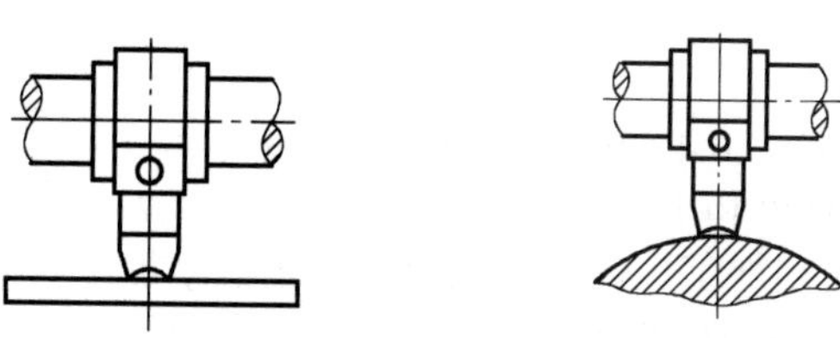

(a) 目测检查单刀安装精度　(b) 目测单刀横向对刀位置

图 12-22　铣削槽底的单刀安装与对刀位置

③ 检验与质量分析要点（表 12-14）

表 12-14　检验与质量分析要点

| 类别 | 说　明 |
| --- | --- |
| 检测外花键 | ①测量键宽和小径尺寸精度。用千分尺测量键宽尺寸应在（7.355 ～ 7.445）mm 范围内，小径尺寸应在 28.295 ～ 28.505mm 范围内<br>②测量键侧对称度，平行度和等分度误差。具体操作方法与表 12-10 相同，对称度测量示值变动量应在 0.1mm 以内；平行度测量示值变动量应在 0.05mm 以内；等分度测量示值变动量应在 0.07mm 以内 |
| 分析质量要点 | ①采用分度头安装三爪自定心卡盘采用与尾座一顶一夹的方式装夹工件。由于工件夹紧部位无阶台面，在铣削过程中，可能因切削力波动、冲击，使工件沿轴向发生微量位移，从而使工件脱离准确的定位和找正位置，影响对称度、平行度和等分度<br>②选用成形单刀铣削槽底圆弧面，受刃磨质量、安装精度、刀具切削性能等影响，铣削而成的小径圆弧面形状和尺寸精度、表面粗糙度都会产生一定误差，如刀具几何角度不好，可能引起切削振动，从而影响表面粗糙度 |

# 第四节　加工实例

## 实例一：用组合的三面刃铣刀内侧刃铣削外花键

### 1. 图样分析

如图 12-23 所示为组合铣刀铣削外花键零件的加工尺寸，现分析如下：

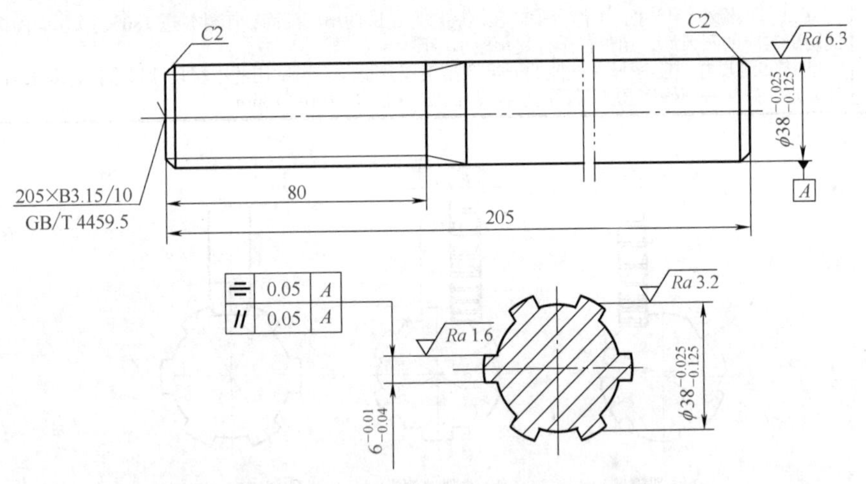


图 12-23　组合铣刀铣削外花键零件的加工尺寸

① 大径 $D=38_{-0.037}^{-0.025}$ mm。

② 小径 $d=\phi32_{-0.125}^{-0.025}$ mm。

③ 键宽 $B=6_{-0.04}^{-0.01}$ mm，$B'$=（6.4 ± 0.045）mm。

④ 键对工件轴线的对称度和平行度公差均为 0.05mm；大径和键宽尺寸须经过磨削加工达到尺寸精度，铣削加工为粗加工，槽底小径尺寸可由铣削加工获得。

⑤ 花键大径和键侧表面粗糙度为 *Ra*1.6μm，小径表面粗糙度为 *Ra*3.2μm，其余表面粗糙度为 *Ra*6.3μm。大径和键侧须经过磨削才能达到表面粗糙度要求，小径圆弧面可用铣削加工达到表面质量要求。

⑥ 工件材料为 45 钢（T235），调质硬度 220 ～ 250HBS。

⑦ 工件外形是光轴，花键在外圆柱面上，花键有效长度 80mm，工件两端有孔径为 3.15mm 的 B 型中心孔，而且有 $\phi$8mm × 125mm 光轴部分，便于工件定位装夹。

### 2. 拟定外花键铣削加工步骤及说明（表 12-15）

表 12-15 拟定外花键铣削加工步骤及说明

| 加工步骤 | 说明 |
|---|---|
| 外花键加工步骤 | 采用组合三面刃铣刀加工键侧，锯片铣刀加工槽底小径圆弧面的方法，花键铣削加工步骤如下<br>①预制件检验<br>②安装分度头<br>③安装试件<br>④安装组合铣刀和锯片铣刀<br>⑤试件试切调整键宽尺寸<br>⑥预检对称度<br>⑦装夹、找正工件<br>⑧在工件表面划键宽线<br>⑨工件试切、复核对称度<br>⑩铣削键侧（6 键 12 面）<br>⑪调整槽底圆弧面铣削位置<br>⑫铣削槽底圆弧面达到小径要求<br>⑬花键工序检验 |
| 选择铣床 | 选择与 X6132 型类似的卧式铣床 |
| 选择工件装夹方式 | 由工件外形可知，工件可采用一顶一夹或两顶尖装夹方式，本例考虑到采用两把三面刃铣刀同时铣削键的两个侧面，切削力使轴转动的力矩很小，而指向分度头的轴向力较大，因此选用 F11125 型分度头采用两顶尖、鸡心夹和拨盘装夹工件 |
| 选择铣刀 | ①铣削键侧的组合三面刃铣刀。铣刀的厚度不受严格限制，两把铣刀进行组合的侧面刃应完好无损，刃磨质量基本相同，夹持部位的表面无凸起、拉毛等瑕疵。因花键的收尾部分圆弧并没有尺寸要求，故选 63mm × 8mm 直齿三面刃铣刀<br>②铣削槽底圆弧面刀具。因花键属于大径定心的修配零件，使用成形单刀刃磨、安装、对刀等比较麻烦，故采用锯片铣刀铣削槽底圆弧面，可以达到圆弧面的粗糙度和尺寸精度要求。本例选用 63mm × 1.6mm 的标准锯片铣刀 |
| 选择铣削用量 | 工件材料为 45 钢（T235），调质后的材料硬度为 235HBS，宜选用优质碳素结构钢切削用量范围内较小的切削速度和进给量。按铣刀规格，现选主轴转速，$n$=75r/min（$v$≈15m/min）；进给量 $v_f$=47.5mm/min（$f_z$≈0.03mm/z） |
| 选择检验测量方法 | 试件试切的检验是采用组合铣刀铣削花键的重要操作步骤。试件的长度应与工件大致相同，而直径尺寸、精度并无严格要求。关键是试件的顶尖孔应具用较高的精度。试件试切后的键宽尺寸、对称度检验方法与单刀铣削时基本相同，其试切测量过程为：按划线对刀→试切两侧面→用外径千分尺测量键宽尺寸→调整中间垫圈厚度直至宽度符合要求→将工件转过 90° 用百分表测量键一侧→将工件转过 180° 测量键另一侧→将工件回转恢复至原铣削位置→横向微量移动百分表示值差的一半（移动的方向是使示值高的一侧多铣去一些）→工件回转一个位置重复以上对称度试切测量步骤直至对称度符合要求 |

### 3. 外花键用组合铣刀内侧刃铣削加工

（1）加工准备

外花键用组合铣刀内侧刃铣削加工准备类型及说明见表 12-16。

表 12-16 外花键用组合铣刀内侧刃铣削加工准备类型及说明

| 准备类型 | 说明 |
|---|---|
| 预制件检验 | 重点是检验工件大径圆柱面与两顶尖轴线的同轴度。具体测量方法与单刀铣削花键时相同。大径圆柱面对轴线的径向圆跳动百分表示值应在 0.03mm 范围内，圆柱度误差应在 0.012mm 范围内；大径尺寸应在 37.975 ～ 37.963mm 范围内 |
| 安装和找正分度头与尾座 | 具体方法与单刀铣削花键相同 |

续表

| 准备类型 | 说明 |
| --- | --- |
| 安装铣刀 | ①根据铣刀的孔径选择刀杆，为减少铣削振动，便于键宽的调整，铣刀杆与刀杆垫圈的精度应进行检验。一些刀杆由于铣削时受过切削力的冲击等因素，直线度较差，刀杆弯曲，铣削中会使铣刀产生跳动，影响尺寸调整和表面粗糙度控制<br>②检验刀杆可借助标准平板，将刀杆放置在平板上，用手缓慢转动刀杆，若刀杆的素线始终在全长内与平板贴合，说明刀杆的直线精度较高。刀杆垫圈主要是检验两端面的平行度，测量时可使用千分尺，也可在标准平板上将一侧端面与平板贴合，另一侧端面用百分表进行测量<br>③组合铣刀中间垫圈的尺寸选择，应按铣刀侧刃与装夹面之间的尺寸确定。测量铣刀侧刃刀尖与装夹面的距离尺寸，可借助中间带孔的平行垫块，将刀具用于组合的侧面刃向上，另一侧轻放在标准平板上，再将带孔的平行垫块沿径向搁放在多个刀尖上，然后用深度千分尺测量垫块上平面至刀具装夹面的尺寸，测得的尺寸减去垫块的厚度尺寸，即为刀具侧刃刀尖至装夹面的尺寸 $e$。组合铣刀中间垫圈的厚度 $b=B+e_1+e_2$。若装夹面低于侧刃刀尖，$e$ 为正值，装夹面高于侧刃刀尖，$e$ 为负值。装夹面高于刀具侧刃刀尖，可用环形垫圈测量，下面的垫圈使刀具与平板平行，上面的垫圈用于深度千分尺测量。按计算值选择垫圈厚度可先略厚一些，使试切键宽有一定的余量，然后按实测键宽对中间垫圈进行磨削修正（单个垫圈）或组合调整（多个垫圈）。本例若 $e_1$=0.5mm，$e_2$=0.35mm，则 $b=B'+e_1+e_2$=6.4+0.5+0.35=7.25mm<br>④组合铣刀与锯片铣刀可同时安装在刀杆上，保持一定的间距 |
| 装夹和找正工件 | 因本例采用试件试切调整键宽和对称度，故工件的找正在对称度和键宽调整完毕后进行。具体方法与单刀铣削花键时相同 |

（2）花键铣削加工（表 12-17）

表 12-17　花键铣削加工

| 类别 | 说明 |
| --- | --- |
| 试件试切对刀 | 按预定的试件试切过程操作，操作时掌握以下要求<br>①试件的装夹应与工件一样重视，特别是顶尖定位应无轴向间隙，但分度时不能感觉太紧<br>②试件试切调整应首先调整键宽尺寸。试切后，按试切的键宽尺寸与 6.4mm 的差值，在平面磨床上磨削修正垫圈厚度，组合铣刀中间的垫圈最好采用单个垫圈，这样调整速度快，精度高。若由几个垫圈组合，垫圈的数量不宜太多，以免积累误差<br>③试切调整对称度时，应铣出较长一段键侧，键侧深度应与工件一致，否则会因侧面面积过小影响测量精度 |
| 装夹找正工件并试切复核对称度 | 采用试件试切后，拆下试件，装夹找正工件，具体方法与单刀铣削花键相同。试切复核对称度时，只需在端部铣出一小段，便可进行复核，以保证工件的对称度和键宽尺寸精度。若无法找到合适的试件，在工件上直接进行试切调整键宽和对称度时，如图 12-24 所示，可按以下步骤进行<br>①在工件圆柱面上划出水平位置键宽线，将键宽线转至上方铣削位置<br>②将组合铣刀的中间垫圈厚度按测量计算值增加 1mm，安装组合铣刀<br>③调整工作台，目测对刀，使键宽划线处于组合刀具内侧刃的中间，键侧深度留有余量试切一小段<br>④采用在机床上用百分表测量对称度的方法，预检工件试切段的对称度，并按示值差调整工作台横向，利用原试切键再试切出新的一小段，重复调整，直至达到对称度要求<br>⑤对键宽尺寸进行测量，若测得的键宽比要求的键宽尺寸大 0.95mm（7.35mm），此时，拆下外侧的铣刀和中间垫圈，调整中间垫圈的组合厚度使其减去 0.95mm<br>⑥夹紧留在刀杆上的内侧三面刃铣刀，用内侧单刀在原位置铣削键内侧，铣削的余量应是 0.95mm 的一半，即 0.475mm。试铣一小段后，键宽尺寸应为 6.875mm（7.35mm–0.475mm）<br>⑦将调整后的中间垫圈和外侧三面刃铣刀装入刀杆，仍在原铣削位置试切工件，此时外侧面将键外侧铣去 0.475mm，由于对称的花键键两侧面铣去相等的余量，因此切出的键仍然对称工件轴线，同时，通过中间垫圈的调整，又达到了键宽 6.4mm 的尺寸要求 |
| 铣削键侧 | 调整键侧深度，花键铣削长度，按等分分度，依次铣削花键键侧（6 键 12 面） |
| 铣削槽底圆弧面 | 用锯片铣刀铣削槽底圆弧面的方法与单刀铣削花键相同 |

### 4. 常见质量问题及其原因

① 操作、调整和测量造成的质量问题及其原因。用组合铣刀铣削花键，除槽底外一般是一次铣削成形，铣削后键宽尺寸、对称度、平行度和等分度都同时形成，因此，在试切调整操作中，若试切调整步骤错误，键宽尺寸预检不准确、中间垫圈尺寸组合或修正不准确、

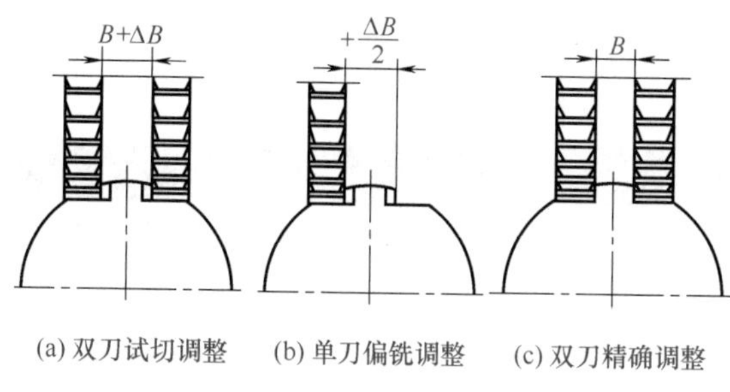


图 12-24　在工件上试切调整步骤

中间垫圈的组合数量较多、横向偏移值计算错误、横向移动量不准确等，均可能导致试切调整误差增大，影响花键铣削精度。在无法试件试切，直接在工件上试切调整时还可能损坏工件。

② 铣刀和辅具误差造成的质量问题及其原因。用组合铣刀内侧刃铣削花键，对刀杆、刀杆垫圈、铣刀和中间垫圈的精度有较高的要求，若刀杆弯曲、刀杆垫圈端面不平行、铣刀形成组合的侧刃刃磨质量较差、中间垫圈的组合质量差（如采用较多的铜片垫圈、垫圈孔与刀轴外圆的间隙过大、垫圈端面的环形面积较小等）可能造成键宽尺寸调整困难、尺寸不稳定、表面粗糙度差等弊病。

## 实例二：用组合铣刀圆周刃铣削加工外花键

### 1. 图样分析

如图 12-25 所示为组合铣刀圆周刃铣削加工外花键的加工尺寸，现分析如下：

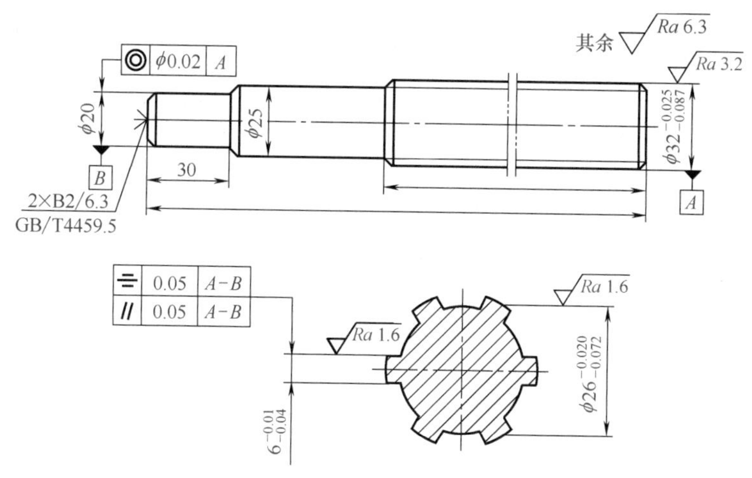


图 12-25　用组合铣刀圆周刃铣削加工外花键的加工尺寸

① 大径 $D=32_{-0.087}^{-0.025}$ mm。

② 小径 $d=\phi26_{-0.072}^{-0.020}$ mm，$d'$=（26.4 ± 0.042）mm。

③ 键宽 $B=6_{-0.04}^{-0.01}$ mm，$B'$=（26.4 ± 0.042）mm。

④ 键对工件轴线的对称度和平行度公差均为 0.05mm；小径和键宽尺寸须经过磨削加工达到尺寸精度，铣削加工为粗加工，大径尺寸在预制工序中完成。

⑤ 小径和键侧表面粗糙度为 *Ra*1.6μm，大径表面粗糙度为 *Ra*3.2μm，其余表面粗糙度为 *Ra*6.3μm。小径和键侧须经过磨削才能达到粗糙度要求。

⑥ 工件材料为 40Cr（T215），调质硬度 220 ～ 230HBS。

⑦ 工件外形是光轴，花键在外圆柱面上，花键有效长度 80mm，工件两端有孔径为 3.15mm 的 B 型中心孔，而且有 $\phi$8mm × 125mm 光轴部分，便于工件定位装夹。

## 2. 拟定外花键铣削加工步骤及说明（表 12-18）

表 12-18 拟定外花键铣削加工步骤及说明

| 加工步骤 | 说 明 |
|---|---|
| 外花键加工步骤 | 工件直径比较小，数量较多，现采用组合三面刃铣刀圆周刃加工键侧，成形单刀加工槽底小径圆弧面的方法，花键铣削加工步骤如下<br>①预制件检验<br>②安装分度头<br>③装夹找正工件<br>④安装组合铣刀<br>⑤工件表面划键宽线<br>⑥试切预检对称度、键宽<br>⑦铣削键侧（6 键 12 面）<br>⑧调整槽底圆弧面铣削位置<br>⑨铣削槽底圆弧面达到小径要求<br>⑩花键铣削工序检验 |
| 选择铣床 | 选择与 X6132 型类似的卧式铣床 |
| 选择工件装夹方式 | 由形体分析可知，工件是阶梯轴，两端有中心孔，可采用一顶一夹或两顶尖装夹方式。本例考虑到采用两把三面刃铣刀圆周刃铣削键的两个侧面，切削力有使轴向上拉起的趋势，这种拉力会影响工件的键宽尺寸、平行度和对称度，因此选用 F11125 型分度头，采用三爪自定心卡盘和尾座顶尖一顶一夹的方法装夹工件。三爪自定心卡盘夹紧 $\phi$20mm × 30mm 阶梯轴部分，夹持长度有 30mm，可克服或减少工件受切削力向上抬起的可能性，同时工件台阶环形面与爪的端面接触，可防止工件受切削力作用可能沿轴线的微量位移 |
| 选择铣刀 | ①铣削键侧的组合三面刃铣刀，铣刀的厚度不受严格限制，两把铣刀进行组合的圆周刃应完好无损，直径尺寸应严格相等，最好一次磨出，刀具定位孔与刀杆外圆应具有较高的配合精度，夹持部位的表面无凸起、拉毛等瑕疵。铣刀的直径与工件的直径、刀杆垫圈的直径及键宽尺寸有关，其限制条件为：$D_{刀} \geqslant D+D_{垫圈}-B+2$，本例 $D+D_{垫圈}-B+2$=78mm，故选 80mm × 8mm 直齿三面刃铣刀<br>②铣削槽底圆弧面刀具。使用成形单刀铣削槽底圆弧面，对留有磨削余量的圆弧面能达到粗糙度和尺寸精度要求。因工件有一定的数量，铣削小径圆弧面的成形单刀采用两个刀头的形式，如图 12-26 所示，刀具采用带方孔的刀杆安装，以减少刀具的刃磨次数，提高铣削加工效率 |
| 选择铣削用量 | 工件材料为 40Cr（T215），调质后的材料硬度较高，宜选用合金结构钢切削用量范围内较小的切削速度和进给量。按铣刀规格，现选主轴转速 $n$=75r/min（$v$≈15m/min）；进给量 $v_f$=47.5mm/min（$f_z$≈0.03mm/z） |
| 选择检验测量方法 | 采用组合铣刀圆周刃铣削花键的重要操作步骤是严格控制工件轴线与工作台面的平行度、工件大径圆柱面与分度头回转轴线的同轴度。键宽尺寸、对称度检验方法与单刀铣削时基本相同，其试切测量过程为：按垂向对刀切痕调整横向使内侧刃对称工件中心→试切两侧面（2 键 4 面）→用外径千分尺测量键宽尺寸→调整工作台垂向位置直至宽度符合要求→用百分表测量键一侧→将工件转过 180° 测量键另一侧→重复以上对称度试切测量步骤直至对称度和平行度符合要求 |

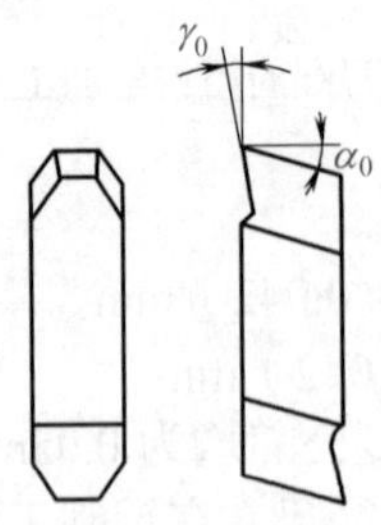


图 12-26 双头成形刀的形式及参数

## 3. 外花键用组合铣刀圆周刃铣削加工

（1）加工准备

外花键用组合铣刀圆周刃铣削加工准备类型及说明见表 12-19。

表 12-19 外花键用组合铣刀圆周刃铣削加工准备类型及说明

| 准备类型 | 说明 |
| --- | --- |
| 预制件检验 | 重点是检验工件大径圆柱面与两顶尖轴线的同轴度，检验用于夹紧的阶梯轴 $\phi$20mm×30mm 圆柱面与工件轴线的同轴度。大径圆柱面对轴线的径向圆跳动百分表示值应在 0.03mm 范围内，圆柱度误差应在 0.062mm 范围内；大径尺寸应在 31.975 ～ 31.913mm 范围内 |
| 安装和找正分度头与尾座 | 具体方法与单刀铣削花键相同。由于假定工件数量较多，键侧和小径圆弧面可能分开加工，因此尾座顶尖的轴线必须与分度头主轴同轴，否则会因不同工件的中心孔间距不一致，影响工件上素线与工作台面的平行度，从而影响花键精度 |
| 安装铣刀 | 根据铣刀的孔径选择刀杆，为减少铣刀的径向圆跳动，铣刀应尽量靠主轴安装。安装前对铣刀杆直线度应进行检验。若刀杆弯曲，铣削中会使铣刀产生跳动，直接影响键宽尺寸、对称度、平行度和键侧表面粗糙度。刀杆直线度的检验方法与组合铣刀内侧刃铣削花键时相同。如图 12-27 所示，组合铣刀内侧刃之间的距离 $s$ 由下式确定：<br>$$s=\sqrt{d^2-B^2}-1$$<br>$s$ 值的调整控制在 0.5mm 范围内，由于铣刀的侧刃与装夹面一般不在同一平面，所以中间垫圈厚度尺寸的确定，需通过测量两把铣刀的内侧刃刀尖之间的尺寸进行调整。本列 $s$ 为<br>$$s=\sqrt{d^2-B^2}-1=\sqrt{26^2-6^2}-1=24.3(\text{mm})$$<br>若安装刀具后两把铣刀内侧刃刀尖之间的尺寸为 26mm，则中间垫圈的厚度应减少 1.7mm<br>组合铣刀与成形单刀分别安装在不同的刀杆上，若工件数量较多时，可以先加工键侧，然后加工槽底圆弧面 |
| 装夹和找正工件 | 具体方法与单刀铣削花键时相同。装夹时，尾座顶尖定位应使工件台阶面与卡盘爪端面贴合，无轴向间隙，但分度时摇动分度手柄不能感觉太紧。找正重点是工件轴线与工作台面的平行度，若借助大径外圆柱面找正，应严格控制上素线与工作台面的平行度和径向圆跳动 |

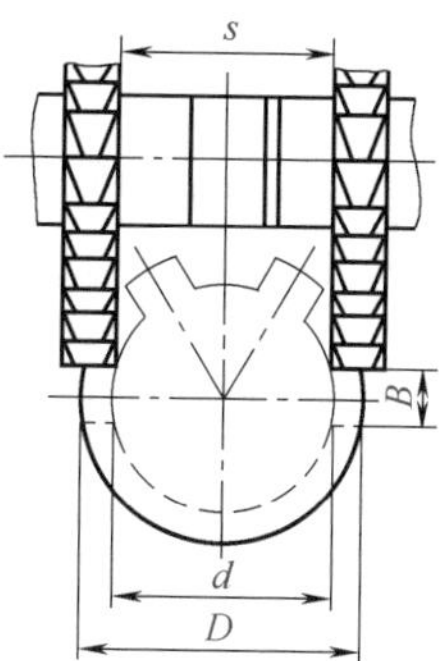


图 12-27 侧刃刀尖之间的尺寸计算及测量

（2）花键铣削加工（表 12-20）

表 12-20 花键铣削加工

| 类别 | 说明 |
| --- | --- |
| 工件表面划水平键宽线 | 方法与表 12-13 中所述相同 |
| 调整横向铣削位置 | 目测使工件处于组合铣刀的内侧刃中间，缓慢上升工作台，并微量移动工作台横向，使两把铣刀同时擦到工件外圆，也可切出月牙切痕，若切痕大小基本相等，便可锁紧工作台横向 |
| 试切调整键宽尺寸 | 垂向升高试铣一刀，工件转过 180° 再铣一刀，预检键宽尺寸（注意两端的尺寸是否相等），并测量键侧面与工件上素线的平行度。按试切的键宽尺寸与 6.4mm 的差值的一半准确升高工作台，重复以上过程，直至键宽符合图样要求 |
| 检测 | 检测复核花键对称度和平行度 |
| 铣削键侧面 | 按等分要求分度，铣削键侧面（6 键 12 面） |
| 铣削槽底圆弧面 | 换装槽底圆弧成形单刀，双头成形单刀铣削圆弧面的方法与前述方法基本相同，但两个刀头的伸出距离可调整为三种状态，可以在同一圆周位置上，使单刀刃切削变为双刀刃切削，如图 12-28（a）所示；可以一高一低，一把刀刃粗铣，一把刀刃精铣，如图 12-28（b）所示；也可以一高一低，高的刀刃切削，低的刀刃备用，如图 12-28（c）所示 |

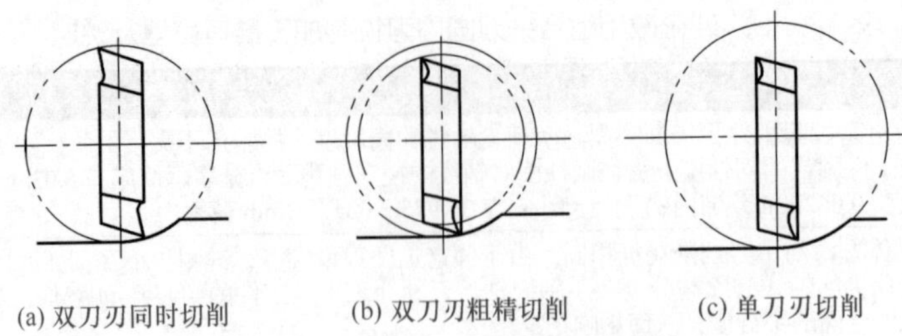


图 12-28 槽底单刀双刀头调整状态

### 4. 铣削外花键的检验与常见质量问题及其原因（表 12-21）

表 12-21 铣削外花键的检验与常见质量问题及其原因

| 类别 | 说明 |
|---|---|
| 外花键检验 | ①键宽、小径尺寸精度，对称度和等分度位置精度的检验方法与单刀铣削花键时相同。平行度检验时，注意应以上素线为基准。原因是在用三面刃铣刀侧刃铣削花键键侧时，影响键侧平行度的因素是工件轴线与进给方向不平行，工件在上方铣削后，转过 90° 用百分表测量能反映出误差值。而用圆周刃铣削侧面，铣出的侧面本来就与工作台面平行，因此无法反映平行度误差<br>②本例花键的键侧面由三面刃铣刀的圆柱面刀刃铣成，平面度和表面粗糙度按周铣平面方法检验 |
| 铣削加工常见质量问题及其原因 | ①铣削调整造成的误差及其原因。用组合铣刀圆周刃铣削花键，两把铣刀圆周刃一次铣削两个键的不同侧面，铣削后键宽尺寸、对称度、平行度和等分度都同时形成，因此，工件找正、铣削操作中，若工件装夹不合理（如工件由三爪自定心卡盘夹紧的部分较短、尾座顶尖伸出较长）、试切调整步骤错误，铣刀外径尺寸不完全相等、刀轴直线度误差大，支架支承轴承间隙较大等，均会影响花键铣削精度<br>②过程检测造成的误差及其原因。用组合铣刀圆周刃铣削花键，预检测量要求比较高，若测量方法错误和测量不准确，如键宽尺寸没有在全长内测量；测量平行度时没有以工件上素线为基准，而是以工作台面为基准等，也会使花键加工产生误差<br>③分度头及附件使用造成的误差及其原因。由于铣刀圆周刃铣削时有将工件向上拉起的趋势，分度头的回转体紧固、尾座顶尖体的紧固和顶尖的锁紧都十分重要，如出现松动，不仅影响表面粗糙度，而且会产生花键平行度、对称度和键宽尺寸误差 |

## 实例三：用成形铣刀铣削加工外花键

### 1. 图样分析

如图 12-29 所示为用成形铣刀铣削的花键轴工件的尺寸。该工件为一个具有离合器性质

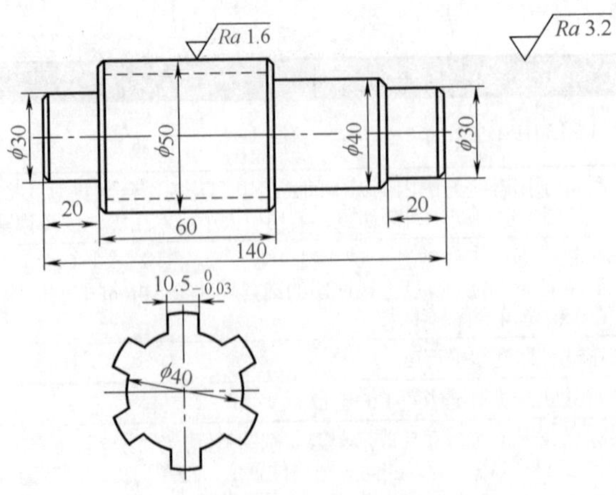


图 12-29 花键轴工件的尺寸

的花键轴，左边为花键轴，上面应安装切合轮，右边 $\phi40$ 轴颈上安装一个常啮合齿轮，本例花键要求用成形铣刀加工。花键轴的尺寸图中已标明。

## 2. 铣削加工步骤（表 12-22）

表 12-22　铣削加工步骤

| 类别 | 说　明 |
|---|---|
| 成形铣刀的选择 | 成形铣刀最好是经铲齿加工的，它能保证沿刀齿的前刀面重磨后，刀齿形状不变，如图 12-30（a）所示。但对一些没有条件制造铲齿铣刀的工厂或应急时，也可用三面刃铣刀改磨成尖齿成形铣刀，如图 12-30（b）所示。此外，镶硬质合金刀片的成形铣刀如图 12-30（c）、（d）所示，可大幅度提高生产效率（进给量可达 1000mm/min）故尖齿硬质合金铣刀应给予重视。采用硬质合金成形铣刀铣花键时，铣刀转数极高，应将挂架轴承改成滚动轴承，以防止高速运转时轴承咬死<br>以上四种铣刀各有特点，当工件的硬度大时，应选用硬质合金铣刀。一般材料可选用高速钢铣刀 |
| 成形铣刀铣削的操作方法 | 成形铣刀的对刀方法较简单，可先目测使铣刀尽量对准工件中心，然后开动机床，逐渐升高工作台，通过移动横向工作台，使成形铣刀的两刀尖同时接触工件外圆表面后，如图 12-31（a）所示，按切削深度的四分之三铣一刀，如图 12-31（b）所示，退出工件，检查键槽的对称性。检查的方法是使工件按顺时针方向转动一个角度 $\theta$［图 12-31（c）］，$\theta$ 角计算如下<br>$$\theta = 90^\circ - \frac{180^\circ}{Z}$$<br>式中，$Z$ 为花键齿数。接着用百分表测量键侧 1 的高度，然后将工件逆时针方向转动 $2\theta$ 角，再用百分表测量键侧 2 的高度如图 12-31（d）所示。若键侧 1、键侧 2 高度一致，说明花键的对称性很好；如键侧 1、键侧 2 的高度不等，则说明对刀不准，应再做微量调整。若测量结果键侧 1 比键侧 2 高 $\Delta x$，则应将横向工作台移动一个距离 $S$，使键侧 1 向铣刀靠拢。移动距离 $S$（mm）可按下式计算<br>$$S = \frac{\Delta x}{2\cos\frac{180^\circ}{Z}}$$<br>为便于计算，可将上式改写成<br>$$S=\Delta xK$$<br>式中，$K$ 为系数，$K = \frac{1}{2\cos\frac{180^\circ}{Z}}$。为方便起见，$K$ 可根据花键齿数 $Z$ 在表 12-23 中查取。在实际生产中，只要记住 $K$ 值，就可迅速算出横向工作台的移动距离 $S$ |

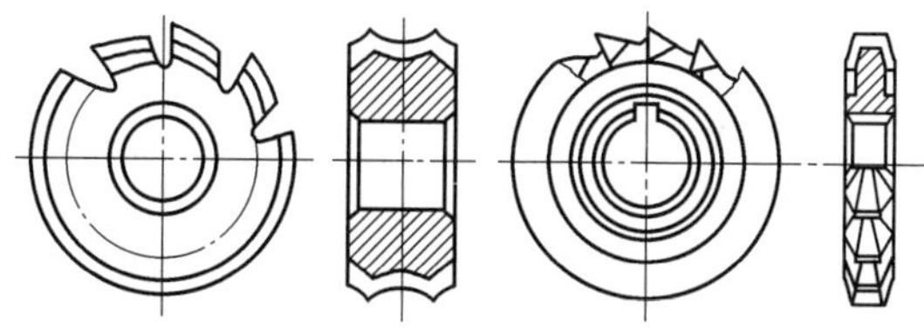

(a) 铲齿花键铣刀　(b) 三面刃铣刀改磨的尖齿花键铣刀

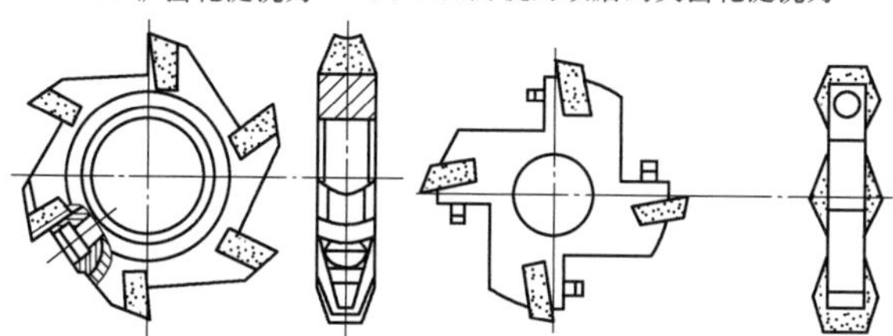

(c) 焊接式硬质合金花键铣刀　(d) 机夹式硬质合金花键铣刀

图 12-30　花键成形铣刀形式

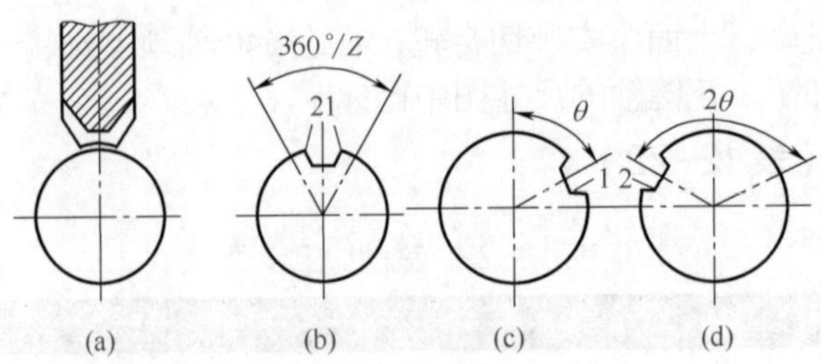

图 12-31　成形花键铣刀的对刀步骤

表 12-23　成形铣刀铣花键的系数 $K$

| 花键齿数 $Z$ | 3 | 4 | 6 | 8 | 10 | 16 |
|---|---|---|---|---|---|---|
| 系数 $K$ | 1 | 0.707 | 0.577 | 0.540 | 0.526 | 0.501 |

### 3. 铣花键时常见的质量问题及解决方法（表 12-24）

表 12-24　铣花键时常见的质量问题及解决方法

| 问题 | 原因 | 解决方法 |
|---|---|---|
| 键侧产生波纹 | 刀杆与挂架配合间隙过大，并缺少润滑油。或铣刀转速太高 | 调整间隙，加注润滑油。或改装滚动轴承挂架 |
| 花键轴中段产生波纹 | 花键轴细长，刚性差 | 花键轴中段用千斤顶托住 |
| 键侧及槽底均有深啃现象 | 铣削过程中中途停刀 | 中途不能停止进给运动 |
| 键侧表面粗糙度超差 | 刀杆弯曲或刀杆垫圈不平引起铣刀轴向摆动 | 校直刀杆修磨垫圈 |
| 花键的两端内径不一致 | 工件上母线上工作台面不平行 | 重新校正工件上母线相对于工作台面的平行度 |
| 花键对称性超差 | 对刀不准 | 重新对刀 |
| 花键两端对称性不一致 | 工件侧母线与纵向工作台的进给方向不平行 | 重新校正工件侧母线相对于纵向工作台的进给方向的平行度 |

# 第十三章 数控铣削实例

## 第一节　FANUC 0i 系统编程实例

### 实例一：综合实训 1

根据图 13-1 所示零件的形状尺寸。首先对工件外形进行粗加工，铣掉多余的毛坯余量，然后再进行精加工，以加工出正确的尺寸。编程示例见表 13-1。

刀具选用：一号刀具选用 $\phi$20mm 立铣刀（T01）粗铣外形，刀具长度补偿 H01。二号刀选用 $\phi$12mm 立铣刀（T02）精加工中间轮廓，刀具长度补偿 H02。

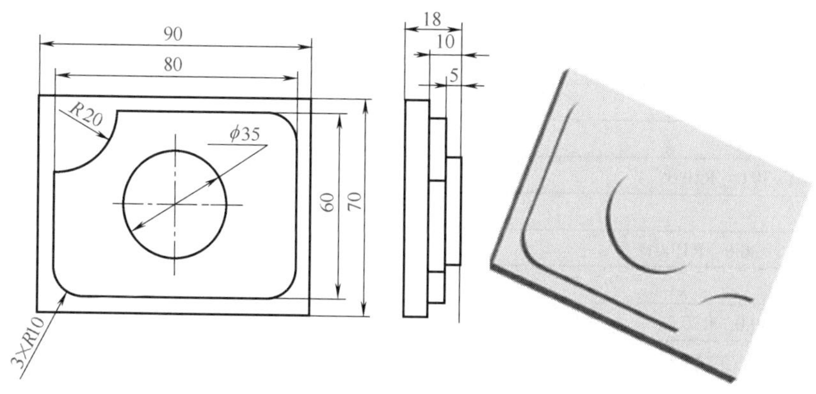


图 13-1　综合实训图样 1

表 13-1　编程示例

| 程序 | 注释 |
| --- | --- |
| O0001; | 主程序名 |
| G90　G94　G40　G17　G21; | 程序初始化 |

续表

| 程序 | 注释 |
| --- | --- |
| G91　G28　Z0; | 快速返回 Z 轴参考点 |
| M06　T01; | 换一号刀具 |
| G90　G54　M03　S350; | 建立坐标系，主轴正转，350r/min |
| G43　H01　Z50.; | 建立刀具长度补偿 |
| G00　X62.0　Y0; | 快速定位 |
| Z5.0　M08; | Z 轴快速定位，切削液开 |
| G01　Z−5.0　F60; | 直线插补到 Z−5.0 点位置 |
| G41　D02　G01　X47.0　Y0　F52; | 圆柱台加工 |
| G02　I−47. 0 J0; | |
| G40　G01　X62.0　Y0; | |
| G41　D02　G01　X31.0　Y0; | |
| G02　I−36. 0 J0; | |
| G40　G01　X62.0　Y0; | |
| G41　D0 2　G01　X17.5　Y0; | |
| G02　I−17.5　J0; | |
| G40　G01　X62.0　Y0; | |
| G00　Z20.0; | |
| G91　G28　Z0; | 快速返回 Z 轴参考点 |
| M05　M09; | 主轴停转，切削液关 |
| M06　T02; | 换二号刀具 |
| G90　G54　M03　S500; | 建立坐标系，主轴正转，500r/min |
| G43　H02　Z50.; | 建立刀具长度补偿 |
| G00　X−62.0　Y52.0　M08; | 快速定位，切削液开 |
| Z5.0; | Z 轴快速定位 |
| G01　Z−10.0　F52; | 直线插补到 Z−10.0 点位置 |
| G41　D03　G01　X−40.0　Y30.0　F52; | 外轮廓加工 |
| G01　X−20.0　Y30.0; | |
| X30.0; | |
| G02　X40.0　Y20.0　R10.0; | |
| G01　Y−20.0; | |
| G02　X30.0　Y−30.0　R10.0; | |
| G01　X−30.0; | |
| G02　X−40.0　Y−20.0　R10.0; | |
| G01　Y10.0; | |
| G03　X−20.0　Y30.0　R20.0; | |
| G40　G01　X−62.0　Y52.0; | |
| G00　Z20.0　M09; | |
| G91　G28　Z0; | 快速返回 Z 轴参考点 |
| M05; | 切削液关 |
| M30; | 程序结束，并返回程序开始 |

## 实例二：综合实训 2

根据图 13-2 所示零件的形状尺寸。为了对程序进行优化，先对工件外形进行粗加工，去掉多余的毛坯余量，然后再编制四分之一轮廓，通过坐标旋转，从而加工出整个外形尺寸。编程示例见表 13-2。

刀具选用：一号刀具选用 $\phi$20mm 平底刀（T01）粗铣外形，刀具长度补偿 H01。二号刀选用 $\phi$16mm 平底刀（T02）精加工中间轮廓，刀具长度补偿 H02。

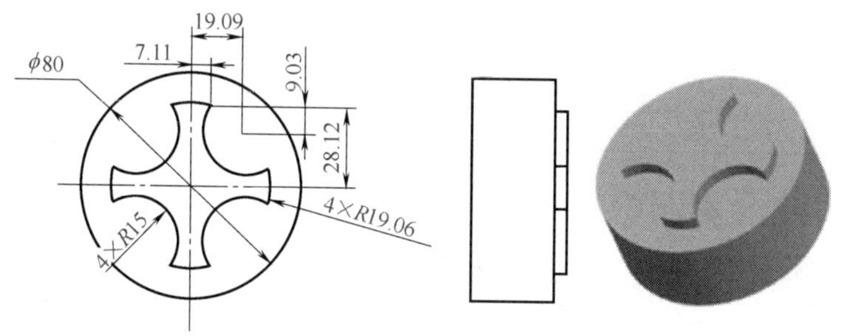


图 13-2　综合实训图样 2

表 13-2　编程示例

| 程序 | 注释 |
| --- | --- |
| O0001; | 主程序名 |
| G90　G40　G21　G17　G94; | 程序初始化 |
| M06　T01; | 换一号刀具 |
| G54　G90　G0　X0　Y0; | 建立坐标系 |
| M03　S800; | 主轴正转，转速 800r/min |
| G43　H01　Z50.; | 建立刀具长度补偿 |
| Z10　M08; | *Z* 轴快速定位，切削液开 |
| G00　X55; | 快速定位到下刀点 |
| G01　Z−5　F200; | 铣削整圆，去除多余毛坯 |
| X45; | |
| G02　I−45; | |
| G1　X40; | |
| G49　G00　Z100; | |
| M05　M09; | 主轴停转，切削液关 |
| M06　T02; | 换二号刀具 |
| G54　G90　G00　X0　Y0 ; | 建立坐标系 |
| M03　S800; | 主轴正转，转速 800r/min |
| G43　Z50　H02; | 建立刀具长度补偿 |
| Z10　M08; | 快速定位，切削液开 |
| M98　P40　H02; | 调用子程序 O0002，调用四次 |
| G69; | 取消坐标旋转 |
| G90　G49　G00　Z100; | 取消刀具长度补偿 |
| M05; | 主轴停转 |
| M09; | 切削液关 |
| M30; | 程序结束，并返回程序开始 |
| O0002; | 子程序名 |
| G90　G00　X30　Y50; | 快速定位至循环起始点 |
| G41　X7.11　Y28.12　D02; | 建立刀具半径补偿 |

续表

| 程序 | 注释 |
|---|---|
| G03 X28.12 Y7.11 R15.; | 铣圆弧轮廓 |
| G02 X28.15 Y7.11 R29; | |
| G01 G40 Y-20.; | 取消半径补偿 |
| G00 Z5; | 快速抬刀止 Z5 位置 |
| G68 X0 Y0 G91 P90.; | 坐标系旋转 90°（增量） |
| M99; | 子程序结束 |

## 实例三：综合实训 3

根据图 13-3 所示零件的形状尺寸。先对工件型腔进行粗加工，铣掉型腔内多余的余量，然后再进行型腔精加工，最后进行四个孔的粗、精加工。编程示例见表 13-3。

刀具选用：一号刀具选用 $\phi$20mm 铣刀（T01）粗铣型腔，刀具长度补偿 H01。二号刀选用 $\phi$16mm 铣刀（T02）精加工型腔，刀具长度补偿 H02。三号刀选用 $\phi$10 中心钻（T03）预钻四个孔，刀具长度补偿 H03。四号刀选用 $\phi$9.7mm 钻头（T04）预钻四个孔，刀具长度补偿 H04。五号刀选用 $\phi$10 铰刀（T05）预钻四个孔，刀具长度补偿 H05。

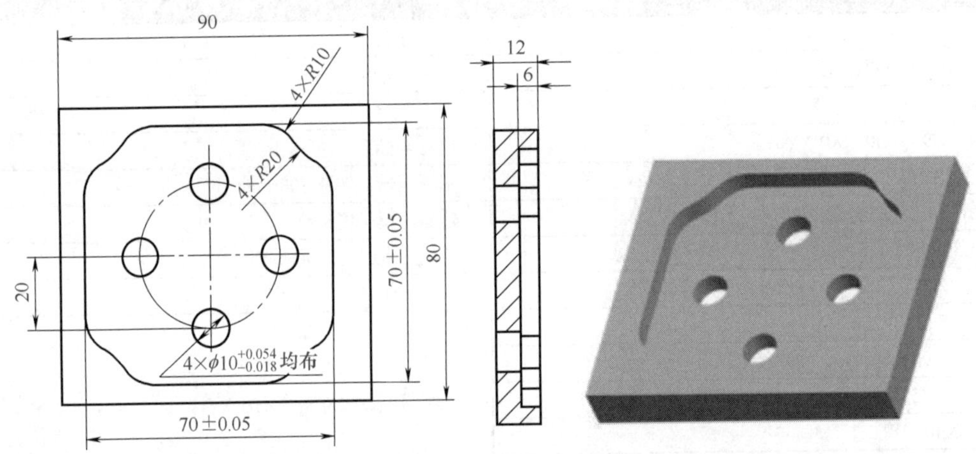


图 13-3 综合实训图样 3

表 13-3 编程示例

| 程序 | 注释 |
|---|---|
| O0001; | 主程序名 |
| G90 G40 G21 G94 G17; | 程序初始化 |
| G91 G28 Z0; | 快速返回 Z 轴参考点 |
| M06 T01; | 换一号刀具 |
| G43 H01 Z50.; | 建立刀具长度补偿 |
| G90 G54 G00 X0 Y0; | 建立坐标系，快速定位 |
| M03 S500; | 主轴正转，转速 500r/min |
| Z5.0 M08; | Z 轴快速定位，切削液开 |
| G01 Z0 F50; | 直线插补到 Z0 点位置 |
| M98 P0002 L02; | 调用 0002 号子程序，重复调用两次 |
| G00 Z20 ; | 快速抬刀至 Z20 位置 |

续表

| 程序 | 注释 |
| --- | --- |
| M09 M05; | 切削液关，主轴停转 |
| G91 G28 Z0; | 快速返回 Z 轴参考点 |
| M06 T02; | 换二号刀具 |
| G54 G90 G00 X0 Y0; | 建立坐标系，快速定位 |
| M03 S800; | 主轴正转，转速 800r/min |
| G43 Z50 H02; | 建立刀具长度补偿 |
| Z10 M08; | Z 轴快速定位，切削液开 |
| G01 Z0 F80; | 直线插补到 Z0 点位置 |
| M98 P0003 L02; | 调用 0003 号子程序，重复调用两次 |
| G00 Z20; | 快速抬刀至 Z20 位置 |
| M09 M05; | 切削液关，主轴停转 |
| G91 G28 Z0; | 快速返回 Z 轴参考点 |
| M06 T03; | 换三号刀具 |
| G54 G90 G00 X20 Y0; | 建立坐标系，快速定位 |
| M03 S1000; | 主轴正转，转速 800r/min |
| G43 Z50 H03; | 建立刀具长度补偿 |
| Z10 M08; | Z 轴快速定位，切削液开 |
| G98 G81 X20 Y0 R5.0 F100; | 预钻四个孔 |
| X0 Y20; | |
| X-20 Y0; | |
| X0 Y-20; | |
| G80 G00 Z20; | |
| M05 M09; | 切削液关，主轴停转 |
| G91 G28 Z0; | 快速返回 Z 轴参考点 |
| M06 T04; | 换四号刀具 |
| G54 G90 G00 X20 Y0; | 建立坐标系，快速定位 |
| M03 S800; | 主轴正转，转速 800r/min |
| G43 Z50 H04; | 建立刀具长度补偿 |
| Z10 M08; | Z 轴快速定位，切削液开 |
| G98 G81 X20 Y0 R5.0 F100; | 扩钻四个孔 |
| X0 Y20; | |
| X-20 Y0; | |
| X0 Y-20; | |
| G80 G00 Z20; | |
| M05 M09; | 切削液关，主轴停转 |
| G91 G28 Z0; | 快速返回 Z 轴参考点 |
| M06 T05; | 换五号刀具 |
| G54 G90 G00 X20 Y0; | 建立坐标系，快速定位 |
| M03 S100; | 主轴正转，转速 100r/min |
| G43 Z50 H05; | 建立刀具长度补偿 |
| Z10 M08; | Z 轴快速定位，切削液开 |
| G98 G85 X20 Y0 R5.0 F100; | 铰四个孔 |
| X0 Y20; | |

续表

| 程序 | 注释 |
| --- | --- |
| X-20　Y0; | 铰四个孔 |
| X0　Y-20; | |
| G80　G00　Z20; | |
| M05　M09; | 切削液关，主轴停转 |
| M30; | 程序结束，并返回程序开始 |
| O0002; | 子程序名 |
| G91　G01　Z-3.0　F40; | 以相对坐标 Z 轴向下移动值 -3.0 位置 |
| G90　G01　X7.0　Y0　F50; | 型腔内粗加工 |
| G03　I-7.0　J0; | |
| G01　X19.0　Y0; | |
| G03　I-19.0　J0; | |
| G01　X0　Y0　F100; | |
| M99; | 子程序调用结束 |
| O0003; | 子程序名 |
| G91　G01　Z-3.0　F80; | 以相对坐标 Z 轴向下移动值 -3.0 位置 |
| G90　G41　D01　G01　X20.0　Y-15.0　F50; | 建立刀具半径补偿 |
| G03　X35.0　Y0　R15.0; | 型腔内精铣加工 |
| G01　Y6.716; | |
| G03　X28.33　Y16.144　R10.0; | |
| G02　X16.144　Y28.334　R20.0; | |
| G03　X6.716　Y35.0　R10.0; | |
| G01　X-6.716; | |
| G03　X-16.144　Y28.334　R10.0; | |
| G02　X-28.333　Y16.144　R20.0; | |
| G03　X-35.0　Y6.716　R10.0; | |
| G01　Y-6.716; | |
| G03　X-28.33　Y-16.144　R10.0; | |
| G02　X-16.144　Y-28.333　R20.0; | |
| G03　X-6.72　Y-35.0　R10.0; | |
| G01　X6.72; | |
| G03　X16.144　Y-28.333　R10.0; | |
| G02　X28.333　Y-16.144　R20.0; | |
| G03　X35.0　Y-6.716　R10.0; | |
| G01　Y0; | |
| G03　X20.0　Y15.0　R15.0; | |
| G40　G01　X5.0　Y0; | 建立刀具半径补偿 |
| M99; | 子程序调用结束 |

## 实例四：综合实训 4

根据图 13-4 所示的工件尺寸，编写工件的粗、精加工程序。此工件为半成品，外形尺寸已加工好，只需铣轮廓和加工孔。编程示例见表 13-4。

刀具选用：一号刀具用$\phi$20 立铣刀加工正六边形；二号刀具用$\phi$15 立铣刀加工斜六边形；三号刀具用 $\phi$10 立铣刀加工凹槽；四号刀具用 $\phi$10 中心钻加工两孔的预钻孔；五号刀具用 $\phi$9.7 钻头加工孔；六号刀具用镗刀精镗 $\phi$10 孔。

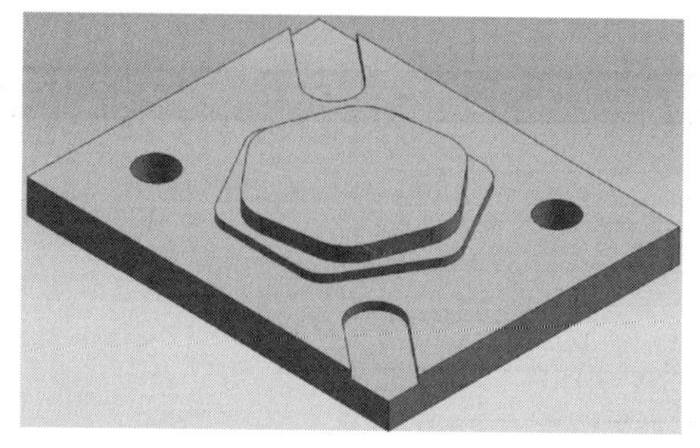

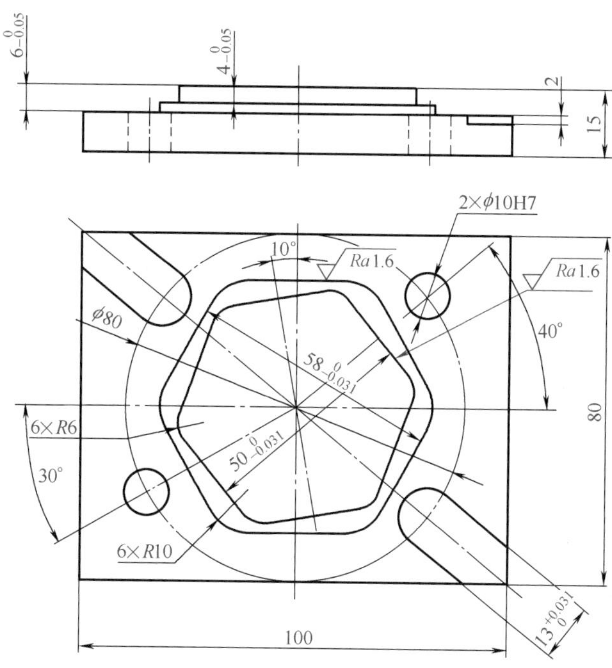


图 13-4　综合实训图样 4

表 13-4　编程示例

| 程　序 | 注　释 |
| --- | --- |
| O0001； | 程序名 |
| G90　G40　G21　G17　G94； | 程序初始化 |
| G91　G28　Z0； | 快速返回 Z 轴参考点 |
| M06　T01； | 换一号刀具 |
| G90　G54　M03　S600； | 建立坐标系，主轴正转 |
| G43　H01　G00　Z20.0； | 建立刀具长度补偿 |
| G00　X0　Y55.0； | 快速定位 |
| G41　D01　G01　X0　Y29.0　F100； | 建立刀具半径补偿 |
| G01　Z-6　F60； | 直线插补到 Z-6 点位置 |
| X10.97； | 铣正六边形加工 |
| G02　X19.63　Y24.0　R10.0； | |
| G01　X30.60　Y5.0； | |
| G02　Y-5.0　R10.0； | |

续表

| 程　序 | 注　释 |
| --- | --- |
| G01　X19.63　Y-24.0; | 铣正六边形加工 |
| G02　X10.97　Y-29.0　R10.0; | |
| G01　X-30.60　Y-5.0; | |
| G02　Y5.0　R10.0; | |
| G01　X-19.63　Y24.0; | |
| G02　X-10.97　Y29.0　R10.0; | |
| G01　X0; | |
| G40　G01　X0　Y55.0; | 取消刀具长度补偿 |
| G00　Z50.0　M09; | 升至安全点，切削液关 |
| G91　G28　Z0; | 快速返回 Z 轴参考点 |
| M05; | 主轴停转 |
| M06　T02; | 换二号刀具 |
| G90　G54　M03　S600; | 建立坐标系，主轴正转 |
| M08; | 切削液开 |
| G43　H042　G00　Z20.0; | 建立刀具长度补偿 |
| G90　G68　X0　Y0　R10.0; | 工件坐标系绕当前坐标原点旋转 10° |
| M98　P0003; | 调用 0002 号子程序 |
| G69; | 取消坐标旋转 |
| G91　G28　Z0; | 快速返回 Z 轴参考点 |
| M05; | 主轴停转 |
| M09; | 切削液关 |
| M06　T03; | 换三号刀具 |
| G54　M03　S680; | 建立坐标系，主轴正转 |
| G43　H03　G00　Z20.0; | 建立刀具长度补偿 |
| G00　X60　Y-50; | 快速定位 |
| Z5.0　M08; | 主轴快速下至 Z5 位置，切削液开 |
| M98　P0003; | 调用 0003 号子程序 |
| G51.1　X0　Y0; | 可编程镜像有效 |
| M98　P0003; | 调用 0002 号子程序 |
| G50.1　X0　Y0; | 可编程镜像取消 |
| G0　Z100.0　M09; | 快速上升至安全点，切削液关 |
| M05; | 主轴停转 |
| M06　T04; | 换四号刀具 |
| G54　M03　S1500; | 建立坐标系，主轴正转 |
| G43　H04　Z20.0; | 建立刀具长度补偿 |
| G00　X0　Y0　M08; | 快速定位，切削液开 |
| G16　G00　X40.0　Y40.0; | 设定极坐标。极坐标半径为 40，极坐标角度为 40° |
| G99　G81　Z-9.0　R5.0　F60; | 预钻两孔 |
| X40.0　Y210.0; | |
| G98　G81　Z-9.0　R5.0　F60; | |
| G15; | 取消极坐标编程 |
| G91　G28　Z0; | 快速返回 Z 轴参考点 |
| M09; | 切削液关 |

续表

| 程　序 | 注　释 |
|---|---|
| M05; | 主轴停转 |
| M06　T05; | 换五号刀具 |
| G54　M03　S450; | 建立坐标系，主轴正转 |
| G00　X0　Y0　M08; | 快速定位，切削液开 |
| G43　H05　G00　Z20.0; | 建立刀具长度补偿 |
| G16　G00　X40.0　Y40.0; | 设定极坐标。极坐标半径为 40，极坐标角度为 40° |
| G99　G81　Z-20.0　R5.0　F50; | 钻头扩两孔 |
| G00　X40.0　Y210.0; | |
| G98　G81　Z-20.0　R5.0　F50; | |
| G15; | 取消极坐标编程 |
| G91　G28　Z0; | 快速返回 *Z* 轴参考点 |
| M09; | 切削液关 |
| M05; | 主轴停转 |
| M06　T06; | 换六号刀具 |
| G54　M03　S50; | 建立坐标系，主轴正转 |
| G00　X0　Y0　M08; | 快速定位，切削液开 |
| G43　H06　G00　Z20.0; | 建立刀具长度补偿 |
| G16　G00　X40.0　Y40.0; | 设定极坐标。极坐标半径为 40，极坐标角度为 40° |
| G99　G85　Z-18.0　R5.0　F40; | 精镗两孔 |
| X40.0　Y210.0; | |
| G98　G85　Z-18.0　R5.0　F40; | |
| G15; | 取消极坐标编程 |
| G91　G28　Z0; | 快速返回 *Z* 轴参考点 |
| M05; | 主轴停转 |
| M09; | 切削液关 |
| M30; | 程序结束，并返回程序开始 |
| O0002; | 斜六边形加工子程序 |
| G00　X0　Y40.0; | 快速定位 |
| Z5.0; | 铣斜六边形 |
| G01　Z-4　F60; | |
| G41　D01　G01　X0　Y25.0　F100; | |
| X10.97; | |
| G02　X16.17　Y22.0　R6.0; | |
| G01　X27.14　Y3.0; | |
| G02　Y-3.0　R6.0; | |
| G01　X16.17　Y-22.0; | |
| G02　X10.97　Y-25.0　R6.0; | |
| G01　X-10.97; | |
| G01　X-27.14　Y-3.0; | |
| G02　Y3.0　R6.0; | |
| G01　X-16.17　Y22.0; | |
| G02　X-10.97　Y25.0　R6.0; | |
| G01　X0; | |

续表

| 程　序 | 注　释 |
| --- | --- |
| G40　G01　X0　Y40.0; | 取消刀具半径补偿 |
| G00　Z50.0; | 主轴升至安全点 Z50 位置 |
| M99; | 子程序调用结束 |
| O0003; | 铣凹槽子程序 |
| G00　X56.0　Y-46.0; | 铣凹槽 |
| G01　Z-8.0　F50; | |
| G41　D04　G01　X52.34　Y-33.55　F60; | |
| X34.88　Y-19.58; | |
| G03　X26.76　Y-29.73　R6.5; | |
| G01　X41.94　Y-41.87; | |
| G40　G01　X56.0　Y-46.0; | 取消刀具半径补偿 |
| G00　Z5.0; | 主轴升至安全点 Z50 位置 |
| M99; | 子程序调用结束 |

## 第二节　SIEMENS 802D 系统编程实例

### 实例一：刻线加工

根据图 13-5 所示零件的形状尺寸，该工件只要求刻线（刻出形状）。

刀具选用：一号刀具选用刻线刀（T01），刀具半径补偿 D01。编程示例见表 13-5。

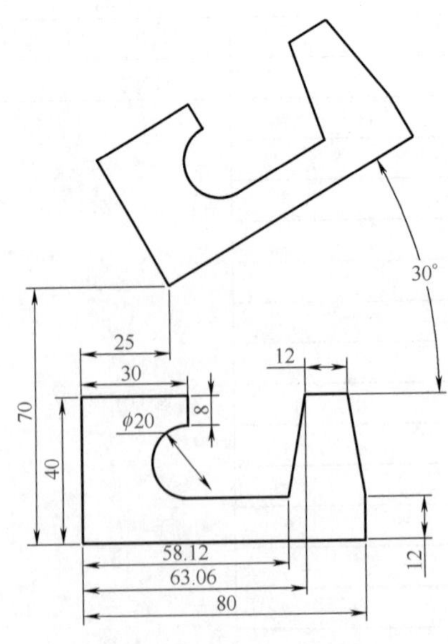


图 13-5　刻线加工图样

表 13-5 编程示例

| 程　序 | 注　释 |
|---|---|
| SBJZ01.MPF | 主程序 SBJZ01 |
| G90　G40　G17; | 程序初始化 |
| T01　D01　G54　G90; | 调用一号刀具，半径补偿号 D01，设定坐标系 |
| M03　S1200; | 主轴正转，转速 1200r/min |
| G00　X0　Y0　Z5; | 快速定位 |
| G01　Z-0.5　F120; | 直线插补到 $Z$-0.5 位置 |
| L10; | 调用轮廓加工子程序 L10 |
| TRANS X25 Y70; | 坐标平移（$X$25，$Y$70） |
| AROT　RPL=30; | 坐标旋转（30°） |
| L10; | 调用轮廓加工子程序 L10 |
| TRANS; | 取消坐标平移和坐标旋转 |
| G00　Z100; | 快速抬刀至安全点 $Z$100 |
| M05; | 主轴停转 |
| M30; | 程序结束，返回程序开始 |
| L10 SPF; | 子程序 L10 |
| G00　X0　Y0; | 快速定位到 $X$0，$Y$0 位置 |
| G91　G01　X0　Y40　F140; | 铣外形轮廓 |
| X30; | |
| Y8; | |
| G02　X0　Y-20　CR=10; | |
| G01　X28.12; | |
| X4.94　Y28; | |
| X12; | |
| X4.94　Y-28; | |
| Y-12; | |
| X-80; | |
| G90　X0　Y0; | |
| G00　Z5; | 快速抬刀至 $Z$5 位置 |
| REF; | 子程序结束 |

## 实例二：键槽综合加工

根据图 13-6 所示零件的形状尺寸，零点设在工件上表面的对称中心，先对工件键槽进行粗加工，铣掉键槽内多余的余量，然后再进行键槽、外形精加工，最后进行 5 个孔的粗、精加工。编程示例见表 13-6。

刀具选用：一号刀具选用 $\phi$10 键槽铣刀（T01）粗铣 4 个键槽，刀具半径补偿 D01；二号刀选用 $\phi$12 键槽铣刀（T02）精加工外形，刀具半径补偿 D02；三号刀选用 $\phi$15 键槽铣刀（T03）精铣键槽、外形，刀具半径补偿 D03；四号刀选用 $\phi$15 钻头（T04）钻四个孔。

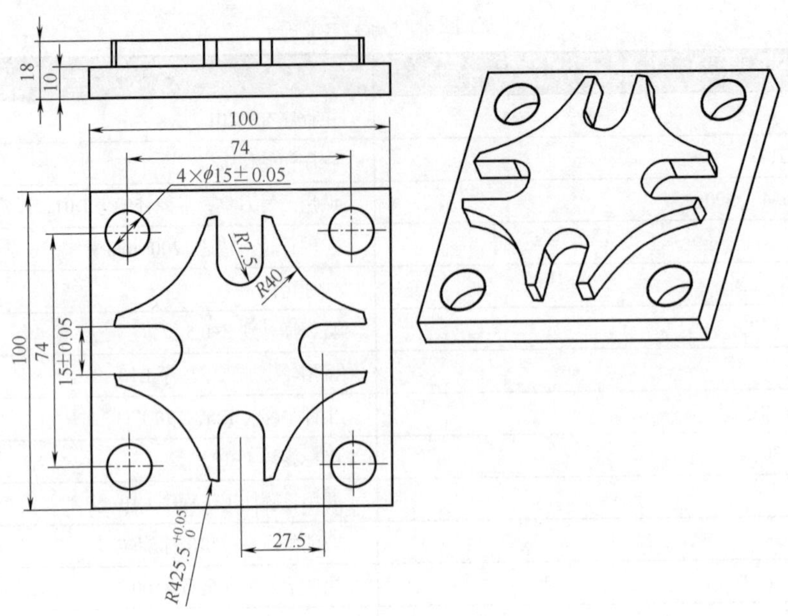


图 13-6　键槽综合加工图样

表 13-6　编程示例

| 程　　序 | 注　　释 |
|---|---|
| ZFFSL1.MPF | 主程序 ZFFSL1 |
| G90　G40　G17； | 程序初始化 |
| T01　M06； | 调用一号刀具 |
| G54　G41　D01　X0　Y0； | 快速定位，半径补偿号 D01，设定坐标系 |
| M03　S800； | 主轴正转，转速 800r/min |
| G00　X0　Y0　Z5； | 快速定位 |
| G01　Z-8　F120； | 直线插补到 Z-5 位置 |
| X27.5； | 粗铣四个键槽 |
| G00　Z2； | |
| X0　Y5； | |
| G01　Z-5； | |
| Y27.5； | |
| G00　Z2； | |
| X-55　Y0； | |
| G01　Z-8； | |
| X-27.5； | |
| G00　Z2； | |
| X00　Y-55； | |
| G01　Z-8； | |
| X00　Y-27.5； | |
| G00　Z50； | |
| T02　M06； | 调用二号刀具 |
| G54　G41　D02　X0　Y0； | 快速定位，半径补偿号 D02 |
| M03　S1000； | 主轴正转，转速 1000r/min |
| G00　X0　Y0； | 快速定位 |

续表

| 程　序 | 注　释 |
| --- | --- |
| Z5； | 刀具快速定位至 $Z5$ 坐标点 |
| ROT　RPL=45； | 工件坐标系旋转 45° |
| L20； | 调用粗铣直角部位子程序 L20 |
| ROT　RPL=45； | 工件坐标系旋转 45° |
| L20； | 调用粗铣直角部位子程序 L20 |
| ROT RPL=45； | 工件坐标系旋转 45° |
| L20； | 调用粗铣直角部位子程序 L20 |
| ROT； | 取消坐标旋转 |
| G00　X0　Y−50； | 快速定位 |
| G01　Z−8　F120； | 直线插补至 $Z$−8 位置 |
| G01　G41　X0　Y−40； | 建立半径补偿 |
| L30； | 调用铣外形子程序 L30 |
| G40　G01　X0　Y−45； | 取消刀补 |
| G01　G41　X0　Y−40　D02； | 精铣外形 |
| L30； | 调用铣外形子程序 L30 |
| G00　Z50； | $Z$ 轴快速定位至 $Z50$ 位置 |
| T03　M06； | 调用三号刀具 |
| G54　G41　D03　X0　Y0； | 快速定位，半径补偿号 D03 |
| M03　S1000； | 主轴正转，转速 1000r/min |
| G00　Z2； | 快速定位至 $Z2$ 位置 |
| X55　Y0； | 快速定位至 $X55$ $Y0$ 位置 |
| G01　X0　Y−45　F100； | 精铣 $\phi15\pm0.05$，槽 $\phi15$ 键槽铣刀 |
| G01　Z−8　F100； | 直线插补至 $Z$−8 位置 |
| G01　X0　Y−27.5； | 精铣 $\phi15\pm0.05$ |
| G00　Z2； | 快速定位至 $Z2$ 位置 |
| X55　Y0； | 快速定位至 $X55$ $Y0$ 位置 |
| G01　Z−8　F100； | 直线插补至 $Z$−8 位置 |
| G01　X27.5　F100； | |
| G00　Z2； | 快速定位至 $Z2$ 位置 |
| X0　Y55； | 快速定位至 $X0$ $Y55$ 位置 |
| G01　Z−8　F100； | 直线插补至 $Z$−8 位置 |
| G01　X0　Y27.5； | |
| G00　Z2； | 快速定位至 $Z2$ 位置 |
| X55　Y0； | 快速定位至 $X0$ $Y55$ 位置 |
| G01　Z−8　F100； | 直线插补至 $Z$−8 位置 |
| G01　X27.5　Y0； | |
| G00　Z50； | 快速定位至 $Z50$ 位置 |
| T04　M06； | 调用四号刀 |
| M03　S800； | 主轴正转，转速 800r/min |
| G00　X37　Y37； | 钻 4 个孔，$\phi15$ 钻头 |
| G00　Z2； | |
| G01　Z−20　F100； | |
| G00　Z2； | |

续表

| 程　　序 | 注　　释 |
|---|---|
| X-37　Y37； | 钻 4 个孔，$\phi$15 钻头 |
| G01　Z-20； | |
| X-37　Y-37； | |
| G01　Z-20； | |
| G00　Z2； | |
| X37　Y-37； | |
| G01　Z-20； | |
| G00　Z50； | |
| M05； | 主轴停转 |
| M30； | 程序结束，返回程序开始 |
| L20. SPF； | 子程序（粗铣） |
| G00　X60　Y50； | 粗铣直角部位 |
| G01　Z-8　F100； | |
| G01　X39.5； | |
| G03　X50　Y39.5　CR=9.5； | |
| G01　X50　Y31.5； | |
| G02　X31.5　Y50　CR=18.5； | |
| G01　X50　Y31.5； | |
| G00　Z2； | 快速定位至 Z2 位置 |
| REF； | 子程序结束 |
| L30.SPF； | 子程序 |
| G03　X11.01　Y-41.05　CR=42.5； | 铣外形 |
| G02　X41.01　Y-11.01　CR=40； | |
| G03　X41.05　Y11.01　CR=42.5； | |
| G02　X11.01　Y41.05　CR=40； | |
| G03　X-11.01　Y41.05　CR=42.5； | |
| G02　X-41.05　Y11.01　CR=40； | |
| G03　X-41.05　Y-11.01　CR=42.5； | |
| G02　X-11.01　Y-41.05　CR=40； | |
| G03　X0　Y-42.5　CR=42.5； | |
| REF； | 子程序结束 |

# 第三节　数控铣、加工中心操作实例

## 实例一：平面外轮廓加工

加工如图 13-7 所示零件，其毛坯尺寸为 80mm × 80mm × 20mm，材料为铝合金。请编写加工程序并上机床操作，加工出该零件。

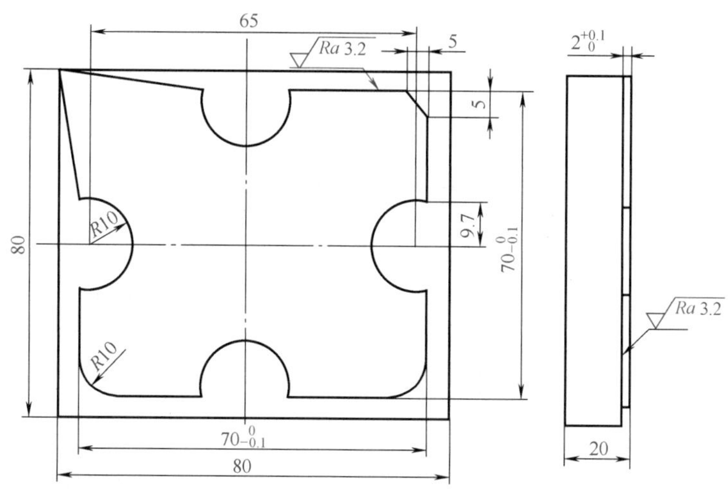


图 13-7　平面外轮廓加工零件图

### 1. 零件图样分析

该零件是由直线、圆弧组成的平面外轮廓，编程时用到 G00、G01、G02/G03 等指令。可把平面外轮廓编成子程序，主程序则通过换刀并调用子程序来对工件进行粗、精加工。

### 2. 确定加工路线

① 铣削方向的确定。如图 13-8（a）所示当铣刀沿工件轮廓顺时针方向铣削时，铣刀旋转方向与工件进给方向一致，为顺铣；如图 13-8（b）所示当铣刀沿工件轮廓逆时针方向铣削时，铣刀旋转方向与工件进给方向相反，为逆铣。一般情况下尽可能采用顺铣，即外轮廓铣削时宜采用沿工件顺时针方向铣削。

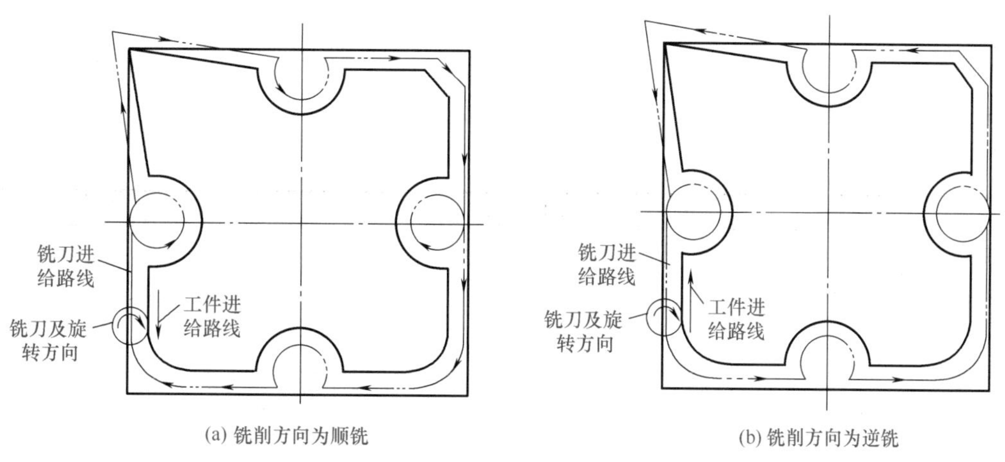


图 13-8　铣削方向示意

② 选择切入、切出方式。铣削平面外轮廓零件时，一般采用立铣刀侧刃进行切削。由于主轴系统和刀具刚性变化，当铣刀沿工件轮廓切向切入工件时，也会在切入处产生刀痕。为了减少刀痕，切入、切出时可沿零件外轮廓曲线延长线的切线方向切入、切出工件，如图 13-9 所示。

③ 铣削路线。如图 13-9 所示，刀具由 1 点运行至 2 点（轨迹的延长线上）建立刀具半径补偿，然后按 3 → 4 → 5 →…→ 16 → 17 的顺序铣削加工。切出时由 17 点插补到 18 点取

消刀具半径补偿。

加工中，用键槽铣刀粗加工→立铣刀精加工→手动铣削剩余岛屿材料或编程铣削剩余岛屿材料。精加工（轮廓）余量用刀具半径补偿控制；精加工尺寸精度由调试参数值控制。

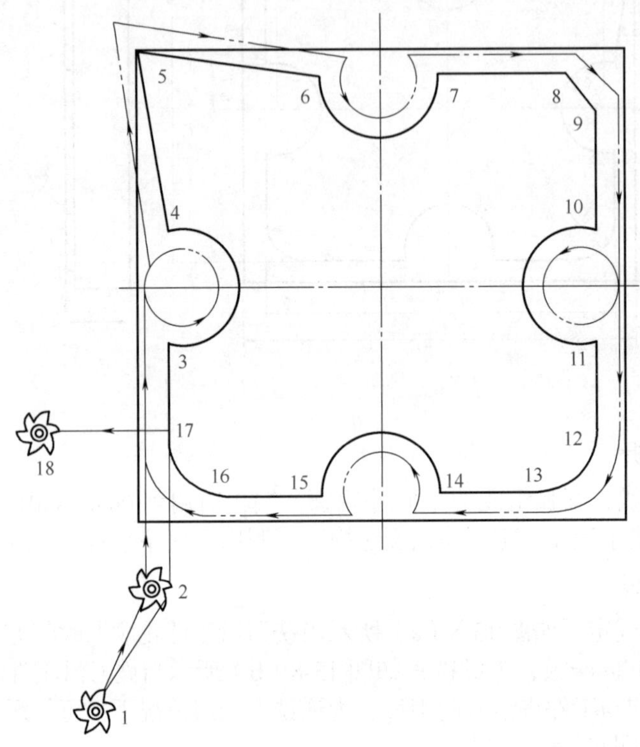


图 13-9　切入与切出

### 3. 装夹方案的确定

工件采用平口钳装夹，下用垫铁支承，其他工具见表 13-7。

表 13-7　平面外轮廓加工的工具、量具、刀具清单

| 种类 | 序号 | 名称 | 规格 | 精度 /mm | 单位 | 数量 |
|---|---|---|---|---|---|---|
| 工具 | 1 | 平口钳 | QH135 | | 台 | 1 |
| | 2 | 扳手 | | | 把 | 1 |
| | 3 | 平板垫铁 | | | 副 | 1 |
| | 4 | 塑胶榔头 | | | 把 | 1 |
| 量具 | 1 | 游标卡尺 | 0 ～ 150mm | 0.02 | 把 | 1 |
| | 2 | 深度游标卡尺 | 0 ～ 200mm | 0.02 | 把 | 1 |
| | 3 | 百分表及表座 | 0 ～ 10mm | 0.01 | 个 | 1 |
| | 4 | 表面粗糙度样板 | N0 ～ N1 | 12 级 | 副 | 1 |
| 刀具 | 1 | 键槽铣刀 | $\phi$16mm | | 把 | 1 |
| | 2 | 立铣刀 | $\phi$16mm | | 把 | 1 |

### 4. 刀具的选择

如图 13-8 所示中四个圆弧直径均为 $\phi$20mm，故所选铣刀直径不得大于 $\phi$20mm，这里选直径为 $\phi$16mm 的铣刀。粗加工时用键槽铣刀铣削，精加工时用立铣刀从侧面下刀来铣削平

面外轮廓。工件材料为硬铝，铣刀材料采用高速钢即可。

### 5. 切削用量的选择

根据被加工零件质量要求、工件材料、刀具材料以及加工的不同阶段等，选取合适的切削用量。该工件材料为硬铝，硬度低，切削力小，粗铣背吃刀量除留精铣余量外，一次性切除；切削速度（主轴转速）可适当高些，进给速度 50 ～ 100mm/min。切削用量选择具体见表 13-8。

表 13-8　粗、精铣平面外轮廓切削用量

| 刀具 | 加工阶段 | 背吃刀量 $a_p$/mm | 进给速度 $v_f$/（mm/min） | 主轴转速 $n$/（r/min） |
|---|---|---|---|---|
| 高速钢键槽铣刀（T01） | 粗铣外轮廓 | 1.7 | 100 | 800 |
| 高速钢立铣刀（T02） | 精铣外轮廓 | 0.3 | 60 | 1000 |

### 6. 工件坐标系原点的选择

根据工件坐标系原点选择原则，该工件坐标系 *X*、*Y* 零点应建立在设计基准上。即建立在工件几何中心上；*Z* 方向零点设置在工件上表面。即工件坐标系原点选择在工件上表面的中心位置。

### 7. 数值计算

由于采用刀具半径补偿功能，故只需计算工件轮廓上各基点坐标即可，而无需计算刀具中心运动轨迹坐标。基点如图 13-9 所示，各基点坐标见表 13-9。

表 13-9　各基点坐标

| 基点 | 坐标（*X*、*Y*） | 基点 | 坐标（*X*、*Y*） |
|---|---|---|---|
| 1 | （–45，–60） | 10 | （35，9.7） |
| 2 | （–35，–50） | 11 | （35，–9.7） |
| 3 | （–35，–9.7） | 12 | （35，–35） |
| 4 | （–35，9.7） | 13 | （35，–35） |
| 5 | （–40，40） | 14 | （10，–35） |
| 6 | （–10，35） | 15 | （–10，–35） |
| 7 | （10，35） | 16 | （–25，–35） |
| 8 | （35，35） | 17 | （–35，–25） |
| 9 | （35，35） | 18 | （–50，–25） |

### 8. 程序编制

零件加工程序及其说明见表 13-10 和表 13-11。

表 13-10　主程序及其说明

| 程序（FANUC 0i 系统） | 程序（SINUMERIK 802D 系统） | 说　明 |
|---|---|---|
| O0804; | MAIN02.MPF; | 程序名 |
| N10　G54<br>G17　G21　G90　G94; | N10　G54　G17　G71　G90<br>G94; | 用 G54 建立工件坐标系，程序初始化 |
| N20　T01　D01; | N20　T01　D01; | 换 1 号键槽铣刀 |
| N30　S800　M03; | N30　S800　M03; | 主轴正转，转速为 800r/min |
| N40　G00　G43　Z100　H01; | N40　G0　Z100; | *Z* 轴快速定位至安全高度 |
| N50　G00　X–45　Y–60　Z10; | N50　G0　X–45　Y–60　Z10; | 三轴联动快速定位 |
| N60　M08; | N60　M08; | 开切削液 |

续表

| 程序（FANUC 0i 系统） | 程序（SINUMERIK 802D 系统） | 说　明 |
|---|---|---|
| N70 G01 Z–1.7 F100； | 3170 G1 Z–1.7 F100； | 下刀，粗加工进给速度为 100mm/min |
| N80 M98 P0805； | N80 L20； | 调用子程序粗加工平面外轮廓 |
| N90 G00 Z200； | N90 G0 Z200； | Z 轴快速定位至安全高度 |
| N100 M05； | N100 M5； | 主轴停止 |
| N110 M00； | N110 M0； | 程序暂停 |
| N120 T02 D02； | N120 T02 D02； | 换 2 号精铣刀 |
| N130 S1000 M03 F60； | N130 S1000 M3 R60； | 主轴正转，转速升至 1000r/min，精加工进给速度为 60mm/min |
| N140 G00 X–45 Y–60； | N140 G0 X–45 Y–60； | 刀具快速定位至下刀点 |
| N150 G43 Z–2 H02； | N150 Z–2； | 下刀至 Z–2 处 |
| N160 M98 P0805； | N160 L20； | 调用子程序精加工平面外轮廓 |
| N170 M09； | N170 M09； | 关切削液 |
| N180 G49 G00 Z200； | N180 G0 Z200； | 抬刀 |
| N190 M02； | N190 M2； | 程序结束 |

表 13-11　子程序及其说明

| 程序（FANUC 0i 系统） | 程序（SINUMERIK 802D 系统） | 说　明 |
|---|---|---|
| O0805； | 120.SPF； | 子程序名 |
| N10 G41 G00 X–35 Y–50； | N10 G41 G0 X–35 Y–50； | 建立刀具半径左补偿，定位至 2 点 |
| N20 G01 Y–9.7； | N20 G1 Y–9.7； | 直线加工至 3 点 |
| N30 G03 Y9.7 R–10； | N30 G3 Y9.7 CR=–10； | 圆弧加工至 4 点 |
| N40 G01 X–40 Y40； | N40 G1 X–40 Y40； | 直线加工至 5 点 |
| N50 X–10 Y35； | N50 X–10 Y35； | 直线加工至 6 点 |
| N60 G03 X10 R10； | N60 G3 X10 CR=10； | 圆弧加工至 7 点 |
| N70 G01 X35 Y35 C5； | N70 G1 X35 Y35 CHF=7.07； | 利用倒角指令加工至 8、9 点 |
| N80 Y9.7； | N80 Y9.7； | 直线加工至 10 点 |
| N90 G03 Y–9.7 R–10； | N90 G3 Y–9.7 CR=–10； | 圆弧加工至 11 点 |
| N100 G01 Y–35 R10； | N100 G1 Y–35 RND=10； | 利用倒圆指令加工至 12、13 点 |
| N110 X10； | N110 X10； | 直线加工至 14 点 |
| N120 G03 X–10 R10； | N120 G3 X–10 CR=10； | 圆弧加工至 15 点 |
| N130 G01 X–25； | N130 G1 X–25； | 直线加工至 16 点 |
| N140 G02 X–35 Y–25 R10； | N140 G2 X–35 Y–25 CR=10； | 圆弧加工至 17 点 |
| N150 G01 G40 X–60 Y–25； | N150 G40 G1 X–60 Y–25； | 取消刀具半径补偿，移至 18 点 |
| N160 M99； | N160 M2； | 子程序结束并返回主程序 |

如果用加工中心加工，只需把手动换刀用自动换刀指令替代即可，即把主程序中 N110 段程序改成自动换刀指令 T02 M06。

## 9. 数控加工操作步骤（表 13-12）

表 13-12　数控加工操作步骤

| 序号 | 操作步骤 | 说　明 |
|---|---|---|
| 1 | 机床的开机 | 机床在开机前，应先进行机床检查；确认没有问题之后，先接通机床总电源，然后接通控制系统电源；此时在显示屏上应出现机床的初始位置坐标；检查操作面板上的各指示灯是否正常，各按钮、开关是否处于正确位置，显示屏上是否有报警显示，液压装置的压力表是否在正常的范围内等。若有问题应及时处理；若一切正常，就可以进行下面的操作 |

续表

| 序号 | 操作步骤 | 说　明 |
|---|---|---|
| 2 | 回参考点操作 | 开机正常后，首先应进行手动回参考点（回零）操作 |
| 3 | 程序的输入与编辑 | 将编好的加工程序输入数控系统 |
| 4 | 程序的图形模拟运行 | 正式运行程序加工零件之前，需要进行图形模拟运行以检验程序。如果有错误，则修改程序，直至程序调试正确为止 |
| 5 | 工件的装夹 | 采用平口钳进行装夹。平口钳装夹在铣床工作台上，用百分表校正其位置；工件装夹在平口钳上，底部用垫铁垫起，使工件伸出钳口一定高度，校平上表面并夹紧 |
| 6 | 刀具的安装 | 采用两把铣刀，一把粗加工键槽铣刀，一把为精加工立铣刀，通过弹簧夹头把铣刀装夹在铣刀刀柄中，然后分别把粗、精加工铣刀柄装入铣床主轴。如果是加工中心，则要把粗、精铣刀全部装入刀库中 |
| 7 | 对刀操作 | 通过对刀，建立工件坐标系<br>① *X*、*Y* 向对刀。*X*、*Y* 方向采用试切法对刀，将机床坐标系原点偏置到工件坐标系原点上。通过对刀操作得到 *X*、*Y*，零偏值，并输入到 G54 中<br>② *Z* 向对刀。测量各把刀的刀位点从参考点到工件上表面的机床坐标系 *Z* 值，分别输入到对应的刀具长度补偿中，供加工时调用。注意：此时 G54 中的 *Z* 值为“0” |
| 8 | 空运行与仿真检验 | 空运行是指刀具按系统参数指定的速度运行，此时，程序中指定的进给速度无效，一般用来在机床不安装工件的情况下检查刀具运动轨迹是否正确。为安全起见，常把基础坐标系中 *Z* 值提高 50 ～ 100mm 后运行程序 |
|  |  | ①法那科系统空运行。设置好机床中刀具半径补偿值，把基础坐标系中 *Z* 方向值变为“+50”，打开程序，选择“MEM”（自动运行）工作方式，按下“空运行”按钮，按“循环启动”按钮执行程序，适当调小进给倍率以降低进给速度，检查刀具运动轨迹是否正确。若用机床锁住功能空运行，刀具不再移动，但显示器上各轴坐标在变化，就像刀具在运动一样。如果再使辅助功能锁住有效，则 M、S、T 功能代码被禁止输出并且不能执行，仅运行一遍程序而已，一般用于程序的图形模拟运行<br>空运行结束后，应取消空运行并使机床解锁、辅助功能锁住无效，基础坐标系中 *Z* 值恢复为“0”<br>②西门子系统空运行。设置好机床中刀具半径补偿值，打开程序选择“AUTO”（自动运行）方式，按下软键“程序控制”，设置“空运行进给”和“程序测试”有效，按下“数控启动”键，观察程序运行情况<br>注意：空运行时也可使机床机械锁定或向所选工作坐标系（例如 G54 中的 Z 坐标）中输入“+50”，在自动运行方式下启动程序，适当降低进给速度，检查刀具运动轨迹是否正确。若在机床机械锁住状态下，空运行结束后必须重新回参考点；若在更改 G54 的 *Z* 坐标状态下，空运行结束后将 *Z* 坐标恢复为“0”，机床不需重新回参考点<br>③仿真检验。用仿真软件在计算机上进行仿真检验，观察加工过程，检验程序是否正确 |
| 9 | 零件自动加工与精度控制 | （1）零件自动加工具体步骤<br>① FANUC 0i 系统：首先在“EDIT”（编辑）方式下选择要运行的加工程序；然后将“方式选择”旋钮置于“MEM”（自动运行）方式；最后按下“循环启动”按钮运行程序。<br>② SINUMERIK 802D 系统：首先按“自动方式”键选择自动运行方式；按“程序管理器”键；用光标键把光标移动到要执行的程序上；按软键“执行”来选择要运行的加工程序；最后按下“数控启动”键执行程序，开始零件自动加工<br>（2）零件精度控制的具体做法<br>加工时先安装粗加工铣刀进行粗加工，然后换成精加工铣刀进行精加工。粗加工时，通过设置刀具半径补偿值使轮廓留约 0.3mm 精加工余量，深度方向精加工余量由程序控制。精加工时，刀具半径补偿值应设置合理，深度方向的长度补偿值或长度磨损量设置也应合理；精加工程序运行完后，通过实测轮廓尺寸和深度尺寸，进一步修调刀具半径补偿值和长度补偿（或长度磨损量），然后再次运行一遍精加工程序来控制尺寸精度 |
| 10 | 零件检测 | 零件加工完后，按图样要求进行检测。首件试切如有误差，应分析产生的原因并加以修改 |
| 11 | 加工完毕，清理机床 | 加工完毕，收好工具、量具，清理机床并做好相关收尾工作 |

## 10. 安全操作和注意事项（表 13-13）

表 13-13　安全操作和注意事项

| 序号 | 安全操作和注意事项说明 |
|---|---|
| 1 | 正确安装工件，工件按要求找正后夹紧 |
| 2 | FANUC 系统机床空运行时，若使用了机床锁住功能，会导致机床坐标系与工件坐标系的位置关系在机床锁住前后不一致。因此，使用机床锁住功能后，应手动重新回参考点 |

续表

| 序号 | 安全操作和注意事项说明 |
|---|---|
| 3 | 对刀操作要准确熟练，注意手动移动方向及修调进给倍率，以免发生撞刀 |
| 4 | 加工前要仔细检查程序，确保程序正确无误 |
| 5 | 首件加工都是采用“试切试测法”来控制工件轮廓尺寸和深度尺寸，因此，加工时应准确测量工件尺寸，适时修改刀具半径、长度补偿（或长度磨损量）等参数。首件加工合格，即可批量生产，直至刀具磨损需重新修改参数 |
| 6 | 粗加工平面外轮廓时，常由外向内靠近工件轮廓铣削，因此，可通过改变刀具半径补偿值的方法实现 |
| 7 | 铣削平面外轮廓时，尽量采用顺铣法以提高加工质量 |
| 8 | 最终轮廓应连接加工路径以保证表面质量 |
| 9 | 尽量避免切削过程中途停顿，减少因切削力突然变化造成弹性变形而留下的刀痕 |
| 10 | 工件装夹在平口钳上，应校平上表面，否则深度尺寸难以控制。当然，也可在对刀前手动或编程用面铣刀铣平上表面 |
| 11 | 注意观察加工过程，如有意外请及时按下“急停”开关或复位键 |

## 实例二：平面内轮廓加工

加工如图 13-10 所示零件，其毛坯尺寸为 80mm × 80mm × 20mm，材料为铝合金。请编写加工程序并上机床操作，加工出该零件。

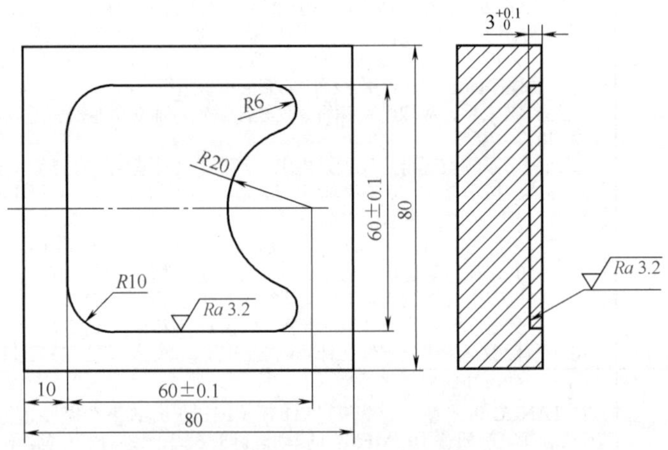


图 13-10　平面内轮廓加工零件图

### 1. 零件图样分析

该零件是由直线、圆弧组成的平面内轮廓，编程时用到 G00、G01、G02、G03 等指令。可把平面内轮廓编成子程序，主程序则通过换刀并调用子程序来对工件进行粗、精加工。

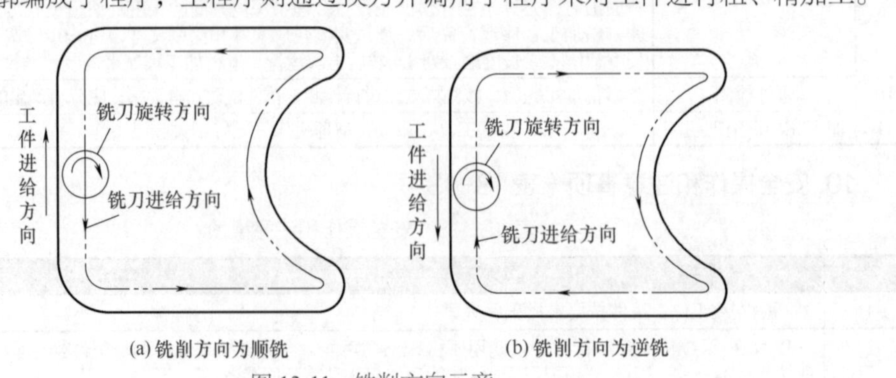


图 13-11　铣削方向示意

## 2. 确定加工路线

① 铣削方向的确定。铣刀沿内轮廓逆时针方向铣削时，铣刀旋转方向与工件进给运动方向一致为顺铣，如图 13-11（a）所示。铣刀沿内轮廓顺时针方向铣削时，铣刀旋转方向与工件进给运动方向相反为逆铣，如图 13-11（b）所示。一般尽可能采用顺铣，即在铣内轮廓时采用铣刀沿内轮廓逆时针的铣削方向为好。

② 选择切入、切出方式。铣削封闭内轮廓表面时，刀具无法沿轮廓线的延长线方向切入、切出，只有沿法线方向切入、切出或沿圆弧切入、切出。本课题选择法线方向切入和切出，切入、切出点应选在零件轮廓两几何要素的交点上，而且进给过程中要避免停顿。

③ 进给路线的确定。内轮廓的进给路线有行切、环切和综合切削三种切削方法。如图 13-12（a）所示为行切法，如图 13-12（b）所示为环切法；综合切削法是先行切后环切。行切与环切进给路线都能切净内轮廓中的全部面积，不留死角，不伤轮廓，同时能尽量减少重复进给的搭接量。不同点是行切法的进给路线比环切法短，但行切法在每两次进给的起点与终点间留下残留面积，而达不到所要求的表面粗糙度。用环切法获得的表面粗糙要好于行切法，但环切法需要逐次向外扩展轮廓线，刀位点计算复杂、刀具路径长。加工中可结合行切、环切的优点，采用综合切削法：先用行切法去除中间部分余量，最后用环切法加工内轮廓表面，既可缩短进刀路线，又能获得较好的表面质量。

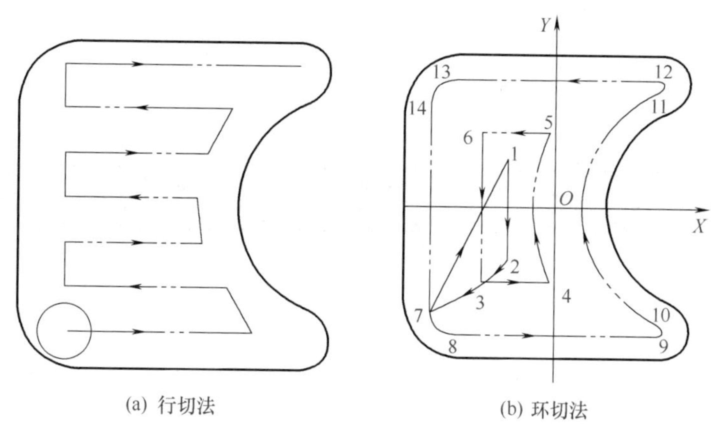


图 13-12　进给路线示意

本例由于内轮廓余量不多，选择环切法并由里向外加工，加工行距取刀具直径的 50% ～ 90%，加工路线如图 13-12（b）所示。

刀具由 1 → 2 → 3 → 4 → 5 → 6 → 7 → 8 → 9 → 10 → 11 → 12 → 13 → 14 → 7 → 1 的顺序按环切方式进行加工；刀具从点 3 运行至点 7 时建立刀具半径补偿；加工结束时刀具从点 7 运行至点 1 过程中取消刀具半径补偿。

## 3. 装夹方案的确定

工件采用平口钳装夹，下用垫铁支承，其他工具见表 13-14。

表 13-14　平面内轮廓加工的工具、量具、刀具清单

| 种类 | 序号 | 名称 | 规格 | 精度 /mm | 单位 | 数量 |
|---|---|---|---|---|---|---|
| 工具 | 1 | 平口钳 | QH135 | | | 1 |
| | 2 | 扳手 | | | 把 | 1 |
| | 3 | 平板垫铁 | | | 副 | 1 |
| | 4 | 塑胶锤子 | | | 把 | 1 |

续表

| 种类 | 序号 | 名称 | 规格 | 精度 /mm | 单位 | 数量 |
|---|---|---|---|---|---|---|
| 量具 | 1 | 游标卡尺 | 0 ～ 150mm | 0.02 | 把 | 1 |
| | 2 | 深度游标卡尺 | 0 ～ 200mm | 0.02 | 把 | 1 |
| | 3 | 百分表及表座 | 0 ～ 10mm | 0.01 | 个 | 1 |
| | 4 | 表面粗糙度样板 | N0 ～ N1 | 12 级 | 副 | 1 |
| 刀具 | 1 | 键槽铣刀 | $\phi$10mm | | 把 | 1 |
| | 2 | 立铣刀 | $\phi$10mm | | 把 | 1 |

## 4. 刀具的选择

铣内轮廓刀具的半径必须小于内轮廓最小圆弧半径，否则将无法加工出内轮廓圆弧。本课题内轮廓最小圆弧轮廓半径为 6mm，故所选铣刀直径不得大于 12mm，此处选用直径为 10mm 的铣刀。粗加工用键槽铣刀铣削；精加工用能垂直下刀的立铣刀或用键槽铣刀替代。加工材料为硬铝，铣刀材料用普通高速钢即可。

## 5. 切削用量的选择

根据被加工零件质量要求、工件材料、刀具材料以及加工的不同阶段等选取合适的切削用量。该工件材料为硬铝，易切削，粗铣背吃刀量除留 0.3mm 精加工余量外，其余一刀切除；切削速度（轴转速）适当高些，进给速度 50 ～ 100mm/min。垂直进给速度要选择小些。切削用量的选择具体见表 13-15。

表 13-15　粗、精铣平面内轮廓加工的切削用量

| 刀具 | 加工阶段 | 背吃刀量 $a_p$/mm | 进给速度 $v_f$/（mm/min） | 主轴转速 $n$/（r/min） |
|---|---|---|---|---|
| 高速钢键槽铣刀（T01） | 垂直进给，深度留 0.3mm 精加工余量 | 2.7 | 50 | 1000 |
| | 粗铣轮廓，轮廓留 0.3mm 精加工余量 | | 80 | 1000 |
| 高速钢立铣刀（T02） | 垂直进给 | 0.3 | 50 | 1200 |
| | 精铣内轮廓 | | 60 | 1200 |

## 6. 数值计算

本课题不仅要计算基点 7、8、9、10、11、12、13、14 等坐标，还要计算环切余量时 1、2、3、4、5、6 点坐标。其中，点 1、2、3、4、5、6、9、10、11、12 坐标不易计算，可采用 CAD 软件查找点坐标的方法。具体做法：在二维 CAD 软件（如 Auto CAD 或 CAXA 电子图板）中画出内轮廓图形（注意工件坐标系与 CAD 软件坐标系一致，坐标原点重合），然后把鼠标放置在各点上，可通过软件屏幕下方显示出该点坐标或用软件查询工具查找各点坐标，见表 13-16。

表 13-16　基点坐标　　单位：mm

| 基点 | 坐标（$X$，$Y$） | 基点 | 坐标（$X$，$Y$） |
|---|---|---|---|
| 1 | （-10，10） | 8 | （-20，-30） |
| 2 | （-10，-10） | 9 | （20，-30） |
| 3 | （-17，-17） | 10 | （22.308，-18.462） |
| 4 | （-1.716，-17） | 11 | （22.308，18.462） |
| 5 | （-1.716，17） | 12 | （20，30） |
| 6 | （-17，17） | 13 | （-20，30） |
| 7 | （-30，-20） | 14 | （-30，20） |

### 7. 程序编制

零件加工的主程序和子程序及其说明见表 13-17 和表 13-18。

表 13-17 主程序及其说明

| 程序（FANUC 0i 系统） | 程序（SINUMERIK 802D 系统） | 说 明 |
|---|---|---|
| O0806; | MAIN03.MPF; | 程序名 |
| N10 G54 G17 G21 G90 G94; | N10 G54 G17 G71 G90 G94; | 用 G54 建立工件坐标系，程序初始化 |
| N20 T0l D01; | N20 T01 D01; | 换 1 号键槽铣刀 |
| N30 S1000 M03; | N30 S1000 M03; | 主轴正转，转速为 1000r/min |
| N40 G00 G43 Z100 H01; | N40 G0 Z100; | Z 轴快速定位至安全高度 |
| N50 G00 X-10 Y10 Z10; | N50 G0 X-10 Y10 Z10; | 三轴联动快速定位 |
| N60 G01 Z-2.7 F50; | N60 G1 Z-2.7 F50; | 下刀，垂直进给速度为 50mm/min |
| N65 F80; | N65 F80; | 设定粗加工进给速度为 80mm/min |
| N70 M98 P0807; | N70 L30; | 调用子程序，粗加工平面内轮廓 |
| N80 G00 Z200; | N80 G0 Z200; | 抬刀 |
| N90 M05; | N90 M5; | 主轴停止 |
| N100 M00; | N100 M0; | 程序暂停。手动换精铣刀 |
| N110 T02 D02; | N110 T02 D02; | 换 2 号精铣刀 |
| N120 S1200 M03; | N120 S1200 M3; | 主轴正转，转速升至 1200r/min |
| N130 G00 G43 X0 Y10 Z5 H02; | N130 G0 X0 Y10 Z5; | 快速定位至 X0Y10 处 |
| N140 G01 X-10 Z-3 FS0; | N140 G1 X-10 Z-3 F50; | 斜坡下刀至 1 点 |
| N150 F60; | N150 F60; | 设定精加工进给速度为 60mm/min |
| N160 M98 P0807; | N160 L30; | 调用子程序，精加工平面内轮廓 |
| N170 G49 G00 Z200; | N170 G0 Z200; | 抬刀 |
| N180 M02; | N180 M2; | 程序结束 |

表 13-18 子程序及其说明

| 程序（FANUC 0i 系统） | 程序（SINUMERIK 802D 系统） | 说 明 |
|---|---|---|
| O0807; | L30.SPF; | 子程序名 |
| N10 G0 X-10 Y-10; | N10 G1 X-10 Y-10; | 从 1 点直线加工至 2 点 |
| N20 X-17 Y-17; | N20 X-17 Y-17; | 直线加工至 3 点 |
| N30 X-1.716 | N30 X-1.716; | 直线加工至 4 点 |
| N40 G02 Y17 R35 | N40 G2 Y17 CR=35; | 圆弧加工至 5 点 |
| N50 G01 X-17 | N50 G1 X-17; | 直线加工至 6 点 |
| N60 Y-17; | N60 Y-17; | 直线加工至 3 点 |
| N70 G41 X-30 Y-20; | N70 G41 X-30 Y-20; | 建立刀具半径左补偿，移至 7 点 |
| N80 G03 X-20 Y-30 R10; | N80 G3 X-20 Y-30 CR=10; | 圆弧加工至 8 点 |
| N90 G01 X20; | N90 G1 X20; | 直线加工至 9 点 |
| N100 G03 X22.308 Y-18.462 R6; | N100 G3 X22.308 Y-18.462 CR=6; | 圆弧加工至 10 点 |
| N110 G02 Y18.462 R20; | N110 G2 Y18.462 CR=20; | 圆弧加工至 11 点 |
| N120 G03 X20 Y30 R6; | N120 G3 X20 Y30 CR=6; | 圆弧加工至 12 点 |
| N130 G01 X-20; | N130 G1 X-20; | 直线加工至 13 点 |
| N140 G03 X-30 Y20 R10; | N140 G3 X-30 Y20 CR=10; | 圆弧加工至 14 点 |
| N150 G01 Y-20; | N150 G1 Y-20; | 直线加工至 7 点 |
| N160 G40 G01 X-10 Y10; | N160 G40 G1 X-10 Y10; | 移至 1 点并取消刀具半径补偿 |
| N170 M99; | N170 M2; | 子程序结束并返回主程序 |

如果用加工中心加工，只需把手动换刀用自动换刀指令替代即可，即把主程序 N100 段程序改成自动换刀指令 T02 M06。

## 实例三：凹槽加工

加工如图 13-13 所示零件，其毛坯尺寸为 160mm × 160mm × 20mm，材料为 45 钢。请编写加工程序并上机床操作，加工出该零件。

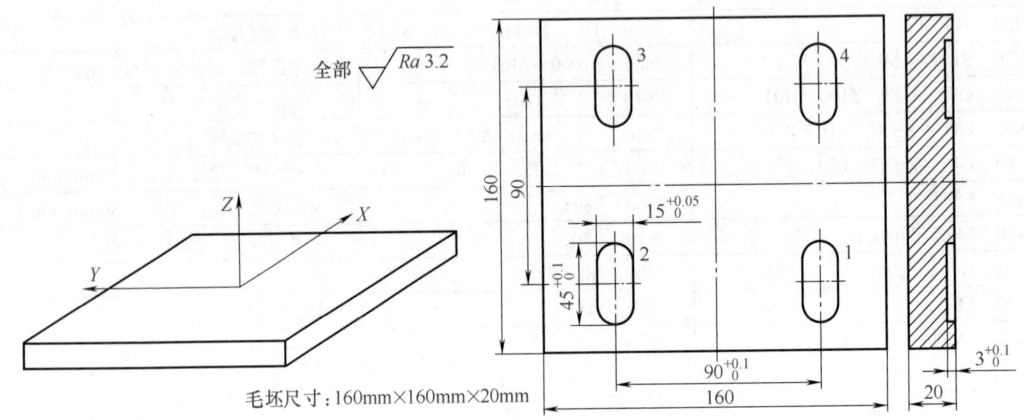


图 13-13　凹槽加工零件图

### 1. 零件图分析

该零件铣削 4 个尺寸完全一样的键槽，可编写成子程序进行调用。分粗、精加工两个阶段。粗加工时调用 4 次子程序，精加工时调用 4 次子程序，完成键槽加工。工件坐标系原点设在工件上表面的中心位置，子程序坐标系（局部坐标系）原点设在各槽的几何中心上，Z 轴零点在工件的上表面。若用坐标系偏移指令（如可设定的零点偏置 G54 ～ G59，可编程的零点偏置 G52、TRANS/ATRANS），可将工件坐标系原点偏移到局部坐标系原点上再调用子程序，加工各槽。

### 2. 加工路线的确定

① 铣削方向的确定。一般采用顺铣以提高表面加工质量。当铣刀沿内轮廓逆时针方向铣削时，刀具旋转方向与工件进给方向一致为顺铣。

② 进给路线铣削凹槽时仍采用行切和环切相结合的方式进行铣削。本例题由于键槽宽度较小，铣刀沿内轮廓加工一圈即可把槽中余量全部切除，故不需采用行切方式切除槽中多余余量。根据槽尺寸精度、表面粗糙度要求，每个槽分为粗、精加工两个阶段，粗加工时留约 0.3mm 的精加工余量，然后精加工至尺寸要求。

### 3. 装夹方案的确定

工件采用平口钳装夹，下用垫铁支承，高出钳口 5 ～ 10mm，并校平上表面。键槽铣削的工具、量具、刀具见表 13-19。

### 4. 刀具的选择

刀具直径选择主要考虑凹槽最小圆弧半径值大小，本例题最小圆弧半径为 7.5mm，所选铣刀直径应小于等于 $\phi$15mm，这里选用 $\phi$10mm 铣刀。粗加工用键槽铣刀，精加工时用能垂直下刀的立铣刀或用键槽铣刀代替。工件材料为 45 钢，铣刀材料用高速钢铣刀。

表 13-19 键槽铣削的工具、量具、刀具

| 种类 | 序号 | 名称 | 规格 | 精度 | 单位 | 数量 |
|---|---|---|---|---|---|---|
| 工具 | 1 | 平口钳 | QH160 | | | 1 |
| | 2 | 扳手 | | | 把 | 1 |
| | 3 | 平板垫铁 | | | 副 | 1 |
| | 4 | 塑胶榔头 | | | 把 | 1 |
| 量具 | 1 | 游标卡尺 | 0 ～ 150mm | 0.02mm | 把 | 1 |
| | 2 | 深度游标卡尺 | 0 ～ 200mm | 0.02mm | 把 | 1 |
| | 3 | 百分表及表座 | 0 ～ 10mm | 0.01mm | 个 | 1 |
| | 4 | 表面粗糙度样板 | N0 ～ N1 | 12 级 | 副 | 1 |
| 刀具 | 1 | 键槽铣刀 | $\phi$10mm | | 把 | 1 |
| | 2 | 立铣刀 | $\phi$10mm | | 把 | 1 |

### 5. 切削用量的选择

根据被加工零件质量要求、工件材料、刀具材料以及加工的不同阶段等选取合适的切削用量。该工件材料为 45 钢，粗铣背吃刀量除留 0.3mm 精加工余量外，其余一刀切除；切削速度（主轴转速）可适当高些，进给速度 30 ～ 100mm/min，垂直进给速度相应要选择小些。切削用量选择具体见表 13-20。

表 13-20 粗、精铣平面内轮廓的切削用量

| 刀具 | 加工阶段 | 背吃刀量 $a_p$/mm | 进给速度 $v_f$/（mm/min） | 主轴转速 $n$/（r/min） |
|---|---|---|---|---|
| 高速钢键槽铣刀（T01） | 垂直进给，深度留 0.3mm 精加工余量 | 2.7 | 30 | 800 |
| | 粗铣轮廓，内轮廓留 0.3mm 精加工余量 | — | 60 | 800 |
| 高速钢立铣刀（T02） | 垂直进给 | 0.3 | 30 | 1000 |
| | 精铣键槽 | — | 60 | 1000 |

### 6. 工件坐标系原点的选择

根据工件坐标系原点选择原则，工件坐标系 $X$、$Y$ 零点应建立在工件几何中心上，$Z$ 轴零点设置在工件的上表面；子程序坐标系（局部坐标系）$X$、$Y$ 零点建立在键槽几何中心上，$Z$ 轴零点仍设置在工件的上表面。

### 7. 数值计算

各键槽几何中心在工件坐标系中的坐标见表 13-21，即坐标系偏移指令所设定的偏移值。

表 13-21 各键槽几何中心点坐标

| 槽 1 | （45，−45） |
|---|---|
| 槽 2 | （−45，−45） |
| 槽 3 | （−45，45） |
| 槽 4 | （45，45） |

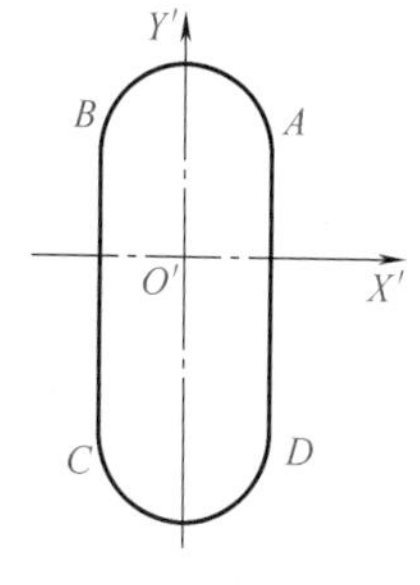

图 13-14 键槽各基点

子程序中局部坐标系原点为键槽几何中心，局部坐标系中各基点 $A$、$B$、$C$、$D$（图 13-14）在局部坐标系中的坐标值见表 13-22。

### 8. 程序编制

零件加工程序及其说明见表 13-23 ～表 13-26。本例主程序用了多种编程方法。表 13-23

中的主程序 1 是不用坐标系偏移指令直接编程的，表 13-24 中的主程序 2 是 FANUC 0i-MB/MC 系统采用坐标系偏移指令编程的，表 13-25 中的主程序 3 是 SINUMERIK 802D 系统采用坐标系偏移指令编程的，表 13-26 是子程序。

表 13-22　子程序中各基点在局部坐标系中的坐标

| | |
|---|---|
| *A* | （7.5，15） |
| *B* | （−7.5，15） |
| *C* | （−7.5，−15） |
| *D* | （7.5，−5） |

表 13-23　主程序 1 及其说明

| 程序（FANUC 0i 系统） | 程序（SINUMERIK 802D 系统） | 说明 |
|---|---|---|
| O0808； | MAIN04.MPF； | 程序名 |
| N10　G54　G17　G21　G90　G94； | N10　G54　G17　G71　G90　G94； | 用 G54 建立工件坐标，程序初始化 |
| N20　T01　D01； | N20　T01　D01； | 换 1 号键槽铣刀 |
| N30　S800　M03； | N30　S800　M3； | 主轴正转，转速为 800r/min |
| N40　G00　G43　Z100　H01； | N40　G0　Z100； | *Z* 轴快速定位至安全高度 |
| N50　G00　X45　Y−45　Z10； | N50　G0　X45　Y−45　Z10； | 三轴联动快速定位 |
| N60　M08； | N60　M08； | 开切削液 |
| N70　G01　Z5.3　F100； | N70　G1　Z5.3　F100； | 下刀至一定高度 |
| N80　M98　P0809； | N80　L40； | 调用子程序粗铣键槽 1 |
| N90　G90　G00　X−45； | N90　G90　G0　X−45； | 快速定位键槽 2 几何中心上方 |
| N100　M98　P0809； | N100　L40； | 调用子程序粗铣键槽 2 |
| N110　G90　G00　Y45； | N110　G90　G0　Y45； | 快速定位键槽 3 几何中心上方 |
| N120　M98　P0809； | N120　L40； | 调用子程序粗铣键槽 3 |
| N130　G90　G00　X45； | N130　G90　G0　X45； | 快速定位键槽 4 几何中心上方 |
| N140　M98　P0809； | N140　L40； | 调用子程序粗铣键槽 4 |
| N150　G90　G00　Z200； | N150　G90　G0　Z200； | 抬刀 |
| N160　M05； | N160　M5； | 主轴停止 |
| N170　M00； | N170　M0； | 程序暂停，以便手动换刀 |
| N180　T02　D02； | N180　T02　D02； | 换 2 号精铣刀 |
| N190　S1000　M03； | N190　S1000　M3； | 主轴正转，转速升为 1000r/min |
| N200　G00　G43　X45　Y−45　Z10　H02； | N200　G0　X45　Y−45　Z10； | 三轴联动快速定位 |
| N210　G01　Z5　F100； | N210　G1　Z5　F100； | 下刀至一定高度 |
| N220　M98　P0809； | N220　L40； | 调用子程序，精铣键槽 1 |
| N230　G90　G00　X−45； | N230　G90　G0　X−45； | 快速定位键槽 2 几何中心上方 |
| N240　M98　P0809； | N240　L40； | 调用子程序，精铣键槽 2 |
| N250　G90　G00　Y45； | N230　G90　G0　Y45； | 快速定位键槽 3 几何中心上方 |
| N260　M98　P0809； | N260　L40； | 调用子程序，精铣键槽 3 |
| N270　G90　G00　X45； | N270　G90　G0　X45； | 快速定位键槽 4 几何中心上方 |
| N280　M98　P0809； | N280　L40； | 调用子程序，精铣键槽 4 |
| N290　M09； | N290　M09； | 关切削液 |
| N300　G49　G90　G00　Z200； | N300　G90　G0　Z200； | 抬刀 |
| N310　M02； | N310　M2； | 程序结束 |

表 13-24 主程序 2 及其说明

| 程序（FANUC 0i 系统） | 程序（SINUMERIK 802D 系统） | 说明 |
|---|---|---|
| O0810； | MAIN05.MPF | 程序名 |
| N10 G54 G17 G21 G90 G94； | N10 G54 G17 G71 G90 G94； | 用 G54 建立工件坐标系，程序初始化 |
| N20 T01 D01： | N20 T01 D01； | 换 1 号键槽铣刀 |
| N30 S800 M03； | N30 S800 M3； | 主轴正转，转速为 800r/min |
| N40 G00 G-43 Z100 H01； | N40 G00 G43 Z100 H01； | *Z* 轴快速定位至安全高度 |
| N50 G00 X1 Y1 Z10； | N50 G00 X0 Y0 Z10； | 快速定位至点（0，0，10） |
| N60 M08； | N60 M108； | 开切削液 |
| N70 G01 Z5.3 F1000； | N70 G01 Z5.3 F100； | 下刀至工件几何中心上方 |
| N80 G55；<br>（注：设置 G55 X-45 Y-45 Z0） | N80 G52 X45 Y-45 Z0； | 从 G54 的工件零点绝对坐标系平移 *X*45 *Y*-45 |
| N90 M98 P0809； | N90 M98 P0809； | 调用子程序，粗铣键槽 1 |
| N100 G56；<br>（注：设置 G56 X-45 Y-45 Z0） | N100 G52 X-45 Y-45 Z0； | 从 G54 的工件零点绝对坐标系平移 *X*-45 *Y*-45 |
| N110 M98 P0809； | N110 M98 P0809； | 调用子程序，粗铣键槽 2 |
| N120 G57；<br>（注：设置 G57 X-45 Y-45 Z0） | N120 G52 X-45 Y45 Z0； | 从 G54 的工件零点绝对坐标系平移 *X*-45 *Y*45 |
| N130 M98 P0809； | N130 M98 P0809； | 调用子程序，粗铣键槽 3 |
| N140 G58；<br>（注：设置 G58 X45 Y45 Z0） | N140 G52 X45 Y45 Z0； | 从 G54 的工件零点绝对坐标系平移 *X*45 *Y* 45 |
| N150 M98 P0809； | N150 M98 P0809； | 调用子程序，粗铣键槽 4 |
| N160 G90 G00 Z200； | N160 G90 G00 Z200； | 抬刀 |
| N170 M05： | N170 N05； | 主轴停止 |
| N180 N00； | N180 M00； | 程序暂停，以便手动换刀 |
| N190 T02 D02： | N190 T02 D02； | 换 2 号精铣刀 |
| N200 S1000 M03； | N200 S1000 M03； | 主轴正转，转速升至 1000r/min |
| N210 G00 G43 X0<br>Y0 Z10 H02； | N210 G00 G43 X0<br>Y0 Z10 H02； | 快速定位至工件几何中心上方 |
| N220 G01 Z5 F100； | N220 G01 Z5 F100； | 下刀至一定高度 |
| N230 G55： | N230 G52 X45 Y-45 Z0； | 从 G54 的工件零点绝对坐标系平移 *X*45 *Y*-45 |
| N240 M98 P0809； | N240 M98 P0809； | 调用子程序，精铣键槽 1 |
| N250 G56； | N250 G52 X-45 Y-45 Z0； | 从 G54 的工件零点绝对坐标系平移 *X*-45 *Y*-45 |
| N260 M98 P0809； | N260 M98 P0809； | 调用子程序，精铣键槽 2 |
| N270 G57； | N270 G52 X-45 Y45 Z0； | 从 G54 的工件零点绝对坐标系平移 *X*-45 *Y* 45 |
| N280 M98 P0809； | N280 M98 P0809； | 调用子程序，精铣键槽 3 |
| N290 G58； | N290 G52 X45 Y45 Z0； | 从 G54 的工件零点绝对坐标系平移 *X*45 *Y*45 |
| N300 M98 P0809； | N300 M98 P0809； | 调用子程序，精铣键槽 4 |
| N310 M09； | N310 M09； | 关切削液 |
| N320 G90 G49 G00 Z200； | N320 G90 G49 G00 Z200； | 抬刀并取消刀具长度补偿 |
|  | N330 G52 X0 Y0 Z0； | 取消坐标轴偏移 |
| N340 M02： | N340 M02； | 程序结束 |

表 13-25　主程序 3 及其说明

| 程序（FANUC 0i 系统） | 程序（SINUMERIK 802D 系统） | 说明 |
| --- | --- | --- |
| O0811; | MAIN06.MPF; | 程序名 |
| N10　G54　G17　G21　G90　G94; | N10　G54　G17　G71　G90　G94; | 用 G54 建立工件坐标系，程序初始化 |
| N20　T01　D01; | N20　T01　D01; | 换 1 号键槽铣刀 |
| N30　S800　M03; | N30　S800　M3; | 主轴正转，转速为 800r/min |
| N40　G0　Z100; | N40　G0　Z100; | *Z* 轴快速定位至安全高度 |
| N50　X0　Y0　Z10; | N50　G0　X0　Y0　Z10; | 快速定位至点（0，0，10） |
| N60　M08; | N60　M08; | 开切削液 |
| N70　G1　Z5.3　F100; | N70　G1　Z5.3　F100; | 下刀至工件几何中心上方 |
| N80　G55;<br>（注：设置 G55　X45　Y−45　Z0） | N80　TRANS　X45　Y−45; | 从 G55 的工件零点绝对坐标系平移 *X*45 *Y*−45 |
| N90　L40; | N90　L40; | 调用子程序，粗铣键槽 1 |
| N100 G56;<br>（注：设置 G56　X−45　Y−45　Z0） | N100　TRANS　X−45　Y−45; | 从 G56 的工件零点绝对坐标系平移 *X*−45 *Y*−45 |
| N110　L40; | N110　L40; | 调用子程序，粗铣键槽 2 |
| N120 G57;<br>（注：设置 G57　X−45　Y45　Z0） | N120 TRANS X−45 Y45; | 从 G57 的工件零点绝对坐标系平移 *X*−45 *Y* 45 |
| N130　L40; | N130　L40; | 调用子程序，粗铣键槽 3 |
| N140 G58;<br>（注：设置 G58　X45　Y45　Z0） | N140　TRANS　X45　Y45;<br>（ATRANS　X90　Y0） | 从 G58 的工件零点绝对坐标系平移 *X*45 *Y* 45 |
| N150　L40; | N150　L40; | 调用子程序，粗铣键槽 4 |
| N160　G90　G0　Z200; | N160　G90　G0　Z200; | 抬刀 |
| N170　M5; | N170　M5; | 主轴停止 |
| N180　M0; | N180　M0; | 程序暂停，以便手动换刀 |
| N190　T02　D02; | N190　T02　D02; | 换 2 号精铣刀 |
| N200　S1000　M3; | N200　S1000　M3; | 主轴正转，转速升至 1000r/min |
| N210　G0　X0　Y0　Z10; | N210　G0　X0　Y0　Z10; | 快速定位至点（0，0，10） |
| N220　G1　Z5　F100; | N220　G1　Z5　F100; | 下刀至一定高度 |
| N230　G55; | N230　TRANS　X45　Y−45; | 从 G55 的工件零点绝对坐标系偏移 *X*45 *Y*−45 |
| N240　L40; | N240　L40; | 调用子程序，精铣键槽 1 |
| N250　G56; | N250　TRANS　X−45　Y−45; | 从 G56 的工件零点绝对坐标系偏移 *X*−45 *Y*−45 |
| N260　L40; | N260　L40; | 调用程序，精铣键槽 2 |
| N270　G57; | N270　TRANS　X−45　Y45; | 从 G57 的工件零点绝对坐标系偏移 *X*−45 *Y* 45 |
| N280　L40; | N280　L40; | 调用子程序，精铣键槽 3 |
| N290　G58; | N290　ATRANS　X90　Y0; | 从 G58 的工件零点绝对坐标系偏移 *X*45 *Y*45 |
| N300　L40; | N300　L40; | 调用子程序，精铣键槽 4 |
| N310　M09; | N310　M09; | 关切削液 |
| N320　G90　G0　Z200; | N320　G90　G0　Z200; | 抬刀 |
| N330　M2; | N330　M2; | 程序结束 |

表 13-26　子程序及其说明

| 程序（FANUC 0i 系统） | 程序（SINUMERIK 802D 系统） | 说明 |
|---|---|---|
| O0809; | L40　SPF; | 子程序名 |
| N10　G54　G91; | N10　G54　G91; | 增量尺寸输入 |
| N20　G01　Z-8　F30; | N20　G1　Z-8　F30; | 下刀 |
| N30　G41　D01　G01　X7.5　Y0　F60; | N30　G41　D01　G1　X7.5　Y0　F60; | 建立刀具半径左补偿，移至点（7.5，0）处 |
| N40　Y15; | N40　Y15; | 直线加工至 *A* 点 |
| N50　G03　X-15　Y0　R7.5; | N50　G3　X-15　Y0　CR=7.5; | 圆弧加工至 *B* 点 |
| N60　G01　Y-30; | N60　G1　Y-30; | 直线加工至 *C* 点 |
| N70　G03　X15　Y0　R7.5; | N70　G3　X15　Y0　CR=7.5; | 圆弧加工至 *D* 点 |
| N80　G01　Y20; | N80　G1　Y20; | 直线加工至点（7.5，5）处 |
| N90　G40　G01　X-7.5　Y-5; | N90　G40　G1　X-7.5　Y-5; | 取消刀具半径补偿 |
| N100　G00　Z8; | N100　G00　Z8; | 抬刀 |
| N110　M99; | N110　M2; | 子程序结束并返回主程序 |

如果用加工中心加工，只需把手动换刀用自动换刀指令替代即可，即把主程序中手动换刀程序段改成自动换刀指令 T02 M06，由机械手实现自动换刀。

### 9. 数控加工操作步骤

（1）机床的开机

机床在开机前，应先进行机床检查，确认没有问题之后，先接通机床总电源，然后接通控制系统电源，此时在显示屏上应出现机床的初始位置坐标；检查操作面板上的各指示灯是否正常，各按钮、开关是否处于正确位置；显示屏上是否有报警显示；液压装置的压力表是否在正常的范围内等。若有问题应及时处理；若一切正常，就可以进行下面的操作。

（2）回参考点

操作开机正常后，首先应进行手动回参考点（回零）操作。

（3）程序的输入与编辑

将编好的加工程序输入数控系统。

（4）程序的图形模拟运行

正式运行程序加工零件之前，需要进行图形模拟运行以校验程序。如有错误，则修改程序，直至程序调试正确为止。

（5）工件的装夹

采用平口钳进行装夹。平口钳装夹在铣床工作台上，用百分表校正其位置；工件装夹在平口钳上，底部用垫铁垫起，使工件伸出钳口 5 ～ 10mm，用百分表校平上表面并夹紧。

（6）刀具的安装

采用两把铣刀，一把粗加工键槽铣刀，一把为精加工立铣刀（可垂直下刀）或精加工键槽铣刀，通过弹簧夹头把铣刀装夹在铣刀刀柄中，然后分别把粗、精加工铣刀柄装入铣床主轴；如果是加工中心，则要把粗、精铣刀全部装入刀库中。

（7）对刀操作

通过对刀，建立工件坐标系。

① *X*、*Y* 向对刀。*X*、*Y* 方向采用试切法对刀，将机床坐标系原点偏置到工件坐标系原点上。通过对刀操作得到 *X*、*Y* 零偏值，并输入到 G54 中。

② *Z* 向对刀。测量各把刀的刀位点从参考点到工件上表面的机床坐标系 *Z* 值，分别输入到对应的刀具长度补偿中，供加工时调用。注意：此时 G54 中的 *Z* 值为“0”。

（8）空运行与仿真检验

空运行是指刀具按系统参数指定的速度运行，此时，程序中指定的进给速度无效。空运行一般用来在机床不安装工件的情况下检查刀具运动轨迹是否正确。为安全起见，常把基础坐标系中 $Z$ 值提高 50 ～ 100mm 后运行程序。

① 法那科系统空运行。设置好机床中刀具半径补偿值，把基础坐标系中 $Z$ 方向值变为 “+50”，打开程序，选择“MEM”（自动运行）工作方式，按下“空运行”按钮，按“循环启动”按钮执行程序，适当调小进给倍率以降低进给速度，检查刀具运动轨迹是否正确。

若用机床锁住功能空运行，刀具不再移动，但显示器上各轴坐标在变化，就像刀具在运动一样。如果再使辅助功能锁住有效，则 M、S、T 功能代码被禁止输出并且不能执行，仅运行一遍程序而已，一般用于程序的图形模拟运行。

空运行结束后，应取消空运行并使机床解锁、辅助功能锁住无效，基础坐标系中 $Z$ 值恢复为“0”。

② 西门子系统空运行。设置好机床中刀具半径补偿值，打开程序选择“AUTO”（自动运行）方式，按下软键“程序控制”，设置“空运行进给”和“程序测试”有效，按下“数控启动”键，观察程序运行情况。

**注意**

空运行时也可使机床机械锁定或向所选工件坐标系如 G54 中的 $Z$ 坐标中输入 “+50”，在自动运行方式下启动程序，适当降低进给速度，检查刀具运动轨迹是否正确。若在机床机械锁住状态下，空运行结束后必须重新回参考点；若在更改 G54 的 $Z$ 坐标状态下，空运行结束后应将 $Z$ 坐标恢复为“0”，机床不需重新回参考点。

③ 仿真检验。用仿真软件在计算机上进行仿真检验，观察加工过程，检验程序是否正确。

（9）零件自动加工具体步骤

① FANUC 0i 系统：首先在“EDIT”（编辑）方式下选择要运行的加工程序；然后将“方式选择”旋钮置于“MEM”（自动运行）方式；最后按下“循环启动”按钮运行程序。

② SINUMERIK 802D 系统：首先按“自动方式”键选择自动运行方式；按“程序管理器”键；用光标键把光标移动到要执行的程序上；按软键“执行”来选择要运行的加工程序；最后按下“数控启动”键执行程序，开始零件自动加工。

（10）零件精度控制的具体做法

加工时先安装粗加工铣刀进行粗加工，然后换成精加工铣刀进行精加工。

① 精加工时，精加工余量由设置刀具半径补偿控制，即用 $\phi$10mm 键槽铣刀粗铣时，机床中刀具半径补偿值 T01D01 输入 5.3mm，轮廓留 0.3mm 精加工余量。深度方向精加工余量由程序控制，例如在程序中，深度方向通过设定 $Z$ 值为 −2.7mm，即可留 0.3mm 深度方向精加工余量。

② 精加工时，刀具半径补偿值应设置合理，深度方向的长度补偿值或长度磨损量设置也应合理。本例题精加工时刀具 T02D02 半径补偿值可设为 5.1mm，运行完精加工程序后，测量轮廓实际尺寸，根据测量结果重新修调刀具半径补偿值。其具体做法如下：例如测槽宽 $15^{+0.05}_{0}$ mm 实际尺寸为 14.80mm，比图样尺寸小了 0.2 ～ 0.25mm，单边小 0.1 ～ 0.125mm，取中间值为 0.113mm，则要把 T02D02 刀具半径补偿值修改为 5.1−0.113=4.987（mm），然后

重新运行精加工程序即可控制轮廓尺寸精度。同理，深度尺寸也是根据实测结果重新修改长度补偿值或长度磨损量来控制深度尺寸精度。

（11）零件检测

零件加工完后，按图样要求进行检测。首件试切如有误差，应分析产生的原因并加以修改。

（12）加工完毕，清理机床

加工完毕，收好工具、量具，清理机床并做好相关收尾工作。

### 10. 安全操作和注意事项

① 两种系统坐标系偏移指令有多种，注意它们之间的异同。

② 在粗、精加工不同阶段应注意对刀具半径补偿、长度补偿的设定与修改。

③ 槽宽尺寸过小无法采用圆弧切入、切出时，则采用沿轮廓法向进刀方法切入，切出、切入、切出点选择在轮廓交点上较好。

④ 工件装夹在平口钳上应用百分表校平上表面，否则深度尺寸难以控制。当然，也可在对刀前手动或编程用面铣刀铣平上表面。

⑤ 安装铰刀时要用百分表校正铰刀，否则影响铰孔直径。

⑥ 铰孔时应加润滑液以保证铰孔质量。

⑦ 用铣刀铣孔时，应选择垂直下刀的螺旋下刀方式。

⑧ 铣孔时应采用顺铣以保证加工质量。

⑨ 铣孔试切对刀时应准确找出铣孔的中心位置，保证试切一周切削均匀。

⑩ 铣孔对刀时，工件零点偏置可以直按借用前道工序中应用麻花钻或铣刀测量得到的 *X*、*Y* 值，*Z* 值通过试切对刀获得。

## 实例四：台阶面铣削加工

加工如图 13-15 所示台阶面铣削加工零件，其毛坯尺寸为 100mm × 80mm × 25mm，材料为 45 钢。请编写加工程序并上机床操作，加工出该零件，具体要求如下：

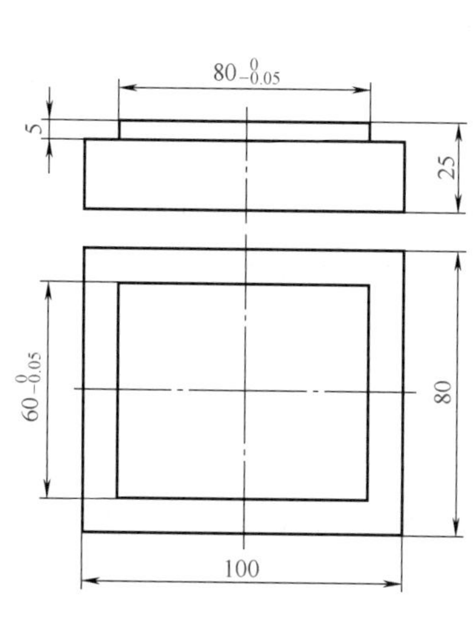


图 13-15　台阶面铣削加工

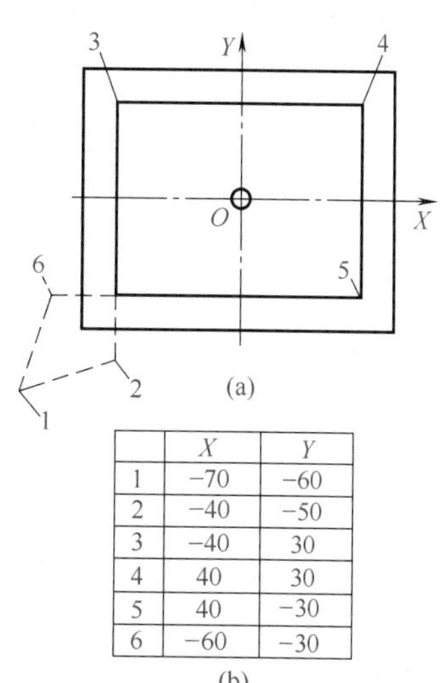


| | X | Y |
|---|---|---|
| 1 | −70 | −60 |
| 2 | −40 | −50 |
| 3 | −40 | 30 |
| 4 | 40 | 30 |
| 5 | 40 | −30 |
| 6 | −60 | −30 |

图 13-16　平面铣加工路径

① 按图样完成台阶铣削加工并达到技术要求，工时定额 120min。

② 能使用 G41 和 G42 对零件进行编程。

③ 能正确地对刀具补偿进行设置。

④ 设备准备数控铣床，型号为 XK713，系统 HNC-22M 华中系统及相应的刀柄、筒夹、机用平口钳、铜锤。

### 1. 台阶面铣削训练前的各项准备

① 量具：游标卡尺（0.02mm/0 ～ 150mm）；游标深度卡尺（0.02mm/0 ～ 200mm）。

② 刃具：$\phi$16mm 平底铣刀。

③ 工具和辅具：活扳手、毛刷等。

### 2. 台阶面铣削加工工艺分析

① 此零件属于台阶面加工。编程时直接按台阶轮廓进行编程，但加工出的零件尺寸将比原尺寸小一个直径，这样就达不到图样要求。而采用轨迹偏置进行编程，会大大增加编程的难度。因此应采用刀具半径补偿的方式对零件进行编程。

② 工件采用机用平口钳进行装夹。

③ 为了保证工件台阶面的表面粗糙度，在工件以外建立刀具补偿。

### 3. 台阶面铣的路径及各基点坐标

平面铣加工路径如图 13-16 所示。图 13-16（a）所示中，编程原点位于工件上表面的中心。刀具的起刀点和退刀点为“1”点，通过“1”点和“2”点来建立刀具补偿；通过“6”点和“1”点来取消刀具补偿。

### 4. 确定切削用量

已知加工材料为碳素钢，刀具材料为高速钢，刀具齿数为 2。查表 13-27 得推荐值为 $v_c$=20m/min。

表 13-27　立铣刀的切削速度 $v_c$

| 工件材料 | 硬度（HBW） | 切削速度 $v_c$/（m/min） | |
|---|---|---|---|
| | | 高速钢铣刀 | 硬质合金铣刀 |
| 铸铁 | ＜190 | 21 ～ 36 | 66 ～ 150 |
| | 190 ～ 260 | 9 ～ 18 | 45 ～ 90 |
| | 260 ～ 320 | 4.5 ～ 10 | 21 ～ 30 |
| 钢 | ＜225 | 18 ～ 42 | 66 ～ 150 |
| | 225 ～ 325 | 12 ～ 36 | 54 ～ 100 |
| | 325 ～ 425 | 6 ～ 21 | 36 ～ 72 |

实际选用 $v_c$=20mm/min × 0.75=15m/min。

主轴转速 $n=\dfrac{1000v_c}{\pi D}=\dfrac{1000\times15}{3.14\times16}=298.567\text{r/min}$，取整为 $n$=300r/min。

每齿进给量 $f_z$=0.004$D$=0.004 × 16=0.064mm/z。

进给速度 $v_f$=$f_z n$=0.064mm/z × 2 × 300r/min=38.4mm/min，取整得 $v_f$=40mm/min。

### 5. 刀具补偿的设置方法

在华中系统中刀具补偿的设置包括刀库表和刀具补偿表。

① 刀库表　在主菜单中选择“F4”刀具补偿软键，在下一级菜单中选择“F1”刀具库软键系统进入到刀库设置界面，如图 13-17 所示。

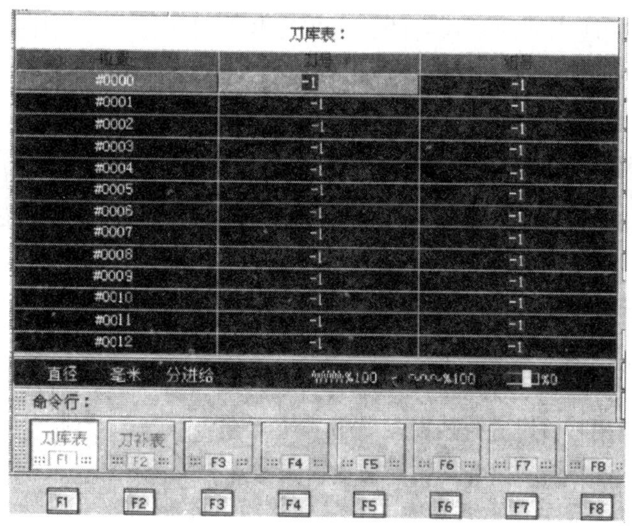

刀库表：

| 位置 | 刀号 | 组号 |
|---|---|---|
| #0000 | -1 | -1 |
| #0001 | -1 | -1 |
| #0002 | -1 | -1 |
| #0003 | -1 | -1 |
| #0004 | -1 | -1 |
| #0005 | -1 | -1 |
| #0006 | -1 | -1 |
| #0007 | -1 | -1 |
| #0008 | -1 | -1 |
| #0009 | -1 | -1 |
| #0010 | -1 | -1 |
| #0011 | -1 | -1 |
| #0012 | -1 | -1 |



图 13-17　刀库设置界面

刀库表的设置方法：

a. 用方向键▲、▼、▶、◀和 Pgup、Pgdn 移动蓝色亮条选择要编辑的选项。

b. 按“回车”，蓝色亮条所指刀库数据的颜色和背景都发生变化，同时光标闪烁处于可输入状态。

c. 用▶、◀、BS、DEL。键进行编辑和修改。

d. 修改完毕按“回车”确认。

② 刀具补偿表的设置　在主菜单中选择“F4”刀具补偿软键，在下一级菜单中选择“F2”刀具补偿表软键，系统进入到刀具补偿表设置界面，如图 13-18 所示。

刀具表：

| 刀号 | 组号 | 长度 | 半径 | 寿命 | 位置 |
|---|---|---|---|---|---|
| #0000 | -1 | 0.000 | 0.000 | 0 | -1 |
| #0001 | -1 | 0.000 | 0.000 | 0 | -1 |
| #0002 | -1 | 0.000 | 0.000 | 0 | -1 |
| #0003 | -1 | 0.000 | 0.000 | 0 | -1 |
| #0004 | -1 | 0.000 | 0.000 | 0 | -1 |
| #0005 | -1 | 0.000 | 0.000 | 0 | -1 |
| #0006 | -1 | 0.000 | 0.000 | 0 | -1 |
| #0007 | -1 | 0.000 | 0.000 | 0 | -1 |
| #0008 | -1 | 0.000 | 0.000 | 0 | -1 |
| #0009 | -1 | 0.000 | 0.000 | 0 | -1 |
| #0010 | -1 | 0.000 | 0.000 | 0 | -1 |
| #0011 | -1 | 0.000 | 0.000 | 0 | -1 |
| #0012 | -1 | 0.000 | 0.000 | 0 | -1 |

直径　毫米　分进给　%100　%100　%0

命令行：

图 13-18　刀具补偿表设置界面

刀具补偿表的设置方法：

a. 用方向键▲、▼、▶、◀和 Pgup、Pgdn 移动蓝色亮条选择要编辑的选项。

b. 按“回车”，蓝色亮条所指刀库数据的颜色和背景都发生变化，同时光标闪烁处于可输入状态。

c. 用▶、◀、BS、DEL。键进行编辑和修改。

d. 修改完毕按“回车”确认。

③ 参考程序本例题需要保证台阶的长度尺寸和宽度尺寸，利用半径补偿功能可以有效地保证加工尺寸，简化加工程序。参考程序见表 13-28。

表 13-28　参考程序

| 数控铣床程序卡 | 编程原点 | 工件上表面的中心 | 编程系统 | FINC-22M | 机床型号 | XK713 |
| --- | --- | --- | --- | --- | --- | --- |
| | 夹具名称 | 机用平口钳 | 实训车间 | 数控中心 | 材　料 | 45 钢 |

| 程序段号 | 程序内容 | 说　明 |
| --- | --- | --- |
| | %0001; | 程序起始符 |
| N010 | G92　X0　Y0　Z20; | 建立工件坐标系 |
| N020 | M03　S400; | 主轴正转 400r/min |
| N030 | G00　X-70　Y-60　M08; | 快速定位 |
| N040 | Z5; | 下降到起刀点 |
| N050 | G01　Z-5　F40; | 下降到深度 |
| N060 | G41　X-40　Y-50　D01; | 建立刀具半径左补偿 |
| N070 | Y30; | 轮廓加工 |
| N080 | X40; | |
| N090 | Y-30; | |
| N100 | X-60; | |
| N110 | G40　X-70　Y-60; | 取消刀具半径补偿 |
| N120 | G00　Z20; | 抬刀至安全高度 |
| N130 | X0　Y0; | 快速移动到 *X*0、*Y*0 |
| N140 | M05; | 主轴停止 |
| N150 | M09; | 切削液关 |
| N160 | M30; | 主程序结束 |

### 6. 编程加工要点

① 刀具半径补偿的建立或取消必须在 G00 或 G01 移动指令模式下进行。

② 刀具半径补偿在建立或取消的过程中，其移动距离必须大于刀具的半径。

③ 为保证刀具补偿的建立或取消时刀具与工件不发生碰撞，通常采用 G01 方式来建立或取消。

④ 为防止在半径补偿的过程中产生过切现象，建立或取消刀具补偿程序段的起始点与终止点的位置最好与补偿方向在同一侧。即建立刀具补偿的轨迹与下一个程序段的轨迹的夹角介于 90°～180°之间。

⑤ 在刀具补偿模式下，不允许存在两个以上的非补偿平面内的移动指令。否则，系统在进行预读后，判断不出其偏置方向，也会出现过切等危险动作。

### 7. 数控铣刀的装夹要点

① 数控铣刀装夹时应使刀柄圆柱面与筒夹的夹紧面完全接触。

② 装夹刀具时应在卸刀器上进行。

③ 刀具装夹时，检查锥柄面和主轴孔内是否有杂物，如果有杂物需要用棉纱擦净后，装入机床。

### 8. 检测和安全要点

（1）检测要点

① 长度和宽度尺寸检测时可采用千分尺进行测量。测量时应放平千分尺，转动棘轮应

用力适度。

② 厚度尺寸可用游标深度卡尺检测，检测时游标深度卡尺测量面应和端面贴紧。

③ 表面粗糙度的检测，可用目测或表面粗糙度比较样块对照检测。

（2）安全要点

① 装夹工件时注意工件上表面要高出钳口 5mm 以上，以防止刀具与机用平口钳发生碰撞。

② 机床在试运行前必须进行图形模拟加工，避免程序错误、刀具碰撞工件或夹具。

③ 快速进刀和退刀时，一定要注意不要碰到工件和夹具。

④ 加工零件过程中一定要提高警惕，将手放在“急停”按钮上，如遇到紧急情况，迅速按下“急停”按钮，防止意外事故发生。

## 实例五：钻孔加工

在数控床上加工如图 13-19 所示钻孔加工零件，其毛坯尺寸为 60mm × 50mm × 30mm，材料为 45 钢。请编写加工程序并上机床操作，加工出该零件，具体要求如下：

① 按图样完成平面铣削的加工并达技术要求，工时定额 120min。

② 了解固定循环的加工动作。

③ 能用 G73、G83 编程和 G81、G82 编程。

④ 设备准备：数控铣床，型号为 XK713，系统 HNC-22M 华中系统及相应的刀柄、筒夹、机用平口钳、铜锤。

### 1. 台阶面铣削训练前的各项准备

① 量具：游标卡尺（0.02mm/0 ～ 150mm）；游标深度卡尺（0.02mm/0 ～ 200mm）。

② 刀具：$\phi$3mm 中心钻、$\phi$10mm 钻头、$\phi$16mm 钻头。

③ 工、辅具：活扳手、毛刷等。

### 2. 钻孔加工工艺分析

① 用机用平口钳配合平行垫铁装夹工件，垫铁应注意摆放位置，避免钻孔时被钻头钻入。

② 在图 13-19 所示中，加工的是四个台阶孔，不通孔的直径为 $\phi$16mm，通孔直径为 $\phi$10mm，没有尺寸公差和表面粗糙度要求时，可以直接选用相应的钻头进行加工。

③ 四个台阶孔的位置有一定的公差要求，想要保证位置精度尺寸，必须从工艺上进行控制，本例采用的加工步骤依次是加工定位孔、钻孔、扩孔。

④ 定位孔采用中心钻，使用 G81 编程；钻孔采用钻头，使用 G73 编程；扩孔采用钻头，使用 G82 编程。

### 3. 确定加工路径

钻孔加工的刀具路径和基点坐标如图 13-20 所示。

### 4. 确定切削用量

已知刀具加工材料为碳素钢，刀具材料为高速钢，刀具齿数为 2。

① 中心钻（直径为 $\phi$3mm） 主轴转速 $n$=1100r/min，进给速度 $v_f$=55mm/min。

② 钻头（$\phi$10mm） 主轴转速 $n$=320r/min，进给速度 $v_f$=32mm/min。

③ 钻头（$\phi$16mm） 主轴转速 $n$=200r/min，进给速度 $v_f$=20mm/min。

### 5. 加工程序

如图 13-19 所示的加工程序见表 13-29。

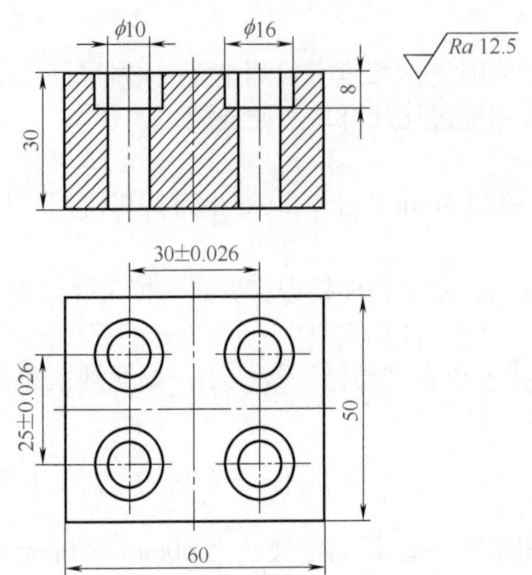


图 13-19 钻孔加工

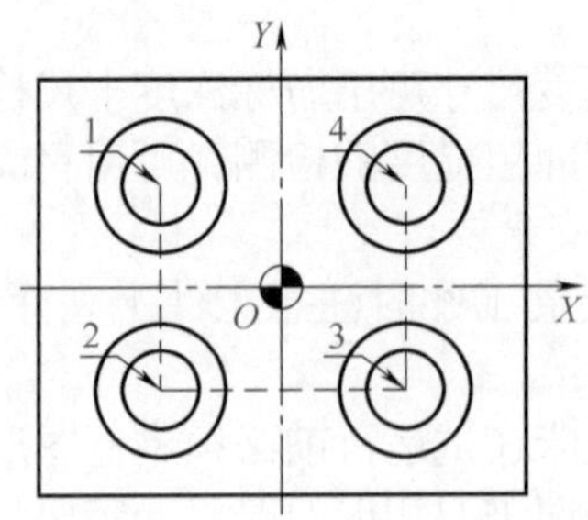


| | X | Y |
|---|---|---|
| 1 | −15 | 12.5 |
| 2 | −15 | −12.5 |
| 3 | 15 | −12.5 |
| 4 | 15 | 12.5 |

图 13-20 刀具路径和基点坐标

表 13-29 加工程序

| 数控铣床程序卡 | 编程原点 | 工件上表面的中心 | 编程系统 | FINC-22M | 机床型号 | XK713 |
|---|---|---|---|---|---|---|
| | 夹具名称 | 机用平口钳 | 实训车间 | 数控中心 | 材料 | 45 钢 |

| 程序段号 | 程序内容 | 说明 |
|---|---|---|
| 工序 1：选用中心钻加工定位孔 | | |
| | %0001； | 程序起始符 |
| N010 | G00 G17 G21 G40 G49 G80 G90； | 程序初始化 |
| N020 | G54 X0 Y0； | 建立工件坐标系 |
| N030 | G43 Z20 H01； | 建立刀具长度补偿（$\phi$3mm 中心钻） |
| N040 | M08； | 切削液开 |
| N050 | M03 S1100； | 主轴正转 1100r/min |
| N060 | X−15 Y12.5； | 快速定位至 X−15，Y12.5 进刀位置 |
| N070 | G99 G81 X−15 Y12.5 Z−5 R5 F55； | 固定循环指令，加工第一个孔 |
| N080 | Y−12.5； | 加工第二个孔 |
| N090 | X15； | 加工第三个孔 |
| N100 | G98 Y12.5； | 加工第四个孔，并返回到初始平面 |
| N110 | G80； | 取消固定循环指令 |
| N120 | G91 G49 G28 Z0； | 取消刀具长度补偿并返回参考点 |
| N130 | M09； | 切削液关 |
| N140 | M05； | 主轴停止 |
| N150 | M30； | 程序结束 |
| 工序 2：选用 $\phi$10mm 钻头加工孔 | | |
| | %0002； | 程序名 |
| N010 | G00 G17 G21 G40 G49 G80 G90； | 程序初始化 |
| N020 | G54 X0 Y0； | 建立工件坐标系 |
| N030 | G43 Z20 H01； | 建立刀具长度补偿（$\phi$10mm 钻头） |
| N040 | M08； | 切削液开 |
| N050 | M03 S320； | 主轴正转 320r/min |
| N060 | X−15 Y12.5； | 快速定位至 X−15，Y12.5 进刀位置 |

续表

| 数控铣床程序卡 | 编程原点 | 工件上表面的中心 | 编程系统 | FINC-22M | 机床型号 | XK713 |
|---|---|---|---|---|---|---|
| | 夹具名称 | 机用平口钳 | 实训车间 | 数控中心 | 材料 | 45 钢 |
| 程序段号 | 程序内容 | | | 说明 | | |
| N070 | G99 G73 X-15 Y12.5 Z-35 R5 Q-5 K1 F32; | | | 固定循环指令，加工第一个孔 | | |
| N080 | Y-12.5; | | | 加工第二个孔 | | |
| N090 | X15; | | | 加工第三个孔 | | |
| N100 | G98 Y12.5; | | | 加工第四个孔，并返回到初始平面 | | |
| N110 | M09; | | | 取消固定循环指令 | | |
| N120 | G91 G49 G28 Z0; | | | 取消刀具长度补偿并返回参考点 | | |
| N130 | M09; | | | 切削液关 | | |
| N140 | M05; | | | 主轴停止 | | |
| N150 | M30; | | | 程序结束 | | |
| 工序 3：选用 $\phi$16mm 钻头加台阶孔 | | | | | | |
| | %0003; | | | 程序名 | | |
| N010 | G00 G17 G21 G40 G49 G80 G90; | | | 程序初始化 | | |
| N020 | G54 X0 Y0; | | | 建立工件坐标系 | | |
| N030 | G43 Z20 H01; | | | 建立刀具长度补偿（$\phi$16mm 钻头） | | |
| N040 | M08; | | | 切削液开 | | |
| N050 | M03 200; | | | 主轴正转 200 r/min | | |
| N060 | X-15 Y12.5; | | | 快速定位至 $X$-15，$Y$12.5 进刀位置 | | |
| N070 | G99 G82 X15 Y12.5 Z-8 R5 P1 F20; | | | 固定循环指令，加工第一个孔 | | |
| N080 | Y-12.5; | | | 加工第二个孔 | | |
| N090 | X15; | | | 加工第三个孔 | | |
| N100 | G98 Y12.5; | | | 加工第四个孔，并返回到初始平面 | | |
| N110 | G80; | | | 取消固定循环指令 | | |
| N120 | G91 G49 G28 Z0; | | | 取消刀具长度补偿并返回参考点 | | |
| N130 | M09; | | | 切削液关 | | |
| N140 | M05; | | | 主轴停止 | | |
| N150 | M30; | | | 程序结束 | | |

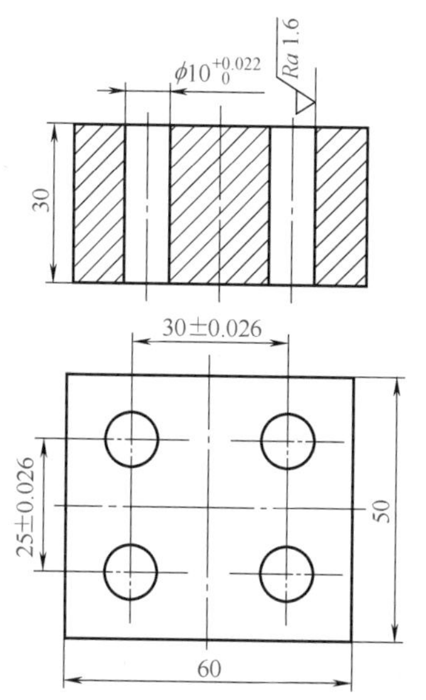

图 13-21 铰孔加工

### 6. 编程加工要点

① 使用 G73 编程时注意参数“Q”的值为负值；参数“K”的值为正值；“Q”的绝对值应大于“K”的绝对值。

② 使用 G91 方式编程时，“R”点的坐标是相对于初始平面而言的；“Z”的坐标是相对于“R”点的坐标，因此均为负值。

③ 使用 G98 编程时，刀具在完成一个孔的加工后返回到初始平面；使用 G99 编程时，刀具完成一个孔的加工后返回到 $R$ 点平面。

④ 如果连续加工一些间距较小的孔，或者初始平面到 $R$ 点平面距离较小的孔时，往往刀具已经定位于下一个孔的加工位置，而主轴还没有达到正常的转速。为此，需在各孔的加工动作之间加入暂停指令 G04，以获得主轴达到正常转速的时间。

### 7. 检测要点

对孔距的测量应分为多次进行，求出平均值。

8. 安全要点

① 根据工件材质合理选用切削用量，以控制切屑的卷曲程度，获得有利于排屑的C形切屑。加工高强度材质的工件时，应适当降低切削速度。进给量的大小对切屑的形成影响很大，在保证断屑的前提下，可采用较小的进给量。

② 深孔加工主要应考虑冷却和排屑问题，所以在加工的过程中要有刀具停顿和退刀。为保证排屑和冷却效果，切削液应保持适当的压力和流量。加工小直径深孔时可采用高压力、小流量；加工大直径深孔时可采用低压力、大流量。

③ 在加工工件过程中，要注意在中间检验工件的质量，如果加工质量出现异常，应停止加工，以便采取相应措施。

④ 自动加工时，应关闭防护门。

## 实例六：铰孔加工

在数控床上加工如图13-21所示铰孔加工零件，毛坯尺寸为60mm×50mm×30mm，材料为45钢。编写加工程序并上机床操作，加工出该零件，具体要求如下：

① 按图样完成平面铣削加工并达技术要求，工时定额120min。

② 能确定铰孔的加工余量。

③ 掌握铰孔的编程方法。

④ 设备准备：数控铣床，型号为XK713，系统HNC-22M华中系统及相应的刀柄、筒夹、机用平口钳、铜锤。

1. 台阶面铣削训练前的各项准备

① 量具：游标卡尺（0.02mm/0～150mm）。

② 刀具：$\phi$3mm中心钻、$\phi$9.5mm钻头、$\phi$9.9mm钻头、$\phi$10mm铰刀。

③ 工、辅具：活扳手、毛刷等。

2. 铰孔加工工艺分析

① 如图14-21所示为孔加工零件，孔壁的粗糙度值要求较小，需采用铰孔的方式加工。

② 由于工件尺寸比较小，采用机用平口钳对工件进行装夹。

③ 图样中孔距的公差要求较高，加工步骤分别为加工定位孔、钻孔、扩孔和铰孔。

3. 铰孔的路径及各基点坐标

参见图13-20所示中的刀具路径和基点。

4. 确定切削用量

已知刀具的加工材料为碳素钢，刀具材料为高速钢，刀具齿数为2。

① 中心钻（直径为$\phi$3mm） 主轴转速$n$=1100r/min，进给速度$v_f$=55mm/min。

② 钻头（$\phi$9.5mm） 主轴转速$n$=340r/min，进给速度$v_f$=34mm/min。

③ 钻头（$\phi$9.9mm） 主轴转速$n$=320r/min，进给速度$v_f$=40mm/min。

④ 铰刀（$\phi$10mm、齿数4） 主轴转速$n$=320r/min，进给速度$v_f$=80mm/min。

5. 加工程序

如图13-21所示的加工程序见表13-30。

6. 加工要点

① 铰孔时铰刀不能倒转，否则会卡在孔壁和切削刃之间，而使孔壁划伤或切削刃崩裂。

② 铰孔时常用适当的切削液来降低刀具和工件的温度，防止产生切屑瘤，并减少切屑细末防止黏附在铰刀和孔壁上，从而提高孔的质量。

表 13-30　加工程序

| 数控铣床程序卡 | 编程原点 | 工件上表面的中心 | 编程系统 | FINC-22M | 机床型号 | XK713 |
| --- | --- | --- | --- | --- | --- | --- |
| | 夹具名称 | 机用平口钳 | 实训车间 | 数控中心 | 材　料 | 45 钢 |

| 程序段号 | 程序内容 | 说　明 |
| --- | --- | --- |
| 工序 1：选用中心钻加工定位孔 | | |
| | %0001； | 程序起始符 |
| N010 | G00　G17　G21　G40　G49　G80　G90； | 程序初始化 |
| N020 | G54　X0　Y0； | 建立工件坐标系 |
| N030 | G43　Z20　H01； | 建立刀具长度补偿（$\phi$3mm 中心钻） |
| N040 | M08； | 切削液开 |
| N050 | M03　S1100； | 主轴正转 1100r/min |
| N060 | X-15　Y12.5； | 快速定位至 $X$-15，$Y$12.5 进刀位置 |
| N070 | G99　G81　X-15　Y12.5　Z-5　R5　F55； | 固定循环指令，加工第一个孔 |
| N080 | Y-12.5； | 加工第二个孔 |
| N090 | X15； | 加工第三个孔 |
| N100 | G98　Y12.5； | 加工第四个孔，并返回到初始平面 |
| N110 | G80； | 取消固定循环指令 |
| N120 | G91　G49　G28　Z0； | 取消刀具长度补偿并返回参考点 |
| N130 | M09； | 切削液关 |
| N140 | M05； | 主轴停止 |
| N150 | M30； | 程序结束 |
| 工序 2：选用 $\phi$9.5mm 钻头加工孔 | | |
| | %0002； | 程序名 |
| N010 | G00　G17　G21　G40　G49　G80　G90； | 程序初始化 |
| N020 | G54　X0　Y0； | 建立工件坐标系 |
| N030 | G43　Z20　H01； | 建立刀具长度补偿（$\phi$9.5mm 钻头） |
| N040 | M08； | 切削液开 |
| N050 | M03　S340； | 主轴正转 340r/min |
| N060 | X-15　Y12.5； | 快速定位至 $X$-15，$Y$12.5 进刀位置 |
| N070 | G99　G73　X-15　Y12.5　Z-35　R5　Q-5　K1　F34； | 固定循环指令，加工第一个孔 |
| N080 | Y-12.5； | 加工第二个孔 |
| N090 | X15； | 加工第三个孔 |
| N100 | G98　Y12.5； | 加工第四个孔，并返回到初始平面 |
| N110 | G80； | 取消固定循环指令 |
| N120 | G91　G49　G28　Z0； | 取消刀具长度补偿并返回参考点 |
| N130 | M09； | 切削液关 |
| N140 | M05； | 主轴停止 |
| N150 | M30； | 程序结束 |
| 工序 3：选用 $\phi$9.9mm 钻头扩孔 | | |
| | %0003； | 程序名 |
| N010 | G00　G17　G21　G40　G49　G80　G90； | 程序初始化 |
| N020 | G54　X0　Y0； | 建立工件坐标系 |
| N030 | G43　Z20　H01； | 建立刀具长度补偿（$\phi$9.9mm 钻头） |
| N040 | M08； | 切削液开 |
| N050 | M03　S320； | 主轴正转 320r/min |

续表

<table>
<tr><td rowspan="2">数控铣床程序卡</td><td>编程原点</td><td>工件上表面的中心</td><td>编程系统</td><td>FINC-22M</td><td>机床型号</td><td>XK713</td></tr>
<tr><td>夹具名称</td><td>机用平口钳</td><td>实训车间</td><td>数控中心</td><td>材　料</td><td>45 钢</td></tr>
<tr><td>程序段号</td><td colspan="3">程序内容</td><td colspan="3">说　明</td></tr>
<tr><td>N060</td><td colspan="3">X−15　Y12.5；</td><td colspan="3">快速定位至 X−15，Y12.5 进刀位置</td></tr>
<tr><td>N070</td><td colspan="3">G99　G81　X−15　Y12.5　Z−35　R5　20；</td><td colspan="3">固定循环指令，加工第一个孔</td></tr>
<tr><td>N080</td><td colspan="3">Y−12.5；</td><td colspan="3">加工第二个孔</td></tr>
<tr><td>N090</td><td colspan="3">X15；</td><td colspan="3">加工第三个孔</td></tr>
<tr><td>N100</td><td colspan="3">G98　Y12.5；</td><td colspan="3">加工第四个孔，并返回到初始平面</td></tr>
<tr><td>N110</td><td colspan="3">G80；</td><td colspan="3">取消固定循环指令</td></tr>
<tr><td>N120</td><td colspan="3">G91　G49　G28　Z0；</td><td colspan="3">取消刀具长度补偿并返回参考点</td></tr>
<tr><td>N130</td><td colspan="3">M09；</td><td colspan="3">切削液关</td></tr>
<tr><td>N140</td><td colspan="3">M05；</td><td colspan="3">主轴停止</td></tr>
<tr><td>N150</td><td colspan="3">M30；</td><td colspan="3">程序结束</td></tr>
<tr><td colspan="7">工序 4：选用 ϕ10mm 铰刀铰孔</td></tr>
<tr><td></td><td colspan="3">%0004；</td><td colspan="3">程序名</td></tr>
<tr><td>N010</td><td colspan="3">G00　G17　G21　G40　G49　G80　G90；</td><td colspan="3">程序初始化</td></tr>
<tr><td>N020</td><td colspan="3">G54　X0　Y0；</td><td colspan="3">建立工件坐标系</td></tr>
<tr><td>N030</td><td colspan="3">G43　Z20　H01；</td><td colspan="3">建立刀具长度补偿（ϕ10mm 铰刀）</td></tr>
<tr><td>N040</td><td colspan="3">M08；</td><td colspan="3">切削液开</td></tr>
<tr><td>N050</td><td colspan="3">M03　S320；</td><td colspan="3">主轴正转 320r/min</td></tr>
<tr><td>N060</td><td colspan="3">X−15　Y12.5；</td><td colspan="3">快速定位至 X−15，Y12.5 进刀位置</td></tr>
<tr><td>N070</td><td colspan="3">G99　G85　X−15　Y12.5　Z−35　R5　F80；</td><td colspan="3">固定循环指令，加工第一个孔</td></tr>
<tr><td>N080</td><td colspan="3">Y−12.5；</td><td colspan="3">加工第二个孔</td></tr>
<tr><td>N090</td><td colspan="3">X15；</td><td colspan="3">加工第三个孔</td></tr>
<tr><td>N100</td><td colspan="3">G98　Y12.5；</td><td colspan="3">加工第四个孔，并返回到初始平面</td></tr>
<tr><td>N110</td><td colspan="3">G80；</td><td colspan="3">取消固定循环指令</td></tr>
<tr><td>N120</td><td colspan="3">G91　G49　G28　Z0；</td><td colspan="3">取消刀具长度补偿并返回参考点</td></tr>
<tr><td>N130</td><td colspan="3">M09；</td><td colspan="3">切削液关</td></tr>
<tr><td>N140</td><td colspan="3">M05；</td><td colspan="3">主轴停止</td></tr>
<tr><td>N150</td><td colspan="3">M30；</td><td colspan="3">程序结束</td></tr>
</table>

### 7. 数控铣刀的装夹要点

① 使用钻夹头安装铰刀时，由于钻夹头夹持部位的定位方式较差，因此安装铰刀后的钻夹头应放入主轴孔中进行试转。检查铰刀的跳动量是否满足要求，如跳动量过大则需要重新安装铰刀。

② 安装刀柄时，检查锥柄面和主轴孔内是否有杂物，如果有杂物需要用棉纱擦净后再装入机床。

### 8. 检测要点

① 测量孔径尺寸时，小直径的孔一般采用塞规进行测量，大直径的孔一般采用杠杆指示表进行测量。

② 表面粗糙度的检测　可用目测或表面粗糙度比较样块对照检测。

### 9. 安全要点

① 安装工件时应注意工件下面的垫铁要避开刀具，以防刀具切削垫铁。

② 在操作过程中，应严格按照安全文明的生产要求文明操作。

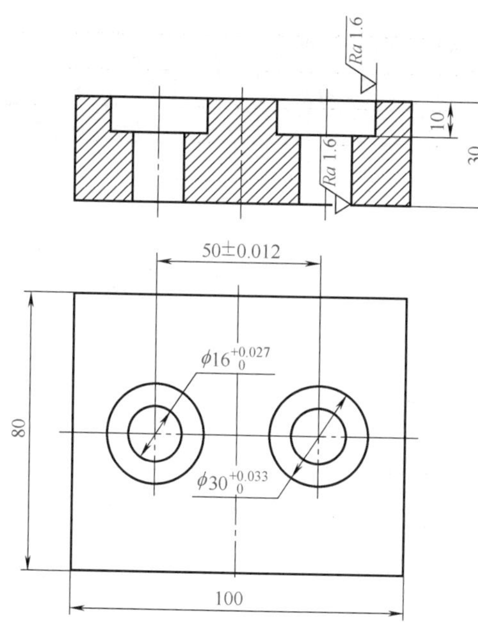

图 13-22 铣孔加工

③ 自动加工时，应关闭防护门。

## 实例七：铣孔加工

在数控床上加工如图 13-22 所示铣孔加工零件，毛坯尺寸为 100mm×80mm×30mm，材料为 45 钢。请编写加工程序并上机床操作，加工出该零件，具体要求如下：

① 按图样完成台阶铣削加工并达技术要求，工时定额 120min。

② 能合理设置铣孔的切削用量。

③ 能正确选用铣孔刀具。

④ 能应用铣孔循环指令编程。

⑤ 设备准备：数控铣床，型号为 XK713，系统 HNC-22M 华中系统及相应的刀柄、筒夹、机用平口钳、铜锤。

### 1. 台阶面铣削训练前的各项准备

① 量具：游标卡尺（0.02mm/0 ～ 150mm），游标深度卡尺（0.02mm/0 ～ 200mm）。

② 刀具：$\phi$3mm 中心钻、$\phi$10mm 钻头、$\phi$15.8mm 钻头、$\phi$16mm 铰刀、$\phi$30mm 铣刀。

③ 工具、辅具：活扳手、毛刷等。

### 2. 铣孔加工的工艺分析

① 此零件含台阶孔。孔距公差、孔径公差和粗糙度要求较高。为了保证孔的质量，加工直径 $\phi$16mm 的孔时采用钻定位孔→钻孔→扩孔→铰孔的加工工艺；加工直径 $\phi$30mm 孔时由于孔径较大采用钻孔→铣孔的加工工艺。

② 工件采用机用平口钳进行装夹，垫铁的摆放应注意不能与刀具发生干涉。

### 3. 确定切削用量

已知刀具加工材料为碳素钢，刀具材料为高速钢，刀具齿数为 2。

① 中心钻（直径为 $\phi$3mm） 主轴转速 $n$=1100r/min，进给速度 $v_f$=55mm/min。

② 钻头（$\phi$10mm） 主轴转速 $n$=320r/min，进给速度 $v_f$=32mm/min。

③ 钻头（$\phi$15.8mm） 主轴转速 $n$=200r/min，进给速度 $v_f$=20mm/min。

④ 铰刀（$\phi$16mm、齿数 4） 主轴转速 $n$=200r/min，进给速度 $v_f$=40mm/min。

⑤ 铣刀（$\phi$30mm） 主轴转速 $n$=800r/min，进给速度 $v_f$=45mm/min。

### 4. 加工程序（表 13-31）

表 13-31 加工程序

| 数控铣床程序卡 | 编程原点 | 工件上表面的中心 | 编程系统 | FINC-22M | 机床型号 | XK713 |
|---|---|---|---|---|---|---|
| | 夹具名称 | 机用平口钳 | 实训车间 | 数控中心 | 材 料 | 45 钢 |
| 程序段号 | 程序内容 | | | 说 明 | | |
| 工序 1：选用中心钻加工定位孔 | | | | | | |
| | %0001; | | | 程序起始符 | | |
| N010 | G00 G17 G21 G40 G49 G80 G90; | | | 程序初始化 | | |
| N020 | G54 X0 Y0; | | | 建立工件坐标系 | | |

续表

| 数控铣床程序卡 | 编程原点 | 工件上表面的中心 | 编程系统 | FINC-22M | 机床型号 | XK713 |
|---|---|---|---|---|---|---|
| | 夹具名称 | 机用平口钳 | 实训车间 | 数控中心 | 材　料 | 45 钢 |
| 程序段号 | 程序内容 | | | 说　明 | | |
| N030 | G43 Z20 H01; | | | 建立刀具长度补偿（$\phi$3mm 中心钻） | | |
| N040 | M08; | | | 切削液开 | | |
| N050 | M03 S1100; | | | 主轴正转 1100r/min | | |
| N060 | X−25 Y0; | | | 快速定位至 *X*−25，*Y*0 进刀位置 | | |
| N070 | G99 G81 X−25 Y0 Z−5 R5 F55; | | | 固定循环指令，加工第一个孔 | | |
| N080 | G98 X25; | | | 加工第二个孔，并返回到初始平面 | | |
| N090 | G80; | | | 取消固定循环指令 | | |
| N100 | G91 G49 G28 Z0; | | | 取消刀具长度补偿并返回参考点 | | |
| N110 | M09; | | | 切削液关 | | |
| N120 | M05; | | | 主轴停止 | | |
| N130 | M30; | | | 程序结束 | | |
| 工序 2：选用 $\phi$10mm 钻头加工孔 | | | | | | |
| | %0002; | | | 程序名 | | |
| N010 | G00 G17 G21 G40 G49 G80 G90; | | | 程序初始化 | | |
| N020 | G54 X0 Y0; | | | 建立工件坐标系 | | |
| N030 | G43 Z20 H02; | | | 建立刀具长度补偿（$\phi$10mm 钻头） | | |
| N040 | M08; | | | 切削液开 | | |
| N050 | M03 S320; | | | 主轴正转 320r/min | | |
| N060 | G99 G73 X−25 Y0 Z−35 R5 Q−5 K1 F4; | | | 固定循环指令，加工第一个孔 | | |
| N070 | G98 X25; | | | 加工第二个孔，并返回到初始平面 | | |
| N080 | G80; | | | 取消固定循环指令 | | |
| N090 | G91 G49 G28 Z0; | | | 取消刀具长度补偿并返回参考点 | | |
| N100 | M09; | | | 切削液关 | | |
| N110 | M05; | | | 主轴停止 | | |
| N120 | M30; | | | 程序结束 | | |
| 工序 3：选用 $\phi$15.8mm 钻头扩孔 | | | | | | |
| | %0003; | | | 程序名 | | |
| N010 | G00 G17 G21 G40 G49 G80 G90; | | | 程序初始化 | | |
| N020 | G54 X0 Y0; | | | 建立工件坐标系 | | |
| N030 | G43 Z20 H03; | | | 建立刀具长度补偿（$\phi$15.8mm 钻头） | | |
| N040 | M08; | | | 切削液开 | | |
| N050 | M03 S200; | | | 主轴正转 200r/min | | |
| N060 | X−25 Y0; | | | 快速定位至 *X*−25，*Y*0 进刀位置 | | |
| N070 | G99 G81 X−25 Y0 Z−35 R5 F20; | | | 固定循环指令，加工第一个孔 | | |
| N080 | G98 X25; | | | 加工第二个孔，并返回到初始平面 | | |
| N090 | G80; | | | 取消固定循环指令 | | |
| N100 | G91 G49 G28 Z0; | | | 取消刀具长度补偿并返回参考点 | | |
| N110 | M09; | | | 切削液关 | | |
| N120 | M05; | | | 主轴停止 | | |
| N130 | M30; | | | 程序结束 | | |
| 工序 4：选用 $\phi$16mm 铰刀铰孔 | | | | | | |
| | %0004; | | | 程序名 | | |
| N010 | G00 G17 G21 G40 G49 G80 G90; | | | 程序初始化 | | |

续表

| 数控铣床程序卡 | 编程原点 | 工件上表面的中心 | 编程系统 | FINC-22M | 机床型号 | XK713 |
|---|---|---|---|---|---|---|
| | 夹具名称 | 机用平口钳 | 实训车间 | 数控中心 | 材　料 | 45 钢 |
| 程序段号 | 程序内容 | | | 说　明 | | |
| N020 | G54　X0　Y0； | | | 建立工件坐标系 | | |
| N030 | G43　Z20　H04； | | | 建立刀具长度补偿（$\phi$16mm 铰刀） | | |
| N040 | M08； | | | 切削液开 | | |
| N050 | M03　S200； | | | 主轴正转 200r/min | | |
| N060 | X-25　Y0； | | | 快速定位至 *X*-25，*Y*0 进刀位置 | | |
| N070 | G99　G85　X-25　Y0　Z-35　R5　F80； | | | 固定循环指令，加工第一个孔 | | |
| N080 | G98　X25； | | | 加工第二个孔，并返回到初始平面 | | |
| N090 | G80； | | | 取消固定循环指令 | | |
| N100 | G91　G49　G28　Z0； | | | 取消刀具长度补偿并返回参考点 | | |
| N110 | M09； | | | 切削液关 | | |
| N120 | M05； | | | 主轴停止 | | |
| N130 | M30； | | | 程序结束 | | |
| 工序 5：选用 $\phi$16mm 铣刀铣孔 | | | | | | |
| | %0005； | | | 程序名 | | |
| N010 | G00　G17　G21　G40　G49　G80　G90； | | | 程序初始化 | | |
| N020 | G54　X0　Y0； | | | 建立工件坐标系 | | |
| N030 | G43　Z20　H05； | | | 建立刀具长度补偿 | | |
| N040 | M03　S300； | | | 主轴正转 300r/min | | |
| N050 | M08； | | | 切削液开 | | |
| N060 | Z2； | | | 抬刀 2mm | | |
| N070 | M98　P0050　L2； | | | 调用子程序 | | |
| N080 | G90　G00　Z2； | | | 抬刀 2mm | | |
| N090 | G68　X0　Y0　P180； | | | 旋转 180° | | |
| N100 | M98　P0050　L2； | | | 调用子程序 | | |
| N110 | G69； | | | 取消旋转指令 | | |
| N120 | G00　Z20； | | | 抬刀至安全高度 | | |
| N130 | G91　G49　G28　Z0； | | | 取消刀具长度补偿并返回参考点 | | |
| N140 | M09； | | | 切削液关 | | |
| N150 | M05； | | | 主轴停止 | | |
| N160 | M30； | | | 程序结束 | | |
| N170 | %0050； | | | 子程序 | | |
| N180 | G90　X-25　Y0； | | | | | |
| N190 | G01　Z-10　F40； | | | 下刀深度为 -10mm | | |
| N200 | G91　G41　X5　Y-10　D01； | | | 建立刀具半径左补偿 | | |
| N210 | G03　X10　Y10　R10； | | | 圆弧切入 | | |
| N220 | I-15； | | | 加工直径 $\phi$30mm 的圆 | | |
| N230 | X-10　Y10　R10； | | | 圆弧切出 | | |
| N240 | G40　G01　X-5　Y-10； | | | 取消刀具半径补偿 | | |
| N250 | G00　Z2； | | | 抬刀 2mm | | |
| N260 | M99； | | | 子程序结束 | | |
| 工序 6：选用 $\phi$30mm 铰刀铰孔 | | | | | | |
| | %0006； | | | 程序名 | | |
| N010 | G00　G17　G21　G40　G49　G80　G90； | | | 程序初始化 | | |

续表

| 数控铣床程序卡 | 编程原点 | 工件上表面的中心 | 编程系统 | FINC-22M | 机床型号 | XK713 |
|---|---|---|---|---|---|---|
| | 夹具名称 | 机用平口钳 | 实训车间 | 数控中心 | 材 料 | 45 钢 |
| 程序段号 | 程序内容 | | | 说 明 | | |
| N020 | G54 X0 Y0; | | | 建立工件坐标系 | | |
| N030 | G43 Z20 H06; | | | 建立刀具长度补偿（$\phi$30mm 铣刀） | | |
| N040 | M08; | | | 切削液开 | | |
| N050 | M03 S800; | | | 主轴正转 800r/min | | |
| N060 | X-25 Y0; | | | 快速定位至 $X$-25，$Y$0 进刀位置 | | |
| N070 | G99 G76 X-25 Y0 Z-35 R5 I-2 P1 F20; | | | 固定循环指令，加工第一个孔 | | |
| N080 | G98 X25; | | | 加工第二个孔，并返回到初始平面 | | |
| N090 | G80; | | | 取消固定循环指令 | | |
| N100 | G91 G49 G28 Z0; | | | 取消刀具长度补偿并返回参考点 | | |
| N110 | M09; | | | 切削液关 | | |
| N120 | M05; | | | 主轴停止 | | |
| N130 | M30; | | | 程序结束 | | |

**5. 编程加工要点**

① 在使用 G86 固定循环指令时，如果连续加工一些孔间距比较小，或者初始平面到 $R$ 点平面的距离比较短的孔时，会出现在进入孔的切削动作前时，主轴还没有达到正常转速的情况。此时，应在各孔的加工动作之间插入 G04 指令，以获得主轴达到转速的时间。

② G76/G87 程序段中 $I$、$J$ 代表刀具沿轴反向的位移增量。

③ 用 G87 指令编程时，注意刀具进给的切削方向是从工件的下方到工件的上方。

④ 为了提高加工效率，在调用固定循环指令前，应先使主轴旋转。

⑤ 由于固定循环是模态指令，因此，在固定循环有效期间，如果 $X$、$Y$、$Z$ 中的值任意一个被改变，就要进行一次孔加工。

⑥ 在固定循环方式中，刀具半径补偿功能无效。

**6. 数控铣刀装夹要点**

① 装夹刀具时，要特别注意清洁。铣孔刀具无论是粗加工还是精加工，在装夹和装配的各个环节，都必须注意清洁。刀柄与机床的装配、刀片的更换等，都要擦拭干净，然后再装夹或装配。

② 刀具进行预调，其尺寸精度、完好状态、必须符合要求。可转位铣刀，除单刃铣刀外，一般不采用人工试切的方法，所以加工前的预调就显得非常重要。预调的尺寸必须精确，要控制在公差的中下限范围内，并考虑温度因素的影响，进行修正和补偿。刀具预调可在专用预调仪、机上对刀器或其他量仪上进行。

③ 刀具装夹后进行动态跳动检查。动态跳动检查是一个综合指标，它反映机床主轴精度、刀具精度以及刀具与机床的连接精度。如果超过被加工孔要求的精度的 1/2 或 2/3 就不能继续进行，需找出原因并消除后才能加工。这一点操作者必须牢记，并严格执行，否则加工出来的孔会不符合要求。

④ 应通过统计或检测的方法，确定刀具各部分的寿命，以保证加工精度的可靠性。对于单刃铣刀来讲，这个要求可低一些，但对多刃铣刀来讲，这一点特别重要。可转位铣刀的加工特点是：预先调刀，一次加工达到要求，必须保证刀具不损坏，否则会造成不必要的事故。

**7. 检测要点**

① 铣孔加工的检测方法一般采用杠杆指示表来进行多次测量选取最小值。

② 表面粗糙度的检测可用目测或表面粗糙度比较样块对照检测。

### 8. 安全要点

① 装夹工件时注意工件上表面要高出钳口 5mm 以上，以防止刀具与机用平口钳发生碰撞。

② 机床在试运行前必须进行图形模拟加工，避免程序错误、刀具碰撞工件或夹具。

③ 快速进刀和退刀时，一定要注意不要碰到工件和夹具。

④ 加工零件过程中一定要提高警惕，将手放在“急停”按钮上。如遇到紧急情况，迅速按下，防止意外事故发生。

⑤ 自动加工时，应关闭防护门。

## 实例八：攻螺纹加工

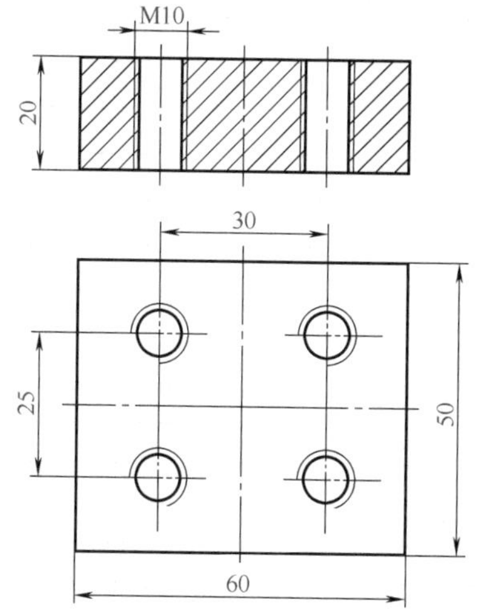


图 13-23　铣孔加工

在数控床上加工如图 13-23 所示铣孔加工零件，毛坯尺寸为 60mm × 50mm × 20mm，材料为 45 钢。编写加工程序并上机床操作，加工出该零件，具体要求如下：

① 按图样完成平面铣削加工并达技术要求，工时定额 120min。

② 会运用攻螺纹编程指令进行编程。

③ 能正确设置切削用量。

④ 设备准备：数控铣床，型号为 XK713，系统 HNC-22M 华中系统及相应的刀柄、筒夹、机用平口钳、铜锤。

### 1. 台阶面铣削训练前的各项准备

① 量具：游标卡尺（0.02mm/0 ～ 150mm）。

② 刃具：$\phi$3mm 中心钻、$\phi$8.5mm 钻头、M10 丝锥。

③ 工具、辅具：活扳手、毛刷等。

### 2. 攻螺纹加工的工艺分析

① 此零件属于螺纹孔加工零件，四个螺纹孔均为 M10，右旋。由于直径较小可以采用丝锥进行加工。

② 加工步骤为钻中心孔→钻孔→攻螺纹的加工工艺。

### 3. 确定切削用量

已知刀具的加工材料为碳素钢，刀具材料为高速钢，刀具齿数为 2。

① 中心钻（直径为 $\phi$3mm）　主轴转速 $n$=1100r/min，进给速度 $v_f$=55mm/min。

② 钻头（$\phi$8.5mm）　主轴转速 $n$=370r/min，进给速度 $v_f$=40mm/min。

③ 丝锥（M10）　主轴转速 $n$=150r/min，进给速度 $v_f$=1.5mm/r。

### 4. 加工程序

如图 13-23 所示的加工程序见表 13-32。

### 5. 编程加工要点

① 编程时注意刀具旋转的高度应高出工件上表面 5mm，从而使主轴获得正常的转速后再攻入工件。

② 编程时注意进给速度的转换，即 G94 方式和 G95 方式。

表 13-32 加工程序

<table>
<tr><td rowspan="2">数控铣床程序卡</td><td>编程原点</td><td>工件上表面的中心</td><td>编程系统</td><td>FINC-22M</td><td>机床型号</td><td>XK713</td></tr>
<tr><td>夹具名称</td><td>机用平口钳</td><td>实训车间</td><td>数控中心</td><td>材 料</td><td>45 钢</td></tr>
<tr><td>程序段号</td><td colspan="3">程序内容</td><td colspan="3">说明</td></tr>
<tr><td colspan="7">工序 1：选用中心钻加工定位孔</td></tr>
<tr><td></td><td colspan="3">%0001；</td><td colspan="3">程序起始符</td></tr>
<tr><td>N010</td><td colspan="3">G00 G17 G21 G40 G49 G80 G90；</td><td colspan="3">程序初始化</td></tr>
<tr><td>N020</td><td colspan="3">G54 X0 Y0；</td><td colspan="3">建立工件坐标系</td></tr>
<tr><td>N030</td><td colspan="3">G43 Z20 H01；</td><td colspan="3">建立刀具长度补偿（$\phi$3mm 中心钻）</td></tr>
<tr><td>N040</td><td colspan="3">M08；</td><td colspan="3">切削液开</td></tr>
<tr><td>N050</td><td colspan="3">M03 S1100；</td><td colspan="3">主轴正转 1100r/min</td></tr>
<tr><td>N060</td><td colspan="3">X−15 Y12.5；</td><td colspan="3">快速定位至 X−15，Y12.5 进刀位置</td></tr>
<tr><td>N070</td><td colspan="3">G99 G81 X−15 Y12.5 Z−5 R5 F55；</td><td colspan="3">固定循环指令，加工第一个孔</td></tr>
<tr><td>N080</td><td colspan="3">Y−12.5；</td><td colspan="3">加工第二个孔</td></tr>
<tr><td>N090</td><td colspan="3">X15；</td><td colspan="3">加工第三个孔</td></tr>
<tr><td>N100</td><td colspan="3">G98 Y12.5；</td><td colspan="3">加工第四个孔，并返回到初始平面</td></tr>
<tr><td>N110</td><td colspan="3">G80；</td><td colspan="3">取消固定循环指令</td></tr>
<tr><td>N120</td><td colspan="3">G91 G49 G28 Z0；</td><td colspan="3">取消刀具长度补偿并返回参考点</td></tr>
<tr><td>N130</td><td colspan="3">M09；</td><td colspan="3">切削液关</td></tr>
<tr><td>N140</td><td colspan="3">M05；</td><td colspan="3">主轴停止</td></tr>
<tr><td>N150</td><td colspan="3">M30；</td><td colspan="3">程序结束</td></tr>
<tr><td colspan="7">工序 2：选用 $\phi$8.5mm 钻头加工孔</td></tr>
<tr><td></td><td colspan="3">%0002；</td><td colspan="3">程序起始符</td></tr>
<tr><td>N010</td><td colspan="3">G00 G17 G21 G40 G49 G80 G90；</td><td colspan="3">程序初始化</td></tr>
<tr><td>N020</td><td colspan="3">G54 X0 Y0；</td><td colspan="3">建立工件坐标系</td></tr>
<tr><td>N030</td><td colspan="3">G43 Z20 H01；</td><td colspan="3">建立刀具长度补偿（$\phi$8.5mm 钻头）</td></tr>
<tr><td>N040</td><td colspan="3">M08；</td><td colspan="3">切削液开</td></tr>
<tr><td>N050</td><td colspan="3">M03 S370；</td><td colspan="3">主轴正转 370r/min</td></tr>
<tr><td>N060</td><td colspan="3">X−15 Y12.5；</td><td colspan="3">快速定位至 X−15，Y12.5 进刀位置</td></tr>
<tr><td>N070</td><td colspan="3">G99 G73 X−15 Y12.5 Z−25 R5 Q−5 K1 F34；</td><td colspan="3">固定循环指令，加工第一个孔</td></tr>
<tr><td>N080</td><td colspan="3">Y−12.5；</td><td colspan="3">加工第二个孔</td></tr>
<tr><td>N090</td><td colspan="3">X15；</td><td colspan="3">加工第三个孔</td></tr>
<tr><td>N100</td><td colspan="3">G98 Y12.5；</td><td colspan="3">加工第四个孔，并返回到初始平面</td></tr>
<tr><td>N110</td><td colspan="3">G80；</td><td colspan="3">取消固定循环指令</td></tr>
<tr><td>N120</td><td colspan="3">G91 G49 G28 Z0；</td><td colspan="3">取消刀具长度补偿并返回参考点</td></tr>
<tr><td>N130</td><td colspan="3">M09；</td><td colspan="3">切削液关</td></tr>
<tr><td>N140</td><td colspan="3">M05；</td><td colspan="3">主轴停止</td></tr>
<tr><td>N150</td><td colspan="3">M30；</td><td colspan="3">程序结束</td></tr>
<tr><td colspan="7">工序 3：选用 M10 丝锥攻螺纹</td></tr>
<tr><td></td><td colspan="3">%0003；</td><td colspan="3">程序起始符</td></tr>
<tr><td>N010</td><td colspan="3">G00 G17 G21 G40 G49 G80 G90 G94；</td><td colspan="3">程序初始化</td></tr>
<tr><td>N020</td><td colspan="3">G54 X0 Y0；</td><td colspan="3">建立工件坐标系</td></tr>
<tr><td>N030</td><td colspan="3">G43 Z20 H01；</td><td colspan="3">建立刀具长度补偿（$\phi$15.8mm 钻头）</td></tr>
<tr><td>N040</td><td colspan="3">M08；</td><td colspan="3">切削液开</td></tr>
<tr><td>N050</td><td colspan="3">M03 S200；</td><td colspan="3">主轴正转 200r/min</td></tr>
<tr><td>N060</td><td colspan="3">X−15 Y12.5；</td><td colspan="3">快速定位至 X−15，Y12.5 进刀位置</td></tr>
<tr><td>N070</td><td colspan="3">Z10；</td><td colspan="3">抬刀 10mm</td></tr>
<tr><td>N080</td><td colspan="3">G95；</td><td colspan="3">每转进给量</td></tr>
<tr><td>N090</td><td colspan="3">G99 G84 X−15 Y12.5 Z.25 R5 P1 F1.5；</td><td colspan="3">加工第一个螺纹孔，螺距为 1.5mm</td></tr>
</table>

续表

| 数控铣床程序卡 | 编程原点 | 工件上表面的中心 | 编程系统 | FINC-22M | 机床型号 | XK713 |
|---|---|---|---|---|---|---|
| | 夹具名称 | 机用平口钳 | 实训车间 | 数控中心 | 材　料 | 45 钢 |
| 程序段号 | 程序内容 | | | 说明 | | |
| N100 | Y-12.5； | | | 加工第二个螺纹孔 | | |
| N110 | X15； | | | 加工第三个螺纹孔 | | |
| N120 | G98　Y12.5； | | | 加工第四个螺纹孔，并返回到初始平面 | | |
| N130 | G80； | | | 取消固定循环指令 | | |
| N140 | G94； | | | 每分钟进给量 | | |
| N150 | G91　G49　G28　Z0； | | | 取消刀具长度补偿并返回参考点 | | |
| N160 | M09； | | | 切削液关 | | |
| N170 | M05； | | | 主轴停止 | | |
| N180 | M30； | | | 程序结束 | | |

### 6. 检测要点

① 对于一般标准螺纹，都采用螺纹环规或塞规来测量。

② 螺纹千分尺是用来测量螺纹中径的。也可以用量针测量螺纹中径的方法，称三针测量法。齿厚游标卡尺用来测量梯形螺纹的中径和蜗杆的节径。

③ 其他参数的测量用专用量具和仪器。

### 7. 安全要点

① 装夹工件时，应保证工件露出钳口的高度大于10mm，以防刀具与机用平口钳发生碰撞。

② 机床空载运行时，注意检查机床各部分的运行状况。

③ 工件加工过程中，要注意在中间检验工件质量，如果加工质量出现异常，应停止加工，以便采取相应措施。

④ 自动加工时，应关闭防护门。

## 实例九：复杂零件的加工 1

加工如图 13-24 所示零件，工件材料为 45 钢，毛坯尺寸为 108mm × 54mm × 18mm，工件坐标系原点（*X*0，*Y*0）定在距毛坯上边和左边均 27mm 处，其 *Z*0 定在毛坯上。

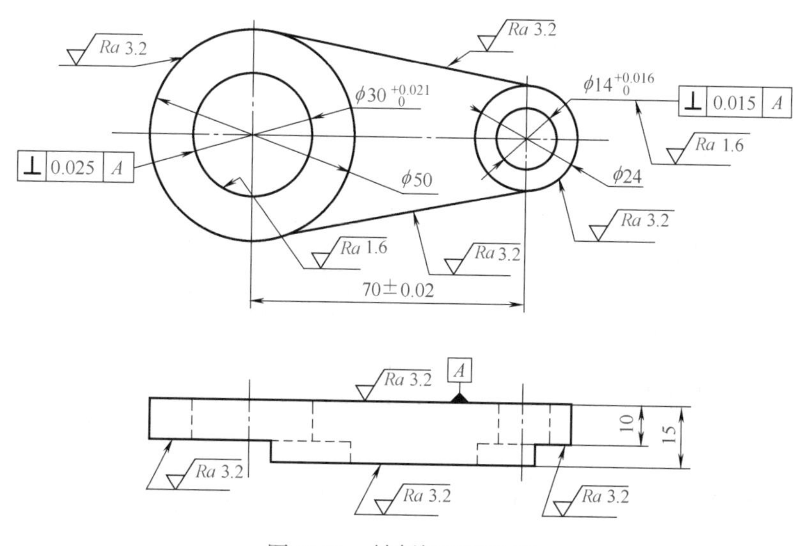


图 13-24　铣削加工零件图

## 1. 刀具及切削用量的选择（表 13-33）

表 13-33　工序及切削用量

| 序号 | 工序 | 刀具 | 主轴转速 $n$/（r/min） | 进给速度 $v_f$/（mm/min） |
|---|---|---|---|---|
| 1 | 钻两个 $\phi$13.8 的通孔 | $\phi$13.8 钻 | 700 | 50 |
| 2 | 铰 $\phi$14 孔 | $\phi$14 铰刀 | 80 | 10 |
| 3 | 扩孔至 $\phi$29.4 | $\phi$29.4 钻 | 260 | 40 |
| 4 | 精镗 $\phi$30 孔 | $\phi$30 镗刀 | 400 | 30 |
| 5 | 锪孔 $\phi$50、$\phi$24 | $\phi$14 立铣刀 | 400 | 40 |
| 6 | 用内孔对工件重新夹紧，完成外轮廓加工 | $\phi$14 立铣刀 | 400 | 40 |

## 2. 零件的加工程序（表 13-34）

表 13-34　加工程序单

| 程序段号 | 程序内容 | 说明 |
|---|---|---|
| | %O1234; | 程序号 |
| N010 | G90　G21　G40　G80; | 采用绝对尺寸指令，米制，注销刀具半径补偿和固定循环功能 |
| N020 | G91　G28　X0　Y0　Z0; | 刀具移至参考点 1 |
| N030 | G92　X-200.0　Y150.0　Z0; | 设定工件坐标系原点坐标 |
| N040 | G00　G90　X70.0　Y0　Z0　S700　M03　T2; | 刀具快速移至点 2，主轴以 700r/min 正转，2 号刀准备 |
| N050 | G43　Z50.0　H01; | 刀具长度补偿有效，补偿号 H01 |
| N060 | M08; | 开切削液 |
| N070 | G98　G81　X0　Y0　Z-20.0　R5.0　F50; | 钻孔循环，孔底位置为 Z 轴 -20mm 处，进给速度 50mm/min |
| N080 | X0; | 点 3 处外钻孔循环 |
| N090 | G80; | 注销固定循环 |
| N100 | G00　G90　Z20.0　M05; | 刀具沿 Z 轴快速定位至 20mm 处，主轴停止 |
| N110 | M09; | 关切削液 |
| N120 | G91　G28　Z0　Y0; | 移至换刀点 4 |
| N130 | G49　M06; | 注销刀具长度补偿，换 2 号刀具（选择停止） |
| | （M01） | |
| N140 | G00　G90　XT0.0　Y0 Z0　S80　N03　T3; | 刀具快速移至点 2，主轴以 80r/min 正转，3 号刀具准备 |
| N150 | G43　Z50.0　H02; | 刀具长度补偿有效，补偿号 H02 |
| N160 | M08; | 开切削液 |
| N170 | G01　Z-20.0　F10; | 沿 Z 轴以 10mm/min 直线插补至 -20mm |
| N180 | G01　Z5.0　F20; | 沿 Z 轴以 20mm/min 直线插补至 5mm |
| N190 | G00　G90　Z20.0　N05; | 刀具沿 Z 轴快速定位至 20mm 处，主轴停止 |
| N200 | N09; | 关切削液 |
| N210 | G91　G28　Z0　Y0; | 移至换刀点 4 |
| N220 | G49　M06; | 注销刀具长度补偿，换 3 号刀具（选择停止） |
| | （M01） | |
| N230 | G00　G90　X0　Y0　Z0　S260　M03　T4: | 刀具快速移至点 5，主轴以 260r/min 正转，4 号刀具准备 |
| N240 | G43　Z50.0　H03: | 刀具长度补偿有效，补偿号 1103 |
| N250 | M08; | 开切削液 |

续表

| 程序段号 | 程序内容 | 说明 |
| --- | --- | --- |
| N260 | G98　G81　X0　Y0　Z-20.0　R5.0　F40； | 钻孔循环，孔底位置为 Z 轴 -20mm 处，进给速度 40mm/min |
| N270 | G80； | 注销固定循环 |
| N280 | G00　G90　Z20.0　N05； | 刀具沿 Z 轴快速定位至 20mm 处，主轴停止 |
| N290 | M09； | 关切削液 |
| N300 | G91　G28　Z0　Y0； | 移至换刀点 4 |
| N310 | G49　N06； | 注销刀具长度补偿，换 4 号刀具（选择停止，下面进行镗孔加工） |
|  | （M01） |  |
| N320 | G00　G90　X0　Y0　Z0　S400　M03　T5； | 刀具快速移至点 5，主轴以 400r/min 正转，5 号刀具准备 |
| N330 | G43　Z50.0　H04； | 刀具长度补偿有效，补偿号 H04 |
| N340 | M08； | 开切削液 |
| N350 | G98　G76　X0　Y0　Z-20.0　R5　Q0.1　F30； | 镗孔循环，孔底位置为 Z 轴 -20mm 处，偏移量为 0.1mm |
| N360 | G80； | 注销固定循环 |
| N370 | G00　G90　Z20.0　M05； | 刀具沿 Z 轴快速定位至 20mm 处，主轴停止 |
| N380 | M09； | 关切削液 |
| N390 | G91　G28　Z0　Y0； | 移至换刀点 4 |
| N400 | G49　M06； | 注销刀具长度补偿，换 5 号刀具（选择停止，下面进行锪孔加工） |
|  | （M01） |  |
| N410 | G00　G90　G90　Y0　Z0　S400　M03　T1； | 刀具快速移至点 6，主轴以 400r/min 正转，1 号刀具准备 |
| N420 | G43　Z50.0　H05； | 刀具长度补偿有效，补偿号 H05 |
| N430 | G00　G90　Z-5.0； | 刀具沿 Z 轴快速定位至 -5mm 处 |
| N440 | M08； | 开切削液 |
| N450 | G42　G01　X-25.0　D01； | 刀具半径补偿有效，补偿号 D01，直线插补至点 7 |
| N460 | G03　X-25.0　Y0　I25.0　J0； | 逆时针圆弧插补至点 8 |
| N470 | X-23.0； | 刀具向右平移 2mm |
| N480 | G00　G90　Z10.0； | 刀具沿 Z 轴快速定位至 10mm 处 |
| N490 | G00　G90　X70.0　Y0； | 刀具快速定位至点 9 |
| N500 | G00　G90　Z-5.0； | 刀具沿 Z 轴快速定位至 -5mm 处 |
| N510 | X58； | 刀具快速定位至点 10 |
| N520 | G03　X58.0　Y0　I12.0　J0； | 逆时针圆弧插补至点 11 |
| N530 | X60.0； | 刀具向右平移 2mm |
| N540 | G00　G90　Z10.0； | 刀具沿 Z 轴快速定位至 10mm 处 |
| N550 | G40； | 注销刀具半径补偿 |
| N560 | G00　G90　X-40.0　Y-40.0； | 刀具快速移至点 12（轮廓加工） |
| N570 | C00　G90　Z-20.0； | 刀具沿 Z 轴快速定位至 -20mm 处 |
| N580 | G41　C01　X-25.0　D02； | 刀具半径补偿有效，补偿号 D02，直线插补至点 13 |
| N590 | Y0； | 直线插补至点 14 |
| N600 | G02　X5.0　Y24.5　I25.0　J0； | 顺时针圆弧插补至点 15 |
| N610 | X01　X72.0　Y12.0； | 直线插补至点 16 |
| N620 | G02　X72.0　Y-12.0　I-2.0　J-12.0； | 顺时针圆弧插补至点 17 |
| N630 | G01　X5.0　Y-24.5； | 直线插补至点 18 |

续表

| 程序段号 | 程序内容 | 说明 |
| --- | --- | --- |
| N640 | G02 X−25.0 Y0 I−5.0 J24.5; | 顺时针圆弧插补至点 19 |
| N650 | G01 X−217.0; | 刀具向左平移 2mm |
| N660 | G00 G90 Z20.0 M05; | 刀具沿 Z 轴快速定位至 20mm 处，主轴停止 |
| N670 | M09; | 关切削液 |
| N680 | G91 G28 X0 Y0 Z0; | 返回参考点 |
| N690 | G40; | 注销刀具半径补偿 |
| N700 | G49 M06; | 注销刀具长度补偿，换刀 |
| N710 | M30; | 程序结束 |

### 3. 零件的加工工序（图 13-25）

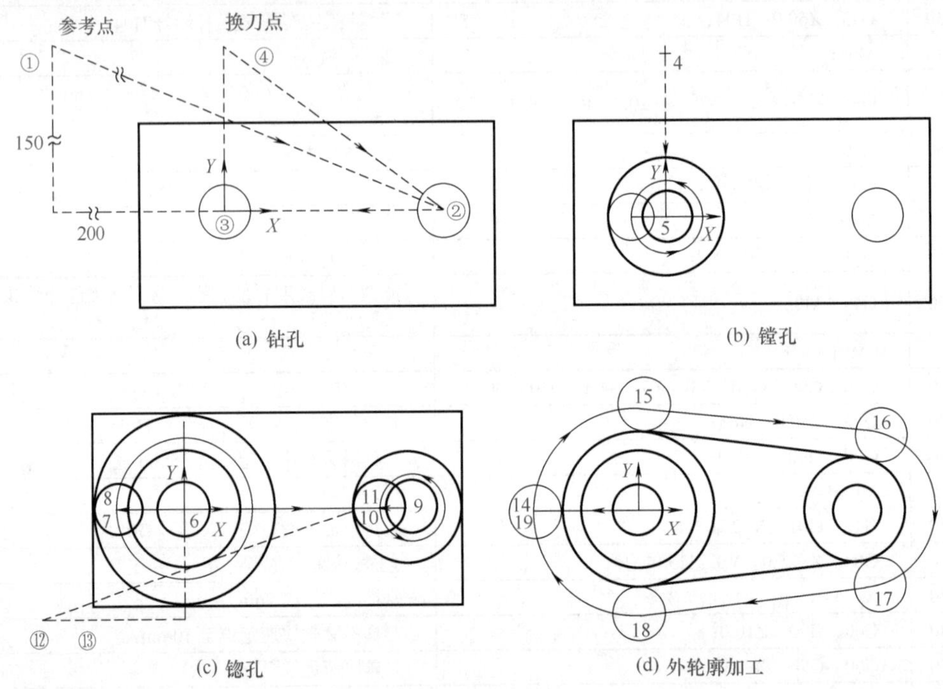


图 13-25 零件的加工工序

### 4. 说明

该程序适用于加工中心，当使用铣床加工零件时，必须采用手动换刀操作，自动换刀指令 M06 无效，程序中可利用程序停止指令 M00 或选择停止指令 M01，才能将所有操作编程为一个完整的程序。

## 实例十：复杂零件的加工 2

加工如图 13-26 所示零件，工件材料为 45 钢，毛坯尺寸为 175mm × 130mm × 6.35mm。工件坐标系原点（$X0$，$Y0$）定在距毛坯左边和底边均 65mm，其 Z0 定在毛坯上，采用 $\phi$10mm 立铣刀，主轴转速 $n$=1250r/min，进给速度 $v_f$=150mm/min。

### 1. 轮廓加工轨迹

轮廓加工轨迹如图 13-27 所示。

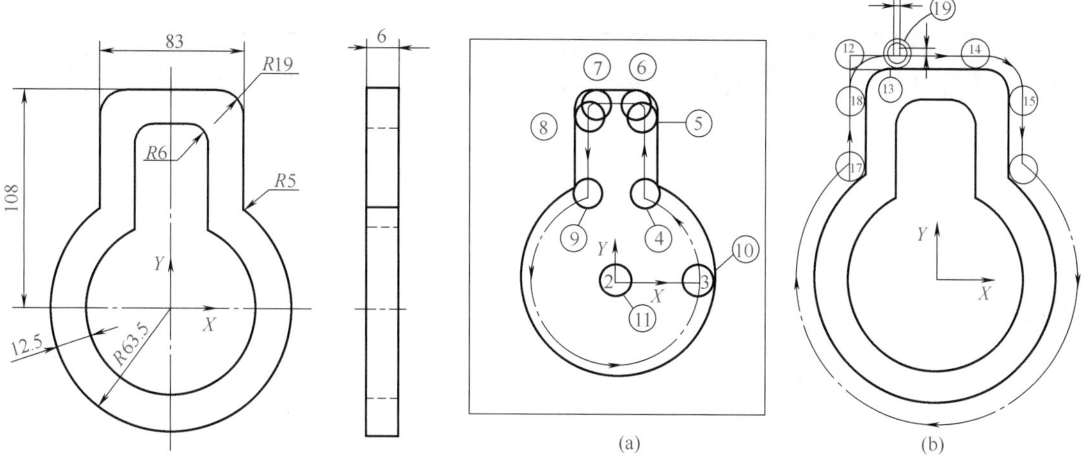


图 13-26　加工零件图　　　　图 13-27　轮廓加工轨迹

## 2. 零件加工程序（表 13-35）

表 13-35　零件加工程序

| 程序段号 | 程序内容 | 说明 |
|---|---|---|
| | %O1234; | 程序号 |
| N010 | G90　G21　G40　G80; | 采用绝对尺寸，米制，注销刀具半径补偿和固定循环功能 |
| N020 | G91　G28　X0　Y0　Z0; | 刀具移至参考点 |
| N030 | G92　X-200.0　Y200.0　Z0; | 设定工件坐标系原点坐标 |
| N040 | G00　G90　X0　Y0　Z0　S1250　M03; | 刀具快速移至点 2，主轴以 1250r/min 正转 |
| N050 | G43　Z50.0　H01; | 刀具沿 Z 轴快速定位至 50mm 处 |
| N060 | M08; | 开切削液 |
| N070 | G01　Z-10.0　F150; | 刀具沿 Z 轴以 150mm/min 直线插补至 -10mm 处 |
| N080 | G41　D01　X51.0; | 刀具半径左补偿，补偿号 D01，直线插补至点 3 |
| N090 | G03　X29.0　Y42.0　I-51.0　J0; | 逆时针圆弧插补至点 4 |
| N100 | G01　Y89.5; | 直线插补至点 5 |
| N110 | G03　X23.0　Y95.5　I-6.0　J0; | 逆时针圆弧插补至点 6 |
| N120 | G01　X-23.0; | 直线插补至点 7 |
| N130 | G03　X-29.0　Y89.5　I0　J-6.0; | 逆时针圆弧插补至点 8 |
| N140 | G01　Y42.0; | 直线插补至点 9 |
| N150 | G03　X51.0　Y0　I29.0　J-42.0; | 逆时针圆弧插补至点 10 |
| N160 | G01　X0; | 直线插补至点 11 |
| N170 | G00　Z5.0; | 沿 Z 轴快速定位至 5mm 处 |
| N180 | X-41.5　Y108; | 快速定位至点 12 |
| N190 | G01　Z-10.0; | 沿 Z 轴直线插补至 -10mm 处 |
| N200 | X22.5; | 直线插补至点 14 |
| N210 | G02　X41.5　Y89.0　I0　J-19.0; | 顺时针圆弧插补至点 15 |
| N220 | G01　Y48.0; | 直线插补至点 16 |
| N230 | G02　X-41.5　Y48.0　I-41.5　J-8.0; | 顺时针圆弧插补至点 17 |
| N240 | G01　Y89.0; | 直线插补至点 18 |
| N250 | G02　X-22.5　Y108.0　I19.0　J0; | 顺时针圆弧插补至点 13 |

续表

| 程序段号 | 程序内容 | 说明 |
| --- | --- | --- |
| N260 | X−20.0　Y110.5； | 直线插补至点 19 |
| N270 | G00　G90　Z20.0　M05； | 刀具沿 $Z$ 轴快速定位至 20mm 处，主轴停转 |
| N280 | M09； | 关切削液 |
| N290 | G91　G28　X0　Y0　Z0； | 返回参考点 |
| N300 | M06； | 换刀 |
| N310 | M30； | 程序结束 |

## 实例十一：综合加工实例

如图 13-28 所示复杂零件，工件材料为硬铝，毛坯尺寸为 80mm × 80mm × 20mm，在数控铣床上编写零件加工程序并上机操作，加工出该零件。

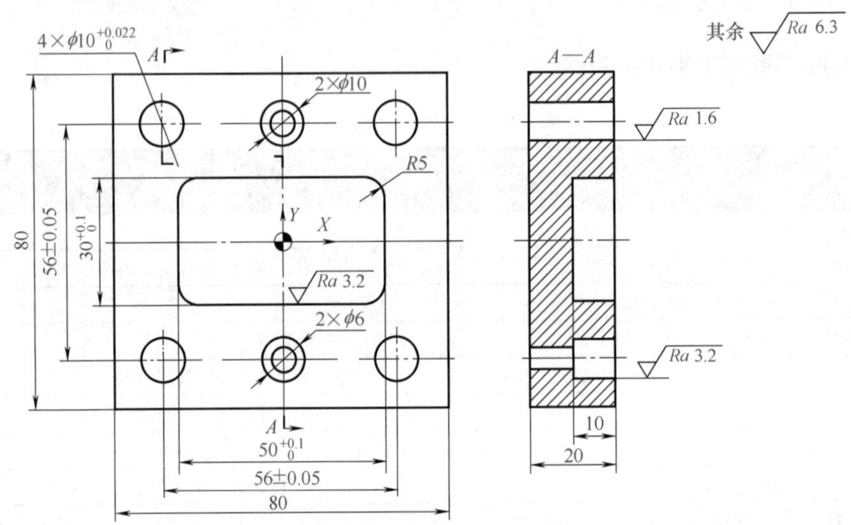


图 13-28　复杂零件加工示意图

### 1. 零件图分析

该零件由孔和内槽组成。在装夹工件时应用百分表校平上表面以保证孔、槽的深度尺寸及位置精度；当然，也可首先粗、精铣毛坯上表面，然后用键槽铣刀、立铣刀来粗、精铣内槽；两沉头孔精度较低，可采用钻中心孔 + 钻孔 + 铣孔工艺；$4 \times \phi 10^{+0.022}_{0}$ mm 孔可采用钻中心孔 + 钻孔 + 铰孔工艺来保证精度。

### 2. 加工路线的确定

① 粗铣、精铣毛坯上表面，留精铣余量约 0.5mm。

② 用中心钻钻中心孔。

③ 用 $\phi$10mm 键槽铣刀铣 2 × $\phi$10mm 孔及粗铣内槽。

④ 用 $\phi$10mm 立铣刀精铣内槽。

⑤ 用 $\phi$6mm 钻头钻 2 × $\phi$6mm 的通孔。

⑥ 用 $\phi$9.7mm 钻头钻 $4 \times \phi 10^{+0.022}_{0}$ mm 的底孔。

⑦ 用 $\phi$10H8 机用铰刀铰 $4 \times \phi 10^{+0.022}_{0}$ mm 的孔。

### 3. 刀具的选择

工件上表面铣削用面铣刀，孔加工用中心钻、麻花钻和铰刀，凹槽加工则用键槽铣刀及立铣刀。

### 4. 装夹方案的确定

工件采用平口钳装夹，采用垫铁支承，伸出钳口 5mm 左右，用百分表校正钳口，*X*、*Y* 方向用寻边器对刀。其他工具见表 13-36。

表 13-36　工具、量具、刀具清单

| 种类 | 序号 | 名称 | 规格 | 精度 /mm | 单位 | 数量 |
|---|---|---|---|---|---|---|
| 工具 | 1 | 平口虎钳 | QH160 | | 台 | 1 |
| | 2 | 呆扳手 | | | 把 | 若干 |
| | 3 | 平板垫铁 | | | 副 | 1 |
| | 4 | 塑胶榔头 | | | 把 | 1 |
| | 5 | 寻边器 | 10mm | | 只 | 1 |
| | 6 | *Z* 轴设定器 | 50mm | | 只 | 1 |
| 量具 | 1 | 游标卡尺 | 0 ～ 150mm | 0.02 | 把 | 1 |
| | 2 | 百分表及表座 | 0 ～ 10mm | 0.01 | 个 | 1 |
| | 3 | 深度游标卡尺 | 0 ～ 150mm | 0.02 | 把 | 1 |
| | 4 | 内径千分尺 | 5 ～ 25mm | 0.01 | 把 | 1 |
| 刀具 | 1 | 面铣刀 | $\phi$60mm | | 把 | 1 |
| | 2 | 中心钻 | A2 | | 个 | 1 |
| | 3 | 麻花钻 | $\phi$6mm，$\phi$9.7mm | | 把 | 各 1 |
| | 4 | 机用铰刀 | $\phi$10H8 | | 把 | 1 |
| | 5 | 键槽铣刀 | $\phi$10mm | | 把 | 1 |
| | 6 | 立铣刀 | $\phi$10mm | | 把 | 1 |

### 5. 切削用量的选择

铝件较易切削，粗加工深度除留精加工余量，可以一刀切除。切削速度较高，但垂直下刀的进给速度较低。切削用量选择具体见表 13-37。

表 13-37　切削用量的选择

| 刀具号 | 刀具规格 | 工序内容 | 进给速度 $v_f$ /（mm/min） | 主轴转速 *n*/（r/min） |
|---|---|---|---|---|
| T01 | $\phi$60mm 面铣刀 | 粗、精铣毛坯上表面 | 100/80 | 600，800 |
| T02 | A2 中心钻 | 钻中心孔 | 100 | 1000 |
| T03 | $\phi$10mm 键槽铣刀 | 铣 2×$\phi$10mm 孔及内槽加工 | 100 | 800 |
| T04 | $\phi$10mm 立铣刀 | 精铣内槽 | 80 | 1000 |
| T05 | $\phi$6mm 麻花钻 | 钻 2 ×$\phi$6mm 通孔 | 100 | 100HD |
| T06 | $\phi$9.7mm 麻花钻 | 钻 4×$\phi10^{+0.022}_{0}$ mm 的底孔 | 100 | 800 |
| T07 | $\phi$10H8 机用铰刀 | 铰 4×$\phi10^{+0.022}_{0}$ mm 的孔 | 80 | 1200 |

### 6. 选择工件坐标系原点

根据工件坐标系原点的选择原则，工件坐标系 *X*、*Y* 零点应建立在工件几何中心上；为了先粗、精铣毛坯上表面，可设工件上表面为工件坐标系的 *Z*=1 面。

### 7. 数值计算

该零件各基点坐标可以很容易计算出。

### 8. 程序编制

① FANUC 0i 系统加工程序及其说明见表 13-38。

表 13-38　加工程序及其说明（FANUC 0i-MB/MC 系统）

| 程序段号 | 程序内容 | 说明 |
| --- | --- | --- |
| | O0820； | 程序名 |
| N10 | G54　G90 G94　G17　G21　G40　G49　G80； | 用 G54 建立工件坐标系，程序初始化 |
| N20 | T01　D01； | 换 1 号刀具 |
| N30 | S600　M03 M08； | 主轴正转，转速 600r/min，开切削液 |
| N40 | G00　G43　Z100　H01； | 调用 1 号刀具长度补偿，*Z* 轴快速定位至安全高度 |
| N50 | G00　X−80　Y20　Z5； | 快速定位至 *X*−80 *Y*20 *Z*5 处 |
| N60 | G01　Z0.5　F100； | 直线进给到 *Z*0.5 处，进给速度 100mm/min |
| N70 | X80； | 直线进给到 *X*80 处 |
| N80 | G00　Z5； | 快速抬刀至 *Z*5 处 |
| N90 | X−80　Y−20； | 刀具快速移动到 *X*−80 *Y*−20 处 |
| N100 | G01　Z0.5； | 直线进给到 *Z*0.5 处 |
| N110 | X80； | 直线进给到 *X*80 处 |
| N120 | G00　Z5； | 快速抬刀至 *Z*5 处 |
| N130 | X−80　Y20； | 刀具快速移动到 *X*−80 *Y*20 处 |
| N140 | S800　M03； | 主轴正转，转速升至 800r/min，工件表面精铣 |
| N150 | G01　Z0　F80； | 刀具 *Z* 向进刀，进给速度 80mm/min |
| N160 | X80； | 直线进给到 *X*80 处 |
| N170 | G00　Z5； | 快速抬刀至 *Z*5 处 |
| N180 | X−80　Y−20； | 刀具快速移动到 *X*−80 *Y*−20 处 |
| N190 | G01　Z0； | 刀具 *Z* 向进刀 |
| N200 | X80； | 直线进给到 *X*80 处 |
| N210 | G00　Z200； | 快速抬刀至 *Z*200 处 |
| N220 | M09　M05　M00； | 关切削液，主轴停止，程序暂停 . 安装 T02 刀具 |
| N230 | T02　D02； | 换 2 号刀具 |
| N240 | S1000　M03　M08； | 主轴正转，转速 1000r/min，开切削液 |
| N250 | G00　G43　Z5　H02； | 调用 2 号刀具长度补偿 |
| N260 | G99　G81　X−28　Y28　Z−5　R3　F100； | 在 *X*−28 *Y*28 处调用孔加工循环，钻中心孔深 5mm，刀具返回 *R* 平面 |
| N270 | X0　Y28； | 在 *X*0 *Y*28 处钻中心孔 |
| N280 | X28； | 在 *X*28 *Y*28 处钻中心孔 |
| N290 | Y−28； | 在 *X*28 *Y*−28 处钻中心孔 |
| N300 | X0； | 在 *X*0 *Y*−28 处钻中心孔 |
| N310 | X−28； | 在 *X*−28 *Y*−28 处钻中心孔 |
| N320 | G80　G00　Z200； | 取消钻孔循环，刀具沿 *Z* 轴快速移动到 *Z*200 处 |
| N330 | M09　M05　M00； | 关切削液，主轴停止，程序暂停，安装 T03 刀具 |
| N340 | T03　D03； | 换 3 号刀具 |
| N350 | S800　M03　M08； | 主轴正转，转速 800r/min，开切削液 |

续表

| 程序段号 | 程序内容 | 说明 |
|---|---|---|
| N360 | G00　X0　Y28； | 刀具快速移动到 X0　Y28 处 |
| N370 | G00　G43　Z5　H03； | 调用 3 号刀具长度补偿 |
| N380 | G01　Z-10　F100； | 铣孔深 10mm |
| N390 | G04　X4； | 刀具暂停 4s |
| N400 | Z5； | 刀具抬到 Z5 处 |
| N410 | G00 Y-28； | 刀具快速移动到 Y-28 处 |
| N420 | G01 Z-10； | 铣孔深 10mm |
| N430 | G04　X4； | 刀具暂停 4s |
| N440 | Z5； | 刀具抬到 Z5 处 |
| N450 | G00　X10　Y0； | 快速定位，开始粗铣内槽 |
| N460 | G01　Z-5　F100； | 刀具沿 Z 轴进刀至 Z-5 处 |
| N470 | X11； | 直线进给到 X11 处 |
| N480 | Y2； | 直线进给到 Y2 处 |
| N490 | X-11； | 直线进给到 X-11 处 |
| N500 | Y-2； | 直线进给到 Y-2 处 |
| N510 | X11； | 直线进给到 X11 处 |
| N520 | Y0； | 直线进给到 Y0 处 |
| N530 | X19； | 直线进给到 X19 处 |
| N540 | Y10； | 直线进给到 Y10 处 |
| N550 | X-19； | 直线进给到 X-19 处 |
| N560 | Y-10； | 直线进给到 Y-10 处 |
| N570 | X19； | 直线进给到 X19 处 |
| N580 | Y0； | 直线进给到 Y0 处 |
| N590 | Z5； | 直线进给到 Z5 处 |
| N600 | G00　Z50； | 刀具快速抬刀至 Z50 处 |
| N610 | X10； | 刀具快速移动到 X10 处 |
| N620 | Z0； | 刀具快速移动到 Z0 处 |
| N630 | G01　Z-9.7　F100； | 刀具沿 Z 轴进刀至 Z-9.7 处 |
| N640 | X11； | 直线进给到 X11 处 |
| N650 | Y2； | 直线进给到 Y2 处 |
| N660 | X-11； | 直线进给到 X-11 处 |
| N670 | Y-2； | 直线进给到 Y-2 处 |
| N680 | X11； | 直线进给到 X11 处 |
| N690 | Y0； | 直线进给到 Y0 处 |
| N700 | X19； | 直线进给到 X19 处 |
| N710 | Y10； | 直线进给到 Y10 处 |
| N720 | X-19； | 直线进给到 X-19 处 |
| N730 | Y-10； | 直线进给到 Y-10 处 |
| N740 | X19； | 直线进给到 X19 处 |
| N750 | Y0； | 直线进给到 Y0 处 |
| N760 | Z5； | 直线进给到 Z5 处 |
| N770 | G00　Z200； | 刀具快速抬刀至 Z200 处 |
| N780 | M09　M05　M00； | 关切削液，主轴停止，程序暂停，安装 T04 刀具 |

续表

| 程序段号 | 程序内容 | 说明 |
| --- | --- | --- |
| N790 | T04　D04； | 换 4 号刀具 |
| N800 | S1000　M03　M08； | 主轴正转，转速 1000r/min，开切削液 |
| N810 | G00　X–20　Y5； | 刀具快速定位到 *X*–20 *Y*5 处 |
| N820 | G00　G43　Z2　H04； | 调用 4 号刀具长度补偿 |
| N830 | G01　Z–10　F80； | 进给至 *Z*–10 处，开始精铣内槽 |
| N840 | G41　G04　G01　X–10； | 建立刀具半径左补偿 |
| N850 | Y–15； | 直线进给到 *Y*–15 处 |
| N860 | X20； | 直线进给到 *X*20 处 |
| N870 | G03　X25　Y–10　I0　J5； | 逆时针圆弧插补 |
| N880 | G01　Y10； | 直线进给到 *Y*10 处 |
| N890 | G03　X20　Y15　I–5　J0； | 逆时针圆弧插补 |
| N900 | G01　X–20； | 直线进给到 *X*–20 处 |
| N910 | G03　X–25　Y10　I0　J–5； | 逆时针圆弧插补 |
| N920 | G01　Y–10； | 直线进给到 *Y*–10 处 |
| N930 | G03　X–20　Y–15　I5　J0； | 逆时针圆弧插补 |
| N940 | G01　X0； | 直线进给到 *X*0 处 |
| N950 | G40　G01　Y5； | 取消刀具半径补偿，直线进给到 *Y*5 处 |
| N960 | Z0； | 刀具沿 *Z* 向移动到 *Z*0 处 |
| N970 | G00　Z200； | 刀具快速移动到 *Z*200 处 |
| N980 | M09　M05　M00； | 关切削液，主轴停止，程序暂停，安装 T05 刀具 |
| N990 | T05　D05； | 换 5 号刀具 |
| N1000 | S1000　M03　M08； | 主轴正转，转速 1000r/min，开切削液 |
| N1010 | G00　X0　Y28； | 刀具快速定位到 *X*0 *Y*28 处 |
| N1020 | G00　G43　Z2　H05； | 调用 5 号刀具长度补偿 |
| N1030 | G99　G83　Z–24　R5　Q–5　F80； | 调用排屑钻孔循环，钻孔深 24mm，刀具返回 *R* 平面 |
| N1040 | X0　Y–28； | 继续在 *X*0 *Y*–28 处钻孔 |
| N1050 | G80　G00　Z200； | 取消钻孔循环，刀具沿 *Z* 轴移动到 *Z*200 处 |
| N1060 | M09　M05　M00； | 关切削液，主轴停止，程序暂停，安装 T06 刀具 |
| N1070 | T06　D06； | 换 6 号刀具 |
| N1080 | S800　M03　M08； | 主轴正转，转速 800r/min，开切削液 |
| N1090 | G00　X–28　Y28； | 刀具快速移动到 *X*–28 *Y* 28 处 |
| N1100 | G00　G43　Z5　H06； | 调用 6 号刀具长度补偿 |
| N1110 | G99　G83　Z–24　R5　Q–5　F100； | 调用孔加工循环，钻孔深 24mm，刀具返回 *R* 平面 |
| N1120 | X28　Y28； | 在 *X*28 *Y*28 处钻孔 |
| N1130 | X28　Y–28； | 在 *X*28 *Y*–28 处钻孔 |
| N1140 | X–28　Y–28； | 在 *X*–28 *Y*–28 处钻孔 |
| N1150 | G80　G00　Z200； | 取消钻孔循环，刀具沿 *Z* 轴快速移动到 *Z*200 处 |
| N1160 | M09　M05　M00； | 关切削液，主轴停止，程序暂停，安装 T07 刀具 |
| N1170 | T07　D07； | 换 7 号刀具 |
| N1180 | S1200　M03　M08； | 主轴正转，转速 1200r / min，开切削液 |
| N1190 | G00　X–28　Y28； | 刀具快速移动到 *X*–28 *Y*28 处 |
| N1200 | G00　G43　Z5　H07； | 调用 7 号刀具长度补偿 |
| N1210 | G99　G85　Z–23　R5　F80； | 调用孔加工循环，铰孔深 23mm，刀具返回 *R* 平面 |

续表

| 程序段号 | 程序内容 | 说明 |
| --- | --- | --- |
| N1220 | X28 Y28； | 在 *X*28 *Y*28 处铰孔 |
| N1230 | X28 Y-28； | 在 *X*28 *Y*-28 处铰孔 |
| N1240 | X-28 Y-28； | 在 *X*-28 *Y*-28 处铰孔 |
| N1250 | G80 G00 Z200； | 取消循环，刀具沿 *Z* 轴快速移动到 *Z*200 处 |
| N1260 | M09； | 关切削液 |
| N1270 | M05 M02； | 主轴停止，程序结束 |

② SINUMERIK 802D 系统加工程序及其说明见表 13-39。

表 13-39 加工程序及其说明（SINUMERIK 802D 系统）

| 程序段号 | 程序内容 | 说明 |
| --- | --- | --- |
|  | MAIN10.MPF； | 程序名 |
| N10 | G54 G17 G71 G90 G94； | 用 G54 建立工件坐标系，程序初始化 |
| N20 | T1 D1； | 换 1 号刀具并执行 1 号刀补 |
| N30 | S600 M3 M8； | 主轴正转，转速 600r/min，开切削液 |
| N40 | G0 Z100； | *Z* 轴快速定位至安全高度 |
| N50 | G0 X-80 Y20 Z5； | 快速定位至 *X*-80 *Y*20 *Z*5 处 |
| N60 | G1 Z0.5 F100； | 直线进给到 *Z*0.5 处，进给速度 100mm/min |
| N70 | X80； | 直线进给到 *X*80 处 |
| N80 | G0 Z5； | 快速抬刀至 *Z*5 处 |
| N90 | X-80 Y-20； | 刀具快速移动到 *X*-80 *Y*-20 处 |
| N100 | G1 Z0.5； | 直线进给到 *Z*0.5 处 |
| N110 | X80； | 直线进给到 *X*80 处 |
| N120 | G0 Z5； | 快速抬刀至 *Z*5 处 |
| N130 | X-80 Y20； | 刀具快速移动到 *X*-80 *Y*20 处 |
| N140 | S800 M3； | 主轴正转，转速升至 800r/min，工件表面精铣 |
| N150 | G1 Z0 F80； | 刀具 *Z* 向进刀，进给速度 80mm/min |
| N160 | X80； | 直线进给到 *X*80 处 |
| N170 | G0 Z5； | 快速抬刀至 *Z*5 处 |
| N180 | X-80 Y-20； | 刀具快速移动到 *X*-80 *Y*-20 处 |
| N190 | G1 Z0； | 刀具 *Z* 向进刀 |
| N200 | X80； | 直线进给到 *X*80 处 |
| N210 | G0 Z200； | 快速抬刀至 *Z*200 处 |
| N220 | M9 M5 M00； | 关切削液，主轴停止，程序暂停，安装 T02 刀具 |
| N230 | T2 D2； | 换 2 号刀具 |
| N240 | S1000 M3 M8； | 主轴正转，转速 1000r/min，开切削液 |
| N250 | G0 X-28 Y28 Z5 F100； | 快速定位到 *X*-28 *Y* 28 *Z*5 处 |
| N260 | CYCLE81（5，0，3，-5）； | 钻孔循环，钻中心孔深 5mm |
| N270 | X0 Y28； | 移至 *X*0 *Y* 28 处 |
| N280 | CYCLE81（5，0，3，-5）； | 在 *X*0 *Y* 28 处钻中心孔 |
| N290 | X28； | 移至 *X*28 *Y* 28 处 |
| N300 | CYCLE81（5，0，3，-5）； | 在 *X*28 *Y* 28 处钻中心孔 |

续表

| 程序段号 | 程序内容 | 说明 |
| --- | --- | --- |
| N310 | Y-28; | 移至 X28 Y-28 处 |
| N320 | CYCLE81(5, 0, 3, -5); | 在 X28 Y-28 处钻中心孔 |
| N330 | X0; | 移至 X0 Y-28 处 |
| N340 | CYCLE81(5, 0, 3, -5); | 在 X0 Y-28 处钻中心孔 |
| N350 | X-28; | 移至 X-28 Y-28 处 |
| N355 | CYCLE81(5, 0, 3, -5); | 在 X-28 Y-28 处钻中心孔 |
| N360 | M9; | 关切削液 |
| N370 | G0 Z200; | 抬刀 |
| N380 | M5 M00; | 主轴停止，程序暂停，安装 T3 刀具 |
| N390 | T3 D3; | 换 3 号刀具并执行 3 号刀补 |
| N400 | S800 M3 M8; | 主轴正转，转速 800r/min，开切削液 |
| N410 | G0 X0 Y28 Z5; | 刀具快速移动到 X0 Y28 Z5 处 |
| N420 | G1 Z-10 F100; | 铣孔深 10mm |
| N430 | G4 X4; | 刀具暂停 4s |
| N440 | Z5; | 刀具抬到 Z5 处 |
| N450 | G0 Y-28; | 刀具快速移动到 Y-28 处 |
| N460 | G1 Z-10; | 铣孔深 10mm |
| N470 | G4 X4; | 刀具暂停 4s |
| N480 | G1 Z-5 F100; | 刀具沿 Z 轴进刀至 Z-5 处 |
| N490 | G0 X10 Y0; | 快速定位，粗铣内槽 |
| N500 | G1 Z-5 F100; | 刀具沿 Z 轴进刀至 Z-5 处 |
| N510 | X11; | 直线进给到 X11 处 |
| N520 | Y2; | 直线进给到 Y2 处 |
| N530 | X-11; | 直线进给到 X-11 处 |
| N540 | Y-2; | 直线进给到 Y-2 处 |
| N550 | X11; | 直线进给到 X11 处 |
| N560 | Y0; | 直线进给到 Y0 处 |
| N570 | Y19; | 直线进给到 X19 处 |
| N580 | Y10; | 直线进给到 Y10 处 |
| N590 | X-19; | 直线进给到 X-19 处 |
| N600 | Y-10; | 直线进给到 Y-10 处 |
| N610 | X19; | 直线进给到 X19 处 |
| N620 | Y0; | 直线进给到 Y0 处 |
| N630 | Z5; | 直线进给到 Z5 处 |
| N640 | G0 Z50; | 刀具快速抬刀至 Z50 处 |
| N650 | X10; | 刀具快速移动到 X10 处 |
| N660 | Z0; | 刀具快速移动到 Z0 处 |
| N670 | G1 Z-9.7 F100; | 刀具沿 Z 轴进刀至 Z-9.7 处 |
| N680 | X11; | 直线进给到 X11 处 |
| N690 | Y2; | 直线进给到 Y2 处 |
| N700 | X-11; | 直线进给到 X-11 处 |
| N710 | Y-2; | 直线进给到 Y-2 处 |

续表

| 程序段号 | 程序内容 | 说明 |
|---|---|---|
| N720 | X11; | 直线进给到 X11 处 |
| N730 | Y0; | 直线进给到 Y0 处 |
| N740 | X19; | 直线进给到 X19 处 |
| N750 | Y10; | 直线进给到 Y10 处 |
| N760 | X-19; | 直线进给到 X-19 处 |
| N770 | Y-10; | 直线进给到 Y-10 处 |
| N780 | X19; | 直线进给到 X19 处 |
| N790 | Y0; | 直线进给到 Y0 处 |
| N800 | Z5; | 直线进给到 Z5 处 |
| N810 | G0 Z200; | 刀具快速抬刀至 Z200 处 |
| N820 | M9 M5 M00; | 关切削液，主轴停止，程序暂停，安装 T4 刀具 |
| N830 | T4 D4; | 换 4 号刀具并执行 4 号刀补 |
| N840 | S1000 M3 M8; | 主轴正转，转速 1000r/min，开切削液 |
| N850 | G0 X-20 Y5 Z2; | 刀具快速定位 |
| N860 | G1 Z-10 F80; | 进给至 Z-10 处，精铣内槽 |
| N870 | G41 G1 X-10; | 建立刀具半径左补偿 |
| N880 | Y-15; | 直线进给到 Y-15 处 |
| N890 | X20; | 直线进给到 X20 处 |
| N900 | G03 X25 Y-10 I0 J5; | 逆时针圆弧插补 |
| N910 | G1 Y0; | 直线进给到 Y10 处 |
| N920 | G03 X20 Y15 I-5 J0; | 逆时针圆弧插补 |
| N930 | G1 X-20; | 直线进给到 X-20 处 |
| N940 | G03 X-25 Y10 I0 J-5; | 逆时针圆弧插补 |
| N950 | G1 Y-10; | 直线进给到 Y-10 处 |
| N960 | G03 X-20 Y-15 I5 J0; | 逆时针圆弧插补 |
| N970 | G1 X0; | 直线进给到 X0 处 |
| N980 | G40 G1 Y5; | 取消刀具半径补偿，直线进给到 Y5 处 |
| N990 | Z0; | 刀具沿 Z 向移动到 Z0 处 |
| N1000 | G0 Z200; | 刀具快速移动到 Z200 处 |
| N1010 | M9 M5 M00; | 关切削液，主轴停止，程序暂停，安装 T5 刀具 |
| N1020 | T5 D5; | 换 5 号刀具并执行 5 号刀补 |
| N1030 | S1000 M3 M8; | 主轴正转，转速 1000r/min，开切削液 |
| N1040 | G0 X0 Y28 Z5 F8; | 快速移动到 X0 Y28 Z5 处 |
| N1050 | CYCLE83(5，1，-24，-5，5，1，1，0.5，1); | 调用深孔钻削循环，钻孔深 24mm |
| N1060 | X0 Y-28; | 移至 X0 Y-28 处 |
| N1070 | CYCLE83(5，1，-24，-5，5，1，1，0.5，1); | 深孔钻削循环，钻孔深 24mm |
| N1080 | G0 Z200; | 刀具沿 Z 轴移动到 Z200 处 |
| N1090 | M9 M5 M00; | 关切削液，主轴停止，程序暂停，安装 T6 刀具 |
| N1100 | T6 D6; | 换 6 号刀具并执行 6 号刀补 |
| N1110 | S800 M3 M8; | 主轴正转，转速 800r/min，开切削液 |
| N1120 | G0 X-28 Y28 Z5 F100; | 刀具快速移动到 X-28 Y28 Z5 处 |
| N1130 | CYCLE83(5，1，-24，-5，5，1，1，0.5，1); | 调用深孔钻削循环，钻孔深 24mm |

续表

| 程序段号 | 程序内容 | 说明 |
| --- | --- | --- |
| N1140 | X28 Y28; | 移至 X28 Y28 处 |
| N1150 | CYCLE8(5, 1, -24, -5, 5, 1, 1, 0.5, 1); | 深孔钻削循环，钻孔深 24mm |
| N1160 | X28 Y-28; | 移至 X28 Y-28 处 |
| N1170 | CYCLE83(5, 1, -24, -5, 5, 1, 1, 0.5, 1); | 深孔钻削循环，钻孔深 24mm |
| N1180 | X-28 Y-28; | 移至 X-28 Y-28 处 |
| N1190 | CYCLE83(5, 1, -24, -5, -5, 1, 1, 0.5, ); | 深孔钻削循环，钻孔深 24mm |
| N1200 | G0 Z200; | 刀具沿 Z 轴移动到 Z200 处 |
| N1210 | M9 M5 M00; | 关切削液，主轴停止，程序暂停，安装 T7 刀具 |
| N1220 | T7 D7; | 换 7 号刀具并执行 7 号刀补 |
| N1230 | S1200 M3 M8; | 主轴正转，转速 1200r/min，开切削液 |
| N1240 | G0 X-28 Y28 Z5 F80; | 快速定位至 X-28 Y28 Z5 处 |
| N1250 | CYCLE81(5, 0, 3, -23); | 在 X-28 Y28 处铰孔 |
| N1260 | X28 Y28; | 移至 X28 Y28 处 |
| N1270 | CYCLE81(5, 0, 3, -23); | 在 X28 Y28 处铰孔 |
| N1280 | X28 Y-28; | 移至 X28 Y-28 处 |
| N1290 | CYCLE81(5, 0, 3, -23); | 在 X28 Y-28 处铰孔 |
| N1300 | X-28 Y-28; | 移至 X-28 Y-28 处 |
| N1310 | CYCLE81(5, 0, 3, -23); | 在 X-28 Y-28 处铰孔 |
| N1311 | G0 Z200; | 抬刀至 Z200 处 |
| N1312 | M9; | 关切削液 |
| N1313 | M2; | 程序结束 |

如果用加工中心加工，只需把手动换刀用自动换刀指令替代即可，即把程序中手动换刀程序段改成自动换刀指令，例如 T02 M06，由机械手实现自动换刀。

### 9. 数控加工操作步骤

（1）机床的开机

机床在开机前，应先进行机床检查。没有问题之后，先接通机床总电源，然后接通控制系统电源。此时，在显示屏上应出现机床的初始位置坐标。检查操作面板上的各指示灯是否正常，各按钮、开关是否处于正确位置；显示屏上是否有报警显示；液压装置的压力表是否在正常的范围内等。若有问题应及时处理；若一切正常，就可以进行下面的操作。

（2）回参考点操作

开机正常后，首先应进行手动回参考点（回零）操作。

（3）程序的输入与编辑

将编好的加工程序输入数控系统。

（4）程序的图形模拟运行

正式运行程序加工零件之前，需要进行图形模拟运行以校验程序。如有错误，则修改程序，直至程序调试正确为止。

（5）工件的装夹

把平口钳安装在数控铣床（加工中心）工作台上，用百分表校正钳口；工件装夹在平口钳上，底部用垫铁垫起，使工件伸出钳口 5mm 左右，用百分表校平工件上表面并夹紧。

（6）刀具的安装

把刀具装夹在铣刀刀柄中，然后把铣刀刀柄装入铣床主轴。如果是加工中心，则要把所有刀具全部装入刀库中。

（7）对刀操作

通过对刀，建立工件坐标系。

① *X*、*Y* 向对刀。采用寻边器对刀。光电式寻边器一般由柄部和触点组成，常应用在数控铣床或加工中心上。触点和柄部之间有一个固定的电位差。触点装在机床主轴上时，工作台上的金属工件与触点电位相同，当触点与工件表面接触时形成回路电流，使内部电路产生光电信号。具体操作步骤如下：

a. 把寻边器装在主轴上并校正。

b. 沿 *X*（或 *Y*）方向缓慢移动测头直至测头接触到工件被测轮廓，此时指示灯亮；然后，反向移动，使指示灯灭。

c. 降低移动量，移动测头，直至指示灯亮。

d. 逐级降低移动量（0.1 ～ 0.01 ～ 0.001mm），重复上面②、③的两项操作，最后使指示灯亮。

e. 进行面板操作，把操作得到的偏置量输入零点偏置中。

② *Z* 向对刀。采用 *Z* 轴设定器对刀，主要用于确定工件坐标系原点在机床坐标系中的 *Z* 轴坐标，通过光电指示或指针指示判断刀具与 *Z* 轴设定器是否接触，对刀精度可达到 0.005mm。*Z* 轴设定器一般为 50mm 或 100mm。

采用 *Z* 轴设定器对刀具体操作步骤如下：

a. 校准。以研磨过的圆棒平压 *Z* 轴设定器的研磨面，并与外圆研磨面保持在同一平面，同时调整侧面的表盘，使指针对零即完成设定。

b. 使用。首先将工件表面擦拭干净，*Z* 轴设定器的表面和底面一并擦干净，平放在工件上面。其次，将机床主轴上的刀具移到 *Z* 轴设定器的端面，接触后注意表盘，当指针到达设定时的零位，记下机械坐标系的 *Z* 值再加 *Z* 轴设定器的高度即为刀具的长度补偿值。

用上述方法分别测量 7 把刀的刀位点从参考点到工件上表面的 *Z* 数值，分别输入到对应的刀具长度补偿中（这里 G54 中的 *Z* 值设为“−1”）。

（8）空运行与仿真检验

空运行是指刀具按系统参数指定的速度运行。此时，程序中指定的进给速度无效。空运行一般用来在机床不安装工件的情况下检查刀具运动轨迹是否正确，为安全起见，常把基础坐标系中 *Z* 值提高 50 ～ 100mm 后运行程序。

① 法那科系统空运行。设置好机床中刀具半径补偿值，把基础坐标系中 *Z* 方向值变为“+50”，打开程序，选择“MEM”（自动运行）工作方式，按下“空运行”按钮，按“循环启动”按钮执行程序，适当调小进给倍率以降低进给速度，检查刀具运动轨迹是否正确。

若用机床锁住功能空运行，刀具不再移动，但显示器上各轴坐标在变化，就像刀具在运动一样。如果再使辅助功能锁住有效，则 M、S、T 功能代码被禁止输出并且不能执行，仅运行一遍程序而已，一般用于程序的图形模拟运行。

空运行结束后，应取消空运行并使机床解锁、辅助功能锁住无效，基础坐标系中 *Z* 值恢复为“0”。

② 西门子系统空运行。设置好机床中刀具半径补偿值，打开程序选择“AUTO”（自动运行）方式，按下软键“程序控制”，设置“空运行进给”和“程序测试”有效，按下“数控启动键”，观察程序运行情况。

**注意**

空运行时也可使机床机械锁定或向所选工件坐标系如 G54 中的 $Z$ 坐标中输入“+50”，在自动运行方式下启动程序，适当降低进给速度，检查刀具运行轨迹是否正确。若在机床机械锁住状态下，空运行结束后必须重新回参考点；若在更改 G54 的 $Z$ 坐标状态下，空运行结束后将 $Z$ 坐标恢复为“0”，机床不需重新回参考点。

③ 仿真检验。用仿真软件在计算机上进行仿真检验，观察加工过程，检验程序是否正确。

（9）零件自动加工步骤

① FANUC 0i 系统：首先在“EDIT”（编辑）方式下选择要运行的加工程序；然后将“方式选择”旋钮置于“MEM”（自动运行）方式；最后按下“循环启动”按钮运行程序。

② SINUMERIK 802D 系统：首先按“自动方式”键选择自动运行方式；按“程序管理器”键，用光标键把光标移动到要执行的程序上；按软键“执行”来选择要运行的加工程序；最后按下“数控启动”键执行程序，开始零件自动加工。

**注意**

按“循环启动”键前，应先调整各倍率开关到较小状态，机床正常加工过程中适当调整倍率以保证加工顺利进行。

（10）零件检测

零件加工完后，按图样要求进行检测。首件试切如有误差，应分析产生的原因并加以修改。

（11）加工完毕，清理机床

加工完毕，收好工具、量具，清理机床并做好相关收尾工作。

**10. 安全操作和注意事项**

① 毛坯装夹时，应考虑垫铁与加工部位是否干涉。

② 钻孔前，应先钻中心孔以保证麻花钻起钻时不会偏心。

③ 钻孔时要正确选择切削用量，合理使用钻孔循环指令。

④ 编程时应计算钻头顶点所加工到的深度。

⑤ 当程序执行到 M00 时，不要手动移动机床，应在停止位置手动换刀，然后继续执行程序。

⑥ 安装铰刀时要用百分表校正铰刀，否则影响铰孔直径。

⑦ 铰孔时应加润滑液以保证铰孔质量。

⑧ 寻边器在使用前一定要先校准再使用，对刀接近工件倍率要小，以免损坏寻边器。

# 参考文献


[1] 陈霖，甘露萍. 新编机械工人切削手册 . 北京：人民邮电出版社，2008.

[2] 陈宏钧. 金属切削速查速算手册 .5 版 . 北京：机械工业出版社，2016.

[3] 王洪光，岳振方，李军，等. 铣工 . 北京：化学工业出版社，2006.

[4] 龚雯，赵宝利. 铣工工作手册 . 北京：化学工业出版社，2007.

[5] 王岩. 铣工 ( 中级 ). 北京：机械工业出版社，2010.

[6] 黄冰. 铣工工艺学：上、下册 . 北京：机械工业出版社，2009.

[7] 周保牛，刘江. 数控编程与加工技术 .3 版 . 北京：机械工业出版社，2009.

[8] 李家杰. 数控铣床培训教程 . 北京：机械工业出版社，2012.

[9] 卢玲. 铣削工艺分析及操作案例 . 北京：化学工业出版社，2009.

[10] 刘海，等. 铣工技能实训 . 天津：天津大学出版社，2010.

[11] 邱言龙，王秋杰. 铣工实用技术 .2 版 . 北京：机械工业出版社，2019.

[12] 胡家富. 铣工（中级）.2 版 . 北京：机械工业出版社，2016.

[13] 王吉林. 现代数控加工技术基础实习教程 . 北京：机械工业出版社，2009.

[14] 龙光涛. 数控铣削（含加工中心）编程与考级（FANUC 系统）. 北京：化学工业出版社，2006.

[15] 娄海滨. 数控铣床和加工中心技术实训 . 北京：人民邮电出版社，2006.

[16] 陶维利. 数控铣削编程与加工 . 北京：机械工业出版社，2010.

[17] 人力资源和社会保障中心. 铣工 . 北京：中国劳动社会保障出版社，2016.